Holzfrei

Nr. 44 1954
S. 9919—10162 3. November

Chemisches Zentralblatt

Vollständiges Repertorium für alle Zweige der reinen und angewandten Chemie

1830 gegründet. 1897—1945 von der Deutschen Chemischen Gesellschaft fortgeführt.
Im Auftrage der Deutschen Akademie der Wissenschaften zu Berlin, der Chemischen Gesellschaft in der Deutschen Demokratischen Republik, der Akademie der Wissenschaften zu Göttingen und der Gesellschaft Deutscher Chemiker

herausgegeben von Prof. Dr. **Maximilian Pflücke**

125. Jahrgang

1954

Chefredakteure: Dr. Eugen Klever und Prof. Dr. Maximilian Pflücke

Akademie-Verlag GmbH., Berlin — Verlag Chemie, GmbH., Weinheim/Bergstr.

Inhalt

Namenregister

Chemisches Zentralblatt

1954 Nr. 44 3. November

A. Allgemeine und physikalische Chemie.

A_1. Kernphysik und Kernchemie.

P. A. M. Dirac, *Quantenmechanik und der Äther.* Allg. Betrachtungen über Relativität, Quantenmechanik u. Indeterminismus sowie über die neue Äthervorstellung. (Sci. Monthly **78.** 142—46. März 1954. Cambridge, Univ.) GERHARD SCHMIDT. 80

Julian Schwinger, *Die Theorie gequantelter Felder.* 2. Mitt. (1. vgl. C. **1952.** 1437.) Vf. führt die Argumente an, die zur Formulierung des Aktionsprinzips für ein allg. Feld führen. In Verbindung mit der vollständigen Reduzierung sämtlicher numer. Matrizen in symm. u. antisymm. Teile wird das allg. Feld in zwei Reihen zerlegt, die mit den BOSE-EINSTEIN- u. FERMI-DIRAC-Feldern identifiziert werden. Das elektromagnet. Feld wird eingeführt, um der Forderung allg. Eichinvarianz zu genügen. (Physic. Rev. [2] **91.** 713—28. 1/8. 1953. Cambridge, Mass., Harvard Univ.) GERHARD SCHMIDT. 80

Julian Schwinger, *Die Theorie gequantelter Felder.* 3. Mitt. (2. vgl. vorst. Ref.) Diskussion des durch einen vorgeschriebenen Strom gestörten elektromagnet. Feldes. Eigenwerte, Eigenfunktionen u. Übergangswahrscheinlichkeiten werden aus einer allg. Transformationsfunktion abgeleitet, die in einer Nicht-HERMITEschen Darst. ausgedrückt wird. Behandelt werden die Best. der Energie–Impuls-Eigenwerte u. Eigenfunktionen für das isolierte elektromagnet. Feld u. die Energie-Eigenwerte u. Eigenfunktionen für das durch einen zeitunabhängigen Strom gestörte Feld. Die Ergebnisse werden auf eine Diskussion der „Infrarotkatastrophe" u. des adiabat. Theorems angewandt. (Physic. Rev. [2] **91.** 728—40. 1/8. 1953.) GERHARD SCHMIDT. 80

Julian Schwinger, *Die Theorie gequantelter Felder.* 4. Mitt. (3. vgl. vorst. Ref.) Vf. entwickelt die Ausdehnung der Eigenwert–Eigenvektor-Hypothese auf vollständige Reihen nichtaustauschbarer Operatoren u. stellt eine Transformationsfunktion für das durch eine äußere Quelle gestörte DIRAC-Feld auf. Diese Funktion wird auf die Beschreibung der Phasentransformationen erweitert u. liefert die Ladung u. Energie–Impuls-Eigenwerte u. Eigenfunktionen. (Physic. Rev. [2] **92.** 1283—99. 1/12. 1953.) GERHARD SCHMIDT. 80

Ernst Freese, *Gebundene Teilchen und Streuprobleme in der Quantenfeldtheorie.* Vf. zeigt, wie alle im Rahmen einer gewählten Quantenfeldtheorie denkbaren physikal. Prozesse mit Hilfe von „Wellenfunktionen" beschrieben u. die experimentell beobachtbaren Größen im Prinzip aus deren Differential- bzw. Integralgleichungen berechnet werden können. Der Zusammenhang mit der DYSONschen S-Matrix wird abgeleitet. (Z. Naturforsch. **8a.** 776—90. Dez. 1953. Göttingen, Max-Planck-Inst. für Phys.) GERHARD SCHMIDT. 80

G. Heber, *Quantenstatistik für Teilchen mit einer speziellen Wechselwirkung.* Vf. zeigt, daß das statist. Verh. eines Vielteilchensyst. für gewisse spezielle Wechselwirkungstypen zumindest qualitativ angegeben werden kann. Für quantitative Rechnungen bedarf es einer weiteren Spezialisierung des Wechselwirkungspotentials. Der vom Vf. beschriebene Vorgang scheint sich im Elektronengas mancher Metalle bei tiefen Tempp. (unterhalb der Entartungstemp.) zu vollziehen u. dort in enger Beziehung zum Phänomen der Supraleitung zu stehen. Zunächst muß jedoch geklärt werden, ob neben der COULOMB-Abstoßung zwischen Metallelektronen bei tiefen Tempp. genügend starke anziehende Kräfte wirksam sind, welche außerdem Absättigungscharakter besitzen. (Z. Naturforsch. **8a.** 827. Dez. 1953. Jena, Univ., Theoret.-Physik. Inst.) GERHARD SCHMIDT. 80

Heinrich Gaus, *Energie–Impuls- und Ladungsdichte in der Kristensen-Møller-Theorie.* Vf. bestimmt für die KRISTENSEN-MØLLER-Theorie einen Ausdruck für die Energie–Impuls-Dichte. Der sich durch Integration über den Raum ergebende Gesamtimpuls ist ident. mit einem von PAULI durch Integration des Erhaltungssatzes gewonnenen Ausdruck. Der Gesamtdrehimpuls wird durch Integration des Tensors berechnet. Ladungsdichte u. Gesamtladung werden in analoger Weise bestimmt. (Z. Naturforsch. **9a.** 81—90. Febr. 1954. Göttingen, Max-Planck-Inst. für Phys.) GERHARD SCHMIDT. 80

Ja. P. Terletzki und **A. A. Logunow**, *Verteilungsfunktion von Höhenstrahlteilchen der primären Komponente.* (Vgl. C. **1952.** 4085.) Vff. erhalten aus der Streugleichung der prim. Höhenstrahlteilchen im interstellaren magnetisierten Gas in Übereinstimmung mit der Erfahrung für das Energiespektr. die Beziehung $f(E) = A \cdot E^{-\gamma}$ mit $\gamma = 2{,}5$ u. unabhängig von der Ordnungszahl der Teilchen. Hierbei werden folgende Annahmen gemacht: 1. Der Streukoeff. ist der Teilchenenergie proportional, 2. das Anwachsen des magnet. Feldes infolge der turbulenten Bewegung des Gases bewirkt eine Beschleunigung der Teilchen, entsprechend einer Verdoppelung ihrer Energie in einer Zeit von $\sim 6 \cdot 10^{12}$ Sek., die kleiner ist als ihre Lebensdauer, 3. die Streugleichung im stationären Zustand unterscheidet sich kaum von der Beschleunigungsgleichung u. 4. die Quellen der Primärkomponente befinden sich in einem Kreis um die Erde mit einem Radius, der für eine Energie von größenordnungsmäßig 10^{10} eV $\sim 10^{19}$ cm beträgt. (Журнал Экспериментальной и Теоретической Физики [J. exp. theoret. Physik] **23.** 682—85. Dez. 1952. Moskauer Univ.) M. Wiedemann. 85

J. A. Simpson, W. Fonger und **S. B. Treiman**, *Zeitliche Änderungen der Höhenstrahlintensität und deren Ursprung.* 1. Mitt. *Die Methode der Änderungen der Neutronenintensität und meteorologische Faktoren.* Die Messung der Intensität der lokal in Materie erzeugten Neutronen erlaubt Schlüsse auf Änderungen in der Primärintensität der Höhenstrahlung, u. zwar im energiearmen Teil des Spektr. der Primärteilchen sowie auf geomagnet. Einflüsse. Die Möglichkeit der Verwendung der energiearmen Nucleonenkomponente, die den größten Breiteneffekt besitzt, wird im einzelnen diskutiert. Als Neutronendetektoren dienen Anordnungen aus BF_3-Proportionalzählern, Pb, in dem die Neutronen erzeugt werden, u. Paraffin zur Verlangsamung. Derartige Detektoren wurden an 6 Orten mit den geomagnet. Breiten 0, 29, 42, 48 u. 52° N u. Längen zwischen 75—106° W aufgestellt, daneben auch auf Flugzeugen. Die Teilchenzahl auf 48° N in Höhe von 680 g/cm² beträgt $\sim$ 7000/Minute. Der atmosphär. Druckkoeff. ist zwischen 0 u. 54° N breitenunabhängig u. beträgt für atmosphär. Tiefen >600 g/cm² $-0{,}94 \pm 0{,}03$%/mmHg. Nach theoret. Betrachtungen über den Anteil der μ- u. π-Mesonen sowie nach Messungen über 2 Monate kann der Temperaturkoeff. vernachlässigt werden. (Physic. Rev. [2] **90.** 934—50. 1/6. 1953. Chicago, Ill., Univ. of Chicago, Inst. for Nucl. Stud.) M. Wiedemann. 85

Byron W. St. Clair, *Verzögerte Neutronen in Höhenstrahlsternen.* (Sitzungsbericht.) Mittels Koinzidenzmessungen wurde die Verzögerung zwischen der Auslösung eines Sterns in einem NaJ-Kristall u. dem Nachw. eines Neutrons in einem Flüssigkeitsscintillator bestimmt. Die Häufigkeit betrug $\sim$ 0,25 verzögerte Neutronen je Stern, die Zerfallszeit $\sim$ 15 msec. (Physic. Rev. [2] **91.** 445. 15/3. 1953. Syracuse Univ.) M. Wiedemann. 85

Anatole Rogozinski, *Über das Problem der Verzögerungen zwischen Teilchen, die zur Höhenstrahlung gehören.* Für jede Art geladener Teilchen, die dieselbe Strecke in einem absorbierenden Medium zurücklegen, gibt es eine maximale Verzögerung Δt_{max}, die der M. der Teilchen proportional u. dem Bremsvermögen des Mediums umgekehrt proportional ist. Es wird die Beziehung $\Delta t_{max} \simeq 0{,}6\ E_0/c \cdot K_{min}$ abgeleitet, mit $E_0 = Mc^2$ u. K_{min} = minimaler Energieverlust je cm der zurückgelegten Strecke. Für Protonen betragen die Verzögerungen in Luft, W., Al u. Pb $8{,}3 \cdot 10^{-6}$, $9{,}7 \cdot 10^{-9}$, $4{,}5 \cdot 10^{-9}$ bzw. $1{,}6 \cdot 10^{-9}$; für Elektronen sind sie in Luft von der Größenordnung 10^{-9} u. in festen Medien von 10^{-12} Sekunden. Die Best. der Verzögerungen gestattet eine Massenspektroskopie von Teilchen hoher Energie u. das Erkennen von instabilen Teilchen in Schauern. (J. Physique Radium **14.** 438—44. Juli/Sept. 1953. Saclay, Commiss. à l'Énergie Atomique, Inst. d'Astrophys., Labor. de Phys. Cosmique.) M. Wiedemann. 85

Ian Barbour, *Z-Abhängigkeit von Wirkungsquerschnitt und Energie in Höhenstrahlsternen.* (Sitzungsbericht.) Weitere Ergebnisse zu der C. **1953.** 7995 referierten Arbeit. (Physic. Rev. [2] **90.** 361. 15/4. 1953. Kalamazoo Coll.) M. Wiedemann. 85

Tchang-Fong Hoang, *Über die Erzeugung von Mesonen bei Nucleon–Nucleon-Zusammenstößen sehr großer Energie.* Ilford G5-Platten wurden auf 30 km Höhe der Höhenstrahlung ausgesetzt. Es wurden $\sim$ 50 Schauer ausgewertet, die durch Protonen, Neutronen oder α-Teilchen ausgelöst waren u. die mehr als 8 Teilchen mit minimaler Ionisation u. weniger als 4 graue oder schwarze Bahnen aufwiesen. Es wird eine kinemat., auf der Lorentz-Transformation beruhende Meth. benutzt. Die Energie des Primärteilchens wird auf 20—30 GeV geschätzt. Die Winkelverteilung ist nahezu isotrop, nur bei großen Schauern wird eine leichte Anisotropie beobachtet. Das Verhältnis der neutralen zu den geladenen Mesonen beträgt $\sim$ 1/2. Wird die Multiplizität gegen die Energie aufgetragen, so liegen die experimentellen Punkte auf zwei Kurven, von denen die eine der Theorie von Heisenberg u. die andere der

FERMI-Theorie entspricht. In beiden Fällen werden die Mesonen in einem einzigen Akt beim Nucleon–Nucleon-Zusammenstoß erzeugt. Im ersten Fall ist die Multiplizität der Wurzel aus der Energie des Primärteilchens proportional, im zweiten ist sie geringer. Im zweiten Fall ist der Stoß nicht völlig elast., der Grad der Unelastizität beträgt ~1/2,5. (J. Physique Radium **14.** 395–406. Juni 1953. École Polytechn., Labor. de Phys.) M. WIEDEMANN. 85

A. H. Benade, *Die mittlere Lebensdauer negativer in Eisen gebremster μ-Mesonen.* Die mittlere Lebensdauer von μ-Mesonen der Höhenstrahlung bei der Bremsung in Fe wird durch den Nachw. der aus der Wechselwrkg. resultierenden Neutronen mittels eines Scintillationszählers (Terphenyl in Xylol) zu $0{,}21 \pm 0{,}06$ μsec bestimmt. Die obere Grenze für die mittlere Zahl der je μ-Meson-Wechselwrkg. erzeugten Neutronen ist $0{,}5$ $(+0{,}4,\ -0{,}2)$. (Physic. Rev. [2] **91.** 971–72. 15/8. 1953. St. Louis, Mo., Washington Univ.) M. WIEDEMANN. 85

H. C. Wilkins und **M. Annis,** *Wirkungsquerschnitt für die Wechselwirkung von μ-Mesonen mit Kernen.* (Sitzungsbericht.) Durch Messungen mit einer Anordnung aus GEIGER-Zählern u. Neutronenzählern 2000 g/cm² unter Seehöhe wurde das Prod. $\sigma\overline{m}$ aus dem Wirkungsquerschnitt für relativist. μ-Mesonen mit *Fe*-Kernen u. der mittleren Multiplizität der dabei ausgesandten langsamen Neutronen zu $(9 \pm 1)\cdot 10^{-27}$ cm²/Kern bestimmt. Die Kernwechselwrkg. lokal erzeugter γ-Strahlung wurde kontrolliert. Der hohe Wert von $\sigma\overline{m}$ wird durch die photoelektr. Wechselwrkg. der virtuellen γ-Strahlen mit einigen MeV bis zu einigen GeV, die das elektromagnet. Feld des Mesons darstellen, mit dem Kern erklärt. (Physic. Rev. [2] **91.** 480. 15/7. 1953. Washington Univ.) M. WIEDEMANN. 85

A. Florian, *Zur Erzeugung von Mesonen beim Durchgang durch Materie.* Vf. berechnet den Wirkungsquerschnitt von vektoriellen Mesonen, wobei das Vorhandensein eines Antiprotons im Zwischenzustand berücksichtigt wird. Die Berechnung des totalen Wirkungsquerschnittes macht eine Teilung in kleine u. große Energien des einfallenden Photons notwendig. (Acta physica austriaca **7.** 23–51. April 1953. Graz, Univ., Inst. für theoret. Phys.) GERHARD SCHMIDT. 90

H. Marschall, *Zur elastischen Streuung von positiv und negativ geladenen μ-Mesonen an schweren Kernen.* Bei der theoret. Behandlung der Streuung von μ-Mesonen an Atomkernen erfolgt die Kopplung der μ-Mesonen an den Atomkernen über das COULOMB-Potential, das ins Kerninnere als Parabelpotential fortgesetzt ist, wobei letzterem die Voraussetzung des homogen geladenen Kerns zugrunde liegt. Im Falle der μ^+-Mesonen bewirkt eine Energieverminderung die Angleichung des Streuquerschnitts an die RUTHERFORD-Streuung (reine COULOMB-Streuung), wohingegen ein analoges Verh. bei den μ^--Mesonen fehlt. Diese qualitativen Aussagen werden durch die Rechnung bestätigt. Der differentielle Streuquerschnitt $d\sigma$ wurde für μ^+- u. μ^--Mesonenstreuung an dem Kern ^{208}Pb für mehrere Energien berechnet. Die Rechnungen wurden nach der MOTTschen Partialwellenmeth. durchgeführt, wobei zur Best. der zu den einzelnen Partialwellen gehörigen Phasen das WKB-Näherungsverf. benutzt wurde. (Naturwissenschaften **41.** 56–57. Febr. 1954. Marburg, Univ., Inst. für Struktur der Materie.) GERHARD SCHMIDT. 90

D. Lal, Yash Pal, B. Peter und **M. S. Swami,** *Erzeugung und Wechselwirkung von Mesonen bei sehr hohen Energien.* Inhaltlich ident. mit der C. **1953.** 3990 referierten Arbeit. (Proc. Indian Acad. Sci., Sect. A **36.** 75–96. Aug. 1952. Bombay, Tata Inst. of Fundament. Res.) GERHARD SCHMIDT. 90

R. D. Lawson und **S. D. Drell,** *Doppelte Mesonenerzeugung durch Photonen.* Die Paarerzeugung von Mesonen beim Einfall von γ-Strahlung auf Protonen nach den Rkk. a) $\gamma + p \rightarrow p' + \pi^+ + \pi^-$, b) $\gamma + p \rightarrow p' + \pi^0 + \pi^{0\prime}$ u. c) $\gamma + p \rightarrow n + \pi^+ + \pi^0$ wird diskutiert. Rk. a) sollte überwiegen, der Schwellenwert beträgt 322 MeV. Der Wirkungsquerschnitt wird berechnet, die Energie wird symm. zwischen π^+ u. π^- aufgeteilt. (Physic. Rev. [2] **90.** 326–27. 15/4. 1953. Stanford, Calif., Stanford Univ., Dep. of Phys. and Microwave Labor.) M. WIEDEMANN. 90

R. L. Walker, D. C. Oakley und **A. V. Tollestrup,** *Photoerzeugung neutraler Mesonen in Wasserstoff bei hohen Energien.* Aus der Differenz zwischen Polyäthylen u. Graphit wurde der Wirkungsquerschnitt für die Erzeugung von π^0 in H durch Photonen mit Energien bis zu 450 MeV bestimmt. Es wurde der differentielle Wirkungsquerschnitt unter 90° durch Beobachtung des Rückstoßprotons in Koinzidenz mit einem Zerfalls-γ-Strahl des π^0 (vgl. SILVERMAN u. STEARNS, C. **1954.** 1166) gemessen. Reichweite u. spezif. Ionisation des Protons wurden mit einem Koinzidenz–Antikoinzidenz-Teleskop aus Scintillationskristallen gemessen, die Zerfalls-γ-Strahlen mit einem Antikoinzidenzscintillator, einem Pb-Konverter u. 2 Koinzidenzscintillatoren. Der differentielle Wirkungsquerschnitt zeigt ein Maximum bei ~320 MeV Photonenenergie von $1{,}8 \cdot 10^{-29}$ cm²/Raumwinkel. Der Wert bei 400 MeV hat eine Ungenauigkeit von 10%, der bei 450 MeV von 25%. (Physic. Rev. [2] **89.** 1301—02. 15/3. 1953. Pasadena, Calif., California Inst. of Technol.) M. Wiedemann. 90

R. Stephen White, Gordon W. Repp und **Nelson Jarmie,** *Positive Photomesonen aus Wasserstoff bei 0°.* (Sitzungsbericht.) H_2-Gas wurde unter hohem Druck bei tiefer Temp. mit 322 MeV-Bremsstrahlung beschossen; die bei 0° erzeugten π^+ wurden magnet. abgelenkt u. nach dem Durchgang durch Pb-Filter in Kernemulsionen nachgewiesen. Für eine γ-Energie von 278 MeV beträgt der absol. differentielle Wirkungsquerschnitt im Schwerpunktssyst. für die Rk. $\gamma + p \rightarrow \pi^+ + n$ $6{,}2 \cdot 10^{-30}$ cm²/Raumwinkel (+2,6, −1,9). (Physic. Rev. [2] **91.** 468—69. 15/7. 1953. Berkeley, Univ. of California.) M. Wiedemann. 90

J. Chappelear und **K. A. Brueckner,** *Photoerzeugung von Mesonen in Deuterium.* (Sitzungsbericht.) Durch formale algebraische Methoden kann das Problem der Erzeugung geladener u. neutraler Mesonen durch Photonen in Deuterium gelöst werden. Die Mehrfachstreuung der erzeugten Mesonen erfordert beträchtliche Korrekturen gegenüber der Impulsapproximation. (Physic. Rev. [2] **91.** 480. 15/7. 1953. Indiana Univ.) M. Wiedemann. 90

Frank S. Crawford jr. und **M. Lynn Stevenson,** *Wirkungsquerschnitt von $p + p \rightarrow d + \pi^+$ bei 340 und 327 MeV.* (Sitzungsbericht.) Durch Messung der Koinzidenz zwischen Deuteron u. Meson wurden die differentiellen Wirkungsquerschnitte der Rk. $p + p \rightarrow d + \pi^+$ für 327 u. 340 MeV-Protonen bei Winkeln von 0, 30, 60 u. 90° bestimmt. Formeln für die Wirkungsquerschnitte wurden abgeleitet. (Physic. Rev. [2] **91.** 468. 15/7. 1953. Berkeley, Univ. of California.) M. Wiedemann. 90

L. Wolfenstein, *Tensoroperatoren im isotopischen Spinraum.* (Sitzungsbericht.) Zur Behandlung des Problems der Ladungsunabhängigkeit auf die Pionenerzeugung bei Kernzusammenstößen werden Tensoroperatoren im isotop. Spinraum betrachtet. Für den Fall des Zusammenstoßes von 2 Protonen folgt, daß im Durchschnitt mindestens die Hälfte der erzeugten Pionen geladen sein muß. (Physic. Rev. [2] **90.** 371—72. 15/4. 1953. Carnegie Inst. of Technol.) Gerhard Schmidt. 90

S. Gasiorowicz, *Phänomenologische Untersuchung der Meson–Nucleon-Streuung.* (Sitzungsbericht.) Die Meson–Nucleon-Streuung auf der Grundlage der Existenz eines Isobars mit I = J = 3/2 wird unter verschied. Änderungen neu analysiert. Der Einfl. der Resonanzverschärfung auf die Anregungsfunktion der Photomesonenerzeugung wird behandelt. (Physic. Rev. [2] **91.** 481. 15/7. 1953. Berkeley, Univ. of California.) M. Wiedemann. 90

R. E. Marshak, *Die S-Welle in der Pion–Nucleon-Streuung.* Die Beobachtungen über die Winkelverteilung positiver u. negativer durch Protonen gestreuter Pionen lassen sich durch die Forderung erklären, daß mindestens im S-Zustand ein effektives anziehendes Potential mit einem Rückstoßkern zwischen den beiden Gliedern des Pion–Nucleon-Syst. besteht. (Physic. Rev. [2] **88.** 1208—09. 1/12. 1952. Rochester, N. Y., Univ. of Rochester.) Gerhard Schmidt. 90

Kurt Baumann, *Eine einfache Herleitung der Streuformel von Bhabha.* Vf. zeigt, daß sich mit Hilfe der neuen Strahlungstheorien von Tomonaga, Schwinger u. Feynman die Formel für den Streuquerschnitt von Positronen an Neutronen sehr schnell verifizieren läßt. (Acta physica austriaca **7.** 96—97. April 1953. Wien.) Gerhard Schmidt. 90

Kurt Baumann, *Zur Definition der relativistischen Teilchen–Antiteilchen-Wellenfunktion.* Aus einer Streubetrachtung nach Salpeter u. Bethe geht hervor, daß nur die relativist. Zweiteilchenwellenfunktion von Karplus u. Klein, nicht aber jene von Schwinger u. Salpeter-Bethe für die Beschreibung von Bindungszuständen eines Fermions mit einem Antifermion derselben Teilchensorte in Betracht kommt. (Acta physica austriaca **7.** 98—101. April 1953. Wien, Univ., Inst. für Theoret. Phys.) Gerhard Schmidt. 90

Gérard Petiau, *Berechnung der Streuung von Teilchen mit dem Spin $\hbar/2$ durch ein radiales pseudoskalares Potential.* (Vgl. C. **1954.** 9680.) Die Berechnung der gestreuten Welle im Falle einer pseudoskalaren Wechselwrkg. entweder bei konstantem Potential innerhalb eines vorgegebenen Radius oder beim Coulomb-Potential der Form $\beta\, \hbar/r$ wird durchgeführt. (J. Physique Radium **14.** 648—56. Dez. 1953. Paris, Inst. Henri Poincaré.) Gerhard Schmidt. 90

Gérard Petiau, *Über die Bestimmung der Lösungen der Wellengleichung des Teilchens mit Spin $\hbar/2$ in Wechselwirkung mit einem radialen pseudoskalaren Potential.* (Vgl. vorst. Ref.) Im Anschluß an die l. c. referierten Berechnungen führt Vf. eine

Neubest. der Lösungen der Wellengleichungen des Teilchens mit Spin $\hbar/2$ in Wechselwrkg. mit einem radialen pseudoskalaren Potential durch. Für den Fall des pseudoskalaren Potentials $U(r) = Cr$ wird eine vollständige Lösung angeführt. (C. R. hebd. Séances Acad. Sci. **237**. 1648—50. 21/12. 1953.) GERHARD SCHMIDT. 90

Peter Havas, *Über die Paarbildung von Teilchen bei Zusammenstoßprozessen zwischen Teilchen vom Spin* $\hbar/2$. (Vgl. PETIAU, C. **1952**. 3439.) Vf. ergänzt die Unterss. von PETIAU (l. c.) über die Paarbldg. durch Stoß durch Betrachtungen der Kopplungen der beim Stoß beteiligten Teilchen. Das Auftreten einer Kopplung zwischen diesen Teilchen kann zusätzliche Zwischenzustände des Syst. zur Folge haben, deren Beitrag zum Matrixelement von der gleichen Größenordnung in den Kopplungskonstanten ist. (J. Physique Radium **13**. 438—40. Okt. 1952. Bethlehem, Pa., Lehigh Univ., Dep. of Phys.) GERHARD SCHMIDT. 90

A. Dalgarno, *Dreikörper-Streuprobleme*. Interpretation u. Weiterführung des von BOROWITZ u. FRIEDMAN (C. **1954**. 3) aufgestellten Ausdruckes für die Austauschstreuamplitude in der BORNschen Näherung, der sich von dem von MOTT u. MASSEY angegebenen unterscheidet. (Physic. Rev. [2] **91**. 198. 1/7. 1953. Belfast, Queen's Univ., Dep. of Appl. Math.) GERHARD SCHMIDT. 90

Paul N. Roussopoulos, *Über die elastische Streuung eines Teilchens durch ein komplexes System*. Vf. zeigt, daß sich der elast. Stoß eines Teilchens gegen ein komplexes Syst. auf das Problem der Streuung dieses Teilchens durch ein vorgegebenes Potential zurückführen läßt. In erster Näherung red. sich dieses Potential auf ein bereits von verschied. Autoren verwendetes mittleres Potential. (C. R. hebd. Séances Acad. Sci. **238**. 213—15. 11/1. 1954.) GERHARD SCHMIDT. 90

Ferdinand Cap, *Über die statische Wechselwirkung von Leptonen vermittels eines de Broglie-Feldes*. Die Wechselwrkg. zwischen Leptonen wird durch ein elektr. neutrales Feld vom Spin 1 besorgt (DE BROGLIE-Feld). Die Theorie des Vf. unterscheidet sich in drei Punkten von der üblichen Wechselwirkungstheorie der Leptonen: 1. wird eine nichtverschwindende Ruhmasse des Photons angenommen, 2. wird konsequent die Wechselwirkungstheorie der Elementarteilchen benutzt, wie sie auch in der Theorie der Kernkräfte verwendet wird, u. 3. werden im Sinne von 2. konsequent auch Spinwirkungen der Leptonen berücksichtigt. In dem Ausdruck für die potentielle Energie zwischen zwei ruhenden Leptonen stellt der erste Term die COULOMB-WIGNER-Kraft dar, die für Neutrinos ($\varepsilon = 0$) verschwindet. Der zweite Term stellt die aus der Theorie der Kernkräfte bekannte Tensorkraft dar u. der letzte Term ist eine BARTLETT-Kraft. (Acta physica austriaca **6**. 35—44. Sept. 1952. Innsbruck, Univ., Inst. für theoret. Physik.) GERHARD SCHMIDT. 90

Theodor Sexl, *Über den Begriff der effektiven Reichweite in der Theorie der Streuung von Nucleonen an Atomkernen*. Vf. zeigt formelmäßig die Bedeutung für die in die Theorie eingeführte effektive Reichweite in der Terminologie der GUTH-SEXLschen Theorie der Streuung von Nucleonen an Atomkernen. (Acta physica austriaca **6**. 30—34. Sept. 1952. Wien, Univ., Inst. für theoret. Phys.) GERHARD SCHMIDT. 90

G. F. von Dardel, *Die Wechselwirkung von Neutronen mit Materie, untersucht mit einer gepulsten Neutronenquelle*. Vf. beschreibt eine Meth. zur Unters. von Neutronenprozessen in einem Moderator u. gibt einen Überblick über einige nach dieser Meth. durchgeführten Versuche. Im Rahmen der Theorie für den Bremsprozeß wird eine Näherungsformel für die Geschwindigkeitsverteilung als eine Funktion der Zeit nach einem Neutronenausbruch aufgestellt. Die berechnete Durchlässigkeit durch einen *Cd*-Absorber für diese Geschwindigkeitsverteilung wird mit den experimentellen Daten für leichtes u. Schweres W. verglichen, die Übereinstimmung ist gut. Für den Fall eines therm. monoatomaren Gases streuender Kerne wird der differentielle Streuquerschnitt berechnet u. die Bremsgleichung für ein Protonengas nach einer Approximationsmeth. gelöst. Die Durchlässigkeit therm. Neutronen durch einen $1/v$-Absorber wird als eine Funktion der Moderatortemp. über den Bereich von 98 bis 354° K untersucht u. in guter Übereinstimmung mit den erwarteten Ergebnissen gefunden, falls die Neutronen eine MAXWELLsche Geschwindigkeitsverteilung im therm. Gleichgewicht mit dem Moderator u. eine Winkelverteilung $(1 + \sqrt{3} \cdot \cos \Theta)$ haben. (Kungl. Tekn. Högskolans Handl. **1954**. Nr. 75. 1—104. Stockholm, A. B. Atomenergi, Dep. of Phys.) GERHARD SCHMIDT. 90

Earle Lomon und **Herman Feshbach**, *Neutron–Proton-Streuung*. (Sitzungsbericht.) Vff. wenden das von BREIT vorgeschlagene Modell auf die Neutron–Proton-Streuung an. Dabei wird angenommen, daß die Neutron–Proton-Kraft durch eine vorgegebene Grenzbedingung dargestellt wird. Es wird eine Lösung gefunden, die ebenso wie die

SERBERsche Lösung starke Abstoßung in den ungeraden Triplettzuständen einschließt. Sowohl für die Winkelverteilung als auch für den totalen Wirkungsquerschnitt wird Übereinstimmung bis zu 150 MeV erhalten. Die Übereinstimmung ist auch bei 260 MeV u. 90° gegeben, bei 260 MeV u. 180° ist der Wirkungsquerschnitt zu klein. (Physic. Rev. [2] **91.** 454. 15/7. 1953. M. I. T.) GERHARD SCHMIDT. 90

J. Bengston und **R. M. Thaler,** *Eine Phasenverschiebungsanalyse energiereicher p–p-Streuung.* (Sitzungsbericht.) Die p–p-Streudaten bei hohen Energien (100 bis 350 MeV) werden in Termen von s-Wellen u. p-Wellen allein analysiert. Für eine nichtzentrale Wechselwrkg. unterscheiden sich im allg. die Phasenverschiebungen für $^3P_0$, $^3P_1$ u. $^3P_2$ voneinander. Werden die Phasenverschiebungen von $^1S_0$, $^3P_0$, $^3P_1$ u. $^3P_2$ als freie Parameter behandelt, so ist mehr als ausreichend Spielraum vorhanden, um den Daten bei hohen Energien in einer Weise zu genügen, daß sich die Phasenverschiebungen nur langsam mit der Energie ändern. (Physic. Rev. [2] **91.** 454. 15/7. 1953. Yale Univ.) GERHARD SCHMIDT. 90

R. M. Thaler, J. Bengston und **G. Breit,** *Wirkung der $^3P_2$-$^3F_2$-Kopplung auf p–p-Streuung.* (Vgl. vorst. Ref.) (Sitzungsbericht.) Vff. berechnen die Kopplung von $^3P_2$ zu $^3F_2$, da keine allg. Gründe vorliegen, das Bahnwinkelmoment L u. den Gesamtspin als ganze Quantenzahlen zu betrachten. Es wird ein isobarer Zustand im Streumatrixformalismus mit einem Winkelmoment 2 benutzt, der die Breiten Γ_L besitzt. (Physic. Rev. [2] **91.** 454. 15/7. 1953.) GERHARD SCHMIDT. 90

F. Rohrlich und **D. M. Chase,** *Elastische Streuung von Protonen durch Kerne.* (Sitzungsbericht.) Im Zusammenhang mit ausgedehnten Berechnungen über die elast. Streuung von Protonen durch verschied. Elemente wird das opt. Modell im 20 MeV-Bereich geprüft. Innerhalb des Kerns wird ein komplexes Potential mit quadrat. Muldenverlauf angenommen, außerhalb des Kerns ein COULOMB-Potential. Es zeigt sich, daß der Muldenverlauf nicht für die bei den Ergebnissen auftretenden Diskrepanzen verantwortlich ist. Die Absorption erweist sich als wesentlich, die Muldentiefen können jedoch beträchtlich kleiner sein, als sie nach den Daten bei hohen Energien u. den üblichen Kernmodellen geschätzt werden. (Physic. Rev. [2] **91.** 454. 15/7. 1953. Princeton Univ.) GERHARD SCHMIDT. 90

G. Abraham, *Absolute Größen von (d, p)-Streuquerschnitten.* Vf. führt eine Formel für die absol. Größen von (d, p)-Rkk. auf der Grundlage des Einteilchenmodells (quadrat. Muldenpotential) des Kerns u. der BUTLERschen Abstreiftheorie an. Aus dem Vgl. mit den experimentellen Daten für die Rk. ^{28}Si (d, p) ^{29}Si geht hervor, daß die erhaltenen Wirkungsquerschnitte zu groß sind. Dieser Befund stimmt mit den theoret. Erwägungen u. den daraus abgeleiteten absol. Größen von HOROWITZ u. MESSIAH einerseits u. von THOMAS andrerseits überein. Der vom Vf. angegebene Abstreifquerschnitt führt zu einer einfachen Einteilchenformel für die red. Breite. (Proc. physic. Soc., Sect. A **67.** 273—75. 1/3. 1954. Liverpool, Univ., Dep. of Theoret. Phys.) GERHARD SCHMIDT. 90

M. E. Rose, *Sphärische Tensoren in der Physik.* Vf. weist auf die Vorteile der Darst. von irreduziblen Tensoren in sphär. Koordinaten, bes. bei Eigenzuständen von Teilchen oder Strahlungsfeldern scharfer Drehimpulse hin. Die Anwendungen auf die Theorie der β-Übergänge, der γ-Emission, der Winkelkorrelation u. der stat. Wechselwrkg. eines Multipols mit einem umgebenden Spinsyst. oder Feld werden betrachtet. (Proc. physic. Soc., Sect. A **67.** 239—47. 1/3. 1954. Oak Ridge, Tenn., O. R. N. L.) GERHARD SCHMIDT. 95

Gernot Eder, *Spin–Bahn-Kopplung nach der pseudoskalaren Theorie.* Vf. berechnet unter Voraussetzung pseudoskalarer Mesonen mit pseudovektorieller Kopplung das effektive Potential eines zusätzlichen Nucleons im Kernfeld. Die erhaltene Spin–Bahn-Kopplung steht in qualitativer Übereinstimmung mit dem Experiment, ist aber in der betrachteten Näherung zu klein. (Acta physica austriaca **7.** 91—95. April 1953. Wien, Univ., Inst. für Theoret. Phys.) GERHARD SCHMIDT. 95

Lawrence Dresner, *Spin-Bahn-Kopplung in der pseudoskalaren Mesonentheorie.* Aus der pseudoskalaren Matrix werden adiabat. Kernpotentiale erhalten, die Spin-Bahn-Terme enthalten. Vf. dehnt diese Berechnungen auf Potentiale für 2, 3 u. 4 Nucleonen aus. (Physic. Rev. [2] **91.** 201—02. 1/7. 1953. Princeton, N. J., Univ., Palmer Physic. Labor.) M. WIEDEMANN. 95

S. E. Hunt, *Die Bestimmung der Energie von Proton-γ-Resonanzen und ihre Verwendung zur Prüfung der Theorien der Kernstruktur.* 2. Mitt. (1. vgl. C. **1954.** 7579.) Vf. versucht das Problem der Verteilung angeregter Energieniveaus im Kern in der Weise zu vereinfachen, daß der Kern analog anderen dynam. Systemen betrachtet werden kann. Die Grenzen dieses Verf. werden an einigen Kernmodellen aufgezeigt. (Atomics **5.** 191—94. Juli 1954. Aldermaston, Berks., Assoc. Electr. Industr. Ltd., Res. Labor.) GERHARD SCHMIDT. 95

Erich Bagge, *Der Schalenbau der Atomkerne.* 2. Mitt. (1. Vgl. C. **1950.** I. 661.) Vf. stellt dem von HAXEL, JENSEN u. SUESS entwickelten Kernmodell, das auf starker Spin–Bahn-Kopplung basiert, ein modifiziertes HARTREE-Modell gegenüber, das die Merkmale der Nucleonenkonfiguration sowie die Kernmomente zwangloser zu erklären gestattet. (Naturwissenschaften **38.** 473—75. Okt. 1951. Hamburg, Physikal. Staatsinst.) KIRSCHSTEIN. 95

R. Schulten, *Berechnung der magnetischen Momente, Quadrupolmomente und angeregten Zustände einiger leichter Kerne.* Nach einer ausführlichen Zusammenfassung der verwendeten Symbole werden die Zustände der Kerne der 2P-Schale durch die energet. günstigste Mischung aller Annäherungsfunktionen dargestellt, die sich aus den Oscillatoreigenfunktionen des Einteilchenmodells unter Berücksichtigung einer Spin–Bahn-Kopplung aufbauen lassen. Mit Hilfe der gewonnenen Zustandsfunktionen für die Kerne werden die magnet. Momente, Quadrupolmomente u. einige angeregte Zustände für ^{6}Li, ^{7}Li, ^{9}Be, ^{10}B, ^{11}B, ^{13}C, ^{14}N u. ^{15}N ausgerechnet u. mit den experimentellen Werten verglichen. (Z. Naturforsch. **8a.** 759—75. Dez. 1953. Göttingen, Max Planck-Inst. für Phys.) GERHARD SCHMIDT. 95

U. Cappeller, *Die Energieschemata der leichten Atomkerne.* 2. Mitt. *Die Energieschemata der Kerne* ^{20}F *bis* ^{36}Cl. (1. vgl. C. **1952.** 6484.) In Fortsetzung der l.c. referierten Arbeit führt Vf. die Energieschemata der Kerne ^{20}F bis ^{36}Cl an, so daß nunmehr auch für die Kerne aus dem Bereich der $d_{5/2}$- u. $d_{3/2}$-Schalen Energieschemata vorliegen. Die Grenze für die Auswertbarkeit der Intensitäten einer Kern-Rk. u. für die daraus zu ziehenden Folgerungen dürfte ganz allg. bei einer Massenzahl von ca. 30 zu suchen sein. Die Genauigkeit der Energieschemata ist zwangsläufig an die techn. Durchentw. der im Einzelfalle benutzten Meßapparate gebunden. Dementsprechend liegen die Anregungs- u. Bindungsenergien einzelner Kerne mit großer Genauigkeit (0,005 MeV) vor. (Ergebn. exakt. Naturwiss. **27.** 125—87. 1953. Marburg/Lahn.) GERHARD SCHMIDT. 95

M. Moshinsky, *Grenzbedingungen für die Beschreibung von Kernreaktionen.* (Sitzungsbericht.) Die einzelnen Stufen der Rk. (Anfangsteilchen, Compoundkern usw.) werden in ihren entsprechenden Konfigurationsräumen beschrieben, der die Kern-Rk. repräsentierende Zustand läßt sich durch eine FOCKsche Wellenfunktion darstellen. Die entsprechenden Wellengleichungen werden in Analogie zu Schwingungsproblemen abgeleitet. Die zur Kern-Rk. führenden Wechselwirkungen lassen sich als Grenzbedingungen zwischen den verschied. Komponenten der FOCKschen Wellenfunktion am Ort des Zusammenstoßes ausdrücken. Das Verf. liefert die gleiche Energieabhängigkeit der Wirkungsquerschnitte wie die BREIT-WIGNER-Resonanzformel u. ihre Verallgemeinerungen. Eine Ausdehnung des Verf. auf die Beschreibung von Mehrteilchen-Kern-Rkk. ist möglich. (Bull. Amer. physic. Soc. **25.** 22—23. 21/6.; Physic. Rev. [2] **80.** 137—38. 1/10. 1950. Univ. de México, Inst. de Fís. y geofís.) WEIGEL. 103

L. C. Biedenharn und **M. E. Rose,** *Theorie der Winkelkorrelationen von Kernstrahlungen.* Handbuchartige Zusammenstellung der verschied. theoret. Entwicklungen von Winkelkorrelationsprozessen mit besonderer Betonung der sich aus den verschied. möglichen Formulierungen der Theorie ergebenden Darstellung. Bei der allg. Formulierung sind die statist. Darst. von FANO, die Tensorparameter der Strahlung sowie die Beziehung zur FALKOFF-UHLENBECK-Meth. erwähnenswert. Als Spezialfälle der Winkelkorrelation werden γ-, β-Strahlen, spinlose Teilchen u. Konversionselektronen behandelt. Unter die magnet. Effekte in der Winkelkorrelation fallen die Korrelationsfunktionen mit Spin-Kopplung sowie der PASCHEN-BACK-Effekt. Abschließend wird die Korrelation zwischen drei Ausbreitungsrichtungen betrachtet, die sowohl vom experimentellen als auch theoret. Standpunkt ein kompliziertes Problem darstellt. — 81 Literaturzitate. (Rev. mod. Physics **25.** 729—77. Juli 1953. Oak Ridge, Tenn., O. R. N. L.) GERHARD SCHMIDT. 103

M. E. Rose, *Winkelkorrelation von Kernstrahlungen.* Auszugsweise Wiedergabe der vorst. referierten Arbeit. (Science [Washington] **118.** 635—42. 27/11. 1953.) GERHARD SCHMIDT. 103

Jean Thibaud, *Die die β-Zerfälle begleitende anomale Strahlung.* Überblick über spektrometr. Messungen zur Abtrennung sehr schwach ionisierender Strahlen. Die Effekte, die durch n. β-Strahler oder durch andere Energieträger hervorgerufen werden, lassen sich mit der magnetspektrograph. Anordnung des Vf. unterscheiden. (C. R. hebd. Séances Acad. Sci. **231.** 1469—71. 18/12. 1950.) GERHARD SCHMIDT. 103

R. Sherr und **J. B. Gerhart**, *Experimenteller Beweis für die Fermi-Wechselwirkung beim β-Zerfall von ^{14}O und ^{10}C.* (Vgl. C. **1953**. 3028.) Werden die l. c. gefundenen Ergebnisse mit denjenigen an Rkk. schwerer Teilchen kombiniert u. werden die Voraussagen der Ladungsmultiplett-Theorie bzgl. der Energien analoger Zustände mit herangezogen, so kann geschlossen werden, daß der ^{14}O-Zerfall u. der schwache ^{10}C-Zweig, der zum 1,74 MeV-Niveau von ^{10}B führt, erlaubte, bevorzugte O → O-Übergänge ohne Paritätsänderung sind. Aus den Werten an ^{10}C wird das Verhältnis der FERMI- zur GAMOW-TELLER-Wechselwirkungskonstanten (G_F^2/G_{GT}^2) für LS-Kopplung zu $0{,}79^{+0{,}27}_{-0{,}13}$ u. für j.j-Kopplung zu $0{,}44^{+0{,}15}_{-0{,}07}$ gefunden. (Physic. Rev. [2] **91**. 909—14. 15/8. 1953. Princeton, N. J., Princeton Univ.) WEIGEL. 103

K. F. Famularo und **G. C. Phillips**, *Genaue Bestimmungen von Kernreaktionsenergien.* Zur Erreichung hoher Genauigkeit bei den Messungen mit einem ringförmigen magnet. Spektrometer wurde 1. unter einem Emissionswinkel der Sekundärteilchen von 180 ± 2° gearbeitet, 2. die Energieskala aus der LAMOR-Frequenz des magnet. Protonenmomentes im Magnetfeld des Spektrometers bestimmt, 3. die Linienschärfe genau bestimmt, 4. die Energie der Primärteilchen aus dem VAN DE GRAFF genau stabilisiert u. 5. frische Targets sowie kleine Teilchenströme benutzt. Folgende Q-Werte wurden gefunden ^{12}C(d, p)^{13}C 2,722 ± 0,004 MeV; ^{16}O(d, α)^{14}N 3,119 ± 0,005MeV u. ^{7}Li(p, α)^{4}He 17,344 ± 0,013 MeV. Die Resonanzenergie der Rk. ^{19}F(p, αγ)^{16}O wurde zu 872,5 ± 1,8 keV bestimmt. (Physic. Rev. [2] **91**. 1195—1202. 1/9. 1953. Houston, Tex., Rice Inst.) NELKOWSKI. 103

R. J. Horsley, R. N. H. Haslam und **H. E. Johns**, *γ-Neutron-Reaktionen in Fluor.* Mit der Meth. der Photonendifferenzen (vgl. KATZ u. CAMERON, C. **1953**. 4639) wurden die Wirkungsquerschnitte der Rkk. ^{19}F(γ, n)^{18}F u. ^{19}F(γ, 2n)^{17}F durch Messung der induzierten Positronenaffinitäten in Abhängigkeit von der Photonenenergie bestimmt. Die Halbwertszeit von ^{18}F beträgt 112 Min., die von ^{17}F wurde zu 60 ± 1 Sek. bestimmt. Die Kurven der Wirkungsquerschnitte σ sind wiedergegeben. Bei der (γ, n)-Rk. steigt σ vom Schwellenwert 10,7 MeV steil an auf 2 mbarn bei 12 MeV, bleibt dann über 3 MeV nahezu konstant u. steigt wieder auf 3,48 mbarn bei 20 MeV, worauf er abfällt. Dieses Verh. kann nicht durch die Mitwrkg. irgendeines zweiten Prozesses erklärt werden, sondern muß durch den Mechanismus der γ-Absorption gedeutet werden. Bei der (γ, 2n)-Rk. steigt σ vom Schwellenwert 19,4 MeV langsam zu einem Gipfel von 0,66 mbarn bei 2 MeV an. Der Gesamtwirkungsquerschnitt (integriert bis 26 MeV) beträgt 0,0024 MeV mbarn, derjenige der (γ, n)-Rk. 0,039 MeV mbarn. (Physic. Rev. [2] **87**. 756—58. 1/9. 1952. Saskatoon, Saskatchewan, Can., Univ. of Saskatchewan, Dep. of Phys.) M. WIEDEMANN. 103

Eric Iwersen, W. S. Koski und **Franco Rasetti**, *Durch Tritonen induzierte Aktivitäten in Magnesium und Aluminium.* Die Rk. von ^{27}Al(t, p)^{29}Al liefert ein Isotop mit einer Halbwertszeit von 6,5 Min., die Rk. ^{26}Mg(t, p)^{28}Mg ein Isotop mit einer Halbwertszeit von 21,8 Std., das als „tracer" sehr geeignet ist. Der Vers., die Rk. ^{31}P(t, p)^{33}P durch Tritonbestrahlung zu bewirken, verlief negativ. Mit einem NaJ(Tl)-Scintillationsspektrometer, Linearverstärker u. Einkanalanalysator wurde das γ-Spektr. von ^{28}Mg untersucht u. eine Linie bei 391 ± keV sowie 2 wahrscheinliche Linien bei 0,95 u. 1,35 MeV gefunden. (Physic. Rev. [2] **91**. 1229—31. 1/9. 1953. Baltimore, Md., Johns Hopkins Univ., Dep. of Chem., Dep. of Phys.) NELKOWSKI. 103

C. F. G. Delaney und **J. H. J. Poole**, *Die Halbwertszeit von Calcium 45.* Eine Probe von $CaCO_3$, deren Reinheit bes. geprüft worden war, wurde 1 Tag lang im Meiler mit Neutronen bestrahlt. Die Halbwertszeit des dabei entstandenen ^{45}Ca beträgt nach einer 202 Tage langen Meßreihe mit einem Endfenster-GEIGER-Zähler 163,5 Tage mit einem Höchstfehler von ±4 Tagen. (Sci. Proc. Roy. Dublin Soc. [N. S.] **26**. 129—31. 6/2. Kurze Mitt.: Physic. Rev. [2] **89**. 529—30. 15/1. 1953.) KIRSCHSTEIN. 103

B. Makiej, *Über die spektrale Verteilung der von ^{32}P und ^{90}Y emittierten inneren Bremsstrahlung.* Die in Pb aufgenommenen Absorptionskurven der schwachen γ-Strahlung von ^{32}P u. ^{90}Y mit einem hochempfindlichen Scintillationszähler werden analysiert u. mit den Absorptionskurven verglichen, die auf der Grundlage der spektralen Verteilung innerer Bremsstrahlung nach der Theorie von KNIPP u. UHLENBECK berechnet worden sind. Die experimentellen u. rechner. Ergebnisse führen zu dem Schluß, daß 1. die berechnete spektrale Verteilung der inneren Bremsstrahlung von ^{32}P mit den experimentellen Ergebnissen übereinstimmt, u. daß 2. im Falle von ^{90}Y ein Spektr. harter γ-Strahlung von ~1,5 MeV u. ~5 Photonen auf 10000 β-Übergängen dem inneren Bremsstrahlungsspektr. überlagert ist. (Acta physica polon. **12**. 32—44. 1953. Kraków, Jagellonian Univ., Inst. of Exp. Phys.) GERHARD SCHMIDT. 103

Hilding Slätis, Stefaan J. du Toit und **Kai Siegbahn,** *Der Zerfall von ^{116}In.* Ausführliche Darst. der C. **1951.** II. 3124 referierten Arbeit. (Ark. Fysik **2.** 321—32. 1950. Stockholm, Nobel-Inst. of Phys.) Kirschstein. 103

A. A. Jaffe und **S. G. Cohen,** *Der Zerfall von RaD.* Vff. füllen einen Proportionalzähler mit gasförmigem, RaD-haltigem $Pb(CH_3)_4$ u. untersuchen das auftretende Zerfallsspektr. von RaD. Die Gestalt der mit der 46,7 keV-γ-Strahlung koinzidierenden β-Spektr. niedriger Energie wird bestimmt u. sein Endpunkt zu 15,2 $\pm$ 1 keV festgelegt. Das Ergebnis stimmt mit der Erwartung für einen erlaubten Übergang nach der Fermi-Theorie überein. Die Änderung der Bindungsenergie der beim Zerfall frei werdenden Elektronen ($\sim$10 keV) ist in der Zerfallsenergie der β-Teilchen enthalten u. verteilt sich auf β-Teilchen u. Neutrino. Die Darst. des akt. $Pb(CH_3)_4$ wird beschrieben; zu diesem Zweck wird eine HNO_3-saure Lsg. von RaD im Gleichgewicht mit seinen Zerfallsprodd. nach Zufügung von inakt. Träger-Pb mit HCl gefällt, der (Pb, RaD)Cl_2-Nd. mit H_2O u. Aceton gewaschen u. anschließend am Rückflußkühler mit einer äther. Lsg. von frisch bereitetem CH_3MgJ 3 Std. gekocht. Nach Zerstörung der überschüssigen Grignard-Verb. mit W. wird die äther. (Pb, RaD)$(CH_3)_4$-Lsg. abgetrennt, mit $CaCl_2$ getrocknet u. fraktioniert. Das (Pb, RaD)$(CH_3)_4$ geht bei 110° über. (Physic. Rev. [2] **89.** 454—58. 15/1. 1953. Jerusalem, Hebrew Univ., Dep. of Phys.) Weigel. 103

W. D. Brodie, *Linsenspektrometeruntersuchung des Zerfalls von $MsTh_2$.* Mit einem Magnetlinsen-β-Spektrometer u. einem Dünnfenster-Geiger-Müller-Zähler als Detektor werden die absol. Intensitäten der inneren Konversionslinien der 75, 78, 97, 127 u. 184 keV-γ-Strahlen von $MsTh_2$ sowie die absol. Intensität der damit verbundenen L-Auger-Elektronen gemessen. Die K/L-Konversionsverhältnisse für die 127 u. 184 keV-Übergänge sind 0,023 $\pm$ 0,005 bzw. 4,7. Die Gesamtintensität der L-Auger-Linien beträgt 32 auf 100 Zerfälle. Schwierigkeiten treten bei dem Vers. der Zuordnung von Spins u. Paritäten zu den beiden untersten angeregten Niveaus der *RdTh*-Kerns auf. (Proc. physic. Soc., Sect. A **67.** 265—72. 1/3. 1954. Edinburgh, Univ., Dep. of Natural Philos.) Gerhard Schmidt. 103

Georges Valladas, *Untersuchung der Feinstruktur der α-Strahlung von ^{234}U.* Nach dem Ionisationskammerverf. untersucht Vf. die α-Feinstruktur von ^{234}U u. stellt die Ggw. eines α_1-Strahls bei 56 $\pm$ 5 keV vom Hauptstrahl α_0 fest. Ein weiterer Strahl ca. 170 keV von α_0 wird nachgewiesen. Die Ergebnisse über α_0, α_1 u. den möglichen α_2-Strahl liefern eine teilweise Bestätigung der Hypothese von A. Bohr über die beiden ersten angeregten Zustände von *Ionium.* (C. R. hebd. Séances Acad. Sci. **237.** 1673—75. 21/12. 1953.) Gerhard Schmidt. 103

R. W. Lamphere, *Spaltungsquerschnitt von Uran 234.* Ein monokinet. Neutronenbündel traf auf in einer Doppelionisationskammer montierte ^{234}U- u. ^{235}U-Folien. Das Verhältnis der Spaltgrößen zusammen mit dem bekannten Wirkungsquerschnitt von ^{235}U diente zur Best. des Wirkungsquerschnittes von ^{234}U. Der neutroneninduzierte Spaltungsquerschnitt von ^{234}U wurde von der Schwelle bis zu $E_n = 4$ MeV gemessen, wobei für die T(p, n)-Rk. ein T-Gastarget benutzt wurde. Die Kurve steigt vom Schwellenwert bei 350 keV zu 1,3 barn bei 4 MeV an. Ein Minimum liegt bei 1,08 MeV, ein weiteres bei 2,30 MeV. Diese Einschnitte sind $\sim$13% bzw. 7% des Wirkungsquerschnittes bei diesen Stellen. (Physic. Rev. [2] **91.** 655—58. 1/8.; Sitzungsbericht: **91.** 210. 1/7. 1953. Oak Ridge, Tenn., O.R.N.L.) Gerhard Schmidt. 103

—, *Radioaktive Isotope von Neyegaard & Co. A/S.* Beschreibung des chem. Aufschlußprozesses zur Gewinnung von ^{131}J mit 80—90%ig. Ausbeute aus meilerbestrahltem *Te.* 150 mg bestrahltes Te liefern ca. 100—200 mC ^{131}J. (Tidsskr. Kjemi, Bergves. Metallurgi **13.** 108—09. Juni 1953.) Gerhard Schmidt. 104

Einar Sœland, *Isotopenerzeugung in Norwegen.* Zusammenstellung der wichtigsten im Uranmeiler von Kjeller erzeugten Isotope: ^{122}Sb, ^{124}Sb, ^{76}As, ^{82}Br, ^{45}Ca, ^{198}Au, ^{192}Ir, ^{42}K, ^{60}Co, ^{64}Cu, ^{24}Na, ^{31}Si u. ^{182}Ta. (Tidsskr. Kjemi, Bergves. Metallurgi **13.** 79—82. Juni 1953. Kjeller, Inst. für Atomenergie.) Gerhard Schmidt. 104

C. C. Coffin und **W. D. Jamieson,** *Der Effekt des isomeren Übergangs in ^{80}Br auf dessen Reaktionsfähigkeit mit den Tetrachloriden von Kohlenstoff, Silicium, Germanium und Zinn.* Zur Nachprüfung der Frage, ob das Verhältnis von chem. zu Kern-Ereignis in Verbindung gebracht werden kann mit einer der Eigg. der Tetrachloride, von denen man einen Zusammenhang mit der Reaktivität mit „heißen" Br-Atomen erwarten könnte, ließen Vff. durch Neutronenbestrahlung von Äthylendibromid über NaBr als Träger erhaltenes ^{80}Br auf CCl_4, $SiCl_4$, $GeCl_4$ u. $SnCl_4$ einwirken. Für die drei ersten Tetrachloride konnte keinerlei Zusammenhang mit der Bindungsart, der Bindungsfestigkeit oder der D. festgestellt werden. Für $SnCl_4$ ist der vielleicht vorhandene

Effekt des isomeren Übergangs gänzlich maskiert durch eine bei Zimmertemp. in weniger als 2 Std. vollständige Austauschreaktion. (J. chem. Physics **20**. 1324–25. Aug. 1952. Halifax, Nova Scotia, Dalhousie Univ., Dep. of Chem.) RUMPF. 108

Clinton G. Goss, *Kernreaktoren für Industrie und Forschung. Instrumente für Untersuchungen.* Bericht über Arbeitsweise u. Einsatzmöglichkeit von Linearverstärkern, Untersetzern, Zählwerken u. Scintillationsspektrometern. (Instruments **27.** 284–86. Febr. 1954. Radiat. Counter Labors.) GERHARD SCHMIDT. 112

Robert S. Livingston, *Beschleunigung partiell abgestreifter schwerer Ionen.* Mit dem 63 in.-Cyclotron werden N^{3+}-Ionen bis 25 MeV bei einem Ionenstrom von $>50\ \mu$A beschleunigt. Die Resonanzfrequenzbeschleunigung von N^{3+}-Ionen ist 5,1 MHz. Das Magnetfeld beträgt im Zentrum 15500 Oersted. Die mit ILFORD C 2-Emulsionen aufgenommene Reichweite-Energie-Verteilung zeigt bei ~100 Ereignissen N-Ionen zwischen 3 u. 20 MeV. Die Energiestreuung liegt in der Größenordnung von 9 MeV (Halbwertsbreite des Maximums). Werden *D*, *Be*, ^{10}B, ^{11}B, *C*, N, *O* u. *S* mit den so erhaltenen Ionen beschossen, so liegen die Wirkungsquerschnitte in der Größenordnung von 10^{-26} cm. Die Rkk. lassen sich wie folgt klassifizieren: 1. Zwei schwere Teilchen tauschen ein leichtes Teilchen aus, z. B. $^{10}B(^{14}N)^{13}N^{11}B$, mit anschließender Emission eines γ-Strahls oder eines leichten Teilchens; 2. die beiden schweren Teilchen bilden bis auf einige Nucleonen einen neuen Kern, z. B. $^{32}S(^{14}N)^{44}Sc\,2\,^{1}H$. (Nature [London] **173.** 54–57. 9/1. 1954. Oak Ridge, Tenn., O. R. N. L.) GERHARD SCHMIDT. 112

V. K. Rasmussen, D. W. Miller, B. M. Carmichael und **M. B. Sampson,** *Vorläufige Ergebnisse mit dem Spektrometer für schwere Teilchen der Indiana University.* (Sitzungsbericht.) Es wird ein punktfokussierendes Magnetspektrometer mit einem mittleren Radius von 20 in. beschrieben, dessen Konstruktion dem 16 in.-Spektrometer (vgl. SNYDER u. Mitarbeiter, C. **1952**. 7128) entspricht. Das neue Spektrometer wird für das äußere Strahlenbündel eines Cyclotrons verwendet u. an letzteres in der Weise montiert, daß es um den Brennpunkt der Bündelfokussierungs- u. der Analysenmagnete schwenkbar ist. (Physic. Rev. [2] **92.** 852. 1/11.; Bull. Amer. physic. Soc. **28.** Nr. 4. 16. 18/6. 1953. Indiana Univ.) WEIGEL. 112

P. Rothwell und **D. West,** *Proportionalzähler in einem magnetischen Feld; eine Untersuchung der Kernisomerie in* ^{80}Br. Mit Hilfe von ^{37}Ar, das durch K-Einfang zerfällt u. eine Elektronenlinie von 2,8 keV abstrahlt, wird ein mit einem Magnetfeld ausgerüsteter Zähler geeicht. Es zeigt sich, daß das Magnetfeld keinen Einfl. auf die Proportionalität des Ionisationsprozesses ausübt. Durch das Magnetfeld wird eine totale Energieabsorption im Zähler bewirkt. Mit dieser App. untersuchen Vff. die Kernisomerie in ^{80}Br. (Proc. physic. Soc., Sect. A **63.** 539–41. 1/5. 1950. Harwell, Didcot, Berks., A. E. R. E.) W. E. REICHARDT. 112

C. D. Florida und **C. N. Davey,** *Die Verwendung halogengelöschter Geiger-Müller-Zähler mit Löschproben.* Die Verwendung der löschenden Probe in halogengelöschten GEIGER-MÜLLER-Zählern erhöht im allg. nicht die pro Impuls frei werdende Ladung u. liefert flache Plateaus, die in der Länge 100 V überschreiten. Außerdem wird durch diese Probe eine bestimmte Totzeit festgesetzt. (Atomics **5.** 229–31. Aug. 1954. Ottawa, Can., Defence Res. Board; Harwell, A. E. R. E.)
GERHARD SCHMIDT. 112

A. Krebs, *Scintillationszähler.* Zusammenfassender Bericht über Prinzip u. Wirkungsweise der beiden in letzter Zeit in erhöhtem Maße für die Forschung eingesetzten Typen von Scintillationszählern, dem Photonenzählrohr- u. dem Photomultiplier-Scintillationszähler. Nach einer Beschreibung anorgan. u. organ. Scintillatoren wird auf die Verwendung dieser Zähler zur Erforschung der Höhenstrahlung u. radiobiol. Prozesse eingegangen. — 236 Literaturzitate. (Ergebn. exakt. Naturwiss. **27.** 361–409. 1953. Fort Knox, Ky., Army Med. Res. Labor.) GERHARD SCHMIDT. 112

André Strohl und **Jean-Claude Roucayrol,** *Ein neuer Scintillationszähler für die Messung weicher* β*-Strahlen.* Vff. beschreiben eine Vorr., in der Lsgg. mit radioakt. markierten Stoffen (^{32}P, ^{14}C) auf ihre Aktivität untersucht werden können. Sie besteht aus einem lichtdicht gekapselten Gefäß zwischen zwei Photomultipliern. Der zu untersuchende β-Strahler erregt Scintillationen in einer Lsg. von α-Naphthylamin in Dioxan, die ausgelösten Impulse wirken durch Fenster aus Polymethylmetacrylat auf die Photokathoden. (J. Radiol. Électrol. Arch. Électr. méd. **34.** 343. 1953.)
REUSSE. 112

Shoji Kojima und **Soji Kono,** *Ein Lichteffekt eines Diamant-*α*-Strahl-Zählers.* Unters. des Einfl. einer Bestrahlung des Zählerkristalls mit Licht auf die Zählrate eines Diamantzählers für α-Teilchen. Bei Einfall der α-Teilchen durch die aufgedampfte

Al-Elektrode wurde eine Erhöhung der Zählrate bei Bestrahlung mit sichtbarem Licht bis zu einem wellenlängenabhängigen Höchstwert beobachtet, während bei Einstrahlung von UV enthaltendem Licht die Zählrate nach Erreichen eines Maximums abfällt. Bei Einfall der α-Teilchen parallel zu den Elektroden wurde die Zählrate durch Bestrahlung mit Licht herabgesetzt, die wirksame Wellenlänge für diesen Effekt betrug $\sim$5000 Å. Bei längerer Bestrahlung ergab sich kein Anstieg der Zählrate. Diskussion der Resultate unter den Gesichtspunkten der Aufhebung von Raumladungen u. des Einfangens von Ladungsträgern in der ionisierten Schicht des Kristalls. Diamanten mit großer Photoleitfähigkeit eignen sich nicht als Zählerkristalle. (J. physic. Soc. Japan **7.** 84—88. Jan./Febr. 1952. Tokyo, Univ. of Educat. [Orig.: engl.]) EICHHOFF. 112

F. B. Harrison, *Großflächige Flüssigkeitsscintillationszähler.* In Verbindung mit einer Übersicht über die charakterist. Eigg. des Scintillationszählers beschreibt Vf. zwei Behälter für organ. Scintillations-Fll. mit empfindlichen Voll. von 1·12·12 in. bzw. 3·3·12 in., die er für Höhenstrahlunterss. verwendet. (Nucleonics **10.** Nr. 6. 40—45. Juni 1952. Princeton, N. J., Princeton Univ., Palmer Physic. Labor.) H. HAUSWALD. 112

Otto Blüh und **Fred Terentiuk,** *Flüssiger Scintillations-β-Zähler für radioaktive Festkörper.* Durch Mischung des pulverförmigen β-Strahlers von schwacher spezif. Aktivität mit der Scintillations-Fl. zu einer Paste können Aktivitäten von 10^{-3} μC gemessen werden. Zur Erhöhung der Lichtdurchlässigkeit der Paste wird NaCl- oder Glaspulver zugegeben. ^{40}K kann bis zur 1000fachen Verdünnung der gesätt. KCl-Lsg. nachgewiesen werden. (Nucleonics **10.** Nr. 9. 48—51. Sept. 1952. Vancouver, Can., Univ. of Brit. Columbia, Phys. Dep.) H. HAUSWALD. 112

Th. Kahan, Physique nucléaire. Coll. „Armand Colin". Paris: A. Colin. 1954. (224 S.) fr. 250,—.

A$_2$. Optisches Verhalten der Materie.

L. E. Gurewitsch, *Struktur der Hauptreihe und chemische Zusammensetzung ihrer Sterne.* Für alle Sterne der Hauptreihe ist das Mol.-Gew. μ annähernd gleich, die Strahlung wird im wesentlichen durch H u. He absorbiert. Der obere Knick in der (L, M)-Kurve läßt sich durch den Übergang von der Absorption zur Streuung der Strahlung, der untere durch den zur Elektronenentartung deuten. Berechnung der Undurchsichtigkeit $\varkappa$. (Доклады Академии Наук СССР [Ber. Akad. Wiss. UdSSR] [N. S.] **92.** 499—501. 21/9. 1953.) AMBERGER. 113

William Buscombe, *Linienintensitäten in den Spektren von kühlen Kohlenstoffsternen.* 1. Mitt. *R-Sterne im Violetten.* Die äquivalenten Linienbreiten von ca. 150 Absorptionslinien wurden im Gebiet von 3900—4600 Å bei drei Sternen des Spektraltyps R ausgemessen. Die Linien sind in allen drei Sternen etwa gleich stark. Lediglich in einem Stern zwingt eine schwächere CH-Linie, nur $^1/_{10}$ so viel absorbierende CH-Moll. anzunehmen, wie in den beiden anderen Sternen. Die Opazität der Sternatmosphären wird für verschied. Spektralbereiche diskutiert. (Astrophysic. J. **118.** 459—62. Nov. 1953. Mt. Wilson and Palomar Observ., Carnegie Inst. of Washington, California Inst. of Technol.) GUDZENT. 113

Leo Goldberg und **Edith A. Müller,** *Kohlenstoffmonoxyd in der Sonne.* Es wurden nahezu 300 Linien des CO im Spektr. des Sonnenrandes zwischen 2,29 u. 2,50 μ analysiert u. daraus die Schwingungs- u. Rotationskonstanten der CO-Moll. abgeleitet. Aus gemessenen u. berechneten Werten des Absorptionskoeff. wird die Häufigkeit des CO zu $1{,}45 \cdot 10^{19}$ Moll./cm^2 über der Photosphäre u. die Strahlungstemp. zu 4300° K abgeleitet. Durch Rechnung wird gezeigt, daß das solare CO in der Nähe der oberen Begrenzung der Photosphäre konz. ist u. daß daher die Strahlungstemp. mit der Grenztemp. übereinstimmt. Die Ursachen für die geringen Intensitäten der Fundamentalbandenlinien des CO werden diskutiert. (Astrophysic. J. **118.** 397—411. Nov. 1953. Pontiac, Mich., Univ. of Michigan, McMath-Hulbert Observ.) GUDZENT. 113

M. A. Catalan, F. Rohrlich und **A. G. Shenstone,** *Beziehungen zwischen niederen Atomkonfigurationen in den Langperioden.* Vff. analysieren an Hand des vorliegenden spektroskop. Materials die niedersten Terme der folgenden Konfigurationen über viele Ionisationsstufen hinweg: d^n, $d^{n-1}s$, $d^{n-2}s^2$; dabei ist n die Gesamtzahl der Außenelektronen. Sie zeigen, daß man die sogenannten SLATERschen Parameter bei horizontalem Fortschreiten längs der Periode aus den relativen Lagen der Konfigurationen gewinnen kann (Horizontale Analyse). Die so gefundenen Parameter unterscheiden sich von denen, die bei Einzelelementen gefunden wurden (Vertikale Analyse). Außerdem fanden Vff. noch einige bisher nicht erklärbare Regelmäßigkeiten bei Betrachtung der Ionisationsterme. (Proc. Roy. Soc. [London], Ser. A **221**. 421–37. 9/2. 1954. Madrid, Univ.; Princeton, N. J., Univ.) Voitländer. 114

John R. Townsend, *Absorptionsspektren von Mg und MgO im festen Zustand.* Die Absorptionsspektren von dünnen Mg- u. MgO-Filmen (800–3000 Å Dicke) werden im Gebiet von 80–350 Å aufgenommen. Als Lichtquelle dient ein kondensierter Funke, zur Dispersion ein konkaves 1,5 m Glasgitter; die Spaltbreiten betragen 0,05–0,10 mm. Die Mg-Filme werden durch Sublimation auf eine Lackunterlage hergestellt, die Unterlage wird dann durch Amylacetat abgelöst u. der Film für die Aufnahmen auf ein dünnes Nickelnetz gebracht. Die Dicke der Filme wird aus ihrem Gewicht mit einer Genauigkeit von 5–10% berechnet. Die MgO-Filme lassen sich herstellen, indem man die Mg-Filme auf dem Nickelfilter in einem Ofen in H_2-Atmosphäre mit geringem H_2O-Geh. für 5 Min. auf 600° erhitzt. Wenn dann nach einigen Std. einige Tropfen W. auf die Probe gebracht werden, verwandelt sie sich fast momentan in MgO. Die Dicke der Filme wird in gleicher Weise berechnet wie die der Mg-Proben. Da die Resultate durch Absorption oder Reflexion an der Oberfläche oder durch chem. Veränderungen in der Oberfläche gefälscht werden können, wird die Absorption jeweils in Abhängigkeit von der Schichtdicke gemessen u. aufgetragen. Die Neigung der resultierenden Geraden ergibt den Absorptionskoeff., der Ordinatenabschnitt ist durch Oberflächeneffekte bedingt. Die Messungen an Mg-Filmen ergeben ein Absorptionsmaximum bei 170 Å mit Feinstruktur, das von einer Mg-Lack-Zwischenschicht herrührt, dann weiter die $L_{2,3}$-Absorptionskonstante bei 251 Å u. die L_1-Absorptionskante bei 140 Å. Die Änderung des Absorptionskoeff. bei der $L_{2,3}$-Kante beträgt $8{,}3 \cdot 10^4$ cm^{-1}. Die entsprechende Änderung bei der 140 Å-Kante beträgt schon der Theorie nach nur ca. $^1/_3$ von diesem Wert u. fällt hier wegen der unsicheren Schichtdickenbest. u. infolge von chem. Veränderungen in der Oberfläche schon beinahe in die Fehlergrenze der Messung. Das Spektr. von MgO weist in dem untersuchten Spektralbereich drei Banden auf. Die eine mit einer Schwellenenergie von 52 eV wird einem Elektronenübergang von der $L_{2,3}$-Schale ins Leitfähigkeitsband zugeschrieben, eine zweite mit einer Schwelle von 95 eV dürfte dem entsprechenden Übergang aus der L_1-Schale entsprechen. Aus der Struktur zwischen 52 u. 82 eV lassen sich Schlüsse über die Niveaus im Leitfähigkeitsband ziehen. Diese Deutungen stehen im Widerspruch zu Emissionsmessungen von O'Bryan u. Skinner (C. **1941**. II. 8) u. ihrer Interpretation durch Mott u. Gurney (C. **1940**. II. 1839). Sie läßt sich aber stützen, wenn ein Energiediagramm der von Seitz vorgeschlagenen Art aufgestellt wird, wobei man einen rein ion. Gittertyp annimmt u. die Energiezustände von Mg^{2+} u. O^{2-} im isolierten Zustand berechnet. Eine Aufstellung dieser Art wird im einzelnen durchgeführt. (Physic. Rev. [2] **92**. 556–60. 1/11. 1953. Ithaka, N. Y., Cornell Univ.) Kortüm. 116

P. Tiruvenganna Rao, *Das Emissionsbandenspektrum von* Cl_2^+. In einem Hochfrequenzentladungsrohr, welches eine kleine Menge $NbCl_5$ enthält, wird das Emissionsspektr. von Cl erregt. In ihm werden zusätzlich zu den von Elliott u. Cameron gefundenen 90 Banden ca. 30 neue Cl_2^+-Banden gefunden, die zu dem Sub-Syst. I der Cl_2^+-Banden auf der Basis eines $^2\Pi$–$^2\Pi$-Überganges gehören. Die Hälfte dieser Banden ist dem Mol. $^{35}Cl^{37}Cl$ zuzuschreiben. Ferner wird die Intensitätsverteilung in den Banden im Sub-Syst. I angegeben. (Proc. nat. Inst. Sci. India **20**. 70–73. Jan./Febr. 1954. Waltair, Andhra Univ., Dep. of Phys.) D. Hahn. 118

Anne Pery, *Isotopieverschiebungen im Atomspektrum des Calciums.* Mit Hilfe eines Pérot-Fabry wurde das Spektr. einer ^{40}Ca- u. ^{48}Ca-Hohlkathodenentladung photograph. aufgenommen u. die Isotopieverschiebungen an einigen Ca I- u. Ca II-Linien gemessen. Der spezif. Massendefekt des Triplettsyst. λ 6103, 6122 u. 6162 Å ist etwas größer als der n. u. tritt in umgekehrter Richtung auf. In der Resonanzlinie λ 4227 Å u. im Dublett des Ca II λ 3933 u. 3968 Å ist die Massenverschiebung sehr klein u. in gleicher Richtung wie die normale. Die entsprechenden Übergänge des Mg sind sehr ähnlich. (Proc. physic. Soc., Sect. A **67**. 181–85. 1/2. 1953. Oxford, Clarendon Labor.) Heinsohn. 118

I. Fernando und **S. G. Krishnamurty**, *Das Spektrum von doppeltionisiertem Tantal.* Unters. des Ta III-Spektr. im Gebiet von 2250–2750 Å. Eine hochkondensierte Funkenentladung brannte zwischen reinen Ta-Elektroden in Luft, W. u. H_2. Diskussion des Spektr. u. Einordnung von 24 Linien in ein Termschema. (Current Sci. **20**. 125–26. Mai 1951. Madras, Presidency Coll.) Eichhoff. 118

L. F. H. Bovey und **W. R. S. Garton**, *Das Absorptionsspektrum von Cassiopeium.* Das Absorptionsspektr. von Cp, das sich in einem Ofen bei 2400° befand, wurde im Bereich von 2600–6055 Å spektrograph. aufgenommen u. mit Messungen früherer

Autoren verglichen. (Proc. physic. Soc., Sect. A **67.** 291—93. 1/3. 1954. London, Imp. Coll., Dep. of Astrophys.) Heinsohn. 118

R. F. Barrow, G. Drummond und **S. Walker,** *Eine Bemerkung über die UV-Bandenspektren von CCl und SiCl.* In einer CCl_4-Dampfentladung wurden bei niedrigen Stromdichten im Bereich von 2360—2440 Å einige schwache, nach Rot abgeschattete Banden in Emission gefunden. Die Analyse läßt $^2\Sigma$-$^2\Sigma$-Übergänge in CCl oder Singulett-Singulett-Übergänge in CCl^+ vermuten. Entladungen in anderen Cl enthaltenden organ. Dämpfen ($CHCl_3$, CCl_3CHO, $C_6H_5CCl_3$, $C_6H_5CHCl_2$ u. $C_6H_5CH_2Cl$) ergaben diese Banden nicht, desgleichen Entladungen in CCl_4-Dampf bei größeren Stromdichten. In Übereinstimmung mit früheren Autoren wurden bis zu 2000° keine dem CCl zuzuschreibenden Absorptionsbanden beobachtet. — Zur Klärung der Analyse der SiCl-banden wurde das Spektr. in Absorption bei 1600 u. in Emission bei 1700° aufgenommen. Es ergab sich eine n. Intensitätsverteilung u. der Eindruck, daß es sich bei den Banden zwischen 2640 u. 3020 Å um ein einziges Syst. (B → X) handelt. (Proc. physic. Soc., Sect. A **67.** 186—87. 1/2. 1954. Oxford, Phys. Chem. Labor.) Heinsohn. 118

C. B. Sharma, *Absorptionsbanden von SbSe und SbTe im Quarz-Ultraviolett-Bereich 3650—2200* Å. In einem Vakuumofen wurde SbSe- u. SbTe-Dampf bei Tempp. zwischen 1000 u. 1300° mit dem Licht eines H_2-Kontinuumstrahlers durchstrahlt u. das Absorptionsspektr. photograph. aufgenommen. Neue Bandensysteme des SbSe-Mol. bei 3685—3289, 2870—2620, 2456—2351 u. 2335—2222 Å u. des SbTe-Mol. bei 2383 bis 2260 Å wurden gefunden u. analysiert. Die Schwingungskonstanten werden angegeben. Verss., die Banden in Emission durch Anregung in einer Entladung zu erhalten, waren erfolglos. (Proc. physic. Soc., Sect. A **66.** 1109—12. 1/12. 1953. London, Imp. Coll., Dep. of Phys.) Heinsohn. 118

R. F. Barrow, G. Drummond und **H. C. Rowlinson,** *Das Absorptionsspektrum von SnS-Dampf in den ultravioletten und Schumann-Gebieten.* Es werden neue Spektrogramme des E–X-Syst. von SnS aufgenommen u. am kurzwelligen Ende des Syst. zusätzliche Banden diesem Syst. zugeordnet. Bei ca. 40850 cm^{-1} oberhalb $v'' = 0$ läßt sich eine Dissoziationsgrenze angeben. Für die Dissoziationsenergie D_0'' von SnS wird der Wert 110 kcal/Mol gefunden, der mit thermochem. Ergebnissen gut übereinstimmt. Ferner wird das Absorptionsspektr. von SnS im Schumann-Gebiet von 1500 bis 2000 Å im Dampfzustand untersucht. Es werden zwei Bandensysteme (zwischen 1860—1935 Å u. bei 1788,0 1803,5 u. 1819,2 Å;) u. ein kontinuierliches Absorptionsgebiet gefunden. (Proc. physic. Soc., Sect. A **66.** 885—88. 1/10. 1953. Oxford, Univ., Phys. Chem. Labor.) D. Hahn. 118

Alfred Kastler, *Paramagnetische Resonanz und Resonanzeffekt der magnetischen Doppelbrechung Hertzscher Wellen.* Vf. zeigt, daß bei der paramagnet. Resonanz für die parallel zum Magnetfeld fortschreitende Hertzsche Welle eine magnet. Drehung der Polarisationsebene für die senkrecht zur Magnetfeldrichtung fortschreitende Welle eine magnet. Doppelbrechung auftritt. Dieses Verh. ist der Beziehung zwischen transversalem u. longitudinalem Zeeman-Effekt im opt. Falle analog. (C. R. hebd. Séances Acad. Sci. **231.** 1462—64. 18/12. 1950.) Rudolph. 119

Alfred Kastler, *Beziehungen zwischen den magneto-optischen Phänomenen im sichtbaren und Hertzschen Gebiet.* Behandlung der Analogien zwischen dem durch Zeeman beobachteten äquatorialen Kerr-Effekt im sichtbaren u. einem transversalen, nicht reziproken, magneto-opt. Effekt im Gebiet Hertzscher Wellen. (C. R. hebd. Séances Acad. Sci. **238.** 1007—09. 1/3. 1954.) Eichhoff. 119

V. Sivaramakrishnan, *Die Beziehung zwischen magneto-optischer Drehung und optischer Dispersion in einigen Halogensäuren und ihren Salzen.* Die opt. (Dispersion) u. magneto-opt. Eigg. (Faraday-Effekt) wss. Lsgg. von *HCl, HBr* u. *HJ* u. ihren Salzen bei verschied. Konzz. können Aufschlüsse über Solvatation u. Dissoziation geben. Die aus den Meßwerten errechneten magneto-opt. Anomaliefaktoren der freien Ionen mit Edelgaskonfiguration sind etwas kleiner als der theoret. Wert 1. In den einwertigen Halogeniden scheint die Hydratation u. Zusammenlagerung von Ionen den Anomaliefaktor zu verkleinern. In den Säuren ist er kleiner als in den Salzen u. nicht konzentrationsabhängig, vermutlich wegen der Bldg. von H_3O^+-Ionen. Der Anomaliefaktor von Ionen ist in Lsg. größer als im Kristall. (Proc. Indian Acad. Sci., Sect. A **39.** 31—40. Jan. 1954. Bangalore, Indian Inst. of Sci., Dep. of Phys.) H. C. Wolf. 119

W. M. Jushakow und **P. G. Deineka,** *Einfluß eines elektrischen Feldes auf die additive Verfärbung von Steinsalzkristallen.* Wird an die obere (untere) Elektrode von hochkant gestellten u. elektr. beheizten NaCl-Kristallen von $1 \cdot 1 \cdot 1{,}5$ cm^3, die mit einer mit fl. Na gefüllten Ausbohrung versehen sind, eine positive Spannung gelegt, so verfärbt sich mit im wesentlichen gleichem Endergebnis der obere (untere) Teil des Kristalls durch Na-Dämpfe (fl. Na). Bei 10 V verbreitet sich von dem fl. Na-Einschluß ausgehend verhältnismäßig langsam eine intensive, bei 100 V schnell eine schwache Verfärbung. Vorbehaltlich einer genaueren Unters. geben Vff. für die zur Zahl n der Verfärbungszentren proportionale Elektronenzahl/Volumeneinheit $n = N/uE$ an, wobei u die Elektronenbeweglichkeit, E die angelegte Spannung bedeutet u. für die Zahl N der die NaCl-Oberfläche/Zeiteinheit durchsetzenden Elektronen angenommen wird, daß sie nur von der Temp., (prakt.) dagegen nicht vom angelegten Feld abhängt. (Доклады Академии Наук СССР [Ber. Akad. Wiss. UdSSR] [N. S.] **94.** 671—72. 1/2. 1954. Leningrad, Technolog. Lensowjet-Inst.) AMBERGER. 119

M. Haccuria, *Ultrarotspektren von amorphem Quarz, Tridymit, Kristobalit, kristallisiertem Quarz und geschmolzenem Quarz.* Die Absorptionsspektren von SiO_2 in allen möglichen Kristallformen werden im ultraroten Bereich bis zu 24 μ aufgenommen. Dazu werden die Proben in Isopropylalkohol suspendiert, auf ein Fenster gebracht u. der überschüssige Alkohol abdestilliert. Da der Durchmesser der Einzelteilchen die Spektren beeinflußt, wurde darauf gesehen, daß die Korngröße nie mehr als 5 μ betrug. Bei allen Formen des Quarzes kann tetraedr. Anordnung der O-Atome um die Si-Atome angenommen werden. In allen Spektren finden sich drei Fundamentalbanden, die von den inneren SiO_4-Tetraederschwingungen herrühren; zwei F_2-Banden bei 8,2 u. 9,15 μ u. eine E-Bande bei 12,6 μ. Letztere ist eigentlich verboten, jedoch ist die Symmetrie durch gegenseitige Beeinflussung der einzelnen Tetraeder reduziert. Einer äußeren Schwingung der Tetraedergruppen entsprechen die Banden bei $\sim 21\ \mu$, deren genaue Lage von der Art der Kristallform leicht beeinflußt wird. Außer diesen Banden treten noch folgende für jede Kristallart charakterist. Banden auf: amorpher Quarz 10,55 μ, krist. Quarz 14,40 μ, 19,15 μ, Tridymit 17,55 μ, Cristobalit 16,10 μ, geschmolzener Quarz 13,80 μ. (Bull. Soc. chim. belges **62.** 428—35. Juli/Sept. 1953. Liège, Univ., Centre d'Analyse Spectrale Mol.) KORTÜM. 120

J. Goubeau und **W. Bues,** *Bindekräfte im Bortrifluorid und Tetrafluoroborat-Ion.* Aus dem RAMAN-Spektr. einer wss. $NaBF_4$-Lsg., in dem bei einzelnen Linien die Isotopenaufspaltung beobachtet wurde, konnten die Kraftkonstanten für die tetraedr. BF_4^--Gruppe berechnet werden. Der Vgl. mit den aus dem bekannten BF_3-Spektr. berechneten Kraftkonstanten ergibt, daß im BF_4-Ion eine Verringerung der Kraftkonstanten um ca. 25% vorliegt. Die Ursachen dieser Änderung werden diskutiert. (Z. anorg. allg. Chem. **268.** 221—28. Juni 1952. Göttingen, Univ., Anorg. chem. Inst.) GOUBEAU. 120

H. J. Eichhoff und **F. Weigel,** *Zur Kenntnis der Raman-Spektren von $VOCl_3$ und ReO_3Cl.* Beschreibung der RAMAN-Spektren von $VOCl_3$ u. ReO_3Cl. Zuordnung der Frequenzen von $VOCl_3$ u. eines Teiles der ReO_3Cl-Frequenzen auf Grund von Rechnungen nach dem Valenzkraftmodell von WAGNER. Mitt. der für dieses Modell geltenden Kraftkonstanten für $POCl_3$ u. $VOCl_3$ u. Diskussion der Bindekräfte. (Z. anorg. allg. Chem. **275.** 267—72. März 1954. Mainz, Univ., Anorg.-Chem. Inst.) EICHHOFF. 120

Michael Danos und **Stanley Geschwind,** *Verbreiterung der Mikrowellenabsorptionslinien infolge Wandzusammenstößen.* Von der Tatsache ausgehend, daß die erreichbare Auflösung in der Mikrowellenspektroskopie durch die Verbreiterung der Absorptionslinien infolge Zusammenstößen zwischen absorbierenden Gasmoll. u. den Wänden der Absorptionszellen begrenzt ist, berechneten Vff. diese Verbreiterung unter Verwendung einer von JOHNSON u. STRANDBERG (vgl. C. **1953.** 3998) eingeführten Methode. Es wurden 2 Typen von Absorptionszellen untersucht, u. zwar eine mit unendlich ebenen parallelen Platten u. die andere mit einem kreisförmigen Zylinder, jede in einem Gebiet eines gleichförmigen Mikrowellenfeldes. Bei früheren Unterss. war angenommen worden, daß diese Linienverbreiterung eine LORENTZ-Form besaß mit $\Delta\nu = 1/2\pi\tau$, wo τ die mittlere Zeit zwischen 2 Zusammenstößen bedeutet u. durch $1/\tau = (A/V)(\varkappa T/2\pi m)^{1/2}$ ausgedrückt werden kann; in diesem Ausdruck bedeuten A die gesamte Fläche, V das Vol. der Absorptionszelle u. m die M. der Moleküle. Berechnungen der Vff. ergaben eine gute Übereinstimmung mit diesem Ausdruck, woraus geschlossen werden kann, daß der Fehler bei der Berechnung der Linienbreite mit Hilfe des obigen Ausdrucks nicht größer als 30% ist. Eine von anderer Seite für NH_3 bei der Temp. von Trockeneis gemessene totale Breite bei dem Halbmaximum stand in guter Übereinstimmung mit dem berechneten Wert. (Physic. Rev. [2] **91.** 1159—62. 1/9. 1953. New York, N. Y., Columbia Univ., Radiat. Labor.) GOTTFRIED. 121

Marie Freymann, Marie-Thérèse Rolland und **René Freymann,** *Mikrowellenabsorption von Alaunen und Ammonsulfat und die spektrale Darstellung log ν_c — T.*

Die Unterss. von Guillien (Cahiers de Physique **11.** [1942.] 17 u. **23.** [1944.] 43) wurden auf das Mikrowellengebiet ausgedehnt. Die Messungen erfolgten bei $\lambda = 3{,}138$ cm u. in dem Temperaturbereich 123—293° K. Ammonsulfat zeigt bei 221° K ein Absorptionsmaximum mit starkem Abfall nach tieferen Temperaturen. Die Alaunverbb. von Al–NH_4 u. Fe–NH_4 haben Maxima bei 177 bzw. 186° K. Die Darst. log ν_c — T, bei der als Abscisse die absol. Temp. T u. als Ordinate der log der dem Absorptionsmaximum entsprechenden krit. Frequenz ν_c aufgetragen ist, zeigt, daß die Mikrowellenabsorption eine Erweiterung der von Guillien für wesentlich niedrigere Frequenzen gemachten Abgaben ergibt. Sie gestattet auch die Voraussagen der Absorption von Alaunen u. Ammonsulfat. Es wurden ferner untersucht *HBr*, *UO_2*, *U_3O_8*, *Eis*, *H_2O* in Actigel u. Cellulose. (C. R. hebd. Séances Acad. Sci. **232.** 2312—13. 18/6. 1951.) Scheuer. 121

Ryosuke Yokota, *Thermoluminescenz an durch Röntgenbestrahlung gefärbtem Quarz und geschmolzenem Quarz.* Quarz u. geschmolzener Quarz werden 5 Std. röntgenbestrahlt (100 kV, 3 mA, W-Antikathode) u. anschließend Glow-Kurven daran aufgenommen (Aufheizgeschwindigkeit 0,033°/Sek.). Am Quarz werden 3 diskrete Haftstellenterme gefunden (scharfe Glow-Spitzen bei ca. 44, 473, 567° K), am geschmolzenen Quarz dagegen einige Gruppen von Haftstellentermen (sehr breites Maximum). Schwerpunkt des Glow-Spektr. bei 600° K, wenn reduzierend bei 430° K u. wenn mittelstark oxydierend geschmolzen wurde. Es wird aus der Unters. geschlossen, daß geschmolzener Quarz ein untergeordnetes Gitter hat, aber bis zu einem gewissen Grade die lokale Ordnung des Quarzkristalls beibehält. (Physic. Rev. [2] **91.** 1013—14. 15/8. 1953. Kawasaki, Kanagawa-ken, Japan, Tokio-Shibaura Electr. Comp., Matsuda Res. Labor.) Ruffler. 125

H. O. Albrecht und **C. E. Mandeville,** *Die Luminescenz von Berylliumoxyd.* Bei Erregung mit α-Strahlen zeigt BeO eine breite Fluorescenzbande von 2000 Å bis über 4000 Å. Die Helligkeit zwischen 2000 u. 3000 Å übersteigt die von NaCl·Ag-Phosphoren. Bei Erregung durch eines Tesla-Entladung in Luft (10^{-3} Torr) tritt eine schwache Phosphorescenz auf, die wesentlich verstärkt wird, wenn das BeO bei 1400° an Luft geglüht war. Mit einem H_2-Bogen erregtes BeO luminesciert schwächer als die aktivierten Alkalihalogenide. (J. Franklin Inst. **257.** 249. März 1954.) Rudolph. 125

L. R. Megill und **C. R. Emigh,** *Die langlebigen Phosphorescenz-Komponenten von Thallium-aktiviertem Natriumjodid.* (Sitzungsbericht.) Die Abklingkurven von NaJ·Tl haben nach Bestrahlung mit einer ^{60}Co-Quelle bei konstanter Temp. je nach Länge der Vorbestrahlung (5 Sek. bis 120 Std.) verschied. Verlauf. Die Zerlegung der Kurven in rein exponentielle Abschnitte führt zu mittleren Lebensdauern für die verschied. Haftstellen von: $0{,}23 \pm 0{,}04$, $0{,}92 \pm 0{,}11$, $3{,}1 \pm 0{,}3$, $8{,}8 \pm 0{,}8$, 28 ± 3, 90 ± 3 u. 510 ± 100 Minuten. Die Anfangsintensitäten der exponentiellen Komponenten nähern sich mit zunehmender Bestrahlungsdauer konstanten Werten u. folgen in erster Näherung einem einfachen monomol. Vorgang. (Physic. Rev. [2] **92.** 1081. 15/11.; Bull. Amer. physic. Soc. **28.** Nr. 5. 9. 2/9. 1953. Los Alamos, Scient. Labor.) Rudolph. 125

L. N. Galkin und **N. W. Korolew,** *Photoluminescenz von PbS im infraroten Spektralgebiet.* Bei PbS-Proben mit merklichem innerem Photoeffekt tritt bei Bestrahlung mit sichtbarem u. UV-Licht eine „ziemlich intensive" Infrarotluminescenz im Bereich 2—3,5 μ mit einem Maximum bei ca. 2,6—2,8 μ auf. (Доклады Академии Наук СССР [Ber. Akad. Wiss. UdSSR] [N. S.] **92.** 529—30. 21/9. 1953.) Amberger. 125

A_3. Elektrizität. Magnetismus. Elektrochemie.

P. S. H. Henry, *Die Rolle asymmetrischer Reibung bei der Bildung statischer Elektrizität.* (Vgl. C. **1954.** 9690.) Zwei unabhängige Arten von Kontaktelektrisierung werden diskutiert: Die eine erfordert verschied. Oberflächen, jedoch benötigt sie keine Reibung, die andere verlangt eine asymm. Reibung, aber keine Unterschiede in den Oberflächen. Durch die Überlagerung dieser beiden Effekte, wenn nämlich verschied. Oberflächen asymm. gerieben werden, werden die unsicheren Ergebnisse solcher Verss. hervorgerufen. Es werden Verss. beschrieben, bei denen alle möglichen Zweierkombinationen von 10 verschied. Stoffen in Kontakt miteinander gebracht werden. Mit wenigen Ausnahmen sind die Ergebnisse in Übereinstimmung mit der Existenz einer elektrostat. Reihe. Die Ladungstrennung durch asymm. Reibung von gleichen Oberflächen wird diskutiert. Es wird angenommen, daß dies durch den therm. Gradienten hervorgerufen wird. (Brit. J. appl. Physics, Suppl. **1953.** Nr. 2. 31—36. Manchester, British Cotton Ind. Res. Assoc.) v. Harlem. 130

J. A. Medley, *Die Vernichtung von elektrischen Ladungen, die durch Walzen erzeugt wurden.* Es wird gezeigt, daß über ein weites Gebiet des Walzendruckes Gasentladungen die obere Grenze für die Ladungsdichte von reinen, schlechtleitenden Wollstoffen bilden. Es wird durch Verss. bestätigt, daß die Elektrisierung verschwindet, wenn die Leitfähigkeit des Oberflächenagens den Wert von 10^{-9} Ω^{-1} cm^{-1} erreicht, oder wenn der Stoff selber ausreichend leitet. (Brit. J. appl. Physics, Suppl. **1953.** Nr. 2. 23—27. Torridon, Leeds, Wool Ind. Res. Assoc.) v. HARLEM. 130

Wilhelm Göing, *Bestimmung der radialen Temperaturverteilung von Hg-Höchstdruckbögen aus den Kuppenstrahldichten selbstumgekehrter Linien.* Das von BARTELS angegebene Verf. (vgl. C. **1951.** II. 489) zur Best. der Temp. aus den Kuppenstrahldichten der Spektrallinien mit Selbstumkehr wird zur Ermittlung der radialen Temperaturverteilung von Hg-Höchstdrucklampen HBO 200 angewendet. Als Strahlungsnormale werden in bekannter Weise Reinstgraphitbögen benutzt. Die untersuchte Lampe hat bei 200 W Aufnahme eine Achsentemp. von 8000° K. Die Meßgenauigkeit liegt bei ±200°. (Z. Physik **131.** 603—18. 1952. Hannover, TH, Phys. Inst.) PIEPLOW. 131

O. Reifenschweiler, *Zur Erzeugung von Ionenstrahlen aus dem Plasma von Gasentladungen.* Da es noch keine Ionenquelle für hohe Ionenströme mit sonst allg. guten Eigg. gibt, wird nach günstigen Methoden zur Stromsteigerung von Ionenquellen gesucht. Bes. wichtig ist die Verbesserung des Extraktionsvorganges, aus diesem Grunde wird die Hochfrequenzionenquelle, die beste mit Sondenextraktion, als Ausgangspunkt für die Unterss. genommen. Als Endergebnis der einzelnen Verbesserungen, über deren Einzelheiten auf das Orig. verwiesen werden muß, ergaben sich bei einer Senderleistung von 260 W Ionenströme von 6 mA bei einem Gasverbrauch von 10 cm^3/h. (Ann. Physik [6] **14.** 33—53. 1954. Freiburg/Br., Univ., Phys. Inst.) v. HARLEM. 131

L. J. Varnerin jr., *Neutralisation von Ionen und Ionisation von Atomen an Metalloberflächen.* Die Bedingungen für den Elektronenübergang zwischen einem Metall u. einem Ion oder einem Atom in der Nähe der Oberfläche werden untersucht. Die Bildkraft hat oft einen Einfl. auf die Übergangswahrscheinlichkeiten. Die Theorie von COBAS u. LAMB für den Elektronenübergang beim Stoß von He^+ auf eine Mo-Fläche dürfte falsch sein. In diesem Fall erfolgt die Sekundärelektronenemission nach dem AUGER-Effekt. (Physic. Rev. [2] **91.** 859—63. 15/8. 1953. East Pittsburgh, Pa., Westinghouse Res. Labor.) M. DRECHSLER. 131

Homer D. Hagstrum, *Reflexionen von Ionen an einer Metallfläche als Ionen oder metastabile Atome.* (Sitzungsbericht.) Beim Aufprall von Edelgasionen auf einen Metallschirm wird ein Bruchteil R_{ii} als Ionen u. ein Bruchteil R_{im} als Metastabile reflektiert. Feldanlaufmessungen unter Zuhilfenahme eines Magnetfeldes ergeben für He^+-Ionen an *W* ein von der Ionenenergie E unabhängiges R_{ii} von 0,015 u. ein mit E (zwischen 50 u. 1000 eV) von 0 auf ca. 0,10 steigendes R_{im}. Beide Reflexionskoeffizienten sind kleiner, je schwerer das reflektierte Ion ist. Für eine Ion–Schirm-Kombination, für die eine Resonanzneutralisation nicht existiert, weisen die Ergebnisse auf die Möglichkeit hin, Ionen in der Nähe von Metalloberflächen in Metastabile zu verwandeln. Das Verh. kann in diesem Falle gedeutet werden. Für den Fall, daß Resonanzneutralisierung möglich ist, wird die Deutung schwierig. (Physic. Rev. [2] **93.** 652. 1/2. 1954. Bell Telephone Labor.) RUDOLPH. 131

Jean-Baptiste Donnet und **Pierre Marguier,** *Untersuchung über den elektroviscosen Effekt: Variation von K mit der Dielektrizitätskonstanten des Lösungsmittels.* Es werden Viscositätsmessungen an Lsgg. von Kohle (mittlerer Durchmesser der Teilchen 320 Å) in W. u. W.–A.-Mischungen zur Erzielung einer Änderung der DK. ausgeführt. Eine ebensolche wird erzielt durch Messungen in reinem W. bei verschied. Temperaturen. Die Änderungen mit der DK. laufen in beiden Fällen parallel, so daß die Größe K der EINSTEINschen Gleichung wahrscheinlich eine Funktion der DK. ist. (C. R. hebd. Séances Acad. Sci. **237.** 1519—21. 9/12. 1953.) K. L. WOLF. 132

J. J. Chapman, *Der dielektrische Durchschlag im festen Isolierstoff.* Vf. berichtet zusammenfassend über die neueren Ansätze zur Deutung des elektr. Durchschlages in Festkörpern. Die klass. Deutung in Analogie zur TOWNSEND-Theorie des Gasdurchschlages wurde durch v. HIPPEL u. FROHLICH modifiziert. Die elektron. Natur des Festkörperdurchschlages gilt im wesentlichen als bestätigt, eine umfassende Theorie existiert jedoch noch nicht. (J. electrochem. Soc. **99.** 148 C—149 C. Juli 1952. Baltimore, Md., Johns Hopkins Univ., Inst. for Cooperative Res.) REUSSE. 132

J. W. Davisson, *Wegorientierung des elektrischen Durchschlags in Alkalihalogenidkristallen.* (Sitzungsbericht.) Nach quantitativen Berechnungen von OFFENBACHER

u. CALLEN (vgl. C. **1953.** 809) über die Wegorientierung von elektr. Durchschlägen sind in Alkalihalogenidkristallen mit zunehmender Temp. eine Folge von Durchschlagrichtungen zu erwarten, die aus regellos: 100:111:110 u. 100:100 bestehen. Diese theoret. Behandlung schließt nicht die in KF, NaCl u. den Lithiumhalogeniden beobachteten xxy-Sternwege aus. Die Ergebnisse lassen vermuten, daß Sterne auftreten, wenn die Wahrscheinlichkeit für den Durchschlag in 110 u. 111 gleich oder nahezu gleich ist. Die experimentellen Beobachtungen ergaben für die K- u. Rb-Halogenide die Folgen regellos:100:xxy*:110, für die Na-Halogenide 100*:111:xxy*:110 u. für die Li-Halogenide xxy*:110:xxy:111:110, wobei die Orientierungen mit Stern nicht stabil sind. (Physic. Rev. [2] **91.** 228. 1/7. 1953. Naval Res. Labor.) GOTTFRIED. 132

Helmut Krueger, *Mechanische Eigenschaften von keramischem Bariumtitanat.* (Sitzungsbericht.) Ferroelektr. Bariumtitanat hat mechan. Eigg., die gewöhnlich nicht bei keram. Stoffen vorhanden sind. Es zeigt reversible Kriecheigg. unter hohen Spannungen. Das Kriechen ist nicht vorhanden bei Proben, deren CURIE-Punkt unterhalb Zimmertemp. liegt oder bei Proben, die eine hohe Leitung aufweisen. Diese Eigg. weisen auf einen starken inneren Zusammenhang zwischen diesen zeitabhängigen mechan. Erscheinungen u. den ferroelektr. Eigg. des $BaTiO_3$ hin. (Physic. Rev. [2] **93.** 362. 15/1. 1954. Brush Labor. Comp.) v. HARLEM. 132

D. A. Berlincourt, *Keramiken mit kleinem Temperaturkoeffizienten.* (Sitzungsbericht.) Durch Zusatz von Calciumtitanat zu Bariumtitanat (bis zu 25%) kann eine erhebliche Abnahme der Temperaturabhängigkeit der Resonanzfrequenz u. der mechan. Q-Faktoren weit über 1000 erreicht werden. Die transversalen u. longitudinalen piezoelektr. Kopplungsfaktoren sind kleiner als für reines $BaTiO_3$. Der hydrostat. Kopplungsfaktor wird allerdings gesteigert infolge Ansteigens des Verhältnisses k_{33}/k_{31}. (Physic. Rev. [2] **93.** 362. 15/1. 1954. Brush Labor. Comp.) v. HARLEM. 133

H. G. Baerwald und **D. A. Berlincourt,** *Elektromechanische Empfindlichkeit und dielektrischer Verlust von vorpolarisiertem Bariumtitanat unter aufrechterhaltener Elektrodenspannung.* 1. Mitt. Vff. berichten über quantitative Unterss. des Verh. verschied. handelsüblicher $BaTiO_3$-Ferroelektrika in Abhängigkeit von Temp., Feldamplitude u. Elektrodenspannung, sowie über verschied. bei den Messungen beobachtete andere Effekte, wie Verschiebungen thermodynam. Umwandlungspunkte, z. B. des CURIE-Punktes u. des unteren Umwandlungspunktes von $BaTiO_3$. (J. acoust. Soc. America **25.** 703—10. Juli 1953. Cleveland, O., Brush Labor. Comp.) R. STEIN. 133

Donald L. Waidelich, *Die Gleichrichtereigenschaft von polarisiertem Bariumtitanat.* Vf. berichtet kurz über das Auftreten einer geringen Gleichspannung an einer polarisierten $BaTiO_3$-Platte, die unter hoher Wechselspannung stand. An unpolarisierten Platten wurde der Effekt nicht beobachtet. Vf. nimmt an, daß der Effekt durch eine asymm. Ladungsverteilung hervorgerufen wird. (J. acoust. Soc. America **25.** 796. Juli 1953. Columbia, Mo., Univ. of Missouri, Dep. of Electr. Engng.) R. STEIN. 133

A. R. Schulman und **A. P. Rumjanzew,** *Thermische Elektronenemission dünner Thoriumoxyd- und Thoriumfilme auf Molybdän.* Vff. untersuchen bei Betriebstempp. von 850—1200° K die Austrittsarbeit φ(eV) u. die Emissionskonstante A(A/cm²·Grad²) von mit Thoriumoxydschichten bedeckten Mo-Kathoden als Funktion des Bedeckungsgrades Θ im Bereich 0—92 atomarer Schichten. Ausgehend von 4,234 eV für reines Mo ($\Theta = 0$) ergibt sich ein Minimum bei (Mittelwerte!) $\Theta \approx 0{,}7$; $\varphi \approx 2{,}7$ u. ein Maximum bei $\Theta \approx 2{,}0$; $\varphi \approx 3{,}4$, worauf für $\Theta > 4\varphi$ mit $\sim 2{,}6$ konstant wird. — Mittelwerte von lg A = 2,36 bei $\Theta = 0$; —1,1 bei 0,7; +1,85 bei 2,0; 0 für $\Theta \gtrsim 4{,}4$. Thoriumoxydschichten bis $\Theta = 2$—3 werden auch bei sehr kurzzeitiger Aktivierung zu reinem Th red.; erst ab $\Theta = 3$—4 nimmt die Emission den Charakter einer hoch aktivierten Thoriumoxydkathode an, was Vff. durch Messung des SCHOTTKY-Effektes bestätigt sehen. Der Auffassung von MOORE u. ALLISON (C. **1951.** I. 429), wonach sich bei ihren Verss. bei sehr geringen Bedeckungen eine gleichmäßige BaO-Dipolschicht ausgebildet habe, schließen sich Vff. nicht an; sie vermuten auch hier eine Red. des Oxyds. (Доклады Академии Наук СССР [Ber. Akad. Wiss. UdSSR] [N. S.] **93.** 455—58. 21/11. 1953.) AMBERGER. 134

Shin-ichiro Narita, *Thermische Emission und elektrische Leitfähigkeit von Oxydkathoden.* Messungen der Elektronenablösearbeit Φ u. der Austrittsarbeit ε an a) gewöhnlichen porösen, sowie b) an stark zusammengesinterten *BaO*-Schichten ergeben bei schlecht bzw. gut aktivierten Schichten für a) ein $\varepsilon_1 = 1{,}04$ bzw. $\varepsilon_2 = 0{,}86$ eV sowie ein $\Phi_1 = 1{,}20$ bzw. $\Phi_2 = 1{,}03$ eV u. für b) ein $\varepsilon_1 = 0{,}94$ bzw. $\varepsilon_2 = 0{,}44$ sowie ein $\Phi_1 = 1{,}89$ bzw. $\Phi_2 = 1{,}06$ eV. Durch Bedampfen der Schichten mit Ba bei $T < 550°$ K wird ε auf 0,1 eV für a) u. b) erniedrigt. Aus den Ergebnissen wird das gleichzeitige Vorhandensein der drei Leitfähigkeitsmechanismen gefolgert: 1. Leitung über das Elektronengas in den Poren oder durch Korngrenzenpotentialschwellen behinderte Leitfähigkeit durch die Kristalle, 2. reine Leitfähigkeit durch die Kristalle u. 3. Leitung über mehratomige Ba-Oberflächenschichten. (J. appl. Physics **23.** 599. Mai 1952. Kobe, Kobe Kogyo Corp.) Rudolph. 134

Hazimu Kawamura und **Akira Shinohara,** *Über den Widerstand der Zwischenschichten von Oxydkathoden.* An *(Ba, Sr)O*-Schichten, die zwischen Ni-Trägern in Röhrchenform aus *Ni* mit 0,1% *Mg* (D) bzw. mit 0,05% *Si* (R) bzw. aus Reinstnickel (E) gepreßt waren, werden mit Hilfe einer eingepreßten Sonde bei verschied. Tempp. oscillograph. die V–R-Charakteristiken (Schichtwiderstand R als Funktion positiver u. negativer angelegter Spannungen) aufgenommen. Beim Ni-Träger D ist die Richtung erhöhten Stromflusses vom Träger zum Oxyd u. somit eine Gleichrichtung vom Wilson-Typ vorhanden. Der Widerstand der Oxydschicht R_e u. der Zwischenschicht R_ϱ werden ermittelt u. aus deren T-Abhängigkeit die Aktivierungsenergie ε_e u. ε_ϱ zu ca. 0,5—0,6 eV ermittelt. Beim E-Nickel ist eine Gleichrichtung vom Mott-Typ mit erhöhten R- u. ε-Werten u. eine starke T-Abhängigkeit der Form der V–R-Charakteristik feststellbar. Die Gleichrichtung an der Grenze Oxyd–Metall ohne wesentliche Zwischenschicht ist also eine Wilson- bzw. Mott-Gleichrichtung, entsprechend einer hohen (D) bzw. niedrigen (E) Aktivität des Oxyds. An R-Nickel, an dem sich Ba_2SiO_4-Zwischenschichten größerer Dicke ausbilden können, sowie auch an E-Nickel nach längerem Gleichstromdurchgang in Richtung vom Oxyd zum Träger, werden Gleichrichtererscheinungen in beiden Richtungen gleichzeitig beobachtet. Dieser Doppeltyp der V–R-Charakteristik ist kennzeichnend für das Vorhandensein dickerer Zwischenschichten. Für Impulsbetrieb von Oxydkathoden ist die Zwischenschicht möglichst gering zu halten, was zweckmäßigerweise durch Verwendung von Mg, Ca oder Ba enthaltenden Trägermetallen erreicht wird. (J. physic. Soc. Japan **5.** 90—95. März/April 1950. Kanagawa, Tokyo-Thibaura El. Co., Kawasaki, Mazda Res. Labor.) Rudolph. 134

A. A. Gorew und **A. I. Pirjasewa,** *Über den Mechanismus der Leitfähigkeit von Arbeitswiderständen von Ventilentladungsröhren.* Eine wichtige Rolle für die Strom-Spannungscharakteristik u. den „Durchschlag" hochbelasteter *SiC*-Sinterkörper spielt die Streuung über die einzelnen Abmessungen der Körner u. ihre Kontakte, die Vff. rechner. zu erfassen suchen. Nur bei vollständiger Homogenität des Konglomerates würde seine Leitfähigkeit mit dem eines elementaren Korns zusammenfallen. Gegenüber der Formel von Braun u. Busch (Helv. physica Acta **15.** [1942.] 571) $U = 2{,}76 \cdot I^{0{,}19}$ ergeben sich wesentliche Unterschiede. (Журнал Технической Физики [J. techn. Physik] **21.** 1469—85. Dez. 1951.) Amberger. 134

A. von Hippel, E. P. Gross, J. G. Jelatis und **M. Geller,** *Photostrom, Raumladungsaufbau und Feldemission in Alkalihalogenidkristallen.* Unter der Annahme, daß ein verfärbter Alkalihalogenidkristall einen festen Körper darstellt, der eingefrorene Elektronen enthält, die photoelektr. entfernt werden können, wird eine (phänomonolog.) Theorie der Elektronenbewegung im elektr. Feld entwickelt, bes. auch für den Fall eines angelegten Wechselfeldes. Die Möglichkeit der Feldemission an der Kathode wird diskutiert. An *KBr*-Kristallen wird die Abhängigkeit von Farbzentrenkonz., Lichtintensität, Spannung u. Zeit experimentell im Zusammenhang mit der Theorie untersucht. U. a. wird Feldemission bei Spannungen von ca. 1 V gefunden. Da mit wachsender Lichtintensität die effektive Elektronenbeweglichkeit wächst, der Spannungsverlust im verfärbten Kristallteil also abnimmt u. so das Feld vor der Kathode wächst, nimmt die Feldemission an letzterer mit wachsender Lichtintensität zu. Dies ergibt eine „Feldemissionsphotozelle", die z. B. mit wachsender Lichtintensität weniger träge wird. — Die Unterss. sind bes. für das Studium des elektr. Durchschlags von Bedeutung. (Physic. Rev. [2] **91.** 568—79. 1/8. Sitzungsbericht: **90.** 364. 15/4. 1953. Cambridge, Mass., Massachusetts Inst. of Technol., Labor. for Insul. Res.) Brauer. 134

Kitaro Hayase und **Ryohei Otsuka,** *Untersuchung über die Eigenschaften von Pyrit.* 3. Mitt. (2. vgl. J. geol. Soc. Japan **58.** [1953.] 499.) Die beiden Typen von *Pyrit* (**I**), einer mit hohem elektr. Widerstand u. negativem Temperaturkoeff. u. der andere mit niedrigem elektr. Widerstand u. positivem Temperaturkoeff., wurden nach der Röntgenstrahl-Pulver-Meth. u. spektralanalyt. untersucht, desgleichen wurden angeätzte Oberflächen mit dem Elektronenmikroskop untersucht. Die elektr. Eigg. (Widerstand u. thermoelektr. Potential) hängen mehr von der komplizierten Struktur der Kristalldomäne u. der Anordnung darin als von der chem. Zus. oder von Verunreinigungen ab. Das thermoelektr. Potential der Proben aus dem Mittelteil einer **I**-Ader des Taro-Vork. z. B. war höher als das der Proben von anderen Stellen zwischen den beiden Gangwänden. Die Bildungstemp. scheint daher im Mittelteil der Ader am höchsten gewesen zu sein. Anwendung auf Beobachtungen an einer Kontaktzone, wo Teile des I in Pyrrhotin verwandelt wurden. (J. geol. Soc. Japan **59.** 469—77. Okt. 1953. Waseda, Univ. [Orig.: japan.; Auszug: engl.]) SCHULER. 135

K. W. Böer, *Einige Bemerkungen zur Gisolfschen Theorie der Elektronenschwankungserscheinungen von Halbleitern.* Es wird darauf hingewiesen, daß für den Vgl. der GISOLFschen Theorie mit dem Experiment die Einführung statist. verteilter Lebensdauern der Leitungselektronen notwendig ist. Die Berechnung wird für den Fall eines unendlich ausgedehnten Kristalls u. bei Berücksichtigung des Begrenzungseinfl. ausgeführt. Es wird ferner gezeigt, inwiefern der Einfl. der Feldverzerrung innerhalb der Randschicht berücksichtigt werden muß. Die Ergebnisse werden für gebräuchliche Halbleiter abgeschätzt u. in ihrer Größe mit dem NYQUIST-Rauschen verglichen. (Ann. Physik [6] **14.** 87—96. 1954. Berlin, Humboldt-Univ., II. Physikal. Inst.) v. HARLEM. 135

F. F. Wolkenstein, *Einige Aufgaben der heutigen Elektronentheorie des Festkörpers.* Übersicht über einige noch offene Fragen in der Festkörperphysik (Bändermodell, Polaronen, Excitonen, Dublonen). (Журнал Технической Физики [J. techn. Physik] **21.** 1544. Dez. 1951.) AMBERGER. 135

Ss. I. Pekar, *Zur Theorie der Polaronen.* Übersicht unter Herausstellung der von WOLKENSTEIN (vgl. vorst. Ref.) abweichenden Auffassung des Verfassers. (Журнал Технической Физики [J. techn. Physik] **22.** 1076—85. Juni 1952. Inst. für Phys. de Akad. der Wiss. der UdSSR.) AMBERGER. 135

B. G. Liwschitz und **M. P. Rawdel,** *Elektrischer Widerstand von Molybdän enthaltenden Ni_3Fe-Legierungen.* Der elektr. Widerstand von, vor der Deformation während einer Woche von 550 auf 200° gekühlten Ni_3Fe-Proben nimmt bei einem Kaltverformungsgrad V = 90% um ca. 36% zu. Bereits 0,5% Mo führt zu einer bedeutenden Verringerung des Ausgangsordnungszustands (relative Widerstandszunahme 10% bei V = 90%), während 1% Mo den Ordnungszustand fast völlig beseitigt. Der elektr. Widerstand dieser Legierung ändert sich weder nach Tempern bei niederen Tempp. noch nach Kaltziehen mit beliebigem Verformungsgrad. Weitere Steigerung des Mo-Geh. führt zu einer relativen Widerstandsabnahme mit dem Verformungsgrad, u. zwar (V = 90%) bei 2% Mo um ca. 5,5%; bei 5% Mo um 13%. Weiterhin durchgeführte Unterss. der Abhängigkeit des spezif. Widerstandes ϱ u. der Härte von der Anlaßtemp. ergaben ein Minimum von ϱ für Ni_3Fe ohne Mo bei ca. 425° (0,197 bei 300°; 0,191 bei 425°; 0,200 bei 550°) u. ein Maximum für Ni_3Fe mit 5% Mo (0,675 bei 300°; 0,687 bei 425°; 0,677 bei 600°). Die Härte weist bei mittleren Anlaßtempp. jeweils ein Maximum auf. Vff. nehmen an, daß bei niederen Anlaßtempp. mit zunehmendem Mo-Geh. die Ordnung der Ni_3Fe-Legierung zunehmend beseitigt u. unter Zunahme des Widerstandes durch eine Segregation einer oder zweier Komponenten (Mo u. Fe) ersetzt wird. Deformation u. Anlassen oberhalb 450° begünstigen dagegen die statist. Gleichgewichtsverteilung der Atome u. eine Widerstandsverringerung. (Доклады Академии Наук СССР [Ber. Akad. Wiss. UdSSR] [N. S.] **93.** 1033—35. 21/12. 1953.) AMBERGER. 136

H. M. Barlow, *Anwendung des Hall-Effekts in einem Halbleiter zur Kraftmessung in einem elektromagnetischen Feld.* Kurze Diskussion der Anwendungsmöglichkeiten von Halbleitern wie Ge oder Si mit relativ hohem HALL-Koeff. zur Messung elektromagnet. Feldstärken. (Nature [London] **173.** 41—42. 2/1. 1954. London, Univ. Coll., Electr. Engng. Dep.) R. STEIN. 137

J. M. Reynolds, T. E. Leinhardt und **H. W. Hemstreet,** *Der Hall-Effekt in Wismut bei 1,4° K.* Vff. bestimmten die HALL-Spannung von Bi-Einkristallen bei 1,4° K. Es ergaben sich period. Schwankungen in Abhängigkeit vom Feld H (gemessen bis 8000 Oe), in Übereinstimmung mit früheren Beobachtungen. Es liegt also eine Analogie zum Verh. der magnet. Susceptibilität u. der Widerstandsänderung im Magnetfeld vor. Der HALL-Koeff. ist period. in 1/H. (Physic. Rev. [2] **93.** 247—48. 1/1. 1954. Baton Rouge, La., Louisiana State Coll., Phys. Dep.) v. HARLEM. 137

Ted G. Berlincourt und **John K. Logan,** *Weitere Beziehungen zwischen magnetischer Widerstandsänderung und dem de Haas-van Alphen-Effekt.* (Vgl. C. **1954.** 5941.) Vff. berichten über period. Schwankungen des elektr. Widerstandes von *Graphit* bei 4,22° K in Abhängigkeit von der Stärke des Magnetfeldes. Das magnet. Feld lag parallel zur hexagonalen oder c-Achse, die Richtung des Meßstromes war parallel zur bin. oder a-Achse. Wie schon bei Bi (vgl. l. c.) gefunden, ist auch beim Graphit diese Erscheinung ganz analog zum DE HAAS-VAN ALPHEN-Effekt. (Physic. Rev. [2] **93.** 348—49. 15/1. 1954. Washington, D. C., U. S. Naval Res. Labor.) V. HARLEM. 137

R. H. Tredgold, *Eine modifizierte Form der Heisenbergschen Theorie des Ferromagnetismus.* Vf. dehnt die HEISENBERGsche Theorie des Ferromagnetismus in der Weise aus, daß er auch die Austauschwechselwrkg. mit den übernächsten Nachbarn berücksichtigt. Die Näherungsrechnung wird dabei bis zum 3. Glied durchgeführt. Die Theorie erfaßt die Temperaturabhängigkeit der Susceptibilität ferromagnet. Stoffe auch am CURIE-Punkt befriedigend. Aus der Theorie folgt ferner ein Gesetz für die Abhängigkeit der Austauschwechselwrkg. vom Abstand. (Proc. physic. Soc., Sect. A **67.** 148—51. 1/2. 1954. Nottingham, Univ., Dep. of Phys.) FAHLENBRACH. 137

I. M. Kirko, *Ähnlichkeitskriterien der Erscheinungen des Oberflächeneffektes in ferromagnetischen Körpern.* Durch Anwendung von Ähnlichkeitskriterien läßt sich unter gewissen Bedingungen die Berechnung des Oberflächeneffektes für alle magnet. Feldstärken durchführen. Die Berechnung bleibt nicht, wie bei NEIMAN (vgl. hierzu C. **1952.** 6173) auf $H \gg H_k$ u. $H \ll H_k$ (H_k magnet. Feldstärke bei der maximalen Permeabilität) beschränkt. (Доклады Академии Наук СССР [Ber. Akad. Wiss. UdSSR] [N. S.] **93.** 1029—31. 21/12. 1953. Akad. der Wiss. der LettSSR, Inst. für Phys.) AMBERGER. 137

Lyle Patrick, *Die Änderung des ferromagnetischen Curie-Punktes mit dem hydrostatischen Druck.* Bei einem hydrostat. Druck bis zu 9000 at wird die Abhängigkeit der CURIE-Temp. vom Druck für eine ganze Reihe von ferro- u. ferrimagnet. Stoffen gemessen. Dabei ergaben sich, pro 1000 at gerechnet, folgende Änderungen in ° C, wobei + eine Erhöhung u. — eine Erniedrigung bedeutet: *Fe*: $0 \pm 0{,}1$; *Co*: 0 ± 1; *Ni*: $+0{,}35 \pm 0{,}02$; *Gd*: $-1{,}2 \pm 0{,}05$; 96% Fe, 4% *Si*; $-0{,}1 \pm 0{,}1$; 90% Fe, 10% Si: $+0{,}2 \pm 0{,}2$; 70% Fe, 30% Ni: $-5{,}8 \pm 0{,}2$; 64% Fe, 36% Ni: $-3{,}6 \pm 0{,}1$; 68% Ni, 32% Fe: $-0{,}1 \pm 0{,}1$; *Monel* $+0{,}07 \pm 0{,}03$; *Alumel 94% Ni* $+0{,}04 \pm 0{,}02$; $Mn_{0,5}Zn_{0,5} \cdot Fe_2O_4$: $+0{,}9 \pm 0{,}04$ u. $La_{0,75}Sr_{0,25}MnO_3$: $+0{,}6 \pm 0{,}04$. Die gefundenen Ergebnisse stimmen in den meisten Fällen nicht mit den theoret. Voraussagen auf Grund der Abstandsabhängigkeit der Austauschwechselwrkg. u. auf Grund bekannter Volumenmagnetostriktionswerte überein. (Physic. Rev. [2] **93.** 384—92. 1/2. 1954. Chicago, Ill., Univ., Dep. of Phys.) FAHLENBRACH. 137

R. Smoluchowski, *Der Einfluß des Druckes auf die Curie-Temperatur von Eisen und Nickel.* Die im vorst. Ref. mitgeteilten Ergebnisse werden theoret. zu erklären versucht. Das gelingt für Fe u. Ni hinreichend gut mit einer Theorie, die auf einer BRILLOUIN-Funktion aufbaut. Zur Erklärung der Ergebnisse an den Legierungen sind verfeinerte theoret. Berechnungen der Elektronenkonfiguration mit ihren Wechselwirkungen u. auch neue Messungen der Volumenmagnetostriktion notwendig. (Physic. Rev. [2] **93.** 392—93. 1/2. 1954. Pittsburgh, Pa., Carnegie Inst. of Technol.) FAHLENBRACH. 137

K. Azumi und **J. E. Goldman,** *Die Volumenmagnetostriktion von Nickel und die Bethe-Slatersche Wechselwirkungskurve.* Die Feldabhängigkeit der Volumenmagnetostriktion hängt auf Grund elementarer thermodynam. Beziehungen mit der Druckabhängigkeit der Magnetisierung u. des CURIE-Punktes (vgl. vorst. Reff.) zusammen. Bisher ist eine Zunahme der Volumenmagnetostriktion mit der Feldstärke bei Ni gemessen worden, was mit der neuerdings bestimmten Druckabhängigkeit des CURIE-Punktes in Widerspruch stehen müßte, wenn man die BETHE-SLATERsche Abhängigkeit des Austauschintegrals vom Verhältnis: atomarer Abstand/Radius der 3 d-Schale als richtig ansieht. Durch neue Messungen der Feldabhängigkeit der Volumenmagnetostriktion von Ni unter Berücksichtigung des starken magnetocalor. Effektes zeigen Vff., daß diese in Wirklichkeit bei hohen Feldstärken schwach negativ ist, so daß unter Beibehaltung der BETHE-SLATERschen Kurve kein Widerspruch mehr zu den neueren Messungen der Druckabhängigkeit des CURIE-Punktes besteht. (Physic. Rev. [2] **93.** 630—31. 1/2. 1954. Pittsburgh, Pa., Carnegie Inst. of Technol.) FAHLENBRACH. 137

W. H. Meiklejohn, *Experimentelle Untersuchung der Koerzitivkraft feiner Teilchen.* Die Koerzitivkraft H_c von 100—2000 Å großen *Fe-*, *Co-* u. *Ni*-Teilchen wurde ballist. bestimmt. Die Teilchen, deren Größe u. Form mit einem Elektronenmikroskop beobachtet wurde, waren elektrolyt. in eine Hg-Kathode abgeschieden worden u. wurden zur Vermeidung von Bewegungen u. Drehungen der Teilchen im erstarrten Hg (Temp. von fl. N_2) bzw. nach Entfernung aus dem Hg durch diffundierenden O_2 (nur teilweise Oxydation der Teilchen) gemessen. Danach zeigt H_c in Abhängigkeit von der Teilchengröße den theoret. erwarteten Verlauf mit einem Maximum von $H_c = 1000$ Oe bei 150 Å für sehr kleinen Packungsfaktor. H_c fällt in Richtung kleinerer Teilchen rasch, in Richtung größerer Teilchen langsamer ab. Der rasche Abfall hat seine Ursache nach

Messungen bei tiefen Tempp. in therm. Bewegung. Ein Teilchenzusatz von 25 Gew.-% mit $H_c = 20$ Oe zu Teilchen mit $H_c = 1250$ Oe ergab eine Herabsetzung von H_c auf 500 Oe, so daß der theoret. Wert von 10000 Oe für Teilchen mit einer Formanisotropie von 10 : 1 nur bei sehr hohem Geh. an diesen Teilchen erreicht werden könnte. Der Temperaturverlauf von H_c entspricht einer kristallinen u. nicht einer Formanisotropie. Beobachtet wurden zahlreiche bohnenförmige Teilchen mit einem Achsenverhältnis von 1,5 : 1, jedoch reicht der vorliegende Befund, bes. wegen des Vorhandenseins von Zusammenballungen der Teilchen (ca. 100), für die Best. des Einfl. der Formanisotropie auf die Größe von H_c nicht aus. (Rev. mod. Physics **25.** 302—06. Jan. 1953. Schenectady, N. Y., General Electric. Res. Labor.) WERNER SCHULZ. 137

Louis Néel, *Thermoremanente Magnetisierung feiner Pulver.* Die magnet. Eigg. u. bes. die thermoremanente Magnetisierung von feinem ferromagnet. Pulver (Korngröße < 320 Å), werden theoret. untersucht u. zur Deutung der thermoremanenten Magnetisierung von Lava u. Ton sowie zur Best. der Richtung u. Intensität des erdmagnet. Feldes in der Vergangenheit angewendet. Enthält das Pulver zwei Arten von Teilchen mit deutlich verschied. CURIE-Punkt, kann unter bestimmten Umständen der Anteil mit dem niedrigeren CURIE-Punkt entgegengesetzt zum angelegten äußeren Feld magnetisiert sein. Dabei treten Wechselwirkungen zwischen diesen Teilchen u. dem entmagnetisierenden Feld der Teilchen mit dem höheren CURIE-Punkt auf. In bestimmten Fällen ist die totale thermoremanente Magnetisierung dem äußeren Feld entgegengesetzt. Diese Deutung wird durch die Messung der thermoremanenten Magnetisierung an *Lava* (Haruna Vulkan) bestätigt. Auf die Bedeutung für geophysikal. Probleme (Umkehrung des Erdfeldes) wird hingewiesen. (Rev. mod. Physics **25.** 293—95. Jan. 1953. Grenoble, Inst. Fourier.) WERNER SCHULZ. 137

Jean Creusot, *Über die Änderung der Permeabilität von Eisen und von Stählen in Abhängigkeit von mechanischen Spannungen.* Vf. untersucht die Frage, ob die Änderungen der magnet. Eigg., bes. der Permeabilität, unter dem Einfl. mechan. Spannungen dazu benutzt werden können, die Unstetigkeiten des physikal. Zustandes bei der mechan. Verformung zu ermitteln. Vf. glaubt zeigen zu können, daß solche Aussagen möglich sind, jedoch immer nur dann, wenn durch eine Wechselfeld- oder durch eine Wechselspannungsüberlagerung Sorge getragen wird, daß der ferromagnet. Stoff sich jeweils im reversiblen Zustand, das heißt im Zustand maximaler Stabilität befindet. (C. R. hebd. Séances Acad. Sci. **238.** 1203—04. 15/3. 1954.)
FAHLENBRACH. 137

R. M. Bozorth, *Das Permalloy-Problem.* An *Fe–Ni*-Einkristallen mit 35—100% Ni wurden zur Deutung des Permalloy-Problems die magnet. Kristallanisotropie u. die Magnetostriktion in Abhängigkeit von der Abkühlungsgeschwindigkeit gemessen. Die bei einem Ni-Geh. von 50—85% vorhandene stärkere Einw. der Abkühlungsgeschwindigkeit auf die Anisotropie ist bes. stark bei der Zus. $FeNi_3$ (76% Ni), wo bei langsamer Abkühlung (geordneter Zustand) ein ausgesprochenes Minimum der Anisotropiekonstanten K auftritt. Die Best. der Magnetostriktionskonstanten λ_{100} u. λ_{111} läßt eine stärkere Einw. der Abkühlungsgeschwindigkeit auf die Magnetostriktion nur bei einem Ni-Geh. zwischen 70 u. 80% erkennen. Bei abgeschreckten Proben geht λ_{111} dicht unterhalb von 80% Ni, also nahe der Zus. mit höchster Permeabilität, durch Null. Das wird dadurch erklärt, daß die durch Wandverschiebung von zwei spontan in der [1 1 1]-Richtung magnetisierten Bezirken erzeugte magnetostriktive Spannung nur von λ_{111} abhängt. Genauso wird das bei ca. 45% Ni beobachtete Maximum der Permeabilität (Anfangspermeabilität maximal 15000) erklärt, wo die [100]-Richtung diejenige leichter Magnetisierung ist u. λ_{100} durch Null geht. Obwohl nach der einfachen theoret. Vorstellung in schwachen Feldern bei kleiner Kristallanisotropie (75% Ni bei abgeschreckten u. ca. 63% bei langsam abgekühlten Proben) Drehung von Bezirken auftritt, verhindern bei abgeschreckten Proben magnetostriktive Spannungen u. wohl auch innere Pole ein stärkeres Anwachsen der Anfangspermeabilität, während bei langsam abgekühlten Proben zufällige, durch Magnetostriktion u. möglicherweise auch durch Atomordnung verursachte Spannungen im gleichen Sinn wirken. (Rev. mod. Physics **25.** 42—48. Jan. 1953. Murray Hill, N. J., Bell Telephone Labors., Inc.)
WERNER SCHULZ. 137

Joseph F. Libsch, Eberhard Both, George W. Beckman, Donald Warren und **Robert J. Franklin,** *Wirkung des Glühens im magnetischen Feld auf Eisen–Kobalt- und Eisen–Kobalt–Nickel-Legierungen, die nach pulvermetallurgischen Verfahren hergestellt wurden.* Die Unterss. zeigen, daß die Legierung 50% Fe–50% Co die besten magnet. Eigg. u. eine im wesentlichen rechtwinkelige Hysteresisschleife aufweist, wenn sie einer einwandfreien magnet. Glühbehandlung unterworfen wurde. Der Zusatz geringer Ni-Mengen (0—10%) bewirkt ein schlagartiges Ansteigen der Koerzitivkraft u. einen deutlichen Abfall der Permanenz. Obgleich größere Ni-Zusätze (10—50%) ein rasches Absinken der Koerzitivkraft bewirken, bleibt die Permanenz nach dem magnet. Glühen beträchtlich unter dem Wert, der bei der Legierung 50% Fe–50% Co erzielt wird. (J. Metals **188.** 287—96. Febr. 1950. Bethlehem, Pa., Lehigh, Univ.; Fort Monmouth, N. J., Signal Corps Engng. Labors.) H. SCHÖBERL. 137

G. W. Rathenau, *Sättigung und Magnetisierung hexagonaler Eisenoxydverbindungen.* (Vgl. C. **1954.** 8288.) Die Sättigung u. Magnetisierung von $BaO \cdot 6\, Fe_2O_3$ u. verwandter Verbb. wird untersucht. Die Sättigungsmagnetisierung I_s von $BaO \cdot 6\,Fe_2O_3$ beim absol. Nullpunkt (Moment experimentell **44,** theoret. **40** BOHRsche Magnetonen) läßt sich durch nichtkompensierten Antiferromagnetismus erklären. Ein Vgl. der Temperaturabhängigkeit von $2\,K/I_s$ (K Kristallanisotropiekonstante) mit der der Koerzitivkraft zeigt Wandbldg. u. Wandverschiebung an. Bei feinkörnigem Material tritt Wandbldg. an Störstellen auf, in Proben mit zufällig orientierten großen Kristallen eine beträchtliche Bldg. von Wänden bei einer Feldstärke von der Größenordnung von $4\pi I_s$. Durch Kristallorientierung im Magnetfeld wird ein Energieinhalt von maximal $3 \cdot 10^6$ Gauß·Oe erreicht. Der krit. Korndurchmesser, bei dem Wandbldg. einsetzt, ist temperaturabhängig (im übrigen proportional $K^{1/2}/I_s$). Bei Temperaturänderungen dürfte ein Überschuß von Wänden in einem metastabilen Gleichgewicht zurückbleiben, der einer von der Meßtemp. verschied. Temp. entspricht. (Rev. mod. Physics **25.** 297—301. Jan. 1953. Eindhoven, N. V. Philips Gloeilampenfabrieken, Philips Res. Labors.) WERNER SCHULZ. 137

A. Je. Glauberman und **I. R. Juchnowski,** *Über die „Superpositions"-Approximation in der Theorie wechselwirkender Teilchensysteme.* (Vgl. C. **1953.** 973.) Vff. betrachten ein Syst. wechselwirkender geladener Teilchen (Ionen) bei elektr. Neutralität des Gesamtsyst. der Elektrolyte u. unter Berücksichtigung der bei BOGOLJUBOW (Probleme der dynam. Theorie in der statist. Physik [russ.], 1946) noch vernachlässigten Nahkräfte. (Доклады Академии Наук СССР [Ber. Akad. Wiss. UdSSR] [N. S.] **93.** 999—1002. 21/12. 1953.) AMBERGER. 138

Carl Wagner, *Untersuchungen an Silbersulfid.* Vf. untersucht die Veränderlichkeit des Verhältnisses Ag/S in Ag_2S mittels Potentialmessungen an der galvan. Kette $Ag/AgJ/Ag_2S/Pt$ im Temperaturbereich 160—300°. Es wurde festgestellt, daß α-Ag_2S in Ggw. von metall. Ag bei 200° einen Ag-Überschuß von $2 \cdot 10^{-3}$ g-Atom pro Mol Ag_2S enthält. In Ggw. von fl. S besitzt es nahezu stöchiometr. Zusammensetzung. Von β-Ag_2S wird wegen Unsicherheit der Messung nur die Änderung des Verhältnisses Ag/S pro Änderung des Potentials der Kette angegeben. Aus thermodynam. Betrachtungen wird der Umwandlungspunkt zwischen 176 u. 178° an Ag_2S, koexistierend mit metall. Ag, um ca. 1,7° niedriger gefunden als an Ag_2S, koexistierend mit fl. S, in Übereinstimmung mit KRACEK (Trans. Amer. geophysic. Union **27.** [1946.] 364). (J. chem. Physics **21.** 1819—27. Okt. 1953. Cambridge, Mass., MIT, Dep. of Metallurg.) RUFFLER. 140

Chas. Potter und **A. L. Bisio,** *Amalgam–Natron–Chlor-Zelle vom Diaphragmatyp.* An einer 2 Liter-Versuchszelle aus Glas studierten Vff. die Wrkg. von Änderungen in Stromstärke, Wasser- u. Laugebelastung u. Temp. auf Ausbeute u. Produkteigenschaften. Die Ergebnisse sind in 4 Diagrammen dargestellt. Bei einer Belastung mit 325 Liter Umsatzlsg. u. 38 Liter Sole je m^2 Hg u. Std. sowie mit 0,16 A je cm^2 Hg bei 3,7 V wurden (Wirkungsgrad 90—91%) 1600 kWh je t NaOH verbraucht. (J. electrochem. Soc. **101.** 158—61. März 1954. New York, N. Y., Columbia Univ., Dep. of Chem. Engng.) H. ECKHARDT. 141

Jui H. Wang, *Über die Theorie des polarographischen Diffusionsstromes.* 1. Mitt. *Diffusion geringer Mengen Blei- und Zinkionen in Lösungen von verschiedenen Leitelektrolyten.* Die Diffusionskoeffizienten (als $D \cdot 10^5\, cm^2\, sec^{-1}$ tabelliert) von radioakt. $^{210}Pb^{2+}$ u. $^{65}Zn^{2+}$ werden nach der Capillarmeth. (vgl. C. **1953.** 9086) bei $25 \pm 0,01°$ unter Berücksichtigung des Adsorptionsfehlers durch Glasoberflächen bestimmt, um unabhängig von polarograph. Daten die Konstante A der nach STREHLOW-V. STACKELBERG (A = 17) bzw. LINGANE-LOVERIDGE (A = 39) erweiterten ILKOVIČ-Gleichung zu ermitteln. Für 0,001 mol. Pb^{2+} in 0,0005 mol. HCl mit steigenden Mengen KCl, jedoch ohne Gelatine betragen die D_{Pb}-Werte (Fehlergrenzen $\pm 0,005$—0,012) 0,940 (aus Leitfähigkeitsmessungen 0,00 mol.), 0,941 (0,02 mol.), 0,970 (0,1 mol.), 0,988 (0,25 mol.), 1,025 (0,7 mol.), 1,001 (1 mol.), 0,937 (2 mol.), 0,859 (3 mol.), 0,794 (4 mol.), in 0,1 mol. KCl u. 0,1 mol. HCl zum Vgl. mit Angaben von MEITES (C. **1952.** 3447) mit $D_{Pb} = 0,963 \pm 0,011$. Unter Benutzung dieses Wertes wird in der Mehrzahl A = 17 gefunden, obwohl die Übereinstimmung noch nicht befriedigend ist. Für

0,0025 mol. Zn^{2+} in 0,0005 mol. HCl u. KCl (wie bei Pb^{2+}) ergibt sich D_{Zn}: 0,71 (Leitfähigkeitswert, 0,00 mol.), 0,751 (0,6 mol.), 0,818 (1 mol.), 0,940 (2 mol.), 0,971 (3 mol.). Diese Daten werden mit Berechnungen nach der ONSAGER-Theorie verglichen u. der starke Anstieg von D_{Zn} mit [KCl] mit Komplexbldg. gedeutet. Auch der Einfl. von Gelatine (0,01 %) auf D_{Zn} (= 1,02 ± 0,015) in 1 mol. NH_4OH-, 1 mol. NH_4Cl-Lsgg. wird untersucht u. damit wiederum mit Hilfe polarograph. Angaben A = 17 ermittelt. Vff. erscheint auch die erweiterte ILKOVIČ-Gleichung als nicht ausreichend. (J. Amer. chem. Soc. **76.** 1528—32. 20/3. 1954. New Haven, Conn., Yale Univ., Dep. of Chem.)
BERG. 142

Jui H. Wang und **Francesco M. Polestra,** *Über die Theorie des polarographischen Diffusionsstromes.* 2. Mitt. *Diffusion geringer Mengen Thalliumion in wässerigen Kaliumchloridlösungen.* (1. vgl. vorst. Ref.) In Fortsetzung der Tracerunterss. wird der Diffusionskoeff. von radioakt. $^{204}Tl^+$ (0,002 mol.) in wss. KCl-Lsgg. bei 25° bestimmt zu D_{Tl} ($\cdot 10^5 cm^2 sec^{-1}$, ± 0,02—0,03) 1,9 (0,02 mol.), 1,86 (0,05 mol.), 1,84 (0,1 mol.), 1,79 (0,2 mol.) u. mit der ONSAGER-Gleichung, welche sich hier vereinfacht zu $D_{Tl} \cdot 10^5 = 1{,}95 - 0{,}454\,[KCl]^{1/2}$, in guter Übereinstimmung befunden. Unter Vernachlässigung von 0,01 % Gelatine, welche andere Autoren bei ihren polarograph. Messungen zusetzten, ergibt eine Auswertung der erweiterten ILKOVIČ-Gleichung unter Benutzung obiger D_{Tl}-Werte A = 17. (J. Amer. chem. Soc. **76.** 1584—85. 20/3. 1954.)
BERG. 142

Gustaf Soderberg, *Einige Eigentümlichkeiten von galvanischen Zinkcyanidlösungen.* 3. Mitt. *Anodische Grenzstromdichte und Lösungswiderstand.* (2. vgl. C. **1954.** 1579.) Innerhalb enger Grenzen nimmt die Grenzstromdichte bei konstantem Gesamtcyanid- u. Hydroxydgeh. mit steigendem Zn-Geh. ab. Bei konstantem Zn-Geh. nimmt sie mit steigendem Cyanid- u./oder Hydroxydgeh. zu. Der spezif. Widerstand wächst mit steigendem Zn-Geh., er nimmt mit steigendem Cyanid- u./oder Hydroxydgeh. ab. — Im Anhang Berichtigung zur 2. Mitteilung. (Plating **39.** 377—79. April 1952.)
J. FISCHER. 142

Karl Schmitt, Elektrochemie mit Einführung in die anorganische Chemie. 2. verb. Aufl. Leipzig: Fachbuchverl. 1953. (VIII + 319 S. m. 109 Abb.) DM 6,50.

A₄. Thermodynamik. Thermochemie.

A. B. Lidiard, *Abstandskorrelationen in einem idealen Fermi-Dirac-Gas.* Vf. berechnet mit Hilfe eines Näherungsverf. die Paarverteilungsfunktion D(r) für alle Tempp. im Falle eines idealen FERMI-DIRAC-Gases. Im FERMI-DIRAC-Fall nimmt die Wahrscheinlichkeit, zwei Teilchen im Abstand r zu finden, gegen Null ab, wenn r gegen Null geht. Exakte Rechnungen für den Fall sehr hoher u. sehr tiefer Tempp. lagen bereits vor. Wenn man D(r) für die Zwischentempp. mit der exakten FERMI-DIRAC-Verteilung berechnen will, stößt man auf Schwierigkeiten. Vf. bedient sich daher einer approximativen Verteilungsfunktion u. erhält damit plausible D(r)-Funktionen. (Philos. Mag. [7] **45.** 202—07. Febr. 1954. Univ. of California, Dep. of Phys.) VOITLÄNDER. 146

B. T. Geilikman, *Zur Theorie der Suprafluidität einer Quantenflüssigkeit.* Das erhaltene Spektr. erfüllt die Bedingungen der Suprafluidität von LANDAU. Die krit. Geschwindigkeit v_k u. die Übergangstemp. T_k wird jedoch nicht durch langwellige Phononen, sondern durch kurzwellige Anregungen bestimmt, die sich nicht im Rahmen der Hydrodynamik betrachten lassen. Als Anwendungsbereich seiner Theorie schätzt Vf. für *He II* $\lambda_s(N_0/V)^{1/3} \cong 0{,}2$ ab. (Доклады Академии Наук СССР [Ber. Akad. Wiss. UdSSR] [N. S.] **94.** 199—202. 11/1. 1954. Moskau, Pädagog. Lenin-Inst..)
AMBERGER. 149

C. V. Heer, C. B. Barnes und **J. G. Daunt,** *Arbeitsdaten für einen magnetischen Refrigerator, um Temperaturen unterhalb 1° K aufrechtzuerhalten.* (Sitzungsbericht.) Es wird eine Anordnung kurz beschrieben, die ein Arbeiten im Bereich 0,3—0,9° K erlaubt. Bei 0,3° K konnte eine Geschwindigkeit des Wärmeentzuges von 100 erg/Sek. erreicht werden. (Physic. Rev. [2] **93.** 362. 15/1. 1954. Ohio State Univ.)
V. HARLEM. 149

G. de Vries und **J. G. Daunt,** *Die spezifische Wärme von 96%igem, flüssigem ^3He zwischen 1,3 und 2,3° K.* Die spezif. Wärme von fl. ^3He (96% ^3He, 4% ^4He) wurde im Gebiet 1,3—2,3° K untersucht. Die Meßgenauigkeit beträgt ca. ± 10%. Die spezif. Wärme steigt monoton von 1,6 bei 1,3° K auf 3,6 cal/Mol·Grad bei 2,3° K an, innerhalb der Meßgenauigkeit in angenäherter Übereinstimmung mit der Formel $C_v = 0{,}68\,T + 0{,}2\,T^3$ cal/Mol·Grad. C_v kann etwas größer sein als nach dieser Formel, aber die Meßgenauigkeit reicht noch nicht aus, um zu entscheiden, ob eine Anomalie vorliegt.

(Physic. Rev. [2] **93.** 361—62. 15/1. 1954. Sitzungsbericht: **92.** 1572. 15/12. 1953. Columbus, O., Ohio State Univ., Dep. of Phys. and Astronomie.) V. HARLEM. 149

John G. Kirkwood, Victor A. Lewinson und **Berni J. Alder,** *Radialverteilungsfunktionen und die Zustandsgleichung für Flüssigkeiten, die aus Lennard-Jones-Molekülen zusammengesetzt sind.* Die Integralgleichung für die radiale Verteilungsfunktion einer Fl., die sich aus sphär. Moll. zusammensetzt, die sich gemäß einer modifizierten LENNARD-JONES-Potentialformel verhalten, wurde in der KIRKWOODschen u. in der BORNschen Näherung über einen großen Temperatur- u. Dichtebereich integriert. Die erhaltenen Verteilungsfunktionen wurden zur Berechnung der Zustandsgleichung u. der thermodynam. Funktionen der Fl. benutzt. Ein Vgl. der berechneten Funktionen mit experimentellen Werten von fl. *Ar* zeigte nur bei niedrigen Dichten eine relativ gute Übereinstimmung. (J. chem. Physics **20.** 929—38. Juni 1952. New Haven, Conn., Yale Univ., Sterling Chem. Labor., California Inst. of Technol., Gates and Crellin Labor. of Chem.) KLAFFKE. 149

N. D. Litwinow, *Isothermes Gleichgewicht Dampf und Flüssigkeit in Systemen aus drei sich unbegrenzt mischbaren Flüssigkeiten.* Die vom Vf. entwickelte Meth. zur rechner. Best. des Gleichgewichtsdiagramms tern. Mischungen (C. **1953. 4166**) wird an Hand von Versuchsdaten anderer Vff. nachgeprüft u. zur Aufstellung der Diagramme für die Systeme $CCl_4 + C_2H_5OH + C_6H_6$ bei 50° u. $CH_3OH + CH_3COOCH_3 + CH_3COOC_2H_5$ bei 40° benutzt. Das erste Diagramm zeigt azeotrope Punkte zwischen CCl_4 u. C_2H_5OH mit 430 mm Druck u. zwischen C_2H_5OH u. C_6H_6 mit 388 mm Druck. Die Abweichungen der Rechnung von den in der Literatur bekannten Zahlen betragen nur 2%. Am zweiten Syst. sind die Abweichungen etwas größer. Die Berechnungsmethode ermöglicht die Aufstellung von brauchbaren Gleichgewichtsdiagrammen an Hand von verhältnismäßig wenigen Versuchswerten. (Vgl. C. **1954.** 5697.) (Журнал Физической Химии [J. physik. Chem. **26.** 1405—12. Okt. 1952.) ADOLPHI. 150

Jacqueline Potier, *Siede- und Taulinie des azeotropen Gemischs Salpetersäure-Wasser bis 100% unter 760 mm Hg.* In Weiterführung einer früheren Unters. (vgl. C. **1954.** 2970) wird der Verlauf der Kurven bis 100% HNO_3 untersucht u. tabellar. u. zeichner. festgelegt. (C. R. hebd. Séances Acad. Sci. **235.** 432—34. 11/8. 1952.) CRAMER. 150

Marcel Abribat, Henri L. Rosano und **Ginette Vaillet,** *Trennung eines Gemisches von in Wasser unlöslichen Flüssigkeiten durch isotherme Oberflächendestillation.* Verbindet man die Oberflächen zweier mit W. gefüllter Gefäße in geeigneter Weise u. gibt auf die Oberfläche des einen Gefäßes einen Tropfen einer mit W. nichtmischbaren Fl., so wandert („destilliert") diese in das andere Gefäß. Bei Anwendung eines Gemischs von in W. unlösl. Fll. „destillieren" die Komponenten in der Reihenfolge abnehmender Oberflächendrucke. Die Meth. eignet sich auch für quantitative Trennungen. (C. R. hebd. Séances Acad. Sci. **238.** 1219—21. 15/3. 1954.) M. SCHENK. 150

F. F. Carini und **A. E. Martell,** *Thermodynamik der Metall-Chelat-Bildung.* 1. Mitt. *Die dritte und vierte Dissoziationskonstante von Äthylendiamintetraessigsäure.* Die Potentiale der H_2—Ag—AgCl-Zelle wurden in Pufferlsgg. mit K-Salzen von Äthylendiamintetraessigsäure gemessen. Die erhaltenen EMK.-Werte wurden auf unendliche Verdünnung mit Hilfe der DEBYE-HÜCKEL-Theorie extrapoliert u. die thermodynam. Gleichgewichtskonstanten der Dissoziation des 3. u. 4. Protons bestimmt. Die Änderung der freien Energie dieser Rk. bei 0,5; 10; 15; 20; 25 u. 30° wird berechnet u. die entsprechenden Werte für ΔH^0 ($\Delta_3^0 = +3{,}69$ u. $\Delta_4^0 = +5{,}34$ kal/Mol) u. ΔS^0 ($\Delta_3^0 = -16{,}4$ u. $\Delta_4^0 = -32{,}2$ Entropieeinheiten/Mol) mitgeteilt. (J. Amer. chem. Soc. **75.** 4810—13. 5/10. 1953. Worcester, Mass.) W. KAUFMANN. 155

A. F. Kapusstinski und **L. I. Baranowa,** *Freie Energie und Wärmetönung der Dehydratation der Kristallhydrate von Uranylnitrat und -chlorid.* Aus den gemessenen Dampfdrucken p bei den Rkk. $UO_2(NO_3)_2 \cdot 6\,H_2O$ (I) $\rightleftharpoons$ $UO_2(NO_3)_2 \cdot 3\,H_2O$ (II) + $3\,H_2O$ u. $UO_2Cl_2 \cdot 3\,H_2O$ (III) $\rightleftharpoons$ $UO_2Cl_2 \cdot H_2O + 2\,H_2O$ zwischen 25 u. 40° bzw. 35 u. 50° ergeben sich in der Gleichung $\lg p = -(A/T) + B$ die Werte **I** A 2949, B 10,74; **III** A 3157, B 10,58 u. für **II** $\rightleftharpoons$ $UO_2(NO_3)_2 \cdot 2\,H_2O + H_2O$ A 2896, B 9,87 (nur Orientierungswert). Die Wärmetönung ΔH_{298} u. freie Energie ΔF_{298} von **I, II** u. **III** sind: **I** $\Delta H_{298} = -13{,}49$, $\Delta F_{298} = -8{,}3$; **II** $\Delta H_{298} = (-13{,}3)$, $\Delta F_{298} = (-0{,}8)$; **III** $\Delta H_{298} = -14{,}44$, $\Delta F_{298} = -7{,}2$ (bei 35°). (Известия Академии Наук СССР, Отделение Химических Наук [Nachr. Akad. Wiss. UdSSR, Abt. chem. Wiss.] **1952.** 1122—24. Nov./Dez. Chem.-technol. Mendelejew-Inst.) R. K. MÜLLER. 156

Jun Okada und **Tatsuo Ikegawa,** *Verbrennungsgeschwindigkeit von künstlichem Graphit von 700 bis 2000° in Luft.* Vff. haben die Verbrennungsgeschwindigkeit von künstlichem Graphit zwischen 700° u. 2000° gemessen. Ein zylindr. Stab von 10 mm

Durchmesser u. 100 mm Länge befand sich in horizontaler Lage zwischen zwei Elektroden gleichfalls aus künstlichem Graphit u. wurde in Luft von Atmosphärendruck durch einen elektr. Strom bis zu 2000° erhitzt. Die Temperaturverteilung längs des Stabes war ziemlich gleichmäßig, außer an den Enden (Messung mittels opt. Pyrometers). Nachdem der Graphitstab schnell auf die gewünschte Temp. gebracht worden war, verblieb er ca. 5—15 Min. auf dieser Temperatur. Nach dem Abkühlen wurde die Asche entfernt, die Enden abgebrochen u. das Gewicht des verbliebenen Mittelstückes festgestellt. Die Verbrennungsgeschwindigkeit in Abhängigkeit von der Temp. kann bis zu 1200° gut durch die Gleichung von RIDDIFORD (vgl. J. physic. Chem. **56.** [1952.] 745) dargestellt werden, jedoch nicht im Temperaturbereich von 1200—2000°. (J. appl. Physics **24.** 1249—50. Sept. 1953. Fujisawa, Japan, Tokai Electrode Mnf. Comp., Techn. Res. Labor.) G. GEISELER. 157

A_5. Kolloidchemie. Grenzschichtforschung.

Enzo Ferroni und **Giuliana Giovagnoli,** *Ein Beitrag der Untersuchung kolloider Lösungen. Die Bestimmung der kritischen Micellenkonzentration.* 2. Mitt. (1. vgl. C. **1954.** 4556.) Mit Hilfe eines spektrophotometr. Titrationsverf. wird die krit. Micellenkonz. für *Na-Diisooctylsulfosuccinat* unter Benutzung einer Pinacyanolchloridlsg. bestimmt. Gemessen wird das Absorptionsspektr. des reinen Farbstoffs in W. u. n-Butanol u. die Extinktion bei 6000, 5600, 5200 u. 4800 Å bei Ggw. des Netzmittels. Auch nach diesem Verf. zeigt sich der früher beobachtete Temperatureinfluß. In guter Übereinstimmung mit dem auf Grund der Oberflächenspannungsmessungen erhaltenen Wert ergibt sich für die krit. Micellenkonz. 2,25—$5 \cdot 10^{-3}$ molar. (Ann. Chimica **43.** 259—66. Mai/Juni 1953. Florenz, Univ.) HENTSCHEL. 162

E. D. Goddard, O. Harva und **T. G. Jones,** *Der Einfluß einwertiger Kationen auf die kritische Micellenkonzentration von Natriumdodecylsulfat.* Vff. untersuchten den Einfl. der Alkalimetallsalze Li_2SO_4, Na_2SO_4, Cs_2SO_4, $CsCl$ u. K_2SO_4 u. einiger quaternärer Ammoniumsalze *Tetramethyl-* u. *Phenyltrimethylammoniumjodid, Butyltrimethylammoniumbromid* u. *Benzylphenyldimethylammoniumchlorid*) auf die krit. Micellenkonz. wss. Na-Dodecylsulfatlösungen. Aus den Versuchsergebnissen geht hervor, daß die Fähigkeit der Alkalimetallkationen, die krit. Konz. zu erniedrigen, mit abnehmender Größe des hydratisierten Kations zunimmt. Im Gegensatz dazu ist die Verminderung der krit. Konz. durch quaternäre Ammoniumsalze um so größer, je größer das Kation ist. Diese Ergebnisse zeigen eindeutig, daß der Einfl. der quaternären Ammoniumsalze auf die Micellenbldg. ein ganz anderer ist als der von Alkalimetallsalzen. Eine mögliche Deutung dieser Tatsache wird diskutiert. (Trans. Faraday Soc. **49.** 980—84. Aug. 1953. Port Sunlight, Cheshire, Unilever Ltd., Res. Dep.)
G. HEINRICH. 164

L. W. Raduschkewitsch, *Untersuchung der Capillarkondensation von Dämpfen in hochdispersen Systemen.* 1. Mitt. *Berechnung der Capillarkondensation in der Nähe der Kontaktpunkte sich berührender sphärischer Teilchen.* Für die Capillarkondensation zwischen kugeligen Teilchen, wie sie etwa bei Ruß in ziemlich einheitlicher Größe (200—2000 Å) vorliegen, wird eine Gleichung des Flüssigkeitsmeniskus in der Sorptionszelle unter der Annahme vollständiger Benetzung abgeleitet u. daraus das Vol. v der sorbierten kondensierten Fl. als Funktion der Dampftension berechnet. In Briketts von komprimiertem Ruß findet die Capillarkondensation in der Nähe der zahlreichen Kontaktpunkte statt, wobei jedes Kugelpaar eine Art von Sorptionszelle oder Kondensationszentrum darstellt; dort entsteht beim Auftreten der ersten Anteile fl. Phase (bei vollständiger Benetzung) ein konkaver Meniskus, an dem sich die Capillarkondensation entwickelt. In der Gleichung $v = {}^2/_3 \pi R^3 U$ gibt U an, welchen Teil (%) des Zellenvolums das Vol. der capillarkondensierten Fl. einnimmt. Im allg. ist U klein u. überschreitet nicht 5%. Mit zunehmendem Radius der kugeligen Teilchen nimmt U rasch ab, jedoch nicht so weit, daß die gleichzeitige Zunahme von v dadurch verhindert wird. Mit zunehmender Dampftension nimmt v zuerst langsam, dann aber sehr stark zu, bes. bei gröberen Teilchen. (Известия Академии Наук СССР, Отделение Химических Наук [Nachr. Akad. Wiss. UdSSR, Abt. chem. Wiss.] **1952.** 1008—20. Nov./Dez. Inst. für physik. Chem. der Akad. der Wiss. der UdSSR.)
R. K. MÜLLER. 165

Rembert Ramsauer, *Freie Grenzflächenenergie und Spannungsauslösung an spröden Körpern.* Unterss. über die Wirkungen von Fll. beim techn. Glasschneiden ergaben, daß bei spröden Stoffen unabhängig vom Spalteffekt die lokalen, zur Auslösung des Bruches erforderlichen Spannungen eine Funktion der freien Grenzflächenenergie sind. Theoret. bedeutet dieser „Auslöseeffekt", daß nicht nur die mol. Zerreißfestigkeit, sondern auch die techn. Zerreißfestigkeit der freien Grenzflächenenergie proportional ist. Wird die Schneidwrkg. (gemessen als Biegefestigkeit, bezogen auf die anfängliche Dicke der Probe) gegen den Schneiddruck graph. aufgetragen, so ist deutlich zu erkennen, daß bei kleinsten Schneiddrucken akt. Fll. (polare Fll.) eine kleinere Biegefestigkeit erzeugen als die inakt. (unpolaren) Substanzen. Bei höheren Drucken tritt bei Schnitten trocken u. mit Alkohol ein früherer Wiederanstieg der Biegefestigkeit infolge frühzeitigen Spannungsabbaus durch „Abmuscheln" ein, während mit inakt. Fll. dagegen eine viel höhere Zugvorspannung in der Schnittkerbe erzielt werden kann. (Naturwissenschaften **40.** 336. Juni 1953. Witten/Ruhr, Hauptlabor. der Dtsch. Tafelglas AG.) G. HEINRICH. 166

Inger Brattsten, *Elektrophorese bei kontinuierlicher Zone mit kreuzweise angeordneten Geschwindigkeitsfeldern in einer Glaspulversäule. Anordnung für konstante Flüssigkeitsströmung und Beschreibung einer einfachen Pumpeneinrichtung.* Bei der nach SVENSSON u. BRATTSTEN (C. **1950.** II. 2226) angegebenen Elektrophoreseeinrichtung mit kontinuierlicher Zonenverschiebung entsteht eine besondere Schwierigkeit in der Verwirklichung einer konstanten Flüssigkeitsgeschwindigkeit innerhalb der Trennsäule. Die erforderliche experimentelle Bedingung besteht darin, daß eine Wiedervermischung infolge der im Laufe der Elektrophorese entstandenen Geschwindigkeitsgradienten im Vgl. zur Trennung in jedem Fall äußerst gering sein muß. Zu den zu Geschwindigkeitsgradienten führenden Einfll. gehören Ungleichförmigkeit des Capillarwiderstandes in der Glaspulverpackung u. außerhalb derselben in den Zuführungen der Fl., ferner Konzentrationsgefälle infolge JOULEscher Wärme, die Ggw. der zu trennenden Stoffe u. das Gleichgewicht zwischen elektroosmot. Druck u. Wanderungsgeschwindigkeit. Diese Faktoren werden alle krit. betrachtet u. auf Grund der Verss. die Wahl einer geeigneten (nicht zu feinen) Teilchengröße des Glaspulvers u. der Geschwindigkeit erörtert. Die benutzte Elektrophoreseapp. ist hauptsächlich für präparative Arbeiten im Laboratoriumsmaßstab u. die Trennung der Blut-Eiweißstoffe gedacht, u. die Leistungsfähigkeit der Trennung wird an Hand eines Beispiels für die Fraktionierung von Serum gezeigt. Die Flüssigkeitsgeschwindigkeit läßt sich entweder indirekt durch Regulieren des hydrostat. Druckes oder direkt mit Hilfe einstellbarer Pumpen steuern. Für letzteren Zweck wird eine Schlauchpumpe, ähnlich wie zur Bluttransfusion, näher beschrieben, die 1—15 $cm^3/h/cm^2$ zu fördern vermag u. seit 2 Jahren in Betrieb ist. (Ark. Kemi **4.** 503—22. 1952. Uppsala, Univ.) HENTSCHEL. 168

A. C. Chatterji und **M. C. Rastogi,** *Das Adsorptionsvermögen von frisch gefällten, schwer löslichen Salzen für ihre Sole und für die sie bildenden Ionen.* 1. Mitt. Zur Aufklärung der Bldg. LIESEGANGscher Ringe kann die Koagulationstheorie von DHAR u. CHATTERJI oder die Adsorptionstheorie von BRADFORD herangezogen werden. Vff. prüfen die Gültigkeit dieser Theorien durch Unters. der Adsorption von Solen oder Ionen an frisch hergestellten Niederschlägen. Auf Grund der erhaltenen Ergebnisse unterscheiden Vff. 2 Salzkategorien, solche, die ihre eigenen Sole adsorbieren, u. solche, die selbst in das Sol übergehen. Diese Einteilung entspricht auch dem Entstehen verschied. Ringstrukturen. Die Ionenadsorption an Ndd. ist in allen untersuchten Fällen gering (maximal wurden 8% gefunden) u. gegenüber der von Solen, die Beträge zwischen 50 u. 100% erreicht, zu vernachlässigen. Vff. kommen daher zu dem Schluß, daß die Ionenadsorptionstheorie im Gegensatz zur Koagulationstheorie nicht zur Deutung der Zwischenräume in period. Strukturen herangezogen werden kann. (Z. anorg. allg. Chem. **268.** 89—97. April 1952. Lucknow, Univ., Chem. Labors.) WOELK. 176

Yutaka Yamamoto, Takashi Maruyama und **Meiten Shigaki,** *Anionenaustauschadsorption aus wässerigen Säurelösungen durch Anionenaustauschharze.* 3. Mitt. *Geschwindigkeitsbestimmender Faktor beim Anionenaustauschvorgang.* (2. vgl. J. chem. Soc. Japan, ind. Chem. Sect. [Kōgyō Kagaku Zassi] **54.** [1951.] 569.) Anwendung der Formel für die Austauschgeschwindigkeit von Anionen auf Einzelteilchen. Im Falle von HCl u. Essigsäure ist bei hohen Konzz. (0,2—0,4n u. höher) die Austauschgeschwindigkeit beider Säuren durch die chem. Reaktionsgeschwindigkeit bestimmt. Bei 0,01—0,02n Säure hängt es von den Austauschbedingungen ab, wie weit die innere Diffusion im Teilchen u. die chem. Reaktionsgeschwindigkeit den Austausch beherrschen. Aus dem aus den Verss. erhaltenen Wert für D_i (10^{-8} cm^2/Min.) für die Diffusion innerhalb des Teilchens wird gefolgert, daß eine Diffusion in fester Phase kaum in Betracht kommt. (J. chem. Soc. Japan, ind. Chem. Sect. [Kōgyō Kagaku Zassi] **54.** 701—04. Nov. 1951. Tokyo, Univ. [Orig.: japan.]) SCHULER. 171

Yoshitami Fukuda und **Yutaka Yamamoto,** *Anionenaustauschadsorption aus wässerigen Säurelösungen durch Anionenaustauschharze.* 4. Mitt. *Theorie der Wirkungsweise einer Anionenaustauschharzsäule.* (3. vgl. vorst. Ref.) Es wird eine grundlegende

Differentialgleichung für das Innere der Anionenaustauschsäule gegeben, ferner Ableitungen für die austauschbestimmenden Anteile, die von der Diffusion in der Durchflußrichtung, von der Diffusionsgeschwindigkeit in der fl. Grenzschicht der Teilchen u. im Innern des Teilchens u. von der chem. Reaktionsgeschwindigkeit der Austausch-Rk. herrühren. (J. chem. Soc. Japan, ind. Chem. Sect. [Kōgyō Kagaku Zassi] **54**. 747—49. Dez. 1951. Tokyo, Univ.) [Orig.: japan.] SCHULER. 177

A_6. Strukturforschung.

Joseph J. Comer, *Neue Entwicklungen in der Elektronenmikroskopie.* Übersicht über neue Entwicklungen einiger Anwendungsgebiete des Elektronenmikroskops (EM): Best. der Teilchengröße in Pulvern unter Vermeidung von Agglomeration; Methoden zur Steigerung des Kontrastes, bes. Bedampfen mit Metallen hoher Ordnungszahl (Pt, U) u. adsorptive Anlagerung von Verbb. hoher Ordnungszahl, bes. bei organ. Stoffen; Methoden zur Identifizierung unbekannter Objekte im EM u. zur Unterscheidung von Kristalliten aus verschied. Material in uneinheitlichen Objekten (durch Elektronenbeugung u. Einschaltung geeigneter Blenden); Dunkelfeld- u. Stereoskopbeobachtung; Präparationsmethoden für Oberflächenabzüge. Übersicht über neue instrumentelle Entwicklungen: Reflexions- u. Emissionsmikroskope; Röntgenmikroskope; Mikroanalyse aus den diskreten, für das durchstrahlte Material charakterist. Energieverlusten der Elektronen. (Mineral Industries **23**. Nr. 6. 1—8. März 1954. Mineral Constitution Labors.) H. C. WOLF. 181

John D. Fulton und **Frank V. Garbich,** *Kathodenzentrierung im Elektronenstrahlerzeuger.* Die Glühkathode eines Strahlerzeugers für das EMU-2C-Elektronenmikroskop wird zentriert, indem an Stelle des WEHNELT-Zylinders zunächst eine Zentrierlehre mit kleiner Bohrung aufgeschraubt wird, welche den seitlichen Zugang zu den Justierschrauben der Glühkathode frei läßt. (Rev. sci. Instruments **23**. 309. Juni 1952. Randolph Field, Tex., U. S. Air Force School of Aviation Med.) LENZ. 181

Shigeto Yamaguchi, *Eine Doppelkamera für Elektronenbeugung.* Um beim Vgl. zweier Elektronenbeugungsaufnahmen von verschied. Substanzen sicher zu sein, daß beide bei genau derselben Elektronenwellenlänge aufgenommen werden, werden die Aufnahmen gleichzeitig in zwei Beugungsapparaturen gemacht, deren Strahlerzeuger an einer gemeinsamen Hochspannungsquelle liegen. (J. appl. Physics **24**. 1305—06. Okt. 1953. Tokyo, Sci. Res. Inst. Ltd., Hongo.) LENZ. 181

H. Richter und **H. Knödler,** *Elektronenstrahl-Interferenzen an Einkristallen.* An dünnen, einkristallinen Metallfolien (Al, Ni, Zn, Bi, Sn–Bi-Eutektikum), die durch Elektrolyse oder durch Abätzen u. Tempern dickerer Folien erhalten wurden, u. an Folien von Metallhydroxyden wurden Elektroneninterferenzen bei Durchstrahlung längs verschied. Richtungen beobachtet. Zur Auswertung der Punktdiagramme wird ein Verf. angegeben, das auch zeigt, daß die beobachteten Punktinterferenzen tatsächlich Raumgitterinterferenzen sind, nicht solche eines Flächengitters. An Aufnahmen von Al u. Sn werden die Überlegungen ausführlich erörtert. Bei einer Anzahl von Metallfolien erscheint das Beugungsbild eines „Flächengitterpulvers" nach LAUE. Trägt man Öle in dünner Schicht auf eine Metallfläche auf, so erhält man in Reflexion das Beugungsdiagramm eines Liniengitters, herrührend von den orientierten KW-stoffketten. (Z. Naturforsch. **9a**. 147—64. Febr. 1954. Stuttgart, TH, Röntgeninst., u. Inst. für Metallforsch.) H. C. WOLF. 181

H. J. Altenhein, K. Molière und **H. Niehrs,** *Bestimmung innerer Potentiale und Strukturfaktoren aus der Feinstruktur der Elektroneninterferenzen kleiner Kristalle.* Die Elektroneninterferenzreflexe der einzelnen Kristalle haben eine Feinstruktur, die einerseits von verschieden großer Brechnung der an verschied. Grenzflächen durchtretenden Teilbündel, andererseits von der Aufspaltung jedes solchen Teilbündels in 2 Wellenfelder nach der dynam. Interferenztheorie herrührt. Beim parallelepiped. Kristall entstehen dadurch im allg. maximal 15 austretende Teilstrahlen, die im Reflex auf 3 Geraden angeordnet erscheinen. Die 3 in den Ecken des so gebildeten Dreiecks auftretenden Teilstrahlen sind ident. mit den Satelliten der geometr. Theorie. Aus der Aufspaltungsfigur können die Kristallstellung, der Anregungsfehler der Interferenz, das mittlere Kristallpotential u. das Strukturpotential der Interferenz bestimmt werden. Es werden Formeln für die Berechnung dieser Größen aus den Beobachtungsgrößen angegeben u. die Ergebnisse der Auswertung einer ersten Versuchsreihe an *MgO* mitgeteilt. (Naturwissenschaften **39**. 447—48. Okt. 1952. Berlin-Dahlem, Kaiser-Wilhelm-Inst. für Physikal. Chemie u. Elektrochemie.) NIEHRS. 181

G. Parzen, *Elektronenenergiebänder in Metallen.* Theoret. Arbeit, in der eine Meth. zur Berechnung der Energieniveaus in einem Kristall angegeben wird. Zur Darst. der Niveaus werden statt der üblichen BLOCK-Funktionen WANNIER-Funktionen verwendet. Die für einen eindimensionalen Kristall erhaltenen Ergebnisse werden mit den auf andere Weise gewonnenen verglichen. (Physic. Rev. [2] **89.** 237—43. 1/1. 1953.) FUCHS. 182

J. M. Bijvoet und **K. Lonsdale,** *Der Ionenzustand von LiH.* Vff. vergleichen die von BIJVOET u. FREDERIKSE (Receuil Trav. Chim. Pays-Bas **48.** [1929.] 1041), ZINTL u. HARDER (Z. physik. Chem. Abt. B **14.** [1931.] 265 u. **15.** [1932.] 416) sowie AHMED (C. **1954.** 1193) bei der röntgenograph. Unters. von LiH gefundenen Intensitäten u. diskutieren die von den genannten Autoren aus den übereinstimmenden experimentellen Ergebnissen gezogenen, voneinander abweichenden Schlüsse bzgl. des Ionenbindungscharakters dieser Verbindung. In vollständiger Übereinstimmung mit JAMES (The Crystalline State 1948, Band II. 304) schließen Vff., daß sich aus den Atomformfaktoren kein sicherer Schluß auf den Ionisationszustand der Atome in einem Kristall ziehen läßt, da merkliche Unterschiede in den Intensitäten für die einzelnen Ionisationszustände erst bei Beugungswinkeln auftreten können, bei denen keine Linien mehr existieren. (Philos. Mag. [7] **44.** 204—07. Febr. 1953. Utrecht, Univ.; London, Univ.) R. STEIN. 182

Otto Emersleben, *Über das Restglied der Gitterenergieentwicklung neutraler Ionengitter.* Daß sich die Gitterenergie einer Gittergeraden in einem neutralen Ionengitter in ein lineares, ein konstantes u. ein gegen Null strebendes Restglied zerlegen läßt, wird von Vf. mathemat. gezeigt u. ferner erläutert, daß diese vielfach als selbstverständlich angesehene Bedingung durchaus nicht selbstverständlich ist. Das monotone Fallen des Restgliedes gegen Null wird mathemat. diskutiert. (Math. Nachr. **9.** 221—34. April 1953. Berlin.) SIEWERT. 190

R. N. Hall, *Abscheidung von Verunreinigungen während des Wachsens von Germanium- und Siliciumkristallen.* Die Verteilungskoeffizienten wichtiger Verunreinigungen (Donatoren u. Acceptoren) in Ge- u. Si-Einkristallen beim Wachstum aus der Schmelze werden untersucht. Ihre Größe hängt wesentlich ab von der Wachstumsgeschwindigkeit, der Kristallorientierung u. der Rührgeschwindigkeit, wesentlich mehr bei Donatoren als bei Acceptoren. Es werden experimentelle Ergebnisse u. theoret. Rechnungen mitgeteilt, auch über die Herst. gewünscht ungleichmäßiger Verteilung der Verunreinigung im Kristall. Diese wird durch wiederholtes Einführen weiterer Verunreinigung in die Schmelze während des Kristallisierens, oder besser u. einfacher durch programmäßig gesteuerte Variation der Wachstumsgeschwindigkeit erreicht. (J. physic. Chem. **57.** 836—39. Nov. 1953. Schenectady, N. Y., Gen. Electric Res. Labor.) H. C. WOLF. 190

Masaaki Yanagisawa, *Über die orientierte Struktur von Ionenkristallen infolge Wachstums und plastischer Deformation. NaCl, KCl, KBr, KJ, AgCl, AgBr, CuCl, CuBr, TlCl, TlBr* u. *TlJ* werden geschmolzen u. in einen vorgeheizten Tiegel gegossen. Die Erstarrungskörper bestehen bei den Ag- u. Cu-Verbb. aus vergleichsweise langen Dendriten mit der Achse ⟨1 1 2⟩ u. den Flächen (1 1 1), während die Alkalihalogenide unter gleichen Bedingungen (1 0 0), selten (1 1 0) oder (1 1 1) aufweisen. Bei gewalzten Silberhalogenidfolien ist die Faserachse ⟨1 1 0⟩ parallel zur Walzrichtung, bei gewalztem TlCl treten 3 Faserachsen ⟨1 0 0⟩ auf. Die Walzbarkeit hängt von der Kristallherst. ab u. ist sehr schlecht bei aus $AgNO_3$ u. KCl gefälltem AgCl, gut bei Präpp. aus $AgNO_3$ u. HCl. Die Härte erreicht für AgCl u. AgBr bei etwa 70% Walzgrad ein Maximum. Die rekrist. Folien weisen keine Vorzugsorientierung auf. (Bull. Inst. chem. Res., Kyoto Univ. [Kagaku Kenkyusho Hokoku] **28.** Nr. 3. 13—21. März 1952. H. Takagi Labor. [Orig.: japan., Auszug: engl.]) TELTOW. 190

Masaaki Yanagisawa und **Hidekiyo Fujihira,** *Über die Orientierung der Wachstumstextur von durch elektrolytische Lösungstension niedergeschlagenen Metallen.* Es wurde das Wachstum von *Cu, Pb, Au, Fe, Co, Ni, Bi, Cd, As, Zn, Tl* u. *Sn* untersucht. Auf einem Stück Zn, welches in eine 0,5n oder gesätt. $CuSO_4$-Lsg. taucht, wächst Cu in Form warzen- oder krustenähnlicher Gebilde. Bei Verwendung von dest. W. als Lösungsm. bildet sich nur krustenähnliches Cu, bei Zusatz von wenig Na_2SO_4 oder $ZnSO_4$ zu der $CuSO_4$-Lsg. nur warzenähnliches Cu. Die Röntgenaufnahmen an dem warzenähnlichen Prod. zeigen Faserstruktur mit [1 1 0] als Faserachse; bei dem krustenähnlichen Cu konnte keine bevorzugte Orientierung beobachtet werden. — Pb scheidet sich aus einer gesätt. Lsg. von Bleizucker auf Zn in schuppenförmigen Kristallen ab, die Faserstruktur mit [1 1 0] als Faserachse haben. — Au scheidet sich auf Zn aus einer Lsg., welche 0,3 g $HAuCl_4$ in 100 cm^3 W. enthält in Form eines Films ab, der keine bevorzugte Orientierung zeigt. — Fe schlägt sich auf Mg aus Lsgg., die Fe^{2+}- oder Fe^{3+}-Ionen enthalten, in Form von Filmen nieder, welche keine Faserstruktur zeigen. Ebenso zeigen die auf Mg niedergeschlagenen Filme von Co u. Ni aus Kobaltchlorid- bzw. Nickelsulfatlsg. keine bevorzugte Orientierung. Ebenso zeigt Bi auf Sn aus einer 0,5n Wismutnitratlsg. oder Cd auf Mg oder Zn aus einer 0,5n Cadmiumnitratlsg. kein orientiertes Wachstum. Gleichfalls ohne Orientierung sind die Ndd. von As auf Sn aus einer $AsCl_3$-Lösung. — Zn scheidet sich auf Mg aus einer 0,5n $ZnCl_2$-Lsg. in schuppenförmigen Kristallen ab, welche Faserstruktur mit [1 0 0] als Faserachse zeigen. — In Form nadelähnlicher Kristalle wächst Tl auf Zn oder Mn aus einer 0,3n Lsg. von Thalliumnitrat. Die Nadeln zeigen röntgenograph. Faserstruktur mit [0 0 1] als Faserachse. — Ebenso in Form von Nadeln scheidet sich Sn aus einer 0,5n Lsg. von $SnCl_2$, welche Faserstruktur mit [1 0 1] als Faserachse haben. Aus 0,5—0,1n Lsgg. von $SnCl_4$ erhält man verhältnismäßig dicke, plattenförmige Kristalle, die die Tendenz zur Ausbildung von Einkristallen haben, u. zwar ist diese Neigung um so größer, je verdünnter die Lsg. ist. (Bull. Inst. chem. Res. Kyoto Univ. [Kagaku Kenkyusho Hokoku] **31.** 85—90. März 1953. [Orig.: engl.]) GOTTFRIED. 190

R. A. W. Haul, *Reaktionen im festen Zustand und ihre Beziehung zu chemischen Prozessen in der Industrie.* Histor. Rückblick auf die Entw. der Chemie der festen Stoffe. Hinweise auf die Besonderheiten der Rkk. in Feststoffen, die geltenden Gesetzmäßigkeiten u. die Untersuchungsmethoden, sowie auf die Bedeutung der Festkörperchemie für verschied. Industriezweige. Vf. berichtet dann über eine Experimentalunters. der therm. Zers. von Dolomit (Einkristall) nach nebenstehender Formel: Der Ablauf des Vorganges I wurde durch Drehkristallaufnahmen beobachtet. Die gebildeten Calcitkristallite ergaben vorherrschend Einkristalldiagramme u. bildeten offenbar keinen kohärenten Kristall, sondern blieben im ursprünglichen Dolomitgitter orientiert. Mit Hilfe von Isotopenaustausch unter Verwendung von $^{13}CO_2$ wurde festgestellt, daß der Calcit während seiner Entstehung aus dem Dolomit eine höhere Aktivität aufwies als normaler krist. Calcit (HEDVALL-Effekt). Nach dem gleichen Verf. wurde der Diffusionskoeff. für CO_2 im Calcitgitter zu 2,4, 10,8 u. $41{,}7 \cdot 10^{-17}$ cm^2/sec bei 600 bzw. 700 u. 800° ermittelt. Daraus ergibt sich $D = 1{,}8 \cdot 10^{-10} \exp(-27700/RT)$ cm^2/sec. Eine Anzahl weiterer von LINDNER gemessener Diffusionskoeffizienten in Oxyden u. Silicaten werden mitgeteilt. Die Diffusion des CO_2 im Calcitgitter geht nach Meinung des Vf. derart vonstatten, daß jeweils ein Carbonation in ein CO_2-Mol. u. ein am Gitterplatz verbleibendes O-Ion zerfällt. Das CO_2-Mol. gelangt zu einem in gleicher Weise leer gewordenen Nachbarplatz u. verbindet sich mit dem dortigen O-Ion zu Carbonation usw. (South African ind. Chemist **7.** 211—13. Nov. 1953. Pretoria, South Africa, Nat. Chem. Res. Labor., South African Council for Scientific and Ind. Res.) KAHLERT. 190

$$MgCa(CO_3)_2 \xrightarrow{I} CaCO_3 + MgO + CO_2$$
$$CaCO_3 + MgO + CO_2 \xrightarrow{II} CaO + MgO + 2\,CO_2$$
$$MgCa(CO_3)_2 \xrightarrow{III} CaO + MgO + 2\,CO_2$$

Marguerite Bancie-Grillot, *Über die Bedeutung der Alkalihalogenide bei der Diffusion von Kupfer in das Kristallgitter von Zinksulfid.* Sehr reines ZnS wird mit 1% NaCl versetzt u. 30 Min. bei 1200° geglüht. Nach sorgfältiger Reinigung enthält dieser Wurtzit $3{,}8 \cdot 10^{-5}$ g. IonCl/Mol ZnS u. zeigt schwache bläuliche Luminescenz. Nach Zusatz von $7{,}5 \cdot 10^{-5}$ g-Ion Cu/Mol ZnS u. erneutem Glühen (1 Std. bei 500°) ist das Cu prakt. quantitativ im ZnS-Gitter eingebaut u. die Luminescenz um das 15fache verstärkt. Es können maximal $21 \cdot 10^{-5}$ g-Ion Cu/Mol ZnS (= dem 5fachen des Cl^--Geh.) aufgenommen werden, wobei die blaue Bande im Luminescenzspektr. verstärkt wird. (C. R. hebd. Séances Acad. Sci. **238.** 1216—18. 15/3. 1954.) M. SCHENK. 190

E. Niggli, C. J. Overweel und **I. M. van der Vlerk,** *Eine röntgenographische Anwendung der fluordatierenden (fluorine-dating) Methode fossiler Knochen.* Knochen bestehen bekanntlich hauptsächlich aus Hydroxylapatit $Ca_5(PO_4)_3OH$. Kommen sie in Berührung mit F-Ionen, so bildet sich durch Ionenaustausch Fluorapatit $Ca_5(PO_4)_3F$. Dieser Prozeß wurde bereits 1806 von OAKLEY benutzt, um mittels chem. Analysen eine statist. Datierung fossiler Knochen vorzunehmen. An Stelle der umständlichen chem. Analyse entwickelten Vff. eine röntgenograph. Meth., die auf den Unterschieden der Zelldimensionen von Hydroxyl- bzw. Fluorapatit beruht. Die Zelldimensionen von synthet. Hydroxylapatit sind a = 9,483 Å; c = 6,868 Å, die des synthet. Fluorapatits a = 9,350 Å u. c = 6,870 Å. Die Beziehung zwischen chem. Zus. der Apatitreihe u. den Zelldimensionen ist nahezu geradlinig. Ausgemessen auf den Filmen werden jeweils die Abstände zwischen den Interferenzen von (1 4 0) u. (0 0 4), die bei der benutzten Kamera für einen synthet. Fluorapatit mit 3,60% F 2,76 mm u. für einen reinen Hydroxylapatit 3,15 mm betrugen. Die für eine Reihe von Knochen gefundenen Abstände lagen zwischen 2,76 u. 3,14; in keinem Fall wurde ein Abstand kleiner als 2,76 mm gefunden.

Auf Grund der gefundenen Abstände wurde das geolog. Alter der Knochen abgeschätzt. Zur Nachprüfung der Meth. wurden Aufnahmen an Knochen gemacht, deren Alter genau bekannt war. Es ergab sich, daß die Meth. als geeignet zur Altersbest. bezeichnet werden kann. (Proc., Kon. nederl. Akad. Wetensch., Ser. B **56.** 538—42. Nov./Dez. 1953. Leiden, Univ., Dep. of Mineral. and Petrol., u. Dep. of Historical Geol.)
GOTTFRIED. 195

Elysiario Tavora, *Erneute Bestimmung der Raumgruppe von Petalit.* Ein Einkristall von $LiAlSi_4O_{10}$ wird aus einem größeren Mineral geschnitten, u. Aufnahmen werden nach dem Präzessionsverf. von BUERGER hergestellt. Die Auswertung ergibt Abweichungen zu den Ergebnissen von GOSSNER u. MUSZGNUG (Z. Kristallogr., Mineralog. Petrogr., Abt. A **74.** [1930.] 63): Der Winkel zweier Achsen weicht um 25′ von 90° ab. Petalit ist also monoklin, nicht rhombisch. Bestätigt wird dieser Befund durch die Schichtlinien mit ungeraden Indices, die keine Symmetrieebene aufweisen. Weitere Aufnahmen ergeben als Raumgruppe von Petalit $P2_1/m$ an Stelle C 2/c. (An. Acad. brasil. Ci. **24.** 175—77. 1952. Rio de Janeiro, Univ. do Brasil and Dep. Nac. da Prod. Min.) KRÖNERT. 195

O. Schmitz-Dumont und **Kurt Steinberg,** *Mischkristallbildung im System TiO–TiN.* Vff. untersuchen die Mischkristallbldg. zwischen TiO u. TiN, die beide im Steinsalzgitter krist. u. sich in der Gitterkonstante nur um 2% unterscheiden. Sie beobachten an bei 1600° gesinterten Gemischen, daß sich die Gitterkonstante im Syst. TiO–TiN nicht monoton mit der Zus. ändert, sondern bereits bei der Zus. $TiO_{0,4}N_{0,6}$ den für TiN (bei 1700° getempert) charakterist. Wert von $4{,}241 \pm 0{,}002$ kX erreicht. Die D. fällt von TiO an linear bis zur Zus. $TiO_{0,7}N_{0,3}$ ab, steigt dann wieder linear an u. erreicht ebenfalls schon bei der Zus. $TiO_{0,4}N_{0,6}$ den Wert für reines TiN. Vff. deuten diesen Befund durch Auffüllung der im TiO zu 16% vorhandenen Kationen- u. Anionenleerstellen im Bereich zwischen 30 u. 60 Mol-% TiN bis zu dem für TiN charakterist. Wert von ca. 2%. Unterhalb 30 Mol-% TiN erfolgt fast ausschließlich Bldg. von Substitutionsmischkristallen. Im Bereich oberhalb 60 Mol-% TiN nehmen Vff. dagegen ein heterogenes Gemisch von TiN u. dem Grenzmischkristall $TiO_{0,4}N_{0,6}$ an, was auf beträchtliche Unterschiede im Bindungs- bzw. Ionisierungsgrad zwischen TiO u. TiN schließen läßt. (Naturwissenschaften **41.** 117. März 1954. Bonn, Univ., Chem. Inst., Anorg. Abt.) B. REUTER. 195

G. Ss. Shdanow und **S. W. Swonkowa,** *Die Kristallchemie der Metallthiocyanate.* Vff. geben auf Grund von Literaturangaben u. eigenen Unterss. einen umfassenden Überblick über die strukturchem. Eigg. der SCN-Gruppe, der Metallthiocyanate mit Ionen- u. Molekülstrukturen, der Thiocyanatverbb. mit Wasserstoffbindungen u. der komplexen Thiocyanate einer Anzahl von Übergangselementen u. Elementen der 2. Gruppe des Period. Syst. mit Vierer- u. Sechserkoordination. Vff. diskutieren die verschied. Strukturen, vergleichen sie mit denen entsprechender Cyanide u. Halogenide u. gelangen dabei zur Aufstellung einiger allg. Gesetzmäßigkeiten über die Kristallchemie einfacher u. komplexer anorgan. Verbindungen. (Доклады на XIII Международном Конгрессе Теоретической и Прикладной Химии [Commun. XIII Congr. int. Chim. pure appl.] **1953.** 133—215. [Orig.: russ. u. franz.]) B. REUTER. 195

John McAndrew, *Die Gitterkonstante von Jakobsit.* Ein natürliches Mineral aus Weabonga der angenähert idealen Zus. $Mn_{0,98}\,Mg_{0,006}\,Fe_{2,009}\,O_{4,000}$ (ideal $MnFe_2O_4$) wird zur Best. der Gitterkonstante verwendet. Es ergibt sich durch Extrapolation nach BRADLEY u. JAY (Proc. physic. Soc. **44.** [1932.] 513) $a_0 = 8{,}5050 \pm 0{,}0005$ Å. Die Gitterkonstanten künstlicher Verbb. schwanken zwischen 8,48 u. 8,59 Å. Die Abweichungen werden diskutiert. Sie können von O-Überschuß hinsichtlich der stöchiometr. Zus. oder verschied. Verteilung der Kationen in der Spinellstruktur herrühren. (Amer. Mineralogist **37.** 453—60. Mai/Juni 1952. Toronto, Can., Univ. of Toronto.) KRÖNERT. 195

W. H. Barnes und **M. M. Qurashi,** *Angabe der Elementarzellen und Raumgruppen einiger Vanadiummineralien.* Der Stand der bisherigen röntgenograph. Arbeiten über Mineralien wird in einer Zusammenfassung angegeben. Eigene röntgenograph. Unterss. erstrecken sich auf die Mineralien *Metahewettit, Metarossit, Melanovanadit, Descloizit, Pyrobelonit, Brackebuschit* u. ein neues Fe-Vanadat. Metahewettit ($CaO \cdot 3\,V_2O_5 \cdot 3\,H_2O$) ist monoklin mit $a = 12{,}18 \pm 0{,}02$, $b = 3{,}61 \pm 0{,}005$ u. $c = 7{,}80 \pm 0{,}03$ kX; $\beta = 95{,}0^0 \pm 20'$. Die wahrscheinlichste Raumgruppe ist P2 mit Z = 1. Metarossit ($CaO \cdot V_2O_5 \cdot 2\,H_2O$) krist. triklin u. besitzt die Raumgruppe $P\bar{1}$; Z = 2. Die Elementardimensionen sind: $a = 6{,}21_5 \pm 0{,}005$, $b = 7{,}06_5 \pm 0{,}005$ u. $c = 7{,}76_9 \pm 0{,}005$ kX. $\alpha = 92^0 58' \pm 10'$, $\beta = 96^0 39' \pm 10'$ u. $\gamma = 105^0 47' \pm 10'$. Strukturell bedeutsam ist die gleiche Länge der c-Achse in Metarossit u. Metahewettit. Die a-Achse des Metarossits ist etwa halb so lang u. die b-Achse doppelt so lang wie die entsprechenden Achsen des Metahewettits.

Die Intensitäten der Reflexe von Metarossit lassen ebenfalls strukturelle Ähnlichkeiten zu Metahewettit erkennen. Melanovanadit ($2\,CaO \cdot 3\,V_2O_5 \cdot 2\,V_2O_4 \cdot 3{,}5-11\,H_2O$) der vorliegenden Unters. enthielt ca. 7 Moll. H_2O. Die primitive Zelle ist triklin. Die Raumgruppe ist P1 mit $Z = 1$; $a = 6{,}36_0 \pm 0{,}01$, $b = 16{,}86 \pm 0{,}02$, $c = 6{,}27_9 \pm 0{,}01$ kX; $\alpha = 90^0 0' \pm 15'$, $\beta = 101^0 50' \pm 10'$ u. $\gamma = 93^0 10' \pm 15'$. Zu Vergleichszwecken wird ebenfalls eine zentrierte Anordnung angegeben: $Z = 2$, Raumgruppe B 1; $a = 7{,}97_0 \pm 0{,}015$, $b = 18{,}86 \pm 0{,}02$, $c = 9{,}81_0 \pm 0{,}015$ kX, $\alpha = 87^0 55' \pm 10'$, $\beta = 90^0 45' \pm 10'$ u. $\gamma = 92^0 30' \pm 20'$. Brackebuschit [$(Pb, Mn)_2VO_4(OH)$] krist. monoklin in der Raumgruppe $B\,2_1/m$ mit $a = 7{,}68$, $b = 6{,}15_5$, $c = 2 \cdot 8{,}26_2$ kX u. $\beta = 86^0 15'$. Pyrobelonit u. Descloizit haben die gleiche Struktur u. krist. rhomb. in D_{2h}^{16} — P n m a. Pyrobelonit: $a = 7{,}66_3$, $b = 6{,}19_1$ u. $c = 9{,}52_3$ kX. Descloizit: $a = 7{,}60_4$, $b = 6{,}07_4$ u. $c = 9{,}44_5$ kX. Ähnlichkeit der Strukturen besteht auch zwischen Brackebuschit u. Pyrobelonit. Ein bisher unbekanntes Mineral der möglichen Zus. $FeO \cdot 2\,V_2O_4$ besitzt hexagonale Struktur mit $a = 5{,}85_4 \pm 0{,}005$ u. $c = 9{,}29_5 \pm 0{,}010$ kX. Die möglichen Raumgruppen sind $C\bar{6}2c$, $C6mc$ bzw. $C6/mmc$. (Amer. Mineralogist **37.** 407—22. Mai/Juni 1952. Ottawa, Can., Nat. Res. Council, Div. of Phys.) KRÖNERT. 195

H. Ehlers und **H. Raether,** *Zur Struktur dünner Zinkoxydschichten auf Zink-Einkristallflächen.* Es wird untersucht, wie weit eine Angleichung des Gitters einer ZnO-Oberflächenschicht an das darunterliegende Zn-Gitter stattfindet. Auf Zn-Spaltflächen (0001) bildet sich sofort an der Luft ein ZnO-Film n. Struktur. Pseudomorphie wird nicht beobachtet (vgl. RAETHER, C. **1950.** II. 19; LUCAS, C. **1954.** 723). Um den Zusammenhang zwischen der Dicke der ZnO-Schicht u. dem Nichtauftreten einer Pseudomorphie zu untersuchen, werden Elektroneninterferenzdiagramme von elektrolyt. polierten (0 0 0 1) Zn-Flächen nach Kathodenzerstäubung hergestellt. Die Dicke der Oxydschicht beträgt 4—6 Atomschichten. Auch bei diesen geringen Dicken tritt keine Pseudomorphie auf. Auf den Diagrammen beobachtete Nebenreflexe lassen sich mit Mehrfachstreuung erklären. Verss., Zn (0 0 0 1)-Flächen durch Aufdampfen von Zn auf LiF (1 1 1)-Flächen zu erhalten, mißlangen. Trotz gleicher Symmetrie der beiden Flächen u. naher Übereinstimmung der Gitterkonstanten besteht die Zn-Schicht nicht aus Einkristallen, sondern aus regellosem Pulver. Dies gilt als Beweis, daß für die Orientierung von Aufdampfschichten auf Einkristallunterlagen nicht allein die Übereinstimmung der Kristallsymmetrie u. Gitterkonstanten, sondern auch die Kräfte zwischen den Atomen eine Rolle spielen. (Naturwissenschaften **39.** 487—88. Nov. 1952. Hamburg, Univ., Inst. für Angew. Phys.) KRÖNERT. 196

E. Teghtsoonian und **Bruce Chalmers,** *Weitere Beobachtungen über die Makro-Mosaikstruktur von Zinn-Einkristallen.* In Fortsetzung einer früheren Arbeit (C. **1953.** 3363) wird die Streifenstruktur von Kristallen aus sehr reinem Sn, die durch Erstarren der Schmelze gewonnen wurden, untersucht. Sie sind durchgehend in parallele, ca. 1 mm dicke Streifen von rechteckigem Querschnitt unterteilt, die bei Wachstum in [1 1 0]-Richtung ebenfalls in dieser Richtung verlaufen. Zwischen benachbarten Streifen besteht ein Orientierungsunterschied von $^1/_4$—5^0 Drehung um die Streifenachse. Die Dicke der Streifen nimmt mit abnehmender Wachstumsgeschwindigkeit zu, ebenso die Inkubationszeit zur Ausbildung neuer Streifen. Durch Tempern läßt sich die Streifenstruktur nicht beseitigen. — Ein Versetzungsmodell für die Entstehung der Streifen wird aufgestellt. (Canad. J. Physics **30.** 388—401. Sept. 1952. Toronto, Ontario, Can., Univ., Dep. of Met. Engng.) TELTOW. 197

R. L. P. Berry und **G. V. Raynor,** *Struktur von Magnesium-Lithium-Legierungen der β-Phase.* Eine frühere Annahme von HUME-ROTHERY, RAYNOR u. BUTCHERS (C. **1946.** I. 1053) über die Existenz einer Überstruktur in der β-Phase von Li-Mg-Legierungen wird zurückgezogen. Neue Legierungen, die unter besonderen Vorsichtsmaßregeln hergestellt wurden, zeigen keinerlei Ordnung. Die Ursache für das Auftreten der früheren Extralinien wird auf Fremdstoffgeh. zurückgeführt. (Nature [London] **171.** 1078—79. 13/6. 1953. Birmingham, Univ., Dep. of Metallurgy.) K. SCHUBERT. 197

Jean Jacques Trillat und **Noboru Takahashi,** *Über eine neue Phase bei Aluminium-Kupfer-Legierungen.* Bei gleichzeitiger Kondensation bei Zimmertemp. von Cu u. Al (60 zu 40%) erhält man ein Elektronogramm von nahezu amorpher Struktur. Nach einer Auslagerungsdauer von 2 Monaten ergibt sich ein CsCl-Diagramm. Es wird der Zusammenhang dieses metastabilen Gitters mit den Gleichgewichtsphasen diskutiert. (C. R. hebd. Séances Acad. Sci. **236.** 2245—47. 8/6. 1953.) K. SCHUBERT. 197

D. J. McPherson und **Max Hansen,** *Der Aufbau binärer Legierungssysteme des Titans.* Besprechung des Aufbaues an Hand der Zustandsbilder der bin. Systeme Ti-*Al*, Ti-*B*, Ti-*C*, Ti-*Cr*, Ti-*Cu*, Ti-*Fe*, Ti-*H*, Ti-*Mn*, Ti-*N*, Ti-*Ni*, Ti-*O*, Ti-*Si*, Ti-*Ta*,

Ti–*V*, Ti–*W* u. Ti–*Zr*. — 97 Schrifttumsangaben. (Z. Metallkunde **45.** 76—82. Febr. 1954. Chicago.) Apel. 197

P. L. Grusin, *Diffusion von Kobalt, Chrom und Wolfram in Eisen und Stahl.* Vf. führte Diffusionsverss. unter Verwendung der radioakt. Isotopen ^{51}Cr, ^{185}W, ^{60}Co in weichem techn. Fe (0,02% C) u. C-Stahl (0,82% C) bei Tempp. von 700—1250° durch. Die Diffusionskoeffizienten der untersuchten Elemente im Austenit sind untereinander nicht sehr verschieden. Im Ferrit (bei 700—800°) diffundiert am langsamsten Cr, am schnellsten Co, eine dem Cr angenäherte Mittelstellung nimmt W ein. Die Werte der Aktivierungsenergie für Diffusion im Austenit von Co, Cr, W sind allg. höher als die für Selbstdiffusion von Fe; bei Diffusion im Ferrit ergeben sich geringere Werte als bei Diffusion im Austenit; für Austenit liegen sie bei Stahl tiefer als bei weichem Fe. Hieraus wird gefolgert: Die Atombindungen im Austenitgitter zwischen Cr, W, Co einerseits u. Fe andererseits sind fester als die Eigenbindungen der Fe-Atome. Es ist wahrscheinlich, daß die Atombindungen dieser Elemente im Ferrit weniger fest sind als im Austenit. Durch Inlösunggehen von C in Austenit tritt eine Abschwächung der Atombindungen sowohl bei den Carbidbildnern Cr u. W als dem nicht Carbide bildenden Co ein; es ist anzunehmen, daß die Bindungen zwischen den Metallatomen im Austenit fester sind als die zwischen den Metall- u. C-Atomen. (Доклады Академии Наук СССР [Ber. Akad. Wiss. UdSSR] [N. S.] **94.** 681—84. 1/2. 1954. Inst. für Metallkunde u. Metallphysik.) Ehmcke. 197

O. A. Carson und **D. T. Austin,** *Angewandte Forschung führt zu neuen Daten im System Magnesium–Zirkonium.* Der Mg-reiche Teil des Phasendiagramms Mg–Zr besitzt einen peritekt. Punkt bei 654° mit 0,42% Zr. Die Liquiduskurve steigt von diesem Punkt an steil auf u. geht wahrscheinlich bei 900° durch 0,7% Zr, oberhalb dieser Temp. wahrscheinlich noch stärker ansteigend. Die Löslichkeit des Zr im festen Mg beträgt 0,34% bei 400°, steigt auf 0,43% Zr bei 600° u. über 1,3% bei der Soliduskurve. Die Zr-reichen Legierungen bilden eine feste Lsg. mit mindestens 38% Mg. Diese hat bei 1200° u. 38% Mg einen Umwandlungspunkt mit Bldg. einer Mg–Zr-δ-Phase mit der möglichen (nicht genau bestimmten) Zus. Mg_2Zr. Der Rest des Syst. besteht aus einem Gemisch der δ-Phase u. der festen Mg-Lsg.; eine β-Phase des Zr wurde nicht gefunden. Die Schmelzen wurden unter Ar als Schutzgas in einem verschlossenen eisernen Schutzgefäß hergestellt, wobei ein innerer Tiegel aus „Magnorite" am geeignetsten war. Zr wurde als Metallpulver, als Hydrid oder Mg-Vorlegierung eingeführt. (Canad. Mining J. **73.** Nr. 4. 70—75. April 1952. Kingston, Ontario, Queen's Univ., Dep. of Metallurgy.) Rumpf. 197

B. N. Bose und **M. F. Hawkes,** *Kinetik der eutektoiden Umwandlung in Eisen–Stickstoff-Legierungen.* An einer Fe–N-Legierung mit 2,35 Gew.-% N wurden metallograph., Röntgenstruktur- u. Mikrohärteunterss. vorgenommen. Die Legierung entspricht der eutektoiden Fe–C-Legierung im Hinblick auf die Bldg. von Perlit u. Martensit. Bei allen Tempp. geht die isotherme Umwandlung in der Fe–N-Legierung langsamer vor sich, u. hinsichtlich der Martensitbldg. ist der N-Austenit erheblich stabiler. (J. Metals **188.** 307—16. Febr. 1950. Pittsburgh, Pa., Carnegie Inst. of Technol., Metals Res. Labor.) H. Schöberl. 197

H. T. Corten und **T. M. Elsesser,** *Der Einfluß der Wärmebehandlung bei niedrigeren Temperaturen auf mikroskopische und submikroskopische Restspannungen, erzeugt durch geringe, bleibende Verformungen in Metallen.* Durch Wärmebehandlung bei niedrigeren Tempp. u. hoher Beanspruchung konnte der Bauschinger-Effekt bei *Messing* u. niedrig gekohltem *Stahl* aufgehoben werden. Die Erscheinung wird zurückgeführt auf die Aufhebung der submkr. Restspannungen, die von Platzwechselvorgängen herrühren u. den Bauschinger-Effekt verursachen. — Umfangreiche Schrifttumangaben. (Trans. ASME **74.** 1297—1302. Nov. 1952.) Deutsch. 200

A$_7$. Gleichgewichte. Kinetik.

Lamberto Malatesta, *Neuere Aspekte der Chemie der Komplexe.* Als Komplexe werden die Moll. definiert, bei denen die Zahl der von einem Element ausgehenden koordinativen, ion. u. kovalenten Bindungen größer ist als die formale Elektrovalenz. Die koordinative Bindung kann überwiegend Dipolbindung, aber auch reine kovalente Bindung sein. Je nachdem, ob sie mehr ion. oder mehr kovalente Bindung ist u. ob das Metall ohne Verletzung des Elektroneutralitätsprinzips eine geschlossene Elektronenstruktur zu erreichen vermag, können bei den Metallen der Übergangsreihe durch die Komplexbldg. die Stabilitätsverhältnisse der verschied. Oxydationsstufen verändert werden. Bei den Metallcarbonylen u. anderen Komplexen, bei denen die hier fast apolare koordinative Bindung eine mesomere Form zwischen kovalenter Bindung u.

kovalenter Doppelbindung annimmt, werden die geschlossenen Elektronenstrukturen fast immer erreicht. — 22 Literaturhinweise. (Chim. e Ind. [Milano] **35.** 319—25. Mai 1953.) R. K. MÜLLER. 223

J. V. Quagliano und **Leo Schubert,** *Der trans-Effekt bei anorganischen Komplexverbindungen.* Vff. geben einen Überblick mit vielen Einzelheiten, bes. aus der Reihe der Pt-Komplexe, über die Entwicklung der Vorstellung über den trans-Effekt in anorgan. Komplexen. In besonderen Kapiteln werden die Thermochemie u. ausführlich die Theorie des trans-Effekts dargestellt. Die Ergebnisse neuerer wichtiger japan. Arbeiten werden zum Schluß erwähnt. — 157 Literaturangaben. (Chem. Reviews **50.** 201—60. April 1952. Notre Dame, Ind., Univ. of Notre Dame, Dep. of Chem., u. Washington, D. C., American Univ., Dep. of Chem.) PLUST. 223

G. A. Gamlen und **D. O. Jordan,** *Eine spektralphotometrische Untersuchung der Eisen(III)-chlorokomplexe.* Nach eingehender Diskussion älterer Arbeiten werden Ergebnisse spektralphotometr. Unterss. des Fe(III)-Ions in konz. LiCl- u. HCl-Lsg. mitgeteilt. In absol. A. erhält man mit steigender LiCl-Konz. eine Grenzform der Absorptionskurve, die von 0,1 mol. LiCl-Lsg. ab auftritt. Hieraus wird auf die Nichtexistenz höherer Cl-Komplexe als $FeCl_4^-$ geschlossen. Ähnlich ist das Verh. in wss. konz. HCl-Lsg.: Es entsteht hier gleichfalls eine Grenzform des Spektrums. Im Wellenlängenbereich 220—440 mμ werden Extinktionskoeffizienten der Komplexe $FeCl_2^+$, $FeCl_3$ u. $FeCl_4^-$ erhalten u. daraus Werte für die 3. u. 4. Assoziationskonstante errechnet: $K_3 = 0{,}73$; $K_4 = 0{,}0105$ (Ionenstärke = 0; t = 20°). Die zwischen 400 u. 440 mμ gemessenen Extinktionskoeffizienten stimmen mit den früher angegebenen gut überein, obwohl den Berechnungen verschied. Ansätze zugrunde liegen. (J. chem. Soc. [London] **1953.** 1435—43. Mai. Nottingham, Univ.) SCHÖTTLER. 223

T. K. Keenan und **J. F. Suttle,** *Die Chelatbildung zwischen Praseodym und Thenoyltrifluoraceton.* Mit Hilfe von ^{142}Pr als Tracer bestimmten Vff. das Verteilungsverhältnis von Pr zwischen einer wss. Phase (NH_4Cl-Lsg.) u. Thenoyltrifluoraceton in Bzl. bei verschied. p_H-Werten u. fanden eine lineare Abhängigkeit. Die Resultate sind graph. u. tabellar. wiedergegeben. (J. Amer. chem. Soc. **76.** 2184—85. 20/4. 1954. Albuquerque, N. Mex., Univ. of New Mexico, Dep. of Chem.) FORCHE. 223

Richard L. Wolfgang und **Richard W. Dodson,** *Austauschgeschwindigkeit und Disproportionierungsreaktionen in Quecksilber(II)-cyanidlösungen.* Der Austausch von radioakt. Hg zwischen Hg^{2+} u. $HgCN^+$ ist nicht allein durch die bimol. Rk. $Hg^{*2+} + Hg\cdot CN^+ \rightarrow Hg^{2+} + Hg^{*2+}$ bestimmt, sondern zusätzlich durch die Disproportionierungs-Rk. $Hg^{*2+} + Hg(CN)_2 \rightarrow Hg^*CN^+ + HgCN^+$; $Hg^*CN^+ + HgCN^+ \rightarrow Hg^{2+} + Hg^*(CN)_2$. Da es eine Reihe von Möglichkeiten gibt, freie Hg^{2+}-Ionen neben den komplexgebundenen zu bestimmen, lassen sich die Verhältnisse näher untersuchen. So wird das Disproportionierungsgleichgewicht $K = (Hg^{2+})(Hg(CN)_2)/(HgCN^+)^2$ durch Fällen der Hg^{2+}-Ionen als Jodat zu $5\cdot10^{-2}$ bei 25° bestimmt. Die Kinetik der Gleichgewichtseinstellung wird spektrophotometr. mit einem BECKMAN-Spektrophotometer DU verfolgt. Sie gehorcht der Gleichung $R_{12} = 6\cdot10^{11}\exp(-17000/RT)\,(Hg^{2+})\cdot(HgCN_2) - 3\cdot10^{10}\exp(-17000/RT)(HgCN^+)^2$ Mol/Liter·Minuten. Für die Austausch-Rk. wird die Geschwindigkeitsgleichung $R_3 = 4\cdot10^7\exp(-11800/RT)\,(Hg^{2+})\,(HgCN^+)$ Mol/Liter·Min. angegeben. Die untersuchten Lsgg. waren auf p_H 2,6 u. Ionenstärke 0,125 eingestellt. Die Ergebnisse werden zur Erklärung der Anfangsaustauschgeschwindigkeit zwischen Hg(I)- u. Hg(II)-Cyanid herangezogen. Die geringe Dissoziationsgeschwindigkeit von $HgCN^+$ u. $Hg(CN)_2$ zu Cyanidion klassiert diese Komplexe zu den inerten oder nicht labilen, mit der besonderen Eigenart, daß sie trotz der niedrigen Ladung des Zentralatoms zu den Anlagerungskomplexen gezählt werden müssen. (J. Amer. chem. Soc. **76.** 2004—10. 5/4. 1954. Upton, Long Island, N. Y., Brookhaven Nat. Labor., Dep. of Chem.) KORTÜM. 225

Yasumichi Oishi, *Untersuchungen über Oxydationen mit Salpetersäure.* **3. Mitt.** *Gleichgewichte im stark verdünnten System HCl–HNO_3–H_2O.* (2. vgl. J. chem. Soc. Japan, ind. Chem. Sect. [Kōgyō Kagaku Zassi] **53.** [1950.] 418.) Aus der Best. der spezif. Leitfähigkeit der verd. Mischungen von *HCl* u. HNO_3 ergibt sich, daß das Gleichgewicht im Syst. HCl–HNO_3–H_2O bei ca. 0,01 n Konz. durch die Gleichung $HCl + HNO_3 \rightleftharpoons HNO_2 + HClO$ darstellbar ist. (J. chem. Soc. Japan, ind. Chem. Sect. [Kōgyō Kagaku Zassi] **54.** 258—60. April 1951. Fukuoka, Kyushu Univ. [Orig.: japan.]) SCHULER. 225

Yasumichi Oishi, *Untersuchungen über Oxydationen mit Salpetersäure.* **4. Mitt.** *Einfluß des Cl^--Ions auf die Geschwindigkeit der Reaktion $H_3AsO_3 + 2HNO_2 = H_3AsO_4 + 2NO + H_2O$.* (3. vgl. vorst. Ref.) Die Rk. zwischen H_3AsO_3 u. HNO_2 gemäß $H_3AsO_3 + 2HNO_2 = H_3AsO_4 + 2NO + H_2O$ wird durch HCl gefördert, wobei das Cl^--Ion die führende Rolle spielt, indem es mit HNO_3 zu Cl_2 u. HClO reagiert u. die H_3AsO_3 direkt oxydiert. (J. chem. Soc. Japan, ind. Chem. Sect. [Kōgyō Kagaku Zassi] **54.** 313—15. Mai 1951. [Orig.: japan.]) SCHULER. 225

Yasumichi Oishi, *Untersuchungen über Oxydationen mit Salpetersäure.* 5. Mitt. *Einfluß des Cl^--Ions auf die Zersetzungsgeschwindigkeit von salpetriger Säure.* (4. vgl. vorst. Ref.) Die Zersetzungsgeschwindigkeit (bei 30° u. 80°) von *HNO_2*, die aus $NaNO_2$ mit H_2SO_4 frei gemacht wird, wird durch HCl vergrößert, aber nicht erheblich. Sie ist bei 80° viel größer als bei 30°. Die Zers. ist eine Rk. 1. Ordnung. (J. chem. Soc. Japan, ind. Chem. Sect. [Kōgyō Kagaku Zassi] **54.** 749—50. Dez. 1951. [Orig.: japan.]) SCHULER. 225

Hiroshi Uchida, Minoru Kurita und **Kiyoshi Ogawa,** *Katalysatoren für die Wassergasreaktion.* 1. Mitt. *Oberflächeneigenschaften und Aktivität von Eisenoxyden.* Für 8 verschied. Arten *Fe-Oxyd* (Fe_2O_3 u. daraus entstandenes Fe_3O_4, sowie Brauneisenerz) werden nach der Hg- u. Wassermeth. die spezif. Voll. (cm^3/g), Dichten, spezif. Oberflächen (m^2/g) sowie die Teilchen- u. Porenradien ermittelt u. jeweils die CO-Umwandlung (%) bei 300—500° bestimmt. Die Änderung in der Verteilung der Porengrößenklassen vor u. nach der Rk. ($Fe_2O_3 \rightarrow Fe_3O_4$) zeigt keine einfachen Zusammenhänge. (J. chem. Soc. Japan, ind. Chem. Sect. [Kōgyō Kagaku Zassi] **54.** 750—52. Dez. 1951. Tokyo Ind. Res. Labor. [Orig.: japan.]) SCHULER. 227

Je. A. Andrejew und **N. N. Kawtaradse,** *Katalytische Oxydation von Phosphorwasserstoff in einem weiten Temperaturgebiet.* Während *PH_3* (I) bei gewöhnlicher Temp. an *akt. Kohle* (II) ohne Zusatz durch O_2 nur sehr langsam oxydiert wird, schneller nur an II mit Zusätzen, z. B. Cu_2O, wirkt bei höheren Tempp. (hier untersucht bei 264—320°) schon II ohne Zusatz katalyt., wobei als erste Stufe die Bldg. eines P-O-Komplexes anzunehmen ist. Bei 320° werden an 1 g II ohne Zusatz 5,7 mg, mit Zusatz von Cu-Verbb. 24,7 mg I chem. sorbiert; dieser sorbierte I red. das an der II-Oberfläche vorhandene CO. Die Desorption der Reaktionsprodd. führt zu einer für die Adsorption von O_2 bes. reaktionsfähigen Oberfläche. Als Zwischenstufen bei II mit Cu-Zusatz sind folgende anzunehmen: $PH_3 + CuO = H_3PO + Cu$; $2\,Cu + O_2 = 2\,CuO$; $H_3PO + CuO = Cu + H_3PO_2$; $H_3PO_2 + CuO = Cu + H_3PO_3$; $H_3PO_3 + CuO = Cu + H_3PO_4$; $4\,H_3PO_2 = 2\,PH_3 + P_2O_5 + 3\,H_2O$; $3\,H_3PO_3 = H_3PO + P_2O_5 + 3\,H_2O$. (Известия Академии Наук СССР, Отделение Химических Наук [Nachr. Akad. Wiss. UdSSR, Abt. chem. Wiss.] **1952.** 1021—32. Nov./Dez. Inst. für physik. Chem. der Akad. der Wiss. der UdSSR.) R. K. MÜLLER. 227

B. Anorganische Chemie.

Herbert C. Brown und **Sidney Johnson,** *Molekulare Additionsverbindungen.* 1. Mitt. *Die Reaktion von Ammoniak mit Ammoniak–Bortrifluorid bei tiefen Temperaturen.* Vff. zeigen, daß außer der bei 28° allein beständigen Additionsverb. *$NH_3 \cdot BF_3$* bei tieferen Tempp. auch höhere Additionsverbb. existieren. Durch Dampfdruckmessungen bei —45,9° schließen sie auf die Existenz der Verbb. *$2NH_3 \cdot BF_3$* u. *$3NH_3 \cdot BF_3$*, u. bei —78,6° auch auf die der Verb. *$4NH_3 \cdot BF_3$*. Durch die starke Elektronenacceptoreig. des BF_3 soll die Polarität der N—H-Bindung so vergrößert werden, daß die H-Atome zur Ausbildung von Wasserstoffbrücken mit Donatormoll. bevorzugt befähigt werden. Die hiernach zu erwartende Existenz höherer Verbb. als $(CH_3)_2NH \cdot BF_3$ ließ sich weder bei 0 noch bei —64° beweisen, was auf ster. Effekte zurückgeführt wird. (J. Amer. chem. Soc. **76.** 1978—79. 5/4. 1954. Lafayette, Ind., Purdue Univ., Dep. of Chem.) HARTMANN. 258

Robert Klement, Otto Koch und **Karl H. Wolf,** *Tetraphosphoryldekachlorid $P_4O_4Cl_{10}$.* Vff. erhalten durch Fraktionierung des Reaktionsprod. aus PCl_3 u. N_2O_4 einen krist. Körper, dessen Analyse u. Mol.-Gew.-Best. die Zus. $P_4O_4Cl_{10}$ (I) ergibt. Ausbeute 30 g aus 500 g PCl_3; F. 37°; $Kp._1$ 106°. I ist sehr hygroskop., reagiert heftig mit W. unter Hydrolyse u. löst sich in allen geläufigen organ. Lösungsmitteln, sowie in $POCl_3$ u. $SOCl_2$. I enthält P in den Oxydationsstufen 4 u. 5, das heißt bei der Hydrolyse entstehen Monophosphat u. Hypodiphosphat neben Chlorid. Von den 10 Cl haben 2 eine offenbar salzartige Funktion, wie sich aus der leichten Bldg. von

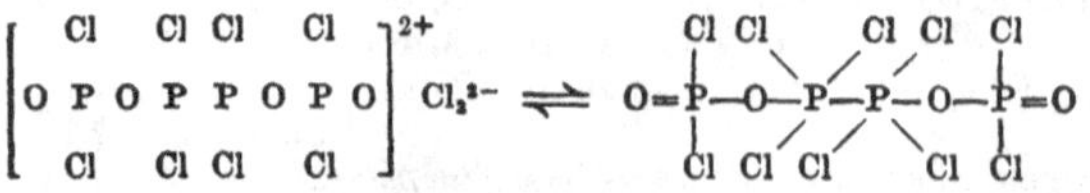

$[PO_4Cl_8][SnCl_6]$ aus I mit $SnCl_4$ in CCl_4-Lsg. ergibt. Vff. nehmen für I nebenst. Strukturformel an, entsprechend der Bldg. von I aus dem prim. bei der Rk. zwischen PCl_3 u. N_2O_4 entstehenden $POCl_3$ nach $POCl_3 + NO_2\cdot \rightarrow \{POCl_3NO_2\cdot\} \rightarrow POCl_2\cdot + NO_2Cl$

u. $POCl_3 + POCl_2\cdot \rightarrow P_2O_2Cl_5\cdot \xrightarrow{\text{Dimerisation}} P_4O_4Cl_{10}$. (Naturwissenschaften **41.** 139. März 1954. Regensburg, Philosoph.-Theolog. Hochschule, Inst. für anorg. u. analyt. Chem.) B. REUTER. 264

Joseph Heubel, *Das Magnesiumnitrat. Das wasserfreie Salz und seine Hydrate.* Aus der thermogravimetr. Verfolgung des Abbaues von $Mg(NO_3)_2\cdot 6H_2O$ (I) u. $Mg(NO_3)_2\cdot 2H_2O$ (II) ließen sich keine Schlüsse für eine präparative Gewinnung von $Mg(NO_3)_2$ (III) ziehen. III zers. sich bereits oberhalb 380° unter MgO-Bildung. Es wurden deshalb die Gleichgewichtsdampfdrucke der Systeme I $\rightleftarrows$ II + $4H_2O$ u. II $\rightleftarrows$ III + $2H_2O$ gemessen. Hieraus folgt für die Darst. von III aus I oder II eine Arbeitstemp. von 53—85°. Die Dehydratisierung benötigt jedoch lange Zeit. In der exothermen Rk. $2N_2O_5 + Mg(OH)_2 \rightarrow Mg(NO_3)_2 + 2HNO_3$ fand Vf. eine einfache Meth. zur Darst. von III. Sie ist wahrscheinlich auch zur Darst. anderer wasserfreier Metallnitrate geeignet. III fällt als farbloses, hygroskop. Pulver an. Es ist gut lösl. in W., A. u. fl. NH_3. Von letzterem addiert es 6 Moleküle. Die therm. Zers. von III beginnt bei ca. 400° nach $Mg(NO_3)_2 \rightarrow MgO + 2NO_2 + \frac{1}{2}O_2$; $2NO_2 \rightleftarrows 2NO + O_2$. Die Zersetzungsisothermen wurden aufgenommen. Die Einw. von N_2O_5 auf MgO ist exotherm. Die Rk. verläuft jedoch nur unvollständig unter Bldg. von III, wie die röntgenometr. Analyse zeigte. Bei Durchführung der Rk. in CCl_4 konnte die Zus. $2Mg(NO_3)_2\cdot MgO$ erreicht werden. Mit $MgCO_3$ oder MgC_2O_4 reagiert N_2O_5 nicht. (Bull. Soc. chim. France, Mém. [5] **19.** 162—65. Jan./Febr. 1952. Paris, Sorbonne, Labor. de Chim. M. P. C.) NÖTH. 282

E. H. Howard, *Einige physikalische und chemische Eigenschaften eines neuen Natriumaluminiumfluorids.* Beim Überleiten eines Luft-, N_2-, Ar- oder H_2-Stromes (700—800 Liter/Std.) über ein geschmolzenes Gemisch aus 30 Gew.-% NaF u. 70% AlF_3 bei 1000° u. schnellen Abkühlen der Gase erhält man ein Sublimat von *Na-Tetrafluoroaluminat* (I), $NaAlF_4$ ($NaF\cdot AlF_3$), als feines, loses Pulver. Aus einem 1000 g-Ansatz entstehen in 2 Std. ca. 200 g I. Wenn man eine Schmelze aus NaF u. AlF_3 im Molverhältnis 1:1 in kaltes W. gießt, erhält man 75% I u. 25% *Chiolith* ($5NaF\cdot 3AlF_3$). Langsam abgekühlte Schmelzen bestehen nur aus Chiolith u. AlF_3. Röntgenunterss. zeigen, daß I bei 470—480° gemäß 5 ($NaF\cdot AlF_3$) $\rightarrow 5NaF\cdot 3AlF_3 + 2AlF_3$ in Chiolith u. AlF_3 umwandelt. (J. Amer. chem. Soc. **76.** 2041—42. 20/4. 1954. New Kensington, Pa., Aluminium Res. Labors.) FORCHE. 294

Fred Fairbrother und **William C. Frith,** *Die Hydratation und Hydrolyse von wasserfreiem Aluminiumbromid.* Die Rkk. von krist., dampfförmigem u. äther. gelöstem wasserfreiem $AlBr_3$ mit W. laufen stufenweise ab: 1. Bldg. von tetraedr. $[AlBr_3(OH_2)]$ (I) nach $Al_2Br_6 + H_2O \rightarrow$ I + $AlBr_3$. 2. Bldg. von oktaedr. $[AlBr_3(OH_2)_3]$ (II), in dem die Al—Br-Bindung noch vorwiegend kovalent, aber bereits so weit ionogen gelockert ist, daß 3. weitere Wassermoll. Br^--Ionen aus der Bindung herausdrängen u. II über $[AlBr_2(OH_2)_4]Br$ u. $[AlBr(OH_2)_5]Br_2$ in das bei Raumtemp. stabile $[Al(OH_2)_6]Br_3$ (III) überführen. Eine Hydrolyse findet hauptsächlich bei kovalenter Al—Br-Bindung statt. Sie verläuft mit I u. II bei 20° nur langsam, bei 100° ziemlich rasch zu je nach den experimentellen Bedingungen verschied. Hydrolysenprodukten. III wird erst oberhalb 100° merklich hydrolysiert. Die katalyt. Wrkg. von Al_2Br_6, dem Spuren W. zugegeben sind, beruht nicht auf der intermediären Bldg. von Tetrabromaluminiumsäure, $HAlBr_4$, sondern wahrscheinlich auf der Bldg. von $H^+[AlBr_3(OH)]^-$, das durch Weiter-Rk. aus I entstanden ist. (J. chem. Soc. [London] **1953.** 2975—82. Okt. Manchester, Univ.) WANNAGAT. 294

S. Caillère, S. Hénin und **J. Esquevin,** *Untersuchungen über die Synthese von Tonmineralien.* In Fortsetzung früherer Unterss. von CAILLÈRE u. HÉNIN (vgl. C. **1947.** E. 340) über die Elektrolyse von Alkalisilicatlsgg. mit einer Mg-Anode, bei der Prodd. entstanden waren, die in gewisser Beziehung an Antigorit erinnerten, wurden gleiche Verss. unter verschied. Versuchsbedingungen durchgeführt, u. zwar bei ca. 100° u. bei Zimmertemperatur. Die erhaltenen Prodd. wurden röntgenograph. u. mittels therm. Analyse untersucht. Aus den Unterss. ergab sich, daß die erhaltenen Substanzen aus brucit. Schichten aufgebaut sind, die teils durch Wassermoll., teils durch silicat. Zonen u. W. voneinander getrennt sind. Mkr. wurde festgestellt, daß sie einen sehr niedrigen Brechungsindex besitzen u. nicht doppelbrechend sind. Weitere Verss. wurden mit Kaliumaluminatlsgg., wieder mit einer Mg-Anode, durchgeführt. Die Röntgendiagramme sind denen der ersten Versuchsreihe sehr ähnlich. Chem. enthalten die sich an der Mg-Anode abscheidenden weißen Blättchen bedeutend mehr MgO als Al_2O_3. Es handelt sich bei diesen Substanzen um ein Gemisch von Aluminat u. Magnesiumhydroxyd; ein Teil des Al befindet sich hier wahrscheinlich in der brucit. Schicht. Zur Synth. von *Magnesiumsilicoaluminaten* wurde zunächst an der Mg-Anode eine Na-Silicatlsg. elektrolysiert u. nach 10 std. Elektrolyse eine Aluminatlsg. zugesetzt. Röntgenograph. u. therm. Unterss. zeigten die Charakteristiken einer silicat. Substanz. Die Elektrolyse einer *Kaliumchromat*-Lsg. führte zu einem gut krist. Prod., dem auf Grund der röntgenograph. u. therm. Analyse wieder Schichtstruktur zugesprochen werden muß. Röntgenograph. wurden keine spezif. Interferenzen des Brucits beobachtet. Weiter wurden Lsgg. der Elektrolyse unterworfen, die außer Kaliumchromat in dem einen Fall Silicat, im anderen Fall Kaliumaluminat enthielten. Schließlich wurden die gleichen Verss. angestellt, jedoch unter Verwendung einer Co-Anode. In allen Fällen wurden die Substanzen mit der gleichen Struktur erhalten wie bei den Verss. mit der Mg-Anode. (Bull. Soc. franç. Minéralog. Cristallogr. **76.** 300—14. Juli/Sept. 1953. Paris, Muséum, Labor. de Minéralog.; Versailles, Labor. des sols.) GOTTFRIED. 294

Warren B. Blumenthal, *Auf dem Wege zu einem System der Zirkoniumchemie.* Vf. gibt einen umfassenden Überblick über die Grundlagen der Chemie u. die verschied. Arten der anorgan. u. auch organ. Verbb. des Elements Zr. — 67 Literaturzitate. (Ind. Engng. Chem. **46.** 528—39. März 1954. Niagara Falls, N. Y., Nat. Lead Co., Titanium Alloy Mfg. Div.) B. REUTER. 322

Shōhei Uno und **Toshio Inokuma,** *Mitfällung von fünfwertigem Vanadium mit Metatitansäure infolge Hydrolyse von Titansulfatlösungen.* Die Mitfällung von V^{5+} bei der Hydrolyse von V^{5+}- u. V^{4+}-salzhaltigen wss. Lsgg. von *$Ti(SO_4)_2$* (I) durch Erhitzen zum Sieden, wobei Metatitansäure ausfällt, wurde untersucht. Desgleichen für den Fall langsamer Zugabe von I-Lsg. zu sd. V^{5+}-Salzlösung. Aus der in beiden Fällen entstandenen V-haltigen TiO_2-Fällung wurde V_2O_5 durch Schmelzen mit Soda bei 700° 100%ig zurückerhalten. Das Verf. scheint geeignet, V^{5+} mit Hilfe von TiO_2-Ndd. aus Lsgg. durch Ansäuern mit H_2SO_4 anzureichern. (J. chem. Soc. Japan, ind. Chem. Sect. [Kōgyō Kagaku Zassi] **54.** 758—59. Dez. 1951. Tokyo, Waseda Univ. [Orig.: japan.]) SCHULER. 330

Marguerite Perey und **Jean-Pierre Adloff,** *Chromatographische Trennung des Franciums.* Vff. chromatographierten auf SCHLEICHER & SCHÜLL-Papierstreifen das aus 3 Fällungen gewonnene Filtrat einer Suspension von Ac-führendem La-Carbonat in $(NH_4)_2CO_3$-Lösung. Als Entwickler-Fl. diente eine 10%ig. $(NH_4)_2CO_3$-Lsg.; die Entw. wurde auf 15 Min. beschränkt. In dieser Zeit wanderte die Lösungsfront um 10—12 cm. Auf den Chromatogrammen zeigte sich *AcK* (Fr) als Maximum am Streifenende, dicht gefolgt von *AcC''*, *AcX* u. *AcB* blieben nahezu am Startfleck. Wird die AcK-haltige Lsg. nur 1 mal mit $(NH_4)_2CO_3$, dann bei Ggw. von Pb-Spuren mit H_2S in essigsaurer Lsg. (p_H 2—3) behandelt, werden AcB u. AcC'' gefällt. Wird hiervon das Filtrat chromatographiert, erhält man AcK am Streifenende frei von AcC''. AcX u. restliches AcB bleiben wieder an der Startlinie. Die Reinheit des so getrennten AcK konnte durch Messen der Zeit der Aktivitätsabnahme kontrolliert werden. Sie entsprach genau der Periode des AcK. (C. R. hebd. Séances Acad. Sci. **236.** 1163—65. 16/3. 1953.) ENDRASS. 338

Alfred Engelbrecht und **Aristid V. Grosse,** *Die Fluoride von Permangansäure und Perrheniumsäure, MnO_3F und ReO_3F.* Das nach den Rkk. $KMnO_4 + 2HSO_3F \rightarrow MnO_3F + KSO_3F + H_2SO_4$ oder $KMnO_4 + 2HF \rightarrow MnO_3F + KF + H_2O$ darstellbare *Permanganylfluorid* (I) bildet dunkelgrüne Kristalle, die bei —38° zu einer dunkelgrünen Fl. mit hohem Dampfdruck schmelzen. Es ist bei Trockeneistemp. beständig; bei Zimmertemp. zers. es sich, oft explosiv u. unter Entflammung, zu MnF_2, MnO_2 u. O_2. In Berührung mit feuchter Luft zers. es sich unter Entw. der violetten Dämpfe von Mn_2O_7 oder $HMnO_4$; mit überschüssigem W. tritt Hydrolyse zu $HMnO_4$ u. HF ein. I ist ein starkes Oxydationsmittel u. reagiert im fl. u. gasförmigen Zustand heftig mit organ. Verbindungen. In HF bildet es eine grüne Lsg., die sich bei Tempp. über 0° langsam unter Entfärbung zu MnF_2 u. O_2 zersetzt. Hg wird von I sofort angegriffen; Cu ist bei Zimmertemp. beständig. — *Perrhenylfluorid* läßt sich nicht aus $KReO_4$ u. HSO_3F darstellen. Man erhält es durch Umsetzung von ReO_3Cl mit HF gemäß $ReO_3Cl + HF \rightarrow ReO_3F + HCl$ als gelbes Pulver oder glasige Masse.

Versuche: *Permanganylfluorid* (I), MnO_3F, F. —38°, Dampfdruckgleichung $\log_{10} p$ (mm) = 8,2 —1770 T, $Kp._{760}$ ca. 60°, Verdampfungswärme 8100 cal/Mol; durch allmähliche Zugabe von $KMnO_4$ zu Fluorsulfonsäure unter Kühlung mit Trockeneis, Anwärmenlassen auf Raumtemp. im Vakuum (App. aus Cu, Kel-F u. Teflon vgl. C. **1953.** 8800), Kondensation des rohen I mit Trockeneis, Entfernung des größten Teils der HF durch fraktionierte Kondensation u. des Restes durch Dest. über KF oder durch Behandlung mit überschüssigem $KMnO_4$. — *Perrhenylfluorid,* ReO_3F, F. 147°, $Kp._{760}$ 164°; durch mehrstd. Kochen von ReO_3Cl mit HF am Rückflußkühler,

Entfernung des HF durch Erhitzen im Vakuum auf 80° u. Reinigung durch Sublimation; 70% Ausbeute. (J. Amer. chem. Soc. **76.** 2042—45. 20/4. **1954.** Philadelphia, Pa., Temple Univ., Res. Inst.) Forche. 350

H. M. Haendler, L. H. Towle, E. F. Bennett und **W. L. Patterson jr.,** *Die Reaktion von Fluor mit Kupfer und einigen seiner Verbindungen. Einige Eigenschaften von Kupfer(II)-fluorid.* Vff. untersuchten die Umsetzungen von Cu, Cu_2O, CuO, $CuBr_2$, CuCl, $CuCl_2$, Cu_2S, CuS u. $CuSO_4$ mit elementarem F_2 zu *CuF_2*. Die Temperaturbedingungen sind in einer Tabelle zusammengestellt. CuF_2 hat eine D. von 4,85 ± 0,05 u. schm. in N_2- oder He-Atmosphäre bei 785 ± 10°. Bereits unterhalb des F. ist die Flüchtigkeit beträchtlich, u. bei 850° läßt sich die Verb. in einigen Std. vollständig verdampfen. CuF_2 setzt sich mit Ni bei 900—950° zu Cu u. NiF_2 um. Die Röntgendiagramme von CuF_2 u. CuF werden diskutiert. (J. Amer. chem. Soc. **76.** 2178—79. 20/4. 1954. Durham, New Hampshire, Univ. of New Hampshire, Dep. of Chem.) Forche. 358

William George Palmer, Experimental inorganic chemistry. New York: Cambridge Univ. Pr. 1954. (597 S., Diagr.) $ 9,—.

C. Mineralogische und geologische Chemie.

Ju. K. Goretzki, *Über die Bildungsbedingungen und einige Gesetzmäßigkeiten in der Verteilung der Sediment- und metamorphisierten Sedimenterzlagerstätten.* Es werden Differentiation u. Konzentrierung der Erzelemente in den Sedimenten behandelt. *Fe, Mn, P, Cu, Pb, Zn, Mo, V* u. *Cr* können unter verschied. Bedingungen wandern, bedingt durch das hohe p_H der Hydrolyse, die Wertigkeitsänderung bei verschied. O-Geh. des Mediums u. die Fähigkeit, als Suspension zu wandern. Fe, Mn, Pb, Zn u. Cu wandern als Carbonate, Mo, V, Cr als komplexe Anionen. *Al, Ti, Sn, Au, W* u. *Be* wandern nur unter ganz bestimmten Bedingungen, verursacht durch das geringe p_H der Hydrolyse, die Konstanz der Wertigkeit u. die Fähigkeit, stabile, schwer lösl. Verbb. zu bilden. Im Zusammenhang damit werden die sek. Veränderungen u. der Metamorphismus der Sedimente sowie Periodizität u. irreversible Evolution der sedimentären Erzbldg. behandelt. (Известия Академии Наук СССР, Серия Геологическая [Nachr. Akad. Wiss. UdSSR, geol. Ser.] **1954.** Nr. 1. 13—29. Jan./Febr.) Lebtag. 378

F. Leutwein, *Über die Zinn-Wolfram-Provinz des Erzgebirges.* Vff. bearbeitet mit Schröcke u. Oelsner (vgl. nachst. Reff.) die Zinn–Wolfram-Lagerstätten des Erzgebirges. Das Fe–Mn-Verhältnis der Wolframite sowie die Art u. das Auftreten von Spurenelementen im Zinnstein lassen Schlüsse auf den Differentiationsverlauf des Magmas, die regionalen Faktoren sowie die Bildungstemp. u. die lagerstättenkundlich fazielle Stellung zu. (Bergakademie, Freiberger Forschungsh., Nr. **8.** Ausg. C. Nr. 3. 7. Jan. 1952. Freiberg, Bergakad., Mineralog. Inst.) Löffler. 378

F. Leutwein, *Die Wolframit-Gruppe. Mineralogisch-lagerstättenkundliche Untersuchungen.* (Vgl. vorst. Ref.) Die in der Natur vorkommenden *Wolframite* (**I**) sind Mischkristalle des Eisenwolframates, $FeWO_4$, *Ferberit* (**II**) mit dem *Manganwolframat* (**III**), $MnWO_4$. Die exakten Parameter des Gitters (in Å) sind für **II**: $a_0 = 4{,}70$; $b_0 = 5{,}69$; $c_0 = 4{,}93$ Å; $\beta = 90°$; Z = 2, für **III**: $a_0 = 4{,}84$; $b_0 = 5{,}76$; $c_0 = 4{,}97$ Å; $\beta = 90° 53'$; Z = 2; für **I**: $a_0 = 4{,}78$; $b_0 = 5{,}73$; $c_0 = 4{,}98$ Å; $\beta = 90° 26'$; Z = 2. **II** ist rhomb., **I** u. **III** sind monoklin. Das Verhältnis von **III** zu **II** in **I** wird für eine große Anzahl von Vorkk. bestimmt u. erweist sich als charakterist. Größe für die Bildungstempp. von I. Oelsner führte das Verhältnis von **III** zu **II** als H/F-Koeff. ein. Die Mischbarkeit von **II** u. **III** ist in der Natur nicht lückenlos. Homogene **I** zwischen 12 u. 21% MnO finden sich nicht. Die Mischbarkeitsmöglichkeit wird auf Grund thermodynam. Überlegungen a) nach dem Bornschen Kreisprozeß u. b) nach dem Fersmanschen Verf. auf Grund der Kapustinskyschen Gleichung nachgewiesen. Die Energiebilanz ergibt als Gitterenergie (EK-Werte) für **III** nach a) 6317, nach b) 7050 kcal/Mol; für **II** nach a) 6365, nach b) 7100 kcal/Mol. Die EK-Werte der Wolframate von Li, Na, K, Be, Mg, Ca, Ba, Pb, Cu, Zn, Mn, Fe, Co, Ni lassen erkennen, daß sie für die tetragonalen Wolframate unter 7000 bis ca. 6800 kcal/Mol, für die monoklinen zwischen 7000 u. 7300 kcal/Mol liegen. Analog wurden für die Columbit–Tantalit-Reihe, (Fe, Mn)(Ta, Nb)$_2$O$_6$, EK-Werte nach b) von 9850 für $MnNb_2O_6$ u. von 9900 kcal/Mol für $FeNb_2O_6$ ermittelt. Die **I** des Erzgebirges mit H/F 1—2,5 enthalten bis fast 2% (Ta, Nb)$_2$O$_5$. Diese enthalten gleichzeitig maximal 0,2—0,3% Scandium. Eine Einlagerung von Scandiumniobat in das Wolframitgitter (Goldschmidt-Hypothese) ist aus energet. Gründen nicht möglich, da der EK-Wert mit ca. 30000 kcal/Mol weit über dem Gitterwert von I liegt. Sc^{3+} ist wahrscheinlich an Stelle von Fe^{2+} ohne Ladungsausgleich eingetreten, da Sc^{3+} u. Fe^{2+} mit 0,83 Å den gleichen Ionenradius haben. Vf. erhielt aus den Ausgangsmaterialien bei Tempp. über 160° u. 100 bis 200 at nach 10—20 Std. ein feinkristallines, schwärzliches Pulver mit Ferberit-Debye-Diagramm; hydrothermale Synthese möglich. Vf. unterscheidet nach den H/F-Koeffizienten mit Oelsner I für pegmatit.-deuter. Lagerstätten mit H/F über 1, für Greisenstöcke/Primärpneumatolyte 1,5—0,3, für Quarzgänge (pegmatit.-katathermal) 0,5—1, für Quarzgänge mit Magnetkies 0,08—0,5, für hydrothermale Gänge (meso- bis epithermal) unter 0,5. Die Ergebnisse für die erzgebirg. Wolframitprovinz sind auf andere Provinzen ohne weiteres übertragbar. (Bergakademie, Freiberger Forschungsh., Nr. **8.** Ausg. C. Nr. 3. 8—19. Jan. 1952.) Löffler. 378

H. Schröcke, *Sächsische Zinnlagerstätten, ihre Paragenesen und Altersstellung.* (Vgl. vorst. Reff.) Die bekannten Granite von Ehrenfriedersdorf, Sadisdorf u. Zinnwald mit ihren Zinnerzlagerstätten werden nach neuen Gesichtspunkten überprüft. Vf. unterscheidet neben dem *Zinnstein* (I) der Hauptkristallisation den der deuter. Nachphase. Der Geh. des I an Spurenelementen, wie z. B. Ti, Nb, Ta, W, Sc, Zr, In, Ga u. Be, ist für die verschied. Lagerstätten u. die zeitliche Ausscheidung von I unterschiedlich. Zusammenhänge zwischen dem Geh. an Spurenelementen u. der zeitlichen Ausscheidung von I können nur für die jeweilige Lagerstätte gegeben werden u. sind nicht ohne weiteres auf die nächste zu übertragen. Eine Abhängigkeit der Zinnsteinführung der erzgebirg. Granite von deren geolog. Altersfolge ist nicht festzustellen. Es gibt Zinngranite unter den älteren postsudet. wie unter den sal. Graniten. Sie sind jedoch anscheinend das Endprod. der Differentiation zeitlich verschieden gelagerter Differentiationsabläufe. (Bergakademie, Freiberger Forschungsh., Nr. **8.** Ausg. C Nr. 3. 19—24. Jan. 1952.) Löffler. 378

O. W. Oelsner, *Die Abhängigkeit der Paragenesen erzgebirgischer Lagerstättenbezirke vom Intrusionsalter der zugehörigen Granite.* (Vgl. vorst. Reff.) Die erzgebirg. Erzlagerstätten mit ihren Gehh. an As, Pb, Zn, Bi u. Sn stehen entweder in keinem oder in direktem Zusammenhang mit angeschnittenen Granitintrusionen. Das Erzgebirge wird von einer riesigen granit. M. unterteuft gedacht, von der die Erzgebirgsgranite sich als Teilplutone ableiten. In allen Lagerstätten treten in der gleichen Reihenfolge die gleichen Paragenesen auf, unabhängig von der Intrusionszeit des die Lagerstätte liefernden Teilplutons. In zeitlicher Reihenfolge der Intrusionen des zum Lagerstättenbezirk zugehörigen Teilplutons ändert sich das Mengenverhältnis der einzelnen Mineralparagenesen zueinander entsprechend der fortschreitenden Differentiation des Magmarestes. Pb u. Zn besitzt die größte Anreicherung in den älteren Graniten, Fe_2O_3, Cu, Co u. Ni in denen mittleren Alters. In den jüngsten erscheint Sn, zum Teil noch mit Bi, zum Teil schon mit WO_3 extrem angereichert, während Co u. Ni verschwindet. In den allerjüngsten Graniten tritt Li u. WO_3 bes. stark auf. (Bergakademie, Freiberger Forschungsh., Nr. **8.** Ausg. C. Nr. 3. 24—34. Jan. 1952.) Löffler. 378

L. I. Ssalop, *Metamorphismus der Erzmineralien in pyritisierten Schichten des nördlichen Teils des Baikal-Berggebietes.* Durch Unters. der Pyritisierung in den vorkambr. metamorphen Schichten des nördlichen Baikalgebietes wird nachgewiesen, daß die Pyritisierung nicht, wie bisher angenommen, mit dem Eindringen starker Intrusionen von Graniten zusammenhängt, sondern diesem vorausgegangen sein muß. Die Granite üben eine starke metamorphisierende Wrkg. auf die bereits pyritisierten Gesteine aus. Die Ansicht, wonach Pyritisierung u. Sideration als ein mit einem FeS_2- u. CO_2-Austritt aus den Granit–Batholithen zusammenhängender hydrothermaler oder pneumatolyt. Prozeß anzusehen ist, wird abgelehnt. Bei der durch Kontaktwrkg. der Granite verursachten Metamorphose des Pyrites erfolgt folgende Umwandlung: Pyrit → Pyrrhotin → Magnetit → Fe-haltige Silicate. (Известия Академии Наук СССР, Серия Геологическая [Nachr. Akad. Wiss. UdSSR, geol. Ser.] **1954.** Nr. 1. 40—54. Jan./Febr.) Lebtag. 378

F. A. Paneth, *Das Alter von Eisenmeteoriten.* Chronolog. Bericht über die verschied. Methoden zur Altersbest. von Eisenmeteoriten, bes. durch die Fortschritte in der Unters. der Höhenstrahlung seit 1948. Das Hauptergebnis der Unterss. des Vf. ist der Beweis, daß das geolog. Alter der bisher untersuchten Eisenmeteorite viel geringer ist als das des Sonnensyst. u. sogar kurz, verglichen mit alten ird. Gesteinen. (Naturwissenschaften **41.** 99—101. März 1954. Mainz, Max-Planck-Inst. für Chem.) Gerhard Schmidt. 388

F. A. Paneth, *Die chemische Erforschung der Stratosphäre.* (Bull. Soc. chim. France, Mém. [5] **20.** 1—15. Jan. 1953. Durham, Univ. — C. **1953.** 5309.) R. Mattner. 396

Oswaldo de Lazzarini Peckolt, Rubem do Nascimento und **Sebastião Luiz de Oliveira e Silva,** *Die Fixierung des atmosphärischen Stickstoffs durch elektrische Entladungen.* Vff. bringen eine Tabelle mit dem Geh. von NO_3^-, NO_2^- u. NH_3 im Regenwasser von Rio de Janeiro vom Dezember 1949 bis Mai 1951. (Rev. brasil. Farmácia **33.** Nr. 6. 9—15 Juni 195.) B. KRAFT. 396

Paul Niggli, Rocks and mineral deposits. San Francisco: W. H. Freeman & Co. 1954. (XIV + 559 S. m. Abb.) $ 9,75.

D. Organische Chemie.

D_1. Allgemeine und theoretische organische Chemie.

D. A. Brown und **M. J. S. Dewar,** *Eine Korrektur zu „meta-Wechselwirkungen und induktive Effekte in heterocyclischen Systemen".* (Vgl. C. **1954.** 732.) Vff. berichtigen ihre Ansicht l. c.), daß die von BROWN u. MURPHEY (J. Amer. chem. Soc. **73.** [1951.] 3308) untersuchte prototrope Reaktivität der Methylgruppe in β-Picolin von diesen Autoren mit m-chinoiden Strukturen erklärt worden sei, die das konjugierte Carbanion stabilisieren sollen. BROWN u. MURPHEY hatten festgestellt, daß m-chinoide Strukturen n i c h t zur Erklärung herangezogen werden können. (J. chem. Soc. [London] **1954.** 2151. Juni. London, Queen Mary Coll.) G. WINKLER. D 10

D. P. Craig, *Das Franck-Condon-Prinzip und die Größe des angeregten Benzolmoleküls.* Vf. wendet das FRANCK-CONDON-Prinzip auf die experimentell ermittelte Intensitätsverteilung in der 2600 Å-Bande bei Bzl. an u. berechnet daraus die Vergrößerung des C—C-Abstands im (B_{2u}-) angeregten Elektronenzustand zu 0,037 A (bei einem C—C-Abstand im Grundzustand von 1,39 A). Vereinfachungen der Berechnung beeinflussen das Ergebnis nur wenig: Nimmt man an, daß die CH-Gruppen in Massenpunkten konz. sind, so erhält man den Wert 0,036; nimmt man weiter an, daß die elast. Konstanten im angeregten Zustand unverändert sind, so ergibt sich ein Wert von 0,035—0,036. Die so vereinfachte Berechnung erlaubt auch die Anwendung des FRANCK-CONDON-Prinzips auf kompliziertere Moll., deren elast. Konstanten im angeregten Zustand nicht bekannt sind. (J. chem. Soc. [London] **1950.** 2146—51. Aug. London, Univ. Coll., Sir William Ramsay u. Ralph Forster Labor.) DU MONT. D 114

F. Petuely und **N. Meixner,** *UV-spektroskopische Untersuchungen an Zuckern.* 2. Mitt. *Einwirkung von Natronlauge auf Acetoin und Dioxyaceton.* (1. vgl. C. **1954.** 8811.) Die UV-Absorption des *Acetoins* (I) legt es nahe, das Vorhandensein einer ketalartigen dimeren Form (II) anzunehmen. In 0,1 n NaOH wird das Spektr. von I dem des Diacetyls ähnlich u. zwischen 2500 u. 3100 Å mit diesem prakt. identisch. Durch Messung der Veränderung der Absorption von I in NaOH bei 2725, 2825 u. 2900 Å mit der Zeit u. Extrapolation auf 0 wurde festgestellt, daß beim Alkalisieren (durch Dehydratation der hydratisierten CO-Gruppe?) eine sehr schnelle Absorptionserhöhung stattfindet, die von einem langsameren Anstieg unter Verschiebung des Maximums ins Langwelligere gefolgt wird. Das in alkal. Lsg. offenbar entstehende Endiol ist mit 2.6-Dichlorphenolindophenol oxydabel, u. zwar in erhöhtem Maße bei höherer Alkalikonz., welche verstärkte Monomerisierung u. darauffolgende Endiolbldg. bewirken könnte. Diese Änderung des Spektr. von I ist beim Ansäuern sofort reversibel. *Methyläthylketon* (III) zeigt beim Alkalischmachen keine Verschiebung des Maximums, wohl aber eine allmähliche Erhöhung der Absorption. Demnach weist das Enolat von III eine ähnliche Elektronenkonfiguration wie die Ausgangssubstanz auf. Die Absorptionsänderung ist auch bei III reversibel. Die relativ niedrige Absorption von *Dioxyaceton* deutet gleichfalls auf Dimerisierung u. Hydratisierung hin. In 0,1 n NaOH tritt Farbverschiebung ins Langwelligere u. Erhöhung der Extinktion ein, welche auf Monomerisierung unter Spaltung von Halbacetalbindungen u. vor allem Dehydratisierung mit nachfolgender Endiolatbldg. zurückgeführt wird. (Mh. Chem. **84.** 1061—68. 15/10. S.-B. österr. Akad. Wiss., math.-naturwiss. Kl., Abt. IIb. **162.** 1061—68. 1953. Graz, Univ., Med.-chem. Inst.) WILLENBERG. D 118

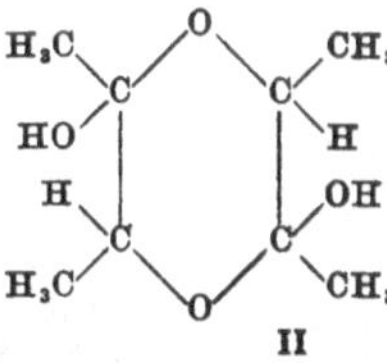

II

G. Milazzo, *Spektrales Verhalten einiger fünfatomiger heterocyclischer Grundkörper in der Schülerschen Entladungsröhre.* In der SCHÜLERschen Entladungsröhre mittels He als Trägergas wurden nach der Meth. der Elektronenstoßanregung die Emissionsspektren von *Furan* (I), *Pyrrol* (II), *Thiophen* (III), *Selenophen* u. *N-Methylpyrrol* (IV) untersucht. Bei tiefen Drucken treten nur die einfachsten Radikale C_2, CH, C_2H u. NH auf, welche jedoch mit steigendem Druck schwächer werden. Die Radikale CN, CS, CSe erscheinen ebenfalls bei tiefem Druck, werden mit steigendem Druck zunächst stärker, um dann an Intensität wieder abzunehmen. Das CO-Radikal tritt schon beim tiefsten Druck sehr stark auf; seine Intensität nimmt jedoch mit steigendem Druck sehr schnell ab. Eine Ringanregung konnte nur bei **IV** beobachtet werden. In dem spektroskop. Verh. der untersuchten Stoffe kommt ein Sprung zwischen **II** u. **III** vor, u. zwar zeigen der Reihe nach **I** u. **III** kein T-Spektr. des C_2H_x-Radikals, während die 3 anderen Verbb. ein T-Spektr. zeigen. Dieser Sprung in der Reihe der Fünferringe zwischen **II** u. **III** wird auf die Bldg. u. Stabilisierung des Elektronensextetts zurückgeführt, die auch in **IV** durch die Anwesenheit der CH_3-Gruppe, im Verhältnis zum unsubstituierten **II**, erleichtert werden. Ein bei allen Substanzen auftretendes Emissionskontinuum, dessen spektrale Lage u. dessen Struktur für alle Stoffe gleich sind, wird als Rekombinationsspektr. der Radikale gedeutet. (Experientia [Basel] **8.** 259—61. 15/7. 1952. Rom, Ist. Sup. di Sanità, Chem. Labor.) GOTTFRIED. D 118

Edward L. Bennett und **Earl Hoerger,** *Ultraviolettabsorptionsspektren von Oxazolonen und verwandten Verbindungen.* Die UV-Absorptionsspektren einer Reihe *2.4-substituierter Oxazolone* der Struktur **A** u. ihrer Hydrolyse- u. Alkoholyseprodd. (**B**) wurden gemessen. In neutralem Alkohol dauert diese Umwandlung **A** → **B** einige Tage, in saurem oder alkal. Alkohol nur einige Min.; in Chlf. u. Ae. sind die Oxazolone stabil.

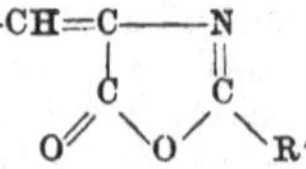
A

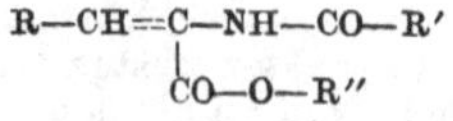
B

— In den Oxazolonen stehen die Reste R u. R′ über das Doppelbindungssyst. in Konjugation, deshalb bewirkt die Änderung von Methyl zu Phenyl in R′ eine starke bathochrome Verschiebung, ebenso die Einführung der p-Dimethylaminogruppe bei R = C_6H_5. In **B** stehen die Substituenten nicht in Konjugation, deshalb bewirkt ihre Änderung keine wesentliche Änderung des Spektrums. Das absorbierende Syst. in **B** ist das eines α.β-ungesätt. Ketons. — Die Absorptionsmaxima der **A**-Verbb. sind mit R u. R′ = *Phenyl, Methyl* 332 mμ; *Phenyl, Phenyl* 366 mμ; *4-Fluorphenyl, Methyl* 335 mμ; *4-Fluorphenyl, Phenyl* 368 mμ; *2-Chlorphenyl, Methyl* 335 mμ; *2-Chlorphenyl, Phenyl* 370 mμ; *2-Chlorphenyl, Methyl* 337 mμ; *4-Chlorphenyl, Phenyl* 370 mμ; *3.5-Dijod-4-acetoxyphenyl, Methyl* 336 mμ, *3.5-Dijod-4-[4′-methoxyphenoxy]-phenyl, Phenyl* 376 mμ; *2-Furyl, Phenyl* 390 mμ; *4-Dimethylaminophenyl, Phenyl* 472 mμ; u. für die Verbb. **B** (R″ = Äthyl): *Phenyl, Phenyl* 282 u. 222 mμ, *2-Chlorphenyl, Phenyl* 279 u. 220 mμ; *4-Chlorphenyl, Methyl* 288 u. 218 mμ; *4-Chlorphenyl, Phenyl* 288 u. 224 mμ u. *α-Furyl, Phenyl* 313 u. 228 mμ. Die Spektren der freien Säuren (R″ = H) unterscheiden sich kaum von denen der Ester. (J. Amer. chem. Soc. **74.** 5975—79. 5/12. 1952. Berkeley, Calif., Univ., Dep. of Chem., Radiat. Labor.) D. BRÜCK. D 118

Therald Moeller und **Fred L. Pundsack,** *Beziehungen zwischen den Absorptionsspektren von 8-Oxychinolinkomplexen von Metallen der 3. Hauptgruppe und den Spektren von 8-Oxychinolin in saurer Lösung.* Im Laufe der Unterss. über 8-Oxychinolin- (**I**) u. 5.7-Dihalogen-8-oxychinolinkomplexe mit Metallen der 3. Gruppe wurden auffallende Ähnlichkeiten der Spektren von Lsgg. dieser Komplexe in „neutralen", nichtwss. Lsgg. u. den Spektren von **I** in sauren wss. Lsgg. beobachtet (vgl. MOELLER u. COHEN, C. **1954.** 8768 u. PHILLIPS u. Mitarbeiter, C. **1952.** 5387). Da die veröffentlichten Werte der Spektren stark voneinander abwichen, machten Vff. Vergleichsmessungen am Ga(III)-Komplex von **I** in 95% A. von 260—600 mμ. Die von Vff. gefundenen Werte der Spektren von **I** in saurem u. alkal. Medium sind den schon bekannten Spektren von Chelaten ähnlich (vgl. C. **1948.** I. 312. 313; C. **1950.** II. 751). Vff. schließen daraus, daß auch gewisse strukturelle Ähnlichkeiten vorliegen müssen, u. nehmen an, daß bei Spektren von **I** in saurer Lsg. ein Proton die gleiche Rolle spielt wie sonst die Metallkationen in den neutralen Komplexen. Dabei liefert nach Auffassung der Vff. die Wasserstoffbrücke den Grund zu dieser Ähnlichkeit. Auch die Übereinstimmung der Spektren von **I** in alkal. u. neutraler Lsg. unterstützt nach Vff. diese Theorie. Das Natriumsalz von **I** ist in W. leicht lösl. u. unlösl. in unpolaren Lösungsmitteln, so daß die Vff. eher eine Salz- als eine Chelatbindung annehmen, da das Na-Ion im allg. keine Komplexe eingeht. Vff. schlagen für **I** in alkal. Gebiet nebenst. Struktur vor. (J. Amer. chem. Soc. **76.** 617—19. 20/1. 1954. Urbana, Ill., Univ., Noyes Chem. Labor.) ENCHELMAIER. D 118

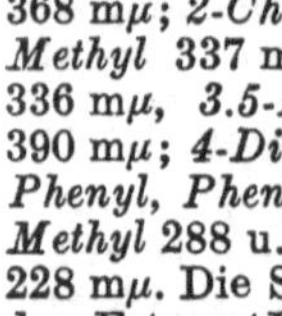

Therald Moeller, Fred L. Pundsack und **Alvin J. Cohen,** *Beziehungen zwischen den Absorptionsspektren der 5.7-Dihalogen-8-oxychinolinchelate von Gallium(III) und Indium(III).* Vff. untersuchten die UV-Spektren zwischen 300 u. 600 mμ von *8-Oxychinolin* (**I**; [λ_{max} =] 318 mμ; [$\varepsilon \cdot 10^{-3}$ =] 2,31), *5.7-Dichlor-* (326; 2,57), *5.7-Dibrom-*

(328; 2,95), *5.7-Chlorjod-* (326; 2,76) u. *5.7-Dijod-8-oxychinolin* (339; 3,14) sowie die ihrer *Ga-* [λ_{max} u. $\varepsilon \cdot 10^{-3}$ in gleicher Reihenfolge] (320; 1,11 u. 335; 1,22 u. 392,5; 2,16), (331; 1,60 u. 344; 1,93 u. 409; 2,54), (331; 2,04 u. 344; 2,31 u. 410; 2,91), (335; 1,92 u. 348; 2,23 u. 414; 2,61) u. (335; 1,90 u. 350; 224 u. 416; 291) u. die ihrer *In-Chelate* (320; 1,03 u. 336; 1,19 u. 395; 2,22), (334; 1,55 u. 346; 1,92 u. 412; 2,38), (334; 1,55 u. 346; 1,92 u. 412; 2,38), (334; 2,42 u. 347; 2,73 u. 413; 3,10), (338; 1,79 u. 351; 210 u. 417; 2,36) u. (337; 2,25 u. 351; 2,52 u. 416; 2,79) in Chloroformlösung. Die Spektren der Dihalogenverbb. u. ihrer Chelate sind denen von I bzw. seinen Chelaten recht ähnlich, mit wachsendem Mol.-Gew. wird λ_{max} nach längeren Wellen verschoben u. ε nimmt zu. Die charakterist. Absorption zwischen 392,5 u. 417 mμ wird der Wrkg. der Chelatbldg. zugeschrieben. Aus der Ähnlichkeit der Ga- u. In-Chelatspektren untereinander wird geschlossen, daß Unterschiede der Wrkg. der verschied. Halogensubstituenten zuzuschreiben sind. Die Lichtabsorption der Chelatlsgg. folgt bei den angegebenen 3 Maxima dem Beerschen Gesetz bei niedrigen Metallkonzz. [Ga(III) 0,2—2,0, In(III) 1,0 bis 5,0 mg/Liter], diese (bes. die Dijodverbb.) sind also für die quantitative Best. von In u. Ga geeignet, jedoch nimmt mit wachsendem Mol.-Gew. der Halogene die Löslichkeit der Verbb. in Chlf. ab. Die Chloroformlsgg. sind lichtempfindlich. — Die Chelate (1 Metallion : 3 Oxychinolin) wurden durch Zugabe der Oxychinolinderivv. in Aceton zu heißer wss. Metallsulfatlsg. bei p_H 1,0 (H_2SO_4) als Ndd. erhalten (J. Amer. chem. Soc. **76.** 2615—18. 20/5. 1954. Urbana, Ill., Univ., Noyes Chem. Labor.)

Gnauck. D 118

H. J. Bernstein und **A. D. E. Pullin,** *Eine Summenregel für die Schwingungsfrequenzen von Homologen.* Die von Bernstein (C. **1953.** 5474) abgeleitete parabol. Beziehung zwischen den Werten P_n einer konstitutiven Eig. für ein substituiertes Methan, $CX_{4-n}Y_n$, u. n, $P_n = P_o + an + bn^2$ (1), gilt auch für die Summe der Grundschwingungsfrequenzen $\Sigma\nu_i$, wie Vff. an Literaturdaten von substituierten Methanen zeigen. Bei dieser Beziehung wird die Wechselwrkg. nichtgebundener Atome mit berücksichtigt. Bei Reihen, bei denen ein Atom durch sein Isotop ersetzt wird, z. B. $CH_{4-n}D_n$, vereinfacht sich (1) zu $P_n = P_o + a'n$ (2); als Beispiele sind, außer CH_4, deuteriumsubstituiertes *Äthylen* u. *Bzl.* angeführt. Vff. diskutieren die Beziehung dieser linearen Abhängigkeit $\Sigma\nu_i(n)$ zu der $\Sigma\nu_i^2$-Regel von Decius u. Wilson (C. **1953.** 6814) bzw. Swerdlow (C. **1951.** II. 3413). — Als Anwendung von (1) u. (2) besprechen Vff. die Regeln für die Systeme $CH_{4-n}/CD_{4-n}X_n$, die Halogenäthylene, $C_2H_{4-n}X_n/C_2D_{4-n}X_n$, für Summe der Gerüstschwingungen in isotop-homologen Reihen u. — angenähert — auch für $\Sigma\nu_i$ von Alkanen. (J. chem. Physics **21.** 2188—95. Dez. 1953. Ottawa, Can., Nat. Res. Counc., Div. of Chem.)

Kresze. D 120

Je. G. Treschtschowa, W. M. Tatewski, A. A. Fainsilberg, N. P. Schuscherina und **R. Ja. Lewina,** *Ramanspektren von Kohlenwasserstoffen verschiedener Klassen.* 4. Mitt. *Ramanspektren einiger verzweigter Alkane mit tertiären Kohlenstoffatomen.* (3. vgl. C. **1953.** 2891.) Tabellar. Übersicht über Raman-Frequenzen u. Intensitäten von *2.3-Dimethylhexan, -heptan, -octan* (**I, II, III**), *2.3.6-Trimethylheptan* (**IV**), *3.5-Dimethylheptan* (**V**) u. *3-Methyl-5-äthyloctan* (**VI**). Vff. bestätigen zum Teil die Theorie von Stepanow (Журнал Физической Химии [J. physik. Chem.] **20.** [1946.] 197), wonach für die Verzweigung (1) 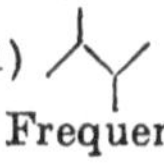 u. a. Linien bei ca. 950, 1165 u. 1190 cm^{-1}, ferner eine oder mehrere starke Frequenzen bei 705—765 cm^{-1} charakterist. sind. Für die bei **IV** (**V, VI**) [neben (1)] vorkommende Verzweigung (2) 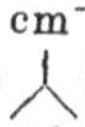 [(3) 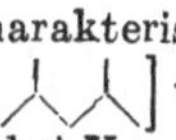] wurden u. a. die charakterist. Linien bei ca. 1149 u. 1169 gefunden, zu denen bei **V** u. **VI** noch die für (3) charakterist. Frequenzen bei 998 (987) u. 935 (929) cm^{-1} hinzukamen. Eine Deutung aller Linien nach Stepanow ist jedoch nicht möglich. (Журнал Физической Химии [J. physik. Chem.] **27.** 1564—71. Okt. 1953. Moskau, Lomonossow-Univ.)

Amberger. D 120

Bryce L. Crawford jr., John E. Lancaster und **Richard G. Inskeep,** *Die Potentialfunktion von Äthylen.* Messung der Infrarotabsorptionsspektren von *asymm.-$C_2H_2D_2$*, Mischungen von asymm.-$C_2H_2D_2$ mit C_2H_3D u. C_2H_4, von *trans-$C_2H_2D_2$* u. Mischungen von trans-$C_2H_2D_2$ mit *cis-$C_2H_2D_2$* mit Hilfe eines Perkin-Elmer-Spektrometers unter Benutzung von KBr-, NaCl- u. LiF-Prismen. Mit Hilfe der gemessenen Schwingungsbanden werden die Kraftkonstanten der Äthylene bestimmt u. daraus ein vollständiges Schema der Schwingungsfrequenzen abgeleitet u. die Grundfrequenzen mit den Meßwerten der Vff. sowie bekannten Daten verglichen. (J. chem. Physics **21.** 678—86. April 1953. Minneapolis, Minn., Univ., School of Chem.) Rudolph. D 120

Armand Hadni, *Entfernung des Wasserdampfes aus dem Inneren eines Spektrographen für das ferne Infrarot und das Spektrum des Methylalkohols.* Die gesamte Optik des Gitterspektrographen mit thermoelektr. Empfänger wird in einem dichten Al-Kasten untergebracht, welcher mit einem sorgfältig getrockneten Luftstrom unter 1 Torr Überdruck gehalten wird. Wiedergabe des Absorptionsspektr. von CH_3OH im Gebiet von 20—43 μ mit Maxima bei 285,4 u. 249,1 cm^{-1}, welche der Torsionsschwingung der OH-Gruppe zugeordnet werden. (C. R. hebd. Séances Acad. Sci. **238.** 573—75. 1/2. 1954.) EICHHOFF. D 120

Ss. G. Bogomolow, I. Ja. Posstowski und **Ju. N. Scheinker,** *Infrarotspektren und Struktur von Thiosemicarbazonen.* Zur Klärung der Frage, ob bei den Thiosemicarbazonen von *p-Acetaminobenzaldehyd* (I), *Benzaldehyd* (II), *Acetophenon* (III), *Acetaldehyd* (IV) u. *Aceton* (V) die Isomerieform mit der —SH-Bindung auftritt, untersuchen Vff. die Infrarotspektren (Kurven) dieser Verbb., sowie als Vergleichssubstanzen die von $H_2N-NH-C(=S)-NH_2$, $CH_3-CH=N-NH-C(=O)-NH_2$ u. $C_6H_5-CH=N-NH-C(=O)-NH_2$ als Kristallsuspensionen in Vaselinöl im Bereich von ca. 3400—700 cm^{-1}. Das Fehlen der geringsten Andeutung einer für die SH-Bindung charakterist. Bande im Bereich 2500—2650 cm^{-1} schließt diese Isomerieform aus, dagegen sprechen die Banden 1516—1533 cm^{-1} für die mit der $>C=S$-Bindung. Die der CO-Bindung im Acylamidrest von I entsprechende Bande liegt bei 1668, für **VII** u. **VIII** bei 1658 u. 1665 cm^{-1}. Die Absorptionsbanden bei 1588—1626 cm^{-1} entsprechen Deformationsschwingungen der NH_2-Gruppen. (Доклады Академии Наук СССР [Ber. Akad. Wiss. UdSSR] [N. S]. **91.** 1111—14. 11/8. 1953. Swerdlowsk, Uraler Polytechn. Kirow-Inst. u. Moskau, Allunions Chem.-Pharmazeut. Ordshonikidse-Forschungsinst.) AMBERGER. D 120

D. N. Schigorin, *Untersuchung der Struktur der innerkomplexen Verbindungen des Acetylacetons und Acetessigesters mittels Schwingungsspektren.* Vf. untersucht im Gebiet der Doppelbindung (1500—1600 cm^{-1}; Tabelle) die Infrarot- u. RAMAN-Spektren der *Acetylacetonate von Mg, Al, Cr,* Fe^{3+}, *Cu, Ni, Zn* (*Zr, Ti*), der *Cu-Komplexe von* $CH_3(CH_2)_4\cdot CO\cdot CH_2\cdot CO\cdot CH_3$, *α-Chloracetylaceton, Dibenzoylmethan, Acetessigester, α-Acetylacetessigester* (für diesen Cu-Komplex auch Infrarotspektren im Bereich 1800—1350 cm^{-1}) u. verwendet die erhaltenen Ergebnisse zu Strukturanalysen. (Журнал Физической Химии [J. physik. Chem.] **27.** 554—64. April 1953. Moskau, Physikal.-Chem. Karpow-Inst.) AMBERGER. D 120

Marie-Louise Josien, Nelson Fuson, Ernest Jones und **James R. Lawson,** *Infrarot- und ramanspektroskopische Untersuchung von Trifluoressigsäure,* CF_3COOH. (Sitzungsbericht.) (Vgl. C. **1954.** 2787.) Es wurde das Infrarotabsorptionsspektr. u. das RAMAN-Spektr. von *Trifluoressigsäure* untersucht. Die OH- u. C=O-Valenzschwingungsbanden waren in 2 Komponenten aufgelöst, wobei die Komponente mit der höheren Frequenz dem monomeren, die andere Komponente dem assoziierten Mol. entsprach. Die freie C=O-Bande lag im Dampfzustand bei 1826 cm^{-1}, in CCl_4-Lsg. bei 1810 cm^{-1}. Dies ist die höchste bisher bei Carbonsäuren beobachtete Frequenz. Schwächere Carboxylbanden werden diskutiert, für einige der CF_3-Schwingungen werden Zuordnungen durchgeführt. (Physic. Rev. [2] **87.** 170. 1/7. 1952. Fisk Univ., Vanderbilt Univ., u. Tennessee A & J State Univ.) GOTTFRIED. D 120

E. Scott Barr, *Das Infrarotabsorptionsspektrum von flüssiger Stearinsäure.* (Sitzungsbericht.) Mit einer elektr. geheizten Absorptionszelle u. einem PERKIN-ELMER-12C-Gerät wurde das Infrarotspektr. von fl. *Stearinsäure* untersucht. Da die Strahlung der heißen Zelle das Signal sehr unregelmäßig erscheinen ließ, konnte ein vollständig befriedigendes Spektr. nicht erhalten werden. (Physic. Rev. [2] **87.** 170. 1/7. 1952. Univ. of Alabama.) GOTTFRIED. D 120

H. M. E. Cardwell, J. D. Dunitz und **L. E. Orgel,** *Die Struktur des sauren Maleatanions. Eine symmetrische Wasserstoffbindung?* Auf Grund des durch Röntgenanalyse (SHAHAT, C. **1953.** 6005) in der *Maleinsäure* (I) gefundenen abnorm kurzen intramol. O—H—O-Abstandes halten es Vff. für sehr wahrscheinlich, daß in dem sauren Maleatanion die Wasserstoffbindung symm. ist (vgl. auch DAWIES u. THOMAS, C. **1953.** 195). Um dies nachzuweisen, wurden die Infrarotspektren der **I**, ihres wasserfreien K-Salzes u. einiger deuterierter Derivv. untersucht. Im Vgl. zu dem Spektr. der Säure ist das des sauren Salzes bemerkenswert einfach. Obwohl eine ins einzelne gehende Zuordnung der Banden nicht eindeutig durchgeführt werden konnte, konnten einige Schlußfolgerungen gezogen werden. So ist die Abwesenheit irgendeiner starken Absorption bei 1575 cm^{-1} u. bei 1260 cm^{-1} in dem sauren Salz nicht mit einer Überlagerung der Spektren der Carboxylgruppe u. des Carboxylations vereinbar. Das Spektr. ähnelt ganz dem eines Anions. Eine weitere Stütze findet diese Annahme durch eine versuchsweise Diskussion der Hauptmerkmale der Spektren. Deuterierung mußte infolge Erhöhung

der H-Bindungsstärke eine Schwächung, Verbreiterung u. Verschiebung einer in der I bei ~2000 cm^{-1} liegenden, der OH-Gruppe zugeschriebenen Bande bewirken. Bei der Unters. der sauren deuterierten Salze wurde keine Veränderung des Spektr. oberhalb 1600 cm^{-1} beobachtet. Auch das Verschwinden der ziemlich starken C=C-Valenzfrequenz bei 1630 cm^{-1} der Säure in dem sauren Salz deutet auf symm. Struktur hin. Die Verss. deuten jedenfalls auf eine äußerst starke H-Bindung in dem sauren Salz hin, es wird daher mit allem Vorbehalt eine Konfiguration angenommen, in der das Proton zwischen 2 Carboxylanionen liegt, unter Bldg. eines symm. Anions. (J. chem. Soc. [London] **1953.** 3740—42. Dez. Oxford, Univ., Museum.)
GOTTFRIED. D 120

L. Savidan, *Die Raman-Spektren einiger organischer Siliciumverbindungen.* Von $C_2H_5SiCl_3$, $(C_2H_5)_2SiCl_2$, $(C_2H_5)_3SiCl$, $C_2H_5SiHCl_2$, $(C_2H_5)_3SiOH$, $(C_2H_5)_3SiOSi\cdot(C_2H_5)_3$, $[(C_2H_5)_2SiO]_3$ u. $[C_2H_5SiHO]_3$, ferner von $(C_2H_5)_2SnCl_2$ werden die RAMAN-Spektren bis 2300 cm^{-1} mitgeteilt u. kurz diskutiert. (Bull. Soc. chim. France, Mém. [5] **20.** 411—12. April 1953.)
GOUBEAU. D 120

R. Foster und **D. Ll. Hammick,** *Kalium-1-methoxypikrinsäureäthylester.* Vff. untersuchen das Infrarotspektr. von *K-1-Methoxypikrinsäureäthylester* [I; Reaktionsprod. aus symm.-Trinitroanisol (II) u. KOC_2H_5]. Die symm. NO-Valenzschwingungsfrequenzen sind von 1343 cm^{-1} (in II) nach 1291 cm^{-1} (in I) verschoben, die asymm. NO-Valenzschwingung von 1552 nach 1492 cm^{-1}. Die Aryl-CH-Schwingungsfrequenz 3090—3000 cm^{-1} fehlt in I. Es wird von Vff. angenommen, daß diese Verschiebungen einer erhöhten negativen Ladung an den Nitrogruppen zuzuschreiben sind (vgl. nebenst. Struktur). Eine Bestätigung dafür, daß beide Alkoxygruppen symm. angeordnet sind, ergibt sich daraus, daß I sowohl wie vorst. als auch aus symm. Trinitrophenetol u. $KOCH_3$ erhalten wird. (J. chem. Soc. [London] **1954.** 2153. Juni. Oxford, Univ., Dyson Perrins Labor.)
G. WINKLER. D 120

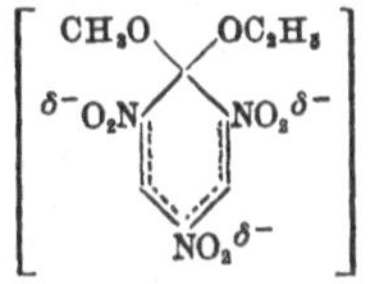

Gunnar Erlandsson, *Mikrowellenspektrum von Cyclopentanon.* 22 Linien des Mikrowellenspektr. von *Cyclopentanon* im Bereich 18,5—25,6 MHz wurden als Rotationsübergänge mit $\Delta J = 1$ oder $\Delta J = 0$ identifiziert. Für die Rotationskonstanten wurden folgende Werte benutzt: A = 6,6189; B = 3,3508; C = 2,4099 MHz; der Asymmetrieparameter $\varkappa$ beträgt —0,5529. Die Ergebnisse bestätigen die Annahme eines nichtebenen C-Ringes. Alle Linien sind, nach höheren Frequenzen hin, von einigen schwächeren (bis ca. $^1/_3$ der Intensität der Hauptlinie) Satellitenlinien begleitet, die wahrscheinlich niedrigen Schwingungszuständen entsprechen. (J. chem. Physics **22.** 563—64. März 1954. Stockholm, Schweden, Univ., Dep. of Phys.)
J. ROTHE. D 121

James E. Worsham jr. und **Marcus E. Hobbs,** *Die elektrischen Momente, Assoziation und Struktur einiger N-monosubstituierter Amide.* Es werden nach der Meth. der verd. Lsgg. in Bzl. die elektr. Dipolmomente folgender Benzamide bestimmt: *N-Äthyl-* (F. 69,35° [Cyclohexan], in Capillare F. [F.$_K$] 71,5°) 3,60 D, *N-Äthyl-p-chlor-* (F. 109,18°, F.$_K$ 110,5—110,9°) 3,42 D, *N-β-Chloräthylbenzanilid* 3,04 D, *Benzanilid* (F. 160,84°, F.$_K$ 163,4—164,0°) 3,38 D, *N-Phenyl-p-chlor-* (F. 196,31°, F.$_K$ 176,6—197,8°) 3,17 D, *N-p-Chlorphenyl-p-chlor-* (F. 209,53°, F.$_K$ 212,5—213,2°) 3,26 D, *N-β-[p-Chlorbenzoxy]-äthyl-p-chlor-* (?, F. 140,42°, F.$_K$ 144,6—145,2°) 3,28 D u. *N-p-Chlorphenylbenzamid* (F. 189,81°, F.$_K$ 192,2—192,4°) 4,35 D. Aus den Messungen wird gefolgert, daß die Amidgruppe eben gebaut ist, u. daß das N—H-Moment der N-monosubstituierten Amide in trans-Stellung zur Carbonylgruppe ist. Im Gegensatz zu den unsubstituierten, ringförmig assoziierten Amiden (vgl. BATES u. HOBBS, C. **1952.** 3464) assoziieren die N-monosubstituierten linear. (J. Amer. chem. Soc. **76.** 206—08. 5/1. 1954. Durham, N. C., Duke Univ., Dep. of Chem.)
K. L. WOLF. D 132

Kunio Kozima, Kiyosh Sakashita und **Shiro Maeda,** *Molekularstrukturen von trans-1.2-Dihalogencyclohexanen.* (Vgl. auch C. **1954.** 5035.) Zur Best. der Konfiguration der Chlor- u. Bromadditionsprodd. von Cyclohexen (I) bestimmten Vff. die Dipolmomente von *1.2-Dichlorcyclohexan* (II) bei 30 u. 50° in CCl_4 (μ = 2,15 bzw. 2,16) u. in Bzl. (2,52 bzw. 2,50) sowie von *1.2-Dibromcyclohexan* (III) in CCl_4 bei 10, 25 u. 40° (1,71, 1,74 bzw. 1,77) u. bei 10, 30 u. 50° in Bzl. (2,14, 2,13 bzw. 2,14) u. in n-Heptan (1,72, 1,77 bzw. 1,81). Ferner wurden die RAMAN-Spektren (Linientabelle mit Intensitäten u. Zuordnungen angegeben) von II u. III in fl. u. festem Zustand sowie von II in CCl_4-, n-Heptan- u. Benzollsg. aufgenommen. Da die Dipolmomente von II u. III stark lösungsmittelabhängig sind, kommt für beide nur „trans"-Konfiguration in Betracht; die RAMAN-Spektren sind damit in völliger Übereinstimmung. Die Addition von Cl_2 oder Br_2 an I erfolgt also in trans-Stellung. Aus der Temperaturabhängigkeit der Dipolmomente u. bei Annahme des Dipolmoments für die 1p.2p-Form $\mu_p = 0,4$ D wird die Differenz der Potentialenergien ΔE zwischen der 1p.2p- u. der 1e.2e-Form von **III** in CCl_4 u. n-Heptan zu 500 cal/Mol u. $\mu_e = 3,10$ D sowie Δ E in Bzl. zu 80 cal/Mol berechnet. Die entsprechenden μ_e- u. μ_p-Werte gelten auch für **II**, für das sich dann ΔE in CCl_4 zu 50, in Bzl. zu —400 cal/Mol errechnet. Die 1e.2e-Form von **III** ist also weniger stabil als die von **II**, was mit dem größeren Radius des Br gegenüber Cl erklärt wird. Auf Grund der RAMAN-Spektren existiert **II** im festen Zustand in der 1e.2e-Form, während in fl. Phase bei **II** u. **III** ein Gleichgewicht 1e.2e ⇌ 1p.2p vorliegt, wobei in Bzl. die 1e.2e-Form stabiler ist als in n-Heptan bzw. CCl_4; festes **III** hat dagegen die 1p.2p-Struktur. Diese Annahmen werden durch Aufnahme der Infrarotspektren der fl. Verbb. bestätigt. Angegeben sind die Frequenzen der C-Halogen-Valenzschwingungen. — **I**, Kp. 82,7—83,0°, aus Cyclohexanol u. H_2SO_4. — **II**, $Kp._{45}$ 96—96,4°, aus **I** u. Cl_2 in CCl_4 bei 0 bis —10°, analog: **III**, $Kp._{11}$ 85,5—86,0°. (J. Amer. chem. Soc. **76.** 1965—69. 5/4. 1954. Tokio, Japan, Inst. of Technol., Chem. Labor.) GNAUCK. D 132

Claude Moreau und **Marcelle Vatteroni,** *Über die Herstellung und die magnetische Susceptibilität von Alkanoaten des zweiwertigen Kobalts.* Vff. bestimmten die spezif. magnet. Susceptibilität χ von einigen fettsauren Salzen des zweiwertigen Co bei 20° u. berechneten daraus die spezif. Susceptibilität des Co^{2+}. Die untersuchten Salze sind (in Klammern die betreffenden χ-Werte$\cdot 10^6$): *$(HCO_2)_2Co\cdot 2H_2O$* (56,2; 10480), *$(CH_3CO_2)_2Co$* (62,16; 11090), *$(CH_3CO_2)_2Co\cdot 4H_2O$* (52,0; 13230), *$(CH_3CH_2CO_2)_2Co\cdot 3H_2O$* (53,7; 14210), *$[CH_3(CH_2)_2CO_2]_2Co$* (45,6; 10760), *$[CH_3(CH_2)_3CO_2]_2Co$* (46,4; 12270), *$[CH_3(CH_2)_4CO_2]_2Co$* (33,4; 9830), *$[CH_3(CH_2)_5CO_2]_2Co$* (36,4; 11740), *$[CH_3\cdot(CH_2)_7CO_2]_2Co$* (33,3; 12690), *$[CH_3(CH_2)_9CO_2]_2Co$* (32,7; 14340), *$[CH_3(CH_2)_{10}CO_2]_2Co$* (30,4; 14600), *$[CH_3(CH_2)_{14}CO_2]_2Co$* (28,0; 16150), *$[CH_3(CH_2)_{16}CO_2]_2Co$* (26,8; 17220). Für *Kobaltsulfat* gilt $\chi Co^{2+} = 10820$. (C. R. hebd. Séances Acad. Sci. **237.** 1090—91. 2/11. 1953.) v. HARLEM. D 137

Charles Tanford, *Die Assoziation von Acetat mit Ammonium- und Guanidiniumionen.* Da Komplexbldg. zwischen Amidinium- u. Carboxylionen bestehen u. für gewisse Eigg. der Eiweiße von Bedeutung sein konnte, wird durch p_H-Messungen die Komplexbeständigkeit bei dem Acetat größenordnungsmäßig geprüft. Die Assoziationskonstante ist bei $\sim$0,5, die Assoziation ist so schwach (schwächer als zwischen NH_4^+ u. CH_3COO^-), daß ihr keine entscheidende Bedeutung zugemessen wird. (J. Amer. chem. Soc. **76.** 945—46. 5/2. 1954. Iowa City, Io., State Univ., Dep. of Chem.) K. L. WOLF. D 139

Albert Kirrmann und **Micheline Peter,** *Polarographische Untersuchung von Allylhalogeniden.* Vff. berichten über die Ergebnisse einer systemat. polarograph. Unters. des *Allyl-* bzw. *Methylallylbromids* (**I** bzw. **II**). Beide Verbb. liefern in 50% Dioxan (**III**) eine Hauptwelle mit einem $E_{1/2}$ von 1,18 beim p_H 5 bis 1,27 V bei 9,3 für **I**, während es für **II** ein wenig positiver liegt. Der speziell an **II** untersuchte Einfl. des Lösungsm. **III** äußert sich darin, daß bei geringerem **III**-Geh. u. bei durch Citratpufferung gehaltenem p_H von ca. 6,15—7,5 je nach Lösungsmittelgeh. $E_{1/2}$ (bis auf 0,67 für 2% **III**) abnimmt. Ähnlich ist der Einfl. des A., so daß in wasserreichen Lsgg. anomale, wahrscheinlich durch Komplexbldg. bedingte Verhältnisse vorliegen. Während die Hauptwelle durchaus vergleichbar ist mit der der entsprechenden gesätt. Halogenide, ist eine gleichzeitig beobachtete, vorweg laufende Welle als charakterist. für den Allyltyp anzusehen. (C. R. hebd. Séances Acad. Sci. **238.** 804—06. 15/2. 1954.) NIEMITZ. D 142

Eugene L. Colichman und **Shih Kung Liu,** *Einfluß der Struktur auf die polarographische Reduktion von Jodverbindungen.* Vff. berichten über polarograph. Unterss. folgender J-Verbb.: (Halbwellenpotential) *Jodbenzol* (1,68), *o-, m-* u. *p-Chlorjodbenzol* (1,48, 1,56, 1,61), *o-* u. *p-Bromjodbenzol* (1,50, 1,61), *o-, m-* u. *p-Jodtoluol* (1,70, 1,71, 1,74), *o-, m-* u. *p-Jodanisol* (1,60, 1,64, 1,75), *o-* u. *p-Jodphenetol* (1,64, 1,75), *o-Jodphenol* (1,55), *p-Jodanilin* (1,76), *p-Jodacetanilid* (1,66), *o-, m-* u. *p-Jodbenzoesäure* (1,47, 1,57, 1,57), *o-* u. *p-Jodbiphenyl* (1,61, 1,68), *2-Jod-1.3-dimethylbenzol* (1,75), *2-Jod-1.4-dimethylbenzol* (1,74), *4-Jod-1.3-dimethylbenzol* (1,74), *p-Fluorjodbenzol* (0,72 u. 1,66), *α-Jodnaphthalin* (1,62), *Jodcyclohexan* (1,47) u. *7-Jod-8-oxychinolin-5-sulfonsäure* (1,23 u. 1,42) in 0,001 mol. Lsg. (90% A., auf p_H 7 gepuffert) mit 0,60 mol. LiCl, 0,024 mol. K-Acetat u. 0,013 mol. Essigsäure bei 25°. Die Ergebnisse werden diskutiert in ihrer Beziehung zur Abhängigkeit der freien Energie von der Struktur u. der Reaktivität nach HAMMETT u. die Gründe für das Abweichen einiger Verbb. vom n. Verh. besprochen. (J. Amer. chem. Soc. **76.** 913—15. 5/2. 1954. Portland, Ore., Univ., Dep. of Chem.) NIEMITZ. D 142

S. D. Hamann und **W. J. McManamey,** *Der 2. Virialkoeffizient von Äthan.* Die 2. Virialkoeffizienten von Äthan (I) werden nach einer früher beschriebenen Meth.

(C. **1953.** 508) bestimmt zwischen 303,16 u. 423,16° K bei einem Druckbereich von 0,5—2,0 at. Die Werte gehorchen dem Theorem der übereinstimmenden Zustände u. stimmen mit denen von REAMER u. Mitarbeitern (Ind. Engng. Chem, ind. Edit. **36.** [1944.] 956) überein. Die Herst. von reinem **I** wird beschrieben. (Trans. Faraday Soc. **49.** 149—52. Febr. 1953. Sydney, Univ., C. S. I. R. O., Div. of Ind. Chem., High Pressure Labor.) VON HAAREN. D 149

W. M. Krawtschenko und **A. P. Jeremenko,** *Feste Lösungen aus 2 Komponenten der Dreiringmoleküle von Fluoren, Phenanthren, Anthracen und Carbazol.* Die Unters. der Schmelzdiagramme der bin. Systeme *Anthracen* (**I**)–*Phenanthren* (**II**), *Fluoren* (**III**)–**II**, **III**–**I**, **III**–*Carbazol* (**IV**), **I**–**IV** u. **II**–**IV** ergab bei allen das Vorliegen fester Lösungen. Bei den Systemen **III**–**II** u. **I**–**IV** sind die Temperaturunterschiede zwischen Beginn u. Ende der Kristallisation gering. Diese sind bei **I**–**II** u. **III**–**IV** schon größer, bes. in der Mitte der Diagramme. Die Schmelzdiagramme der Systeme **III**–**I** u. **II**–**IV** zeichnen sich durch peritekt. Punkte aus. Als Ergebnis wird festgestellt, daß mit Verringerung des F.-Unterschieds der Komponenten, bei Ähnlichkeit von Form u. Größe der Moll., die Linien des Beginns u. Endes der Kristallisation nahe beieinander verlaufen; das Syst. **III**–**II** ist hierfür typisch. (Журнал Прикладной Химии [J. angew. Chem.] **25.** 662—68. Juni 1952.) DAWYDOFF. D 150

Hans Behrens, *Kinetik unvollständiger Verbrennungsvorgänge von Systemen mit NO_2, insbesondere Tetranitromethangemischen.* Der Abbrand fl. Gemische von *Tetranitromethan* (**I**) mit einer Reihe organ. Stoffe (*n-Heptan, Isooctan, Cyclohexan, Cyclohexanol, Cyclohexanon, Methylhexanon, Bzl., Toluol, Xylol, Pyridin, Nitrobenzol, Benzylalkohol, Benzylaceton, Benzaldehyd, n-Propanol, Isopropanol, n-Butanol, tert.-Butanol, n-Hexanol, n-Octanol*) bei Atmosphärendruck ergibt nur unvollständige Verbrennung unter Bldg. großer NO- u. geringer CO_2-Mengen. NO_2 wurde auch bei großem **I**-Überschuß nicht beobachtet. Es werden die Gemischzuss. für den Brennbereich u. die maximale Brenngeschwindigkeit angegeben u. über die teilweise erfolgte Rußbldg. berichtet. Der Stickstoff gibt normalerweise aus seinen Verbb. Sauerstoff nur bis zum NO ab; N_2-Bldg. erfolgt durch Rk. des NO mit N-haltigen Gruppen, wie z. B. CN- u. NH-Radikalen. CN kann sich u. a. nach der Gleichung $C_2 + NO = CN + CO$ bilden. Daher geben Stoffe, die zur C_2-Bldg. neigen (C_2H_2, C_2H_4, C_6H_6), mit NO brennbare Gemische. Bei höheren Drucken sollen in ausreichendem Maß stattfindende Dreierstöße das NO zur Weiter-Rk. bringen u. den Umschlag der Verbrennung zu vollständigem Umsatz mit Einstellung des thermodynam. Gleichgewichts veranlassen. Die Feststellung von Rußbldg. u. maximaler Brenngeschwindigkeit im mageren Bereich (stöchiometr. Verhältniszahl des Gemisches < 1) findet zum Teil eine Erklärung darin, daß man den Umsatz nicht auf N_2-Bldg., sondern auf NO-Bldg. zu beziehen hat. BOUDOUARD- u. Wassergasgleichgewicht sind nicht eingestellt. Aus einem Vgl. der Reaktionsentropien für den Umsatz eines OH-Radikals mit einem CO- oder H_2-Mol. folgt eine wesentliche Bevorzugung (Faktor 100) der zweiten Reaktion. Daraus wird die gegenüber CO_2-Bldg. bevorzugte Entstehung von H_2O verständlich sowie die beobachtete CO-Oxydationsluminescenz, die auf wenigstens einen geringen Ablauf der Rk. $CO + O \rightarrow CO_2$ schließen läßt. — Die Rußbldg. ist möglicherweise auch kinet. bedingt. (Z. Elektrochem., Ber. Bunsenges. physik. Chem. **56.** 205—13. 1952. Weil/Rh.) THEILE. D 157

Fred Schulman und **W. A. Zisman,** *Die Spreitung von Flüssigkeiten auf Oberflächen niedriger Energie.* 5. Mitt. *Monofilme von Perfluordecansäure.* (4. vgl. SHAFRIN u. ZISMAN, C. **1953.** 3697.) In Fortsetzung früherer Unterss. wird die Benetzbarkeit (Randwinkelmessungen) von über 90 reinen organ. (mit Ausnahme von W. u. Hg) Fll. an Monofilmen von *Perfluordecansäure* (**I**) untersucht, wie man sie durch wiederholtes Tauchen von Pt-Folien (zum Vgl. wurden auch Cu-Messing- u. Glasoberflächen herangezogen) in einer verd. Lsg. dieser Säure in n-Decan erhält. Im allg. geht die Größe des Kontaktwinkels mit der Oberflächenspannung der Fll. symbat. Ein Vgl. mit den früheren Ergebnissen an festem Polyäthylen, orientierten Monofilmen von Octadecylamin u. festem Polytetrafluoräthylen zeigt, daß dichtgepackte orientierte Monofilme von **I** die am wenigsten benetzbaren Oberflächen sind, die man bisher kennt, u. daß für die meisten Fll. in Berührung mit dieser Oberfläche folgende Reihenfolge der Kontaktwinkel gilt: $\Theta_{CF_3} > \Theta_{CF_2} > \Theta_{CH_3} > \Theta_{CH_2}$. Unter der durch die Verss. gerechtfertigten Voraussetzung, daß $f_{SV} = 0$, werden die Werte für die Adhäsionarbeit der anfänglichen u. definitiven Spreitungskoeffizienten u. die Abnahme der freien Energie bei der Immersion f_{LS} aus den Werten für die Kontaktwinkel u. Oberflächenspannungen berechnet. Aus den Werten für f_{SL} (vgl. FOX u. ZISMAN, C. **1953.** 3697) läßt sich die freie Oberflächenenergie für Oberflächen aus Monofilmen der **I** abschätzen. Es werden die für die Benetzungseigg. von Fll. maßgeblichen Strukturunterschiede erörtert sowie der Einfl. einer Zunahme der Oberflächenspannung bei den höheren Gliedern einer homologen Reihe. Die beobachteten Änderungen in der Benetzbarkeit von festen Oberflächen hoher Energie durch die Adsorption einer monomol. Schicht beweisen eindeutig die kurze Reichweite der bei Benetzung wirksamen Kräfte. Wegen des großen Widerstandes gegen Benetzung, den Oberflächen mit dichtgepackten CF_3-Gruppen zeigen, erscheint die Unters. von oberflächenakt. Stoffen mit CF_3-Gruppen am hydrophoben u. den bekannten wirksamen Gruppen am hydrophilen Ende interessant u. aussichtsreich. (J. Colloid Sci. **7.** 465—81. Okt. 1952. Washington, Georgetown Univ u. Office Naval Res.) HENTSCHEL. D 166

R. Nelson Smith, Conway Pierce und **Herman Cordes,** *Adsorption von Benzol und Cyclohexan durch Graphit.* Vff. benutzten „Graphon" (teilgraphitiertes „Carbon black") nach JOYNER u. EMMETT (C. **1949.** I. 770) als Adsorbens (80 m^2/g). Nach früher beschriebener gravimetr. Meth. (PIERCE u. SMITH, C. **1949.** I. 1088) wurden Isothermen der Adsorption von *Bzl.* u. *Cyclohexan* (I) bei 5,5 u. 28,6° aufgenommen (über Desorptionskurven ist nichts gesagt). Bei relativen Drucken im Gebiet des Steilanstieges bei 0,8 u. darüber fielen die Kurven für beide Tempp. prakt. zusammen. Die Adsorption von *Cyclohexen* aufzunehmen, gelang nicht mangels Konstanz des Cyclohexendampfdruckes, was Vff. auf Polymerisations-Rkk. in diesem Dampf zurückführen. I wird bei niedrigen relativen Drucken etwas reichlicher adsorbiert als Bzl., seine Monoschicht ist etwas rascher aufgefüllt. Bei relativen Drucken über 0,9 überwiegt die adsorbierte Benzolmenge (220 cm^3/g gegenüber 170 cm^3/g von I). — Die neu gewonnenen u. frühere Adsorptionsisothermen an demselben Adsorbensmaterial ermöglichen eine Berechnung des durchschnittlichen Platzbedarfs in der Monoschicht folgender Adsorpta, mit der Annahme von 16,2 Å² für N_2: *Methanol* 14,1 Å², *Äthylchlorid* 29,7 Å², *Bzl.* 41 Å², I 38 Å², *Butan* 41,5 Å², *Pentan* 46 Å² u. *Decan* 97 bzw. 79 Å² an Adsorbensprobe, aus der flüchtige KW-soffte bes. ausgetrieben worden waren. Nur bei Methanol u. Äthylchlorid decken sich diese Werte etwa mit der 2/3. Potenz des Mol.-Volumens. Für die übrigen werden gut passende Rechenwerte unter Benutzung von Kristallstrukturdaten, Atomradien u. Mol.-Abständen aus Spreitflächen unlösl. Wasseroberflächenfilme zum Vgl. gegeben. Speziell für Bzl. führen 3 verschied. Modellnäherungsrechnungen zu guter Übereinstimmung untereinander u. mit dem Adsorptionsisothermenwert. Alle genannten Molekülarten liegen flach adsorbiert. Für I ist aus dem Wert für die gesamte Adsorptionswärme von 12—13 kcal/Mol, d. h. ca. 2 kcal je C-Atom, welcher mit dem für die langkettigen Paraffine erschlossenen von 2 kcal je CH_2-Gruppe übereinstimmt, zu folgern, daß jede CH_2-Gruppe in der Monoschicht mit der Graphitoberfläche Kontakt hat, was eine gewisse Verzerrung des I-Mol. bedeutet u. die etwas festere Anfangsadsorption im Vgl. zum C_6H_6 erklären kann. Die isoster. Adsorptionswärme (ohne Kondensationswärme) von C_6H_6 u. C_6H_{12} beträgt übereinstimmend ungefähr 5 kcal/Mol. (J. Amer. chem. Soc. **72.** 5595—97. Dez. 1950. Claremont, Calif., Pomona Coll., Dep. of Chem.) v. EICHBORN. D 176

C. Stora, *Über die Anomalie der Struktur des Triphenylbrommethans.* Ausführliche Mitt. zu C. **1954.** **2141.** Mittels PATTERSON- u. FOURIER-Projektionen wurde die Struktur des $CBr(C_6H_5)_3$ untersucht, um den von LANDAIS (vgl. C. **1953.** 7052) erhaltenen Befund zu überprüfen, daß die strukturelle Einheit in dem Gitter eine bimol., zentrosymm. Assoziation darstellt, u. zwar mit dreizähliger Symmetrie um die Achse: zentrales C-Atom (C_c)–Br, wobei die Assoziation über die Br-Atome erfolgt. Aus den Berechnungen geht eindeutig hervor, daß die Bindungen C_c–Br nebeneinanderliegender Moll. linear sind, wobei der Abstand Br–Br mit 3,35 Å abnorm kurz, der C_c–Br mit 1,99 Å abnorm lang ist. Der Br–Br-Abstand ist kleiner als die VAN DER WAALSschen bzw. die Ionenradien. (Bull. Soc. chim. France, Mém. [5] **20.** 1059—63. Nov./Dez. 1953. Paris, Sorbonne, Labor. de Chim., Serv. de Radiocristallographie.)
GOTTFRIED. D 195

M. N. Datta, *Struktur von Tetraphenyläthylen.* Zur Unters. geeignete Kristalle von *Tetraphenyläthylen* wurden durch Lösen in A. durch Erhitzen, Zugabe von Bzl. u. langsames Verdampfen erhalten. Die goniometr. Vermessung ergab monoklinholoedr. Symmetrie. Die opt. Unters. lieferte für die Brechungsindices die Werte $\alpha = 1{,}690$; $\beta = 1{,}757$; $\gamma = 1{,}762$; die Doppelbrechung ist hoch. Der Kristall ist zweiachsig opt.-negativ mit $2V = 46°$. Die opt. Achsenebene für rotes Licht bildet mit der Fläche (0 0 1) einen Winkel von 7°. Dispersion schwach $v > r$. Die Auslöschung auf (0 0 1) u. (1 0 1) ist gerade, auf (0 1 0) geneigt. D. = 1,057. Mittels Drehkristallaufnahmen wurden die Zelldimensionen zu a = 11,36 Å; b = 9,371 Å; c = 10,10 Å; $\beta = 68°20'$ bestimmt; Z = 1. Im Gitter liegt die C=C-Doppelbindung entweder entlang der Symmetrieachse oder in der Symmetrieebene. Der Winkel zwischen den

Phenylgruppen ist 108°. (Indian J. Physics Proc. Indian Assoc. Cultivat. Sci. **27.** 25—30. Jan. 1953. Calcutta, Univ., Coll. of Sci., Khaira Labor. of Phys.) GOTTFRIED. D 195

M. B. Neiman, B. A. Kusnetzow und **Ju. M. Schapowalow,** *Einfluß der Struktur von Alkyljodiden auf die Geschwindigkeit ihres Isotopenaustausches mit Jodionen und -atomen.* Unterss. in 90%ig. alkoh. Lsg. unter Anwendung von ^{131}J ergaben, daß im untersuchten Temperaturbereich 35,9—80,6° der Ionenaustausch von *n-C_3H_7J* (I) u. $^{131}J^-$ 20—25 mal rascher verläuft als der von *iso-C_3H_7J* (II) u. $^{131}J^-$. Die Geschwindigkeit des Atomaustausches von markiertem I in Cyclohexanlsg. mit J-Atomen, erhalten durch Bestrahlung von J_2-Lsg., beträgt nur ca. $^1/_{25}$ des Wertes beim Atomaustausch von markiertem II u. J. Spezialverss. zeigten, daß der Isotopenaustausch zwischen markiertem I oder II u. J_2 vernachlässigt werden kann. Die verschied. Einfll. der Strukturänderung auf den Ionen- u. Atomaustausch erklären sich daraus, daß der Ionenaustausch wahrscheinlich nach dem Mechanismus der „Umstülpung" des Tetraeders erfolgt, nicht jedoch der Atomaustausch. (Д оклады Академии Наук СССР [Ber. Akad. Wiss. UdSSR] [N. S.] **92.** 611—14. 21/9. 1953. Inst. für chem. Physik der Akad. der Wiss. der UdSSR.) LEBTAG. D 221

Jean Guthrie Whanger und **Harry H. Sisler,** *Molekülverbindungen von Distickstofftetroxyd.* 3. Mitt. *Binäre Systeme mit einer Reihe aliphatischer und acyclischer mono-, di- und tribasischer Äther.* (2. vgl. DAVENPORT u. Mitarbeiter, C. **1954.** 4360.) Nach der Gefrierpunktsmeth. untersuchen Vff. die bin. Systeme von N_2O_4 (I) mit *Di-n-* (II), *Diisopropyläther* (III), *Di-n-* (IV), *Di-tert.-butyläther* (V), *Äthylenglykoldiäthyläther* (VI), *1.3-Dioxan* (VII), *Trioxan* (VIII), *Perfluortetrahydrofuran* (IX) u. *α-Methyltetrahydrofuran* (X). Danach werden Verbb. vom Typ *N_2O_4·2 Äther* von X (F. —50,5°) u. VI (F. —59 bis —60°), wahrscheinlich auch von II (F. ~77,5°), III (F. ~—65°) u. IV (F. ~—79,5°) gebildet. Für letzte sind die Angaben unsicher. Verbb. vom Typ *N_2O_4·Äther* werden von VII (weiß, F. —2°), VI (F. —58 bis —59°) u. wahrscheinlich von VIII (F. ~—11°) eingegangen. Keine Verbindungsbldg. konnte zwischen I u. V bzw. IX beobachtet werden. Der Vgl. der Gefrierpunktskurven der Systeme I/II, I/III u. I/IV mit der des I·($C_2H_5)_2O$ ergab, daß mit dem Größerwerden des KW-stoff-Radikals am O die Beständigkeit der Additionsverbb. abnimmt. Dafür sind nach Vff. ster. Gründe maßgebend. Diese erklären auch, daß V trotz der hohen Elektronendichte am O keine Verb. eingeht. Nach allem sind Vff. der Ansicht, daß die genannten Additionsverbb. infolge der Koordinierung des bas. O des Äthers zu den N-Atomen des I gebildet werden, wobei die N-Atome einzelne Zentren oder ein gemeinsames positives Zentrum darstellen können. Auf Grund der nicht großen Stabilität der Verb. I/VI halten Vff. für das I·1.4-Dioxan die bicycl. Struktur für wahrscheinlich. Das gleiche gilt für die Kombination I/VII. Daß IX keine Verb. bildet, ergibt sich aus der durch die Fluorierung stark verringerten Elektronendichte am O. Die hohe Elektronendichte am O des X macht die trotz ster. Hinderung durch die α-CH_3-Gruppe große Stabilität der I·2 X Verb. verständlich. (J. Amer. chem. Soc. **75.** 5188—91. 5/11. 1953. Columbus, O., State Univ., McPershon Chem. Labor.) PLUST. D 223

Harry W. Ling und **Harry H. Sisler,** *Molekülverbindungen von Distickstofftetroxyd.* 4. Mitt. *Kryoskopische und viscosimetrische Untersuchungen am System 1.4-Dioxan–Distickstofftetroxyd.* (3. vgl. vorst. Ref.) Vff. unternahmen eine genaue Unters. des Syst. *N_2O_4* (I)/*1.4-Dioxan* (II), um zu entscheiden, ob die Struktur der früher gefundenen Additionsverb. I/II (vgl. RUBIN u. Mitarbeiter, C. **1953.** 31) kettenförmig, mit alternierenden I- bzw. II-Moll., oder ringförmig, durch Koordinierung der beiden O-Atome des II zu den beiden N-Atomen des I, ist. Die durchgeführten viscosimetr. u. kryoskop. Messungen entschieden zugunsten der bicycl. Struktur. (J. Amer. chem. Soc. **75.** 5191—93. 5/11. 1953.) PLUST. D 223

Worth H. Rodebush und **Wm. L. Masterton,** *Die Löslichkeit von Kohlenwasserstoffen in Wasser.* Messungen des scheinbaren mol. Vol. von *Bzl.* (I) in wss. Lsg. dienen als Grundlage für die Einführung des inneren Drucks als halbempir. Kriterium für die gegenseitige Löslichkeit. In diesem Fall tritt keine Hydratbldg. ein, u. eine Orientierung der I-Moll. gegen W. (II) kann, falls vorhanden, vernachlässigt werden. Überraschenderweise ist die Mischungswärme bei 16° gleich Null, obgleich die mol. Verdampfungsenthalpie von I wesentlich geringer ist als die von II. Andererseits ist jedoch die freie Oberflächenenergie/Mol. für I größer als für II. Zur Erklärung der großen Lösungsenthalpie wird die innere Spannung des II nach HILDEBRAND herangezogen. Die Abnahme des partiellen mol. Vol. von I in II gegenüber reinem I erklären Vff. mit einer Kompression der I-Moll. durch die umgebenden II-Moleküle. Nach Einführung des Ausdehnungskoeff. α u. des Kompressibilitätskoeff. β erhalten Vff. für die

Lösungsentropie des I in II die Beziehung $\Delta S^* = \alpha/\beta \cdot \Delta V$. Während der innere Druck eines Lösungsm. die Löslichkeit herabsetzt, wirkt der äußere Druck in entgegengesetzter Richtung. (Proc. nat. Acad. Sci. USA **40.** 17—19. Jan. **1954.** Urbana, Ill., Univ.) V. SCHIESZL. D 224

G. J. Buist und **C. A. Bunton,** *Der Mechanismus der Oxydation von α-Glykolen durch Perjodsäure.* 1. Mitt. *Äthylenglykol.* Vff. verfolgten titrimetr. die Kinetik der *Äthylenglykol* (I)-Oxydation durch 0,001 mol. H_5JO_6 in wss. Lsg. bei 0° zwischen p_H 1 u. 9,6 u. untersuchten die Wrkg. der Ionenstärke μ. Dabei wurde die Beziehung von DUKE (C. **1947.** E. 500) bestätigt u. darüber hinaus eine Abhängigkeit der Gleichgewichtskonstanten K zwischen den Ausgangsstoffen u. einem Zwischenprod. sowie der Reaktionsgeschwindigkeitskonstanten k vom p_H u. von μ gefunden. Bei Zugabe von I zu H_5JO_6 erfolgen Änderungen des p_H: bei p_H 2 schnelle, dann langsame Abnahme; bei p_H 5 zuerst Abnahme, dann langsamer Anstieg. Diese Zunahme des p_H wird auf den Ersatz doppelt-negativer durch einfach-negative Jodationen zurückgeführt, wobei das erstgenannte Ion sich von einem I-Perjodatkomplex als Zwischenprod. ableitet. Vff. berechnen bei $p_H > 5$ die 1. Ionisationskonstante K_1' des I-Perjodatzwischenstoffs zu ca. $2 \cdot 10^{-2}$, die 2. K_2' zu $1,12—1,16 \cdot 10^{-7}$ u. die scheinbare 1. Dissoziationskonstante von H_5JO_6 K_1'' zu ca. $4 \cdot 10^{-3}$; bei $p_H < 5$ wird K_1' $6,8—7,4 \cdot 10^{-2}$ u. $K = K' = 189$ (bei p_H 4,3,) sowie K_1'' $3,6 \cdot 10^{-3}$ Mol/Liter. k beträgt bei p_H 0,95 $12,62 \cdot 10^{-4}$, bei p_H 4,34 $36,6 \cdot 10^{-4}$ sec^{-1}. Bei den Berechnungen konnte nicht zwischen hydratisierten u. dehydratisierten Zwischenstoffen unterschieden werden, als solche sind daher $(CH_2O)_2JO_4H_2^-$ u. $(CH_2O)_2JO_3^-$ in Betracht zu ziehen. (J. chem. Soc. [London] **1954.** 1406—13. Mai. London, Univ. Coll., William Ramsay u. Ralph Forster Labors.) GNAUCK. D 225

Leo H. Sommer, Donald L. Bailey, Jack R. Gould und **Frank C. Whitmore,** *Neue intramolekulare Umlagerungen von α-Chloralkylsiliciumverbindungen.* 37. Mitt. *über Organosiliciumchemie.* (36. vgl. C. **1954.** 8555.) α-Chloräthylalkylsilane werden durch $AlCl_3$ unter Austausch einer am Si sitzenden Alkylgruppe gegen das α-Chloratom umgelagert, daneben entsteht unter Äthylenabspaltung das entsprechende Alkylchlorsilan; so wurden aus α-Chloräthyltrimethylsilan **14%** *Isopropyldimethylchlorsilan* (I) u. 58% *Trimethylchlorsilan* ($Kp._{738}$ 56,9°, n_D^{20} 1,3880), aus α-Chloräthyltriäthylsilan **42%** *sek.-Butyldiäthylchlorsilan* (II) u. 37% *Triäthylchlorsilan* ($Kp._{78}$ 76—78°, n_D^{20} 1,4309, $D.^{20}$ 0,8970) erhalten. α-Chloräthyldiäthylchlorsilan (III) ergab unter Ausbleiben der Umlagerungs-Rk. nur C_2H_4 u. 75% *Diäthyldichlorsilan* ($Kp._{734}$ 127—128°, n_D^{20} **1,4311,** $D.^{20}$ 1,0507); Chlormethyl- ($Kp._{735}$ 112—115°, n_D^{20} 1,4360) u. Dichlormethyldimethylchlorsilan (Kp. 146—148°) reagierten fast gar nicht. Dichlormethyltrimethylsilan (Explosionsgefahr! Nur Verb. zu $AlCl_3$ zutropfen!) ergibt dagegen unter Umlagerung u. — analog III — folgender Abspaltung von C_2H_4 88% *Dimethyldichlorsilan* ($Kp._{737}$ 69 bis 70°). — I, $Kp._{738}$ 109,8—110,0°, n_D^{20} 1,4158; ergibt mit CH_3MgBr: *Isopropyltrimethylsilan,* $Kp._{737}$ 87°, n_D^{20} 1,3960, $D.^{20}$ 0,8970. — II, $Kp._{33}$ 90—91°, $Kp._{41}$ 94—95°, auch aus sek.-Butyl-Li u. Diäthyldichlorsilan in Pentan; n_D^{20} 1,4448—1,4451, $D.^{20}$ 0,9017 bis 0,9028; 68% (Ausbeute). — *sek.-Butyltriäthylsilan,* $Kp._{718}$ 190—190,5°, aus II mit C_2H_5MgBr; n_D^{20} 1,4420—1,4423, $D.^{20}$ 0,7924—0,7927; 61—71%. (J. Amer. chem. Soc. **76.** 801—03. 5/2. 1954. State Coll., Pa., Whitmore Labor.) GNAUCK. D 225

Leo H. Sommer und **F. James Evans,** *Intramolekulare Umlagerung des Isopropenyltrimethylsilans.* 39. Mitt. *über Organosiliciumchemie.* (38. vgl. C. **1954.** 9981; 37. vgl. vorst. Ref.) Zugabe von Isopropenyltrimethylsilan (I) zu konz. H_2SO_4 führt nach Einw. von W. zu *tert.-Butyldimethylsilanol-Hemihydrat.* Diese vermutlich über ein α-Carboniumion verlaufende Wanderung der CH_3-Gruppe vom Si- zum C-Atom zeigt, daß auch geeignete Organosiliciumverbb. der MEERWEIN-WAGNERschen Umlagerung unterliegen.

V e r s u c h e: *Isopropyltrichlorsilan* (II), $C_3H_7Cl_3Si$, $Kp._{736}$ 119°, durch Zugabe von 10 Mol Isopropyl-MgCl in Ae. zu 22 Mol $SiCl_4$ in Ae. während 2 Std. Rühren u. Kühlen, 12 Std. am Rückfluß; 46% (Ausbeute). — *β-Chlorisopropyltrichlorsilan,* $C_3H_6 \cdot Cl_4Si$, Kp. 164°, aus II u. SO_2Cl_2 bei Ggw. von Benzoylperoxyd; daneben die *α-Verb.*, Kp. 151°, F. 109—110° (im geschlossenen Rohr), sublimiert bei n. Temperatur. — *Isopropenyltrichlorsilan* (III), $C_3H_5Cl_3Si$, $Kp._{736}$ 113°, durch Dechlorierung vorst. β-Verb. in Chinolin; 76%. — I, $C_6H_{14}Si$, $Kp._{730}$ 82°, aus III mit CH_3MgBr in Ae., 12 Std. am Rückfluß; n_D^{20} 1,4061, $D.^{20}$ 0,7168. — *tert.-Butyldimethylsilanol,* $C_6H_{16}OSi$, $Kp._{739}$ 139°, durch Zugabe von I zu konz. H_2SO_4 unter Rühren u. Kühlen (Eiswasser), Tropfen in W. unter heftigem Rühren ergab Hemihydrat, Reinigung in Bzl. über die Na-Verb. (Einw. von metall. Na); n_D^{20} 1,4232—1,4236, $D.^{20}$ 0,8398; 43%. (J. Amer. chem. Soc. **76.** 1186—87. 20/2. 1954.) GNAUCK. D 225

George King, *Eine quantitative Untersuchung der Autoxydationsprodukte von Elaidinsäure.* Die Autoxydation von *Elaidinsäure* (**I**) mit u. ohne Zusatz eines Co-Katalysators durch O_2 bei 47 u. 78° wurde untersucht. Gefunden wurden neutrale, wasserdampfflüchtige Öle, hauptsächlich *Nonanal* (**II**) u. *Nonanon-(2)*, *η-* u. *κ-Oxoelaidinsäure* (im wasserdampfflüchtigen Anteil, nachgewiesen durch Hydrolyse u. spektrophotometr.), *9.10-Dioxystearinsäure* (F. 129—130°, nachgewiesen durch Oxydation mit KJO_4 zu **II**), Ketolsäuren (im nichtflüchtigen Anteil, nachgewiesen durch Oxydation mit KJO_4 u. als 2.4-Dinitrophenylosazon, $C_{30}H_{40}O_{10}N_8$, F. 137—142° [A.-Chlf.], das mit alkoh. NaOH charakterist. violette Farbe gibt). Außerdem wurden nachgewiesen: Andere Oxosäuren (nicht identifiziert), *Elaidinsäureoxyd, Peroxyelaidinsäure,* wasserdampfflüchtige Säuren, wie *Nonansäure,* nicht wasserdampfflüchtige, wasserlösl. Säuren, wie *Azelainsäure, CO_2, Ameisensäure.* Bestimmungsmethoden wurden ausgearbeitet für CO, Oxiran-O, akt. O; der Verlauf der Oxydation wird durch Best. der Prodd. in Abhängigkeit von der Zeit verfolgt. (J. chem. Soc. [London] **1954.** **2114**—22. Juni. Paddington, London, St. Mary's Hosp. Med. School., Dep. of Biochem.) PAULIG. D 225

Leslie Hellerman und **Wendell T. Caraway,** *Die Oxydation von Dialursäure durch o-Jodosobenzoesäure.* Die Oxydation von *Dialursäure* mit *o-Jodosobenzoesäure* in gepufferten Lsgg. wurde untersucht u. weitgehende Analogie zu der gleichen Rk. der Ascorbinsäure (**I**) festgestellt. Die Rk. ist 2. Ordnung, die Geschwindigkeit außerdem der Pufferkonz. proportional, jedoch unabhängig von der Gesamtionenkonzentration. Bei dieser Rk. wirken Fe(II)-Ionen stärker katalyt. als Cu(II)-Ionen, im Gegensatz zu den Verhältnissen bei **I**. Es wird die Möglichkeit ausgesprochen, daß Fe-Ionen für die α-Oxyform katalyt. wirken, während Cu-Ionen die Oxydation von Endiolen stärker beschleunigen. Pro Mol Dialursäure wird ein Mol Jodosobenzoesäure verbraucht. (J. Amer. chem. Soc. **75.** 5426—27. 5/11. 1953. Baltimore, Md., Johns Hopkins Univ., School of Med., Dep. of Physiol. Chem.) LOHAUS. D 225

A. H. Vroom und **C. A. Winkler,** *Untersuchungen über RDX und verwandte Verbindungen.* 1. Mitt. *Die direkte Nitrolyse von Hexamin zu RDX.* Vff. untersuchen die Darst. von *RDX* [*Cyclotrimethylentrinitramin*] (**I**) durch Einw. von kalter konz. HNO_3 auf Hexamin (**II**). Bei genügend hohen Molverhältnis HNO_3 : **II** wird bei Anwendung von mindestens 88%ig. HNO_3 **I** in maximal 40%ig. Ausbeute erhalten. Die Nitrolysegeschwindigkeit wächst mit steigendem Verhältnis HNO_3 : **II**. Als Zwischenprod. wird *3.5-Dinitrocyclotrimethylentriaminnitrat-(1)* (**III**) isoliert; es entsteht in guter Ausbeute bei Einw.

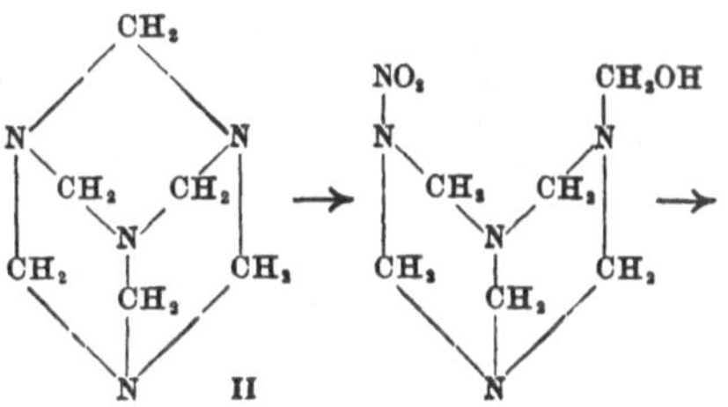

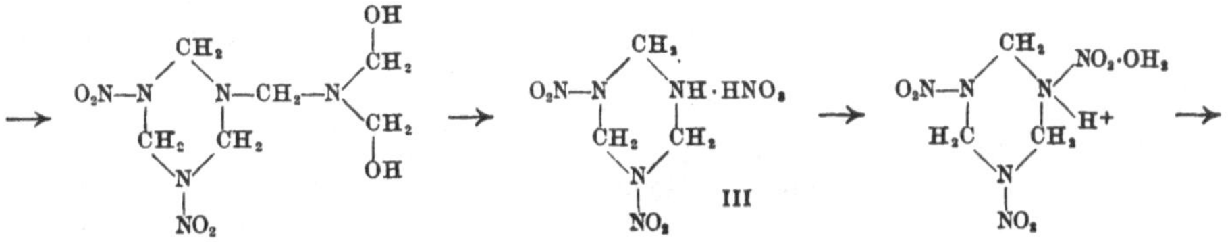

von 85—91%ig. HNO_3 auf **II** bei 0° u. besitzt eine große Zersetzungsgeschwindigkeit. Die Aktivierungsenergie für den Übergang von **III** in **I** (18,5 kcal/Mol) ist fast ident. mit der des geschwindigkeitsbestimmenden Schritts beim Übergang von **II**-Dinitrat in **I** (19,1 kcal/Mol). Als Arbeitshypothese wird vorst. Reaktionsmechanismus in Betracht gezogen. Als akt. Nitrolyseagens wird das Nitracidiumion angenommen.

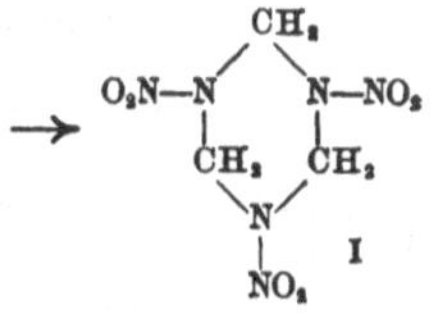

V e r s u c h e : *3.5-Dinitrocyclotrimethylentriaminnitrat-(1)* [*3.5-Dinitro-3.5-diazapiperidiniumnitrat*] (**III**) aus HNO_3, F. 98—99° (Zers.), beim Versetzen von 88%ig. HNO_3 mit **II** bei —40°, 4—5 Min. Stehen bei 0°, Abkühlen auf —25° u. Gießen auf Eis; gibt mit Pyridin das freie Amin (hellgelbes Öl). **III** gibt mit 98%ig. HNO_3 im Molverhältnis 1 : 5, mit BF_3 in CH_3NO_2 oder mit P_2O_5 in 88%ig. HNO_3 **I**. — *Methylen-bis-3.5-dinitrocyclotrimethylentriamin,* F. 136° (Zers.), beim Behandeln von 1 Mol **III** in Aceton oder A. mit 0,4 Mol. verd. Natronlauge. (Canad. J. Res., Sect. B **28.** 701—14. Nov. 1950. Montreal, Quebec, McGill Univ., Physic. Chem. Labor.) REISNER. D 225

M. Kirsch und **C. A. Winkler,** *Untersuchungen über RDX und verwandte Verbindungen.* 2. Mitt. *Die Nitrolyse von Hexamin in Essigsäure.* (1. vgl. vorst. Ref.) Vff.

stellen fest, daß CH_3COOH einen ungünstigen Einfl. sowohl auf die Nitrolysegeschwindigkeit als auch auf die Ausbeute an RDX (I) bei der Rk. zwischen HNO_3 u. Hexamin (II) bei 1° u. 30° für ein gegebenes Verhältnis HNO_3 : II ausübt. So wird z. B. die Maximalausbeute von 40% I bei einer verd. Lsg. von II in CH_3COOH (Molverhältnis 10,5 : 1) erst bei einem Molverhältnis HNO_3 : II = 48 : 1, in Abwesenheit von CH_3COOH jedoch schon bei einem Molverhältnis HNO_3 : II = 26 : 1 erreicht. Verantwortlich für den Einfl. der CH_3COOH soll deren Rk. mit HNO_3 sein: $CH_3COOH + HNO_3 \rightleftharpoons CH_3 \cdot COOH_2^+ + NO_3^-$, die der Bldg. des für die Nitrolyse erforderlichen Nitracidiumions durch Verschiebung des Gleichgewichts: $2HNO_3 \rightleftharpoons NO(OH)_2^+ + NO_3^-$ nach links entgegenwirkt. (Canad. J. Res., Sect. B **28.** 715—19. Nov. 1950.)

Reisner. D 225

C. Holstead, Alex. H. Lamberton und **P. A. H. Wyatt,** *Nitramine und Nitramide.* 5. Mitt. *Nitrierungen von Urethan, N-Methylurethan, Harnstoff und Hexahydro-1.3-dinitro-1.3.5-triazin in Schwefelsäure.* (4. vgl. C. **1953.** 8556.) Die Nitrierung von *Urethan* (**I**), *N-Methylurethan* (**II**), *Harnstoff* (**III**) u. *Hexahydro-1.3-dinitro-1.3.5-triazin* (**IV**, „*PCX*") ist in wss. H_2SO_4 reversibel, das Gleichgewicht hängt dabei von der $[H_2SO_4]$ ab. Zu dessen Unters. wurde die bei Zugabe der entsprechenden N-Nitroverbb. zu wss. H_2SO_4 bei 25° freigesetzte HNO_3 nach Simkins u. Williams (J. chem. Soc. [London] **1952.** 3086) bestimmt. Für **III, IV** u. *Guanidin* (**V**) liegen die optimalen Nitrierungsbedingungen bei 86 Gew.-% H_2SO_4, in stärkerer oder schwächerer konz. H_2SO_4 liegt mehr freie HNO_3 vor. Bei **I** u. **II** nimmt die Nitrierung jedoch mit steigendem Wassergehalt der H_2SO_4 zu, wobei aber die Einstellungsgeschwindigkeit des Gleichgewichtes mit der $[H_2SO_4]$ sich vergrößert. Die beobachtete Abnahme der $[HNO_3]$ von Gleichgewichtsmischungen in konz. H_2SO_4 wird dabei auf die irreversible Zers. der N-Nitroverbb. unter NO-Bldg. zurückgeführt. Das unterschiedliche Verh. der Urethane im Vergleich zu **III, IV** u. **V** kann vielleicht durch verschied. Nitrierungsmechanismus, wahrscheinlich aber mit der verschied. Basenstärke erklärt werden. Für den letzten Fall sind folgende Gleichgewichte anzunehmen: $>\overset{+}{N}H_2 \underset{+H^+}{\rightleftharpoons} >NH \overset{+NO_2^+}{\rightleftharpoons} >\overset{+}{N}HNO_2 \underset{+H^+}{\rightleftharpoons} >NNO_2$. Da **V** offenbar als Guanidiniumsalz nitriert wird, aber nach Wright (Canad. J. Res. **26.** [1948.] 104 u. 114) Ammoniumsalze nicht nitriert werden können, wird angenommen, daß die 3 N-Atome in **V** die (+)-Ladungen verteilen, womit auch die Nitrierung von **III**-Salzen zu erklären ist. Dagegen sind Urethansalze gegenüber nitrierenden Agentien beständig. Zur weiteren Aufklärung wurden kryoskop. Messungen in H_2SO_4 u. $H_2SO_4 \cdot H_2O$ durchgeführt. **I** u. **III** gaben aber in beiden Medien ident. Werte, in H_2SO_4 lagerte sich jeweils ein H^+ an. Auch die Unterss. der UV-Spektren (**I, II** u. **III** zwischen 200 u. 230 mμ) in W. u. H_2SO_4 führte zu keiner Unterstützung der Annahmen, da keine erhebliche Absorption zu verzeichnen war. Zur Best. der relativen Basenstärke von **III** u. Urethanen wurde die Meth. der Verfolgung der Kinetik der Rohrzuckerinversion in HCl bei 25° benutzt. Danach sind die Urethane ca. 40mal schwächer bas. als **III**. — **IV**-*Nitrat*, $C_3H_7O_4N_5 \cdot HNO_3$, F. 99° (Zers.), aus HNO_2-freier 93%ig. HNO_3 u. Hexamindinitrat bei —40°, nach 10 Min. portionsweise Wasserzugabe unter —10°. — *Cyclonit*, F. 203° (Zers.), durch Zugabe von **IV** zu 88,5 Gew.-% H_2SO_4 während 2 Min. bei 25°, nach 15 Min. auf Eis gießen. (J. chem. Soc. [London] **1953.** 3341—49. Nov. Sheffield, Univ.)

Gnauck. D 225

C. Holstead und **Alex. H. Lamberton,** *Nitramine und Nitramide.* 6. Mitt. *Einige N-Nitrierungen in schwefelsäurefreien Lösungsmitteln.* (5. vgl. vorst. Ref.) Die Rk. von *Urethan* (**I**), *N-Methylurethan* (**II**) u. *Harnstoff* (**III**) mit HNO_3 in Acetanhydrid(**IV**)-Eisessig (**V**) (96 : 4 Gewichtsteile) führt im Gegensatz zur Rk. in H_2SO_4 nicht zu einem Gleichgewicht, die Ausbeuten an N-Nitroderivv. sind 60—80% nach 1 Std. bei 25°. Bei Zugabe der entsprechenden Nitramine zu **IV** wird auch keine HNO_3 frei. **I** wird langsamer in **IV**–**V**-Mischungen (50 : 50 bzw. 5 : 95), nicht aber in reinem **V** nitriert. In 60%ig. $HClO_4$ wurde aber eine zu einem Gleichgewicht führende Nitrierung bei **I** u. *Guanidin* (**VI**) festgestellt, wobei aber das Gleichgewicht langsamer als in H_2SO_4 erreicht wird. Bei 70° konnten nach 20 Min. bzw. 10 Std. 53% *Nitrourethan* (**VII**) bzw. 21% *Nitroguanidin* (**VIII**) erhalten werden. Bei längerem Erhitzen auf 70°, 1 Std. bei **I** bzw. 15 Std. bei **VI**, tritt geringe irreversible Zers. ein. Zugabe von **VII** bzw. **VIII** zu Acetanilid in Selensäure (91,0 Gew.-%) ergab ähnlich wie in der 3. Mitt. (C. **1953.** 1150) *p-Nitroacetanilid* (F. 211°). (J. chem. Soc. [London] **1953.** 3349—52. Nov.)

Gnauck. D 225

James E. Knap, E. W. Comings und **H. G. Drickamer,** *Alkylierung von Isobutan mit Propylen unter hohem Druck.* Die Gasphasenalkylierung von *Isobutan* mit *Propylen* werden in einem Fließsystem bei 400° u. einem Druck von 280—1050 kg/cm² in Ggw. von 1.2.3-Trichlorpropan u. 1.2-Dichlorpropan untersucht. Hauptreaktionsprodd. waren *2.2-Dimethylpentan* (**I**) u. *2-Methylhexan* (**II**). Die Ausbeute an Alkylierungsprodd. steigt bei steigendem Druck. Die Konz. an **I** steigt mit dem Druck, während die von **II** fällt, was einen Anstieg der relativen Aktivität des tert. im Vgl. zu der des prim. H bedeutet. Die Rk. folgt einem freien Radikalkettenmechanismus, eingeleitet durch Pyrolyse der chlorierten Verbindungen. Die Dichlorkomponente ist wirksamer als Initiator als die Trichlorverbindung. (Ind. Engng. Chem. **46**. 708—13. April 1954. Urbana, Ill., Univ.) K. O. MÜLLER. D 225

H. R. Snyder, Ernest L. Eliel und **Robert E. Carnahan,** *Quaternäre Zwischenprodukte bei der Alkylierung gewisser Ester durch tertiäre Amine.* (Vgl. J. Amer. chem. Soc. **71**. [1949.] 663.) Vff. untersuchen die Rk. zwischen Benzyldimethylamin (**I**) u. Tricarbäthoxymethan (**II**) bzw. Cyanessigsäuremethylester (**III**). Bei der Rk. zwischen **I** u. **II** bei 180—200° entstehen nach Hydrolyse u. Decarboxylierung *Hydrozimtsäure* u. *Dibenzylessigsäure*; außerdem werden CO_2 u. *Dimethyläthylamin* gefunden. Beim Alkylieren von **III** mit **I** wird u. a. *Trimethylamin* (**IV**) isoliert. Die Bldg. von **IV** u. Analogen muß auf das Entstehen eines quaternären Ammoniumions nach **I** + **III** → $C_6H_5CH_2\overset{+}{N}(CH_3)_3 + NCCH_2COO^-$ als 1. Reaktionsstufe zurückgeführt werden; dieses Kation ist dann das eigentliche Alkylierungsmittel für das Säureanion oder ein weiteres Mol. des Esters. Decarboxylierung der anion. Bestandteile bei der angewendeten hohen Temp. u. Dialkylierung führt zur Bldg. von *Hydrozimtsäurenitril* (**V**) u. *Dibenzylacetonitril* (**VI**); die gleichen Prodd. entstehen bei der Pyrolyse von Benzyltrimethylammoniumcyanacetat (**VII**), wobei Ester an der Rk. teilnehmen können, die aus quaternären Ammoniumsalzen bei der therm. Zers. entstehen könnten. Ein radikal. Reaktionsmechanismus kann bei den vorst. Alkylierungen nicht vorliegen, weil ein Zusatz von Hydrochinon (**VIII**) zur Rk. die Menge an entwickeltem CO_2 nicht beeinflußt u. keine Induktionsperiode hervorruft; bei der therm. Alkylierung mit Benzylbromid erweist sich **VIII** als Inhibitor u. beweist für diese Rk. einen radikal. Mechanismus. Das bei der Rk. von **I** mit **III** in beträchtlicher Menge entstehende *Dibenzylmethylamin* (**IX**) u. **IV** bildet sich durch Disproportionierung von **I** mittels eines Kreisprozesses, der über das Benzyltrimethylammoniumion verläuft: $C_6H_5CH_2\overset{+}{N}(CH_3)_3 + C_6H_5CH_2N(CH_3)_2 \rightarrow (C_6H_5CH_2)_2\overset{+}{N}(CH_3)_2 + (CH_3)_3N$; $(C_6H_5CH_2)_2\overset{+}{N}(CH_3)_2 + C_6H_5CH_2N(CH_3)_2 \rightarrow (C_6H_5CH_2)_2NCH_3 + C_6H_5CH_2\overset{+}{N}(CH_3)_3$. **IX** entsteht auch in ausgezeichneter Ausbeute beim Erhitzen von **I** allein u. in Ggw. des Methochlorids, wenn eine Spur des quaternären Salzes, wenig HCl oder Borfluoridätherat anwesend ist. Spuren von Säuren, die substituierte Ammoniumionen mit dem Amin bilden, verringern das Ausmaß der Disproportionierung. Beim Erhitzen von **VII** findet die gleiche Disproportionierung statt; das dabei isolierte *α.β-Diphenyläthyldimethylamin* (**X**) entsteht durch STEVENSsche Umlagerung. **X** bildet sich auch beim Erhitzen von Dibenzyldimethylammoniumcyanacetat. Beim Erhitzen von **I** mit **III** findet keine Umlagerung statt, da das prim. gebildete quaternäre Salz sich so schnell zers., daß die Konz. an Cyanacetation zu gering ist, um als Katalysator eine Umlagerung zu bewirken. — *Hydrozimtsäure, p-Bromphenacylester,* F. 104—105°. — *Dibenzylessigsäure,* F. 88—89° (wss. A.); *Amid,* F. 129,5—131°. — *Dimethyläthylaminpikrat,* $C_{10}H_{14}O_7N_4$, F. 204—206° (A.). — *Hydrozimtsäurenitril* (**V**), C_9H_9N, $Kp._{25}$ 142°, n_D^{20} 1,5179. — *Dibenzylmethylamin* (**IX**), $C_{15}H_{17}N$, $Kp._3$ 142—148°, n_D^{20} 1,5557—1,5566; *Hydrochlorid,* F. 199,5° (Aceton); *Pikrat,* F. 106,5—108° (A.-W.). — *Dibenzylacetonitril* (**VI**), $C_{16}H_{15}N$, F. 89,5° (A.). — *Benzyltrimethylammoniumcyanacetat* (**VII**), $C_{13}H_{18}O_2N_2$, Verflüssigung ab ~115°. — *α.β-Diphenyläthyldimethylamin* (**X**), $Kp._{0,3}$ 98°, n_D^{21} 1,5581; *Hydrochlorid,* F. 188,5—189,5° (A.), F. 212,5—213° (Isopropanol); *Pikrat,* F. 155,8—156,8° (A.). — (J. Amer. chem. Soc. **72**. 2958—61. Juli 1950. Urbana, Ill., Univ., Noyes Chem. Labor.) REISNER. D 225

Richard Baltzly, *Über die Konkurrenz zwischen Clarke-Eschweiler- und Pictet-Spengler-Reaktion.* Bei der Methylierung von Homoveratrylamin (**I**) bzw. N-Methylhomoveratrylamin nach CLARKE-ESCHWEILER entsteht zur Hauptsache im Sinne der PICTET-SPENGLERschen Rk. *2-Methyl-6.7-dimethoxy-1.2.3.4-tetrahydroisochinolin* (**II**). In der Annahme, daß die PICTET-SPENGLERsche Rk. nur in Ggw. starker Säuren erfolgt, wurde die Methylierung von **I** mit Formaldehyd u. Ameisensäure bei 87° u. möglichst hohem p_H (5—7) durchgeführt. Es wurden jedoch neben 44% *N.N-Dimethylhomoveratrylamin* 14% **II** gefunden, so daß die PICTET-SPENGLER-Rk. in diesem Falle nicht zu vermeiden ist. Zur Erklärung nehmen Vff. an, daß beide Rkk. über ein Alkylolamin als Zwischenprod. verlaufen, das zur Weiter-Rk. kation.

Charakter bekommen muß. 2 Formen sind für dieses Kation möglich: $[RNH_2CH_2OH]^+$ u. $[R\overset{+}{N}H{=}CH_2 \longleftrightarrow RNH{-}\overset{+}{C}H_2]$, deren vom p_H abhängige Relativkonz. die Richtung der Weiter-Rk. bestimmt. II-*Hydrochlorid*, F. 213—215° (A./Äthylacetat). — *X.X'-Dimethoxy-X''-methyltetrahydroisochinolinhydrochlorid*, $C_{12}H_{18}O_2NCl$, F. 229—230° (Zers.), als Nebenprod. bei der Darst. von **II**. (J. Amer. chem. Soc. **75**. 6038—39. 5/12. 1953. Tuckahoe, N. Y., Wellcome Res. Labors.) M. THIEL. D 225

Robert M. Langer und **Charles A. Walker**, *Reaktionsmechanismus von Hexanol-(1) und Di-n-hexyläther über Aluminiumoxyd in einem dynamischen System.* (Vgl. WALKER, C. **1950**. II. 940.) Vff. untersuchen die Kinetik der Rk. von *Hexanol-(1)* (**I**) u. *Di-n-hexyläther* (**II**) über Al_2O_3 bei 320—370° in einem dynam. Syst., die unter Bldg. von **II** (aus **I**), **I** (aus **II**), Olefin u. W. verläuft. Die Gesamtreaktionsgeschwindigkeit wird entweder bestimmt durch die Adsorptionsgeschwindigkeit der Reaktionspartner oder durch Oberflächenreaktionsgeschwindigkeiten. Das Verhältnis der Reaktionsgeschwindigkeiten beträgt $k_2/k_1 = 0{,}70$, $k_3/k_1 = 0{,}50$ u. $k_4/k_1 = 1{,}04$, wobei Rk. 1 $2\,I \rightarrow II + H_2O$, Rk. 2 $I \rightarrow RCH = CH_2 + H_2O$, Rk. 3 $II \rightarrow 2\,RCH = CH_2 + H_2O$ u. Rk. 4 $II \rightarrow I + RCH = CH_2$ ist. (Ind. Engng. Chem. **46**. 1299—1305. Juni 1954. New Haven, Conn., Yale Univ.) G. WINKLER. D 225

Charles E. Boozer und **Edward S. Lewis**, *Die Zersetzung sekundärer Alkylchlorsulfite.* 3. Mitt. *Die Eliminierungsreaktion und Isotopeneffekte.* (2. vgl. C. **1953**. 9436.) Es wurde die Zers. von *Pentyl-(2)-chlorsulfit* (**I**) u. in 1- u. 3-Stellung deuteriertem **I**(**I**-d) zwischen 61,5 u. 95,5° in Isooctan (**II**) u. Dioxan (**III**) spektrophotometr. verfolgt, ferner die Zus. der Reaktionsprodd. der gleichen Rk. u. von opt.-akt. *Butyl-(2)-chlorsulfit* (**IV**) untersucht, wobei die entstandenen Chloride polarimetr., die den gebildeten Olefinen entsprechende Menge HCl titrimetr. bestimmt wurden. Die Reaktionsgeschwindigkeitskonstanten 1. Ordnung betrugen bei **I** bzw. **I**-d in **III** bei 61,5° $2{,}18 \pm 0{,}02$ [$\cdot 10^{-4}$ sec^{-1}] bzw. $1{,}48 \pm 0{,}05$, bei 77,5° $9{,}3 \pm 0{,}2$ bzw. $6{,}6 \pm 0{,}2$ u. in **II** bei 95,5° $0{,}167 \pm 0{,}002$ bzw. $0{,}050 \pm 0{,}001$. Die Ausbeuten an sek. Alkylchlorid bzw. HCl [in %] betrugen bei **IV**: 61,5°: $52{,}1 \pm 0{,}7$; $49{,}4 \pm 0{,}4$; 77,5°: $45{,}5 \pm 0{,}5$; $54{,}6 \pm 0{,}4$; bei **I**: 61,5°: $51{,}0 \pm 0{,}5$; $48{,}8 \pm 0{,}8$; 77,5°: $44{,}3 \pm 0{,}4$; —; bei **I**-d: 61,5°: $51{,}2 \pm 0{,}3$; —; 77,5°: 46,6; —. Aus den Ergebnissen geht hervor, daß deuteriertes **I** langsamer reagiert, die Ausbeuten an Endprodd. aber unverändert sind. Daraus ist zu schließen, daß es eine allg. geschwindigkeitsbestimmende Stufe gibt, die durch Ggw. von D gehemmt wird; die folgenden Stufen, durch die Alkylchlorid bzw. Olefin gebildet werden, werden durch D-Substitution nicht beeinflußt; das ergibt sich auch aus der Tatsache, daß die Olefine die gleichen D-Gehh. haben wie der Ausgangsstoff. Der früher vorgeschlagene Mechanismus ist mit den Befunden im Einklang; Eliminierungs- u. Substitutions-Rkk. gehen über ein gemeinsames, solvatisiertes Carboniumion, die Verzögerung durch D-Substitution wird mit Hyperkonjugationswrkg. im Übergangszustand erklärt. Die geringe Reaktionsgeschwindigkeit in **II** wird wie früher darauf zurückgeführt, daß es die Ionisierung der Chlorsulfite nicht fördern kann, im Gegensatz zu **III**, dessen nucleophiler Charakter den Elektronenmangel herabsetzt u. die Ionisierung dadurch unterstützt. Vff. vermuten wegen des Ausbleibens einer Isotopenfraktionierung, daß die Bldg. von Olefin aus dem Carboniumion eine zusätzliche Aktivierungsenergie (ca. 780 cal) gegenüber den Verdrängungs-Rkk. benötigt. Folglich muß die Summe der Nullpunktsenergie der Schwingungen der C–H-Bindungen bei der Umwandlung des Carboniumions in den Übergangszustand ungeändert bleiben. Andere mögliche Gründe für das Ausbleiben der Isotopenfraktionierung werden diskutiert. — **I**-d, Kp. 118,0—118,5°, aus Pentanon-(2)-d [Kp. 101,9—102,0°, aus dem Keton u. D_2O, 0,16 Std. mit K_2CO_3 am Rückfluß], u. $LiAlH_4$ in Äther. — *Penten-(2)*, Kp. 36,0—36,5°. (J. Amer. chem. Soc. **76**. 794—96. 5/2. 1954. Houston, Tex., Rice Inst., Dep. of Chem.) GNAUCK. D 225

Edward S. Lewis und **Galvin M. Coppinger**, *Die Zersetzung sekundärer Alkylchlorsulfite.* 4. Mitt. *Die Katalyse durch tertiäre Amine.* (3. vgl. vorst. Ref.) Bei 39,8 u. 52,9° wurde die katalyt. Wrkg. von Pyridin (**I**), seinem Hydrochlorid, Chlormethylat, Chlorpropylat, Perchlorat, von Chinolin (**II**), 2.6-Lutidin (**III**) u. Dimethylanilin (**IV**) sowie von $LiClO_4$ auf die Zers. von *Isopropylchlorsulfit* (**V**, $Kp._{20}$ 39—40°) in Dioxan untersucht. Die Rkk. folgten stets der 1. Ordnung, u. es war eine groblineare Abhängigkeit der scheinbaren Reaktionsgeschwindigkeitskonstante k von der Katalysatorkonz. C zu bemerken, $k = k_0 + k_C \cdot C$ (k_0: k-Wert der unkatalysierten Rk.); nur bei Ggw. von $LiClO_4$ war die Reaktionsordnung etwas geringer als 1. Bei 52,9° wurde ferner die Wrkg. von **I** auf die Zers. von *Pentyl-(2)-chlorsulfit* (**VI**) u. **VI**-d untersucht: es betrug bei **VI** k 6,83 [$\cdot 10^{-4}$ sec^{-1}], k_C 0,119 [Liter/Mol·sec], bei **VI**-d

k 5,65; k_C 0,0951. Folgende k_C-Werte wurden bei der Zers. von **V** bestimmt: bei 52,9°: **II** 0,062, **III** 0,11, **IV** 0,036, **I** 0,080—0,99; bei 39,8°: **I**-CH_3Cl 0,30, **I**-C_3H_7Cl 0,30, **I** 0,020—0,021; **I**-HCl 0,023—0,027. Die gleiche Wirksamkeit von **I** u. **I**-HCl wird auf die Umwandlung von **I** in sein Hydrochlorid durch abgespaltenen HCl aus **V** zurückgeführt. Vff. nehmen einen Mechanismus analog dem von COWDREY, HUGHES, INGOLD, MASTERMAN u. SCOTT (J. chem. Soc. [London] **1937**. 1267) vorgeschlagenen an, wobei in einer bimol. Verdrängungs-Rk. Cl^- (aus den Aminhydrochloriden) ROSOCl angreift u. Alkylchlorid, SO_2 u. Cl^- resultieren. Dieser Mechanismus ist auch in Übereinstimmung mit stereochem. Ergebnissen u. der Verzögerung der Rk. bei deuterierten Chlorsulfiten, entsprechend geht die katalyt. Wrkg. parallel mit der Basenstärke der Amine. Die Annahme einer anderen Wirkungsweise der Amine, nämlich Angriff am S-Atom, wird wegen der hohen Wirksamkeit von **III**, das hierbei ster. gehindert sein müßte, für unwahrscheinlich gehalten. Sicher spielt aber bei der Beschleunigung der Rk. die Veränderung der Ionenstärke eine Rolle, was aus den Ergebnissen mit $LiClO_4$ zu ersehen ist, z. B. kann die geringe katalyt. Wrkg. von **I**-$HClO_4$ auf Salzeffekte zurückgeführt werden. Da das bei Ggw. von 10^{-2} Mol $LiClO_4$ erhaltene *Butyl-(2)-chlorid* (**VII**) in 36%ig. opt. Reinheit unter Beibehaltung der Konfiguration entstand (bei 10^{-4} Mol $LiClO_4$: 74%ig. opt. Reinheit), ohne Ggw. von Salz aber **VII** 95% opt. rein u. bei Ggw. von 10^{-3} Mol **I**-HCl 67% opt. rein, aber in invertierter Konfiguration sich bildete, ist anzunehmen, daß bei Ggw. von $LiClO_4$ bzw. **I**-HCl verschied. Mechanismen wirksam sind. Die Racemisierung u. Änderung der Kinetik bei Ggw. von $LiClO_4$ ist in Übereinstimmung mit der Auffassung, daß die Chlorsulfite als Ionenpaare dissoziieren u. die Zers. über ein symm., solvatisiertes Carboniumion verläuft. (J. Amer. chem. Soc. **76**. 796—99. 5/2. 1954.)
GNAUCK. D 225

A. D. Stepuchowitsch und **A. G. Finkel**, *Kinetik der Äthanzersetzung in Gegenwart von Propylen bei niedrigen Drucken.* Der therm. Zerfall des Äthans in Abhängigkeit von beigemischtem Propylen wird bei 557 u. 581° u. bei einem Äthandruck von 5,5 bis 6 mm untersucht. Es zeigt sich, daß die retardierende Wrkg. des Propylens bei hoher Temp. schwächer wird, was mit einer Verschiebung des Gleichgewichts der Elementar-Rk. $C_3H_6 + H \rightleftharpoons$ iso-C_3H_7 nach links zu erklären ist. d. h. die Stabilität der Isopropylradikale wird kleiner. Die Zerfalls-Rk. bei 557° wird durch eine Reaktionsgeschwindigkeitsgleichung erster Ordnung annähernd richtig beschrieben. Für 581° gilt die Gleichung der selbsthemmenden Reaktion. Vff. kommen zum Schluß, daß die Rk. bei den betrachteten Tempp. u. Drucken den Charakter einer Ketten-Rk. hat. (Журнал Физической Химии [J. physik. Chem.] **26**. 1413—18. Okt. 1952. Saratow, Univ.)
ADOLPHI. D 225

A. D. Stepuchowitsch und **A. G. Finkel**, *Kinetik und Mechanismus der Äthanzersetzung in Gegenwart von Propylen.* (Vgl. vorst. Ref.) Die durch Verss. festgestellte Tatsache, daß der Äthanzerfall durch die Ggw. von Propylen gehemmt wird, daß die Hemmung mit steigender Temp. abnimmt u. der Anfangskonz. des KW-stoffes umgekehrt proportional ist, da die Länge der Kette mit der Menge des zugegebenen Propylens kleiner wird, führt zu der Folgerung, daß der entscheidende Einfl. von Rkk. ausgeht, durch welche die akt. Radikale an Propylen gebunden u. inakt. Radikale gebildet werden. Die reaktionskinet. Unterss. führen zu dem Schema: 1. $C_2H_6 \rightleftharpoons 2\overline{CH_3}$; 2. $\overline{CH_3} + C_2H_6 \rightleftharpoons CH_4 + \overline{C_2H_5}$; 3. $\overline{C_2H_5} \rightleftharpoons C_2H_4 + H$; 4. $H + C_2H_6 \rightleftharpoons H_2 + \overline{C_2H_5}$; 5. $H + \overline{C_2H_5} \rightleftharpoons H_2 + C_2H_4$; 6. $\overline{CH_3} + C_3H_6 \rightleftharpoons$ iso-$\overline{C_4H_9}$; 7. $H + C_3H_6 \rightleftharpoons$ iso-$\overline{C_3H_7}$ mit den entsprechenden Aktivierungsenergien: $E_1 = 65{,}4$; $E_2 = 12$; $E_3 = 49$; $E_4 = 11{,}4$; $E_5 = 4$; $E_6 = 13{,}5$; $E_7 = 13{,}5$ kcal/Mol. (Журнал Физической Химии [J. physik. Chem.] **26**. 1419—24. Okt. 1952. Saratow, Univ.)
ADOLPHI. D 225

Joseph B. Levy, *Die thermische Zersetzung von Salpetersäureestern.* 1. Mitt. *Äthylnitrat.* Die therm. Zers. von *Äthylnitrat* (**I**, Kp. 87,5—87,8°) bei 161, 181 u. 201° u. ca. 40 Torr wird spektrophotometr. u. infrarotspektrophotometr. untersucht (Meth. vgl. J. Amer. chem. Soc. **75**. [1953.] 1801). Als Zersetzungsprodd. treten Äthylnitrit, Nitromethan, Methylnitrit, NO_2, NO u. Spuren von Acet- oder Formaldehyd auf. Die Änderung der Zus. der Zersetzungsprodd. im Laufe der Rk. wird quantitativ verfolgt. Die Rk. ist annähernd 1. Ordnung, für das Anfangsstadium wird die Aktivierungsenergie E = 39,3 kcal/Mol u. der Stoßzahlfaktor a = 15,1, für das Endstadium E = 36,6 u. a = 14,44 gefunden. Ausgehend von den gefundenen Zersetzungsprodd. von **I**, werden die Möglichkeiten eines hauptsächlich radikal. Mechanismus diskutiert. (J. Amer. chem. Soc. **76**. 3254—57. 20/6. 1954. Silver Spring, Md., U. S. Naval Ordnance Labor., Explosives Res. Dep.)
PAULIG. D 225

W. A. O'Neill und **R. I. Reed,** *Die Pyrogenese von Ketonen.* 1. Mitt. *Bildung von Dipropylketonen.* Bei der Pyrolyse von Na-Isobutyrat (I) wurden außer dem erwarteten *Diisopropylketon* in Abhängigkeit von der Temp. merkliche Mengen von *n-Propylisopropylketon* u. *Di-n-propylketon* erhalten. Dagegen ergab die Pyrolyse von Na-n-Butyrat u. Na-Isovalerat keine umgelagerten Ketone. Vff. schlagen in Übereinstimmung mit BELL u. REED (C. **1954.** 2595) für **I** einen Reaktionsmechanismus mit der Bldg. freier Radikale als Zwischenprodd. ($RCO_2M \rightarrow R\cdot + \cdot CO_2M$) u. deren Umlagerung in die isomere Form vor. (J. chem. Soc. [London] **1953.** 3911–13. Dez. Glasgow, Univ.) KARUTZ. D 225

J. E. Prue, *Die Kinetik der Metallionen-katalysierten Decarboxylierung von Acetondicarbonsäure.* Die Dissoziationskonstanten von *Acetondicarbonsäure* [**A**, F. 135° (Zers.), aus Citronensäure u. rauchender H_2SO_4] bei Raumtemp. waren $K_1 = 1{,}8\cdot10^{-3}$ u. $K_2 = 1{,}9\cdot10^{-4}$. **A** bzw. dessen 1- oder 2wertiges Anion (**A**$^-$ bzw. **A**$^{2-}$) verlieren 1 Mol CO_2 unter Bldg. von Acetessigsäure (**I**; Schritt 1, Geschwindigkeitskonstante 1. Ordnung k_1 [min^{-1}]); **I** zers. sich weiter unter CO_2-Abspaltung zu Aceton (Schritt 2, Geschwindigkeitskonstante k_2). Die Kinetik der Rk. wurde bei 42° durch Messung der entwickelten CO_2-Menge verfolgt. Die Messungen wurden in ungepufferten u. in Acetat-gepufferten Lsgg. mit u. ohne Zusatz von Metallionen durchgeführt. Konstante Ionenstärke 0,6 wurde durch Zusatz von KCl bzw. KNO_3 aufrechterhalten. Die Anfangskonz. war 0,027 mol. bzw. in ungepufferten Lsgg. die Hälfte. Schritt 2 der Rk. ist in Acetat-gepufferten Lsgg., in denen fast ausschließlich **A**$^{2-}$ vorliegt, wegen der großen Stabilität des Anions von **I** verglichen mit undissoziiertem **I** sehr langsam u. bedingt nur eine geringe Korrektur der k_1-Werte. Bei den Metallionen-katalysierten Verss. ergaben sich gute k_1-Werte, da Schritt 2 durch Metallionen nicht katalysiert wird. Die Verss. in Acetat-gepufferten Lsgg. ohne Metallionenzusatz (H^+-Ionenkatalyse) ergaben bei $10^5[H^+] = 1{,}31-16{,}80$ k_1-Werte von $10^3 k_1/2{,}303 = 1{,}12-5{,}31$. k_1 setzt sich aus den Zerss. von **A**$^{2-}$ u. **A**$^-$ zusammen u. wächst demnach nicht linear mit der H^+-Ionenkonz., da in stärker sauren Lsgg. die 23mal schneller verlaufende Zers. von **A**$^-$ bemerkbar wird ($k_{A^-} = 26{,}5\cdot10^{-3}$; $k_{A^{2-}} = 1{,}15\cdot10^{-3}$). Cu^{2+}-Ionen haben starken Einfl. auf die Zersetzungsgeschwindigkeit. k_1 wächst linear mit [Cu^{2+}], wenn p_H u. Acetatkonz. konstant sind ([$NaOOCCH_3$] = 0,353; $10^5[H^+] = 4{,}02$; $k_{Cu^{2+}}/2{,}303 = 4{,}06$). Mit steigender Acetatkonz. sinkt die Katalysenkonstante $k_{Cu^{2+}}$ wegen Bldg. von komplexem $Cu(OOCCH_3)^+$, $Cu(OOCCH_3)_2$ u. $Cu(OOCCH_3)_3^-$. Das freie Cu^{2+}-Ion u. der erste Komplex sollen katalyt. akt. sein, der neutrale u. negative Komplex unwirksam. Die Verhältnisse bei Zusatz von Al^{3+} oder Be^{2+} waren schwierig zu übersehen, da das p_H der Lsg. von der Größenordnung des pK der Metallaquokationen war; die Katalysenkonstanten sanken mit steigender Metallionenkonzentration. Bei den übrigen untersuchten Metallen waren die Katalysenkonstanten von der Metallionenkonz. unabhängig. Im Fall von Ni u. Zn wurde eine geringe Abhängigkeit von der Acetatkonz. festgestellt. Zu Vergleichszwecken wurde auf [$OOCCH_3^-$] = 0 extrapoliert. Folgende Werte für die Katalysenkonstanten wurden erhalten. $H^+ = 54{,}8$; $Cu^{2+} = 15{,}8$; $Ni^{2+} = 15{,}4\cdot10^{-2}$; $Zn^{2+} = 9{,}6\cdot10^{-2}$; $Co^{2+} = 9{,}0\cdot10^{-2}$; $Cd^{2+} = 1{,}4\cdot10^{-2}$; $Pb^{2+} = 3{,}5\cdot10^{-2}$; $Mn^{2+} = 2{,}3\cdot10^{-2}$; $La^{3+} = 5{,}9\cdot10^{-2}$; Mg^{2+} $\sim0{,}5\cdot10^{-2}$; $Co(NH_3)_6^{3+}$ ~0; Al^{3+} (7); Be^{2+} (11). — In ungepuffertem Medium ist die Rk. genau 1. Ordnung ($k = 7{,}9\cdot10^{-3}$ min^{-1}). Es liegt hier fast ausschließlich **A** u. **A**$^-$ vor. Pro Mol **A** werden 2 Moll CO_2 entwickelt. Die Annahme von WIIG (J. physic. Chem. **32.** [1928.] 961), daß beide Moll. CO_2 gleichzeitig abgespalten werden (oder die gleichwertige Aussage, daß $k_1 \ll k_2$ ist), kann nicht zutreffend sein, da sich ein Geschwindigkeitsgesetz 1. Ordnung nur unter der Bedingung $k = k_2 = k_1/2$ ergibt. Unter Berücksichtigung von k_A (gemessen in 0,1n HCl-Lsg.) u. k_{A^-} wurde gefunden: $k_1 = 11{,}0\cdot10^{-3}$ u. $k_2 = 7{,}9\cdot10^{-3}$. k_2 ist unabhängig von Säurezusatz, während k_1 zu k_A verkleinert wird. Cu^{2+}-Ionen in ungepufferter Lsg. verursachen schnelle Abspaltung von 1 Mol CO_2. $k_{Cu^{2+}A^-}$ (Katalysenkonstante von Cu^{2+} bzgl. **A**$^-$) ergibt sich daraus zu $\sim3{,}0$, das ist $^1/_{10}$ von $k_{Cu^{2+}A^{2-}}$ (vgl. oben). — Die Bldg. eines „aktivierten Komplexes" $^-O-CO-CH_2-C(=CH_2)O^-$ durch einfache Bindungsumlagerung aus **A**$^{2-}$ unter Verlust von CO_2 wird angenommen. Der Komplex wird durch H^+-Anlagerung mehr stabilisiert als **A**$^{2-}$, dadurch erklärt sich die H^+-Ionenkatalyse. Die katalyt. Unwirksamkeit des $Co(NH_3)_6^{3+}$-Ions deutet auf die Notwendigkeit einer engen Annäherung von Kation u. Komplex, wie es bei der Chelatbindung der Fall ist. Da außerdem ein Parallelismus zwischen den angeführten Katalysenkonstanten u. den Dissoziationskonstanten der Komplexe des $^-O_2C\cdot CH_2\cdot CO_2^-$ mit 2wertigen Metallionen besteht, wird die katalyt. Wrkg. der Metallkationen als Chelatstabilisierung des aktivierten Komplexes gedeutet. Kleinere Effekte können auch durch einfachen prim. Salzeffekt erklärt werden. (J. chem. Soc. [London] **1952.** 2331–38. Juni. Reading Univ.) MANTHEY. D 225

Marvin C. Tobin, John P. Fowler, Henry A. Hoffman und **Charles W. Sauer,** *Die thermische Zersetzung von Methylendinitramin.* Die therm. Zers. von festem *Methylendinitramin* (**I**; aus 2-Nitropropan, F. 105—106° [Zers.]) bei 70, 80 u. 100° u. geschmolzenem **I** bei 110, 115, 120 u. 130° mit u. ohne Zusatz von Pikrinsäure (**II**; 2%) wird untersucht. Vff. verfolgen die Zers. durch Wägung des Gewichtsverlustes beim Erhitzen an der Luft. Als Zersetzungsprodd. treten HCHO, N_2O u. W. auf. Die Rk. ist in der Schmelze 1. Ordnung, Vff. geben eine Aktivierungsenergie E = —35,4 kcal/Mol u. einen Stoßzahlexponent n = 15,6 an. Vff. unterscheiden eine Anfangsperiode, in der die Zersetzungsgeschwindigkeit sinkt, eine Mittelperiode, in der die Geschwindigkeit steigt, u. eine Endperiode, in der sie erneut abfällt. Bei 80° kann während der ersten beiden Perioden der Gewichtsverlust durch die Gleichung $v = 5{,}5/(1 - \exp[-0{,}16\,t] + 0{,}00192\,t^{1,76})$ wiedergegeben werden. **II** wirkt als Inhibitor. Die Rk. setzt unter Bldg. von schnell wachsenden Zersetzungskeimen an der Kristalloberfläche ein. Das Auftreten von Anfangs- u. Mittelperiode wird durch Überlagerung einer sehr schnellen Zers. (1. Ordnung) einer kleinen Menge u. einem langsameren autokatalyt. Vorgang erklärt. Die Endperiode tritt ein, wenn die Kristalloberfläche mit Zersetzungsprodd. bedeckt ist. Keimbildungs- u. Reaktionsgeschwindigkeiten im festen Zustand werden abgeleitet u. diskutiert; für die Aktivierungsenergie ergibt sich daraus E = 27,8 kcal/Mol. — Die therm. Zers. in der Schmelze zeigt Besonderheiten. Infrarotspektren von **I** u. Zersetzungsprodd. werden angegeben. (J. Amer. chem. Soc. **76.** 3249—53. 20/6. 1954. Cambridge, Mass., Arthur D. Little, Inc.) PAULIG. D 225

Edward L. Cochran, William H. Hamill und **Russell R. Williams jr.,** *Photolyse und Radiolyse von flüssigen Alkyljodiden.* Vff. untersuchten die Photolyse sowohl der reinen (mit Erregerlicht der Wellenlänge λ = 2537 u. 3260 Å) als auch der in Cyclohexan ($Kp._{745}$ 80,0 ±0,2°) gelösten (λ = 2537 Å) nachst. genannten Alkyljodide, sowie auch ihre Radiolyse mit Röntgenstrahlen (λ = 0,25—4,4 Å): *Äthyljodid* (**I**, $Kp._{749}$ 71,0 ±0,2°, n_D^{15} 1,5168), *n-Propyljodid, Isopropyljodid, n-Butyl-, sek.-Butyl-* u. *Isobutyljodid.* Bei der Auswertung der Messungen bei 3260 Å mußte die Bldg. eines Komplexes aus Alkyljodid u. gebildetem J_2, der in diesem Spektralbereich absorbierte, berücksichtigt werden. Es wurde versucht, eine Beziehung zwischen der relativen Bildungsgeschwindigkeit von J_2 aus den Alkyljodiden (bezogen auf die aus **I**) u. ihrer Struktur herzuleiten. Obwohl keine eindeutigen Aussagen gemacht werden konnten, scheint doch eine Beziehung zur Anzahl der β-ständigen H-Atome in den Alkyljodiden zu bestehen. Bei den Unterss. in Lsg. ergab sich, daß zu einem gewissen Prozentsatz das Lösungsm. an den Einzel-Rkk. beteiligt ist. (J. Amer. chem. Soc. **76.** 2145—48. 20/4. 1954. Notre Dame, Ind., Univ., Dep. of Chem.) L. FISCHER. D 226

G. G. Jayson, G. Scholes und **J. Weiss,** *Bildung von Formylkynurenin durch Einwirkung von Röntgenstrahlen auf Tryptophan in wässeriger Lösung.* Bei der Bestrahlung einer wss. Lsg. von Tryptophan (**I**) mit Röntgenlicht in Ggw. von mol. O_2 bildet sich u. a. *Formylkynurenin* (**II**; identifiziert als Kynurenin nach papierchromatograph. Abtrennung [W.–A.–H_2SO_4]). Oxindolylalanin [α-Amino-β-oxindolyl-(3)-propionsäure] tritt wahrscheinlich nicht als Zwischenprod. der Rk. auf, da Bestrahlung dieser Substanz keine nennenswerten Mengen **II** liefert. Vff. nehmen an, daß sich zunächst ein OH-Radikal an das **I**-Mol anlagert; hierauf wird O_2 unter Bldg. eines Peroxyradikals addiert, das mit H das entsprechende Hydroperoxyd liefert; schließlich wird unter H_2O-Abspaltung der Indolring aufgesprengt. (Biochem. J. **57.** 386—90. Juli 1954. Newcastle-upon-Tyne, Univ. of Durham, King's Coll.) J. ROTHE. D 226

G. Bryant Bachman und **M. Pollack,** *Nitrierung in der Dampfphase; Faktoren, die den Abbau in niedere Nitroparaffine beeinflussen.* Die übliche Nitrierung von z. B. *Propan* in der Dampfphase führt gewöhnlich zu 25% 1-Nitropropan, 40% 2-Nitropropan, 10% Nitroäthan u. 25% Nitromethan. Zweck der vorliegenden Arbeit war es, die Ausbeuten an den Endprodd. zu kontrollieren bzw. die Gründe zu suchen, die zu einem Zerfall in niedrigmol. Nitroparaffine führen; bei Nitroparaffinen mit C_4 u. darüber ist es erforderlich, diesen Abbau möglichst zu vermeiden. Es wurde gefunden, daß der Grad des Abbaues der Ausgangs-KW-stoffe bei O_2-Katalyse steigt u. bei Cl_2-Katalyse fällt. Wird also statt O_2 ein anderer Katalysator für die Alkylradikalbldg., z. B. Cl_2, benutzt, dann tritt kein Abbau ein, u. die genaue Überwachung der Verteilung der Nitrierungsprodd. ist möglich. (Ind. Engng. Chem. **46.** 713—18. April 1954. Lafayette, Ind., Purdue Univ.) K. O. MÜLLER. D 227

D_2. Präparative organische Chemie. Naturstoffe.

R. Madroñero Peláez, *Stickstoff-Philodiene bei der Diels-Alder-Reaktion.* Übersicht über DIELS-ALDER-Rkk. mit N-Verbb. als Philodienen, bei denen die —N=N-, N≡C- bzw. —N=C- u. die —N=O-Gruppe in Aktion treten. — 23 Literaturhinweise. (Afinidad [3] **30.** 133—38. Juli/Aug. 1953. Sarria, Inst. Químico.) MONTFORT. 470

J. Jander und **R. N. Haszeldine,** *Reaktionen von Fluorkohlenstoffradikalen.* 13. Mitt. *Verschiedene Synthesen, Eigenschaften und Spektren von Trifluornitroso- und Trifluornitromethan.* (12. vgl. C. **1954.** 3907; 14. vgl. C. **1954.** 9980; vgl. auch C. **1953.** 8326.) Für die Umsetzung von Trifluorjodmethan mit NO in Ggw. von Hg im UV-Licht zu *Trifluornitrosomethan* (I), CF_3—NO, wurden die optimalen Reaktionsbedingungen ermittelt. Bei einem Druck von 10 at ist die Ausbeute hoch, aber der Umsatz beträgt nur 20%. Durch Arbeiten bei atmosphär. oder niedrigerem Druck läßt sich der Umsatz auf 90% steigern. Wenn nicht geschüttelt wird, bildet sich nicht **I**, sondern *Trifluornitromethan* (**II**), CF_3—NO_2. **I** zers. sich in Glas bei mäßigen Tempp. zu SiF_4, CO_2 u. etwas **II**. **I** entsteht auch bei der therm. Umsetzung von Tris-[trifluormethyl]-arsin (**III**), $As(CF_3)_3$ (Darst. vgl. BRANDT u. Mitarbeiter, C. **1953.** 2746) mit NOCl bei 100° oder bei der photochem. Umsetzung von **III** mit NO in Ggw. von Hg; in beiden Fällen sind die Ausbeuten gering (2 bzw. 4%). Auch aus Trifluoracetyljodid, NO u. Hg im UV-Licht erhält man **I** nur mit 4%ig. Ausbeute. Die Rk. von CF_3J mit NO ist das beste Verf. zur Darst. von reinem **I**; größere Mengen eines weniger reinen Prod. gewinnt man am besten aus Ag-Trifluoracetat (vgl. HASZELDINE u. JANDER, C. **1954.** 3906). — **I** wird von O_2 bei 100° oder von H_2O_2 bei 50° leicht zu **II** oxydiert. — Die UV-Spektren von **I** u. verwandten Nitrosoverbb. werden diskutiert. Monomere C-Nitrosoverbb. R–NO sind durch eine schwache Absorptionsbande im Gebiet von 650—700 mμ charakterisiert. Wenn R nur Alkylgruppen an dem α-C-Atom enthält, liegt die Adsorption zwischen 670 u. 690 mμ; wenn Cl-, Phenyl- oder Nitrogruppen an dem α-C-Atom stehen, tritt eine Verschiebung nach ca. 650 mμ ein. Die Absorption der NO-Gruppe in 2-Methyl-2-nitrosopropan wird von Lösungsmitteln beeinflußt. Die bei Nitrilen u. Nitrosaminen beobachtete starke Absorption bei kürzeren Wellenlängen (220—230 mμ) fehlt in den Spektren der C-Nitrosoverbindungen. Das Ultrarotspektr. von **I** zeigt die breite C–F-Absorption bei 8,0 μ u. die Valenzschwingung der Nitrosogruppe bei 6,25 μ. Das Spektr. des dimeren 2-Methyl-2-nitrosopropans enthält die starke C–H-Absorption bei 6,8 μ u. eine sehr starke Bande bei 7,34 μ, aber nur schwache Banden im Gebiet 6,0—7,0 μ. Da bei der monomeren Form in Tetrachloräthylenlsg. die Bande bei 7,34 μ beträchtlich schwächer ist, wird sie auf die N=O-Schwingung in dem Dimeren zurückgeführt. In dem Spektr. der Lsg. tritt bei 6,46 μ die neue starke Bande der N=O-Valenzschwingung auf. Das dimere Nitrosobenzol zeigt die C–H-Absorption bei 6,93 μ, die N=O-Schwingung bei 7,19 μ u. mittelstarke Banden bei 6,63 u. 6,72 μ. Im Spektr. des Monomeren in Tetrachloräthylenlsg. ist die N=O-Bande bei 6,61 μ verstärkt u. die Bande bei 7,2 μ verschwunden. — Das UV-Spektr. von **II** ist ähnlich denen anderer Alkyl- u. Halogenalkylnitroverbb., aber die Absorptionsintensität ist geringer als bei Trichlornitromethan. Das Ultrarotspektr. von **II** zeigt die asymm. Valenzschwingung als Dublett bei 6,13/6,17 μ, die symm. als Triplett bei 7,64/7,78/7,87 μ u. die C–F-Schwingungsbanden um 8,7 μ.

Versuche: *Trifluornitrosomethan* (**I**), $CONF_3$, Kp. —86,6°, Verdampfungswärme (VW) 4095 cal/Mol, TROUTONsche Konstante (TK) 21,9, Dampfdruckgleichung (DG) zwischen —99 u. —132° $\log_{10}p(mm) = 7{,}674 - 895{,}86/T$; durch 8std. Schütteln von CF_3J u. NO im Mol.-Verhältnis 1:1,2 u. 700 mm Hg im Quarzrohr unter UV-Belichtung; 89% (Ausbeute). Bei Anfangsdrucken von 510, 363 u. 109 mm betragen die Ausbeuten nach 6 Std. 79, 83 u. 84%. — *Trifluornitromethan* (**II**), CO_2NF_3, Kp. —31,1° [der früher angegebene Wert von —21° (vgl. C. **1953.** 8326) ist auf Unreinheit des Prod. zurückzuführen], latente VW 5160 cal/Mol, TK 21,3, DG zwischen —34,4 u. —30,5° $\log_{10}p(mm) = 7{,}541 - 1128{,}3/T$; durch 10tägiges Erhitzen von **I** mit O_2 (700 mm) im Pyrexrohr auf 100° bis zum Verschwinden der blauen Farbe; 78%, oder durch 4tägiges Erhitzen von **I** mit 30%ig. H_2O_2 (50% Überschuß) im Einschlußrohr; 76%. (J. chem. Soc. [London] **1954.** 912—19. März. Cambridge, Univ., Chem. Labor.) FORCHE. 510

R. N. Haszeldine und **B. R. Steele,** *Anlagerung freier Radikale an ungesättigte Systeme.* 7. Mitt. *1.1-Difluoräthylen.* (6. vgl. JANDER u. HASZELDINE, C. **1954.** 4825.) Trifluorjodmethan (CF_3J) lagert sich an 1.1-Difluoräthylen (**I**) bei Bestrahlung mit Licht von >3000 Å unter Bldg. von *1.1.1.3.3-Pentafluor-3-jodpropan* (**II**), CF_3—CH_2—CF_2J, an. Licht der Wellenlänge >2200 Å beschleunigt die Rk. merklich. HJ-Abspaltung aus **II** mit festem KOH oder mit äthylalkoh. KOH liefert *1.1.3.3.3-*

Pentafluorpropen, im letzteren Falle unter gleichzeitiger Bldg. von *1 Äthoxy-1.1.3.3.3-pentafluorpropan*. — Durch Anlagerung von JBr an I entsteht *1-Brom-1.1-difluor-2-jodäthan* (**III**), welches mittels Cl_2 sein J gegen Cl austauscht u. in *1-Brom-2-chlor-1.1-difluoräthan* übergeht. Das Br-Atom von **III** läßt sich mit Hg_2F_2 durch F ersetzen, wobei *1.1.1-Trifluor-2-jodäthan* u. I als Nebenprod. entstehen. — Die Ultrarot- u. UV-Spektren von einigen der dargestellten Verbb. wurden aufgenommen.

Versuche: *1.1.1.3.3-Pentafluor-3-jodpropan* (**II**), $C_3H_2JF_5$, Kp. 72,0°, n_D^{20} 1,373; durch 28tägige UV-Bestrahlung von 5,1 g **I** u. 14,8 g CF_3J im Pyrexgefäß; 90% (Ausbeute), oder aus 4,2 g **I** u. 13,5 g CF_3J im Quarzgefäß in 4 Tagen; 83%. — *1.1.3.3.3-Pentafluorpropen*, C_3HF_5, Kp. —20,7°; durch Zugabe von 4,0 g **II** zu 10 g gepulverten KOH u. 4std. Erhitzen auf 100°; 85%, oder aus 6,0 g **II** u. 20 cm³ 10%ig. alkoh. KOH in 2 Std. bei Zimmertemp. u. 2 Std. bei 80°; 34% neben 25% *1-Äthoxy-1.1.3.3.3-pentafluorpropan*, $C_5H_7OF_5$, Kp. 77°, n_D^{20} 1,326. — *1-Brom-1.1-difluor-2-jodäthan* (**III**), $C_2H_2BrJF_2$, Kp.$_{216}$ 84°, n_D^{20} 1,504; aus **I** u. JBr im Dunkeln in 24 Std.; 95%. — *1-Brom-2-chlor-1.1-difluoräthan*, Kp.$_{770}$ 71°, n_D^{20} 1,404; aus **III** u. Cl_2 im Einschlußrohr unter UV-Belichtung; 83%. — *1.1.1-Trifluor-2-jodäthan*, $C_2H_2JF_3$, Kp. 55,0°; durch 4std. Erhitzen von 3,50 g **III** mit 20 g Hg_2F_2 auf 140°; 53% neben 33% **I**. (J. chem. Soc. [London] **1954**. 923—25. März. Cambridge, Univ., Chem. Labor.)
FORCHE. 510

Leo H. Sommer, Herbert D. Blankman und **Paul C. Miller**, *Reaktionen der Neopentyl–Sauerstoff-Bindung ohne Umlagerungen. Neue Synthese von Neopentylhaliden.* (Vorl. Mitt. vgl. J. Amer. chem. Soc. **73**. [1951.] 3542.) *Neopentylbromid* (**I**) kann aus Triäthylneopentyloxysilan (**II**) u. PBr_3 bei Ggw. von Chinolin (**III**)-Hydrochlorid oder in schlechterer Ausbeute aus Neopentylalkohol (**IV**) u. PBr_3 bei Ggw. von **III** in Brombenzol, *Neopentylchlorid* (**V**) analog aus **II** mit $SOCl_2$ ohne Auftreten von Umlagerungs-Rkk. dargestellt werden. Ohne **III** ergeben aber **IV** + PBr_3 ebenso wie **II** + PBr_3 Gemische von Amylbromiden, da der entstehende HBr umlagernd wirkt. — **IV**, Kp$_{730}$ 111°, F. 51—52°, durch Zugabe von Methylformiat während 12 Std. zu tert.-Butyl-MgCl u. weiteres 12 std. Rühren; 72% (Ausbeute). — **II**, $C_{11}H_{26}OSi$, Kp.$_7$ 63°, aus **IV** u. **III** in Bzl. u. Zugabe von Triäthylchlorsilan unter heftigem Rühren (2½ Std.), 20 Std. auf dem Dampfbad; n_D^{20} 1,4189; 85%. — **I**, $C_5H_{11}Br$, Kp.$_{733}$ 104°, a) aus **II** u. PBr_3 + **III**-Hydrochlorid, 16 Std. am Rückfluß; n_D^{20} 1,4370—1,4371, D.^{20} 1,199; 86%; b) aus **IV** u. **III** in C_6H_5Br, Zugabe von PBr_3 während 6 Std. bei —5° bis +15°, 24 Std. am Rückfluß; 47%. — **V**, $C_5H_{11}Cl$, Kp.$_{725}$ 83,5°, aus **II** u. $SOCl_2$ bei Ggw. von **III**-Hydrochlorid, 23 Std. am Rückfluß, n_D^{20} 7,4043, D.^{20} 0,8659; 60%. (J. Amer. chem. Soc. **76**. 803—04. 5/2. 1954. State Coll., Pa., Whitmore Labor.)
GNAUCK. 510

Harold Shechter und **Franklin Conrad**, *Reaktionen von 1-Chlor-3-nitrobuten-(2) und Natriumpropan-(2)-nitronat; 3-Methyl-4-[2-nitropropyl-(2)]-isoxazolinoxyd.* 1-Chlor-3-nitrobuten-(2) (**I**) ergibt mit der Na-Verb. (**II**) von 2-Nitropropan *3-Methyl-4-[2-nitropropyl-(2)]-isoxazolinoxyd* (**III**), *2.3-Dimethyl-2.3-dinitrobutan* u. wenig unreines *5-Methyl-2-nitrohexadien-(2.4)*. Die Struktur von **III** wird durch UV- u. Infrarotsspektr., sowie durch physikal. u. chem. Eigg. unterstützt; bei Einw. von Basen gibt **III** *3-Methyl-4-[isopropenyl-(2)]-isoxazol* (**IV**) u. NO_2^-. Verss., 3-Methyl-4-[2-nitropropyl-(2)]-isoxazol zu isolieren, schlugen fehl, da offenbar dieses unter Abgabe von N-Oxyden Zers. erleidet. Zur Bldg. von **III** wird angenommen, daß das **II**-Anion nach Art der MICHAEL-Addition sich unter C-Alkylierung an **I** anlagert u. unter nucleophiler Verdrängung des Cl durch den ion. Zwischenzustand die C—O-Bindung geknüpft wird. Der angenommene polare Zustand von **III** stützt sich auf die Unlöslichkeit in Ae. u. CCl_4, es löst sich auch in W. u. A. nicht, aber in verd. Alkali unter Zers. u. ist durch neutrales $KMnO_4$ leicht oxydierbar. Diskussion des Infrarotspektr. von **III**, ferner sind angegeben die Infrarotspektren zwischen 2 u. 16μ (BAIRD-B-Gerät) von *2-Methylnitronatomalon-* u. *Nitromalonsäuredimethylester*, *3.4.5-Trimethylisoxazol* (**V**) u. **IV**, Beschreibung der UV-Spektren von **IV** u. **V**.

Versuche: *1-Chlor-3-nitrobutanol-(2)*, $C_4H_8O_3NCl$, Kp.$_{0,8}$ 74—76°, aus Nitroäthan u. neutralem Chloracetaldehyd in 95%ig. A. bei 65—70°, Zugabe von Triäthylamin unter Rühren, nach 4 Std. W.–HCl zugeben, n_D^{20} 1,4778, D.$^{20}_{20}$ 1,3424; 56% (Ausbeute). — *1-Chlor-3-nitrobutyl-(2)-acetat*, $C_6H_{10}O_4NCl$, Kp.$_{0,8}$ 76—77°, aus vorst. Verb. mit Acetanhydrid u. wenig konz. H_2SO_4 unter 45°, n_D^{20} 1,4553, D.$^{20}_{20}$ 1,2702; 89%. — *1-Chlor-3-nitrobuten-(2)* (**I**), $C_4H_6O_2NCl$, Kp.$_{2,5}$ 64—65°, aus vorst. Verb. u. wasserfreiem Na_2CO_3 in absol. Bzl. 5—6 Std. am Rückfluß, n_D^{20} 1,4997, D.$^{20}_{20}$ 1,2719; 72%. — *3-Methyl-4-[2-nitropropyl-(2)]-isoxazolinoxyd* (**III**), $C_7H_{12}O_4N_2$, F. 77—78° (Aceton), durch Zugabe von 2-Nitropropan zu $NaOC_2H_5$ in A. u. Zufügen von **I** bei —20°, 24 Std. rühren; 36%; daneben aus Filtraten *2.3-Dimethyl-2.3-dinitro-*

butan, F. 205—207° (Ae.); 11%, u. *5-Methyl-2-nitrohexadien-(2.4)*, $C_7H_{11}O_2N$, F. 25—28° (kalter Ae.); 3,5%. — *3-Methyl-4-[isopropenyl-(2)]-isoxazol* (**IV**), C_7H_9ON, Kp.$_{17}$ 70—71°, aus **III** u. 2%ig. wss. NaOH bei 55—60° 1 Std. rühren, n_D^{20} 1,4863; 8,1%. — (J. Amer. chem. Soc. **76**. 2716—20. 20/5. 1954. Columbus, O., State Univ., McPherson Chem. Labor.) GNAUCK. 520

Paul Tarrant, John Attaway und **A. M. Lovelace,** *Fluorolefine.* 5. Mitt. *Die Synthese von 1.1-Difluor-3-methylbutadien.* (4. vgl. C. **1954**. 6474.) Das aus Isobutylen u. CCl_4 erhältliche 1.1.1.3-Tetrachlor-3-methylbutan (**I**) ist leichter fluorierbar als Hexachlorpropylen oder Benzotrichlorid u. geht schon bei der milden Behandlung mit HF sogleich in *1.1.1-Trifluor-3-chlor-3-methylbutan* (**IV**) über. Anscheinend verläuft die Rk. über das unter anderen Reaktionsbedingungen faßbare *1.1.1-Trichlor-3-methylbuten-(2)* (**II**) folgendermaßen: $(CH_3)_2CCl-CH_2-CCl_3$ (**I**) $\rightarrow$ $(CH_3)_2C=CH-CCl_3$ (**II**) $\xrightarrow{HF}$ $(CH_3)_2C=CH-CF_3$ (**III**) $\xrightarrow{HCl}$ $(CH_3)_2CCl-CH_2-CF_3$ (**IV**). — Das durch Fluorierung von **I** nicht darstellbare *1.1-Difluor-1.3-dichlor-3-methylbutan* (**VIII**) läßt sich neben dem isomeren *1.4-Dichlor-1.1-difluor-3-methylbutan* (**VII**) durch Fluorierung von 1.1-Dichlor-3-methylbuten-(1) (**V**) zu *1-Chlor-1.1-difluor-3-methylbutan* (**VI**) u. dessen Chlorierung erhalten. Sowohl **VII** als auch **VIII** gehen bei der weiteren Chlorierung in *1.3.4-Trichlor-1.1-difluor-3-methylbutan* über, dessen Behandlung mit Zn zu *4-Chlor-4.4-difluor-2-methylbuten-(1)* führt. — Die Behandlung von **VII** mit alkoh. Alkali ergibt *4-Chlor-1.1-difluor-3-methylbuten-(1)*; aus **VI** entsteht auf gleiche Weise *1.1-Difluor-3-methylbuten-(1)*. Die Behandlung von **VIII** mit Tributylamin führt über das unbeständige u. beim Stehen HCl abspaltende *1-Chlor-1.1-difluor-3-methylbuten-(2)* zu *1.1-Difluor-3-methylbutadien-(1.3)*. Aus **VII** erhält man mit Tributylamin keine ungesätt. Verbindungen.

Versuche: *1.1.1-Trifluor-3-chlor-3-methylbutan* (**IV**), Kp. 81,0—81,2°, $D.^{25}_4$ 1,1518, n_D^{25} 1,3548, Mol.-Refr. ($[MR]_D$) 30,34; durch 4std. Erhitzen von 208 g **I** u. 38 g HF im Stahlautoklaven auf 130°; 40% (Ausbeute), oder aus 217 g **II** u. 48 g HF bei 115° in 4 Std.; 50 g. — *1.1.1-Trichlor-3-methylbuten-(2)* (**II**), $C_5H_7Cl_3$, Kp.$_{91}$ 82°. n_D^{29} 1,4724; durch Zugabe von 42 g HF zu 1 Mol **I** bei 5° u. Anwärmenlassen im Laufe von 15 Std. auf 20°; 5 g. — *1.1.1-Trifluor-3-methylbuten-(2)* (**III**), Kp. 49,5—50,0°, $D.^{25}_4$ 1,0114, n_D^{25} 1,3296, $[MR]_D$ 24,98; durch Zutropfen einer Lsg. von 26 g KOH in 70 cm³ A. zu 50 g **IV**; 79%. — *1-Chlor-1.1-difluor-3-methylbutan* (**VI**), $(CH_3)_2CH\cdot CH_2CF_2Cl$, Kp. 77°, $D.^{25}_4$ 1,039, n_D^{25} 1,3598, $[MR]_D$ 30,21; durch 12std. Erhitzen von 470 g **V** u. 170 g HF im Schüttelautoklaven auf 110°; 60,3% neben 2,3% der Trifluorverb. $(CH_3)_2CHCH_2CF_3$ (Kp. 37—38°, $D.^{25}_4$ 0,9788, n_D^{25} 1,3226, $[MR]_D$ 25,27) u. 9,8% des Monofluorierungsprod. $(CH_3)_2CHCH_2CFCl_2$ (Kp. 112—113°, $D.^{25}_4$ 1,101, n_D^{25} 1,4158, $[MR]_D$ 36,02). — Die Lichtchlorierung von 360 g **VI** mit 160 g Cl_2 liefert 250 g *1.4-Dichlor-1.1-difluor-3-methylbutan* (**VII**), $ClCH_2CH(CH_3)-CH_2CF_2Cl$. Kp.$_{90}$ 73—76°, $D.^{25}_4$ 1,237, n_D^{25} 1,4055, $[MR]_D$ 34,92, u. 168 g *1.3-Dichlor-1.1-difluor-3-methylbutan* (**VIII**), $(CH_3)_2CClCH_2CF_2Cl$, Kp.$_{90}$ 56—59°, $D.^{25}_4$ 1,316, n_D^{25} 1,3993, $[MR]_D$ 35,00. — *1.3.4-Trichlor-1.1-difluor-3-methylbutan*, $ClCH_2CCl(CH_3)-CH_2CF_2Cl$, Kp.$_{10}$ 48—48,5°, $D.^{25}_4$ 1,3843, n_D^{25} 1,4311, $[MR]_D$ 39,52; durch Chlorierung von 267,5 g **VII** mit 107 g Cl_2 im UV-Licht bei 75—80°; 77 g, oder aus 111 g **VIII** u. 42,6 g Cl_2; 38 g. — *4-Chlor-4.4-difluor-2-methylbuten-(1)*, $CH_2=C(CH_3)-CH_2-CF_2Cl$, Kp. 75,1 bis 75,6°, $D.^{25}_4$ 1,0831, n_D^{25} 1,3736, $[MR]_D$ 29,51; durch Zutropfen von 45 g der vorst. Verb. zu einem sd. Gemisch von 75 g Propanol-(1), 36 g Zn-Pulver u. 3 g $ZnCl_2$; 56%. — *4-Chlor-1.1-difluor-3-methylbuten-(1)*, $CF_2=CHCH(CH_3)-CH_2Cl$, Kp. 93,9°, $D.^{25}_4$ 1,1255, n_D^{25} 1,3881, $[MR]_D$ 29,7; durch Zutropfen von 92 g **VII** zu einem sd. Gemisch von 300 cm³ Propanol-(1) u. 56 g KOH; 11%. — *1.1-Difluor-3-methylbuten-(1)*, $(CH_3)_2CH-CH=CF_2$, Kp. 27,8°, $D.^{25}_4$ 0,8711, n_D^{25} 1,3300, $[MR]_D$ 24,82; aus 35 g **VI** u. 28 g KOH in 200 cm³ Propanol-(1) bei 45°; 59%. — *1-Chlor-1.1-difluor-3-methylbuten-(2)*, $(CH_3)_2C=CH-CF_2Cl$, Kp. 87,0°, $D.^{25}_4$ 1,083, n_D^{25} 1,3960, $[MR]_D$ 29,92; aus **VIII** u. Tri-n-butylamin bei 90—110°. — *1.1-Difluor-3-methylbutadien-(1.3)*, $CF_2=CHC(CH_3)=CH_2$, Kp. 35,5°, $D.^{25}_4$ 0,946, n_D^{25} 1,3705, $[MR]_D$ 24,35; aus **VIII** u. Tributylamin bei 180°; 27%. (J. Amer. chem. Soc. **76**. 2343—45. 5/5. 1954. Gainesville, Fla., Univ. of Florida, Dep. of Chem.) FORCHE. 520

Marion E. Hill, *Katalytische Veresterung durch Metallhalogenide.* (Vgl. auch C. **1954**. 1216.) Vf. beschreibt die Acylierung von 2.2.2-Trichlor-, -tribrom- u. -trifluoräthanol u. von 2.4.6-Trichlorphenol unter milden Bedingungen mit dem entsprechenden Säurechlorid in Ggw. von Metallhalogeniden (die Katalysatorwrkg. nimmt ab in der Reihenfolge $FeCl_3 > SbCl_3 > AlCl_3[AlBr_3] > TiCl_4 > SnCl_4 > ZnCl_2 > BF_3$-Ätherat). Die optimale Katalysatorkonz. liegt zwischen 10 u. 30 Mol-%. Die Rk. kann sowohl über einen Metallhalogenid–Säurechlorid-Komplex als auch über ein intermediäres

Alkoholat verlaufen; der bei der Rk. entstehende Metallhalogenid–Ester-Komplex zeigt ebenfalls katalyt. Wirkung.

Versuche: Die Darst. der Ester erfolgt a) durch Zugabe von $AlCl_3$ (oder anderen Metallhalogeniden) zu einer äquimol. Lsg. von Alkohol u. Säurechlorid in CCl_4 u. ½std. Kochen nach beendeter HCl-Entw.; b) durch Zugabe von $AlCl_3$ zu einem äquimol. Gemisch von Alkohol u. Säurechlorid unter heftiger exothermer Rk. u. Temperaturanstieg auf 50° u. 20 Min. Erwärmen auf 50° nach beendeter Anfangsreaktion. — *2.2.2-Trichloräthanol*: *Benzoat*, F. 27°; 93% (Ausbeute). *Fumarat*, F. 107°; 85%. *Phthalat*, F. 83°; 89%. *Anisat*, F. 46°; 88%. — *2.2.2-Tribromäthanol*: *Fumarat*, F. 129°; 81%. *Phthalat*, F. 109°; 83%. *2.4.6-Tribrombenzoat*, F. 89°; 83%. — *2.2.2-Trifluoräthanol*: *3.5-Dinitrobenzoat*, F. 62°; 88%. — *2.4.6-Trichlorphenol*: *Benzoat*, F. 73°; 87%. *3.5-Dinitrobenzoat*, F. 164°; 83% (sämtliche Ester der zweibas. Säuren sind Diester). (J. Amer. chem. Soc. **76.** 2329—33. 5/5. 1954. White Oak, Md., U. S. Naval Ordnance Labor.) G. WINKLER. 560

Calvin L. Stevens, Eugene Farkas und **Bernard Gillis,** *Epoxyäther*. 7. Mitt. *Reaktion von α-Halogenaldehyden mit Basen.* (6. vgl. C. **1954.** 6938.) Vff. untersuchen das Verh. von α-Chlorbutyr- (**I**) u. α-Chlorheptaldehyd (**II**) gegenüber Basen. **I** u. **II** liefern mit alkoh. $NaOCH_3$ die entsprechenden *α-Oxydimethylacetale*, mit trockenem $NaOCH_3$ in Ae. dagegen *1-Methoxy-1.2-epoxybutan* bzw. *1-Methoxy-1.2-epoxyheptan* in mäßigen Ausbeuten. Die Epoxyverbb. werden durch Hydrolyse, Methanolyse u. Rk. mit organ. Säuren charakterisiert.

Versuche: *α-Chlorbutyraldehyd* (**I**), Kp. 104—110°, durch Zugabe von SO_2Cl_2 zu Butyraldehyd in Methylendichlorid bei 15—40°, ½std. Rühren u. dann ½std. Kochen; $D.^{25}_{4}$ 1,1140; n_D^{25} 1,4231; 56% (Ausbeute); gibt bei der Oxydation mit rauchender HNO_3 über das Säurechlorid *α-Chlorbutyramid*, F. 76—77°. — *α-Chlorheptaldehyd* (**II**), $C_7H_{13}OCl$, $Kp._2$ 36—38°, aus Heptaldehyd wie vorst.; $D.^{25}_{4}$ 1,0221; n_D^{25} 1,4351; 61%. — *α-Chlorheptanoylchlorid*, $C_7H_{12}OCl_2$, $Kp._{15}$ 90—91°, durch langsame Zugabe von **II** zu überschüssiger kalter rauchender HNO_3 unter heftigem Rühren, 10std. Stehenlassen u. 10std. Kochen mit überschüssigem $SOCl_2$; $D.^{25}_{4}$ 1,1111; n_D^{25} 1,4491; 39%; gibt mit NH_4OH *α-Chlorheptanamid*, $C_7H_{14}ONCl$, F. 64—65°; 80%. — *α-Oxybutyraldehyddimethylacetal* (**III**), $C_6H_{14}O_3$, $Kp._1$ 39—42°, durch Zugabe von **I** zu methanol. $NaOCH_3$ bei $<20°$ u. 1std. Rühren; n_D^{25} 1,4150; 46%. *Neutrales Sulfit*, $C_{12}H_{26}O_7S$, $Kp._{0,8}$ 119—121°, durch Zugabe von **III** in Ae. zu Pyridin u. langsame Zugabe von $SOCl_2$ bei 10° unter Rühren; n_D^{25} 1,4431; 70%. *3.5-Dinitrobenzoat* (**IV**), $C_{13}H_{16}O_8N_2$, F. 105—106° (Ligroin); 64%. — *α-Oxybuttersäure, 3.5-Dinitrobenzoat*, $C_{11}H_{10}O_8N_2$, F. 153—154° (W./A.), aus **IV** durch 2std. Erwärmen mit rauchender HNO_3 auf dem Wasserbad; 75%. — *α-Oxybutyramid, 3.5-Dinitrobenzoat*, $C_{11}H_{11}O_7N_3$, F. 133—134° (W./A.), aus vorst. Verb. über das Säurechlorid; 62%, oder aus nachst. **V** in konz. H_2SO_4 durch Erwärmen auf dem Wasserbad bis zum Auftreten einer Braunfärbung; 37%. — *Propionaldehydcyanhydrin*, $Kp._{20}$ 103—105°, aus Propionaldehyd, NaCN u. konz. H_2SO_4; 49%. *3.5-Dinitrobenzoat* (**V**), $C_{11}H_9O_6N_3$, F. 83—84° (A.); 59%. — *α-Chlorbutyraldehyddimethylacetal*, $C_6H_{13}O_2Cl$, $Kp._{16}$ 67—70°, durch Einleiten von wenig HCl in eine absol. methanol. Lsg. von **I** u. 24std. Stehenlassen bei Zimmertemp.; n_D^{25} 1,4231; 84%. — *α-Oxyheptaldehyddimethylacetal* (**VI**), $C_9H_{20}O_3$, $Kp._3$ 82 bis 84°, $Kp._5$ 93—95°, aus **II** u. methanol. $NaOCH_3$ durch 2std. Kochen; n_D^{25} 1,4262; 71%. — *1-Methoxy-1.2-epoxybutan*, $C_5H_{10}O_2$, $Kp._{150}$ 87—89°, durch Zugabe (4 Min.) von **I** in Ae. zu $NaOCH_3$ in Ae. unter Eiskühlung, 1std. Rühren bei 0° u. 2 Std. bei Zimmertemp.; $D.^{25}_{4}$ 0,9210; n_D^{25} 1,3948 (Infrarotspektr.); 14%; wird bei 15 Min. Kochen bei 1 at nicht zers.; gibt bei 12std. Stehen in Methanol in Ggw. katalyt. Mengen H_2SO_4 49% **III**. — *1-Methoxy-1.2-epoxyheptan*, $C_8H_{16}O_2$, $Kp._6$ 54—55°, $Kp._8$ 66—69°, aus **II** wie vorst; 28%, oder aus *α-Bromheptaldehyd* ($Kp._{15}$ 84—86°; n_D^{25} 1,4585, nach BEDOUKIAN, C. **1945.** II. 634) wie vorst.; 48%; $D.^{25}_{4}$ 0,8939; n_D^{25} 1,4164, gibt bei Methanolyse 84% **VI**, bei Hydrolyse *α-Oxyheptaldehyd* [*Dimeres*, $(C_7H_{14}O_2)_2$, F. 120—122° (Ae./PAe.); 62%], mit 3.5-Dinitrobenzosäure in Ae. beim Stehenlassen über Nacht bei Zimmertemp. *3.5-Dinitrobenzoesäure-1-methoxy-2-oxyheptylester*, $C_{15}H_{20}O_8N_2$, F. 86—87° (Ae./PAe.); 79%, analog mit Essigsäure *Essigsäure-1-methoxy-2-oxyheptylester*, $C_{10}H_{20}O_4$, $Kp._2$ 73—77°, n_D^{25} 1,4282; 73%. (J. Amer. chem. Soc. **76.** 2695—98. 20/5. 1954. Detroit, Mich., Wayne Univ., Dep. of Chem.) G. WINKLER. 570

E. Cerkovnikov, M. Drakulić, Z. Binenfeld und **M. Rill,** *Darstellung ditertiärer Glykole aus γ-Ketosäureestern.* 1. Mitt. 3-Ketohexan-1-carbonsäureäthylester (**I**) u. 3-Ketopentan-1-carbonsäureäthylester (**II**) wurden nach TSCHITSCHIBABIN (C. **1932.** I. 3409) gewonnen. Durch Umsetzung von **I** mit verschied. Alkyl-Mg-Halogeniden wurden die ditert. Glykole *3.6-Diäthylnonandiol-(3.6)*, *4.7-Dipropyldecandiol-(4.7)* u.

5-Propyl-8-butyldodecandiol-(5.8) dargestellt. II lieferte mit Äthyl-MgJ *3.6-Diäthyloctandiol-(3.6)*. 2.5-Dibenzyl-1-phenylheptandiol-(2.5) konnte auf analoge Weise nicht erhalten werden.

Versuche: *α-Furyläthylcarbinol*, $Kp._{12}$ 80–82°, aus Furfurol u. C_2H_5MgBr in absol. Ae.; 85% (Ausbeute). — *3-Ketohexan-1-carbonsäureäthylester* (I), $Kp._{10}$ 110°, aus vorst. Verb. durch ½std. Kochen mit 13%ig. HCl u. absol. A.; 55%. — *3.6-Diäthylnonandiol-(3.6)*, $C_{13}H_{28}O_2$, $Kp._2$ 140°, F. 63–63,5°, aus I u. C_2H_5MgBr in absol. Ae.; hellgelbe, viscose Fl., $D.^{20}_4$ 0,9309; n_D^{20} 1,4644; erstarrt nach 2 Monaten; aus PAe. Oktaeder; 75%. — *4.7-Dipropyldecandiol-(4.7)*, $C_{16}H_{34}O_2$, F. 86–86,5°, aus I u. n-Propyl-MgJ; Nadeln aus 50%ig. A.; 65%. — *5-Propyl-8-butyldodecandiol-(5.8)*, $C_{19}H_{40}O_2$, F. 88–88,5°, aus I u. n-Butyl-MgJ; Kristalle aus 50% ig. A.; 92%. — *3.6-Diäthyloctandiol-(3.6)*, $C_{12}H_{26}O_2$, $Kp._1$ 115–120°, F. 64–65°, aus II u. C_2H_5MgJ; 34,8%. (Acta pharmac. jugosl. **2.** 134–39. 1952. Zagreb, Sveučil., Farm. Fak., Zav. za organ. Kemiju.) BECKMANN. 570

W. J. Nikitin und **Ss. D. Ssawranskaja,** *Tertiäre dreiwertige Alkohole der Acetylenreihe und ihre Umwandlungen.* 3. Mitt. *Oxydation mittels Kaliumpermanganat.* (2. vgl. C. **1954.** 4367.) In vorliegender Arbeit durchgeführte Unterss. über die Oxydation von tert. mehrwertigen Alkoholen der Acetylenreihe mittels $KMnO_4$ ergaben, daß die Oxydation zunächst an der Dreifachbindung nach dem Schema $-C{\equiv}C- + O + H_2O \rightarrow -C(OH){=}C(OH)- + O + H_2O \rightarrow -C(OH)_2-C(OH)_2- \xrightarrow{-H_2O} -CO-\vdots-CO-$ zu *Diketonen* führt, die dann zu den allg. aus Acetylenen entstehenden Säuren aufgespalten werden. Außerdem treten weitere oxydative Spaltungen ein, die die Lösung der C—C-Bindung zwischen dem Carbonyl-C u. dem benachbarten, die Hydroxylgruppe tragenden C (ein solches C war bei den untersuchten Verbb. stets vorhanden) u. zwischen den C-Atomen mit Hydroxylgruppen zu Folge haben. Hierbei werden auch Neutralprodd. gebildet. Aus 2.3.6-Trimethylheptin-(4)-triol-(2.3.6) entstehen *Aceton* (**I**), *Dimethylacetylcarbinol* (**II**), *Ameisensäure* (**III**), *Essigsäure* (**IV**), *Oxalsäure* (**V**) u. *α-Oxyisobuttersäure* (**VI**), aus 3.4.7-Trimethyloctin-(5)-triol-(3.4.7) *Methyläthylketon, Methyläthylacetylcarbinol*, **I, III, IV, V** u. **VI**, aus 2.5-Dimethyl-5-[1'-oxycyclohexyl]-pentin-(3)-diol-(2.5) *1-Acetylcyclohexanol-(1)* (**VII**), *Cyclohexanon* (**VIII**), **I, III, IV, V** u. **VI**, aus 2.4-Bis-[1'-oxycyclohexyl]-butin-(3)-ol-(2)-α *Oxyhexahydrobenzoesäure, Adipinsäure* (**IX**) **IV, V, VII** u. **VIII**, aus 2.5-Bis-[1'-oxycyclohexyl]-hexin-(3)-diol-(2.5) (in Aceton) **III, IV, V, VII, VIII** u. **IX**, aus 2-[1'-Oxycyclohexyl]-butin-(3)-ol-(2) **III, IV, V, VII, VIII** u. **IX**. Auf Grund der Bldg. von mehr als 0,5 Mol **VI** auf 1 Mol der aliphat. Acetylenalkohole findet die Oxydation in der Hauptsache an der Dreifachbindung statt. **IX** ist Oxydationsprod. von **VIII**. Die von DUPONT (Ann. Chimie **30.** [1913.] 529) u. KRESSTINSKI u. PERSSIANZEWA (Журнал Русского Физико-Химического Общества [J. russ. physik.-chem. Ges.] **58.** [1926.] 1077) angenommene Existenz von tautomeren Formen bei Acetylenalkoholen wird nach eingehender Diskussion bestritten. — Die Oxydationen wurden, falls vorst. nichts anderes angegeben, in W. ohne zu erwärmen durchgeführt. (Журнал Общей Химии [J. allg. Chem.] **23** (**85**). 1330–38. Aug. 1953. Chem. Inst. der Akad. der Wiss. der Tadschikischen SSR.) WINTER. 580

O. C. Dermer und **John J. Hawkins,** *Die Kondensation von Methylal und anderen Acetalen mit Olefinen.* Vff. untersuchen die Anlagerung von wasserfreiem Methylal (**I**) (in Form von Methoxy- u. Methoxymethylgruppen) an Propylen, Isobutylen, Styrol, Cyclohexen, α-Pinen u. Butadien-(1.3) in Ggw. von BF_3 (H_2SO_4 wirkt ebenfalls als Katalysator, jedoch schwächer als BF_3; andere LEWIS-Säuren sind unwirksam). Äthylen reagiert nur bei höheren Drucken, Acetylen reagiert nicht mit **I**. Die Orientierung der Anlagerung entspricht der analogen PRINS-Rk. zwischen Aldehyden u. Olefinen. — Die Addition der höheren Homologen von **I** — Äthylal an Styrol, Diäthylacetal an Isobutylen — gibt die erwarteten Prodd., verläuft jedoch wesentlich langsamer.

Versuche: Die Darst. der Additionsprodd. erfolgt durch Zugabe des Olefins unter Rühren zu **I** u. BF_3; gasförmige Olefine werden entweder kondensiert, unter Druck (30–50 lbs./sq.in.) oder bei Atmosphärendruck eingeleitet. — *1.3-Dimethoxybutan*, $C_6H_{14}O_2$, $Kp._{745}$ 118,5–122°, aus Propylen u. **I**, 3 Std. bei 25°; $D.^{25}_4$ 0,842, n_D^{25} 1,3905; 39% (Ausbeute), oder aus Butandiol-(1.3); $D.^{22}_4$ 0,844, n_D^{22} 1,3916. — *1.3-Dimethoxy-3-methylbutan*, $C_7H_{16}O_2$, $Kp._{745}$ 140–143°, aus Isobutylen u. **I** (½ Std. bei 45°); $D.^{27}_4$ 0,858, n_D^{27} 1,4049; 39%; daneben *1.3-Dimethoxy-2.2-dimethylpropan*, $C_7H_{16}O_2$, $Kp._{745}$ 149–152°, $D.^{27}_4$ 0,889, n_D^{27} 1,4134. — *1.3-Dimethoxy-1-phenylpropan*, $C_{11}H_{16}O_2$, $Kp._{74}$ 151°, aus Styrol u. **I** (1 Std. bei 25°); $D.^{25}_4$ 0,977, n_D^{25} 1,4866; 72%. — *1-Methoxy-2-methoxymethylcyclohexan*, $C_9H_{18}O_2$, $Kp._{745}$ 192,0–192,5°, aus Cyclohexen u. **I** (24 Std. bei −5°); $D.^{27}_4$ 0,928, n_D^{27} 1,4379; 10%, daneben *1-Methoxymethylcyclohexen*, $C_8H_{14}O$,

Kp.$_{745}$ 158°, D.$^{25}_{4}$ 0,985, n_D^{25} 1,4526; 10%, u. *1-Methoxy-2-oxymethylcyclohexen* (Struktur zweifelhaft), $C_8H_{14}O_2$, Kp.$_{40}$ 119—120°, D.$^{24}_{4}$ 0,986, n_D^{24} 1,4622. Wird nur mit H_2SO_4 als Katalysator erhalten. — *6-Methoxymethylpinan*, $C_{12}H_{22}O$, Kp.$_{83}$ 139—144°, aus α-Pinen u. I (2 Std. bei 25°); D.$^{24}_{4}$ 0,903, n_D^{24} 1,4660; 14%. — *3.5-Dimethoxypenten-(1)*, $C_7H_{14}O_2$, Kp.$_{745}$ 137°, aus Butadien-(1.3) u. I mit H_2SO_4 als Katalysator (2,5 Std. bei 0—10°); D.$^{30}_{4}$ 0,864, n_D^{30} 1,4092; 12% (gibt bei Hydrierung mit RANEY-Ni bei Zimmertemp. u. 25—50 lbs./sq.in. *1.3-Dimethoxypentan*, $C_7H_{16}O_2$, Kp. 140,5—141°; D.$^{22}_{4}$ 0,853, n_D^{22} 1,4025; 89%), daneben *1.5-Dimethoxypenten-(2)*, $C_7H_{14}O_2$, Kp.$_{745}$ 163,5—164°; D.$^{23}_{4}$ 0,885, n_D^{23} 1,4251; 20% (gibt bei katalyt. Red. wie vorst. *1.5-Dimethoxypentan*, $C_7H_{16}O_2$, Kp. 157—157,5°; D.$^{22}_{4}$ 0,854, n_D^{22} 1,4060), *3-Methoxy-4-methoxymethyltetrahydro-2H-pyran*, $C_8H_{16}O_3$, D.$^{28}_{4}$ 1,012, n_D^{28} 1,4372; 13%, *1.2.5-Trimethoxy-3-methoxymethylpentan*, $C_{10}H_{22}O_4$, Kp.$_{40}$ 141,5°, D.$^{28}_{4}$ 0,985, n_D^{28} 1,4288; 3%, u. *1.3.4.6-Tetramethoxyhexan*, $C_{10}H_{22}O_4$, Kp.$_1$ 77—80°, D.$^{22}_{4}$ 1,047, n_D^{22} 1,4497. — *1.3-Diäthoxy-1-phenylpropan*, $C_{13}H_{20}O_2$, Kp.$_{75}$ 167—168°, aus Styrol u. Äthylal (2 Std. bei 25°); D.$^{22}_{4}$ 0,944, n_D^{22} 1,4772; 35%. — *2.4-Diäthoxy-2-methylpentan*, $C_{10}H_{22}O_2$, Kp.$_{745}$ 176°, aus Isobutylen u. Diäthylacetal (½ Std. bei 45°); D.$^{25}_{4}$ 0,830, n_D^{25} 1,4072; 14%, daneben *1.3-Diäthoxy-2.2-dimethylbutan*, $C_{10}H_{22}O_2$, Kp.$_{45}$ 85°, D.$^{25}_{4}$ 0,851, n_D^{25} 1,4093; 18%. (J. Amer. chem. Soc. **74**. 4595—97. 20/9. 1952. Stillwater, Okla., Agric. and Mech. Coll., Dep. of Chem.) G. WINKLER. 670

Duane L. Hufford, D. S. Tarbell und **Thomas R. Koszalka,** *Malein- und Fumardialdehyd, Δ_4-Tetrahydrophthalaldehyd und verwandte Verbindungen.* Vff. untersuchen die saure Hydrolyse von *2.5-Dimethoxy-2.5-dihydrofuran* (**V**) u. isolieren als Reaktionsprod. mittels Verteilungschromatographie an Kieselsäure *Maleindialdehyd* (**I**) als gelbes Öl u. in wechselnder Menge (bis 27%) daraus durch Isomerisation entstandenen *Fumardialdehyd* (**II**). **I** u. **II** liefern die gleichen Carbonylderivv. u. geben mit Butadien (**III**) *Δ^4-Tetrahydrophthalaldehyd* (**IV**), der je nach Reaktionsbedingungen sowohl in der cis- als auch in der trans-Form erhalten wird. **IV** gibt bei der Red. *Hexahydrophthalaldehyd* (**VII**). Aus **V** u. **III** wird in Ggw. von 1 Mol W. bei 200° ebenfalls **IV** erhalten, der jedoch nur schwer von dem als Nebenprod. entstehenden *Acetal* **VI** abgetrennt werden kann. — Es gelingt Vff. nicht, **I** unter den verschiedensten Reaktionsbedingungen mit Methoxy- oder Oxyaceton zu Tropolon zu kondensieren.

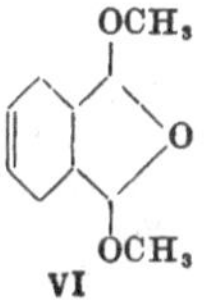

VI

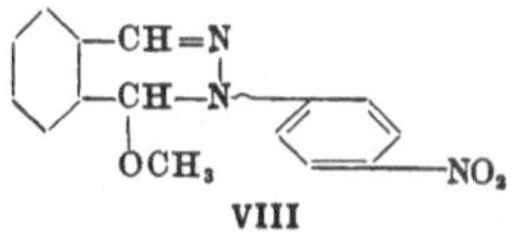

VIII

V e r s u c h e: *2.5-Dimethoxy-2.5-dihydrofuran* (**V**), Kp.$_1$ 42°, durch langsame Zugabe von Br_2 zu Furan in absol. Ae./Methanol bei $< -25°$; n_D^{20} 1,4296; 77% (Ausbeute). — *Maleindialdehyd* (**I**), Kp.$_{10}$ 54—61°, aus 30 g **V** u. 0,35 n H_2SO_4 (gesätt. mit Na_2SO_4) durch 20 Min. Erwärmen auf 80—85°, Zugabe des Reaktionsgemisches zu Kieselsäure u. Eluieren des gebildeten Silicagels mit $CHCl_3$ + 2% tert.-Butanol; n_D^{20} 1,4575; 13 g. — *Fumardialdehyd* (**II**), $C_4H_4O_2$, F. 42—44°, aus vorst. $CHCl_3$-Eluat durch Dest. (die Darst. ist nicht immer reproduzierbar); UV-Spektr. in Isooctan u. Infrarotspektr. in Äthylendichlorid graph. wiedergegeben; 27%. *Monophenylhydrazon*, $C_{10}H_{10}ON_2$, F. 126—127° (Bzl.), braune Prismen. *Bis-phenylhydrazon*, F. 173 bis 175° (Zers.), gelbe Büschel aus Bzl./Aceton. *Bis-[p-nitrophenylhydrazon]*, $C_{16}H_{14}O_4N_6$, F. 235—236° (Zers.), aus **II** u. p-Nitrophenylhydrazin, oder aus dem Nitron (p)$(CH_3)_2N\cdot C_6H_4N(O){=}CHCH{=}CHCHO$ oder aus **V** wie vorstehend. — *Pyridazin*, Kp. 205°, aus **V** u. H_2SO_4 durch 30 Min. Erwärmen auf dem Wasserbad u. Zugabe zu Hydrazin; n_D^{20} 1,5170. *Chloroaurat*, F. 111—112° (Zers.). — *m-Oxybenzaldehyd*, F. 101—102° (Heptan), durch Zugabe (20 Min.) von methanol. NaOH zu 2.5-Diacetoxydihydrofuran u. Oxyaceton in Methanol unter Rühren u. Stehenlassen über Nacht. — *cis-Δ^4-Tetrahydrophthalaldehyd* (cis-**IV**), $C_8H_{10}O_2$, Kp. 72—76°, Kp.$_{0,3}$ 56°, aus **I**, **III** u. katalyt. Mengen tert.-Butylbrenzcatechin durch rasches Erhitzen (30 Min.) auf 190° in einer Stahlbombe u. 30 Min. Halten bei 190°; n_D^{20} 1,4936, D.^{20} 1,1053; 42%, ferner aus **II** u. **III** wie vorst.; 74%; Infrarotspektr. graph. wiedergegeben (*Bis-[p-nitrophenylhydrazon]*, $C_{20}H_{20}O_4N_6$, F. 218—219°, goldgelbe Nadeln aus Methanol. *Bis-[2.4-dinitrophenylhydrazon]*, $C_{20}H_{18}O_8N_8$, F. 230—232°, goldene Büschel aus Äthylacetat u. Xylol/Pyridin); gibt bei 3 std. Kochen mit Chloranil in Xylol *Phthalaldehyd*, F. 55—56° (Hexan); bei Oxydation mit Ag_2O wie nachst. *cis-Δ^4-Tetrahydrophthalsäure*, F. 169 bis 171° (W.); mit Methoxyaceton u. äthanol. NaOH bei 36 std. Stehen u. Chromatographie der $CHCl_3$-Extrakte der sauren Lsg. an Magnesol *Tetrahydrophthalid*, $C_8H_{10}O_2$, F. 99—100° (Heptan); daraus mit Hydrazinhydrat durch 3 std. Erwärmen auf dem Wasserbad das *Hydrazid*, $C_8H_{14}O_2N_2$, F. 169—170°, Nadeln aus Äthylacetat. —

trans-**IV**, aus **V** u. **III** in Ggw. von tert.-Butylbrenzcatechin in Dioxan/W. durch rasches Erhitzen auf 200° in einer Stahlbombe u. 1 std. Halten auf 200°; 78% (daneben *Acetal* **VI**, $C_{10}H_{16}O_3$, $Kp._{1,5}$ 64—65°, n_D^{21} 1,4775); liefert bei katalyt. Hydrierung mit Pd-Kohle in Methanol bei 1 at *Hexahydrophthalaldehyd* (**VII**), $C_8H_{12}O_2$, $Kp._1$ 72°. — *1-Methoxy-2-[p-nitrophenyl]-1.2.5.6.7.8.9.10-oktahydrophthalazin* (**VIII**), $C_{15}H_{19}O_3N_3$, F. 126—127° (Methanol/W.), aus **VII** u. p-Nitrophenylhydrazinhydrochlorid/HCl in Methanol. — *trans-Hexahydrophthalsäure*, F. 220—221° (Methanol), durch Zugabe von wss. KOH zu 0,3 g **VII** u. $AgNO_3$ in W./Methanol u. 2,5 std. Rühren bei Zimmertemp.; 0,1 g, ferner durch 45 Min. Erhitzen von Fumarsäure mit **III** in einer Bombe auf 135°, Isolierung der *trans-Δ^4-Tetrahydrophthalsäure* [F. 171—172° (W.)] u. Hydrierung mit Pd-Kohle. (J. Amer. chem. Soc. **74**. 3014—18. 20/6. 1952. Rochester, N. Y., Univ., Dep. of Chem.) G. WINKLER. 680

Gjorgje Stefanović, Jelena Bojanović und **Vera Vandjel,** *Die Darstellung symmetrischer Diamide.* Durch Kondensation von Acetaldehyd (**I**) mit Acetamid (**II**) in Ggw. von Essigsäureanhydrid (**III**) erhält man *Äthyliden-bis-[acetamid]*. Analog konnten weitere Diamide in besserer Ausbeute u. größerer Reinheit als nach früheren Methoden gewonnen werden.

V e r s u c h e : 1 Mol Aldehyd wird meistens mit 3—4 Mol Säureamid u. 40 ml **III** auf dem Wasserbad unter Rückfluß erhitzt, das Reaktionsprod. mit Ae. extrahiert u. aus A. umkristallisiert. *Methylen-bis-[acetamid]*, F. 198°; aus 3,2 g 37%ig. wss. CH_2O-Lsg. u. 9,4 g **II** in 20 ml **III** bei 6 std. Erhitzen; 3,8 g (Ausbeute). — *Äthyliden-bis-[acetamid]*. F. 180°; aus **I** u. **II**; 4 Std.; 66,7%. — *Äthyliden-bis-[benzamid]*, F. 215°; aus **I** u. Benzamid; 6 Std.; 47,9%. — *Propyliden-bis-[acetamid]*, F. 190 5°; aus Propionaldehyd u. **II**, 4 Std.; 62,4%. — *Butyliden-bis-[acetamid]*, F. 189°; aus Butyraldehyd u. **II**, 4 Std.; 76,5%. — *3-Methylbutyliden-bis-[acetamid]*, F. 184°; aus Isovaleraldehyd u. **II**, 4 Std.; 10,1%. — *Heptyliden-bis-[acetamid]*, F. 181°; aus Heptylaldehyd u. **II**, 4 Std.; 47,7%. — *Benzyliden-bis-[formamid]*, F. 149°; aus Benzaldehyd (**IV**) u. Formamid (**V**), 11 Std.; 55,6%. — *Benzyliden-bis-[acetamid]*, F. 245°; aus **IV** u. **II**, 5 Std.; 70,5%. — *Benzyliden-bis-[benzamid]*, F. 217°; aus **IV** u. Benzamid, 3 Std.; 43,3%. — *p-Methylbenzyliden-bis-[acetamid]*, F. 274°; aus p-Toluylaldehyd (**VI**) u. **II**, 5 Std.; 65,2%. — *o-Nitrobenzyliden-bis-[acetamid]*, F. 231°; aus o-Nitrobenzaldehyd u. **II**, 7 Std.; 67%. — *m-Nitrobenzyliden-bis-[acetamid]*, F. 256°, aus m-Nitrobenzaldehyd u. **II**, 6 Std.; 74%. — *p-Nitrobenzyliden-bis-[acetamid]*, F. 272°; aus p-Nitrobenzaldehyd u. **II**, 4 Std.; 61%. — *3.4-Methylendioxybenzyliden-bis-[acetamid]*, F. 237°; aus Piperonal (**VII**) u. **II**, 4 Std.; 43%. — *Cinnamyliden-bis-[acetamid]*, F. 234°; aus Zimtaldehyd (**VIII**) u. **II**, 4 Std.; 47%. — *Furfuryliden-bis-[acetamid]*, F. 210°; aus Furfurol (**IX**) u. **II**, 5 Std.; 68,9%. — *p-Methoxybenzyliden-bis-[formamid]*, $C_{10}H_{12}O_3N_2$, F. 141°; aus p-Methoxybenzaldehyd u. **V**, 3 Std.; 25%. — *Cinnamyliden-bis-[formamid]* $C_{11}H_{12}O_2N_2$, F. 158,5—159°; aus **VIII** u. **V**, 2 Std.; 28,3%. — *Methylen-bis-[formamid]*, $C_3H_6O_2N_2$, F. 137°; aus CH_2O-Lsg. u. **V**, 3 Std. bei 125°; 21%. — *Äthyliden-bis-[formamid]*, $C_4H_8O_2N_2$, F. 112—113°; aus **I** u. **V**, 2 Std.; 4,1%. — *p-Isopropylbenzyliden-bis-[acetamid]*, $C_{14}H_{20}O_2N_2$, F. 218—219°; aus p-Isopropylbenzaldehyd (**X**), u. **II**, 5 Std.; 50,5%. — *3-Methoxy-4-acetoxybenzyliden-bis-[formamid]*, $C_{12}H_{14}O_5N_2$, F. 175°; aus 3-Methoxy-4-acetoxybenzaldehyd (**XI**) u. **V**, 4 Std.; 21%. — *3-Methoxy-4-acetoxybenzyliden-bis-[acetamid]*, $C_{14}H_{18}O_5N_2$, F. 212°; aus **XI** u. **II**, 6 Std.; 63,9%. — *3.4-Dimethoxybenzyliden-bis-[formamid]*, $C_{11}H_{14}O_4N_2$, F. 167°; aus 3.4-Dimethoxybenzaldehyd (**XII**) u. **V**, 7 Std.; 20%. — *3.4-Dimethoxybenzyliden-bis-[acetamid]*, $C_{13}H_{18}O_4N_2$, F. 233,5°; aus **XII** u. **II**, 4 Std.; 51%. — *p-Dimethylaminobenzyliden-bis-[formamid]*, $C_{11}H_{15}O_2N_3$, F. 168,5°; aus p-Dimethylaminobenzaldehyd (**XIII**) u. **V**, 2 Std.; 18,4%. — *p-Dimethylaminobenzyliden-bis-[acetamid]*, $C_{13}H_{19}O_2N_3$, F. 253,5—254°; aus **XIII** u. **II**, 4 Std.; 30,5%. — Einige Bis-[formamide] konnten nicht erhalten werden; die analog Vorst. durchgeführten Rkk. lieferten nicht näher untersuchte Verbb.: aus **VI** u. **V** (N = 25,52%; F. 153°); aus **X** u. **V** (N = 29,25%; F. 154—155°); aus **VII** u. **V** (N = 27,09%; F. 151—152°) u. aus **IX** u. **V** (N = 26,55%; F. 158°). (Гласник Хемиског Друштва Београд [Ber. chem. Ges. Belgrad] **18**. 579—87. 1953. Belgrad, Chem. Inst. der Serb. Akad. der Wiss., Naturwiss.-Math. Fak.) POLLAK v. EMHOFEN. 820

J. Jander und **R. N. Haszeldine,** *Reaktionen von Fluorkohlenstoffradikalen.* 14. Mitt. *Hexafluorazoxymethan.* (13. vgl. C. **1954**. 9974.) Beim Erhitzen von Trifluornitrosomethan (CF_3—NO) mit akt. Holzkohle oder mit wss. NaOH entstehen das farblose *Hexafluorazoxymethan* (**I**), $CF_3—N^+(O^-)=N—CF_3$, u. *Trifluornitromethan* (**II**), $CF_3—NO_2$. Die Identifizierung von **I** erfolgte auf Grund der UV- u. Ultrarotspektren. **I** sd. 90° tiefer als das fluorfreie Azoxymethan u. ist bei 20° gegen W., 10%ig. HCl u. 10%ig. NaOH beständig. — Wahrscheinlich ist die von RUFF u. GIESE (Ber. dtsch.

chem. Ges. **69.** [1936.] 598. 684) bei der Fluorierung von AgCN mit elementarem Fluor als Verunreinigung neben CF_3—NO erhaltene u. als Trifluorformamid angesehene Verb. Hexafluoräthan oder Perfluormethylamin.

Versuche: *Hexafluorazoxymethan* (I), $C_2ON_2F_6$, Kp. 6,9°, latente Verdampfungswärme 6410 cal/Mol, TROUTONsche Konstante 22,9, Dampfdruckgleichung zwischen 1,6 u. 7,3° $\log_{10} p(mm) = 7,886 - 1407,0/T$; durch 48std. Erhitzen von 0,30 g CF_3—NO mit 1,5 g im Vakuum (1 Std. bei 150°) aktivierter Holzkohle im Quarzrohr auf 100°; 0,130 g (47% Ausbeute), neben 0,025 g (7%) *Trifluornitromethan* (II); oder durch 12std. Schütteln von 0,05 g CF_3—NO mit 15 cm^3 10%ig. NaOH im Pyrexeinschmelzrohr; 20% neben 80% **II.** (J. chem. Soc. [London] **1954.** 919—22. März. Cambridge, Univ., Chem. Labor.) FORCHE. 910

Leo H. Sommer und **Leslie J. Tyler,** *Sterische Effekte der tert.-Butylgruppe in Organosiliciumverbindungen.* 38. Mitt. *über Organosiliciumchemie.* (37. vgl. C. **1954.** 9966.) Aus Methyl-, Phenyl- u. n-Hexadecyltrichlorsilan erhielten Vff. mit tert.-Butyl-Li (**I**) die entsprechenden *tert.-Butylalkyldichlorsilane.* Die Synth. von Tri-tert.-butylchlorsilan aus Di-tert.-butyldichlorsilan (**II**) mit **I** schlug dagegen selbst bei Anwendung hoher Tempp. (160°) fehl. Die Ammonolyse von Di-n-butyldichlorsilan ergab ein cycl. Trimeres: *Hexa-n-butylcyclotrisilazan,* **II** gab dagegen das bei n. Druck ohne Zers. destillierbare *Di-tert.-butyldiaminosilan* (**IV**), entsprechend ergaben tert.-Butylmethyl- (**V**), tert.-Butylphenyl- u. tert.-Butyl-n-hexadecyldichlorsilan die analogen *Dialkyldiaminosilane.* Offenbar bewirkt die Einführung einer tert.-Butylgruppe eine Stabilität der sonst schwer faßbaren Dialkyldiaminosilane. Entsprechend konnten *Di-tert.-butyl-* (**III**), *tert.-Butylmethyl-, tert.-Butylphenyl-* u. *tert.-Butyl-n-hexadecylsilandiol* durch Hydrolyse obiger Chlorsilane oder auch aus den Diaminosilanen gewonnen werden. Diese Diole zeichnen sich durch große Beständigkeit aus. **III** ist bei 210° ohne Zers. destillierbar u. kann mit konz. $HCl/ZnCl_2$ nicht in das Halogenid zurückgeführt werden, auch konz. H_2SO_4 bei 110° zers. nicht, ebenfalls wird **III** in Bzl. am Rückfluß bei Ggw. von J_2 nicht dehydratisiert, **III** unterliegt also nicht den bei Silandiolen üblichen intermol. Dehydratationen u. reagiert nicht mit **IV** oder **II.** Als Ursache dieser Eigg. wird ster. Hinderung durch die tert.-Butylgruppe angenommen. Verss. zur intramol. Wasserabspaltung mit Natronkalk (300°) oder CaO (450°) bzw. Al (300°) schlugen fehl, mit P_2O_5 in Ae. wurde ein komplexes tert.-Butylsiliciumphosphat erhalten, das nach Hydrolyse wieder **III** ergab. Vff. schließen hieraus, daß Di-tert.-butyloxosilan entweder nicht existiert oder sehr instabil ist. *tert.-Butyldimethylchlorsilan,* das aus **I** u. Dimethyldichlorsilan erhalten wurde, ergab durch Hydrolyse *tert.-Butyldimethylsilanol,* eine wasserklare Fl. mit starkem Camphergeruch, die in konz. H_2SO_4 bzw. mit J_2 am Rückfluß kein Siloxan ergibt. Es bildet ein Hemihydrat (F. 70°), das bei n. Temp. sublimiert werden kann u. dem C-Analogen: Hemihydrat des Pentamethyläthanols (F. 80°) ähnlich ist.

Versuche: *tert.-Butylmethyldichlorsilan* (**V**), F. 96°, $Kp._{740}$ 135°, durch Zugabe von 1,1 Mol Methyltrichlorsilan zu 1,4 Mol **I** in Pentan, 1 Std. am Rückfluß; 75% (Ausbeute); analog: *tert.-Butylphenyldichlorsilan,* $Kp._{27}$ 133°, n_D^{20} 1,5152, $D.^{20}$ 1,1062; 80%; *n-Hexadecyl-tert.-butyldichlorsilan,* $Kp._4$ 188°, n_D^{20} 1,4620, $D.^{20}$ 0,931; 77%. — *tert.-Butyldimethylchlorsilan,* $C_6H_{15}ClSi$, F. 91,5°, $Kp._{733}$ 125°; 58%. — *tert.-Butylmethyldiaminosilan* (**VI**), F. 83°, $Kp._{738}$ 135°, aus fl. NH_3 u. **V** in Pentan, 3 Std. heftig rühren; 65%; analog: *Di-tert.-butyldiaminosilan* (**IV**), $Kp._{737}$ 190°, $Kp._{50}$ 100°, n_D^{20} 1,4534; 50%; *tert.-Butylphenyldiaminosilan,* $Kp._{37}$ 149°, n_D^{20} 1,5198; 80%; *tert.-Butyl-n-hexadecyldiaminosilan,* $Kp._7$ 199°, n_D^{20} 1,4604; 85%. — *Hexa-n-butylcyclotrisilazan,* $C_{24}H_{57}N_3Si_3$, $Kp._2$ 193°, aus fl. NH_3 u. Di-n-butyldichlorsilan; n_D^{20} 1,4654, $D.^{20}$ 0,8912. — *tert.-Butylmethylsilandiol,* F. 132° (Xylol), $Kp._{740}$ 187°, a) durch Hydrolyse von **VI** in Methanol u. Neutralisierung mit 0,1 n HCl; 90%; b) durch Hydrolyse von **V** mit methanol.-wss. KOH im Eis-Salz-Bad unter Rühren; 78%; analog: *Di-tert.-butylsilandiol* (**III**), F. 152°, $Kp._{740}$ 210°, 90 bzw. 80%; *tert.-Butylphenylsilandiol,* F. 82°, $Kp._3$ 123°, 74 bzw. 81%; *Hydrat,* F. 68°; *tert.-Butyl-n-hexadecylsilandiol,* F. 40—45°, $Kp._2$ 194°, nach b) 70%. — *tert.-Butyldimethylsilanol,* $C_6H_{16}OSi$, $Kp._{12}$ 141°, durch Zugabe von tert.-Butyldimethylchlorsilan in Ae. zu methanol.-wss. KOH bei 5°; n_D^{20} 1,4235. (J. Amer. chem. Soc. **76.** 1030—33. 20/2. 1954. State College, Pa., School of Chem. and Phys.) GNAUCK. 980

H. J. Emeléus, R. N. Haszeldine und **Ram Chand Paul,** *Organometallische und organometalloide Verbindungen.* 8. Mitt. *Eigenschaften von Trifluormethylarsensäuren und anderen fluorhaltigen Säuren.* (7. vgl. BENNETT u. Mitarbeiter, C. **1953.** 6231.) Das gegen W. beständige *Dijodtrifluormethylarsin* (**I**, CF_3—AsJ_2) wird von wss. H_2O_2 oxydativ zu J_2 u. *Trifluormethylarsonsäure* (**II**), CF_3—$AsO(OH)_2$ hydrolysiert.

II erleidet im Vakuum Dehydratation über eine Pyrosäure $CF_3-As(OOH)-O-As\cdot(OOH)-CF_3$ zum Anhydrid CF_3-AsO_2, welches beim Lösen in W. sofort in die Orthosäure übergeht. II bildet ein in W. leichtlösl. Mono-Ag-Salz u. ein viel weniger lösl. Di-Ag-Salz. Von der Pyrosäure läßt sich kein Ag-Salz darstellen, u. auch das Mono-Ag-Trifluormethylarsonat läßt sich durch Erhitzen im Vakuum nicht in das Di-Ag-Salz der Pyrosäure überführen. — *Tris-[trifluormethyl]-arsendichlorid* (**III**), $(CF_3)_3AsCl_2$, setzt sich mit W. zu *Tris-[trifluormethyl]-arsin* (**IV**) u. *Bis-[trifluormethyl]-arsinsäure* (**V**) mit wss. Ag_2O zu *Chlor-bis-[trifluormethyl]-arsin* (**VI**), CO_2, Fluorid u. **V**, mit Eisessig zu **VI** u. Chlortrifluormethan sowie mit A. zu **IV** um. — Es gelingt nicht, in **I** mit Hilfe von CH_3MgJ nur ein J-Atom durch Methyl zu ersetzen; vielmehr erhält man *Dimethyltrifluormethylarsin* (**VII**), $CF_3As(CH_3)_2$. Auch durch Umsetzung von *Methyl-bis-[trifluormethyl]-arsin* (**VIII**) mit J_2 läßt sich Methyljodtrifluormethylarsin nicht darstellen. **IV** bildet mit CH_3J ein bei ca. 25° sd. äquimol. Azeotrop, welches sich beim Abkühlen in zwei Schichten trennt. — **IV** reagiert mit wss. NaOH schnell, **VIII** viel langsamer, Trimethylarsin ist beständig, u. **VII** setzt selbst bei mehrtägigem Erhitzen mit starkem Alkali nur außerordentlich langsam Fluoroform frei. — Die Ultrarotspektren der dargestellten Verbb. wurden aufgenommen. — **II** u. **V** sind in W. nahezu vollständig ionisiert u. daher stärkere Säuren als Methyl- u. Phenylarsonsäure u. Arsensäure. **II** verhält sich wie eine einbas. Säure; bei höheren Verdünnungen ist eine geringe Ionisation des des zweiten H-Atoms zu beobachten. Methylarsonsäure ist zweibasisch. In wasserfreier Essigsäure nimmt die Stärke der Säuren in der Reihenfolge $H_2SO_4 > HCl > V > II \gg CF_3COOH, HNO_3, C_3F_7-COOH$ ab. Trifluoressigsäure ist etwas stärker als Heptafluorbuttersäure.

V e r s u c h e: *Trifluormethylarsonsäure* (**II**), $CH_2O_3F_3As$; aus 4,0 g **I**, 3 cm³ H_2O_2 u. 5 cm³ W. bei Raumtemp. in 20 Min., Abfiltrieren des J_2 u. Eindampfen im Vakuum über P_2O_5; 96% (Ausbeute). *Mono-Ag-Salz*, CHO_3F_3AgAs, aus 2,0 g **II** in 10 cm³ W. u. 1,3 g Ag_2O bei 60°; 40%. *Di-Ag-Salz*, $CO_3F_3Ag_2As$, aus dem Mono-Ag-Salz u. überschüssigem Ag_2O bei 60°; 30%. *Anhydrid*, CO_2F_3As, durch 12std. Erhitzen der nachst. Pyrosäure auf 56° bei 10^{-2} mm u. 48 Std. auf 73°. — *Pyrotrifluormethylarsonsäure*, $C_2H_2O_5F_6As_2$, durch 12std. Erhitzen von 1,0 g 4 Std. im Vakuum über P_2O_5 getrockneter **II** auf 33° im Vakuum. — *Tris-[trifluormethyl]-arsin* (**IV**), C_3F_9As; aus 2,88 g **III** u. 5 cm³ A. im Einschlußrohr bei Raumtemp. in 48 Std.; 98%, oder aus 1,75 g **III** u. 5 cm³ W.; 1,15 g (85%) neben 0,15 g *Bis-[trifluormethyl]-arsinsäure* (**V**), $C_2HO_2F_6As$. — *Chlor-bis-[trifluormethyl]-arsin* (**VI**), C_2ClF_6As, aus **III** u. Eisessig bei 20° in 72 Std.; 98% neben 80% $CClF_3$, oder durch 24std. Schütteln von 2,3 g **III** mit 1,5 g Ag_2O u. 5 cm³ W. bei 20°; 0,21 g (31%) neben 1,25 g (78%) **V**, 0,205 g CO_2 u. ca. 0,05 g Fluorid. — *Dimethyltrifluormethylarsin* (**VII**), $C_3H_6F_3As$, Kp. 58°; durch Eintropfen der GRIGNARD-Verb. aus 2,0 g CH_3J, 20 cm³ Ae. u. 0,90 g Mg unter Kühlen in eine Lsg. von 5,3 g **I** in 10 cm³ Ae., Behandlung mit $HgCl_2$, Waschen des Nd. mit W. u. Erhitzen im Vakuum, 0,067 g. (J. chem. Soc. [London] **1954**. 881—86. März. Cambridge, Univ., Chem. Labor.)
FORCHE. 980

Carl Boyars, *Die Dichlorierung von o-Xylol.* Die Chlorierung von o-Xylol in Ggw. von Fe bei —10 bis 0° wird untersucht u. die Chlorierungsprodd. werden nach fraktionierter Dest. durch FF. u. Infrarotspektr. sowie durch die FF. ihrer Nitrierungsprodd. charakterisiert: *4.5-Dichlor-o-xylol*; *3.6-Dichlor-o-xylol*, F. 29,1—29,3° (Methanol); *4-Nitro-3.6-dichlor-o-xylol*, F. 84,0—84,1° (PAe., Kp. 35—65°); *4.5-Dinitro-3.6-dichlor-o-xylol*, F. 175,1° (A.). (J. Amer. chem. Soc. **75**. 1989—90. 20/4. 1953. Washington, D. C., George Washington Univ., Dep. of Chem.) BOLLINGER. 1010

A. A. Petrow und **N. P. Ssopow**, *Umwandlung hydroaromatischer Aldehyde und Ketone in aromatische Kohlenwasserstoffe bei der Dehydratation.* Bei der Dest. mit P_2O_5, oder am Al_2O_3-Kontakt bei 350—400°, werden ungesätt. hydroaromat. Ketone bei Anwendung von P_2O_5 auch Aldehyde zu *aromat. KW-stoffen* dehydratisiert. Vermutlich verlaufen die Rkk. über die Enolformen der Aldehyde u. Ketone. Die Rk. versagte bei 1-Acetyl-2.5-endomethylencyclohexen-(3), das durch P_2O_5 völlig verharzt wurde, u. bei 1-Acetyl-2.5-endoäthylencyclohexen-(3), das bei der Dest. mit P_2O_5 eine winzige Menge eines aromat. KW-stoffgemisches lieferte; bei der Oxydation wurde aus diesem *Terephthalsäure* (?) erhalten.

V e r s u c h e: Die meisten hydroaromat. Aldehyde u. Ketone sind schon früher (Журнал Общей Химии [J. allg. Chem.] **11** (**73**). [1941.] 309; **17** (**79**). [1947.] 1295; C. **1953**. 1636) durch Kondensation von Dienen mit α.β-ungesätt. Aldehyden u. Ketonen erhalten worden. Zur Rk. mit P_2O_5 werden 10—20 g der Ausgangsverb. unter Kühlung mit W. mit der 1½fachen Menge P_2O_5 gemischt u. nach Ablauf der energ. Rk. allmählich im Bad auf 300° erhitzt; das Destillat wird zur Entfernung nicht verbrauchter Ausgangsverbb. mit 80%ig. H_2SO_4 gewaschen u. bei gewöhnlichem

Druck destilliert. Die aromat. KW-stoffe wurden mit 25%ig. HNO_3 im Rohr bei 100—120° oxydiert u. die erhaltenen Benzolcarbonsäuren identifiziert. *Toluol*, Kp. 109 bis 110°; aus Δ^3-Tetrahydrobenzaldehyd; 10% (Ausbeute); durch Oxydation hieraus *Benzoesäure* (I). — *o-Xylol*, Kp. 142—144°; aus 6-Methyl-Δ^3-tetrahydrobenzaldehyd; $D.^{20}{}_4$ 0,8808; $n_D{}^{20}$ 1,5050; 12%; durch Oxydation *Phthalsäure* (II). — *p-Xylol*, $Kp._{750}$ 136—138°; aus 4-Methyl-Δ^3-tetrahydrobenzaldehyd; $D.^{20}{}_4$ 0,8642; $n_D{}^{20}$ 1,4956; 10%; durch Oxydation *Terephthalsäure* (III). — *1.2.3-Trimethylbenzol*, $Kp._{747}$ 172 bis 174°; aus 2.6-Dimethyl-Δ^3-tetrahydrobenzaldehyd; $D.^{20}{}_4$ 0,8879, $n_D{}^{20}$ 1,5108; 15%; durch Oxydation *Hemimellitsäure*. — *2.4.5-Trimethyl-Δ^3-tetrahydrobenzaldehyd*, $C_{10}H_{16}O$, $Kp._{18}$ 96,5—97,5°; aus Dimethylbutadien u. Crotonaldehyd bei 8std. Erhitzen im Rohr auf 120°; $D.^{20}{}_4$ 0,9274; $n_D{}^{20}$ 1,4759. — *1.2.4.5-Tetramethylbenzol* (*Durol*), $C_{10}H_{14}$, F. 79°; aus vorst. Verb.; 15%. *Molverb.* mit *1.3.5-Trinitrobenzol*, F. 96 bis 98°. — *Äthylbenzol*, $Kp._{748}$ 134—135°; aus Δ^3-Tetrahydroacetophenon, a) analog Vorst. mit P_2O_5; 35%; b) durch Überleiten über Al_2O_3 bei 350—400°; 35%; $D.^{20}{}_4$ 0,8642; $n_D{}^{20}$ 1,4958; durch Oxydation I. — *o-Methyläthylbenzol*, $Kp._{752}$ 163—165°; aus 2-Methyl-Δ^3-tetrahydroacetophenon; $D.^{20}{}_4$ 0,8807; $n_D{}^{20}$ 1,5006; 32%; durch Oxydation **II**. — *p-Methyläthylbenzol*, $Kp._{756}$ 161—162°; aus 4-Methyl-Δ^3-tetrahydroacetophenon; $D.^{20}{}_4$ 0,8608; $n_D{}^{20}$ 1,4955; 35%; durch Oxydation **III**. (Wird auch mit Al_2O_3 erhalten.) — *p-Chloräthylbenzol*, C_8H_9Cl, Kp. 178—182°, aus 4-Chlor-Δ^3-tetrahydroacetophenon; $D.^{20}{}_4$ 1,0290; $n_D{}^{20}$ 1,5185; 40%; durch Oxydation *p-Chlorbenzoesäure*. — *1-Acetyl-2.5-endomethylencyclohexen-(3)*, $C_9H_{12}O$, $Kp._{18}$ 84—86°; aus Cyclopentadien u. Methylvinylketon bei Zimmertemp.; $D.^{20}{}_4$ 1,0090; $n_D{}^{20}$ 1,4856. — *1-Acetyl-2.5-endoäthylencyclohexen-(3)*, $Kp._{18}$ 106—107°; aus Cyclohexadien u. Methylvinylketon; $n_D{}^{20}$ 1,4951. (Журнал Общей Химии [J. allg. Chem.] **24** (**86**). 298—302. Febr. 1954. Leningrad, Chem. Labor. des Inst. für Flugzeuggerätebau.)

POLLAK V. EMHOFEN. 1010

E. Benk, *Zur Kenntnis von p-Chlor-m-xylenol.* Übersicht über die Löslichkeiten, Farb-Rkk. u. Verwendung von *1.3-Dimethyl-2-chlor-5-oxybenzol* (*p-Chlor-m-xylenol*, F. 114°, Darst. aus m-Xylenol u. SO_2Cl_2 in der Kälte). (Seifen-Oele-Fette-Wachse **78.** 585—86. 19/11. 1952.) FECHTER. 1060

Scott Searles, *Die Friedel-Crafts-Reaktion mit Trimethylenoxyd und n-Propyläther.* Vf. untersucht die FRIEDEL-CRAFTS-Rk. zwischen Trimethylenoxyd (I) u. Bzl. bzw. Mesitylen, die in 50—70%ig. Ausbeute *3-Phenyl-* bzw. *3-Mesitylpropanol-(1)* liefert. Die Rk. verläuft vollkommen ohne Isomerisierung der eintretenden Gruppe u. langsamer als mit Äthylenoxyd (II). Im Gegensatz zu I reagiert n-Propyläther (III) unter Bldg. von *Isopropyl-* (8,1%), *n-Propyl-* (1,7%) u. *Äthylbenzol* (0,5%). Vf. nimmt an, daß die Reaktionsmechanismen für cycl. u. acycl. Äther verschieden sind (Einfl. der Ringspannung).

Versuche: *3-Phenylpropanol-(1)* (**IV**), $Kp._{22}$ 120—125°, $Kp._2$ 98—100°, a) durch Zugabe (½ Std.) von 12 g I zu $AlCl_3$ in Bzl. bei 10° unter Rühren u. 10std. Stehenlassen bei Zimmertemp.; $n_D{}^{25}$ 1,5237; 52% (Ausbeute), b) durch 50 Min. Einleiten von I in eine sd. Suspension von $AlCl_3$ in Bzl. unter Rühren u. 1std. Kochen; 71% [*p-Nitrobenzoat*, F. 46°], daneben (bei Meth. a) *3-Chlorpropanol-(1)*, $Kp._{15}$ 62°, $n_D{}^{25}$ 1,444; 1 g. — *2-Phenyläthanol-(1)*, $Kp._{752}$ 219—220°, $Kp._{15}$ 100—102°, durch Zugabe einer benzol. Lsg. von I u. II (je 0,2 Mol) zu $AlCl_3$ in Bzl. bei 6—9° unter Rühren (40 Min.) u. 15 Min. Stehenlassen; 5,5 g, daneben kein **IV**. — *3-Mesitylpropanol-(1)*, $Kp._7$ 142°, F. 53,8—54° (Ligroin), aus I u. Mesitylen wie vorst.; 57%. *Phenylurethan*, $C_{19}H_{23}O_2N$, F. 109,5—110° (Ligroin). — *Isopropylbenzol*, durch Zugabe von $AlCl_3$ zu einer benzol. Lsg. von III unter Rühren bei $<40°$, 15std. Rühren bei Zimmertemp. u. 6std. Kochen; 8,1%, daneben 1,7% *n-Propylbenzol* u. 0,5% *Äthylbenzol*. (J. Amer. chem. Soc. **76.** 2313—14. 5/5. 1954. Evanston, Ill., Northwestern Univ., Dep. of Chem.)

G. WINKLER. 1070

J. R. Naylor, *Dihalogensubstituierte Terephthalaldehyde und p-Tolualdehyde.* (Vgl. RUGGLI u. BRANDT, C. **1944.** II. 214.) Vf. beschreibt die Darst. von dihalogensubstituierten Terephthalaldehyden durch Oxydation der entsprechenden dihalogensubstituierten p-Xylole mit CrO_3/H_2SO_4 in Ggw. von Essigsäure/Acetanhydrid. Die Dihalogenterephthalaldehydtetraacetate u. die als Nebenprodd. erhaltenen dihalogenierten p-Methylbenzaldehyddiacetate werden mit verd. H_2SO_4 in nahezu quantitativer Ausbeute zu den entsprechenden Aldehyden hydrolysiert.

Versuche: *2.5-Dichlorterephthalaldehydtetraacetat* (I), $C_{16}H_{16}O_8Cl_2$, F. 199,5 bis 200° (A.), durch Zugabe (2½ Std.) von CrO_3 zu einer Lsg. von 2.5-Dichlor-p-xylol in Essigsäure/Acetanhydrid/H_2SO_4 bei 5—12°, 4std. Rühren bei 10—15°, Gießen auf

Eis u. Rühren über Nacht; 37% (Ausbeute). — *2.5-Dichlorterephthalaldehyd*, $C_8H_4O_2Cl_2$, F. 157° (wss. A.), aus I durch 1½std. Kochen in wss. A./H_2SO_4; 86%. — *2.5-Dichlor-4-methylbenzaldehyddiacetat*, $C_{12}H_{12}O_4Cl_2$, F. 108°, aus der Mutterlauge von I; 20%. — *2.5-Dichlor-4-methylbenzaldehyd*, $C_8H_6OCl_2$, F. 110,5—111°, aus vorst. Verb. durch saure Hydrolyse (45 Min.); 91%. *2.4-Dinitrophenylhydrazon*, $C_{14}H_{10}O_4N_4Cl_2$, F. 257°. — *2.5-Dibromterephthalaldehydtetraacetat* (II), $C_{16}H_{16}O_8Br_2$, F. 218,5—219° (A.), aus 2.5-Dibrom-p-xylol wie I; 30,5%. *2.5-Dibromterephthalaldehyd*, $C_8H_4O_2Br_2$, F. 189°, durch Hydrolyse von II; 92%. — *2.5-Dibrom-4-methylbenzaldehyddiacetat*, $C_{12}H_{12}O_4Br_2$, F. 117—117,5°, aus der Mutterlauge von II; 16%. — *2.5-Dibrom-4-methylbenzaldehyd*, $C_8H_6OBr_2$, F. 142°, aus vorst. Verb. durch saure Hydrolyse (1 Std.); 94%. *2.4-Dinitrophenylhydrazon*, $C_{14}H_{10}O_4N_4Br_2$, F. 265°. (J. chem. Soc. [London] **1952**. 4085—86. Okt. Manchester, Calico Printers' Assoc. Ltd., Res. Dep.)

G. Winkler. 1130

Ng. Ph. Buu-Hoï, M. Welsch, G. Dechamps, H. Le Bihan, F. Binon und **Ng. D. Xuong**, *Einige neue tuberculostatische Thiosemicarbazone.* Vff. beschreiben die Darst. u. tuberculostat. Wirksamkeit verschied. p-Alkoxy- u. p-Arylalkyloxybenzaldehydthiosemicarbazone (beträchtliche Wirksamkeit), sowie einiger Mono- u. Dihalogenderivv. dieser Verbb., ferner die Darst. verschied. 4-Keto-Δ^2-thiazolinylhydrazone (aus vorst. Thiosemicarbazonen durch Kondensation mit α-Halogenfettsäuren; in vitro keine Aktivität) u. Thiosemicarbazone von verschied. aromat. Ketonen (beträchtliche Wirksamkeit).

Versuche: *4-Benzyloxybenzaldehyd*, Kp.$_{13}$ 217—219°, F. 72°, durch 30 Min. Kochen von Anisaldehyd mit Pyridinhydrochlorid, Isolierung des *p-Oxybenzaldehyds* [(I), F. 115°; 70—75% (Ausbeute)] u. Umsetzung von 196 g mit Benzylchlorid in wss.-alkoh. KOH; 230 g. *Thiosemicarbazon*, $C_{15}H_{15}ON_3S$, F. 188°; 86%. *4-Keto-Δ^2-thiazolinylhydrazon*, $C_{17}H_{15}O_2N_3S$, F. 239°, durch Umsetzung des Thiosemicarbazons mit Chloressigsäure. *5-Isoamyl-4-keto-Δ^2-thiazolinylhydrazon*, $C_{22}H_{25}O_2N_3S$, F. 176° (A.). — *4-[4'-Chlorbenzyloxy]-benzaldehyd*, $C_{14}H_{11}O_2Cl$, Kp.$_{13}$ 234—235°, F. 76°, aus I u. 4-Chlorbenzylchlorid; Nadeln aus Methanol. *Thiosemicarbazon*, $C_{15}H_{14}ON_3ClS$, F. 194°. *4-Keto-Δ^2-thiazolinylhydrazon*, $C_{17}H_{14}O_2N_3ClS$, F. 247°. — *4-[4'-Brombenzyloxy]-benzaldehyd*, $C_{14}H_{11}O_2Br$, Kp.$_{13}$ 255—257°, F. 91°, aus A. glänzende Nadeln. *Thiosemicarbazon*, $C_{15}H_{14}ON_3BrS$, F. 187°. *4-Keto-Δ^2-thiazolinylhydrazon*, $C_{17}H_{14}O_2N_3BrS$, F. 235°. — *4-[4'-Methylbenzyloxy]-benzaldehyd*, $C_{15}H_{14}O_2$, Kp.$_{13}$ 222—224°. *Thiosemicarbazon*, $C_{16}H_{17}ON_3S$, F. 170°. *4-Keto-Δ^2-thiazolinylhydrazon*, $C_{18}H_{17}O_2N_3S$, F. 246°. — *4-[4'-Äthylbenzyloxy]-benzaldehyd*, $C_{16}H_{16}O_2$, Kp.$_{13}$ 233—234°. *Thiosemicarbazon*, $C_{17}H_{19}ON_3S$, F. 169°. — *4-[2'.4'-Dimethylbenzyloxy]-benzaldehyd*, $C_{16}H_{16}O_2$, Kp.$_{13}$ 253—254°, F. 60°, Blättchen aus Ligroin. *Thiosemicarbazon*, $C_{17}H_{19}ON_3S$, F. 154°. *4-Keto-Δ^2-thiazolinylhydrazon*, $C_{19}H_{19}O_2N_3S$, F. 236°. — *4-Cinnamyloxybenzaldehydthiosemicarbazon*, $C_{17}H_{17}ON_3S$, F. 203°. — *4-[β-Phenyläthoxy]-benzaldehyd*, $C_{15}H_{14}O_2$, Kp.$_{13}$ 225°. *Thiosemicarbazon*, $C_{16}H_{17}ON_3S$, F. 172°. — *4-[γ-Phenylpropoxy]-benzaldehydthiosemicarbazon*, $C_{17}H_{19}ON_3S$, F. 144°. *4-Keto-Δ^2-thiazolinylhydrazon*, $C_{19}H_{19}O_2N_3S$, F. 169°. — *4-[1'-Naphthomethyloxy]-benzaldehyd*, $C_{18}H_{14}O_2$, Kp.$_{13}$ 278—279°. *Thiosemicarbazon*, $C_{19}H_{17}ON_3S$, F. 172°. — *4-[1'-β-Naphthyläthoxy]-benzaldehyd*, $C_{19}H_{16}O_2$, Kp.$_{13}$ 290—295°. *Thiosemicarbazon*, $C_{20}H_{19}ON_3S$, F. 173°. — *4-n-Dodecyloxybenzaldehydthiosemicarbazon*, $C_{20}H_{33}ON_3S$, F. 114°. — *4-n-Octadecyloxybenzaldehydthiosemicarbazon*, $C_{26}H_{45}ON_3S$, F. 118°. *5-Äthyl-4-keto-Δ^2-thiazolinylhydrazon*, $C_{30}H_{49}O_2N_3S$, F. 125°, aus vorst. Thiosemicarbazon u. α-Brom-n-buttersäure durch 6std. Kochen; Nadeln aus Essigsäure. *5-n-Butyl-4-keto-Δ^2-thiazolinylhydrazon*, $C_{32}H_{53}O_2N_3S$, F. 105°, wie vorst. aus α-Bromcapronsäure; Nadeln aus Äthanol. — *4-Dihydrochaulmoogryloxybenzaldehydthiosemicarbazon*, $C_{26}H_{43}ON_3S$, F. 106°. — *3-Chlor-4-oxybenzaldehyd*, aus I u. SO_2Cl_2 in $CHCl_3$ bei Zimmertemperatur. *Thiosemicarbazon*, $C_8H_8ON_3ClS$, F. 237° (Zers. >216°). *4-Keto-Δ^2-thiazolinylhydrazon*, $C_{10}H_8O_2N_3ClS$, F. 264°. — *3-Chlor-4-benzyloxybenzaldehyd*, $C_{14}H_{11}O_2Cl$, F. 94°, aus vorst. Aldehyd u. Benzylchlorid; aus A. Prismen. *Thiosemicarbazon*, $C_{15}H_{14}ON_3ClS$, F. 180°. *4-Keto-Δ^2-thiazolinylhydrazon*, $C_{17}H_{14}O_2N_3ClS$, F. 250°. — *3-Brom-4-benzyloxybenzaldehyd*, $C_{14}H_{11}O_2Br$, F. 95°, aus A. seidige Nadeln. *Thiosemicarbazon*, $C_{15}H_{14}ON_3BrS$, F. 183°. *4-Keto-Δ^2-thiazolinylhydrazon*, $C_{17}H_{14}O_2N_3BrS$, F. 260°. — *3.5-Dichlor-4-oxybenzaldehydthiosemicarbazon*, $C_8H_7ON_3Cl_2S$, F. 260° (Zers. >230°). *4-Keto-Δ^2-thiazolinylhydrazon*, $C_{10}H_7O_2N_3Cl_2S$, F. 321° (Zers. >300°). — *3.5-Dibrom-4-oxybenzaldehydthiosemicarbazon*, $C_8H_7ON_3Br_2S$, F. 256° (Zers. >235°). *4-Keto-Δ^2-thiazolinylhydrazon*, $C_{10}H_7O_2N_3Br_2S$, F. 316° (Zers. >300°). — *3.5-Dibrom-4-benzyloxybenzaldehyd*, $C_{14}H_{10}O_2Br_2$, F. 129°, aus 3.5-Dibrom-4-oxybenzaldehyd (F. 184°); aus A. seidige hellgelbe Nadeln. *Thiosemicarbazon*, $C_{15}H_{13}ON_3Br_2S$, F. 218° (Zers. >190°). *4-Keto-Δ^2-thiazolinylhydrazon*, $C_{17}H_{13}O_2N_3Br_2S$, F. 268° (Zers. >260°). — *3.5-Dijod-4-oxy-*

benzaldehydthiosemicarbazon, $C_8H_7ON_3J_2S$, F. 266° (Zers. >230°). *4-Keto-Δ²-thiazolinylhydrazon*, $C_{10}H_7O_2N_3J_2S$, F. 275–277° (Zers. >200°). — *3.5-Dijod-4-benzyloxybenzaldehyd*, $C_{14}H_{10}O_2J_2$, F. 97°, aus A. seidige gelbe Nadeln. *Thiosemicarbazon*, $C_{15}H_{13}$·ON_3J_2S, F. 214° (Zers. >190°). *4-Keto-Δ²-thiazolinylhydrazon*, $C_{17}H_{13}O_2N_3J_2S$, F. 266° (Zers. >240°). — *3-Methoxy-4-benzyloxybenzaldehydthiosemicarbazon*, $C_{16}H_{17}$·O_2N_3S, F. 166°. — *3-Jod-4-benzyloxybenzaldehyd*. *4-Keto-Δ²-thiazolinylhydrazon*, $C_{17}H_{14}O_2N_3JS$, F. 227° (Zers. >216°). — *4-Oxypropiophenonthiosemicarbazon*, $C_{10}H_{13}$·ON_3S, F. 200° (Zers. >180°). — *4-Isoamyloxypropiophenon*, $C_{14}H_{20}O_2$, F. 35°, Prismen aus Methanol. *Thiosemicarbazon*, $C_{15}H_{23}ON_3S$, F. 204–205° (Zers. >176°). — *4-Benzyloxypropiophenonthiosemicarbazon*, $C_{17}H_{19}ON_3S$, F. 200–202° (Zers.). — *4-[4'-Methylbenzyloxy]-propiophenon*, $C_{17}H_{18}O_2$, F. 74°, Prismen aus Methanol. *Thiosemicarbazon*, $C_{18}H_{21}ON_3S$, F. 209° (Zers.) — *4-Benzyloxy-3-methoxyacetophenon*, $C_{16}H_{16}O_3$, F. 88°, aus Acetovanillon, Benzylchlorid u. KOH; aus A. Nadeln. *Thiosemicarbazon*. $C_{17}H_{19}O_2N_3S$, F. 175°. *4-Keto-Δ²-thiazolinylhydrazon*, $C_{19}H_{19}O_3N_3S$, F. 222°, Prismen aus Essigsäure. — *4-Acetylveratrolthiosemicarbazon*, $C_{11}H_{15}O_2N_3S$, F. 227° (Zers. > 210°). — *4-Propionylveratrolthiosemicarbazon*, $C_{12}H_{17}O_2N_3S$, F. 160° (Zers.). *4-Keto-Δ²-thiazolinylhydrazon*, $C_{14}H_{17}O_3N_3S$, F. 211°, Prismen aus Essigsäure. — *Acetovanillonthiosemicarbazon*, $C_{10}H_{13}O_2N_3S$, F. 209° (Zers. >199°). — *4-Benzyloxyacetophenonthiosemicarbazon*, $C_{16}H_{17}ON_3S$, F. 177°. — *4-Chlorbenzalacetonthiosemicarbazon*, $C_{11}H_{12}$·N_3ClS, F. 188°. — *2-Chlorbenzalacetonthiosemicarbazon*, $C_{11}H_{12}N_3ClS$, F. 166°. — *2.4-Dichlorbenzalacetonthiosemicarbazon*, $C_{11}H_{11}N_3Cl_2S$, F. 196°. — *3.4-Dichlorbenzalacetonthiosemicarbazon*, $C_{11}H_{11}N_3Cl_2S$, F. 188°. — *Anisalacetonthiosemicarbazon*, $C_{12}H_{15}ON_3S$, F. 187° (Zers. >180°). — *Anisal-4-acetoveratronthiosemicarbazon*, $C_{19}H_{21}O_3N_3S$, F. 167°. (J. org. Chemistry **18**. 121–26. Febr. 1953. Paris, Univ., Radium Inst., Dep. of Org. Chem.; Liège, Univ., Antibiot. Dep.) G. WINKLER. 1180

A. P. Terentjew und **W. G. Jaschunski**, *Untersuchung der Reduktion von γ-Dinitrilen nach Wyschnegradski*. Bei der Red. von Glutarsäuredinitril (**I**) mit Na in A. entstehen Pentamethylendiamin (**II**), Piperidin (**III**) u. NH_3. In vorliegender Arbeit wurden die Reaktionsbedingungen variiert u., ohne die Reaktionsprodd. zu isolieren, die Ausbeuten indirekt festgestellt. Hierzu wurden NH_3 als Komplexverb. durch Fällung mit Natriumkobaltinitrit, **II** nach der Nitritmeth. von VAN SLYKE, modifiziert für Mikrobestimmungen, u. **III** als Differenz aus den titrimetr. ermittelten Gesamt-N u. dem auf NH_3 + **II** entfallenden Abteil bestimmt. Als Grundvers. wurde die Red. bei dem mol. Verhältnis von **I** : Na : absol. A. gleich 1 : 15 : 95 unter $^1/_4$std. Erhitzen durchgeführt; hierbei wurden 61,5 **II** u. 15,5 **III** (Mol-%) gebildet. Bei längerer Reaktionsdauer (durch die Reaktionstemp., die Schnelligkeit des Zusatzes des Na oder auch umgekehrt des Zufließens der **I**-Lsg. zum Na u. die Menge an A. zu regulieren) steigen die Ausbeuten an **II** u. **III**; doch wird hierbei eine Grenze erreicht, da bei zu träge verlaufender Rk. die Ausbeuten wieder fallen. Bei größerer Menge an A. löst sich das Na zu schnell auf, u. die Ausbeute an **II** u. bes. an **III** fällt. Verringerung der **I**-Konz. durch Zusatz eines indifferenten Lösungsm. wirkt sich günstig auf die Ausbeute an **III**, ungünstig auf diejenige an **II** aus, während sich die Gesamtausbeute fast nicht ändert. Wird die Rk. in Ggw. von Ni-Formiat, das zu Ni red. wird, durchgeführt, so werden 65,5 **II** u. nur 6 **III** (Mol-%) erhalten. Bei Anwendung einer Na–K-Legierung (2% K) erhöht sich die Ausbeute an **II** u. **III** (insgesamt 93 Mol-%). Feinzerteiltes Na verhält sich etwa so wie gewöhnliches Na in Stücken. Behandlung von **I** mit Alkoholatlsg. vor der Red. brachte die Ausbeute an **II** auf 80 Mol-%. Bei der Red. in anderen Alkoholen steigt die Ausbeute an **II** u. **III** in der Reihe CH_3OH, A., Butylalkohol an; in Cyclohexanol (Reaktionstemp. 165°) werden 30 **II** u. 61 **III** (Mol-%) erhalten. Auch α-Methyl- u. α-Phenylglutarsäuredinitril wurden red.; es zeigte sich, daß beide im Vgl. zu **I** höhere Ausbeuten an Piperidinderivv. geben. Zwecks Aufklärung des Reaktionsmechanismus wurde **II** unter den Bedingungen des Grundvers. der Red. unterworfen; da merkliche Mengen NH_3 nicht gebildet wurden, kann **III** aus **II** durch Abspaltung von NH_3 u. Ringschließung nicht entstehen. Es ist anzunehmen, daß Glutarsäurediimid oder das Aminonitril (δ-Aminovaleronitril) Zwischenprodd. sind, aus denen **II** u. **III** durch weitere Umwandlungen gebildet werden; dann wäre der Mechanismus der gleiche wie bei der katalyt. Hydrierung, die von v. BRAUN u. Mitarbeitern (Ber. dtsch. chem. Ges. **56**. [1923.] 1988) durchgeführt wurde. — Bei dem Grundvers. floß eine Lsg. von 0,95 g **I** in 50 ml absol. A. in 15 Min. zu 3,2 g Na unter Erhitzen auf dem sd. Wasserbad. (Журнал Общей Химии [J. allg. Chem.] **24** (**86**). 291–98. Febr. 1954.) POLLAK V. EMHOFEN. 1220

Marcel Chaigneau, *Über eine Mellitsäuresynthese*. (Vgl. C. **1952**. 2987.) Vom Hexamethylbenzol ausgehend, wurde *Mellitsäure* mit einer Gesamtausbeute von 80% dargestellt.

V e r s u c h e: *Hexamethylbenzol*, aus Phenol in CH_3OH durch Überleiten über Al_2O_3 unter CO_2 bei 360°. — *Hexakis-[brommethyl]-benzol*, $C_{12}H_{12}Br_6$, F. 298°, aus vorst. Verb. durch Bromierung in sd. Äthylenbromid; 94% (Ausbeute). — *Hexakis-[acetoxymethyl]-benzol*, $C_{24}H_{30}O_{12}$, F. 167—168°, aus vorst. Verb. mit K-Acetat in Essigsäureanhydrid; 91%. — *Hexakis-[oxymethyl]-benzol* (**I**), $C_{12}H_{18}O_6$, F. 311°, aus vorst. Verb. mit alkoh. KOH in 3 Std.; feine lange Nadeln; 94%. — *Mellitsäure*, $C_{12}H_6O_{12}$. a) **I** 4 Tage mit einer wss. $KMnO_4$–KOH-Lsg. behandeln, $KMnO_4$ mit CH_3OH zers., MnO_2 abtrennen u. Säure über das Pb-Salz isolieren; 33%; b) besser 7,4 g **I**, 75 g W. u. 75 cm³ HNO_3 (D. 1,33) $^1/_4$ Std. auf 88° erwärmen, einengen, in W. aufnehmen u. mit H_2SO_4 u. gebranntem Kalk im Vakuum eindampfen; 99,7%. *Ammoniumsalz*, $C_{12}H_{24}O_{12}N_6 \cdot 4\,H_2O$. (C. R. hebd. Séances Acad. Sci. **233**. 692—94. 24/9. 1951.) LIEBIG. 1240

Leon Katz, Lawrence S. Karger, William Schroeder und **Murray S. Cohen**, *Hydrazinderivate*. 1. Mitt. *Benzalthio- und Bis-[benzal]-dithiosalicylhydrazide*. Vff. untersuchen die Synthesen von *Thiosalicylhydrazid* (**I**), *Dithiosalicylhydrazid* [**II**; *Diphenyldisulfid-dicarbonsäure-(2.2')-dihydrazid*] u. ihren Kondensationsprodd. mit Carbonylverbb. (bes. Benzalderivv.). Um die Abhängigkeit der biochem. Wirksamkeit von der Struktur festzustellen, wurden zahlreiche verwandte Verbb. dargestellt. — Es wurde gefunden: Zur Erzielung einer maximalen Wirksamkeit gegenüber Bakterien u. Pilzen muß sich die SH-Gruppe in o-Stellung zur —CONHN—-Gruppe befinden. Allgemein sind in vitro die Disulfide stärker wirksam als die freien Mercaptoverbb.; Alkylierung der Mercaptogruppe hat Verlust der Wirksamkeit zur Folge. Die am stärksten wirksamen Carbonylkomponenten sind Chinolin-2- u. -4-aldehyd, 2.4- (**XX**) u. 3.4-Dichlor- oder 2-Alkoxybenzaldehyd. Zucker, Benzalacetone u. andere heterocycl. Aldehyde als vorst. sind nicht in gleichem Maße wirksam; Red. der –C=N-Doppelbindung hat keinen Einfl. auf die Wirksamkeit, dagegen wird die Aktivität durch Halogen im Thiosalicylrest (in 3-, 4- oder 5-Stellung) erhöht.

V e r s u c h e: *2-n-Propoxybenzaldehyd* (**III**), Kp.$_{0,3}$ 87°, aus 2-Oxybenzaldehyd (**XIV**) u. KOH in W. unter Rühren bis zur vollständigen Lösung, Zugabe von n-Propyljodid u. 20—24std. Kochen unter Rühren; 61% (Ausbeute). — *2-n-Butoxybenzaldehyd* (**IV**), Kp.$_{0,2}$ 105°, analog **III**; 53%. — *2-Isobutoxybenzaldehyd* (**V**), Kp.$_{1-2}$ 117°; 15%. — *2-sek.-Butoxybenzaldehyd* (**VI**), Kp.$_{0,05}$ 78°; 28%. — *2-n-Amyloxybenzaldehyd* (**VII**), Kp.$_{0,4}$ 112°; 52%. — *2-Isoamyloxybenzaldehyd* (**VIII**), Kp.$_{0,1}$ 94°; 35%. — *2-[2'-Chloräthoxy]-benzaldehyd* (**IX**), Kp.$_{0,15}$ 103°, F. 46°, aus **XIV** u. 1-Chlor-2-bromäthan in Xylol wie vorst.; 21%. — *4-[2'-Chloräthoxy]-benzaldehyd* (**X**), Kp.$_{0,1}$ 110°, F. 31°, aus 4-Oxybenzaldehyd (**XV**) wie **IX**; 30%. — *2-[2'-Diäthylaminoäthoxy]-benzaldehyd* (**XI**), Kp.$_{0,08}$ 118°, aus **XIV** u. Diäthylaminoäthylchlorid-Hydrochlorid wie vorst.; 41%. *Hydrochlorid*, F. 144—145°. — *4-[2'-Diäthylaminoäthoxy]-benzaldehyd* (**XII**), Kp.$_{0,1}$ 106°, aus **XV** analog **XI**; 60%. *Hydrochlorid*, F. 116—118°. — *2-Carboxymethoxybenzaldehyd* (**XIII**), F. 129°, aus **XIV** u. Chloressigsäure wie vorst.; 71%. — *Thiosalicylsäure* (*o-Mercaptobenzoesäure*), F. 165—168°, durch $^1/_2$std. Kochen von Dithiosalicylsäure [**XVIII**; $(HOOC \cdot C_6H_4S—)_2$] u. Na_2CO_3 in W. mit $Na_2S_2O_4$; 90%; geht leicht in das Disulfid über. *Methylester*, Kp.$_{1-2}$ 115—119°, durch 8—10std. Einleiten von HCl in die sd. methanol. Lsg. vorst. Verb.; 80—85%; daneben geringe Mengen *Dithiosalicylsäuredimethylester* (**XVI**). — *Thiosalicylhydrazid* (**I**), $C_7H_8ON_2S$, F. 115 bis 116° (W.), aus vorst. Methylester durch $3^1/_2$std. Kochen mit 85%ig. Hydrazinhydrat (**XVII**) in Isopropanol; 74%, ferner aus **XVI** wie vorst. ohne Lösungsm.; 90%; gibt mit 40%ig. Formalin u. K_2CO_3 (zur Darst. der N-Methylolverb.) beim Erwärmen auf 60° die *Verb.* $C_8H_8ON_2S$ (vermutliche Konst. **XXVI**), F. 204—206° [wss. Dimethylformamid (**XXII**)]; 98%. — *Dithiosalicylsäuredimethylester* [**XVI**; $(CH_3OOCC_6H_4S—)_2$], F. 129—131°, durch 3std. Kochen von **XVIII** mit Thionylchlorid, Entfernung des überschüssigen Säurechlorids im Vakuum u. 1std. Kochen mit Methanol; 73%. — Die meisten der aus **I** u. Carbonylverbb. erhaltenen Kondensationsprodd. werden schon beim Umkristallisieren (bes. aus hochsd. Lösungsmitteln) in die entsprechenden Disulfide umgewandelt, die mit den oxydierten Rohprodd. (Pyridin/J_2) ident. sind. Nur die nachst. Verbb. sind als Monoderivv. erhältlich. **I**-*Derivv.*: *2-Oxybenzal-*, $C_{14}H_{12}O_2N_2S$, F. 176—177,5° (A.), durch Zugabe von **XIV** zur sd. Lsg. von **I** u. Essigsäure in Methanol u. 5 Min. Kochen; 92%. — *2.4-Dichlorbenzal-* (**XXI**), $C_{14}H_{10}ON_2Cl_2S$, F. 214—216° (wss. Methanol), aus 2.4-Dichlorbenzaldehyd (**XX**) u. **I** in Isopropanol; 93—96%; geht beim Umkristallisieren aus wss. **XXII** in das Disulfid über. — *4-Carboxybenzal-*, F. 290—292°, aus **I** u. 4-Carboxybenzaldehyd in Methyl-

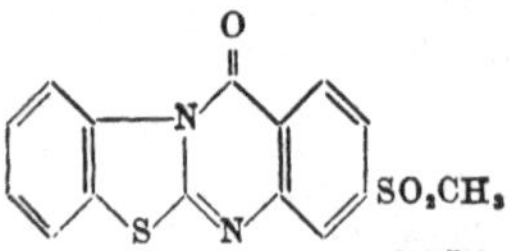

XXIV

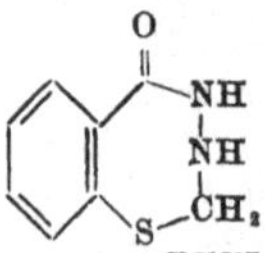

XXVI

cellosolve (**XXIII**) wie vorst.; 85%. — *3-Dimethylaminomethyl-4-oxybenzal-*, $C_{17}H_{19}O_2 \cdot N_3S$, F. 205—207° (nach Wiedererstarren F. >250° [Zers.]; aus Methanol/**XXII**), durch Zugabe von Formaldehyd zu 12,2 g **XV** u. 25%ig. wss. Dimethylamin bei <35°, Stehenlassen über Nacht, 2std. Erwärmen auf dem Wasserbad, Aufarbeitung u. Kondensation mit **I**; 5,6 g. — *3-Oxybenzal-*, $C_{14}H_{12}O_2N_2S$, F. 165—168° (n-Butanol), aus **I** u. 3-Oxybenzaldehyd; 90%. — *2-Äthoxybenzal-*, $C_{16}H_{16}O_2N_2S$, F. 160—161° (wss. **XXIII**), aus **I** u. 2-Äthoxybenzaldehyd; 85%. — *2-n-Butoxybenzal-*, $C_{18}H_{20}O_2N_2S$, F. 138—141° (wss. Methanol), aus **I** u. **IV**; 85%. — *2-Oxy-α-methylbenzal-*, $C_{15}H_{14}O_2N_2S$, F. 172—175° (wss. **XXIII**), aus **I** u. 2-Oxyacetophenon; 97%. — *α-Methyl-4-methoxy-cinnamal-*, $C_{18}H_{18}O_2N_2S$, F. 172—177° (wss. Essigsäure), aus **I** u. Methyl-4-methoxy-styrylketon; 97%. — *L-(+)-Arabinosethiosalicylhydrazon*, $C_{12}H_{16}O_5N_2S$, F. 175—176° (W.), aus L-(+)-Arabinose u. **I** in heißem W.; 100%. — *D-Glucosethiosalicylhydrazon*, $C_{13}H_{18}O_6N_2S$, F. 178—179° (W.), aus D-Glucose u. **I**; 72%. — *D-(+)-Xylosethiosalicyl-hydrazon*, $C_{12}H_{16}O_5N_2S$, F. 159—160°, aus D-(+)-Xylose u. **I**; 78%. — *Dithiosalicyl-hydrazid* (**II**), $C_{14}H_{14}O_2N_4S_2$, F. 214—215° (Methanol/**XXII**), durch Zugabe von J_2 zu **I** in 50%ig. Methanol bei Zimmertemp.; 79%. *Dihydrochlorid* (**XIX**), $C_{14}H_{14}O_2N_4S_2 \cdot 2\,HCl$, F. 220—222° (Methanol/Äthylacetat); 83%; spaltet beim Trocknen HCl ab. — **II**-*Derivv.*: *Bis-[2.4-dichlorbenzal]-*, $C_{28}H_{18}O_2N_4Cl_4S_2$, F. 266—267° (Methanol/**XXII**), a) durch Zugabe von **XX** zu einer heißen Lsg. von **II** in Eisessig; 78%; b) durch langsame Zugabe von J_2 in Pyridin zu 3,25 g **XXI** in Pyridin bei Zimmertemp.; 3 g; c) aus 2 g **XXI** in Pyridin u. 30%ig. H_2O_2 durch Stehenlassen über Nacht bei Zimmertemp.; 1 g. — *$N^2.N^{2'}$-Bis-[2.4-dichlorbenzyl]-*, $C_{28}H_{22}O_2N_4Cl_4S_2$, F. 225—257° (wss. **XXII**), durch kathod. Red. (Hg-Kathode) von **XXI** in 50%ig. Piperidin bei <55°, Neutralisieren u. 2std. Stehenlassen bei 0—5°; 85%. — *Bis-[2-oxybenzal]-*, $C_{28}H_{22}O_4N_4S_2$, F. 233—235° (wss. **XXII**), aus **XIX** u. **XIV** wie vorst.; 93%. — *Bis-[2-methoxybenzal]-*, $C_{30}H_{26}O_4N_4S_2$, F. 238—239° (wss. **XXIII**), aus **I** u. 2-Methoxybenzaldehyd; 98%. — *Bis-[2-äthoxybenzal]-*, $C_{32}H_{30}O_4N_4S_2$, F. 190—192° (aus wss. **XXII**), nach Wiedererstarren F. 246—248°, aus **XIX** u. 2-Äthoxybenzaldehyd; 94%. — *Bis-[2-n-propoxybenzal]-*, $C_{34}H_{34}O_4N_4S_2$, F. 224—225° (wss. A.), aus **XIX** u. **III**; 97%. — *Bis-[2-n-butoxybenzal]-*, $C_{36}H_{38}O_4N_4S_2$, F. 226—227° (wss. **XXII**), aus **XIX** u. **IV**; 85%. — *Bis-[2-isobutoxy-benzal]-*, $C_{36}H_{38}O_4N_4S_2$, F. 227—228° (wss. **XXIII**), aus **XIX** u. **V**; 95%. — *Bis-[2-sek.-butoxybenzal]-*, $C_{36}H_{38}O_4N_4S_2$, F. 226—227° (wss. **XXIII**), aus **XIX** u. **VI**; 86%. — *Bis-[2-n-amyloxybenzal]-*, $C_{38}H_{42}O_4N_4S_2$, F. 204—205° (wss. **XXIII**), aus **XIX** u. **VII**; 99%. — *Bis-[2-isoamyloxybenzal]-*, $C_{38}H_{42}O_4N_4S_2$, F. 222—224° (wss. n-Propanol), aus **XIX** u. **VIII**; 99%. — *Bis-[2-(2'-chloräthoxy)-benzal]-*, $C_{32}H_{28}O_4N_4Cl_2S_2$, F. 222—223° (Methanol/**XXII**), aus **XIX** u. **IX**; 99%. — *Bis-[2-(2'-diäthylaminoäthoxy)-benzal]-*, *Dihydrochlorid*, $C_{40}H_{50}O_4N_6Cl_2S_2$, F. 156—158° (Chlorbenzol), aus **XIX** u. **XI**; 88%. — *Bis-[2-carboxymethoxybenzal]-*, $C_{32}H_{26}O_8N_4S_2$, F. 189—190° (wss. **XXII**), aus **XIX** u. **XIII**; 97%. — *Bis-[5-brom-2-oxybenzal]-*, $C_{28}H_{20}O_4N_4Br_2S_2$, F. 259—260° (wss. **XXII**), aus **XIX** u. 5-Brom-2-oxybenzaldehyd; 96%. — *Bis-[3-oxybenzal]-*, $C_{28}H_{22}O_4N_4S_2$, F. 243—244° (wss. **XXII**), aus **XIX** u. 3-Oxybenzaldehyd; 92%. — *Bis-[3.4-dimethoxy-benzal]-*, $C_{32}H_{30}O_6N_4S_2$, F. 206—207° (wss. **XXII**), aus **I** u. 3.4-Dimethoxybenzaldehyd; 98%. — *Bis-[4-oxybenzal]-*, $C_{28}H_{22}O_4N_4S_2$, F. 243—245° (wss. **XXII**), aus **I** u. **XV**; 99%. — *Bis-[4-methoxybenzal]-*, $C_{30}H_{26}O_4N_4S_2$, F. 252—253° (wss. **XXII**), aus **I** u. 4-Methoxybenzaldehyd; 97%. — *Bis-[4-(2'-chloräthoxy)-benzal]-*, $C_{32}H_{28}O_4N_4Cl_2S_2$, F. 237—238° (methanol. **XXII**), aus **I** u. **X**; 93%. — [*Bis-[3-dimethylaminomethyl-4-oxybenzal]-*, $C_{34}H_{36}O_4N_6S_2$, F. 214—216° (wss. **XXII**), aus **I** u. 3-Dimethylaminomethyl-4-oxybenzaldehyd; 99%. — *Bis-[4-(2'-diäthylaminoäthoxy)-benzal]-*, *Dihydrochlorid*, $C_{40}H_{50}O_4N_6C_2S_2$, F. 197—199° [Propanol-(2)] aus **I** u. **XII**; 30%. — *Bis-[2-nitrobenzal]-*, $C_{28}H_{20}O_6N_6S_2$, F. 240—241° (wss. **XXIII**), aus **I** u. 2-Nitrobenzaldehyd, 88%. — *Bis-[3-nitrobenzal]-*, $C_{28}H_{20}O_6N_6S_2$, F. 263—264° (wss. **XXII**), aus **I** u. 3-Nitrobenzaldehyd; 98%. — *Bis-[4-nitrobenzal]-*, $C_{28}H_{20}O_6N_6S_2$, F. 257—258° (wss. **XXIII**), aus **I** u. 4-Nitrobenzaldehyd; 88%. — *Bis-[3-brom-4-oxybenzal]-*, $C_{28}H_{20}O_4N_4Br_2S_2$, F. 229—231° (wss. **XXIII**), aus **I** u. 3-Brom-4-oxybenzaldehyd; 91%. — *Bis-[4-carboxymethoxybenzal]-*, $C_{32}H_{26}O_8N_4S_2$, F. 237—239° (wss. **XXII**), aus **XIX** u. 4-Carboxymethoxybenzaldehyd; 83%. — *Bis-[3.4-methylendioxybenzal]-*, $C_{30}H_{22}O_6N_4S_2$, F. 250—252° (wss. **XXIII**), aus **I** u. 3.4-Methylendioxybenzaldehyd; 98%. — *Bis-[2-chlorbenzal]-*, $C_{28}H_{20}O_2N_4Cl_2S_2$, F. 243 bis 244° (wss. **XXIII**), aus **I** u. 2-Chlorbenzaldehyd; 94%. — *Bis-[4-chlorbenzal]-*, $C_{28}H_{20}O_2H_4Cl_2S_2$, F. 240—241° (wss. **XXIII**), aus **I** u. 4-Chlorbenzaldehyd; 88%. — *Bis-[2.4-dichlorbenzal]-*, $C_{28}H_{18}O_2N_4Cl_4S_2$, F. 267—268° (aus **XXII**). — *Bis-[3.4-dichlor-benzal]-*, $C_{28}H_{18}O_2N_4Cl_4S_2$, F. 220—222° (n-Butanol), aus **I** u. 3.4-Dichlorbenzaldehyd; 93%. — *Bis-[4-dimethylaminobenzal]-*, $C_{32}H_{32}O_2N_6S_2$, F. 241—243° (wss. **XXIII**), aus **I** u. 4-Dimethylaminobenzaldehyd; 78%. *Bis-methojodid*, $C_{34}H_{38}O_2N_6J_2S_2$, F. 216 bis 217° (W.); 35%. — *Bis-[4-acetamidobenzal]-*, $C_{32}H_{28}O_4N_6S_2$, F. 266—267° (wss. **XXII**), aus **I** u. 4-Acetamidobenzaldehyd; 99%. — *Bis-[4-äthylsulfonylbenzal]-*, $C_{32}H_{30}O_6N_4S_4$, F. 262—263° (wss. **XXII**), aus **I** u. 4-Äthylsulfonylbenzaldehyd; 90%. — *Bis-[4-carboxybenzal]-*, $C_{30}H_{22}O_6N_4S_2$, F. 292—293° (wss. **XXII**), aus **I** u. 4-Carboxybenzaldehyd; 85%. — *Bis-[α-menaphthyliden]-*, $C_{36}H_{26}O_2N_4S_2$, F. 207—208° (wss. **XXIII**), aus **XIX** u. α-Naphthaldehyd; 92%. — *Bis-[β-menaphthyliden]* , $C_{36}H_{26}O_2N_4S_2$, F. 258—260° (wss. **XXII**), aus **XIX** u. β-Naphthaldehyd; 46%. — *Bis-[α-furfuryliden]-*, $C_{24}H_{18}O_4N_4S_2$, F. 261—262° (Diäthylcarbitol), aus **I** u. Furfurol; 91%. — *Bis-[5-nitro-α-furfuryliden]-*, $C_{24}H_{16}O_8N_6S_2$, F. 236—237° (wss. **XXII**), aus **XIX** u. 5-Nitrofurfurol; 95%. — *Bis-[α-thenyliden]-*, $C_{24}H_{18}O_2N_4S_4$, F. 257—258° (wss. **XXIII**), aus **I** u. 2-Thiophenaldehyd; 96%. — *Bis-[α-picolyliden]-*, $C_{26}H_{20}O_2N_6S_2$, F. 148—149° (wss. (**XIII**), aus **XIX** u. α-Pyridinaldehyd; 70%. — *Bis-[β-picolyliden]-*, $C_{26}H_{20}O_2N_6S_2$, F. 244—245° (wss. **XXII**), aus **XIX** u. β-Pyridinaldehyd· 88%. — *Bis-[chinaldyliden]-*, $C_{34}H_{24}O_2N_6S_2$, F. 167—170° (Diäthylcarbitol), aus **XIX** u. α-Chinolinaldehyd· 92%. — *Bis-[lepidyliden]-*, $C_{34}H_{24}O_2N_6S_2$, F. 224—225° (wss. **XXII**), aus **XIX** u. γ-Chinolinaldehyd· 46%. — *Bis-[α-methyl-4-methoxycinnamal]*; $C_{36}H_{34}O_4N_4S_2$, F. 220—221° (wss. **XXII**), aus **XIX** u. Methyl-4-methoxystyrylketon; 90 %. — *Bis-[α-methyl-2-oxybenzal]-*, $C_{30}H_{26}O_4N_4S_2$, F. 259—260° (wss. **XXII**), aus **XIX** u. 2-Oxyacetophenon; 95%. — *5-Chlorthiosalicylsäure*, $C_7H_5O_2ClS$, F. 193—194. durch Zugabe einer wss. Lsg. von 5-Chloranthranilsäure, NaOH u. $NaNO_2$ zu konz. HCl bei 0—5°, 30 Min. Rühren, Zugabe der neutralisierten Diazoniumlsg. unter heftigem Rühren zu K-Äthylxanthogenat in W. bei 75 bis 80°, Aufnehmen in wss. NaOH u. 2std. Erwärmen auf dem Wasserbad (analog wurden alle nachst. substituierten Mercaptobenzoesäuren dargestellt); 85% [3 g geben bei Oxydation mit J_2/Methanol *5.5'-Dichlordithiosalicylsäure*, $C_{14}H_8O_4Cl_2S_2$, F. 330° (**XXIII**, Methanol, W.); 2,8 g]. *Methylester*, $C_8H_7O_2ClS$, F. 44—45° (Methanol/W.), durch 12std. Kochen der freien Säure in absol. Methanol unter Einleiten von HCl (gilt für alle nachst. Methylester); 85%; gibt bei 3std. Kochen mit **XVII** *5.5'-Dichlordithiosalicylhydrazid*, $C_{14}H_{12}O_2N_4Cl_2S_2$, F. 249—250°; 93% [daraus mit **XX** in Isopropanol *Bis-[2.4-dichlorbenzal]-5.5'-dichlordithiosalicylhydrazid*, $C_{28}H_{16}O_2N_4Cl_6S_2$, F. 245—247° (aus **XXIII**); 90%. — *5-Bromthiosalicylsäure*, $C_7H_5O_2BrS$, F. 210—211°; 86%. *Methylester*, $C_8H_7O_2BrS$; 98%. *Hydrazid*, $C_7H_7ON_2BrS$, Doppel-FF. 215—220° u. 240—245° (A.), aus vorst. Verb. (Rohprod.) u. **XVII**; gibt mit J_2/Pyridin *5.5'-Dibromdithiosalicylhydrazid*, $C_{14}H_{12}O_2N_4Br_2S_2$, F. 249—250° (Methanol/**XXII**); 80%. *Bis-[2.4-dichlorbenzal]-deriv.*, $C_{28}H_{16}O_2N_4Cl_4Br_2S_2$, F. 227—229° (Dioxan/W.), aus vorst. Verb. u. **XX**; 94%. — *m-Mercaptobenzoesäure*, F. 145—146°; 85%. *Methylester*, $C_8H_8O_2S$; 95%. — *m-Mercaptobenzhydrazid*, $C_7H_8ON_2S$, F. 120,5—121,5° (W., Bzl.); 32% (gibt bei Oxydation mit J_2 *Diphenyldisulfid-dicarbonsäure-(3.3')-dihydrazid*, $C_{14}H_{14}O_2N_4S_2$, F. 155—156° [Isopropanol, Pyridin/W.]; 95%. *Bis-[2.4-dichlorbenzal]-deriv.*, $C_{28}H_{18}O_2N_4Cl_4S_2$, F. 285—287° (wss. **XXII**), aus vorst. Verb. u. **XX** in Methanol/Essigsäure durch 10 Min. Kochen; 73%). — *4-Mercaptobenzoesäure*, F. 218—220°; 92%. *Methylester*, $C_8H_8O_2S$, F. 55—56° (Skellysolve B); 71%. *Hydrazid*, $C_7H_8ON_2S$, F. 152—153° (W.); 71%. *2.4-Dichlorbenzalhydrazid*, $C_{14}H_{10}ON_2Cl_2S$, F. 193—194° (Methanol); 67%. *3.4-Dichlorbenzalhydrazid.* $C_{14}H_{10}ON_2Cl_2S$, F. 204—205° (A.); 98%. —*Diphenyldisulfid-dicarbonsäure-(4.4')-dihydrazid*, $C_{14}H_{14}O_2N_4S_2$, F. 196—197° (Isopropanol, wss. Cellosolve), durch Oxydation des 4-Mercaptobenzoesäurehydrazids mit J_2. Analog das *Bis-[2.4-dichlorbenzal]-deriv.*, $C_{28}H_{18}O_2N_4Cl_4S_2$, F. 295—296° (wss. **XXII**), u. das *Bis-[3.4-dichlorbenzal]-deriv.*, $C_{28}H_{18}O_2N_4Cl_4S_2$, F. 238—240° (methanol. **XXII**). — *4-Chlorthiosalicylsäure*, $C_7H_5O_2ClS$, F. 195 bis 196°; 85%. *Methylester*; 75%. — *4.4'-Dichlordithiosalicylhydrazid*, $C_{14}H_{12}O_2N_4Cl_2S_2$, F. 229—230° (methanol. **XXII**); 85%. *Bis-[2.4-dichlorbenzal]-deriv.*, $C_{28}H_{16}O_2N_4Cl_6S_2$, F. 260—261°. — *3.5-Dichlordithiosalicylsäure*, F. 196—198°; 93%. *Methylester*; 87%.— *3.3'.5.5'-Tetrachlordithiosalicylhydrazid*, $C_{14}H_{10}O_2N_4Cl_4S_2$, F. 223—225° (methanol. **XXII**; 91%. — *Bis-[2.4-dichlorbenzal]-deriv.*, $C_{28}H_{14}O_2N_4Cl_8S_2$, F. 258—260° (wss. **XXII**); 80%. *Bis-[2-methoxybenzal]-deriv.*, $C_{30}H_{22}O_4N_4Cl_4S_2$, F. 237—240° (wss. **XXII**), wie vorst. aus o-Methoxybenzaldehyd; 73%. — *3.5-Dibromthiosalicylsäure*, $C_7H_4O_2Br_2S$, F. 221—222°; 97%. *Methylester*, $C_8H_6O_2Br_2S$, F. 88—89° (Methanol); 86%. — *3.3'.5.5'-Tetrabromdithiosalicylhydrazid*, $C_{14}H_{10}O_2N_4Br_4S_2$, F. 233—234° (wss. **XXIII**), wie vorst. über die *Monothioverb.* (F. 170—175°) durch Oxydation mit J_2; 75%. *Bis-[2.4-dichlorbenzal]-deriv.*, $C_{28}H_{14}O_2N_4Br_4Cl_4S_2$, F. 252—253° (**XXIII**); 67%. — *2-Nitro-4-methoxybenzonitril*, $C_8H_6O_3N_2$, F. 136—137° (Methanol), aus 2-Nitro-4-methoxyanilin nach HAND (J. Amer. chem. Soc. [1922.]); 95%. — *2-Nitro-4-methoxybenzoesäure*, F. 194—196°, aus vorst. Verb. durch 72std. Erwärmen mit 64%ig. H_2SO_4 auf dem Wasserbad; 81%. — *4-Methoxyanthranilsäure*, F. 174—176°, durch Zugabe (1 Std.) vorst. Verb. zu Fe in sd. W. u. wenig HCl u. 1std. Erwärmen; 92%. — *4.4'-Dimethoxydithiosalicylhydrazid*, $C_{16}H_{18}O_4N_4S_2$, F. 229—230° (methanol. **XXIII**), aus vorst. Verb. über 4-Methoxythiosalicylsäure (72%). *Bis-[2.4-dichlorbenzal]-deriv.*, $C_{30}H_{22}O_4N_4Cl_4S_2$, F. 230 bis

231° (**XXII**), aus vorst. Verb. u. **XX** in Essigsäure; 100%. — *Methyl-p-tolylsulfid*, aus p-Thiokresol nach AUWERS u. ARNDT [1909]; 70%. — *Methyl-p-tolylsulfon*, F. 88—89°, durch Oxydation vorst. Verb. mit $KMnO_4$; 100%. — *3-Nitro-p-tolylmethylsulfon*, C_8H_9·O_4NS, F. 118—119° (A.), durch Nitrierung vorst. Verb. mit 0,5 Mol konz. H_2SO_4 u. 0,12 Mol HNO_3 (D. 1,4) bei 45—50°, $^1/_2$std. Erwärmen auf 70—75° u. $^1/_2$ Std. auf 75 bis 80°; 93%. — *4-Methylsulfonyl-2-nitrobenzoesäure*, $C_8H_7O_6NS$, F. 212—213° (W.), aus vorst. Verb. durch Oxydation nach LEONARD u. BOYD (C. **1946**. I. 477); 49%. — *4-Methylsulfonyl-2-aminobenzoesäure*, $C_8H_9O_4NS$, F. 245—246° (W.), durch Red. vorst. Verb. mit Fe/HCl; 84%. Zeigt in wss. Lsg. hellblaue Fluorescenz; 1,95 g geben bei 1std. Kochen mit 2-Chlorbenzothiazol in Eisessig/n-Butanol *Prod.* **XXIV**, $C_{15}H_{10}O_3N_2S_2$, F. 256° (**XXIII**); 1,8 g. — *4-Methylsulfonylthiosalicylsäure*, $C_8H_8O_4S_2$, F. 180—181°; 59%. *Methylester*; 60%. — *4-Methylsulfonylthiosalicylhydrazid*, $C_8H_{10}O_3N_2S_2$, F. 180 bis 181° (W.); 58%. — *4.4'-Bis-[methylsulfonyl]-dithiosalicylhydrazid*, $C_{16}H_{18}O_6N_4S_4$, F. 219—220° (wss. **XXIII**); 85%. *Bis-[2.4-dichlorbenzal]-deriv.*, $C_{30}H_{22}O_6N_4Cl_4S_4$, F. 260 bis 261° (**XXII**); 93%. — *S-Methylthiosalicylhydrazid*, $C_8H_{10}ON_2S$, F. 103—104° (Bzl.), durch 2std. Kochen von S-Methylthiosalicylsäuremethylester (**XXV**) mit **XVII** in A.; 70%. *4-Chlorbenzalderiv.*, $C_{15}H_{13}ON_2ClS$, F. 159—160° (Methanol/W.), aus vorst. Verb. u. p-Chlorbenzaldehyd durch 15 Min. Erwärmen in Methanol in Ggw. von Eisessig; 88%. — *2-Methylsulfonylbenzhydrazid*, $C_8H_{10}O_3N_2S$, F. 148—149° (Methanol/Ae.), aus **XXV** durch Oxydation mit $KMnO_4$ u. Rk. mit **XVII**. *2.4-Dichlorbenzalderiv.*, $C_{15}H_{12}O_3N_2Cl_2S$, F. 211—212° (95%ig. A.). (J. org. Chemistry **18**. 1380—1402. Okt. 1953. Lawrenceburg, Ind., Schenley Labor., Inc.) G. WINKLER. 1250

Josef Klosa, *Notiz über die Darstellung von p-Nitrophenylcyanbrenztraubensäureäthylester.* Durch Kondensation von p-Nitrobenzylcyanid (**III**) mit Oxalsäurediäthylester (**IV**) wurde *p-Nitrophenylcyanbrenztraubensäureäthylester* (**I**) in krist. Form erhalten. Bei der Zers. von **I** in konz. H_2SO_4 mit A. bildet sich unter innermol. Ringschluß *α-Oxy-α'-[4-nitrophenyl]-maleinsäureimid* (**II**). Die Kondensation von **I** mit Resorcin lieferte den erwarteten *7-Oxy-3-[4-nitrophenyl]-cumarincarbonsäure-(4)-äthylester*, während die Rk. mit β-Naphthol nicht gelang. Verss., **I** mit Benzylcyanid zum entsprechenden Pulvinsäurederiv. zu kondensieren, mißlangen.

Versuche: *p-Nitrophenylcyanbrenztraubensäureäthylester* (**I**), $C_{12}H_{10}O_5N_2$, F. 158—159° (Eisessig oder Bzl.), durch 2std. Kochen von 16 g **III** u. 28 g **IV** mit 4 g Na in absol. A., Verdünnen mit W., Filtrieren u. Ansäuern mit konz. HCl; 11 g (Ausbeute); gibt grüne $FeCl_3$-Rk.; Zers. mit W. oder verd. Alkali gibt **III**. *$NaHSO_3$-Verb.*, $C_{12}H_{11}$·O_8N_2SNa, moosgrünes Salz. *Oxim*, $C_{12}H_{11}O_5N_3$, F. 191—193° (A.). — *p-Nitrophenylbrenztraubensäure*, $C_9H_7O_5N$, F. 191—193° (Eisessig), durch schwaches Erwärmen von 2,5 g **I** in konz. H_2SO_4 u. Gießen in W.; 1,1 g. — *Phenylcyanbrenztraubensäuremethylester*, F. 113—115° (Methanol), aus **IV** u. Benzylcyanid mit Mg in absol. Methanol, 1 Std. Kochen. — *α-Oxy-α'-[4-nitrophenyl]-maleinsäureimid* (**II**), $C_{10}H_6O_5N_2$, F. 278 bis 279° (A. oder Eisessig), gelbe Nadeln. a) 0,5 g **I** in konz. H_2SO_4 10 Min. erwärmen u. Lsg. in absol. A. eingießen; 0,3 g. b) **I** in Eisessig + $ZnCl_2$ + HCl-Gas 10 Min. auf 60° erwärmen, dann wieder HCl einleiten u. 24 Std. stehenlassen. *Na-Salz*, $C_{10}H_5O_5N_2$·Na, braune Kristalle (W.). — *α-Acetoxy-α'-[4-nitrophenyl]-maleinsäureimid*, $C_{12}H_8O_6N_2$, F. 173—175° (A.), grüne Nadeln, aus 0,5 g **II** in Essigsäureanhydrid + 3 Tropfen konz. H_2SO_4, 1 Std. kochen; 0,3 g. — *7-Oxy-3-[4-nitrophenyl]-cumarincarbonsäure-(4)-äthylester*, $C_{18}H_{13}O_7N$, F. 223—225° (A.), aus 2 g **I** u. 1 g Resorcin in Eisessig, Lsg. mit HCl sättigen, $ZnCl_2$ eintragen, dann bei 50° 1 Std. HCl einleiten, nach 24 Std. filtrieren u. mit W. versetzen; 1,2 g orangefarbene Nadeln. (Chem. Ber. **85**. 229—32. 1952. Udersleben/Kyffh., Organ.-chem. Labor.) JOHN. 1270

P. L. Bayless und **Charles R. Hauser**, *Eine Reformatski-Kondensation von Aroylchloriden mit α-Bromisobuttersäureäthylester mittels Zink unter Bildung von β-Ketoestern.* 53. Mitt. *über Kondensationen.* (52. vgl. C. **1954**. 4149.) Nach Art der REFORMATSKI-Synth. ergeben Benzoylchlorid (**I**) bzw. die p-Methoxy-, o- u. p-Chlorverb. sowie Mesitoylchlorid mit α-Bromisobuttersäureäthylester (**II**) u. Zn in Ae. die ententsprechenden *α-Aroyl-α.α-dimethylessigsäureester*, die als β-Ketoester durch Ketonspaltung in die entsprechenden *Arylisopropylketone* übergeführt werden. Nur Mesitoyldimethylessigsäureäthylester ergab dabei statt dessen *Mesitylen* (**III**, Kp.$_{20}$ 65—66°, *Dinitroderiv.*, F. 87°). Da Isobutyromesitylen (Kp.$_{19}$ 142—143°) u. Mesitoesäure (F. 152,5 bis 153°) unter den Reaktionsbedingungen (H_2SO_4-Eisessig) unverändert blieben, wird angenommen, daß **III** infolge umgekehrter FRIEDEL-CRAFTS-Ketosynth. entsteht. Verss., **I** mit α-Bromessig- oder -propionsäureäthylester mit Zn in Bzl.–Toluol umzusetzen, ergab infolge Weiterkondensation der gebildeten β-Ketosäureester schwer trennbare Produkte. Entsprechende Verss. mit Phenyl-p-methoxy- u. -p-chlorbenzoat an Stelle der Säurechloride ergaben in Bzl.-Toluol die β-Ketoester in geringerer Ausbeute. Phenylmesitoat reagierte jedoch nicht.

Versuche: *α-Benzoylisobuttersäureäthylester* (**IV**), Kp.$_{15}$ 151—152°, durch Zugabe von **I** u. **II** zu Zn in Bzl.-Toluol, 3 Std. am Rückfluß, in 20% H_2SO_4-Eis gießen, n_D^{26} 1,503; 57% (Ausbeute). — *α-p-Methoxybenzoylisobuttersäureäthylester*, Kp.$_{10}$ 182 bis 183°, analog vorst. aber in Ae., n_D^{25} 1,520—1,521,65% (in Bzl.-Toluol aus p-Methoxybenzoesäureäthylester: 59%); analog: *α-p-Chlorbenzoylisobuttersäureäthylester*, Kp.$_{10}$ 161—163°, Kp.$_{20}$ 179—180°, n_D^{25} 1,517, n_D^{23} 1,518, 71% (35%); *α-o-Chlorbenzoylisobuttersäureäthylester*, Kp.$_{12}$ 169—172°, n_D^{24} 1,506, 72%; *α-Mesitoylisobuttersäureäthylester*, F. 42—42,5° (aus PAe. bei —70°), Kp.$_{15}$ 180—182°, 68%. — *Phenylisopropylketon*, Kp.$_{15}$ 109—110°, aus **IV** u. konz. H_2SO_4-Eisessig-W. (1:3:1) am Rückfluß bis zum Ende der CO_2-Entw. (8—12 Std.), 84%, *2.4-Dinitrophenylhydrazon*, F. 161,5 bis 162°; analog: *p-Methoxyphenylisopropylketon*, $C_{11}H_{14}O_2$, Kp.$_{14}$ 150°, 41%, *Semicarbazon*, F. 188—189°; *p-Chlorphenylisopropylketon*, Kp.$_{19}$ 142—143°, n_D^{23} 1,534, 75%, *Semicarbazon*, $C_{11}H_{14}ON_3Cl$, F. 184—184,5°; *o-Chlorphenylisopropylketon*, Kp.$_{17}$ 121 bis 122°, n_D^{25} 1,520, 75%, *Semicarbazon*, $C_{11}H_{14}ON_3Cl$, F. 106—106,5°. (J. Amer. chem. Soc. **76.** 2306—08. 5/5. 1954. Durham, N. C., Duke Univ., Dep. of Chem.) Gnauck. 1270

B. A. Porai-Koschitz und **A. L. Remisow**, *Synthese und Eigenschaften von Azomethinen aus schwach basischen aromatischen Aminen.* Die (umkehrbare) Rk. von aromat. Aminen mit aromat. Aldehyden, z. B. Benzaldehyd, die nach dem Schema $RNH_2 + R'CHO \rightleftharpoons RNHCHOHR' \rightleftharpoons RN{=}CHR'$ zu *Benzalverbb.* („*Azomethinen*") führt, wurde mit *m*-u. *p-Nitranilin* u. *Streptocid* (*Sulfanilamid*) durchgeführt. Die erhaltenen Verbb. sind gegen Feuchtigkeit so empfindlich, daß schon beim Aufbewahren an der Luft oder Kochen in polaren, ungenügend entwässerten Lösungsmitteln, wie niederen Alkoholen u. Aceton, Amin u. Aldehyd zurückgebildet werden. Offenbar hängt die Unbeständigkeit gegen W. mit der sehr schwach bas. Natur dieser Amine zusammen, da die aus stärker bas. Aminen gebildeten Benzalverbb. beständig sind u. erst durch Mineralsäuren hydrolysiert werden.

Versuche: Die Rk. wird in sd. Toluol oder Xylol unter kontinuierlichem Abdest. des Lösungsm. u. Wiederholung der Dest. mit frisch zugesetztem Lösungsm. durchgeführt, wodurch das Reaktionswasser entfernt wird; der Aldehyd in 5—15%ig. Überschuß; nach dem Abkühlen scheidet sich das Reaktionsprod. fast quantitativ u. in vorzüglicher Reinheit aus. Nach dem früher üblichen Verf. durch Erhitzen im Rohr mit großem Überschuß an Aldehyd (ohne Entfernen des Reaktionswassers) wird nur eine durch Amin u. Aldehyd verunreinigte Benzalverb. erhalten. *Benzal-p-nitranilin*, F. 117—118°; aus Toluol + Ae. fast farblose (nicht gelbe, wie in der Literatur angegeben) Prismen. — *m-Nitrobenzal-p-nitranilin*, F. 146° (Bzl.). — *Benzal-m-nitranilin*, F. 71,5 bis 72° (Toluol + Bzn.). — *Benzalstreptocid*, F. 178—179,2° (korr.; geringe Zers.); aus Dioxan oder absol. A.+Bzl. Blättchen. (Журнал Общей Химии [J. allg. Chem.] **24** (**86**). 372—75. Febr. 1954. Leningrad, Technol. Lensowjetinst., Porai-Koschitz-Labor. für Technol. organ. Farbstoffe.) R. Knobloch. 1310

John T. Edward, *Die Oxydation von N-Alkylanilinen und verwandten Verbindungen mit Benzoylperoxyd.* Vf. wendet die von Gambarjan [1909.] gefundene **Darst.** von *o-Benzamidophenolen* durch Oxydation von N-Monoalkylanilinen mittels Benzoperoxyd auf eine Reihe analoger Fälle an. **Hierbei** reagiert p-Chlor-N-methylanilin sehr langsam u. *N*-Methylanthranilsäure gar nicht (vgl. Horner u. Scherf, C. **1952.** 6190). Die Konst. der dargestellten Verbb. konnte durch Darst. auf anderem Wege oder infrarotspektroskop. sichergestellt werden. Nebenbei gebildete Neutralprodd. konnten noch nicht identifiziert werden. Als Reaktionsmechanismus wird angenommen, daß $C_6H_5COO\cdot$-Radikale unter Bldg. eines Aminiumionenradikals vom alkylierten Anilin ein Elektron abziehen, jenes unter Abgabe von H^+ **A** bildet, das über **B**→o-Benzoyloxy-N-alkylanilin das Endprod. ergibt.

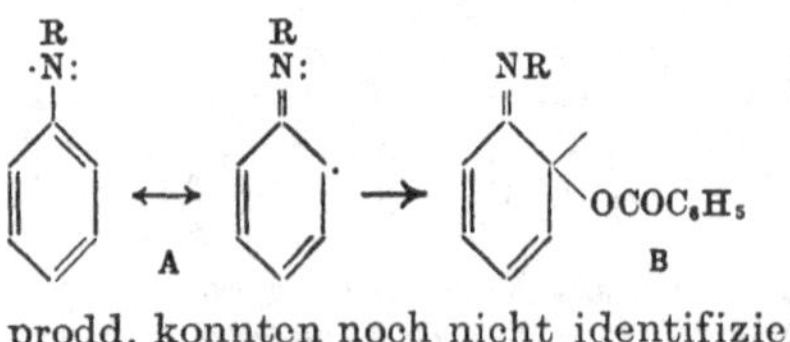

Versuche: Folgende Phenole a) durch Zugabe von Benzoylperoxyd zu dem Amin in Bzl., 20 Min. unter Eiskühlung, b) durch Alkylierung von 2-Phenylbenzoxazol am Rückfluß (mit Methylsulfat 7 Std. in Bzl.; Äthylsulfat 3 Std. in Xylol bzw. Benzylbromid 5 Std. in Dimethylformamid), c) aus o-Aminophenol u. Alkylbromid 4 Std. am Rückfluß in A., dann Benzoylierung, Benzamidophenole 10 Min. auf 170° Erhitzen: *o-N-Methylbenzamidophenol*, $C_{14}H_{13}O_2N$, F. 158—159°, aus N-Methylanilin, 30% (Ausbeute); *o-N-Äthylbenzamidophenol*, $C_{15}H_{15}O_2N$, F. 160—162°, aus N-Äthylanilin, 37%; *o-N-Propylbenzamidophenol*, $C_{16}H_{17}O_2N$, F. 131—134°, aus N-Propylanilin, 20%; *o-N-n-Butylbenzamidophenol*, $C_{17}H_{19}O_2N$, F. 120—122°, aus N-n-Butylanilin, 35%;

o-N-Isopentylbenzamidophenol, $C_{18}H_{21}O_2N$, F. 77—81⁰, aus N-Isopentylamin, 20%; *o-N-Benzylbenzamidophenol*, $C_{20}H_{17}O_2N$, F. 159—160⁰, aus N-Benzylanilin, 8%; *3-Methyl-2-N-methylbenzamidophenol*, $C_{15}H_{15}O_2N$, F. 152—155⁰, aus N-Methyl-o-toluidin, 8%; *4-Methyl-2-N-methylbenzamidophenol*, $C_{15}H_{15}O_2N$, F. 213—215⁰, aus N-Methyl-m-toluidin; 10%; *5-Methyl-2-N-methylbenzamidophenol*, $C_{15}H_{15}O_2N$, F. 189—193⁰, aus N-Methyl-p-toluidin, 31%; *5-Chlor-2-N-methylbenzamidophenol*, $C_{14}H_{12}O_2NCl$, F. 210—211⁰, aus p-Chlor-N-methylanilin 1 Nacht, 19%; *1-N-Äthylbenzamido-2-naphthol*, $C_{19}H_{17}O_2N$, F. 228—230⁰, aus N-Äthyl-α-naphthylamin, 40%; *1-Benzoyl-1.2.3.4-tetrahydro-8-oxychinolin*, $C_{16}H_{15}O_2N$, F. 174—175⁰, aus 1.2.3.4-Tetrahydrochinolin. (J. chem. Soc. [London] **1954**. 1464—67. Mai. Birmingham, Univ., Chem. Dep. u. Oxford, Dyson Perrins Labor.) GNAUCK. 1320

William F. Minor, Richard R. Smith und **Lee C. Cheney**, *Glycerinäther*. 1. Mitt. *Alkaminoalkyläther von 1.3-Bis-[Aryloxy]-propanol-(2) und verwandten Verbindungen.* Vff. beschreiben die Darst. einer Reihe von bas. Äthern des Typs RY–CH_2–CH(OC_nH_{2n}B)–CH_2–Z–R′ (mit R u. R′ = Alkyl-, Aryl- oder substituierten Arylgruppen, Y u. Z = O oder S, B = Dialkylamino, Piperidyl oder Imidazolyl), von denen einige ausgeprägte lokalanästhet. Wrkg. besitzen. Die Zwischenprodd. der Synth., R–Y–CH_2–CHOH–CH_2–Z–R′, aus denen durch Kondensation mit Cl–C_nH_{2n}–B in Ggw. von Na oder $LiNH_2$ vorst. Triäther dargestellt werden, erhalten Vff. durch Umsetzung des entsprechenden Phenols (Thiophenols) mit Epichlorhydrin (**I**) u. NaOH in Dioxan (für R = R′; Ausbeuten 61—95%), aus 1.2-Epoxy-3-phenoxypropan (**VI**) mit o-Thiokresol bzw. Butanol u. aus 1-Chlor-3-[o-toloxy]-propanol-(2) (**VII**) mit dem Na-Salz von Thiophenol bzw. Äthylmercaptan.

V e r s u c h e: Die verwendeten β-Dialkylaminoäthylchloride (in Form der Hydrochloride) wurden durch Umsetzung der entsprechenden Aminoalkohole mit überschüssigem $SOCl_2$ in Bzl. dargestellt, *γ-[Piperidino]-neopentylchlorid* (**II**) nach MANNICH u. BAUMGARTEN [1937]. — *1.3-Bis-[phenoxy]-propanol-(2)* (**III**), $C_{15}H_{16}O_3$, F. 82,5—84⁰ (Isopropanol), durch 1std. Erwärmen von 2,2 Mol Phenol u. 1,2 Mol NaOH in Dioxan auf dem Wasserbad unter Rühren, Zugabe von 1 Mol **I** (45 Min.) u. 5,5std. Erwärmen u. Rühren (Meth. **A**); 95% (Ausbeute). — *1.3-Diphenoxy-2-[β-dimethylaminoäthoxy]-propan*, Kp.$_{<1}$ 152—160⁰, durch portionsweise Zugabe von Na zu **III** (10—20% Überschuß) in heißem Toluol u. 5—9std. Kochen unter Rühren (oder bei größerer Löslichkeit des A. in Toluol: durch Zugabe des in Toluol gelösten A. zu geschmolzenem Na in Toluol; bei Zersetzungsgefahr unter N_2), Zugabe von β-Dimethylaminoäthylchlorid (**IV**) in Toluol (10—15% Überschuß) u. 10—17std. Kochen unter Rühren, Isolierung als Hydrochlorid oder Dihydrogencitrat (Meth. **C**); 61%. *Hydrochlorid*, $C_{19}H_{26}O_3NCl$, F. 131—132⁰ (Methylisobutylketon); *Äthojodid*, $C_{21}H_{30}O_3NJ$, F. 75—76,5⁰ (A./Äthylacetat); 62,5%. — *1.3-Diphenoxy-2-[β-diäthylaminoäthoxy]-propan*, Kp. $_{<1}$ 168—174⁰, aus **III** u. β-Diäthylaminoäthylchlorid (**V**), **C**; 87,5%. *Hydrochlorid*, $C_{21}H_{30}O_3NCl$, F. 109,5—111⁰ (Äthylacetat). *Dihydrogencitrat*, $C_{27}H_{37}O_{10}N$, F. 113—114⁰ (Zers.; aus W./Isopropanol). — *1.3-Diphenoxy-2-[β-diisopropylaminoäthoxy]-propan*, $C_{23}H_{33}O_3N$, Kp.$_1$ 195—197⁰, aus **III** u. β-Diisopropylaminoäthylchlorid, **C**; 87%. *Methojodid*, $C_{24}H_{36}O_3NJ$, F. 95,5—97⁰ (Zers.; aus A./Ae.); 92%. — *1.3-Diphenoxy-2-[β-piperidinoäthoxy]-propan*, Kp.$_{<1}$ 180—185⁰, aus **III** u. β-Piperidinoäthylchlorid, **C**; 79%. *Hydrochlorid*, $C_{22}H_{30}O_3NCl$, F. 97—98,5⁰ (Äthylacetat). — *Monohydrat*, F. 74,5—76⁰. *Methojodid*, $C_{23}H_{32}O_3NJ$, F. 78,8⁰ (Zers.; aus A./Ae.). — *1.3-Diphenoxy-2-[γ-piperidinoneopentyloxy]-propan*, $C_{25}H_{35}O_3N$, Kp.$_1$ 202—206⁰, aus **III** u. **II**; 79%. — *1.3-Bis-[o-toloxy]-propanol-(2)*, $C_{17}H_{20}O_3$, Kp.$_1$ 176—180⁰, aus o-Kresol u. **I**, **A**; 61%. — *1.3-Bis-[o-toloxy]-2-[β-dimethylaminoäthoxy]-propan*, $C_{21}H_{29}O_3N$, Kp.$_1$ 187—192⁰, aus vorst. Verb. u. **IV**, **C**; 79%. *Methojodid*, $C_{22}H_{32}O_3NJ$, F. 86—87⁰ (Zers.; aus Ae./Aceton); 95%. — *1.3-Bis-[p-toloxy]-propanol-(2)*, $C_{17}H_{20}O_3$, F. 89,5—91⁰ (Isopropanol), aus p-Kresol u. **I**, **A**; 88%. — *1.3-Bis-[p-toloxy]-2-[β-dimethylaminoäthoxy]-propan*, Kp.$_1$ 192—194⁰, aus vorst. Verb. u. **IV**, **C**; 79%. *Hydrochlorid*, $C_{21}H_{30}O_3NCl$, F. 123—124,5⁰ (Zers.; aus Aceton). — *1.3-Bis-[3.5-xyloxy]-propanol-(2)*, $C_{19}H_{24}O_3$, F. 68—69⁰ (Isopropanol, PAe.), aus 1.3-Dimethyl-5-oxybenzol u. **I**, **A**; 62%. — *1.3-Bis-[3.5-xyloxy]-2-[β-diäthylaminoäthoxy]-propan*, aus vorst. Verb. u. **V**, **C**; 63%. *Hydrochlorid*, $C_{25}H_{38}O_3NCl$, F. 90—92⁰ (Zers.; aus Äthylacetat). — *1.3-Bis-[p-äthoxyphenoxy]-propanol-(2)*, $C_{19}H_{24}O_5$, F. 95 bis 96,5⁰ (Isopropanol), aus p-Äthoxyphenol u. **I**, **A**; 89,5%. — *1.3-Bis-[p-äthoxyphenoxy]-2-[β-dimethylaminoäthoxy]-propan*, Kp.$_1$ 230—232⁰, F. 60—61,5⁰, aus vorst. Verb. u. **IV**, **C**; 74%. *Hydrochlorid*, $C_{23}H_{34}O_5NCl$, F. 94,5—96⁰ (Zers.; aus Äthylacetat). — *1.3-Bis-[p-nitrophenoxy]-propanol-(2)*, $C_{15}H_{14}O_7N_2$, F. 146—147⁰, aus p-Nitrophenol u. **I**, **A**; 4%. — *1.3-Bis-[p-nitrophenoxy]-2-[β-diäthylaminoäthoxy]-propan*, $C_{21}H_{27}O_7N_3$, F. 98 bis 100⁰ (A., Äthylacetat), aus vorst. Verb. u. $LiNH_2$ in Toluol durch 4std. Kochen unter Rühren, Zugabe von **V** in Toluol (30 Min.) u. 17—19 Std. Kochen unter Rühren,

(Meth. D); 36,5%. — *1.3-Bis-[p-chlorphenoxy]-propanol-(2)*, $C_{15}H_{14}O_3Cl_2$, F. 91—92° (Isopropanol), aus p-Chlorphenol u. **I**, **A**; 89,5%. — *1.3-Bis-[p-chlorphenoxy]-2-[β-diäthylaminoäthoxy]-propan*, aus vorst. Verb. u. **V**, **D**; 43%. *Dihydrogencitrat*, $C_{27}H_{35}O_{10}NCl_2$, F. 122—123° (A., Aceton). — *1.3-Bis-(2.4-dichlorphenoxy]-propanol-(2)*, $C_{15}H_{12}O_3Cl_4$, F. 128,5—129° (Isopropanol), aus 2.4-Dichlorphenol u. **I**, **A**; 80%. *1.3-Bis-[2.4-dichlorphenoxy]-2-[β-diäthylaminoäthoxy]-propan*, aus vorst. Verb. u. **V**, **C**; 60%. *Hydrochlorid*, $C_{21}H_{26}O_3NCl_5$, F. 108,5—110° (Zers.; aus Methylisobutylketon). — *1.3-Bis-[2.4.5-trichlorphenoxy]-propanol-(2)*, $C_{15}H_{10}O_3Cl_6$, F. 124,5—127° (Isopropanol), aus 2.4.5-Trichlorphenol u. **I**, **A**; 12%. — *1.3-Bis-[4-chlor-3.5-xyloxy]-propanol-(2)*, $C_{19}H_{22}\cdot O_3Cl_2$, F. 89—90° (PAe.), aus 2-Chlor-1.3-dimethyl-5-oxybenzol u. **I**, **A**; 74%. — *1.3-Bis-[4-chlor-3.5-xyloxy]-2-[β-diäthylaminoäthoxy]-propan*, aus vorst. Verb. u. **V**, **C**; 85%. *Hydrochlorid*, $C_{25}H_{36}O_3NCl_3$, F. 135,5—137,5° (Äthylacetat). — *1-Butoxy-3-phenoxy-propanol-(2)*, $C_{13}H_{20}O_3$, Kp.$_{<1}$ 125—132°, durch Zugabe (30 Min.) von **VI** zu Butanol u. $7^1/_2$std. Erwärmen auf dem Wasserbad unter Rühren in Ggw. katalyt. Mengen $SnCl_4$; 39%. — *1-n-Butoxy-3-phenoxy-2-[β-diäthylaminoäthoxy]-propan*, $C_{19}H_{33}O_3N$, Kp.$_{<1}$ 152—162°, aus vorst. Verb. u. **V**, **C**; 85,5%. — *β.β'-Diphenoxyisopropoxyessigsäure-äthylester*, $C_{19}H_{22}O_5$, Kp.$_{1,5}$ 210—214°, aus **III** u. Chloressigester, **C**; 85%. — *2-[β.β'-Diphenoxyisopropoxymethyl]-Δ^2-imidazolin*, Kp.$_2$ 238—241°, durch 89std. Erwärmen vorst. Verb. mit wasserfreiem Äthylendiamin auf dem Wasserbad; 32%. *Hydrochlorid*, $C_{19}H_{23}O_3N_2Cl$, F. 168—168,5° (Isopropanol). — *1.3-Bis-[phenylmercapto]-propanol-(2)*, $C_{15}H_{16}OS_2$, Kp.$_{1-3,5}$ 192—225°, aus Thiophenol u. **I**, **A**; 64%, daneben wenig *Diphenyldisulfid*, F. 58—60°. — *1.3-Bis-[phenylmercapto]-2-[β-diäthylaminoäthoxy]-propan*, aus vorst. Verb. u. **V**, **C**; 70%. *Dihydrogencitrat*, $C_{27}H_{37}O_8NS_2\cdot{}^1/_2H_2O$, F. 91—92,5° (Zers.; aus A., Aceton). — *1.3-Bis-[o-tolylmercapto]-propanol-(2)*, $C_{17}H_{20}OS_2$, Kp.$_{<1}$ 208—218°, aus o-Thiokresol u. **I**, **A**; 73%. — *1.3-Bis-[o-tolylmercapto]-2-[β-dimethylaminoäthoxy]-propan*, Kp.$_{<1}$ 193—199°, aus vorst. Verb. u. **IV**, **C**; 36%. *Hydrochlorid*, $C_{21}H_{30}ONClS_2$, F. 103—105° (Zers.; aus Äthylacetat). — *1-Phenylmercapto-3-[o-toloxy]-propanol-(2)*, $C_{16}H_{18}O_2S$, Kp.$_{3,5}$ 205—210°, durch 1std. Erwärmen von Thiophenol u. NaOH in Dioxan auf dem Wasserbad, Zugabe (25 Min.) von **VII** u. 2std. Erwärmen, **B**; 60%. — *1-Phenylmercapto-3-[o-toloxy]-2-[β-dimethylaminoäthoxy]-propan*, $C_{20}H_{27}O_2NS$, Kp.$_{<1-1,5}$ 208—217°, aus vorst. Verb. u. **IV**, **C**; 53%. — *1-Phenoxy-3-[o-tolylmercapto]-propanol-(2)*, $C_{16}H_{18}O_2S$, Kp.$_{<1}$ 184—191°, durch Zugabe (45 Min.) von **VI** unter Rühren zu o-Thiokresol in Dioxan bei 100° u. 19std. Erwärmen; 20%. — *1-Phenoxy-3-[o-tolylmercaptol]-2-[β-diäthylaminoäthoxy]-propan*, Kp.$_{<1}$ 186—189°, aus vorst. Verb. u. **V**, **C**; 46%. *Dihydrogencitrat*, $C_{28}H_{39}O_9NS$, F. 112—113° (Zers.; Isopropanol). — *1-Äthylmercapto-3-[o-toloxy]-propanol-(2)*, $C_{12}H_{18}O_2S$, Kp.$_1$ 142—149°, aus Äthylmercaptan u. **VII**, **B**; 86%. — *1-Äthylmercapto-3-[o-toloxy]-2-[β-dimethylaminoäthoxy]-propan*, Kp.$_1$ 146 bis 153°, aus vorst. Verb. u. **IV**, **C**; 83,5%. *Dihydrogencitrat*, $C_{22}H_{35}O_9NS$, F. 89—90° (Zers.; Methylisobutylketon). (J. Amer. chem. Soc. **76**. 2993—96. 5/6. 1954. Syracuse, N. Y., Bristol Labor. Inc., Res. Div.) G. WINKLER. 1320

Ng. Ph. Buu-Hoï, Bernard Eckert und **René Royer,** *Die Orientierung bei der Nitrierung von 3.4- und 2.5-Dimethylacetophenon.* Vff. untersuchen die Nitrierung von 3.4-Dimethyl- (**I**) u. 2.5-Dimethylacetophenon (**II**) u. finden als Reaktionsprod. von **I** hauptsächlich *3.4-Dimethyl-6-nitro-* neben wenig *3.4-Dimethyl-5-nitroacetophenon*; **II** liefert ein Gemisch der *3-* u. *4-Nitroderivate*. Die Nitroketone werden mit $SnCl_2$ zu den entsprechenden *Aminoketonen* u. diese mit Hydrazin zu *Äthylxylidinen* reduziert.

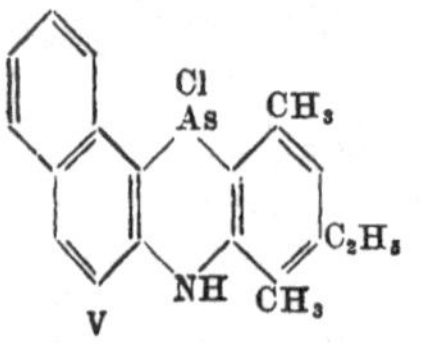

V

Versuche: *3.4-Dimethyl-6-nitroacetophenon*, $C_{10}H_{11}O_3N$, F. 120°, durch Zugabe von HNO_3 (D.[15] 1,41)/H_2SO_4 (40:60) zu **I** in 150 cm³ konz. H_2SO_4 bei <0° unter Rühren; hellgelbe Prismen aus wss. Methanol; 75% (Ausbeute). — *6-Amino-3.4-dimethylacetophenon*, $C_{10}H_{13}ON$, Kp.$_{13}$ 164°, F. 131°, aus vorst. Verb. durch Red. mit $SnCl_2$/HCl; 90%, ferner durch $1^1/_2$std. Kochen von 100 g 3.4-Dimethylacetanilid (aus I-Oxim durch BECKMANNsche Umlagerung mit PCl_5 in Ae.) mit Acetylchlorid/$AlCl_3$ in CS_2 u. Hydrolyse der *N-Acetylverb.*; 52 g; hellgelbe Blättchen aus wss. Methanol; läßt sich durch reduzierendes Verkochen des *Diazoniumsalzes* u. Oxydation mit NaOBr in *3.4-Dimethylbenzoesäure*, F. 165° (Bzl.) überführen. — *6-Äthyl-3.4-dimethylanilin*, $C_{10}H_{15}N$, Kp. 243°, aus vorst. Verb. durch 4std. Kochen mit 90%ig. Hydrazinhydrat u. KOH in Diäthylenglykol; gelbes Öl; 80% (daneben das *Azin*, $C_{20}H_{26}N_4$, F. 285°, gelbe Blättchen aus A.). *N-Acetylderiv.*, $C_{12}H_{17}ON$, F. 161°, Nadeln aus wss. Methanol. — *4-Amino-2.5-dimethylacetophenon*, Kp.$_{16}$ 198°, F. 157°, durch Nitrierung von **II** u. Red. des Gemisches der *3-* u. *4-Nitro erivv.* (80%) mit $SnCl_2$/HCl, daneben nachst. **III**; lange Nadeln aus Methanol; liefert bei der Red. mit Hydrazin *4-Äthyl-2.5-dimethyl-*

anilin, Kp. 244° (*N-Acetylderiv.*, F. 144°). — *3-Amino-2.5-dimethylacetophenon* (**III**), $C_{10}H_{13}ON$, Kp.$_{12}$ 158°, aus **II** wie vorst.; n_D^{18} 1,5755, gelbes viscoses Öl; 35%; liefert bei der Red. mit Hydrazin *3-Äthyl-2.5-dimethylanilin* (**IV**, $C_{10}H_{15}N$, Kp. 240—241°, n_D^{24} 1,5500. *N-Acetylderiv.*, $C_{12}H_{17}ON$, F. 130°, lange Nadeln aus wss. Methanol). — *N-[3-Äthyl-2.5-dimethylphenyl]-β-naphthylamin*, Kp.$_{15}$ 255°, durch 12std. Erhitzen von 3 g **IV** u. β-Naphthol in Ggw. katalyt. Mengen J_2 auf 190—200°; 4 g; 2 g geben bei 1std. Kochen mit $AsCl_3$ in o-Dichlorbenzol *12-Chlor-9-äthyl-8.11-dimethyl-7.12-dihydrobenzo-[α]-phenarsazin* (**V**), $C_{20}H_{19}NClAs$, F. 253° (Zers. >220°), orangegelbe Nadeln aus Chlorbenzol; 1,8 g. (J. org. Chemistry **17.** 1000—04. Juli 1952. Paris, Univ., Radium Inst., Dep. of Organ. Chem.) G. WINKLER. 1340

S. G. Waley, *Die Verwendung des Formylrestes als schützende Gruppe bei Peptidsynthesen.* Formylderivv. lassen sich mit Vorteil bei Peptidsynthesen verwenden. Der Formylrest kann durch kalte verd. alkoh. HCl abgespalten werden, ohne daß in den untersuchten Fällen ein Angriff auf die Peptidbindung erfolgte. *N-Formyltyrosin* wurde durch Zugabe von Essigsäureanhydrid zu Tyrosin in Ameisensäure u. 30 Min. Stehen bei 35° erhalten. O-Acetylierung u. Kondensation mit $N^ε$-Carbobenzoxylysinbenzylester nach der Meth. von WIELAND u. SEHRING (Liebigs Ann. Chem. **569.** [1950.] 122) lieferte *O-Acetyl-N-formyl-L-tyrosyl-ε-carbobenzoxy-L-lysinbenzylester* (**I**). **I** wurde in *L-Tyrosyl-ε-carbobenzoxy-L-lysinbenzylester·HCl* (**II**) durch 48std. Stehen in 0,5 n HCl in Benzylalkohol verwandelt; Ausbeute an umkristallisiertem **II** 73%. **II** wurde in *L-Tyrosyl-L-lysin* übergeführt, das, chromatograph. geprüft, frei von Tyrosin u. Lysin war. Auf ähnliche Weise wurden *L-Tyrosyl-L-leucin* u. *Glycyl-L-leucin* dargestellt. (Chem. and Ind. **1953.** 107—08. 31/1. Maidenhead, Berks., Courtauld's Ltd., Res. Labor.) NEHRING. 1350

Lewis F. Hatch und **Tad L. Patton,** *Allylchloride.* 21. Mitt. *3-Chlor-2-phenylpropen-(1).* (20. vgl. C. **1954.** 9496.) Vff. beschreiben die Darst. von *3-Chlor-2-phenylpropen-(1)* (**I**) aus *2-Phenylpropen-(2)-ol-(1)* (**II**) u. $SOCl_2$. **II** wird aus 2-Phenylpropen-(1) (**III**) entweder durch Oxydation mit SeO_2 in Ggw. von Acetanhydrid u. folgende Hydrolyse des gebildeten Acetates oder durch Bromierung mit N-Bromsuccinimid (**IV**) u. anschließende Hydrolyse erhalten. — Für die relativen Reaktivitäten von **I** (Allylchlorid = 1) wird gefunden: gegenüber KJ in Aceton bei 20° 2,27, gegenüber $NaOC_2H_5$ in A. bei 50° 1,12.

Versuche: *3-Acetoxy-2-phenylpropen-(1)*, $C_{11}H_{12}O_2$, Kp.$_5$ 112—113°, durch Zugabe von SeO_2 in kleinen Portionen zur Mischung von **III**, Acetanhydrid u. Essigsäure unter heftigem Rühren bei 50—70°, 1std. Erwärmen auf 75° u. 2½ Std. auf 125°; D^{20}_4 1,0571, D^{25}_4 1,0543, n_D^{20} 1,5281, n_D^{25} 1,5261, n_D^{30} 1,5248; 44% (Ausbeute); gibt bei 7std. Kochen mit wss. NaOH in Ggw. geringer Mengen Hydrochinon unter Rühren *2-Phenylpropen-(2)-ol-(1)* (**II**), $C_9H_{10}O$, Kp.$_{11}$ 116—118°, Kp.$_7$ 106—107°, Kp.$_{1,5}$ 95 bis 96°, F. 19°, D^{20}_4 1,0509, D^{25}_4 1,0470, D^{30}_4 1,0438, n_D^{20} 1,5675, n_D^{25} 1,5662, n_D^{30} 1,5648 (Infrarotspektr.); 79%. *3.5-Dinitrobenzoat,* $C_{16}H_{12}O_6N_2$, F. 116—117°. *α-Naphthylurethan,* $C_{20}H_{17}O_2N$, F. 98,5—99,0°; **II** gibt bei katalyt. Hydrierung über Pd *2-Phenylpropanol-(1)*, Kp.$_{15}$ 110—112°, n_D^{25} 1,5225. *α-Naphthylurethan,* F. 100°. — *3-Brom-2-phenylpropen-(1)*, C_9H_9Br, Kp.$_5$ 90°, durch 54std. Erwärmen von **III** u. **IV** in CCl_4 in Ggw. von Benzoylperoxyd auf dem Wasserbad; D^{20}_4 1,3700, D^{25}_4 1,3653, D^{30}_4 1,3602, n_D^{20} 1,5869, n_D^{25} 1,5840, n_D^{30} 1,5818 (Infrarotspektr.); 52%; gibt bei 8std. Kochen mit 10%ig. wss. NaOH unter Rühren 79% **II.** — *3-Chlor-2-phenylpropen-(1)* (**I**), C_9H_9Cl, Kp.$_5$ 87—88°, durch Zugabe eines Gemisches von $SOCl_2$, Pyridin, $CHCl_3$ zu **II** in $CHCl_3$ bei < 10° u. 1std. Kochen; D^{20}_4 1,0820, D^{25}_4 1,0790, n_D^{20} 1,5550, n_D^{25} 1,5538, n_D^{30} 1,5525 (Infrarotspektr.); 50%. (J. Amer. chem. Soc. **76.** 2705—07. 20/5. 1954. Austin, Tex., Univ., Dep. of Chem., Defence Res. Labor.) G. WINKLER. 1410

E. Baltazzi und **Robert Robinson,** *Die Reduktion gewisser 2-Phenyl-4-aryliden-oxazolone durch Lithiumaluminiumhydrid.* (Vgl. auch C. **1954.** 7184.) Verschied. Azlactone (**I**), die durch Kondensation aromat. Aldehyde mit Hippursäure erhalten wurden, lassen sich durch $LiAlH_4$ in Tetrahydrofuran bei —65° bis —35° zu substituierten *Benzoylaminozimtalkoholen* (**II**) reduzieren.

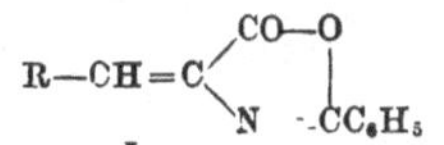

I

$R—CH=C(CH_2OH)NHCOC_6H_5$

II

Folgende **I** u. **II** wurden dargestellt: *R* = C_6H_5: **I**, F. 165°. **II**, F. 126°; 64% (Ausbeute); *p-Nitrobenzoat,* F. 169°. — *R* = *p*-$CH_3C_6H_4$: **I**, F. 141°. **II**, F. 119°; 77%; *p-Nitrobenzoat,* F. 167°. — *R* = *p*-$CH_3OC_6H_4$: **I**, F. 156°. **II**, F. 122°; 81%; *p-Nitrobenzoat,* F. 165°. — *R* = 3.4$(CH_3O)_2C_6H_3$: **I**, F. 150°. **II**, F. 145°; 90%; *p-Nitrobenzoat,* F. 153°. — *R* = 3CH_3O-4$C_6H_5CH_2O$–C_6H_3: **I**, F. 195°. **II**, F. 149°; 52%; *p-Nitrobenzoat,* F. 157°. — *R* = 2$C_6H_5CH_2O$–C_6H_4: **I**, F. 169°. **II**,

F. 101°; 68%; *p-Nitrobenzoat*, F. 121°. — *R* = *2$C_6H_5CH_2O$–4CH_3O–C_6H_3*:**I**, F. 160°. **II**, F. 103°; 49%; *p-Nitrobenzoat*, F. 128°. — Bei der Red. von **I**(*R* = *3CH_3O–4CH_3·CO_2–C_6H_3*; F. 194°) wird die Acetylgruppe abgespalten u. es entsteht **II** (*R* = *3CH_3O–4OH–C_6H_3*) ,F. 159°; 71%; Acetylierung in Ggw. von Pyridin ergibt ein *Monoacetylderivat*, F. 139°, dessen phenol. Hydroxyl erhalten bleibt. — Saure Hydrolyse der **II** führt unter Umlagerung über R–$CH_2COCH_2OCOC_6H_5$ zu *Ketoalkoholen* R–CH_2CO·CH_2OH, die in gewissen Fällen als Osazone isoliert werden konnten. Durch katalyt. Hydrierung der **II** wird die Doppelbindung abgesättigt. Saure Hydrolyse von **I** (R = C_6H_5) in Ggw. von 2.4-Dinitrophenylhydrazin ergibt die *Verb.* *$C_6H_5CH_2C[N_2HC_6H_3$·$(NO_2)_2]CH[N_2HC_6H_3(NO_2)_2]$*, F. 254—250° (Zers.). (Chem. and Ind. **1953**. 541. 30/5. Oxford, Dyson Perrins Labor.) HELMUT HOFMANN. 1720

Marian Kolobielski und **Joseph Wiemann**, *Kondensierende Reduktion des Mesityloxyds. 1.1.2.2.4-Pentamethyl-3-acetylcyclopenten oder Desoxymesityloxyd.* Die kondensierende Red. (chem. oder elektrolyt.) des Mesityloxyds liefert eine noch nicht identifizierte *Verb.* *$C_{12}H_{22}O_2$* (**I**, Kp.₁ 115—116°, F. 46, 25°); daraus entsteht durch Dehydratation unter dem Einfl. von Wärme oder Säuren *1.1.2.2.4-Pentamethyl-3-acetylcyclopenten-(3)* (**II**; *Desoxymesityloxyd*, $C_{12}H_{20}O$, Kp.$_{15}$ 96°, n_D^{19} 1,4750, D.^{19} 0,9095, unlösl. in W., leicht lösl. in A., Ae., Aceton; *Semicarbazon*, $C_{13}H_{23}ON_3$, F. 165,5—166°; *Oxim*, $C_{12}H_{21}ON$, F. 67—68°; *2.4-Dinitrophenylhydrazon*, $C_{18}H_{24}O_4N_4$, F. 109—110°, rote Kristalle). Strukturbeweis durch Ozonisierung von **II** u. nachfolgende H_2O_2-Oxydation zu *α.α.β.β.-Tetramethyl-γ-acetylbuttersäure* ($C_{10}H_{18}O_3$; *2.4-Dinitrophenylhydrazon*, $C_{16}H_{22}O_6N_4$, F. 189—190°, gelbe Kristalle), deren Hypobromitoxydation *α.α.β.β-Tetramethylglutarsäure* ($C_9H_{16}O_4$, F. 144°) liefert. Aus den RAMAN-Frequenzen von **II** folgt, daß Carbonylgruppe u. Äthylenbindung konjugiert sind. Die von HARRIES u. HÜBNER [1897.] gefundene Verb. $C_{12}H_{20}NOH \cdot H_2O$, F. 156—157°, ist nicht das **II**-, sondern das **I**-Oxim. (C. R. hebd. Séances Acad. Sci. **233**. 691—92. 24/9. 1951.) LIEBIG. 1960

E. R. Buchman und **J. C. Conly**, *Die Reaktion vom Silber-Cyclobutancarboxylat mit Brom.* Das bei der Rk. von Ag-Cyclobutancarboxylat-(**I**) mit Br_2 neben *Cyclobutylbromid* (**II**) u. *Estergemisch* *$C_9H_{14}O_2$* (**III**) entstehende Tribromid (vgl. CASON u. WAG, C. **1949**. E. 1203) wird als *1.2.4-Tribrombutan* (**IV**) erkannt u. durch Überführung in den p-Bromphenacylester identifiziert. — *1.2.4-Tribrombutan* (**IV**), $C_4H_7Br_3$, Kp.₃ 72—74°, F. —20 bis —15°, a) durch Zusatz von **I** zu Br_2 in CCl_4 bei 10—12° während 2½ Std.; ca. 10% (Ausbeute), neben 44% **II** (Kp. 106—108°, Kp.$_{100}$ 46—48°; n_D^{20} 1,4768; D.$^{24}_4$ 1,43) u. ca. 6% **III**; b) durch Zutropfen von Br_2 zu **I** in CCl_4 bei 25°; 5%, neben 60% **III** u. 8% einer hochsd. Fraktion (Kp.₂ ca. 125°, wahrscheinlich durch Addition von Br_2 zu *Allylcarbinylcyclobutancarboxylat*; n_D^{25} ca. 1,516; D.$^{25}_4$ ca. 1,60); c) durch Zusatz von **I** (1½ Std.) zu einer sd. Lsg. von Br_2 in CCl_4; n_D^{25} 1,5683; D.$^{25}_4$ 2,21; 60%; d) aus 3.4-Dibrombutanol-(1) u. HBr in Eisessig bei 0°, dann innerhalb 20 Std. auf 100° u. 2 Std. bei 100°; n_D^{25} 15588; 82%; e) durch HUNSDIECKER-Abbau aus 1.2.4-Butantricarbonsäure. Läßt sich durch Behandlung mit Mg in Ae. u. Carboxylierung in *Allylessigsäure* (*p-Bromphenacylester*, F. 58,5—59,5°) überführen. — **III**, aus **I** u. **II** in CCl_4 (12 Std. bei Zimmertemp.); n_D^{25} 1,4528; 75%. (J. Amer. chem. Soc. **75**. 1990. 20/4. 1953. Pasadena, Calif., California Inst. of Technol., Gates and Crellin Labors. of Chem.) BOLLINGER. 2010

M. R. Pettit und **J. C. Tatlow**, *Weitere Untersuchungen von Trifluormethyldiphenylderivaten.* (Vgl. C. **1953**. 2588.) Durch Diazotierung von o-, m- u. p-Aminobenzotrifluorid u. Umsetzung der Trifluormethylbenzoldiazoniumverbb. mit Bzl. wurden *2-* (**II**), *3-* (**III**) u. *4-Trifluormethylbiphenyl* (**IV**) dargestellt. Bei der Diazotierung von o-Aminobenzotrifluorid bildet sich auch etwas *2.2′-Bis-[trifluormethyl]-diazoaminobenzol.* Die Hydrolyse von **II** mit konz. H_2SO_4 führt, vermutlich durch Ringschluß der Biphenyl-2-carbonsäure, zu *9-Oxofluoren.* **IV** wurde auch aus p-Acetamidobenzotrifluorid (**I**) über das N-Nitrosoderiv. dargestellt. Die Mononitrierung von **III** liefert außer *4-Nitro-3′-trifluormethylbiphenyl* auch die isomere *2-Nitroverb.* (**V**), deren Red. mit Sn + HCl zu *2-Amino-3′-trifluormethylbiphenyl* führt, welches bei der Oxydation mit $KMnO_4$ in H_2SO_4 *m-Trifluormethylbenzoesäure* ergibt. Die Hydrolyse der CF_3-Gruppe von **V** führt zu *2-Nitrobiphenyl-3′-carbonsäure.* Durch weitere Nitrierung von **V** erhält man *2.4.4′-Trinitro-3′-trifluormethylbiphenyl.* — Die Nitrierung von **IV** liefert *4-Nitro-4′-trifluormethylbiphenyl*, welches bei der Hydrolyse mit konz. H_2SO_4 in *4′-Nitrobiphenyl-4-carbonsäure* übergeht. — Aus o-, m- u. p-Jodbenzotrifluorid wurden nach dem Verf. von ULLMANN durch Erhitzen mit Cu-Bronze *2.2′-* (**VI**), *3.3′-* (**VII**) u. *4.4′-Bis-[trifluormethyl]-biphenyl* (**VIII**) dargestellt. Die Hydrolyse von **VI** mit konz. H_2SO_4 ergibt außer der erwarteten *9-Oxofluoren-4-carbonsäure* auch *9-Oxo-4-trifluormethylfluoren*, welches sich weiter zu Oxofluorencarbonsäure hydrolysieren läßt.

VII u. **VIII** gehen bei der Hydrolyse in die entsprechenden *Biphenyl-3.3'-* u. *Biphenyl-4.4'-dicarbonsäuren* über. Die Nitrierung von **VI**, **VII** u. **VIII** ergibt die zu erwartenden *Dinitroverbindungen.*

Versuche: *p-Nitrobenzotrifluorid*, F. 37—39°; durch Diazotierung von 25,1 g 3-Amino-4-nitrobenzotrifluorid in 100 cm³ Eisessig u. 25 cm³ konz. H_2SO_4 bei 10° mit gesätt. $NaNO_2$-Lsg., Zugabe von 80 cm³ 30% ig. unterphosphoriger Säure, 5 std. Stehenlassen bei 15°, 1/4 std. Erhitzen auf 100°, Eingießen in Eiswasser u. Wasserdampfdest. des Nd.; 67% (Ausbeute). — *o-Nitrobenzotrifluorid*; analog aus 5-Amino-2-nitrobenzotrifluorid; 69%. — *o-Aminobenzotrifluorid*, $Kp._{21}$ 72—74°; durch Red. einer Lsg. von 22,0 g der vorst. Verb. in 100 cm³ Dioxan mit H_2 in Ggw. von RANEY-Ni im Rührautoklaven bei 180° (20 at); 14,7 g. — *2-Trifluormethylbiphenyl* (**II**), $C_{13}H_9F_3$, $Kp._{19}$ 114°, F. 15°; durch Diazotierung von 24,4 g der vorst. Verb. in 45 cm³ konz. HCl u. 25 cm³ W. mit 40% ig. $NaNO_2$-Lsg., Abfiltrieren des gelben Nd. von *2.2'-Bis-[trifluormethyl]-diazoaminobenzol* [$C_{14}H_9N_3F_6$, F. 170—171,5° (PAe.)], Verrühren des Filtrats bei 0—5° mit 200 cm³ Bzl., Zugabe einer Lsg. von 70 g Na-Acetat-Trihydrat in 150 cm³ W., 2 std. Rühren bei 0° u. 46 Std. bei 10—15°, Waschen, Trocknen, Eindampfen der Benzolschicht u. Vakuumdest. des Rückstands; 12,6 g. — *3-Trifluormethylbiphenyl* (**III**), $C_{13}H_9F_3$, $Kp._{13}$ 115—118°; ebenso aus m-Aminobenzotrifluorid; 39%. — *4-Trifluormethylbiphenyl* (**IV**), $C_{13}H_9F_3$, F. 70° (wss. A.); durch Diazotierung von 1,80 g p-Aminobenzotrifluorid in 2,5 cm³ Trifluoressigsäure u. 1,0 cm³ W. u. 24 std. Rühren mit 25 cm³ Bzl. bei 25°; 0,41 g, oder durch 4 std. Behandlung einer Lsg. von 5,0 g **I** in 25 cm³ Eisessig bei 10° mit Nitrosegasen, Eingießen der Lsg. in W. u. 24 std. Rühren des Nd. mit 50 cm³ Bzl. bei ca. 15°; 1,5 g, oder durch Zugabe von 1,48 g **I** zu einem Gemisch von 0,95 cm³ Äthylnitrit u. 1,8 cm³ Trifluoressigsäureanhydrid unter Eis-Kochsalz-Kühlung u. 24std. Verrühren mit 25 cm³ Bzl. bei 10—15°; 0,37 g. — *9-Oxofluoren*, $C_{13}H_8O$, F. 81—83° (Bzl.-PAe.); durch einstd. Rühren von 0,5 g **II** mit 0,7 cm³ konz. H_2SO_4 bei 100°, Gießen in 30 cm³ W. u. Ausäthern; 0,12 g. — *4-Nitro-3'-trifluormethylbiphenyl*, $C_{13}H_8O_2NF_3$, F. 83—85° (A.); durch Einrühren eines Gemisches von 6,2 cm³ rauchender HNO_3 (D. 1,5) u. 5,0 cm³ konz. H_2SO_4 in eine Lsg. von 22,5 g **III** in 30 cm³ Eisessig bei 0°, 3/4std. Kochen unter Rückfluß, Eingießen in 250 cm³ W., Ausäthern, Abdampfen des Ae., Lösen des Rückstands in heißem A. u. Abkühlen auf 0°; 10,8 g. Durch Konzentrierung des Filtrats u. Fraktionierung des Öls erhält man u. a. 10,1 g einer hellgelben Fl. vom $Kp._{0,2-0,3}$ 118—121°, die sehr langsam krist. u. beim Umkristallisieren aus PAe. hellgelbe Prismen von *2-Nitro-3'-trifluormenthylbiphenyl* (**V**), $C_{13}H_8O_2NF_3$, F. 60—61,5°, ergibt. — *2-Nitrobiphenyl-3'-carbonsäure*, $C_{13}H_9O_4N$, F. 208—209° (wss. A.); durch einstd. Erhitzen von 2,25 g **V** mit 5,0 cm³ konz. H_2SO_4 aus 130—150°; 1,95 g, oder durch 3/4std. Erhitzen von 11,4 g m-Jodbenzotrifluorid u. 8,0 cm³ konz. H_2SO_4 auf ca. 120°, 1/2std. Kochen mit 50 cm³ A., Gießen in W., Neutralisieren mit $NaHCO_3$, Extraktion mit Chlf., Vakuumdest. u. Erhitzen des so erhaltenen *m-Jodbenzoesäureäthylesters* (6,9 g; $Kp._{23}$ 164—165°) mit 6,4 g o-Bromnitrobenzol u. 12 g akt. Cu-Bronze; 1,49. — *2.4.4'-Trinitro-3'-trifluormethylbiphenyl*, F. 152—154° (A.); durch 40 Min. langes Kochen von 0,233 g **V** mit 1,0 cm³ konz. H_2SO_4 u. 1,0 cm³ konz. HNO_3; 0,231 g. — *4-Nitro-4'-trifluormethylbiphenyl*, $C_{13}H_8O_2NF_3$, F. 121—122° (wss. A.); durch 1/2std. Kochen von 0,92 g **IV** mit 5,0 cm³ Eisessig, 0,30 cm³ rauchender HNO_3 u. 0,50 cm³ konz. H_2SO_4; 0,45 g. — *4-Nitrobiphenyl-4'-carbonsäure*, $C_{13}H_9O_4N$, F. 338—340° (wss. A.); aus vorst. Verb. u. konz. H_2SO_4 bei 120—130°; 0,035 g. — *2.2'-Bis-[trifluormethyl]-biphenyl* (**VI**), $C_{14}H_8F_6$, F. 32—33° (wss. A.), Kp. 236—237°; durch 12std. Kochen von 11,9 g o-Jodbenzotrifluorid mit 4,2 g Cu-Bronze; 4,80 g. — *3.3'-Bis-[trifluormethyl]-biphenyl* (**VII**), $C_{14}H_8F_6$, F. 24,5—26° (aus wss. A. Nadeln), Kp. 237—240°; aus 23,5 g m-Jodbenzotrifluorid mit Cu-Bronze; 8,79 g. — *4.4'-Bis-[trifluormethyl]-biphenyl* (**VIII**), $C_{14}H_8F_6$, F. 92—93° (wss. A.); analog aus 2,3 g p-Jodbenzotrifluorid; 0,51 g. — Bei einstd. Erhitzen von 0,88 g **VI** mit 0,9 cm³ konz. H_2SO auf 100°, Eingießen in 70 cm³ W., Ausäthern u. Waschen des Extrakts mit verd. NaOH erhält man aus dem alkal. Waschwasser durch Ansäuern 0,14 g *9-Oxofluoren-4-carbonsäure*, $C_{14}H_8O_3$, F. 226—227°, u. aus der Ätherlsg. 0,42 g *9-Oxo-4-trifluormethylfluoren*, $C_{14}H_7OF_3$, F. 125—126° (A.). *Oxim*, $C_{14}H_8ONF_3$, F. 165—166° (wss. A.). — *Biphenyl-3.3'-dicarbonsäure*, F. 346—348°; aus 1,13 g **VII** u. konz. H_2SO_4; 0,38 g neben 0,48 g nichtumgesetztem **VII**. *Diäthylester*, F. 68°. — *Biphenyl-4.4'-dicarbonsäure*, aus 0,051 g **VIII** u. konz. H_2SO_4; 0,037 g. *Dimethylester*, $C_{16}H_{14}O_4$, F. 214° (Bzl.). — *4.4'-Dinitro-2.2'-bis-[trifluormethyl]-biphenyl*, $C_{14}H_6O_4N_2F_6$, F. 137,5—138,5° (wss. A.); durch 16std. Rühren von 0,91 g **VI** mit 6,0 cm³ konz. H_2SO_4 u. 0,40 cm³ rauchender HNO_3 bei Raumtemp.; 0,63 g. — *4.4'-Dinitro-3.3'-bis-[trifluormethyl]-biphenyl*, $C_{14}H_6O_4N_2F_6$, F. 180—181° (A.); durch analoge Nitrierung von 1,40 g **VII**; 0,98 g. — *2.2'-Dinitro-*

4.4'-bis-[trifluormethyl]-biphenyl, $C_{14}H_6O_4N_2F_6$, F. 121,5—123° (A.); ebenso aus 0,086 g **VIII**; 0,082 g. (J. chem. Soc. [London] **1954**. 1071—76. März. Birmingham, Univ., Chem. Dep.) Forche. 2270

Calvin L. Stevens, Milton L. Weiner und **Carl T. Lenk,** *Epoxyäther.* 8. Mitt. *Die Reaktion von Epoxyäthern mit Grignard-Verbindungen.* (7. vgl. C. **1954.** 9977.) Vff. untersuchen die Rk. der Epoxyäther $C_6H_5-\overset{\frown O \frown}{C(OCH_3)-CH}-R$ (R = CH_3, C_6H_5) mit Grignard-Verbindungen. Es werden zwei isomere Prodd. gebildet: a) der Monomethyläther eines substituierten Äthylenglykols, der durch direkte Anlagerung des organ. Radikals der Grignard-Verb. an des C-Atom, welches die OCH_3-Gruppe trägt, entsteht, u. b) die isomere Verb., die durch prim. Umlagerung des Epoxyäthers zu dem Methoxyketon $C_6H_5-CH(OCH_3)CO-R$ mit nachfolgender Grignard-Rk. gebildet wird. Die Umlagerung wird durch das bei der Rk. entstehende $MgBr_2$ bewirkt; mit Diphenyl-Mg wird nur das n. Prod. nach a) erhalten. tert.-Butyl-MgCl reagiert nur nach Rk. b). — Die Konst. der erhaltenen Verbb. wird durch unabhängige Synth. sichergestellt.

Versuche: *1.1-Diphenyl-1-methoxypropanol-(2)*, $C_{16}H_{18}O_2$, $Kp._1$ 138—139°, $Kp._{0,7}$ 127—131°, durch Zugabe einer äther. Lsg. von 1.1-Diphenyl-1-methoxypropanon-(2) zu $LiAlH_4$ in Ae. u. 6 std. Kochen; n_D^{31} 1,5743; 78% (Ausbeute), oder durch Zugabe einer äther. Lsg. von 1-Methoxy-1-phenyl-1.2-epoxypropan (**I**) zu C_6H_5MgBr in Ae. u. 3 std. Rühren; n_D^{31} 1,5721; 42% (*Benzoat*, $C_{23}H_{22}O_3$, F. 104—106°, 50%), daneben *1.2-Diphenyl-1-methoxypropanol-(2)* (**II**), $C_{16}H_{18}O_2$, F. 66—68° (PAe.); 24%. — *1-Phenyl-1-methoxypropanon-(2)* (**III**), $Kp._{0,8}$ 82—84°, durch 5½ std. Kochen von **I** mit $MgBr_2$ in absol. Ae., Zugabe von Dioxan u. Kochen über Nacht; 80%, oder aus 1-Brom-1-phenylpropanon-(2) durch 30 tägiges Kochen mit einem großen Überschuß an Methanol in Ggw. von $CaCO_3$; n_D^{25} 1,5050; gibt mit C_6H_5MgBr 63% **II**; *Semicarbazon*, F. 159—160°. — *1-Methoxy-2.3.3-trimethyl-1-phenylbutanol-(2)*, $C_{14}H_{22}O_2$, $Kp._1$ 84—89°, F. 48,5—48° (Methanol/W.), aus **I** u. tert.-Butyl-MgCl in Ae., 15 Min. bei 0°, 30 Min. bei 25° u. 15 Min. Kochen; 35%, daneben **III**; oder aus **III** u. tert.-Butyl-MgCl wie vorst.; 45%. — *1.1.2-Triphenyl-2-methoxyäthanol*, $C_{21}H_{20}O_2$, F. 138,5 bis 139,5° (Heptan), aus 1.2-Diphenyl-1-methoxyäthylenoxyd (F. 56—58°) u. C_6H_5MgBr in Ae. unter ½ std. Rühren; 11% (ferner aus Benzoinmethyläther u. C_6H_5MgBr; 71%) durch fraktionierte Kristallisation getrennt von *1.2.2-Triphenyl-2-methoxyäthanol*, $C_{21}H_{20}O_2$, F. 84,5—86,5° (Bzl./PAe.); 8% (wird wie vorst. als einziges Prod. in 50%ig. Ausbeute erhalten, wenn die Rk. in Dioxan/Ae. durchgeführt wird; ferner aus nachst. **IV** durch Red. mit $LiAlH_4$; 69%). — *α.α-Diphenyl-α-methoxyacetophenon*, (**IV**), F. 90—92°, durch Zugabe einer äther. Lsg. von *α-Methoxydiphenylacetonitril* (F. 52—53,5°, aus Diphenylacetonitril u. PCl_3 u. folgende Methanolyse) zu C_6H_5MgBr, 18 std. Kochen unter Rühren, Hydrolyse mit 20%ig. HCl u. 3 std. Rühren; 26%. (J. Amer. chem. Soc. **76**. 2698—2700. 20/5. 1954. Detroit, Mich., Wagne Univ., Dep. of Chem.) G. Winkler. 2270

D. W. Hein und **Elliot S. Pierce,** *Optische Bleichmittel.* 1. Mitt. *Derivate von Dichlordiaminostilbendisulfonsäure.* Vff. beschreiben die Darst. von *5.5'-Dichlor-* (**I**) u. *6.6'-Dichlor-4.4'-diaminostilben-2.2'-disulfonsäure* (**II**) aus Na-5-Chlor-4-nitrotoluol-2-sulfonat durch wss.-alkal. Hypochloritkondensation u. Red. nach Béchamp bzw. aus 6-Chlor-4-nitrotoluol-2-sulfonsäurephenylester durch Kondensation in methanol. KOH in Ggw. von O_2 u. Red. wie vorstehend. Die Beständigkeit gegenüber Hypochlorit, das Fluorescenzvermögen u. die UV-Absorption verschied. Acylderivvv. von **I** u. **II** werden mit den Eigg. der analogen Derivv. von *4.4'-Diaminostilben-2.2'-disulfonsäure* verglichen; die Änderungen der opt. Eigg. werden diskutiert.

Versuche: Die Acylierungen erfolgen durch tropfenweise Zugabe des substituierten Benzoylchlorids zur Stilbendisulfonsäure in absol. Pyridin beim Siedepunkt. — *4.4'-Diaminostilben-2.2'-disulfonsäure*, (UV-Absorption) λ_{max} 338 mμ (ε = 18420). — *N.N'-Diacylderivv.* in Form der *Dinatriumsalze*: *Dibenzoyl-*, $C_{28}H_{20}O_8 \cdot N_2S_2Na_2 \cdot 3H_2O$; λ_{max} 335 (ε = 48750). *Dianisoyl-*, $C_{30}H_{24}O_{10}N_2S_2Na_2 \cdot H_2O$; 338 (54810). *Bis-[o-äthoxybenzoyl]-*, $C_{32}H_{28}O_{10}N_2S_2Na_2 \cdot H_2O$; 341 (50840). *Bis-[2.4-Dimethoxybenzoyl]-*, $C_{32}H_{28}O_{12}N_2S_2Na_2 \cdot 3H_2O$; 345 (57290). *Difuroyl-*, $C_{24}H_{16}O_{10}N_2S_2Na_2 \cdot 2H_2O$; 345 (46270). *Bis-[phenoxyacetyl]-*, $C_{30}H_{24}O_{10}N_2S_2Na_2 \cdot 2^1/_2H_2O$; 330 (32970). *Bis-[phenylcarbamyl]-*; 335 (—). *Bis-[o-phenoxybenzoyl]-*, $C_{40}H_{28}O_{10}N_2S_2Na_2 \cdot 1^1/_2H_2O$; 350 (37520). *Bis-[2.4-dianilino-1.3.5-triazinyl]-*, $C_{44}H_{34}O_6N_{12}S_2Na_2 \cdot 9H_2O$; 353 (60450). *Di-β-naphthoyl-*, $C_{36}H_{24}O_8N_2S_2Na_2 \cdot 5H_2O$; 343 (49640). — *5-Aminotoluol-2-sulfonsäure*, durch Zugabe von m-Toluidin zu 96,5%ig. H_2SO_4 bei 100° unter Rühren, 15 Min. Rühren bei 225° u. 2,5 std. Erwärmen auf 230—235°; 88% (Ausbeute). —

5-Chlortoluol-2-sulfonsäure, aus vorst. Verb. über das *Diazoniumsalz* mit CuCl in 12nHCl bei 5—8° u. Rühren bei Zimmertemp. über Nacht. *Na-Salz*, $C_7H_6O_3ClSNa$; 87%. — *5-Chlor-4-nitrotoluol-2-sulfonsäure*, durch langsames Erwärmen einer Lsg. vorst. Verb. in 50 g 96,9%ig. H_2SO_4 u. 10 g 80%ig. HNO_3 auf 50° während 1 Std. u. 10 Min. bei 50°; 82%. *Cyclohexylaminsalz*, F. 249—250°. — *5.5'-Dichlor-4.4'-dinitrostilben-2.2'-disulfonsäure*, $C_{14}H_8O_{10}N_2Cl_2S_2 \cdot H_2O$, Zers. bei 260°, durch tropfenweise Zugabe von NaOCl-Lsg. (7 Gew.-% akt. Cl) zu einer alkal. Lsg vorst. Verb. unter Rühren bei 60° (20—40 Min.) u. 10—30 Min. Rühren; Reinigung über das *Ba-Salz*; gelbe Nadeln aus Eisessig; sehr hygroskop.; 26—32%. *Di-o-toluidinsalz*, $C_{28}H_{26}O_{10} \cdot N_4Cl_2S_2$, Zers. über 360°. Nadeln aus Pentasol. — *5.5'-Dichlor-4.4'-diaminostilben-2.2'-disulfonsäure* (I), $C_{14}H_{12}O_6Cl_2S_2 \cdot H_2O$, durch langsame Zugabe vorst. Verb. (50 Min.) zu einer Aufschlämmung von Fe-Pulver in sd. verd. Essigsäure unter heftigem Rühren u. 1½ std. Kochen; cremefarbene Nadeln; λ_{max} 340 ($\varepsilon = 20200$); 93%. *N.N'-Diacylderivv.* in Form der *Dinatriumsalze*: *Dibenzoyl-*, $C_{28}H_{18}O_8N_2Cl_2S_2Na_2 \cdot 2^1/_2 H_2O$; λ_{max} 322 ($\varepsilon = 44950$). *Dianisoyl-*, $C_{30}H_{22}O_{10}N_2Cl_2S_2Na_2 \cdot 6\,H_2O$; 322 (45690). *Bis-[o-äthoxybenzoyl]-*, $C_{32}H_{26}O_{10}N_2Cl_2S_2Na_2 \cdot 4\,H_2O$; 381 (58110). *Bis-[2.4-dimethoxybenzoyl]-*, $C_{32}H_{26}O_{12}N_2Cl_2S_2Na_2 \cdot 4\,H_2O$; 387 (72830). *Difuroyl-*, $C_{24}H_{14}O_{10}N_2Cl_2S_2Na_2$; 326 (42030). *Bis-[phenoxyacetyl]-*, $C_{30}H_{22}O_{10}N_2Cl_2S_2Na_2 \cdot 3\,H_2O$; 317 (35920). *Bis-[phenylcarbamyl]-*, $C_{28}H_{20}O_8N_4Cl_2S_2Na_2 \cdot 5\,H_2O$, aus 4,4 g I in Na_2CO_3-Lsg. durch tropfenweise Zugabe von Phenylisocyanat u. 24 std. Rühren bei 40°; 334 (65220); 5,5 g. *Bis-[o-phenoxybenzoyl]-*, $C_{40}H_{26}O_{10}N_2Cl_2S_2Na_2 \cdot 3\,H_2O$; 331 (37830). *Bis-[4.6-dianilino-1.3.5-triazinyl]-*, $C_{44}H_{32}O_6N_{12}Cl_2S_2Na_2$, aus 4,4 g I in Na_2CO_3-Lsg. durch langsame Zugabe von 3,7 g Cyanurchlorid [F. 144—145° (CCl_4)] in Aceton bei $\leqq 0°$, Zugabe von Anilin, Abdest. des Acetons u. 45 Min. Kochen; 346 (46400); 7,2 g *Di-β-naphthoyl-*, $C_{36}H_{22}O_8N_2Cl_2S_2Na_2 \cdot 6\,H_2O$; 340 (40950). *Bis-[4-chlorbenzoyl]-*, $C_{28}H_{16}O_8N_2 \cdot Cl_4S_2Na_2 \cdot 6\,H_2O$. *Bis-[sorboyl]-*, $C_{26}H_{22}O_8N_2Cl_2S_2Na_2 \cdot 4\,H_2O$. *Bis-[4-diäthylaminobenzoyl]-*, $C_{36}H_{36}O_8N_4Cl_2S_2Na_2 \cdot 2\,H_2O$. — *2-Chlor-4-nitrotoluol-6-sulfonsäure*, durch 2 std. Erwärmen einer Lsg. von 155 g 2-Chlor-4-nitrotoluol in 610 g 30%ig. Oleum auf 75° unter Rühren u. Stehenlassen über Nacht; 273,3 g (Na-Salz). *o-Toluidinsalz*, $C_{14}H_{15}O_5N_2ClS$, Zers. bei 271°, Prismen aus 50%ig. Äthanol. — *2-Chlor-4-nitrotoluol-6-sulfochlorid*, aus dem Na-Salz vorst. Verb. in $PCl_5/POCl_3$ durch 1 std. Kochen unter Rühren; 69%. — *2-Chlor-4-nitrotoluol-6-sulfonsäurephenylester*, $C_{13}H_{10}O_5NClS$, F. 92°, durch portionsweise Zugabe vorst. Verb. zu Phenol in Pyridin bei < 20° unter Rühren u. 3 std. Rühren ohne Kühlung; Nadeln aus Pentasol; 50%. — *6.6'-Dichlor-4.4'-dinitrostilben-2.2'-disulfonsäure, Dicyclohexylaminsalz*, aus 5 g vorst. Verb. in Methanol unter Durchleiten eines raschen O_2-Stromes u. Rühren, Zugabe von KOH-Lsg. u. weitere 5 Min. Durchleiten von O_2 u. Rühren; isoliert als *Dicyclohexylaminsalz*; 2,0 g. — *6.6'-Dichlor-4.4'-diaminostilben-2.2'-disulfonsäure* (II), aus 4,4 g vorst. Verb. in Na_2CO_3-Lsg., Entfernung des Cyclohexylamins mit Wasserdampf u. Red. wie bei I; orangegelb; 1,5 g; gibt rotblauen Farbstoff bei Tetrazotierung u. Kupplung mit alkal. 2-Naphthol-3.6-disulfonsäure. *N.N'-Diacylderivv.* in Form der *Dinatriumsalze*: *Bis-[o-äthoxybenzoyl]-*, $C_{32}H_{26}O_{10}N_2Cl_2S_2Na_2 \cdot 2\,H_2O$; λ_{max} 322 ($\varepsilon = 30690$). *Bis-[2.4-dimethoxybenzoyl]-*, $C_{32}H_{26}O_{12}N_2Cl_2S_2Na_2 \cdot 2\,H_2O$; 320 (40150). — *2-Äthoxy-2'-chlorbenzanilid*, $C_{15}H_{14}O_2NCl$, F. 75° (A.), nach SCHOTTEN-BAUMANN. (J. Amer. chem. Soc. **76.** 2725—31. 20/5. 1954. Bound Brook, N. J., Amer. Cyanamid Comp., Chalco Chem. Div., Res. Dep.) G. WINKLER. 2290

Robert Bucourt, *Das 3-Benzyl-2-cyannaphthol-(1).* Die Anwendung der BUCHERER-Rk. auf 3-Benzyl-2-cyannaphthol-(1) (I) führt nicht zum erwarteten Prod., sondern zu *3-Benzylnaphthylamin-(1)* [**II**; $C_{17}H_{15}N$, Öl; *Acetylverb.* (**III**), $C_{19}H_{17}ON$, F. 166° u. 190—191° (dimorph), kleine Nadeln]. I liefert mit Acetamid bei 260° ein **II**–**III**-Gemisch, bei Ggw. von Essigsäureanhydrid nur **III**. Beim Kochen von I mit Essigsäureanhydrid entsteht glatt *3-Benzyl-2-cyan-1-acetoxynaphthalin*, $C_{20}H_{15}O_2N$, dimorph, F. 123,5—124,5° (feine Nadeln aus Cyclohexan) bzw. F. 138—138,5° (rhomboedr. Prismen aus Propylalkohol). Mit Diazomethan liefert I *3-Benzyl-2-cyan-1-methoxynaphthalin*, $C_{19}H_{15}ON$, dimorph, F. 54° (lange Stäbchen) bzw. F. 61° (Sechsecke), aus wss. Methanol. Die Verseifung der CN-Gruppe von I gelang nicht. Mit Phenyllithium liefert I *1-Oxy-3-benzylnaphthyl-(2)-phenylketimin*, $C_{24}H_{19}ON$, F. 199—200°, kanariengelbe Nadeln, die Farbe deutet auf Chelatstruktur; *N.O-Diacetylverb.* (**IV**), $C_{28}H_{23}O_3N$, dimorph, F. 129—130° bzw. F. 142—143° (Hexan). *N-Acetylverb.*, $C_{26}H_{21} \cdot O_2N$, F. 150—151°, durch kurzzeitige Einw. von methanol. KOH auf **IV** in der Kälte. *N.O-Dibenzoylverb.*, $C_{38}H_{27}O_3N$, F. 154—155°, kleine Nadeln. (C. R. hebd. Séances Acad. Sci. **233.** 694—96. 24/9. 1951.) LIEBIG. 2700

E. R. Ward und **T. M. Coulson,** *3-Nitro-2-aminonaphthalin.* Vff. fanden bei Nachprüfung des Verf. zur Darst. des *3-Nitro-2-aminonaphthalins* (I) nach HODGSON u.

Mitarbeitern (C. **1946.** II. 206 u. früher), daß die Nitrierung von 3-Nitro-1-acetylaminonaphthalin ein Gemisch von *3.5-* u. *3.8-Dinitro-1-acetylaminonaphthalin* ergibt. Hydrolyse, Trennung der beiden Amine u. Desaminierung führen zu *1.7-* u. *1.6-Dinitronaphthalin.* Das vermeintliche **I** von HODGSON ist daher ein Gemisch von *5-* u. *8-Nitro-2-aminonaphthalin.* (Chem. and Ind. **1953.** 542—43. 30/5. Leicester, Coll. of Technol., Chem. Dep.) HELMUT HOFMANN. 2700

D. L. Turner, *Darstellung eines Cyclopentenons durch Stobbe-Kondensation.* Das aus β-[5.6.7.8-Tetrahydronaphthoyl-(2)]-propionsäuremethylester (**I**) mit Dimethyl-succinat entstehende rohe STOBBE-Kondensationsprod. cyclisiert u. decarboxyliert sich bei der Alkalihydrolyse u. liefert *3-[5.6.7.8-Tetrahydronaphthyl-(2)]-cyclopenten-(2)-on-(1)-2-essigsäure.* Vorst. Verb. wurde zum Vgl. auch aus 2-Acetyl-5.6.7.8-tetrahydronaphthalin (**II**) auf bekanntem Wege (vgl. C. **1950.** I. 49) dargestellt.

Versuche: *2-[Furfuryliden-acetyl]-5.6.7.8-tetrahydronaphthalin,* $C_{17}H_{16}O_2$, F. 65—66° (A.), aus 260 g **II** u. 124 cm³ Furfurol mit 45%ig. wss. KOH in A. (über Nacht stehenlassen); 350 g (Ausbeute). — *ε-[5.6.7.8-Tetrahydronaphthoyl-(2)]-homolävulinsäure,* $C_{17}H_{20}O_4$, F. 114,5—115° (Ae./Pentan), aus vorst. Verb. mit A./konz. HCl, dann mit Eisessig/wss. HCl; 25%. — *3-[5.6.7.8-Tetrahydronaphthyl-(2)]-cyclopenten-(2)-on-(1)-2-essigsäure,* $C_{17}H_{18}O_3$, F. 129—130° (Chlf., Ae.), a) aus vorst. Verb.; 95%; b) durch Zufügen einer Lsg. von **I** in Dimethylsuccinat zu einer sd. Lsg. von K in tert.-Butanol, $^1/_2$ std. Erwärmen auf 110—130° u. Verseifen der sauren Fraktion (90%) mit wss.-alkoh. KOH ($^1/_2$ Std., Dampfbad); 45% rein. *Oxim,* $C_{17}H_{19}O_3N$, F. 161 bis 162° (Zers.; Äthylacetat). *Methylester,* $C_{18}H_{20}O_3$, F. 88—89° (A.). (J. Amer. chem. Soc. **75.** 1257—58. 5/3. 1953. Philadelphia, Pa., Jefferson Med. Coll.) PRACEJUS. 2700

Christoph Grundmann und **Eva Litten,** *Die Konstitution zweier angeblicher Abkömmlinge des Cyclobutadiens.* Die von RUHEMANN u. MERRIMAN [1905.] als „2-Methyl-3-acetyl-1-phenylcyclobutadiencarbonsäure-(4)" u. „2-Methyl-3-acetyl-1.4-benzoylencyclobutadien" beschriebenen Verbb. wurden als *5-Oxy-3-methyl-2-phenylbenzolsäure* (**I**) bzw. *2-Oxy-4-methylfluorenon* (**II**) erkannt. **II** entsteht aus **I** durch Wasserabspaltung. Der Strukturbeweis erfolgte durch Synth. von **II** aus 4-Oxy-2-methyldiphenylcarbonsäure-(2') (**III**).

Versuche: (FF. korr.) *o-Carboxybenzoldiazoniumsulfat,* aus Anthranilsäure in A. durch Zutropfen von H_2SO_4 u. dann von Isoamylnitril u. Ausfällen mit Ae.; 85% (Ausbeute). — Umsetzung des trockenen Diazoniumsulfats mit m-Kresol auf dem Wasserbad lieferte neben viel Harz *4-Oxy-2-methyldiphenylcarbonsäure-(2')* [**III**; $C_{14}H_{12}O_3$, F. 169° (W.) bei 177° (aus den Schmelzfluß krist.), Nadeln; 3,6%], *2-[m-Kresoxy-]-benzoesäure* [**IV**; $C_{14}H_{12}O_3$, Kp.$_{12}$ 210°, Kp.$_{0,01}$ 120—130°, F. 85° (verd. A.), rhomb. Blättchen; 1,9%] u. *2-Oxy-x-methyldiphenylcarbonsäure-(2')-lacton* [**V**; $C_{14}H_{10}O_2$, F. 161° (A.), Nadeln; 23,5%]. Die Trennung erfolgte auf Grund der Unlöslichkeit von **V** in $NaHCO_3$-Lsg., der Löslichkeit von **III** in heißem W. u. der von **IV** in organ. Lösungsmitteln. — *2-Oxy-4-methylfluorenon* (**II**), $C_{14}H_{10}O_2$, F. 217° (A.), orangefarbene Nadeln; **III** + $AlCl_3$ in Nitrobenzol erwärmen; 59%. — *2-Acetoxy-4-methylfluorenon,* $C_{16}H_{12}O_3$, F. 115°, gelbe Nadeln. — *4-Methoxy-2-methyldiphenylcarbonsäure-(2'),* $C_{15}H_{14}O_3$, F. 128° (nach Sublimation bei 130—145°/0,01 Torr) aus **III** u. Diazomethan in Ae. + Methanol. (Chem. Ber. **85.** 261—65. 1952. Berlin, Humboldt-Univ., II. Chem. Inst.) JOHN. 2750

P. M. G. Bavin und **M. J. S. Dewar,** *Die Nitrierung des Phenanthrens. Isolierung des 1-Nitrophenanthrens.* Vff. bestätigen die Ergebnisse der Nitrierung von Phenanthren (**I**) durch SCHMIDT u. HEINLE [1911]. Spektroskop. reines **I** wurde mit Acetylnitrat in Essigsäureanhydrid bei 25° nitriert. Chromatographie aus PAe. an Al_2O_3 ergab außer den bereits von SCHMIDT u. HEINLE gefundenen *9-, 2-, 4-* u. *3-Mononitrophenanthrenen* (Ausbeute 60:20:20:5) auch *1-Nitrophenanthren* in sehr geringer Ausbeute (< 1%). Im Widerspruch zu theoret. Voraussagen scheint daher die 1-Stellung im Phenanthren die reaktionsträgste zu sein. (Chem. and Ind. **1953.** 543. 30/5. London, Queen Mary Coll., Dep. of Chem.) HELMUT HOFMANN. 2850

J. W. Cook, A. R. M. Gibb, R. A. Raphael und **A. R. Somerville,** *Tropolone.* 4. Mitt. *Darstellung von α.β-Benzotropolon.* (3. vgl. C. **1953.** 7785.) Die Dehydrierung von 1.2-Benzocylclohepten-(1)-dion-(3.4) (**I**) mit Pd in sd. Trichlorbenzol liefert *α.β-Benzotropolon* (**II**) in 16%ig. Ausbeute neben einer Verb. der wahrscheinlichen Konst. **III**, die durch eine der Aldolkondensation ähnliche Rk. aus 2 Mol **I** u. anschließende teilweise Dehydrierung entstanden sein kann. In 34%ig. Ausbeute entsteht **II** aus **I** durch Bromierung zu *α'-Brom-α.β-benzotropolon* (**IV**) u. dessen Hydrogenolyse in Ggw. von viel Triäthylamin. — Im Gegensatz zu Tropolon ist **II**

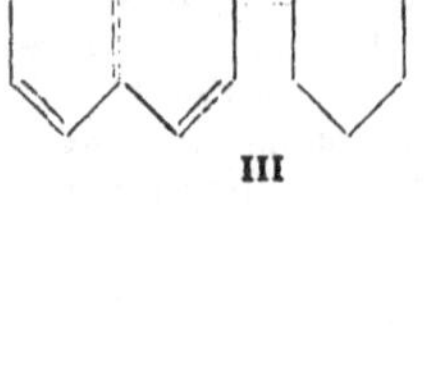

III

in $NaHCO_3$-Lsg. unlösl. u. zeigt einen p_K-Wert von ca. 9,5. Das *Acetat* ist flüssig. Die Konst. von **II** ist bewiesen durch die Hydrierung zu dem Gemisch von *cis-* u. *trans-Benzocycloheptendiol-(3.4)*, die oxydativ zu *α-[o-Carboxyphenyl]-buttersäure* (**V**) gespalten wurden. Mit alkal. H_2O_2 wird **II** zu *o-Carboxyzimtsäure* abgebaut, beim Schmelzen mit KOH entsteht *α-Naphthoesäure*. Im Gegensatz zu den Angaben von Nozoe u. Mitarbeitern (Proc. Japan Acad. **27.** [1951] 107), die aus **II** u. CH_2N_2 einen krist. *Methyläther* erhalten haben wollen, stellen Vff. fest, daß **II** auch in Ggw. von CH_3OH mit äther. CH_2N_2 kaum reagiert u. in geringer Ausbeute einen öligen *Methyläther* liefert; Nozoe u. Mitarbeiter werden unverändertes **II** in Händen gehabt haben.

Versuche: *1.2-Benzocyclohepten-(1)-dion-(3.4)* (**I**), F. 45—49°, durch 4 std. Zutropfen von SeO_2 in A. zu der sd. Lsg. von 15 g Benzocycloheptenon-(3) in A. u. Fraktionierung des rohen Öls; $Kp._{0,4}$ 128—132°; gelbe Prismen; 13 g (Ausbeute). *Mono-2.4-dinitrophenylhydrazon*, $C_{17}H_{14}O_5N_4$, aus n-Butanol gelbe Nadeln, F. 232—234°. **I** bildet mit o-Phenylendiamin kein Chinoxalinderivat. Alkal. H_2O_2 spaltet in der Kälte zu *α-[o-Carboxyphenyl]-buttersäure* (**V**), $C_{11}H_{12}O_4$, F. 138—139°, aus W. u. Bzl.-Bzn. Nadeln. — *α'-Brom-α.β-benzotropolon* (**IV**), $C_{11}H_7O_2Br$, F. 143—144°, durch Bromierung von **I** in Eisessig u. 4tägiges Stehen; aus Eisessig kurze Prismen; 49%; mit $FeCl_3$ tiefrot; das *Cu-Salz* ist grün u. amorph, das *Na-Salz* gelb. *Methyläther*, $C_{12}H_9O_2Br$, F. 84—85° (vgl. dagegen Nozoe u. Mitarbeiter, l. c.), Nadeln aus Leichtbenzin. In einem Fall wurde bei der Darst. von **IV** *5-Brombenzocycloheptendion-(3.4)*, $C_{11}H_9O_2Br$, als Nebenprod. erhalten; F. 92—94°, aus Cyclohexan Platten. — *α.β-Benzotropolon* (**II**), $C_{11}H_8O_2$, F. 85—86°, durch 8 std. Kochen von 3,2 g **I** in 1.2.4-Trichlorbenzol unter N_2 mit 10%ig. Pd-Kohle, Ausziehen mit KOH, wobei die Verb. **III**, $C_{22}H_{16}O_3$, zurückbleibt (gelbe Prismen aus Eisessig, F. 270—271°; mit konz. H_2SO_4 orangefarben), Ansäuern, Ausäthern, Eindampfen u. Ausziehen mit sd. Cyclohexan; blaßgelbe Nadeln, die bei 65—70°/0,05 mm sublimieren; 0,5 g; die Absorptionsmaxima werden angegeben; mit $FeCl_3$ blutrote Farbe. *Cu-Salz*, F. 249 bis 250°, aus Chlf. olivgrüne Nadeln, die sich in konz. HCl mit gelber Farbe lösen u. beim Verdünnen wieder gefällt werden. *3.5-Dinitrobenzoat*, $C_{18}H_{10}O_7N_2$, F. 174—175°, aus A. oder Bzl.-Bzn. Platten; Ausbeute gering. *Subpikrat*, $(C_{11}H_8O_2)_2 \cdot C_6H_3O_7N_3$, orangefarbene Prismen aus A., F. 63—64°. Das **II**-*Acetat* ist ölig u. leicht hydrolysierbar. Der **II**-*Methyläther* ist mit CH_2N_2 kaum zu erhalten, wohl jedoch mit p-Toluolsulfonsäuremethylester in wss.-alkoh. NaOH; Öl; *2.4-Dinitrophenylhydrazon*, $C_{18}H_{14}O_5N_4$, aus Essigester kleine rote Prismen, F. 242—243°. **II** entsteht auch aus **IV** u. überschüssigem Triäthylamin in A. durch Hydrierung mit 10%ig. Pd-Kohle unter n. Bedingungen; 68%. — Nach Hydrierung von 50 mg **II** in A. in Ggw. von PtO_2 u. Digerieren des Rohprod. mit Cyclohexan entsteht ein Gemisch aus *cis-* u. *trans-Benzocycloheptendiol-(3.4)*, $C_{11}H_{14}O_2$, aus Bzn., dann W. Prismen; 40 mg; Oxydation mit KOBr-Lsg. liefert **V**. — Zugabe von 30%ig. H_2O_2 zu 200 mg **II** in 0,5nNaOH, 36 std. Stehen, Ansäuern u. Ausäthern liefert *o-Carboxyzimtsäure*, F. 186—188°, aus wss. Essigsäure Prismen, 60 mg, die beim Schmelzen in *β-Oxy-β-[o-carboxyphenyl]-propionsäurelacton* (*Phthalidessigsäure*) übergeht, F. 146—148°. — **IV** entsteht durch Bromierung von 100 mg **II** in Eisessig; 90 mg. 100 mg liefern bei weiterer Bromierung *α'.γ-Dibrom-α.β-benzotropolon*, $C_{11}H_6O_2Br_2$, F. 119—121°, aus Essigsäure seidige gelbe Nadeln; 120 mg. $^1/_2$ std. Erhitzen von 26 mg **II** mit 80%ig. KOH auf 180—185°, Lösen in W. u. Ansäuern führt zu *α-Naphthoesäure*, F. 156—160° (wss. A.); 20 mg. (J. chem. Soc. [London] **1952.** 603—07. Febr. Glasgow, Univ.) Nitzschke. 2950

Elso Mugnaine und **Paolo Grünanger**, *Synthesen von Heterocyclen mit Propargylalkohol und Butindiol.* 1. Mitt. Durch Rk. der Acetylenderivv. Propargylalkohol (**I**) bzw. Butindiol (**II**) mit Diazoverbb. bzw. Diazoimiden bzw. Nitriloxyden entstehen *Pyrazol-*, *Triazol-* u. *Isoxazolderivate.* Folgende Verbb. werden dargestellt: *1-Phenyl-4-oxymethyl-1.2.3-triazol* (**VI**), F. 113° (W.), aus **I** u. Phenylazid (**III**). Geht bei der $KMnO_4$-Oxydation in *1-Phenyl-1.2.3-triazolcarbonsäure-(4)*, F. 149—150°, über. — *1-Phenyl-5-oxymethyl-1.2.3-triazol*, F. 82° (W.), neben **VI**. Geht bei der $KMnO_4$-Oxydation in *1-Phenyl-1.2.3-triazolcarbonsäure-(5)*, F. 176°, über. — *3-Oxymethylpyrazolcarbonsäure-(5)-äthylester*, F. 93°, aus **I** u. Diazoessigester (**IV**). *Freie Säure*, F. 210 bis 211° (Nadeln aus W.), gibt bei der $KMnO_4$-Oxydation *Pyrazoldicarbonsäure-(3.5)*. — *5-Oxymethyl-3-phenylisoxazol* (**V**), F. 52° (Nadeln aus Bzl. + Ligroin), aus **I** u. Benzonitriloxyd. — *3-Phenylisoxazolcarbonsäure-(5)*, F. 179—180°, aus **V** durch Oxydation. — *1-Phenyl-4.5-bis-[oxymethyl]-1.2.3-triazol* (**VII**), F. 161—162° (Prismen aus W.), aus **II** u. **III**. — *1-Phenyl-4-oxymethyl-1.2.3-triazolcarbonsäure-(5)*, aus **VII** mit 1 Äquivalent $KMnO_4$; gibt beim Erhitzen **VI**. — *1-Phenyl-1.2.3-triazoldicarbonsäure-(4.5)*, aus **VII** mit 2 Äquivalenten $KMnO_4$. — *3.4-Bis-[oxymethyl]-pyrazolcarbonsäure-(5)-äthylester*, F. 145—145,5° (Nadeln), aus **II** u. **IV**. — *Pyrazoltricarbonsäure-(3.4.5)*, F. 232°, aus vorst.

Verb. durch Oxydation. (Atti Accad. naz. Lincei, Rend., Cl. Sci. fisiche, mat. natur. [8] **14.** 95—98. Jan. 1953.) K. FABER. 3050

Charles D. Hurd und **Gene L. Oliver,** *Die Friedel-Crafts-Alkylierung von Furan-2-carbonsäuremethylester.* Es wird die Rk. von *Furan-2-carbonsäuremethylester* (**II**) mit *sek.-Butylbromid* (**I**) in Ggw. von $AlCl_3$ in CS_2 untersucht, um festzustellen, ob die Angaben von GILMAN u. CALLOWAY (vgl. J. Amer. chem. Soc. **55.** [1933.] 4197) zutreffen, wonach dabei durch gleichzeitige Umlagerung nur 1,6% 5-tert.-Butylfuran-2-carbonsäuremethylester entstehen. Vff. hydrolysieren das Reaktionsgemisch u. decarboxylieren zu einem Prod., von dem die Infrarotanalyse, verglichen mit den Spektren von auf unabhängigem Wege dargestelltem *2-sek.-* (**III**) u. *2-tert.-Butylfuran* (**IV**), zeigt, daß es aus 57% **III** u. 43% **IV** besteht (±2,8%). — Die spektralen Daten von **III**, **IV** u. *2-Methylfuran,* sowie die des erhaltenen Gemisches werden angegeben u. diskutiert.

Versuche: Nach Alkylierung von 0,5 Mol **II** mit 0,5 Mol **I** in Ggw. von 0,75 Mol $AlCl_3$ nach den Angaben von GILMAN u. CALLOWAY (l. c.) wurde bei 10 mm dest.; die zwischen 107 u. 125° (hauptsächlich zwischen 113 u. 115°) übergehende Fraktion (32,5 g [Ausbeute]) wurde 6 Std. mit methanol. KOH gekocht; es wurde eingeengt, W. zugegeben, neutralisiert, das Öl ausgeäthert, nach Entfernung des Ae. in Chinolin u. etwas CuO decarboxyliert, das bis 140° übergehende Destillat dest. (Kp. 119—135° [Gemisch von **III** u. **IV**]) u. spektralanalyt. untersucht. — *2-tert.-Butylfuran* (**IV**), Kp. 119—120°, durch Alkylierung von **II** mit tert.-Butylbromid u. $AlCl_3$, Verseifung, Ansäuern (*5-tert.-Butylfuran-2-carbonsäure,* F. 103,5—104,5°) u. Decarboxylierung. — *2-sek.-Butylfuran* (**III**), Kp. 132—134°, durch Rk. von Furyl-(2)-methylketon ($Kp._7$ 51—53°) mit C_2H_5MgJ, Dest. des Gemisches von *2-[α-Furyl]-buten* u. *2-[α-Furyl]-butanol-(2),* Kolonnendest. der bis 70°/11 mm übergehenden Fraktion u. Hydrierung der bei 45—61°/9 mm übergehenden Anteile (5 g) in Pentan mit 5%ig. Pd-Kohle. (J. Amer. chem. Soc. **76.** 50—51. 5/1. 1954. Evanston, Ill., Northwestern Univ., Chem. Labor.) SCHLÖSSER. 3061

José A. Cummins, B. F. Kaye und **Muriel L. Tomlinson,** *1.2.3.4-Tetrahydro-6-oxy-7-methylcarbazol und 3-Oxy-2-methylcarbazol.* Vff. beschreiben die Darst. von *1.2.3.4-Tetrahydro-6-oxy-7-methylcarbazol* (**I**) u. *3-Oxy-2-methylcarbazol* (**II**) aus 4-Methoxy-m-tolylhydrazin u. Cyclohexanon nach FISCHER bzw. aus *3-Methoxy-2-methylcarbazol* (dargestellt aus dem bei der Synth. von **I** auftretenden *Methyläther* (**III**) durch katalyt. Dehydrierung) durch Hydrolyse u. zeigen, daß **I** u. **II** ident. sind mit dem bei der Darst. von 8-Chlor-1.2.3.4-tetrahydro-5-methylcarbazol aus Cyclohexanon-6-chlor-m-tolylhydrazon nach FISCHER (vgl. PAUSACKER u. ROBINSON, C. **1948.** II. 210) entstehendem Nebenprod. $C_{13}H_{15}ON$, bzw. dessen Dehydrierungsprod. $C_{13}H_{11}ON$.

Versuche: *1.2.3.4-Tetrahydro-6-methoxy-7-methylcarbazol* (**III**), $C_{14}H_{17}ON$, F. 172°, durch Diazotierung von 4,7 g 4-Methoxy-m-toluidin, Zugabe der Diazoniumsalzlsg. zu $SnCl_2$/HCl bei —10 bis —5°, Isolierung des gebildeten Hydrazinsalzes, Umsetzung mit 3,6 g Cyclohexanon u. überschüssigem Na-Acetat u. Kochen des Hydrazons mit $2nH_2SO_4$; Nadeln aus A.; 0,5 g (Ausbeute). — *1.2.3.4-Tetrahydro-6-oxy-7-methylcarbazol* (**I**), $C_{13}H_{15}ON$, F. 208°, aus vorst. Verb. durch 2std. Kochen mit Essigsäure/HBr unter CO_2, ferner nach PAUSACKER u. ROBINSON (l. c.); Platten aus Bzl.; gibt mit $FeCl_3$ violettbraune Farb-Rk., mit Methylsulfat **III**. — *3-Methoxy-2-methylcarbazol,* $C_{14}H_{13}ON$, F. 179—181,5°, aus **III** durch 2std. Erhitzen mit Pd-Kohle (10% Pd auf Norit) auf 200—220° im CO_2-Strom; Nadeln aus Äthanol. — *3-Oxy-2-methylcarbazol* (**II**), $C_{13}H_{11}ON$, F. 316° (Erweichung bei 260°), aus vorst. Verb. durch 2std. Kochen mit Essigsäure/HBr unter häufigem Schütteln, ferner aus **I** durch katalyt. Dehydrierung bei 280—300° wie vorst.; Nadeln aus Bzl.; gibt in alkoh. Lsg. mit wss. $FeCl_3$ grünen Niederschlag. — *4-Amino-o-kresol,* F. 170—173°, durch Zugabe von 50 g Na-Dithionit zu 30 g rohem 4-Nitroso-o-kresol in Na_2CO_3-Lsg. unter Rühren; 16 g. (J. chem. Soc. [London] **1954.** 1414—15. Mai. Oxford, Univ., Dyson Perrins Labor.) G. WINKLER. 3081

D. A. Kinsley und **S. G. P. Plant,** *Die Friedel-Crafts-Reaktion in der Carbazolreihe.* 4. Mitt. *Phenylacetylverbindungen.* (3. vgl. C. **1948.** I. 324.) Vff. beschreiben die Darst. von *3-Phenylacetyl-* (**I**) neben *1-Phenylacetylcarbazol* aus 9-Phenylacetylcarbazol durch Erhitzen mit $AlCl_3$. **I** liefert bei Red. nach HUANG-MINLON *3-Phenäthylcarbazol* (**II**); die Darst. von Naphtho-[2′.1″.3.4]-carbazol aus **II** durch Cyclohydrierung gelang unter verschied. Reaktionsbedingungen nicht. *3.6-Bis-[phenylacetyl]-carbazol* (**III**) wird nach FRIEDEL-CRAFTS aus Carbazol (**V**) oder aus **I** u. Phenylacetylchlorid (**IV**) erhalten; das *3.6-Bis-phenylacetylderiv. von 9-Methylcarbazol* wird analog oder durch Methylierung von **III** dargestellt. Aus 9-Benzoylcarbazol (**VI**) entsteht nach FRIEDEL-CRAFTS *2-Phenylacetyl-9-benzoylcarbazol* u. *2-Phenylacetylcarbazol.* — Die Konfiguration der vorst. Verbb. wird durch Überführung in bekannte Carbazolcarbonsäuren (durch Schmelzen mit KOH) sichergestellt.

V e r s u c h e: *9-Phenylacetylcarbazol,* $C_{20}H_{15}ON$, F. 114°, durch allmähliche Zugabe von 6 g **V** zu CH_3MgJ in Ae., 10 Min. Kochen, portionsweise Zugabe von 7,7 g **IV** unter Rühren u. 10 Min. Kochen; Platten aus Essigsäure; 5 g (Ausbeute); gibt bei 5 Min. Kochen mit wss.-äthanol. KOH **V.** — *3-Phenylacetylcarbazol* (**I**), $C_{20}H_{15}ON$, F. 164° (A.), durch 15 Min. Erwärmen von 16 g vorst. Verb. mit 8,5 g $AlCl_3$ in Nitrobenzol auf 120°; 6,5 g [*Oxim,* $C_{20}H_{16}ON_2$, F. 214° (A.). *Phenylhydrazon,* $C_{26}H_{21}N_3$, F. 239° (A.). *9-Methylderiv.,* $C_{21}H_{17}ON$, F. 114°, aus **I** u. Methylsulfat in wss.-alkal. Lsg.; hellgelbe Prismen aus Äthanol. *9-Acetylderiv.,* $C_{22}H_{17}O_2N$, F. 113,5°, Nadeln aus A.; **I** gibt beim Schmelzen mit KOH *Carbazol-3-carbonsäure,* F. 270°. *Äthylester,* F. 164°], daneben *1-Phenylacetylcarbazol,* $C_{20}H_{15}ON$, F. 123—124°; Trennung von **I** durch Lösen in CCl_4; goldene Nadeln aus A.; 1 g. *Oxim,* $C_{20}H_{16}ON_2$, F. 122°; gibt beim Schmelzen mit KOH *Carbazol-1-carbonsäure,* F. 267°. — *3-Phenäthylcarbazol* (**II**), $C_{20}H_{17}N$, F. 213°, durch Kochen von 3 g **I** mit gepulvertem KOH u. Hydrazinhydrat in Diäthylenglykol, 1½ Std. bei 140—165° u. 4 Std. bei 185—205°; Platten aus A.; 2 g; gibt bei 5 Min. Kochen mit Methylsulfat in wss.-alkal. Aceton *9-Methyl-3-phenäthylcarbazol,* $C_{21}H_{19}N$, F. 89°, graue Prismen aus Äthanol. — *3.6-Bis-[phenylacetyl]-carbazol* (**III**), $C_{28}H_{21}O_2N$, F. 242°, aus 4 g **IV,** 2 g **V** u. gepulvertem $AlCl_3$ in Bzl. unter Schütteln u. 12std. Stehenlassen; 1,5 g, ferner wie vorst. aus **I**; Platten aus Dioxan u. Anisol; gibt beim Schmelzen mit KOH *Carbazol-3.6-dicarbonsäure* (*Diäthylester,* F. 202°), bei Methylierung wie **I** *9-Methyl-3.6-bis-phenylacetylcarbazol,* $C_{29}H_{23}O_2N$, F. 145°, Nadeln aus Essigsäure u. A., ferner aus 9-Methylcarbazol nach FRIEDEL-CRAFTS. *9-Acetylderiv.* von **III,** $C_{30}H_{23}O_3N$, F. 157°, Nadeln aus Essigsäure u. Äthanol. — *3.6-Bis-[phenäthyl]-carbazol,* $C_{28}H_{25}N$, F. 145°, durch 6std. Kochen von 3 g **III** mit amalgamiertem Zn in Eisessig unter portionsweiser Zugabe von konz. HCl; Nadeln aus Essigsäure; 0,7 g. — *2-Phenylacetylcarbazol,* $C_{20}H_{15}ON$, F. 209—211° (rasches Erhitzen), durch 1¼std. Kochen von 15 g **VI** mit **IV** u. $AlCl_3$ in CS_2; Reinigung durch Chromatographie, Eluierung mit Bzl.; Platten aus A.; 0,5 g (gibt beim Schmelzen mit KOH *Carbazol-2-carbonsäure,* F. 320°. *Äthylester,* F. 181—183°), daneben *9-Benzoyl-2-phenylacetylcarbazol,* $C_{27}H_{19}O_2N$, F. 183—185°, Rhomben aus Bzl.; 1,5 g; liefert beim Kochen mit wss.-alkoh. KOH vorst. Verbindung. (J. chem. Soc. [London] **1954.** 1341—43. Mai. Oxford, Univ., Dyson Perrins Labor.) G. WINKLER. 3081

R. J. Gaughran, J. P. Picard und **J. V. R. Kaufman,** *Beitrag zur Chemie von Benzfuroxan- und Benzfurazanderivaten.* Die von HAMMICK u. Mitarbeitern (J. chem. Soc. [London] **1931.** 3308) vermutete asymm. chinoide Konst. **I** für *Benzfuroxan* wird auf Grund chem. u. spektroskop. Unterss. bestätigt. Es war nicht möglich, durch Pyrolyse von 1.3-Dinitro-4.6-diazidobenzol oder dem daraus entstehenden *6-Azido-5-nitrobenzfuroxan* (**II**; im Original irrtümlich 5-Azido-6-nitro-, an anderer Stelle 4-Nitro-5-azidobenzfuroxan; der Referent) zu einem die Konst. **I** ausschließenden symm. Benzdifuroxan zu gelangen. Bei Weiternitrierung von **II** wird das asymm. *Nitrobenzdifuroxan* **III** erhalten. Die Darst. einiger neuer **I**-Derivv. wird beschrieben, von denen einige mit Hydroxylamin zu den entsprechenden *Benzfurazanen* red. werden. *4.6-Dinitrobenzfuroxan* (**IV**) bildet (vermutlich durch Ionisierung an $C_{(5)}$) Metallsalze, aber kein Methochlorid oder -jodid. Die Infrarotspektren von **IV** u. dessen *K-Salz* (zwischen 5 u. 8 μ) sowie die von **II** (nur Maxima), allen dargestellten *Benzfurazanen* u. den diesen entsprechenden **I**-Derivv. (zwischen 6 u. 6,5 μ) werden graph. angegeben u. diskutiert.

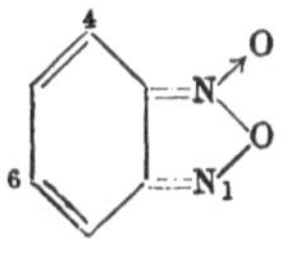
I

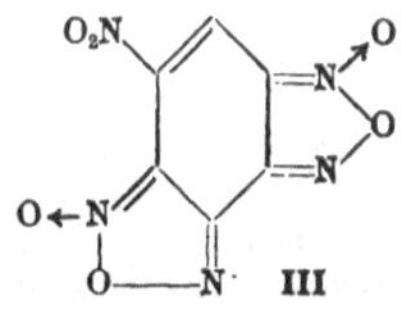
III

V e r s u c h e (FF. korr.): *5-Methoxybenzfuroxan* (**V**), $C_7H_6O_3N_2$, F. 118° (A.), durch Zugabe von wss. NaOCl zu 3-Nitro-4-aminoanisol in gesätt. alkoh. NaOH; gelb; 95% (Ausbeute). — Analog aus den entsprechenden o-Nitroaminoverbb. folgende B e n z f u r o x a n e: *5-Methyl-,* $C_7H_6O_2N_2$, F. 98°; 95%. — *4.6-Dimethyl-,* $C_8H_8O_2N_2$, F. 109°; 95%. — *5-Chlor-,* $C_6H_3O_2N_2Cl$, F. 48°; 95%. — *Benzfuroxan* (**I**), $C_6H_4O_2N_2$, F. 72°; 95%. — *5-Nitrobenzfuroxan,* $C_6H_3O_4N_3$, F. 72°, durch Zugabe von $NaNO_2$ u. Eis zu 2.4-Dinitroanilin in Essigsäure–H_2SO_4 bei 0—5°, Zers. von HNO_2 mit Harnstoff, Filtrieren u. Erhitzen auf 75°; aus A. gelbe Blättchen; 93%. — Durch Nitrierung nach GREEN [1912] bzw. DROST [1899] folgende B e n z f u r o x a n e: *4-Nitro-,* $C_6H_3O_4N_3$, F. 143°; 60%. — *4-Nitro-5-methyl-,* $C_7H_5O_4N_3$, F. 164°; 80%. — *4.6-Dinitro-5-methyl-,* $C_7H_4O_6N_4$, F. 133; 60%. — *5.6-Dinitro-,* $C_6H_2O_6N_4$, F. 172°;

40%. — *4-Nitro-5-methoxy-*, $C_7H_5O_5N_3$, F. 160°; 90%. — *4.6-Dinitro-* (**IV**), $C_6H_2O_6N_4$, F. 172°; 90%. *K-Salz*, $C_6HO_6N_4K$, aus **IV** mit $KHCO_3$; aus W. goldorangefarbene Blättchen; explodiert bei 210°. — *1.3-Dinitro-4.6-diazidobenzol*, $C_6H_2O_4N_8$, F. 78° (A.), durch Zugabe von 1.3-Dinitro-4.6-dichlorbenzol (in Aceton) zu NaN_3 in W.-A.-Aceton; rechtwinklige gelbe Blättchen; hochexplosiv. — *6-Azido-5-nitrobenzfuroxan* (**II**), $C_6H_2O_4N_6$, F. 89° (Zers.), durch Erhitzen vorst. Verb. auf 80—85°; aus A. glänzende dunkelgelbe Nadeln; 60%; hochexplosiv. — *Nitrobenzdifuroxan* (**III**), $C_6HO_6N_5$, F. 156°, durch Zugabe von **II** zu P_2O_5–HNO_3, Gießen in Eiswasser u. Filtrieren (Gasentw.); aus A. gelbe Blättchen; 10%. — *5-Methoxybenzfurazan*, $C_7H_6O_2N_2$, F. 99°, durch Zufügen von 25%ig. NaOH zu **V** u. $HONH_2 \cdot HCl$ in wenig W. (Gasentw.), Einengen u. Dampfdest.; 75%. — Analog folgende Benzfurazane: *5-Methyl-*, $C_7H_6ON_2$, F. 37°; 65%. — *4.6-Dimethyl-*, $C_8H_8ON_2$, F. 63°; 70%. — *5-Chlor-*, $C_6H_3ON_2Cl$, F. 44°; 50%. — *Benzfurazan*, $C_6H_4ON_2$, F. 53°; 40%. — *4-Nitrobenzfurazan*, $C_6H_3O_3N_3$, F. 93°; durch Nitrierung vorst. Verb.; 40%. (J. Amer. chem. Soc. **76**. 2233—36. 20/4. 1954. Dover, N. J., Picatinny Arsenal, Chem. Res. Sect.) W. HOFFMANN. 3163

Sharad S. Pandit und **Suresh Sethna**, *Cumarine aus Orcin-Derivaten: Kondensation von Orcacetophenonmonomethyläther mit Äthylacetat, Äthylpropionat und Äthylbutyrat und molekulare Umlagerung von Orcacetophenondiacetat und -dibenzoat in Gegenwart von metallischem Natrium.* Vff. erhielten bei der Kondensation von Orcacetophenonmonomethyläther (**IV**) mit Äthylacetat (**I**), Äthylpropionat (**II**) u. Äthylbutyrat (**III**) nicht die erwarteten Diketone (vgl. SETHNA u. SHAH, C. **1941**. I. 1290. 1292), sondern wahrscheinlich *4-Oxy-7-methoxy-4.5-dimethyl-* (**V**), *-3.4.5-trimethyl-* (**VI**) u. *-3-äthyl-4.5-dimethyl-3.4-dihydrocumarin* (**VII**). **V**, **VI** u. **VII** wurden durch Dehydratation mittels verd. HCl in *7-Methoxy-4.5-dimethylcumarin* (**VIII**), *7-Methoxy-3.4.5-trimethylcumarin* u. *7-Methoxy-3-äthyl-4.5-dimethylcumarin* übergeführt. **VIII** entsteht auch durch Erhitzen von **V** oder durch Schütteln des Cu-Salzes mit verd. H_2SO_4. Bei der Behandlung von **V** mit 10%ig. NaOH wird **IV** zurückerhalten. Orcacetophenon (**XI**) selbst kondensiert sich nicht mit **I** unter gleichen Bedingungen. Orcacetophenondiacetat (**XII**) liefert bei der Umlagerung in Ggw. von metall. Na *7-Oxy-4-acetomethyl-5-methylcumarin* (**X**), Orcacetophenondibenzoat (**IX**) gibt dagegen *7-Oxy-5-methylflavon.*

Versuche: *Orcacetophenonmonomethyläther* (**IV**), F. 79°, durch Methylierung von **XI** in Aceton/10%ig. NaOH. — *4-Oxy-7-methoxy-4.5-dimethyl-3.4-dihydrocumarin* (**V**), $C_{12}H_{14}O_4$, F. 140—142°, aus **IV** (6 g) u. **I** (13 g) u. Na-Pulver (1,5 g), zunächst unter Kühlen, dann 1½ Std. bei 115—120°; aus A. rechteckige Prismen; 3 g (Ausbeute). *Cu-Salz*, $C_{24}H_{26}O_8C$ u. H_2O, F. 220—222°, blaßgrüne Kristalle. — *7-Methoxy-4.5-dimethylcumarin* (**VIII**), F. 118—119°, a) aus 0,5 g **V** in Essigsäure mit konz. HCl, 15 Min. kochen; aus verd. A. 0,3 g Nadeln; b) durch ½std. Erhitzen von **V** auf 155—160°; c) durch Schütteln des Cu-Salzes von **V** in Ae. mit 10%ig. H_2SO_4. — *4-Oxy-7-methoxy-3.4.5-trimethyl-3.4-dihydrocumarin* (**VI**), $C_{13}H_{16}O_4$, F. 125—126°, aus **IV** u. **II**; 0,7 g. *Cu-Salz*, $C_{26}H_{30}O_8Cu$, F. 193—196°, tiefgrün. — *7-Methoxy-3.4.5-trimethylcumarin*, F. 90—92°, aus **VI** wie **VIII**. — *4-Oxy-7-methoxy-3-äthyl-4.5-dimethyl-3.4-dihydrocumarin* (**VII**), $C_{14}H_{18}O_4$, F. 130—132°, aus **IV** u. **III**. *Cu-Salz*, $C_{28}H_{34}O_8Cu$, F. 205—208°, tiefgrün. — *7-Methoxy-3-äthyl-4.5-dimethylcumarin*, F. 79—81°, aus **VII**. — *Orcacetophenondiacetat* (**XII**), $C_{13}H_{14}O_5$, F. 72—73° (verd. A.), aus 3 g **XI** mit Essigsäureanhydrid u. einigen Tropfen Pyridin, 5 Std. kochen; 2 g. — *7-Oxy-4-acetomethyl-5-methylcumarin* (**X**), F. 213°, aus 3 g **XII** in Toluol + Na, 4 Std. bei 120—130°, mit Essigsäure ansäuern; aus verd. A. 1,1 g Nadeln. *2.4-Dinitrophenylhydrazon*, F. 263°. *Acetat*, F. 125—126°. — *7-Oxy-4.5-dimethylcumarin*, F. 254—255° (A.), aus **X** durch 1½std. Kochen mit 5%ig. Sodalsg. u. Ansäuern. — *Orcacetophenondibenzoat* (**IX**), $C_{23}H_{18}O_5$, F. 97—98° (verd. A.), aus **XI** u. Benzoylchlorid in Pyridin. — *7-Oxy-5-methylflavon*, F. 312°, aus **IX** wie **X**; aus A. blaßbraune Nadeln. (J. Indian chem. Soc. **28**. 357—62. Juli 1951. Bombay, Inst. of Sci., Organ. Chem. Labors.) HANSCHKE. 3211

A. M. Chaletzki und **L. Sch. Gurewitsch**, *Synthese des Äthylesters und des Amids von α-Aminonicotinsäure.* Aus Anabasin (**I**) wurde durch Aminierung *α₁-Aminoanabasin* [*2-Amino-5-piperidyl-(2')-pyridin*; **II**], aus diesem *α₁-Chloranabasin* (**III**) u. hieraus durch Oxydation *6-Chlornicotinsäure* (**IV**) hergestellt. Durch Behandeln von **IV** mit NH_3 wurde *6-Aminonicotinsäure* erhalten. Deren *Äthylester* hat im Gegensatz zu Nicotinsäureäthylester anästhesierende Eigenschaften.

Versuche: *Anabasin* (**I**), $C_{10}H_{14}N_2$; zur Isolierung von **I** aus einem Rohprod. des Sulfats wurden die Alkaloide mit KOH frei gemacht u. im Vakuum dest.; die Fraktion (600 g) vom $Kp._{12}$ 136—140° wurde mit $NaNO_2$ + HCl behandelt; Fraktionierung lieferte 53,5 g Lupinin vom $Kp._3$ 115—120° u. 390 g **I**-Nitrosoderiv. vom

$Kp._3$ 165—170°; 225 g des letzteren gaben beim Hydrolysieren mit konz. HCl 175,5 g I. *Pikrat*, F. 201—202°. — *α_1-Aminoanabasin* (II), $C_{10}H_{15}N_3$, F. 108—109°; aus 50 g I u. 31 g $NaNH_2$ in 150 g Vaselinöl, 9 Std. bei 150°; das Reaktionsprod. wird bei 8 mm fraktioniert; aus Toluol Kristalle; 22% (Ausbeute). *α_1-Chloranabasin* (III), $C_{10}H_{13}N_2Cl$, F. 99°; $Kp._3$ 134°; man sättigt eine Lsg. von 18 g II in 30 ml konz. HCl mit HCl-Gas. trägt bei 30—35° $NaNO_2$ in kleinen Anteilen ein u. erhitzt auf 60°, dann auf dem sd. Wasserbad; aus Bzn. Kristalle; 35%. — *6-Chlornicotinsäure* (IV), $C_6H_4O_2NCl$, F. 199°; durch Oxydation von 5,5 g III mit 40 g $KMnO_4$ in 500 ml W.; aus W. Kristalle; 60%. — *6-Aminonicotinsäure*, $C_6H_6O_2N_2$, F. 298—300°; 2 g IV werden im Rohr mit überschüssigem 30%ig. NH_3 8 Std. auf 170° erhitzt, man dampft die Lsg. zur Kristallisation ein, filtriert ab u. wäscht mit W. u. A.; 50%. *Äthylester*, $C_8H_{10}O_2N_2$, F. 149—150°; aus W. Kristalle; lösl. in Chlf.; unlösl. in A. u. Ae.; 40%. *Äthylesterhydrochlorid*, $C_8H_{10}O_2N_2 \cdot HCl$, F. 191—192°; aus Chlf. Kristalle; leicht lösl. in W. u. Alkohol. *Amid*, $C_6H_7ON_3$, F. 312°; aus dem Äthylester bei 6std. Erhitzen mit konz. alkoh. NH_3 im Rohr auf 150—160°; aus heißem W. Kristalle; 42%. (Журнал Общей Химии [J. allg. Chem.] **24** (**86**). 369—72. Febr. 1954. Leningrad, Chem.-Pharmaz. Inst.) R. KNOBLOCH. 3231

W. W. Lewtschenko und **A. A. Satz**, *Elektrolytische Reduktion von Lepidin in saurem Medium.* (Vgl. C. **1953**. 7543.) Bei der elektrolyt. Red. von Lepidin (I) in saurem Medium bilden sich *1.2.3.4-Tetrahydrolepidin* (II) u. „*dimeres Dihydrolepidin*" (III).

Versuche: Die Elektrolyse wurde mit 3,24 g I in 47 ml 10%ig. H_2SO_4, Hg-Kathode, Pt-Anode in 20 ml 10%ig. H_2SO_4, mit Cellophandiaphragma, bei 18°, 38 A/dm² u. 10—11 V durchgeführt; zur Verhinderung des Schäumens wurde der Katholyt mit Ae. überschichtet; Reaktionsdauer 1 Stunde. So wurden in 10 Ansätzen 32,4 g I verarbeitet. Nach Abtrennen der Ae.-Schicht wurde die Kathoden-Fl. mit KOH alkal. gemacht u. mit Wasserdampf II u. unverbrauchtes I (insgesamt 8,1 g) übergetrieben; das rückständige Harz ließ beim Behandeln mit Ae. III zurück; etwas III befand sich in der von der Kathoden-Fl. abgetrennten Ae.-Schicht; die Hauptmenge war in einem harzigen Absatz auf der Hg-Kathode vorhanden; von dem Harz wurde durch Behandeln mit A. getrennt; die Ausbeute an III betrug 3,65%. Steigerung der Ausbeute auf 7,62% ließ sich mittels einer kontinuierlich erneuerten Hg-Kathode erreichen. — *Dimeres Dihydrolepidin* (III), $(C_{10}H_{11}N)_2$, F. 279° (Toluol); Mol.-Gew. (Campher) 282,9, 288,1. *Pikrat*, $(C_{10}H_{11}N)_2 \cdot C_6H_3O_7N_3$, F. 222—223°; Nadeln. (Журнал Общей Химии [J. allg. Chem.] **22** (**84**). 1253—55. Juli 1952. Moskau, Med. Stomatol. Inst., Lehrstuhl für allg. Chem.) R. KNOBLOCH. 3231

A. Courts und **V. Petrow**, *Neue Synthesen von heterocyclischen Verbindungen.* 15. Mitt. *9.10-Dihydro-10-keto-1.3-dimethyl-2-aza-9-oxaphenanthrene.* (14. vgl. C. **1954**. 9757.) o-Methoxybenzaldehyd (V) liefert mit 2 Mol β-Aminocrotononitril (II) in Eisessig *3.5-Dicyan-1.4-dihydro-4-*[*o-methoxyphenyl*]*-2.6-dimethylpyridin*, das zu der nicht hydrierten Pyridinverb. oxydiert wurde; diese gibt beim Erhitzen mit 48%ig. HBr *4-Cyan-9.10-dihydro-10-keto-1.3-dimethyl-2-aza-9-oxaphenanthren* (I), wobei die *10-Iminoverb.* Zwischenprod. sein wird. Mit β-Aminozimtsäurenitril entsteht ebenso die I entsprechende *1.3-Diphenylverbindung.* Beide Nitrile konnten nicht zu den entsprechenden Carbonsäuren verseift werden, wohl jedoch gelang dies bei der aus I erhaltenen *6-Nitroverb.* (III). Die Konst. der so gewonnenen *Carbonsäure* (IV) wurde bewiesen durch die wie bei I durchgeführte Synth. aus II u. 2-Methoxy-5-nitrobenzaldehyd (VI). III u. IV zeigen die Eigg. von Nitrophenolen, sie sind lösl. in Alkali unter Bldg. intensiv gelber Salze, wobei sicher der Lactonring aufgespalten u. beim Ansäuern wieder regeneriert wird. — Die aus 2.4-Dimethoxy-5- u. 2.5-Dimethoxy-6-nitrobenzaldehyd erhaltenen Pyridine konnten nicht mit HBr in die entsprechenden Oxaazaphenanthrene übergeführt werden. 2-Methoxy-1-naphthaldehyd reagiert nicht mit II, V nicht mit Acetylaceton, so daß 4-Acetyl-9.10-dihydro-10-keto-1.3-dimethyl-2-aza-9-oxaphenanthren auf diesem Wege nicht zugänglich ist. VI reagiert zwar mit Acetylaceton, u. die erhaltene Verb. kann auch mit II umgesetzt u. anschließend zu *5-Acetyl-3-cyan-4-*[*2-methoxy-5-nitrophenyl*]*-2.6-dimethylpyridin* dehydriert werden, doch gelang dessen Ringschluß zum Azaoxaphenanthren nicht.

Versuche: *3.5-Dicyan-1.4-dihydro-4-*[*o-methoxyphenyl*]*-2.6-dimethylpyridin.* $C_{16}H_{15}ON_3$, F. 190°, durch 1std. Kochen von V u. II in Eisessig; prismat. Nadeln aus Essigsäure–Bzn.; fast 100% (Ausbeute). — *3.5-Dicyan-4-*[*o-methoxyphenyl*]*-2.6-dimethylpyridin*, $C_{16}H_{13}ON_3$, F. 177°, durch tropfenweise Zugabe von CrO_3 in W. zu vorst. Verb. in heißer Essigsäure; aus Eisessig große blaßgelbe Platten; 74%. — *4-Cyan-9.10-dihydro-10-keto-1.3-dimethyl-2-aza-9-oxaphenanthren* (I), $C_{15}H_{10}O_2N_2$, F. 281°, durch 2std. Kochen vorst. Verb. mit 48%ig. HBr; hellbraune Nadeln aus Eisessig

82%. — *3.5-Dicyan-1.4-dihydro-4-[o-methoxyphenyl]-2.6-diphenylpyridin*, $C_{26}H_{19}ON_3$, F. 242,5°, aus **V** u. β-Aminozimtsäurenitril in Eisessig durch 20minütiges Kochen; aus A. citronengelbe Prismen; ca. 100%. — *3.5-Dicyan-4-[o-methoxyphenyl]-2.6-diphenylpyridin*, $C_{26}H_{17}ON_3$, F. 219—220°, aus viel Eisessig blaßgelbe Nadeln; 80%. — *4-Cyan-9.10-dihydro-10-keto-1.3-diphenyl-2-aza-9-oxaphenanthren*, $C_{25}H_{14}O_2N_2$, F. 299°, ähnlich **I**; federartige Nadeln aus Eisessig; 40%. — *4-Cyan-9.10-dihydro-10-keto-1.3-dimethyl-6-nitro-2-aza-9-oxaphenanthren* (**III**), $C_{15}H_9O_4N_3$, F. 191°, durch kurzes Erwärmen von **I** mit rauchender HNO_3 auf dem Wasserbad u. Gießen auf Eis; flache Nadeln aus A.; fast 100%; mit $FeCl_3$-Lsg. rot. — *3.5-Dicyan-1.4-dihydro-4-[2-methoxy-5-nitrophenyl]-2.6-dimethylpyridin*, $C_{16}H_{14}O_3N_4$, F. 226—229°, aus **VI** u. **II**; Nadeln aus absol. A.; fast 100%. — *3.5-Dicyan-4-[2-methoxy-5-nitrophenyl]-2.6-dimethylpyridin*, $C_{16}H_{12}O_3N_4$, F. 222,5—223°, blaßgelbe Nadeln aus A.; 90%. — *9.10-Dihydro-10-keto-1.3-dimethyl-6-nitro-2-aza-9-oxaphenanthren-4-carbonsäure* (**IV**), $C_{15}H_{10}O_6N_2$, F. 264° (heftige Zers.), a) durch 8std. Kochen vorst. Verb. mit 48%ig. HBr u. Gießen auf Eis; aus Eisessig kleine dunkelgelbe Kristalle; 25%; b) durch 2std. Kochen von **III** mit 48%ig. HBr. *Äthylester*, $C_{17}H_{14}O_6N_2$, F. 159—160°, mit A./HCl (8 Std.), dann Eindampfen u. Zugabe von W. u. verd. NH_4OH; aus Bzl. blaßgelbe Platten; 68%. — *9.10-Dihydro-10-keto-1.3-dimethyl-2-aza-9-oxaphenanthren*, $C_{14}H_{11}O_2N$, F. 203° (Bzl.), durch vorsichtige Behandlung von 4-[o-Methoxyphenyl]-2.6-dimethylpyridin-3-carbonsäurehydrogensulfat mit $SOCl_2$, kurzes Kochen, Eindampfen u. Alkalisieren mit verd. NH_4OH. — *9.10-Dihydro-10-keto-1.3-dimethyl-6-nitro-2-aza-9-oxaphenanthren*, $C_{14}H_{10}O_4N_2$, F. 241°, a) durch 2std. Erhitzen vorst. Verb. mit rauchender HNO_3 u. Eingießen in W.; aus A. kleine Nadeln; 73%; b) durch vorsichtiges Erhitzen von **IV** über den Schmelzpunkt. — *6-Amino-9.10-dihydro-10-keto-1.3-dimethyl-2-aza-9-oxaphenanthren*, $C_{14}H_{12}O_2N_2$, F. 281,5° (Zers.), durch 20minütiges Kochen vorst. Verb. in A. + wenig HCl mit red. Fe; federartige gelbe Nadeln aus A.; fast 100%. *Acetylverb.*, $C_{16}H_{14}O_3N_2$, F. 286,5—287°, Nadeln aus Chlf.; 84%. — *6-Amino-4-cyan-9.10-dihydro-10-keto-1.3-dimethyl-2-aza-9-oxaphenanthren*, $C_{15}H_{11}O_2N_3$, F. > 310°, wie vorst. Verb. aus **III**; citronengelbe Nadeln; 62%. — *3.5-Dicyan-1.4-dihydro-4-[2.4-dimethoxyphenyl]-2.6-dimethylpyridin*, $C_{17}H_{17}O_2N_3$, F. 210—211°, Nadeln aus absol. A.; 80%. — *3.5-Dicyan-4-[2.4-dimethoxyphenyl]-2.6-dimethylpyridin*, $C_{17}H_{15}O_2N_3$, F. 134,5°, gelbe flache Nadeln aus absol. A.; fast 100%. — *4-Cyan-9.10-dihydro-7-methoxy-1.3-dimethyl-2-aza-9-oxaphenanthren*, $C_{16}H_{12}O_3N_2$, F. 236°, durch ½std. Erhitzen vorst. Verb. mit 48%ig. HBr; aus absol. A. kleine Nadeln. Weitere 4std. Rk. führt zu *4-Cyan-9.10-dihydro-7-oxy-1.3-dimethyl-2-aza-9-oxaphenanthrenhemihydrat*, $C_{15}H_{10}O_3N_2 \cdot \frac{1}{2} H_2O$, F. 271 bis 273° (Zers.) (A. + wenig NH_4OH), Nadeln. *Acetylderiv.*, $C_{17}H_{12}O_4N_2$, hellbraune Nadeln aus wss. CH_3COOH, F. 201°. — *3.5-Dicyan-4-[2.4-dimethoxy-5-nitrophenyl]-1.4-dihydro-2.6-dimethylpyridin*, $C_{17}H_{16}O_4N_4$, F. 192—193°, blaßgelbe tetragonale Prismen aus absol. A.; 80%. — *3.5-Dicyan-4-[2.4-dimethoxy-5-nitrophenyl]-2.6-dimethylpyridin*, $C_{17}H_{14}O_4N_4$, blaßgelbe prismat. Nadeln aus A., F. 229°; 90%. — *3.5-Dicyan-4-[2.5-dimethoxy-6-nitrophenyl]-1.4-dihydro-2.6-dimethylpyridin*, $C_{17}H_{16}O_4N_4$, F. 268—73°. (Zers.), aus A. kleine citronengelbe Nadeln; 62%. — *3.5-Dicyan-4-[2.5-dimethoxy-6-nitrophenyl]-2.6-dimethylpyridin*, $C_{17}H_{14}O_4N_4$, F. 229—229,5°, blaßgelbe Nadeln aus A.; 90%. — *3-[2-Methoxy-5-nitrobenzyliden]-pentandion-(2.4)*, $C_{13}H_{13}O_5N$, F. 122 bis 122,5°, durch 4std. Stehen von **VI**, Acetylaceton u. einigen Tropfen Piperidin im Vakuumexsiccator; große flache Nadeln aus A.; 73%. — *5-Acetyl-3-cyan-1.4-dihydro-4-[2-methoxy-5-nitrophenyl]-2.6-dimethylpyridin*, $C_{17}H_{17}O_4N_3$, F. 211—211,5°, aus vorst. Verb. u. **II**; aus absol. A. gelbe Nadeln; 71%. — *5-Acetyl-3-cyan-4-[2-methoxy-5-nitrophenyl]-2.6-dimethylpyridin*, $C_{17}H_{15}O_4N_3$, F. 166°, aus A. kleine Nadeln; 88%. (J. chem. Soc. [London] **1952**. 334—37. Febr. London, Univ., Queen Mary Coll., u. Brit. Drug Houses Ltd., Chem. Res. Labors.) NITZSCHKE. 3231

S. J. Davis, *Die Struktur der Zersetzungsprodukte von Malonsäuremonoesterchloriden.* Durch Vgl. des UV-Spektr. der von LEUCHS [1906] bei der Zers. von Malonsäuremonoäthylesterchlorid erhaltenen *Verb.* $C_{13}H_{12}O_8$ (**I**) mit dem Spektr. von 6′-Diäthylamino-2-methyl-2-carbäthoxy-2′.4-diketopyrano-[3′.4′:5.6]-1.3-dioxin (vgl. C. **1954.** 7418) wird gezeigt, daß **I** wahrscheinlich als *6′-Äthoxy-2-carbäthoxymethylen-2′.4-diketopyrano-[3′.4′:5.6]-1.3-dioxin* u. die entsprechende *Methylverb.* $C_{11}H_8O_8$ analog zu formulieren sind. (Chem. and Ind. **1953.** 323—24. 4/4. London, Imp. Coll. of Sci. and Technol., Organ. Chem. Dep.) PFAFF. 3252

J. A. Hendry und **R. F. Homer**, *Neue cytotoxische Agentien mit tumorhemmender Wirkung.* 1. Mitt. *Einige Aziridinopyrimidinderivate.* Zur Prüfung auf ihre tumorhemmende u. cytotox. Wrkg. werden aus Äthylenimin (**I**) u. Chlorpyrimidinen in Ggw. von Alkali *Aziridinopyrimidine* dargestellt. Es reagieren nur aktivierte Cl-Atome: In 4.6-Dichlor-5-nitropyrimidinen werden beide Cl-Atome ersetzt, in 4.6-Dichlorpyrimidinen nur eins; *2.4.6-Trichlorpyrimidin* (**II**) liefert *2.6-Diaziridino-4-chlorpyrimidin*, bei energischerer Rk. tritt Polymerisation ein; auch mit der Li-Verb. von **I** werden nur 2 Cl-Atome ersetzt, jedoch reagiert das dritte mit Na-Alkoxyd. Bei der Darst. der Verbb. darf nicht über 45° gearbeitet werden, andernfalls tritt Polymerisation ein; auch darf die Reaktionsmischung aus dem gleichen Grunde nicht sauer werden. — *4.6-Dioxy-2-[β-naphthyl]-pyrimidin* (**V**) darf nicht mit rauchender HNO_3 nitriert werden, da Zers. eintritt; in *4.6-Dioxy-2-[p-methoxyphenyl]-*, *-[p-äthoxyphenyl]-* (**IV**) u. *-[p-tolyl]-pyrimidin* (**VI**) treten bei der Rk. mit HNO_3 2 Nitrogruppen ein, davon eine in den Phenylkern. Die nitrierten Verbb. kuppeln nicht mehr mit Diazoniumverbb. u. geben mit HNO_2 keine Gelbfärbung, was beweisend ist für die Substitution in 5-Stellung. Die Nitrierung von 4.6-Dichlor-2-[p-äthoxyphenyl]-pyrimidin gab in geringer Ausbeute *4.6-Dichlor-2-[4-äthoxy-3-nitrophenyl]-pyrimidin*. Im Gegensatz zu *4.6-Diaziridino-5-nitro-2-phenylpyrimidin* (**VII**) konnte *2.4-Diaziridino-5-nitropyrimidin* nicht zur *Aminoverb.* red. werden. — Über die pharmakol. Wrkg. der Verbb. vgl. Brit. J. Pharmacol. Chemotherapy **6.** [1951.] 357; einige Verbb. mit 2 **I**-Resten hemmen das Wachstum von Carcinomen u. sind cytotoxisch.

Versuche: Zugabe von 4,7 g **I** in W. zu 20 g **II** in Sodalsg. bei 30—35° u. fraktionierte Kristallisation des Prod. aus Leichtbenzin liefert als weniger lösl. Anteil *2-Aziridino-4.6-dichlorpyrimidin*, $C_6H_5N_3Cl_2$, F. 105°; 5,8 g (Ausbeute). *6-Aziridino-2.4-dichlorpyrimidin*, $C_6H_5N_3Cl_2$, F. 111°, wird aus der Mutterlauge gewonnen; lange Nadeln; 1,25 g. Werden 2 u. mehr Mol **I** mit **II** in Bzl. in Ggw. von 2,5 Mol Triäthylamin bei 25—30° umgesetzt, entsteht nach Ausziehen des halbfesten Reaktionsprod. mit sd. Leichtbenzin *2.6-Diaziridino-4-chlorpyrimidin*, $C_8H_9N_4Cl$, F. 94—95°, Platten; 44%. 4std. Erhitzen von 1,96 g vorst. Verb. mit **I** in Bzl. + $(C_2H_5)_3N$ liefert 1,1 g glasiges Polymeres u. 47,5% Ausgangsprod. zurück. — *2.6-Diaziridino-4-methoxypyrimidin*, $C_9H_{12}ON_4$, F. 86°, durch 1std. Rk. von 8,8 g vorst. Verb. mit CH_3ONa-Lsg. bei 50°; aus Leichtbenzin Prismen; Kp.$_{0,2}$ 110—120°; 3,3 g. — Ebenso *2.6-Diaziridino-4-äthoxypyrimidin*, $C_{10}H_{14}ON_4$, Kp.$_{0,1}$ 107°. — *2.6-Diaziridino-4-isopropoxypyrimidin*, $C_{11}H_{16}ON_4$, Kp.$_{0,05}$ 114°. — *2.4.6-Trichlor-5-phenylpyrimidin*, $C_{10}H_5N_2Cl_3$, F. 160°, durch 1std. Kochen von 35 g 5-Phenylbarbitursäure mit $POCl_3$ u. Dimethylanilin u. Gießen auf Eis; aus Leichtbenzin Nadeln; 23,8 g.—*2.6-Diaziridino-4-chlor-5-phenylpyrimidin*, $C_{14}H_{13}N_4Cl$, F. 116—118°, durch 1std. Rk. von 14,6 g vorst. Verb. mit **I** in Bzl. + $(C_2H_5)_3N$ bei 35—40°; aus Leichtbenzin Nadeln; 4 g. — *4.6-Dioxy-2-phenylpyrimidin* (**III**), F. 326° unter Zers. (wss. Dimethylformamid), durch Zugabe von 65,2 g Benzamidinhydrochlorid u. 67 g Malonsäurediäthylester zur C_2H_5ONa-Lsg., 3std. Kochen, Abdest., Aufnehmen in heißem W. u. Ansäuern; 66 g. — Ebenso folgende 4.6-Dioxypyrimidine: *2-[β-Naphthyl]-* (**V**), $C_{14}H_{10}O_2N_2$, F. 316—318° (Zers.); 98%. — *2-[p-Äthoxyphenyl]-* (**IV**), $C_{12}H_{12}O_3N_2$, F. 289—291° (Zers.); 86%. — *2-[p-Tolyl]-* (**VI**), $C_{11}H_{10}O_2N_2$, F. 310° (Zers.); 91%. — *4.6-Dioxy-5-nitro-2-phenylpyrimidin* (**IX**) (mit **R. Hull**), $C_{10}H_7O_4N_3$, durch Zugabe von **III** zu HNO_3 (D. 1,5) bei 10—20° u. Gießen auf Eis; 68%. — Ebenso folgende 4.6-Dioxy-5-nitropyrimidine: *2-[p-Chlorphenyl]-*, $C_{10}H_6O_4N_3Cl$, F. 300° (Zers.), aus 2-[p-Chlorphenyl]-4.6-dioxypyrimidin; aus wss. Dimethylformamid blaßgelbes Pulver; 49%. — *2-[4-Methoxy-3-nitrophenyl]-* (**VIII**), $C_{11}H_8O_7N_4$, F. 246—248° (Zers.), aus 4.6-Dioxy-2-[p-methoxyphenyl]-pyrimidin; orangegelbes Pulver; 42%. — *2-[4-Äthoxy-3-nitrophenyl]-*, $C_{12}H_{10}O_7N_4$, F. 268—270° unter Zers. (wss. Dimethylformamid), aus **IV**; 42%. — *2-[x-Nitro-p-tolyl]-*, F. 298° (Zers.), aus **VI**; 76%. — Ebenso *4.6-Dichlor-2-[4-äthoxy-3-nitrophenyl]-pyrimidin*, $C_{12}H_9O_3N_3Cl_2$, F. 118° (Bzn.), aus 3,5 g 4.6-Dichlor-2-[p-äthoxyphenyl]-pyrimidin; 0,75 g. — *4.6-Dioxy-2-[β-naphthyl]-5-nitropyrimidin*, $C_{14}H_9O_4N_3$, F. 328° (Zers.), durch Nitrierung von 28 g **V** mit HNO_3 (D. 1,4) bei 20°, nachher 35°; aus wss. Dimethylformamid gelbes Pulver; 16,8 g. — Vorst. 4.6-Dioxypyrimidine wurden mit der 5fachen Menge $POCl_3$ in Ggw. der gleichmol. Menge Dimethylanilin durch 1std. Kochen, Abdest. u. Digerieren mit Eis zu den nachst. 4.6-Dichlorpyrimidinen chloriert: *2-Phenyl-* (**X**), $C_{10}H_6N_2Cl_2$, F. 96° (A.); 77%. — *2-[p-Methoxyphenyl]-*, $C_{11}H_8ON_2Cl_2$, F. 123—124° (A.); 67%. — *2-[p-Äthoxyphenyl]-*, $C_{12}H_{10}ON_2Cl_2$, F. 98° (A.); 80%. — *2-[β-Naphthyl]-*, $C_{14}H_8N_2Cl_2$, F. 186°; 58%. — Ebenso die folgenden 4.6-Dichlor-5-nitropyrimidine: *2-Phenyl-*, $C_{10}H_5O_2N_3Cl_2$, F. 168 bis 169° (Bzn.); 59%. — *2-[p-Chlorphenyl]-*, $C_{10}H_4O_2N_3Cl_3$, F. 134—135° (Bzn.); 40%. — *2-[4-Methoxy-3-nitrophenyl]-*, $C_{11}H_6O_5N_4Cl_2$, F. 188—189° (Bzn.); 53,5%. — *2-[x-Nitro-p-tolyl]-*, $C_{11}H_6O_4N_4Cl_2$, F. 163° (Bzn.); 61%. — *2-[4-Äthoxy-3-nitrophenyl]-*, $C_{12}H_8O_5N_4Cl_2$, F. 153—154° (Bzn.); 53%. — *2-[β-Naphthyl]-*, $C_{14}H_7O_2N_3Cl_2$, F. 218 bis 219° (Bzn.); 63%. — Durch Zugabe des entsprechenden Chlorpyrimidins in Bzl. zu je der doppeltmol. Menge $(C_2H_5)_3N$ u. **I** in Bzl. bei 35—45° u. Einengen < 40° wurden die nachst. Pyrimidine erhalten: *2-Amino-4-aziridino-5-nitro-6-methyl-*, $C_7H_9O_2N_5$,

F. 156° unter Zers. (CH_3OH); 45%. — *2-Aziridino-4-methyl-5-nitro-6-amino-*, $C_7H_9O_2N_5$, F. 150° (Zers.) (CH_3OH); 45%. — *4.6-Diaziridino-5-nitro-*, $C_8H_9O_2N_5$, F. 130° unter Zers. (Methanol); 69%. — *2.4-Diaziridino-5-nitro-*, $C_8H_9O_2N_5$, F. 160° (Zers.) (Essigester); 46%. — *2-Methyl-4.6-diaziridino-5-nitro-*, $C_9H_{11}O_2N_5$, F. 130° (Zers.) (CH_3OH); 62%. — *2-Phenyl-4-chlor-6-aziridino-*, $C_{12}H_{10}N_3Cl$, F. 66—67° (Leichtbenzin); 56%. — *2-[p-Chloranilino]-4-chlor-6-aziridino-*, $C_{12}H_{10}N_4Cl_2$, F. 169—170° (Leichtbenzin–Bzl.); 46%. — *2-[p-Methoxyphenyl]-4-chlor-6-aziridino-*, $C_{13}H_{12}ON_3Cl$, F. 132—134° (Essigester–Bzl.); 61%. — *2-[p-Chlorphenyl]-4.6-diaziridino-5-nitro-*, $C_{14}H_{12}O_2N_5Cl$, F. 160° unter Zers. (Aceton); 44,5%. — *2-[p-Äthoxyphenyl]-4-chlor-6-aziridino-*, $C_{14}H_{14}ON_3Cl$, F. 103—104° (Leichtbenzin); 66%. — *2-Phenyl-4.6-diaziridino-5-nitro-* (**VII**), $C_{14}H_{13}\cdot O_2N_5$, F. 160° unter Zers. (Essigester); 42%. — *2-[x-Nitro-p-tolyl]-4.6-diaziridino-5-nitro-*, $C_{15}H_{14}O_4N_6$, F. 160° (Zers.) (Aceton); 71%. — *2-[4-Methoxy-3-nitrophenyl]-4.6-diaziridino-5-nitro-*, $C_{15}H_{14}O_5N_6$, F. 190° unter Zers. (Essigester); 78%. — *2-[β-Naphthyl]-4-chlor-6-aziridino-*, $C_{16}H_{12}N_3Cl$, F. 112—114° (Leichtbenzin); 84%. — *2-[4-Äthoxy-3-nitrophenyl]-4.6-diaziridino-5-nitro-*, $C_{16}H_{16}O_5N_6$, F. 160° unter Zers. (Essigester); 57%. — *2-[β-Naphthyl]-4.6-diaziridino-5-nitro-*, $C_{18}H_{15}O_2N_5$, F. 170° (Zers.) (Aceton); 41%. — *4.6-Diaziridino-2-phenyl-*, $C_{14}H_{14}N_4$, F. 111—112°, durch langsame Zugabe von **I** zu der aus Li in Ae. u. CH_3J unter N_2 bereiteten Lsg., Addition von **X**, 1std. Kochen u. Zers. mit Eis; aus Leichtbenzin Nadeln; 38%. — Ebenso *4.6-Diaziridino-2-[β-naphthyl]-*, $C_{18}H_{16}N_4$, F. 156—158° unter Polymerisation; 41%. — *5-Amino-4.6-diaziridino-2-phenyl-*, $C_{14}H_{15}N_5$, F. 147—148°, durch Hydrierung von 3 g **VII** in Bzl.–CH_3OH mit RANEY-Ni; aus Aceton blaßgelbes mikrokristallines Pulver; 0,8 g. — Nach langsamer Zugabe von 10%ig. $KMnO_4$-Lsg. zu 5 g **VIII** in NaOH bei 80° u. Ansäuern des Filtrats wird *4-Methoxy-3-nitrobenzoesäure*, F. 185—186° (wss. CH_3OH), erhalten; 0,92 g. *Methylester*, F. 108°. — **IX** gibt in gleicher Weise *Benzoesäure*. (J. chem. Soc. [London] **1952**. 328—33. Febr. Manchester, Imp. Chem. Industries Ltd., Res. Labors.) NITZSCHKE. 3272

J. Druey und **A. Hüni**, *Heilmittelchemische Studien in der heterocyclischen Reihe.* 3. Mitt. *Quaternäre Verbindungen der Chinoxalinreihe.* (2. vgl. C. **1953**. 857.) Nach der Feststellung, daß *1-[β-Diäthylaminoäthyl]-3-phenylchinoxaliniumchloridhydrochlorid* (**I**) eine ausgesprochen tonisierende, digitalisähnliche Wrkg. besitzt, wurden 29 weitere *Chinoxaliniumverbb.* dargestellt, deren pharmakol. Wrkg. tabellar. angegeben wird (minimale tonisierende Konz. einer wss. Lsg. am isolierten Froschherz); die wirksamsten Verbb. erreichen die Größenordnung der Herzglykoside, wobei in 1-Stellung nicht unbedingt eine bas. Gruppe vorhanden sein muß. Unwirksam sind *2.3-Dimethyl-* u. *2.3-Diphenylchinoxaliniumsalze*, am wirksamsten *2-Phenylchinoxaliniumsalze*. Die den bes. akt. Chinoxaliniumsalzen entsprechenden *1.2.3.4-Tetrahydrochinoxaline* u. *2-Oxo-1.2-dihydrochinoxaline*, welche ebenfalls dargestellt wurden, zeigen keinen tonisierenden Effekt. — Die Darst. der Chinoxaliniumverbb. erfolgte entweder durch direkte Quaternierung oder durch Kondensation eines N-substituierten o-Phenylendiamins mit einer 1-Oxo-2-halogenverb. (die zunächst entstehenden *1.2-Dihydrochinoxaline* sind in Ggw. von Säuren außerordentlich leicht oxydierbar) oder mit einer 1.2-Dioxo- oder 1-Oxo-2-isonitrosoverbindung. — Konstitutionsbeweise für die Chinoxaliniumverbb. wurden auf verschied. Weise geführt. PtO_2-Hydrierung gibt die entsprechenden *Tetrahydroverbb.*, die auch aus den 2-Oxo-1.2-dihydrochinoxalinen durch $LiAlH_4$-Red. zugänglich sind u. mit $K_3Fe(CN)_6$ u. anschließend HCl wieder die Chinoxaliniumsalze bilden; die 1.3-disubstituierten *2-Oxo-1.2-dihydrochinoxaline* sind durch direkte Substitution am N oder aus N-monosubstituierten o-Phenylendiaminen u. α-Ketosäuren zu gewinnen. Bei der $LiAlH_4$-Red. der 2-Oxo-1.2-dihydrochinoxaline wird, zum mindesten in einigen Fällen, zuerst die CO-Gruppe angegriffen, es tritt also eine Zwischenverb. mit noch intakter Ringdoppelbindung auf: Nach der Red. von 1-[β-Oxyäthyl]-2-oxo-3-phenyl-1.2-dihydrochinoxalin (**VIII**) wird bei der Aufarbeitung in salzsaurem Medium *1-[β-Oxyäthyl]-3-phenylchinoxaliniumchlorid* (**II**) erhalten; die nicht isolierbare Zwischenverb. muß also *1-[β-Oxyäthyl]-3-phenyl-1.2-dihydrochinoxalin* oder deren *2-Oxyverb.* sein. Diese ist die Pseudobase von **II**; die *Pseudobasen* werden allg. aus den Chinoxaliniumsalzen u. Alkali erhalten u. können nicht nur als Chinoxalole, sondern vielleicht auch als offenkettige Aldehyde vorliegen. Ihre Oxydation mit $K_3Fe(CN)_6$ liefert die *2-Oxo-*, ihre Red. die *Tetrahydroverbindungen.* — Diejenigen Chinoxaliniumsalze, die einen bas. Alkylrest in 1-Stellung tragen, sind instabil; aus **I** entsteht z. B. in der Hitze oder bei Belichtung *2-Phenylchinoxalin.* — Die UV-Spektren von **I**—**IV** in W. sind angegeben.

Versuche: *N-[β-Diäthylaminoäthyl]-o-phenylendiamin* (**VII**)-*Dihydrochlorid*, $C_{12}H_{23}N_3Cl_2$, F. 157—159° (A.–Essigester). — *2-[β-Diäthylaminoäthylamino]-5-methylanilin*, $Kp._{0,8}$ 143—146°, wurde wie die Propylverb. gewonnen (vgl. JONES u. SHONLE,

C. **1948**. I. 92). — *N-[β-Di-n-butylaminoäthyl]-o-phenylendiamin*, aus 2-[β-Chloräthylamino]-nitrobenzol durch Rk. mit Di-n-butylamin u. anschließende Red. mit RUPE-Ni; Weiterverarbeitung als Rohprodukt. — Ebenso *N-[Piperidinoäthyl]-o-phenylendiamin*, aus Piperidin. — Analog *N-[β-(β-Diäthylaminoäthylmercapto)-äthyl]-o-phenylendiamin*, $Kp._{0,3}$ 183—185°, aus β-Diäthylaminoäthylthiol in Ggw. von C_2H_5ONa. — *m.p-Dichlor-ω-bromacetophenon*, aus m.p-Dichloracetophenon. — *2-[Thienyl-(2')]-chinoxalin*, $C_{12}H_8N_2S$, F. 117—119° (A.–W.), durch ½std. Kochen von Isonitrosomethylthienyl-(2)-keton u. o-Phenylendiamin mit überschüssiger alkoh. HCl; 75% (Ausbeute). — *2-Phenyl-6-*(oder *7-*)*chlorchinoxalin*, $C_{14}H_9N_2Cl$, F. 125—127° (A.), aus 4-Chlorphenylendiamin-(1.2) in viel alkoh. HCl durch 1std. Kochen mit Isonitrosoacetophenon; 66%. — In 10—60%ig. Ausbeute wurden folgende Chinoxaliniumsalze aus dem entsprechenden Chinoxalin u. einem alkylierenden Agens in CH_3OH oder A. durch Erhitzen auf 100—135° im Rohr u. Zugabe von Ae. dargestellt: *1.2.3-Trimethylchinoxaliniummethylsulfat*, $C_{12}H_{16}O_4N_2S$, F. 150—153° unter Zers. (A.–Ae.), aus 2.3-Dimethylchinoxalin u. Dimethylsulfat. — *1-Äthyl-2.3-dimethylchinoxalinium-p-toluolsulfonat* (**III**), $C_{19}H_{22}O_3N_2S$, F. 180—182° (A.–Ae.), mit p-Toluolsulfonsäureäthylester. — *1-[β-Oxyäthyl]-2.3-dimethylchinoxaliniumchlorid*, F. 194 bis 197° (Zers.), aus Äthylenchlorhydrin. — *1-Methyl-3-phenylchinoxaliniummethylsulfat*, $C_{16}H_{16}O_4N_2S$, F. 156—158° (CH_3OH–Ae.), aus 2-Phenylchinoxalin. *p-Toluolsulfonat*, $C_{22}H_{20}O_3N_2S$, F. 209—211° (A.–Essigester). — *1-Methyl-3-phenyl-6-*(oder *7*)*-chlorchinoxaliniummethylsulfat*, $C_{16}H_{15}O_4N_2ClS$, F. 232—234° unter Zers. (CH_3OH–Ae.). — *1-Äthyl-3-phenylchinoxaliniumjodid*, F. 188—189° (Zers.), aus Äthyljodid. *p-Toluolsulfonat*, $C_{23}H_{22}O_3N_2S$, F. 187—188° (A.–Essigester). — *1-[β-Oxyäthyl]-3-phenylchinoxaliniumchlorid* (**II**), $C_{16}H_{15}ON_2Cl$, F. 189—190° unter Zers. (A.–Essigester). — *1-[β-Oxyäthyl]-3-phenyl-7-methylchinoxaliniumchlorid*, $C_{17}H_{17}ON_2Cl$, F. 199—201° (A.–Ae.). — *1-[β-Oxyäthyl]-3-phenyl-6-*(oder *7-*)*chlorchinoxaliniumchlorid*, F. 169 bis 171° (Zers.). — *1-[β.γ-Dioxypropyl]-3-phenylchinoxaliniumchlorid*, $C_{17}H_{17}O_2N_2Cl$, F. 191—193° unter Zers. (A.–Ae.), aus 1-Chlorpropandiol-(2.3). — *1-[β-Oxyäthyl]-3-[thienyl-(2')]-chinoxaliniumchlorid*, $C_{14}H_{13}ON_2ClS$, F. 194—195° (Zers.; A.–Ae.). — Die nachst. Verbb. wurden aus den entsprechenden N-substituierten o-Phenylendiaminen u. Halogenketonen durch 3—4std. Kochen in A., Zugabe von viel alkoh. HCl u. Versetzen mit Essigester in 15—40%ig. Rohausbeute dargestellt. *1-[β-Diäthylaminoäthyl]-3-phenylchinoxaliniumchloridhydrochlorid* (**I**), $C_{20}H_{25}N_3Cl_2$, F. 184 bis 186° (Zers.; A.–Essigester), aus ω-Chloracetophenon. *Pseudobase*, $C_{20}H_{25}ON_3$, F. 93—95° (Bzl.–PAe.). — *1.3-Diphenylchinoxaliniumchlorid*, $C_{20}H_{15}N_2Cl$, F. 210 bis 213° (Zers.; A.–Essigester), aus N-Phenyl-o-phenylendiamin. — *1-[β-Oxyäthyl]-3-[p-chlorphenyl]-chinoxaliniumchlorid* (**V**), $C_{16}H_{14}ON_2Cl_2$, F. 188—189° (Zers.; A.), aus N-[β-Oxyäthyl]-o-phenylendiamin u. p.ω-Dichloracetophenon. *Pseudobase*, $C_{16}H_{15}\cdot O_2N_2Cl$, F. 202—203° (Bzl.–PAe.). — *1-[β-Diäthylaminoäthyl]-3-[p-chlorphenyl]-chinoxaliniumchloridhydrochlorid*, $C_{20}H_{24}N_3Cl_3$, F. 192—194° (Zers.; A.–Essigester). — *1-[β-Diäthylaminoäthyl]-3-[m.p-dichlorphenyl]-chinoxaliniumchloridhydrochlorid*, $C_{20}\cdot H_{23}N_3Cl_4$, F. 176—178° (Zers.; A.–Essigester), über das Bromid u. die Pseudobase gewonnen. — *1-[β-Diäthylaminoäthyl]-2.3-diphenylchinoxaliniumchloridhydrochlorid* (**VI**), $C_{26}H_{29}N_3Cl_2$, F. 181—182° (Zers.; A.–Essigester), aus Desylchlorid. *Pseudobase*, $C_{26}H_{29}ON_3$, F. 119—121° (Bzl.–PAe.). — Die folgenden Verbb. wurden durch 1—2std. Kochen des entsprechenden substituierten o-Phenylendiamins u. Isonitrosoketons bzw. Benzil in alkoh. HCl u. Zugabe von Essigester in 20—50%ig. Ausbeute gewonnen: **I**; **II**; **V** (aus p-Chlorisonitrosoacetophenon); **VI**. — *1-[β-Dimethylaminoäthyl]-3-phenylchinoxaliniumchloridhydrochlorid*, $C_{18}H_{21}N_3Cl_2$, F. 191—193° (Zers.; A.–Essigester), aus N-[β-Dimethylaminoäthyl]-o-phenylendiamin. — *1-[β-Dibutylaminoäthyl]-3-phenylchinoxaliniumchloridhydrochlorid*, $C_{24}H_{33}N_3Cl_2$, F. 140—142° (A.–Essigester). — *1-[β-Piperidinoäthyl]-3-phenylchinoxaliniumchloridhydrochlorid*, $C_{21}H_{25}N_3Cl_2$, F. 179—180° (Zers.; A.–Essigester). — *1-[γ-Diäthylaminopropyl]-3-phenylchinoxaliniumchloridhydrochlorid*, $C_{21}H_{27}N_3Cl_2$, F. 192—194° (Zers.; A.–Essigester), aus N-[γ-Diäthylaminopropyl]-o-phenylendiamin. — *1-[β-(β-Diäthylaminoäthylmercapto)-äthyl]-3-phenylchinoxaliniumjodidhydrojodid*, $C_{22}H_{29}N_3J_2S$, F. 128—130° (Zers.; A.–Ae.), aus der Reaktionslsg. mit HJ (D. 1,7) als Rohjodid krist., dann über die Pseudobase gereinigt. — *1-[β-Diäthylaminoäthyl]-3-phenyl-6-methylchinoxaliniumjodidhydrojodid* (**X**), $C_{21}H_{27}N_3J_2$, F. 182—183° (Zers.; W.). — *1-[β-Dimethylaminoäthyl]-3-[p-chlorphenyl]-chinoxaliniumchloridhydrochlorid*, F. 186—188° (Zers.). — *1-[β-(β-Diäthylaminoäthylmercapto)-äthyl]-3-[p-chlorphenyl]-chinoxaliniumjodidhydrojodid*, $C_{22}H_{28}N_3\cdot ClJ_2S$, F. 165—168° (Zers.; A.–Ae.). — *1-[β-Diäthylaminoäthyl]-3-[p-chlorphenyl]-6-methylchinoxaliniumchloridhydrochlorid*, F. 191—193° (Zers.). *Pseudobase*, $C_{21}H_{26}\cdot ON_3Cl$, F. 122—123° (A.–W.). — *1-[β-Diäthylaminoäthyl]-3-[p-tolyl]-chinoxalinium-*

chloridhydrochlorid, $C_{21}H_{27}N_3Cl_2$, F. 177—178° (Zers.; A.–Essigester), aus p-Methylisonitrosoacetophenon. — *1-[β-Oxyäthyl]-2.3-diphenylchinoxaliniumchlorid*, $C_{22}H_{19}$·ON_2Cl, F. 194—196° (Zers.; A.–Essigester). — *1-[β-Dimethylaminoäthyl]-2.3-diphenylchinoxaliniumchloridhydrochlorid*, $2C_{24}H_{25}N_3Cl_2 \cdot C_2H_5OH$, F. 185—186° (Zers.; A.–Essigester). — **VI** wurde auch aus **VII** durch langsames Erhitzen mit Benzoin auf 180—190°, Lösen in A., Versetzen mit alkoh. HCl u. Kristallisation mit Essigester–Ae. erhalten; 30%. — Folgende 1.2.3.4-Tetrahydrochinoxaline wurden durch Hydrierung der entsprechenden Chinoxaliniumsalze in W. oder CH_3OH oder der Pseudobasen bzw. der 2-Oxo-1.2-dihydroverbb. in CH_3OH in Ggw. von 5% vorhydriertem PtO_2 bei 30—50° in 60—90%ig. Ausbeute erhalten: *1-[β-Diäthylaminoäthyl]-3-phenyl-, Dihydrochlorid* (**IV**), $C_{20}H_{29}N_3Cl_2$, F. 212—214° (Zers.; A.–Essigester). — *1-[β-Diäthylaminoäthyl]-3-[p-chlorphenyl]-, Dihydrochlorid*, F. 202—205° (Zers.). — *1-[β-Diäthylaminoäthyl]-3-[m.p-dichlorphenyl]-, Dihydrochlorid*, F. 158—160° (Zers.). — *1-[β-Oxyäthyl]-3-phenyl-, Hydrochlorid* (**IX**), $C_{16}H_{19}ON_2Cl$, F. 170—172° (CH_3OH–Ae.). — *1-[β-Diäthylaminoäthyl]-2.3-diphenyl-, Dihydrochlorid*, $C_{26}H_{33}N_3Cl_2$, F. 220—224° (Zers.; CH_3OH–Ae.). — Vorst. Verbb. entstanden auch durch 10std. Kochen der entsprechenden 2-Oxo-1.2-dihydroverbb. in Ae. mit $LiAlH_4$, Zers. mit verd. H_2SO_4, Alkalisieren, Ausäthern u. Rk. mit alkoh. HCl, z. B. **IV** in 55%ig. Ausbeute. — *1-[β-Diäthylaminoäthyl]-2-oxo-3-phenyl-, Dihydrochlorid*, $C_{20}H_{27}ON_3Cl_2$, F. 169—172° (CH_3OH–Ae.). — *1-Methyl-3-phenyl-2-oxo-*, $C_{15}H_{14}ON_2$, F. 150—152° (CH_3OH–W.). — **II** wurde auch durch 40std. Extraktion von **VIII** mit dem beim Kochen von $LiAlH_4$ in Ae. zurückfließenden Ae., Zers. mit verd. HCl, Alkalisieren, Ausäthern u. Rk. mit alkoh. HCl erhalten; 15%; ferner aus **IX** durch 20 Min. Kochen mit KOH u. $K_3Fe(CN)_6$ in W., Ausäthern u. Überführen in das Salz; 11%. — *1-[β-Oxyäthyl]-2-oxo-3-phenyl-1.2-dihydrochinoxalin* (**VIII**), $C_{16}H_{14}O_2N_2$, F. 126—128° (A.), durch Alkalisieren von **II** u. 20 Min. Kochen mit $K_3Fe(CN)_6$; 44%. — Ebenso *1-Methyl-2-oxo-3-phenyl-1.2-dihydrochinoxalin*, $C_{15}H_{12}ON_2$, F. 134—136° (CH_3OH). — *1-[β-Diäthylaminoäthyl]-2-oxo-3-phenyl-1.2-dihydrochinoxalinhydrochlorid*, $C_{20}H_{24}ON_3Cl$, F. 176—178° (A.–Ae.), a) aus 2-Oxo-3-phenyl-1.2-dihydrochinoxalin in C_2H_5ONa-Lsg. u. β-Diäthylaminoäthylchlorid durch 1std. Kochen, Eindampfen des Filtrats, Lösen in alkoh. HCl u. Fällen mit Ae.; 60%; b) aus **VII**-Dihydrochlorid durch 2std. Erhitzen in W. mit Phenylglyoxylsäure auf dem Wasserbad, Alkalisieren, Ausäthern u. Aufarbeiten; 43%. — Nach 1std. Kochen von **X** in W. wird *2-Phenyl-7-methylchinoxalin* erhalten; F. 78—79° (A.–W.); 25%. (Helv. chim. Acta **35.** 2301—14. 1/12. 1952. Basel, CIBA AG., Forschungslabor., Pharmazeut. Abt.) NITZSCHKE. 3272

M. D. Schmid und **H. R. Bolliger,** *2-Thioäthyl-D-glucose-Derivate aus dem 6-Trityltetrabenzoat. Thioäther.* 3. Mitt. (2. vgl. C. **1952.** 2674.) Die Behandlung von *6-Trityl-2.3.4.5-tetrabenzoyl-D-glucosediäthylmercaptal* (**I**) mit Äthylmercaptan in salzsaurer Chloroformlsg. liefert nicht direkt das erwartete 2-Thioäthyl-3.4.5.6-tetrabenzoyl-D-glucosediäthylmercaptal (**II**), sondern ein amorphes Gemisch verschied. Tetrabenzoate, aus dem nach Chromatographie an Al_2O_3 (Eluierung mit Bzl./Ae.) ca. 50% *3.4.5.6-Tetrabenzoyl-D-glucosediäthylmercaptal* (F. u. Misch-F. 170—175°) gewonnen wird, das dann in **II** übergeführt werden kann (l. c.). Der Reaktionsverlauf wird diskutiert. Verss., aus **I** durch Behandlung mit H_2SO_4 oder HCl das 2.3.4.5-Tetrabenzoyl-D-glucosediäthylmercaptal herzustellen, blieben erfolglos.

Versuche: *6-Trityl-2.3.4.5-tetrabenzoyl-D-glucosediäthylmercaptal* (**I**), F. 153 bis 155° (CH_3OH), aus Glucosediäthylmercaptal u. Tritylchlorid in Pyridin durch 1std. Erhitzen auf dem Wasserbad, Abkühlen auf 0° u. Benzoylieren (20 Std. bei 20°); zum Aufarbeiten bei 0° mit CH_3OH versetzen, nach 3 Std. bei 20° in Chlf. aufnehmen u. neutral waschen; $[\alpha]_D^{24}$ +46,1° (c = 1,052 in Chlf.); 80%. (Helv. chim. Acta **37.** 884—87. 30/4. 1954. Basel, Univ., Organ.-chem. Anstalt.) ROSSOW. 3400

H. R. Bolliger und **M. D. Schmid,** *4.5.6-Tribenzoyl-D-galaktosediäthylmercaptal.* Die Benzoylierung von D-Galaktosediäthylmercaptal in wss. Lsg. liefert *4.5.6-Tribenzoyl-D-galaktosediäthylmercaptal.* Der Strukturbeweis gelang durch Umwandlung in das *Dimethylacetal*, das durch Methylieren in die amorphe *2.3-Dimethylverb.* übergeht; die Abspaltung der Benzoylgruppen u. saure Hydrolyse führt zu *2.3-Dimethylgalaktose*, die als *3-Methyl-D-galaktosazon* identifiziert werden konnte.

Versuche: *4.5.6-Tribenzoyl-D-galaktosediäthylmercaptal*, $C_{31}H_{34}O_8S_2$, F. 161 bis 162° (Chlf./A.), aus Galaktosediäthylmercaptal in 2nNaOH durch langsames Zutropfen von Benzoylchlorid in Chlf. bei 30° u. nach 1std. Rühren bei 20—25° Abtrennen der Chloroformschicht; Ausbeute 30%; Benzoylierung in Pyridin bei 0° u. Stehen über Nacht bei 20° ergibt eine Ausbeute von 50%; $[\alpha]_D^{24}$ +1,65 ± 1° (c = 1,22 in Chlf.). — *4.5.6-Tribenzoyl-D-galaktosedimethylacetal*, Sirup, aus vorst. Verb., die mit

$CdCO_3$ 2 Std. im Hochvakuum bei 50° getrocknet wurde, durch Übergießen mit CH_3OH, Erwärmen auf 70°, Zugabe von $HgCl_2$ in CH_3OH, nach 4 Std. über Celite filtrieren u. einengen. — *2.3-Dimethyl-4.5.6-tribenzoyl-D-galaktosedimethylacetal*, $C_{31}H_{34}O_{10}$, Sirup, aus 1 g vorst. Verb. (im Hochvakuum getrocknet) durch Lösen in CH_3J, Zugabe von Ag_2O u. 12std. Erhitzen auf dem Wasserbad; in Ae. aufnehmen, über Celite filtrieren u. nochmals methylieren; Reinigen durch Chromatographie an Al_2O_3 (PAe./Bzl. 2:1 bis Bzl./Ae. 2:1); Ausbeute 570 mg. — *2.3-Dimethyl-D-galaktosedimethylacetal*, Sirup, aus vorst. Verb. in absol. CH_3OH u. 0,5n $Ba(OCH_3)_2$-Lsg. durch 18std. Stehen unter Wasserausschluß bei 18°; nach Zugabe von wenig W. mit CO_2 neutralisieren u. eindampfen. — *2.3-Dimethyl-D-galaktose*, $C_8H_{16}O_6$, $[\alpha]_D^{23}$ $+71,0 \pm 2°$ (c = 1,36 in W.), aus vorst. Verb. durch 5std. Erhitzen mit 2n H_2SO_4, Neutralisieren u. Aufarbeiten; der Sirup zeigt bei der Titration nach WILLSTÄTTER-SCHUDEL einen Geh. von 87% reduzierenden Zucker. — *3-Methyl-D-galaktosazon*, $C_{19}H_{24}O_4N_4$, F. u. Misch-F. 188—190° (bei raschem Erhitzen 195—200°; Ae./PAe.) aus vorst. Verb. durch 6std. Erhitzen in W. mit Eisessig u. Phenylhydrazin in CO_2-Atmosphäre; nach dem Abkühlen Kristalle, die an einem aktivierten Silicatgemisch chromatographiert wurden; $[\alpha]_D^{26}$ $+7,3 \pm 4°$ (c = 0,5464 in Pyridin; 16 Std. konstant). (Helv. chim. Acta **37**. 888—92. 30/4. 1954. Basel, Univ., Organ.-chem. Anstalt.) ROSSOW. 3400

Rex Montgomery, *Herstellung von Milchsäure und anderen Säuren aus Melassen. Beobachtungen über den alkalischen Abbau von Zuckern.* Saccharose (**I**), Glucose (**II**) u. Fructose (**III**) wurden in Konzz. von 1 Mol/Liter mit 1—3 Mol CaO 2 u. mehr Std. auf 94—270° erhitzt u. im Reaktionsgemisch die gebildete *Milchsäure* (**IV**) u. andere Säuren qualitativ papierchromatograph. u. quantitativ säulenchromatograph. bestimmt. Aus den erhaltenen Resultaten wäre nach Vf. zu schließen, daß bei **I** prim. eine der Glucosidbindungen gespalten wird, entsprechend der Methanolyse von **I** unter Bldg. von **II** u. α-Methyl-D-fructofuranosid. Mit der hohen Ausbeute an **IV** steht jedoch die wirkliche Bldg. von **II** u. **III** nicht in Einklang. Wahrscheinlich werden verschied. Zwischenglieder, ion. Formen von Zuckern, die **II** u. **III** geben können, gebildet, die jedoch nicht unter den gegebenen Reaktionsbedingungen **IV** u. andere Säuren geben. Das chromatograph. Verh. u. die Menge dieser Säuren im Verhältnis zu **I**, **II** u. **III** sprechen für die chem. Ähnlichkeit der **I**-Zwischenglieder mit **II** u. **III**. Eine Verschiedenheit tritt insofern hervor, als die **I**-Zwischenglieder grundsätzlich **IV** geben, während **II** u. **III** auch noch auf andere Art reagieren, wobei 50—70% dieser Zucker von der **IV**-Bldg. ausgeschlossen werden. Entsprechend ist die Reaktionslsg. dieser Hexosen sehr dunkel, während diejenige von **I** hellfarbig ist. Für die schnelle Rk. der **I**-Zwischenglieder spricht auch, daß beim Arbeiten bei 131 bis 135° nach 2,67 Std. keine reduzierenden Zucker mehr vorliegen, obgleich die **I** unvollständig reagiert. (Ind. Engng. Chem. **45**. 1144—47. Mai 1953.) ULMANN. 3400

A. Uffer, *Demecolceinamide.* (Vgl. MEIER u. Mitarbeiter, C. **1954**. 9537.) Es werden die physikal. Eigg. der durch Umsetzung von Demecolcin (Desacetyl-N-methylcolchicin) mit Aminen erhaltenen *Demecolceinamide* (**I**) angegeben. $R = NH_2$, $C_{20}H_{24}O_4N_2$, F. 120—122°, $[\alpha]_D^{25}$ —126° (c = 1,072; Chlf.). $R = NHCH_3$, $C_{21}H_{26}O_4N_2$, F. 213—214°, $[\alpha]_D^{24}$ —80° (c = 0,688). $R = NHC_2H_5$, $C_{22}H_{28}O_4N_2$, F. 125—126°, $[\alpha]_D^{27}$ —70° (c = 1,05). $R = NHCH(CH_3)_2$, $C_{23}H_{30}O_4N_2$, F. 159—160°, $[\alpha]_D^{24}$ —80° (c = 0,975). $R = NHC_4H_9$, $C_{24}H_{32}O_4N_2$, F. 128—129°, $[\alpha]_D^{30}$ —58° (c = 0,571). $R = NHCH_2CH{=}CH_2$, $C_{23}H_{28}O_4N_2$, F. 141—142°, $[\alpha]_D^{30}$ —70° (c = 0,854). $R = NHCH_2CH_2OH$, $C_{22}H_{28}O_5N_2$, F. 94—96°/147—149°, $[\alpha]_D$ —88° (c = 1,025). $R = NHC_6H_{11}$, $C_{26}H_{34}O_4N_2$, F. 166—168°, $[\alpha]_D^{24}$ —76° (c = 0,985). $R = N(CH_3)_2$, $C_{22}H_{28}O_4N_2$, F. 130—131°, $[\alpha]_D^{31}$ 325° (c = 0,915). $R = N(C_2H_5)_2$, $C_{24}H_{32}O_4N_2$, F. 137—138°, $[\alpha]_D^{26}$ 450° (c = 0,535). $R = N(CH_2)_2$, $C_{22}H_{26}O_4N_2$, F. 146 bis 147°, $[\alpha]_D^{27}$ —90° (c = 0,815). $R = N(CH_2)_4$, $C_{24}H_{30}O_4N_2$, F. 172—174°; $[\alpha]_D^{22}$ 534° (c = 1.045). $R = N(CH_2)_5$, $C_{25}H_{32}O_4N_2$, F. 151—152°, $[\alpha]_D^{24}$ 76° (c = 0,99). (Experientia [Basel] **10**. 76—77. 15/2. 1954. Basel, CIBA A.G., Forschungslabor., Pharmazeut. Abt.) K. MAIER. 3500

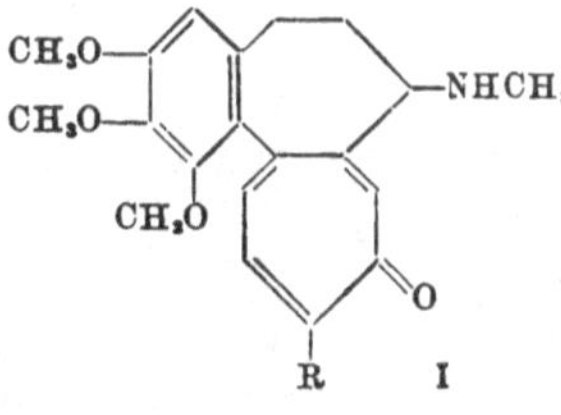

I

W. W. Udowenko und **L. A. Wwedenskaja,** *Umsetzung von Anabasin mit organischen Säuren.* Die Salze von *Anabasin* mit organ. Säuren wurden meistens aus den Lsgg. in Aceton erhalten; bei nur wenigen, wie dem Formiat u. Acetat, wurde kein Lösungsm. angewendet. Soweit die Salze hygroskop. sind, kristallisieren sie im Exsiccator über $CaCl_2$. *Formiat*, $C_{10}H_{14}N_2 \cdot HCO_2H$, sehr hygroskopisch. *Acetat*, $C_{10}H_{14}N_2 \cdot CH_3CO_2H$, F. 88°; hygroskopisch. *Butyrat*, $C_{10}H_{14}N_2 \cdot C_3H_7CO_2H$, sehr hygroskopisch. *Isovalerianat*, $C_{10}H_{14}N_2 \cdot C_4H_9CO_2H$, hygroskopisch. *Oxalate*, $2\,C_{10}H_{14}N_2 \cdot C_2H_2O_4$, F. 210°;

$C_{10}H_{14}N_2 \cdot C_2H_4O_4$, F. 199°; $C_{10}H_{14}N_2 \cdot 2C_2H_2O_4$, F. 81°; die Salze sind luftbeständig. *Malonat*, $2C_{10}H_{14}N_2 \cdot C_3H_4O_4$, F. 66°. *Succinat*, $2C_{10}H_{14}N_2 \cdot C_4H_6O_4$, hygroskopisch. *d-Tartrate*, $C_{10}H_{14}N_2 \cdot C_4H_6O_6$, F. 115°, luftbeständig; $2C_{10}H_{14}N_2 \cdot C_4H_6O_6$, zerfließlich. *Citrat*, $3C_{10}H_{14}N_2 \cdot C_6H_8O_7$, hygroskop. Flocken. *β-Naphthalinsulfonate*, $C_{10}H_{14}N_2 \cdot C_{10}H_7SO_3H$, F. 139°; $C_{10}H_{14}N_2 \cdot 2C_{10}H_7SO_3H$, F. 121°, beide sind luftbeständig. (Журнал Общей Химии [J. allg. Chem.] **23** (85). 1931—34. Nov. 1953. Zentralasiat. Univ.)
R. KNOBLOCH. 3500

W. W. Udowenko und **L. A. Wwedenskaja,** *Umsetzung von Anabasin mit anorganischen Säuren.* (Vgl. C. **1949.** E. 713 u. vorst. Ref.) Nachst. Salze wurden durch Zusammengeben der Lsgg. von *Anabasin* u. Mineralsäure in Aceton hergestellt. *Hydrobromid*, $C_{10}H_{14}N_2 \cdot HBr$, F. 181°; luftbeständige Kristalle. *Hydrojodid*, $C_{10}H_{14}N_2 \cdot HJ$, F. 253°; luftbeständige Kristalle. *Sulfat*, $C_{10}H_{14}N_2 \cdot H_2SO_4$, festes, sehr hygroskop. Produkt. *Phosphat*, $3C_{10}H_{14}N_2 \cdot H_3PO_4$, fest; sehr hygroskopisch. (Журнал Общей Химии [J. allg. Chem.] **23** (85). 1934—36. Nov. 1953.) R. KNOBLOCH. 3500

B. R. Baker, Joseph P. Joseph, Robert E. Schaub, Francis J. McEvoy und **James H. Williams,** *Ein antimalariawirksames Alkaloid aus Hydrangea.* 19. Mitt. *Thiophenisostere.* (18. vgl. C. **1954.** 8122.) *6.7-Thiachinazolon-(4)* [*Thieno-[3.4:d]-pyrimidon-(6)*] wurde durch Formylierung von 3-Amino-4-carbomethoxythiophenhydrochlorid u. Umsetzung mit Formamid in Ggw. von Ammoniumformiat bei 145° erhalten. Kupplung mit 1-Carbäthoxy-2-[γ-bromacetonyl]-3-methoxypiperidin u. Hydrolyse mit HBr lieferte ein Thiophenisosteres des antimalariawirksamen Hydrangeaalkaloids, das ca. $^1/_{10}$ von der Wirksamkeit des dl-Alkaloids besitzt. *5.6-* u. *7.8-Thiachinazolon-(4)* [*Thieno-[4.5:d]-* bzw. *-[2.3:d]-pyrimidon-(6)*] sollten auf dem gleichen Wege aus Thiophen-2.3-dicarbonsäure (**I**) über einen CURTIUS-Abbau der einen oder der anderen Carboxylgruppe synthetisiert werden. Aus dem Anhydrid von **I** entstand *2-Carbomethoxy-3-thenoesäure* (**II**), die sich auch durch partielle Veresterung von **I** bildete. Partielle Verseifung des Diesters von **I** hingegen gab die entsprechende *3-Carbomethoxy-2-thenoesäure* (**III**). Die Struktur von **II** wurde dadurch gesichert, daß die freie Carboylgruppe über das Säurechlorid ins Methylanilid verwandelt wurde. Nach der Verseifung der Estergruppe wurde decarboxyliert u. durch Hydrolyse *3-Thenoesäure* (**IV**) gewonnen. Wurde **II** ins Hydrazid verwandelt u. das Azid mit Methylanilin umgesetzt, so entstand die isomere Methylanilidsäure, die auch aus **III** mit Methylanilin erhalten wurde. Die therm. Decarboxylierung dieser Anilidsäure lieferte jedoch nach der Hydrolyse nicht 2-Thenoesäure, sondern durch Umlagerung **IV**. Aus dem Säurechlorid von **II** wurde mit Bzl. in Ggw. von Al_2O_3 *2-Carbomethoxy-3-benzoylthiophen* (**V**) erhalten, das nach Hydrolyse u. Decarboxylierung *3-Benzoylthiophen* gab. Wurde **III** derselben Reaktionsfolge unterworfen, so wurde wieder unter Umlagerung **V** gebildet. Endgültig wurde die Struktur von **II** bzw. **III** wie folgt gesichert. Wurde die Carbomethoxygruppe von **II** in das Säureazid verwandelt u. dieses in Chlf. gekocht, so cyclisierte

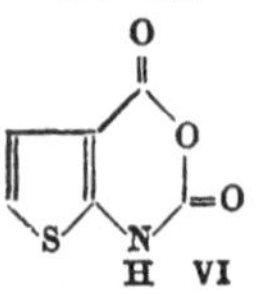
VI

das als Zwischenprod. entstehende Isocyanat zu *6.7-Thiaisatosäureanhydrid* (**VI**), aus dem mit NH_3 nicht, wie erwartet, 2-Amino-3-thenamid entstand, sondern *3-Carboxythienyl-(2)-harnstoff* (**VII**), der mit HCOOH zu *Thienyl-(2)-harnstoff* decarboxyliert wurde. Bei der Behandlung von **VI** mit $HCOONH_4$ in HCOOH trat bei 100° Ringöffnung u. Formylierung zu *2-Formamido-3-thenoesäure* ein. Hieraus ließ sich mit $HCOONH_4$ u. $HCONH_2$ nicht 7.8-Thiachinazolon-(4) herstellen. Durch Behandlung von 2-Formamido-3-thenoesäuremethylester mit methanol. NH_3 war es schließlich in geringer Ausbeute direkt zugänglich.

Versuche: *3-Carbomethoxy-4-oximinothiophan*, $C_6H_9O_3NS$, Öl, aus 3-Carbomethoxy-4-ketothiophan, Hydroxylaminhydrochlorid in Methanol u. $BaCO_3$ durch 16 std. Rückflußkochen; 95% (Ausbeute); bei Anwendung von Pyridin statt $BaCO_3$ 83%. — *3-Carbomethoxy-4-aminothiophenhydrochlorid*, $C_6H_7O_2NS \cdot HCl$, F. 203—205° (Zers.), aus Methanol/Ae. Nadeln, aus vorst. Verb. u. methanol. HCl während 18 Std. bei 20°; 57%. Verseifung mit 10%ig. NaOH-Lsg. gab geringe Mengen der unbeständigen *4-Amino-3-thenoesäure*. — *3-Carbomethoxy-4-formamidothiophen* (**VIII**), $C_7H_7O_3NS$, F. 94—96° (Heptan), aus vorst. Hydrochlorid, $NaOOCCH_3$ u. 89%ig. HCOOH durch 1 std. Erhitzen (Wasserbad); 59%. — *4-Formamido-3-thenamid*, $C_6H_6O_2N_2S$, F. 197—198°, aus Vorst. u. NH_4OH in CH_3OH durch 4tägiges Stehen; aus W. Kristalle; 71%. — *4-Chinazolon*, F. 195—197°, aus Anthranilsäuremethylester, $HCOONH_4$ u. $HCONH_2$ durch 4½ std. Erhitzen auf 175—180°; 71%. Ohne $HCOONH_4$ nur 36%. — *Thieno-[3.4:d]-pyrimidon-(6)* [*6.7-Thiachinazolon-(4)*], $C_6H_4ON_2S$, F. 271—273° (Methanol), aus **VIII**, NH_4OOCH u. $HCONH_2$, 6 Std. bei 140—145°; 50%, oder durch 16 std. Rühren einer Suspension von vorvorst. Verb. u. n-$NaOCH_3$-Lsg. u. 24 std. Stehen,

Gießen in W. u. Ansäuern; 93%. — *3-{β-Keto-γ-[3-methoxypiperidyl-(2)]-propyl}-6.7-thiachinazolon-(4)-dihydrochlorid*, $C_{15}H_{19}O_3N_3S \cdot 2HCl$, F. 215° (Zers.), aus vorst. Verb. u. 1-Carbäthoxy-2-[γ-bromacetonyl]-3-methoxypiperidin nach anschließender Hydrolyse durch Salzsäure; 0,7% gelbbrauner Kristalle. — *3-{β-Keto-γ-[3-oxypiperidyl-(2)]-propyl}-6.7-thiachinazolon-(4)-dihydrochlorid*, $C_{14}H_{17}O_3N_3S \cdot 2HCl \cdot 1{,}5\ H_2O$, F. 195—200° (Zers.; Sintern bei 152—154°), durch HBr-Hydrolyse vorst. Verbindung. — *Thiophen-2.3-dicarbonsäure* (**I**), F. 268—270° (Zers.), durch $KMnO_4$-Oxydation von 2-Aceto-3-methylthiophen; 48%. — *2-Carbomethoxy-3-thenoesäure* (**II**), $C_7H_6O_4S$, F. 122—124° (Toluol), a) aus dem Anhydrid in CH_3OH durch 18std. Erhitzen; 37% neben 48% **I**, oder b) durch 20Min. Rückflußkochen eines Gemisches von **I** u. $CH_3 \cdot COCl$ in CH_3OH, Eindampfen zur Trockene u. Extraktion mit Toluol; 56%. — *Thiophen-2.3-dicarbonsäuredimethylester*, aus **I**, CH_3OH u. CH_3COCl; niedrigschm. Substanz; 96%. — *3-Carbomethoxy-2-thenoesäure* (**III**), $C_7H_6O_4S$, F. 103—105°, durch Verseifung des Diesters mit 6nHCl in Aceton bei 20°; 43%. — *N-Methyl-2-carbomethoxy-3-thenanilid*, $C_{14}H_{13}O_3NS$, F. 90—92° (Heptan), durch 30 Min. Erhitzen von **II** mit $SOCl_2$, Eindampfen (im Vakuum bei 45°), Aufnehmen des Säurechlorids in Bzl. u. Behandeln mit Methylanilin unter Kühlung; 71%. — *N-Methyl-3-carbomethoxy-2-thenanilid*, $C_{14}H_{13}O_3NS$, F. 113—115° (Heptan); 58%. — *N-Methyl-2-thenanilid*, $C_{12}H_{11}ONS$, F. 82—84° (Heptan); 59%. — *3-Carboxy-2-thenhydrazid* (**IX**), $C_6H_6O_3N_2S$, F. 331—333° (Zers.; W.); 78%. *Benzylidenderiv.*, $C_{13}H_{10}O_3N_2S$, F. 220—221° (50%ig. A.); 93%. — Aus **III** u. Hydrazin entstand ein Hydrazid, das spontan zum *Dion* $C_6H_4O_2N_2S$ (**X**), F. 331—333° (Zers.; W.), cyclisierte. — *N-Methyl-2-carboxy-3-thenanilid*, $C_{13}H_{11}O_3NS$, F. 153—155° (Toluol), durch Verseifung des Esters mit 10%ig. Natronlauge; 74%. — *N-Methyl-3-carboxy-2-thenanilid*, $C_{13}H_{11}O_3NS$, F. 169—170°, analog; 74%, oder durch Zugabe einer wss. $NaNO_2$-Lsg. zu einer eisgekühlten Lsg. von **IX** in 1nHCl u. Chlf., Extraktion der wss. Phase mit Chlf. u. Zugabe von Methylanilin; 71%. Durch Erhitzen der Anilidsäure mit Chinolin u. CuO (90 Min. bei 165—180°) *N-Methyl-3-thenanilid*, Öl, dessen Verseifung 38% **IV** ergibt. Decarboxylierung der isomeren Anilidsäure ergab 40% **IV**. — *2-Carbomethoxy-3-benzoylthiophen* (**V**), $C_{13}H_{10}O_3S$, F. 126—128°, aus **II** oder **III** über das Säurechlorid mit $AlCl_3$ u. Bzl. unter 1std. Rückflußkochen; aus Toluol gelbe Kristalle; 38% bzw. 61% (roh). — *3-Benzoyl-2-thenoesäure*, $C_{12}H_8O_3S$, F. 146—148° (Toluol). — *3-Benzoylthiophen*, $C_{11}H_8OS$, F. 63° (wss. Methanol), durch Decarboxylierung vorst. Säure; 78%. — *6.7-Thiaisatosäureanhydrid* (**VI**), $C_6H_3O_3NS$, F. 223—225° (Zers.; Äthylacetat), aus **IX** über das *Azid* [F. 100° (Zers.)] durch Kochen in Chlf. während 24 Std.; 70%. — *3-Carboxythienyl-(2)-harnstoff* (**VII**), $C_6H_6O_3N_2S$, F. 184—185° (Zers.), beim Kochen von **VI** mit verd. NH_4OH-Lsg. in Aceton; 84%. — *Thienyl-(2)-harnstoff*, $C_5H_6ON_2S$, F. 144—146° (Toluol), durch Erhitzen vorst. Verb. in 89%ig. HCOOH. — *2-Formamido-3-thenoesäure*, $C_6H_5O_3NS$, F. 191—193° (Zers.; W.). 2,1 g **VI** in 2,1 g $HCOONH_4$ u.12 ml HCOOH (29%ig) werden durch Erwärmen gelöst, HCOOH im Vakuum bei 40—45° abgetrieben, der Rückstand mit 15 ml W. kurz erwärmt u. filtriert, das Filtrat mit Salz gesätt. u. mit Essigester extrahiert; 50% (roh). *Methylester*, F. 89—90°. — *7.8-Thiachinazolon-(4)*, $C_6H_4ON_2S$, F. 210—211°, Nadeln (CH_3OH), aus vorst. Säure u. methanol. NH_3 während 13 Tagen; 4%. — *3-Methylthienyl-(2)-isocyanat*, aus 3-Methyl-2-thenoesäure (**XI**) über das Säurechlorid (*Anilid*, $C_{12}H_{11}ONS$, F. 128—130°), Umsetzung mit NaN_3 zum Azid u. Erhitzen in Chloroformlösung. — *2-Acetamido-3-methylthiophen*, C_7H_9ONS (Heptan), F. 122—124°, aus vorst. Isocyanat in Chlf. u. Essigsäure; 29% (bezogen auf **XI**). — *N-[3-Methylthienyl-(2)]-N'-phenylharnstoff*, $C_{12}H_{12}ON_2S$ (verd. CH_3OH), F. 204—206°, aus vorvorst. Isocyanat u. Anilin; 40% (bezogen auf **XI**). — *2-Formamido-3-methylthiophen*, C_6H_7ONS (Heptan), F. 84—86°, aus dem Isocyanat mit HCOOH (99%ig) in Chlf.; 21%. — *N.N'-Bis-[2-carbomethoxythienyl-(3)]-harnstoff*, $C_{13}H_{12}O_5N_2S_2$, F. 200—202° (Methanol), aus 2-Carbomethoxythienyl-(3)-isocyanat u. 99%ig. HCOOH in Chloroform. (J. org. Chemistry **18**.138—52. Febr. 1953. Pearl River, N. J., Amer. Cyanamid Co., Lederle Labors. Div.) NEZEL. 3500

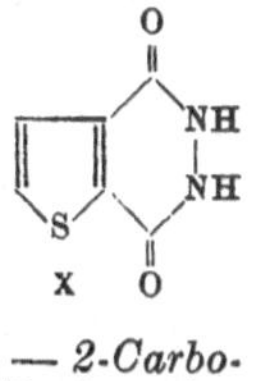
X

M. F. Bartlett, J. Edwards, W. I. Taylor und **K. Wiesner**, *Beweis einer Äthanolaminstruktur bei den Garrya-Alkaloiden und Atisin und eine Partialsynthese von Garryin.* Neben der bereits beschriebenen *Base* $C_{20}H_{29}ON_3$ (**II**) (vgl. C. **1954**. 93) wurde bei der pyrolyt. Zers. von Veatchin mit Se eine *isomere Base* $C_{20}H_{29}ON_3$ (**III**), F. 185°, gefunden. Red. von **III** mit $LiAlH_4$ ergab ein *sek. Amin* $C_{20}H_{31}ON_3$, F. 165°, das durch Kochen mit 2-Chloräthanol (**V**) u. wasserfreiem Na_2CO_3 in Methanol *Dihydroveatchin* ergab. Dessen Oxydation mit OsO_4 gab *Garryin*. — Durch Red. von **II** u. anschließende Umsetzung mit **V** wurde eine *Verb.* $C_{22}H_{37}O_2N$ (**IV**), F. 172°, erhalten, die mit *Tetrahydro-*

veatchin isomer, jedoch nicht ident. ist. — Pyrolyse von Atisin (I) mit Se ergab die bereits von HUEBNER u. JACOBS (C. **1950.** II. 2559) erhaltene *Base* $C_{20}H_{29}ON$ (**VI**), F. 140–142°, *Pikrat*, F. 253,5°. Red. von **VI** mit $LiAlH_4$ u. Umsetzung mit **V** ergab eine *Verb.* $C_{22}H_{37}O_2N$, F. 145°, die mit **IV** isomer ist. Die Gruppierungen um das N-Atom von **I** u. *Veatchin* sowie von *Isoatisin* u. *Garryin* müssen einander entsprechen. (Chem. and Ind. **1953.** 323. 4/4. Fredericton, New Brunswick, Canada, Univ., Chem. Labor.) PFAFF. 3500

Pierre Cuvier, *Allgemeines über Carotine.* Übersicht über die Konst., Eigg., chromatograph. Trennung u. Best. von α-, β- u. γ-Carotin sowie Lycopin. (Oléagineux **9.** 262–67. April 1954.) HERR. 3550

Albert W. Lutz und **Evans B. Reid,** *Über die Natur des β-Caryophyllenalkohols, Clovens und der Clovensäure.* Wasseranlagerung an β-Caryophyllen mit ASTHANs Reagens gab *β-Caryophyllenalkohol* (I), ein neues *Hydratisierungsprod.* $C_{15}H_{26}O$, F. 70 bis 71°, u. rohes *Cloven* (II), das durch sorgfältige Fraktionierung unter N_2 eine Substanz vom $Kp._{12}$ 115,4°, n_D^{25} 1,4909, $[\alpha]_D^{25}$ –20,8°, liefert, die in ihren Daten mit dem gereinigten *Cloven* von ESCHENMOSER u. GÜNTHARD (C. **1953.** 5186) übereinstimmt. Ein höher sd. Prod. entstand außerdem bei der Wasseranlagerung. Die Dehydratisierung von **I** mit P_2O_5 lieferte *Pseudocloven* (**III**), $Kp._{12}$ 119,6°, n_D^{25} 1,4928, $[\alpha]_D^{25}$ +17,7°, u. *Isocloven.* **II** bildet leicht zwei isomere *Dibromide*, die durch fraktionierte Kristallisation zu trennen sind: in überwiegender Menge das *Isomere* $C_{15}H_{24}Br_2$, F. 71,0–71,5°, u. das *Isomere* vom F. 41–43°, von denen das erste bei der Behandlung mit Zn-Staub sehr reines **II** ergibt, $Kp._{12,5}$ 115°, n_D^{25} 1,4913, $[\alpha]_D^{25}$ –23,37°. Auch **III** nimmt bei 0° leicht Br_2 auf, spaltet aber bei 20° HBr ab u. zers. sich bei der Vakuumdestillation. Die Oxydation von **II** mit CrO_3 gibt *Clovensäure*, F. 182°, **III** eine ebenfalls zweibas. *isomere Säure*, die über den *Dimethylester* ($C_{17}H_{28}O_4$) gereinigt wurde. Während Clovensäure eine di-tert. Säure zu sein scheint, enthält die Pseudoclovensäure ein α-H-Atom, das in der HELL-VOLHARD-ZELINSKI-Rk. substituiert wurde. Reinigung des Reaktionsprod. über den *Dimethylester* gab ein dunkelbraunes, viscoses Öl der Zus. $C_{17}H_{26}O_4Br_2$. Nur durch Dest. gereinigtes **II** ist offenbar nicht einheitlich. Bei der Oxydation entstehen ca. 40% saure Prodd., die zu 61% in Clovensäure u. zu 39% in ein saures viscoses Öl aufgetrennt werden können; *Methylester* des Öls, $C_{15}H_{24}O_3$, $Kp._{0,2}$ 119°, n_D^{25} 1,4832. Aus reinem **II** (aus dem Dibromid erhalten) konnte diese C_{14}-Ketomonocarbonsäure nicht erhalten werden. Die $LiAlH_4$-Red. der Clovensäure gab ein hygroskop. *Glykol*, $C_{15}H_{28}O_2$, $Kp._{0,1}$ 140–142°, n_D^{25} 1,5108, dessen Dehydratisierung mit $KHSO_4$ die *Verb.* $C_{15}H_{26}O$, $Kp._{0,2}$ 95,5°, F. 12,5°, n_D^{25} 1,4970, liefert. Bei Hydrierungs-, Bromierungs- u. Acetylierungsverss. erwies sich das Dehydratisierungsprod. als uneinheitlich. Seine Oxydation führte zu einer geringen Menge einer *Ketodicarbonsäure*, $C_{13}H_{20}O_5$, F. 178,5–180°, u. einer neutralen *Verb.* $C_{15}H_{24}O_2$, F. 93,0 bis 94,5°, die als ungewöhnlich stabiles Lacton angesehen wird. (Chem. and Ind. **1953.** 278–79. 21/3. Baltimore, Johns Hopkins Univ., Dep. of Chem.) NEZEL. 3600

C. Roland Eddy, Monroe E. Wall und **Mary Klumpp Scott,** *Katalog der Ultrarotabsorptionsspektren der Acetate von Sapogeninsteroiden.* Ein Sapogenin kann im Ultrarotspektr. entweder als solches in Chlf. oder als sein Acetat in CS_2 erkannt werden. Vff. fanden, daß sich die Acetate im Spektr. besser unterscheiden lassen. Ferner lassen sich auf Grund bestimmter Schlüsselfrequenzen unbekannte Sapogenine identifizieren. Vff. haben folgende 12 Sapogeninacetate in Bereich von 700–1400 cm^{-1} gemessen (alle FF. im KOFLER-Block): *Chlorogeninacetat* (**I**; *22-Isoallospirostan-3β.6α-diol-3.6-diacetat*, F. 154–155°; [F. des Genins] 269–273°; $\{[\alpha]_D^{25}$ in Chlf. für das Genin$\}$ –75°; $\{[\alpha]_D^{25}$ in Chlf. für das Acetat$\}$ –40°). — *Diosgeninacetat* (**II**; *Δ^5-22-Isospirosten-3β-ol-3-acetat*, F. 196–199°; 200°; –121°; –121°). — *Gitogeninacetat* (**III**; *22-Isoallospirostan-2α.3β-diol-2.3-diacetat*, F. 244–245°; 271–272 °; –75°; –103°). — *Hecogeninacetat* [*22-Isoallospirostan-3β-ol-12-on-3-acetat*] (F. 247–250°; 265–268°; +6,6°, –1,2°). — *Kammogeninacetat* (**IV**; *Δ^5-22-Isoallospirosten-2α.3β-diol-12-on-2.3-diacetat*, F. 260–263°; 243–244°; –50°; –81°). — *Kryptogeninacetat* [*Δ^5-Cholesten-3β.26-diol-16.22-dion-3.26-diacetat*] (F. 146–150°; 174–177°; –183°; –175°). — *Manogeninacetat* (**V**; *22-Isoallospirostan-2α.3β-diol-12-on-2.3-diacetat*, F. 248–250°; 245–247°, +2°; –50°). — *Samogeninacetat* (**VI**; [*22-Isospirostan-2α.3β-diol-2.3-diacetat*, F. 190 bis 192°; 198–205°; –74°; –94°). — *Sarsasapogeninacetat* [*Spirostan-3β-ol-3-acetat*] (F. 133–141°; 199–202°; –89°; –75°). — *Smilageninacetat* [*22-Isospirostan-3β-ol-3-acetat*] (F. 150–152°; 180–184°; –75°; –50°). — *Tigogeninacetat* [*22-Isoallospirostan-3β-ol-3-acetat*] (F. 210–212°; 207–211°; –65°; –72°). — *Yuccageninacetat* (**VII**; *Δ^5-22-Isospirosten-2α.3β-diol-2.3-diacetat*, F. 178–180°; 239–241°; –98°; –140°). Die Bande bei 1736 cm^{-1} ist bei allen Sapogeninacetaten, die bei 1712 cm^{-1} nur in den Ketosapogeninen zu finden. Ferner dienen zur Identifizierung die Banden bei 860, 900, 920 u. 980 cm^{-1}, sowie auch zur Unterscheidung zwischen n. u. iso-Konfiguration des Ringes F. Die Acetatbanden bei 1240 cm^{-1} können zur Best. der Ringverknüpfung der Ringe A u. B, u. auch der 5.6-Doppelbindung dienen. Alle Sapogenine mit Ausnahme von Kryptogenin haben Banden in den Gebieten zwischen 1038—1056, 1063—1098, 1124—1143 cm^{-1}, die den Ketalen im Ring F zuzuordnen wären (vgl. BERGMANN u. PINCHAS, C. **1953.** 192). Vff. geben noch eine Meth. an, um ein unbekanntes Sapogeninacetat zu erkennen, die auf folgenden Schlüsselfrequenzen beruht. Wenn eine der Banden bei 860, 900, 920, 980 cm^{-1} fehlt, ist die Verb. kein echtes Sapogenin mit einem F-Ring. Aus den Acetatbanden bei 1240 bzw. 1740 cm^{-1} läßt sich ersehen, ob es sich um ein Mono- oder Diacetat handelt. Folgende Sapogenine können auf Grund ihrer Schlüsselfrequenzen eindeutig identifiziert werden: **I**: 1198, 1028, 1055 cm^{-1}; **II**: 813, 838 cm^{-1}; **III**: Banden zwischen 1030 u. 1060, 913, 935 cm^{-1}; **IV**: 1714, 810, 826, 845 cm^{-1}; **V**: 1714 u. Abwesenheit von Banden zwischen 800 bis 850 cm^{-1}; **VI**: 1221, 940, 1145 cm^{-1}; **VII**: 911, 825, 843 cm^{-1}. Eine ähnliche Meth. kann bei den freien Sapogeninen angewandt werden. Im allg. haben die Monooxysapogenine eine Bande bei 1050 cm^{-1}. Die Dioxyverbb. haben an dieser Stelle eine breitere u. stärker aufgelöste Bande. (Analytic. Chem. **25.** 266—71. Febr. 1953. Philadelphia, Pa., East. Reg. Res. Labor.) ENCHELMAIER. 3650

J. R. Lewis und **C. W. Shoppee,** *Katalytische Hydrierung von 3α-Oxy-Δ⁵-steroiden und Derivaten.* Vff. fanden, daß 3α-Methoxy-Δ^5-cholesten (Epicholesterylmethyläther, F. 82 u. 88°, $[\alpha]_D$ −46°) durch Hydrierung mit Pt-Katalysator in Methanol in Ggw. einer Spur HBr nicht das gewünschte 3α-Methoxycholestan ergab, sondern *3α-Methoxykoprostan* [$C_{28}H_{50}O$, F. 88°, $[\alpha]_D$ +29° (c = 1,19 in Chlf.)]. Diese Verb. konnte auch dargestellt werden durch Methylierung von 3α-Oxykoprostan (F. 114 bis 115°, $[\alpha]_D$ +31°) mit K u. Methyljodid in Benzol. Weiter wurde gefunden, daß 3α-Acetoxy-Δ^5-cholesten (Epicholesterylacetat, F. 84—85°) durch Hydrierung wie vorst. in *3α-Acetoxykoprostan* (F. 82—83°, $[\alpha]_D$ +52°) übergeführt wird. 3α-Oxy-Δ^5-cholesten (Epicholesterin) wurde unter den gleichen Bedingungen hydriert zu ca. 20% unvollständig abgetrenntem *3α-Oxykoprostan* (F. 110—111°) u. ca. 20% unvollständig abgetrenntem *3α-Oxycholestan.* (Chem. and Ind. **1953.** 897. 22/8. Swansea, Univ. of Wales, Univ. Coll.) FECHTER. 3700

O. Ss. Madajewa und **N. P. Babanowa,** *Einige Eigenschaften der p-Toluolsulfonsäureester der 17β-Oxysteroide. Reduktion des 3β-Acetyl-17β-p-toluolsulfonylderivats des Androstendiols mittels Lithiumaluminiumhydrid.* (Vgl. C. **1953.** 543.) 3β-Acetoxy-17β-tosyloxyandrosten-(5) (**I**) gab bei der Red. mit $LiAlH_4$ *3β.17β-Dioxyandrosten-(5)*, ident. mit einem durch Verseifen von 3β-Acetoxy-17β-oxyandrosten-(5) erhaltenen Präparat. Aus dem Tosylrest entstand hierbei *p-Toluolsulfinsäure.* Von KARRER u. Mitarbeitern (Helv. chim. Acta **34.** [1951.] 1022; **35.** [1952.] 1926; vgl. C. **1950.** I. 2357) sind 3-, 6- u. 7-Tosyloxysteroide mit $LiAlH_4$ red. worden; nur bei den 6-Tosylderivv. verlief die Rk. ähnlich wie bei **I**. — *3β.17β-Dioxyandrosten-(5)*, $C_{19}H_{30}O_2$, F. 178—180° (Bzl. + Aceton); man fügt zu 1 g **I** in 12 ml absol. Bzl. tropfenweise unter Rühren u. Kühlen mit Eis eine Lsg. von 0,36 g $LiAlH_4$ in 10 ml absol. Ae. hinzu u. erwärmt 21 Std. auf 60°; 0,56 g (Ausbeute). (Доклады Академии Наук СССР [Ber. Akad. Wiss. UdSSR.] [N. S.] **92.** 79—80. 1/9. 1953. Allunions Wiss. Chem.-Pharmaz. Ordshonikidse-Forschungsinst.) R. KNOBLOCH. 3750

J. K. N. Jones und **S. R. Stitch,** *Die Trennung von Ketosteroiden durch Verteilungschromatographie mit Nitromethan als stationärer Phase.* Die Trennung von Ketosteroiden aus Harnextrakten erfolgt über eine kurze Säule von mit *Nitromethan* (**I**) getränkter Kieselsäure. Die mobile Phase besteht aus mit **I** gesätt. Leichtbenzin (Kp. 60—80°) mit 3% $CHCl_3$. Die Gewinnung der Harnextrakte erfolgt nach CALLOW u. Mitarbeitern (Biochem. J. **32.** [1938.] 1312) u. nach DINGEMANSE u. Mitarbeitern (J. clin. Endocrin. **12.** [1952.] 66). Die Meth. erlaubt die Trennung nahverwandter Ketosteroide wie *Androst-5-en-3β-ol-17-on, Androstan-3β-ol-17-on, Androsteron Testan-3α-ol-17-on, 3β-Chlorandrost-5-en-17-on* u. *3.5-Cycloandrostan-6-ol-17-on.* (Biochem. J. **53.** 679—84. März 1953. Bristol, Univ., and Barrow Gurney, Biochem. and Endocrinol. Res. Dep. of Bristol Mental Hospital.) FRESENIUS. 3750

F. Sondheimer und **G. Rosenkranz,** *Steroide.* 40. Mitt. *Die Oxydation ungesättigter Steroidalkohole mit Mangandioxyd.* (39. vgl. ROMO u. Mitarbeiter, Chem. and Ind. **1952.** 783.) Die Oxydation gewisser Allylalkohole in der Steroidreihe mit MnO_2 bei Zimmertemp. führt zu den entsprechenden α.β-ungesätt. Ketonen bzw. Aldehyden. Δ^4-3β.6β-Diole werden bei Zimmertemp. nur an $C_{(3)}$ angegriffen. Die Oxydation ist beim Schütteln des Alkohols mit frisch gefälltem MnO_2 in einem inerten Lösungsm.

(Bzl., Chlf., CH_2Cl_2, Aceton u. a.) innerhalb ca. 2 Std. vollständig u. führt bei Δ^4-Cholesten-3β-ol u. Δ^4-22a-Spirosten-3β-ol in ausgezeichneten Ausbeuten zu den entsprechenden *Δ^4-3-Ketonen.* Entsprechend liefert Δ^5-22a-Spirosten-3β.7α-diol-3-acetat das *Δ^5-7-Keton,* $\Delta^{9.11}$-22a-5α-Spirosten-3β.12-diol das *$\Delta^{9.11}$-12-Keton* u. $\Delta^{5.17.20}$-Pregadien-3β-.21-diol den *21-Aldehyd.* Bei der partiellen Oxydation von Δ^4-Cholesten-3β.6β-diol mit MnO_2 in Bzl. bei Zimmertemp. wird mit 75% Ausbeute *Δ^4-Cholesten-3-on-6β-ol* erhalten, auf ähnliche Weise werden *6β-Oxyprogesteron* (F. 181—183°, $[\alpha]_D^{20}$ +105° [alle opt. Drehungen in Chlf.]; λ_{max} 236 mμ [log ε = 4,22 in A.]) u. *6β-Oxy-Δ^4-androsten-3.17-dion* (F. 192—193°, $[\alpha]_D^{20}$ + 114°, λ_{max} 236 mμ [log ε = 4,25 in A.]) dargestellt; bei Ausführung dieser Rkk. bei Rückflußtemp. bilden sich die entsprechenden Diketone. Da OH-Gruppen ohne Doppelbindung in Allylstellung in der Kälte nicht angegriffen werden, wird das durch Red. von Δ^4-Androsten-3.17-dion mit $LiAlH_4$ entstandene Gemisch von Δ^4-Androsten-3β.17β-diol u. -3α.17β-diol mit MnO_2 in Chlf. bei Zimmertemp. in 90%ig. Gesamtausbeute zu *Testosteron* oxydiert. Δ^5-3β-Alkohole liefern mit MnO_2 in sd. Bzl. die entsprechenden $\Delta^{4.6}$-Dien-3-ketone. auf diese Weise wurden folgende Verbb. in ca. 30%ig. Umsatz dargestellt (Eigg. nur für neue Verbb.): *$\Delta^{4.6}$-22a-Spirostadien-3-on, $\Delta^{4.6}$-Cholestadien-3-on, $\Delta^{4.6}$-Androstadien-3.17-dion, $\Delta^{4.6}$-Androstadien-17β-ol-3-on (6-Dehydrotestosteron), $\Delta^{4.6}$-Pregnadien-3.20-dion (6-Dehydroprogesteron), $\Delta^{4.6}$-Pregnadien-20β-ol-3-on* (F. 197—199°, $[\alpha]_D^{20}$ + 15°, λ_{max} 282 mμ [log ε = 4,54 in A.]), *$\Delta^{4.6.16}$-Pregnatrien-3.20-dion* (F. 253—256°, aus $\Delta^{5.16}$-Pregnadien-3β.20β-diol; $[\alpha]_D^{20}$ + 114°; λ_{max} 240 u. 284 mμ [log ε = 4,21 u. 4,53 in A.]), *$\Delta^{4.6}$-Pregnadien-17β-ol-3.20-dion* (F. 240—242°, $[\alpha]_D^{20}$ + 21°, λ_{max} 284 mμ [log ε = 4,53 in A.]), *$\Delta^{4.6}$-Pregnadien-21-ol-3.20-dionacetat* u. *$\Delta^{4.6}$-Pregnadien-17α.21-diol-3.20-dion-21-acetat (6-Dehydro-Substanz-S-Acetat,* F. 218—220°, $[\alpha]_D^{20}$ + 104°, λ_{max} 284 mμ [log ε = 4,48 in A.]). (Experientia [Basel] **9.** 62—63. 15/2. 1953. Mexico City, Syntex S. A., Res. Labors.) H.-J. KOCH. 3750

J. Lens, *Die Strukturbestimmung von Insulin.* Vortrag. — 12 Literaturangaben. (Chem. Weekbl. **49.** 305—07. 2/5. 1953.) PATZSCH. 3750

H. K. Black und **B. C. L. Weedon,** *Synthese der Erythrogen(Isan)-säure.* Vorl. Mitt. zu der C. **1954.** 7197 referierten Arbeit. (Chem. and Ind. **1953.** 40—41. 10/1.) JOHN. 3950

Erich Adler und **Bengt Lindgren,** *Einige Ansichten über die Ligninstruktur.* Übersicht über die neueren Arbeiten über Lignin, bes. über solche, die sich mit Modellsubstanzen befassen. (Svensk Papperstidn. **55.** 563—75. 4/9. 1952. Stockholm, Swed. Forest Prod. Res. Labor., Dep. of Wood Chem., u. Royal Inst. of Technol., Dep. of Cellulose Technol. and Wood. Chem.) O. ENGEL. 3950

D_3. Makromolekulare Chemie.

Fumio Ōsawa, Nobuhisa Imai und **Ikumi Kagawa,** *Theorie der Lösungen von starken Polyelektrolyten.* 1. Mitt. *Geknäuelte Makroionen.* Vff. gehen bei ihren Berechnungen von folgendem Modell aus: Das gelöste, in Form eines Knäuels vorliegende Makroion enthält n dissoziierende Gruppen u. nimmt ein Vol. v ein. In v befinden sich außerdem Gegenionen, u. zwar solche, die fest mit ionisierten Gruppen des Makroions verbunden, daher in v nicht mehr frei beweglich sind u. keinen Beitrag zum COULOMBschen Potential liefern, u. ferner solche, die an sich frei sind, aber durch die COULOMBschen Kräfte v nicht verlassen können. Die Art des Festhaltens der Gegenionen in v wird mit P- bzw. ψ-Bindung bezeichnet. In dieser Weise ist die Darst. des Zustandes der Polyelektrolytlsgg. bes. einfach durchführbar. Unter der Annahme, daß das Verhältnis der wirksamen Ladung des Makroions zu seiner ursprünglichen Ladung sehr klein ist, werden mit Hilfe der POISSON-BOLTZMANNschen Gleichung die Eigg. eines derartigen Makroions (effektive Ladung des Makroions, freie Energie, chem. Potential der Komponenten, je für An- u. Abwesenheit eines einfachen niedermol. Salzes) berechnet. Der Vgl. mit dem Experiment (Literaturdaten) ergibt sehr gute Übereinstimmung zwischen Vers. u. Theorie. (J. Polymer Sci. **13.** 93—111. Febr. 1954. Nagoya, Univ., Dep. of Phys., u. Dep. of Appl. Chem.) FUCHS. 4000

S. Lifson und **A. Katchalsky,** *Die elektrostatische freie Energie von Polyelektrolytlösungen.* 2. Mitt. *Völlig gestreckte Makromoleküle.* (1. vgl. J. Polymer Sci. **11.** [1953.] 409). Unter Verwendung der l. c. berechneten Potentiale wird die elektrostat. innere Energie U einer Lsg. von stäbchenförmigen ionisierten Makromoll. berechnet. Die elektrostat. freie Energie F ergibt sich auf dem gleichen Wege wie l. c. angegeben (vgl. zwischen einer geladenen u. ungeladenen Lsg. gleicher Konz.). Zur numer. Berechnung von U u. F von salzfreien Polyelektrolytlsgg. in Abhängigkeit von der Konz., dem Ionisationsgrad u. der Temp. werden graph. Darstellungen gebracht. Aus F läßt sich auch der osmot. Druck solcher Lsgg. berechnen; die so erhaltenen osmot. Koeffizienten sind prakt. unabhängig vom Mol.-Gew. u. von der Polyelektrolytkonz. u. werden im wesentlichen durch den Ionisationsgrad bestimmt. Ein Vgl. mit Messungen an Polyacrylsäure (Literaturdaten) ergibt gute Übereinstimmung. Schließlich wird aus der Gleichung für den osmot. Druck eine Beziehung für die Lichtzerstreuung abgeleitet. Vgl. hierzu auch C. **1954**. 2767. (J. Polymer Sci. **13**. 43—55. Febr. 1954. Rehovoth, Israel, Weizmann Inst. of Sci.) FUCHS. 4000

G. Porod, *Röntgen- und Lichtstreuung durch gelöste Kettenmoleküle.* Auf Grund der DEBYEschen Theorie wird die Streuung von sichtbarem Licht u. von Röntgenstrahlen an gelösten Fadenmoll. auf die Statistik der gegenseitigen Abstände zurückgeführt. Für ein einfaches Modell wird eine exakte Gleichung für den Mittelwert $\overline{r^4}$ (r = Abstand der Kettenenden) abgeleitet, so daß auf diese Weise eine Charakterisierung der Abstandsverteilungsfunktion relativ zu ihrer Breite möglich ist u. eine bessere Näherung der Streufunktion gegeben werden kann. Ein numer. durchgeführtes Beispiel läßt u. a. erkennen, daß die Streukurve eines geknäuelten Fadenmol. asymptot. in die des entsprechenden starren Stäbchenmodells übergeht. (J. Polymer Sci. **10**. 157—66. Febr. 1953. Graz, Univ., Inst. for Theoretical and Phys. Chem.) FUCHS. 4000

Leo A. Wall und **M. Magat,** *Einfluß von atomarer Strahlung auf Polymerisate.* Vff. untersuchten die Wrkg. der Strahlung im Atommeiler auf feste Polymerisate (Polystyrol, Polymethacrylsäuremethylester, Polyvinylchlorid u. Styrolmischpolymerisate) u. den Viscositätsabbau von Lsgg. durch Ra-γ-Strahlung. Es wurde gefunden, daß atomare Strahlung durch Strukturänderung der Polymerisate sowohl Zunahme als auch Abnahme des Mol.-Gew. hervorrufen kann. Je nach Polymerisattyp kann die gemessene Viscositätszahl durch Verwendung inhibitorhaltiger Lösungsmittel bei der Messung verändert werden. Dadurch kann man auf die Anwesenheit unbeweglicher Radikale innerhalb des festen Polymerisats nach der Bestrahlung schließen. Für den Abbau von Polymerisatlsgg. durch γ-Strahlen ist O_2 erforderlich. In diesem Falle wurde eine Nachwrkg. beobachtet, die durch Ggw. eines Inhibitors während der Bestrahlung aufgehoben wird. Der Abbau scheint eine Funktion der Quadratwurzel der Zahl der Radikale zu sein, die durch Einw. von γ-Strahlen auf die verwendeten Lösungsmittel erzeugt wurden. (Mod. Plastics **30**. Nr. 11. 111—12. **114**. **116**. **176**. **178**. Juli 1953. Nat. Bureau of Standards, Polymer Structure Sect., u. Paris, Labor. Chim. Physique.) SCHÄFF. 4000

A. M. Liquori und **A. Mele,** *Über die Beziehungen zwischen Molekülstruktur und physikalischen Eigenschaften bei linearen Hochpolymeren.* Nach Besprechung der neueren Theorien (MARK, KUHN) über den Zusammenhang zwischen Mol.-Struktur u. hoher Elastizität von Fadenmoll. wird bes. über die Ergebnisse röntgenograph. Unterss. an *Polyisobutylen* (gequollene u. gestreckte Fasern im Vgl. mit Nylon u. Terylen) in bezug auf ihre Anordnung in kristallinen u. amorphen Bezirken berichtet. Auch die Beziehungen zwischen Schmelztemp. u. Konstitution der Fadenmoll. werden erörtert. (Chim. e Ind. [Milano] **35**. 799—809. Nov. 1953. Rom, Univ., Ist. Chim. Farmac.) HENTSCHEL. 4010

A. Charlesby, *Untersuchung der Beugungsringe von amorphen Polymeren.* Die Elektronen- u. Röntgenbeugungsdiagramme langkettiger Polymerer (Polyacrylate, Polymethacrylate, Polyvinylchlorid, Polyvinylformiat, Polyvinylacetat, Polystyrol., Polyäthylen) enthalten einige Ringe gemeinsam, die den amorphen Anteilen zuzuschreiben sind. Auch in fl. niedermol. n. Paraffinen treten die gleichen Ringe auf wie im festen u. geschmolzenen *Polyäthylen* (**I**). Meßergebnisse werden nur für **I** mitgeteilt. Die für **I** gemessene Intensitätsverteilung in den Ringen wird mit der für verschied. Modelle berechneten verglichen. Daraus folgt, daß im festen u. im fl. amorphen **I** sowie in den Paraffinen keine Konfigurationen vorkommen, die kristallinen Charakter besitzen, auch nicht in sehr kleinen Bezirken. Zwischen der kristallinen u. amorphen Struktur bestehen grundsätzliche Unterschiede; es findet kein allmählicher Übergang zwischen beiden Strukturen statt. (J. Polymer Sci. **10**. 201—11. Febr. 1953. London, Imp. Coll., Appl. Phys. Chem. Labor.) FUCHS. 4010

T. M. Birstein und **O. B. Ptitzyn,** *Geometrie linearer Polymeren.* 4. Mitt. *Stereoisomerie der Polymerenkette.* Bei polymeren Ketten vom Typus $[—CH_2—CHR—]_n$ gibt es 3 Möglichkeiten der Konfiguration (analog der Stereoisomerie bei opt.-akt. Verbb., wofür nachst. die gleichen Bezeichnungen d u. l gewählt werden): die dd(ll)-Anordnung, bei der die R-Gruppen durchweg auf der gleichen Seite der auf die Zeichenebene projizierten C-Atome der Kette (entweder rechts oder links von ihnen) liegen; die dl-Anordnung, bei der Rechts- u. Linkslage regelmäßig abwechseln; die unregelmäßige Anordnung. Analoges gilt für Strukturen vom Typus [—CHR—CHR—]ₙ. Es werden Formeln zur Berechnung der Dimension des Makromol. für die einzelnen Fälle entwickelt. Danach ist der Abstand vom Anfang bis zum Ende der Kette bei den dd(ll)-Verbb. kleiner als bei den dl-Verbb., da bei ersteren die Kette gekrümmt ist; das Verhältnis der mittleren Abstandsquadrate ($\overline{h^2}$) beträgt rechnungsgemäß bei den 2 Typen maximal 1,67. Bei den Verbb. vom Typus [—CHR—CHR—]ₙ ist der gegenseitige Einfl. der benachbarten R-Gruppen aufeinander, entweder in d- oder l-Lage, bes. zu berücksichtigen; die von AU-CHIN TANG [J. Chin. chem. Soc. **18.** [1951.] 103) gegebene Formel für $\overline{h^2}$ ist auf den Fall realer Polymerer nicht anwendbar. Bei *Polystyrol* wird das Verhältnis der $\overline{h^2}$-Werte für die dl- u. dd-Lage zu 1,5 geschätzt; für die inneren Viscositäten ($[\eta] \sim [\overline{h^2}]^{3/2}$) würde das Verhältnis 1,8 folgen. Die bei verschied. Tempp. gewonnenen Polystyrole unterscheiden sich bei gleicher Molekülgröße bedeutend bzgl. der Viscosität, die kleiner ist bei den Präpp., die bei höherer Temp. erhalten werden; demnach wird Polystyrol mit dd-Lage der C_6H_5-Gruppen bei höherer Temp. gebildet. (Журнал Физической Химии [J. physik. Chem.] **28.** 213—23. Febr. 1954. Leningrad, Inst. für hochmol. Verbindungen.) V. SCHROEDER. 4010

J. R. McCartney, *Alkalischer Abbau von Polyacrylonitril.* Vf. untersuchte den durch Alkali hervorgerufenen Abbau von Polyacrylonitril (I) in Lsg. u. die Anwendbarkeit dieser Rk. zur qualitativen Best. der Mol.-Gew.-Verteilung von **I**. Die Geschwindigkeit u. das Ausmaß dieses Abbaus, der äußerst schnell in Dimethylformamid stattfindet, können durch Zugabe von Nichtlösern, wie Dioxan, reduziert werden. Die Befunde lassen auf eine statist. Kettenspaltung schließen; daher kann das Mol.-Gew. M_W des abgebauten **I** durch die einfache Funktion $M_W = 2\,W/R$ (W-Gesamtgewicht des **I**, R=Gesamtzahl der aufgespaltenen Bindungen) dargestellt werden. Beispiele für den Einfl. des ursprünglichen Mol.-Gew. bzw. der Mol.-Gew.-Verteilung auf den Abbau von **I** werden angegeben. Der Abbaumechanismus wird erörtert u. die Meth. zur Best. der Mol.-Gew.-Verteilung beschrieben. (Mod. Plastics **30.** Nr. 11. 118. 120. 122. 124. 179—81. Juli 1953. E. I. du Pont de Nemours & Co., Textile Fibers Dep., Techn. Div.) SCHÄFF. 4010

G. Meyerhoff, *Molekulargewichtsbestimmungen an verschieden scharf fraktionierten Polymethacrylsäuremethylestern.* 32. Mitt. *über Molekulargewichtsbestimmungen an makromolekularen Stoffen.* (31. vgl. C. **1953.** 6061.) Drei Proben von *Polymethacrylsäuremethylestern* der Mol.-Geww. M=35000, 500000 u. $8\cdot10^6$ wurden durch fortgesetzte Fraktionierung [Verwendung von Bzl. u. Chlf. (3 : 1) als Lösungsm. u. von Leichtbenzin als Fällungsmittel] in Präpp. verschied. Einheitlichkeit zerlegt. Von den Fraktionen wurden die Viscositätszahl Z_η (in Bzl. als Lösungsm.) u. M (mit der Ultrazentrifuge) bestimmt. Trotz der sehr unterschiedlichen Einheitlichkeit liegen die Z_η- u. M-Werte im doppelt logarithm. Maßstab für alle Fraktionen auf einer Geraden. Es gilt also die Beziehung $Z_\eta = KM^\beta$, falls M das Gewichtsmittel darstellt. Das Ergebnis steht im Widerspruch zu theoret. Resultaten, vermutlich infolge unzulässiger Vereinfachungen u. Annahmen bei den theoret. Ableitungen. Die Änderung der Sedimentations- u. Diffusionskurven mit dem Grad der Einheitlichkeit wird an Hand mehrerer Beispiele gezeigt. Während bei M = 500000 die S-Kurve breiter als die D-Kurve ist, u. zwar um so breiter, je uneinheitlicher die Probe, ist bei $M = 8\cdot10^6$ die D-Kurve breiter als die S-Kurve; der Unterschied wird auf die Abhängigkeit des Reibungskonzentrationseffektes von M zurückgeführt. (Makromolekulare Chem. **12.** 45—60. 1954. Mainz, Univ., Inst. f. physikal. Chem.) FUCHS. 4010

G. Meyerhoff, *Über die Durchschnittswerte der Molekulargewichte makromolekularer Substanzen.* 33. Mitt. *über Molekulargewichtsbestimmungen an makromolekularen Stoffen.* (32. vgl. vorst. Ref.) Das mittlere Mol.-Gew. von Hochpolymeren läßt sich allg. darstellen durch $M_\beta = \sum c_i M_i^\beta / \sum c_i M_i^{\beta-1}$ mit $\beta = 0$ für das Zahlenmittel (M_n), $\beta = 1$ für das Gewichtsmittel (M_W) u. $\beta = 2$ für das Z-Mittel (M_Z). Die Methoden zur Best. der einzelnen Mittelwerte sowie die zwischen diesen M-Werten liegenden Mittelwerte werden diskutiert. Vf. gibt ein Verf. an, um aus den gemessenen M-Werten einer Mischung von zwei möglichst einheitlichen Präpp. einer polymerhomologen Reihe entnehmen zu können, welcher Mittelwert zu der benutzten Meth. der M-Best. gehört. Das Verf. versagt allerdings, wenn beim Meßvorgang eine Trennung der beiden Komponenten der Mischung auftritt (z. B. bei der Sedimentation in der Ultrazentrifuge); unter gewissen Einschränkungen kann aber auch hier der zugehörige Mittelwert angegeben werden. (Makromolekulare Chem. **12.** 61—77. 1954.) FUCHS. 4010

R. Schulz, G. Renner, A. Henglein und **W. Kern,** *Untersuchungen über die Radikalpolymerisation von Acrylamid.* Beim Erhitzen von *Acrylamid* (I) im Vakuum auf 90°

in Abwesenheit von Katalysatoren wird ein in W. nur wenig quellbares Polymeres erhalten. Wird die wss. Lsg. von I auf 200° erhitzt, so erfolgt in 2 Std. merkliche Polymerisation, falls Spuren von O_2 anwesend sind. Bei der peroxyd. Polymerisation im Block entstehen vernetzte unlösliche Produkte. I läßt sich mit H_2O_2 bei 90° polymerisieren (95% Umsatz nach 90 Min., bei 60° 85% Umsatz); dabei wird bei 90° ein Teil der Amidgruppen verseift, nicht aber bei 50—70°. η_{spez}/c (c in 1 g/Liter) beträgt 0,189 für eine Polymerisationstemp. von 90° u. 0,576 für 50° (je Polymerisation in W. mit H_2O_2). Beim Mahlen des trockenen Polymerisates in der Kugelmühle tritt ein Abbau ein (η_{spez}/c = 0,286 am Anfang u. 0,088 nach 4 Std.). Wird ein Gemisch aus W. u. Methanol als Lösungsm. für I bei der Polymerisation verwendet, so fällt η_{spez}/c mit steigendem Methanolgeh. ab. Ammoniumpersulfat als Katalysator wirkt ähnlich wie H_2O_2. Bei der Polymerisation von I in wss. Lsg. mit H_2O_2 + Fe(II)-Ammoniumsulfat (Redoxsyst.) wird bei 20° nach 3 Min. ein Umsatz von ca. 70% erzielt. Bei der Polymerisation von I in Methanol mit Azoisobutyronitril (II) bei 80° werden 70% I in 2 Min. umgesetzt, η_{spez}/c beträgt aber nur 0,04. Eine Mischung aus pulverisiertem I u. II polymerisiert heftig im festen Zustand bei 80°; auch Methacrylamid läßt sich mit II im festen Zustand polymerisieren. Bei der Polymerisation von I in W. mit γ-Strahlen beträgt η_{spez}/c bis zu 2,8; die Polymerisationsgeschwindigkeit v ist von 1,35. Ordnung in bezug auf die Konz. von I u. steigt proportional mit der Wurzel aus der γ-Intensität an. Wird die Polymerisation mit γ-Strahlen in Ggw. von Methanol ausgeführt, so sind v u. η_{spez}/c geringer als in Wasser. I läßt sich schließlich auch mit Ultraschallwellen (175 kHz) in wss. Lsg. polymerisieren; zur Vermeidung des Ultraschallabbaues ist Polymerisation in vollständig entgasten Lsgg. erforderlich (vgl. hierzu auch SCHULZ u. HENGLEIN, C. **1953.** 8813). Die Polymerisate von I sind unlöslich in Alkoholen, Estern, Äthern, aliphat. KW-stoffen, Tetrahydrofuran, Dimethylformamid, Nitrobenzol, Brombenzol, Tetralin, Glykol. Beim Erhitzen der Polymerisate auf 150° werden sie zum Teil unlöslich in W., gleichzeitig fällt der N-Geh. ab; bei 200° erfolgt Braunfärbung. Das Polymerisat läßt sich mit W. u. Methanol fraktionieren. I zeigt im Ultraroten sehr ausgeprägte Absorptionsbanden, während das Polymere nur wenige charakterist. Banden besitzt (möglicherweise Vorliegen von Wasserstoffbrücken). (Makromolekulare Chem. **12.** 20—34. 1954. Mainz, Univ., Organ.-chem. Anstalt.) FUCHS. 4010

O. B. Young und **C. E. Dickerman,** *Variation der Dielektrizitätskonstanten von Dimethylsilicon mit der Temperatur.* Ident. mit der C. **1954.** 7023 referierten Arbeit. (Trans. Illinois State Acad. Sci. **45.** 139—40. 1952. Carbondale, Southern Illinois Univ.) K. L. WOLF. 4010

Ernst A. Hauser, *Morphologische Studien an natürlichen und synthetischen Kautschuken.* Vf. bespricht verschied. Mikroaufnahmen von Kautschukproben. Bei den natürlichen Kautschuken zeigen die Bilder zwei Strukturelemente, eine Fraktion von niedrigem Mol.-Gew., die durch Tröpfchenbldg. charakterisiert ist, u. eine von hohem Mol.-Gew., die in äußerst dünnen Fäden vorliegt. Die untersuchten synthet. Polymerisate (Neopren, Polyisobutylen, Butylkautschuk, Polystyrol, Butadien-Styrol-Mischpolymerisat) zeigen das Vorliegen nur einer einheitlichen Fraktion. Lediglich das Tieftemperaturpolymerisat aus Butadien u. Styrol zeigt einen nieder- u. einen hochmol. Anteil u. kommt damit den natürlichen Kautschuken am nächsten. (Kautschuk u. Gummi **6.** WT120—23. Juni 1953. Cambridge, Mass., Inst. of Technol.) RUSKE. 4030

L. H. Cragg und **A. T. Brown,** *Viscosimetrische Ermittlung der Verzweigung in Polymeren.* 1. Mitt. *Die Verzweigung in GR-S als Funktion des Umsatzes.* (2. vgl. C. **1954.** 4175.) GR-S-Proben aus einer kontinuierlichen Emulsionspolymerisation bei 32, 45,1, 61,2 u. 73,4% Umsatz wurden nach sorgfältigem Trocknen durch fortlaufende Fällung aus benzol. Lsg. in 5—6 Fraktionen zerlegt. Von jeder Fraktion wurden die Viscositätszahl, die HUGGINS-Konstante k' (J. Amer. chem. Soc. **64.** [1942.] 2716) u. die Konstante β der Viscositätsgleichung von MEAD u. FUOSS (J. Amer. chem. Soc. **64.** [1942.] 277) bestimmt. Entsprechend den Befunden an n. u. vernetztem Polystyrol (CRAGG u. MANSON, J. Polymer Sci. **9.** [1952.] 265) scheinen β u. k' von allen linearen Proben konstant zu sein, für die verzweigten Proben aber größere Werte anzunehmen; offensichtlich ist die Zunahme von β u. k' ein Maß für das Ausmaß oder den Grad der Verzweigung. Aus den Befunden folgern Vff., daß in GR-S bei niedrigen Umsätzen nur geringe oder gar keine Verzweigung vorliegt, der Verzweigungsgrad deutlich mit steigendem Umsatz zunimmt u. die Verzweigung bei Prodd. mit höchstem Mol.-Gew. am größten wird. Zumindest bei GR-S scheint unabhängig vom Umsatz bis zu einem bestimmten Mol.-Gew. Verzweigung nicht feststellbar zu sein, während oberhalb dieses Mol.-Gew. die Verzweigung mit steigendem

Mol.-Gew. zunimmt. (Canad. J. Chem. **30.** 1033—43. Dez. 1952. Hamilton, Ont., McMaster Univ., Hamilton College, Dep. of Chem.) Schäff. 4030

Josef Schurz, *Die Strukturviscosität von verdünnten Cellulosenitrat-Lösungen in Aceton.* Fortführung der C. **1954.** 1266, 5581 u. 6018 referierten Unterss. des Verfassers. Speziell befaßt sich Vf. hier mit der Strukturviscosität der Lsgg. von *Cellulosenitrat* (**I**, osmot. Mol.-Geww. M zwischen 90000 u. 700000) in Aceton; die Konz. c wurde von 0,05—0,24 g/100 cm³ u. der Strömungsgradient G von 250—2500 sec^{-1} variiert. η_{spez}/c steigt bei fallendem G linear an, so daß eine Extrapolation auf G = 0 leicht möglich ist. Die Messungen zeigen, daß sich Strukturviscosität bei G-Werten, wie sie in den üblicherweise verwendeten Viscosimetern vorliegen, bei M > 300000 bemerkbar macht. Sie kommt vor allem durch die Wechselwrkg. der Makromoll. zustande. Die Viscositätszahl [η] steigt bei höheren M-Werten mit fallendem G an (z. B. um 10% für M = 700000 beim Übergang von G = 1000 auf 0), bei niedrigem M ist [η] prakt. konstant. Bei konzentrierteren Lsgg. liegt Strukturviscosität durch Zerreißen von temporären Strukturen, auch bei extrem kleinem G, vor (ohne nähere Angaben). Weitere Ergebnisse wurden bereits früher mitgeteilt (vgl. Mark u. Mitarbeiter, Ind. Engng. Chem. **45.** [1953.] 2483, u. Immergut u. Mitarbeiter, Ind. Engng. Chem. **45.** [1953.] 2500; über die Darst. u. die Eigg. der verwendeten **I**-Proben vgl. Immergut u. Mitarbeiter, Mh. Chem. **84.** [1953.] 219). (Makromolekulare Chem. **12.** 127—44. 1954. Brooklyn, N. Y., Polytechn. Inst., Inst. of Polymer Res.) Fuchs. 4050

Robert P. Newbold und **M. A. Joslyn,** *Die Chemie analytisch wichtiger Pektinsäuren.* 1. Mitt. *Chemische Eigenschaften von Ehrlich-, Wichmann- und Carré–Haynes-Pektinsäuren.* Vff. untersuchten nach den Verff. von Wichmann, Ehrlich u. Carré u. Haynes dargestellte *Pektinsäuren* (**I**) auf den Geh. an Asche, Ca, Methoxylzahl u. Nichturoniden. Es konnte gezeigt werden, daß alle nach den genannten Verff. hergestellten **I** noch Arabinose, Galaktose u. Rhamnose enthielten. Zur Best. des **I**-Geh. von Rohpektin ist die Meth. nach Carré–Haynes am zweckmäßigsten, da durch Fällung mit Ca eine weitgehende Reinigung erzielt wird. — 25 Literaturangaben. (J. Assoc. off. agric. Chemists **35.** 872—91. 15/11. 1952. Berkeley, Univ. of Calif., Dep. of Food Technol.) Krusen. 4050

Robert P. Newbold und **M. A. Joslyn,** *Die Chemie analytisch wichtiger Pektinsäuren.* 2. Mitt. *Saure Eigenschaften, optische Aktivität, spezifische Viscosität und osmotischer Druck von Ehrlich-, Wichmann-* u. *Carré–Haynes-Pektinsäuren.* (1. vgl. vorst. Ref.) Das zur Darst. der *Pektinsäuren* (**I**) benutzte *Citruspektin* (**II**) hatte eine Neutralisationszahl von 1009, die Wichmann (W.)-**I** 187,4, Ehrlich (E.)-**I** C 182,4 u. E.-**I** B 198,5. W.-**I** u. E.-**I** C haben eine sehr ähnliche Pufferkapazität mit einem Maximum bei p_H 3,8. Die spezif. opt. Drehung ist bei **I** wesentlich höher als bei **II**, sie steigt mit der Reinheit von **I** an. Die Viscosität steht in einem direkten Verhältnis zur Konz. u. steigt am schnellsten bei **II**, dann abnehmend bei W.-**I**, E.-**I** C u. B. Die aus den Viscositäten (aus den osmot. Drucken) berechneten mittleren Mol.-Geww. betragen für **II** 62000 (22000), W.-**I** 26000 (11000), E.-**I** C 14000 (6000), E.-**I** B 2200 (3500) u. Carré–Haynes-**I** (13000). Aus den Ergebnissen läßt sich ablesen, daß W.- u. Carré–Haynes-**I** etwa 60—70, E.-**I** C 30—40 u. E.-**I** B 15—20 Anhydrogalakturonsäurereste enthalten. (J. Assoc. off. agric. Chemists **35.** 892—917. 15/11. 1952.) Krusen. 4050

W. L. Bragg, *Röntgenanalyse von Proteinen.* Zusammenfassender Vortrag über die hauptsächlich in dem Institut des Vf. durchgeführten röntgenograph. Unterss. über die Struktur der Proteine u. die bisher erhaltenen Ergebnisse. (Proc. physic. Soc., Sect. B **65.** 833—46. 1/11. 1952. Cambridge, Cavendish Labor.) Gottfried. 4070

J. C. Kendrew, *Struktur von Proteinen.* Zusammenfassendes Ref. über eine Tagung, auf der über Fortschritte in der Röntgenstrukturanalyse von Proteinen diskutiert worden war. (Nature [London] **173.** 57—59. 9/1. 1954.) Gottfried. 4070

H. Fraenkel-Conrat und **R. R. Porter,** *Die Aminogruppen von Conalbumin, Ovomucoid und Avidin.* Vff. bestimmen die freien Aminogruppen durch Überführung in die Dinitrophenyl (**DNP**)-derivate. Danach enthält Conalbumin eine endständige Aminogruppe pro Mol als Alanin (**I**). Der Geh. an ε-**DNP**-Lysin (**II**) stimmte mit mikrobiol. erhaltenen Werten überein (60 u. 62 Reste/Mol.). 16std. Kochen mit 20%ig. HCl in Ggw. von Ovomucoid (**III**) zerstörte 40% **DNP**-Alanin u. 30% **II**. Bei Berücksichtigung dieser Verluste ergibt sich für **III** ein **I**-Rest/Mol, während der Lysinwert etwas höher als der mikrobiol. bestimmte liegt (13,7 u. 12 Reste/Mol). Beim Avidin ergaben sich schwankende Werte, doch scheinen alle (26) ε-Aminogruppen des Lysins zu reagieren u. 3 **I**-Reste/Mol vorhanden zu sein. (Biochemic. J. **49.** LXXVIII. Okt. 1951. London, Mill Hill., Nat. Inst. for Med. Res.) Nehring. 4070

H. Fraenkel-Conrat und **Jane Fraenkel-Conrat,** *Eine Methode zur Bestimmung der Aminosäurenreihenfolge in Proteinen.* Die vorgeschlagene Meth. beruht auf der Umsetzung von Peptiden mit Phenylsenföl u. Spaltung mit wss. HCl unter Bldg. von substituiertem Thiohydantoin (vgl. nebenst. Formel). Die 1. Stufe vollzieht sich bei p_H 9 oder 9,8 u. 40° in Pyridinlsg. in $^1/_2$—3 Stunden. Nach einer Benzolextraktion wird das Reaktionsprod. in wenig W. gelöst oder suspendiert u. mit Ae. nach Zugabe von Guanidinhydrohalogenid (1,4 g/cm³ wss. Lsg.) kontinuierlich extrahiert, bis kein UV-absorbierendes Material mehr eluiert wird. Die Thiohydantoinbldg. vollzieht sich durch Zugabe von 6 n HCl bis zu einer Endkonz. von 0,6—1,2 n. Die im Ae. nach dem Ansäuern auftretenden Thiohydantoine zeigen ein charakterist. Maximum bei 267—268 mμ mit einem mol. Extinktionskoeff. von ca. 16000. Die Best. der Anzahl der endständigen Aminogruppen beruht auf dieser Eigenschaft. Die Identifizierung der Aminosäuren erfolgt nach Hydrolyse mit $Ba(OH)_2$ chromatographisch. — Die Meth. wurde auf *Insulin* (**I**), *Ovomucoid* (**II**), *Conalbumin* (**III**) u. *β-Lactoglobulin* (**IV**) angewendet. **I** ergab 3—3,5 endständige Aminogruppen pro Untereinheit (vom Mol.-Gew. 12000), **IV** ca. 2,5 endständige Aminogruppen. Bei **II** u. **III** wurde in Übereinstimmung mit der DNP-Meth. eine endständige Aminogruppe gefunden. Qualitativ wurden in **I** *Phenylalanin, Glykokoll* u. geringe Mengen *Alanin,* in **II** *Alanin,* in **IV** *Leucin* u. *Glykokoll* gefunden. (Acta chem. scand. **5.** 1409—10. 1951. Copenhagen, Carlsberg Labor.)

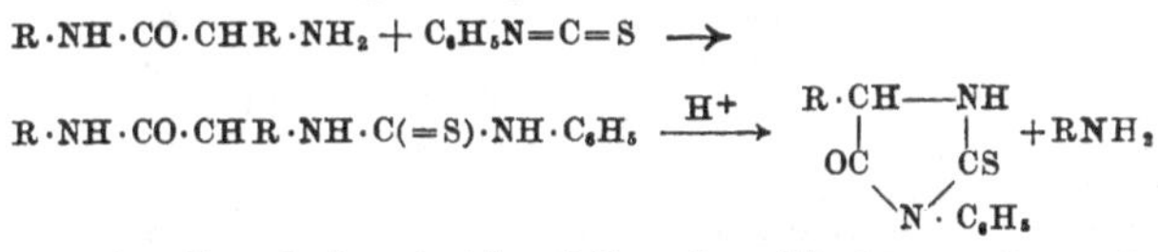

K. F. Müller. 4070

Louis Meites, *Über die Natur der Reaktion zwischen Gelatine und einigen Kupfer(II)-Komplexen.* Vf. untersucht spektrophotometr. die Titration von Cu(II)-Lsg. in KOH-Kaliumcitrat bzw. KOH-Kaliumtartrat mit Gelatine (**I**) u. erhält eine krit. Konz., von der ab die Lichtabsorption bei weiteren Zugaben von **I** stärker ansteigt als zuvor. Vf. nimmt an, daß dieser Punkt den Beginn der Cu-Komplexbindung der Gelatine darstellt. (J. Amer. chem. Soc. **73.** 4992—993. Okt. 1951. New Haven, Conn., Yale Univ., Sterling Chem. Labor.) Nehring. 4070

Henry Tauber, *Synthese von Protein-ähnlichen Substanzen durch Chymotrypsin aus verdünnten, peptisch verdauten Eiweißlösungen und ihre elektrophoretischen Bilder.* Vf. erhielt bei der Behandlung einer Lsg. von pepsinverdautem Eiweiß (45% aschefreie Trockensubstanz) mit Chymotrypsin (**I**) bei p_H 7,3 u. 37° hochmol. eiweißähnliche Substanzen. Dasselbe gelingt auch mit Lsgg. mit 4% Trockensubstanz, wenn 26%ig. NaCl-Lsg. als Verdünnungsmittel verwendet wird. Vf. erklärt die Wrkg. des NaCl als Hemmstoff für die hydrolyt. Wrkg. von **I** sowie durch die Tatsache, daß die synthet. Substanzen darin schwer lösl. sind. Elektrophoret. Unterss. ergaben, daß es sich um wohldefinierte Syntheseprodd. handelt. Derartige Synthesen konnten bisher nur mit **I** erzielt werden; über den Mechanismus ist noch nichts bekannt. (J. Amer. chem. Soc. **73.** 4965—66. Okt. 1951. Chapel Hill, N. C., Univ. of North Carolina, School of Public Health, Venereal Disease Exp. Labor., U. S. Public Health Service.) Nehring. 4070

Reynold Clayton Fuson and **Harold Ray Snyder,** Organic chemistry. 2nd ed. New York: Wiley. 1954. (552 S., Diagr.) $ 6,50.

Kurt H. Meyer u. **Hermann Mark,** Makromolekulare Chemie. Ein Lehr- und Handbuch für Chemiker und Biologen. 3. Aufl. wenig verändert v. Kurt Meyer unter Mitw. v. **A. J. A. van der Wyk.** Leipzig: Geest & Portig. 1953. (XXIV + 1026 S. m. 229 Fig. im Text.) DM 58,—.

Romain Ruyssen & J. Maebe, De grenslaag-adsorptie in de oplossingen van natrium dodecylsulfaat. Brussel: Paleis de Academiën. 1953. (15 S., Diagr.) fr. 25,—.

E. Biologische Chemie. Physiologie. Medizin.

E_1. Allgemeine Biologie und Biochemie.

A. A. Eddy, *Die Rolle der Mutation bei der Adaptation einer Hefe an Galaktose.* Bei der Adaption eines diploiden Hefestammes von *Saccharomyces cerevisiae* an ein synthet., *Galaktose* (**I**) als *C*-Quelle enthaltendes Medium findet selektives Wachstum einiger weniger Zellen statt, die derart mutierten, daß **I** leicht verwertet werden kann, u. keine allmähliche Entw. der Fähigkeit zur **I**-Ausnutzung seitens der Mehrzahl der Zellen. Beweisend für den Mutationsmechanismus sind: 1. Die Fähigkeit einer Zelle in Ggw. von 10^5 Zellen des nichtadaptierten Stammes zur mehr oder minder schnellen **I**-Verwertung u. zur Bldg. großer Kolonien auf **I**-Agarmedium in 2 Tagen unter Bedingungen, bei denen alle Zellen des vollständig adaptierten Stammes sofort wachsen können. 2. Ident. Wachstumsgeschwindigkeiten des adaptierten Stammes u. einer kleinen Zahl von Variantenzellen im fl. I-Medium. 3. Die Länge der Latenzperiode (3 Tage), die mit der Anfangszahl der Variantenzellen im Einklang steht. 4. Der anscheinend von einem genet. Einzelfaktor abhängige Erblichkeitsunterschied zwischen adaptierten u. nichtadaptierten diploiden Stämmen. 2 haploide Kulturen aus einem 4 Sporen-Ascus des adaptierten Stammes wachsen in fl. I-Medium mit kurzer, 2 mit langer Latenzphase u. ähneln hierin den 4 haploiden des nichtadaptierten Stammes. Der Unterschied zwischen beiden Typen bleibt bei der späteren Fortpflanzung erhalten. Der adaptierte Stamm zeigte während 500 Generationen in einem *Glucose* als *C*-Quelle enthaltenden Medium keine Rückmutation. (Proc. Roy. Soc. [London], Ser. B **142.** 267—87. 25/3. 1954. Oxford, Univ., Physical Chem. Labor.) K. Maier. 4130

A. Ss. Wetscher und **O. B. Krajanski,** *Über das bioenergetische Potential der Plastiden in der pflanzlichen Zelle.* Calorimetr. wurden die Verbrennungswärmen der isolierten Plastiden mit denen des ganzen Pflanzengewebes von Luzerne, Spinat, Mohrrübe u. Kürbis verglichen u. hierbei festgestellt, daß der Energieinhalt bei den Plastiden höher ist als im ganzen Gewebe. Die Energie der Lipoide u. Proteine der Plastiden erzeugt zwischen den Plastiden u. den übrigen Teilen der Zelle ein bestimmtes bioenerget. Potential, das die verschied. biochem. Rkk. ermöglicht. (Биохимия [Biochemie] **18.** 452—55. Juli/Aug. 1953. Krasnodar, Inst. für Lebensmittelind., Lehrstuhl für physikal. u. Kolloidchemie.) Lebtag. 4150

J. Z. Young, *Einige Voraussetzungen für die Untersuchung der Organisation von Zellprozessen.* (Proc. Roy. Soc. [London], Ser. B **142.** 137—40. 25/3. 1954. London, Univ. Coll., Dep. of Anat.) K. Maier. 4150

Ss. Je. Manoilow und **A. Ss. Orlow,** *Untersuchung der Geschwindigkeit der Erneuerung der Nucleinsäuren, die auf verschiedene Art an Eiweißstoffe gebunden sind.* Verss. an weißen Ratten ergaben, daß das aus der Leber isolierte *Nucleoproteid* zu 23,8% aus *Desoxypentosenucleinsäure* (**I**) u. zu 76,2% aus *Pentosenucleinsäure* (**II**) besteht. Das Nucleoproteid mit kovalenter Bindung enthält 9,7% **I** u. 90,3% **II.** Die Geschwindigkeit der Erneuerung der P-Reste ist bei fester (salzartiger) Bindung von **I** u. **II** mit 0,62 bzw. 0,60% etwa gleich groß. Die Erneuerungsgeschwindigkeit der labil an das Eiweiß gebundenen **I** ist ca. 3 mal geringer als die der fest gebundenen **I,** während bei **II** die labil gebundene Form ca. 3 mal rascher als die feste Form erneuert wird. Die Erneuerung der labil an Eiweiß gebundenen **I** erfolgt viel langsamer als die der labil gebundenen **II.** (Биохимия [Biochemie] **18.** 456—61. Juli/Aug. 1953. Leningrad, Zentr. Röntgenol., Radiol. u. Krebs-Inst. des Landwirtschaftsmin. der UdSSR.) Lebtag. 4150

Tibor Barka, Imre Törö und **Zoltán Pósalaky,** *Die Rolle der Nucleinsäuren beim in vitro-Wachstum von Lebergewebe.* Lebergewebe von erwachsenen Ratten verliert im in vitro-Vers. die Fähigkeit zu wachsen, während sich die Zellen im Gewebe von Rattenembryonen n. vermehren. Das scheint nach den hier durchgeführten histochem. Verss. mit dem *Ribonucleinsäure* (**I**)-Geh. der Präpp. zusammenzuhängen. In Schnitten von erwachsenen Tieren ist **I** nach 24 Std. nicht mehr nachzuweisen; bei Embryonen bildet sich eine Randzone von Parenchymalzellen aus, deren **I**-Geh. unverändert bleibt. (Acta morphol. Acad. Sci. hung. **3.** 437—48. 1953. Budapest, Med. Univ., Dep. of Histol. and Embryol.) U. Baumann. 4150

S. J. Holt, *Ein neuer Weg zur cytochemischen Lokalisierung von Enzymen.* Vf. beschreibt ein neues Prinzip zur Lokalisierung verschied. Typen hydrolyt. Enzymaktivität. Als chromogenes Syst. dienen geeignete *Indoxyl*-Derivv., z. B. *Indoxylacetat* (ungünstig), *5-Bromindoxylacetat, 5.5'-Diindoxyldiacetat, Ca-5-Bromindoxylphosphat* (bei p_H 9,2 bzw. 5,0 für *alkal.* bzw. *saure Phosphatase*), nach deren enzymat. katalysierter Hydrolyse zu *Indoxyl, 5-Bromindoxyl* bzw. *5.5'-Diindoxyl* Oxydation (Luft, chem.) zu indigoiden Farbstoffen erfolgt. (Proc. Roy. Soc. [London], Ser. B **142.** 160—69. 25/3. 1954. London, Middlesex Hosp. Med. School, Courtauld Inst. of Biochem.) K. Maier. 4150

H. Holter, *Die Verteilung einiger Enzyme im Amöbencytoplasma.* Zusammenfassende Übersicht über vorwiegend vom Vf. durchgeführte Arbeiten zur Ermittlung der Lokalisierung verschied. *Enzyme* (*Peptidase, Proteinase, Bernsteinsäurehydrogenase*) in Zentrifugatfraktionen von Amöben (*Chaos chaos*). (Proc. Roy. Soc. [London], Ser. B **142.** 140—46. 25/3. 1954. Copenhagen, Carlsberg Labor.) K. Maier. 4150

K. Lühr, *Die Erhöhung des glykolytischen Ferments Diastase im Serum bei Bronchialcarcinom als Frühsymptom.* Bei 30 von 32 Fällen von Bronchialcarcinom (davon 14 autopt. bestätigt) fand Vf. mit der Meth. nach Ottenstein u. Brinck stark erhöhte *Diastase* (**I**)-Werte zwischen 380 u. 640 E., während n. Werte zwischen 250

u. 300 E. liegen. Durch Röntgenbestrahlung von Bronchialcarcinomen werden die I-Werte vorübergehend stark gesenkt (bis 90 E.). Bei anderen Carcinomen u. anderen Lungenkrankheiten waren nur in einigen Fällen die I-Werte erhöht. Die Ursache der I-Erhöhung bei Bronchialcarcinom ist noch unklar. (Münchener med. Wschr. **93.** 2407—09. 1951. Bad Elster, Staatl. Rheumaklinik u. Rheumaforschungsanstalt.)
KRUSEN. 4160

F. H. Schulz und **A. Morczek,** *Das Serumeisen bei Leukämien.* Übersicht über bisherige Forschungen über Veränderungen des Serumeisenspiegels bei verschied. Krankheiten. Bei chron. lymphat. u. bei chron. myeloischer Leukämie wurden niedrigere Fe-Gehh. gefunden, wohl wegen eines erhöhten Umsatzes im reticuloendothelialen System. Die bei Myeloblastenleukämie gefundenen hohen Fe-Werte können eine Folge der Nichtverwertung des Fe-Angebots wegen der gestörten Erythropoese sein. (Z. ges. inn. Med. Grenzgebiete **6.** 611—16. Okt. 1951. Leipzig, Univ., Med. Klinik.)
RANG. 4160

A. Morczek, *Untersuchungen über den Eisenstoffwechsel.* 2. Mitt. *Die renale Eisenausscheidung bei verschiedenen Krankheiten.* (1. vgl. vorst. Ref.) Die durchschnittlichen Tagesmengen der renalen Fe-Ausscheidung (n.: 0,29—1,1 mg) waren bei perniciöser Anämie bis auf 1,5, bei hämolyt. Ikterus bis auf 5,5, bei Myeloblastenleukämie bis auf 2,1 u. bei Hämochromatose bis auf 5,2 mg erhöht. Bei Infektionskrankheiten u. malignem Tumor wurden keine wesentlichen Abweichungen von der Norm festgestellt. Die Niere hat offenbar die Aufgabe, einer übermäßigen Erhöhung des Serumeisenspiegels entgegenzuwirken. (Dtsch. Z. Verdauungs- u. Stoffwechselkrankh. **12.** 14—20. Febr. 1952. Leipzig, Univ., Med. Klinik.) RANG. 4160

Edward M. Tracy jr., *Die Verwendung von Östradiolkügelchen in der Behandlung des Prostatacarcinoms: eine Variation in bezug auf die Steroidtherapie.* Vf. empfiehlt die subcutane Verwendung von *Östradiol*-Kügelchen in der palliativen Behandlung des Prostatacarcinoms. Er weist auf Vorteile gegenüber der peroralen Applikation hin, betont aber selber, daß auch mit dieser Meth. allein dauerhafte Erfolge nicht zu erwarten sind. Vf. empfiehlt weiteres Studium der Einfll. u. Wechselbeziehungen der in Frage kommenden hormonalen Drüsen. (J. int. Coll. Surgeons **17.** 849—52. Juni 1952. Hamburg, N. Y.) GUMMEL. 4160

Robert C. Tudway, *Anwendung radioaktiver Isotope in einem Applikator zur Behandlung der Carcinoma cervicis uteri.* Ein mit radioaktivem *Ir* bestückter Applikator für intravaginale Behandlung der Carcinoma cervicis uteri wird beschrieben, u. an Hand von Diagrammen wird gezeigt, daß die damit zu erreichende Dosisverteilung geeigneter ist als bei den bisher üblichen Behandlungstechniken mit *Ra* von größerem Penetrationsvermögen. Erst jetzt erhält die Beckenwand eine nützliche Dosis, nachdem vor unerwünschter Überdosierung besser geschützt werden kann. (Acta radiologica [Stockholm] **39.** 415—22. Mai 1953. Bristol, Royal Hosp., Radiotherap. Dep.)
LUDOLPHY. 4160

Andrew Stauffer, ed., Introductory biology; 2nd ed. New York: Van Nostrand. 1954. (819 S. m. Abb., Diagr.) $ 6,50.

E_2. Enzymologie. Gärung.

W. Diemair und **H. Häusser,** *Künstliche Farbstoffe und Fermentreaktionen.* 1. Mitt. In Hinblick auf die Beantwortung der Frage nach der physiol. Wrkg. von Farbstoffen u. ihrer Beziehung zur Geschwulstbldg. wurde der Einfl. von Farbstoffen auf Enzyme untersucht. Dazu wurden kleine Mengen der Farbstoffe zu den n. Ansätzen zur Best. der Enzymwrkg. zugesetzt. *Pepsin* wird von allen untersuchten Farbstoffen mehr oder weniger stark gehemmt; bes. stark hemmen: *Naphtholgelb S, Orange GG* u. *Ponceau 6 R*; *Rhodamin B* (**I**), *Rhodulinorange NO* (**II**) u. *Patentblau AE* bewirken erst in einer Konz. von 400 mg/Liter eine geringe Hemmung; alle übrigen Farbstoffe (*Brillantschwarz, Cochenillerot A, Bordeaux R, Erythrosin, Echtrot E, Lichtgrün SF g, Naphtholrot SXX, Echtgelb extra, Nigrosin LR, Orange SXX, Tartrazin XX*) hemmen bei ca. 200 mg/Liter, was einer etwa achtfachen Menge des bei n. Färbung zugesetzten Farbstoffes entspricht. — *Pankreaslipase* (Unters. der Einw. auf Tributyrin bei stalagmometr. Best.) wird nur durch **I** u. **II** gehemmt; alle übrigen Farbstoffe sind auch in hohen Konzz. ohne Wirkung. — Fettlösl. Farbstoffe (*Ceresrot, Ceresorange, Buttergelb*) sind bei Pankreaslipase ohne Wrkg. auf die Hydrolyse von Olivenöl. (Z. Lebensmittel-Unters. u. -Forsch. **92.** 165—70. März 1951. Frankfurt/M., Univ., Inst. für Lebensmittelchemie.) HESSE. 4210

W. Diemair und **H. Häusser,** *Künstliche Farbstoffe und Fermentreaktionen.* 2. Mitt. (1. vgl. vorst. Ref.) Untersucht wurde der Einfl. von Farbstoffen auf die Verflüssigungskraft (Vk.; gemessen nach LINTNER-SOLLIED-LÜERS) u. die Verzuckerungskraft (Vz.) der *Malzdiastase* (MERCK). *Orange GG* hemmt in Mengen von 10—50 mg/Liter nur die Vz., nicht aber die Vk.; *Rhodamin B* u. *Lichtgrün SF* hemmen Vk. stark, wirken aber nur geringfügig gegen Vz.; *Nigrosin LR* u. *Erythrosin* hemmen sowohl Vk. als auch Vz. sehr stark. Ohne Einfl. bzw. fast ohne Einfl. sind: *Brillantschwarz, Patentblau AE, Naphtholrot SXX, Orange SHH, Bordeaux R, Echtrot E, Naphtholgelb S, Ponceau 6 R, Cochenillerot A, Echtgelb Extra, Rhodulinorange NO* sowie *Tartrazin XX*. Da die angewendete Konz. der Farbstoffe etwa derjenigen entspricht, die bei Färbung von Lebensmitteln verwendet wird, kann geschlossen werden, daß künstliche Farbstoffe, die in dieser Konz. hemmend wirken, sich auch bei den Verdauungsvorgängen im Organismus ungünstig auswirken können. (Z. Lebensmittel-Unters. u. -Forsch. **92.** 403—07. Juni 1951. Frankfurt/M., Univ., Inst. für Lebensmittelchemie.) HESSE. 4210

W. Diemair und **K. Boekhoff,** *Künstliche Farbstoffe und Fermentreaktionen.* 3. Mitt. *Ihr Einfluß auf die Pepsin- und Magensaftwirkung.* (2. vgl. vorst. Ref.) Die früheren Unterss. wurden auf Magensaft bzw. *Pepsin* ausgedehnt. Bas. Farbstoffe hemmen nur geringfügig, während saure Azofarbstoffe durchweg stärker hemmen. — Bei *Orange GG, Brillantschwarz, Naphtholrot S* u. *Ponceau* hemmen die Farbstoffe mit 80—100 mg/Liter (= doppelte Menge der bei n. Färbung von Lebensmitteln verwendeten Menge) so, daß sich ihre Wrkg. auch bei Verdauungsvorgängen im Magen ungünstig auswirken könnte. Alle übrigen untersuchten Farbstoffe wirken erst in höheren Konzz. (300—500 mg/Liter), die wohl bei n. Färbungen nicht in Frage kommen. (Z. analyt. Chem. **139.** 25—34. 1953. Frankfurt/M., Univ., Inst. für Lebensmittelchemie.) HESSE. 4210

W. Diemair und **K. Boekhoff,** *Künstliche Farbstoffe und Fermentreaktionen.* 4. Mitt. *Ihr Einfluß auf Trypsin und Duodenalsaft.* (3. vgl. vorst. Ref.) Die bas. Triphenylmethanfarbstoffe *Lichtgrün SF* u. *Patentblau AE*, die Azofarbstoffe *Orange SXX, Brillantschwarz* u. *Bordeaux R* hemmen den Eiweißabbau durch *Trypsin* (MERCK) oder Duodenalsaft. Da die hemmenden Konzz. ungefähr denen gleichkommen, die zur Färbung von Lebensmitteln verwendet werden, ist eine ungünstige Wrkg. der Farbstoffe im Organismus durchaus möglich. — Bas. Farbstoffe sollten überhaupt nicht für Lebensmittelfärbungen verwendet werden, da sie auf den Zellkern einwirken. (Z. analyt. Chem. **139.** 35—42. 1953.) HESSE. 4210

David Birnbaum und **Franklin Hollander,** *Die Hemmung der Pankreassekretion durch den Kohlensäureanhydraseinhibitor 2-Acetylamino-1.3.4-thiadiazol-5-sulfonamid (Verbindung Nr. 6063).* Bei Pankreasfistel-Hunden rief intravenöse Injektion von *2-Acetylamino-1.3.4-thiadiazol-5-sulfonamid* (I) (2—60 mg/kg) eine starke Abnahme des Vol. u. der *Bicarbonat*-Sekretion der Pankreassekretion nach *Sekretin*-Anregung (5 E./kg) hervor. Da I ein wirksamer Inhibitor der *Kohlensäureanhydrase* (II)-Aktivität in vivo darstellt, beruht diese Abnahme der sekretor. Aktivität wahrscheinlich auf einer gleichen Hemmung der im Pankreas vorhandenen **II**. Dies stützt die Auffassung, daß **II** bei der Bicarbonatbldg. durch diese Drüse eine maßgebliche Rolle spielt. (Proc. Soc. exp. Biol. Med. **81.** 23—24. Okt. 1952. New York City, N. Y., Mount Sinai Hosp., Gastroenterol. Res. Labor.) K. MAIER. 4210

David Birnbaum und **Franklin Hollander,** *Hemmung der Pankreassekretion durch den Kohlensäureanhydraseinhibitor 2-Acetylamino-1.3.4-thiadiazol-5-sulfonamid, Diamox „6063“.* (Vgl. vorst. Ref.) Bei intravenöser Verabreichung von *Diamox „6063“* (**I**; *2-Acetylamino-1.3.4-thiadiazol-5-sulfonamid*) erfolgte wirksame Hemmung der Pankreassekretion. Bei langsamer Injektion von **I**, mehr als 60 mg/kg, beobachteten Vff. kaum tox. Anzeichen. Die maximale Sekretionshemmung betrug 95% (gemessen Vol./Std.), Absinken der Bicarbonatkonz. auf 40%. Vff. weisen auf die bedeutende Rolle der Pankreas–Kohlensäureanhydrase für die Bicarbonatbldg. der Drüse hin. (Amer. J. Physiol. **174.** 191—95. Aug. 1953. New York, N. Y., Mount Sinai Hosp., Gastroenterol. Res. Labor.) BRATFISCH. 4210

Philip George, *Ein Vergleich der Wirkungen stark oxydierender Reagentien auf Meerrettich-Peroxydase, Hämin und tetrasulfoniertes Kupfer–Phthalocyanin.* Vf. untersuchte verschied. Oxydationsmittel, die *Cu–Phthalocyanin* in die höhere Oxydationsstufe umwandeln. Es wird unterschieden zwischen solchen, deren Wrkg. auf Entzug eines Elektrons aus der π-Schale beruht, u. solchen, die erst mit Meerrettich-Peroxydase zu Zwischenprodd. reagieren. In beiden Fällen wird die höhere Oxydationsstufe durch Entzug eines Elektrons oder H-Atoms erreicht. Durch Hämin wird irreversible Oxydation erzielt. Die Veränderung im Absorptionsspektr. bei Elektronoxydation von I hat keine Ähnlichkeit mit der Veränderung, wie sie bei Peroxydase oder Ferrimyoglobinumwandlung zur höheren Oxydationsstufe beobachtet wurde. Vf. ist der Ansicht, daß bei diesen Verbb. keine π-Schalenstruktur vorliegt. (Arch. Biochem. Biophysics **45.** 21—30. Juli 1953. Cambridge, England, Univ., Dep. of Colloid Sci.) BRATFISCH. 4210

L. Ledoux, *Die aktiven Gruppen der Ribonuclease.* 3. Mitt. *Der Komplex Enzym–Substrat.* (2. vgl. biochim. Biophysica Acta [Amsterdam] **13.** [1954.] 121.) Nachdem es feststand, daß die Wrkg. der *Ribonuclease* (**I**) in zwei Teil-Rkk. vor sich geht u. das Enzym die wirksame SH-Gruppe enthält, sollte geprüft werden, ob diese für beide Teil-Rkk. notwendig ist. — Es wurden *Ribonucleinsäure* (**II**; Hefe) der Einw. von **I** ausgesetzt, Proben zu verschied. Zeiten entnommen, papierchromatograph. getrennt u. die Menge der entstandenen Spaltprodd. spektrophotometr. (260 mμ) bestimmt. Gleichzeitig liefen ähnliche Verss., bei denen die SH-Gruppe von **I** durch KCN aktiviert worden war. Es zeigte sich, daß dadurch die Bildungsgeschwindigkeit der verschied. Reaktionsprodd. um den gleichen Betrag erhöht wurde, woraus auf die Beteiligung der SH-Gruppe an allen Teilprozessen geschlossen wird. — Im Einklang mit den über die **I**-Wrkg. bekannten Tatsachen schlägt Vf. nachst. Reaktionsfolge vor: Die SH-Gruppe von **I** bildet mit **II** einen Thiophosphatester (**III**), der wegen des geringeren elektronegativen Charakters des S zur Elektronenverdichtung an der Spitze des Tetraeders der Phosphatgruppierung führt. Dadurch wird eine Austausch-Rk. zwischen dem Phosphatkomplex u. der mit dem benachbarten C-Atom der *Ribose* verbundenen OH-Gruppe erleichtert, die zum Intermediärprod. (**IV**) führt. Unter Bldg. eines inneren Anhydrids (**V**) findet immer noch in Verbindung mit **I** Spaltung statt. Nach Aufnahme von H^+ u. OH^- dissoziiert **I** ab. Wesentlich für den Ablauf der beschriebenen Reaktionsfolge ist die elektropositive Natur des $C_{(1)}$ der Ribose, die durch die C=O-Gruppierung im Pyrimidinring in Nachbarstellung zum N, mit dem die Ribose verbunden ist, hervorgerufen wird. (Biochim. biophysica Acta [Amsterdam] **13.** 537—44. April 1954. Bruxelles, Belgique, Univ. libre, Labor. de Morphol.) BENISCHKE. 4210

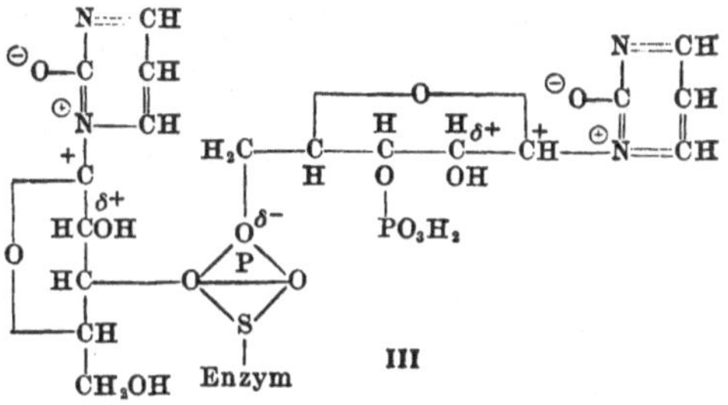

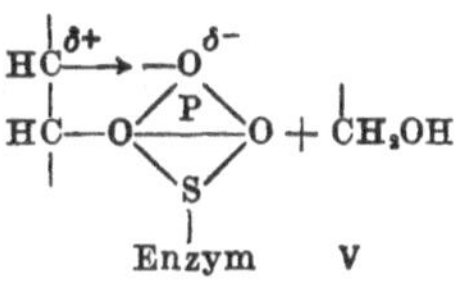

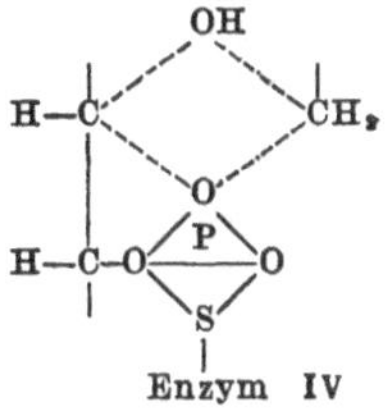

C. L. Smith, *Die Inaktivierung von Desoxyribonuclease durch Elektronen- und Deuteriumbombardement und Hitze.* Durch Elektronen- u. Deuteriumbombardement wird *Desoxyribonuclease* (**I**) inaktiviert. Das Mol.-Gew. beträgt 62000, das sensitive Vol. hat einen Radius von ca. 27 Å. Durch prim. Ionisierung innerhalb des Mol. wird die Inactivierung verursacht. Die **I**-Hitzeinaktivierung gibt Werte für $\Delta H = 16000$ cal/Mol u. für $\Delta S = 37$ cal/Mol · °K. $\Delta F = \Delta H - T\Delta S$ (ΔF = freie Energie, ΔH = Wärmezufuhr, ΔS = Entropie für die Inaktivierung). (Arch. Biochem. Biophysics **45.** 83—90. Juli 1953. New Haven, Conn., Yale Univ., Biophysics Div.) BRATFISCH. 4210

S. V. Perry, *Die intracelluläre Lokalisierung des Adenosintriphosphatstoffwechsels im Skelettmuskel.* Von Granula u. lösl. Verbb. der Zelle befreite Myofibrillen enthalten fest an ihre Struktur gebundenes *Nucleotid*, hauptsächlich als *Adenosindiphosphat* (**I**), das wahrscheinlich mit der *Actin*-Komponente verknüpft u. auf irgendeine Weise der Einw. von Enzymen, wie *Myokinase* u. *Adenosintriphosphatase* (**V**) entzogen ist. Wss. Extrakt aus Muskel-Acetontrockenpulver enthält ein Enzym (**II**), das die Übertragung von *Phosphat* aus *Kreatinphosphat* (**III**) auf gebundenes **I** katalysiert. Gemeinsame Inkubation von Myofibrillen, **II**, **III** u. *Mg* bewirkt Freisetzung von *Kreatin* u. Phosphat, u. die Myofibrillen verkürzen sich wie bei Zusatz von *Adenosintriphosphat* (**IV**). Gebundenes **I** wird zu **IV** phosphoryliert, das durch **V**-Einw. sofort unter Rückbldg. von **I** u. anorgan. Phosphat hydrolysiert wird. **II** stammt aus dem Sarkoplasma u. hat den Charakter einer *Phosphokinase.* Das **II**-Syst. stellt einen Mechanismus zur Übertragung energiereichen Phosphats auf die Myofibrille dar, deren Verkürzung in vivo anscheinend nicht durch freies **IV** des Sarkoplasmas, sondern wahrscheinlich durch direkte Phosphorylierung des mit den Eiweißkomponenten der Myofibrille eng verbundenen **I** bewirkt wird. (Proc. Roy. Soc. [London], Ser. B **142.** 175—77. 25/3. 1954. Cambridge, Univ., Dep. of Biochem.) K. MAIER. 4210

Irving Lieberman und **Arthur Kornberg,** *Enzymatische Synthese und Abbruch einer Pyrimidinorotsäure. 2. Mitt. Dihydroorotsäure, Ureidobernsteinsäure und 5-Carboxymethylhydantoin.* (1. vgl. C. **1954.** 9064.) Vff. untersuchen den Metabolismus der *Orotsäure* (I) mit Enzympräpp. aus Zymobacterium oroticum. Bei Inkubation eines zellfreien Extraktes mit ^{14}C-Orotat wurde durch UV-Messungen das Verschwinden der Pyrimidinabsorption beobachtet. Durch anschließende Chromatographie an Dowex 1 wurden 3 radioakt. Fraktionen erhalten, die gleichfalls durch Papierchromatographie (Butanol/Essigsäure/W.) identifiziert wurden: *Dihydroorotsäure* (**II**), *Ureidobernsteinsäure* (**III**) u. *5-Carboxymethylhydantoin* (**IV**). Die Verbb. **II–IV** besitzen L-Konfiguration, für enzymat. gebildete **II** wurde $[\alpha]_D + 66^0$ (freie Säure in W.) gefunden. Vff. geben nebenst. vorläufiges Reaktionsschema für den Abbau an. Zwischen den Komponenten stellt sich ein Gleichgewicht ein. Die Konzz. von **II**, **III** u. **IV** verhalten sich dann etwa wie 1/2/4. Die Umwandlung von **III** zu **I** ist spezif. für das L-Isomere u. verläuft leicht bei Ggw. eines DPNH oxydierenden Systems.

I ⇌ L-II ⇌ L-III ↗ L-Asparaginsäure ; ↘ L-IV

Versuche: Darst. des zellfreien Extraktes vgl. l. c. *$^{14}C_{(2)}$-Dihydroorotsäure* (**II**) als krist. freie Säure durch enzymat. Red. von *$^{14}C_{(2)}$-Orotsäure* (**I**) ebenda. *DL-[^{14}C-Ureido]-bernsteinsäure* (**III**) aus $K^{14}CNO$ u. DL-Asparaginsäure nach NYE u. MITCHELL (J. Amer. chem. Soc. **69.** [1947.] 1382). — *DL-$^{14}C_{(2)}$-5-Carboxymethylhydantoin* (**IV**) aus **III** nach NYE u. MITCHELL. Trennung von **II**, **III** u. **IV** von **I** durch Chromatographie an Ionenaustauscher an Hand der ^{14}C-Markierung. Dazu wurden die Reaktionsgemische mit HCl angesäuert u. das präcipitierte Protein durch Zentrifugieren entfernt. Die Lsg. wurde auf p_H 0,7 gebracht u. an Dowex 1 adsorbiert (200—400 Maschen, 10%ig. Vernetzung, Höhe der Säule 7 cm, Durchmesser 1 cm). Elution mit Formiatpuffer (0,055 mol. Na-Formiat, p_H 3,2 eingestellt mit HCOOH), Durchfluß 0,5—1 cm³/Min., Fraktionen 10—15 cm³. Best. der Verbb. durch Messung der Radioaktivität. Best. von **III** durch colorimetr. Messung nach unveröffentlichter Arbeit von KORITZ u. Mitarbeiter, von **IV** durch colorimetr. Messung nach BONSNES u. TAUSSKY (J. biol. Chemistry **158.** [1945.] 581). (J. biol. Chemistry **207.** 911—24. April 1954. St. Louis, Mo., Washington Univ. School of Med., Dep. of Microbiol.)
BRATFISCH. 4210

H. Rosenmund, *Untersuchungen über die saure Phosphataseaktivität mit besonderer Berücksichtigung der Prostataphosphatase und des Blutserums.* Zusammenfassung der Untersuchungsergebnisse über *saure Phosphatase* (I; Nomenklatur u. Einteilung der **I**, Aufbau u. Eigg., isodyname **I**, Vork. u. biol. Funktion von **I**, Harn- u. Prostata-**I**, Beeinflussung der **I**-Aktivität durch Effektoren in vitro, biol. Beeinflussung der **I**-Aktivität) u. Methodik der **I**-Best. (Grundsätzliches zur biochem. Best. der **I**-Aktivität, **I**-Best. im Blutserum, histochem. Nachw. der **I**-Aktivität). In Unterss. des Vf. wurden **I**-Aktivitätskurven des Blutserums aufgenommen u. Verss. zur Klärung des Kurvenverlaufes beim Prostatacarcinom durchgeführt. Blutserum kann in vitro auf die **I**-Aktivität aktivierend wie hemmend einwirken, wobei der Aktivierungseffekt, der p_H-abhängig ist, weitaus überwiegt. Die Hemmwrkg. beruht auf dem Einfl. nichtdialysabler Serumkomponenten. Den bes. starken Aktivierungseffekt des Serums bei p_H 3,5—4,5 bewirken dialysable Bestandteile. Auch die niedermol. organ. Säuren, wie Citronensäure, Mandelsäure, Oxalsäure usw., aktivieren bei diesem p_H am stärksten. Die nichtdialysable Serumfraktion aktiviert Prostata-**I** bei p_H 3,5—6,5 ziemlich gleichmäßig. Die stark aktivierenden Eigg. des Serums sind nur durch Annahme weiterer organ. Aktivatoren zu erklären. Für die Abnahme der aktivierenden Wrkg. des Serumdialysats unter dem Einfl. starker Säuren bereits bei 37° bzw. den Übergang in eine Hemmwrkg. ist eine bestimmte Dialysatfraktion verantwortlich. Von den angeführten Serumwirkungen ist die beim Aufbewahren des Blutes zu beobachtende, auf der alkal. Rk. beruhende Abnahme der Serum-**I**-Aktivität abzugrenzen (Stabilisierung von Prostata-**I** im Serum durch Ansäuern). — 360 Literaturangaben. (Helv. med. Acta **20.** Suppl. 33. 1—126. 1953. Zürich, Univ., Med. Klinik.)
K. MAIER. 4210

N. M. Hancox und **Daphne B. Hyslop,** *Alkalische Phosphatase im freien Epithelrand von explantiertem Embryonalduodenum.* Vff. berichten über das erste Auftreten von *alkal. Phosphatase* (**I**) im freien Rand von explantiertem Embryonalduodenum in Gewebekultur (**I**-Test nach GOMORI, modifiziert nach KABAT u. FURTH [Amer. J. Path. **17.** (1941.) 303]). **I** trat an den Rändern der Epithelzellen erst nach 14 Tagen auf; die **I**-Verteilung war bei Kultur in Embryoextrakt gleich der in Thrombinlösung. Diskussion der Ergebnisse. (J. Anatomy **87.** 237—46. Juli 1953. Liverpool, Univ., Histolog. Labor., Dep. of Physiol. and Histology.)
GOEBEL. 4210

F. R. Johnson, *Bilaminare Verteilung der alkalischen Phosphatase in Darm und Niere.* Bei der Unters. der Verteilung der *alkal. Phosphatase* (I) mittels der GOMORI-Technik wurde in den apicalen Zonen der Darmmucosazellen u. den proximalen gewundenen Nierenkanälchen eine Lokalisierung von I in 2 Schichten festgestellt. Dieser Nachw. gelingt während der ersten Zeit des Einbringens der Schnitte in die $(NH_4)_2S$-Lsg., während nach längerer Einw. sich beide Schichten zu einem Band vereinigen. Die hierzu erforderliche Zeit hängt von der Konz. u. dem „Alter" der Reagenslsg. ab. (Proc. Roy. Soc. [London], Ser. B **142.** 169—70. 25/3. 1954.) K. MAIER. 4210

Niilo Rautanen und **Anna-Elisabet Kylä-Siurola,** *Über die Natur und die Aktivierung der Phosphatase von Torulopsis utilis.* Die Eigg. der *Phosphomonoesterase* (I) von *Torulopsis utilis* wurde an lyophilisierten Zellen u. zellfreien Extrakten (Zerstörung der Zellen durch Ultraschall) untersucht. Bei einem p_H-Optimum von 5—6 wird das Enzym durch Mn^{2+}, Mg^{2+} u. in geringerem Maße auch durch Ca^{2+} aktiviert. *Pyrophosphat, Molybdat* u. *Fluorid* zeigen starke, *Oxalat* u. andere anorgan. u. organ. P-Verbb. geringe Hemmwirkung. Zellen, die in einer phosphatfreien Nährlsg. gehalten worden waren, ließen eine beträchtlich erhöhte I-Aktivität erkennen. Möglicherweise ist das durch die Verminderung hemmender P-Verbb. in der Zelle bedingt, andererseits muß man an ein anomales Freiwerden akt. Gruppen der Fermentproteine denken. (Acta chem. scand. **8.** 106—11. 1954. Helsinki, Univ., Biochem. Labor.) HANS THIELE. 4210

Bernard Axelrod und **Robert S. Bandurski,** *Phosphoglycerylkinase in höheren Pflanzen.* Es wird eine einfache colorimetr. Meth. zur Best. der *Phosphoglycerylkinase* (BÜCHER-Enzym), die auf die LIPMANN-TUTTLE-Hydroxamsäuretechnik aufbaut, angegeben: Reagens 1,0 mMol NH_2OH (frisch, auf p_H 7,3 eingestellt), 0,0224 mMol Phosphoglycerinsäure (p_H 7,3), 0,008 mMol Adenosintriphosphorsäure (p_H 7,3), 0,006 mMol $MgCl_2$. — Auf 1,0 cm^3 dieser Substratlsg. wird genügend Enzym u. W. zugefügt, Endvol. 1,3 cm^3. Danach werden 3 cm^3 eines Gemisches aus $FeCl_3 \cdot 6H_2O$ (8,3 g) in konz. HCl (42 cm^3) u. Trichloressigsäure (20 g), auf 500 cm^3 aufgefüllt, zugegeben, um die Rk. abzubrechen. Nach 5 Min. Zugabe von 2,5 cm^3 95%ig. A. u. Abtrennung des Proteins durch Zentrifugieren, Messung bei 490 mμ. Als Enzymeinheit wird diejenige Enzymmenge angegeben, die eine Erhöhung der opt. Dichte um 1,0 bewirkt. Es gelang, das Enzym aus Erbsensamen teilweise zu reinigen (Extraktion mit W., Fraktionierung mit Ammoniumsulfat bei p_H 7,5). Das Enzym der Erbsensamen wurde durch sein p_H-Optimum (p_H 7,3), durch seine Stabilität, durch seine Substratspezifität, seine Substrataffinität, seine Inhibition ($CuSO_4$, $ZnSO_4$, $HgCl_2$; NaF) u. seinen Bedarf an Metallionen (Mg, Co, Mn, Ca, Fe) charakterisiert. Außerdem wurde der 3-Phosphoglycerylkinase-Geh. in einigen höheren Pflanzen bestimmt (Angaben der Aktivitäten in Einheiten/g): Tomate: Stengel 2,2; Blatt 16,7; grüne Frucht 1,9; reife Frucht 1,9; Samen 3,5; Bryophyllum 5,1; Silene 7,3; Xanthium 2,1; Erbsenkeimlinge (ausnahmsweise auf Trockengewicht berechnet) 66,7; frische Kartoffelknolle 1,7; süße Kartoffelknolle 2,3; Mungbohne: Samen 26,6; Sojabohne: Samen 51,1; Mais: Samen 41,0; Weizenkeime 83,0. (J. biol. Chemistry **204.** 939—48. Okt. 1953. Albany, Calif., Bur. of Agric. and Ind. Chem.) KATHEN. 4210

J. M. Bailey und **W. J. Whelan,** *Wirkungsschema der Kartoffelphosphorylase.* Nachst. Beobachtungen bestätigen die Annahme, daß die Synth. von *Amylose*-Ketten durch *Kartoffelphosphorylase* (I) durch gleichzeitige Anfügung von *Glucose*-Einheiten (aus *Glucose-1-phosphat*[II]) an die ursprünglichen Moll. erfolgt (Multikettenhypothese), wobei ein homogenes Ausgangsmol. ein homogenes lineares *Polysaccharid* (III) liefern muß. Mit *Maltohexaose* (IV) als Ausgangssubstanz der III-Synth. steigt λ_{max} der mit Jod gefärbten Prodd. mit der Inkubationsdauer allmählich von 490 (Kettenlänge 12 Einheiten, berechnet aus Phosphatabspaltung) auf 645 mμ (Kettenlänge $>$450 Einheiten) an, wobei die Farbe von Braun über Rot u. Violett in Blau übergeht. Während der Phosphorolyse der Syntheseendprodd. verlief die Verschiebung des Absorptionsmaximums genau in umgekehrter Richtung. Zunahme der Anfangskonz., bei gleicher II-Konz., bewirkt eine entsprechende λ_{max}-Verschiebung der Jodfärbung des Endproduktes. Das Wirkungsschema von I wird durch p_H- oder Temperaturänderungen nicht geändert, während letztere die Wirkungsweise der *β-Amylase* beeinflussen. 3 mit IV als Ausgangssubstanz gestellte III-Präpp. mit durchschnittlichen Kettenlängen von 33, 77 u. 145 Einheiten zeigten nach der elektrokinet. Ultrafiltrationsanalyse eine enge Mol.-Gew.-Verteilung um den Mittelwert. (Biochem. J. **51.** XXXIII—XXXIV. Juli 1952. Bangor, Univ. Coll. of North Wales, Chem. Dep.) K. MAIER. 4210

M. G. Sevag, Melva Derrick Newcomb und **Ruth E. Miller,** *Phosphatase–Antiphosphatase-Reaktion. Konkurrenz bezüglich Phosphatase zwischen spezifischem Substrat*

und Antiphosphatase. Die Hemmung der *α-Glycerophosphatase* (I)-Aktivität intakter Trockenhefe durch spezif., im Kaninchen erzeugtes *Antiserum* deutet auf Lokalisierung des Enzyms an der Zelloberfläche hin. Obwohl I mit W. leicht extrahierbar ist, stellt die I-Aktivität einen integralen Teil der Hefezelle dar. Lebende Hefe zeigte erst nach Lufttrocknung I-Aktivität, löste jedoch im Kaninchen die Bldg. des *Antiphosphatase-antikörpers* (II) aus. *Antiserum* gegen partiell gereinigte Hefe-I hemmt die Hydrolyse von *α-Glycerophosphat* (III) durch I. Der Hemmungsgrad hängt von der Konz. des Substrats u. des Antiserums ab. Das spezif. Substrat, III, steht mit II um die spezif. akt. Bindungsstellen der Enzyme in Konkurrenz. Die antagonist. Wrkg. von III auf die Hemmung durch Antiphosphatase ist durch die Annahme stark anziehender Kräfte zwischen III u. den akt. Gruppen im I-Mol., die in gleicher Weise durch spezif. Kräfte im II-Mol. angezogen werden, erklärbar. Die spezif. Blockierung der akt. Gruppen des I-Mol. deutet darauf hin, daß die hemmenden, reaktionsfähigen Gruppen von II durch Wrkg. der katalyt. Kräfte, die die Aktivität der Gruppen im Enzymmol. steuern, oder in Übereinstimmung mit der Konfiguration der beteiligten akt. Zentren, mit denen die reaktionsfähigen Gruppen verknüpft sind, entstanden sind. (J. Immunology **72.** 1—11. Jan. 1954. Philadelphia, Pa., Univ. of Pennsylvania, School of Med., Dep. of Microbiol., u. Woman's Med. Coll. of Pennsylvania, Dep. of Bacteriol.)
K. MAIER. 4210

J. F. Danielli, *Phosphatasen und andere zum aktiven Transport und zu den Funktionen der Faserproteinstrukturen in Beziehung stehende Enzyme.* Übersichtsref. unter spezieller Berücksichtigung der *alkal. Phosphatase* (I). Cytochem. Unterss. ermöglichten eine Arbeitshypothese über die Funktion von I. I dient als enzymat. Zentrum der Umwandlung von chem. in mechan. Energie mit Hilfe des Mechanismus eines kontraktilen Proteins. Für die Unters. des akt. Molekültransports durch Zellmembranen, der Aktivitäten der Chromosomen u. der Funktion des *Kollagens* wurden neue Möglichkeiten gefunden. Inhalt: Enzymzerstörung, Lokalisierung der Endprodd. der Enzymaktivität, Unters. der Verteilung der Fällungszentren, Veränderung der *Ca*-Konz., Verwendung übereinandergelegter Schnitte zur Best. von Diffusionartefakten, quantitative Best. der Enzymaktivität, Verwendung verschied. Substrate, opt. Methoden, n. physiol. Lokalisierung von Enzymen, Zugänglichkeit des Substrats für das Enzym, Verteilung der I der sekretor. Zellen u. der Zellkerne, I u. Faserproteine, Theorie der I-Funktion. — 24 Literaturangaben. (Proc. Roy. Soc. [London], Ser. B **142.** 146—54. 25/3. 1954.) K. MAIER. 4210

Teuvo Äyräpää und **Hugo Nihlén,** *Untersuchungen über Gerstenmalzamylase und verwandte Proteine.* Um die Eigg. nativer *Gerstenmalzamylase* aufzuklären, wurde die Proteinfraktion des Malzes untersucht, die ähnliche Löslichkeit aufwies, d. h. durch $(NH_4)_2SO_4$ bei 60%ig. Sättigung gefällt wurde u. bei Dialyse gegen W. (das 0,1% $CaCl_2$ u. 0,05% $NaBrO_3$ enthielt) in Lsg. blieb. Durch Aussalzen aus Extrakten u. teilweise gereinigten Fraktionen gelingt eine partielle Trennung von α- u. *β-Amylase* (optimal bei p_H 5,6—6,1). Die Fällungskurven verlaufen im allg. regelmäßig. Die Fällung aus Extrakten frischgemahlenen grünen Malzes verläuft sehr unterschiedlich u. unregelmäßig, wahrscheinlich infolge der Beimengung anderer Proteine. Die Amylase enthaltende Fraktion besteht, wie die elektrophoret. Unters. zeigt, aus zahlreichen Komponenten (Albumine, Globuline u. 12—13% bas. albuminähnliche Proteine); beim Darren (55°) des Malzes erleiden die Proteine teilweise Denaturierung. Die Löslichkeitsverhältnisse der nativen *α-Amylase* (I) entsprechen denen eines Globulins. Durch Dialyse wird I gefällt, aber, sofern Ca^{2+} nicht vollständig entfernt wird, nicht inaktiviert. Schwermetallionen in Aqua dest. aus einer Metallapp. können einen Aktivitätsverlust bedingen. Eine *β*-Globulin-ähnliche Fraktion wird mit I zusammen gefällt. Die native *β-Amylase* (II) ist ein typ. Albumin. Die Fraktion enthält zahlreiche Proteine mit ähnlichen Löslichkeitsverhältnissen wie die von II u. prakt. ident. Sedimentationskonstanten. Die spezif. Aktivität der reinen II ist mindestens die 100fache des Proteins in wss. Malzextrakten hoher Aktivität. Die entsprechende Fraktion ungemälzter Gerste hat eine sehr ähnliche Zus. wie die des Malzes. (Acta chem. scand. **8.** 88—105. 1954. Äppelviken, Schweden, LKB Res. Labor.) HANS THIELE. 4210

E. Oertel, E. A. Fieger, V. R. Williams und **E. A. Andrews,** *Inversion von Rohrzucker im Honigmagen der Biene.* Unterss. über die Inversionsgeschwindigkeit von Zucker im Magen der Honigbiene Apis mellifera L. zeigten, daß innerhalb von 2 Std. ca. 50%ig. Inversion stattfand, wobei allerdings große Unterschiede (Alter der Bienen) festgestellt wurden. Gleichzeitig findet im Honigmagen durch die Sekretion von *Invertase* eine Verdünnung statt. Die Inversion von Zuckersirup verläuft viel schneller in vivo als in vitro im Honigmageninhalt. Die refraktometr. Meth. war nicht geeignet

zur Unters. chem. Änderungen von Zuckersirup u. Nektar im Honigmagen. (J. econ. Entomol. **44.** 487—92. Aug. 1951. Baton Rouge, La., U. S. Dep. of Agric.)
LÜPNITZ. 4210

J. N. Misra und **V. Ranganathan,** *Die Celluloseverdauung bei der Erdhügel bauenden Termite Termes (Cyclotermes) obesus (Rambur).* Vff. stellen im Darmextrakt der Termite Termes (Cyclotermes) obesus (Rambur) die Ggw. von *Cellulase* (I) u. *Cellobiase* (II) fest. I u. II entfalten ihre stärkste Wirksamkeit im Enddarm von beflügelten Tieren, die zur Arbeiterkaste gehören. Die übrigen Kasten, wie Soldaten, Nymphen, König u. Königin, enthalten keine oder nur geringe Mengen I u. II. Die Enzyme sind extracellulärer Natur u. scheinen von Bakterien produziert zu werden, die im Enddarm reichlich vorhanden sind. In ihren Eigg. verhalten sich I u. II unterschiedlich: I hydrolysiert *Cellulose* (III) innerhalb 72 Std. zu 32%, besitzt einen optimalen p_H-Bereich zwischen 3,8 u. 4,4 u. eine optimale Temp. bei 38°. II dagegen spaltet III vollständig innerhalb 24 Std.; zeigt ein scharfes p_H-Optimum bei 4,0 u. eine optimale Temp. bei 30°. Außerdem ist II hitzebeständiger als I (bei 70°). — Auf III-Derivv. (*Na-Carboxymethylcellulose* u. *Methyläthylcellulose*) wirkt I hydrolysierend (nach 24 Std. sind 36—45 bzw. 7% der III-Äther gespalten). Zn- u. Cr-Salze in Konzz. von 0,1 Mol hemmen die Wrkg. von I vollständig, die von II dagegen nur teilweise. (Proc. Indian Acad. Sci., Sect. B **39.** 100—13. März 1954. Kaupur, Techn. Developm. Establ., Labor.)
FAHRNLAENDER. 4210

Elwyn T. Reese und **William Gilligan,** *Trennung von Komponenten von cellulolytischen Systemen durch Papierchromatographie.* Vff. zeigten mittels Papierchromatographie, daß Filtrate cellulolyt. Organismen 3 cellulolyt. Komponenten enthalten, die abhängig sind von den Species u. Wachstumsbedingungen. Sie können auch durch variierende Adsorption an Cellulose u. Kaolin getrennt werden u. können verschied. Enzyme enthalten. (Arch. Biochem. Biophysics **45.** 74—82. Juli 1953. Philadelphia, Pa., U. S. Army Quartermaster, Pioneering Res. Labor.) BRATFISCH. 4210

Selma Kaplan, Eugene D. Rosenblum und **Vernon Bryson,** *Adaptive Enzymbildung bei strahlungsempfindlichen und -resistenten Escherichia coli-Bakterien nach Ultravioletteinwirkung.* Da UV-Bestrahlung stark von Eiweiß- u. Nucleoproteinkomponenten der Zelle absorbiert wird, wurde die Wrkg. letaler UV-Dosen auf Enzymsysteme von *E. coli*, bes. im Hinblick auf die adaptive Enzymbldg., untersucht. Durch UV-Bestrahlung (1080 erg/mm²) inaktivierte *E. coli*-Zellen behalten die n. Fähigkeit zur *Glucose*-Verwertung bei. Mit zunehmender Strahlungsdosis nimmt in Ggw. adaptiver Substrate, wie z. B. *Galaktose*, die O_2-Aufnahme progressiv ab, ohne daß die Verminderung der enzymat. Aktivität der Abnahme der Lebensfähigkeit parallel geht. Im strahlungsempfindlichen Stamm *B* können, nachdem > 99% der Zellen steril geworden sind, noch 75% der adaptiven Aktivität erhalten sein. Obgleich Stamm *B* u. der strahlungsresistente *B/r* sich stark in der Lebensfähigkeit nach vorausgegangener Strahlungsschädigung unterscheiden, wird sie hinsichtlich der O_2-Aufnahme in Ggw. von Substraten, die adaptive Enzymbldg. erfordern, identisch. Unterschiede von *B* u. *B/r* in der Empfindlichkeit des Zellteilungsmechanismus gegenüber Strahlungsschädigung erstrecken sich demnach nicht auf die Synth. adaptiver Enzyme. (J. cellular comparat. Physiol. **41.** 153—62. Febr. 1953. Cold Spring Harbor, N. Y., Biol. Labor.)
K. MAIER. 4210

F. Binkley, *Aufbau und Funktion der bei der Peptidsynthese beteiligten Enzyme.* Übersichtsref. über Unterss. des Vf. bzgl. des **Aufbaus** der intracellulären *Peptidasen* (I) u. *Transpeptidasen*: Nachw. des Nichtproteincharakters von I u. ihres Polynucleotidcharakters; Spezifität der Aktivität u. Aktivierung; Wesen des „nativen" I; *Peptid* (II)-Synthesen. *Nucleinsäuren* oder Derivv. derselben sind anscheinend direkt bei der II-Bldg. als Katalysatoren beteiligt. (Proc. Roy. Soc. [London], Ser. B **142.** 170—74. 25/3. 1954. Georgia, Emory Univ.) K. MAIER. 4210

Horst Hanson und **Norman Tendis,** *Darstellung von Zellbestandteilpräparationen aus Hirngewebe und ihre Peptidaseaktivität im Vergleich zu Niere und Leber.* Cytoplasma, Zellkerne u. Mitochondrien aus Hirngewebe wurden nach der Meth. von HOGEBOOM u. Mitarbeiter (vgl. J. biol. Chemistry **183.** [1949/50.] 123) durch fraktionierte Zentrifugierung u. nach ALLFREY, STERN, MIRSKY u. SAETREN (vgl. C. **1952.** 7833) durch Verteilung in nichtwss. Medien mit verschied. spezif. Gewicht (Cyclohexan, CCl_4) gewonnen u. auf ihren Geh. an *Peptidase* geprüft. Die Best. der Aminosäuren erfolgte auf papierchromatograph. Wege. Folgende Peptide werden hydrolysiert: *Glycyl-l-tyrosin, Diglycyl-dl-phenylalanin, Glycyl-l-leucin, Glycyl-dl-leucin, l-Leucylglycin, dl-Leucylglycin* u. *l-Prolylglycin.* Glycyl-dl-leucin wurde prakt. nicht gespalten. Die vorwiegend Cytoplasma enthaltenden Präpp. besaßen deutlich höhere

Aktivität. Die aus nichtwss. Medien dargestellten Zellbestandteile zeigten nur geringe Wirksamkeit. Das Wirkungsspektr. zeigte Ähnlichkeit mit demjenigen von Leberzellbestandteilen, unterschied sich jedoch bes. quantitativ von dem der Niere. (Z. ges. inn. Med. Grenzgebiete **9.** 224—32. 1/3. 1954. Halle/Saale, Martin-Luther-Univ., Physiol.-chem. Inst.) F. LEUSCHNER. 4210

Rubert S. Anderson, *Ein verzögerter Effekt von Röntgenstrahlen auf Pepsin. Pepsin* wurde in Phosphatpuffer Röntgenstrahlung von 180—185 kV u. der Intensität 5—7000 r/Min., insgesamt bis zu 50000 r ausgesetzt. Die Pepsinkonz. wurde durch die Milchgerinnungszeit bestimmt. Es trat unmittelbar Inaktivierung ein, sowie ein Nacheffekt, der sich über mehrere Tage hinzieht u. den unmittelbaren übertrifft. Diese langsame Rk. hat einen hohen Temperaturkoeffizienten. Ihre Natur konnte nicht völlig aufgeklärt werden, es dürfte sich jedoch nicht um eine Wrkg. der im W. durch die Bestrahlung entstandenen Prodd., z. B. H_2O_2, mit unverändertem Enzym handeln. Vielmehr ist eine Veränderung des Enzyms durch die Bestrahlung anzunehmen, die die Stabilität beeinträchtigt, aber die Enzymaktivität nicht beeinflußt. Es könnte sich um eine Kombination mit einem Radikal handeln, die dann weiterreagiert u. den Nacheffekt zeigt. Auf ähnliche Erscheinungen bei *Trypsin* u. Eialbumin wird hingewiesen. (Brit. J. Radiol. **27.** 56—61. Jan. 1954. Vermillion, S. D., School of Med., Dep. of Physiol. and Pharmacol.; Woods Hole, Mass., Marine Biol. Labor.) M. WIEDEMANN. 4210

H. J. Almquist und **J. B. Merritt,** *Wirkung des kristallinen Trypsins auf den rohen Sojabohnenwachstumsinhibitor.* Hühner erhielten mit dem Futter, das rohes 5%ig. Sojabohneneiweiß enthielt, 0,05% kristallines lyophilisiertes Trypsin (vgl. ALMQUIST u. MERRIT, C. **1953.** 1198). Die so gefütterten Tiere nahmen stärker an Gewicht zu als solche, die kein Trypsin erhalten hatten (im Mittel betrug das Gewicht der Tiere nach 25 Tagen 223,9 bzw. 191,4 g, in einem weiteren Vers. von 27 Tagen Dauer 244,3 bzw. 206,6 g). (Proc. Soc. exp. Biol. Med. **83.** 269. Juni 1953. Modesto, Grange Comp.) KATHEN. 4210

P. Desnuelle und **C. Fabre,** *Untersuchung der Reihenfolge der N-endständigen Reste von Trypsin und Trypsinogen. Trypsinogen* (**I**) u. *Trypsin* (**II**) (als Diisopropylphosphorylderiv.) wurden nach der SANGERschen Meth. untersucht. Die Reihenfolge der N-endständigen Reste von **I** umfaßt *Valin* (1 Mol), *Asparaginsäure* (ca. 4 Mol) u. *Lysin* (1 Mol). Die Zus. ist somit ident. mit dem von DEVIE u. NEURATH (Biochim. biophysica Acta [Amsterdam] **11.** [1953.] 442) bei der Aktivierung von **I** erhaltenen Peptid. Nach Ansicht der Vff. ist daher die autokatalyt. Aktivierung von **I** von der Abspaltung eines N-endständigen Peptids begleitet. Bei **II** sind die beiden ersten Reste Isoleucin u. Valin. Diese beiden Reste nehmen die gleiche Lage in einer der Ketten des *Chymotrypsin* α ein. Der 3. Rest von **II** ist *Glykokoll.* Aus bisher ungeklärten Gründen gelang die Identifizierung des 4. u. 5. Restes von **II** nicht, obwohl sich die entsprechenden Tetra- u. Pentapeptide durch partielle Hydrolyse leicht bilden. (Bull. Soc. Chim. biol. **36.** 181—88. 1954. Marseille, Fac. des Sci., Labor. de Chim. biol.) NEHRING. 4210

Margaret R. McDonald, *Die Wirkungen von Röntgenstrahlen auf verdünnte Lösungen von kristallinem Trypsin: fortgesetzte Inaktivierung nach Beendigung der Bestrahlung. Trypsin*-Lsgg. zeigen auch nach Beendigung der Röntgenbestrahlung noch eine Fortdauer der Inaktivierung. Diese ist stark temperaturabhängig u. eine Rk. erster Ordnung; ihre Geschwindigkeit ist um so größer, je höher die unmittelbare Inaktivierung war u. wird durch Verdünnung nach der Bestrahlung nicht verändert. (Brit. J. Radiol. **27.** 62—63. Jan. 1954. Cold Spring Harbor, N. Y., Carnegie Inst. of Washington, Dep. of Genetics.) M. WIEDEMANN. 4210

W. R. Smithies, *Die Lysiswirkung von Enzymen auf eine Probe Mycel von Penicillium griseofulvum.* Vf. unterwarf luftgetrocknetes Mycel (M.) von *Penicillium griseofulvum* frisch u. nach 2½—3 Jahren Aufbewahrung der Autolyse. Autolyse frischer M.: Nd. enthielt 16% des ursprünglichen *Proteins,* 60% *Kohlenhydrate* u. 50% *Chitin;* Lsg.: Protein u. Kohlenhydrate, aber keine α-Aminosäuren oder reduzierende Zucker. — Autolyse 3 Jahre alter M.: Nd. 39% des ursprünglichen Proteins, 71% Kohlenhydrate, 70% Chitin. Lsg.: *Aminosäuren,* reduzierende Zucker u. *N-Acetylglucosamin.* Die im M. enthaltene *Protease*e ging während der Aufbewahrung nicht verloren, dagegen aber zum großen Teil polysaccharidspaltende Fermente u. *Chitinase.* Enthalten ist weiter eine schwache *Glucoseoxydase,* während die im frischen M. sehr akt. α-*Aminosäureoxydase* inaktiviert wurde. 10—15% des M.-Proteins werden nicht von Proteasen verdaut.

V e r s u c h e: Autolyse in wss. Suspension (Zusatz von Thymol) bei Zimmertemperatur. Das Anfangs-p_H 5,5 steigt langsam auf 8,0. Nach 15 Tagen wurde extrahiert mit 1 % ig. NaOH u. nach BOCHONOS, WOOLLEY u. PETERSON (Arch. Biochem. **1.** [1942.] 319) behandelt. (Biochem. J. **55.** 346—50. Sept. 1953. Harpenden, Hertfordshire, Rothansted Exp. Stat.) BRATFISCH. 4210

E. Carhart, F. Koda und **A. Farah,** *Der Einfluß von Inkubationszeit und* p_H*-Änderungen auf die Aufnahme von p-Aminohippurat durch Nierenschnitte.* Das Verteilungsverhältnis von *p-Aminohippurat* zwischen Schnitt u. Medium (S : M-Verhältnis) nimmt bei Nierenschnitten von Hunden in Phosphatpufferlsgg. u. Na-Acetat als Substrat mit der Zeit schnell, bei Abwesenheit eines Substrates oder mit Na-Lactat bzw. Na-Salz der Brenztraubensäure nur langsam oder gar nicht ab. Vff. sehen eine p_H-Zunahme in Phosphatpufferlsg. als Ursache dieser Abnahme an. Als Medien dienen entweder Phosphatpuffer nach CROSS u. TAGGART (Amer. J. Physiol. **161.** [1950.] 181) oder Bicarbonatpuffer (0,92 NaCl, 0,042 % KCl, 0,024 % $CaCl_2$, 0,05 % $NaHCO_3$) mit Gasphase von 95 % O_2 u. 5 % CO_2. Die Konz. des p-Aminohippurates ist 0,0013 mol., die der Substrate 0,1—0,005 molar. — Zahlreiche Belegversuche. (Proc. Soc. exp. Biol. Med. **85.** 248—51. Febr. 1954. Syracuse, N. Y., State Univ. of New York, Upstate Med. Center, Dep. of Pharmacol.) HELMUT HOFMANN. 4210

Bention Nisman, Georges N. Cohen, Susan B. Wiesendanger und **Marie-Louise Hirsch,** *Die Umwandlung von Asparaginsäure in Homoserin und Threonin durch Escherichia coli-Extrakte. E. coli*-Extrakte red. *L-Asparaginsäure* (**I**) in Ggw. von *Glutaminsäure* (**II**), *Triphosphopyridinnucleotid* (**III**) u. *Adenosintriphosphat* (**IV**) zu *L-Homoserin* (**V**) u. wandeln **V** in Ggw. von **IV** u. *Pyridoxalphosphat* (**VI**) in *L-Threonin* (**VII**) um. Der Mechanismus der **I** → **VII**-Umwandlung wurde mit Hilfe von Extrakten der beiden Mutanten *ML 52* u. *B 184* untersucht, wovon die erste die Rk. **I** → **V**, nicht **V** → **VII**, durchführt, während die 2. die Rk. **I** → **V** nicht katalysiert. Die **I**-Phosphorylierung zu *β*-**I**-*Phosphat* erfolgt mit beiden Extrakten. Die Red. von **I** → **V** in Ggw. von **IV**, **III** u. **II** wird nur durch *ML 52* bewirkt. Die Umwandlung von **V** in ein Zwischenprod. *Z*, in Ggw. von **IV**, wobei zuerst ein labiles Phosphorylierungsprod. (**VIII**) entsteht, wird von beiden Mutanten durchgeführt. Die **V** → **VII** Umwandlung durch *B 184* von **IV** u. **VI** geht weiter zur *α-Ketobuttersäure.* Das Abbauschema ist demnach L-**I** → *β*-**I**-Phosphat $\xrightarrow[B\,184]{|}$ L-**V** → **VIII** → *Z* $\xrightarrow[ML\,52]{|}$ L-**VII**. (C. R. hebd. Séances Acad. Sci. **238.** 1342—44. 22/3. 1954.) K. MAIER. 4210

W. N. Pearson, *Die Decarboxylierung von Aminosäuren durch Photobacterium fischeri.* Eine Purin benötigende Mutante des Leuchtbakteriums *P. fischeri* (= *Achromobacter fischeri, Bacterium phosphorescens indigenus*) besitzt Enzyme, die *Glutaminsäure* (**I**) bzw. *Lysin* (**II**) decarboxylieren. Unterss. mit gewaschenen Zellsuspensionen ergaben, daß **I**-*Decarboxylase* (**III**) aus ihrem Substrat *γ-Aminobuttersäure* u. CO_2 bildet. **III** hat konstitutiven Charakter u. ist weitgehend spezif. auf L-**I** eingestellt. *β-Oxyglutaminsäure* wird langsam, *L-Glutamin* oder D-**I** werden nicht decarboxyliert. Das p_H-Optimum liegt bei p_H 6, die MICHAELIS-Konstante K_m ist 0,0011 Mol. Optimale **III**-Bldg. erfolgt bei Incubation der Zellen in einem fl. Nährmedium bei 15—20°. Maximale **III**-Konzz. finden sich in den Zellen bei Beendigung der Zellteilung. **II**-*Decarboxylase* (**IV**) ist ein adaptives Enzym, das die Decarboxylierung von d-**II**, nicht von L-**II**, zu *Cadaverin*, CO_2 u. mindestens einem weiteren unbekannten Prod. katalysiert. **IV** besitzt kein scharfes p_H-Optimum. Maximale CO_2-Entw. erfolgt bei p_H 5—8. (J. cellular comparat. Physiol. **41.** 65—77. Febr. 1953. Nashville, Tenn., Vanderbilt Univ., Dep. of Biol.) K. MAIER. 4210

Alfred S. Sussman und **Clement L. Markert,** *Die Entfaltung von Tyrosinase und Cytochromoxydaseaktivität bei Mutanten von Glomerella cingulata.* Während der Entw. der *Glomerella cingulata* (**G.**) bleibt die *Cytochromoxydase* (**I**)-Aktivität konstant erhalten, dagegen verändert sich die *Tyrosinase* (**II**)-Aktivität. Vor Beendigung des Wachstums steigt die **I**-Aktivität stark an, um danach unmittelbar wieder abzuklingen. **I** u. **II** können aus **G.** mit 0,5 mol. Saccharose in $^1/_{15}$ mol. Phosphatpuffer p_H 7,2 extrahiert werden. Aktivitätsbest. von **I** u. **II** vgl. GODDARD u. Mitarbeiter (C. **1951.** II. 1750). (Arch. Biochem. Biophysics **45.** 31—40. Juli 1953. Ann Arbor, Mich., Univ., Dep. of Bot. and Zool.) BRATFISCH. 4210

S. R. Elsden, M. D. Kamen und **L. P. Vernon,** *Ein neues lösliches Cytochrom.* In den zur Photosynth. befähigten Bakterien *Rhodospirillum rubrum* u. *Rhodopseudomonas spheroides* ist ein *Hämprotein* (**I**) enthalten, das durch Trichloressigsäure u. Phosphatpufferextraktion nach VERNON (Arch. Biochem. Biophysics **43.** [1953.] 492) gewonnen wird u. dem Cytochrom c (**II**) der Säugetiere gleicht. Wie **II**, kann auch **I** mit DPNH red. werden; es ist nicht autoxydabel u. wird an der Luft erst bei Ggw. von **II** durch das Cytochrom–Oxydase-Syst. angegriffen. Das Redoxpotential ist etwas positiver als bei **II**. Es wäre möglich, daß die ohne Licht verlaufende Atmung der Bakterien auf dem

H-Transport durch I beruht. I hat im sichtbaren Gebiet ein Absorptionsspektr. u. zeigt sonst noch einige von II abweichende Eigg. (J. Amer. chem. Soc. **75.** 6347—48. 20/12. 1953. Sheffield, England; St. Louis, Mo., u. Washington, D. C.) LAMPRECHT. 4210

Bengt Borgström, *Über den Mechanismus der pankreatischen Lipolyse von Glyceriden.* Der Austausch von *Glycerinfettsäuren* (I) u. freien *Fettsäuren* (II), der während der Hydrolyse von *Triglyceriden* durch pankreat. Rattenlipase (III) stattfindet, ist wenigstens teilweise verursacht durch eine Resynth. von Glycerinester (IV)-Bindungen, die gleichzeitig mit der Hydrolyse stattfindet. Die Unterss. wurden mit Glyceriden als Substrat durchgeführt, denen freie ^{14}C-Fettsäuren bzw. ^{14}C-Glycerin zugesetzt waren. Sie zeigen, daß nur die II in der 1- u. 3-Stellung im Glyceridmol. in ein Gleichgewicht mit der freien II kommen, während die II in 2-Stellung durch III in vitro überhaupt nicht ausgetauscht werden. Wahrscheinlich haben die so gebildeten Diglyceride eine 1.2-Konfiguration. Die Spaltung der 1.2-Diglyceride führt zu 1- u. überwiegend zu 2-Monoglyceriden. Da die Spaltung der Monoglyceride in Glycerin u. II in Ggw. von viel W. prakt. irreversibel ist, geht in vitro die Hydrolyse der Triglyceride durch III vollständig zu Ende. Die p_H-Aktivitätskurven für die Hydrolyse u. die Resynth. der IV-Bindung durch III mit Olivenöl als Substrat in der Abwesenheit von Gallensäuren laufen parallel u. haben ein Maximum bei p_H 8. Ca-Ionen beschleunigen nicht nur die Geschwindigkeit der Hydrolyse, sondern vermindern auch die Resynth. der IV-Bindungen. Dieses kann wenigstens teilweise durch eine Entfernung der II als Seifen erklärt werden. Der Grad der Resynth. der IV-Bindungen ist verschieden für verschied. II, wobei der Grad der Wasserlöslichkeit u. die Enzymspezifität von Wichtigkeit sind. (Biochim. biophysica Acta [Amsterdam] **13.** 491—504. April 1954. Lund, Schweden, Univ., Dep. of Physiol. Chem.) BENISCHKE. 4210

H. R. Mahler, Salih J. Wakil und **R. M. Bock,** *Untersuchungen über Fettsäureoxydation. 1. Mitt. Enzymatische Aktivierung von Fettsäuren.* Unter Auswertung des einschlägigen Schrifttums über die Fettsäureoxydation werden Ausführungen über die einleitende Rk. gemacht, die in einer enzymat. Aktivierung der Fettsäure besteht nach dem Schema $RCOO^- + CoASH + ATP^{5-} \overset{Mg^{2+}}{\rightleftharpoons} CoAS \cdot OCR + AMP^{2-} + Py^{4-}$; hierin bedeuten CoA = Coenzym A; CoASH = red. Coenzym A; ATP = Adenosintriphosphat; AMP = Adenosin-5'-phosphat; Py = anorgan. Pyrophosphat. Die vorliegende Arbeit befaßt sich mit der Darst. der Reinigung u. den Eigg. des diese Rk. katalysierenden Enzyms (FAAE) (I); I-Präpp. werden aus frischer Rinderleber dargestellt, gereinigt, auf ihre Reinheit (Ausschluß anderer Enzyme), physikal. Eigg., bes. Absorptionsspektr. geprüft; unter p_H 5,8 u. über p_H 10 ist I instabil; bei p_H 8 erfolgt bei 50° (5 Min.) Inaktivierung; Ermittlung der Aktivität (Überführung von Butyrat in $CH_3 \cdot CH_2 \cdot CH_2COSCoA$), des p_H-Optimums; Nachw. der Ggw. von ATP sowie der Beteiligung von Mg^{2+} u. Mn^{2+}; Unterss. über die Substratspezifität gegenüber gesätt., ungesätt., Oxy-, Ketosäuren. Ausführungen über die chem. Natur des I sowie über die Kinetik der Fettsäureaktivierung. Aus dem graph. u. tabellar. zusammengestellten Versuchsmaterial wird abgeleitet, daß das aus Rinderleber dargestellte Prod. in Ggw. von CoA u. ATP innerhalb der geprüften Fettsäuren C_3—C_{13} die Bldg. von Acyl-CoA katalysiert; dabei dürften Py u. AMP in stöchiometr. Menge entstehen. Die Rk. ist reversibel mit einer Gleichgewichtskonstante von nahezu 1, woraus geschlossen wird, daß die gebildeten Acyl-CoA-Derivv. sehr energiereich sind. Es wird ferner eine Meth. beschrieben, um mittels der Nitroprussidnatrium-Rk. analyt. das Verschwinden freier Sulfhydrylgruppen des red. CoA verfolgen zu können. (J. biol. Chemistry **204.** 453—68. Sept. 1953.) TÄUFEL. 4210

V. P. Whittaker und **S. Wijesundera,** *Die Hydrolyse von Succinyldicholin durch Cholinesterase.* Die Hydrolyse von *Succinyldicholin* (I) durch Pferdeserumcholinesterase wurde kinet. u. durch Papierchromatographie der Hydrolyseprodd. untersucht. Zur Trennung der 4 möglichen Bestandteile von I-Hydrolysaten, *Di-* u. *Monocholinester* der Bernsteinsäure (II), freie II u. Cholin, diente eine neutrales Gemisch von n-Propanol–Benzylalkohol–W., 5 : 2 : 2 (Voll.). *Succinylmonocholin* (III) wurde als Bestandteil des Reaktionsgemisches identifiziert; II trat vor 50%ig. Hydrolyse nicht in nachweisbaren Mengen auf. Anscheinend wird I über III enzymat. gespalten, wie auch aus dem 2phasigen Verlauf der Hydrolysekurve u. kinet. Unterss. hervorgeht. Die Kinetik der 2stufigen enzymat. Rk. wurde mathemat. analysiert. (Biochem. J. **52.** 475—79. Nov. 1952. Oxford, Univ., Dep. of Biochem.) K. MAIER. 4210

L. A. Mounter und **V. P. Whittaker,** *Die Wirkung von Thiol- und anderen gruppenspezifischen Reagentien auf Erythrocyten- und Plasmacholinesterasen.* Es wurden die Hemmwirkungen einer Anzahl *Thiol*-Reagentien (I), z. B. *As-Verbb.*, organ. *Hg-Verbb.*,

Schwermetallsalze, Sb-Verbb., Jodacetat, auf die *Cholinesterasen* (**II**) (Erythrocyten- u. Plasma-**II**) von Menschenblut untersucht. Obwohl **II** eine gewisse Empfindlichkeit gegen *Arsenit* (**III**) u. *Jod* zeigten u. durch genügend hohe Konzz. von Schwermetallverbb. meist gehemmt wurden, waren sie zum Unterschied von typ. *SH*-Enzymen gegenüber den meisten **I** viel weniger bzw. ganz unempfindlich. Die **III**-Hemmung nahm mit steigendem p_H-Wert zu, während beim Vorliegen einer *Thioarsenit*-Bindung eine umgekehrte Abhängigkeit zu erwarten gewesen wäre. Reagentien auf CO- u. Estergruppen, Fe, sowie chelatbildende (ausgenommen *8-Oxychnolin*) beeinflußten die **II**-Aktivität prakt. nicht. Anscheinend sind an den akt. Zentren von **II** keine *SH-*, *CO-*, Carboxylatgruppen oder Metallionen beteiligt. (Biochem. J. **53.** 167—73. Jan. 1953. Oxford, Univ., Dep. of Biochem.) K. MAIER. 4210

L. E. Chadwick, J. B. Lovell und **V. E. Egner,** *Die Beziehungen zwischen p_H und der Cholinesteraseaktivität von Fliegen.* Titrimetr. Best. der *Cholinesterase*-Aktivität von Fliegenköpfen bei 25° (Substrat 0,015mol. Acetylcholin-Br) in Abhängigkeit vom p_H. Best. in Pufferlsg. (I), 30%ig. Glycerin (II) u. deionisiertem W. (III). Stärkste Aktivität in I, p_H-Optimum 8,0—9,0. In **II** oder **III** zwischen p_H 6,0—9,0 nur geringe Unterschiede. Inaktivierung bei 30 Min. langer Einw. hoher oder niedriger H-Ionenkonzz. ($> p_H$ 5,0, $< p_H$ 10,5). Innerhalb dieses Bereichs nur geringe Aktivitätsänderung. Die Inaktivierung läßt deutlich 2 Phasen erkennen, eine schnelle während der ersten 30 Min. u. danach eine langsamere. Beide Phasen sind Rkk. erster Ordnung. Die Inaktivierung durch extreme p_H-Werte konnte durch nachfolgende Aufbewahrung bei p_H 8,0 innerhalb von 18 Std. nicht aufgehoben werden. (Biol. Bull. **106.** 139—48. April 1954. Maryland, Army Chem. Center Med. Labors.) HANS THIELE. 4210

Edith Bülbring, S. R. Kottegoda und **Heather Shelley,** *Cholinesteraseaktivität im Kaninchenherzaurikel und deren Empfindlichkeit gegenüber Eserin.* Während gezeigt wurde, daß Kaninchenaurikel nach 24std. Schlagen in LOCKE-Lsg. (**I**) für *Eserin* (*Physostigmin*) empfindlicher werden, konnte ein gleicher Effekt in KREBS-Lsg. (**II**) nicht festgestellt werden. Die Werte für *Pseudocholinesterase* fielen in **I** (Mg-Mangel, p_H), die für *Cholinesterase* blieben unverändert. In **II** keine Veränderungen. Die Ergebnisse stützen die Ansicht, daß *Eserin* über eine Cholinesterasehemmung die Aktivität der Aurikel beeinflußt. (J. Physiology **123.** 204—13. 28/1. 1954. Oxford, Univ., Dep. of Physiol.) HANS THIELE. 4210

George L. Curran und **Owen L. Clute,** *Wirkung von Kationen auf die Cholesterinsynthese durch überlebende Rattenleber.* Im Anschluß an frühere Verss. (J. biol. Chemistry **200.** [1953.] 17) werden weitere Unterss. mit einer Reihe von Kationen hinsichtlich ihres Einfl. auf die Biogenese von *Cholesterin* (**I**) durch überlebende Rattenleber ausgeführt; Inkubationsverss. in Pufferlsgg. mit Na, K, Mg, PO_4 in Ggw. von $CH_3 \cdot {}^{14}COONa$ sowie Isolierung u. Best. des gebildeten **I** u. Isotopenanalyse (CURRAN, J. biol. Chemistry **200.** [1953.] 17). Ergebnisse: Im Inkubationsmedium müssen ausreichende Mengen von K^+ u. Mg^{2+} enthalten sein, wenn die Bldg. von **I** n. verlaufen soll. Sowohl bei hohem als auch bei niedrigem p_H ist die synthetisierte Menge von **I** erhöht, wenn 38—40 Milliäquivalente pro Liter an K^+ vorhanden sind, u. sie ist bei p_H 6,5 größer als bei p_H 7,4, unabhängig von der Konz. an K^+. Kombinationen von K^+ u. Na^+ verändern innerhalb der geprüften Konz. das Ausmaß der Synth. prakt. nicht. Von den geprüften Spurenelementen ($ZnCl_2$, $MnSO_4$, $CoCl_2$, $CuCl_2$, $FeSO_4$, $CdCl_2$) entfaltet bei p_H 6,5 $MnSO_4$ (0,0001 mol.) eine deutliche Erhöhung der Synth. von **I**, wobei dieser Mn-Effekt mit der optimalen Konz. an Mg^{2+} im Puffer zusammenfällt; die anderen Elemente sind prakt. ohne Wirkung. Hinweis, daß die Synth. von Fettsäuren aus $CH_3{}^{14}COONa$ bei niedrigem p_H dann am ergiebigsten ist, wenn K^+ u. Mg^{2+} in adäquaten Konzz. vorhanden sind. (J. biol. Chemistry **204.** 215—19. Sept. 1953. Cooperstown, N. Y., Mary Imogene Bassett Hosp., Res. Labor.) TÄUFEL. 4210

Adolf Wacker, H. Grisebach, A. Trebst und **Friedrich Weygand,** *Der Wirkungsmechanismus der Sulfonamide.* 1. Mitt. *über Coenzym F. p-Aminobenzoesäure* (**I**) hebt die Sulfonamidhemmung auch bei solchen Bakterien auf, bei denen *Folsäure* (*Pteroyl-l-glutaminsäure*; **II**) nicht enthemmend wirkt. Um die Rolle der **I** aufzuklären, wurden Stoffwechselverss. mit ${}^{14}C_{(COOH)}$-**I** (**I***) u. ${}^{14}C_{(2)}$-**II** (**II***) ausgeführt. Mit Enterococcus Stei, bei dem **II** enthemmt, entstand sowohl mit **I*** als auch mit **II*** ein radioakt. Stoffwechselprod. **III**, das weder **II** noch Tetrahydroformylfolsäure (**IV**) ist, einen ähnlichen R_F-Wert wie **IV** hat, auf den Papierchromatogrammen schwachblau fluoresciert, ein UV-Maximum bei 260 mμ (p_H 7) besitzt u. wuchsstoffakt. ist. Vff. halten **III** für *Coenzym F* (vgl. z. B. GRENNBERG, J. Amer. chem. Soc. **76.** [1954.] 1458). Auch aus B. coli 1883 Co (**II** enthemmt nicht) entstand mit **I* III**; mit **II*** wurden keine radioakt. Prodd. erhalten. — Sulfonamide hemmen somit bei allen Bakterien durch Verdrängung der I die Synth. des Coenzyms F; da II im Gegensatz zu I nicht in allen Fällen Intermediärprod. auf dem Wege zu Coenzym F ist, erklärt es sich, warum II bei einigen Bakterien nicht enthemmt. — $K^{14}CN$, nach JEANES (Science [Washington] **118.** [1953.] 719); 95% (Ausbeute). — $^{14}C_{(COOH)}$-*p-Nitrobenzoesäure*, aus p-Nitranilin u. $K^{14}CN$ nach SANDMEYER; 36% (auf $K^{14}CN$ bezogen). — $^{14}C_{(COOH)}$-*p-Aminobenzoesäure* (I*), F. 189°, aus vorst. Verb. u. H_2 in A. (PtO_2); 34% (auf $K^{14}CN$ bezogen). (Angew. Chem. **66.** 326. 21/6. 1954. Tübingen, Univ., Chem. Inst.) J. ROTHE. 4210

John White und **D. J. Munns,** *Assimilation von Kohlenstoff im Hefewachstum.* Übersicht. (Amer. Brewer **87.** Nr. 2. 35—41. 46. 73. 94. Febr. 1954.) HAEVECKER. 4270

B. P. Golowin, *Kinetische Vorstellungen über Umwandlungen der Cozymase während der energetischen Umwandlungen.* In der Suspension von Hefezellen wurde unter aeroben u. anaeroben Bedingungen das Redoxpotential E_h mit u. ohne Glucose (I) sowie mit u. ohne Dinitrophenol (II) gemessen. Das Verhältnis der dynam. Konzz. von *Cozymase* (III) u. *Dihydrocozymase* (IV) wurde beim Durchblasen von O_2 stark verändert. E_h wurde bei steigendem O_2-Druck erhöht. ΔE_h erreichte 40—80 mV. Bei Zusatz von I der aeroben Bedingungen wurde das Verhältnis III/IV stark vermindert, E_h um ca. 20 mV gesenkt. Bei Zusatz von II wurden das Verhältnis III/IV u. E_h sogar erhöht. Es ist deshalb anzunehmen, daß die bei Zusatz des Giftes eintretende Beschleunigung der Gärung durch die Anreicherung von Acetaldehyd verursacht wird. Hieraus erklärt sich die Intensivierung der Glykolyse bei unveränderter Atmung, die bei Abnahme des Partialdruckes von O_2 eintritt, sowie die Einw. der Redoxindicatoren auf den PASTEUR-Effekt. (Биохимия [Biochemie] **18.** 430—37. Juli/Aug. 1953. Leningrad, Inst. für exp. Med. der Akad. der med. Wiss. der UdSSR.) LEBTAG. 4270

A. Graffi, H. Kriegel, H. Schreiber und **F. Windisch,** *Die photosensibilisierende Wirkung verschiedener cancerogener und nichtcancerogener Kohlenwasserstoffe auf die Hefezellen.* Vergleichend untersucht wurden in der Konz. 1 : 8000 die cancerogenen KW-stoffe *3.4-Benzpyren* (I) u. *9.10-Dimethyl-1.2-benzanthracen* (II) u. die nichtcancerogenen *Pyren* (III) u. *Anthracen* (IV); Testobjekt *Saccharomyces cerevisiae*; Bestrahlung mit UV A u. UV B; Exposition 0—32 Min.; auffallende Strahlungsenergie bei 32 Min. $28 \cdot 10^6$ erg·cm^{-2}; Test durch Auszählen der Kolonien nach 60std. Bebrütung bei 25°. Den stärksten sensibilisierenden Effekt zeigte I (Minderung der vermehrungsfähigen Zellen auf 2% nach 32 Min. Bestrahlungsdauer). Halbwertsdosis für I ca. 2, für II ca. 11,7; für III ca. 19,8 u. für IV ca. 32 Minuten. Treffertheoret. Auswertung ergibt für I Deckung der experimentellen mit der theoret. Ein-Treffer-Kurve, für II u. III Abweichung innerhalb des Streubereiches. Da die bisher in der Literatur aufgeführten Trefferzahlen für Überlebensverss. an Hefe mit verschied. Strahlenarten wesentlich höher liegen, so dürfte es sich bei dem photodynam. Effekt u. der direkten Hefeabtötung durch Strahlung um nicht unmittelbar miteinander vergleichbare Wirkungsmechanismen handeln. — Es ergab sich keine Parallelität zwischen cancerogener u. photodynam. Wrkg.; z. B. ist I photodynam. wesentlich stärker, cancerogen aber erheblich geringer wirksam als II. (Z. Naturforsch. **8b.** 142—45. März 1953. Berlin, Humboldt-Univ., Inst. für Strahlenforsch. Berlin-Buch.) SCHLOTTMANN. 4270

E_3. Mikrobiologie. Bakteriologie. Immunologie.

J. Baddiley, D. E. Hughes, A. P. Mathias und **W. S. Pierpoint.** *Die Phosphorylierung der Pantothensäure durch Lactobacillus arabinosus 17–5.* Setzt man Zellsuspensionen von *Lactobacillus arabinosus* 17–5 *Pantothensäure* zu, so wird diese innerhalb einer Std. phosphoryliert u. gebunden. Das phosphorylierte Prod. wird durch Papierchromatographie u. papierelektrophoret. untersucht u. als *Pantothensäure-4'-phosphat* identifiziert. *Pantethein* wurde nicht gefunden. Über P_2O_5 getrocknete oder in der Bakterienpresse zerstörte Zellen phosphorylieren *Pantothensäure* nur bei Ggw. von *Adenosintriphosphat. NaF* hemmt die Reaktion. (Biochem. J. **56.** XXII—XXIII. März 1954. London, Lister Inst., u. Cheffield, Univ., Dep. of Biochem., Med. Res. Council for Res. in Cell Metabolism.) U. BAUMANN. 4320

Helge Gyllenberg, Marjatta Rossander und **Paavo Roine,** *Über die Wachstumshemmung bei Lactobacillus bifidus durch gewisse Fettsäuren.* Die bereits von TOMARELLI u. Mitarbeiter (vgl. C. **1951.** I. 3202) gefundene Wachstumshemmung von L. bifidus durch freie langkettige gesätt. oder ungesätt. Fettsäuren konnte bestätigt werden. Niedere Fettsäuren wie *Propion-* u. *Buttersäure* waren völlig unwirksam, *Capronsäure* nur sehr wenig wirksam. Der Hemmungseffekt steigt dann mit der Kettenlänge bis zur *Laurinsäure,* welche den stärksten Effekt aufweist. *Palmitin-, Stearin-* u. *Oleinsäure* zeigten wiederum schwächere Wirkungen als *Linol-, Laurin-, Caprin-, Myristin-* u. *Ricinolsäure.* Unter Verwendung von *Laurin-* u. *Linolsäure* wurde der Hemmungseffekt näher

untersucht u. festgestellt, daß dieser durch gewisse reine Proteine sowie entrahmte Kuh- u. Frauenmilch mehr oder weniger aufgehoben werden kann. (Acta chem. scand. **8.** 133—34. 1954. Finland, Univ. of Helsinki, Dep. of Nutr. Chem.)
GERDA SCHULZE. 4330

Charles A. Nichol, Sigmund F. Zakrzewski und **Arnold D. Welch,** *Resistenz gegenüber Folsäurederivaten in einem Stamm von Streptococcus faecalis.* Durch ein- oder mehrmonatige Papierchromatographie ließen sich Handelspräpp. der Folsäureantagonisten *Aminopterin* (**I**; *4-Aminopteroylglutaminsäure*) u. *A-Methopterin* (**II**; *4-Amino-10-methylpteroylglutaminsäure*) in mehrere Komponenten aufteilen, die auf wachstumshemmende bzw. -fördernde Wrkg. gegenüber einem antagonistempfindlichen (S.e.) bzw. antagonistresistenten (S.r.) Stamm von Streptococcus faecalis geprüft wurden. Hierzu wurden die Chromatogramme mit besäten Agarplatten 10 Min. in Kontakt gebracht u. das Wachstum nach 18 Std. beurteilt (bioautograph. Meth.). Die Zonen des **I**-Chromatogramms wurden als **I**, *Pteroinsäure* (**III**) u. *Pteroylglutaminsäure* (**IV**), die des **II**-Chromatogramms als **I**, **II**, *4-Amino-10-methylpteroinsäure* (**V**) u. *10-Methylpteroylglutaminsäure* (**VI**) identifiziert. S.e. wurde durch **I**, **II**, **V** u. **VI** gehemmt, durch **IV** im Wachstum gefördert. Bei S.r. wurde an keiner Stelle der Chromatogramme eine Hemmung bemerkt; die Wachstumsförderung lag bei **III**, **IV** u. **VI**. In weiteren Verss. wurde die von den genannten Mikroorganismen gebildete *Folinsäure* (**VII**; *Citrovorumfaktor*) bei Zusatz von **I** + **IV** bzw. **II** + **IV** in steigendem Verhältnis (**I**/**IV** bzw. **II**/**IV**) biol. bestimmt (Leuconostoc citrovorum). Da außerdem die **VII**-Bldg. durch zellfreie Extrakte von S.r. schon bei wesentlich geringeren Antagonistenkonzz. eingeschränkt wurde als bei intakten Zellen, kommen Vff. zu dem Schluß, daß die Resistenz von S.r., sowohl durch ein geringeres Bedürfnis an **IV** u. eine bessere Fähigkeit **IV** in **VII** umzuwandeln, als auch durch geringere Resorptionsfähigkeit (Permeabilität) für die wahren Antagonisten zustande kommt. (Proc. Soc. exp. Biol. Med. **83.** 272—77. Juni 1953. Cleveland, O., Western Riverside Div., Dep. of Pharmacol.) LENHARD. 4330

Charles A. Nichol, *Untersuchungen über den Mechanismus der Resistenz gegenüber Analogen der Folsäure bei einem Stamm Streptococcus faecalis.* In einer früheren Arbeit hat Vf. gezeigt, daß die Fähigkeit eines *Streptococcus faecalis*-Stammes (8043 AR), in Ggw. von *A-Methopterin* (*4-Amino-10-methylpteroylglutaminsäure*) (**I**) zu wachsen, auf die Ggw. stimulierender Stoffe wie *Pteroinsäure* u. *Pteroylglutaminsäure* (**II**) zurückzuführen ist (vgl. vorst. Ref.). Die fermentative Bldg. des *Citrovorumfaktors* aus **II** in zellfreien Extrakten (nach Zerstörung der Zellen durch Ultraschall) wird durch Mg^{2+} DPN, ATP, außerdem durch Glucose, Ascorbat u. Formiat oder Serin stimuliert. Zur Hemmung dieser Rk. sind bei intakten Zellen des resistenten Stammes große Mengen *Aminopterin* u. **I** erforderlich, während in zellfreien Extrakten des gleichen Stammes, sowie auch bei intakten Zellen u. in Extrakten des sensiblen Stammes viel geringere Konzz. ausreichen. Es wird vermutet, daß eine verminderte Zellpermeabilität eine wesentliche Rolle in der Resistenzerwerbung gegen die 4-Aminoanaloge der **II** spielt. (J. biol. Chemistry **207.** 725—32. April 1954. Cleveland, O., Univ., School of Med., Dep. of Pharmacol., u. New Haven, Univ., School of Med., Dep. of Pharmacol.)
HANS THIELE. 4330

Myron W. Fisher, *Antagonismus der tuberkulostatischen Isoniazidwirkung durch Hämin.* Bei Verss. an H 37 Rv in einem einfachen synthet. Medium ohne Geh. an Serum oder Albumin wurde mit *Hämin* (**I**) eine hohe antagonist. Wrkg. gegenüber der tuberkulostat. *Isoniazid*-Wrkg. festgestellt. Diese **I**-Wrkg. ist weit größer als von *Mn-Salzen, K-Cyanid, K-Ferricyanid, Na-Azid, Na-Hydrosulfit, Benzhydrazid, Pyridoxal, Pyruvat, α-Ketoglutarat.* **I** wirkt auch antagonist. gegenüber *Salicyliden, Benzylidenhydrazonen* u. den *Hydraziden* von *PAS*, *α-Picolinsäure* u. *Glycin*. Mn-Ionen zeigten mit **I** synergist. Wrkg. bei *INH*-Antagonismus. (Amer. Rev. Tubercul. **69.** 469—70. März 1954. Detroit, Mich., Parke, Davis & Comp.) DOSSMANN. 4330

A. Lamanna, *Resistenz aus der Nasenschleimhaut gesunder Versuchspersonen isolierter Staphylokokken gegen fünf Antibiotica* (*Penicillin, Streptomycin, Aureomycin, Chloramphenicol* und *Terramycin*). (Sperimentale **103.** 122—30. 1953. Florenz, Ist. di Patol.) GERBER. 4340

Gösta Wallmark, *Bakteriophagen-Klassifizierung, Empfindlichkeit gegenüber Antibioticis und Penicillinasebildung von Staphylococcus aureus* [*pyogenes*]. Eine Klassifizierung von Staphylococcus aureus (pyogenes) auf Grund der Einw. von Bakteriophagen wird vorgenommen. Die meisten Typen einer dieser Phagengruppen (Phagengruppe III) sind *Penicillin* (**I**)-resistent, die Mehrheit der anderen ist **I**-empfindlich. Alle Stämme, deren Wachstum nicht durch 1,0 E. **I**/cm^3 Kulturmedium gehemmt wird, bilden *Penicillinase* (**II**). Bei penicillinempfindlichen Stämmen wird in einzelnen Fällen nach mehrfacher Gabe von **I** ein plötzliches Ansteigen der Resistenz, verbunden mit verstärkter **II**-Produktion, beobachtet. Die resistenten Varianten werden als echte Abkömmlinge von sensitiven erkannt. Die meisten streptomycinresistenten Stämme sind auch resistent gegenüber **I**. Die Beobachtung der Resistenzsteigerung von Staphylococcus aureus gegenüber Antibioticis wird auch bei der Einw. von *Aureomycin* u. *Terramycin* bestätigt. (Acta Soc. med. Upsaliensis [N. F.] **59**. 209—37. 31/3. 1954. Stockholm, State Bacteriol. Labor. u. Dep. of Med.) LINGENS. 4340

Selman A. Waksman and Hubert A. Lechevalier, Actinomycetes and their antibiotics. Baltimore: Williams & Wilkins. 1953. (246 S.) $ 5,—.

E_4. Pflanzenchemie. Pflanzenphysiologie. Pflanzenpathologie.

A. L. Kurssanow, *Die Bedeutung der Isotopen und anderer neuerer Untersuchungsmethoden in der Biologie zur Lösung landwirtschaftlicher Fragen.* Inhaltlich iden der C. **1954**. 4874 referierten Arbeit. (Известия Академии Наук СССР, Серия Биологическая [Nachr. Akad. Wiss. UdSSR, biol. Ser.] **1954**. Nr. 1. 8—19. Jan./Febr.) LEBTAG. 4400

L. J. Webb, *Vorkommen von Aluminiumsuccinat in Cardwellia sublimis F. Muell.* In der Stammhöhlung des genannten Baumes (bei Tully/North Queensland) wurde eine starke Ablagerung (vom Boden bis zu 25 Fuß Höhe) von *Al-Succinat* aufgefunden. Rindenproben anderer Cardwellia-Exemplare enthielten 0,86 bzw. 1,09% Al_2O_3. (Nature [London] **171**. 656. 11/4. 1953. Brisbane, Commonwealth Sci. and Ind. Res. Org., Div. of Plant Ind.) SCHLOTTMANN. 4410

Artturi I. Virtanen, Jorma K. Miettinen und **Heikki Kunttu,** *α-Ketosäuren in grünen Pflanzen.* Mittels einer genau beschriebenen Aufarbeitungsmeth. gelingt es, im Extrakt grüner Pflanzen α-Ketosäuren als 2.4-Dinitrophenylhydrazone nachzuweisen. So wurden in Erbsenpflanzen *Oxalessigsäure* (**I**), *α-Ketoglutarsäure* u. *Brenztraubensäure* nachgewiesen; weitere Ketosäuren wurden nicht gefunden. **I** ist nur zugegen, wenn die Pflanzen am Licht gehalten u. geerntet werden, verschwindet im Dunkeln sehr schnell u. wird z. B. in 7 Tage im Dunkeln gezogenen Erbsenkeimlingen nicht gefunden. Ebenso wird **I** ziemlich schnell beim Zerreiben der Pflanzen in saurem Medium zerstört. (Acta chem. scand. **7**. 38—44. 1953. Helsinki, Biochem. Inst., Labor. of the Found. for Chem. Res.) SCHLOTTMANN. 4420

D. B. Das, M. K. Mitra und **J. F. Wareham,** *Assoziation von Glucose, Arabinose und Xylose in Jute.* Nach Hydrolyse (85%ig. HCOOH, 12 Min. bei 135°) von α-Cellulose aus Jute wurde im Papierchromatogramm neben *Xylose* (**I**), *Glucose* (**II**) u. *Arabinose* (**III**) zwischen den Flecken von Uronsäure u. **II** ein Fleck (bräunlichrosa mit Anilinoxalat) erhalten, der nach abermaliger Hydrolyse (12 Std.) im Papierchromatogramm neben unveränderter Substanz **I**, **II** u. **III** ergab. Hiermit ist die Ggw. von Cellulosan, das heißt die chem. Bindung zwischen α-Cellulose u. Pentosanen, erwiesen. **III** scheint hier in der Pyranose-Form vorzuliegen. (Nature [London] **171**. **613**—14. 4/4. 1953. Calcutta, Messrs. Jardine Henderson, Ltd.) SCHLOTTMANN. 4420

Lawrence M. White und **Geraldine E. Secor,** *Chromatographischer Beweis für das Vorkommen einer Fructosylraffinose in Weizenmehl und Weizenkorn.* Hydrolyse eines papierchromatograph. aus Weizenmehlextrakt gewonnenen Oligosaccharids (**I**) mit HCl bzw. Invertase ergab Fructose + Melibiose in mol. Verhältnis 1,0:1. Der R_f-Wert von **I** in Äthylacetat–Pyridin–W. beträgt ca. $^1/_3$ des R_f-Wertes der Raffinose. Ein **I** ähnliches oder mit **I** ident. Saccharid wurde mittels Difco-Invertase durch Transfructosidierung aus Raffinose + Saccharose synthetisiert. Danach dürfte es sich bei **I** um *Fructosylraffinose* handeln. Da **I** auch aus dem Weizenkorn isoliert werden konnte, ist es nicht als Kunstprod. des Mahlvorganges anzusehen. (Arch. Biochem. Biophysics **44**. 244—45. Mai 1953. Albany, Calif., Bureau of Agricult. and Ind. Chem., Western Reg. Res. Labor.) SCHLOTTMANN. 4420

R. H. Armstrong, *Aminosäuren in den Proteinen von Weidepflanzen.* Mittels mikrobiol. Methoden wurden in den wichtigsten Weidepflanzen der Geh. an *Tryptophan, Tyrosin, Cystin, Methionin, Lysin* u. *Histidin* bestimmt. Im Original 3 instruktive Tabellen (23 Schrifttumshinweise). (J. Sci. Food Agric. **2**. 166—70. April 1951. Newcastle upon Tyne, King'-Coll.) GRIMME. 4420

A. C. Hulme, *Die Aminosäuren im Apfelprotein.* Im mit Phosphat gepufferten Auszuge ließen sich papierchromatograph. nachweisen *Asparagin-* u. *Glutaminsäure, Serin, Glycin, Threonin, α-Alanin, Arginin, Prolin, Tyrosin, Valin, Leucin, Phenylalanin* u. *Lysin.* (J. Sci. Food Agric. **2**. 160—66. April 1951. East Malling, Dep. of Sci. and Ind. Research.) GRIMME. 4420

W. J. Rabourn und **F. W. Quackenbush,** *Vorkommen von Phytoen in Pflanzenmaterial verschiedener Art.* Eine Meth. zur Abtrennung von *Phytoen* (**I**) aus Pflanzenmaterial (mittels A. 99,5%ig. + Isooctan 1:1, Überführen in die Isooctanphase, Chromatographieren über Magnesia-Super Cel-Säule) wird beschrieben. Best. spektrophotometr.; Extinktionskoeffizient $E^{1\,cm}_{286\,m\mu} = 85$, somit I (in μg/g) = % Extinktion·Vol.·1000/85·g Einwaage. Die I-Gehh. für verschied. Pflanzenmaterialien werden angeführt, z. B. für Karottenöl 4060 (μg/g), Tomatenpüree 39, reife Tomate 8,9, Orange 8,3, Karotte 7,7, Wassermelone 2,6, Süßkartoffel 1,2, Pflaume 0,5, Banane 0,4, Maiskorn 0,3. In grünen Tomaten wurde I nicht gefunden. (Arch. Biochem. Biophysics **44**. 159—64. Mai 1953. Lafayette, Ind., Purdue Univ., Dep. of Agric. Chem.) SCHLOTTMANN. 4420

W. C. Evans und **M. W. Partridge,** *Alkaloide von Datura innoxia.* In 3 Proben der Pflanze wurden gefunden: 0,24—0,37% scheinbares *Hyoscyamin* (I). Nach fraktionierter Kristallisation aus W. wurden aus I zwei Pikrate gewonnen, eines vom F. 162 bis 164°, also I-Pikrat, u. ein zweites vom F. 175—176°, das als *Meteloidin* (**II**)-Pikrat identifiziert wurde. Die bisher nicht bekannte Ggw. von **II** dürfte für die Unstimmigkeiten bei acidimetr. u. colorimetr. I-Best. in Pflanzenmaterial verantwortlich sein. — Nach der üblichen chromatograph. Meth. lassen sich **I** u. **II** nicht trennen. (Nature [London] **171**. 656. 11/4. 1953. Nottingham, Univ.) SCHLOTTMANN. 4420

P. A. S. Canham und **F. L. Warren,** *Die Saponine.* 2. Mitt. *Isolierung von Gitogenin und Digitogenin aus Cestrum parqui.* (1. vgl. C. **1951**. II. 2611.) Aus den grünen Beeren von *Cestrum parqui* wurden Saponine isoliert, deren Genine nach erfolgter Hydrolyse mit HCl als Acetate isoliert u. durch Elementaranalyse u. Misch-F. als *Gitogenin* u. *Digitogenin* identifiziert wurden. (J. South African chem. Inst. [N. S.] **3**. 63—65. Dez. 1950.) v. GIZYCKI. 4420

N. A. Andrejewa, *Eine fluorometrische Methode zur Bestimmung der Folsäure und einige Angaben über ihre Verbreitung.* Durch verschied. Abänderung wird die früher (C. **1950**. I. 2251) beschriebene fluorometr. Meth. zur Best. von *Folsäure* (I) verbessert, doch liegen die Streuungen der Werte auch jetzt noch zwischen 86—113%. Die Unters. einer größeren Anzahl von Naturprodd. ergab bes. bei verschied. Früchten recht große I-Mengen, so bei Erdbeere 91,1—112,8 μg/g (berechnet auf Trockengew.), Citrone 43,8, Petersilie 34,6, Weißkohl 20,0. Bohnen enthalten 4,1 μg/g I, Hirse 4,3, Getreidearten viel weniger. In Leber wurden gefunden 34,1 μg/g, in Hefe 35,7; Eier, Milch u. Fleisch enthalten nur geringe I-Mengen. (Биохимия [Biochemie] **18**. Nr. 5. 571—75. Sept./Okt. 1953. Moskau, Bach-Inst. für Biochem. der Akad. der Wiss. der UdSSR.) ULMANN. 4425

Jacques Ricard, *Einfluß der Reservestoffmenge auf die mittlere Länge von Koleoptilen und Wurzeln einer Getreidepopulation.* Mathemat.-statist. Auswertung des Wachstumsverlaufes aus intakten u. zerschnittenen Samen. Es ergibt sich, daß nach mechan. Entfernung eines Teiles der Reservestoffe weniger die Koleoptil- als die Wurzelentw. beeinträchtigt wird. (C. R. hebd. Séances Acad. Sci. **236**. 1816—18. 4/5. 1953.) SCHLOTTMANN. 4450

Jules Carles, Louis Soubiès und **Roger Gadet,** *Die Wanderung der Zucker zu den Körnerfrüchten bei Mais.* Vff. verfolgen die Werte für Saccharose u. Gesamtzucker in verschied. Teilen mehrerer Maiszüchtungen von Beginn der Blüte bis zur Samenreife. Es ergaben sich je nach Stamm spezif. konstitutions- u. erbbedingte Bilder des Zuckertransportes. (C. R. hebd. Séances Acad. Sci. **236**. 1814—16. 4/5. 1953.) SCHLOTTMANN. 4450

Igor Mouravieff, *Einfluß verschiedener Substanzen auf Stärkegehalt und Hydratation der Stomatazellen von Aponogeton distachyus.* Blattschnitte von *Aponogeton distachyus* wurden im Dunkeln für 48 Std. bei 27° in Lsgg. von *Na-Arsenit* (**I**), *2.4-Dinitrophenol* (**II**), *Janusgrün* (**III**) u. *Adenosinphosphorsäure* (**IV**) gehalten. Während das Verweilen in Aq. bidest. (Kontrolle) für 48 Std. Amylolyse (a) u. erhebliche Wasseraufnahme (b) hervorruft, wirkt **I** (5 mg/Liter) auf a nicht ein, blockiert aber b. **II** (10 mg/Liter) steigert a derart, daß nach 24 Std. nur noch Spuren von Stärke vorhanden sind, u. blockiert b; eine Konz. von 2,5 mg/Liter behindert b nicht u. steigert a. **III** (1 mg/Liter), das zum Teil an den Mitochondrien fixiert wird, blockiert b, hemmt a aber nicht **IV** (5—10 mg/Liter) beschleunigt a leicht u. fördert b stark. (C. R. hebd. Séances Acad. Sci. **236**. 1434—36. 8/4. 1953.) SCHLOTTMANN. 4450

Ss. M. Prokoschew und **A. K. Minina,** *Die Umwandlung der organischen Säuren in den Kartoffelknollen bei Traumaeinwirkung.* Durch Verss. mit alten u. jungen angeschnittenen Kartoffelknollen wird festgestellt, daß nach kurzer Lagerung (3 Tage) an der Luft in beiden Fällen die *Citronensäure* (**I**) in *Äpfelsäure* (**II**) übergeht u. daß der Geh. an *Oxalsäure* (**III**) zunimmt. Die Umwandlung von **I** in **II** ist um so intensiver, je größer das Verhältnis **I**:**II** in der Ausgangsknolle ist. Ebenso wie in den Bataten- u.

Georginenknollen, wird die Umwandlung der organ. Säuren in der beschädigten Kartoffelknolle durch CO_2 gehemmt. Die III-Anreicherung wird durch CO_2 völlig unterdrückt. Atmung u. Aktivität der Dehydrasen u. der Fumarase werden bei der Knollenverletzung intensiviert. In Ggw. von CO_2 wird die Intensivierung sowohl der Atmung als auch der Dehydraseaktivität gehemmt. Die Umwandlung von I in II in der verletzten Knolle erklärt sich demnach aus dem verstärkten Tricarbonsäureumsatz. (Биохимия [Biochemie] **19**. 104—10. Jan./Febr. 1954. Moskau, Bach-Inst. für Biochem. der Akad. der Wiss. der UdSSR.) LEBTAG. 4460

E. G. Bollard, *Stickstoffstoffwechsel von Apfelbäumen.* Im Trachealsaft einjähriger Schosse von Gravenstein-, Delicious- u. Granny Smith-Bäumen wurde der Gesamt-N zu 10 µg in den Wintermonaten u. bis zu 150 µg zur Blütezeit ermittelt. NO_3^- würde nie gefunden. Papierchromatograph. wurden, wechselnd mit der Jahreszeit, bis zu 17 Aminosäuren aufgefunden, von denen *Glutamin, Asparagin, Asparaginsäure* u. (in geringerem Maße) *Glutaminsäure* ca. 90% des Gesamt-N enthielten. Es ist sehr wahrscheinlich, daß die Red. des gesamten aufgenommenen Nitrat-N zu Aminosäure-N bereits in der Wurzel vor sich geht, wobei unter den ersten Umwandlungsprodd. die zweibas. Aminosäuren vorherrschen. (Nature [London] **171**. 571—72. 28/3. 1953. Auckland, N. Z., Dep. of Sci. and Ind. Res., Fruit Res. Stat.) SCHLOTTMANN. 4460

Otto Kandler, *Über den „Synthetischen Wirkungsgrad" in vitro kultivierter Embryonen, Wurzeln und Sprosse.* Vf. überträgt die Meth. der Stoffwechselbilanzunterss. an Mikroorganismen auf höhere Pflanzen. An isolierten Maisembryonen, Maiswurzeln u. Spargelsprossen (in Glucose-Nährlsgg. bei 27°) werden Trockengewichtszunahme, N-Einbau, Glucoseverbrauch, O_2-Aufnahme u. R.Q. bestimmt. Der errechnete Quotient: assimilierte Glucose/veratmete Glucose wird als „*Synthet. Wirkungsgrad*" (S.W.) bezeichnet. Der S.W. wird durch O_2-Mangel verbessert, durch O_2-Zufuhr vermindert; er ergab sich z. B. für Maisembryonen zu 1,9 nach 5tägiger, für Maiswurzeln zu 1,28 nach 3tägiger, zu 0,75 nach 14tägiger u. für Spargelsprosse zu 0,4 nach 3tägiger u. 0,71 nach 10tägiger Kulturdauer. (Z. Naturforsch. **8b**. 109—17. März 1953. München, Univ., Bot. Inst.) SCHLOTTMANN. 4460

Peter Baertschi, *Die Fraktionierung der natürlichen Kohlenstoffisotopen im Kohlendioxydstoffwechsel grüner Pflanzen.* Bei Keimung u. Atmung von Bohnen tritt keine Isotopenfraktionierung auf. Demgegenüber liefert die Assimilation bei 25—30° u. ca. 50000 Lux in einer Atmosphäre mit 5% CO_2 den Fraktionierungsfaktor 1,026 $\pm$0,001, um den $^{12}CO_2$ rascher assimiliert wird als $^{13}CO_2$. Der Faktor entspricht dem an Algen gefundenen; er ist offenbar von Pflanzenart u. Wachstumsbedingungen wenig abhängig. Diskussion der Gründe für das Abweichen dieses Faktors von dem bei Absorption von CO_2 durch starke Alkalien gefundenen Wert von 1,014. (Helv. chim. Acta **36**. 773—81. 15/6. 1953. Basel, Univ., Physikal.-chem. Inst.) SCHLOTTMANN. 4462

A. P. Schtscherbakow, *Biochemische Änderungen in den reifenden Sojasamen unter dem Einfluß von Calcium und Magnesium.* Gefäßverss. ergaben, daß die günstige Wrkg. von *Ca* auf den Sojaertrag optimal ist, wenn das Verhältnis Ca/Mg höchstens 1:1, mindestens 1:0,5 beträgt. Mit der *Mg*-Düngung hängen zusammen: erhöhte Anreicherung der prim. Kohlenhydrate, Abnahme der Syntheseaktivität der Saccharase, der Peroxydaseaktivität, des Atmungskoeff.. u. des Amino- u. Eiweiß-N, Erhöhung der Katalaseaktivität. Die Wrkg. von Ca besteht in der Anreicherung von Saccharose, Maltose, Dextrinen, in der Abnahme der Amylase, des Nichteiweiß-N, des Fettes. der Katalaseaktivität sowie in der Zunahme der Saccharaseaktivität, des Atmungskoeff., der Peroxydaseaktivität, des Eiweiß- u. Amino-N. Bei einseitiger Versorgung mit Ca wird die Aufnahme von K u. P durch den Samen gehemmt, die Aufnahme von Ca erhöht. Mg zeigt eine entgegengesetzte Wirkung. (Биохимия [Biochemie] **18**. 438—47. Juli/Aug. 1953. Moskau, Forstinst. der Akad. der Wiss. der UdSSR.) LEBTAG. 4470

E_5. Tierchemie. Tierphysiologie. Tierpathologie.

Samuel Mallov, J. M. McKibbin und **Jane Sands Robb,** *Die Verteilung einiger essentieller Lipoide im Rinderherzmuskel und dem Leitungsgewebe.* Es werden Verss. mit der Zielsetzung ausgeführt 1. den Geh. des Rinderherzmuskels an Totallipoid-N u. -P, an Cholin, Sphingosin, Nichtsphingosinamino-N (Anwendung der eigenen Technik) zu bestimmen, 2. die Ergebnisse mit denjenigen des Herzleitungsgewebes zu vergleichen u. 3. einen Beitrag über die Sphingolipoide des Rinderherzens zu liefern. Gewinnung, Reinigung u. Analyse werden wie früher beschrieben ausgeführt (vgl. MCKIBBIN u. TAYLOR, C. **1951**, I. 2031) bzw. nach Meth. der Literatur. Aus den

Ergebnissen wird abgeleitet, daß Herzleitungs- u. -bindegewebe sich hinsichtlich der ermittelten Lipoide vom Herzmuskelgewebe unterscheiden; beim Herzleitungsgewebe beruht dieser Unterschied vor allem auf der Ggw. von Bindegewebe. Es hat sich gezeigt, daß die Meth. der selektiven Hydrolyse bei Rinderherzmuskelextrakten nicht anwendbar ist; ebenso unbefriedigend sind beim vorliegenden Substrat die Verff. zur Ermittlung der im Herzen enthaltenen Zucker (Galaktose), nämlich die BRAND-SPERRY-Zuckerreduktionsmeth. sowie das colorimetr. BRÜCKNER-OREIN-Verfahren. Die colorimetr. Anthronmeth. zur Best. der Kohlenhydrate erweist sich in der mitgeteilten Arbeitsweise als brauchbar. Rinderherzmuskel enthält 0,01—0,02% Cereberside, Herzleitungsgewebe 0,030%, bezogen auf das Frischgewicht. (J. biol. Chemistry **201.** 825—38. April 1953. Syracuse, N. Y., Univ. of New York, Med. Coll., Dep. of Biochemistry and Pharmacology.) TÄUFEL. 4520

L. Demling, H. Kinzelmeier und **N. Henning,** *Über die quantitative Zusammensetzung der Organproteine. (Elektrophoretische Untersuchungen.)* Mit Hilfe einer hochtourigen Zentrifuge wurde aus dem Homogenat (entblutetes Rattenorgan + mol./15 Phosphatpuffer p_H 7,2 nach SØRENSEN + Quarzsand) bei 18° ein klarer Überstand erhalten, der nach Entfernung eines oberflächlichen Lipoidhäutchens direkt papierelektrophoret. auftrennbar war. Für einzelne Organe erwies sich eine milde Autolyse (24 Std. bei 20°) zweckmäßig. Verglichen mit dem Plasma sind die Gewebe, mit Ausnahme von Uterus u. Hoden, relativ reich an Globulin u. arm an Albumin; charakterist. Unterschiede für einzelne Organe ließen sich feststellen. Die Bedeutung dieser Unterss. für die Diagnostik u. die Genese der Serumeiweißkörper wird diskutiert. Die Identität der Organproteine mit den Serumeiweißfraktionen kann vorläufig nur bezüglich der Elektrophorese als gesichert gelten. (Z. ges. exp. Med. **122.** 416—30. 1954. Würzburg, Univ., Med. Poliklinik.) NEHRING. 4520

A. Gottschalk, *Das Vorkommen von 2-Carboxypyrrol in Mucoproteinen und seine Beziehung zum Virusenzym.* Nach ODIN (Nature **170.** [1952.] 663) geben viele *Mucine,* die *Influenzavirus-Hämagglutinin* hemmen, beim Erhitzen mit *p-Dimethylaminobenzaldehyd* (**I**)-Reagens eine Violettfärbung. Diese wurde auch mit der prosthet. Gruppe verschied. anderer hemmend wirkender u. inaktiver Mucoproteine (**II**), sowie mit Casein u. Ochsenserumalbumin erhalten. Die mit **I** reagierende Verb. wurde durch milde $Ba(OH)_2$-Hydrolyse u. Extraktion mit absol. A. aus Rindersubmaxillaris-*Mucoprotein* abgetrennt u. durch Farb-Rkk., papierchromatograph. Vgl. u. Red. mit ADAMS Katalysator/H_2 zu DL-Prolin als *2-Carboxypyrrol* (**III**), eine bislang aus **II** nicht bekannte Komponente, identifiziert. Da nach früheren Befunden in der aus einem hemmend wirkenden Mucoprotein (**IIa**) durch das *Virusenzym* (**IV**) abgespaltenen Verb. ein Nichtaminozucker enthalten ist u. diese Verb. direkt mit **I** reagiert, nimmt Vf. an, daß in der prosthet. Gruppe eines hemmenden **IIa** der *Carbonyl-C* von **III** eine alkalilabile Amidbindung mit dem *N*-Atom eines anschließenden *Hexosamin*-Mol., der Pyrrol-*N* dagegen ein alkalilabile glykosid. Bindung mit einem Zuckerrest bildet. **IV** ist möglicherweise eine *Amidase.* (Nature [London] **172.** 808. 31/10. 1953. Melbourne, Walter and Eliza Hall Inst. of Med. Res.) K. MAIER. 4520

D. Monnier und **Z. Besso,** *Polarographische Untersuchung des Speichels.* Aus weiteren polarograph. Unterss. der Vff. an verd. menschlichem Speichel (Sp.) in NH_3-haltiger Pufferlsg. u. in Ggw. von Co^{2+}-Ionen über die Ursachen der früher beobachteten 3. polarograph. Welle (vgl. C. **1953.** 8391) geht hervor, daß Sp. im Gegensatz zu Blutserum unter gleichen Bedingungen 3 katalyt. Wellen liefert, von denen in ungepufferten Lsgg. die beiden ersten im Gegensatz zur 3. nur in Ggw. von Co^{2+}-Ionen auftreten. Durch Denaturation mit KOH verschwindet die 3. vollständig, wobei ein Mercaptangeruch auftritt, während sich die beiden anderen Wellen verstärken. Beim Aufbewahren des Sp. nimmt die Stabilität der Wellen von der 1. zur 3. immer mehr ab. Nach einfacher Dialyse verschwinden die 2. u. 3. Welle im Gegensatz zur unverändert bleibenden 1. Welle. Nach $2^1/_2$std. Elektrodialyse verschwindet die 1. Welle, während sich die 3. kaum verändert. Das zur einfachen Dialyse verwandte W. ergab bei polarograph. Unters. nur das Vorhandensein der 2. u. 3. Welle, wobei jedoch das Verhalten der 3. mit u. ohne Ggw. von Co^{2+}-Ionen gänzlich verschieden war von dem des nichtdialysierten Speichels. Bei Zusatz von *Cystin* oder *Cystein* nimmt die 3. Welle in Ggw. von Co^{2+}-Ionen zu, während sie in Abwesenheit von Co^{2+}-Ionen abnimmt. Das kann damit gedeutet werden, daß mindestens 2 Faktoren für die 3. Welle verantwortlich gemacht werden müssen, von denen wahrscheinlich einer — wie aus dem obenerwähnten Mercaptangeruch hervorgeht — schwefelhaltig ist. (Helv. chim. Acta **37.** 455—61. 15/3. 1954. Genève, Univ., Lab. de Chimie minérale, de Chimie analyt. et de Microchimie.) NIEMITZ. 4555

Rebeca Gerschman und **Wallace O. Fenn,** *Ascorbinsäuregehalt von Rattennebennieren bei Sauerstoffvergiftung.* An Ratten, welche bei einem O_2-Druck von 1—7 Atmosphären gehalten wurden, wurde der Einfl. von O_2 auf den *Ascorbinsäure* (**I**)-Geh. der Nebenniere untersucht. Vff. stellen einen **I**-Abfall in der Nebenniere fest u. kommen zu dem Schluß, daß diese unphysiolog. Art des Streß zu einer Hormonsekretion der Nebennierenrinde führt. (Amer. J. Physiol. **176.** 6—8. Jan. **1954.** Rochester, N. Y., Univ. of Rochester, School of Med. and Dentistry, Dep. of Physiol. and Vital Economics.) WOLFGANG ALBRECHT. 4558

H. G. Williams-Ashman, *Umwandlung der enzymatischen Konstitution der ventralen Prostata durch androgene Hormone.* Die glykolyt. Enzyme u. Atmungsfermente in den ventralen Prostata von Ratten wurden untersucht. Der Citronensäurecyclus läuft auch in diesem Gewebe ab. Kastration bewirkt ein Absinken der Aktivität von *Aconitase, Fumarase* u. *Maleinsäuredehydrase* u. eine Erhöhung der *Milchsäuredehydrase,* die durch *Testosteronpropionat* wieder auf das n. Maß gebracht wird. *Isocitronensäuredehydrase, Glucose-6-phosphatdehydrase* u. *Enolase* werden kaum beeinflußt. Eine Einw. auf das Enzymsystem durch *Testosteron* in vitro findet nicht statt. (Endocrinology **54.** 121—29. Febr. 1954. Chicago, Illinois, Univ., Labor. for Cancer Res.) NIEMANN. 4559

Alfred Schwenk und **Ingeborg Schmitt,** *Reifeablauf, Wachstum und 17-Ketosteroidausscheidung bei Mädchen im Pubertätsalter.* Best. mit der ZIMMERMANNschen 17-Ketosteroidausscheidungsmeth. im Zeitlängsschnitt der Pubertät ergaben bei später Reifung eine geringe, bei früher eine höhere u. mit dem Alter stärker ansteigende Ausscheidung von Stoffwechselendprodd. androgener Substanzen. (Mschr. Kinderheilkunde **102.** 79—81. Febr. 1954. Köln.) LIPS. 4559

Walter Riss und **William C. Young,** *Das Versagen größerer Mengen von Testosteronpropionat bei der Aktivierung von männlichen Meerschweinchen mit niedrigem Sexualtrieb.* Durch eine Überdosierung von *Testosteronpropionat* konnte der Sexualtrieb von männlichen Meerschweinchen nicht über das Maß gesteigert werden, das nach Kastration durch n. Mengen des Hormons erreicht wird. Es wurde statt dessen eine leichte Abnahme festgestellt. (Endocrinology **54.** 232—35. Febr. 1954. Lawrence, Kansas, Univ., Dep. of Anat.) NIEMANN. 4559

Josef Zander, *Die Ausscheidung des Pregnandiol-Komplexes nach Injektion von Progesteron beim Menschen.* Wird *Progesteron* (**I**) in verschied. Dosen u. bei verschied. Funktionszuständen der Frau injiziert, so zeigt die *Pregnandiol* (**II**)-Ausscheidung erhebliche individuelle Schwankungen, während bei der gleichen Patientin die Ausscheidung immer in der gleichen Größenordnung liegt. Von den verschied. Anwendungsformen — ölige Lsg. (**III**), Kristallsuspension (**IV**) u. intravenöse Injektion (**V**) — hat lediglich die Verabreichung von **IV** eine geringere **II**-Ausscheidung zur Folge; **III** u. **V** zeigen untereinander keine wesentlichen Unterschiede. Für die **IV** sind Kristalle der Größenordnung bis zu 0,1 mm am geeignetsten. Wird neben **I** gleichzeitig *Östradiolmonobenzoat* injiziert, so findet keine höhere **II**-Ausscheidung statt. Wird **I** in der 2. Schwangerschaftshälfte einmalig injiziert, so kann im Vgl. zu Kastratinnen bzw. Patientinnen in der Menopause keine erhöhte **II**-Ausscheidung nachgewiesen werden; das gleiche gilt für die fortlaufende Injektion während der Schwangerschaft. Die schon früher beobachtete Zunahme der **II**-Ausscheidung nach mehrmaliger **I**-Injektion wird als Kumulation gedeutet. (Geburtshilfe u. Frauenheilkunde **14.** 402—22. Mai 1954. Marburg a. d. L., Univ.-Frauenklinik.) H. P. FIEDLER. 4559

Dwain D. Hagerman und **Claude A. Villee,** *Wirkungen von Östradiol auf den Stoffwechsel des menschlichen Endometriums in vitro.* (Vgl. C. **1954.** 6982.) Verss. mit Endometrium-Schnitten in der WARBURG-App. unter Verwendung markierter *^{14}C-Glucose* u. *K-$^{14}C_{(2)}$-Pyruvat* in reiner O_2-Atmosphäre ergaben, daß *Östradiol* (**I**) den *O_2*-Verbrauch des Gewebes in vitro erhöht u. die Umwandlung von *Glucose* (**II**) u. *Brenztraubensäure* in Richtung einer vollständigeren Oxydation verschiebt. Mit **II** als Substrat fehlt in Ggw. von *Jodacetat* der **I**-Effekt, dagegen nicht mit *Pyruvat.* Die Ergebnisse stimmen mit der Annahme überein, daß **I** in vitro an einem der Enzymsysteme des KREBSschen Tricarbonsäurecyclus angreift. (J. biol. Chemistry **203.** 425—31. Juli 1953. Boston, Mass., Harvard Med. School, Deps. of Obstetrics and Biol. Chem., u. Boston Lying-In Hospital, Res. Labors.) K. MAIER. 4559

C. K. Whitehair, Willis D. Gallup und **M. C. Bell,** *Die Wirkung von Stilböstrol auf die Verdaulichkeit der Nahrung und auf die Calcium-, Phosphor- und Stickstoffretention bei Lämmern.* Bei 10 Tieren wurden vergleichende Unterss. über den Einfl. einer Implantation von *Stilböstrol* (**I**) auf Stoffwechselvorgänge durchgeführt. Es wurde festgestellt, daß die Verdaulichkeit der Hauptnährstoffe außer einer geringen Förderung derjenigen der Rohfaser nicht beeinflußt wird. Bei den mit **I** behandelten

Tieren war die Retention von Ca, P u. N deutlich erhöht u. die Gewichtszunahme beschleunigt. Die Milchdrüse war bei diesen Tieren größer. (J. Animal Sci. **12.** 331—37. Mai 1953. Oklahoma Agricult. Exp. Stat., Deps. of Anim. Husbandry and Agricult. Chem. Res.) SCHWAIBOLD. 4559

Bo von Friesen, *Stilböstrolbehandlung nach spontanem (einschließlich illegalem) und therapeutischem Abort.* 1. Mitt. *Einfluß auf die Mortalität.* Werden nach therapeut. Abort täglich 6 mg *Stilböstrol* (**I**) 3—4 Tage lang oral verabreicht, so wird sowohl die Sterblichkeit vermindert als auch die Dauer des Krankenhausaufenthaltes verkürzt. Bei spontanem oder illegalem Abort konnten durch **I**-Gaben die Fieberkurven deutlich herabgedrückt werden, wenngleich Fieber u. Krankenhausaufenthalt nicht in dem gleichen Maße wie bei dem therapeut. Abort verkürzt werden konnten, was darauf zurückzuführen ist, daß die meisten der untersuchten Fälle erst relativ spät zur Behandlung kamen. Die Frühtempp. menstruierender, gesunder Frauen werden durch **I** in den angegebenen Dosen nicht wesentlich verändert. (Acta obstetr. gynecol. scand. **33.** 50—59. 1954. Stockholm, Sabbatsberg Hosp., Dep. of Gynaecol.) H. P. FIEDLER. 4559

F. Hoff und **R. Bayer,** *Das inverse und refraktäre Verhalten des menschlichen Uterusmuskels gegenüber dem Hypophysenhinterlappenhormon* (*H. H. H.*). Die inverse Rk. des Uterusmuskels auf intravenöse Injektion von *H. H. H.* hängt nicht von hormonalen Bedingungen ab, sondern wird neuroton. gesteuert. Auch das Refraktärverhalten wird nicht vom Corpus-luteum-Hormon, sondern ebenfalls neuroton. beeinflußt. (Zbl. Gynäkol. **76.** 541—48. 1954. Graz, Univ., Frauenklinik.) NIEMANN. 4560

F. K. Beller, *Eine neue Methode der Heparininaktivierung durch ACTH-Präparate* (*Heparininaktivierungstest*). Vf. beschreibt eine Meth., bei der in einer ACTH(**I**)-Verdünnungsreihe die zugeführte *Heparin* (**II**)-Menge im Blut neutralisiert wird. Die Fehlerbreite der Meth. beträgt $\pm 0{,}05$ **I**-Einheiten; Angaben über Temperaturkonstanz u. **I**-Empfindlichkeit in vitro. Als Zufallsbefund wurde bei einer Hyperkoagulabilität bei Verlängerung der Prothrombinzeit eine Normalisierung des Testes festgestellt. Hieraus zieht Vf. Parallelen zum **II**-Toleranztest. Gegenüber der **II**-Titerbest. benötigt diese Meth. wesentlich weniger **II** u. ermöglicht eine genaue Standardisierung von **I**- u. **II**-Präparaten. — Durchführung der Best.: Ein graduiertes siliconiertes Reagensglas enthält 0,1 cm^3 einer **II**-NaCl-Verdünnung mit 10 **II**-Einheiten. Auffüllen des Röhrchens mit Blut bis 5 cm^3. In 10 MEINECKE-Röhrchen werden in fortlaufender Reihe **I**-Verdünnungen in physiol. NaCl-Lsg. pipettiert: In 0,1 cm^3 sind dann enthalten 0,2, 0,3, 0,4, 0,45, 0,5, 0,55, 0,6, 0,65, 0,7 u. 0,8 **I**-Einheiten. Zu jedem dieser Röhrchen werden 0,5 cm^3 **II**-Blut gegeben. Ablesungen nach 15 u. 30 Minuten. Als Wert gilt dasjenige Röhrchen, in dem das Blut fest geronnen ist. (Ärztl. Wschr. **9.** 465—68. 14/5. 1954. Gießen, Akad. für Med. Forschung und Fortbildung, Justus Liebig-Hochschule, Frauenklinik.) BRATFISCH. 4560

Hans Seliger, *Klinische Untersuchungen mit dem cholesterinabbauenden Hormon bei Hypercholesterinämie.* Das noch nicht näher bekannte „*cholesterinabbauende Hormon*" (**I**) des Hypophysenvorderlappens wurde in Dosen von 0,5 cm^3 mit 12 mg *Vi amin* E (als physiolog. Stimulans von **I**) bei Arteriosklerose, Psoriasis u. Hautcarcinomen mit gutem Erfolg angewandt, wobei die bei allen diesen Krankheiten stark erhöhten Blutcholesterinwerte weitestgehend normalisiert wurden. Seine Verwendung wird deshalb bei allen Hypercholesterinämien empfohlen. (Therap. d. Gegenwart **93.** 52—54. Febr. 1954. Schmiedefeld/Rennsteig.) JORDAN. 4560

L. Benda, A. Beringer, E. Rissel und **E. Scholda,** *Über den Fett- und Glykogengehalt der Leber nach Hypophysenvorderlappenextrakten und Nebennierenrindenwirkstoffen.* Unter Hinweis auf das vorhandene Schrifttum über die Beeinflussung des Lebergewichts u. ihres Geh. an Fett u. Glykogen durch die Hypophyse sowie durch die Nebenniere wird über Verss. mit Extrakten aus dem Vorderlappen der Hypophyse (*ACTH*) (Präpp. CIBA, Basel, u. SANABO-Wien) u. einem gleichen Präp. ohne corticotrope Wrkg. (SANABO-Wien) sowie mit *Cortison* (Cortison der Firma CIBA-Basel u. Cortone der Firma MERCK) berichtet. ACTH führt bei den Tieren zu einer starken, Cortison zu einer noch stärkeren Erhöhung des Gewichtes der Leber. Der Fettgeh. der Leber steigt bei den ACTH-Tieren auf das Neunfache des Normalen, bei den Cortison-Tieren auf das Dreifache an; der Geh. an Glykogen ist bei den ACTH-Tieren um das Dreifache erhöht, bei den Cortison-Tieren um das Fünfzehnfache. *Methionin* ist ohne Einfl. auf die beobachteten Veränderungen. Bei adrenalektomierten Ratten bleibt die Leberverfettung durch ACTH aus; *Desoxycorticosteron* sowie *Substanz S* (nach REICHSTEIN) entfalten prakt. keinen Effekt. Das Präp. ACTH ohne corticotrope Wrkg. verursacht in der Leber starke Zunahme an Fett bei nur geringer Vermehrung des Glykogens. Betrachtungen zur Deutung der Befunde. (Verh. dtsch. Ges. inn. Med. **59.** 218–221. 1953. Wien.) Täufel. 4560

Hans Dunér, *Der Einfluß des Blutglucosespiegels auf die Sekretion von Adrenalin und Noradrenalin aus dem Nebennierenmark.* Da die nach Insulingabe auftretende Hypoglykämie zur vermehrten Ausscheidung von *Adrenalin* (I) u. *Noradrenalin* (II) führt, unters. Vf. diesen Regulationsmechanismus, indem anästhesierten Katzen steigende Mengen (0,1–0,8 g/kg Körpergewicht) an *Glucose* (III) injiziert wurde. Die Infusion von 0,1 g III/kg Körpergewicht bewirkte eine I-Senkung bis zu 50%, 0,8 g III/kg Körpergewicht sogar bis zu 7%. Vf. beobachtete ebenfalls eine II-Abnahme, aber nicht in dem Maße. An Tierverss. wurde gezeigt, daß III auf die Sekretion des Nebennierenmarks einwirkt. (Nature [London] **171.** 481–82. 14/3. 1953. Stockholm, Karolinska Inst., Faculty of Med., Dep. of Physiol.) Bratfisch. 4561

U. S. von Euler, S. Hellner und **A. Purkhold,** *Exkretion von Noradrenalin im Urin bei Hypertension.* Von 500 Fällen mit Hypertension bewegte sich bei 66,2% der *Noradrenalin*-Geh. im Urin in n. Grenzen u. bei 16,4% der Fälle war er erhöht (über 86,4 μg in 24 Std.). (Scand. J. clin. Lab. Invest. **6.** 54–59. 1954. Stockholm, Faculty of Med., Physiological Dep.) Genest. 4561

F. Gross und **H. Gysel,** *Die Wirkung des Elektrocortins auf nebennierenlose Hunde.* Um Hunde ohne Nebenniere am Leben zu erhalten, ist eine tägliche subcutane Injektion von 50–60γ *Desoxycorticosteronacetat* (I) pro kg Körpergewicht erforderlich. Bei gleicher Injektion von *Elektrocortin* (II) werden nur 1,5–2,0 γ/kg Körpergewicht benötigt. II ist also 25–30mal wirksamer als I. Bei Behandlung mit II steigen die Hämoglobinkonz. u. der Nichteiweißstickstoffwert gegenüber einer Behandlung mit I an. Die Ausscheidung von W., Na u. Chlorid wird erhöht, im Plasma tritt jedoch keine Abnahme der Konz. dieser Stoffe ein. Im Gegensatz zu I bewirkt II bei Überdosierung keine nennenswerte Veränderung, u. eine Unterdosierung zeigt wesentlich geringere Effekte. Beim Wasserstoßvers. wirken I u. II in gleicher Weise verzögernd auf die Ausscheidung. (Acta endocrinol. [Copenhagen] **15.** 199–209. März 1954. Basel, Res. Labor. of Ciba.) Niemann. 4561

E. J. Farrerons-Co, *Die Wirkung des Cortisons und Desoxycorticosterons auf die Capillarpermeabilität bei allergischen Erkrankungen.* In fast allen Fällen konnte durch Venenstauung eine anormale Durchlässigkeit für Proteine, nicht jedoch für Fl. beobachtet werden. Bei allerg. Erkrankungen kann man außer erhöhter Proteinpermeabilität keine Änderung der Capillarpermeabilität feststellen. *Cortison* u. *Desoxycorticosteron* zeigen nur eine leichte Tendenz zur Erhöhung der Permeabilität. (Medicina [Madrid] **21.** II. 261–70. Nov. 1953.) Hans Thiele. 4561

L. Benda, *Die Beeinflussung der experimentellen Leberschädigung durch Desoxycorticosteron und Cortison.* An lebergeschädigten Ratten (CCl_4) wurde die Wrkg. von *Desoxycorticosteron* (I) u. *Cortison* (II) verglichen. Beide wirken auf die Entzündungsvorgänge im Mesenchym, jedoch in antagonist. Sinne. I wirkt entzündungsfördernd, während II die entzündlichen Vorgänge hemmt. (Wiener med. Wschr. **65** [(N. F.) **6**]. 123—25. 6/1. 1953. Wien, Univ., 1. Med. Klinik.) L. Berger. 4561

L. Benda, E. Rissel, E. Scholda und **G. Scholda,** *Klinische und experimentelle Untersuchungen über die Wirkung der Substanz „S" nach Reichstein.* Die Wrkg. der *Verb. „S"* auf den Stoffwechsel liegt zwischen der des *Desoxycorticosterons* u. der des *Cortisons*, was auch ihrer chem. Konst. entspricht. Die Ausscheidung von *Natrium* u. *Chlorid* wird durch „S" vermindert, aber schwächer als durch das Desoxycorticosteron. Im Wasserhaushalt, Kohlenhydrat-, Eiweiß- u. Fettstoffwechsel bewirkt es keine Veränderung. Die eosinophilen Leukocyten werden durch „S" nach 5–8 Tagen vermindert, steigen danach aber wieder auf n. Werte an. Die Beeinflussung des Blutdruckes unterscheidet sich bei den drei Substanzen nicht. Nach 4 Wochen tritt eine gleichmäßige Erhöhung des Blutdruckes ein. (Acta endocrinol. [Copenhagen] **15.** 236–46. März 1954. Wien, I. Med. Univ.-Klinik.) Niemann. 4561

N. J. Nadler, C. P. Leblond und **R. Bogoroch,** *Der Grad der Jod-Umwandlung durch thyreoide Follikel als eine Funktion ihrer Größe.* Albino-Ratten wurde subcutan radioakt. *Jod* injiziert. Nach bestimmten Zeiten wurden einzelne Follikel der Schilddrüse auf den J-Geh. mittels Radioautographie untersucht. Kleine Follikel aus der Mitte der Drüse nehmen J schneller auf als große u. geben es auch schneller wieder ab. Die biol. Halbwertszeit für den J-Aufenthalt im Follikelkolloid steigt mit der Follikelgröße. Die J-Anhäufung ist proportional der effektiven Follikeloberfläche, die geringer ist als die äußere u. proportional der Zellenanzahl. Der Grad der J-Umwandlung hängt demnach vom Zellvol. der Follikel ab. (Endocrinology **54.** 154—72. Febr. 1954. Montreal, Univ., Dep. of Anatomy.) NIEMANN. 4562

Ake Nilzén (unter Mitarbeit von **Gun Lie** und **B. Widjer**), *Der Einfluß der Schilddrüse und der anaphylaktischen Reaktionen bei Tieren.* 1. Mitt. *Der Einfluß der Thyreoidektomie auf die Empfindlichkeit von Meerschweinchen gegenüber Histamin- und Acetylcholinaerosolen.* Die Widerstandsfähigkeit der Meerschweinchen gegenüber *Acetylcholin* (**I**)- u. *Histamin* (**II**)-Aerosolen wird durch die Thyreoidektomie gesteigert. Gleichzeitige Verabreichung von Thyroxin setzt sie wieder herab. Die Rkk. sind nicht durch den bei der Operation gegebenenfalls auftretenden Schock bedingt. Es wird gefolgert, daß die Zunahme der Widerstandsfähigkeit gegenüber **I** u. **II** durch Herabsetzung der Schilddrüsenaktivität bedingt wird. (Acta allergol. **7.** 231—44. 1954. Stockholm, Karolinska Sjukhuset.) H. P. FIEDLER. 4562

Fernando de Ritis und **Paolo Rossano,** *Behandlung der Hyperthyreose mit 2-Thio-5-joduracil.* Im Gegensatz zu Methylthiouracil u. Thiouracil, die bisher in der Therapie der Hyperthyreose angewandt wurden, hat das *2-Thio-5-joduracil* (**I**) keine hyperplast. Wrkg. auf das Schilddrüsengewebe, es kommt also nicht zu einer Strumenbildung. Seine therapeut. Wrkg. wird an Hand einer Kasuistik von 20 Fällen demonstriert. **I** senkt den Grundumsatz, verlangsamt die Herzaktion, vermindert die Kreatinausscheidung u. führt bei den untersuchten Hyperthyreosen zu einer Gewichtszunahme. Tox. Erscheinungen wurden nicht festgestellt; die Verträglichkeit des **I** ist gut. Durchschnittliche Behandlungsdauer 15—20 Tage, Dosis bis 800 mg täglich. (Minerva med. [Torino] **45.** I. 955—65. 7/4. 1954. Napoli, Univ., Ist. di Patologia Spec. Med.) P. G. SCHEURLEN. 4562

Augusto Picco und **Giacinto Dogliotti,** *Klinische und experimentelle Untersuchungen über die Wirkung der Cocarboxylase bei der Thyreotoxikose.* Bei 12 Fällen mit Hyperthyreose beobachteten Vff. eine Senkung des Grundumsatzes bei Anwendung von *Cocarboxylase* (**I**). Dosierung 2 Injektionen von 50 mg täglich 10—20 Tage lang. Gleichzeitig sank der erhöhte Brenztraubensäurespiegel im Blute auf n. Werte ab; Tachycardie u. cardiovasculäre Störungen wurden behoben. Im Experiment konnten Vff. nachweisen, daß die nach Gaben von Thyroxin entstehenden Leberzelldegenerationen durch **I** weitgehend gestoppt werden können. (Minerva med. [Torino] **45.** I. 1015—22. 14/4. 1954. Torino, Univ., Ist. di Patologia Spec. Chirurg.) P. G. SCHEURLEN. 4562

Russell Fraser, John D. Abbatt und **F. S. Stewart,** *Behandlung der Thyreotoxikose mit Radiojod: Methode der einmaligen Dosis nach medikamentöser Vorbereitung.* 32 Patienten mit Thyreotoxikose erhielten nach einer mehrwöchigen Vorbereitung durch Gaben von Methylthiouracil u. *l*-Thyroxin einmalige Dosen von 6—24 mC ^{131}J oral. Die Dosen wurden so berechnet, daß sie 100, 150 oder 250 μC/g Schilddrüse betragen sollten. Durch die medikamentöse Vorbehandlung wird die biol. Halbwertszeit (Aufenthalt) des Jods in der Schilddrüse von 10,6 auf 27, 8 Tage verlängert. Nach einem Jahr waren 26 der Patienten wiederhergestellt, 5 bedurften einer erneuten Bestrahlung u. 1 zeigte permanentes Myxödem. (Brit. J. Radiol. **27.** 23—30. Jan. 1954. London. Post-graduate Med. School, Dep. of Med., Hammersmith Hospital.) M. WIEDEMANN. 4562

Luigi Barbieri und **Pier Luigi Esposti,** *Veränderungen an den Langerhansschen Inselzellen nach Behandlung mit Vitamin E.* Am Meerschweinchen wurde beobachtet, daß es bei Behandlung mit *Tocopherol* (**I**; 100 mg täglich intraperitoneal 15 Tage lang, bzw. 50 mg 23 Tage lang intramuskulär) u. a. zu Veränderungen an den LANGERHANSschen Inseln im Pankreas kommt: Vermehrung der A-Zellen u. Verminderung der B-Zellen. Die Wrkg. wird auf eine Beeinflussung anderer Hormondrüsen durch **I** zurückgeführt. (Minerva med. [Torino] **45.** I. 1324—26. 9/5. 1954. Pavia, Univ., Clin. Chirurg. Generale.) P. G. SCHEURLEN. 4564

M. J. Osborn, J. M. Felts und **I. L. Chaikoff,** *Vorübergehende Steigerung von Fettgehalt und Größe der Leber, hervorgerufen durch Insulin bei Alloxan-diabetischen Ratten.* Unter Hinweis auf frühere Unterss. (J. biol. Chemistry **191.** [1951.] 683; C. **1954.** 8380; 8143), wonach Leberschnitte von Alloxan-diabet. Ratten im Inkubationsvers. mit ^{14}C-markiertem Lactat, Pyruvat bzw. Acetat gegenüber der Norm stark erhöhte Biosynthese von isotopen Fettsäuren erkennen lassen, werden weitere Verss. an Ratten durchgeführt; die Alloxan-diabet. Tiere erhalten je Tag eine Injektion von 40 E. *Protamin-Zink-Insulin* (LILLY) auf 1 kg Körpergewicht in Perioden von 1, 2, 3, 4, 6 u. 8 Tagen; weiterhin werden je Ratte 50 E. von nichtverändertem Insulin (LILLY) verabfolgt; vom letzten Tag vor der ersten Insulininjektion erhalten die Tiere eine prakt. fettfreie synth. Diät aus 60% Glucose; analoge Behandlung der Kontrolltiere. Es werden jeweils Leberschnitte hergestellt u. mit $CH_3{}^{14}COCOONa$ inkubiert. Best. von $^{14}CO_2$, Kohlenhydratanalysen, Protein-Best., Ermittlung der Gesamtfettsäuren, des

Lebergew. in der früher beschriebenen Weise. Es wird festgestellt, daß bei wiederholten Injektionen von Insulin der Fett-Geh. der Leber der diabet. Ratten nach 4tägiger Behandlung auf das 6fache ansteigt; dieser Zustand ist aber vorübergehend; nach 6 Tagen gleicht sich der Fett-Geh. dem der Leber von diabet., nicht mit Insulin behandelten Tieren an. Die Fett-Bldg. aus Pyruvat erreicht während der ersten 3 Tage der Insulinbehandlung sehr hohe Werte, fällt aber vom 4. Tage (Maximum) rasch ab. Es wird das Vorhandensein einer homöostat. Kontrolle der Leberfett-Bldg. angenommen. Diabet., mit Insulin behandelte Tiere zeigen zwar, auf die Gewichtseinheit bezogen, einen deutlich herabgesetzten Geh. an Protein, der Total-Geh. der Leber an Protein aber ist gegenüber der Norm wesentlich erhöht. (J. biol. Chemistry **203.** 173—81. Juli 1953. Berkeley, Calif., Univ., School of Med., Dep. of Physiology.) TÄUFEL. 4564

G. C. Patterson und **J. T. Shepherd,** *Die Wirkung von kontinuierlichen Infusionen von Adenosintriphosphat, Histamin und Acetylcholin in die Oberarmarterie auf den Blutdurchfluß nach rhythmischen Übungen des Unterarmmuskels.* Dauerinfusionen von *Mg-Adenosintriphosphat* oder *Histamin* oder *Acetylcholin* vor, während u. nach Bewegungen des Unterarmmuskels beeinflussen den Rückfluß des Blutes in den Muskel nach der Bewegung nicht. Die Ergebnisse werden im Hinblick auf die Arbeitsphysiologie des Muskels gedeutet. (Clin. Sci. **13.** 85—91. Febr. 1954. Belfast, Queen's Univ., Dep. of Physiol.) U. BAUMANN. 4569

O. Arunlakshana, J. L. Mongar und **H. O. Schild,** *Potenzierung pharmakologischer Effekte des Histamins durch Histaminase hemmende Stoffe.* Durch *Histamin* (**I**) bedingte Kontraktionen des Ileums (Meerschweinchen) werden durch *Semicarbazid* verstärkt (Schwellenkonz.: 10^{-9}, maximale Wrkg. 10^{-6}, bei stärkeren Konzz. Wirkungsabnahme). Andere *Histaminase* (**II**)-*Inhibitoren,* wie *Carbonyl-Reagentien, Diamine, Guanidin* u. *Imidazolderivv.* hatten ähnliche Wrkg.; **II**-Inhibitoren verstärkten gleichfalls die **I**-Wrkg. auf Trachealglieder u. Uterus, wogegen der Blutdruck der Katze nicht deutlich beeinflußt wurde. Die Anti-**II**-Aktivität von 8 Verbb. wurde bestimmt; es besteht eine deutliche Beziehung zwischen der hemmenden Konz. u. der pharmakolog. Wirkung. *Cholin, Acetylcholin* oder **I**-Analoge, die gegen **II** resistent sind, wurden in ihrer Wrkg. durch **II**-Inhibitoren nicht beeinflußt. (J. Physiology **123.** 32—54. 28/1. 1954. London, Univ. Coll., Dep. of Pharmacol.) HANS THIELE. 4569

R. J. Wieme, *Die Wanderung von Hämoglobin, das dem Serum zugesetzt wurde, bei der Papierelektrophorese.* Dem Serum zugesetztes *Hämoglobin* wird an ein α_2-Globulin gebunden. Diese Verb. wandert bei der Papierelektrophorese mit einer Geschwindigkeit, die zwischen der von α_2- u. β-Globulin liegt. Die Identität dieses Anteils der α_2-Globulinfraktion mit dem von JAYLE u. ABDELLATIF (Bull. Sci. chim. Biol. **28.** [1946.] 87) beschriebenen *Haptoglobin* wird erörtert. (Experientia [Basel] **9.** 380—81. 15/10. 1953. Gand, Univ., Clin. méd.) SCHELER. 4572

Oscar Touster und **M. C. Yarbro,** *Der Ergothioneingehalt menschlicher Erythrocyten; Einfluß von Alter, Rasse, bösartigen Geschwülsten und Schwangerschaft.* Vff. bestimmten den Ergothionein (**I**)-Geh. des Blutes bei verschied. Patientengruppen mit ihrer bromlabilen Schwefel- (vgl. C. **1951.** II. 1036) u. der Diazometh. (vgl. G. HUNTER, Canad. J. Res. **27E** [1949.] 230). Die Werte lagen bei Kindern im allg. etwas tiefer als bei Erwachsenen u. in beiden Altersgruppen bei Negern höher als bei Weißen. Bösartige Geschwülste oder Schwangerschaft waren ohne Einfluß. Auf Fehlerquellen der Methoden wird hingewiesen; fehlende Übereinstimmung mit papierchromatograph. Ergebnissen wird auf das Vorliegen von gebundenem **I** zurückgeführt. (J. Lab. clin. Med. **39.** 720—24. Mai 1952. Nashville, Tenn., Vanderbilt Univ., School of Med., Dep. of Biochem.) HELGE. 4573

Sidney Shulman, *Der Fibrin-Serum-Faktor.* Vf. stellt Fibrin in zwei verschied. Formen dar, die sich in der Löslichkeit voneinander unterscheiden: **A**: Fibrin (**I**) aus hochgereinigtem Fibrinogen (**II**) unter Zusatz von Thrombin. **B**: **I** aus Roh-**II**, wenig Ca u. einem bisher nicht bekannten *Fibrin–Serum-Faktor* (FSF). Nach **A** hergestelltes **I** ist in verd. Säuren, Harnstoff (**III**), Guanidin, LiCl, LiBr, NaBr u. NaJ lösl., wogegen **I** nach **B** hergestellt in den vorgenannten Lösungsmitteln unlösl. ist. Bei Entfernung des FSF aus **II** z. B. durch Dialyse von **II** gegen 3 mol. **III**-Lsg. oder 2 mol. NaBr-Lsg. (Zerstörung des FSF), wird auch nach **B** hergestelltes **I** in **III** löslich. Durch Zufügen von Rinderserumalbumin (ARMOUR Fraktion V) konnte die FSF-Altivität wiederhergestellt werden. FSF wird bei 50%ig. $(NH_4)_2SO_4$-Sättigung mit **II** niedergeschlagen, nicht aber durch isoelektr. Fällung des **II.** (Nature [London] **171.** 606—07. 4/4. 1953. Madison, Wisconsin, Univ., Dep. of Chem.) BRATFISCH. 4574

B. Hood, G. Angerwall, B. Isaksson und **G. Welin,** *Untersuchungen über Heparin und den Lipämie-Klärfaktor.* 1. Mitt. 3 Std. nach Einnahme einer Standard-Fettmahlzeit (1,5 g Fett/kg Körpergewicht) wurde das lipäm. Plasma durch Zentrifugieren des venösen Blutes gewonnen. Seine opt. Dichte ist bei 650 mμ für 24 Std. konstant. Injektion von 100 mg *Heparin* (I) u. Mischen des gewonnenen Plasmas mit lipäm. ließ die opt. Dichte stark absinken. Diese Kläraktivität des I wird blockiert durch Protaminsulfat, nicht aber durch dessen Einzelbestandteile Arginin u. Histidin u. auch nicht durch Hexamethonium. Vff. führen klin. Unterss. über den Klärfaktor an atherosklerot. Patienten nach I-Injektion durch. Bei Verss., den Klärfaktor zu konzentrieren, wurde festgestellt, daß sowohl dieser als auch das Prothrombin von 50% ig. Asbest u. von $Mg(OH)_2$ adsorbiert werden. Elutionsverss. waren bisher ohne Erfolg. (Scand. J. clin. Lab. Invest. **6.** 1—7. 1954. Gothenburg, Sahlgren's Hospital u. Medical School, Inst. of Med. Chem.) GENEST. 4574

R. M. N. Crosby und **Gleen L. Weiland,** *Xanthochromie des Liquor cerebrospinalis. 2. Mitt. Vorläufige Beschreibung verschiedener neuer gefärbter Substanzen.* (1. vgl. Bull. School Med. Univ. Maryland **35.** [1950.] 62.) Hämoglobin- u. bilirubinfreier Liquor wurde mit einem Essigsäure–Ae.-Gemisch extrahiert, dann durch Dampfdestillation auf p_H 4,0—4,5 gebracht. Dabei präcipitierten feste, fettige Substanzen, die, in Ae. ausgeschüttelt, 2 gelbbraune, lipoidähnliche äther- u. wasserlösl. Fraktionen ergaben. Keine enthielt *Fe* oder *Pyrrole*; die Ätherfraktion ergab positive *o-Dianisidin*-Rk., ohne daß sonst Aldehyde nachgewiesen werden konnten. Eine weitere gefärbte Verb. wurde durch alle konz. Säuren zerstört, eine andere war nur lösl. in Wasser. Insgesamt wurden über 200 Proben untersucht, bei denen klin. ein Abbau von Hirngewebe anzunehmen war. (A. M. A. Arch. Neurol. Psychiatry **69.** 732—36. Juni 1953. Baltimore, Gettysburg, Univ. of Maryland, School of Med., u. Coll. of Physicians and Surgeons.) BROSEMANN. 4578

C. B. Laurell, *Vorläufige Daten über die Zusammensetzung und gewisse Eigenschaften der menschlichen Chylomikronen.* An Fettpartikeln, die durch Ausflockung mit Protaminsulfat aus der chylösen ascit. Fl. eines Patienten gewonnen wurden, führte Vf. elektrophoret. Unterss. in einer TISELIUS-SVENSSON-App. bei p_H 7,6 durch. Die Chylomikronen wandern mit der Albuminfraktion. Die mittels Toluidinblau als milchige Suspension isolierten Partikeln enthielten: (g/100 ml Suspension) 5,18 Gesamt-*Fett*, 0,27 Gesamtcholesterin, 0,065 freies *Cholesterin*, 0,38 *Phospholipoide*, 0,09 *Protein* u. 0,0096 *Kohlenhydrate*. (Scand. J. clin. Lab. Invest. **6.** 22—24. 1954. Lund, Univ., Dep. of Clinical Chem.) GENEST. 4578

István Nagy, Gyula Sávay und **Bertalan Csillik,** *Über die Korrelation zwischen Lipoidgehalt der Knorpelzellen und Ossifikation.* Durch Anwendung der CIACCIOschen differenzierenden Fettfärbung weisen Vff. in Knorpeln von menschlichen u. Schweineembryonen *Phosphatide* nach, u. zwar um so mehr, je später die Knorpel im Entwicklungsgang verknöchern. Mit fortschreitender Verknöcherung verschwinden die Phosphatidgranula, das heißt im Ossifikationsprozeß werden *Fette* verbraucht. (Acta morphol. Acad. Sci. hung. **3.** 483—87. 1953. Szeged, Med. Univ., Inst. für Anat., Histol. u. Embryol.) U. BAUMANN. 4583

H. H. Mitchell und **Marjorie Edman,** *Fluor in der menschlichen Ernährung.* Zusammenfassende Besprechung der biol. Bedeutung des F (Zahnaufbau), der vermutlich n. täglichen Zufuhr (1—2 mg) u. des optimalen F-Zusatzes zum Trinkwasser (1—1,5 p.p.m.). — 53 Literaturzitate. (J. Amer. dietet. Assoc. **29.** 24—28. Jan. 1953. Urbana, Univ., Div. of Anim. Nutrit.) SCHWAIBOLD. 4585

Heinrich Brune, *„Arzneimittel" als Futterergänzungen in der Tierernährung.* Vf. mahnt zur Vorsicht bei Verwendung von Arzneimitteln u. *Antibioticis* als Futterergänzungsstoffe, da sie zahlreiche Gefahrenquellen u. Möglichkeiten folgenschwerer Fehlernährung in sich schließen. (Mühle **91.** 199—200. 22/4. 1954. Göttingen, Univ., Inst. für Tierphysiologie u. Tierernährung.) HOFER. 4585

O. O. Thomas, Willis D. Gallup und **C. K. Whitehair,** *Die Wirkung von Phosphormangel auf den Stoffwechsel von Carotin und Vitamin A bei Kühen.* Zur Nachprüfung früherer Beobachtungen über Beziehungen zwischen P- u. *Carotin* (I)-Stoffwechsel wurden bei 9 Tieren mit P-armer Fütterung ohne oder mit P-Zulagen während je 8 Wochen vor u. nach dem Abkalben Unterss. über den Plasma–P-Spiegel u. den I- u. *Vitamin-A* (II)-Geh. von Plasma, Leber (Biopsie) u. Milch durchgeführt. Es wurde gefunden, daß bei P-Mangel der Plasma–I-Spiegel allg. höher ist als bei ausreichender P-Zufuhr. Der Plasma–II-Spiegel scheint durch P-Mangel nicht beeinflußt zu werden. Nach dem Kalben hatten beide Tiergruppen ähnliche Abnahmen von I u. II in der Leber. Milch von Tieren mit P-Mangel enthielt mehr I, aber weniger II als die von Tieren mit ausreichender P-Zufuhr. (J. Animal Sci. **12.** 372—78. Mai 1953. Oklahoma, Agricult. Exp. Stat., Dep. of Anim. Husbandry and Agricult. Chem. Res.) SCHWAIBOLD. 4587

D. K. Schapiro und **P. L. Patent,** *Über die Standardlösung von Kaliumbichromat, die bei der Carotinbestimmung verwendet wird.* An Stelle der bei der Best. von Carotin üblichen Vergleichslsg. von $K_2Cr_2O_7$ (0,036%) empfehlen Vff. eine von LAWROW u. SCHTENBERG angegebene Lsg. von 0,0145% *Azobenzol* in Alkohol. (Вопросы Питания [Fragen d. Ernähr.] **12.** Nr. 5. 73—74. Sept./Okt. 1953. Minsk, Weißruss. Wiss. Sanitäts-Forschungsinst.) ULMANN. 4587

J. Green und **D. O. Singleton,** *Eine chromatographische Schnellmethode für die Bestimmung von Vitamin A in Wal-Lebertranen.* Vff. beschreiben eine Schnellmeth. zur Best. von *Vitamin A* (**I**) in unverseiften oder verseiften Wal-Lebertranen, die auf Chromatographie an *Fullererde* beruht, welche vorher mit NH_3 neutralisiert wurde. **I** kann mit n-Hexan bzw. Bzl.-n-Hexan eluiert werden u. wird nach Verdampfen des Lösungsm. u. Aufnehmen in Cyclohexan spektrophotometr. bestimmt. Die Wahl der Bedingungen hängt jedoch von dem Vorliegen von *Anhydrovitamin A* ab, das von **I**-Estern mittels dieser Meth. nicht getrennt werden kann. Für andere Öle als Wal-Lebertran ist die Meth. nicht anwendbar, obwohl durch sie in beträchtlichem Maße störende Substanzen entfernt werden können. (Analyst **79.** 431—34. Juli 1954. Tadworth, Surrey, Vitamins Ltd., Walton Oaks Experimental Station.) J. ROTHE. 4587

H. J. Prill, *Die Wirkung des Vitamins B_1 auf die Wehentätigkeit und die Geburtsdauer.* Die Verwendung von Vitamin B_1 bei der Geburt ergab keine statist. Geburtsbeschleunigung. Nur in wenigen Fällen hypoton. Wehenschwäche konnte eine Verkürzung durch Vitamin-B_1-Behandlung erreicht werden. (Zbl. Gynäkol. **76.** 548—52. 1954. Würzburg, Univ., Frauenklinik.) NIEMANN. 4587

Paul D. Altland und **Benjamin Highman,** *Wirkung eines Folsäureantagonisten (9-Methyl-PGA) auf Ratten, welche großen Höheschwankungen ausgesetzt waren.* An Ratten, welche täglich mit der Nahrung 0,5% *9-Methylpteroylglutaminsäure* (**I**) erhielten, wurde der Einfl. großer Höhen (18000—25000 Fuß 4 Std. täglich) untersucht. Die Überlebenszeit der **I**-genährten Tiere wurde nicht signifikant verändert. Bei **I**-Gabe 22 Tage vor der Höhenbehandlung konnte die höhenbedingte Polycythämie verhindert werden, bei schon bestehender Polycythämie konnte sie gemildert, nicht durch **I** zum Verschwinden gebracht werden. Die Befunde sprechen dafür, daß eine Polycythämie für das Überleben von Ratten bei wiederholtem Verbringen in große Höhen von zweifelhaftem Wert ist. (Amer. J. Physiol. **176.** 1—5. Jan. 1954. Bethesda, Md., Nat. Inst. of Arthritis and Metabolic Diseases, Nat. Inst. of Health, U. S. Public Health Service, Dep. of Health, Education and Welfare.) WOLFGANG ALBRECHT. 4587

Edward C. Naber, Esmond E. Snell und **W. W. Cravens,** *Die Wirkung von Nucleinsäurederivaten auf die Umkehr der Aminopterin-Hemmung beim Hühnerembryo.* Mehrere *Purinbasen* u. verwandte *Nucleoside* wurden auf ihre Wirksamkeit hinsichtlich einer Verstärkung der Umkehr der *4-Aminopteroylglutaminsäure* (*Aminopterin*; **I**)-Hemmung der Entw. des Hühnerembryos durch *Thymidin* (**II**) geprüft. Von den freien Purinbasen war *Hypoxanthin* (**III**) am wirksamsten. *Adenin* u. *Guanin* waren ebenfalls akt., *Xanthin* jedoch inaktiv. Von den getesteten Nucleosiden besaß nur *Inosin* Wirksamkeit u. war aktiver als **III.** In Verbindung mit **II** wurde die Wrkg. der angewandten niedrigen **I**-Konz. vollständig aufgehoben. Vff. nehmen an, daß **I** das Embryowachstum durch Verhinderung der Synth. von Verbb., die zur Bldg. von Nucleinsäuren (**IV**) unentbehrlich sind, hemmt. Zuführung dieser Verbb. ermöglicht die Entw. auch in Ggw. von **I. II** sowie die genannten Purinbasen u. Derivv. sind demnach für die **IV**-Synth. durch den Hühnerembryo verwertbar. (Proc. Soc. exp. Biol. Med. **81.** 20—23. Okt. 1952. Madison, Univ. of Wisconsin, Dep. of Poultry Husbandry and Biochem.) K. MAIER. 4587

L. M. Bremener und **M. A. Nowikowa,** *Der Ascorbinsäureumsatz bei Küken mit experimenteller Malaria.* Unterss. von Leghornküken mit experimenteller Malaria (intramuskuläre Injektion von Sporozoiten aus Aedes aegypti bzw. von Plasmodium gallinaceum enthaltendem Blut von infizierten Küken) ergaben in der akuten Phase der Infektion eine gegenüber der Norm erhöhte Konz. der *Ascorbinsäure* (**I**) in verschied. Organen (Nieren, Milz, Leber, Nebennieren), bes. bei den jüngeren Tieren. Die gesteigerte Biosynth. von **I** wird als Rk. des Organismus auf die Infektion aufgefaßt u. mit einem erhöhten Verbrauch von **I** in Verbindung gebracht. (Вопросы Питания [Fragen d. Ernähr.] **12.** Nr. 2. 30—36. März/April 1953. Moskau, Ernährungsinst. der Akad. der Med. Wiss. der UdSSR, Lab. für allg. u. vergl. Physiol. der Vitamine; Inst. für Malaria u. med. Parasitol., exp.-protozool. Abt.) RENTZ. 4587

Thérèse Terroine, *Schutzwirkung der Ascorbinsäure gegen den Biotinmangel der Ratte. Ascorbinsäure* (**I**) verzögert oder unterdrückt die bei der Ratte durch *Biotin* (**II**)-Mangel auftretenden charakterist. Symptome: Alopecie, Ödeme der Augenlider (Brillenkonturen) u. Känguruhgang. Auch Lebensdauer u. Gewicht der Tiere werden bei II-Mangel durch I erhöht. I übt daher eine Schutzwrkg. aus, die eine funktionelle Beziehung zwischen I u. II vermuten läßt. (C. R. hebd. Séances Acad. Sci. **237.** 1030—32. 28/10. 1953.) H. P. FIEDLER. 4587

Olimpo B. Miguez, *Einige nervöse Manifestationen der C-Hypovitaminose.* Als nervöse Folgeerscheinungen eines Mangels an *Vitamin C* (**I**) werden Schwindelerscheinungen, Kopfschmerzen, Brechreiz angegeben. Die Kopfschmerzhäufigkeit u. -intensität soll etwa mit dem nachweisbaren Defizit an **I** im Urin parallel gehen. (Med. españ. **30** (**16**). 248—52. Sept. 1953. Vigo, Aeropuerto.) P. G. SCHEURLEN. 4587

G. Ja. Kagan, *Besonderheiten der Reaktion des Organismus auf Infektionen unter verschiedenen Verhältnissen der Vitaminernährung.* 1. Mitt. *Zur Frage der Veränderung des immunologischen Zustandes des Organismus bei verschiedenen Vitamin-C-Verhältnissen.* Unters. des immunolog. Verhaltens u. der natürlichen Resistenz von auf skorbutogene Diät gesetzten Meerschweinchen, die per os Dosen von 70—0,05 mg *Ascorbinsäure* erhalten hatten, in bezug auf die opsonophagocytäre Rk. mit Staphylokokkenkulturen u. gegenüber einer experimentellen Infektion mit Diphtheriekulturen ergaben eine direkte Beziehung zwischen dem Anreicherungsgrad des Organismus an Vitamin C u. dessen Rk. gegenüber Infektionen. (Вопросы Питания [Fragen der Ernähr.] **12.** Nr. 5. 42—49. Sept./Okt. 1953. Moskau, Gamaleja-Inst. für Epidemiol. u. Mikrobiol. der Akad. der Med. Wiss. der UdSSR.) ULMANN. 4587

Ss. Ja. Demjanowski, N. W. Wassiljewa und **A. Ss. Konikowa,** *Untersuchung des Eiweißstoffwechsels beim Eichenspinner (Antheraea pernyi G.) mit Hilfe von Radiomethionin.* Bei den untersuchten Raupen nimmt die Intensität des Proteinstoffwechsels nach den Unterss. mittels durch ^{35}S markierten Methionins (I) bis zur Mitte der 5. Altersstufe zu, unter bes. starker Aktivität der Spinndrüse. Zu Beginn des Einspinnens nimmt dann die Intensität der Syntheseprozesse aller Gewebe u. der Hämolymphe ab, um erst nach dem Einspinnen wieder anzusteigen. Der stärkste Proteinstoffwechsel findet im Fettkörper der Puppen statt, geringer ist er in der Hämolymphe, während er bes. im Muskel vom Geschlecht abhängt, um so mehr, je mehr sich die Puppe dem Stadium des Ausschlüpfens nähert. Bei niedriger Temp. (2—4°) sind die Stoffwechselprozesse verlangsamt. Abgestorbene Puppen enthalten prakt. kein **I**; die Radioaktivität der aus lebenden Puppen gewonnenen Proteine ist offenbar nicht durch Absorption von **I**, sondern durch seinen Einbau in das Proteinmol. bedingt. Die Eier bilden sich allmählich aus u. stehen anscheinend nicht in Stoffwechselbeziehung zum Körper des Schmetterlings; am meisten **I** findet sich in ihrer Schale. (Биохимия [Biochemie] **17.** 529—34. Sept./Okt. 1952.) R. K. MÜLLER. 4596

David V. Aldrich, Asa C. Chandler und **Jack W. Daugherty,** *Intermediärer Proteinstoffwechsel von Eingeweidewürmern.* 2. Mitt. *Wirkung der Kastrierung des Wirts auf den Aminosäurenstoffwechsel in Hymenolepis diminuta.* (1. vgl. Exp. Parasitology **1.** [1952.] 331.) Aus dem Darm ♂ Ratten, die mit Hymenolepis diminuta infiziert waren, wurden die Parasiten entfernt u. in diesen folgende freien Aminosäuren nachgewiesen: *Alanin* (**III**), *Asparaginsäure, Glutaminsäure, Valin, Taurin, Glutamin, Phenylamin, Glycin, Serin, Äthanolaminphosphorsäure, Glutathion, Arginin, Lysin, Tyrosin, Leucin, Isoleucin, Prolin* u. *Citrullin,* wobei das Vork. von Taurin bemerkenswert ist. Parasiten von kastrierten Wirtstieren besaßen verminderte Aktivität der hauptsächlich vorgefundenen Transaminasesysteme: Alanin $\rightleftharpoons$ Glutamat, Asparaginat $\rightleftharpoons$ Glutamat, u. gleichzeitig erhöhte Fettablagerung. (Exp. Parasitology **3.** 173—84. März 1954. Houston, Tex., Rice Inst.) DOSSMANN. 4596

James F. Mead, Gunther Steinberg und **David R. Howton,** *Stoffwechsel von essentiellen Fettsäuren. Einbau von Acetat in Arachidonsäure.* Überblick an Hand des Schrifttums über die Vorstellungen über die Bldg. von Arachidonsäure, deren Geh. in den Geweben der Versuchstiere bei der Verfütterung von Estern der Linolsäure ansteigt. Es werden entwöhnten Ratten dreimal täglich 0,5 mMol $CH_3{}^{14}COONa$ intraperitoneal verabfolgt; Tötung am 4. Tage; Extraktion der vorher lyophilisierten, getrockneten u. zerkleinerten Gewebeteile (Leber, Herz, Nieren, Bauchfett) im *Soxhlet* mit Ae.; Verseifung des Lipoidextraktes, Abtrennung des Unverseifbaren, Darst. der Gesamtfettsäuren u. Trennung der letzten nach der TWITCHELL-Meth. in die Fraktionen der gesätt. u. ungesätt. Fettsäuren; aus den ungesätt. Fettsäuren werden in üblicher Weise das Tetrabromid sowie die Polybromide dargestellt; Entbromung der letzten u. Red. zur gesätt. Säure; chromatograph. Trennung (J. BOLDINGH, C. **1952.** 3710) des letzten Präp., das erwartungsgemäß Arachinsäure enthalten muß; Decarboxylierung der isolierten Arachinsäure nach SCHMIDT (PHARES, Arch. Biochem. Biophysics **33.** [1951.] 173); alle Präpp. werden quantitativ auf Geh. an ^{14}C untersucht.

Unter den Versuchsbedingungen erfolgt bei den Ratten prakt. keine nachweisbare Biosynth. von Linolsäure. Der ^{14}C tritt in der isolierten Arachidonsäure fast ausschließlich in der Carboxylgruppe auf, ist aber nicht in der Linolsäure enthalten. Es wird gefolgert, daß die Arachidonsäure sich einmal vom Acetat ableitet, zum andern von einem exogenen C_{18}-Vorläufer; letzter dürfte sich von der Linolsäure herleiten. Hinweis, daß das sogenannte „Octabromid", das bei der Behandlung von äther-unlösl. Polybromiden mit heißem Bzl. erhalten wird, nicht reines Arachidon-Octabromid dai stellt, sondern zum mindesten merkbare Anteile an C_{22}-ungesätt. Fettsäuren enthält. (J. biol. Chemistry **205**. 683—89. Dez. 1953. Los Angeles, Calif., Univ., School of Med., Dep. of Physiol. Chem.) TÄUFEL. 4596

Fritz Lasch, *Störungen des Kaliumstoffwechsels und ihre Therapie.* Kurze Darst. des K-Stoffwechsels u. der klin. wichtigen Beziehungen des K zu den anderen Kationen. Besprechung des Krankheitsbildes der Hypo- u. der Hyperkaliämie. Die Bedeutung der Veränderung des Serum-K für die Erkennung verschied. Krankheitszustände. Die Bedeutung von K-Belastungsversuchen. Kurzer Bericht über vergleichende Unterss. zur Frage der K-Therapie. (Wiener klin. Wschr. **66** ([N. F.] **9**). 298—303. 30/4. 1954. Villach.) SCHWAIBOLD. 4596

Keith Harrison, *Ein Überblick über den Kaliumstoffwechsel.* Hinweis auf die klin. Bedeutung des K. Die Verteilung des K im Organismus. Die K-Ausscheidung durch die Niere. Die Beziehung von K zur neuromuskulären Funktion. Der Einfl. von K auf die cerebrale Funktion. Stoffwechselalkalose bei K-Mangel. K-Stoffwechsel bei diabet. Acidose. Behandlung von K-Mangel. (Med. J. Australia **41**. I. 285—90. 20/2. 1954. Sydney, Roy. Prince Alfred Hosp.) SCHWAIBOLD. 4596

Wilhelm Franke, *Zum Stoffwechsel der Purine und Pyrimidine.* Übersichtsreferat. *Purin* (**I**)-Abbau, *Xanthindehydrase, Uricase, Pyrimidin* (**II**)-Abbau, **I**-Synth., **II**-Synthese. — 193 Literaturangaben. (Z. Vitamin-, Hormon- u. Fermentforsch. [Wien] **5**. 279—314. 1953. Köln, Univ., Inst. für Gärungswiss. u. Enzymchem.) K. MAIER. 4596

R. V. Sellwood und **M. G. Williams,** *Natriumreabsorption und Sauerstoffverbrauch in der Kaninchenniere nach Hexamethoniumjodid.* Best. der renalen *O_2-Aufnahme* (O.A.) der tubulären Na-Reabsorption (NaR.) u. Plasma-Filtrationsfraktion (Pff.) bei anästhesierten (Na-Pentobarbital) Kaninchen .Behandlung mit *Hexamethoniumjodid* (4 mg/kg) zwecks funktioneller Denervation der Nieren. Mannit als Diureticum. Automat. Kontrolle des Blutdrucks u. gegebenenfalls Infusionen. Urinentnahme aus beiden Uretern getrennt. Werden die Pff.-Werte gegen NaR. Einheit OA. aufgetragen, ergeben sich drei den Nullpunkt durchlaufende Geraden (Konstanten 1:2:3). Es wird vermutet, daß die flachste Gerade einer aeroben, die steileren jedoch einer mehr anaeroben NaR. entsprechen. Mit zunehmendem onkot. Druck des Plasmas verläuft die NaR. im allg. mehr anaerob, was einer verminderten Na-Ausscheidung entspricht, wenn nicht gleichzeitig größere Mengen NaCl infundiert werden. Die chem. Aktivität u. der Stoffwechsel der Nierentubuli ist also sehr eng mit den physikal. Kräften verknüpft, die die glomeruläre Filtration steuern. (J. Physiology **123**. 4P—5P. 28/1. 1954. London, Hosp. for Sick Children, Physiology Lab.) HANS THIELE. 4597

G. Østling und **G. Tøtterman,** *Das Klärverhältnis extrinsic (^{32}P)- zu intrinsic (^{31}P)-Phosphor beim Menschen.* 7 Patienten mit n. Nierenfunktionen bekamen intravenös 0,004—0,006 mC ^{32}P in isoton. Na-Phosphat-Lsg. u. anschließend eine kontinuierliche Infusion derselben Lsg. mit einer Geschwindigkeit von 0,00033 mC ^{32}P/Min. Der Blase wurden durch Katheter Urinproben entnommen u. anorgan. P im Urin sowie Blutplasma u. Aktivität bestimmt. Das Klärverhältnis extrinsic ^{32}P zu intrinsic ^{31}P ist größer als Eins, was die Theorie unterstützt, daß das eingeführte Phosphat durch die Nieren auf andere Weise ausgeschieden wird als das anorgan. Phosphat des Plasmas. (Scand. J. clin. Lab. Invest. **6**. 25—27. 1954. Helsingfors, Maria Hospital, Surgical Dep., u. Medica Ltd. Pharmacological Labor.) GENEST. 4597

E. van Oye und **P. Charles,** *Beitrag zum Studium der Leberfunktion beim schwarzen Afrikaner.* 3. Mitt. *Die Bilirubinämie.* (2. vgl. Ann. Soc. belge Méd. trop. **31**. [1951.] 403.) Nach HIJMANNS VAN DEN BERGH wurde bei 150 Neugeborenen die direkte Bilirubin-Rk. u. bei 208 Kindern u. 353 erwachsenen Eingeborenen die indirekte bestimmt. Es konnte festgestellt werden, daß der schwarze Afrikaner eine im allg. günstige Bilirubinfunktion der Leber aufweist. Beim älteren Eingeborenen besteht jedoch die Tendenz zu einem erhöhten Bilirubinspiegel. Vff. halten chron. Malaria für die Hauptursache dieser Erscheinung. (Ann. Soc. belge Méd. trop. **31**. 501—06. 31/8. 1951. Léopoldville, Inst. de Méd. Trop. „Princesse Astrid".) DOSSMANN. 4597

E. van Oye und **P. Charles,** *Beitrag zum Studium der Leberfunktion beim schwarzen Afrikaner. 4. Mitt. Serumproteine und Leberteste.* (3. vgl. vorst. Ref.) Serumunterss. an ca. 600 Eingeborenen Zentralafrikas im Alter meist zwischen 15 u. 35 Jahren nach 7 Methoden (Cd–Sulfat-Rk., WELTMANN-Band, LUGOL-, Thymoltest, TAKATA-Rk. usw.), die einzeln besprochen werden, sowie der Zusammenhang der Ergebnisse dieser Teste mit der Verteilung der einzelnen Globulinfraktionen im Serum. Hinweis, daß schon im frühesten Kindesalter Dysfunktionen der Leber festzustellen sind. Die erhaltenen Gesamtproteinwerte sowie die Zahlen für Albumine, Globuline, α-, β- u. γ-Globuline werden tabellar. angegeben. (Ann. Soc. belge Méd. trop. **31.** 701–18. 31/12. 1951. Léopoldville, Inst. de Méd. Trop. „Princesse Astrid".) DOSSMANN. 4597

E. van Oye und **P. Charles,** *Beitrag zum Studium der Leberfunktion beim schwarzen Afrikaner.* 5. Mitt. *Die Glykämie.* (4. vgl. vorst. Ref.) Bei 330 schwarzen Afrikanern wurde der Glucosespiegel im Blut im Mittel zu 98,3 mg/100 cm³ festgestellt, beim n. Europäer beträgt er 100 mg. Eine provozierte Hyperglykämie klingt nach ca. 2 Std. auf n. Werte ab. Danach ist der Zuckerstoffwechsel beim Eingeborenen als n. anzusehen. (Ann. Soc. belge Méd. trop. **32.** 85–90. 29/2. 1952. Léopoldville, Congo Belge, Inst. de Méd. Trop. „Princesse Astrid".) DOSSMANN. 4597

E. van Oye und **P. Charles,** *Beitrag zum Studium der Leberfunktion beim schwarzen Afrikaner.* 6. Mitt. *Die Cholesterinämie.* (5. vgl. vorst. Ref.) Unterss. des Serum-*Cholesterin* (**I**)-Spiegels bei a) 200 Neugeborenen, b) 180 Kindern u. c) 200 Erwachsenen. Im Mittel wurden für den Gesamt-**I**-Wert pro 100 cm³ gefunden: a) 65,68 mg, b) 93,17 mg, c) 117,26 mg, bei c) traten nur in 6 Fällen Werte über 180 mg auf. Verhältnis **I**-Ester/Gesamt-**I**: a) 29%, b) 50%, c) 61%; während sich die c)-Werte ungefähr den n. Werten nähern, liegen die a)-Werte zu niedrig. Diese Hypocholesterinämie ist keine Rasseneig., sie wird auf Unterernährung der eingeborenen Bevölkerung zurückgeführt, da Reihenunterss. über 3 Monate an 3 Gruppen von Kindern, die zusätzlich *Milch, Aminosäuren* oder *Vitamine* erhielten, für jede Gruppe Steigerung des Gesamt-**I**-Spiegels ergaben. Ferner wird auf den Einfl. von chron. Sumpffieber auf Verringerung des Gesamt-**I**-Spiegels hingewiesen. (Ann. Soc. belge Méd. trop. **32.** 297–304. 30/6. 1952. Léopoldville, Inst. de Méd. Trop. „Princesse Astrid".) DOSSMANN. 4597

E. van Oye und **P. Charles,** *Beitrag zum Studium der Leberfunktion beim schwarzen Afrikaner.* 7. Mitt. *Die Phosphatämie.* (6. vgl. vorst. Ref.) Unterss. an 200 Neugeborenen, 180 Kindern u. 220 eingeborenen Erwachsenen. Bestimmt wurden der anorgan. Gesamt-*P*, der anorgan. Serum-*P* u. die *alkal. Phosphatase* (p_H 9,3). Die Phosphatämie kann als n. angesehen werden. Für die alkal. Phosphatase wurden zum Teil erhöhte Werte gegenüber den entsprechenden europäischen Werten gefunden. Sie werden aber nicht als patholog. angesehen; es handelt sich offenbar um enzymat. Leberfunktionsstörungen, die noch zu klären sind. (Ann. Soc. belge Méd. trop. **32.** 305–10. 30/6. 1952. Léopoldville, Inst. de Méd. Trop. „Princesse Astrid".) DOSSMANN. 4597

Renato Giulini, *Der Tromexantest (Äthylester der 4.4'-Dioxydicumarinylessigsäure) als Leberfunktionsprobe.* Vf. beobachtete nach einer einmaligen Injektion von *Tromexan* bei Leberkranken eine stärkere Senkung des Prothrombinindex als bei Gesunden. Die Minderung der Prothrombinzeit soll der Schwere der Leberkrankheit parallel gehen. (Minerva med. (Torino) **45.** I. 1191–97. 28/4. 1954. Torino, Ospedale Mauriziano Umberto I.) P. G. SCHEURLEN. 4597

H. E. Hallam, *Geruch und Molekularschwingungen.* Im Hinblick auf den von WRIGHT (C. **1954.** 6992) vermuteten Zusammenhang zwischen dem Geruch einer Verb. u. ihrem RAMAN-Spektr. bei Frequenzen <700 cm^{-1} weist Vf. darauf hin, daß zwar *Methylcarbamat* (**I**) in dem fraglichen Gebiet ein ähnliches Spektr. u. auch einen ähnlichen Geruch aufweist wie die von WRIGHT angeführten, mandelähnlich riechenden Verbb. (die Unters. konnte allerdings nicht bis in das Gebiet der charakterist. Frequenz bei 170 cm^{-1} ausgedehnt werden), daß aber das RAMAN-Spektr. des annähernd geruchlosen *Äthylcarbamats* weitgehend dem von **I** gleicht. (Nature [London] **174.** 134. 17/7. 1954. Khartoum, Univ. Coll.) SPAETH. 4598

R. L. Kirk und **N. S. Stenhouse,** *Die Fähigkeit, Kaliumcyanid-Lösungen durch den Geruchssinn zu erkennen.* 24 von 132 ♂ u. 5 von 112 ♀ Versuchspersonen vermochten 10%ig. KCN-Lsg. nicht von aq. dest. zu unterscheiden. Starke bzw. schwache Empfindlichkeit der Eltern gegen HCN-Geruch findet sich bei den Kindern entsprechend wieder. Diskussion genet. Fragen (geschlechtsgebundenes rezessives Gen). (Nature [London] **171.** 698–99. 18/4. 1953. Univ. of Western Australia, Commonwealth Sci. and Ind. Res. Org., Dep. of Zool.) SCHLOTTMANN. 4598

Lloyd M. Beidler, *Eigenschaften der Chemoreceptoren der Rattenzunge.* Nach Vf. nimmt die Empfindlichkeit der Rk. bei Applikation von Salzen oder Säuren, Zuckern

u. Bitterstoffen in der angegebenen Reihenfolge ab. Bei Salzen hat die Art der Kationen größeren Einfl. auf die Erregung als die der Anionen. (J. Neurophysiology **16.** 595—607. Nov. 1953. Baltimore, Md., Johns Hopkins Univ., Dep. of Biophys.) Zemke. 4598

C. H. Gray, Clinical chemical pathology. London: E. Arnold. 1953. (144 S. m. Abb.) 10 s. 6 d.

—, Journées médicales Nestlé. Colloque sur les acides aminés. Tenu à la Clinique médicale universitaire (Hôpital Nestlé) de Lausanne, du 16 au 19 avril 1953. Bâle, New York: S. Karger. 1954. (II + 333 S. m. Abb.) fr. 24,—.

E_6. Pharmakologie. Therapie. Toxikologie. Hygiene.

N. J. Hopkins, *Isotopenvergleich für den Gebrauch in Multi-Curie-Therapiequellen.* In Anbetracht der zunehmenden Bedeutung starker γ-strahlender radioakt. Isotope für die Krebstherapie werden Charakteristica u. Kosten über eine 10-Jahresperiode für ^{60}Co, ^{152}Eu, ^{154}Eu, ^{192}Ir, ^{46}Sc u. ^{182}Ta verglichen. Nach dieser Aufstellung erweisen sich ^{60}Co-Quellen am geeignetsten. (Atomics **5.** 199—204. Juli 1954. Ottawa, A. E. of Can. Ltd.) Gerhard Schmidt. 4601

R. Reiter, *Nachweis der biologischen Wirksamkeit elektrischer Wechselfelder niedriger Frequenz.* Mit *Pernocton* narkotisierte Meerschweinchen wurden einem Kondensatorfeld ausgesetzt, als Indicator für eine biol. Wrkg. wurde das Gewebs-p_H bestimmt. Die elektr. Felder bestanden a) aus Rechteckimpulsen 50 Hz—200 kHz, b) aus „natürlichen" Infralangwellenimpulsen 10—50 kHz. a) u. b) verursachten eine charakterist. Abweichung des p_H um 0,02—0,1 vom Ruhewert im Wechselfeld. Bei b) überwiegt die Alkalisierung des Gewebes; sie tritt nur im direkt bestrahlten Gewebe auf. Eine Beeinflussung der Zellmembranpermeabilität durch b) wird angenommen u. die Mitwrkg. von b)-Störungen als Kausalfaktor bioklimat. Einfl. der Atmosphäre herausgestellt. (Naturwissenschaften **41.** 22—23. Jan. 1954. München, Physikal.-Bioklimat. Forschungsstelle.) Dossmann. 4601

K. Fochem, *Die Hysterosalpingographie mit wasserlöslichen Kontrastmitteln.* Es wird dem wasserlösl. Kontrastmittel *Joduron S* gegenüber den Jodölen, wegen geringerer Gefahrenmomente bei gleicher Kontrastwrkg., der Vorzug gegeben. (Klin. Med. [Wien] **8.** 532. 1/11. 1953. Wien, I. Univ.-Frauenklinik.) W. Lorenz. 4601

G. B. Bietti und **V. Cima,** *Experimentelle Untersuchungen über die Rolle der Hypophyse bei der durch Nicotin- und Wassergaben erzeugten Augendrucksteigerung.* Bei Verss. an Kaninchen stellten Vff. fest, daß eine auf Nicotinzufuhr u. Wasserbelastung folgende Augendruckerhöhung nach Hypophysektomie nicht mehr eintrat, somit vermutlich die Wrkg. des Nicotins als Antidiureticum unter Vermittlung des Vasopressins des Hypophysenhinterlappens erfolgt. (Klin. Monatsbl. Augenheilkunde augenärztl. Fortbild. **124.** 386—92. 1954. Parma, Univ.-Augenklinik.) Zemke. 4608

W. Mauermayer, *Bemerkungen zur Arbeit von Dr. H. Seliger, „Klinische Erfahrungen über eine neue Behandlungsmethode der Prostatahypertrophie mit Eviprostat".* Vf. hält die von Seliger (vgl. C. **1954.** 3270) besprochenen Erfolge mit *Eviprostat* für nicht beweisend, was erläutert wird. (Therap. d. Gegenwart **93.** 110. März 1954. München, Urolog. Krankenhaus.) Dossmann. 4608

Je. L. Prawotorowa und **Je. G. Charachnina,** *Biologische Aktivität depressorischer Stoffe tierischer Herkunft.* 6 aus dem Pankreas (Rinder, Hunde) gewonnene Substanzen (nähere Angaben fehlen) zeigten in akuten Verss. an Hunden u. Kaninchen nach intravenöser Injektion starke Blutdrucksenkungen von 1—3 Std. Dauer. Es wird angenommen, daß die beobachtete monophas. Blutdrucksenkung durch Erweiterung der Gefäße, u. a. auch der Venen des Herzens, zustande kommt. (Доклады Академии Наук СССР [Ber. Akad. Wiss. UdSSR] [N. S.] **93.** 1127—29. 21/12. 1953.) Rentz. 4609

Sándor Dubecz, György Ludány und **Barnabás Somogyi,** *Die Wirkung von verfüttertem Knochenpulver auf die Callusbildung bei Versuchstieren.* Durch Verabreichung eines Kalkpräp. „Ossopan", das aus pulverisierten Knochen junger Tiere besteht, wird die Callusbldg. bei Ratten u. Hunden angeregt. (Acta morphol. Acad. Sci. hung. **3.** 489—96. 1953. Szeged, Med. Univ., Inst. für Anat., Histol. und Embryol.) U. Baumann. 4609

E. J. H. Ford, E. C. Wilmshurst und **A. A. Karib,** *Untersuchungen über Ethidiumbromid. 2. Mitt. Die Behandlung früher T. congolense-Infektionen beim Rindvieh.* (1. vgl. C. **1954.** 2436.) Bericht über Erfolge mit *Ethidiumbromid = 2.7-Diamino-9-phenyl-10-äthylphenanthridiniumbromid* (**I**) bei 35 Rindern, die mit T. congolense infiziert waren. Verschwinden der Trypanosomen aus dem Blut mit 0,125—0,25—0,5—1,0 bis 1,5 mg/kg innerhalb 48 Std.; die Tiere blieben 16 Wochen negativ; 3 Rückfälle bei der Dosierung 0,125 bzw. 0,5 mg/kg. 7 unbehandelte Kontrollen starben innerhalb 10 Wochen. (Veterin. Rec. **65.** 907—08. 19/12. 1953. Boots Pure Drug Co. Ltd. u. Sudan Vet. Serv.) Dossmann. 4610

E. J. H. Ford, E. C. Wilmshurst und **A. A. Karib,** *Untersuchungen über Ethidiumbromid. 3. Mitt. Toxizitätserscheinungen bei sudanesischem Rindvieh.* (2. vgl. vorst. Ref.) Prüfung der Wrkg. von *Ethidiumbromid* = *2.7-Diamino-10-äthyl-9-phenylphenanthridiniumbromid* (I) an 19 Bullen im Sudan, die mit 5 cm³ Trypanosoma congolense enthaltendem Citratblut infiziert wurden. Subcutane I-Verabreichung von 1 mg/kg an 7 Tiere, 5 mg u. 10 mg/kg an je 4 Tiere; 4 weitere erhielten *Dimidiumbromid* 3 mg/kg (II). Bei hoher I-Dosis Todesfälle u. Leberschäden; die Dosis 1 mg wurde gut vertragen, desgleichen II. Alle Tiere zeigten an der Injektionsstelle Rkk. in Abhängigkeit von der Höhe der Dosis. (Brit. veterin. J. **110.** 96—100. März 1954. Boots Pure Drug Co. Ltd. u. Sudan Vet. Serv.) DOSSMANN. 4610

Heinz Thurau, *Prophylaxe und Kupierung grippaler Infekte mit Cosavil.* Mit *Cosavil* (I; FARBWERKE HOECHST), einem Kombinationspräp. von *Avil, Antipyrinsalicylat* u. *Coffein* konnte eine wirksame Prophylaxe gegen grippöse Infekte u. Schnupfen durchgeführt werden. 30 Personen wurden über 1 Monat mit täglich 2—4 Tabletten I behandelt u. das Ergebnis mit dem von 30 unbehandelten Kontrollen verglichen. Bei der I-Gruppe erkrankten 16,7%, bei den Kontrollen 50%. (Therap. d. Gegenwart **93.** 112—13. März 1954. Hamburg, Zentralkrankenhaus der Gefängnisbehörde.) DOSSMANN. 4610

Dietrich Loos, *Capillarschädigung nach Chloronitrin-Behandlung bei Typhus abdominalis.* Bericht über 2 Fälle, bei denen nach *Chloronitrin* (I; JENAPHARM) = *D-threo-1-p-Nitrophenyl-2-dichloracetylaminopropandiol-(1.3)*-Behandlung, 18 bzw. 11 g, von Typhus abdominalis tox.-allerg. Capillarschädigungen auftraten. Außer I war nur *Deumacard* = *Pentamethylentetrazol* verabreicht worden. Die Erscheinungen gingen mit *Synopen,* Ca u. *Ephedrin* zurück. (Therap. d. Gegenwart **93.** 111—12. März 1954. Bernau b. Berlin, Kreiskrankenhaus.) DOSSMANN. 4610

William E. Schatten und **Lester Persky,** *Furadantin bei der Therapie von Infektionen der Harn- und Geschlechtsorgane.* Bericht über Erfahrungen mit *Furadantin* (I) = *N-[5-Nitrofurfuryliden-(2)]-1-aminohydantoin* bei 36 Patienten mit Harnwegsinfektionen. Orale I-Verabreichung 1,75 mg/kg 4mal täglich über 4—28 Tage. I bewährte sich bes. bei Proteusinfektionen. Die Symptome verschwanden in allen akuten u. bei 16 von 26 chron. Fällen. Steriler Urin wurde nicht in allen Fällen erzielt; häufige Rückfälle bedingten lange Nachbeobachtung. (Amer. J. Surgery **86.** 720—22. Dez. 1953. Cleveland, O., Western Res. Univ., School of Med., Dep. of Med., u. Univ. Hosp.) DOSSMANN. 4610

E. Schubert, *Erfahrungen mit Sulfonamid-Dextrose-Therapie bei Fluor (Defonamidzäpfchen).* Bericht über Erfahrungen mit elast. *Defonamid* (I)-Vaginalzäpfchen aus Sulfonamid solubile, Dextrose u. Glycerin zur Behandlung von Fluor. Mit I wird die pathogene Flora vernichtet u. eine Normalisierung der Scheidenflora ohne irgendwelche Nachbehandlung erzielt. (Therap. d. Gegenwart **93.** 109—10. März 1954. München.) DOSSMANN. 4610

G. Jaccard, *Über die Behandlung der cavernösen Lungentuberkulose mit hohen Dosen von PAS intravenös.* Es wird über Erfolge bei der cavernösen Lungentuberkulose mit diskontinuierlicher Verabreichung von *PAS*-Perfusionen berichtet. Möglichkeiten u. Grenzen der Meth. werden beschrieben. (Praxis [Bern] **43.** 422—25. 20/5. 1954. Zürich, Med.-Univ.-Klinik.) W. LORENZ. 4610

Geoffrey L. Brinkman und **E. Osborne Coates jr.,** *Die kropfverursachende Wirkung von p-Aminosalicylsäure während Lungentuberkulosetherapie. Bericht über elf Fälle.* Bericht über das Auftreten von Kropf, in 2 Fällen mit Myxödem, bei der Therapie der Lungentuberkulose mit *Streptomycin* (I) + *PAS* (II) in 9 Fällen, mit *INH* (III) + II u. I + II + III in je 1 Fall. J-Therapie war unwirksam; in 4 Fällen, die in geringer Dosierung *Schilddrüsenpräpp.* (IV) erhielten, wurde Heilung erzielt. Bei Anzeichen von Kropf bei II-Therapie wird Kombination von II + IV empfohlen. (Amer. Rev. Tubercul. **69.** 458—63. März 1954. Trudean, N. Y., Trudean Sanatorium.) DOSSMANN. 4610

K. G. Bulley, *Beinahe tödlicher Schock durch PAS mit nachfolgendem Guillain-Barré-Syndrom.* Angabe eines Falles mit allerg. Rk. auf *PAS,* es trat ein schwerer Kollaps auf mit Entstehen des GUILLAIN-BARRÉ-Syndroms. Behandlung mit *Demerol, Pyribenzamin, Morphin, Epinephrinhydrochlorid, Benadryl, Corticotropin, Cortate* u. intensiver *Vitamin*-Therapie. (Amer. Rev. Tubercul. **69.** 455—57. März 1954. Aurora, Ill., Kane County Springbrook Sanatorium.) DOSSMANN. 4610

Wilbur J. Steininger, Morris D. Klopfenstein und **C. Eugene Woodruff,** *Tödliche allergische Reaktion auf p-Aminosalicylsäure.* Bericht über 1 Tuberkulosefall, Therapie mit *Streptomycin, INH* u. *PAS.* Patient starb im Schock. Ursache wird in einer Überempfindlichkeit gegenüber *PAS* gesehen, die er in Testdosen von 5,5 g erhalten hatte. Die Symptome weisen auf eine akute Nebenniereninsuffizienz u. die Möglichkeit eines akuten Diabetes hin. (Amer. Rev. Tubercul. **69**. 451—54. März **1954**. Northville, Mich., Wm. H. Maybury Sanatorium [Detroit Municipal Tubercul. Sanatorium].) DOSSMANN. 4610

H.-J. Weiss, *Interessante klinische und röntgenologische Beobachtungen unter INH-Therapie* (*Rimifon, Bacillin*). Bericht über Erfahrungen an ca. 900 Tbc-Patienten mit *INH* (I)-Therapie: *Rimifon* (HOFFMANN-LA ROCHE) bzw. *Bacillin* (CHEMISCHE WERKE, Minden). Nach mehrmonatiger I-Behandlung traten bei 6 Fällen Striae cutis auf; thrombopen. hämorrhag. Diathesen wurden in 30% der Fälle beobachtet u. als passagere Gefäßwandschädigungen tox. Art gedeutet. Röntgenol. Unters. ergab bei frischen exsudativen Streuungen in wenigen Wochen völlige Resorption der Infiltrate, bei älteren Fällen war nur bei ca. 40% Verschwinden u. in 55% gesicherte Verkleinerung der Cavernen festzustellen. (Therap. d. Gegenwart **93**. 89—92. März **1954**. Berlin-Halensee, Ärztl. Beratungsdienst.) DOSSMANN. 4610

Francisco Suárez Palacios, *Hohe Dosen Isonicotinsäurehydrazid in der Klinik.* Vf. hält die bisher üblichen Dosen *INH* für zu niedrig. Er gibt bei tuberkulöser Meningitis 20—25 mg/kg/Tag (jedoch nie über **1** g/Tag Gesamtdosis) u. 10—15 mg/kg/Tag bei anderen tuberkulösen Lokalisationen. Außer gelegentlichem Erbrechen bei lang andauernder Anwendung keine tox. Nebenwirkungen. (Medicina [Madrid] **21**. **II**. 297—312. Nov. 1953. Zaragoza, Cát. de Patol. y Clín. Méd.) HANS THIELE. 4610

G. Berg, G. Herholz und **G. Meissner,** *Resistenzentwicklung und therapeutischer Effekt nach 3- und 6monatiger Behandlung mit Isonicotinsäurehydrazid.* Bakteriol. Resistenz gegen *Isonicotinsäurehydrazid* (I) entwickelte sich rasch im 2. u. 3. Behandlungsmonat. 36% der Tuberkelstämme von 119 Patienten zeigten dann eine Wachstumshemmung ab 10 γ I, 28% von diesen wurden sogar erst über 50 γ gehemmt. Die Resistenz steigerte sich im 2. Quartal nur mäßig. Sie trat rascher u. öfter bei chron. großcavernösen als bei frischen, exsudativen Tuberkulosen auf. Die Zahl der kulturell negativ gewordenen Patienten erreichte nach 3monatiger Behandlung fast 50%. (Tuberkulosearzt **7**. 519—24. Sept. 1953. Borstel, Tuberkulose-Forschungsinst., Inst. für exper. Biol. u. Med., u. Lübeck-Ost, Tuberkulosekrankenhaus.) RUTKOWSKI. 4610

Walsh McDermott, Louise Ormond, Carl Muschenheim, Kurt Deuschle, Robert M. McCune jr. und **Ralph Tompsett** (unter Mitarbeit von **Kurt Stern**), *Pyrazinamid–Isoniazid bei Tuberkulose.* Behandlungsergebnisse mit *Pyrazinamid* (I)–*Isoniazid* (II) bei 55 Patienten mit Lungentuberkulose u. parallele Verss. an Mäusen. Dosierung **I** 50 mg/kg u. **II** 5 mg/kg pro Tag über 3 Monate u. länger; anschließend alleinige **II**-Therapie. In 90% der Fälle wurde bleibendes Verschwinden der Tuberkelbacillen im Sputum erzielt, röntgenolog. Besserung bei 75%, Schließung aller Cavernen bei 65% der cavernösen Fälle. In keinem Fall röntgenolog. erkennbares Fortschreiten der Krankheit. Die Überlegenheit von **I** + **II** konnte auch im Tiervers. bestätigt werden. 2 Todesfälle; bei 6 Fällen trat Hepatitis auf. In der angewandten Dosierung ist die Kombination zu tox. (Leberschädigungen durch **I**). Allg. Anwendung der **I** + **II**-Therapie dürfte erst möglich sein, wenn auch bei red. **I**-Dosis ein gleicher therapeut. Effekt zu erzielen ist. (Amer. Rev. Tubercul. **69**. 319—33. März **1954**. New York, Hosp.-Cornell Med. Center, u. Fort Defiance, Ariz., Navajo Med. Service.) DOSSMANN. 4610

Maurice Campagna, Arthur A. Calix und **George Hauser,** *Beobachtungen über die kombinierte Anwendung von Pyrazinamid (Aldinamid) und Isoniazid bei der Behandlung der Lungentuberkulose. Eine klinische Untersuchung.* Bericht über 21 Fälle mit fortgeschrittener Lungentuberkulose. Therapie nach erfolgloser *Strepetomycin-* u. *PAS*-Behandlung mit *Pyrazinamid* (I), 4 Kapseln zu 350 mg/Tag, später täglich 3 g **I**, u. gleichzeitige Verabreichung von *Isoniazid* (II), 4 mg/kg/Tag. **I** + **II** ist nach Vff. äußerst wirksam u. **II** allein weit überlegen. Tox. Erscheinungen ohne ernste Konsequenzen selbst bei Auftreten von Gelbsucht u. Arthritis. Negatives Sputum in 19 Fällen, röntgenolog. Besserung auch in Fällen, wo sie nicht mehr zu erwarten war; nur bei bilateralen, stark verkapselten Cavernen geringer Einfl. von **I** + **II** bei symptomat. Besserung. (Amer. Rev. Tubercul. **69**. 334—50. März **1954**. New Orleans Health Dep., Div. of Tubercul. Control, Louisiana State Dep. of Health, Sect. of Chronic Disease and Tuberculosis, u. Div. of Labor.) DOSSMANN. 4610

Samuel Phillips, John C. Larkin jr., Willard L. Litzenberger, Glenn E. Horton und **James S. Haimsohn,** *Beobachtungen über Pyrazinamid (Aldinamid) bei Lungentuberkulose.* Bericht über Unterss. an 29 Tuberkulosefällen. 11 erhielten *Pyrazinamid* (I) allein, 750 mg 4 mal täglich über 6 Wochen, 18 Fälle **I** + *Streptomycin* (II) bzw. *PAS* bzw. *INH* (III), 300 mg/Tag. I war bei erster Behandlung wirksamer als bei Fällen, die gegenüber anderen Mitteln versagt hatten. Zusammen mit II oder *PAS* wirkt I günstig bei Nachw. II-empfindlicher, aber nicht bei II-resistenten Organismen; in solchen Fällen ist I + III indiziert. Nebenwirkungen: 1 Fall mit Hepatitis, 5 zeigten leichte anomale Leberfunktionsteste. In vitro-Empfindlichkeitsteste sagen nichts über den therapeut. I-Wert aus. (Amer. Rev. Tubercul. **69.** 443—50. März 1954. Memphis, Tenn., Veterans Admin. Med. Teaching Group Hosp.) DOSSMANN. 4610

Robert T. McCarty, *Neomycinsulfatbehandlung von Salmonelladerby-Infektionen bei Gänsen.* Junge Gänse, bei denen eine Paratyphusinfektion, Erreger Salmonella derby, ausgebrochen war, sprachen auf *Sulfamethazin* nicht an. Dagegen gelang es mit oralem *Neomycinsulfat* (I), 0,05 g, die Sterblichkeit der Kontrollen von 54,5% auf 6,25% bei den I-behandelten Tieren zu senken. (J. Amer. veterin. med. Assoc. **122.** 386—87. Mai 1953. New Mexico, State Coll., N. Mex., Coll. of Agricult. and Mechanic Arts.) DOSSMANN. 4611

James G. Miller, Helen E. Levy, Betty J. Torbert und **W. T. Oglesby,** *Aureomycin- und Terramycinbehandlung von Anaplasmosis in Louisiana.* Bericht über Behandlung von 60 Tieren mit *Aureomycin* (I), 52 mit *Terramycin* (II), zum Vgl. 20 Fälle mit unspezif. Behandlung (III): *Na-Kakodylat, Aricyl, Strychninsulfat, Ca-Gluconat.* Die meisten Tiere hatten akute Anämie. Der Wert von I u. II hängt vom Behandlungsbeginn ab. Bei *Hämoglobin* (IV)-Geh. $>$ 4 g/100 cm^3 Blut betrug die Heilungsziffer in %: I 100, II 85, III 33,3; IV-Geh. $<$4 g: I 76,5, II 74,7, III 52,9. (J. Amer. veterin. med. Assoc. **122.** 390—92. Mai 1953. Baton Rouge, La., Louisiana State Univ., Dep. of Veterinary Sci.) DOSSMANN. 4611

Wilhelm Liedtke, *Erfahrungen mit Omnacillin in der Augenheilkunde.* Bei einigen Fällen perforierender Augenverletzungen, Lidabscessen, Orbitalphlegmonen, Ulcus serpens, Iritis u. Hypopyon sah Vf. überlegene Wrkg. von *Omnacillin* (*Novocain-Penicillin* u. *Omnadin*) gegenüber Penicillin. (Klin. Monatsbl. Augenheilkunde augenärztl. Fortbild. **124.** 483—85. 1954. Düsseldorf, Marienhosp., Augenklinik.) ZEMKE. 4611

Johannes Fuchs, *Klinische Beobachtungen über die Wirkung der Hyaluronidase am Auge.* Anwendung von *Hyaluronidase* (I) (*Kinetin*; SCHERING) zur Verstärkung u. Vertiefung der Novocain–Suprarenin-Wrkg. in der Haut, den Lidern, den Augäpfeln u. bei der Akinesie. Bei retrobulbärer I-Injektion wird zusätzlich der Augendruck gesenkt. Ferner unterstützt I die Wrkg. von pupillenverengenden Mitteln. (Med. Mschr. **8.** 153—57. März 1954. Stuttgart, Katharinenhosp., Städt. Augenklinik.) GIBIAN. 4614

R. Walch und **H. P. Hoheisel,** *Beitrag zur Behandlung der vegetativen Dysregulationen. Opilon* (*Acetoxythymoxyäthyldimethylamin*) zeigt gute sympathicolyt. Wrkg. u. hat sich in der Behandlung von Überempfindlichkeitszuständen des Sympathicus bewährt. Vegetative Anfälle mit ergotropem Erscheinungsbild können verkürzt oder abgeschwächt werden. (Medicina [Madrid] **21** II. 376—81. Dez. 1953. Bad Homburg, Sanatorium für Hirnverletzte.) HANS THIELE. 4620

J. Flamant, *Die Anwendungen von Chlorpromazine* (*4560 RP, Largactil*) *in der inneren Medizin.* Es wird über die vielseitige Anwendung von *Largactil* (I; *N-[3'-Dimethylaminopropyl]-3-chlorphenothiazinhydrochlorid*) in der inneren Medizin u. a. bei neurovegetativen Störungen, bei Erbrechen, Algien, bei gewissen Fällen von Schlaflosigkeit, Juckreiz u. in der Psychiatrie berichtet. Wirkungsweise u. Anwendung von I wird mitgeteilt. (Praxis [Bern] **43.** 435—40. 20/5. 1954. Paris.) W. LORENZ. 4620

K. Sroka, *Zur Gesundheitsbedeutung der Hydantoine.* Kurze Besprechung der *Hydantoine.* Kurze Besprechung der Toxizität der Hydantoinkörper, speziell des *Diphenylhydantoins,* u. Warnung vor kritikloser Verwendung. (Klin. Med. [Wien] **8.** 171—78. 1/4. 1953. Schaffhausen, Schweiz.) DAUTZENBERG. 4627

Gerhard Marnitz, *Novalgin-Chinin bei Kurzwellentherapie. Klinische Erfahrungen.* Zur Behebung schmerzhafter Reaktionserscheinungen bei Kurzwellentherapie rheumat. Erkrankungen erzielte Vf. gute Erfolge bei gleichzeitiger Verabreichung von *Novalgin–Chinin,* das auch den Heilungsvorgang günstig beeinflußt. (Therap. d. Gegenwart **93.** 95—97. März 1954. Jena, Univ., Physikal.-Therapeut. Inst.) DOSSMANN. 4627

Jack Lapides und **Austin Dodson jr.,** *Eine Beobachtung der Wirkungen von Banthine auf die menschliche Blase. Banthine* (I; *β-Diäthylaminoäthylxanthen-9-carboxylatmethobromid*) vermochte bei Gesunden die Muskelkontraktionen der Harnblase zu hemmen, desgleichen bei Blasenstörungen bei multipler Sklerose, Hemiparesen, luet. Paresen, postoperativ bei Cordotomie u. congenitaler Enuresis. Die Häufigkeit des Harndranges nahm ab, keine Inkontinenz, keine Harnretention, keine wesentlichen

Nebenwirkungen. Da I an den Ganglien wirkt, der Muskeltonus unverändert bleibt, wirkt es nicht bei Cystitis. Dosierung: 50—100 mg per os 6stündlich bzw. 100—150 mg intravenös. Die Susceptibilität der Patienten gegen I schwankte. (J. Urology **69.** 96—101. Jan. 1953. Ann Arbor, Mich., Univ. of Michigan, Med. School, Dep. of Surgery.) BROSEMANN. 4628

A. Schmid und **H. Kellner,** *Kreislaufveränderungen unter Apresolin und ihre Bedeutung für die Frage der Blutdruckregulierung.* (Vgl. C. **1953.** 7136.) *Apresolin* (I) steigert die Blutdruckamplitude, die Pulsfrequenz, die Hauttemp. u. die nach RECKLINGHAUSEN aufgezeichneten Oscillometerwerte. Dagegen wird die Decholinkreislaufzeit erheblich verkürzt. Da das Blutvol. dabei nicht zunimmt, wird angenommen, daß es unter I zur Abnahme des peripheren Widerstandes infolge Vasodilatation relativ kurzer, aber allg. im Körper betroffener Gefäßstrecken kommt. Die rasche capilläre Strömung hat dann ein vergrößertes venöses Rückflußangebot an das Herz zur Folge, dessen sichtbarer Effekt in der Steigerung des Minutenvol. zutage tritt. Manche Therapieversager von I könnten auf diese Weise ihre Erklärung finden. (Cardiologia [Basel] **23.** 349—58. 1953. Bern, Med. Univ.-Klinik.) JORDAN. 4630

Wolfgang Herbst, *Beobachtungen über das Verhalten hypertonischer Augenhintergrundveränderungen unter dem Einfluß von Hydergin.* Vf. fand guten Einfl. von *Hydergin* bei Frühstadien des roten Hochdrucks, mäßigen bei Spätformen u. fehlende Wrkg. bei Übergangsformen zwischen rotem u. blassem Hochdruck u. Retinitis angiospastica. (Klin. Monatsbl. Augenheilkunde augenärztl. Fortbild. **124.** 446—57. 1954. Hamburg, Allg. Krankenhaus Heidberg, Augenabt.) ZEMKE. 4630

Å. Heimdal und **O. Nordenfelt,** *Der Hyderginеffekt im Elektrocardiogramm.* Eine intramuskuläre Injektion von 0,3 mg *Hydergin* (I; SANDOZ) konnte orthostat. bedingte EKG-Veränderungen (ST-Senkung, T-Inversion) nur gering beheben; viel stärker erwiesen sich hierin 0,5 mg *Ergotamin* (II) intravenös. Dies beruht wahrscheinlich darauf, daß II die Herzfrequenz stärker senkt als I. (Cardiologia [Basel] **23.** 359—72. 1953. Jönköping, Med. Clin., Centr. Hosp.) JORDAN. 4630

Fletcher W. McDowell, *Phaeochromocytoma. Diagnose und Spezialbehandlung vor, während und nach der Operation.* Zur Stabilisierung des Blutdrucks bei der Operation eignet sich *Regitin* besser als *Dibenamin,* da sich danach Unterdruck durch *Epinephrin* oder *Norepinephrin* (kontinuierliche Tropfinfusion) besser kontrollieren läßt. (J. int. Coll. Surgeons **19.** 365—72. März 1953. Muncie, Ind.) LUDOLPHY. 4630

Julián Martín-Aragón, *Über die perorale Anwendung des Strophantins.* (Clín. y Lab. **56 (38).** 424—27. Dez. 1953. Zaragoza, Cát. de Patol. y Clín. Méd.) P. G. SCHEURLEN. 4630

K. Heinrich und **L. Delius,** *Klinische Erfahrungen mit Acetyldigitoxin. Acetyldigitoxin* (Acetylgruppe am 3. Digitoxosemol., gewonnen als Lanatosid A) erwies sich bes. bei tachycarden Herzinsuffizienzen wirksam. 1,4—4,6 mg oral wurden bis zur Rekompensation 3—6 Tage lang gegeben; Erhaltungsdosis zwischen 0,05—0,5 mg täglich oral. Die Abklingquote liegt (mit 10%) höher als die des Digitoxins (7%). Die Behandlungserfolge von 44 Patienten werden mitgeteilt. (Therap. d. Gegenwart **93.** 173—76. Mai 1954. Baden-Baden, Städt. Krankenhaus, Innere Abt.) JORDAN. 4630

P. I. Besruk, *Pharmakologische Untersuchung eines amorphen Glykosides aus den Blättern von Erysimum cheiranthoides.* Das als gelbes Pulver von bitterem Geschmack (leicht in A., schwer in W. lösl.) erhaltene amorphe Glykosid „*Coresmin*“ zeigt je 1 g eine biol. Aktivität von 5800 Katzen- u. 55000 Froscheinheiten. Die höchste Wirksamkeit wird bei intravenöser Einführung beobachtet. Die rasch erfolgende Resorption erreicht ihr Maximum nach 3 Std.; das Präp. zeigt schwache Kumulation; Ausscheidung 0,017 mg/kg/Stunde. Das der Strophanthingruppe nahestehende Präp. eignet sich wegen seiner geringen Toxizität als Herztherapeuticum. (Фармакология и Токсикология [Pharmakol. u. Toxikol.] **16.** Nr. 5. 43—46. Sept./Okt. 1953. Charkow, Wiss. Chem.-Pharmaz. Forschungsinst., Pharmakol. Labor.) R. K. MÜLLER. 4630

H. A. Thies, *Zur Verhütung von Gefäßwandschäden unter Dicumarin, Cumarin und Seltenen Erden.* Angabe einer Meth. zur Best. der Capillarresistenz von Patienten bei Behandlung mit *Dicumarin, Cumarin* u. *Thrombodym.* Die Resistenzverminderung durch diese Präpp. ließ sich durch *Ruticalzon* (I; WÜLFLING), einer Kombination von *Rutin, Ca, Vitamin C* (II) u. D_2 beseitigen oder verhüten. Die günstige Wrkg. von II wird betont u. sein Einfl. auf die Steigerung des Prothrombingeh. hervorgehoben. Erfolgreiche Behandlung von 300 Fällen mit I oral oder in Form von Suppositorien, wodurch ein Absinken der Capillarresistenz vermieden wurde. (Therap. d. Gegenwart **93.** 105—07. März 1954. Hamburg, Allg. Krankenhaus Heidberg.) DOSSMANN. 4633

W. Rüther, *Klinische Erfahrungen mit Ultox in der neuzeitlichen Behandlung von Magenschleimhautentzündungen unter besonderer Berücksichtigung des Ulcus ventriculi et duodeni.* Bericht über Erfolge mit *Ultox* (I)-Tabletten bei 200 Patienten mit verschied. Magen- u. Darmerkrankungen. I ist ein Kombinationspräp. auf der Grundlage von *bas. Bi-Nitrat* u. *MgO* mit Zusätzen pflanzlicher Extrakte von *Faulbaumrinde, Acorus Calamus* mit dem Wirkstoff *Kalmusgerbsäure, Wermut, Ringelblumen, Vogelknöterich* u. *Hirtentäschel.* Die Wrkg. der einzelnen Faktoren wird besprochen u. die Güte von I an einigen Fällen erläutert. (Therap. d. Gegenwart **93.** 92—95. März 1954. Düsseldorf, Med. Akademie, II. Med. Klinik u. Poliklinik.) DOSSMANN. 4645

Bernard Wissmer, *Ergebnisse der längeren Behandlung der Gastroduodenalgeschwüre mit Prantal. Vorteile von verzögert wirkendem Prantal und Prantal pro injectone.* Es werden mehrere Behandlungsfälle mit *Prantal* (I; SCHERING CO.), einem synthet. Anticholinergicum auf der Basis quartärer Ammoniumverbb., beschrieben. I erwies sich als sehr verträglich u. überraschte durch seine schnell einsetzende sedative Wrkg. bei Geschwüren. Es gewährt dem Patienten ein Maximum an Ruhe. I bewirkt auch eine rasche Vernarbung der Geschwüre. Es erscheint auch bei der Behandlung von pept. Ulcuskranken, bei der funktionellen Diarrhoe u. bei gewissen Fällen von dumping-Syndrom angebracht. (Praxis [Bern] **43.** 432—35. 20/5. 1954. Genf.) W. LORENZ. 4645

K. A. Meschtscherskaja, *Der Einfluß von Metacyl auf die Heilung experimenteller Magengeschwüre bei Ratten.* Bei Ratten wird durch Einführung von Coffein (1%ig. Lsg., 25 mg/kg/Tag, in 10 Tagen ansteigend auf 50) u. von Na_3AsO_3 (0,2%ig. Lsg., 10 mg/kg/Tag) vor der Morgenfütterung in 90% der Fälle Magenulcus verursacht. Wird nach dessen Feststellung *Metacyl* (0,7%ig. wss. Lsg.), 70 mg/kg/Tag, verabreicht, dann läßt sich eine erhebliche Erhöhung der Lebensdauer (Durchschnitt 36 Tage gegen 12) u. Normalisierung der durch das Ulcus beschleunigten Eiweißverdauung beobachten. Der operative Befund nach 7—14 Tagen bestätigt die mehr oder weniger weitgehende Ausheilung des Ulcus. (Фармакология и Токсикология [Pharmakol. u. Toxikol.] **16.** Nr. 5. 41—43. Sept./Okt. 1953. Tscheljabinsk, Med. Inst. Lehrstuhl für Pharmakol.) R. K. MÜLLER. 4645

Gerd Griesser, *Die Behandlung der Obstipation chirurgischer Patienten mit „Emulsio Paraffini Stada".* Zur Vermeidung unerwünschter Nebenwirkungen, wie sie mit *Phenolphthalein* auftreten, wurde die *Emulsio Paraffini Stada* (I) als Laxans bei 200 Fällen erprobt. I enthält 40% Paraffinum liquidum, 0,2% *Diacetyldioxyphenylisatin* (?), 0,02% Oleum Citri u. 1,5% Adulsion 0, ein aus Methylcellulose u. Celluloseglykolat bestehender Emulgator. Die Wrkg. der Komponenten im Darmtrakt wird besprochen. (Therap. d. Gegenwart **93.** 107—08. März 1954. Tübingen, Univ., Chirurg. Klinik.) DOSSMANN. 4647

A. G. Kamalowa und **Ss. Ss. Pipija,** *Kombinierte Methode zur Heilung des Ascaridose.* Bei der Behandlung von 2000 Schulkindern mit *Sankaphen* (I) wurden, unabhängig vom Zeitpunkt der Abführmittelgabe, 32,3—36,5% von der Ascaridose befreit. Die Kombination von I mit Hexylresorcin ergab eine Heilung von 79,2% der Befallenen u. einen 99,5%ig. Abgang der Ascaridosen. Intoxikationserscheinungen wurden dabei nicht beobachtet. (Медицинская Паразитология и Паразитарные Болезни [Med. Parasitol. parasit. Krankh.] **1953.** Nr. 5. 404—07. Sept./Okt. Republik-Malariastation der AbchasASSR, Helminthol. Abt.) DU MANS. 4649

Jaime Quintanilla Ulla, *Cortison, ACTH oder Stickstofflost in der Behandlung des Asthma?* Vf. bespricht 14 Fälle, wovon 9 mit *Stickstofflost* (I), der Rest mit *Cortison* bzw. *ACTH* behandelt wurden. I zeigte die besten Erfolge. Vorteile: Sichere, lang andauernde Wirkung. Nachteil: Tox. Rkk., die sich z. B. durch Vitamine des B-Komplexes vermindern lassen (*Pyridoxin*), ferner Belladonna oder parasympathicolyt. *Stoffe*, wie Buscopin, Avacan, Banthin usw. Der Wirkungsmechanismus ist noch ungeklärt. (Medicina [Madrid] **21 II.** 359—66. Dez. 1953.) HANS THIELE. 4670

M. Rizzi, *Klinische Behandlungsergebnisse bei primär chronischer Polyarthritis mit Gold.* Es werden 156 Behandlungsfälle von prim. chron. Polyarthritis mit *Fosfocrisolo* (*Na-Goldverb. der p-dimethylaminophenylphosphinigen Säure*) beschrieben. In 92% der Fälle konnte Besserung erzielt werden. Über die Vermeidung von Nebenerscheinungen, wie Hautschäden, Ikterus, Gastritis, werden Hinweise gegeben. (Praxis [Bern] **43.** 426—28. 20/5. 1954. Zürich, Univ., Rheumaklinik u. Poliklinik für physikal. Therap. des Kantonsspitals.) W. LORENZ. 4670

Vicente Pozuelo Escudero, *Persönliche Erfahrung in der Behandlung des Rheumatismus und anderer Erkrankungen mit Butazolidin. Butazolidin* (*1.2-Diphenyl-3.5-dioxy-4-n-butylpyrazolidin*) bewirkte völlige Heilung bei Chorea minor (1 Fall),

Peliosis rheumatica (2 Fälle) u. Besserung bei BASEDOWscher Krankheit (1 Fall). In 6 von 17 Fällen zeigten sich Verdauungsstörungen (einmal Magenblutung). In einem weiteren Fall wurden Aphthen u. Urticaria beobachtet. 15 Patienten zeigten weitgehende Besserungen. (Medicina [Madrid] **21 II.** 321—27. Dez. 1953. Inst. de Pathol. Méd.) HANS THIELE. 4670

H. Bucher, *Butazolidin bei Diabetes insipidus.* Bericht über erfolgreiche Behandlung mit *Butazolidin* (I; 400 mg/Tag) bei Diabetes insipidus, wobei die antidiuret. Wrkg. von I zur Geltung kam. (Schweiz. med. Wschr. **84.** 910—11. 31/7. 1954. Arosa, Kantonal-Zürcherische Heilstätte Altein.) P. LOCH. 4670

L. Loeb, *Ein Fall von Suicidversuch mit Kaliumnitrat.* 1 Std. nach Einnahme von 34 g KNO_3 kam eine 58jährige in schweren Kollaps mit Cyanose u. Dyspnoe. Durch Verabreichung von 1 ml Sympatol, 5 ml Campher, 0,1 g Coffein, 0,25 mg Strophosid, 10 ml Coramin wurde keine Änderung des Zustandes bewirkt, der dann durch 0,2 mg *Adrenalin* zunehmend gebessert wurde. Im Blut wurden 21,8% Methämoglobin gefunden, zu dessen Red. noch 5 ml *Helthion* ($Na_2S_2O_3$) verabreicht wurden. (Schweiz. med. Wschr. **84.** 740—41. 3/7. 1954. Basel, Bürgerspital.) KRUSEN. 4675

G. Froitzheim und **Olligs,** *Tierexperimentelle Untersuchungen zur Behandlung der Quecksilbervergiftung mit α.α'-Dimercaptobernsteinsäure.* Die Zufuhr von 0,8 mg/100 g $HgCl_2$ an Mäuse, die sonst 100%ig. Letalität verursacht, hatte nur eine 10%ig. Mortalität zur Folge, wenn innerhalb von ½ Std. 3,6 mg/100 g *α.α'-Dimercaptobernsteinsäure* (I) gegeben wurden. Wenn I vor der $HgCl_2$-Zufuhr oder später als ½ Std. danach gegeben wird, ist es wirkungslos. Die Wirkungsweise dürfte derjenigen von *Dimercaptopropanol* (*BAL*) ähnlich sein. (Dermatol. Wschr. **129.** 497—500. 1954. Köln, Univ., Hautklinik.) KRUSEN. 4675

Antonio Dell'Erba, *Pathologisch-anatomisches Bild der akuten Pyramidonvergiftung. Kasuistischer Beitrag und experimentelle Untersuchungen.* An Hand eines Falles von akuter *Pyramidon* (I)-Vergiftung bei einem 3 Monate alten Kind, das 1,5 g I rectal instilliert bekommen hatte, u. auf Grund experimenteller Vergiftungen an Kaninchen wird die anatom. Symptomatik der akuten I-Vergiftung besprochen. Vf. berichtet nicht über die Blutveränderungen. Morpholog. handelt es sich hauptsächlich um die Folgen eines schweren Kreislaufkollapses. (Zacchia [Roma] [2] **16** (**28**). 235—60. Aug./Sept. 1953. Bari, Univ., Ist. di Med. Legale.) P. G. SCHEURLEN. 4675

G. Geist, *Über Vergiftungen mit E 605.* Zusammenfassende Darst. von Chemie, Vergiftungsmöglichkeiten, Symptomen u. Therapie mit 27 Literaturangaben. (Therapiewoche **4.** 369—72. Mai 1954. Karlsruhe, Städt. Krankenanstalt.) KRUSEN. 4675

L. J. Hurwitz und **Gweneth I. Taylor,** *Vergiftung durch Kanalgase mit ungewöhnlichen Folgen.* Bericht über die Vergiftung eines Kanalarbeiters mit H_2S-haltigen u. O_2-armen Abwassergasen. Behandlung mit O_2/CO_2 (95 + 5) u. rectaler Zufuhr von starkem Kaffee. Es wurden EKG-Veränderungen u. lang anhaltende neurolog. Schäden festgestellt. (Lancet **266.** 1110—12. 29/5. 1954. Slough, Bucks., Upton Hosp.) KRUSEN. 4681

T. H. Gaddum, Pharmacology. 4th ed. New York: Oxford. 1954. (580 S. m. Abb.) $ 8,—.

Aaron B. Lerner and **Marguerite R. Lerner,** Dermatologic medications. Chicago: Year Bk. Publishers. 1954. (183 S.) $ 3,50.

F. Pharmazie. Desinfektion.

—, *Filtration durch Asbestschichten in der pharmazeutischen Industrie.* Beschreibung von Schwemm- u. Plattenfiltern (Abb.) aus Asbest + Cellulose (SEITZ-Filter), ihrer Arbeitsweise u. Verwendbarkeit zur Abtrennung von Bakterien, Mikroorganismen u. ihrer Zersetzungsprodukte. (France-Pharmacie **7.** 219—23. April 1954.) SCHULENBURG. 4758

Hans Dieckmann und **Kurt Sappert,** *Fructus Capsici* (*Spanischer Pfeffer, Paprika*). Überblick, bes. über Geschichte, Botanik, Chemie, Pharmakodynamik u. pharmazeut. Zubereitungen. (Planta med. **2.** 77—86. Juni 1954. Paris.) BARZ. 4782

F. Horák und **K. Bína,** *Die mit Ninhydrin reagierenden natürlichen Alkaloide des Schierlings* (*Conium maculatum L.*). Bei der papierchromatograph. Trennung der Alkaloide des gefleckten Schierling ist eine Butanollsg. von *Ninhydrin* (I) verwendbar. Die Trennung erfolgt analog der Meth. bei den α-Aminosäuren. Die entstehenden gelblichen Flecke (an die Farbe eines Prolinfleckes erinnernd) rühren von α-Propylpiperidin (Coniin) oder nahe verwandten Verbb. (α-Conhydrin, Pseudoconhydrin usw.) her. Es ist anzunehmen, daß es sich um einen gleichen Reaktionsmechanismus handelt wie zwischen Prolin u. I. (Pharmaz. Zentralhalle Deutschland **93.** 303—04. Aug. 1954. Prag.) BARZ. 4782

W. Lang, *Untersuchungen über den Zustand der einfachen und kondensierten Polyphenole in der pflanzlichen Zelle.* Bericht über Gerbstoffextraktionsverss. bei Drogen. Adsorptiv gebundene Gerbstoffe (Beispiel: Tanninalbumin) können durch A. mittlerer Konz. völlig aus ihrer adsorptiven Bindung herausgelöst werden. Hochprozentiger A. löst diese Gerbstoffe nur sehr unvollkommen. In der pharmazeut. Praxis ist also bei der Herst. von Totalextrakten mit hochprozentigem A. die Vorquellung der Drogen ein wichtiger Teil des Extraktionsvorganges. (Arch. Pharmaz. Ber. dtsch. pharmaz. Ges. **285/57.** 89. Okt. 1952. Stuttgart, Katharinenhosp.) SCHMERSAHL. 4790

D. Etchells, *Ein neues Rezept für die Calamin-Lotion.* Die Eigg. der *Calamin* (**I**)-Lotion lassen sich durch Zusatz von *Na-Carboxymethylcellulose* (**II**) als Suspensionsmittel u. von *Diisopropylnaphthalinsulfonat* (**III**) als Netzmittel wesentlich verbessern. Folgendes Rezept wird vorgeschlagen: **I** 15,0 (g), ZnO 5, **II** 1, **III** 0,05, Glycerin 5, verflüssigtes Phenol 0,5, dest. W. ad 100. Die **II** wird zweckmäßig unter dauerndem Rühren in ca. 60 ml W. bei 70° gelöst; die sonstige Zubereitung der Lotion erfolgt in üblicher Weise. (Pharmac. J. **172** ([4] **118**). 372—73. 8/5. 1954. Manchester, Christie Hosp., u. Holt Radium Inst., Dep. of Pharm.) H. P. FIEDLER. 4790

R. Frank und **G. Stark,** *Über die antibakterielle Wirkung von Acriflavin und Cetyltrimethylammoniumbromid in verschiedenen Salbengrundlagen. Cetyltrimethylammoniumbromid,* 75%ig (Cetavlon; **I**) u. *Acriflavin B. P. 1948* (**II**) wurden in 4 verschied. Salbengrundlagen auf ihre Wrkg. gegen Staphylococcus aureus in vitro geprüft; sie stieg in der Reihe: W./Fett-, Fett/W.-Emulsion, Hydrogel (Glycerin u. Na-Alginat). In reiner Vaseline war **I** unwirksam, während **II** bei hoher Konz. daraus gut diffundierte u. nach 48 Std. sogar eine erhöhte Wrkg. zeigte. Verschied. elektr. Ladung von Antisepticum u. Salbengrundlage kann zum Brechen der Emulsion führen; das Verh. ist von Fall zu Fall verschieden. Die Menge der antisept. Salbe ist ohne Einfl. auf ihre Wrkg., die nur von der Konz. des eingearbeiteten Antisepticums abhängt. Eine synergist. Steigerung von **I** u. **II** tritt nicht ein. Die prakt. Optimalkonz. von **I**- u. **II**-Salben liegt bei 1—1,5%. (Pharmac. Acta Helvetiae **29.** 81—90. März 1954. Beilage zu: Schweiz. Apotheker-Ztg. Tel-Aviv, „Hadassa"-Spital, Zentralapoth. u. Bakteriol. Labor.) SCHULENBURG. 4792

H. Schwarzkopf, *Mixopal, eine neue elastische Abdruckpaste.* Hinweis auf die neue Abdruckmasse *Mixopal* (BREMER GOLDSCHLÄGEREI WILHELM HERBST), die sich durch hohe Elastizität u. vollkommene Volumenbeständigkeit auszeichnet. — Anwendungsbeispiele u. Verarbeitungsvorschriften. (Dtsch. Zahnärztebl. **10.** 396—98. 22/5. 1954. Hannover.) KLESSE. 4798

W. Heubner und **G. Otto,** *Neue Spezialitäten. Cortineurin* (NORDMARKWERKE, Ütersen): Nebennierenrindengesamtextrakt. — *Debilin* (RIEDEL-DE HAËN, Seelze): Tabletten mit 0,25 (g) des Ca-Salzes des Bernsteinsäure-α-phenyläthylesters u. 0,005 Podophyllin. Gallenmittel. — *Decholin compositum* (Hersteller wie vorst.): Tabletten mit 0,25 (g) Dehydrocholsäure u. 0,01 Extractum Belladonnae. Lebermittel. — *Nestragel* (DEUTSCHE AG FÜR NESTLE-ERZEUGNISSE, Frankfurt/M.): Endosperm der Johannisbrotkerne mit 0,4% Ca-Lactat. Gegen Säuglingserbrechen. (Klin. Wschr. **29.** 745. 15/11. 1951.) HOTZEL. 4800

L. Rosenthaler, *Bemerkungen zu der Arbeit von Prof. Dr. Paul Pfeiffer und Dr. Erika Schmitz „Studie über Dermatol".* (Vgl. C. **1952.** 1872.) Es wird auf Arbeiten von NAGASE (J. pharmac. Soc. Japan [Yakugakuzasshi] **56.** [1936.] 31) u. BOBRANSKI u. Mitarbeitern (Pharmac. Acta Helvetiae **22.** [1947.] 217) hingewiesen, in denen für *Dermatol* eine Struktur angegeben wird, die abweicht von der von PFEIFFER angenommenen. Zur näheren Kenntnis der Konst. behandelte Vf. Dermatol energ. mit CH_2N_2 u. stellte nach Zusatz von HCl in der äther. Lsg. eine methoxylgruppenhaltige Verb. fest. (Pharmazie **6.** 108—09. März 1951. Bern.) HORST BAGANZ. 4806

S. J. Hopkins, *Adrenalin blockierende Stoffe.* (Vgl. C. **1953.** 7600). Zu den natürlich vorkommenden Antisympathicomimeticis gehören zum Teil die Mutterkornalkaloide u. das Yohimbin. Synthetica dieser Gruppe sind: 2-[Dimethylaminomethyl]-benzodioxan (*883 F*); 2-[Piperidinomethyl]-benzodioxan (*933 F*); N.N-Dibenzyl-β-chloräthylamin (*Dibenamin*) u. Derivv. dieses Typs; 2-Benzyl-4.5-imidazolin (*Priscol*); 2-[N-p'-Tolyl-N-(m'-oxyphenyl)-aminomethyl]-imidazolin (*Regitin*). Das klin. Anwendungsgebiet der Adrenalin blockierenden Stoffe ist hauptsächlich die Diagnostik von Tumoren. (Manufact. Chemist **24.** 426—28. Okt. 1953.) ULEX. 4806

M. Pöhm, *Über wirkungsmäßig und konstitutionell den Mutterkornalkaloiden nahestehende synthetische Verbindungen.* Übersicht. Genannt sind: N-[2-ac-Tetralyl]-N-methyl-β-alaninäthylamid, β-Phenyläthylamin, Amphetamin, 1.2.3.4-Tetrahydro-2-naphthylamin, 2-Diäthylamino-1.2.3.4-tetrahydronaphthalin, N.N-Diäthylglycin-N'-[2-ac-tetralyl]-amid, N.N.N'.N'-Tetraäthylglycinamid, Tryptamin, β-[5-Phenylpyrryl-(2)]-äthylamin, N-[β-Indolylmethyl]-piperidin, N-[β-Indolylmethyl]-3-carbäthoxy-1.2.5.6-tetrahydropyridin u. N-[β-Indolyl-(3)-äthyl]-N-methyl-β-alanindiäthylamid. — 11 Literaturangaben. (Scientia pharmac. **22.** 95—99. 30/6. 1954. Wien.)
BARZ. 4806

W. J. O'Reilly, *Bemerkungen über die Beständigkeit des Cyanocobalamin (Vitamin B_{12}.)* An Hand des Schrifttums wird zusammenfassend über die Beständigkeit des Cyanocobalamin im festen Zustand, in Lsg. bzw. in Lösungsmitteln u. über die Verträglichkeit mit anderen Vitaminen bzw. verschied. Chemikalien berichtet. (Australas. J. Pharmacy [N. S.] **35.** 136. 27/2. 1954. Sydney, Univ., Dep. of Pharm.)
H. P. FIEDLER. 4808

E. P. Lossouarn, *Die Lyophilisation.* Die *Lyophilisation* ist ein Verf. zur Konservierung hoch empfindlicher Stoffe unter weitestgehender Schonung ihrer chem. u. physikal. Eigg. durch Überführung des in ihnen enthaltenen W. in Eis, das im Hochvakuum abgedunstet wird; beliebig spätere Zufuhr von W. erlaubt die Wiederherst. des Ausgangszustandes. Die techn. Realisierung dieses einfachen Prinzips ist schwierig, aber prakt. gelöst. Das Gefrieren des W. in der geeignet (asept.) vorbereiteten Substanz zu orientierten Eisnädelchen muß zur Bewahrung ihrer Struktur u. zur Ausschaltung partieller Salzanreicherungen sehr schnell (z. B. im Luftstrom von -35^0 u. 3 m/Sek.) erfolgen. Die Wärmeableitung u. spätere Zufuhr verlangt die Überführung des Gefriergutes in Dünnschichten durch horizontale oder vertikale Drehung der Aufnahmegefäße. Die Abdunstung des Eises erfolgt bei 10^{-4} mm Hg, wobei sich das durch Wärmezufuhr auf höhere Dampfspannung gebrachte Eis an einem Kondensator bei -40^0 niederschlägt. Tempp. u. Vakua müssen sowohl gegenseitig wie auch dem zu behandelnden Stoff u. dem Fortgang des Gefrier- u. Sublimationsvorganges angepaßt werden. Das noch ziemlich teure Verf. findet Anwendung u. a. zur Konservierung von Plasma, Albumin, Globulin, Prothrombin, Alexinen, Seren, Pflanzenextrakten usw., von Hormonen, Antibioticis, Vitaminen, von anatom. Präpp. u. Transplantaten. (Produits pharmac. **9.** 79—85. Febr. 1954. Nantes, École de Méd. et Pharm.)
SCHULENBURG. 4828

V. Kettlitz und **G. Ventura,** *Sterilisation mittels Elektronen.* Zusammenfassende Übersicht über die physikal. Grundlagen der „Kaltsterilisation" mit β-Strahlen, deren germicide Eigg., die Technik der Meth., ihre Vor- u. Nachteile. — 14 Literaturhinweise. (Boll. chim. farmac. **92.** 119—27. April 1953.) R. K. MÜLLER. 4832

J. Dorche, M. Carraz und **M. Castaing,** *Über die Untersuchung pyrogener Stoffe in Injektionslösungen.* 5. Mitt. *Ursache der Pyrogenität. Destilliertes Wasser und Mikrobenkulturen.* (4. vgl. C. **1952.** 3374.) Die dest. W. pyrogen machenden Keime gehören zu den Arten *Bacillus, Pseudomonas, Flavobacterium, Chromobacterium, Sarcina, Serratia, Staphylococcus.* Bei *Pseudomonas aeruginosa* ist der pyrogene Charakter konstant u. unabhängig vom Milieu, bei *Bac. subtilis* dagegen veränderlich. Zwischen der Pathogenität der Bakterien u. ihrer Fähigkeit zur Bldg. pyrogener Stoffe scheint kein Zusammenhang zu bestehen. (Ann. pharmac. franç. **9.** 574—83. Sept./Okt. 1951.)
v. GIZYCKI. 4832

J. Dorche und **M. Castaing,** *Über die Untersuchung pyrogener Stoffe in Injektionslösungen.* 6. Mitt. *Verringerung der pyrogenen Eigenschaft beim Altern steriler Mikrobenkulturen.* (5. vgl. vorst. Ref.) Im Gegensatz zu den Befunden anderer Autoren fanden Vff., daß die von ihnen untersuchten Mikrobenkulturen selbst bei einjähriger Alterung im allg. ihre Pyrogenität nicht merklich verringerten. Eine Ausnahme machte nur eine Suspension von *Bac. subtilis*, während die von *S. typhi* sich wegen ihrer besonderen Stabilität als Standard eignete. (Ann. pharmac. franç. **9.** 583—85. Sept./Okt. 1951.)
v. GIZYCKI. 4832

D. P. Ssalo und **I. W. Krassowski,** *Refraktometrische Analyse fester binärer Heilmittelgemische auf Grund der linearen Abhängigkeit des Brechungsindex von der Konzentration.* 1. Mitt. Bei genügend großer Verdünnung wird der Brechungsindex n eines Gemisches nach $n = K_1C_1 + K_2C_2$ (1) bestimmt (K_1, K_2 = Änderung des n der Lsg. jeder Komponente für eine Konz. von 1%; C_1, C_2 = Konzz. dieser Komponenten). Zur Best. von K_1 u. K_2 wird für jede Komponente die Abhängigkeit des n von der Konz. graph. dargestellt, wobei K_1 bzw. K_2 der Tangente des Neigungswinkels der Geraden zur Abscissenachse entspricht. Bei einer Lsg. des Gemisches mit $C = C_1 + C_2$ (2) wird nach (1) u. (2) C_1 u. C_2 bzw. die Menge jeder Komponente in g errechnet: $g_1 = a \cdot c_1/c$; $g_2 = a \cdot c_2/c$, wobei a die zur Herst. der Lsg. angewandte Einwaage des Gemisches ist. Schon bei einer Lösungstemp. von 50° hängt in allen untersuchten Fällen n von der Konz. (bis 20—25%) linear ab. In einer Tabelle werden die K-Werte für einige Arzneimittel bei verschied. Konzz. u. Tempp. gegeben. (Аптечное Дело [Apotheken] **2.** Nr. 5. 26—28. Sept./Okt. 1953. Charkow, Pharmaz. Inst. des Gesundheitsminist. der UkrSSR.) R. K. MÜLLER. 4880

Erich Wegner, *Zur Kenntnis der für die EM-Reaktion des ätherischen Öles von Mentha piperita L. verantwortlichen Inhaltsstoffe.* Wird das frisch dest. äther. Öl oder der Petrolätherextrakt von *Mentha piperita L.* mit dem EHRLICH-MÜLLER-Reagens (5% Dimethylaminobenzaldehyd bzw. 10% H_3PO_4 [D. 1,70] in Eisessig. —0,1—0,5 ml Öl in 5 ml Eisessig lösen u. mit je 1 ml der beiden vorst. Lsgg. versetzen. Färbung nach Zusatz u. nach 24 Std. feststellen) versetzt, so entsteht sofort eine intensive Rotfärbung, die nach 24 Std. in Tiefviolett übergeht. Diese Färbung ist auf den Geh. an Menthofuran zurückzuführen, das die gleiche Farb-Rk. liefert u. als Terpenchromogen aufzufassen ist. (Pharmaz. Zentralhalle Deutschland **93.** 139—42. April 1954. Forchheim bei Karlsruhe, ehemal. Abt. für Arzneipflanzenforsch. des Tabakforschungsinst.) H. P. FIEDLER. 4880

Tito Pavolini, *Chemische Unterscheidung von Kamala und Wars.* Zur Unterscheidung von *Kamala,* den Rottlerin (I) enthaltenden Drüsenhaaren von Rottleria tinctoria ROXB von dem zu seiner Verfälschung verwendeten *Wars,* den Flemingin (II) enthaltenden Wurzelhaaren von Flemingia congesta ROXB (auch als Aden-Kamala, Waras oder Wurrus bezeichnet) entwickelte Vf. eine Rk., die auf der Curcuminnatur des **II** beruht, während dem **I** eine solche Gruppierung fehlt. Dazu wird eine Probe der Droge mit A. extrahiert, mit Ae. versetzt, mit der Lsg. Filtrierpapierstreifen getränkt u. die getrockneten Streifen mit salzsaurer H_3BO_3-Lsg. befeuchtet. Nach dem Trocknen bei 100° bleiben die **I**-haltigen Streifen gelb, während die **II**-haltigen orangerot u. mit NaOH rotviolett werden. Mit dieser Rk. sind bis zu 5% Wars in Kamala nachweisbar. (Boll. chim. farmac. **90.** 226—30. Juni 1951. Padova, Univ., Ist. di Chim. Farmaceut.) IPPEN. 4880

Carlos M. P. Wirth, *Über die Bestimmung von Novalgin.* Die Meth., eine quantitative Schnellbest., beruht auf der Rk. von *Novalgin* (**I**) mit J_2-Lsg. im sauren Medium u. ist eine Modifikation bekannter jodometr. Methoden zur Best. von Antipyrin. Die Best. wurde ausgeführt mit **I** in Substanz (*Methylmelubrin Bayer*), in Tablettenform (0,320 g **I**-Geh.) u. in Ampullen (50%ig. **I**-Lsg.). 1 ml 0,1n J_2-Lsg. entspricht 0,01667 g **I** als Anhydrid oder 0,01757 g **I** als Monohydrat. Analysendauer ca. 30 Min. (berechnet auf Tabletten). — 10 Literaturangaben. (Pharmac. Acta Helvetiae **29.** 199—202. Beilage zu: Schweiz. Apotheker-Ztg. Juni 1954. Mexiko.) BARZ. 4880

S. Besson und **J.-J. Brignon,** *Bestimmung von Alkaloiden mit Antimontrijodid nach Caille und Viel.* Vff. beschreiben die Ausführung u. Berechnung bei Alkaloid (**I**)-Bestimmungen (z. B. in galen. Präpp.) mit SbJ_3 nach CAILLE (vgl. C. **1924.** I. 1422). Die Zuverlässigkeit der Best. wird erhöht durch die Möglichkeit, der Berechnung beliebige Komponenten des Nd. oder des überschüssigen Reagens zugrunde zu legen. In manchen Fällen ist eine Vorreinigung oder Wiederholung der Fällung nötig. Die anzuwendende **I**-Menge ist gering, die Dauer der Best. kurz. (Ann. pharmac. franç. **11.** 535—40. Juli/Aug. 1953.) SCHULENBURG. 4880

Woldemar Thomson, *Zur Charakteristik der Handelssorten von Chininhydrobromid und -hydrochlorid.* Vf. überprüfte mehrere Untersuchungsmethoden auf Nebenalkaloide in Chininhydrochlorid u. -bromid. Danach ist die Ammoniakprobe nach KERNER u. WELLER die exakteste; die Oxalatprobe von SCHÄFER kann als empfindlich gelten, die Chromatprobe von DE VRY ist bei einem größeren Geh. an Nebenalkaloiden von Bedeutung. Die zur Kontrolle herangezogene Chloroformprobe hält Vf. nicht für überzeugend. — 22 Literaturangaben. (Pharmaz. Zentralhalle Deutschland **93.** 261 bis 266. Juli 1954. Halle/Saale.) BARZ. 4880

J. Breinlich, *Über eine Störung des Morphinnachweises nach Deckert, gleichzeitig eine Unterscheidungsreaktion für die arzneilich gebrauchten Pyrazolone.* Der *Morphin*-Nachw. nach DECKERT bzw. der *Dromoran*-Nachw. im Urin wird durch Novalgin gestört. Die dabei auftretende Farb-Rk. mit Molybdat–Vanadat (Novalgin) u. mit Vanadat allein (Pyramidon) ist zur Unterscheidung der arzneilich verwendeten Pyrazolone geeignet. (Pharmaz. Zentralhalle Deutschland **91.** 425—27. Nov. 1952. Braunschweig, Städt. Krankenanstalten.) ULEX. 4880

R. E. A. Drey und **G. E. Foster,** *Die Bestimmung von Tropanalkaloiden in pflanzlichen Drogen durch Papierverteilungschromatographie unter besonderer Berücksichtigung der Alkaloide von Datura sanguinea.* Unvollständige Trennung u. andere Nachteile haften den chromatograph. Verff. zur Best. von *Hyoscin* (I) u. *Hyoscyamin* (II) an. Vff. chromatographieren mit wassergesätt. n-Butanol auf mit Phosphatpufferlsgg. (p_H 7,4) getränktem WHATMAN-Papier Nr. 1. Die entwickelten Streifen werden der Länge nach geteilt, in der einen Hälfte die Lage der Zonen mit DRAGENDORFFs Reagens (0,85 g $BiONO_3 \cdot H_2O$ in einem Gemisch von 40 ml W. + 10 ml Eisessig) durch Vgl. mit Teststreifen ermittelt, in der anderen Hälfte die ausgeschnittenen Zonen mit A. eluiert, über ihre Chlf.-Lsg. in essigsaure Lsg. übergeführt, nochmals zur Trockne eingedampft u. mittels der VITALI-Morin-Rk. colorimetr. bestimmt. In Vorverss. wurde festgestellt, daß ein Teil der Alkaloide in einem ganz bestimmten Verhältnis verlorengeht. Die Best. dieses %-Satzes ist reproduzierbar. Es wird deshalb der Gesamtgeh. der Alkaloide nach einer der klass. Methoden, der Anteil von I u. II wie beschrieben, chromatograph. bestimmt. In Extrakten von *Datura sanguinea* u. *Duboisia species* konnten so noch andere Alkaloide, wie *Valeroidin* u. *Tigloidin* (III), identifiziert werden. III zeigt mit I ident. R_F-Werte. (J. Pharmacy Pharmacol. **5.** 839—48. Nov. 1953. Dartford, Wellcome Chemical Works.) ENDRASS. 4880

István Gyenes, *Trennung des Atropins von den Zersetzungsprodukten durch Destillation mit überhitztem Benzoldampf.* Aus Hyoscyamin enthaltenden Pflanzen werden neben den Hauptalkaloiden u. ihren Hydrolyseprodd. auch geringe Mengen an Neben- u. Protoalkaloiden gewonnen. Vff. entwickeln u. beschreiben eine App., die mit Hilfe von überhitztem Benzoldampf eine Trennung des *Atropins* (I) von den anderen begleitenden Stoffen ermöglicht. Die Überhitzung des Benzoldampfes erfolgt auf 85°, u. es fallen bei einer durchschnittlichen Destillationsdauer von 4,7 Min. 28—30 cm^3 Destillat an. Das so von den Zersetzungsprodd. befreite I bleibt nach der Dest. im Kolben zurück u. wird in Chlf. mit 0,005n *p-Toluolsulfonsäure* u. *p-Dimethylaminoazobenzol* als Indicator titriert. Die wahrscheinliche Fehlergrenze der Best. liegt bei ±0,8%. Die Benzolflüchtigkeit folgender Stoffe wurde untersucht: *Putrescin, Tropin* (*Tropanol*), *Tetramethylputrescin, Apoatropin, Belladonnin* u. I. (Magyar Kémiai Folyóirat [Ung. Z. Chem.] **59.** 12—18. Jan. 1953.) BIRTHLER. 4880

H. Anders, *Über die Untersuchung anorganischer Röntgenkontrastmittel.* Die Unters. umfaßt die Best. des Glührückstandes, die Tropfzahl, die sogenannte Durchflußgeschwindigkeit, die Best. der Sedimentationsgeschwindigkeit u. der Schaumhöhe sowie die Best. der Schattendichte der maximal erzielbaren, gut beweglichen Suspension. Neben $BaSO_4$-Präpp. werden auch ThO_2-Präpp. als Kontrastmittel angewandt. (Pharmaz. Zentralhalle Deutschland **91.** 427—30. Nov. 1952. Berlin-Grünheide.) ULEX. 4880

Zellstoffabrik Waldhof, Mannheim-Waldhof, *Gewinnung von Nucleinsäure auf biochemischem Wege aus Hefe oder hefeähnlichen Mikroorganismen.* Sterile Suspensionen von Hefe werden nach Zusatz von Bakterienkulturen der Gattung Streptococcus oder Staphylococcus oder Stäbchenbakterien bes. in neutraler Lsg. bei p_H 7 bei Tempp. von 30—40° einem Abbau bis zu den Nucleinsäuren unterworfen. Genannt sind z. B. Streptococcus inulinaceus bzw. Micrococcus coruntas, Bacterium aerogenes, Bacterium mycoides (Gr.) Mi u. Bacillus pumilus G. Die bei der Behandlung ungelöst gebliebenen Hefeanteile werden abgetrennt, u. aus der Lsg. werden die Nucleinsäuren abgeschieden. — Als Ausgangsmaterial werden an Stelle von lebender Hefe auch Suspensionen von zweckmäßig in der Kolloidmühle zerkleinerter Trockenhefe verwendet. An Stelle der Bakterienkulturen werden daraus gewonnene Enzympräpp. verwendet. Vgl. D. B. P. 828 250; C. **1954.** 376. (**Oe. P. 178 909** vom 10/11. 1949, ausg. 25/6. 1954. D. Priorr. 1/10. 1948 u. 8/11. 1948.) M. F. MÜLLER. 4791

Deutsche Gold- und Silberscheideanstalt vormals Roessler, Frankfurt/M. (Erfinder: **Otto Loebich** und **Otto Hinderer,** Pforzheim), *Herstellen von Zahnzementpulver mit wenigstens 80% ZnO.* ZnO, das für sich oder mit Zuschlägen in bekannter Weise gebrannt worden ist, wird so fein vermahlen, daß das Mahlgut (I) wenigstens 70 (Gew.-%) an Körnern mit einem Durchmesser unter 10 μ u. ca. 25 an Körnern mit einem solchen unter 3 μ enthält. Das I wird dann einer Wärmebehandlung bei Tempp. zwischen 700 u. 900° unterworfen. Das Erhitzen wird so geregelt, daß der Anteil an Körnern unter 3 μ auf weniger als 20% zurückgeht. (**D. B. P. 870 470** Kl. 30h vom 23/4. 1943, ausg. 12/3. 1953.) E. PETERSEN. 4799

Erich Rabald (Erfinder: **Erich Rabald** und **Hermann Voss,** Mannheim), *Stabilisieren wässeriger Edelmetallsole* durch Zugabe von Polyvinylpyrrolidon. Die Sole werden aus Au- oder Pt-Salzlsgg. durch alkal. Red. nach Zusatz des Stabilisators hergestellt. (**D. B. P. 910 954** Kl. 30h vom 12/11. 1944, ausg. 10/5. 1954. Anmeldung bekanntgemacht 17/9. 1953.) K. HEINZE. 4805

Edmund Weidner, Berlin, *Therapeutisch wertvolle Hexamethylentetraminrhodanid-Zubereitungen,* erhalten durch Rk. von Hexamethylentetramin (I) mit Rhodaniden in Anwesenheit eines Lösungsm. u. unter Zusatz von H_2SO_4. — 140 (g) I u. 76 NH_4SCN werden in 720 cm^3 Methyl- oder Äthylalkohol gelöst. In die Lsg. wird eine in der Kälte hergestellte Mischung von 51,6 g H_2SO_4 (95%ig) mit 100 cm^3 Methyl- oder Äthylalkohol in kleinen Portionen oder in dünnem Strahl unter Umrühren zugesetzt. Das abgeschiedene Rhodanid wird abfiltriert. Die Additionsverb. hat die Zus. $(C_6H_{12}N_4 \cdot HSCN)_2 \cdot (NH_4)_2SO_4$. Monokline holoedr. Kristalle. Die wss. Lsg. besitzt unbegrenzte Haltbarkeit u. Injizierbarkeit. (**Oe. P. 179 019** vom 18/9. 1951, ausg. 10/7. 1954. D. Prior. 5/1. 1951.) M. F. MÜLLER. 4807

Wyeth, Inc., Philadelphia, übert. von: **William F. Bruce,** Havertown, **Joseph Lester Szabo,** Drexel Hill, und **Samuel Tubis,** Upper Darby, Pa., V. St. A., *2-(N-Alkyl-amino)-2-methyl-1-phenylpropan.* 2-Nitropropan wird mit Benzaldehyd in Ggw. von NaOH unter Durchleiten von CO_2, bis p_H 8,5 beträgt, bei 40—50° zu 2-Methyl-2-nitro-1-phenyl-1-propanol kondensiert, F. aus PAe.-Ae. 67°, dieses mit Zn in A. zu 2-Amino-2-methyl-1-phenyl-1-propanol, F. aus Bzl. 99—99,5°, red., daraus mit Benzaldehyd in A. 2-(N-Benzalamino)-2-methyl-1-phenyl-1-propanol, F. aus Heptan 63—65°; durch Behandeln mit CH_3J bei 100° in A. entsteht 2-(N-Methylamino)-2-methyl-1-phenyl-1-propanol, F. aus Bzl. 124—125°, daraus mit $SOCl_2$ → *1-Chlor-2-(N-methylamino)-2-methyl-1-phenylpropanhydrochlorid,* das bei der Hydrierung mit H_2 in Methanol in Ggw. von Pd–$BaCO_3$ *2-(N-Methylamino)-2-methyl-1-phenylpropan* liefert, Pikrat, F. 155—156°. *Sympathicomimetica* u. Zwischenprodukte. (**A. P. 2 597 445** vom 23/12. 1948, ausg. 20/5. 1952.) KRAUSS. 4807

Troponwerke Dinklage & Co., Köln, *1-(3'.4'-Dioxyphenyl)-2-aralkylaminobutanole* der Formel $(3.4)(HO)_2C_6H_3 \cdot CH(OH) \cdot CH(C_2H_5) \cdot NH \cdot R \cdot C_6H_5$, worin R einen KW-stoffrest mit 2—5 C-Atomen bedeutet, dienen als *Kreislaufmittel.* — *1-(3'.4'-Dibenzyloxy-phenyl)-2-(α-methyl-γ-phenylpropylamino)-butanon.* Aus 3.4-Dibenzyloxy-α-brombutyrophenon u. 1-Phenyl-3-aminobutan in 2 stereoisomeren Formen: Hydrochlorid, F. 198° (I) u. F. 140° (II). — *1-(3'.4'-Dioxyphenyl)-2-(α-methyl-γ-phenylpropylamino)-butanon.* Aus I, H_2 u. Pd–$BaSO_4$-Katalysator, F. 165° (III); das Isomere von F. 155° (IV) analog aus II. — *1-(3'.4'-Dioxyphenyl)-2-(α-methyl-γ-phenylpropylamino)-butanol-(1).* Aus III, H_2 u. Pt-Oxyd; *Hydrochlorid,* F. 200—201°; isomeres *Hydrochlorid* vom F. 206° analog aus IV. — *1-(3'.4'-Dioxyphenyl)-2-(δ-phenylbutylamino)-butanol-(1).* Aus *1-(3'.4'-Dibenzyloxyphenyl)-2-(δ-phenylbutylamino)-butanol-(1)-hydrochlorid* (F. 191°), H_2 u. Pd–$BaSO_4$-Katalysator; *Hydrochlorid,* F. 199—200°. — (**D. B. P. 908 024** Kl. 12q vom 27/7. 1951, ausg. 1/4. 1954.) LANGER. 4807

Wm. S. Merrell Co., Cincinnati, übert. von: **Robert S. Shelton,** Mariemont, O., V. St. A., *N-Methyl-N-cinnamyl-2-phenylpropylamin,* $Kp._{0,35}$ 165—169°; n_D^{25} 1,5635; *Hydrochlorid,* F. 126—128° (polymorph, F. 144—145°), entsteht durch Kondensation von N-Methyl-2-phenylpropylamin mit Zimtaldehyd u. HCOOH oder mit Cinnamylchlorid. *Blutgefäßerweiterungsmittel,* bes. bei *Dysmenorrhoe.* (**A. P. 2 595 372** vom 29/3. 1949, ausg. 6/5. 1952.) KRAUSS. 4807

N. V. Philips' Gloeilampenfabrieken, Eindhoven, Holland, *Aminoketone und Aminoalkohole* der Formel **I** bzw. **II**, worin R = H, Acyl, Alkyl, Aralkyl, R_1 u. R_2 = H,

I II

Alkyl, Aralkyl oder mit N zusammen einen Heteroring bedeuten, finden *pharmazeut.* Verwendung. Man kondensiert eine Verb. $RO \cdot C_6H_5$ mit einem Nitril $NC—CH_2—N<^{R_1}_{R_2}$ u. $AlCl_3$, zers. das Reaktionsprod. mit W. zum Keton u. red. gegebenenfalls zum Alkohol. — *4¹-Oxy-1-phenyl-2-methylaminoäthanon.* Durch Rk. von Phenol mit Methylaminoessigsäurenitrilhydrochlorid, $AlCl_3$ u. HCl in Nitrobenzol bei 20—30°, u. Zers. des Reaktionsprod. mit Wasser, F. 143—145°; *Tartrat* F. 193—195°. Gibt mit H_2 + Ni in W. *4¹-Oxy-1-phenyl-2-methylaminoäthanol,* F. 183—185°; *Tartrat,* F. 189—190°. — Analog: *4¹-Methoxy-1-phenyl-2-methylaminoäthanonhydrochlorid,* F. 211—214°. — *4¹-Benzoyloxy-1-phenyl-2-methylaminoäthanonhydrochlorid,* F. 243 bis 245°. — *4¹-Oxy-1-phenyl-2-aminoäthanon.* — *4¹-Oxy-1-phenyl-2-aminoäthanolhydrochlorid,* F. 177—179°. — *4¹-Oxy-1-phenyl-2-isopropylaminoäthanonhydrochlorid.* — *4¹-Oxy-1-phenyl-2-(N-methylbenzylamino)-äthanon.* (**E. P. 640 492** vom 14/4. 1948, ausg. 19/7. 1950. Holl. Prior. 28/1. 1948.) LANGER. 4807

Farbenfabriken Bayer, Leverkusen (Erfinder: **Hans Schmidt,** Wuppertal), *Organische Phosphorverbindungen* entstehen durch Rk. von H_3PO_2 (I) mit Aminen u. Ketonen. Die Verbb. dienen als *Therapeutica* oder Zwischenprodukte. — Man stellt das **I**-Salz des *Anilins* (F. 115°) her, kocht dieses mit Aceton (**II**) u. erhält eine Phosphinsäure vom F. 214°. — Analoge Prodd. aus **I**, **II** u. *p-Aminoacetanilid* (**III**) (F. 216°); *2-Chlor-4-aminoacetanilid* (F. 200°); *p-Aminobenzolsulfonamid* (F. 200°); *α-(p-Aminobenzolsulfonamido)-pyridin* (F. 180°); *4.4'-Diaminodiphenylsulfon* (F. 204°); *Stearylamin* (F. 208°); *n-Propylamin* (F. 227°); *α-(p-Aminobenzolsulfonamido)-thiazol* (F. 184°); *Benzylamin* (F. 220°); *Hexahydroanilin* (F. 217°); *Aminoantipyrin* (F. 185°); *p-Aminomethylbenzolsulfonamid* (F. 232°); *4-Acetylamino-4'-aminodiphenylsulfon* (mit NaOH entsteht ein acetylfreies Deriv. vom F. 192°); *3.3'-Diamino-4.4'-dioxyarsenobenzol*; *Aminoguanidin* (F. 186°); *Phenylhydrazin* (F. 165°). Analoge Prodd. aus **I**, **III** u. Methyläthylketon (F. 142°); **I**, *p-Phenetidin* u. Acetophenon (F. 167°); **I**, **II**, *3-Amino-4-oxyphenylarsinacetat* u. H_3AsO_3. (**D. B. P. 870 701** Kl. 12q vom 9/1. 1942, ausg. 16/3. 1953.) LANGER. 4807

Walter Julius Freund, South Yarra Victoria, Australien, *Organische Arsonsäuren und Arsinoxyde* erhält man durch Behandeln von diazotierten Arsanilsäuren oder p-Aminophenylarsinoxyden oder deren Kernsubstitutionsprodd. mit arylierenden Mitteln in schwachsaurem Medium in Ggw. eines Cu(II)-Salzes. — p-Arsanilsäure wird nach dem Lösen in NaOH mit $NaNO_2$ u. 25%ig. HCl diazotiert. Diese Lsg. gibt man dann zu Zimtsäure in Aceton in Ggw. von Na-Acetat u. $CuCl_2$, wobei nach dem Erwärmen das *Cu-Arsonat* ausfällt, F. über 300°. — $C_6H_5CH{=}CH{-}COOH + CH_3\cdot COON_2C_6H_4{-}AsO(OH)_2 \rightarrow C_6H_5CH{=}CHC_6H_4AsO(OH)_2 + N_2 + CO_2 + CH_3COOH$. — Mit p-Methoxyzimtsäure erhält man *α-p-(Arsonophenyl)-p-methoxyzimtsäure*. — *3'-Nitro-4'-oxystilben-4-arsonsäure*. — *3-(p-Arsonophenyl)-cumarin*. — *p-Aminophenylarsinoxyd* + *Cumarin* → *3-(p-Arsonophenyl)-cumarin*. — *2-(p-Arsonophenyl)-chinon*. — *2.5-Di-(p-arsonophenyl)-chinon*. — *2-(p-Arsonophenyl)-thiophen*. — *2-(p-Arsonophenyl)-furan*. — *4'-Oxy-3-nitrostilben-4-arsonsäure*. — *α-Cyanstilben-4-arsonsäure*. — *5-(p-Arsonophenyl)-furan-2-β-acrylsäure*. — Zwischenprodd. für *Chemotherapeutica*. (**E. P. 670 317** vom 8/3. 1948, ausg. 16/4. 1952.) KRAUSS. 4807

Sterling Drug, Inc., New York, N. Y., übert. von: **Arlo Wayne Ruddy,** Morristown, N. J., V. St. A., *N-heterocyclische Alkylisobutyl-(2-thienyl)-acetonitrile* der allg. Formel **I** erhält man durch Erhitzen eines Metallderiv. von Isobutyl-(2-thienyl)-acetonitril mit einem N-heterocycl. Alkylhalogenid X—Y—N= (Y = Alkylen mit 2—3 C-Atomen, —N=B = Piperidino, Morpholino, Pyrrolidino, X = Halogen). — Aus 2-Thienylacetonitril u. Isobutylbromid in trockenem Bzl. in Ggw. von $NaNH_2$ → Isobutyl-(2-thienyl)-acetonitril, $Kp._{0,05-0,2}$ 69—85°, n_D^{25} 1,4972—1,5120 (neben wenig Diisobutyl-(2-thienyl)-acetonitril); daraus mit N-Piperidyläthylchlorid → *[2-(N-Piperidyl)-äthyl]-isobutyl-(2-thienyl)-acetonitril*, $Kp._{0,04}$ 128 bis 132°; n_D^{25} 1,51040—1,5174. *Hydrochlorid* $C_{17}H_{26}N_2SHCl$, F. 190,5—192°. *Methjodid* $C_{18}H_{29}N_2JS$, F. 136,5—138°. — *[3-(N-Piperidyl)-propyl]-isobutyl-(2-thienyl)-acetonitril*. — *[2-(N-Pyrrolidyl)-äthyl]-isobutyl-(2-thienyl)-acetonitril*. — *[3-(N-Pyyrolidyl)-propyl]-isobutyl-(2-thienyl)-acetonitril*. — *[2-(N-Morpholinyl)-äthyl]-isobutyl-(2-thienyl)-acetonitril*. — *[3-(N-Morpholinyl)-propyl]-isobutyl-(2-thienyl)-acetonitril*. — *Antispasmodica* u. Zwischenprodukte. (**A. P. 2 615 894** vom 10/3. 1951, ausg. 28/10. 1952.) KRAUSS. 4807

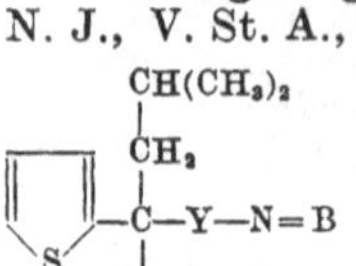

I

Soc. An. Luxema, Luxemburg, Luxemburg (Erfinder: **Jules Henri Théophille Ledrut,** St. Gilles), *1.2.3-trisubstituierte Pyrazol-5-on-4-aldehyde der* allg. Formel **I** (R, R' u. R'' = Alkyl oder Aryl). Man setzt ein Pyrazol-5-on-4-carbonsäurechlorid der allg. Formel **Ia** (R, R', R'' wie vorstehend) entweder mit einem Arylsulfonhydrazid der Zus. R'''—SO_2—NH—NH_2 (R''' = Aryl) in Ggw. eines Lösungsm. oder zuerst mit Hydrazin u. anschließend mit einem Arylsulfonsäurechlorid R'''—SO_2—Cl in der Kälte in Ggw. eines organ. Lösungsm., bes. einer tert. Base, wie Pyridin, oder in Ggw. von Toluol u. Alkalicarbonat bzw. -bicarbonat zu einem substituierten Pyrazolon-4-carbonsäurearylsulfonhydrazid der allg. Formel **Ib** um u. zers. dieses in Ggw. eines organ. Lösungsm., wie Glycerin, bei 160° durch Zugabe eines fünffachen Überschusses an Alkalicarbonat. — 1-Phenyl-2.3-dimethylpyrazol-5-on-4-carbonsäure-(**II**)-chlorid + 70°ig. Hydrazinhydratlsg.

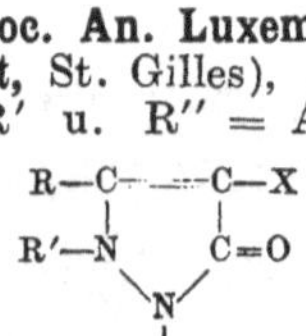

I; Ia; Ib

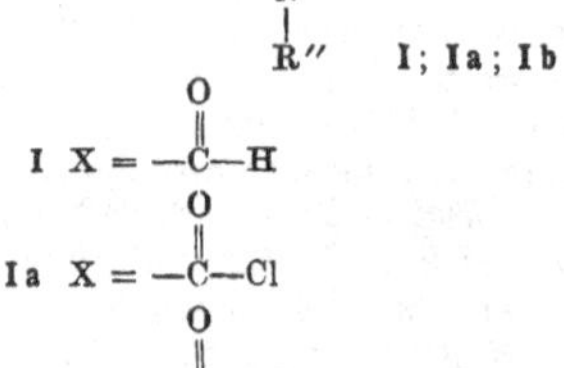

→ II-hydrazid (III), $C_{12}H_{14}O_2N_4$, F. 270°; III + Pyridin + Phenylsulfonchlorid → II-phenylsulfonhydrazid (IV), F. 262°; IV + Na_2CO_3 in Glycerin → *1-Phenyl-2.3-dimethylpyrazol-5-on-4-aldehyd*, F. 160°; Semicarbazon, F. 145—148°. — *Antipyretica.* (**D. B. P. 887 044** Kl. 12p vom 21/12. 1950, ausg. 20/8. 1953. Holl. Prior. 21/12. 1949.) SIEVERS. 4807

Soc. An. Luxema, Luxemburg, Luxemburg (Erfinder: **Jules Henri Théophille Ledrut,** St. Gilles, Frankreich), *1.2.3-trisubstituierte Pyrazolonderivate* der allg. Formel I (R, R', R'' = Alkyl oder Aryl, R''' = prim. Aminrest). Man setzt äquimol. Mengen eines Pyrazolonaldehyds der allg. Formel **Ia** mit einem prim. Amin (**II**) u. Na-Bisulfit (**III**), evtl. unter Isolierung der Zwischenprodd., um. Man kann auch **Ia** zunächst mit **II** zu einer Verb. der Zus. **Ib** u. anschließend mit **III** oder aber die Bisulfitverb. der Zus. **Ic** mit **II** umsetzen. — 1-Phenyl-2.3-dimethyl-5-pyrazolonaldehyd (**IV**) + Anilin (**V**) + K_2CO_3 → SCHIFF*sche Base* $C_{18}H_{17}ON_3$, F. 152°; *Bisulfitverb.*, F. 170—180° (Zers.). — SCHIFF*sche Base* $C_{23}H_{19}ON_3$ (*1.3-Diphenyl-2-methyl-4-benzimino-5-pyrazolon*), F. 140°; *Bisulfitverb.*, F. 120—125° (Zers.). — SCHIFF*sche Base* (**S. B.**) aus Methylamin + **IV**; F. 190°. — *1-(p-Äthoxyphenyl)-2.3-dimethyl-4-(p-äthoxybenzimino)-5-pyrazolon, Bisulfitverb.*, F. 158° (Zers.). — **S. B.** $C_{26}H_{28}O_2N_6$, aus Äthylendiamin u. **IV**; F. 184°. — **S. B.** $C_{18}H_{23}ON_3$, aus Cyclohexylamin u. **IV**; F. 148°. — **S. B.** $C_{19}H_{19}ON_3$, aus o-Toluidin u. **IV**; F. 192°. — **S. B.** aus Naphthylamin u. **IV**; F. 97—98°. — **S. B.** aus p-Aminosalicylsäure u. **IV**; F. 265—267°. — **S. B.** aus p-Aminobenzoesäure u. **IV**; F. 200°. — **S. B.** $C_{18}H_{17}O_2N_3$, aus p-Aminophenol u. **IV**; F. 232—233°. — **S. B.** $C_{20}H_{21}O_2N_3$, aus p-Phenetidin u. **IV**; F. 163°. — **S. B.** aus 1-(p-Äthoxyphenyl)-2.3-dimethyl-5-pyrazolonaldehyd u. 1-Phenyl-2.3-dimethyl-4-amino-5-pyrazolon; Bisulfitverb., F. 190°. — **IV**-Bisulfitverb. + **V** → Verb. vom F. 130—140°. — *Bisulfitverb.* $C_{18}H_{19}O_6N_4S_2Na$, aus **IV**, p-Aminobenzolsulfonamid u. Na-Bisulfit. — *Antipyretica, Bacteriostatica.* (**D. B. P. 890 344** Kl. 12p vom 19/9. 1950, ausg. 17/9. 1953. Holl. Prior. 20/9. 1949.) SIEVERS. 4807

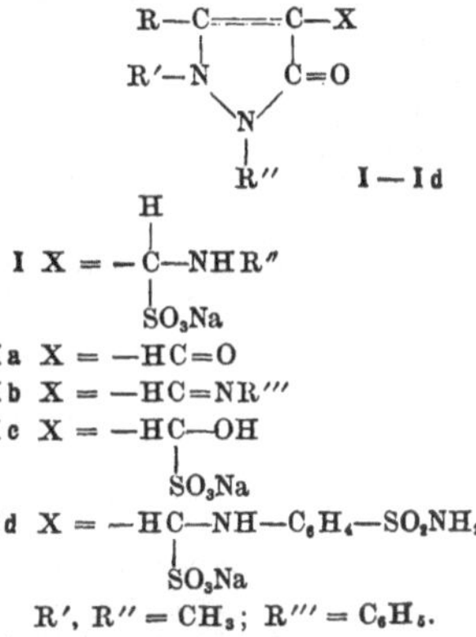

I—Id

Wm. S. Merrell Co., Cincinnati, übert. von: **Robert S. Shelton,** Mariemont, und **Charles H. Tilford,** Silverton, O., V. St. A., *Pyridylcarbinolaminoäthyläther* der allg. Formel **A** (X = O, S, R_1 u. R_2 = Alkyl mit 1—3 C-Atomen, das mit dem benachbarten N einen Piperidin-, Pyrrolidin- oder Morpholinrest bilden kann, R = H, Alkyl mit höchstens 3 C-Atomen, R_3 = Phenyl, Methoxyphenyl, Chlorphenyl, Bromphenyl, Tolyl, Cyclohexyl, Cyclohexenyl oder R u. R_3 zusammen = Bornyliden, Fenchyliden oder Indanyliden, R_4 u. R_5 = H, Alkyl mit 1—2 C-Atomen) erhält man z. B. durch Kondensation entsprechend substituierter Phenyl-(2-pyridyl)-carbinole mit Aminoalkylchloriden in Ggw. von Na. — Aus 2-Methoxybenzaldehyd u. Pyridin in Ggw. von mit $HgCl_2$ aktiviertem Al unter Zusatz einer Spur J → (2-Methoxyphenyl)-(2-pyridyl)-carbinol, Kp.$_{0,3}$ 144—148°, Hydrochlorid, F. 170—172°, daraus mit β-Dimethylaminoäthylchlorid (**I**) in Toluol in Ggw. von Na → *α-(2-Methoxyphenyl)-α-(2'-dimethylaminoäthoxy)-2-picolin*, Kp.$_{0,2}$ 152—154°. *Monohydrochlorid*, F. 133 bis 135°. — 4-Methoxyacetophenon + Pyridin → (4-Methoxyphenyl)-(2-pyridyl)-methylcarbinol, Kp.$_{0,4}$ 165—168°, Hydrochlorid, F. 171—172°, + **I** → *α-(4-Methoxyphenyl)-α-methyl-α-(2'-dimethylaminoäthoxy)-2-picolin*, Kp.$_{0,2}$ 173—175°. *Monohydrochlorid*, F. 152—153°. — (3-Methoxyphenyl)-(2-pyridyl)-methylcarbinol, Kp.$_{0,4}$ 145 bis 152°, Hydrochlorid, F. 166—168°, + **I** → *α-(3-Methoxyphenyl)-α-methyl-α-(2'-dimethylaminoäthoxy)-2-picolin*, Kp.$_{0,2}$ 167—173°. *Monohydrochlorid*, F. 130—132°. — (2-Chlorphenyl)-(2-pyridyl)-carbinol, Kp.$_{0,2}$ 145—148°, Hydrochlorid, F. 175—176°, + **I** → *α-(2-Chlorphenyl)-α-(2'-dimethylaminoäthoxy)-2-picolin*, Kp.$_{0,2}$ 174—176°. *Monohydrochlorid*, F. 116—118°. — (3-Chlorphenyl)-(2-pyridyl)-methylcarbinol, Kp.$_{0,3}$ 145 bis 148°, Hydrochlorid, F. 155—157° (Zers.), + **I** → *α-(3-Chlorphenyl)-α-methyl-α-(2'-dimethylaminoäthoxy)-2-picolin*, Kp.$_{0,1}$ 158—162°. *Monohydrochlorid*, F. 137—138°. — (4-Chlorphenyl)-(2-pyridyl)-methylcarbinol, Kp.$_{0,1}$ 145—148°, Hydrochlorid, F. 202 bis 204°, + **I** → *α-(4-Chlorphenyl)-α-methyl-α-(2'-dimethylaminoäthoxy)-2-picolin*, Kp.$_{0,2}$ 154—156°. *Monohydrochlorid*, F. 162—164°. — (3-Bromphenyl)-(2-pyridyl)-methylcarbinol, Kp.$_{0,7}$ 165—172°, Hydrochlorid, F. 162—165°, + **I** → *α-(3-Bromphenyl)-α-methyl-α-(2'-dimethylaminoäthoxy)-2-picolin*, Kp.$_{0,2}$ 180—185°. *Monohydrochlorid*,

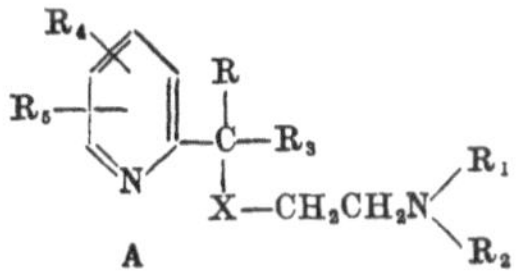

A

F. 126,8°. — (4-Methylphenyl)-(2-pyridyl)-methylcarbinol, Kp.$_{0,3}$ 134—138°, Hydrochlorid, F. 166—167°, + I → *α-(4-Methylphenyl)-α-methyl-α-(2'-dimethylaminoäthoxy)-2-picolin*, Kp.$_{0,2}$ 144—145°. *Monohydrochlorid*, F. 178—179°. — Pyridin + Cyclohexylmethylketon → Cyclohexylmethyl-(2-pyridyl)-carbinol, Kp.$_{0,1}$ 118—122°, Hydrochlorid, F. 230° (Zers.), + I → *α-(2-Dimethylaminoäthoxy)-α-cyclohexyl-α-methyl-2-picolin*, Kp.$_{0,2}$ 128—132°. *Monohydrochlorid*, F. 164—165°. — Δ^1-Cyclohexenylmethyl-(2-pyridyl)-carbinol, Kp.$_{0,4}$ 124—130°, → *α-(2-Dimethylaminoäthoxy)-α-Δ^1-cyclohexenyl-α-methyl-2-picolin*, Kp.$_{0,2}$ 138—142°. *Monohydrochlorid*, F. 136—138° (hygroskop.). — 1-(2-Pyridyl)-1-indanylalkohol, Kp.$_{0,3}$ 140—144°, Hydrochlorid, F. 154—156°, → *2-[1-(2-Dimethylaminoäthoxy)-1-indanyl]-pyridin*, Kp.$_{0,3}$ 162—164°. *Monohydrochlorid*, F. 137—139°. — α-(2-Pyridyl)-bornylalkohol, Kp.$_{0,1}$ 130—132°, Hydrochlorid, F. 209—210°, → *2-[α-(2-Dimethylaminoäthoxy)-bornyl]-pyridin*, Kp.$_{0,2}$ 134—138°. *Dihydrochlorid*, F. 146—148°. — α-(2-Pyridyl)-fenchylalkohol, Kp.$_{0,2}$ 105—110°, F. 54 bis 56°, Hydrochlorid, F. 200—202° (Zers.), → *2-[α-(Dimethylaminoäthoxy)-fenchyl]-pyridin*, Kp.$_{0,2}$ 135—138°. *Hydrochlorid*, F. 197—198°. *β-Diäthylaminoäthyläther*, Kp.$_{0,2}$ 150—156°, *Hydrochlorid*, F. 192—194°. — α-(2-Pyridyl)-cyclohexanol, Kp.$_{12}$ 140—145°, *Hydrochlori l*, F. 157—159° (korr.), → *2-[α-(Dimethylaminoäthoxy)-cyclohexyl]-pyridin*, Kp.$_{0,1}$ 139—142°. *Hydrochlorid*, F. 163—164°. — 2-(1-Phenylvinyl)-pyridin + Thioessigsäure → Thioacetat von Phenylmethyl-(2-pyridyl)-methanthiol, schwachgelbe Kristalle, F. 96—98°, + Na → Phenylmethyl-(2-pyridyl)-methanthiol, Kp.$_{0,2}$ 118—124°, Hydrochlorid, F. 222—224°, → *2-[α-(2-Dimethylaminoäthylthio)-α-methylbenzyl]-pyridin*, Kp.$_{0,1}$ 162—166°. *Monohydrochlorid*, F. 123—125°. — *α-(2-Dimethylaminoäthoxy)-α-methyl-α-phenyl-2-picolinhydrobromid*, F. 123—125°. — *α-(2-Dimethylaminoäthoxy)-α-phenyl-2-picolinhydrochlorid*, F. 98—100°. — *α-(Piperidinäthoxy)-α-methyl-α-cyclohexyl-2-picolin*. — *α-(Pyrrolidinäthoxy)-α-methyl-α-cyclohexyl-2-picolin*. — *α-(β-Dipropylaminoäthoxy)-α-phenyl-2-picolin*. — *α-(β-Methylpropylaminoäthoxy)-α-äthyl-α-phenyl-2-picolin*. — *α-(β-Dimethylaminoäthoxy)-α-propyl-α-cyclohexenyl-1-picolin*. — γ-Picolin + Campher → 1-(2-γ-Picolyl)-borneol, Kp.$_{0,6}$ 125—130°, + I → *2-(2-γ-Picolyl)-2-(2-diäthylaminoäthoxy)-camphan*, Kp.$_{0,25}$ 142—147°, n_D^{25} 1,5090. *Fumarat* $C_{26}H_{40}O_5N_2$, F. 121—123° (korr.). — *2-(2-γ-Picolyl)-2-(β-dimethylaminoäthoxy)-camphan*, Kp.$_{0,25}$ 140—145°. — Fenchon + α-Picolin → 2-(2-γ-Picolyl)-1.3.3-trimethyl-2-norcamphanol, Kp.$_{0,2}$ 110—120°, → *2-(2-γ-Picolyl)-2-(β-diäthylaminoäthoxy)-1.3.3-trimethylnorcamphan*, Kp.$_{0,2}$ 145—150°. — Menthon + α.γ-Lutidin → 3-[2-(4.6-Dimethylpyridyl)]-3-menthanol → *3-[2-(4.6-Dimethylpyridyl)]-3-(β-dimethylaminoäthoxy)-menthan*, Kp.$_{0,3}$ 150—160°. — *2-(2-Pyridyl)-2-(β-dimethylaminoäthoxy)-camphan*, Kp.$_{0,2}$ 134—138°. *Dihydrochlorid*, F. 146—148°. — *2-(2-Pyridyl)-2-(β-diäthylaminoäthoxy)-camphan*, Kp.$_{0,3}$ 150—154°. *Fumarat*, F. 144—146°. — *Antihistaminica* u. *Antiallergica*, bes. gegen *Heufieber*, *Asthma* u. *Urticaria*. (**A. PP. 2606190** vom 8/6. 1948, **2 606 192** vom 6/6. 1951 u. **2 606 195** vom 19/11. 1947, alle ausg. 5/8. 1952.) Krauss. 4807

Michael Erlenbach und **Adolf Sieglitz,** Frankfurt/M., *1-Phenyl-1-pyridyl-(2')-3-N-pyrrolidinopropan-p-aminosalicylat*, F. 171—172° (Zers.), erhält man durch Rk. äquimol. Mengen p-Aminosalicylsäure mit 1-Phenyl-1-pyridyl-(2')-3-N-pyrrolidinopropan. — *Antihistaminicum*. (**Schwz. P. 293 015** vom 1/8. 1950, ausg. 1/12. 1953. D. Prior. 5/9. 1949. **Zusatz zu Schwz. P. 290450; C. 1954. 5579.**) Sievers. 4807

Schering Akt.-Ges. (Erfinder: **Rudolf Tschesche, Hermann Fox** und **Karl Junkmann**), Berlin, *Abkömmlinge des 4-Oxypiperidins*. Man setzt bes. in α-Stellung alkylierte γ-Piperidone der Zus. **I** (R = H, Alkyl; R' = H, Acyl, substituierter oder nichtsubstituierter KW-stoffrest) mit metallorgan. Verbb. zu den entsprechenden tert. Alkoholen um, überführt diese in Piperidinabkömmlinge der allg. Formel **II** (R u. R' = wie vorst.; X = OH oder eine in diese überführbare Gruppe.). — C_6H_5MgBr + N-Methyl-2.2.6-trimethylpiperidon-(4) (N-Methylvinyl-N-diacetonamin) in absol. Ae. → *4-Phenyl-4-oxy-2.2.6-trimethyl-N-methylpiperidin*, F. 133—135°; *Benzoat*, F. 102°; *p-Methoxybenzoat*, F. 125°; *Mandelat*, F. 102—105°. — *4-Benzyl-4-oxy-2.2.6-trimethyl-N-methylpiperidin*, F. 72—75°. — *4-Phenyl-4-oxy-N-methylpiperidin*, F. 114°. — *Spasmolytica*. (**D. B. P. 872 045** Kl. 12p vom 15/1. 1941, ausg. 30/3. 1953. Anmeldung bekanntgemacht 26/6. 1952.) Sievers. 4807

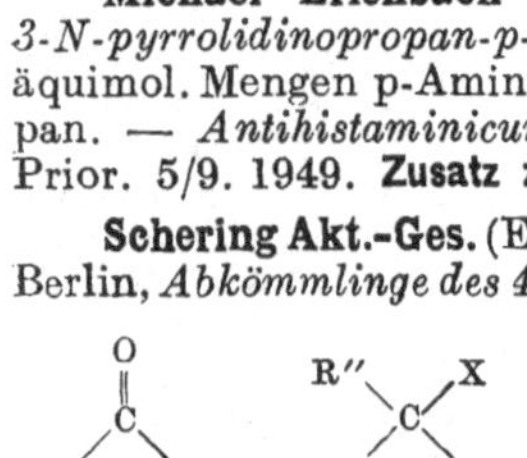

United States of America, übert. von: **Robert C. Elderfield,** Hastings on Hudson, und **Eleanor Werble,** New York, N. Y., V. St. A., *6-Methoxy-8-(4-amino-1-methylbutylamino)-chinolin* u. Homologe der allg. Formel **I** (n = 2—3). Man erhitzt 1.4-Dibrompentan oder 1.3-Dibrombutan mit Phthalimid-K auf 45—65° in einem Lösungsm., setzt das gebildete N-Bromalkylphthalimid mit 6-Methoxy-8-aminochinolin (II) zu 6-Methoxy-8-(1-methylphthalimidoalkylamino)-chinolin um, aus dem mit Hydrazinhydrat Phthalsäure abgespalten wird. — 1.4-Dibrompentan → Bromphthalimid $C_{13}H_{14}O_2NBr$, Kp.$_{0,25}$ 167°, + II in A. → $C_{23}H_{23}N_3O_3$, daraus mit Hydrazinhydrat *6-Methoxy-8-(4-amino-1-methylbutylamino)-chinolin* (= *Primapuine*), *Halboxalat*, $(C_{15}H_{21}ON_3)_2 \cdot H_2C_2O_4$, F. 182,5—185°. *Diphosphat*, $C_{15}H_{21}ON_3 \cdot 2H_3PO_4$, aus 90%ig. A., F. 197—198°. — 3-Brom-1-phthalimidobutan $C_{12}H_{12}O_2NBr$, Kp.$_{0,3}$ 181°, → $C_{22}H_{21}O_3N_3$ → *6-Methoxy-8-(3-amino-1-methylpropylamino)-chinolin. Diphosphat*, $C_{14}H_{19}ON_3 \cdot 2H_3PO_4$, F. 210 bis 211°. — Mittel gegen *Malaria* u. bes. gegen *Arthritis*. (**A. P. 2 604 474** vom 8/6. 1950, ausg. 22/7. 1952.) KRAUSS. 4807

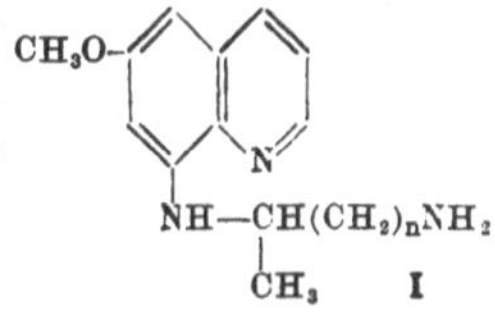

I

Nordmark-Werke G. m. b. H. (Erfinder: **Werner Loop**), Hamburg, *Bis-(benzolsulfonyl)-4(bzw. 6)-aminopyrimidine* (I) aus 4-(bzw. 6)-Aminopyrimidinen (II). Man erhält I durch Umsetzung von 1 Mol II, das am Pyrimidinring durch eine oder mehrere Alkylgruppen substituiert ist, mit ca. 2 Mol eines Benzolsulfonsäurehalogenids, das in p-Stellung zur Sulfogruppe einen in eine Aminogruppe umwandelbaren Substituenten trägt, in Ggw. von 2 Mol Trimethylamin, in z. B. Bzl., unter Ausschluß von W. in einem hydroxylgruppenfreien Lösungsm. in fast quantitativer Ausbeute. — *Bis-(p-acetylaminobenzolsulfonyl)-4-amino-2.6-dimethylpyrimidin*, Zers. $>200°$, aus 12,3 (g) 4-Amino-2.6-dimethylpyrimidin in 200 cm³ Methylenchlorid u. 52 trockenem Acetylsulfanilsäurechlorid in Ggw. von 13 Trimethylamin; Ausbeute: 90—100%. — *Bis-(p-acetylaminobenzolsulfonyl)-4-amino-2.6-diäthyl-5-methylpyrimidin*. — *Bis-(p-acetylaminobenzolsulfonyl)-4-amino-2-isopropylpyrimidin*, F. 126° (Zers.). — *Bis-(p-nitrobenzolsulfonyl)-4-amino-2.6-dimethylpyrimidin*, F. 219° (Zers.). — *Bis-(p-chlorbenzolsulfonyl)-4-amino-2.6-dimethylpyrimidin*, F. 221—222°. — *Zwischenprodd.* für die Herst. von *Heilmitteln*. (**D. B. P. 881 345** Kl. 12p vom 16/6. 1949, ausg. 29/6. 1953. Anmeldung bekanntgemacht 7/9. 1950.) SIEVERS. 4807

British Industrial Solvents Ltd., London (Erfinder: **Richard Norman Lacey**, Hedon, Hull), England, *Substituierte Pyrimidone*. Man kondensiert Diketen (I) mit einer Aminoverb. der Zus. NH = CX—NHR (X = Alkyl, Aryl, $—NHR_1$ oder $—SR_2$, worin R_1 = H oder Alkyl, R_2 = Alkyl) bzw. deren Salzen, bes. in Ggw. von Alkalihydroxyd u. eines Verdünnungsmittels, wie W., oder einem organ. Lösungsm. bei —10 bis +60° unter Ringschluß. — I + Benzamidinhydrochlorid $\cdot 2H_2O$ in 8%ig. NaOH bei 12—13° → *2-Phenyl-4-methyl-6-pyrimidon*, F. 223°. — *2-Amino-4-methyl-6-pyrimidon* (-pyrimidon = py), F. 285° (Zers.). — *2-Methylmercapto-4-methyl-6-py*, F. 219°. — *2.4-Dimethyl-6-py*, F. 201°. — *2-Methylmercapto-1-phenyl-4-methyl-6-py*, F. 148°. — *2-Methylmercapto-1.4-dimethyl-6-py*, F. 94°. — *1.4-Dimethyl-2-amino-6-py*, F. 310°. — *Dimethyl-4-phenyl-6-py*, F. 87—89°. — Zwischenprodd. für chem. Verbb., *Pharmazeutica*. (**D. B. P. 890 188** Kl. 12p vom 20/11. 1951, ausg. 17/9. 1953. E. Prior. 29/11. 1950.) SIEVERS. 4807

Nepera Chemical Co., Inc., übert. von: **Bernard F. Duesel**, Yonkers, N. Y., und **Wolffe Harry Feinstone**, Indianapolis, Ind., V. St. A., *Wasserlösliche 7-substistuierte Dialkylxanthine* nebenst. Formel (R', R'' u. R''' = Alkyl mit 1—3 C-Atomen, R = Alkyl bis zu 15 C-Atomen, das noch durch OH, Alkoxy oder Aryl substituiert sein kann) erhält man durch Kondensation eines z. B. in 8-Stellung durch Cl, Br, NO_2 substituierten Dialkylxanthins mit einem quaternären Ammoniumhydroxyd. — Aus Cholinchlorid + KOH in Methanol → Trimethyloxyäthylammoniumhydroxyd (I) + 1.3-Dimethylxanthin in Isopropanol → *Cholintheophyllin*, $C_{12}H_{21}O_3N_5$, Prismen, F. 186,5—187°, schwach lösl. in A., Chlf., unlösl. in Bzl., Aceton, Ä. u. Ligroin. — *Cholin-8-bromtheophyllin*, $C_{12}H_{20}O_3N_5 \cdot Br$, F. 65°. — *Cholin-8-chlortheophyllin*, $C_{12}H_{20}O_3N_5Cl$, F. 97—99°. — *Cholin-8-nitrotheophyllin*, $C_{12}H_{20}O_5N_6$, kanariengelbe Prismen, F. 248°. — 3.7-Dimethylxanthin + I → $C_{12}H_{21}O_3N_5$, F. 178,5—179,5°. — *Therapeutica*. (**A. P. 2 661 352** vom 2/4. 1952, ausg. 1/12. 1953.) KRAUSS. 4807

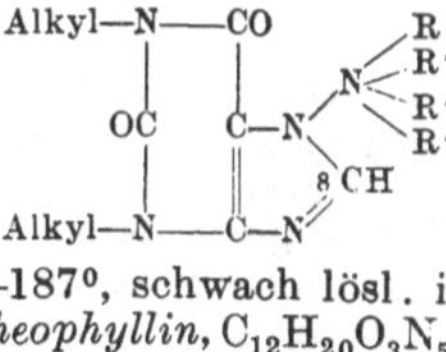

Kemisk Værk Køge A/S, Kopenhagen, Dänemark, *Herstellung von 2.5-Diacetoxytetrahydrofuran*. Man hydriert 2.5-Diacetoxy-2.5-dihydrofuran katalyt., bes. mit RANEY-Ni, z. B. bei 100 at. Das Prod., Kp.$_{10}$ 125—128°, n_D^{25} 1,4390, Ausbeute 79%, dient zur Herst. von Tropenonderivaten. Vorzugsweise wird von halogenfreien Ausgangsstoffen ausgegangen. (**Dän. P. 75 304** vom 8/3. 1950, ausg. 19/1. 1953.) JÜRGEN SCHMIDT. 4807

Jean Maurice René Alfred Delourme-Houde, Seine, Frankreich (Erfinder: **Jean Pierre Fourneau**), *Herstellung von dem Khellin verwandten Verbindungen.* Man verwandelt Khellin (Formel **A**), den physiol. wirksamen Bestandteil von Ammi visnaga, durch Entmethylierung in Khellinchinol u. läßt dieses mit einem niederen tert. Aminoalkylhalogenid in einer inerten Atmosphäre reagieren. Z. B. versetzt man unter Kühlung mit W. ein Gemisch von 175 cm³ HNO_3 (40° Bé) u. 350 cm³ dest. W. portionsweise mit 50 g Khellin, fügt nach ¼ std. Stehen im Eisschrank 350 cm³ kaltes dest. W. hinzu u. läßt das Reaktionsgemisch noch ½ Std. in der Kälte stehen. Man erhält 41 g *Khellinchinon*, F. 266°, wovon man 40 g in einer Lsg. von 200 cm³ 28%ig. $NaHSO_3$ in 800 cm³ dest. W. suspendiert. Die Suspension versetzt man mit 100 cm³ konz. HCl u. erhitzt das Ganze auf einem kochenden Wasserbade 1 Stunde. Man erhält 37 g *Khellinchinol*, F. 280°. 27 g von diesem kocht man in Ggw. von N_2 mit 22 g wasserfreiem *β*-Diäthylamino-α-chloräthanhydrochlorid u. 1000 cm³ absol. A., versetzt das Ganze mit einer Lsg. von 5,5 Na in 250 cm³ absol. A. u. läßt noch 2½ Std. im N_2-Strom kochen. Dann säuert man das Reaktionsprod. mit 9,3 cm³ 6,48 n alkoh. HCl an, erhitzt zum Sieden, filtriert warm u. dest. den A. ab. Nach Reinigung des Rohprod. erhält man 25,6 g des *Hydrochlorids*, F. 240°, *der β-Diäthylaminoäthylverb. des 5.8-Dioxy-2-methyl-(4'.5':6.7)-furochromons* (das Diäthylaminoäthylradikal in 5- oder 8-Stellung). Die *freie Base* (z. B. Formel **B**) schm. bei 98°, ihr *Hydrojodid* bei 204°, ihr *Camphersulfonat* bei 213° u. ihr *Jodmethylat* bei 240°. Diese quaternären NH_4-Verbb. besitzen krampfstillende, die Kranzschlagadern des Herzens erweiternde *physiol.* Wirkungen u. werden z. B. gegen Angina pectoris, Asthma, Urethrismus intramuskular oder oral verabfolgt. (**F. P. 1 049 847** vom 24/1. 1952, ausg. 4/1. 1954.)

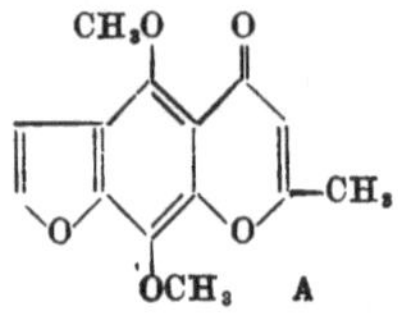
A

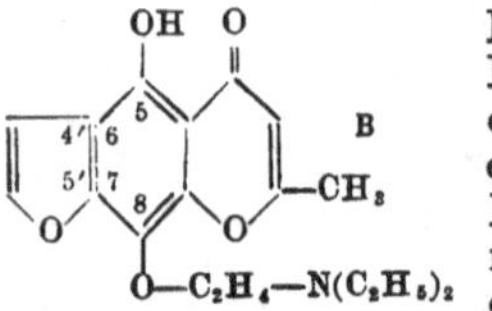
B

OPPERMANN. 4807

Distillations Products, Inc., Wilmington, Del., V. St. A., *α.β-Ungesättigte Polyencarbonsäuren oder deren Ester* mit konjugierten Doppelbindungen (*Vitamin-A-säureester*) der Formel $R—CH=CH—C(CH_3)=CH—COOR_1$ (R = KW-stoffrest, *β*-Jonyliden, Trimethylcyclohexenyl, R_1 = H oder KW-stoffrest) erhält man durch Isomerisierung u./oder H_2O-Abspaltung aus den entsprechenden isomeren *β.γ*-Carbonsäureestern oder den entsprechenden *β*-Oxysäureestern der Formel $R—CH=CH—C(CH_3)(OH)—CH_2—COOR_1$ in Ggw. eines unter den Reaktionsbedingungen sauren Katalysators (J, $POCl_3$, PCl_3, Oxalylchlorid, Dimethylanilinhydrojodid, p-Toluolsulfonsäure, $ZnCl_2$ in Essigsäure, HCOOH u. H_3PO_4, H_2SO_4). — *β*-Oxyvitamin A-säureäthylester gibt beim Erhitzen in Bzl. mit J_2 nach 15 Min. *Vitamin A-säureäthylester*, der bei der Red. mit $LiAlH_4$ *Vitamin-A-alkohol* liefert. (**E. P. 650 302** vom 1/2. 1947, ausg. 21/2. 1951.) KRAUSS. 4809

Spolek pro Chemickou a Hutní Vyrobu, Národní Podnik, Prag, Tschechoslowakei, *Ascorbinsäure* (**I**) erhält man durch Enolisieren von 2-Ketohexonsäuren oder deren Estern durch Rk. mit einem Alkalisalz eines amphoteren Schwermetalls, wie Zn oder Pb, in einem wasserfreien Lösungsm., Zersetzen des erhaltenen **I**-Schwermetallsalzes mit H_2S oder H_2SO_4 u. Eindampfen des Filtrats im Vakuum. — Man löst z. B. 10 (Teile) 2-Keto-*l*-idonsäuremethylester in 100 wasserfreiem CH_3OH (**II**), erhitzt 10 Min. unter Zusatz von 6 Na-Zinkat, Zn(ONa)OH, in 50 **II** unter Rückfluß auf 65°, erhält durch Abkühlen u. Zugabe von 50 Ae. 80—85% *l*-ascorbinsaures Zn, saugt ab, suspendiert den Nd. in 100 **II**, behandelt ihn mit H_2S oder H_2SO_4 u. erhält aus dem Filtrat durch Konzentrieren im Vakuum bis 20° 6,2—6,5 (74—77%) *l*-**I**, F. 181—185° (aus **II**). — 2-Keto-d-gluconsäure → *Iso*-**I**, F. 173° (aus **II**). (**E. P. 661 495** vom 10/5. 1949, ausg. 21/11. 1951. Tschech. Prior. 13/5. 1948.) MÜLLER-MEININGEN. 4809

Farbwerke Hoechst, vormals Meister Lucius & Brüning, Frankfurt/M.-Höchst, *Herstellung von 3-Acyloxy-bis-nor-5-cholensäure aus Acylphytosterin* unter Absättigung der Kerndoppelbindung des Phytosterins mittels Halogen, Überführung ins Ozonid u. reduktiver Spaltung dieses Zwischenproduktes. Die Kerndoppelbindung wird mit Halogen in Ggw. eines organ. Lösungsm. bei Ggw. einer organ. Base abgesättigt. Nach Pufferung mit einer organ. Säure wird durch die Reaktionslsg. Ozon geleitet. Nach dem Waschen mit W. u. nach dem Verdampfen des Lösungsm. findet eine Oxydation mit CrO_3 u. eine Red. mit Zn-Staub in der gleichen organ. Säure statt. — Aus Phytosterinacetat, welches ca. 14% Stigmasterinacetat enthält, wird nach diesem Verf. *3-Acetoxy-bis-nor-5-cholensäure*, F. 234—235°, erhalten. (**Oe. P. 178 694** vom 23/12. 1950, ausg. 10/6. 1954. D. Prior. 3/1. 1950.) M. F. MÜLLER. 4809

Upjohn Co., übert. von: **Robert H. Levin** und **A. Vern McIntosh jr.**, Kalamazoo, Mich., V. St. A., *Bis-norchola-4.6-dien-3-on-22-al*, $C_{22}H_{30}O_2$ (I), F. ca. 120°, $\lambda_{max} = 285$ mμ ($\varepsilon = 19900$), erhält man durch Ozonisierung von Isoergosteron mit 1,06 Äquivalenten O_3, Spaltung des Ozonids in bekannter Weise u. Abtrennung des I mit 36%ig. wss. Na-Bisulfitlsg.; *Dinitrophenylhydrazon*, F. 215—223°. — I läßt sich selektiv zu Bis-norcholen-3-on-22-al mit Zn/Essigsäure oder Methanol hydrieren. — Zwischenprod. für die *Steroidsynthese*. (**A. P. 2 624 748** vom 9/9. 1950, ausg. 6/1. 1953.) SIEVERS. 4809

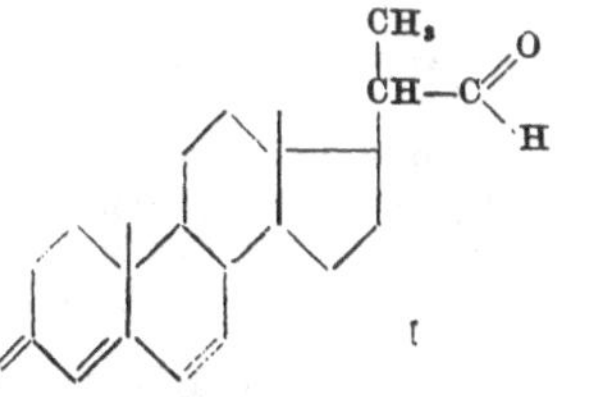

Upjohn Co., übert. von: **Robert H. Levin, A. Vern McIntosh jr.** und **George B. Spero**, Kalamazoo, Mich., V. St. A., *3.20-Diacyloxy-5.7.9(11).17(20)-pregnatetraenaddukte* der allg. Formel I (Ac = Rest einer unsubstituierten Monocarbonsäure mit 1—8 C-Atomen; A = Adduktrest der Maleinsäure, ihres Anhydrids oder ihrer niedermol. Diester) erhält man durch Rk. von 3-Acyloxy-5.7.9(11)-pregnatrien-20-on-addukten der Maleinsäure oder ihrer funktionellen Derivv. mit Säureanhydriden in Ggw. von Mitteln, welche die Enolisierung der 20-Ketogruppe begünstigen, wie p-Toluolsulfonsäure. — 3β-Acetoxy-5.7.9(11)-pregnatrien-20-on-maleinsäureanhydridaddukt → *3β.20-Diacetoxy-5.7.9(11).17(20)-pregnatetraen* (II)*-maleinsäureanhydridaddukt*, F. 217,5—219°. — II-*maleinsäuredimethylesteraddukt*, F. 116—119° (2. F. bei ca. 170°). — *3β-Acetoxy-20-propionoxy-5.7.9(11).17(20)-pregnatetraen-maleinsäuredimethylesteraddukt*, Infrarotbande bei 1742 cm^{-1} (C=C—O—Acyl). — *3β-Benzoyloxy-20-acetoxy-5.7.9(11).17(20)-pregnatetraen-maleinsäureanhydridaddukt*, F. 165—215°. — Zwischenprodd. für die Synth. von *Steroidhormonen*. (**A. P. 2 625 546** vom 9/9. 1950, ausg. 13/1. 1953.) SIEVERS. 4809

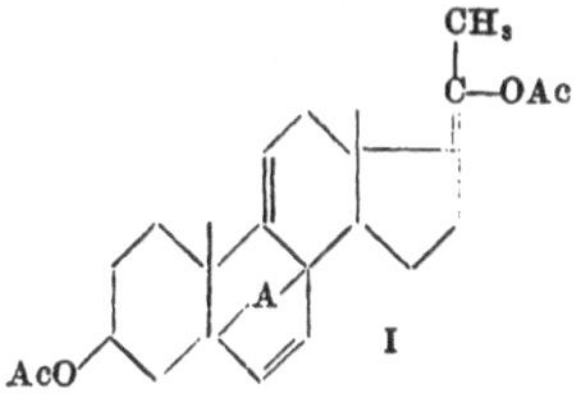

I

Wisconsin Alumni Research Foundation, übert. von: **Alfred L. Wilds**, Madison, Wis., V. St. A., *17-Carbalkoxysteroide* erhält man durch Kondensation von $\Delta^{14.15}$-16-Ketosteroiden mit Dialkylcarbonaten $(RO)_2CO$ (R = Alkyl), Äthylacetat oder Phenylacetat in Ggw. von Alkalialkoholaten oder -amiden. — Aus $\Delta^{1,1'}$-2'-Keto-2-methyl-3.4-dihydro-1.2-cyclopentenophenanthren (= 1.3.5(10).6.8.14(15)-Östrahexaen-16-on) u. Diäthylcarbonat in Ggw. von $NaNH_2$ → *17-Carbäthoxy-1.3.5(10).6.8.-14(15)-östrahexaen-16-on*, F. 137,5—140,5°. — 3-Methoxy-1.3.5(10).14(15)-östratetraen-16-on + Dimethylcarbonat → *17-Carbomethoxy-3-methoxy-1.3.5(10).14(15)-östratetraen-16-on*. — *Pharmazeutica* u. Zwischenprodukte. (**A. P. 2 660 584** vom 10/7. 1951, ausg. 24/11. 1953.) KRAUSS. 4809

Monsanto Chemical Co., St. Louis, Mo., übert. von: **William S. Emerson** und **Tracy M. Patrick jr.**, Dayton, O., V. St. A., *Thiophenderivate* der Formel **I**, in der R H, Halogen oder Alkyl bedeutet. Man erhitzt den entsprechenden Thiophen-(2)-aldehyd mit Malonsäuredinitril in Ggw. eines Lösungsm. (A.) u. eines Amins (Piperidin). Hergestellt wird: *Thenyliden-(2)-malonitril*, F. 97—98°. — *Germicide, Fungicide*. (**A. P. 2 572 709** vom 5/8. 1948, ausg. 23/10. 1951.) FABEL. 4833

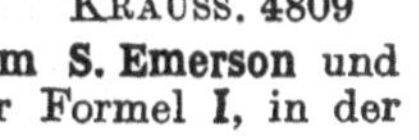

I

Thomas Dewar, A textbook of forensic pharmacy. 3rd ed. New York: St. Martin's Press. 1954. (303 S.) $ 4,—

G. Analyse. Laboratorium.

G. B. Harrison, *Die Laboratorien der Ilford Limited*. Übersicht über die ILFORD-Labors. u. ihre Arbeitsbereiche (Farbenphotographie, Emulsionstechnik, organ. Chemie u. Sensitometrie). (Proc. Roy. Soc. [London], Ser. A **220**. 423—34. 22/12. 1953.) D. HAHN. 5000

R. S. Young, *Mörser und Pistill mit Wolframcarbid-Oberfläche*. Ein bes. für analyt. Zwecke geeigneter Stahlmörser u. ein Pistill, die mit *Wolframcarbid* (I) ausgekleidet sind, um Verunreinigungen des Gutes durch Fe zu vermeiden, wird beschrieben. Durch Zugabe von 20% Co kann die Härte von I erhöht werden. (Ind. Chemist **29**. 542. Nov. 1953. Internat. Nickel Co. of Canada Ltd.) MOSLÉ. 5012

M. Frimmer, *Eine Apparatur zur Dialyse von radioaktivem biologischem Material*. Vf. beschreibt eine App. zur kontinuierlichen Dialyse, die ein dauerndes günstiges Konzentrationsgefälle gewährleistet, dabei aber die dialysable Substanz auf kleinstem

Raum sammelt. Die Anordnung wird für Verss. mit durch akt. Isotope markiertem biol. Material empfohlen. (Strahlentherapie **92.** 483—84. 1953. Mainz, Max-Planck-Inst. f. Chemie.) Reusse. 5030

Philip R. White, *Eine wirksame Apparatur für die Redestillation von Wasser für biologische Untersuchungen.* Beschreibung einer weitgehend automat. arbeitenden Pyrexapp. zur Redestillation von W. mit einer Leistung von ca. 1 Liter/Std. (Proc. Soc. exp. Biol. Med. **82.** 671—73. April 1953. Bar Harbor, Maine, Jackson Memorial Labor.) Gerhard Günther. 5038

A. Burgers, *Die Messung der Viscosität.* Übersicht über die Wirkungsweise von Viscosimetern, bes. von solchen mit hoher Schubgeschwindigkeit, u. die Verff. zur Messung von Elastizität u. Viscosität von Lsgg. u. Fll. als Funktion von Frequenz u. Konzentration. — 18 Literaturangaben. (Plastica [Delft] **7.** 86—91. Febr. 1954. Delft, Kunststoffeninst. T. N. O.) Wesly. 5040

David William Brubaker und **Karl Kammermeyer,** *Apparate zur Messung der Gasdurchlässigkeit von plastischen Filmen.* Vff. beschreiben App., Handhabung u. Berechnung für eine schnelle, genaue Best. der Durchlässigkeit von plast. Filmen für verschied. Gase. Das Verf. basiert auf dem Prinzip, eine Volumenänderung bei konstanten Druck u. Temp. zu messen. Das Verf. ist allg. anwendbar u. liefert schnell Ergebnisse mit großer Genauigkeit. (Analytic. Chem. **25.** 424—26. März 1953. Iowa City, Io., State Univ. of Iowa, Chem. Engng.) Elchlepp. 5052

Hermann Schwan, *Eine Messung von elektrischen Materialkonstanten und komplexen Widerständen, vor allem biologischer Substanzen (z. B. Blut).* Zur Messung der dielektr. Eigg. von Stoffen mit einem Hochfrequenzwiderstand, der stark vom Wellenwiderstand der Leitung abweicht, gibt Vf. eine Resonanzanordnung an, bei der der Kurzschlußstrom im Läufer einer abstimmbaren Lecher-Leitung mittels einer kleinen Schleife gemessen wird, die fest mit dem Läufer verbunden ist. Die Vorteile der Anordnung werden auseinander gesetzt u. eine prakt. ausgeführte Meßapp. für Wellenlängen zwischen 30 u. 200 cm beschrieben. In einer Tabelle werden die gemessenen Widerstandswerte für W. bei 23° mitgeteilt, die von 11000 (λ = 187 cm) bis 550 Ohm·cm (λ = 36,5 cm) abnehmen. Die Sprungwellenlänge des dest. W. wurde zu 1,95 cm $\pm$ 7% ermittelt. (Z. Naturforsch. **8b.** 3—10. Jan. 1953. Frankfurt/M., Max-Planck-Inst. f. Biophysik.) Reusse. 5054

Roger Dupuis, *Ein neues Instrument für die Kristalloptik.* (Mikrochem. verein. Mikrochim. Acta **40.** 400—04. 1953. Paris, Labor. de Recherches micro-analytiques de l'E. N. S. C. P. — C. **1954.** 4676.) Gottfried. 5056

Tavorath K. Lakshmanan und **Seymour Lieberman,** *Eine verbesserte Methode zur Chromatographie mit stufenweise erfolgender Elution.* Es wird eine Meth. zur Stufenelution entwickelt, bei der die in die Mischkammer zufließenden oder daraus abfließenden Flüssigkeitsmengen unabhängig veränderlich sind. Die mathemat. Grundlagen des Verf. werden gegeben. (Arch. Biochem. Biophysics **45.** 235—37. Juli 1953. New York, N. Y., Columbia Univ., Coll. of Physicians and Surgeons.) Fresenius. 5062

Donald R. Kalkwarf und **Arthur A. Frost,** *Die Verwendung infraroter Strahlung für den Nachweis farbloser Substanzen auf Papierchromatogrammen.* Vff. konstruierten ein Gerät, mit dem die Emissions- oder Transmissionsintensität infraroter Strahlen durch ein entwickeltes Papierstreifenchromatogramm gegen die eines leeren Papierstreifens verglichen wird. Durch 2 Öffnungen treffen 2 Infrarotstrahlenbündel einer Infrarotstrahlenquelle auf die mit Hilfe eines Motors vorbeigleitenden Streifen. Die pulsierende Strahlung hinter den Streifen trifft auf ein dort angebrachtes Bolometer vom Thermistor-Typ, das in einem Gehäuse mit AgCl-Fenster untergebracht ist. Letzteres ist zwecks Ausschlusses sichtbarer Strahlung mit Ag_2S überzogen. Die vom Bolometer ausgehenden Impulse werden über einen Verstärker auf einem Diagramm aufgezeichnet. Die Ergebnisse von Verss. mit Oxalsäure-D-Glucose-Chromatogrammen zeigen, daß bei trockenen Streifen ein der niedrigeren Temp. des die Versuchsproben enthaltenden Streifens entsprechender thermoelektr. Effekt vorhanden war. Es konnte jedoch nicht festgestellt werden, ob dieser auf eine Verringerung der Emission oder Transmission des Papieres zurückzuführen ist. Werden die Streifen mit Öl getränkt, ist der hier gesteigerte Effekt fast ganz die Folge transmittierender Strahlung. In beiden Fällen ist die Meth. bei Zuckern relativ unempfindlich, vermutlich wegen der strukturellen Ähnlichkeit von Glucose mit der Papiercellulose. Es sind einige mg Substanz erforderlich, die für papierchromatograph. Unterss. oft nicht zur Verfügung stehen. App. u. Methode sind in der vorliegenden Art für die Mehrzahl der Chromatogramme nicht geeignet. (Analytic. Chem. **26.** 191—95. Jan. 1954. Evanston, Ill., Northwestern Univ., Dep. of Chem.) Endrass. 5062

Louis S. Herczeg, *Ein 18-Kanal-Spektrometer.* Beschreibung eines Spektrometers mit Spiegeloptik u. LiF-Prisma, mit welchem an 18 Stellen zwischen 1 u. 3,6 μ Spektralerscheinungen nachgewiesen u. registriert werden können. Die Empfänger bestehen aus 18 auf der gleichen Glasplatte chem. aufgebrachten PbS-Streifen von $^1/_2$ mm Breite mit einem Abstand von $^1/_4$ mm, welche ein Wellenlängenband von $\sim$0,06 μ empfangen. (J. Franklin Inst. **256.** 471—72. Nov. 1953. Philadelphia, Pa.) EICHHOFF. 5063

Francis P. Chinard und **Theodore Enns,** *Herstellung von Wasserproben zur Deuteriumanalyse im Massenspektrometer.* Vff. beschreiben eine Meth. zur Zn-Staubred. von Wasserproben, die bei massenspektrometr. Serienanalysen von Proben Schweren W. angewendet wird. Von den Wasserproben werden je 0,1 cm^3 mit ca. 2 g Zn-Staub zusammen in sorgfältig entgaste u. getrocknete Proberöhrchen von 10 cm^3 im Vakuum eingeschmolzen u. dann in Messingbehältern auf 400° erhitzt. Nach der Abkühlung sind die Proben zur massenspektrometr. Deuteriumanalyse bereit. (Analytic. Chem. **25.** 1413—14. Sept. 1953. Baltimore, Md., Johns Hopkins Univ., School of Med., Dep. of Med. and Physiol. Chem.) CONRAD. 5063

R. A. Friedel, A. G. Sharkey jr., J. L. Shultz und **C. R. Humbert,** *Massenspektrometrische Analyse von Gemischen, die Stickstoffdioxyd enthalten.* Vff. haben eine Meth. entwickelt, um von Gasmischungen, die NO_2 (I) enthalten, trotz der Reaktionsfähigkeit, die dieses gegenüber den stets im Hochvakuumsyst. des Massenspektrometers vorhandenen Verunreinigungen wie W., polymeren KW-stoffen u. a. besitzt, reproduzierbare Massenspektrogramme zu erhalten. Alle Komponenten außer I werden in der üblichen Weise aufgenommen. Zur Best. von I ist eine vorherige Konditionierung des Massenspektrometers notwendig; diese besteht in einer Vorbehandlung mit I bei bestimmten Druck- u. Strömungsbedingungen, die angegeben werden. Es gelingt auf diese Weise, für Drucke zwischen 15 u. $200 \cdot 10^{-3}$ mm Hg hinter dem Gaseinlaß, die Empfindlichkeit des Massenspektrometers für die Hauptmassenpunkte von I reproduzierbar u. partialdruckunabhängig zu halten. Auf Grund von Eichaufnahmen sind dann Analysen des I-Geh. möglich, deren Genauigkeit etwas von der Konz. u. den übrigen Komponenten des Gemisches abhängt. Unterhalb von $15 \cdot 10^{-3}$ mm Hg ändert sich das Massenspektr. schnell mit dem Partialdruck, doch läßt die Reproduzierbarkeit der Spektren innerhalb eines Tages eine Analyse von I auch in diesem Druckbereich zu. Als Beispiele sind Analysen von synthet. Gemischen gegeben. Eine Serie von 20 Proben massenspektrometr. zu analysieren, erfordert mit Konditionierung u. Eichung etwa 8 Stunden. (Analytic. Chem. **25.** **1314**—20. Sept. 1953. Bruceton, Pa., Bur. of Mines, Synthet. Fuels Res. Branch.) CONRAD. 5063

a) Elemente und anorganische Verbindungen.

Everett C. Hurdis und **Hendrick Romeyn jr.,** *Genauigkeit der Bestimmung von Wasserstoffperoxyd durch Ceratoxydimetrie.* Vff. erhalten nach der Ceratmeth. zur Best. von H_2O_2 Werte, die mit Ergebnissen anderer Methoden, z. B. der Titration mit $KMnO_4$, übereinstimmen. Auch mit einer neuen gravimetr. Meth., die auf der Best. der Differenz des Gewichtes von H_2O_2 u. dem daraus durch katalyt. Zers. erhaltenem W. beruht, wird Übereinstimmung erhalten. Änderung der Ceratkonz. oder Verwendung einer Sulfatocerat- an Stelle einer Nitratoceratlsg. ist auf die Genauigkeit der Meth. ohne Einfluß. (Analytic. Chem. **26.** 320—25. Febr. 1954. Passaic, N. J., U. S. Rubber Co., Gen. Labors.) R. MATTNER. G 241

Joseph Rynasiewicz, *Wasserstoffperoxydbestimmung in Gegenwart von Chromat.* Um das die Korrosion von Stahl beschleunigende H_2O_2 neben dem Korrosionsinhibitor Na_2CrO_4 genau bestimmen zu können, untersuchen Vff. die Trennung von H_2O_2 von CrO_4^{2-} mit Hilfe von Ionenaustauschharzen. Bei hohem p_H wird H_2O_2 anion. am Ionenaustauschharz gemeinsam mit CrO_4^{2-} absorbiert, während bei Verwendung eines Harzes, das auch bei neutralem Medium wirksam ist, nur das CrO_4^{2-} absorbiert wird u. so vom H_2O_2 getrennt werden kann. Ein solches neutrales Harz kann aus IRA-400 durch mehrfaches Waschen mit NaCl-Lsg. u. W. bis zum Erreichen eines p_H von 7—7,3 (Glaselektrode) erhalten werden. H_2O_2 wurde colorimetr. als Pertitansäure bestimmt. Die Geschwindigkeit der H_2O_2-Zers. in schwach alkal. Na_2CrO_4-Lsgg. hängt von Temp., p_H u. CrO_4^{2-}-Konz. ab. (Analytic. Chem. **26.** 355—58. Febr. 1954. Schenectady, N. Y., Gen. Electric Co., Knolls Atomic Power Labor.) R. MATTNER. G 241

Wilhelm Zimmermann, *Zur mikromaßanalytischen Schnellbestimmung des Schwefels in organischen und anorganischen Substanzen.* 4. Mitt. (3. vgl. C. **1950.** II. 1850.) Das Verf. liefert in der früher (l. c.) mitgeteilten Form brauchbare Werte. Die inzwischen über das Verf. erschienenen Veröffentlichungen werden besprochen. Zur Vermeidung von Fehlermöglichkeiten werden einige Fingerzeige gegeben. (Mikrochem.

verein. Mikrochim. Acta **40.** 162—69. 1952. Melbourne, Univ., Commonwealth Scient. and Ind. Res. Organizat., Div. of Ind. Chem. Microanalyt. Labor.) WESLY. G 253

Allen Gee und **Victor R. Deitz,** *Bestimmung von Phosphat durch Differentialspektralphotometrie.* Die gebräuchlichen colorimetr. Verff. sind schnell u. reichen für Routineunterss. aus, leiden aber unter mangelnder Genauigkeit. Durch Verwendung einer Differentialmeth. kann die Einfachheit der spektralphotometr. Messung mit der Genauigkeit der besten gravimetr. Verff. kombiniert werden: Orthophosphate bilden in Ggw. einer Mischung von Vanadin- u. Molybdänsäure einen gelben Komplex (λ_{max} 340 mμ). Die Absorption bei 390 bzw. 420 mμ dieser Lsg. wird nun nicht gegen W. oder die Reagenslsg., sondern gegen eine Standardlsg. von nahezu gleicher Absorption gemessen. Dadurch werden Zeit- u. Temperatureinflüsse auf die Absorption eliminiert. Die Genauigkeit der Meth., die sich für die Phosphatbest. in Gesteinen, Knochen, Zähnen u. anderen Substanzen mit Ca-Phosphatgeh. eignet, wird mit 0,3—1$^0/_{00}$ angegeben. Ein weiterer Vorteil besteht in der sehr geringen Störanfälligkeit gegen viele Substanzen. (Analytic. Chem. **25.** 1320—24. Sept. 1953. Washington, D.C., Nat. Bur. of Standards.) SCHÖTTLER. G 264

Jacques Faucherre, *Qualitative Schnellbestimmung der Erdalkaliionen.* Es ist möglich, Erdalkaliionen durch einige ihrer spezif. Rkk. zu bestimmen, ohne vorherige Abtrennung der Metalle der H_2S- u. $(NH_4)_2S$-Gruppe. Diese Schwermetalle werden durch *Trilon B* (I)-komplex in Lsg. gehalten. Zur Abtrennung von Pb u. Ba von viel Sr wird als neues Reagens K-Krokonat eingeführt. Die Meth. ist sicher u. schnell, aber wenig empfindlich u. soll die klass. Meth. ergänzen. Die *Krokonsäure* (**II**) gibt mit Ba eine ebenso schwerlösl. Verb. wie Rhodizonsäure in 1 n HCl-Lösung. Im Analysengang, der nur die einfachsten üblichen Metalle sowie PO_4^{3-} u. AsO_4^{3-} berücksichtigt, werden in acetatgepufferter Lsg. (p_H 4,5) durch **I** die Schwermetalle in Lsg. gehalten u. Ba^{2+}, Sr^{2+} u. Ca^{2+} wie folgt gefällt. *Ba:* Bei p_H 4,5 u. Ggw. von **I** wird Ba selektiv als Ba-Krokonat (**III**; $C_5O_5Ba \cdot xH_2O$) in der Kälte gefällt. Es darf nicht in warmer Lsg. gearbeitet werden, da sonst Cr^{3+} u. Sr^{2+} stören. Ferner stören Sn^{4+} u. Sb^{5+}, die nicht von **I** komplex gebunden werden. Diese müssen vor Zugabe von **II** abfiltriert werden. Fe^{3+} in großer Konz. gibt schwarze Färbung mit **II**, die durch Zusatz von K-Krokonat beseitigt wird. AsO_4^{3-} u. PO_4^{3-} stören nicht. — *Sr:* Nach Abtrennung des Ba^{2+} als **III** wird mit $(NH_4)_2SO_4$ Sr^{2+} als $SrSO_4$ gefällt. — *Ca:* Nach Abtrennung von Ba^{2+} u. Sr^{2+} in Ggw. von **I** fällt Ca^{2+} mit $(NH_4)_2C_2O_4$ als Oxalat. — *Mg:* $Mg(OH)_2$ gibt mit Thiazol rote Farblacke. In Ggw. von **I** wird Mg^{2+} in alkoh. Lsg. nicht gefällt, da Mg^{2+} als Trilonkomplex stabilisiert ist. Durch Zusatz von Ba^{2+} kann aber Mg^{2+} aus dem lösl. Komplex unter Bldg. des stabileren Ba-Trilonat-Komplexes u. Ausfällung des Farblackes verdrängt werden. (Bull. Soc. chim. France, Mém. [5] **20.** 900—02. Sept. 1953. Paris, Sorbonne, Labor. d'Enseignement pratique de Chim.) KÜSSNER. G 280

W. Koch, *Mikroanalytische Aufgaben in Metallkunde und Metallurgie.* Überblick über Stand, Technik u. Forschung (15 Literaturangaben) der *physikal. Metallanalyse* (*metallkundliche Analyse*), die der anorgan.-quantitativen ergänzend für durch sie noch ungelöste Aufgaben an die Seite gestellt werden muß. Eingehende Beschreibung der Unterss. der Carbide, nichtmetall., intermetall u. oxyd. Einschlüsse, Nitride u. Sulfide im *Stahl*-Gefüge mit 27 Mikroschliffbildern. (Angew. Chem. **64.** 187—95. 7/4. 1952. Düsseldorf, M. P. I. für Eisenforschung.) ROTTER. G 354

Charles V. Banks und **Elaine K. Byrd,** *Die Reaktion von Eisen(II)-Ion mit 1.2-Cyclohexandiondioxim in saurer Lösung.* Die Störung der Ni-Rk. mit *1.2-Cyclohexandiondioxim* (I) durch Fe^{2+} wurde untersucht. In saurer Lsg. hat der lösl. Fe^{2+}-Komplex ein anderes Absorptionsspektr. als in ammoniakal. Lösung. Im UV-Spektr. von **I** wurde festgestellt, daß nur gepufferte Lsgg. vom p_H 3 sich nicht laufend verändern. Die Anwendung der JOBschen Meth. ergibt für den Komplex die Zus. 2 Mol **I** je Mol Fe^{2+}. Ein festes Salz Fe^{2+} $I_2 \cdot 2H_2O$ wurde bei höherer Konz. als Nd. erhalten. (Analytica chim. Acta [Amsterdam] **10.** 129—38. Febr. 1954. Ames, Io., Iowa State Coll., Inst. for Atomic Res., Dep. of Chem.) KÜSSNER. G 354

R. G. W. Willcocks, *Eine modifizierte Jod-Schnell-Methode für die Bestimmung von Kupfer in Metallen und Konzentraten, die eine Wiedergewinnung der Reagentien erlaubt.* Zum Unterschied vom früheren Verf. wird die nach Auflösen der Substanz (0,25—1,0 g) in Säure u. Abrauchen erhaltene H_2SO_4-Lsg. nach dem Abkühlen mit 35 ml W. verd., 5 Min. gekocht u. in der Kälte 2 g NaF oder die entsprechende Menge NH_4F zugegeben. Nach weiterem Zusatz von 25 ml einer Lsg., die im Liter 300 g KJ u. 250 g CH_3COONa enthält, kann mit $Na_2S_2O_3$ direkt gegen Stärke titriert werden. Nach Vf. ist es möglich, aus der nach der Titration vorliegenden Lsg. die reine KJ-CH_3COONa-Lsg. wieder zu gewinnen. 15 Liter der 70° warmen Lsg. werden dazu mit 1,5 kg CaO versetzt, gut gerührt u. nach einiger Zeit die Sulfate u. Fluoride abfiltriert.

Nach dem Waschen mit W. werden die vereinigten Filtrate mit 250 ml einer Lsg., die 300 g Na_2CO_3, 300 g $NaHCO_3$ u. 100 g NaHS in 2500 ml W. enthält, sowie etwas Aktivkohle versetzt. Nach dem Eindampfen auf 4,5 Liter wird filtriert, u. zum Filtrat werden 50 ml 10%ig. H_3PO_4-Lsg. in Eisessig gegossen. Durch die so erhaltene Lsg. wird über Nacht Luft gesaugt, ein kleiner Überschuß an J_2-Lsg. zugegeben u. der KJ- u. CH_3COONa-Geh. bestimmt. Die Lsg. wird dann auf die gewünschte Konz. verdünnt. Vf. schlägt für die ausgearbeitete Schnellmeth. die Verwendung einer automat. Pipette für die KJ–CH_3COONa-Reagenslsg. u. einer automat. Nullpunktsbürette zur Titration vor. (J. appl. Chem. **2.** 608—12. Okt. 1952. Chingola, Northern Rhodesia, Nchanga Consolidated Copper Mines Ltd.) PLUST. G 358

b) Organische Verbindungen.

A. R. Jones, E. J. Dowling und **W. J. Skraba,** *Identifizierung einiger organischer Säuren durch Papierchromatographie.* Für die Entwicklersysteme Ae./Eisessig/W. (15:3:1), Pentanol-(1)/5 mol. wss. Ameisensäure (1:1), 2-Äthylbutanol-(1)/5 mol. wss. Ameisensäure (2:3) u. 95%ig. A./W./NH_4OH konz. (8:1:1) werden die R_f-Werte der *Aconit-, Citracon-, Citronen-, Diglykol-, Dimethylbernstein-, Fumar-, Glutar-, Glykol-, Itakon-, Milch-, Lävulin-, Äpfel-, Malein-, Malon-, Mesacon-, Methylbernstein-, Brenztrauben-, Bernstein-, Wein-, Tartron-* u. *Tricarballylsäure* angegeben, dazu die $R_{Äpfels.}$-Werte (das ist das Verhältnis der von der unbekannten Säure durchwanderten Strecke zu der von der Äpfelsäure beim gleichen Flüssigkeitssyst. durchwanderten) für das Gemisch 95%ig. A./W./NH_4OH konz. (8:1:1). Vff. tragen in einem Koordinatensyst. die R_f-Werte als Ordinatenabschnitte, die $R_{Äpfels.}$-Werte auf der Abscisse ein u. erhalten ein sogenanntes pseudo-2-dimensionales Chromatogramm, durch das die Lage der Flecken besser definiert werden soll. Das gleiche Prinzip wenden sie für 2 verschied. Flüssigkeitssysteme an, wo z. B. der R_f-Wert für die freie Säure als Ordinatenabschnitt, der des Säureanions als Abscissenabschnitt aufgetragen wird. Die oben angegebenen Säuren wurden mit Indicatorlsg. besprüht, z. B. 0,04%ig. alkoh. Lsg. von Bromphenolblau oder -grün oder Chlorphenolrot, deutlich auf bas. Rk. eingestellt. Bei den flüchtigen Säuren Essig-, Propion-, Butter- u. Valeriansäure wurde so verfahren, daß das Papier an den Auftragungsorten vor dem Auftragen mit Diäthylamin bedampft wurde u. das Chromatogramm dann mit einem Gemisch n-Butanol/W./Diäthylamin (100:15:1) entwickelt wurde. Dabei wurden organ. u. wss. Phase nicht getrennt, wobei jedoch darauf geachtet werden muß, daß der Papierstreifen nicht bis zur wss. Phase durchtaucht. Besprüht wurde mit einer Lsg. von 50 mg Bromphenolblau in 100 ml W., mit 200 mg Citronensäure angesäuert. (Analytic. Chem. **25.** 394—96. März 1953. Oak Ridge, Tenn., Nat. Labor., Chem. Div.) ENDRASS. G 800

G. Nunez und **J. Spiteri,** *Verteilungschromatographie von fettlöslichen Substanzen.* 1. Mitt. *Trennung der höheren Fettsäuren.* Entw. einer Arbeitsweise, die sich darauf gründet, daß das chromatograph. Papier mit einer Substanz (stationärer Phase) behandelt wird, die neben den höheren Fettsäuren auch andere Lipoide löst; hierfür kommen in Betracht: *Triolein, Tristearin,* andere *Triglyceride, Chlornaphthalin, Bromnaphthalin, Jodbenzol* usw. bei Alkoholen als mobiler Phase; Tristearin, Glycerin bei Ae. als mobiler Phase; Tristearin bei Aceton als mobiler Phase. Es wird z. B. das Papier mit einer 15%ig. Lsg. von Olivenöl in Bzn. getränkt; man läßt dann das Lösungsm. verdunsten u. arbeitet mit der alkoh. Lsg. des zu untersuchenden Gemisches von Fettsäuren in üblicher Weise. Nachw. der Fettsäureflecke durch Behandlung der Papierstreifen mit 1%ig. $AgNO_3$-Lsg., der etwas NH_3 zugesetzt ist; Bldg. der Ag-Seifen, die nach dem Waschen des Streifens durch Besprühen mit Schwefelammoniumlsg. sichtbar gemacht werden. Verss. zur Best. der R_F-Werte von Fettsäuren in Abhängigkeit von der Konz. des angewandten A. sowie in Abhängigkeit von der Kettenlänge der Fettsäuren. — Die Trennung einiger Fettsäuren wird durch Beleganalysen in qualitativer Hinsicht dargelegt. (Bull. Soc. Chim. biol. **35.** 851—57. 1953.) TÄUFEL. G 800

K. V. Giri und **N. A. N. Rao,** *Trennung und Bestimmung sich im Papierringchromatogramm überschneidender Aminosäuren durch Verwendung verschiedener Lösungsmittelgemische.* Die beschriebene Technik (vgl. C. **1953.** 1064. 2171) gestattet nicht die Trennung von *Glycin–Serin–Asparaginsäure* voneinander, die Trennung von *Glutaminsäure* u. *Threonin* ist mit Butanol–Eisessig–W. schwierig. Diese Aminosäuregruppen bilden ein gemeinsames Ringband. Dieses kann ausgeschnitten, im Zentrum eines neuen Rundfilters befestigt u. dann mit einem Gemisch von 80 Vol.-% Pyridin + 20 Vol.-% W. getrennt werden. Durch gleichzeitige Entw. von Ringchromatogrammen aus Standardlsgg. ist eine quantitative Auswertung möglich. (Current Sci. **22.** 114—16. April 1953. Bangalore, Indian Inst. of Sci., Dep. of Biochem.) FRESENIUS. G 950

Abraham Saifer und **Irwin Oreskes,** *Rundfilterpapierchromatographie. Studien über die physikalischen Größen, die die R_f-Werte beeinflussen.* Die R_f-Werte, die für *Glycin, Alanin* u. *Valin* bei der Rundfilterchromatographie nach RUTTER (vgl. C. **1950.** II. 83) erhalten werden, werden in Abhängigkeit von a) der Sättigungszeit des Papiers, b) der Breite des eintauchenden Papierstreifens, c) dem Lösungsmitteloberflächenabstand vom ursprünglich auf das Papier aufgebrachten Fleck, d) der Temp., e) der Chromatographierzeit u. f) der aufgebrachten Konzz. bestimmt. Bei Verwendung von Phenol/Isopropanol/W. (70:5:25) als Entwickler mit konstantem p_H u. WHATMAN Nr. 1-Papier zeigen sich nur bei c) u. d) größere Unterschiede in den R_f-Werten. (Analytic. Chem. **25.** 1539—44. Okt. 1953. Brooklyn, N. Y., Jewish Sanitarium and Hosp. for Chronic Diseases.) BRINCKMANN. G 950

A. L. Levy und **David Chung,** *Zweidimensionale Chromatographie von Aminosäuren auf gepuffertem Papier.* Für die zweidimensionale Papierchromatographie natürlicher Aminosäuren (**AS**) bewährte sich folgende Meth.: 1. Richtung: Gemisch **B** n-Butanol/Eisessig/W., 2. Richtung: Gemisch **C** m-Kresol/Phenol, 25 g + 25 g mit 7 ml Boratpufferlsg., p_H 9,3 (**D**) (**D** = 200 ml 0,1 mol. H_3BO_3 + 113,5 ml 0,1 nNaOH). Nach der Längschromatographie mit **B** wird das Chromatogramm getrocknet u. mit **D** besprüht, wobei die Stellen der **AS**-Flecke abgedeckt werden, dann wieder getrocknet u. mit **C** querentwickelt. Das geeignetste Papier war WHATMAN Nr. 52. Für WHATMAN Nr. 1 wird als 2. Paar m-Kresol/Phenol (2:1) mit Boratpuffer p_H 8,3 empfohlen. Da die **AS**-Paare *Threonin/Glutaminsäure, Methionin/Valin, Isoleucin/Phenylalanin* u. *Glycin/Serin* mit **B** nicht trennbar sind, wird für Kontrollzwecke empfohlen, 2 **AS**-Gemische nach auftrennbaren Gruppen herzustellen u. an den Rändern je 1 Gruppe mitlaufen zu lassen. Das fertige zweidimensionale Chromatogramm wird nach 2std. Trocknen bei 40° mit einer Mischung von 50 ml 0,1%ig. alkoh. Ninhydrinlsg. + 2 ml Collidin + 15 ml Eisessig besprüht. Zur Proteinhydrolyse wird 1 mg des Proteins mit 0,1 ml 20%ig. HCl 6 Std. auf 150° im geschlossenen Rohr erhitzt, bei alkal. Hydrolyse 1 mg mit 0,1 ml 0,38 n $Ba(OH)_2$-Lsg. 1½ Std. diesen Bedingungen unterworfen. (Analytic. Chem. **25.** 396—99. März 1953. Berkeley, Calif., Univ., Dep. of Biochem., Hormone Res. Labor.) ENDRASS. G 950

G. R. Noggle, *Papierchromatographie einiger Ketoheptosen.* Für mehrere Heptosen u. Heptosane, *D-Gluco-, D-Manno-, L-Gala-, Sedo-, D-Ido-* u. *L-Guloheptulose; Sedo-, D-Ido-* u. *L-Guloheptulosan,* werden die R_F-Werte für Phenol angegeben. Nachw. auf dem Papierchromatogramm erfolgte mit *Orcin–Trichloressigsäure*-Sprühreagens (**I**) nach KLEVSTRAND u. NORDAL (C. **1952.** 269). Auch bei *Sedoheptulosan* (**II**) ergab sich damit eine Blaufärbung im Gegensatz zu den Angaben von BEVENUE u. WILLIAMS (C. **1952.** 5146). Bei der Papierchromatographie von HCl-hydrolysiertem **II** wurden mit **I** 4 Flecke erhalten. Zwei davon waren Sedoheptulose u. **II**, zwei andere wurden durch unbekannte Zucker verursacht. Sämtliche 4 Prodd. wurden durch Ionenaustauschchromatographie ihrer Boratkomplexe getrennt u. isoliert. Dowex 50 in der H-Form wurde statt 0,2 n HCl zur Hydrolyse von **II** verwendet. (Arch. Biochem. Biophysics **43.** 238—39. März 1953. Oak Ridge, Tenn., Oak Ridge Nat. Labor.) FRESENIUS. G 3400

D. J. D. Hockenhull, *Ein neues Sprühreagens für die Papierchromatographie von Kohlenhydraten und Polyolen.* Es wird ein Sprühreagens für Papierchromatographie von Kohlenhydraten u. Polyolen entwickelt, das auf der p_H-Änderung bei Bldg. von Boratkomplexen beruht. Es besteht aus: 1 Teil 0,05 n Boraxlsg. (p_H 9,18) + 2 Teile Phenolrotlsg. (2 mg/ml in A., mit NaOH gerade alkal. gemacht) + 7 Teile Methanol. Es entstehen gelbe Flecken auf rotem Grund. Die Verwendung von Phenolphthalein wird nicht empfohlen. Durch saure oder bas. Substanzen können Störungen erfolgen. Sie müssen mit Austauschharzen entfernt werden. Nachgewiesen wurden 25—50 μg *Dioxyaceton, Arabinose, Xylose, Fructose, Glucose, Lactose, Mannose, Sucrose, Maltose, Cellobiose, Raffinose* u. mehrere Polyole. (Nature [London] **171.** 982. 30/5. 1953. Stoke Poges, Bucks., Glaxo Labor. Ltd.) FRESENIUS. G 3400

Jan Sjövall, *Trennung von Gallensäuren durch Papierchromatographie. Gallensäuren und Steroide.* 3. Mitt. (Vgl. C. **1953.** 1064.) Vf. konnte mit 70%ig. Essigsäure als stationärer u. Isopropyläther–Heptan als beweglicher Phase ein Gemisch von *Taurocholsäure, Glykocholsäure, Cholsäure, Hyodesoxycholsäure, Desoxycholsäure* (**I**) u. *Chenocholsäure* (**II**) trennen, allerdings gelang es bei **I** u. **II** nicht. Das benutzte Papier (WHATMAN Nr. 1.) wurde mit der stationären Phase getränkt, dann 5 Min. bei 90° getrocknet. Für ein Gelingen ist vollständige Sättigung der Gefäßatmosphäre mit den Dämpfen beider Phasen erforderlich. Als Sprühreagentien dienten *Phosphor-*

molybdänsäure, Rhodamin B, H_3PO_4, *m-Dinitrobenzol,* $Cl_2 + KJ +$ *Stärke* u. J_2–*KJ-Lösung.* (Acta chem. scand. **6.** 1552—53. 1952. Lund, Univ., Dep. of Physiol. Chem.) ENDRASS. G 3700

Jean Guerillot, Andrée Guerillot-Vinet und **Liliane Delmas,** *Neues Verfahren für die papierchromatographische Bestimmung von α-Tocopherol.* Vff. imprägnieren das Papier (WHATMAN Nr. 1) mit dem Fe-Salz der *Undecylsäure* (**I**), das als stationäre Phase dient. Sie erhalten dieses in rotbraunen Kristallen aus **I** u. $Fe(OH)_3$. Es ist unlösl. in Methanol, A. u. Aceton, aber lösl. in Ae. u. Petroläther. Als mobile Phase dient ein Gemisch von Aceton–W. 80:20. Das Chromatogramm wurde aufsteigend im Dunkeln entwickelt, dann getrocknet, mit 2% ig. alkoh. HCl besprüht, wieder getrocknet u. mit einer wss. Lsg. von 0,05% $K_3Fe(CN)_6$ besprüht. Die Ggw. von *α-Tocopherol* zeigt sich durch einen blauen Fleck mit dem R_f-Wert 0,6 an. Durch kurzes Ausspülen des Reagensüberschusses mit W. u. folgendes Trocknen im Dunkeln wird das Chromatogramm fixiert. Es läßt sich so noch 1 γ des Vitamins in reiner Lsg. nachweisen. *Sterine* geben ebenfalls blaue Flecke, jedoch mit höheren R_f-Werten. (C. R. hebd. Séances Acad. Sci. **235.** 1295—97. 24/11. 1952.) ENDRASS. G 3800

c) Bestandteile von Pflanzen und Tieren.

Ferenc Guba und **Irén Sugár,** *Einige Verbesserungen in der präparativen Technik für die Elektronenmikroskopie.* Folgende Verbesserungen werden beschrieben: 1. Abdrucke getrockneter Muskeloberflächen werden mit Hilfe von mit Äthylbromid nur teilweise aufgeweichten Polystyrolplatten, auf die nach erfolgter Präparation eine 20—20 Å starke kombinierte Metallschicht aus Au bzw. Al niedergeschlagen wird, erhalten. Nasse Muskelpräpp. wurden zunächst mit Glycerin getränkt u. dann eine 1—2% ig. Kollodiumlsg. aufgeschichtet. 2. Wird die Verwendbarkeit der negativen Abdrucke bei der Auflichtmikroskopie schlecht reflektierender Flächen gezeigt. 3. Die Herst. strukturfreier, großflächiger Trägerhäutchen aus Al_2O_3 u. SiO_2 wird beschrieben. 4. Eine einfache Meth. zum Auswaschen der Salze u. eine enzymat. Behandlung von biol. Objekten wird angegeben. (Magyar Kémiai Folyóirat [Ung. Z. Chem.] **59.** 18—24. Jan. 1953. Budapest, Akad. der Wiss., Labor. für Elektronenmikroskopie.) BIRTHLER. 5661

P. M. Mashuga, *Herstellung durchsichtiger anatomischer Diapositivpräparate.* Die Organe (besser Schnitte davon) werden 2—3 Tage in 6% ig. Formalinlsg. gelegt, dann (Knochen nach Entkalken mit 6% ig. HNO_3 oder HCl) mit A. steigender Konz. entwässert u. mit Salicylsäuremethylester durchscheinend gemacht. (Медичний Журнал (Киев) [Mediz. J. (Kiew)] **23.** Nr. 6. 85—88. 1953. Zool. Inst. der Akad. der Wiss. der UkrSSR, Abt. für vergl. Morphol.) R. K. MÜLLER. 5661

Ramón Parés, *Die Anwendung von Nigrosin zum Studium der Speichelchromosomen.* Mit alkohollösl. Nigrosin werden die äußeren Streifen des Heterochromatins kräftig gefärbt. Bei nicht frisch präpariertem Material werden auch die Zwischenregionen der Streifen schwach mitgefärbt. Die Meth. gestattet eine gute färber. Unterscheidung des Heterochromatins von den Chromomeren. — Färbevorschrift. (Nature [London] **172.** 1151—52. 19/12. 1953. Barcelona, Univ., Centro de Genética Animal y Humana.) K. KRAFT. 5661

C. S. Prakasa Rao, *Acetocarmin als Kernfärbemittel für Rhodophyceen.* Die modifizierte BELLINGsche Acetocarmintechnik zur Kernfärbung verschied. Conjugaten u. Volvocineen, wurde erstmalig vom Vf. bei verschied. Arten von Rhodophyceen angewandt. Ungenügend gefärbt wurden die Arten, bei denen der Zellkern von reichlichen Stärkemengen u. dicken schleimigen Zellwänden umgeben ist. Eine genaue Färbevorschrift wird angegeben. Die Meth. gestattet schnelles Arbeiten u. eignet sich bes. zur Best. von Kernteilungsrhythmen, beispielsweise bei Tetrasporangien u. keimenden Tetrasporen. (Nature [London] **172.** 1197. 26/12. 1953. Manchester, Univ., Dep. of Cryptogamic Botany.) K. KRAFT. 5661

Heinrich Leopold und **Erich Honsig,** *Die Bestimmung der Gesamtkohlenhydrate in Hefe.* Nach Überarbeitung früherer Verff. u. eigenen Unterss. kommen Vff. zu folgender Meth.: Ca. 1 g Trockensubstanz enthaltende Hefe wird mit einigen Tropfen H_2SO_4 (1:4) plasmolysiert u. unter Vermeidung jeder Erwärmung (Eiskühlung) langsam mit 8,5 ml konz. H_2SO_4 versetzt. 20 Min. nach Beginn der H_2SO_4-Zugabe wird das Gemisch mit 150 ml W. in einen 250 ml-Meßkolben übergeführt, 4 Std. unter Rückfluß im sd. Wasserbad erhitzt u. nach dem Abkühlen bis zur schwachsauren Rk. mit NaOH abgestumpft. Enteiweißung erfolgt mit je 15 ml 15% ig. $K_4Fe(CN)_6$-Lsg. u. 23% ig. Zn-Acetatlösung. Nach dem Auffüllen wird in ein trockenes Gefäß filtriert u. in 30 u. 60 ml Filtrat die reduktometr. Glucosebest. durchgeführt. — Getrocknete Hefe (1,2 g) wird mit 1 ml 96% ig. A. gut durchfeuchtet, mit 2,5 ml 80% ig. H_2SO_4 verrieben

u. im Verlauf von 20 Min. werden unter Vermeidung der Erwärmung noch 7,5 ml 80% ig. H_2SO_4 zugegeben u. weiter wie oben verfahren. (Zbl. Bakteriol., Parasitenkunde Infektionskrankh., II. Abt. **107.** 449—63. 31/1. 1954. Kazněјov u. Plzně, ČSR, Chem. závody Julia Fučíka, národní podník.) Krusen. 5666

d) Medizinische und toxikologische Analyse.

Wolf H. Weihe, *Zur Eichung der Calciumchloridlösung für die Weltmann-Reaktion.* Die Einstellung der genau 5% ig. $CaCl_2$-Lsg. für die Weltmann-Rk. erfolgt am zweckmäßigsten durch Cl-Best. durch direkte Titration mit Säureviolett 4 Bl oder nach dem Verf. von Volhard. Im 1. Fall müssen für 0,5 ml genau 5% ig. $CaCl_2$-Lsg. 4,40 ml n/10 $AgNO_3$-Lsg., im 2. Fall für 1 ml 5,60 ml NH_4SCN-Lsg. verbraucht werden. (Röntgen- u. Laboratoriumsprax. **7.** 122. April 1954. München, Univ., Med. Poliklin.) Krusen. 5727

Giuseppe Pruner, *Mikromethode zur Glucosebestimmung an 0,02—0,1 cm³ Blut mittels Cersulfat (n/2000).* Bei der Mikrometh. zur Best. des *Blutzuckers* wird mit Ferricyankalium (I) oxydiert (p_H 10) u. I anschließend mit $Ce_2(SO_4)_3$ (n/2000) titriert. Indicator: o-Phenanthrolinferrosulfat. (Rend. Ist. super. Sanità **17.** 123—28. 1954. Roma, Ist. di Sanità, Labor. di Biol.) P. G. Scheurlen. 5727

G. Barac, *Über einige Farbreaktionen von synthetischem Serotonin.* Unter Hinweis auf frühere Arbeiten (Arch. int. Physiol. **56.** [1948.] 172 u. früher) teilt Vf. mit, daß es mit Hilfe von *2.6-Chinonchlorimid* auf photometr. Wege gelingt, 25—50 mg *Serotonin* in *Blut* nachzuweisen. (Arch. int. Physiol. **60.** 185—86. Juni 1952. Liège, Univ., Inst. de Clin. et Policlin. Méd.) Roderich König. 5727

I. A. Parfentjev und **M.-L. Johnson,** *Schnelle Mikromethode für die Bestimmung von Serumprotein durch Trübungsmessung.* Die Meth. beruht auf einer photoelektr. Colorimetrierung des dispergierten Eiweiß-Nd., der durch $(NH_4)_2SO_4$ in einer sehr verd. Lsg. hervorgerufen wurde. Durch verschied. Salzkonzz. ist es möglich, die einzelnen Fraktionen (Albumine, Globuline) zu trennen, säureunlösl. Proteine können mit Acetatpuffer bei p_H 5,1 u. 6,0 gefällt werden. Bei der prakt. Ausführung wird außerdem mit dest. W. auf 1 Liter aufgefüllt, 1% NaCl u. Gummigutt als Schutzkoll. hinzugefügt, sowie mit 10nNaOH auf p_H 7,0 gebracht (gegen Phenolrot). Die Messungen wurden mit einem photoelektr. Klett-Summerson-Colorimeter u. einem Coleman-Universalspektrophotometer ausgeführt. Der genaue Arbeitsgang ist angegeben. Die Brauchbarkeit der Meth. wurde in zahlreichen Analysen im Vgl. zur elektrophoret. Messung u. zur Kjeldahl-Meth. nachgeprüft (Tabellen). (Yale J. Biol. Med. **25.** 94—106. Nov. 1952. Yale Univ., School of Med., Dep. of Microbiol.) Knöpke. 5728

J. C. Eaton und **Mary D. Gardner,** *Trennung der Proteine der Rückenmarksflüssigkeit durch Papierelektrophorese.* Vff. entsalzen die Rückenmarks-Fl. vor der Elektrophorese, indem sie sie durch eine Kolonne mit Amberlite Monobed MB 1 schicken, bei dem auf Grund großer Nähe des Anionen- u. Kationenaustauschers p_H-Änderungen gering bleiben. Bei der Papierelektrophorese zeigen sich dieselben Eiweißstoffe wie beim Serum, nur in anderen Mengenverhältnissen. Die von Kabat (J. clin. Invest. **21.** [1942.] 521) u. Büchner (Klin. Wschr. **30.** [1952.] 325) zusätzlich gefundenen Fraktionen wurden nicht beobachtet. (Biochem. J. **55.** XXV—XXVI. Sept. 1953. Glasgow, Royal Infirmary, Dep. of Biochem.) U. Baumann. 5730

H. Spitzy und **H. Skrube,** *Die mikrochemische Bestimmung des Jodgehaltes im Augenkammerwasser und die Möglichkeit einer weiteren Anwendung mit Hilfe von Radiojod.* Es wird über eine Meth. zur J-Best. im Augenkammerwasser berichtet, die bei einer Absolutmenge von mindestens 1 γ J die Erfassung bis zu 0,09 γ/0,1 cm³ gestattet. Dabei wird dem Kammerwasser 1 γ J als KJ zugesetzt, um die Mindestmenge zu gewährleisten. Zu je 0,1 g Probe gibt man 1 Tropfen 13% ig. K_2CO_3-Lsg. u. verdampft auf dem Heizblock zur Trockne. Man bringt dann 3 Std. bei 300° u. weitere 15 Min. bei 400° in den Muffelofen, löst in 0,5 cm³ bidest. W., gibt 200 mm³ Eisessig–Na-Acetat (10% ig) u. 2 Tropfen Br-Wasser (gesätt.) hinzu. Dann wird mit 200 mm³ 20% ig. wss. Na-Acetatlsg. abgepuffert, 1 Tropfen Ameisensäure zugegeben, 1 Min. aufgekocht u. nach Zusatz von 5 Tropfen 0,5% ig. KJ-Lsg. mit n/200 $Na_2S_2O_3$-Lsg. gegen Stärke titriert. Um die Meth. zur Erfassung kleinster J-Spuren zu erweitern, wurde dem J-Solekonzentrat zur Instillation ins Auge ^{131}J zugesetzt u. die Aktivität der nach bestimmter Zeit entnommenen Punktate mit dem Geiger-Müller-Zählrohr gemessen. Das Maximum an ^{131}J tritt im Kammerwasser 30 Min. nach Absetzen der Behandlung auf. (Biochem. Z. **324.** 60—65. 1953. Bad Hall, Oberösterreich, Paracelsus-Inst., Chem. Abtlg.) Fresenius. 5731

A. H. Ennor und **L. A. Stocken,** *Die Anwendung der Diacetylreaktion zur Kreatinbestimmung in Harn.* 0,5 ml des zu untersuchendes Harnes wird mit 0,5 ml 0,2 mol. Phosphatpuffer (p_H 6,5) u. 0,5 ml einer Pseudomonas-Suspension (mit spezif. Enzymsyst. für *Kreatin* [I]-Abbau) 30 Min. bei 37° inkubiert, auf 10 ml aufgefüllt u. zentrifugiert. Es werden folgende Proben angesetzt: je 2 ml des inkubierten Harnes ohne u. mit Zusätzen von 5 γ I bzw. von 200 γ Kreatinin (II) u. je 0,1 ml nicht vorbehandelter Harn ohne u. mit den bei I genannten Zusätzen. Jede dieser 6 Proben wird mit 1 ml Lsg. von 142 mg p-Chlormercuribenzoesäure in 100 ml, mit 2,5 ml Lsg. von 640 mg 1-Naphthol in 10 ml einer Lsg. von 60 g NaOH u. 128 g Na_2CO_3 in 1 Liter W. u. mit 1 ml 0,05 %ig. wss. Lsg. von Diacetyl versetzt. In der Zeit von 18—36 Min. nach Zugabe dieser Reagentien werden mehrmals die Extinktionen gemessen. Durch graph. Auswertung u. Extrapolation der ermittelten Werte kann die ursprünglich im Harn enthaltene I-Menge errechnet werden. Der Fehler beträgt bei I-Geh. von 20 γ/ml ±10%. In einer Reihe von Unterss. wurden im Harn von männlichen Personen 8—40 γ I/ml Harn gefunden. (Biochem. J. **55.** 310—14. Sept. 1953. Canberra, Austral. Nat. Univ., John Curtin School of Med. Res., Dep. of Biochem.; Oxford, Univ., Dep. of Biochem.) KRUSEN. 5732

A. N. Krylowa, *Der fraktionierte Nachweis der Ionen von Blei, Barium und Silber bei gerichtschemischen Untersuchungen.* In 100 g Leber- u. Nierensubstanz peroral mit Pb^{2+}, Ba^{2+} oder Ag^+ vergifteter Kaninchen ließen sich durch Fraktionieranalyse bei Aufschluß mit H_2SO_4 (I) + HNO_3 nebeneinander in Form mikrokristalliner Ndd. noch nachweisen: 0,15 mg Pb^{2+} als K-Cu-Pb-Nitrit; 0,015 mg Ba^{2+} als $BaSO_4$; 0,05 mg Ag^+ als AgCl. Bei Aufschluß der Proben mit I + NH_4NO_3 ist die Empfindlichkeit 12—20 mal geringer. 25 g Leichenmaterial genügen für eine Untersuchung. (Аптечное Дело [Apotheken] **2.** Nr. 2. 53—59. März/April 1953. Wiss.-Forschungsinst. für Gerichtsmed. des Gesundheitsminist. der UdSSR, Gerichtschem. Abt.) MÜLLER-MULOT. 5764

Friedrich Rinne u. **Max Berek,** Anleitung zu optischen Untersuchungen mit dem Polarisationsmikroskop. 2. vollst. umgearb. Aufl. v. Max Berek. Hrsg. v. **C. H. Claussen, A. Driesen** u. **S. Rösch,** Stuttgart: Schweizerbart. 1953. (XIII + 366 S. m. 285 Abb. u. 21 Tab.) DM 29,—.

—, Laboratoriums-Untersuchungsmethoden in der Veterinärmedizin. Moskau: Sselchosgis. 1953. (588 S. m. Abb.) 17 Rbl. 80 Kop. [russ.]

—, Waagen und Gewichte. Ins Deutsche übertr. v. **Hermann Borm,** Leipzig: Fachbuchverl. 1953. (46 S. m. Abb.) = Große Sowjet-Enzyklopädie. Reihe Technik, 5. DM 1,25.

H. Angewandte Chemie.

I. Allgemeine chemische Technologie.

A. A. Turner, H. M. Killmar und **R. W. Brown,** *Die Bedeutung von höchstfeuerfesten Werkstoffen in der chemischen und Erdölindustrie.* Zusammenfassender Bericht über Eigg. u. Einsatzmöglichkeiten von höchstfeuerfesten Werkstoffen, wie Siliciumcarbid, Sintertonerde, synthet. Mullit u. ähnlichen, als Versatz von Regeneratoren für Crackanlagen, als Baustoff für Kontaktrohre von Reforminganlagen sowie für Synthesegasanlagen, ferner als Baustoff für Pebble Vorwärmer. Hinweis auf weitere neuentwickelte keram. Sonderwerkstoffe. (Chem. Engng. Progr. **48.** 281—86. Juni 1952.) BLAUHUT. 5804

R. E. Pattle, *Die Beseitigung der Schaumbildung.* 2. Mitt. *Das Niederbrechen und das Volumen des dynamischen Schaumes.* (1. vgl. C. **1954.** 9827.) Die Unterss. haben 2 verschied. Mechanismen bzgl. des Niederbrechens des dynam. Schaumes aufgezeigt. 1. Das Zusammenfließen der Blasen im Innern des Schaumes u. 2. das Platzen der Blasen an der Spitze des Schaumes. Weiterhin konnte noch ein 3. Fall, bei welchem die Erschöpfung der Lsg. eine Rolle spielt, beobachtet werden. Der Einfl. von Alkohol auf die Herabsetzung oder die Erhöhung der Schaumwrkg. wird beschrieben u. diskutiert. (J. Soc. chem. Ind. **69.** 368—71. Dez. 1950.) H. G. FRÖHLICH. 5824

S. A. Wrobel, *Auswahl von Flotations-Schaummitteln.* Betrachtet werden die direkte Adsorption des Schaummittels an die Zwischenphasen u. die sek. Adsorption des Schaummittels sowie der Einfl. auf Natur, Gesamtoberfläche u. D. der Einzelschicht des Sammlers. (Mine Quarry Engng. **20.** 267—70. Juni 1954.) BOYE. 5828

Walter Perkins und **R. O. Weiß,** *Korrosionsfreie Vakuumfiltration.* Besprochen werden verschied. Ausführungsformen keram. Nutschenfilter, deren Filtereinsätze mit dem oberen zylindr. Teil fest verbunden oder herausnehmbar gestaltet sind u. zur Filtration saurer Metallsalzlsgg. verwendet werden. Bes. hervorgehoben wird das „*Spira-Grove*"-Filter, dessen Oberteil mit spiralig verlaufenden, in einen gemeinsamen Kanal zur Aufnahme der Fl. mündenden Rillen versehen ist. (Drug. Cosmet. Ind. **73.**

44—45. 129—33. Juli 1953. Akron, O., U. S. Stoneware Co. u. Hawthorne, N. J., Metalsalts Corp.) STEINER. 5830

F. H. Garner und **A. H. P. Skelland,** *Mischung zweier Flüssigkeiten durch Zirkulation innerhalb der Tropfen.* In einer früheren Veröffentlichung (C. **1953.** 9403) wurde das Auftreten von Wirbeln beim Eintropfen einer dispersen fl. Phase in ein fl. Dispersionsmittel beschrieben; diese Wirbel treten aber nur dann auf, wenn die REYNOLDSsche Zahl (**I**) einen gewissen Wert überschreitet. Ein Gemisch von 40% n-Butylalkohol, 27% Chlf. u. 33% Bzl., das mit 3% $CoCl_2$ blau gefärbt war, tropfte mit verschied. Geschwindigkeit in W., wobei das Eindiffundieren von W. durch Farbumschlag in Rosa angezeigt wurde. Mit steigender Fallgeschwindigkeit u. sobald **I** den Wert 70 überstieg, begann die Zirkulation innerhalb des Tropfens. Die Übergangs-**I** ist von der Viscosität beider Phasen u. von ihrer Grenzflächenspannung abhängig. Bei erhöhter Viscosität ist eine höhere **I** für Zirkulation innerhalb der Tropfen erforderlich. Je niedriger die Grenzflächenspannung, desto niedriger ist auch die für innere Zirkulation notwendige **I**. Die Zirkulation innerhalb der Tropfen ist bei *Extraktionsprozessen* von Bedeutung. (Trans. Instn. chem. Engr. **29.** 315—21. 1951. Birmingham, Univ., Dep. of Chem. Engng.) STEINER. 5862

J. Y. Oldshue und **J. H. Rushton,** *Kontinuierliche Extraktion in einer Mehrstufenrührkolonne.* Beschreibung u. Ergebnisse von kontinuierlichen Extraktionsverss. am Syst. Essigsäure–W.–Methylisobutylketon in einer Mehrstufenextraktionskolonne von 150 mm Durchmesser. Gemessen wurde der Austauschgrad in Abhängigkeit von der Flüssigkeitsbelastung u. von der Rührerdrehzahl. Die gemessenen Austauschgrade liegen merklich höher als bei Füllkörpersäulen u. bei Siebbodenkolonnen. (Chem. Engng. Progr. **48.** 297—306. Juni 1952.) BLAUHUT. 5864

Saburo Kamei und **Takeichiro Takamatsu,** *Untersuchungen an Siebbodenkolonnen.* Rechner. u. versuchsmäßige Unterss. zur Vorausbest. des Bodenwirkungsgrades von Siebbodenkolonnen unter Berücksichtigung des Einfl. des Mitreißens von Tröpfchen sowie der Konzentrationsänderung in der Fl. u. im Dampf bei der Strömung über einen Boden. Zugrundegelegt wird die Definition des Austauschgrades nach MURPHREE sowie die Zweifilmtheorie der Absorption. Teilweise vorzügliche Übereinstimmung mit den Versuchsergebnissen von KIRSCHBAUM. Theoret. Deutung des Einfl. der Konz. auf den Austauschgrad. (Mem. Fac. Engng., Kyoto Univ. **15.** 88—115. April 1953.) BLAUHUT. 5864

F. Rose, *Neue Fortschritte bei der Dispergierung durch Ultraschall.* Beschreibung einer energiesparenden Dispergiervorrichtung. (Canad. Paint Varnish Mag. **28.** 9—10. April 1954.) F. HEINRICH. 5878

Roland Kiessling, *Röntgenkristallographische Apparaturen für die Industrie.* Überblick über die neuere Entw.: Zus. der Röntgenstrahlung; Kameratypen; Monochromatoren; Registrierung von Photonen; Wärmekameratypen. — 16 Literaturhinweise. (Tekn. Tidskr. **84.** 435—40. 11/5. 1954. Stockholm.) R. K. MÜLLER. 5886

M. W. Kellogg Co., Jersey City, übert. von: **Louis C. Rubin,** West Caldwell, N. J., V. St. A., *Dichtungsmaterial,* bestehend aus einer Mischung von Polytrifluorchloräthylen (mit einer Bruchtemp. gemessen an einem Standardstreifen, die zwischen 210—350° liegt) u. Graphit oder Mo-sulfid als Antifriktionsmittel in beliebigem Mengenverhältnis. Platten daraus werden bei niedrigem Druck hergestellt. (**A. P. 2 644 804** vom 22/4. 1950, ausg. 7/7. 1953.) SALZMANN. 5813

VEB Farbenfabrik Wolfen, Wolfen (Erfinder: **Wilhelm Neugebauer** und **Julius Voss,** Wiesbaden-Biebrich, **Erhard Meier,** Wolfen, und **Hellmuth Lauth,** Markkleeberg b. Leipzig), *Farblose Kationenaustauscher,* bes. für chromatograph. Zwecke, bestehend aus den durch Polymerisation u. Vernetzung von olefin. Carbonsäuren oder Derivv. davon gewonnenen Körpern in Form von wasserunlösl. Säuren oder deren wasserunlösl. Salzen. Als Ausgangsstoffe sind Acrylsäure u. Methacrylsäure genannt, ferner die Nitrile, Amide u. Ester davon, sowie saure Ester von ungesätt. Alkoholen u. ungesätt. Sulfonsäuren, wie Äthensulfonsäure oder Propensulfonsäure. Durch die Vernetzung wird die notwendige Wasserunlöslichkeit der Austauscher bewirkt. Die vernetzten Kationenaustauscher haben den **Vorteil** der geringen Quellbarkeit. — 200 (g) einer 55%ig. Acrylsäure werden mit einer Lsg. von 15 Glycerin u. 50 Soda in 300 cm^3 W. allmählich versetzt. Nach beendeter CO_2-Entw. wird 1 g 3%ig. H_2O_2 zugesetzt. Nach kurzer Zeit erfolgt Polymerisation. Die M. wird getrocknet u. 4 Std. bei 200 bis 220° erhitzt. Das erhaltene Harz ist in W. unlösl. u. als Kationenaustauscher sehr gut geeignet. Es enthält ca. 15% austauschbares Natrium. (**D. P. [DDR] 2302** Kl. 12g vom 10/1. 1942, ausg. 3/1. 1953 [Wirtschaftspatent].) M. F. MÜLLER. 5827

Permutit Co., New York, N. Y., V. St. A., übert. von: **Bernard Abel Sard,** Osterley, England, *Regenerieren von Ionenaustauschern,* bes. von H^+-Austauschern. In einer Probe aus dem Ablauf aus dem Austauscher u. in einer 2. Probe aus einem Teil der Fl., die anschließend an den 1. Austauscher durch ein 2. Austauscherbett geführt wurde, werden die Leitfähigkeiten gemessen. Bei wesentlichem Unterschied beider Leitfähigkeitswerte wird die Austauschermasse regeneriert. — Vorrichtung. (**A. P. 2 628191** vom 18/2. 1948, ausg. 10/2. 1953. E. Prior. 29/10. 1946.) REICHELT. 5827

Fram Corp., Providence, Rhode-Island, V. St. A., *Trennen von Gemischen zweier Flüssigkeiten,* von denen die 1. sich in der 2., mit ihr nicht mischbaren Fl. in feinverteiltem Zustand dispergiert befindet, indem das Flüssigkeitsgemisch mit Hilfe von porösen Massen, die die feinen Teilchen der 1. Fl. mechan. agglomerieren, u. mittels poröser Wände, die nur für die 2. Fl. durchlässig sind sowie unter Benutzung ihrer verschied. spezif. Gewichte getrennt wird; z. B. kann so ein Flüssigkeitsgemisch aus einem fl. KW-stoff u. darin emulgiertem W. getrennt werden. — Vorrichtung. (**Schwz. P. 287 550** vom 11/3. 1949, ausg. 1/4. 1953.) DEMMLER. 5829

Spinnstoffabrik Zehlendorf Akt.-Ges. und **Zellwolle- und Kunstseide-Ring G. m. b. H.** (Erfinder: **Arnold Marschall,** Berlin), *Filtermaterial,* hergestellt aus Fasern in Form von Geweben, Gewirken, Vliesen, Watte oder watteähnlichen Packungen, gek. durch die Verwendung von Fasern, deren Oberfläche durch Aufbringen von Ndd., z. B. aus Lsgg. hochmol. Substanzen, wie z. B. Viscose- oder Celluloseacetatlsgg., verändert ist; außer den hochmol. Substanzen können auch unlösl. Füllstoffe, z. B. TiO_2, feinstgemahlene Cellulose, auf den Fasern niedergeschlagen werden. (**D. B. P. 883 597** Kl. 12d vom 23/8. 1944, ausg. 20/7. 1953. Anmeldung bekanntgemacht 23/10. 1952.) DEMMLER. 5831

Wilhelm Degen, Frankfurt/M., Deutschland, *Herstellung eines Filterkörpers* aus körnigem Material (z. B. Kunstharzkörner, Kies), indem man die Körner in lockerer Lagerung zu einem Packungskörper verformt u. dessen einzelne Körner unter Erhaltung ihrer gegenseitigen Lage u. der offenen Zwischenräume zwischen den Körnern miteinander verbindet, z. B. durch ein fl. Bindemittel, wobei das überschüssige Bindemittel durch Schleudern oder Rütteln des benetzten Packungskörpers entfernt werden kann. — Zeichnung. (**Schwz. P. 295 037** vom 29/3. 1951, ausg. 16/2. 1954. D. Prior. 16/3. 1949.) DEMMLER. 5831

General Electric Co. Ltd., London, übert. von: **Leonard Arthur Dauncey,** Wembley, Middlesex, England, *Verbesserungen beim Wachstum von Saatkristallen.* Man setzt in einen Kristallisationsapp. einen Kristall mit einer glatten Oberfläche so ein, daß er horizontal liegt. Dann bringt man auf diesem ersten einen zweiten Kristall so an, daß er parallel zu dessen Oberfläche zu liegen kommt u. so auch wachsen kann. Dazu nimmt man z. B. stabförmige Kristalle, die nur in einer Richtung zu wachsen vermögen, wie Äthylendiamintartrat. (**E. P. 702 526** vom 21/6. 1950, ausg. 20/1. 1954.) NEBELSIEK. 5869

General Electric Co. Ltd., London, übert. von: **Leonard Arthur Dauncey** und **John Errol Still,** Wembley, Middlesex, England, *Verbesserungen beim Wachsen von Saatkristallen.* Man bringt die Saatkristalle in einem bestimmten Temperaturbereich in eine entsprechende, übersätt. Lsg. u. variiert die Temp. so, daß die Lsg. stets in übersätt. Zustand bleibt, sich dabei aber nach u. nach Gelöstes auf den Kristallen ablagert. (**E. P. 707 978** vom 22/5. 1950, ausg. 28/4. 1954.) NEBELSIEK. 5869

Standard Oil Development Co., übert. von: **Gerald C. Connally,** Baltimore, Md., V. St. A., *Herstellung von SiO_2-Gel enthaltenden Tabletten* zur Polymerisation, Isomerisation, Reformierung, Oxydation, Veresterung, Dehydrierung, Hydrierung, katalyt. Spaltung. Kleine SiO_2-Gelteilchen werden mit einer 1—5%ig. Lsg. einer flüchtigen Stickstoffbase (NH_4OH) so lange behandelt, bis die Oberfläche erweicht. Hierauf wird das Gel zu Tabletten verpreßt. (**A. P. 2 618 615** vom 24/1. 1949, ausg. 18/11. 1952.) STEIL. 5905

James Frederick Young, Materials and processes; 2nd ed. New York: Wiley. 1954. (1087 S. m. Abb., Diagr.) $ 8,50.

III. Elektrotechnik.

Westinghouse Electric Corp., übert. von: **Hilary Bryan Willis** und **Paul E. Dupler,** Pittsburgh, Pa., V. St. A., *Dauernd plastisch bleibende Isoliermasse* als Füllmaterial für Verbindungsmuffen von elektr. Leitungen, bestehend aus 100 (Teilen) raffiniertem Tallöl, 25—80 in PAe. unlösl. Extrakt von Kiefernharzpech, einer Mischung von

30—80 Ca-, Ba-, Zn- oder Mg-Carbonat, 75—100 Talkum, Silicaaerogel oder Infusorienerde u. 100—300 festem, nichtporösem SiO_2. Das Mischungsverhältnis der drei Hauptbestandteile soll einem bestimmten Bereich eines Mengendiagramms (in Dreieckform) entsprechen. (**A. P. 2 647 063** vom 15/4. 1949, ausg. 28/7. 1953.) SALZMANN. 5957

Siemens & Halske Akt.-Ges., Berlin und München (Erfinder: **Paul Schupp** und **Paul Müllbauer**, Berlin-Siemensstadt), *Metallisierung von Isolierstoffen durch Metallaufdampfung oder Kathodenzerstäubung.* Die Metallisierung erfolgt bei höherem als normalerweise erforderlichem Druck, wobei durch vorhergehende oder gleichzeitige Aufdampfung oder Aufstäubung eines schwerer verdampfbaren Stoffes Kristallisationskeime auf dem Isolierstoff angebracht sind. Mit der Erhöhung des Druckes wird die Bedampfungsintensität des Keimstoffes so weit gesteigert, bis die Metallisierung des Isolierstoffes gütemäßig der bei dem üblichen niedrigen Druck erzeugten Metallisierung entspricht. Unter Bedampfungsintensität wird hierbei die Konz. des Metalldampfes in unmittelbarer Umgebung des zu metallisierenden Gegenstandes verstanden. Die Steigerung der Bedampfungsintensität kann z. B. durch Verringerung des Abstandes zwischen Dampfdüse u. Isolierstoff erzielt werden. (**D. B. P. 882 788** Kl. 48b vom 30/11. 1939, ausg. 13/7. 1953.) MARKHOFF. 5957

Société Pilex-Agon, Seine, Frankreich, *Trockenelement.* Als Separator dient eine aus Talkpulver, Kaltleim (bes. aus Kartoffelstärke) u. Elektrolyt hergestellte Paste, die bes. mit Überschuß an Fl. auf den trockenen Depolarisator aufgetragen wird. Durch die Paste werden ohne Erhöhung des inneren Widerstandes O_2, Verunreinigungen u. Depolarisatorteilchen am Wandern gehindert. — Als Separator dient zu einem papierartigen Blatt zusammengepreßte, mit einem in W. lösl. Leim gestärkte Baumwolle. Die Leimschicht kann Talkpulver u. Elektrolytsalze enthalten. (**F. PP. 1 023 732** u. **1 023 733** vom 24/8. 1950, ausg. 23/3. 1953.) B. SCHMIDT. 5971

S. E. T. (Société d'Exploitation Technique), Seine, Frankreich, *Alkalisches Element.* Als inerter u. fester Träger für die aus pulvrigem Ag u. Zn bzw. deren Verbb. bestehenden akt. Massen dient gelochtes Mg-Blech, das im Falle der positiven Elektrode mit Zn, Cu, Ni u. schließlich Ag nacheinander beschichtet wird. Zwischen den Elektroden liegt eine Schicht aus regenerierter Cellulose oder Cellophan, die als Elektrolyten eine wss. Lsg. von KOH oder $Zn(OK)_2$ aufnimmt. — Zeichnung. (**F. P. 1 035 940** vom 19/4. 1951, ausg. 1/9. 1953.) B. SCHMIDT. 5971

Firma C. Erfurth (Erfinder: **Willy Wernicke**), Berlin, *Batterie aus galvanischen Primärzellen.* Um die Elektrolytträger der einzelnen Zellen mit dem Elektrolyten zu versehen, wird die gesamte Batterie kurz in diesen getaucht, wobei jede Zelle eine genaue, bestimmte Menge von Elektrolyt mittels des oberhalb der Puppe befindlichen Raumes aufnimmt. Alle Kontaktleitungen dieser Zellen werden mit einer isolierenden Schicht versehen, damit beim Tauchvorgang eine Selbstentladung vermieden wird. An den Anzapfkontakten sind leicht entfernbare Schutzschichten vorgesehen. (**D.R.P. 764 715** Kl. 21b vom 4/7. 1941, ausg. 3/5. 1954. **Zusatz zu D. R. P. 747 169; C. 1947. 1399.**) LAASS. 5971

Siemens & Halske Akt.-Ges., Berlin und München (Erfinder: **Helmut Katz,** Buckenhof bei Erlangen), *Glühkathode.* Zur Herst. eines porösen W- oder Mo-Mantels, durch dessen Poren der Emissionsstoff zu der die Kathodenfläche bildenden Außenfläche hinwandert, wird das pulverförmige Grundmetall (**I**), z. B. W oder Mo, zusammen mit einem später von ihm trennbaren anderen hochschm. pulverförmigen Material (**II**) gemischt u. gesintert u. dann das **II** entfernt, bes. chem. herausgelöst. Als **II** dient prakt. ein Stoff, dessen Sintertemp. der des **I** ähnlich ist, z. B. Mo bei W als **I.** (**D. B. P. 857 101** Kl. 21g vom 30/11. 1950, ausg. 27/11. 1952.) KESSEL. 5975

C. Lorenz Akt.-Ges., Stuttgart (Erfinder: **Hans Mayer,** Esslingen), *Indirekt geheizte Glühkathode.* Die wss. Suspension der Isolationsmasse [z. B. Al_2O_3 u. $Al(NO_3)_3$] erhält einen Zusatz eines wasserlösl. Binde-, Stabilisierungs- u. Benetzungsmittels, bes. Methylcellulose. (**D. B. P. 869 512** Kl. 21g vom 25/3. 1951, ausg. 5/3. 1953.) KESSEL. 5975

Siemens-Reiniger-Werke Akt.-Ges., Erlangen (Erfinder: **Albert Lotz, Fritz Eckhardt** und **Walter Apel,** Berlin), *Leuchtschirme zum Nachweis von Ultrarotstrahlen.* Auf eine mit Cellulose-, Natur- oder Kunstharzlack überzogene, völlig trockene Glasplatte werden *Lenard*-Phosphore, wie CaSPb, CaSSb, CaSNi oder SrSBi, mittels eines Siebes aufgetragen, die Platte einige Zeit in ein geschlossenes Gefäß gebracht, das Lösungsmittel für die Lacke oder Harze enthält, u. an der Luft getrocknet. Die Leuchtschicht wird dann nochmals mit dem Lack überzogen. (**D. B. P. 896 592** Kl. 57b vom 31/3. 1944, ausg. 12/11. 1953.) KALIX. 5975

Drägerwerk, Heinrich & Bernhard Dräger, Lübeck, *Elektrolytkondensator.* Wickel- u. Vergußmasse sind durch eine Schicht aus faserigem oder körnigem Material (z. B. Schlackenwolle, körniges Kieselgel, Asbestfasern, Zellwatte, gekörntes Kolophonium) getrennt. (**D. B. P. 878 415** Kl. 21g vom 8/6. 1951, ausg. 1/6. 1953.) KESSEL. 5983

Theodor Baum, Nürnberg (Miterfinder: **Kurt Raithel,** Uffenreuth), *Verbesserung der Randschärfe von Metallbelägen für Kondensatoren.* Der Metallbelag wird auf Dielektriken, z. B. *Styroflex,* durch Aufdampfen im Vakuum unter Randabdeckung aufgebracht. Dann wird der unter der Randabdeckung entstandene, hohen Widerstand aufweisende Metallbelag entweder durch Behandlung mit die Metallschicht auflösenden schwachsauren oder alkal. Fll., z. B. einer Lsg. eines Salzes des Überzugsmetalls, aufgelöst oder aber durch Niederschlagen des Überzugsmetalls oder eines anderen Metalls aus einem mit bzw. ohne Verwendung einer äußeren Stromquelle arbeitenden Bad verstärkt. Bei Verwendung von *Cu* als Aufdampfmetall kann die Verstärkung in einer sauren Lsg. von $CuSO_4$ oder in einer Salzlsg. eines edleren Metalls, z. B. Ag, vorgenommen werden. (**D. B. P. 908 218** Kl. 48b vom 28/2. 1951, ausg. 1/4. 1954. Anmeldung bekanntgemacht 19/7. 1951.) VIER. 5983

A. King and V. H. Wentworth, Raw materials for electric cables. London: E. Benn. 1954. (384 S. m. Abb.) 42s.

IV. Wasser. Abwasser.

Jelena Djorić, *Analyse von Mineralwässern.* 1. Mitt. *Die Mineralwässer von Pećska und Sijarinska bagna.* Analysentabellen für 2 Proben aus Pećska bagna (Pecska Ilidja, P.b.) u. 6 Proben aus Sijarinska bagna (S.b.). Die Wässer aus P.b. enthalten in der Hauptsache Ca- u. Mg-$(HCO_3)_2$, während die aus S.b. durch $NaHCO_3$ gek. sind. Die Wässer aus S.b. sind sowohl hyper- (70°) wie hypothermal (21°). Hauptbestandteile: P.b.: N/1000 51,4, Ca 13,7, Mg 9,9, HCO_3^- 25,1. S.b.: N/1000 88,1—106,6, Na 38,9 bis 48,4, HCO_3^- 40,1—48,9. Nach der Menge der freien CO_2 werden 2 Gruppen unterschieden. Temp.: neben den obigen Extremwerten 32—47,5°. (Гласник Хемиског Друштва Београд [Ber. chem. Ges. Belgrad] **17.** 333—45. 1952. Belgrad, Chem. Inst. der Serb. Akad. der Wiss.) v. WILPERT. 6012

Marcel Pourbaix, *Graphische Darstellung der mit Kalk und Natriumcarbonat behandelten Wässer.* Vf. veranschaulicht in einem Diagramm die Gleichgewichtscharakteristiken von verd. wss., mit $Ca(OH)_2$, $Mg(OH)_2$ u./oder $CaCO_3$ bei 25° gesätt. Lösungen. Es wird der Gebrauch des angeführten Diagramms bei der Unters. folgender Fälle näher erläutert: Löslichkeit des $Ca(OH)_2$, Löslichkeit des $Mg(OH)_2$, Kalkwasser, Löslichkeit des $CaCO_3$, Aggressivität der Wässer, Wasserbehandlung mittels Kalk, Wasserbehandlung mittels Na_2CO_3. (Mém. Soc. roy. belge Ing. Industriels **1952.** Nr. 4. 17—27.) PISTOR. 6024

G. Knappich, *Chemisches, wasserseitiges Reinigungsverfahren von Dampferzeugern.* Reinigung zweier BABCOCK-Strahlungskessel des Kohlenbergwerks Peissenberg/Obb. mit Spezialmitteln: Beseitigung des Kesselsteins mit Steintod-HT, der Ölverschmutzungen mit Spezialnatron. Mehrmaliger Wechsel von saurer u. alkal. Behandlung in der Wärme ergab in insgesamt 60 Std. einen guten Reinigungserfolg. Die Chemikalienmengen u. Kosten werden angegeben. (Mitt. Vereinig. Grosskesselbesitzer **1954.** Nr. 28. 87—88. April.) A. RICHTER. 6030

John M. Fairall, *Statistische Qualitätsüberwachung bei der Abwasserbehandlung.* Beispiel für eine Betriebsüberwachung mit graph. Auswertung. (Sewage ind. Wastes **25.** 1282—88. Nov. 1953. Madison, Wis., State Board of Health.) MÜHLMEISTER. 6036

Raymond Manganelli, *Der Einfluß von Reinigungsmitteln beim Abwasser-Aufbereitungsprozeß. Ein Überblick.* (Vgl. C. **1953.** 2338.) (ASTM Bull. **1953.** 57—59. Sept. New Brunswick, N. J., Rutgers Univ., Exp. Stat.) BÖSS. 6036

C. A. Taylor und **H. N. Roberts,** *Sekundäre Behandlung von häuslichem Abwasser durch Oxydationsteiche in Lamesa, Texas.* Der Bevölkerungszuwachs erforderte eine sek. Behandlung des bis dahin nur in IMHOFF-Brunnen gereinigten u. verrieselten Abwassers. Diese erfolgte in 8 Teichen von zusammen 5,34 ha Oberfläche u. 1,52 m Tiefe, der Durchfluß dauerte im Mittel 37½ Tage. Dadurch sinkt der BSB auf durchschnittlich 35 mg/Liter, entsprechend einem Rückgang von 91,6% des Rohwassers u. 84,5% des IMHOFF-Abflusses. Die abgesetzten Feststoffe nehmen zu durch starkes Algenwachstum, so daß nach je 9 Monaten ein Teich nach Austrocknen mit Bulldozer geräumt werden muß. Geruchsbelästigung ist gering. 2840 m^3 Abflut/Tag werden in einen

Park versprüht. (Southwest Water Works J. **35.** Nr. 10. 4—6. Jan. 1954. Lubbock, Tex., H. N Roberts & Assoc.) MÜHLMEISTER. 6040

R. W. Simpson und **J. J. Samsel,** *Beseitigung von Cyaniden und Eisen in einer Anlage mit kleinen Ansätzen.* In einer Textilmaschinenfabrik wird der Tagesanfall an Abschreck- u. Spülwässern der Cyanidhärtung u. die Fe- u. PO_4-haltigen W. der Parkerisierung in einem von 2 Wechsel-Holzbottichen gesammelt u. bei mit Na_2CO_3 eingestelltem p_H 8,5 mit der 8fachen Menge $Ca(OCl)_2$, bezogen auf Cyanid, gut gemischt zu NH_3 u. CO_2 umgesetzt, die klare Lsg. nach 8 Std. dekantiert, der Schlamm getrocknet. Sechswertiges Cr wird vorher bei mit H_2SO_4 eingestelltem p_H 2 mit $Na_2S_2O_5$ zu dreiwertigem red. u. nach Zusatz von NaOH bis p_H 8,5 mit den anderen Abwässern vereinigt. Bei sorgfältiger Überwachung werden 98,5% CN u. 91,6 Fe entfernt. (Wastes Engng. **25.** 168—70. April 1954. Gilbert Assoc. Inc.) MÜHLMEISTER. 6042

A. Pasveer, *Forschung über Belebtschlamm.* 1. Mitt. *Untersuchung der Wasserbelüftung.* Theoret./mathemat. findet Vf., daß sich bei Belüftung reinen W. eine monomol., mit O_2 gesätt. Schicht bildet, von der durch Diffusion das Gas in die tieferen Schichten wandert. Diese ist proportional der Quadratwurzel der Belüftungszeit, verläuft bei kurzer Belüftung sehr rasch, erreicht ihren Höchstwert im Augenblick der Bldg. einer Grenzfläche (**I**) u. sinkt dann schnell ab. Die für die Belüftung angewandte Energie sollte daher auf die Bldg. einer neuen **I** gelenkt werden. Bei bewegtem W. kann die O_2-Absorption nicht berechnet, sondern nur durch Verss. bestimmt werden. Die Formel von ADENEY u. BECKER (Sci. Proc. Roy. Dublin Soc. **15.** [1919.] 31. 385. 44. 609. u. **16.** [1920.] 13. 143) ist unkorrekt. (Sewage ind. Wastes **25.** 1253—58. Nov. 1953. Den Haag, Niederlande, Nat. Gesundh. Forschungsrat.) MÜHLMEISTER. 6048

J. Leick, *Verwendung der Kationenaustauscher bei der Wasser- und Kesselsteinanalyse.* Es wurde die Brauchbarkeit von Kationenaustauscherharzen (bes. *Permutit RS*) zur Analyse von Kesselsteinaufschlüssen u. von Kondensaten untersucht. Als Vergleichslsgg. dienten synthet. u. natürlich vorkommende Wässer verschied. Salzgehalte. Die Einflüsse der Konz. der Wässer, der Filtrationsgeschwindigkeiten, der Körnung des Harzes, der Filterabmessungen u. der Harz- sowie Regeneriermittelmenge wurden festgelegt, die Brauchbarkeit verschied. Indicatoren für die Titration der ablaufenden Säuren diskutiert u. Analysenvorschriften zur Ausführung von Kesselstein- u. Kondensatanalysen gegeben. — Tabellen u. Zahlenwerte. (Mitt. Vereinig. Grosskesselbesitzer **1954.** Nr. 28. 67—74. April. Düsseldorf; Köln, Inst. für Wassertechnol. im TÜV.) R. BÖHM. 6056

V. Anorganische Industrie.

A. V. Slack, H. Y. Allgood und **Harold E. Maune,** *Betriebsprobleme bei der Ammoniaksynthese.* An einem Fließschema wird die 1941—42 in Muscle Shoale, Ala., errichtete HABER-BOSCH-Anlage beschrieben, die 1951 von Kokshalbwassergas auf Naturgas umgestellt wurde. Die nach 8½ Jahren im Kontakt angereicherten Mengen an Cl, P, S u. Cu u. die aufgetretenen Korrosionen u. Materialbrüche sind angegeben. — 7 Literaturzitate. — Diskussion. (Chem. Engng. Progr. **49.** 393—403. Aug. 1953. Wilson Dam, Ala., Tennessee Valley Auth.) H. ECKHARD. H 243

C. H. Gorski, *Die Herstellung von Titantetrachlorid aus Rutil.* Durch Red. von Rutil mit Koks bei Tempp. von 1100—1400° wird ein Gemisch aus Ti-Suboxyden u. zu einem geringeren Betrage aus Ti-Carbid gebildet. Dieses Gemisch wird sodann bei Tempp. von 200—500° zur Bldg. von Roh-$TiCl_4$ chloriert, welches durch Dest. u. Behandlung mit Cu-Pulver u. Rückdest. gereinigt wird. Das so erhaltene $TiCl_4$ ist mindestens ebenso rein wie das bisher handelsübliche $TiCl_4$. Etwa 90% von dem im Rutil vorhandenen Ti kann durch das Verf. gewonnen werden. Der Hauptvorteil des Verf. liegt in den niedrigen Chlorierungstempp. von 200—500°. Auch ist das gewonnene $TiCl_4$ frei von Si, wodurch die Reinigung leichter durchführbar ist. — Schrifttumsangaben. (J. Metals **191.** 131—33. Febr. 1951. Rolla, Mo., U. S. Bur. of Mines.) HOCHSTEIN. H 321

Juraj Kulčar, *Über die Untersuchung von Bleicherden. Die Montmorillonit-Tone von Bednja (Kroatien).* 5 kroat. Tone wurden nach Aktivierung durch 6—8std. Erhitzen mit 20%ig. H_2SO_4 auf ihre Eignung als Bleicherden geprüft. Es wurden ausgeführt: chem. u. Dispersionsanalyse, Best. des Sandgeh., des Quellungsvermögens u. des Basenaustauschvermögens, Benzidintest u. röntgenograph. Untersuchungen. Das an einem Schmieröl geprüfte Entfärbungsvermögen betrug bis zu 82% desjenigen einer zum Vgl. herangezogenen deutschen Bleicherde (*Tonsil Optimum*). Waschen mit hartem

W. setzt die Aktivität nicht herab. — Für die Aktivierung verwendete H_2SO_4 kann wiederverwendet werden, wenn sie auf eine Konz. von 20% gebracht wird. (Nafta [Zagreb] **4.** 285—98. Sept. 1953. Zagreb, Inst. za naftu.) BECKMANN. 6156

E. I. du Pont de Nemours & Co., Wilmington, Del., V. St. A., *Herstellung von Wasserstoffsuperoxyd* durch Red. eines alkylierten Anthrachinons u. Oxydation des entstandenen Anthrahydrochinons zwecks Bldg. von H_2O_2 u. Regeneration des Anthrachinons, wobei als alkyliertes Anthrachinon ein 2-tert.-Butylanthrachinon benutzt wird, gelöst z. B. in einer Mischung von 25—75 Vol.-% eines prim. oder sek. Nonylalkohols u. 75—25 Vol.-% eines Mono- oder Dimethylnaphthalins. (**E. P. 686 572** vom 26/10. 1950, ausg. 28/1. 1953. A. Prior. 5/11. 1949.) DEMMLER. H 241

Imperial Chemical Industries Ltd., London, England, *Herstellung von Wasserstoffsuperoxyd* durch wechselnde Red. u. Oxydation eines in einem organ. Lösungsm. gelösten Anthrachinonderiv., indem nach Extraktion der Hauptmenge des H_2O_2 aus dem Lösungsm. mit W. das restliche H_2O_2 mittels einer wss. Phase, deren $p_H > 10$ gewählt werden kann, ausgewaschen, die Suspension von wss. Phase u. organ. Lösungsm. in einem Separator getrennt, die wss. Phase nach Zers. an einem festen, z. B. aus gekörntem Al_2O_3 u. Ag, Pt, Fe, Cu oder Ni bestehenden Katalysator in das Auswaschgefäß u. das organ. Lösungsm. in den Prozeß zurückgeführt wird. — Zeichnung. (**E. P. 700 864** vom 2/2. 1951, ausg. 9/12. 1953.) DEMMLER. H 241

Alfred M. Thomsen, San Francisco, Calif., V. St. A., *Gewinnung von* $(NH_4)_2SO_4$ durch Rösten von Erzen, die die Sulfide des Fe, Zn u. Cu enthalten, bei solchen Tempp., daß fast die Hälfte des Cu-Zn-Geh. in dem calcinierten Prod. als wasserlösl. Sulfat vorliegt. Nach dem Auslaugen erhält man einen Rückstand (I) u. in Lsg. die Sulfate des Fe, Zn u. Cu. Man oxydiert die Lsg. u. fällt Fe als $Fe(OH)_3$ aus, danach Cu als CuS, trennt auch dieses ab u. hebt die Restlsg. (II), die noch Zn u. $(NH_4)_2SO_4$ enthält, auf. Dann röstet man I so hoch, daß die restlichen Sulfide oxydiert werden, u. mischt das Prod. mit CO_2-haltigem NH_4OH, um Zn u. Cu in Lsg. zu bringen. Aus dieser Lsg. holt man zuerst Cu als CuS heraus; dann vereinigt man den Rückstand mit II. Nach dem Ausfällen des Zn als $ZnCO_3$ leitet man in die $(NH_4)_2SO_4$-Lsg. NH_3-haltige Abgase aus dem Röstprozeß u. trennt anfallenden elementaren S ab. Aus der verbleibenden $(NH_4)_2SO_4$-Lsg. fällt man die letzten Spuren des Zn als ZnS u. arbeitet die nunmehr reine Lsg. in bekannter Weise auf $(NH_4)_2SO_4$ auf. (**A. P. 2 662 811** vom 12/2. 1951, ausg. 15/12. 1953.) NEBELSIEK. H 243

Phillips Petroleum Co., übert. von: **Sam T. Robinson,** Bartlesville, Okla., V. St. A., *Gewinnung von* $(NH_4)_2SO_4$ *und CaO.* Einen eingedickten, wss. $CaSO_4$-Schlamm filtriert man u. wäscht mit 120° F heißem W. nach. Dann mischt man diesen Filterkuchen mit einer $CaSO_4$–$CaCO_3$-Dispersion u. dickt abermals ein, so daß ein Schlamm entsteht. Diesen läßt man unterhalb 100° F mit $(NH_4)_2CO_3$ reagieren, filtriert u. neutralisiert die $(NH_4)_2SO_4$-haltige Lsg. mit verd. H_2SO_4, wobei auch restliches Carbonat, Bicarbonat u. Carbamat zu $(NH_4)_2SO_4$ umgesetzt werden. Aus der Lsg. gewinnt man durch Kristallisation $(NH_4)_2SO_4$. — Den Rückstand der zuvor erhaltenen $(NH_4)_2SO_4$-Lsg. arbeitet man auf CaO auf. (**A. P. 2 656 247** vom 19/9. 1949, ausg. 20/10. 1953.) NEBELSIEK. H 243

Phillips Petroleum Co., übert. von: **Sam T. Robinson,** Bartlesville, Okla., V. St. A., *Gewinnung von* $(NH_4)_2SO_4$ *und* $CaCO_3$. Man läßt einen wss. $CaSO_4$-Schlamm u. wss. $(NH_4)_2CO_3$-Lsg. in Ggw. einer kleinen Menge $NH_4 \cdot HCO_3$ in 3 Stufen reagieren. In der 1. Stufe läßt man das Reaktionsgemisch bei 40—45° ca. 2—5 Min. verweilen, wobei sich ein p_H von 6—8 einstellt. In der 2. Stufe setzt man bei 38—42° $NH_4 \cdot OH$ zu u. hält hier das Gemisch ca. 10—20 Min., u. in der 3. Stufe hält man das Gemisch bei 36—40° ca. 30—90 Min. unter weiterer Zufuhr von $NH_4 \cdot OH$, so daß sich ein p_H von 9—10 einstellt. Das ausgefällte $CaCO_3$ trennt man von der $(NH_4)_2SO_4$-Lsg., die man aufarbeitet. (**A. P. 2 640 757** vom 23/9. 1949, ausg. 2/6. 1953.) NEBELSIEK. H 243

Dow Chemical Co. (Erfinder: **Clade W. Davis, Forrest A. Ehlers** und **Roger G. Ellis**), Midland, Mich., V. St. A., *Herstellung von Chlor nach dem DEACON-Prozeß*, bei der ein gasförmiges Gemisch von HCl u. einem O_2-haltigen Gas durch eine Packung einer körnigen Kontaktmasse geführt wird, die aus einem porösen inerten Träger besteht, auf dem eine katalyt. Metallverb. niedergeschlagen ist, die bei einer zwischen 400 u. 600° liegenden Reaktionstemp. sich verflüchtigen kann (z. B. $CuCl_2$), dad. gek., daß die Reaktionsgase durch die Kontaktmasse mit einer Geschwindigkeit hindurchtreten, die ausreichend ist, um letztere in einen Schwebezustand überzuführen, u. daß die Austrittsgase der Rk. abgekühlt werden, um einen Teil des Wasserdampfes u. des HCl, die darin enthalten sind, zusammen mit den Dämpfen der Metallverb. zu kondensieren u. dabei eine wss., saure Lsg. der Metallverb. zu bilden, worauf diese Lsg.

auf die im Schwebezustand befindliche Kontaktmasse zurückgeführt wird. — Abbildung. (**D. B. P. 887 803** Kl. 12i vom 19/1. 1951, ausg. 27/8. 1953. Anmeldung bekanntgemacht 20/11. 1952.) SCHREINER. H 247

North Thames Gas Board, London, England, *Gewinnung von reinem Ammonsulfat und eisenoxydhaltigem, für die Gasreinigung verwendbarem Material* aus NH_3-haltigen Laugen, indem man diesen $FeSO_4 \cdot 7 H_2O$ in fester oder aufgeschlämmter Form in solcher Menge zufügt, daß das freie u. gebundene NH_3 10 Gew.-% Überschuß der zur Umsetzung des $FeSO_4 \cdot 7 H_2O$ theoret. erforderlichen NH_3-Menge beträgt, den Nd. entfernt, das Filtrat mit 15% der ursprünglich verwendeten Ammoniaklauge erneut versetzt u. wieder den Nd. entfernt. (**E. P. 704 690** vom 9/7. 1951, ausg. 24/2. 1954.) DEMMLER. H 253

Gebr. Borchers Akt.-Ges. Chemische Fabrik, Goslar (Erfinder: **Hermann Reisener,** Oker), *Herstellung von Ammoniumpolysulfidlösungen bzw. Polysulfidverbindungen organischer Derivate des Ammoniaks,* dad. gek., daß man S bei erhöhtem Druck u. erhöhter Temp. ohne oder in Ggw. eines Katalysators auf NH_3 bzw. organ. Derivv. desselben, wie Methylamin, Diäthylamin, Trimethylamin, in geeigneten Lösungsmitteln, wie W., Alkoholen, Bzl. usw., einwirken läßt. Als Katalysatoren wendet man Halogene oder Halogenschwefelverbb., wie S_2Cl_2 u. a., an. (**D. B. P. 891 389** Kl. 12i vom 17/8. 1951, ausg. 8/6. 1954. Anmeldung bekanntgemacht 31/12. 1952.) ZÜRN. H 253

N. V. Hollandsche Kunstzijde Industrie (Erfinder: **Herman Leendert van Nouhuys**), Breda, Holland, *Regenerieren von A-Kohle, die mit Schwefelsäure und Schwefel verunreinigt ist.* Man behandelt mit schwach alkal. Lsgg., z. B. von $NaHCO_3$, deren Alkaligeh. den zur Neutralisation der vorhandenen H_2SO_4 erforderlichen beträchtlich übersteigt, u. trocknet in Ggw. der nach Entfernung der überschüssigen Fl. anhaftenden Reste, das heißt ohne Auswaschen. Vor der Behandlung kann man einen Teil der H_2SO_4 mit W. auswaschen. Man kann auch zuerst mit verd. alkal. Lsg. u. dann ohne Auswaschen mit einer konzentrierteren behandeln. Der S wird oxydiert u. an Alkali gebunden. (**D. B. P. 906 216** Kl. 12i vom 22/10. 1948, ausg. 11/3. 1954. Holl. Prior. 6/10. 1947.) ZÜRN. H 260

Böhme Fettchemie G. m. b. H., Düsseldorf (Erfinder: **Wilhelm Petersen,** Aachen, und **Kurt Burgdorf,** Offenbach), *Schwimmaufbereitung von polaren Nichterzen, z. B. Kieserit.* Sammlerschäumer, wie capillarakt. KW-stoffsulfonsäuren oder Schwefelsäureester bzw. ihre Salze oder Fettsäuren, werden zusammen mit aliphat. KW-stoffen oder Halogen-KW-stoffen mittleren Mol.-Gew. angewandt. Man verwendet z. B. Alkylsulfonsäure, Salze (*Mersolate*) mit geringeren Mengen, z. B. 1—40% gesätt. oder ungesätt. aliphat. KW-stoffen (Paraffin, Olefin) oder Halogen-KW-stoffen (Mono- oder Dichlorparaffin) u. erreicht ein höher-%ig. Konzentrat u. ein höheres Ausbringen. — Tabellen. (**D. B. P. 906 321** Kl. 1c vom 25/3. 1942, ausg. 11/3. 1954. Anmeldung bekanntgemacht 11/9. 1952.) W. HAUSWALD. H 282

Ministry of Supply, London, England, *Gewinnung von Urantetrafluorid* durch Erhitzen von UO_2 oder U_3O_8 mit wss. HF in Ggw. eines Reduktionsmittels, z. B. $SnCl_2$. (**E. P. 704 601** vom 5/12. 1941, ausg. 24/2. 1954.) NEBELSIEK. H 339

VI. Silicatchemie. Baustoffe.

B. A. Lamm, W. N. Kudrjaschowa und **A. W. Uschanowa,** *Anreicherung von Quarzsanden für die Schmelze von hochwertigem Glas.* Bericht über Reinigung von Sanden (aus 3 Lagerstätten), die einen geringen Geh. an schweren Fraktionen (0,01—0,04%) aufwiesen. Es ergab sich, daß Sande mit höherem (0,04—0,07%) Geh. an Fe_2O_3 (I) am besten durch Flotation gereinigt werden: 200 g Sand, 100 ml W. u. ein Aktivierungsreagens (Fettsäuren oder deren Seifen, 1 kg/t Sand) 5 Min. mechan. rühren (1480 Umdrehungen/Min.). Es wurden 30—67% I entfernt. Bei geringerer Verunreinigung (0,02—0,03% I) empfiehlt sich die elektromagnet. Scheidung. Bei einer Leistung von 0,5—1,0 t/Std. konnten bis zu 53,5% I entfernt wetden. (Легкая Промышленность [Leicht-Ind.] **11.** Nr. 7. 23—24. Juli 1951.) v. WILPERT. 6170

Georg Helm, *Herstellung von Glashohlbausteinen.* 1. u. 2. Mitt. Vf. beschreibt auf Grund von Patentschriften eine Anzahl von Verff. zur Herst. von Glashohlbausteinen (I), bes. die maschinellen Einrichtungen dazu. Die I werden meist als Teile (formgleich oder Napfform mit Deckel) hergestellt u. dann durch Erhitzen verschmolzen bzw. durch aufgeschmolzene Metalle oder organ. Klebemittel (Harze oder Kunstharze) verkittet. Herst. durch Blasen des Hohlsteines bedingt den Verschluß der Blasöffnung durch einen Pfropfen aus Glas, Gips oder anderem Material, der ebenfalls eingekittet oder eingeschmolzen wird. Durch Schleuderguß lassen sich I herstellen, die weder Nut noch

Blasöffnung haben, sich also für Bauzwecke bes. gut eignen. (Glas-Email-Keramo-Techn. **4.** 285—90. Aug. 333—38. Sept. 1953.) KÜHNERT. 6180

M. R. Ssawitzki, *Einige Angaben über die Eigenschaften von Fensterglas.* Im Hinblick auf die Neufassung der „GOST"-Normen (Allunions-Standard) für Fensterglas wurden verschied. Fenstergläser auf ihre Fehler untersucht. In den weitaus meisten Gläsern lag die Zahl der Luftblasen unter 10/m². Ihre Größe betrug in den meisten Fällen bis zu 6 mm, die Größe der Alkaliblasen 2—4 mm, die der Fremdeinschlüsse bis zu 2 mm. Es wird vorgeschlagen, die Alkaliblasen nicht nur für die 3., sondern auch für die 2. Sorte bei einer Größe von 2—4 mm zuzulassen. Die durch den jetzt gültigen Standard zugelassenen Blasenzahlen (2—3/0,1 m² u. höchstens 15/1 m²) werden als unbegründet abgelehnt. (Стекло и Керамика [Glas u. Keram.] **10.** Nr. 7. 28—30. Juli 1953.) v. WILPERT. 6200

M. Krishna Murthy und **F. A. Hummel,** *Phasengleichgewichte im System Lithiummetasilicat-β-Eukryptit.* Da in dem tern. Syst. Li_2O–Al_2O_3–SiO_2 das Teilgebiet zwischen Li-Metasilicat u. β-Eukryptit noch unbekannt war, wurden, ausgehend von stöchiometr. Gemischen mit variablem %-Geh. der beiden Komponenten, aus Li_2CO_3, Al_2O_3 u. SiO_2 bei Tempp. zwischen 1300 u. 1500° Schmelzen hergestellt u. diese nach dem Abschrecken röntgenograph. u. mkr.-petrograph. untersucht. $Li_2O \cdot SiO_2$ krist. in gut ausgebildeten einachsigen, positiven Prismen mit paralleler Auslöschung, $\varepsilon_{Na} = 1{,}590$, $\omega_{Na} = 1{,}610$, F. $1201 \pm 2°$. Der hexagonal negative β-Eukryptit besitzt die gleiche Struktur wie Hochtemperaturquarz. Das Phasendiagramm ergibt ein einfaches bin. Syst. mit einem Eutektikum bei 1070°, das 57% Eukryptit enthält. (J. Amer. ceram. Soc. **37.** 14—17. Jan. 1954. Pennsylvania State Coll., Div. Ceram.) HENTSCHEL. 6206

L. Je. Kruschel, *Über Rohstoffe zur Herstellung keramischer Röhren.* Es werden die technol. Eigg. verschied. in der Sowjetunion vorhandener Tone im Hinblick auf Möglichkeiten der Herst. keram. Röhren aus ihnen besprochen. (Стекло и Керамика [Glas u. Keram.] **10.** Nr. 10. 11—13. Okt. 1953.) E. v. PEZOLD. 6208

H. Häffner und **A. Pawletta,** *Bleilässigkeit von Aufglasurdekoren.* Vff. weisen darauf hin, daß Pb bei Einzelgaben nur sehr wenig giftig, laufende Aufnahme von 1—2 mg aber bei monatelanger Dauer gefährlich ist. Sie führen Dauerverss. an Glasuren durch, bei denen sie die Auslaugung durch 4%ig. CH_3COOH bis zur Erschöpfung mit jeweils 24std. Erneuerung der Säure wiederholen. An Kurven zeigen sie, daß die Erschöpfung des Pb-Geh. rasch u. vollständig vor sich geht. Danach sind sie der Meinung, daß das Pb- u. Zn-Gesetz über den Rahmen dessen hinausgeht, was einerseits billigerweise von der Industrie gefordert werden kann, andererseits den hygien. Notwendigkeiten entspricht. Sie schlagen vor, eine Pb-Abgabe in Höhe von 3 mg pro 100 cm² Innenoberfläche nach 24std. Stehen mit 4%ig. CH_3COOH zu tolerieren. (Ber. dtsch. keram. Ges. e. V. **30.** 179—85. Aug. 1953.) KÜHNERT. 6212

Richard Aldinger, *Das Grundemail beim Emaillieren von Stahlblech.* Überblick über die Anforderungen, die an ein Grundemail zu stellen sind, u. Angaben über einige erprobte Grundemailversätze. (Glas-Email-Keramo-Techn. **4.** 212—14. Juni 1953. Blaubeuren.) MARKHOFF. 6212

J. C. Kyonka und **R. L. Cook,** *Die Wirkung von Flußmitteln auf dichtgebranntes Geschirrporzellan.* Vff. untersuchen Bruchfestigkeit, Porosität, Schwindung u. therm. Ausdehnung für Geschirrporzellane, die bei 1180—1320° unter Zusatz von Schlämmkreide, Talkum oder Magnesit als Flußmittel gebrannt wurden. Sie geben die Zus. für eine Reihe untersuchter Porzellane, die Prüfmethoden, die Führung des Brandes u. die Ergebnisse der vorgenommenen Röntgenanalyse, woraus zu folgern ist, daß sich Na–K-Feldspat (I) durch K-Feldspat (II) ersetzen läßt, ohne daß sich wesentliche Unterschiede in der Höhe der notwendigen Brenntemp. ergeben. Die linearen therm. Ausdehnungskoeffizienten sind bei I höher als bei II. Bei festem Feldspatgeh. red. sich die Brenntempp. durch Zugabe der genannten Flußmittel, dabei erweisen sich die MgO-haltigen Mittel als wirksamer als die CaO-haltigen. Sie fördern die Bldg. von Cristobalit, dessen Menge ausreicht, um eine größere Widerstandsfähigkeit gegen Reißen zu geben, weil die Kompression der Glasur hinzukommt. Die verringerte Widerstandsfähigkeit gegen Reißen durch rasche Abkühlung dürfte für die wirtschaftliche Brauchbarkeit nicht ins Gewicht fallen. (Amer. ceram. Soc. Bull. **32.** 233—38. 15/7. 1953.) KÜHNERT. 6214

J. O. Everhart und **R. R. van der Beck jr.,** *Thermische Differentialanalyse als Mittel, das Verhalten geformter Tonkörper beim Brennen vorherzusagen.* Die Unters. des Verh. eines Materials bei einer sorgfältig therm. kontrollierten Aufheizung gibt eine sichere Erkenntnismöglichkeit des Typus vorliegender Tonproben, bes. läßt sich durch die auftretenden Reaktionserscheinungen die Anwesenheit von organ. C sowie Pyrit- (S)- u. Kalk-(CO_2)-Verbb. erkennen u. sogar quantitativ abschätzen. An Hand von Diagrammen geben Vff. eine Anzahl von Beispielen derartiger Analysen, aus denen die Aufeinanderfolge exotherm. u. endotherm. Rkk. in dem Versuchsgut hervorgeht. Verschied. Arten der enthaltenen Kohle bedingen Abweichungen der Kurven. Bei der Unters. des S-Geh. zeigt sich, daß $CaSO_4$ keine meßbaren therm. Rkk. ergibt, hingegen FeS_2 sich deutlich anzeigt. $CaCO_3 \cdot MgCO_3$ zeigt definierte endotherm. Rkk. bei 1400—1500° F (= 760—820° C). Diese Analysen geben also die Möglichkeit, eine rasche Bewertung eines vorgelegten Materials vorzunehmen, können aber die Analyse u. Erprobung nicht ersetzen. (Amer. ceram. Soc. Bull. **32.** 239—41. 15/7. 1953.) KÜHNERT. 6216

W. M. Mosskwin und **I. A. Jakub,** *Einfluß der Verschalung auf die Eigenschaften der Oberflächenschichten des Betons.* Verss. ergaben, daß der äußere Schutz von Betonkonstruktionen durch eine Verschalung nur dann wirksam ist, wenn diese nicht elast. ist, da sie sonst (unter Voraussetzung ihrer Wasserundurchlässigkeit) bei gegebenenfalls auftretenden Vibrationen wie eine Pumpe wirkt u. das im Beton enthaltene W. in die Oberflächenschichten aus dem Inneren hineinzieht, so daß bei Frost u. ähnlichen Fällen die Zerstörung des Betonbaus dadurch gerade begünstigt wird. Es empfiehlt sich daher, nur unelast. Verschalungen oder Puzzolanportlandzemente zu verwenden, die das W. sehr stark zurückhalten. Ferner wird empfohlen, durch Unterdruck das leicht austretende W. gleich anfangs zum Austreten zu bringen u. zu entfernen, die Betonoberfläche mit Fluaten oder H_2SiF_6-Lsgg. schützend zu bedecken oder eine wasseraufsaugende Verschalung anzubringen. (Гидротехническое Строительство [Hydro-techn. Bau] **20.** Nr. 6. 28/32. Juni 1951.) v. WILPERT. 6224

K. Keil, Quedlinburg, *Abdichten und Versteifen von Bodenarten,* wie Lehm oder Ton, sowie von gröberen Bodenarten unter Verwendung von Wasserglas u. Na_2CO_3 als Bindemittel. Bei Vorliegen von nichtbindenden oder stark durchlässigen Bodenarten werden hydratisierende, die Dichtigkeit u. Elastizität erhöhende anorgan. Stoffe, welche Tonmineralien enthalten, zugesetzt, z. B. Tonmehl oder naturfeuchter Ton. Die Stoffe werden zu einer breiartigen M. unter Zusatz von W. verrührt u. als Auftragsschicht verwendet. Es findet in kurzer Zeit eine Versteifung u. Abdichtung statt. — Ein Gemisch von 100 (kg) Sand u. 25 Tonmehl wird mit 15 Gew.-% Wasserglas gemischt u. mit W. zu einer breiigen M. verrührt. Die fertige M. wird unmittelbar in beliebiger Stärke aufgebracht, wonach sie sofort versteift. (**D. P.** [**DDR**] **2 929** Kl. 84c vom 13/9. 1950, ausg. 19/6. 1953 [Wirtschaftspatent].) M. F. MÜLLER. 6161

Österreichisch-Amerikanische Magnesit Akt.-Ges. bzw. **General Refractories Co.,** Philadelphia, Pa., V. St. A. (Erfinder: **Paul Lanser** und **Norbert Skalla**), Radenthein, Kärnten, Österreich, *Herstellung von feuerfesten Steinen oder Stampfmassen durch Schmelzen von Magnesia und Chromit.* Eine Mischung aus mindestens 65 (%) MgO, vorzugsweise aus 80—90 Sintermagnesia (Körnung 0—15 mm oder 3—15 mm) u. 35, vorzugsweise 10—20 Chromit (Körnung < 1 mm, möglichst < 0,5 mm) wird elektr., z. B. in einem HORRY-Ofen, niedergeschmolzen. Das eigentliche Schmelzprod. wird von der gebildeten ungeschmolzenen Kruste abgetrennt, gebrochen u. zermahlen. Durch Auswahl entsprechender Korngrößen können in üblicher Weise feuerfeste Steine, Stampfmassen oder Auskleidungsmassen hergestellt werden. Die Steine können in gebranntem oder auch in ungebranntem Zustand vermauert werden. Sie zeigen bei vielen Abschreckungsunterss. keine Rißbildung. (**Oe. P. 177 108** vom 20/1. 1951, ausg. 25/12. 1953. **A. P. 2 636 827** vom 16/2. 1952, ausg. 28/4. 1953. Oe. Prior. 20/1. 1951.) BEWERSDORF. 6219

Soc. d'Application de la Céramique à l'Industrie, Seine, Frankreich, *Herstellung sehr harter keramischer Körper* aus ca. 84 (Gew.-%) Al_2O_3, 10 Kaolin, 3 Flußspat, 2 BaF_2 u. 1 MgO. Es können aber auch noch Cr_2O_3, Ca-Aluminate, BaO, Talkum oder Steatit eingemischt werden. — Z. B. vermischt man fein zerkleinert 50 Al_2O_3, 30 Cr_2O_3, 10 Kaolin, 4 Tricalciumaluminat, 3 BaF_2 u. 3 Talk mit einem Überschuß von W. innig. Es werden Körper geformt, die bei 1410° in oxydierender Atmosphäre gebrannt werden. Die Körper weisen eine Härte 9 der MOHSschen Skala u. eine sehr gute Abschleiffestigkeit auf, so daß z. B. auf diese Weise Teile von Gesteinsbrecheranlagen hergestellt werden können. (**F. P. 1 035 259** vom 10/4. 1951, ausg. 20/8. 1953.) BEWERSDORF. 6221

Telefunken Gesellschaft für drahtlose Telegraphie m. b. H. (Erfinder: **Hans Pulfrich** und **Erwin Fleischer**), Berlin, *Gebrannte Keramikkörper für elektrische Entladungsgefäße.* Das Porenvol. beträgt 1—10% des Körpervol., der lineare Brennschwund höchstens $^1/_3$%. Zur Herst. werden 40—55 (Gewichtsteile) gemahlener Speckstein (beim Brennen schwindender Bestandteil), 40—55 Quarzitmehl (beim Brennen treibender Bestandteil) u. 5—20 gemahlenes Kaolin, MgO, Al_2O_3, Feldspat, ZrO_2 oder andere verfestigende Bestandteile gemischt, mit 5—10 organ. Bindemittel (Stanzöl, Wachs, Zuckerlsg., bes. Paraffin) angerührt u. der daraus hergestellte Formkörper bei 1300—1400° gebrannt. (**D. B. P. 889 953** Kl. 21g vom 10/4. 1945, ausg. 14/9. 1953.) KESSEL. 6221

Metallgesellschaft Akt.-Ges., Frankfurt/M. (Erfinder: **Kurt Meyer** und **Helmut Wendeborn**), *Herstellung von Portlandzement aus kohlenstoffhaltigen Abfallstoffen mit höherem Tonerdegehalt*, wie Waschberge aus der Kohleaufbereitung. Die Waschberge wiesen folgende Zus. auf: SiO_2 44,05 (%), Al_2O_3 19,96, Fe_2O_3 3,99, CaO 1,18, Gesamt-S 8,84, Glühverlust 25,05, Heizwert ca. 2000 cal. Sie werden im Verhältnis 1 : 2,7 mit Kalkstein bis auf einen Rest von 7 % Rückstand auf dem Sieb 4900 Maschen gemeinsam vermahlen u. zu Portlandzement nach dem Saugzugverf. gesintert. Es werden bereits ca. 500 cal durch die Abfallstoffe mitgebracht, so daß zusätzlich nur noch ca. 700 cal erforderlich sind. (**D. P.** [**DDR**] **2 379** Kl. 80b vom 25/5. 1950, ausg. 22/1. 1953 [Ausschließungspatent].) BEWERSDORF. 6223

Pierre Marie Antoine Joseph Fouilloux, Seine, Frankreich, *Herstellung von Mischzementen* aus künstlichem oder natürlichem Zement, Hochofenschlacke u. Puzzolanen. — Z. B. kann man Zement aus 50 (%) Zementklinker, 30 Hochofenschlacke u. 20 Puzzolan herstellen, der einen hydraul. Modul von 1,02 aufweist. Ein Zement aus 35 Zementklinker, 35 Hochofenschlacke u. 30 Puzzolan weist einen hydraul. Modul von 1,35 auf. Man kann dem Mischzement bei der Mahlung oder beim Anmachen zum Mörtel noch geringe Mengen $CaSO_4$, bestimmte Harze u. bekannte Erhärtungsbeschleuniger, wie z. B. $CaCl_2$, zusetzen. (**F. P. 1 035 771** vom 5/4. 1951, ausg. 31/8. 1953.) BEWERSDORF. 6223

VEB Elektrochemisches Kombinat Bitterfeld (Erfinder: **Alfred Sirot**), Bitterfeld, *Säure- und laugenfeste Betonkanäle*. Folien aus Polyvinylchlorid werden durch Verkleben oder Verschweißen zu Rohren geformt u. dann mit Beton umgossen. Man verwendet hierfür bes. Folien von 0,8—1,2 mm Dicke. — Für den Bau von Kanälen großen Durchmessers wird eine Vorverformung des Betons im Kanalgraben durch Einlegen von Rundhölzern oder Eisenrohren vorgenommen. (**D. P.** [**DDR**] **2 330** Kl. 12f vom 13/2. 1941, ausg. 12/1. 1953 [Wirtschaftspatent].) M. F. MÜLLER. 6225

Ewald Hoyer, Hamburg, *Verfahren zur beschleunigten Herstellung von Betonkörpern*. Der frische, unter Verwendung von hochwertigem Zement hergestellte Beton wird sofort durch äußere Wärmezufuhr auf höhere, unter 100° liegende Tempp. gebracht. Die Wärmezufuhr wird allmählich vor oder bei Erreichen der durch das Abbinden erzeugten Höchsttemp. abgestellt. (**D. B. P. 906 427** Kl. 80b vom 17/12. 1940, ausg. 15/3. 1954. Anmeldung bekanntgemacht 2/7. 1953.) HANS HOFFMANN. 6225

Karl Brandt, Berlin, *Vergütung von Mörtel und Beton*. Die Güteeigenschaften von Mörtel u. Beton können nach D. R. P. 736 842 durch Zusätze von Kieselgur u. Ligninderivv. gesteigert werden. An Stelle von Kieselgur soll mit gleicher Wrkg. feinverteilte u. entsprechend oberflächenwirksame Kieselsäure u./oder ein entsprechendes Silicat zugesetzt werden. — Z. B. kommt gefülltes u. entwässertes Kieselgel, fein gemahlenes Quarzmehl, Si-Stoff oder Bentonit als Austauschstoff für Kieselgur in Frage. (**D. R. P. 764 999** Kl. 80b vom 21/4. 1942, ausg. 5/4. 1954. **Zusatz zu D. R. P. 736 842; C. 1944. I. 1214.**) HANS HOFFMANN. 6227

Robert Dicharry, Seine, Frankreich, *Herstellung eines Gipsschlackenzementes mit höherem Gipsgehalt* aus 80—85(%) Hochofenschlacke, 15 totgebranntem Gips u. 1—5 Portlandzement. Man fügt dem Rohgips noch mehlförmiges Dicalciumsilicat zu u. brennt bei ca. 1200°. (**F. P. 1 032 484** vom 15/2. 1951, ausg. 2/7. 1953.) BEWERSDORF. 6227

George Washington Morey, The properties of glass. 2nd ed. New York: Reinhold. 1954. (591 S., Diagr.) $ 16,50.

VII. Agrikulturchemie. Schädlingsbekämpfung.

Béla Balla und **Ferenc Majdik**, *Die neuen Verfahren der Phosphatdüngerindustrie mit besonderer Berücksichtigung des Salpetersäureaufschlusses der Rohphosphate*. Da Ungarn über kein Pyritlager verfügt, die Erzeugung von Superphosphat aber H_2SO_4 erfordert, wurden die verschied. Verff. zur Aufarbeitung von Rohphosphat studiert. Vff. versuchten ein Verf. auszuarbeiten, welches neben Gewinnung der Begleitstoffe (Fluor, seltene Erdmetalle) zur Erzeugung eines guten Phosphatdüngers geeignet ist. Die örtlichen Verhältnisse bedingten die Anwendung von HNO_3 zum Aufschluß u. als Prod. sollte Dicalciumphosphat erzeugt werden. Es wurde zum Aufschluß von Kolaphosphat der HNO_3-Bedarf, deren optimale Konz., Reaktionsdauer u. Temp., $NaNO_3$ bzw. Na_2SO_4-Bedarf zum Ausscheiden von Na_2SiF_6 ermittelt, die Fällung von $CaHPO_4 \cdot 2\,H_2O$ mit $Ca(OH)_2$, $CaCO_3$ bzw. NH_3 versucht u. der p_H-Wert zur Fällung bestimmt. Bei p_H 4,5 beträgt die Ausbeute 99 %. Durch fraktionierte Fällung können die seltenen Erdmetalle gewonnen werden, dann scheidet $CaHPO_4 \cdot 2\,H_2O$ aus. Das Trocknen des Präp. kann bei 60° ohne wesentlichen Verlust an citratlösl. Phosphat erzielt werden. (Magyar Kémikusok Lapja [Z. Ver. ung. Chemiker] **7.** 49—61. Febr. 1952. Veszprém, Ungarn, Forsch.-Inst. für schwere chem. Ind.) PLANK. 6282

A. F. Tjulin, *Fragen der Bodenstruktur im Walde.* Vf. teilt die gegen W. resistenten Aggregate des Bodens in Abhängigkeit von ihrer Genese in zwei Gruppen ein: in unmittelbarer Nähe der Wurzeln (unter deren Einw.) entstandene (I) u. im Bodenraum zwischen den Wurzeln entstandene Aggregate (II). Bei der Bldg. von I beteiligen sich hauptsächlich Fe(II)- bzw. Al-Humate, bei der von II Ca-Humate. I besitzt eine große Stabilität gegen W. u. neutrale Lsg. von NaCl, während II weniger stabil ist. Es wird eine vereinfachte Meth. zur Best. der I u. II vorgeschlagen. Bestimmungen ergaben, daß in der oberen (3—13 cm) Schicht des dunkelgrauen lehmigen Waldbodens im Verlaufe der Vegetationsperiode I dominiert. Seine Menge steigt vom Sommerbeginn (verstärktes Wachstum der Wurzeln) etwa bis zum August, wonach sie fällt; Veränderungen bei II verlaufen in umgekehrtem Sinne. In den tieferen Bodenschichten (20—30 cm) dominiert II, was sich durch Ausbleiben stärkerer Bewurzelung erklärt. Die Menge von I fällt hier bis Juli (Reduktionsprozesse durch Schmelz- u. Regenwässer u. im Zusammenhang damit Bldg., von FeO u. Zerfall von I), danach steigt sie bis Oktober (Besserung der Aeration) u. fällt dann rasch wieder. (Почвоведение [Bodenkunde] **1954.** Nr. 1. 30—44. Jan. Inst. für Forstwirtsch. der Akad. der Wiss. der UdSSR.) M. GORDIENKO. 6304

Raymond Chaminade, *Beitrag zur Kenntnis der Fixierung des Phosphataninons im Boden.* Auf Grund von Verss. mit einem humusfrei gemachten Lehmboden kommt Vf. zu dem Ergebnis, daß die Boden-P_2O_5 vor allem an die kleinstkörnigen Bodenfraktionen gebunden ist. Künstliche Anreicherung des Bodens mit P_2O_5 ändert dieses Verhältnis kaum. P_2O_5-Fixierung im Boden beruht nicht nur auf chem. Fällung. Je geringer die dargebotenen P_2O_5-Konzz., desto schneller verläuft die Fixierung. (Ann. Inst. nat. Rech. agronom., Sér. A. **3.** 171—83. März/April 1952. Versailles.) GRIMME. 6304

O. A. Osstroumowa, *Die Änderung der Acidität von granuliertem Superphosphat in Schwarzerdeböden.* In Tschernosemböden vermindert sich der Säuregrad des granulierten *Superphosphats* bedeutend rascher als im Podsol, so daß die Keimfähigkeit des in Mischung mit granuliertem Superphosphat (I) ausgesäten Saatgutes (beide trocken) nicht geschädigt wird. Eine Schädigung kann nur dann eintreten, wenn die Mischung längere Zeit liegenbleibt bzw. wenn I oder das Saatgut einen hohen Wassergeh. aufweist. Bei einem Wassergeh. von 38,1% im Korn das 6 Std. mit trockenem I liegenblieb, sank die Keimfähigkeit von 98% auf 68%. (Земледелие [Ackerbau] **2.** Nr. 1. 66—70. Jan. 1954. Sibir. Wiss. Forschungsinst. für Getreidewirtschaft.) M. GORDIENKO. 6304

J. M. Bremner, *Die Natur von Bodenstickstoffkomplexen.* An Hand des Schrifttums wird der Geh. des Bodens an den verschied. N-Komplexen eingehend besprochen (23 Zitate). Berücksichtigt werden neben den geringen Mengen anorgan. N-Verbb. die Methoden zur Best. des Protein-N, der N in der Humusfraktion der organ. M., desgleichen in der Fulvinfraktion, in Nucleinsäuren u. in Aminozuckern. (J. Sci. Food Agric. **3.** 497—500. Nov. 1952. Harpenden, Hertfordshire, Rothamsted Exp. Stat.) GRIMME. 6304

Ss. A. Kudrin, *Zum Problem des Assortimentes von Kalidüngemitteln in der Landwirtschaft der UdSSR.* Eine qualitative Beeinträchtigung der Cl-empfindlichen Kulturen (Flachs, Tabak, Wein) durch Düngung mit *KCl* (I) kann dadurch vermindert bzw. gänzlich beseitigt werden, daß man I in späteren Entwicklungsstadien der Pflanzen gibt, während in früheren Phasen Cl-freie K-Dünger gegeben werden. Weiter haben sich Mischungen aus I mit Cl-freien Düngern gut bewährt, die in das Sortiment der Kalidünger weit stärker als bisher eingeführt werden müssen. (Земледелие [Ackerbau] **2.** Nr. 1. 59—63. Jan. 1954.) M. GORDIENKO. 6304

N. Stankow, *Kopfdüngung bei Klee mit Kalimagnesia.* Durch Spritzen des Klees mit gesätt. Lsg. von Gips bzw. *Kalimagnesia* ($K_2SO_4 \cdot MgSO_4 \cdot 6\,H_2O$) wurde eine beträchtliche Steigerung der Heuerträge gegenüber alleiniger PK-Düngung erzielt (23,2 bzw. 29,4 g Mehrertrag je 81 Pflanzen). Bei feuchtem Wetter kann an Stelle des Spritzens eine Bestäubung der Saaten vorgenommen werden. Eine Schädigung der Pflanzen durch Spritzen bzw. Bestäubung wurde nicht beobachtet. (Земледелие [Ackerbau] **2.** Nr. 1. 106—07. Jan. 1954. Allunions Wiss. Forschungsinst. für Düngung, Agrartechnik u. Agrobodenkunde.) M. GORDIENKO. 6304

I. Lukjanow, *Die Wirkung von organisch-mineralogischer Düngung auf den Ernteertrag des Winterweizens und Korianders im zentralen Tschernosemgebiet.* 3 dz/ha *Superphosphat* (I) in Kombination mit 2 t/ha Stallmist bewirkten eine bedeutend größere Steigerung des Kornertrages von Winterweizen als 20 t/ha Stallmist allein. Bei Verss. mit Koriander erzielte man den gleichen Ertrag bei hohen Gaben von N u. P (je 60 kg/h) u. bei halbierten, wenn man den letzteren 1 t/ha Stallmist zufügte. Granulierter organ.-mineral. Dünger zeigte bessere Wrkg. als fabrikmäßig hergestelltes granuliertes I.

(Земледелие [Ackerbau] **2.** Nr. 1. 64—65. Jan. 1954. Alexejewka, Allunions Wiss. Forschungsinst. für Ölsaaten, Vers.-Selektionsstat.) M. GORDIENKO. 6304

Ss. M. Stanischewski, *Gründüngung ist die wichtigste Maßnahme zur Steigerung der Tabakerträge und zur Bekämpfung der Bodenerosion.* Auf den subtrop. Podsolböden, die keine Stallmistdüngung erhalten, kann Gründüngung (Wicke–Hafer-Gemenge, Seradella, weiße bzw. blaue Lupine) angewendet werden. Die Grünmasse wird 20—25 Tage vor dem Setzen der Tabakpflanzen in einer Tiefe von 15 cm eingepflügt. Bei Verss. wurde keine negative Beeinflussung der Qualität des Tabaks durch die Gründüngung beobachtet; sie wirkte sich im Gegenteil sogar positiv aus. Gleichzeitig schützt die Gründüngung den Boden vor Erosion. (Табак [Tabak] **13.** Nr. 5. 39—42. Sept./Okt. 1952.) M. GORDIENKO. 6304

A. Ss. Peretz, Je. Ss. Kryshanowskaja und **M. Je. Malewannaja,** *Zur Frage des Vitamingehaltes von auf Mistbeeten gezogenem Gemüse.* Wie Vergleichsbestimmungen des Geh. an *Vitamin C* (**I**) u. *Carotin* (**II**) bei Gurken, Tomaten u. Pfeffer (im Freiland u. unter Glas gezogen) ergaben, werden in letzteren Fällen teilweise bedeutend niedrigere Vitaminmengen gefunden. So enthielt unter Glas gezogener Pfeffer nur 112,0 mg% **I** u. 0,42 mg% **II** gegenüber 250,0 u. 10,0 mg% bei im Freiland gezogenen Pflanzen. (Вопросы Питания [Fragen d. Ernähr.] **12.** Nr. 5. 66—68. Sept./Okt. 1953. Kiew, Bogomoletz-Inst. für Med., Lehrstuhl für Ernährungshyg.) ULMANN. 6304

P. Kurgusow, *Der Einfluß von Bor auf den Ernteertrag und die Kornqualität von Sommerweizen.* Die Einbringung von *B* mit dem Saatgut bewirkte eine Erhöhung des Geh. an beweglichem NO_3 u. P_2O_5 in der Ackerkrume (Intensivierung der Tätigkeit der Mikroorganismen), wodurch auch eine Erhöhung des Eiweißgeh. im Korn hervorgerufen wurde. (Земледелие [Ackerbau] **2.** Nr. 1. 71—72. Jan. 1954.) M. GORDIENKO. 6304

A. A. Nikitin und **Josephine W. Rainey,** *Reaktionen zwischen Spurenelementsalzen und N–P–K-Düngemittelbestandteilen.* (Agronomy J. **44.** 541—46. Okt. 1952. — C. **1954.** 634.) GRIMME. 6304

N. Ss. Mitrofanowa, *Änderungen der Mikroflora im Boden der Steppen unter dem Einfluß von Waldanpflanzungen.* In den mit Wald bestandenen Steppenböden (a) herrschen günstige hydrotherm. Verhältnisse während der sommerlichen Trockenheit, wodurch günstige Bedingungen für die Entw. der Mikroorganismen des Bodens entstehen. Daher enthält a im Laufe der gesamten Vegetationsperiode größere Mengen von Mikroorganismen als im Freiland (b). Der Nitrifikationsprozeß in a geht intensiver vor sich als in b. Auch qualitativ unterscheidet sich die Mikroflora in a von der in b wesentlich: in a dominieren *Bac. cereus, Bac. idosus* u. Pilze. Durch intensivere Tätigkeit der Pilze in a wird der p_H-Wert des Bodens niedriger als der in b. (Микробиология [Mikrobiologie] **22.** 275—80. Mai/Juni 1953. Alma-Ata Inst. für Bodenkunde der Akad., der Wiss. der KasachSSR.) M. GORDIENKO. 6306

R. B. Duff, *Das Vorkommen von L-Fucose im Boden, Torf und in einem durch Bodenbakterien gebildeten Polysaccharid.* Durch papierchromatograph. Unterss. u. durch Isolierung des krist. Phenylmethylhydrazons (F. 174°, aus Äthanol) konnte in Böden, in Torf u. in einem durch Bodenbakterien gebildeten Polysaccharid *2-Fucose* nachgewiesen werden. — 6 Literaturzitate. (Chem. and Ind. **1952.** 1104—05. 8/11. Aberdeen, Macaulay Inst. for Soil Res.) GRIMME. 6306

Gerald H. Watson und **Walter B. Bollen,** *Der Einfluß der Unkrautbekämpfung mit Kupfersulfat auf die Bakterien in Seeböden.* Es wurde gefunden, daß Restkupfermengen, die aus der Unkrautbekämpfung mit Kupfersulfat in zwei Küstenseen Oregons herrührten, zwei Jahre später die Zahl der Bakterien in den Böden der Seen stark verminderten. Die Inhibition wurde bedingt, in Ggw. von großen Mengen organ. Substanz, durch 11—30 p.p.m. Gesamtkupfer. Bei Verss. mit 4—7 p.p.m. Cu bei Ggw. geringerer Mengen organ. Substanz waren mehr Bakterien vorhanden. Da Cu sonst wenig tox. für Bakterien ist, u. organ. Substanz Cu-Ionen zu binden vermag, erschienen die Untersuchungsergebnisse, die besprochen werden, anomal. (Ecology **33.** 522—29. Okt. 1952. Corvallis, Ore., Agric. Exp. Stat.) W. LORENZ. 6312

A. W. Wojewodin, *Über die Vernichtung von Wurzelausläufer bildenden Unkräutern mit Hilfe des Herbicids 2.4-D.* Die Anzahl der Bearbeitungen der Brache läßt sich von 6—8 auf 3—4 reduzieren, wenn man eine Spritzung mit 2.4-D vorangehen läßt. Wenn nötig, wird die Spritzung während der Brache wiederholt. So konnte die Ackerdistel (Cirsium arvense) u. auch die Ackerwinde (Convolrulus arvensis L.) völlig vernichtet werden. (Доклады Академии Наук СССР [Ber. Akad. Wiss. UdSSR] [N. S.] **84.** 113—16. 1/5. 1952. Allunions-Wiss. Forschungsinst. für Pflanzenschutz.) LÜBKE. 6312

Donald W. Loiselle, *Die Verwendung chemischer Unkrautvertilgungsmittel bei der öffentlichen Wasserversorgung.* Auf Grund dreijähriger Großverss. mit *Ammate* (**I**;

Ammoniumsalz der Sulfaminsäure), *TCA* u. *CMU* schließt Vf., daß bes. I u. CMU für Schutzgebiete von Wasserversorgungsanlagen u. Anreicherungsgräben u. -teiche als Herbicide geeignet sind. (J. New England Water Works Assoc. **67**. 140—48. Juni 1953. Conn., Bridgeport, Hydraulic Co.) NIEMITZ. 6312

R. T. Martin, *Grundsätzliche Überlegungen über die chemische Vernichtung von Gestrüpp.* Bei der chem. Vernichtung von Sträuchern werden wasserlösl. Salze von Herbiciden des *2.4-D-Typs* im allg. nur zum Spritzen des Laubes angewendet. Die Ester oder öllösl. Formen können zur Behandlung des Stumpfes oder — in W. emulgiert — des Laubes angewendet werden. (Rep. Hawaiian Sugar Technologists **1953**. 13—17.) RANG. 6312

A. W. Wojewodin, *Über die Möglichkeit der Reinigung von Böden von Unkrautsamen.* In der Literatur wird behauptet, daß die Keimfähigkeit der Unkrautsamen im Boden lange Zeit anhält. Dies gilt aber nur, wenn keine Bodenbearbeitung erfolgt. Bei den Verss. wurde *2.4-D* in verschied. Weise angewandt. Es ergab sich, daß bei frühzeitiger Anwendung von 1—2 kg/ha die Unkräuter prakt. vollständig verschwanden. Wurde 2.4-D erst in der Phase der Knospenbldg. der Unkräuter angewandt, war die Wrkg. schwächer; in einer Gabe von 2 kg vernichtete 2.4-D aber auch dann prakt. alle 2-keimblättrigen Unkräuter. Auch die Keimfähigkeit der bereits im Boden befindlichen Samen wurde durch diese Behandlung beträchtlich vermindert. Bei 3maliger Wiederholung der Unkrautbekämpfung in aufeinander folgenden Jahren u. nachfolgender Bearbeitung des Bodens wurde auf einem stark mit Unkrautsamen versetzten Boden der Unkrautbestand auf ca. $^{1}/_{100}$ vermindert. Auch bes. widerstandsfähige Unkräuter nahmen durch diese fortgesetzte Behandlung in Verbindung mit der Bodenbearbeitung ab. (Доклады Академии Наук СССР [Ber. Akad. Wiss. UdSSR] [N. S.] **93**. 325—28. 11/11. 1953. Allunions Wiss. Forschungs-Inst. für Pflanzenschutz.) A. JACOB. 6312

J. MacFarlan, *Hormonherbicide zur Binsenvernichtung.* Binsenbestände auf Grünland wurden durch Spritzen mit *Agroxone* (MCPA-Präp.; 8 pints/acre) in der Zeit von Mitte Mai bis Mitte Juli vernichtet; der Neubefall wurde durch Anregung des Gräserwachstums durch Kalkung u. Düngung verhindert. (Scott. Agric. **33**. 74—76. Aug. 1953.) RANG. 6312

L. Bregetowa, *Physiologische Veränderungen in den Baumwollpflanzen bei künstlich bewirktem Blattabfall.* Vf. behandelt die physiol. Veränderungen im Baumwollblatt bei einfacher Bestäubung mit $CaCN_2$ (I) u. bei Bestäubung nach Wässern mit verschied. Mengen I. Es zeigte sich, daß mit fortschreitendem Alter der Pflanze u. mit abnehmender Synthesetätigkeit im Blatt unter der Einw. von I der Blattabfall verstärkt wird. Wird die Baumwollpflanze zu Beginn der Kapselbldg. mit I behandelt, so nimmt der Ertrag etwas ab. Bei I-Behandlung zu Beginn der Kapselreife nimmt der Ertrag etwas zu. Frühbehandlung mit I führt zu einer Verminderung der Keimfähigkeit des Samens, die bei Spätanwendung (2—3 Kapseln geöffnet) nicht eintritt. (Хлопководство [Baumwoll-Wirtsch.] **4**. Nr. 2. 36—41. Febr. 1954. Bot. Inst. der Akad. der Wiss. der TadshikSSR.) LEBTAG. 6312

F. H. Kratzer, D. E. Williams, Elly Hinreiner und **Marion Simone,** *Der Einfluß von Herbiciden auf Petroleumbasis auf das Wachstum von Hühnchen und den Geschmack ihres Fleischs.* Sprays von Gemischen von aromat. u. Paraffin-KW-stoffen mit geringem Geh. an nitrierten KW-stoffen auf Milo u. anderen Sorghumkulturen hinterlassen einen gewissen Geh. der Körner an dem Herbicid, der oberhalb 0,1% bei Verfütterung der Körner an Kücken deren Wachstum beeinträchtigt. Eine Geschmacksminderung des Fleisches der gebratenen Hühner wurde nicht beobachtet. (Poultry Sci. **32**. 567—69. Juli 1953. Davis, Calif., Univ. of California, Dep. of Poultry Husbandry and Food Technol.) FRESENIUS. 6312

Lafon, *Rebenmehltaubekämpfung ohne Kupfer.* Bericht über gute Ergebnisse mit T. P. B. (= *Trichlormethylthiotetrahydrophthalimid*). Der Eigengeruch des Prod. zeigte sich nicht im fertigen Wein bzw. Weindestillat. (C. R. hebd. Séances Acad. Agric. France **38**. 148—51; Progr. agric. viticole **137** (69). 285—87. 18/25. 5. 1952.) GRIMME. 6312

H. F. Winter, *Bekämpfung des Apfelschorfes — neue Fungicide und Methoden.* Bei der Schorfbekämpfung waren die organ. Fungicide: *Tag* (organ. Hg-Verb.), *Crag Fruit Fungicide 341, Orthocide 406* u. *Manzate* (Handelsname für Manganäthyl-bisdithiocarbamat, MnEBO) wirksamer als mikrofeiner Schwefel. (Proc. annu. Meeting Ohio State horticult. Soc. **1952**. 45—52.) RANG. 6312

F. B. Folckemer und **E. S. Loeffler,** *Kombinationen von Insekticiden mit Düngemitteln.* Allg. Ausführungen über die Herst. u. Bedeutung von Insekticid-Düngemittel-Mischungen. — 10 Literaturhinweise. (Agric. Chemicals **9**. Nr. 2. 42—44. 123. 125. Febr. 1954. Denver, Colo., Julius Hyman & Co.) W. LORENZ. 6312

Walter Buchmann, *Die hygienische Schädlingsbekämpfung (heutige Methoden und Verfahren).* Allg. Ausführungen. (Prakt. Schädlingsbekämpfer **6.** 73—76. Juli 1954. Bremen.) WINIKER. 6312

P. J. Chapman, *Sprayrückstände.* Nach Ansicht des Vf. wird dem Nachweis von Insekticiden als Spritzbelag auf Kulturpflanzen, die der menschlichen Ernährung dienen, aus gesundheitlichen Gründen mehr Beachtung gewidmet als erforderlich ist. (Agric. Chemicals **9.** Nr. 1. 37. 119—20. Jan. 1954.) W. LORENZ. 6312

A. D. Hess, *Gegenwärtiger Stand der Insekticidresistenz von volksgesundheitlich wichtigen Insekten.* Übersicht über die aus der Literatur bekannt gewordenen Resistenzerscheinungen einer Reihe von Insekten gegenüber den gebräuchlichsten Insekticiden. — 34 Literaturangaben. (Amer. J. trop. Med. Hyg. **2.** 311—17. März 1953. Atlanta, Ga., Public Health Serv.) DOSSMANN. 6312

L. C. Knorr und **W. L. Thompson,** *Bekämpfung von Leprosis mit Milbenspritzmitteln.* Leprosis („milhead nist.“ oder „Florida scaly bark“) entsteht nicht durch Pilzbefall durch Cladosporium herbarum var. citricolum, sondern durch Saugen von Milben (Brevipalpusarten). Vff. erreichten durch eine einzige Vorblütenspritzung mit Netzschwefelpräpp. wirksame Bekämpfung der Leprosis. (Citrus Ind. **35.** Nr. 5. 9. 12—13. Mai 1954. Lake Alfred, Citrus Exp. Stat.) GOEBEL. 6312

Richard D. Stoner und **William M. Hale,** *Eine Methode zur Ausrottung der Milbe Myocoptes musculinus bei Laboratoriumsmäusen.* Zur Vernichtung der Milbe ist *DMC* [Di-(p-chlorphenyl)-methylcarbinol] geeignet. (J. econ. Entomol. **46.** 692—93. Aug. 1953. Upton, L. I., N. Y., Brookhaven Nat. Labor., Div. of Bacteriol. and Virol. Med. Dep.) WINIKER. 6312

Philip C. Stone und **Gilbert D. Ogles,** *Uropoda agitans, ein Milbenschädling in handelsüblichen Behältern für Fischköder (Würmer).* Zur Bekämpfung eignet sich *Parathion* (0,01%). (J. econ. Entomol. **46.** 711. Aug. 1953. Missouri, Univ., Dep. of Entomol.) WINIKER. 6312

A. A. Tagilzew, *Die Anwendung von Hexachloran bei der Bekämpfung von Alectorobius tholozani im Gebiet von Oscha.* 2. Mitt. *Alectorobius tholozani* wurden mit *Hexachloran* (**I**)-Staub im Gemisch mit Löß (9—10%) bekämpft. Ein starker Rückgang der Population konnte erzielt werden. In Verss. in PETRI-Schalen, wobei der Boden mit einer feinen Schicht **I** bestäubt war, gingen in 2—3 Tagen 70—100%, in 10 Tagen sämtliche Zecken zugrunde. **I** verliert seine Giftigkeit in feuchter Umgebung. (Медицинская Паразитология и Паразитарные Болезни [Med. Parasitol. parasit. Krankh.] **1953.** Nr. 5. 450—54. Sept./Okt. Oscha, Gebiets-Malaria-Stat., Enthomol. Abt.) DU MANS. 6312

P. K. Kusnetzow, *Einige Angaben über die Wirkung von Hexachloran auf Ixodes ricinus L.* Stücke eines mit Rinderhaaren bedeckten Wollstoffes wurden entweder mit 6%ig. *Hexachloran* (**I**)-Staub oder mit 10%ig. wss. Suspension des **I** oder 0,25%ig. Emulsion in Kreolin bestreut bzw. bestrichen. Die Zecken Ixodes ricinus L. wurden auf die so bearbeiteten Stoffstücke gebracht. Am wirksamsten erwies sich die Emulsion, am wenigsten der Staub. Am schnellsten starben die Männchen u. hungrigen Weibchen. Satte Weibchen wurden nur vorübergehend in ihrer Beweglichkeit gestört, sie blieben jedoch am Leben u. legten lebensfähige Eier. Kühe wurden mit warmer Emulsion von 0,25—0,40% **I** abgebürstet. Am wirksamsten war diese Behandlung in den ersten 2—4 Tagen. Eine vollständige Vernichtung der Parasiten gelingt jedoch nicht, auch dann nicht, wenn man konzentriertere Lsgg. von **I** verwendet. Es wird eine wiederholte Behandlung des Viehs im Laufe des Sommers empfohlen. (Медицинская Паразитология и Паразитарные Болезни [Med. Parasitol. parasit. Krankh.] **1953.** Nr. 5. 466. Sept./Okt. Woronesh, Med. Inst., Lehrstuhl für allg. Biol.) DU MANS. 6312

C. C. Addison und **C. G. L. Furmidge,** *Physikochemische Untersuchungen über die Anwendung von Insekticiden auf das Schafvlies.* 1. Mitt. *Einleitung.* Krit. Sichtung des Schrifttums über die Verwendung von *DDT* u. *BHC* als insekticide Schaftauchmittel unter Berücksichtigung der Baderschöpfung, des Zusatzes geeigneter Netzmittel, Einfl. des Lösungsm., p_H der Lsgg., sowie der Tauchdauer. (J. Sci. Food Agric. **3.** 315—19. Juli 1952. Nottingham, Univ.) GRIMME. 6312

C. C. Addison und **C. G. L. Furmidge,** *Physikochemische Untersuchungen über die Anwendung von Insekticiden auf das Schafvlies.* 2. Mitt. *Wirkung verdünnter Lösungen kationischer Netzmittel auf das Vlies.* (1. vgl. vorst. Ref.) Die Rk. des Fells mit Netzmitteln ändert sich scharf bei einer krit. Konz. in der Nähe der Micellbldg. in der Lösung. In vorliegender Arbeit berichten Vff. über das Verh. kation. Netzmittel bei Konzz. unter dem krit. Wert. Als Netzmittel diente Cetylpyridiniumchlorid, mit dessen wss. Lsg. Vliesproben 1 Min. lang geschüttelt wurden. Die „Inaktivierung" (Baderschöpfung) wurde bestimmt aus der Abnahme der Grenzschichtaktivität der Lsg. nach dem Kontakt mit dem Vlies. Sie hängt vor allem ab von dem Fettgeh. der Wolle, bei gereinigter Wolle ist sie sehr gering. Von nicht so starker, aber doch deutlich erkennbarer Wrkg. ist auch der Geh. an Schweiß, infolge Fällungs-Rk. zwischen den langkettigen Schweißanionen u. den Cetylkationen, sowie durch den Zutritt anorgan. Salze. Hohe Adsorption neben geringer Absorption zeigt sich vor allem an der Wollfettoberfläche. (J. Sci. Food Agric. **3.** 320—29. Juli 1952. Nottingham, Univ.) GRIMME. 6312

C. C. Addison und **C. G. L. Furmidge**, *Physikochemische Untersuchungen über die Anwendung von Insekticiden auf das Schafvlies.* 3. Mitt. *Wirkung micellarer Lösungen kationischer Netzmittel auf das Vlies.* (2. vgl. vorst. Ref.) Vf. berichtet über den Einfl. verschied. Vliesproben auf die Grenzschichtaktivität micellarer Lsgg. von Cetylpyridiniumchlorid, bes. über den starken Einfl. von Wollfett u. Schweiß auf die Inaktivierung des Netzmittels, welches nicht nur vom Wollfett absorbiert wird, sondern auch unlösl. Reaktionsprodd. mit gelöstem Schweiß liefert. Näheres vergl. die Tabellen u. Kurven im Original. (J. Sci. Food Agric. **3.** 330—36. Juli 1952. Nottingham, Univ.) GRIMME. 6312

Charles H. Brett, *Bekämpfung von Laphygma frugiperda bei spät gepflanztem Süßmais.* Bestes Bekämpfungsmittel ist *Endrin.* Etwas weniger geeignet ist *Isodrin. DDT* u. *Methoxychlor* müssen in so hohen Konzz. angewandt werden, daß beträchtliche Pflanzenschäden auftreten. (J. econ. Entomol. **46.** 714—15. Aug. 1953. Raleigh, North Carolina.) WINIKER. 6312

W. A. Douglas und **C. E. Smith**, *Bekämpfung von Heliothis armigera Hbn. und Sitophilus oryza L. auf Mais mittels DDT-Mineralölemulsionen.* Bericht über erfolgreiche Bekämpfungsversuche. (J. econ. Entomol. **46.** 683—84. Aug. 1953. Louisiana, Agric. Exp. Stat.) WINIKER. 6312

L. A. Stearns, *Biologie und Bekämpfung von Rhyacionia frustrana (Const.)* und *Rhyacionia buoliana (Schiff).* Zur Bekämpfung ist *DDT* wegen seiner größeren Rückstandswirksamkeit von *Parathion* der Vorzug zu geben. (J. econ. Entomol. **46.** 690 bis 692. Aug. 1953. Newark, Delaware Agric. Exper. Station.) WINIKER. 6312

Herman F. Menke, *Pfirsichblattlausschäden in Alfalfa-Saatfeldern.* Zur Bekämpfung werden *DDT* u. *TEPP*, letzteres wenn die Felder bereits in der Blüte stehen, empfohlen. (J. econ. Entomol. **46.** 709. Aug. 1953. Harrah, Wash., Andrews Seed Co.) WINIKER. 6312

Daniel M. Benjamin und **Norbert B. Underwood**, *Neodiprion swainei in Wisconsin.* Bei der Bekämpfung des 1952 in Wisconsin zum erstenmal beobachteten Schädlings bewährte sich ein *DDT*-Öl-Spray. (J. econ. Entomol. **46.** 703. Aug. 1953.) WINIKER. 6312

M. M. H. Wallace, *Bekämpfungsversuche von Sminthurus viridis (L.) und Halotydeus destructor (Tuck), auf Weiden in Westaustralien.* Durch Spritzen der Weiden mit Gemisch von 20%ig. *Parathion-* u. *DDT*-Emulsion vor der Eiablage wurden beide Schädlinge vertilgt. *BHC* war nur gegen Halotydeus destructor (Tuck) wirksam; *Chlordan* gegen beide Schädlinge unwirksam. — 13 Literaturangaben. (Austral. J. agric. Res. **5.** 317—25. April 1954. Nedlands, W. A., Univ. of Western Australia, C. S. I. R. O., Div. of Entomol.) RANG. 6312

B. J. Landis und **K. E. Gibson**, *Beobachtungen über die Wirksamkeit von DDT, Parathion und Malathon gegen Aleyrodes spiracoides Quaint. an Kartoffeln.* Der weniger an Frühkartoffeln als an Spätkartoffeln Schäden verursachende Schädling Aleyrodes spiraeoides Quaint. wird mit Stäuben u. Sprays auf der Basis von *DDT* (**I**), *Parathion* (**II**) u. *Malathon* (**III**), **I** + Öl u. Schwefel u. **I**- u. **II**-Gemischen bekämpft. Spritzmittel erwiesen sich im allg. besser als Stäubemittel. **II** verhinderte den Befall langsam, besaß aber eine längere Rückstandswrkg. als **II** oder **III.** Spritzmittel mit Öl erwiesen sich nur bei mehrmaliger Anwendung als gut. **I** + S verbesserte die Bekämpfung von Larven u. Puppen. **III** als 5% ig. Staub oder 1,66% ig. Spray wirkte schlecht. **II** bewährte sich besser, aber besaß keine Rückstandswirkung. Zur Bekämpfung des Schädlings wird eine Spritzlsg. von 4% **I** u. 0,6% **II** empfohlen. (Amer. Potato J. **30.** 213—25. Sept. 1953. Yakima, Wash., U. S. Dep. of Agriculture, Agricult. Res. Administration, Bureau of Entomol. u. Plant Quarant.) W. LORENZ. 6312

F. L. Watters und **B. N. Smallman**, *Anfangs- und Rückstandswirksamkeit von lokalen Begasungsmitteln in Elevatorbechern.* Die insekticide Wrkg. von Äthylendichlorid + Tetrachlorkohlenstoff (**I**; 3:1), Äthylendibromid in chlorierten Lösungsmitteln (**II**; 3:17) u. Hexachlorpropen (**III**) auf Tribolium confusum Duv. in Elevatorbechern von

Getreidemühlen wurde verglichen. I u. II wirkten auf die 1 Tag nach der Behandlung in die Becher ausgesetzten Insekten zu 100% tödlich, waren jedoch 3 bzw. 5 Tage nach der Anwendung wirkungslos. III war am Tage nach der Anwendung wirkungslos, wirkte jedoch 2 Tage später tödlich. Diese Wirksamkeit blieb 26 Tage, u., wenn die Insekten dem III 6 Tage lang ausgesetzt wurden, 59 Tage lang erhalten. (Cereal Chem. **30.** 343—48. Juli 1953. Ottawa, Dep. of Agric., Sci. Serv.; Winnipeg, Manitoba, Labor. of Entomol., Stored Prod. Insect Unit, u. London, Ontario, Sci. Serv. Labor.) RANG. 6312

Willis Mathis und **Kenneth D. Quarterman,** *Freilandversuche über die Anwendung großer Dosen verschiedener chlorierter Kohlenwasserstoffe zur Moskitolarvenabtötung.* In kleinen Teichen wurde die abtötende Wrkg. von chlorierten KW-stoffen in hoher Dosierung auf Moskitolarven untersucht, u. zwar wurden *DDT* (**I**), *Toxaphen, Dieldrin* (**II**), *DDD* u. *BHC* in wss. Emulsion verwandt. **II**-Wrkg. war am größten u. hielt unter den Versuchsbedingungen 62—78 Wochen an, **I**-Wrkg. 13—23 Wochen. Bei Zusatz in ausgetrockneten Teichen, die sich mit Regen füllten, war die Reihenfolge in der Wirksamkeit **II**, **I**, DDD. Sämtliche Präpp. erwiesen sich als nicht tox. für Fische. (Amer. J. trop. Med. Hyg. **2.** 318—24. März 1953. Savannah, Ga., Public Health Service.) DOSSMANN. 6312

C. B. Dominick, *Bekämpfung von Cotinis nitida (L.) mit Parathion in Alfalfafeldern.* Bericht über erfolgreiche Bekämpfungsversuche. (J. econ. Entomol. **46.** 705 bis 706. Aug. 1953. Chatham, Field Station, Va. Agr. Expt. Sta.) WINIKER. 6312

L. F. Story, *Verwendung von Kupfersulfat beim Schaftauchen und seine Wirkung auf die nachfolgende Verarbeitung der Wolle.* $CuSO_4$ wird als Zusatz für die Badlsgg. in verschied. Konzz. verwendet. Es wurde gezeigt, daß nach dem Untertauchen nicht unbeträchtliche Cu-Mengen von der Wolle zurückgehalten werden, welche sich sehr unangenehm bei der Färbung mit Chromfarbstoffen auswirken oder zu allg. Verfärbung durch Cu-Sulfidbldg. führen. (New Zealand J. Sci. Technol., Sect. A **34.** 287—93. Dez. 1952. Dunedin, New Zealand Woollen Mils' Res. Assoc.) GRIMME. 6312

Donald O. Hoffman und **Rizkalla Zakhary,** *Das Verhältnis von Einwirkungszeit zur molluscicіden Wirksamkeit von Kupfersulfat.* Schnecken, Biomphalaria boissyi, wurden der Einw. von $CuSO_4 \cdot 5H_2O$ (**I**) in Teichwasser bei 20° verschied. langen Zeiten ausgesetzt. Die LD_{50} nahm von 55 p. p. m. **I** bei 6std. Einw. auf 1,35°/$_{00}$ bei 72std. Einw. ab. Zur Bekämpfung der Schnecken erzielt man die besten Ergebnisse bei langen Einwirkungszeiten u. geringen Cu-Konzentrationen. (Amer. J. trop. Med. Hyg. **2.** 332—36. März 1953. Cairo, Egypt., U. S. Naval Med. Res. Unit No. 3, Dep. of Biochemistry.) DOSSMANN. 6312

M. D. Price, *Neue Entwicklungen bei der Kontrolle der Schädlinksbekämpfung.* Bekämpfung von Nagetieren durch Zusätze substituierter Oxycumarine zu Lebensmitteln in für den Menschen unschädlichen Konzentrationen. Von den Insekticiden werden DDT u. HCH im Laufe der Jahre an Bedeutung verlieren, da sich zunehmend resistente Insektenrassen entwickeln. (Food **21.** 428—30. Nov. 1952.) THOMAS. 6312

O. Lindemark, *Thalliumsulfatlösung 2%ig.* Die Lsg. wird zur Bekämpfung von Maulwürfen verwendet. (Arch. Pharmac. og Chem. **61** (**111**). 294—95. 1/5. 1954. Vejle, Sct. Thomas apotek.) R. K. MÜLLER. 6312

John Grainger, *Die schnelle Feststellung hoher Salzkonzentrationen in Böden, die zur Schädigung von Salatpflanzen neigen.* Wird an Bodenproben mit hohem Salzgeh. eine elektr. Potentialdifferenz angelegt, so erhitzen sie sich schneller als solche mit niedrigem Salzgeh.; die Endstromstärke ist größer. Die hierauf begründete Schnellmeth. u. App. wird beschrieben. (J. Sci. Food Agric. **3.** 173—75. April 1952. Auchincruive, Ayr, West of Scotland Agric. Coll., Dep. of Plant Pathol.) RANG. 6324

J. L. Nelson, L. T. Kurtz und **R. H. Bray,** *Schnelle Bestimmung von Nitraten und Nitriten.* Zur Best. von N im *Boden* benutzten Vff. die Rotfärbung, die bei der Diazotierung von Sulfanilsäure durch Nitrite u. anschließende Kupplung mit 1-Naphthylamin entsteht. Als Reagens diente eine Mischung von 100 g $BaSO_4$ (bei 110° getrocknet), 10 g $MnSO_4 \cdot H_2O$ u. 2 g feingepulvertem Zn (zur Red. von NO_3^- zu NO_2^-), 75 g gepulverte Citronensäure (um Fe komplex zu binden), 4 g Sulfanilsäure u. 2 g 1-Naphthylamin. Der mit 20%ig. Essigsäure auf p_H ~2 gebrachte Bodenextrakt wurde ca. 1 Min. mit 0,3—0,5 g Reagenz/10 ml Lsg. geschüttelt u. nach dem Zentrifugieren in einem Spektrophotometer bei 520 mμ oder in einem Filterphotometer mit grünem Filter ausgewertet. Die Genauigkeit betrug ± 5% für Bodenextrakte mit 2—10 Teilen N auf 1 Million Teile Lösung. (Analytic. Chem. **26.** 1081—82. 21/6. 1954. Urbana, Ill., Univ. of Illinois, Dep. of Agronomy.) PLUSKAL. 6324

Aage Henriksen, *Über die Bestimmung des Kalkbedarfs des Bodens.* Nach Besprechung der verschied. Verff. der Literatur wird der Zusammenhang zwischen dem p_H des Bodens in 1- u. 2 n NH_4-Acetat (I)-Lsg. u. dem (in t $CaCO_3$/ha ausgedrückten) Kalkbedarf bei p_H 7,0 u. Dichtefaktor 1,0 graph. dargestellt. Die auf dieser Grundlage ausgearbeiteten Tabellen werden in folgender Weise verwendet: 10 g Boden werden abgewogen u. mit 100 cm^3 (für Mineralböden 1 n, für Humusböden 2 n) I-Lsg. 1 Tag unter öfterem (4—5 maligem) Schütteln stehengelassen. Dann wird der p_H-Wert gemessen u. aus den entsprechenden Tabellen der zur Erzielung von p_H 7,0 (oder 6,0, 6,5, 7,5) erforderliche Kalkbedarf abgelesen; bei Humusböden kann er direkt durch Interpolation berechnet werden, da die Titrierkurve gradlinig ist. Die verwendete I-Lsg. wird durch Mischen von gleichen Teilen 2 n Essigsäure u. 2 n NH_3–W. u. gegebenenfalls Korrektur auf p_H 7,00 hergestellt. Die p_H-Messung erfolgt mit Glaselektrode u. p_H-Meter 3 (Radiometer) oder mit Chinhydronelektrode in Verbindung mit Potentiometer u. Spiegelgalvanometer, dann aber unmittelbar nach Zusatz der I-Lösung. (Tidsskr. Planteavl **57.** 302—20. 1954.) R. K. MÜLLER. 6324

L. A. Richards, ed., Diagnosis and improvement of saline and alkali soils. Rev. ed. Washinton: D. C. Govt. Pr. Off. Supt. of Doc. 1954. (167 S., Diagr.) $ 2,—.

VIII. Metallurgie. Metallographie. Metallverarbeitung.

I. P. Bardin, A. W. Rudnewa und **L. M. Zylew,** *Veränderung in der Phasenzusammensetzung der zu schmelzenden Materialien bei der Schlackenbildung in Hochöfen.* Ausführliche Beschreibung der Vorgänge bei der Schlackenbldg.: Red. der Fe-Erze, prim. Schlackenbldg., petrograph. Kennzeichnung der Materialien in den verschied. Ofenschichten, die Mineralphasen der (insgesamt 23) Mineralien bei der prim. Schlackenbildung. Es ergibt sich, daß in der optimalen mineralog. Zus. der prim. Hochofenschlacken die Ca-Fe- u. Ca–Mn-Silicate einfacher Zus. vorwiegen, während die Ca- u. Alumocalciumsilicate mit ihrem hohen F., welche die Schlacke zähflüssiger machen, bei der optimalen Zus. in möglichst geringer Menge auftreten sollen. — 9 Tabellen u. Dünnschliffphotos. (Известия Академии Наук СССР, Отделение Технических Наук [Nachr. Akad. Wiss. UdSSR, Abt. techn. Wiss.] **1952.** 532—59. April.) v. WILPERT. 6350

G. P. Mitkewitsch, *Einfluß einiger mineralischer Zusätze auf die Schaumbildungsfähigkeit von keimendem Malz.* Das Schaumbildungsvermögen der als Schaumbildner bei der Flotation angewandten Malzkeimlinge geht bei Zusatz steigender Mengen *Kalkstein, Gips, Talk* oder *Ton* durch ein Maximum, das für Talk bei 2%, für Gips bei 3%, für Kalkstein bei 4—5% erreicht wird, während die Kurve von Ton stetig absinkt. Das Maximum der Schaumbldg. wird mit Kalkstein bei der Dispersität 0,010—0,020 erreicht, mit Talk bei der Dispersität 0,010—0,016. Bei Zusatz von Ton nimmt die Schaumstabilität bis zur Dispersität 0,020 stetig zu u. bleibt dann bis zur Dispersität 0,036 fast konstant. (Журнал Прикладной Химии [J. angew. Chem.] **26.** 873—75. Aug. 1953.) LEBTAG. 6362

—, *Schmelzen von Metallen im Vakuum.* Beschrieben werden ein Vakuumofen mit mechan. Vorr. zum Einführen des Thermoelementes u. zum Gießen sowie ein hiermit durchgeführtes Schmelzverfahren. (Metallurgia [Manchester] **48.** 259—60. Nov. 1953.) K. STEIN. 6370

Heinz Wübbenhorst, *Erfahrungen mit Dampfmantel-Gaserzeugern für Siemens-Martin-Öfen.* (Stahl u. Eisen **74.** 272—79. 25/2. 1954. Düsseldorf, Ausschuß für Wärmewirtschaft.) HOCHSTEIN. 6370

Pierre Nicolas, *Kann man die Gasdurchlässigkeit von zu feinem Sand durch Zusatz von Grobsand verbessern?* Die Durchlässigkeit eines zu feinen Sandes wird durch einen Grobsandzusatz nicht verbessert. (Fonderie **1954.** 3872—73. März.) HOCHSTEIN. 6382

A. J. Texter und **E. F. Kurzinski,** *Beheizung der verlorenen Köpfe mit Sauerstoff und Naturgas.* (Iron Age **169.** Nr. 7. 126—28. 14/2. 1952. McKeesport, Pa., Firth-Sterling Steel and Carbide Corp., und Newark, N. J., Linde Air Products Comp.) K. STEIN. 6382

Hubert Chappie, *Lineare Schrumpfung.* Erörterung der verschied. die freie Kontraktion von *Stahlguß*-Stücken behindernde Einfll., wie Konstruktion, Formsand, Form, Kerne, Verh. von grünem zu trockenem Sand, Ausstampfen der Form u. mehrmaliges Erhitzen eines Gußstückes. (Foundry **82.** Nr. 1. 100—03. Jan. 1954. Torrance, Calif., National Supply Co.) HOCHSTEIN. 6382

Fritz Naumann, *Die Anfertigung von Kokillengrauguß in gußeisernen Dauerformen.* Entw., Übersicht, Vorzüge u. Aussichten. (Metallurgie u. Gießereitechn. **4.** 118—24. März 1954. Dresden.) HOCHSTEIN. 6382

H. Jungbluth, *Gegossene Kurbel- und Nockenwellen.* Im Vgl. gegossener Kurbelwellen aus perlit. oder martensit., legiertem oder unlegiertem Material hat sich Gußeisen gegenüber Stahlguß durch geringere Anbruchneigung, höheres Dämpfungsvermögen u. bessere Gleiteigg. bewährt. Verschied. Formungsverff. werden besprochen. Für die fast stets gegossenen Nockenwellen werden einige Methoden der Erzielung gehärteter Nockenspitzen erörtert. (Gjuteriet **42.** 123—29. Aug. 1952. Karlsruhe, TH, Inst. für mechan. Technol.) R. K. MÜLLER. 6382

H. Fahlenbrach, *Die Dauermagnete und ihre Anwendung in der Praxis.* Erörterung der theoret. Grundlagen ferromagnet. Werkstoffe u. Überblick über die Entw. der verschied. Dauermagnetwerkstoffe sowie ihre prakt. Verwendung u. Berechnung. (Metall **7.** 413—21. Juni 1953. Essen.) HOCHSTEIN. 6388

Ss. T. Rosstowzew und **A. P. Jem,** *Die Kinetik der Tieftemperaturreduktion von Eisenerzen. Die Reduktion von chemisch reinem Eisenoxyd durch Wasserstoff.* Durchgeführte Unterss. der Red. von Fe_2O_3 durch H_2 bei Tempp. von 300—400° lassen erkennen, daß die Red. von Fe_2O_3 auch in diesem Gebiet in drei Stufen entsprechend dem Schema $Fe_2O_3 \rightarrow Fe_3O_4 \rightarrow FeO \rightarrow Fe$ verläuft. Aus den Unterss. werden für alle drei Reduktionsstufen die Werte E der Größe der Aktivitätsenergien berechnet u. mit den von anderen Forschern ermittelten Werten verglichen. (Доклады Академии Наук СССР [Ber. Akad. Wiss. UdSSR] **93.** 131—34. 1/11. 1953.) HOCHSTEIN. 6390

J. D. Walker und **E. N. Hower,** *Eindicken von Gichtstaubschlamm.* Angegeben werden die Art der Schlämme, ihr Geh. an festen Stoffen u. ihr Eindicken im CLARIFLOW-Eindicker. (Blast Furnace Steel Plant **42.** 57—61. Jan. 1954.) HOCHSTEIN. 6400

Ju. Ss. Ssuchartschuk und **M. P. Nikolaitschik,** *Das Schmelzen von nichtbrikettierten Spänen im Kupolofen.* Schmelzverss. zur Herst. von *Gußeisen* im Kupolofen unter Verwendung von nichtbrikettierten Spänen in der Beschickung ergeben, daß die Beschickung des Ofens bis zur Gichtöffnung durchzuführen ist u. immer nur kleinere Aufgaben zu machen sind. Zur Herst. eines Gußeisens mit 3,3—3,4 (%) *C*, 2,2—2,4 *Si*, 0,7 bis 0,75 *Mn*, 0,14 *P*, 0,12—0,14 *S* wird folgende Gattierung angegeben: 40—45 (%) Roheisenmasseln, 35—30 Abfälle davon, 10—13 Gußbruch, 12—10 Gußeisenspäne, 2—1,5 Ferrosilicium aus dem Hochofen u. 1—0,5 Spiegeleisen. (Литейное Производство [Giessereiwesen] **1954.** Nr. 1. 30—31. Jan./Febr.) HOCHSTEIN. 6402

N. M. Warfolomejew und **D. M. Goldenberg,** *Flüssige Modifizierung von Gußeisen.* Es werden die erprobten Verff. zur fl. Modifizierung von Gußeisen erörtert u. Angaben über die bei jedem Verf. erreichbaren Festigkeitseigg. des erzeugten Gußeisens gemacht. (Литейное Производство [Giessereiwesen] **1953.** Nr. 3. 14. März.) HOCHSTEIN. 6402

A. Nagel, *Das Schalen von weißem Temperguß.* Die vom Temperguß leicht abplatzende Schalung wird durch einen zu hohen CO_2-Geh. in den Tempergasen bewirkt. Unter der Oberfläche der Schale sind große Eisenoxydanhäufungen in Form von Kristalliten vorhanden, die innerhalb der Schale in Richtung des Gußkernes immer kleiner u. feiner werden. An der Grenze zwischen gesundem Guß u. Schale ist ein Perlitsaum, der auch Sulfide umschließt. Der Vorgang der Schalenbldg. wird erörtert; Verhütungsmaßnahmen, wie Vermeidung eines CO_2-Überschusses u. einer zu schnellen Aufheizung, werden vorgeschlagen. (Giessereipraxis **70.** 299—300. 25/8. 1952.) HOCHSTEIN. 6406

P. I. Russin, *Umwandlungen beim Erhitzen von ferritischem Tempergußeisen durch hochfrequente Ströme.* Unterss. an Temperguß mit 2,8 (%) *C*, 1,09—1,13 *Si*, 0,37 *Mn*, 0,144 *S* u. 0,04 *Cr* zeigen, daß es bei geeigneter Auswahl des Temperaturgebietes bei Hochfrequenzerhitzung möglich ist, in kurzer Zeit (5—7 Sek.) eine bzgl. der Temperkohle ausreichende Sättigung des Austenits zu erhalten. Die günstigsten Ergebnisse werden bei einer Erhitzung des Tempergusses auf 1050—1060° erzielt. Je größere C-Nester je Flächeneinheit auftreten, um so schneller verläuft die Sättigung des Austenits, u. um so gleichmäßiger verteilt sich der C in der festen Lösung. (Вестник Машиностроения [Nachr. Maschinenbau] **32.** Nr. 9. 36—38. Sept. 1952.) HOCHSTEIN. 6406

E. G. Hill, *Verwendung von Sinter in der Siemens-Martin-Ofen-Beschickung.* Aus einem Sintergemisch, bestehend aus 63,80 (%) Feinerz Great Lakes, 5,82 Feinerz Itabire, 24,16 Walzenzunder u. 6,22 Anthrazit, wird auf einer DWIGHT-LLOYD-Anlage Sinter mit einem Gesamt-*Fe*-Geh. von 66,60 (%), ca. 24 *FeO*, 0,4 *Mn*, 0,25 *P*, 4,40 SiO_2, 0,4 *CaO*, 0,36 *MgO*, 0,50 *S* u. 0,10 *C* hergestellt u. als Teil einer SIEMENS-MARTIN-Ofen-Beschickung aufgegeben. Es werden ferner noch die chem. Zus. der Feinerze, ihre Festigkeitseigg. u. ihre Korngröße angegeben. (Blast Furnace Steel Plant **41.** 1434—36. 1438. Dez. 1953. Wheeling Steel Corp.) HOCHSTEIN. 6408

K. B. Valentine, *Gefüge und Eigenschaften einiger carbonitrierter Einsatzschichten.* Proben aus unlegiertem *Stahl* mit 0,24% C u. mehreren legierten Stählen werden durch verschied. Behandlungsweisen, wie Abweichungen in der Gaszus., der Ofentemp. u. der Abkühlungsart, carbonitriert u. bei stat. Beanspruchung sowie bei Dauerschlagbeanspruchung auf Kerbbiegefestigkeit untersucht. Es werden ferner die Neigung der Einsatzschicht zu Rißbildungen bei Dauerschlagbeanspruchung mit einer Kugel sowie die Härte u. das Gefüge der Einsatzschicht untersucht. (Metal Progr. **63.** Nr. 6. 97—103. Juni 1953. General Motors Corp.) HOCHSTEIN. 6408

Michael Apfelböck, *Das Schmelzen der technisch wichtigsten NE-Schwermetalle nach dem heutigen Stand der Technik.* Überblick über das Schmelzen, die physikal. u. chem. Vorgänge unter bes. Berücksichtigung der reversiblen u. irreversiblen Vorgänge, die Raffination des geschmolzenen Metalls, den Einfl. der Bauart u. der Führung der Schmelzöfen auf das Metall u. über die Temperaturkontrolle. (Metallurgie u. Giessereitechn. **3.** 459—69. Nov. 1953. Dresden-Dölzschen.) APEL. 6420

Ben H. Alexander, *Während des Sinterns auftretende Diffusionserscheinungen.* An zwei verschied., gleichzeitig auf eine Spule aufgewundenen Metalldrähten werden nach verschieden langer Erhitzung bei hohen Tempp. der Verlauf der Sinterung u. der Homogenisierung untersucht u. die von der Diffusion herrührenden dimensionalen u. geometr. Veränderungen gemessen. Die untersuchten Metallsysteme sind: *Ag–Cu, Cu–Ni, Ag–Au, Cu–Fe, Cu–Zn, Ag–Ni, Cu–W, Ag–Zn* u. *Au–Ni.* Obwohl eine vollkommene gleichförmige Bindung zwischen zwei Drähten aus dem gleichen Metall erhalten wird, tritt dies bei anliegenden Drähten aus verschied. Metallen nicht auf. Im letzteren Falle scheint sich eine Bindung durch eine bevorzugte Bewegung von einer bes. Atomart zu bilden, die bedingt, daß die Bindung asymmetr. ist. Die Geschwindigkeit, mit der sich eine Bindung zwischen zwei ungleichen Metallen bildet, ist etwa gleich der schnelleren der Bildungsgeschwindigkeiten der Bindung zwischen Metallen in gleichen Paaren. (J. Metals **191.** 95. Febr. 1951. Bayside, L. I., Sylvania Electric Products.) HOCHSTEIN. 6420

A. W. Schlechten und **R. F. Doelling,** *Die Vakuumbehandlung von Zinkschaum aus dem Parker-Prozeß auf einer Versuchsanlage.* Die Zn-Ansätze des PARKER-Verf. wurden unter Verwendung einer verkürzten PIDGEON-Retorte im Vakuum destilliert. Zn wurde hierbei bei Tempp. unter 800° entfernt u. konnte als ein Zn-Blech leicht durch Entfernung von der Ofenauskleidung zurückgewonnen werden. Die *Pb*-Dest. erfordert eine Temp. von ca. 950°, u. das anfallende Pb-Kondensat neigte dazu, an der dünnen Metallauskleidung festzuhaften. Der Endreinheitsgrad des Rückstandes wird nur durch nichtverdampfbare Metalle, wie *Cu*, bestimmt. Ein ausgeseigerter Zn-Ansatz wurde dest. u. hierbei ein Rückstand mit 95,7 (%) *Ag*, 2,4 *Fe*, 1,7 *Pb* u. 0,2 *Zn* erhalten, wobei dieser Rückstand 96,9% des Ag im Einsatz enthielt. (J. Metals **3.** 327—30. April 1951. Rolla, Missouri School of Mines and Metallurgy, u. Josephtown, Pa., St. Joseph Lead Co.) HOCHSTEIN. 6426

L. P. Davidson, R. K. Carpenter und **H. J. Tschirner,** *Umgekehrte Laugerei von Zink-Röstprodukten.* Bericht über die auf der AMERICAN ZINC CO. OF ILLINOIS mit einer erweiterten Anlage durch die umgekehrte Auslaugerei gewonnenen Ergebnisse. Vor- u. Nachteile des Verfahrens. (J. Metals **191.** 134—36. Febr. 1951. Monsanto, Ill., American Zinc Co. of Illinois.) HOCHSTEIN. 6426

G. Lorber, *Zinkstaub- und Traßverarbeitung in direkt beheizter Drehtrommel.* Der Zn-Staub u. -Traß wird in einer ausgemauerten Drehtrommel unter direkter Beheizung mit red. Flamme behandelt. Eine starke Oxydationswrkg. u. damit verbundene Metallverluste treten nicht ein, da sich auf dem Gut in der Trommel an der Oberfläche eine schnell an metall. Zn verarmende mehlartige u. spezif. leichtere Schicht bildet, die bei den Drehbewegungen immer an der Oberfläche bleibt u. so die darunterliegenden Partikel vor den Einwirkungen der Flamme weitgehend schützt. Der Gesamtzinkverlust beträgt höchstens 0,1—1,0%. (Metall **7.** 861. Nov. 1953. Nordenham.) APEL. 6426

H. Enzfelder, *Ein Beitrag zur Kennzeichnung und Beurteilung verschiedener Zinkstaubarten.* Zn-Staubarten mit 1. 0,25—50 (mm), 2. 0,10—0,25, 3. unter 0,10 u. 4. Hüttenzinkstaub unter 0,10 sowie 5. elektrolyt. hergestellter Zn-Staub unter 0,10 Körnung sollten auf ihre Zementationswrkg. bei der Ausfällung von Fremdmetallen (Cu, Cd, Ni, Co) aus Zn-haltigen Lsgg. untersucht werden. Der Vers. wurde an einer $CuSO_4$-Lsg. mit 0,2 g Cu/Liter bei 20° durchgeführt. Die Staubarten 1. u. 2. lagen in gleichem Maße am ungünstigsten, es folgten dann 3. u. 4., während 5. die besten Ergebnisse lieferte. — Schrifttumsangaben. (Berg- u. hüttenmänn. Mh. montan. Hochschule Leoben **98.** 234 bis 236. Nov. 1953. Gailitz.) APEL. 6426

K. Bayer, *Alte und neue Anwendungsgebiete des Zinks.* Überblick mit Schrifttumsangaben. (Metall **7.** 838—42. Nov. 1953. Düsseldorf.) APEL. 6426

G. Lieby, *Zinklegierungen als Gußwerkstoff.* Zusammenstellung der verwendbaren Legierungen u. ihrer Eigg., der gebräuchlichen Gießverff. u. Anwendungsbeispiele für Zn-Druckguß. (Metall **7.** 856—60. Nov. 1953. Stuttgart.) APEL. 6426

H. Schneider, *Über die Lebensdauer von Zinkblechen für Bedachungen.* Beschreibung von Teilen der Blechbedachung des Kölner Doms nach ca. 90jähriger Dauer. Angabe der Dicke u. chem. Zus. der Korrosionsschichten sowie der mechan. u. metallograph. Eigg. des Metalls. Die Bleche sind noch in einem Zustand, der keinen Austausch erfordert. — Schrifttumsangaben. (Metall **7.** 846—48. Nov. 1953. Stolberg/Rhld., Stolberger Zink Akt.-Ges.) APEL. 6426

B. Trautmann, *Zink für Dachdeckungen.* Beispiele von bewährten Zinkdachdeckungen im In- u. Auslande. (Metall **7.** 843—46. Nov. 1953. Köln-Marienburg.) APEL. 6426

P. G. Giles und **P. F. Kiddle,** *Hochwertige Leichtmetallegierungen.* Bes. für Flugzeuge mit Düsenantrieb u. Schallgeschwindigkeit werden Legierungen benötigt, die bei einer Zugfestigkeit gleich der der C-armen Ni-Cr-Stähle ein wesentlich höheres Verhältnis Festigkeit: Gewicht als die Al-Cu-Legierungen aufweisen. Diesen Anforderungen entsprechen weitgehend *Al-Zn-Mg-Cu*-Legierungen mit 4,0—8,5(%) Zn, <3 Cu, <4 Mg, <1 Mn, $<0,6$ Fe, $<0,6$ Si, <1 Cr u. Rest Al. (Aircraft Engng. **24.** 265 u. 273. Sept. 1952.) HAUG. 6446

G. A. Meersson, *Hartmetalle.* Allg. über die verschied. Hartmetalle u. ihre Anwendung. (Природа [Natur] **43.** Nr. 4. 45—51. April 1954.) LEBTAG. 6476

Friedrich Förster und **Kurt Stambke,** *Theoretische und experimentelle Grundlagen der zerstörungsfreien Werkstoffprüfung mit Wirbelstromverfahren.* 3. Mitt. *Verfahren mit Durchlaufspule zur quantitativen zerstörungsfreien Werkstoffprüfung.* (2. vgl. C. **1952.** 7565.) Ableitung der theoret. u. experimentellen Grundlagen, um das Wirbelstromverf. als quantitatives Meßverf. gebrauchen zu können, sowie Ableitung von Schaubildern u. Formeln zur quantitativen Auswertung der Meßergebnisse. Das Verf. eignet sich zur Verfolgung technolog. Verss., wie Zug- u. Ermüdungsversuche. (Z. Metallkunde **45.** 166—79. April 1954. Reutlingen.) HOCHSTEIN. 6480

Friedrich Förster, *Theoretische und experimentelle Grundlagen der zerstörungsfreien Werkstoffprüfung mit Wirbelstromverfahren.* 4. Mitt. *Praktische Wirbelstromgeräte mit Durchlaufspule zur quantitativen zerstörungsfreien Werkstoffprüfung.* (3. vgl. vorst. Ref.) Nach Erörterung allg. Grundlagen der Wirbelstromgeräte werden das Multitestgerät u. das Ellipsenverf. sowie seine Geräte beschrieben. (Z. Metallkunde **45.** 180—87. April 1954.) HOCHSTEIN. 6480

Friedrich Förster und **Helmut Breitfeld,** *Theoretische und experimentelle Grundlagen der zerstörungsfreien Werkstoffprüfung mit Wirbelstromverfahren.* 5. Mitt. *Die quantitative Rißprüfung von metallischen Werkstoffen mit der Durchlaufspule.* (4. vgl. vorst. Ref.) Erörtert wird der Einfl. der Rißtiefe, -lage u. -form auf die Wirbelstromanzeige. Auswertung von Modellversuchen. (Z. Metallkunde **45.** 188—93. April 1954.) HOCHSTEIN. 6480

Friedrich Förster, *Theoretische und experimentelle Grundlagen der zerstörungsfreien Werkstoffprüfung mit Wirbelstromverfahren.* 6. Mitt. *Die berührungsfreie Messung der Dicke und Leitfähigkeit von metallischen Oberflächenschichten, Folien und Blechen.* 1. Teil: *Theoretische Grundlagen.* (5. vgl. vorst. Ref.) Es werden die theoret. Grundlagen der Wirbelstrommessung flächenhafter Leiter (Bleche, Folien, Metalloberflächenschichten) zur quantitativen Messung der Leitfähigkeit, Dicke u. Permeabilität behandelt. (Z. Metallkunde **45.** 197—99. April 1954.) HOCHSTEIN. 6480

Friedrich Förster, *Theoretische und experimentelle Grundlagen der zerstörungsfreien Werkstoffprüfung mit Wirbelstromverfahren.* 7. Mitt. *Die magnetinduktive Rißprüfung von Stahl.* (6. vgl. vorst. Ref.) Es werden die theoret. Zusammenhänge bei der magnetinduktiven Stahlrißprüfung behandelt, u. es wird das Magnatest-D-Verf. erörtert. Die Erkennbarkeit von Stahlrissen u. die unterschiedliche Anzeige von Außen- u. Innenfehlern werden aufgezeigt. (Z. Metallkunde **45.** 221—26. April 1954. Reutlingen.) HOCHSTEIN. 6480

Friedrich Förster, *Theoretische und experimentelle Grundlagen der elektromagnetischen Qualitätssortierung von Stahlhalbzeug und Stahlteilen.* 1. Mitt. *Das magnetinduktive Verfahren bei alleiniger Berücksichtigung der Grundwelle.* Beschrieben wird das „Magnatest-Q"-Gerät. (Z. Metallkunde **45.** 206—11. April 1954. Reutlingen.) HOCHSTEIN. 6480

Friedrich Förster, *Theoretische und experimentelle Grundlagen der elektromagnetischen Qualitätssortierung von Stahlhalbzeug und Stahlteilen.* 2. Mitt. *Das Restfeldver-*

fahren. (I. vgl. vorst. Ref.) Es wird der Zusammenhang zwischen Restfeld u. Koerzititivkraft besprochen u. der apparative Aufbau von Geräten für Anwendung des Restfeldverf. gezeigt. (Z. Metallkunde **45.** 233–38. April 1954.) HOCHSTEIN. 6480

R. Haarmann, *Bemerkungen zum Angriff des flüssigen Zinks auf Eisen.* Behandelt werden Betriebsbeobachtungen über den Grad der flächigen Abtragung des Stahls durch fl. Zn, über Lochfraß u. Korngrenzenangriff. – 20 Abbildungen u. 7 Schrifttumsstellen. (Metall **7.** 406–12. Juni 1953. Mülheim/Ruhr.) MARKHOFF. 6538

Giuseppe Bianchi, *Anwendung elektrischer Modelle zur Untersuchung der Diffusionserscheinungen der durch verschiedenartige Belüftung hervorgerufenen Korrosion.* Nachprüfung der Möglichkeit der Anwendung elektr. Modelle, sowohl des „direkten" als auch des „konjugierten" Feldes auf die Diffusionserscheinungen, speziell die bei verschiedenartiger Belüftung hervorgerufene Korrosion von *Zn* in NaCl-Lösung. (Metallurgia ital. **45.** 123–27. April 1953. Mailand, Politecnico, Ist. Elletrochim., Chim Fis. Metallurgia.) RUMPF. 6540

Valentin Aage Møller & Co., Kopenhagen, Dänemark, *Herstellung von Formkörpern, besonders Gießhohlkernen und Belagschichten für Gießformen.* Man stellt die Formkörper aus einer Formmasse mit einem in der Wärme härtenden Bindemittel her. Hierzu trägt man auf dem vorgewärmten Modell zunächst die Formmasse auf, entfernt den Überschuß u. härtet das in der Formmasse enthaltene Bindemittel unter Wärmezufuhr aus. Wichtig ist die vorsichtige u. geregelte Zuführung der Wärme. (**Dän. P. 74 765** vom 31/5. 1950, ausg. 29/9. 1952.) JÜRGEN SCHMIDT. 6383

August Thyssen-Hütte Akt.-Ges. und **Hüttenwerke Phoenix Akt.-Ges.,** Duisburg (Erfinder: **Walter Eichholz,** Duisburg und **Theodor Kootz,** Dinslaken), *Herstellung von Stahl aus Roheisen durch Frischen mit Wind bei veränderlicher Badhöhe.* Während des Frischens, u. zwar vom Beginn der Entkohlung ab bis zum Ende der Entkohlung, wird die Badtemp. u. hierauf während der Entphosphorung der N_2-Geh. durch Veränderung der Höhe des Eisenbades über den Winddüsen derart gesteuert, daß die Blasdüsen tiefer oder flacher in das Bad eintauchen, je nachdem die Badtemp. zu hoch oder zu tief ist u. je nachdem ein höherer oder niedrigerer N_2-Geh. erwünscht ist. – Kurvenbild. (**D. B. P. 906 338** Kl. 18b vom 24/4. 1941, ausg. 11/3. 1954. Anmeldung bekanntgemacht 16/7. 1953.) HOCHSTEIN. 6409

Dortmund-Hörder-Hüttenunion Akt.-Ges. (Erfinder: **Alfred Schmidt**), Dortmund, *Herstellung von Chromstahl im basischen Siemens-Martin-Ofen unter Zufügung von chromhaltigem Schrott zum Einsatz,* dad. gek., daß mit einer dünnfl., hochreaktionsfähigen ersten Schlacke gearbeitet wird, die schwach bas., neutral oder schwach sauer eingestellt ist, u. daß diese erste Schlacke erst in dem Augenblick abgezogen wird, in dem Cr weitestgehend red. ist, wobei im Falle stärkerer Oxydation von Cr in der Einschmelzperiode in der Fertigmachperiode neben einer P-Oxydation gleichzeitig eine Cr-Red. erfolgt oder im Falle geringerer Oxydation von Cr in der Einschmelzperiode in der Fertigmachperiode eine starke Oxydation von P neben einer schwachen Oxydation von Cr erfolgt. – Kurvenschaubilder. (**D. B. P. 908 379** Kl. 18b vom 20/3. 1941, ausg. 5/4. 1954. Anmeldung bekanntgemacht 30/7. 1953.) HOCHSTEIN. 6411

Akt.-Ges. für Unternehmungen der Eisen- und Stahlindustrie (Erfinder: **Hans-Heinz Meyer, Heinz Schlechtweg** und **Hermann Fahlenbrach**), Essen, *Verwendung von Eisen–Chrom-Legierungen für magnetisch beanspruchte Gegenstände.* Verwendet wird eine Legierung mit mehr als 10% u. bis zu 40% *Cr*, Rest *Eisen* mit etwaigen üblichen Verunreinigungen, in der Cr teilweise durch *Mo* oder *W* oder beide mit der Maßgabe ersetzt worden ist, daß die Summe der genannten Legierungselemente stets mehr als 10% u. bis zu 40% beträgt, als Werkstoff für solche magnet. beanspruchten Gegenstände, die eine hohe Anfangspermeabilität u. gegebenenfalls geringe Wirbelstromverluste aufweisen müssen. (**D. B. P. 897 421** Kl. 18d vom 26/4. 1940, ausg. 19/11. 1953. **Zusatz zu D. R. P. 731 409; C. 1943. I. 2759.**) HOCHSTEIN. 6411

Gebr. Böhler & Co. Akt.-Ges., Wien, Österreich, handelnd durch die Zweigniederlassung Stuttgart-Untertürkheim, *Chrom–Mangan-Stähle für Gegenstände, deren Herstellung eine hohe Kaltbildsamkeit des Werkstoffes erfordert.* Es werden Stähle mit bis 0,4 (%) *C*, 15–25 *Cr*, 15–30 *Mn*, Rest Eisen mit den üblichen Verunreinigungen u. mit einem Gefüge aus Ferrit u. stabilem Austenit verwendet. Die Stähle können auch noch bis zu 5% *Cu* oder *Ni* enthalten. (**D. B. P. 908 740** Kl. 18d vom 22/4. 1939, ausg. 13/5. 1954. Anmeldung bekanntgemacht 19/6. 1941 sowie 5/3. 1953.) HOCHSTEIN. 6411

General Electric Co., New York, übert. von: **James D. Nisbet,** Schenectady, V. St. A., *Aushärtbare Stahllegierung* besteht aus 15–25(%) *Cr*, 25–35 *Ni*, 2,4–6 *Ti*,

0,05—0,75 *C*, Rest Eisen mit der Maßgabe, daß der Stahl O_2 u. N_2 in gebundener Form oder im freien Zustand nicht in Mengen über 0,02% besitzt. Der Stahl weist eine hohe Dauerstandfestigkeit bei Tempp. von 815° auf. — Kurvenschaubilder. (**A. P. 2 661 284** vom 27/6. 1951, ausg. 1/12. 1953.) HOCHSTEIN. 6411

Deutsche Edelstahlwerke Akt.-Ges. und **Kremo-Werke Gebr. Hermanns Metallwarenfabrik** (Erfinder: **Paul Schierbold, Karl Bungardt, Hans Joachim Rocha, Josef Hermanns** und **Theo Hermanns**), Krefeld, *Stahllegierung für Vorrichtungen, Geräte und dergleichen, die gegen die Fällbäder für die Viscose beständig sein müssen*, bes. keine Schwarzfärbung durch Bldg. schwarzer Sulfide zeigen dürfen. Die Stahllegierung enthält 17—30(%) *Cr*, 8—30 *Ni*, 0,5—3 *Mo* u. mindestens 36,93 *Fe*. Zweckmäßig enthält die Legierung unter 0,07 C, 20—30 Cr, 20—30 Ni, 0,5—3,0 Mo, Rest Eisen (vgl. D. B. P. 843 556; C. **1953.** 5250). Die Stahllegierung kann auch bei 0,07 C, 17—20 Cr, 1,5—3 Mo, 8—18 Ni nach 1—3 *Cu*, Rest Eisen, enthalten. Bei über 0,07% C werden zweckmäßig noch Carbidbildner, wie *Ti*, *Ta*, *Nb*, vorgesehen, wobei Ti mindestens dem fünffachen u. Ta u. Nb mindestens je dem sechsfachen C-Geh. entsprechen. (**Schwz. P. 294 302** vom 28/5. 1951, ausg. 16/1. 1954. D. Priorr. 20/12. 1948 u. 27/7. 1950.) HOCHSTEIN. 6411

Baker & Co., Inc., Newark, N. J. (Erfinder: **Harry J. Jones,** Irvington), V. St. A., *Stahl für Düsen zum Verspinnen von zähflüssigen organischen Stoffen, besonders von synthetischen Polyamiden oder anderen fadenbildenden Polymerisationsprodukten* besteht aus bis zu 0,5(%) *C*, 14—20, vorzugsweise 17—19, *Cr*, 0 bis höchstens 2 *Ni*, Rest Eisen mit den n. geringen Verunreinigungen an *Mn*, *Si*, *P*, *S*, *Mo* u. *Cu*. Zweckmäßig ist die Legierung nickelfrei u. enthält 0,1 C. Die aus diesem Stahl hergestellte Spinndüse ist sowohl gegenüber dem chem. Angriff der zähfl. Spinnstoffe als auch gegenüber dem durch die hindurchgepreßte zähfl. M. zu erwartenden Abreiben widerstandsfähig. (**D. B. P. 911 501** Kl. 18d vom 16/12. 1939, ausg. 17/5. 1954. Anmeldung bekanntgemacht 8/4. 1954. A. Priorr. 5/1. u. 13/4. 1939.) HOCHSTEIN. 6411

Patent-Treuhand-Gesellschaft für elektrische Glühlampen m. b. H., Heidenheim/Brenz (Erfinder: **Walther Dawihl,** Saarbrücken), *Herstellung eines bei hoher Temperatur gute Festigkeitseigenschaften aufweisenden Werkstoffes.* Beim Sintern der Pulvergemische nach den Zusatzpatenten 900 102 u. 900 103 wird an Stelle von reinem Fe-Pulver C-haltiges Eisenpulver mit 0,5—5%, zweckmäßig 1—4% C verwendet. Vorzugsweise dient hierzu gepulverter oder zerspanter Grauguß. Zweckmäßig wird die Sinterung in schwefelhaltiger Atmosphäre durchgeführt. (**D. B. PP. 907 418** Kl. 18b vom 18/5. 1943, ausg. 25/3. 1954. Anmeldung bekanntgemacht 30/4. 1953 [**Zusatz zu D. B. P. 900 102; C. 1954. 4478**] u. **907 419** Kl. 18b vom 19/5. 1943, ausg. 25/3. 1954. Anmeldung bekanntgemacht 3/6. 1953. **Beide Zusatz zu D. B. P. 900 103; C. 1954. 4478.**) HOCHSTEIN. 6475

General Aniline & Film Corp., V. St. A. (Erfinder: **George O. Altmann**), *Isolieren der Teilchen von ferromagnetischem Pulver.* Das Pulver wird mit einer Lsg. von Na_2SiO_3 u. einem *Kohlehydrat*, wie Zucker, behandelt u. getrocknet. Dann wird das Pulver mit *Aceton* befeuchtet, mit H_3PO_4 behandelt u. wieder getrocknet. Das Pulver eignet sich zur Herst. von Magnetkernen. (**F. P. 1 018 966** vom 5/5. 1950, ausg. 15/1. 1953. A. Prior. 1/6. 1949.) MARKHOFF. 6475

Comp. Générale du Duralumin et du Cuivre, Frankreich, *Elektrolytische Erzeugung von Kupferpulver.* Dem schwefelsauren Elektrolyten wird eine geringe Menge, ca. 0,002%, eines Benetzungsmittels zugesetzt. Der Zusatz verhindert das Festsetzen der Pulverteilchen auf der Kathode. (**F. P. 1 023 160** vom 9/8. 1950, ausg. 16/3. 1953.) MARKHOFF. 6475

Fried. Krupp Widiafabrik, Essen, *Hartmetall-Legierung und ihre Herstellung.* Die Legierung enthält *WC*, das mindestens zur Hälfte eine Korngröße unter 1 μ aufweist, u. höchstens 25% *Co*, das wenigstens zum Teil als δ-Phase vorliegt. Außer *WC* können noch andere harte Carbide, wie *Ti-*, *Ta-*, *Nb-*, *V-*, *Mo-*, *Cr-Carbid*, enthalten sein. Die Legierung wird durch Sintern ohne gleichzeitige Druckanwendung erhalten. (**Schwz. P. 292 474** vom 14/7. 1950, ausg. 2/11. 1953. D. Prior. 12/8. 1949.) W. HAUSWALD. 6477

Gebr. Böhler & Co. Akt.-Ges., Wien, Österreich, *Wärmebehandlung von Hartmetallcarbiden mit einem Hilfsbindemetall zur Herstellung eines gesinterten Hartmetalls mit erhöhter Zähigkeit.* Eine auf den Sintervorgang folgende 2—10std. Wärmebehandlung zwischen 600 u. 1000°, vorzugsweise zwischen 800 u. 900°, bewirkt eine Ausscheidung der während des Sinterns im Bindemetall, z. B. *Co*, aufgelösten *W-* u. *Ti-Carbide* u. erhöht so die Zähigkeit des Bindemetalls. Zweckmäßig besteht das beim Verf. zu verwendende Hartmetall zum Teil aus einer Korngröße von 0,5—2 μ u. zum anderen

Teil aus einer Korngröße von 2—5 μ, wobei die Anteile dieser beiden Korngrößen sich wie 1:3—3:1 verhalten. (**E. P. 702 101** vom 27/12. 1951, ausg. 6/1. 1954. Oe. Prior. 27/12. 1950.) HOCHSTEIN. 6477

Atlas-Werke Akt.-Ges., Bremen (Erfinder: **Herbert Closset**, Dortmund-Aplerbeck), *Härten von Werkstücken durch schnelle Abkühlung in einem Härtungsbad.* Das Härtungsbad bzw. das Werkstück im Härtungsbad oder beide werden der Einw. von Schallschwingungen, bes. Ultraschallschwingungen, unterworfen. Zweckmäßig wird das zu härtende Werkstück durch Kopplung mit der Strahlfläche von Schallschwingern selbst in Schwingungen versetzt. (**D. B. P. 911 265** Kl. 18c vom 12/2. 1943, ausg. 13/5. 1954. Anmeldung bekanntgemacht 5/6. 1952.) HOCHSTEIN. 6493

Siemens-Schuckertwerke Akt.-Ges., Berlin und Erlangen, *Blankkühlen von metallischem Gut, besonders Eisen und Stahl.* Beim Blankkühlen des Gutes in einem Schutzgas, das die Erzielung eines völlig blanken Prod. beeinträchtigende Bestandteile enthält, wird die Abkühlung so geführt, daß dem Glühgut in Anlauffarben ermöglichenden Temperaturbereich die Wärme entzogen wird, ohne daß dabei die Temp. das mit dem Glühgut in Berührung stehenden Gases an irgendeiner Stelle die Temp. der Glühgutoberfläche erheblich unter- oder überschreitet. Zweckmäßig wird die konvektionsfreie Kühlung des Glühgutes in einer Atmosphäre aus verbranntem Leuchtgas bei Tempp. von 800—100° durchgeführt, wobei die Temp. des Schutzgases die Glühgutoberflächentemp. nicht mehr als 20% unterschreitet. — Abbildungen. (**Schwz. P. 295 452** vom 6/9. 1944, ausg. 1/3. 1954. D. Prior. 3/8. 1943.) HOCHSTEIN. 6493

Eisenwerke Mülheim/Meiderich Akt.-Ges., Mülheim/Ruhr (Erfinder: **Friedrich Wilhelm Neuhaus**, Gelsenkirchen), *Herstellung eines für eine Metallpulverreduktion oder für einen Blankglühprozeß geeigneten Schwachgases.* Einem n. Leucht- oder Koksofengas wird ein Inertgas, z. B. N_2, in solcher Menge beigemischt, daß die Reduktionswrkg. des durch diese Zumischung gebildeten Schwachgases noch genügend groß ist, die Rußabscheidung aus dem geringen CH_4-Geh. prakt. aber nicht mehr störend in Erscheinung tritt. (**D. B. P. 905 615** Kl. 18c vom 4/12. 1943, ausg. 4/3. 1954. Anmeldung bekanntgemacht 24/1. 1952.) HOCHSTEIN. 6493

Kohle- und Eisenforschung G. m. b. H., Düsseldorf (Erfinder: **Wilhelm Püngel**, Dortmund), *Stahldraht für Stahlsaitenbeton.* Die nach dem Kaltziehen zunächst gerichteten u. dann bei Tempp. unter A_{C1} angelassenen Stahldrähte werden für Stahlsaitenbeton verwendet. Zweckmäßig werden solche Stahldrähte verwendet, deren Oberfläche durch die beim Anlassen an der Luft, in Salz-, Bleibädern oder dgl. eintretende Oxydation aufgerauht ist. (**D. R. P. 767 882** Kl. 18c vom 19/11. 1941, ausg. 17/5. 1954.) HOCHSTEIN. 6493

N. V. Philips' Gloeilampenfabrieken (Erfinder: **Albertus van der Lee**,) Eindhoven, Holland, *Weichlöten von auf galvanischem Wege mit einer Schicht eines der Metalle Zink und Cadmium bedeckten Eisengegenständen.* Das Löten wird an Gegenständen vorgenommen, deren Zn- oder Cd-Schicht, z. B. durch Behandeln in Cr-Salze enthaltenden Bädern, passiviert ist. Dabei ist wenigstens an den zu lötenden Stellen unter der passivierten Metallschicht eine Sn- oder Sn-Legierungsschicht mit mehr als 20% Sn angebracht. Auf diese Weise gelingt es auch bei passivierten Schichten einwandfreie Lötungen durchzuführen. (**D. B. P. 908 342** Kl. 49h vom 14/12. 1951, ausg. 5/4. 1954. Anmeldung bekanntgemacht 13/8. 1953. **F. P. 1 056 882** vom 14/12. 1951, ausg. 3/3. 1954. Beide Holl. Prior. 16/12. 1950.) VIER. 6505

Finsterwalder Maschinen G. m. b. H., Finsterwalde (Erfinder: **Reinhold Miksits**, Laxa, Schweden), *Lötmittel, besonders zum Hartlöten von Aluminium oder Aluminiumlegierungen* besteht aus einer pulverisierten Al–Si-Legierung mit einem F. von höchstens ca. 580°, aus Flußmittel u. aus einem z. B. wss. oder alkal. Lösungsm., wobei das Lötmittel spritzfähige oder tauchfähige Viscosität aufweist. Dem Lötmittel können andere Metalle zum Herabsetzen des F. zugesetzt werden. Das Lötmittel wird zum Verlöten von Nähten bei Wärmeaustauschern aus Leichtmetall angewendet. — Beispiel: 100 (g) pulverisierte *Al–Si*-Legierung, enthaltend ca. 8% *Cu*, 100 Flußmittel, bestehend aus *LiCl*, *NaCl* u. *Kryolith* u. 200—300 cm³ alkoh. Lösungsmittel. (**D. B. P. 909 789** Kl. 49h vom 26/7. 1944, ausg. 26/4. 1954. Anmeldung bekanntgemacht 10/9. 1953.) VIER. 6505

United States of America, übert. von: **John A. De Rosa**, Brooklyn, und **Chester A. Snell**, New York, N. Y., V. St. A., *Lötmittel*, bestehend aus 70 (Gewichtsteilen) *Lanolin* u. 30 *Monoamylester der Orthophosphorsäure* oder der *Orthophosphorigen Säure*, die in das geschmolzene wasserfreie Lanolin eingerührt werden. (**A. P. 2 658 846** vom 12/12. 1951, ausg. 10/11. 1953.) VIER. 6505

Universum-Film Akt.-Ges., Berlin, *Ablösen dünner Metallschichten von ihren Unterlagen.* Als Lösungsm. wird *Nitrobenzol* oder eine *Mononitroverb.* der Homologen des *Bzl.* verwendet. (**D. B. P. 908 695** Kl. 48d vom 12/10. 1939, ausg. 8/4. 1954. Anmeldung bekanntgemacht 3/6. 1953.) MARKHOFF. 6513

Henkel & Cie. G. m. b. H., Düsseldorf, *Entrostungsmittel* besteht aus einem Gemisch mindestens eines *Alkalibisulfates*, eines *Alkaliphosphites* u. eines Korrosionsschutzmittels. — Z. B. werden rostige Fe-Teile in eine 10%ig. Lsg. eines Gemisches aus 68(%) $NaHSO_4$, 30 Na_3PO_3 u. 2 *Chinolin* eine Std. gelegt. (**Schwz. P. 294 351** vom 5/8. 1944, ausg. 16/1. 1954. D. Prior. 7/10. 1943.) MARKHOFF. 6513

Deutsche Edelstahlwerke Akt.-Ges., Deutschland, *Entfernen von Oxydschichten von Eisen-, Stahl und anderen Metallegierungen.* Die Gegenstände werden in eine Schmelze von $NaOH$ oder Na_2O, gemischt mit *Na*, getaucht, dann mit W. abgespült u. zum Schluß kurz in einer Säure gebeizt. Bei der Behandlung wird die Oberfläche gebürstet oder Schall- u. Ultraschallschwingungen ausgesetzt. Die eigentliche Metalloberfläche wird bei dem Verf. nicht angegriffen. (**F. P. 1 026 338** vom 20/10. 1950, ausg. 27/4. 1953. D. Prior. 12/1. 1950.) MARKHOFF. 6513

Soc. An. Orfèvrerie Christofle (Erfinder: **Jean Loiseleur**), Paris, Frankreich, *Entfetten und Schützen eines neuen, soeben hergestellten Gegenstandes aus Silber in einem Arbeitsgang.* Der Gegenstand wird in ein Entfettungsbad getaucht, das in einer Konz. von 0,5—10% einen Zusatz einer zweiwertigen anorgan. oder organ. *Sn-Verb.* enthält. (**D. B. P. 910 862** Kl. 48d vom 25/8. 1951, ausg. 6/5. 1954. Anmeldung bekanntgemacht 24/9. 1953. F. Prior. 3/7. 1951.) MARKHOFF. 6513

Dow Chemical Co., übert. von: **Herbert De Long**, Midland, Mich., V. St. A., *Nachbehandlung elektrolytisch überzogener, gegossener Magnesiumgegenstände* besteht in der Erhitzung der Gegenstände auf 250—450° F (121—232° C) während 4—16 Stunden. Verhinderung des Abplatzens des Überzugs. (**A. P. 2 661 329** vom 13/4. 1951, ausg. 1/12. 1953.) MARKHOFF. 6529

Robert Bosch G. m. b. H., Stuttgart (Erfinder: **Otto Jauch**, Ludwigsburg), *Erzeugen von fluoridhaltigen Schutzschichten auf Magnesium und seinen Legierungen.* Die Schichten werden durch Tauchen oder kathod.-galvan. Behandlung in Nichtalkalisalzen *komplexer Fluorwasserstoffsäuren* oder solche Säuren selbst enthaltenden wss. Lsgg. mit einer Konz. von mindestens 400 g/Liter erzeugt. (**D. R. P. 764 929** Kl. 48d vom 10/11. 1938, ausg. 5/4. 1954.) MARKHOFF. 6529

Soc. Continentale Parker, Frankreich, *Verbessern des Ziehens von Drähten, bes. aus Eisen und Stahl.* Die Drähte werden mit einer bis 5 μ starken *Phosphat*-Schicht überzogen. Als Behandlungslsg. sollen Chlorat enthaltende Lsgg. verwendet werden, in denen das Verhältnis $P_2O_5:ClO_3$ zwischen 1:0,1 u. 1:1, bes. zwischen 1:0,3 u. 1:0,6 liegt. (**F. P. 1 030 189** vom 11/3. 1950, ausg. 10/6. 1953.) MARKHOFF. 6533

Industrie-Werke Karlsruhe Akt.-Ges., Karlsruhe (Erfinder: **Georg Dahlke** und **Josef Pawlak**, Berlin), *Erzeugen einer mechanisch und elektrisch hochwertigen Phosphatschicht auf Kupfer und Kupferlegierungen.* Die zu phosphatierenden Körper werden in einer mit A. oder A./W. unter 3%, bis zu 0,5%, verd. $FeCl_3$-Lsg. vorbehandelt u. danach phosphatiert. (**D. B. P. 911 205** Kl. 48d vom 23/2. 1941, ausg. 10/5. 1954. Anmeldung bekanntgemacht 27/8. 1953. **Zusatz zu D. R. P. 727 649; C. 1954. 412.**) MARKHOFF. 6533

Gesellschaft für Linde's Eismaschinen Akt.-Ges. (Erfinder: **Richard Weber** und **Karl Wilhelm Sorg**), Wiesbaden, *Korrosionshemmender Zusatz zu ammoniakalischen Lösungen in eisernen Behältern* besteht aus solchen Metallen oder O-haltigen Metallverbb., die sich unter Komplexbldg. in überschüssigem NH_3 lösen, wie *Zn*, *Cd* oder *Cu*, oder deren Verbb. mit O. (**D. B. P. 909 882** Kl. 48d vom 8/11. 1952, ausg. 26/4. 1954. Anmeldung bekanntgemacht 10/9. 1953.) MARKHOFF. 6539

Shell Development Co., San Francisco, Calif., übert. von: **Wilfrid W. Newschwander**, Ellensburg, Wash., V. St. A., *Mittel zur Korrosionsverhütung in Verpackungen* besteht aus 0,01—5 g/sq.ft. eines der isomeren *Nitrobenzaldehyde*, bes. *m-Nitrobenzaldehyd*, oder ihrer niedrigen Alkylderivate. (**A. P. 2 662 808** vom 2/5. 1949, ausg. 15/12. 1953.) MARKHOFF. 6539

C. G. Conway, Heat-resisting steels and alloys; a concise data book giving the high-temperature properties of commercial steels and alloys. New York: Van Nostrand. 1954. (167 S., Diagr.) $ 5,—.

G. L. Miller, Zirconium. New York: Academic Press. 1954. (400 S. m. Abb.) (Metallurgy of rarer metals, no. 2) $ 7,50.

A. H. Sully, Chromium. New York: Academic Press. 1954. (284 S. m. Abb.) $ 5,50.

IX. Organische Industrie.

Texas Co., New York, übert. von: **Lebeus C. Kemp**, Scarsdale, N. Y., V. St. A., *Schwere (Deutero-) Kohlenwasserstoffe* gewinnt man durch Rk. von CO mit den Isotopen des H_2 (*Deuterium, Tritium*) in Ggw. von Metallen der Fe-Gruppe wie Fe, Co, Ni, Ru mit Zusätzen, z. B. der Oxyde des Al, der Alkalien u. Erdalkalien bei hohen Tempp. u. Drucken. Entsprechend den Reaktionsbedingungen erhält man z. B. mit einem Fe-Katalysator im Wirbelschichtverf. bei 650° (F) u. 200—500 lbs./sq.in. fl. KW-stoffe, entsprechend der Gasolinfraktion; mit Co bei 350—400° u. 1—75 lbs./sq.in. oder höher erhält man vornehmlich Deuterowachs-KW-stoffe, die bes. durch Extraktion aus dem Reaktionsraum gewonnen werden. Zur Herst. des Synthesegases wird CO_2 mit Kohle zu CO umgesetzt. Ein Teil des CO wird anschließend mit D_2O in einer wassergasähnlichen Rk. zu CO_2 u. D_2 umgesetzt, das CO_2 entfernt u. zur Herst. von CO verwandt. D_2 u. verbliebenes CO werden im mol. Verhältnis von mindestens 1:1—3:1 u. mehr in der katalyt. Reaktionszone zu KW-stoffen u. D_2O umgesetzt. D_2O u. nichterwünschte KW-stofffraktionen werden bei hohen Tempp. zu D_2 u. CO reformiert u. gelangen in den Syntheseraum. Die W.-Gas-Rk. wird bei Tempp. von 400—900°, bes. in Ggw. von Fe-Katalysatoren, versehen mit Beschleunigern, Stabilisatoren wie den Oxyden des Ca, K u. Mg, oder Kaliumsilicat durchgeführt. — Zeichnung. (**A. P. 2 577 017** vom 23/11. 1948, ausg. 4/12. 1951.) G. KÖNIG. H 500

Phillips Petroleum Co., übert. von: **Donald J. Quigg**, Bartlesville, Okla., und **Carl E. Alleman**, Cactus, Tex., V. St. A., *Umwandlung von Kohlenwasserstoffen.* Das Cracken von Leicht-KW-stoffen, z. B. zu *Äthylen*, erfolgt in besonderen Wärmeaustauschern, deren Füllmaterial mit heißen Gasen aufgeheizt wird, das dann in einer Reaktionszone mit den KW-stoffen in Berührung gebracht wird. Die gebildeten Reaktionsprodd. werden mit Füllmaterial von niedriger Temp. durch Wärmeaustausch gekühlt u. abgezogen. — Vorr., 2 Zeichnungen. (**A. P. 2 572 758** vom 24/10. 1949, ausg. 23/10. 1951.) KRAUSS. H 520

United States Rubber Co., New York, N. Y., übert. von: **Elbert C. Ladd** und **Seaphes D. Shinkle**, Passaic, N. J., V. St. A., *Trihalogenmethylalkene* erhält man durch selektive Dehydrohalogenierung von 1.1.1.3-Tetrahalogenalkanen $X_3CCHRCR'R''Y$ (X = Cl, Br, R, R′, R″ = H, KW-stoffrest) mit 1—2 Mol starker Alkalien oder Erdalkalien bei 0—100°. — 1.1.1.3-Tetrachlorpropan + 85%ig. KOH in 95%ig. A. → *3.3.3-Trichlorpropen* (I), $Kp._{103}$ 44—45,5°; n_D^{20} 1,4678; $D.^{20}_{20}$ 1,3322; Mol.-Refr. 30,38 (neben wenig *1.1.3-Trichlorpropen*, $Kp._{103}$ 74—75°; n_D^{20} 1,4960; $D.^{20}_{20}$ 1,3982), daraus mit Br_2 1.1.1-Trichlor-2.3-dibrompropan, $Kp._{4,5}$ 85°; n_D^{20} 1,5633. — 3-Brom-1.1.1-trichlorpropan → I. — 1.1.1.3-Tetrachlorbutan → *1.1.1-Trichlor-2-buten*, $Kp._{103}$ 79,8 bis 80,3°; n_D^{20} 1,4819; $D.^{20}_{20}$ 1,2859. — 1.1.1.3-Tetrachlor-3-methylbutan → *4.4.4-Trichlor-2-methyl-1-buten*, $Kp._{103}$ 89—91°; n_D^{20} 1,4747; $D.^{20}_{20}$ 1,2398; Mol.-Refr. 39,36. — 2-Brom-4.4.4-trichlor-1-butanol → *1.1.1-Trichlor-3.4-epoxybutan*, $Kp._{25}$ 79—81°, n_D^{20} 1,4813; $D.^{20}_{20}$ 1,4260; Mol.-Refr. 35,04, + *4.4.4-Trichlor-2-butenol*, $Kp._1$ 64—65°; n_D^{20} 1,5043. — 2-Brom-4.4.4-trichlorbutylacetat → *4.4.4-Trichlor-2-buten-1-ol* + *4.4.4-Trichlor-1.2-epoxybutan.* — 2-Brom-4.4.4-trichlor-2-methylbutylacetat → *1.1.1-Trichlor-3.4-epoxy-3-methylbutan*, $Kp._5$ 50—52°, + *4.4.4-Trichlor-2-methyl-2-butenolacetat*, $Kp._{2,7}$ 98—106°. — *3.3.3-Tribrompropen.* — *3-Brom-3.3-dichlorpropen.* — *3.3-Dibrom-3-chlorpropen.* — *4.4.4-Trichlor-1-buten.* — *1.1.1-Trichlor-2-* bzw. *-4-hexen.* — *1.1.1-Trichlor-2-* bzw. *-3-nonen, -undecen.* — *1.1.1-Trichlor-2-methyl-2-buten.* — *4.4.4-Trichlor-3-methyl-1-buten.* — *1.1.1.5.5.5-Hexachlor-3-methyl-2-penten.* — *1.1-Bis-(β.β.β-trichloräthyl)-äthylen.* — *7.7.7-Trichlor-1.5-* bzw. *-1.4-heptadien.* — *3.3.3-Trichlor-1-cyclohexylpropen.* — *3.3.3-Trichlor-1-phenylpropen.* — *p-(3.3.3-Trichlor-1-propenyl)-chlorbenzol.* — *p-(3.3.3-Trichlor-1-propenyl)-N-dimethylanilin.* — *p-(3.3.3-Trichlor-1-propenyl)-benzonitril.* — *p-(3.3.3-Trichlor-1-propenyl)-anisol.* — *2.4-Dichlor-(3.3.3-trichlor-1-propenyl)-benzol.* — *p-(3.3.3-Trichlor-1-propenyl)-nitrobenzol.* — *p-(3.3.3-Trichlor-1-propenyl)-toluol.* — *1.1.1-Trichlor-3-phenyl-2-buten.* — *α-Trichlormethylstilben.* — *3.3.3-Trichlor-1.1-diphenylpropen.* — *4.4.4-Trichlor-2-butenylbenzol.* — *4.4.4-Trichlor-1-butenylbenzol.* — *3.3.3-Trichlor-1-(2-naphthyl)-propen.* — *γ.γ.γ-Trichlorcrotonsäure.* — *12.12.12-Trichlor-10-dodecensäure.* — *γ.γ-Dibrom-γ-chlor-α-methylcrotonsäure, Methylester.* — *α-(2.2-Dibrom2-chloräthyl)-acrylsäure.* — *γ.γ.γ-Trichlorcrotonamid.* — *Äthyl-3.3.3-trichlor-1-propenyläther.* — *3.3.3-Trichlor-1.1-diäthoxypropen.* — *β-Chloräthyl-3.3.3-trichlor-1-propenyl-äther.* — *3.3.3-Trichlor-1-propenylvinyläther.* — *β-Methoxyäthyl-3.3.3-trichlor-1-propenyläther.* — *1.1.1-Trichlor-3-methoxy-* bzw. *-4-äthoxy-2-buten.* — *4.4.4-Trichlor-1-äthoxy-1-buten.* — *2-Trichlormethyl-1.4-diäthoxy-2-buten.* — *Phenyl-3.3.3-trichlor-1-propenyläther.* — *p-Chlorphenyl-3.3.3-trichlor-1-propenyläther.* — *Cyclohexyl-3.3.3-trichlor-1-propenyläther.* — *Benzyl-3.3.3-trichlor-1-propenyläther.* —

Äthyl-3.3.3-trichlor-1-propenylsulfid. — *β-Chloräthyl-3.3.3-trichlor-1-propenylsulfid.* — *3.3.3-Trichlor-1-propenylvinylsulfid.* — *4.4.4-Trichlor-2-buten-1-thiol.* — *1.1.1-Trichlor-3.4-butylensulfid.* — *4.4.4-Trichlor-2-methyl-2-butenyläthylsulfid.* — *4.4.4-Trichlor-2-(äthylthiomethyl)-buten.* — *4.4.4-Trichlor-2-butennitril.* — *4.4.4-Trichlorcrotonsäure.* — *5.5.5-Trichlor-3-* bzw. *-2-pentennitril.* — *2-Trichlormethyl-2-butendinitril.* — *2-Trichlormethyl-2-butendisäure.* — *(2.2.2-Trichloräthyliden)-malonnitril.* — *3.3.3-Trichlorpropenylacetat.* — *3.3.3-Trichlorpropionaldehyd.* — *4.4.4-Tribrom-2-buten-2-ylacetat.* — *4.4.4-Tribrom-1-buten-2-ylacetat.* — *4.4.4-Tribrom-2-butanon.* — *1.1-Diacetoxy-3.3.3-trichlorpropen.* — *3.3.3-Trichlor-1-propenylbenzoat* bzw. *-dithiobenzoat.* — *3.3.3-Trichlorpropanthial.* — *4.4.4-Trichlor-2-butenylacetat.* — *4.4.4-Trichlor-2-butenylbenzoat* bzw. *-p-chlorbenzoat.* — *4.4.4-Trichlor-1-butenyl-p-chlorbenzoat.* — *2-(3.3.3 Trichlor-1-propenyl)-pyridin,* bzw. *-furan,* bzw. *-thiophen.* — *4-(3.3.3-Trichlor-1-propenyl)-cyclohexen.* — *5.5.5-Trichlor-3-penten-2-on.* — *5.5.5-Trichlor-3-methyl-3-penten-2-on.* — *5.5.5-Trichlor-3-methylen-2-pentanon.* — *4.4.4-Trichlor-2-butenal.* — *4.4.4-Trichlor-2-butenylamin.* — *N.N-Dimethyl-4.4.4-trichlor-2-butenylamin.* — *N-(4.4.4-Trichlor-2-butenyl)-anilin.* Zwischenprod., bes. zur Herst. von Polymeren. (**A. P. 2 561 516** vom 20/2. 1948, ausg. 24/7. 1951.) KRAUSS. H. 520

United States Rubber Co., New York, N. Y., V. St. A., *1.1.3-Trihalogenolefine* $X_2C{=}CR{-}CXR'R''$ erhält man durch Behandeln von Halogenolefinen $X_3C{-}CR{=}CR'R''$ (X = Br, Cl, R, R', R'' = H, CH_3, Phenyl, Carboxyl, Carbalkoxy, Carbaryloxy, Carbaralkoxy, Carbonitril, Carbamyl, Carboxyalkyl, Acyloxyalkyl oder R'' = Alkyl, Aryl, Alkenylalkyl, Aralkyl) bei —50 bis 200° mit 0,1—5% eines sauren Katalysators ($FeCl_3$, $ZnCl_2$, BF_3, H_2SO_4). — Aus 3.3.3-Trichlorpropen in Eisessig in Ggw. von konz. H_2SO_4 nach 22std. Erhitzen → *1.1.3-Trichlorpropen*, $Kp._{51}$ 61—63°; n_D^{20} 1,4961; $D.^{20}_{20}$ 1,3965. — 3.3.3-Tribrompropen → *1.1.3-Tribrompropen.* — $Cl_3CCH{=}CH{-}CH_3$ → $Cl_2C{=}CHCHClCH_3$. — $Cl_3CCH{=}CH{-}(CH_2)_5{-}CH_3$ → $Cl_2C{=}CHCHCl\cdot(CH_2)_5CH_3$. — $Cl_3CCH{=}CHCH_2OCOCH_3$ → $Cl_2C{=}CHCHClCH_2OCOCH_3$. — $Cl_3\cdot CCH{=}CHC_6H_5$ → $Cl_2C{=}CHCHClC_6H_5$. $Cl_3CC(C_6H_5){=}CHC_6H_5$ → $Cl_2C{=}C(C_6H_5)\cdot CHClC_6H_5$. — $Cl_3CCH{=}C(C_6H_5)_2$ → $Cl_2C{=}CHCCl(C_6H_5)_2$. — $Br_3CCH{=}CHC_6H_4Cl$ → $Br_2C{=}CHCHBrC_6H_4Cl$. — $Cl_3CCH{=}CHCOOH$ → $Cl_2C{=}CHCHClCOOH$. — $Cl_3\cdot CCH{=}CH(CH_2)_2COOH$ → $Cl_2C{=}CHCHCl(CH_2)_2COOH$. — $Cl_3CCH{=}CH(CH_2)_8\cdot COOH$ → $Cl_2C{=}CHCHCl(CH_2)_8COOH$. — $Cl_3CC(COOH){=}CHCOOH$ → $Cl_2C{=}C(COOH)CHClCOOH$. — $Cl_3CC(CH_2COOCH_3){=}CHCH_2COOCH_3$ → $Cl_2C{=}C(CH_2\cdot COOCH_3)CHClCH_2COOCH_3$. — $Cl_3CCH{=}CHCN$ → $Cl_2C{=}CHCHClCN$. (**E. P. 660 475** vom 17/2. 1949, ausg. 7/11. 1951. A. Prior. 30/4. 1948.) KRAUSS. H 520

Badische Anilin- & Soda-Fabrik Akt.-Ges., Ludwigshafen/Rh. (Erfinder: **Hans Krzikalla**, Heidelberg), *Herstellung von Dihalogenbutanoxyden*, dad. gek., daß man auf 1.4-Dihalogen-2-butene oder ihre Homologen HOCl oder HOBr oder deren Ester einwirken läßt u. aus den so erhaltenen Trihalogenbutanolen durch Behandlung mit alkal. wirkenden Stoffen Halogenwasserstoff abspaltet. — 1.4-Dichlorbuten-(2) ergibt, in wss. Lsg. mit Cl_2 bei n. Temp. behandelt, *1.2.4-Trichlorbutanol-(3)*, $Kp._1$ 103—104°; dieses wird mit $Ca(OH)_2$ in *Dichlorbutanoxyd* übergeführt, $Kp._{1,8}$ ca. 50°. (**D. B. P. 906 452** Kl. 12o vom 21/12. 1941, ausg. 15/3. 1954.) G. KÖNIG. H 560

Badische Anilin- & Soda-Fabrik Akt.-Ges., Ludwigshafen/Rh., *Umwandlung von niedrigmolekularen Olefinen* mit einem tert. C-Atom im Mol. in Äther, dad gek., daß man die Olefine bei Tempp. < ca. 150° mit einer Lsg. oder Suspension von Halogeniden von Zn, Fe, Cr, Ni oder Cu oder ihren Mischungen in einem Alkohol behandelt. Inerte Lösungsmittel für die KW-stoffe, z. B. Isooctan, können Anwendung finden. — Isobutylen (**I**) ergibt mit Methanol u. wasserfreiem $FeCl_3$ *Methyl-tert.-butyläther*; mit A. erhält man *Äthyl-tert.-butyläther* u. mit Äthylenglykol den bei 50—170° sd. *Di-tert.-butyläther.* (**D. B. P. 906 453** Kl. 12o vom 15/6. 1941, ausg. 15/3. 1954.) G. KÖNIG. H 560

Union Carbide & Carbon Corp., übert. von: **Raymond I. Hoaglin**, South Charleston, und **Donald H. Hirsh**, Charleston, W. Va., V. St. A., *1-Alkenyläther* erhält man durch Erhitzen eines Alkenyläthers eines prim. Alkanols mit einem anderen Alkanol auf 250 bis 450° in Ggw. eines Katalysators (Ni, Ag, Pd, Pt, Th-Oxyd, Al_2O_3, blaues W-Oxyd, Mn-Oxyd, Fullererde, gebrannter Ton, Silicagel, Asbest, Feldspat, Zeolithe, natürliche u. synthet. Aluminatsilicate, Diatomeenerde) nach dem Reaktionsschema: $CHR{=}CHOR_1 + R_2OH \rightarrow CHR{=}CHOR_2 + R_1OH$. — Aus 1 (Mol) Vinylbutyläther u. 2 Äthanol bei 310—320° in Ggw. von mit 2%ig. NaOH behandelter Diatomeenerde → *Vinyläthyläther* (**II**). — Diäthylacetal (**I**) + Butanol → *Vinylbutyläther.* — **I** + 2-Äthylhexanol → *Vinyl-2-äthylhexyläther* (Ausbeute 70%) + **II** (Ausbeute 23%). — **I** + Undecanol (= 5-Äthyl-2-nonanol) → *Vinyl-1-methyl-4-äthyloctyläther*, $Kp._{1,5}$ 68°,

D.$^{20}_{15,6}$ 0,816. — II + 4 Methyl-2-pentanol → *Vinyl-1.3-dimethylbutyläther*, Kp.$_{50}$ 47°, D.$^{20}_{15,6}$ 0,780. — I + Hexanol → *Vinylhexyläther*. — 1-Butenyläthyläther + Methanol → *1-Butenylmethyläther*. (**A. P. 2 566 415** vom 11/8. 1948, ausg. 4/9. 1951.)

KRAUSS. H 560

United States Rubber Co., New York, N. Y., übert. von: **Morris S. Kharasch**, Chicago, Ill., V. St. A., *Ungesättigte Aldehyde oder Ketone* erhält man durch Hydrolyse von Addukten aus ungesätt. organ. Verbb. (**I**), enthaltend die endständige $CH_2{=}C\langle$-Gruppe, mit halogenierten KW-stoffen, die 2 Cl- u. 1 Br-Atom an einem endständigen C-Atom enthalten. Bei der Adduktbldg. kann man chem. Strahlen oder Hitze (20 bis 150°) oder Verbb., welche die C_2H_4-Polymerisation beschleunigen, wie Peroxyde, anwenden. Dichlorbrommethan ergibt mit 1-Alkenen Addukte, die bei der Hydrolyse ungesätt. Aldehyde ergeben. KW-stoffe mit mindestens 2 C-Atomen, die an einem C-Atom 2 Cl- u. 1 Br-Atom besitzen, ergeben mit **I** Addukte, die bei der Hydrolyse ungesätt. Ketone geben. — Bromdichlormethan (**II**) mit C_3H_6 in Ggw. von Diacetylperoxyd bei 60° unter einem Propylendruck von 45 pounds ergibt 1.1-Dichlor-3-brombutan, Kp.$_{30}$ 75—76°, n_D^{20} 1,4912. Daraus erhält man mit Na-Glykolat, Ansäuern mit verd. HCl-Lsg. bei der Dest. im Vakuum *Crotonaldehyd*, F. des 2.4-Dinitrophenylhydrazon 189°. Es werden auf ähnliche Art ferner hergestellt: 1.1-Dichlor-3-bromnonan, Kp.$_{0,03}$ 65°, n_D^{20} 1,4842, daraus *2-Nonenal*, Kp.$_{0,2}$ 55—57°, n_D^{20} 1,4499, F. des 2.4-Dinitrophenylhydrazons 124°. 1.1-Dichlor-3-brom-3-methylbutan, Kp.$_{12}$ 75—78°, n_D^{20} 1,4960, ergibt *β.β-Dimethylacrolein*, Kp.$_{50}$ 60—70°, n_D^{20} 1,4446, braunes Öl, F. des 2.4-Dinitrophenylhydrazons 178°. — *1-Brom-3.3-dichlorpropylacetat*, Kp.$_{0,2}$ 58°, n_D^{20} 1,4782, daraus mit einer Lsg. des 2.4-Dinitrophenylhydrazins in A. enthaltend konz. Salzsäure behandelt, erhält man orangefarbene nadelförmige Kristalle entsprechend dem 2.4-Dinitrophenylhydrazon des *β.β-Dichlorpropionaldehyds*, F. 162 bis 162,5°, aus Äthanol. — Zwischenprodd. für die Herst. von Farbstoffen, Pharmazeutica, Parfümen u. plast. Massen. (**A. P. 2 574 832** vom 5/4. 1947, ausg. 13/11. 1951.)

G. KÖNIG. H 710

Standard Oil Development Co., Elizabeth, N. J., V. St. A., *Entwässerung von Methyläthylketon* (**I**). Man leitet das Gemisch aus **I** u. W. in eine Destillationszone (**II**), in der ein Druck von mindestens 1,4 at aufrechterhalten wird, kondensiert das Destillat, wobei das Kondensat sich in eine an **I** reiche u. eine an W. reiche Phase scheidet, trennt die Schichten, führt die **I**-reiche in **II** zurück u. nimmt im wesentlichen wasserfreies **I** als Nachlauf von **II** ab. — Schema. (**D. B. P. 914 851** Kl. 12o vom 29/10. 1949, ausg. 12/7. 1954. Anmeldung bekanntgemacht 27/12. 1951. A. Prior. 28/12. 1946.)

BRÖSAMLE. H 710

Imhausen & Co. G. m. b. H. und **Karl-Heinz Imhausen** (Erfinder: **Karl-Heinz Imhausen** und **Emil Keunecke**), Witten/Ruhr, *Gewinnung der bei der Kohlenwasserstoffoxydation im Abgas enthaltenen flüchtigen Anteile*, bes. niedermol. *Carbonsäuren* (**I**), durch Kühlung, dad. gek., daß die zu kühlende Abluft vor oder während der Abkühlung auf oder unter den Taupunkt des in ihr enthaltenen Wasserdampfs mit zur Neutralisation der **I** ausreichenden Mengen alkal. reagierender Stoffe wie NaOH, Na_2CO_3-Lsg. oder Kalkmilch behandelt wird u. gegebenenfalls aus dem Neutralisationsgemisch die **I**-Salze abgetrennt werden. (**D. B. P. 910 292** Kl. 12o vom 2/2. 1952, ausg. 29/4. 1954. Anmeldung bekanntgemacht 10/9. 1953.)

MÜLLER-MEININGEN. H 800

Geigy Co. Ltd., Manchester, England, *Herstellung von (Äthyl)-(1-methyl-n-butyl)-malonsäure-di-n-butylester* (**I**). Man mischt z. B. 324 (Teile) Malonsäure-di-n-butylester mit 271 1-Methyl-n-butylbromid bei 100°, setzt innerhalb 80 Std. bei 95—105° Na-Butylat (aus 38 Na u. 685 n-Butanol) zu u. rührt die phenolphthalein-alkal. Mischung noch einige Std. bei dieser Temp., kühlt auf Raumtemp., setzt 300 W. zu, extrahiert die wss. Schicht 2 mal mit Bzl., dest. dieses aus den Extrakten ab, gibt den Rückstand zur organ. Schicht u. erhält durch Dest. *1-Methyl-n-butylmalonsäure-di-n-butylester*, Kp.$_{0,6-0,7}$ 120—124°. — 286 dieser Verb. in 866 Toluol (**II**) gibt man zu CH_3ONa, das durch Eindampfen einer Lsg. von 23 Na in 240 CH_3OH bei 120°/20 mm erhalten wurde, u. erhitzt bei 95° bis zur Bldg. einer klaren Lösung. Anschließend dest. man über eine Kolonne, bis die Kopftemp. dem Kp. von **II** entspricht. Den Rückstand gibt man innerhalb 5½ Std. bei 115° zu 155 $(C_2H_5)_2SO_4$, wobei das Gemisch wieder phenolphthalein-alkal. wird, schließlich erhitzt man auf 130° u. dest. innerhalb 3 Std. **II** ab. Man wäscht den Rohester wie oben, nur daß man statt Bzl. **II** verwendet, u. erhält durch Dest. **I**, Kp.$_{0,3}$ 112—114°. — Ausgangsprod. zur Herst. *pharmazeut.* Produkte. (**E. P. 649 682** vom 29/9. 1948, ausg. 31/1. 1951.)

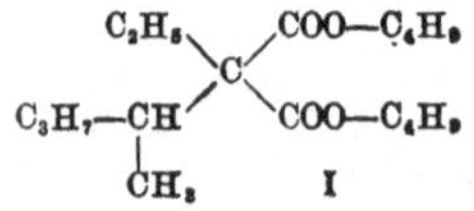

I

MÜLLER-MEININGEN. H 820

Standard Oil Development Co., Elizabeth B., N. J., V. St. A. (Erfinder: **Ian A. M. Ford,** Birmingham, England), *Entfernung von sauren Anteilen aus rohen Carbonsäureestern* (**I**), durch Auswaschen mit wss. Alkali, dad. gek., daß man den Waschprozeß in Ggw. von 0,75—2 Voll. Methylal (= Methylendimethyläther) $CH_2(OCH_3)_2$ (**II**) je Vol. **I** bei 10—30°, bes. 20—25° durchführt, wobei man eine 7,5—10 Gew.-%ig. wss. Na_2CO_3-Lsg. (berechnet auf das Vol. der Lsg.) verwendet u. den gewaschenen **I** vom **II** z. B. durch Dest. trennt. Als **I** kommen in Frage: Mischester der allg. Zus. A—OOC—B—COO—G—OOC—B—COO—A (A = Rest eines 1-wertigen Alkohols, B = Rest einer zweibas. Carbonsäure, G = Rest eines Glykols oder Polyglykols). (**D. B. P. 910 293** Kl. 12o vom 20/2. 1952, ausg. 29/4. 1954. Anmeldung bekanntgemacht 10/9. 1953. E. Prior. 23/2. 1951.) Müller-Meiningen. H 840

Dow Chemical Co., übert. von: **Edgar C. Britton,** Midland, Mich., und **John E. Livak** Clemson, S. C., V. St. A., *Herstellung von Methionin.* Man erhitzt ein Gemisch aus 1 Mol-Äquivalent β-Methylmercaptopropionaldehyd u. einer wss. Lsg. von mindestens 1 (chem. Äquivalent) eines anorgan. Cyanids, z. B. NaCN, u. mindestens 3 eines anorgan. NH_4-Salzes, z. B. NH_4CO_3, auf 40—120°, bes. 80°, säuert auf $p_H < 4$, trennt das entstandene 5-(β-Methylmercaptoäthyl)-hydantoin ab u. hydrolysiert in wss. alkal. Lsg., z. B. mit $Ba(OH)_2$, durch Erhitzen auf 115—120°. (**A. P. 2 557 913** vom 7/11. 1946, ausg. 19/6. 1951.) Lüttgen. H 950

Minnesota Mining & Mfg. Co., St. Paul, Minn., übert. von: **George Wesley Pedlow jr.,** Easton, Pa., und **Carl Shelley Miner jr.,** Winnetka, Ill., V. St. A., *Ester der Orthokieselsäure* der allg. Formel $(RO)Si(OR')_{4-x}$, wobei R = tert. Alkylgruppe, R' = nicht tert. Alkylgruppe u. x = 1—3, sind gegenüber der Hydrolyse beständig u. werden durch Einw. von Alkoholen auf $SiCl_4$ in Ggw. eines HCl-Acceptors, wie α-Picolin, Pyridin, beim Erhitzen unter Rückfluß erhalten. Es werden hergestellt: *Triäthyl-tert.-amyl-*, Kp. 195—205°; *Di-tert.-butyl-diallyl-*, $Kp._{11}$ 98—108°; *Di-tert.-amyl-diallyl-*, $Kp._{23}$ 139°; *Di-tert.-amyl-di-n-propyl-*, $Kp._{25}$ 135—136°, $D._{20}$ 0,908, n_D^{20} 1,4133; *Di-tert.-butyl-(2-methyl-2.4-pentandiol)-*, $Kp._{15}$ 100,5°; *Di-tert.-butyl-(2-äthyl-2-nitro-1.3-propandiol)-*, $Kp._{15}$ 170°; *Di-tert.-butyl-(diäthylenglykol)-*, Gelbldg. beim Erhitzen; *Di-tert.-butyl-(tetraäthylenglykol)-*, Gel; *Di-tert.-butyl-(nonaäthylenglykol)-*, Gel; *Di-tert.-amyl-(diäthylenglykol)-*, Gelbldg. beim Erhitzen; *Di-tert.-amyl-(2-methyl-2.4-pentandiol)-*, $Kp._{29}$ 138—145°; *Dimethyl-dilinaloyl-*, $Kp._7$ 177—178°; *Diäthyl-diterpinyl-*, $Kp._6$ 193—200°; *Di-(4-acetoxy-2-methyl-2-pentyl)-dimethyl-*, $Kp._5$ 163—166°; *Di-(triphenylmethyl)-dimethyl-*, $Kp._5$ 205—208°; *Di-(2-methyl-2.4-pentandiol)-*, $Kp._9$ 105—110°; *Di-tert.-amyl-diphenyl-*, $Kp._1$ 145—150°; *tert.-Amyltriphenyl-*, $Kp._3$ 195—200°; *Di-tert.-amyl-di-(2-aminobutyl)-silicat*, $Kp._5$ 160—165°. Diese Verbb. ergeben durch Umsetzen eines Oxyesters mit einem Orthokieselsäureester, der mindestens eine tert. Alkylgruppe enthält, Si-Alkydharze. Ferner finden sie Verwendung z. B. als Plastificatoren, Lösungsmittel, Zusatzstoffe für Schmiermittel, Druckflüssigkeiten. (**A. P. 2 566 365** vom 15/6. 1946, ausg. 4/9. 1951.) G. König. H 980

Albright & Wilson Ltd. (Erfinder: **Richard Frank Ashbolt** und **Harold Coates**), Oldbury, England, *Dialkoxythiophosphorylchloride* erhält man aus Bis-(dialkoxythiophosphoryl)-disulfiden oder O.O-Dialkyldithiophosphorsäure (**I**) oder deren Salzen (**II**) u. SO_2Cl_2 (**III**), wobei im Falle der Anwendung von **I** oder **II** überschüssige mol. Mengen von **III** eingesetzt werden u. die Alkylgruppe nicht mehr als 3 C-Atome aufweisen soll. Reaktionstemp. nicht über 20°. Inerte Verdünnungsmittel (CCl_4) können anwesend sein. — 0,1 (Mol) Kalium-O.O-Diäthyldithiophosphat in CCl_4 gelöst, mit 0,15 **III** umgesetzt, ergibt *Diäthoxythiophosphorylchlorid*, $Kp._{11,5}$ 81,5—83°. — Aus Bis-(diäthoxythiophosphoryl)-disulfid erhält man eine Verb. mit $Kp._{11}$ 80,5—81,5°. — Bis-(dimethoxythiophosphoryl)-disulfid ergibt *Dimethoxythiophosphorylchlorid*, $Kp._{14}$ 60 bis 63°. — Bis-(diisopropoxythiophosphoryl)-disulfid ergibt *Diisopropoxythiophosphorylchlorid*, $Kp._{14}$ 91°. — Zwischenprodukte. (**E. P. 656 303** vom 9/11. 1948, ausg. 22/8. 1951.) G. König. H 980

United States Rubber Co., New York, N. Y., V. St. A., *Chlor enthaltende aromatische Verbindungen* der allg. Formel $R\cdot R'—C\cdot Cl—CH(R'')—CCl_3$, erhält man aus aromat. Verbb. der Bzl.- oder Naphthalin-Reihe, die durch Alken-Gruppen substituiert sind, u. Trichlormethansulfonylchlorid, gegebenenfalls bei Einw. chem. Strahlen oder Peroxydverbb. u. organ. Verdünnungsmitteln. Reaktionstemp. zwischen 50—100°. In der allg. Formel bedeuten R = aromat. Gruppe der Bzl.- oder Naphthalin-Reihe, R' = H oder Alkyl mit 1—12 C-Atomen, R'' = H oder KW-stoffrest. — Es werden hergestellt: *1.3.3.3-Tetrachlorpropylbenzol*, $Kp._{0,2}$ 85—87°, $D.^{20}$ 1,5557; *1.1.1.3-Tetrachlor-3-phenylpentan, -hexan, -heptan, octan, -undecan, -dodecan, -tridecan, -tetradecan, -nonan, -decan, 1.1.1.3-Tetrachlor-3-phenylbutan, -3-β-naphthylbutan, -3-p-methyl-*

phenylpropan, *-3-o.p-dimethylphenylpropan* u. *-3-p-vinylphenylpropan*. (**E. P. 650 204** vom 22/11. 1948, ausg. 14/2. 1951. A. Prior. 2/1. 1948.) G. KÖNIG. H 1010

General Electric Co., Schenectady, V. St. A., *Herstellung von Methylolphenoläthern* aus 2.4.6-Tri-(oxymethyl)-phenoläthern oder Gemischen aus solchen Äthern mit Mono- oder Dioxymethylphenoläthern durch Rk. mit einer Verb. der allg. Formel $R-\underset{\diagdown O \diagup}{CH-CH_2}$, worin R = H oder eine aliphat., alkoxyaliphat. oder eine durch einen aliphat. Rest substituierte Arylgruppe oder eine Arylgruppe oder eine arylsubstituierte aliphat. oder aryloxyaliphat. Gruppe oder ein halogensubstituiertes Deriv. einer dieser Gruppen bedeutet. Als Äther wird eine Mischung der Trioxymethylverb. mit der Mono- oder Dioxymethylverb. verwendet, in welcher die Trioxymethylverb. in Mengen von mehr als 50% vorhanden ist. — 1-Allyloxy-2.4.6-tri-(oxymethyl)-benzol (**I**) wird mit Äthylenoxyd 72 Std. bei 40° erhitzt. Man erhält daraus ein dickfl. u. in W. wenig lösl. Polyäthylenglykolätherderiv. des **I**, wobei im Durchschnitt ein Mol. Äthylenoxyd mit jeder Oxymethylgruppe reagiert hatte. — Ein Gemisch von 1-Allyloxy-2-(oxymethyl)-benzol, 1-Allyloxy-4-(oxymethyl)-benzol, 1-Allyloxy-2.4-di-(oxymethyl)-benzol, 1-Allyloxy-2.6-di-(oxy-methyl)-benzol u. 1-Allyloxy-2.4.6-tri-(oxymethyl)-benzol wird mit Propylenoxyd umgesetzt unter Bldg. eines Reaktionsprod., welches auf 1 Mol. Propylenoxyd je eine Oxymethylgruppe enthält. — Eine Mischung (**II**) von Allyloxymono-, di- u. -tri-(oxymethyl)-benzol wird mit Propylenoxyd umgesetzt, wobei ein Sirup erhalten wird, welcher 0,4—0,5 Mol Propylenoxyd auf jede Oxymethylgruppe enthält. — 1-(2'-Oxyäthyloxy)-2.4.6-tri-(oxymethyl)-benzol u. Propylenoxyd liefern einen viscosen, schwach gefärbten Sirup. — Eine Mischung **II** wird mit Propylenoxyd umgesetzt, wobei ein wasserunlösl. Sirup erhalten wird. Dieser Sirup wurde durch Rückflußdest. mit Propionsäureanhydrid in den Propionsäureester übergeführt. 4 (Gewichtsteile) dieses Esters werden mit 6 Polyvinylchlorid zu einer plast. M. verknetet. — Plastifizierungsmittel für Alkyhdarze, Modifizierungsmittel für Wachse, oberflächenakt. Mittel u. Netzmittel. (**Oe. P. 178 628** vom 16/10. 1950, ausg. 25/5. 1954. A. Prior. 18/10. 1949.) M. F. MÜLLER. H 1060

Henkel & Cie. G. m. b. H. (Erfinder: **Wolfgang Gündel, Rudolf Heise** und **Heinz Linden**), Düsseldorf, *Herstellung von Arylestern ein- und mehrwertiger Carbonsäuren* mit aliphat. gebundener COOH-Gruppe u. einem bei n. Druck > 160° liegenden Siedepunkt. Man erhitzt diese Säuren mit ein- oder mehrwertigen aromat. OH-Verbb. in Ggw. geringer Mengen organ. Sulfonsäuren, bes. p-Toluolsulfonsäure, u. scheidet das sich bildende W. in bekannter Weise ab, z. B. mit Xylol. Hergestellt werden: *Caprylsäurephenylester*, $Kp._{10}$ 154°; *Caprylsäure-p-kresylester*, $Kp._2$ 158—161°; *Caprylsäure-p-chlorphenylester*, $Kp._4$ 162—164°; *Laurinsäurephenylester*, $Kp._2$ 178—181°, F. 24°; *Stearinsäurephenylester*, F. 51°; *Ölsäurephenylester*; *Spermölfettsäureester* eines *Phenol-Kresol-Gemisches*; *2.4.6-Trichlorphenylester* von *Vorlauffettsäuren*; *Phenoxyessigsäurephenylester*, F. 58°; *3.5-Xylenoxyessigsäure-2-naphthylester*, F. 75°; *Butoxyessigsäure-4-phenylphenylester*, F. 62—63°; *Phenylessigsäure-o-cyclohexylphenylester*, $Kp._2$ 194 bis 198°; *Adipinsäurediphenylester*, F. 105—106°; *2.2'-Diphenoldicapronsäureester*, $Kp._2$ 216—220°; *Diphenolester* von *Vorlauffettsäuren*. (**D. B. P. 908 496** Kl. 12q vom 20/7. 1951, ausg. 5/4. 1954. Anmeldung bekanntgemacht 28/8. 1952.) FABEL. H 1200

Metal & Thermit Corp., New York, N. Y., V. St. A., *Organozinnverbindungen*. $(C_4H_9)_2SnCl_2$ (**I**). Man erhitzt 1 (Mol) $SnCl_4$ u. 1 $(C_4H_9)_4Sn$ zusammen auf ca. 135—225°, wobei ein Gemisch aus **I**, $C_4H_9SnCl_3$ (**II**) u. $(C_4H_9)_3SnCl$ entsteht. Dann dest. man bei vermindertem Druck ein Gemisch von **I** u. **II** ab u. entfernt aus diesem **II** durch Dest., das in das ursprüngliche Reaktionsgemisch zurückgeführt wird. Analog läßt sich $(C_6H_5)_2SnCl_2$ darstellen. — Vorrichtung. (**E. P. 710 224** vom 5/6. 1952, ausg. 9/6. 1954.) BRÖSAMLE. H 1380

Dow Chemical Co., Midland, Mich., V. St. A., *Kernchlorierte Alkenylchlorbenzolverbindungen* erhält man aus Alkylhalogenbenzolen, deren Alkyle 2—3 C-Atome aufweisen, indem man sie mit Wasserdampf über einen Dehydrierungskatalysator (**I**) bei 500—750° unter Zugabe von verdampften N-haltigen Verbb., deren Basizität mindestens der des NH_3 entspricht, z. B. NH_3, aliphat. Amine, leitet. Als **I** kommt bes. aktiviertes Al_2O_3, das vorteilhaft noch mit KW-stoffen bei 600—700° vorbehandelt wurde, in Betracht. Ferner sind akt. Kohle, Kaolin, auch schwer red. Metalloxyde geeignet. Es werden hergestellt: Aus Äthylchlorbenzol erhält man *Monochlorstyrol* (**II**) neben geringen Mengen *α-Chloräthylbenzol* (**III**). Bei der Dest. der Reaktionsprodd. im Vakuum in Ggw. geringer Mengen eines Polymerisationsverhinderers, z. B. tert. Butylcatechol, zur Gewinnung von **II**, entweicht HCl, wahrscheinlich durch Zers. von **III**. — Auf ähnliche Weise erhält man *Bromstyrol*, *α-Methylchlorstyrol*, *α-Methyl-3.4-dichlorstyrol* u. *Dichlorstyrol*. (**E. P. 661 250** vom 10/8. 1949, ausg. 21/11. 1951.) G. KÖNIG. H 1410

N. V. de Bataafsche Petroleum Mij., Den Haag, Holland, übert. von: **Richard R. Whetstone**, Berkeley, Calif., V. St. A., *Cyclopentanaldehyde oder Cyclopentanmethanole* (= *Oxymethylcyclopentane*) erhält man durch Behandeln eines Tetrahydropyran-2-methanols oder dessen Alkyl- u./oder Arylkernsubstitutionsprodd. in Ggw. eines Wasserabspaltungskatalysators (Metalloxyde, Al_2O_3, Phosphate, Sulfate) bei ca. 250 bis 500°, bes. 350—450°. Die gebildete Aldehydgruppe wird dann in bekannter Weise zur Oxymethylgruppe reduziert. — Tetrahydropyran-2- methanol gibt beim Erhitzen in der Gasphase auf 420—450° in Ggw. von aktiviertem Al_2O_3 *Cyclopentanaldehyd*, $Kp._{15}$ 135,9—138°; n_D^{20} 1,4423; *Semicarbazon*, F. 120—122°, dieses beim Hydrieren in Ggw. von RANEY-Ni bei 125° u. 1500 lbs./sq. in. mit H_2 *Cyclopentanmethanol*, $Kp._{40}$ 162,2—164,9°. Als Nebenprod. entsteht *Hexamethylenglykol*, F. 39,5—40,5°. — Dimethyltetrahydropyran-2-methanol → *Dimethylcyclopentanaldehyd*, $C_8H_{14}O$, $Kp._{15}$ 63,2—66,6°; n_D^{20} 1,4520. Die Ausgangsstoffe werden durch Dimerisierung eines *α*, *β*-ungesätt. Aldehyds, z. B. von Acrolein, u. anschließende Hydrierung erhalten. (**E. P. 651 014** vom 9/4. 1948, ausg. 7/3. 1951. A. Prior. 11/4. 1947.) KRAUSS. H 1870

—, *Herstellung von Oximen*. Eine wss. Hydroxylamin- bzw. Hydroxylaminsalzlsg. wird zunächst in Ggw. unterschüssiger Mengen der zu oximierenden Carbonylverb. unter Rühren neutralisiert. Dann wird das Oxim abgetrennt u. die Oximierung zur Erschöpfung des Hydroxylamins mit einem Überschuß an Carbonylverb. zu Ende geführt. Nach beendeter Umsetzung wird das im Syst. noch vorhandene Gemisch aus Oxim u. CO-Verb. mit Wasserdampf abgetrieben u. aufgearbeitet. Die Rk. wird vorzugsweise durch Zugabe von salzunempfindlichen Emulgatoren u. Schutzkolloiden, z. B. von oxäthylierten Fettalkoholen, oxyäthylierten Alkylphenolen, polyacrylsauren Salzen, lösl. Proteinstoffen, wie Leim, durchgeführt. Man stellt bes. die Oxime von Cyclohexanon oder Cycloheptanon, von isomeren Methylcyclohexanonen oder von Ketonen der Tetrahydronaphthalinreihe her, welche durch BECKMANNsche Umlagerung in ringerweiterte cycl. Lactame übergeführt werden können. — In eine Lsg. von 38 Mol Hydroxylaminsulfat in 15 Liter W. werden 7 kg Cyclohexanon eingerührt, u. bei 0—10° wird eine 33%ig. K_2CO_3-Lsg. allmählich zugelassen, bis Kongopapier eben nicht mehr gebläut wird, die Lsg. aber noch lackmussauer reagiert. Das gebildete *Cyclohexanonoxim* scheidet sich aus. — In gleicher Weise werden die *Oxime* von *Methylcyclohexanonen* u. *d-Menthon* hergestellt. (**D. P. [DDR] 2 311** Kl. 12o vom 29/11. 1938, ausg. 15/4. 1954 [Ausschließungspatent].) M. F. MÜLLER. H 1960

—, *Herstellung von zur Umlagerung bestimmten Lösungen von Oximen* in starker H_2SO_4, wobei von Lsgg. der Oxime in indifferenten, bes. flüchtigen Lösungsmitteln ausgegangen wird u. nach dem Vermischen mit starker H_2SO_4 das Lösungsm. durch Abscheiden, Absaugen oder Abdestillieren entfernt wird. Vorteilhaft wird die Oximlsg. in kontinuierlichem Strom mit der Säure vermischt u. gegebenenfalls auch das Lösungsm. kontinuierlich entfernt. Als Lösungsmittel sind z. B. genannt Methylenchlorid, Propylchlorid, Chlf., Dichloräthylen, Äthylenchlorid, CCl_4, Difluordichloräthan, Kp. 58 bis 60°, Butylfluorid. — Geht man z. B. von einer Lsg. von *Cyclohexanonoxim* aus, so verwendet man Methylenchlorid oder 1- oder 2-Propylchlorid, bei *3-Methylcyclohexanonoxim* kommt n-Butylchlorid oder Äthylenchlorid als Lösungsm. in Betracht. — Zeichnung. (**D. P. [DDR] 2 312** Kl. 12o vom 29/11. 1938, ausg. 11/2. 1954 [Ausschließungspatent].) M. F. MÜLLER. H 1960

Dow Corning Corp., Midland, Mich. (Erfinder: **John Leopold Speier**, Pittsburgh, Pa.), V. St. A., *Herstellung neuer Aminomethylsiloxane*, welche Struktureinheiten der Formel $(R'_2NCH_2)R_nSiO_{3-n/2}$ oder der Formel $(-OSiR_2CH_2NR'CH_2, SiR_2)$ enthalten, dad. gek., daß man Aminomethylalkoxysilane der Formel $[R_n(R''O)_{3-n}SiCH_2]_bNR'_{3-b}$ hydrolysiert, wobei in der Formel R Alkyl- u./oder Phenylreste, R′ Alkyl- u./oder Phenyl- u./oder alicycl. Reste u./oder H, R″ Alkylreste bedeuten, b = 1 oder 2 u. n = 0—2 sind. Die Hydrolyse kann in Ggw. von Alkoxysilanen der Formel $R'''_xSi(O\cdot R'')_{4-x}$, in der R‴ Alkyl-, monocycl. Aryl- oder halogenierte monocycl. Arylreste, R″ Alkylreste bedeuten u. x = 0—3 ist, durchgeführt werden. Das Mischpolymerisat enthält dann Struktureinheiten der Formel $R'''_xSiO_{4-x/2}$. Die Reaktionsprodd. bilden mit Alkylhalogeniden oder Säuren Salze. — Diäthoxymethylsilylmethylamin hydrolysiert, ergibt viscoses Siloxan $[(NH_2CH_2)CH_3SiO]_4$, das aus der Luft CO_2 aufnimmt u. ein sprödes, weißes, in W. lösl. Carbonat der Formel $[(H_2CO_3\cdot H_2NCH_2)CH_3SiO]_4$ ergibt. (**D. B. P. 902 190** Kl. 39c vom 9/6. 1951, ausg. 21/1. 1954. A. Prior. 30/6. 1950.) G. KÖNIG. H 2180

Gesellschaft für Teerverwertung m. b. H. (Erfinder: **Otto Kruber**), Duisburg, *Gewinnung von nebengeruchfreiem Indol aus Steinkohlenteer*. Man behandelt ein gegebenenfalls mit Na vorbehandeltes Indol in Lsg., z. B. in Bzl., mit verd. Säuren, z. B. mit H_2SO_4. (**D. B. P. 908 021** Kl. 12p vom 14/10. 1942, ausg. 1/4. 1954. Anmeldung bekanntgemacht 13/8. 1953.) FABEL. H 3081

Dr. A. Wander Akt.-Ges., Bern, *Herstellung von 5-Thion-1.2-dithiolen (Trithionen)* der Formel I, in der R u. R' = H oder inerte Substituenten bedeuten. Carbonsäure- bzw. Thiocarbonsäureester, an deren β-C-Atom bevorzugte Austauschbarkeit gegen S besteht, oder (in Ggw. von H_2S) Ester mit einer Doppel- oder Dreifachbindung zwischen dem α- u. β-C-Atom werden in der Wärme mit S-liefernden Stoffen, z. B. P_4S_{10}, gegebenenfalls zusammen mit S, umgesetzt, bes. bei 120—130° u. in Ggw. inerter Lösungsmittel, z. B. CS_2 (unter Druck).

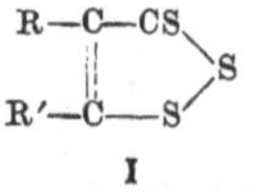

I

— α-n-Propylacetessigester → *5-Thion-4-n-propyl-3-methyl-1.2-dithiol*, F. 51,5°. Weiter werden hergestellt (*-5-thion-1.2-dithiol* = **II**): *3-Phenyl*-**II**, F. 126°; *4-Phenyl*-**II**, F. 123°; *3-Methyl*-**II**, F. 33°; *4-Phenyl-3-benzyl*-**II**, F. 84°; *4-Benzyl-3-methyl*-**II**, F. 72°; *3.4-Dimethyl*-**II**, F. 96°; *3-p-Dimethylaminophenyl*-**II**, F. 208°; *3.4-Tetramethylen*-**II**, F. 102°; *3.4-Trimethylen*-**II**, F. 123°; *3-Methyl-4-(β-diäthylaminoäthyl)*-**II**, *Hydrochlorid*, F. 202°. — Therapeutica, Sparbeizen, Zwischenprodukte. (**D. B. P. 909 097** Kl. 12q vom 28/2. 1951, ausg. 12/4. 1954. Anmeldung bekanntgemacht 27/8. 1953.) FABEL. H 3112

Shell Development Co., San Francisco, übert. von: **Richard R. Whetstone**, Albany, Calif., V. St. A., *Substituierte Aryl-6-tetrahydropyranyläther* der nachst. Formel (Z = Aryl, Halogenaryl, Y = zweiwertiges Element der 6. Gruppe des Period. Syst. mit Atomgew. unter 40, R = H, KW-stoffrest, Q = H, Alkoxy entstehen beim Erhitzen eines Phenols oder Thiophenols mit einem Δ^5-Dihydropyran in wasserfreiem Medium in Ggw. eines sauer wirkenden Katalysators. — Aus Phenol entsteht beim Erhitzen mit 2-Carbäthoxy-Δ^5-dihydropyran in Bzl. in Ggw. von HCl bei 50—75° *6-Phenoxy-2-carbäthoxytetrahydropyran*, $C_{14}H_{18}O_4$, Kp.$_{1-2}$ 129,6—132°; n_D^{20} 1,5103, in 89%ig. Ausbeute. — *2.5-Dimethyl-6-phenoxy-2-formyltetrahydropyran*, Kp.$_2$ 116,2 bis 126°, $C_{14}H_{18}O_3$. — *6-Phenoxy-2-formyltetrahydropyran*, $C_{12}H_{14}O_3$, Kp.$_5$ 130—135°, n_D^{20} 1,5250. — *6-(2.4-Dichlorphenoxy)-2-carbäthoxytetrahydropyran*, Kp.$_{1-2}$ 160—170°. — *6-(2-Brom-4-chlorphenoxy)-2-carbäthoxytetrahydropyran*. — *6-(2.4-Dichlor-3-methoxyphenoxy)-2.5-dimethyl-2-carbäthoxytetrahydropyran*. — *6-(2.4.6-Trichlorphenoxy)-2-carbopropoxytetrahydropyran*. — *6-(4-[2.4-Dichlorphenoxy]-3.5-dichlorphenoxy)-2-carbäthoxytetrahydropyran*. — *6-(4-Nitrophenoxy)-2-formyltetrahydropyran*. — *6-Naphthoxy-2-formyltetrahydropyran*. — *6-Phenylmercapto-2-carbäthoxytetrahydropyran*. — *6-(3.5-Dimethylphenylmercapto)-2-carbobutoxytetrahydropyran*. — *6-(4-Methylmercaptophenylmercapto)-2-carboheptyloxytetrahydropyran*. — *6-Phenylmercapto-2.5-diäthyl-2-carbisobutoxytetrahydropyran*. — *6-(2.4-Dichlorphenylmercapto)-2-carbomethoxytetrahydropyran*. Verwendung als *Insekticide* (getestet gegen die Milbe *Tetranychus bimaculatus*) u. *Härtungsmittel* für proteinhaltige Stoffe (Casein, Albumin, photograph. Gelatine). (**A. P. 2 574 444** vom 27/12. 1948, ausg. 6/11. 1951.) KRAUSS. H 3211

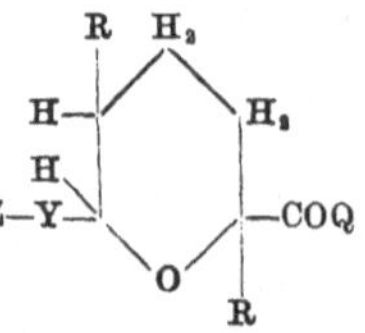

X. Färberei. Organische Farbstoffe.

Edward R. Atkinson und **Albert G. Hoyle**, *Die Reduktion von diazotierten Aminen auf Baumwolle.* Die Red. wurde an sieben, der Klasse der direkten n. Entwicklungsfarbstoffe angehörenden diazotierten Aminen mit Cu-Oxyd–Ammoniak (I) nach ATKINSON u. Mitarbeitern (J. Amer. chem. Soc. **63**. [1941.] 730, Meth. 2) durchgeführt, wobei als Hauptprod. das ursprüngliche Amin erhalten wurde. In üblicher Weise wurde gebleichtes Baumwolltuch angefärbt (3%ig. Färbungen), diazotiert auf der Faser, ein Teil wurde mit β-Naphthol (**II**) gekuppelt, ein anderer mit **I** reduziert. Die red. Proben kuppelten nicht mit **II**, sondern erst nach erneuter Diazotierung, dabei wurde eine gleiche Färbung erhalten wie bei den unred., mit **II** gekuppelten Proben. Alle der Diazotierung folgenden Prozesse wurden in der Dunkelheit vorgenommen. Untersucht wurden *Primuline, Diazo Brillant Orange GGA Extra Concentrated CF, Diazobordeaux BASF, Calcomine Brown M, Calcomine Diazo Brilliant Green 3 GD, Rosanthrene Fast Brown RB* u. *4-[p-Aminobenzolazo]-4'-nitrostilbendisulfonsäure-(2.2')*. (J. Amer. chem. Soc. **73**. 1841—42. 10/4. 1951. Durham, N. H., Univ., Dep. of Chem.) KAYSER. 7002

A. J Gard, *Die Chemie der Ringbildung in textilen Prozessen.* Ausführliche Beschreibung über die Rkk. von Äthylendiamintetraacetat (*EDTA*) mit Metallen, wie Fe, Cu, Ca u. a., sowie nähere Angaben über den Einsatz von *EDTA* beim Waschen, Färben u. Bleichen. Beim Waschen speziell hat sich eine Kombination von Tetranatriumpyrophosphat mit *EDTA* (2:1 bzw. 2,5:1) bes. bewährt. (Amer. Dyestuff Reporter **42**. P 867—P 870. 21/12. 1953.) H. G. FRÖHLICH. 7020

Louis Drijvers, *Das Färben von Textilfasern unter statischem Druck.* Der Vf. beschreibt ausführlich Verss., die mit dem STEVERLYNCK-Druckfärbeapp. an Wolle, Baumwolle, Reyon, Acetat- u. Kupferreyon sowie synthet. Fasern erhalten wurden. Tempp. von 105° wurden in keinem Falle überschritten. In diesem Zusammenhang geht der Vf. auf die verschied. Vorteile (bessere Farbausbeute, höhere Echtheiten, rasche Diffusion, bessere Baderschöpfung u. kurze Färbezeit) näher ein, die an Hand von Literatur u. eigenen Ergebnissen besprochen werden. (Amer. Dyestuff Reporter **43.** P 243 bis P 246. 12/4. 1954.) H. G. FRÖHLICH. 7020

Wilhelm Happe, *Über die Veränderung von Direktfarbstoffen („Verkochen") in der Halbwollfärberei und Schutzmaßnahmen.* Vf. streift kurz die Meth. des Einbadverf. beim Färben von Halbwollartikeln mit neutral ziehenden sauren Farbstoffen u. substantiven Farbstoffen (**I**). U. a. hat diese Art der Behandlung den Nachteil, daß bestimmte **I** mehr oder weniger unter Einfl. der relativ langen Färbedauer u. von Zerfallsprodd. des Wollkeratins red. werden. Diese Erscheinung verursacht oft völlig unerwünschte Farbnuancen u. erfordert langwierige Verbesserungsmaßnahmen. Als Schutzstoffe gegen diesen Mangel gebraucht man u. a. Ammonsulfat, Harnstoffderivv. u. gewisse Eiweißabbauprodukte. Die FARBWERKE HOECHST AG. haben das *Schutzsalz HA* (**II**) als Spezialprod. mit der gleichen Wrkg. entwickelt. Vf. zeigt an Hand einiger farbiger Abb. die gute Eignung dieses Stoffes im Vgl. mit den weniger günstigen Effekten anderer Hilfsmittel dieser Art. Es werden weitere Vorteile von **II** angeführt, z. B. der verbessernde Einfl. auf die Lichtechtheit u. die Schutzwrkg. bei Gebrauch von hartem Wasser. (Z. ges. Textilind. **55.** 1440—41. 5/12. 1953.) E. WAGNER. 7020

Carl Blau, *Färben von Mischgespinsten aus Angora–Perlon.* Vf. macht Angaben über die Vorbehandlung u. das Färben von Textilien aus Mischgespinsten der Angorakaninwolle (**I**) u. der Perlonfaser. Vf. weist auf eine erprobte Meth. der Vorreinigung hin. Er beschreibt die techn. Durchführung mit dem Sonderzweck eines Ausschaltens der Filzgefahr. Gangbare Farbstoffklassen werden aufgezählt u. die zugehörigen Färbeverff. kurz aufgezeichnet unter Hinweis auf Egalisierungsmittel bzw. Egalisiermethoden (Umfärben). Für helle Nuancen u. Pastelltöne nennt Vf. eine Reihe bewährter Palatinechtfarbstoffe. Auf Schwierigkeiten, die durch die geringere Farbstoffaufnahmefähigkeit der **I** im Vgl. zur Schafwolle u. durch die so bedingten höheren Säurezusätze sich ergeben, u. auf die erhöhte Filzgefahr von **I** wird aufmerksam gemacht. Vf. empfiehlt entsprechende Maßnahmen. (Z. ges. Textilind. **55.** 1445—46. 5/12. 1953.) E. WAGNER. 7020

Wolfgang Otto, *Das Nachseifen von Farb- und Druckware.* Vf. befaßt sich mit der Verbesserung der Wasch- u. Reibechtheit von mit Indanthren-, Schwefel- oder Naphtholfarbstoffen gefärbten oder bedruckten Textilien durch Nachseifen. Er bespricht kurz eine Reihenprüfung zwecks Ermittlung der Waschwrkg. von gebräuchlichen Hilfsmitteln anionakt. u. nichtionogener Art. Die günstigsten Effekte wurden erzielt mit nichtionogenen Stoffen, z. B. Äthylenoxydkondensaten, im Alleinzusatz oder zusammen mit anionakt. Prodd. bekannter Konst. als Weichmacher. Eine Weichmacherzugabe empfiehlt sich deshalb, weil nichtionogene Stoffe allein die Textilware hart herausbringen. Fettsäure–Eiweiß-Kondensate haben gleich gute Waschwrkg., anscheinend ohne Beeinträchtigung der Weichheit. (Textil-Prax. **9.** 270—71. März 1954.) E. WAGNER. 7020

Eiji Suito und **Natsu Uyeda,** *Untersuchung organischer Pigmente mit Hilfe des Elektronenmikroskops.* Die Teilchengröße der neuerdings viel im Textildruck verwendeten Pigmente wurde bisher lediglich indirekt gemessen u. auf einige μ geschätzt. Vff. gelang eine direkte u. genaue Best. mit Hilfe des Elektronenmikroskops bei 6 wichtigen Pigmenten: *Cyanine Blue Shade* (**I**), **I**, gestreckte Form (**II**), *Sheridye Blue GFC* (**III**), *Aridye Green FJB* (**IV**), *Aridye Red LDB* (**V**) u. *Sheridye Orange RC* (**VI**). **I**—**III** stellen Cu-Phthalocyanine dar. Alle lagen in Teigform vor u. lieferten bei der Beschallung in organ. Lösungsm. koll. Suspension mit Teilchengrößen unter 1 μ. Hierbei zeigte **I** in Bzl. ein Längenwachstum der Partikel von der kompakten zur gestreckten Kristallform von 5—10 μ, was sich schon mit dem gewöhnlichen Mikroskop verfolgen ließ. Diese neuartige polymorphe Umwandlung bei gewöhnlicher Temp. führen Vff. auf Elektronenbeschuß zurück. Im BECKMANN-Spektrophotometer ergaben **I**—**III** ähnliche Absorptionsspektren mit Maxima zwischen 5500 u. 8000 Å u. einem Minimum bei 5000 Å. Das durch Teilchenwachstum aus **I** erhaltene **II** zeigte eine geringe Abweichung, die der inneren strukturellen Umwandlung zugeschrieben wird. Einzelergebnisse: **I** mittlere Länge : Breite in mμ 140:52, **II** 3000 bis 4000:300, **III** 84:19, **V** 280:33, **IV** Länge 14, sehr dünn, **VI** 41. (Bull. Inst. chem.

Res., Kyoto Univ. [Kagaku Kenkyusho Hokoku] **31.** 47—49. Jan. 1953. Kyoto, Univ., Suito Labor. [Orig.: engl.]) SANDER. 7028

—, *Die Wirkung von Harnstoff–Formaldehyd-Harzen auf die Lichtechtheit von Direktfarbstoffen.* Die Wrkg. von Harnstoff-CH_2O-Harzen auf die Lichtechtheit der Direktfarbstoffe ist abhängig von der Zahl der OH u. NH_2-Gruppen im Farbstoffmol. Bei Zunahme des mol. Verhältnisses von CH_2O zu Harnstoff im Harz nimmt die verminderte Wrkg. auf die Lichtechtheit zu. Nichtammoniakal. Katalysatoren haben weniger Wrkg auf die Verminderung der Lichtechtheit als ammoniakal. Typen. Weitere allg. Zusammenhänge zwischen der Lichtechtheit der Direktfarbstoffe u. der Wrkg. von Harnstoff–CH_2O-Harzen auf diese wurden nicht festgestellt. — 15 Literaturzitate. (Amer. Dyestuff Reporter **43.** P 6—13. 4/1. 1954.) A. v. KÖNIG. 7028

Alfred F. Schneid, *Analyse von Farbstoffen für Chemiefasern.* Übersicht u. Anleitung für die Analyse eines Farbstoffs für Acetatfasern, Nylon u. andere Chemiefasern mit physikal. u. chem. Methoden. (Amer. Dyestuff Reporter **41.** 565—72. 15/9. 1952. Interchemical Corp., Res. Labors.) ZAHN. 7085

J. L. de Hauss, *Photocolorimetrische Farbbestimmungsmethoden.* 3. Mitt. (2. vgl. C. **1954.** 7985.) Besprochen werden die Grundlagen des trichromat. Syst. Rot–Grün–Blau der I. B. K., seine Nachteile, wie das Auftreten negativer Koordinaten, sind im trichromat. X, Y, Z-Syst. vermieden. Der Zusammenhang beider Systeme wird diskutiert. An einem Beispiel wird dargelegt, wie man in der Praxis aus den Remissionskurven von Gelb u. Blau Hinweise für die Art der Mischung auf ein bestimmtes Grün erhalten kann. Aus der bekannten Reinheit dieser Farben lassen sich ihre Beziehungen für die Mischung errechnen. (Reyon, Zellwolle andere Chemiefasern **31.** 570—75. Okt. 1953.) DOSSMANN. 7086

XIa. Farben. Anstriche. Lacke. Naturharze.

O. Emert, *Erfahrungen mit Bleicyanamid als Pigment.* Vortrag. — 7 Literaturhinweise. (Schweiz. Arch. angew. Wiss. Techn. **20.** 218—21. Juli 1954. Duisburg, Duisburger Kupferhütte.) WINIKER. 7092

N. K. Polikarpow, *Estnischer Glaukonit und seine Anwendung.* Durch Magnetscheidung wird aus *Glaukonit* (I) ein grünes Pigment erhalten, das für Innen- u. Außenanstriche verwendet wird. Das gegenüber Licht, Laugen u. Kalk beständige Prod. kann als Ersatz für Cr_2O_3 angewandt werden. Der in Fe_2O_3-reichen Sanden vorkommende lockere I kann ohne Magnetscheidung nach Vermahlung u. Sichtung angewandt werden. Hinweis auf weitere Anwendungen des I. (Природа [Natur] **43.** Nr. 4. 81—82. April 1954. Inst. für Energetik der Akad. der Wiss. der EstSSR.) LEBTAG. 7092

Willard F. Spengeman, *Abtönfarben.* Zum Abtönen von Anstrichfarben geeignete Pigmente sind Phthalocyaningrün, Chromgrün, Phthalocyaninblau, Indanthronblau, Dibenzanthronviolett, Eisenoxydrot, Thioindigorot, BON-Rot, Chromgelb, Titanweiß, Lampenruß. (Off. Digest Federat. Paint Varnish Product. Clubs **1953.** 571—74. Sept. Newark, N. J., E. I. du Pont de Nemours & Co., Inc.) SCHEIFELE. 7096

R. E. Wendt, *Metallseifen in Anstrichfarben, Öl- und Celluloselacken.* Überblick über die Anwendung bes. von Al-Octoat, das für Schutzanstriche als Verdicker wegen seiner Gelbldg. mit KW-stoffen u. trocknenden Ölen geeignet ist, sowie von Zn-, Ca- u. Li-Seifen. (Off. Digest Federat. Paint Varnish Product. Clubs **1953.** 604—17. Sept. Witco Chemical Co., Chicago, Ill.) SCHEIFELE. 7096

E. Scott Pattison, *Glycerin in industriellen Anstrichen.* Glycerin dient zur Herstellung elast. Alkydharze, die für sich sowie zur Erhöhung der Elastizität von Aminoharzen usw. in industriellen Anstrichen Verwendung finden. — 14 Literaturzitate. (Org. Finishing **15.** Nr. 2. 19—23. Febr. 1954.) SCHEIFELE. 7096

R. C. Hedlund, *Neuere Entwicklung der Silicon-Bindemittel für Schutzanstriche.* Entwickelt wurden ein rasch aushärtendes Siliconharz u. ein Siliconalkydharz (25:75), die bei Pigmentierung mit Al usw. Tempp. von 500—650° aushalten. Ferner wurde ein mit ungesättigten Fettsäuren modifiziertes Siliconalkydharz geschaffen, das auch bei Lufttrocknung wetter- u. lichtbeständige Überzüge ergibt u. mit anderen Alkydharzen u. Aminoharzen kombiniert werden kann. Schließlich wurde ein neues Siliconharz für Kombinationen mit trocknenden u. nichttrocknenden Alkyden entwickelt. (Org. Finishing **15.** Nr. 2. 16—18. Febr. 1954. Dow Corning Corp.) SCHEIFELE. 7096

Davis Hunt jr., *Verhinderung von Schimmel auf Schutzanstrichen.* Bei vergleichender Prüfung verschied. Fungicide gegen Schimmelbldg. auf Anstrichen erwiesen sich als hochwirksam die *Metallsalze von 8-Oxychinolin* (*Cu-8-Chinolinolat,* **I**) u. die *Me-*

tallsalze von N-Nitrosophenylhydroxylamin (Cupferron). I ist grünbraun u. für weiße Farben ungeeignet. (Off. Digest Federat. Paint Varnish Product. Clubs **1953.** 590—95. Sept. Houston, Tex., The Rice Inst.) SCHEIFELE. 7106

R. B. Drubel, *Zinkoxyd in Latexfarben.* In Latexfarben werden im allg. relativ inerte Pigmente (Rutil-TiO_2, Lithopone, Glimmer, Ton, Silicate) verwendet, doch kann zur Vermeidung von Vergilbung auch ZnO in Mengen bis zu 3,0% mitverwendet werden, falls der p_H-Wert über 3, zweckmäßig bei etwa 8—9 liegt. Als Dispergiermittel eignet sich vor allem K-Triphosphat. (Off. Digest Federat. Paint Varnish Product. Clubs **1953.** 643—45. Sept. Dow Chemical Co., Midland, Mich.) SCHEIFELE. 7106

Stewart Rowe und **Dean A. Bixler,** *Reibfestigkeit und Glätten von Latex-Farbanstrichen.* Die Reibfestigkeit geht parallel mit niedrigerer Viscosität bei höherer Scherfestigkeit. Für eine gegebene Konsistenz zeigte sich, daß ein unhydrolysierter Sojaeiweißverdicker u. ein Proteinbasenverdicker im allg. niedrigere Viscosität u. daher bessere Reibfestigkeit ergeben. Die Wrkg. der Verdunstung auf die Viscositätseigg. ist gering bei allen Verdickertypen. Ein hydrophiler Verdicker kann vorzeitige Verdickung vermeiden, die vom Eindringen des W. in die poröse Oberfläche herrührt. Die Glättung von Latexfarben scheint größtenteils während der ersten Sek. nach dem Auftragen zu erfolgen u. kann durch die Viscosität der Anstrichfarbe während dieser kurzen Zeit kontrolliert werden. Auf Grund der Thixotropie hängt die Viscosität von Latexfarben von dem Rühren unmittelbar vor dem Anstrich ab. — 9 Literaturangaben. (Off. Digest Federat. Paint Varnish Product. Clubs **1953.** 701—12. Okt. Memphis, Tenn., Buckeye Cotton Oil Company.) THEURER. 7106

Stephan Andrews, *Bedrucken geformter Metallteile im Seidendruckverfahren.* Angaben über die prakt. Durchführung des Verfahrens. — 5 Abbildungen. (Ind. Finishing **28.** 64—74. Aug. 1952.) SCHEIFELE. 7106

Otto Merz, *Vergleichende Messungen an DIN-Bechern des Handels.* (Vortrag.) Vf. weist darauf hin, daß seinen Verss. zufolge im DIN-Auslaufbecher (mit 4 mm-Düse) bei 20° keine Messungen unter 15 Sek. ausgeführt werden sollten. Eine Eichung der handelsüblichen Auslaufbecher aus Leichtmetall vor Inbetriebnahme ist unerläßlich. Die im Normblatt zugelassene Toleranz von $\pm$ 0,02 mm für den Düsendurchmesser erscheint zu groß. Auslaufbecher aus Phenolharzpreßmassen sind wegen ihrer geringeren Wärmeleitfähigkeit solchen aus Leichtmetall vorzuziehen. — Diskussion. (Ind.-Lackier-Betrieb **22.** 163—66. Aug. 1954.) WINIKER. 7158

Rudolf Alberti, St. Andreasberg, *Herstellung eines Bariumsulfats,* das die farbtechn. wertvollen Eigg. des gefällten Blanc fixe aufweist. Natürlicher Schwerspat wird so fein gemahlen, daß nur ca. 2 Gew.-% des Mahlgutes aus 4 μ großen Teilchen bestehen. Nach dem Zusatzpatent wird aus handelsüblich gemahlenem natürlichen Schwerspat durch Entstauben eine Fraktion gewonnen, von der nur ca. 2 Gew.-% aus 4 μ großen Teilchen bestehen. (**D. B. PP. 907 102** Kl. 22f vom 20/10. 1936, ausg. 22/3. 1954. Anmeldung bekanntgemacht 17/5. 1939 u. 9/7. 1953 u. **910 464** [Zusatzpatent] Kl. 22f vom 25/7. 1937, ausg. 3/5. 1954. Anmeldung bekanntgemacht 9/11. 1939 u. 9/7. 1953.) SCHREINER. 7093

Rudolf Alberti, St. Andreasberg, *Herstellung eines Pigments, bes. für Rostschutzfarben.* Natürlich vorkommender Bleiglanz wird ohne chem. Umsetzungen extrem fein vermahlen, bis > 50% des Mahlgutes feiner als 2 μ sind. Den so erhaltenen Prodd. können Baryt, Quarz, Kalkspat oder dgl. von geeignetem Vermahlungsgrad, der auch grobkörniger sein kann, als Verschnittmittel zugesetzt werden. (**D. B. P. 887 092** Kl. 22f vom 15/6. 1944, ausg. 20/8. 1953. Anmeldung bekanntgemacht 20/11. 1952.) SCHREINER. 7093

La Floridienne, J. Buttgenbach & Cie., Soc. An., Charles Lamquet und **David Kusman,** Brüssel, Belgien, *Herstellung von Bleimennige hoher Dispersität.* Ein Doppelcarbonat von Pb u. Na, das ca. 5 (Mol) $PbCO_3$ je 1 Na_2CO_3 enthält, wird bei 400—450° oxydierend calciniert in einem Ofen, der mit mechan. Kratzern ausgerüstet ist u. durch den Luft zirkuliert, wonach das Prod. zum Auslaugen des Na_2CO_3 in W. gegeben u. die Mennige abfiltriert u. gemahlen wird. (**D. B. P. 887 091** Kl. 22f vom 1/11. 1951, ausg. 20/8. 1953. Anmeldung bekanntgemacht 20/11. 1952. Belg. Prior. 2/4. 1951.) SCHREINER. 7093

Solumeta, Seine, Frankreich, *Herstellung von Bleimennige.* Man verdampft Pb-Metall in einem elektr. Ofen u. oxydiert den Pb-Dampf in einer großen, horizontal angeordneten Kammer mit O_2 im Überschuß (Temp. 460—510°). Man erhält ein schön orangegefärbtes 97—98%ig. Pb_3O_4. — Vorrichtung. (**F. P. 1 030 779** vom 8/1. 1951, ausg. 17/6. 1953.) OPPERMANN. 7093

I. G. Farbenindustrie Akt.-Ges., Frankfurt/M. (Erfinder: **Otto Schlichting** und **Karl Klager,** Ludwigshafen/Rh.), *Blaue Pigmentfarbstoffe.* 2-Halogen-5-aminobenzoesäuren erhitzt man in Ggw. von säurebindenden Mitteln u. Cu oder Cu-Verbb. oder beiden, gegebenenfalls in Anwesenheit von Lösungsmitteln, u. gewinnt die wasserunlösl. Pigmentfarbstoffe durch Behandeln der wasserlösl. Reaktionsprodd. mit Säuren. — 34 (Gewichtsteile) 2-Chlor-5-aminobenzoesäure (**I**), 0,5 Naturkupfer **C** u. 50 Na-Acetat erhitzt man so lange auf 150—155°, bis (ca. nach 30 Min.) die Schmelze fest geworden ist, löst nach dem Erkalten in W. u. fällt den Farbstoff mit Säure. Man erhält 20,5 eines dunkelblauen Pulvers, in konz. H_2SO_4 blau, in verd. NaOH-Lauge rotviolett lösl., in organ. Lösungsmitteln unlösl., gibt im Leimaufstrich auf Papier volle blaue Farbtöne. In ähnlicher Weise erhält man aus **I** weitere Farbstoffe mit verschied. großem Cl-Gehalt. 2-Brom-5-aminobenzoesäure ergibt ebenfalls einen blauen, fast halogenfreien Pigmentfarbstoff von ähnlichen Eigenschaften. (**D. R. P. 760 888** Kl. 22e vom 3/1. 1941, ausg. 9/4. 1953.) ROICK. 7093

Hercules Powder Co., übert. von: **John C. Robinson jr.** und **Walter S. Ropp,** Wilmington, Del., V. St. A., *Vinylester stabilisierter Harzsäuren* (**I**). Die durch Hydrierung oder Dehydrierung stabilisierten **I** werden mit Acetylen unter Druck in Ggw. eines Zn-, Hg- oder Cd-Salzes einer Carbonsäure oder mit überschüssigen gesätt. Carbonsäurevinylestern umgesetzt. Die **I**-Vinylester lassen sich in Ggw. von Peroxyden oder UV-Licht oder durch Erhitzen auf wenigstens 200° polymerisieren. — Ein mit RANEY-Ni u. H_2 hydriertes „N-Holzharz" gibt mit Acetylen in Ggw. von Zn-Acetat bei 230° u. 250—300 lb. sq. in. eine gelbe Fl., $Kp._1$ 180—210°, SZ. 0, Ausbeute 71 %; daraus mit Benzoylperoxyd bei 70°, farbloses, in Hexan, Heptan, Bzl., Xylol, Äthylendichlorid oder CCl_4 lösl. Harz, spezif. Viscosität 0,075 (1 % in Bzl.), Mol.-Gew. 2650. Die Vinylierung kann auch mit Vinylacetat erfolgen. — Vinylester aus dehydriertem Holzharz, $Kp._1$ 150—175°. Vgl. A. P. 2 066 075; C. **1937.** I. 5108. — *Zusatzmittel* für *Überzüge, trocknende Öle, Firnisse* u. *Harze* u. *Modifizierungsmittel.* (**A. PP. 2 614 997** vom 16/9. 1950, **2 615 011** u. **2 615 012** vom 18/2. 1950, sämtlich ausg. 21/10. 1952 u. **E. P. 687 522** vom 3/11. 1950, ausg. 18/2. 1953. A. Priorr. 8/11. 1949, 18/2. u. 16/9. 1950.) KRAUSS. 7097

Universal Oil Products Co., übert. von: **Herman S. Bloch,** Chicago, und **Edward M. Geiser,** Downers Grove, Ill., V. St. A., *Trocknendes Öl,* bestehend im wesentlichen aus 5—25 (%) eines styrolisierten Esters einer ungesätt. Fettsäure (styrolisiertes Leinöl) mit 5—10 Styrolgeh. u. 75—95 eines Gemisches von ungesätt. Mischpolymeren mit Kp. 150—450°, bes. 325—400°, Br-Zahl 140, Maleinsäureanhydridwert 30—90 u. mit 2,5—4 Doppelbindungen im Molekül. Dieses Gemisch wird bei 100—300° in Ggw. eines sauren, bes. FRIEDEL-CRAFTS-Katalysators (BF_3) polymerisiert. (**A. P. 2 616 863** vom 28/10. 1950, ausg. 4/11. 1952.) GRÄGER. 7097

Universal Oil Products Co., übert. von: **Herman S. Bloch,** Chicago, und **Richard C. Wackher,** La Grange, Ill., V. St. A., *Herstellung trocknender Öle.* 1—10 (Teile) von möglichst wasserfreiem HF werden mit 1 eines Gemisches von 1—50 Mol eines Olefin-KW-stoffes mit mindestens 3 C (Propylen, Butylen) u. 1 Mol einer ungesätt. organ. Verb. (Alkohol, Thioalkohol, Aldehyd, Keton, Ester oder Äther), bes. Allylalkohol, α-Terpineol oder Vinyl-n-butyläther, bei 0—175° u. 1—100 at Druck zur Rk. gebracht. Nach Beendigung der Rk. trennt sich das Gemisch in 2 Schichten, deren eine gesätt. KW-stoffe u. deren andere HF u. die trocknenden Öle mit den ungesätt. KW-stoffen enthält, die hieraus auf dem üblichen Wege gewonnen werden. (**A. PP. 2 622 108** u. **2 622 109** vom 29/5. 1948, ausg. 16/12. 1952.) GRÄGER. 7097

E. I. du Pont de Nemours & Co., übert. von: **Ellsworth K. Ellingboe** und **Henry Shirley Rothrock,** Wilmington, Del., V. St. A., *Mischpolymerisat.* Die Lsg. einer Mischung aus Vinylchlorid (**I**), Allylglycidyläthern (**II**) der Formel: $CH_2{=}CH{-}CH_2{-}O{-}CH_2{-}\underbrace{CH{-}CH_2}_{O}$ u. Allyläthern der Allyloxyalkansäure der Formel: $CH_2{=}CH{-}CH_2{-}O{-}(CH_2)_n{-}COOH$, in welcher $n = 1{-}5$ ist, bes. von Allyloxyessigsäure (**III**), in Bzl., Toluol, Aceton oder Dispersionen dieser Lsgg. werden bei 40—100° in Ggw. von Katalysatoren, wie Benzoylperoxyd, polymerisiert. Die so hergestellten Verbb. dienen als *Anstrich-* u. *Imprägniermittel* für poröse Materialien, wie Textilien, Papier u. Holz, sowie von Eisen, Stahl u. Glas, als Klebstoffe, allein oder in Mischung mit Pigmenten, Füllstoffen, Weichmachern u. Alkydharzen. — Z. B. werden in einem Autoklaven 36 (Teile) **III**, 144 **II**, 263 thiophenfreies Bzl. u. 6 α.α'-Azodiisobutyronitril abgekühlt, mit 422 **I** vermischt u. auf 60° 18 Std. erhitzt. Nach dem Abkühlen wird das Polymerisat durch Zusatz der 4—6fachen Menge Methylalkohol ausgefällt, das Koagulat gewaschen, getrocknet u. in Aceton gelöst. Man erhält 148 Polymerisat mit einem Geh. an 76,9% I. (**A. P. 2 607 754** vom 29/6. 1951, ausg. 19/8. 1952.) SEIZ. 7107

Shell Development Co., San Francisco, übert. von: **Theodore W. Evans** und **Edward C. Shokal,** Oakland, Calif., V. St. A., *Polymerisation von Glycidäthern ungesättigter aliphatischer Alkohole.* Man polymerisiert Mischungen, Lsgg. oder Dispersionen von vorzugsweise 2.3-Glycidyläthern von aliphat. Allyl- u. Vinylalkoholen in Ggw. von 5% organ. Peroxyden bei Tempp. zwischen 50 u. 300°. Die erhaltenen Polymerisate werden allein oder gelöst in Mischung mit Weichmachern, Pigmenten u. Füllstoffen, trocknenden u. nichttrocknenden Ölen, Eiweißverbb., Cellulosederivv., natürlichen u. künstlichen Harzen als *Imprägnier-* u. *Anstrichmittel* verwendet. (**A. P. 2 599 817** vom 12/1. 1948, ausg. 10/6. 1952.) SEIZ. 7107

Sherwin-Williams Co., Cleveland, Ohio, übert. von: **James A. Arvin,** Homewood, und **Wayne B. Gitchel,** Chicago, Ill., V. St. A., *Mischpolymerisate von Styrol* (**I**) *und Harzen* (**II**). Die Lsg. einer Mischung aus **I** u. Kolophonium oder anderen **II**, wobei das Verhältnis von **I**:**II** = 1:1 bis 1:9 betragen kann, wird zusammen mit einem Polymerisationsprod. aus mehrwertigen höheren Alkoholen u. trocknenden Ölen bei Tempp. von 150—285° polymerisiert. Man erhält Grundstoffe zur Herst. von *Lacken* u. *Emaillen.* — Z. B. werden 3 (Teile) **II** u. 1 **I** 6,5 Std. bei 235° unter Rückfluß erhitzt, dann setzt man ein Polymerisationsprod., das aus 1600 dehydratisiertem Ricinusöl u. 84 Glycerin sowie 3,2 Bleiglätte durch Erhitzen auf 235° erhalten wurde, zu 1000 des erhaltenen Styrolharzes u. erhitzt auf 290°, bis die SZ. 6,6 beträgt. Nach dem Zusatz von Pigmenten u. Lösungsmitteln erhält man einen ausgezeichneten *Lack.* (**A. P. 2 580 876** vom 30/3. 1945, ausg. 1/1. 1952.) SEIZ. 7107

Farbenfabriken Bayer, Krefeld-Uerdingen, *Nichtgelatinierende Lackrohstoffe* erhält man durch Polymerisation aromat. Vinylverbb. in Ggw. eines Gemisches aus mit ungesätt. Öl modifiziertem Alkydharz u. einem ungesätt. pflanzlichen oder tier. Öl. — 870 (Teile) Styrol, 265 Leinöl, 1200 Bzn., 200 Cyclohexanol u. 400 Alkydharz (erhalten aus Ricinusöl u. Phthalsäureanhydrid) werden unter Rückfluß 50 Std. auf 140° erhitzt. Die erhaltene Lacklsg. trocknet in 15 Min. an der Luft zu einem harten u. glänzenden, gegen W. beständigen Überzug. (**E. P. 690 352** vom 14/2. 1951, ausg. 15/4. 1953. D. Prior. 16/2. 1950.) MÖLLERING. 7107

American Cyanamid Co., New York, N. Y., übert. von: **John H. Daniel jr.,** Stamford, und **John C. Petropoulos,** South Norwalk, Conn., V. St. A., *Reaktionsprodukte aus modifizierten Alkydharzen* (**I**) *mit Styrolen* (**II**) *und Acrylnitrilen* (**III**). Man erhitzt monomeres **II** u. **III** zusammen mit **I**, welches durch Rk. einer Polycarbonsäure, bes. Phthalsäure, u. gesätt. aliphat. Polycarbonsäuren, einem gesätt. mehrwertigen Alkohol, einer Monocarbonsäure aus der Gruppe der natürlich trocknenden u. halbtrocknenden Öle u. einer α.β-ungesätt. Monocarbonsäure der Formel R—CH=CHCOOH, worin R 1. ein Alkylrest mit 1—3 C-Atomen, 2. ein Furylrest u. 3. ein Phenylrest bedeutet, in Ggw. von organ. Peroxyden als Katalysatoren u. Lösungsmitteln, wie Xylol, Toluol, hergestellt wird, wobei der Geh. an Monomeren 25—60% u. das Verhältnis von **II**:**III** = 9:1 bis 1:1 beträgt. Die so erhaltenen Prodd. ergeben zusammen mit Sikkativen rasch trocknende *Lacke, Anstrichmittel* u. *Emaillen.* (**A. P. 2 600 623** vom 8/9. 1949, ausg. 17/6. 1952.) SEIZ. 7107

Monsanto Chemical Co., St. Louis, Mo., übert. von: **Paul E. Marling,** Dayton, O., V. St. A., *Mischpolymerisate aus Styrolen* (**I**) *und Alkydharzen* (**II**). Eine Mischung aus 15—50 (%) **I**, 25—75 **II** u. 10—25 α-Methylstyrol (**III**), Isopropenylbiphenyl oder α.p-Dimethylstyrol wird in Ggw. von Peroxyden, wie Benzoylperoxyd, bei 95—260° polymerisiert. Das erhaltene Polymerisat wird in Terpentinöl, Xylol oder Bzl. gelöst u. kann zur Herst. von *Anstrichmitteln* u. *Lacken* verwendet werden. Durch Zusätze von Sikkativen, trocknenden Ölen, natürlichen u. künstlichen Harzen u. Pigmenten erhält man filmbildende Anstrichmittel für Holz, Metall, Papier, Leder u. Textilien. Die verwendeten **II** werden durch Kondensation von trocknenden Ölen, wie Holz-, Lein-, Soja- u. Ricinusöl, oder ungesätt. Monocarbonsäuren mit 10—20 C-Atomen, mit mehrwertigen Alkoholen, wie Glycerin, Erythrit, Pentaerythrit, Sorbit u. Mannit, sowie mit Dicarbonsäuren, wie Phthal-, Malein-, Fumar-, Itacon- u. Adipinsäure oder deren Anhydriden, hergestellt. — Z. B. werden 122 (Teile) einer Mischung aus 95% Benzoesäure u. 5% Phthalsäureanhydrid, 50 Glycerin u. 40 Fettsäure von dehydratisiertem Ricinusöl 1 Std. unter Rühren auf 235° erhitzt. 50 des so erhaltenen Harzes werden bei 150° einer Mischung aus 100 **I**, 40 **III** u. 5 Benzoylperoxyd langsam zugesetzt u. auf 250° erhitzt. Das fl. Harz gibt in Xylol gelöst einen guten *Lack.* (**A. P. 2 606 161** vom 24/11. 1948, ausg. 5/8. 1952.) SEIZ. 7107

Canadian Industries Ltd., Montreal, übert. von: **Gordon Hart Segall** und **John Francis Clemow Dixon**, McMasterville, Canada, *Mischpolymerisate.* Eine Mischung aus 55—88 (Teilen) Styrol (**I**), 12,5—25 Acryl (**II**)- u. Methacrylsäure (**III**), sowie 5—30 linearpolymeren 4-Vinylcyclohexandiepoxyden (**IV**) wird in Ggw. von 0,5—2% Pyridin, Piperidin, Dimethylamin als Katalysatoren polymerisiert. *Anstriche* mit diesen Verbb. u. daraus hergestellte *Filme* werden durch Erhitzen auf 150° hart u. in Aceton unlöslich. — Eine Lsg. von 10 (g) **I**, 0,63 **III** u. 1,88 **II** in 12,5 Methyläthylketon u. 6,25 Xylol wird 24 Std. in Ggw. von Benzoylperoxyd auf 90° erhitzt. Zu 10 dieser Lsg. werden 1,2 **IV** (hergestellt durch Polymerisation von 4-Vinylcyclohexandiepoxyd — in Butanol gelöst — in Ggw. von Bortrifluorid als Katalysator) zusammen mit 0,02 Piperidin zugesetzt. Ein mit dieser Lsg. erzeugter Film wird durch 1 std. Erhitzen auf 150° unlösl. in Aceton. (**A. P. 2 604 457** vom 31/5. 1951, ausg. 22/7. 1952. Can. Prior. 3/3. 1949.) Seiz. 7107

Pittsburgh Plate Glass Co., Allegheny County, übert. von: **Howard L. Gerhart**, Milwaukee, Wis., V. St. A., *Mischpolymerisate von Cyclopentadien* (**I**). Eine Mischung aus 20—90(%) trocknenden Ölen (**II**), 5—80 **I** u. 1—50 ungesätt. monomeren Äthylenverbb. (**III**), bes. Vinyl- oder Allylester, wird 2—10 Std. in einem Autoklaven unter Druck bei Tempp. zwischen 150 u. 300° polymerisiert. Die erhaltenen Polymerisate sind lösl. in Petroleumnaphtha (**IV**), Leinöl u. Sojaöl, haben sehr gute lufttrocknende Eigg. u. geben harte unlösl. Filme. Mit Sikkativen, anderen Lackkomponenten u. Verdünnungsmitteln u. Pigmenten erhält man hochwertige *Lacke* u. *Anstrichmittel.* — Z. B. werden 492 (Teile) Leinöl, 40 Divinylbenzol, 268 Dicyclopentadien im Autoklaven auf 275° $2^1/_2$ Std. erhitzt. Nach dem Verdünnen mit 50% **IV** u. einem Zusatz von 0,5—5% Co-Naphthenat wird ein leicht gefärbter Lack erhalten. — An Stelle von **I** verwendet man: Dicyclo- u. Tricyclopentadien: an Stelle von **II** Chinaholzöl, Ricinus-, Sonnenblumen- u. Baumwollsaatöl; an Stelle von **III**: Acrylamide, Vinyl- u. Vinylidenchloride, Acryl- u. Methacrylsäure, Methylmethacrylate, Methylacrylate, α-Methylstyrol u. chlorsubstituierte Styrole. (**A. P. 2 601 273** vom 8/6. 1950, ausg. 24/6. 1952.) Seiz. 7107

Chemische Werke Albert (Erfinder: **Felix Schlenker** und **Hans Starck**), Wiesbaden, *Härtung von Äthoxylinharzen*, dad. gek., 1. daß als Härtungsmittel die Salze tautomer reagierender Verbb. mit 2- oder höherwertigen Metallen verwendet werden; 2. daß Metallsalze des Acetessigesters, bes. sein Al-Salz, verwendet werden; 3. daß Metallsalze der Malonsäureester verwendet werden; 4. daß Metallsalze von β-Diketonen, bes. von Formylketonen, verwendet werden. Z. B. werden 100 (Teile) eines aus 1 (Mol) p.p'-Dioxydiphenyldimethylmethan u. 2 1.3-Dichlorhydrin hergestellten Äthoxylinharzes bei 140° mit 13 Ni-Acetylaceton zur Rk. gebracht. Die bei 180° während 30 Min. eingebrannten Filme sind vollständig gehärtet. (**D. B. P. 910 727** Kl. 39c vom 26/10. 1951, ausg. 6/5. 1954. Anmeldung bekanntgemacht 17/9. 1953.) Herbst. 7107

Hellmut Reuther, Dresden, *Kondensationsbeschleuniger und Weichmacher für Silicone*, bestehend aus aromat. Estern der Silicoameisensäure oder einer Alkylsilansäure. — Man gibt zu der Toluollsg. eines Methylphenylsiliconlackes 20% $CH_3Si(OC_6H_5)_3$ oder zu der Benzinlsg. eines Methylsilicons $HSi(OC_6H_5)_3$. Nach dem Ausstreichen erhält man beim Trocknen oder Brennen der Schichten stabile Lackschichten. (**D. P. [DDR] 2 831** Kl. 39b vom 19/4. 1951, ausg. 19/9. 1953 [Wirtschaftspatent].) Pankow. 7107

Franz Clouth, Rheinische Gummiwarenfabrik Akt.-Ges. (Erfinder: **Paul Puschmann**), Köln, *Kautschuküberzüge.* Verwendung einer Kautschukmischung, der Polystyrol oder ein Styrolmischpolymerisat zugesetzt wurde, für die Herst. von solchen Überzügen aus vulkanisiertem Kautschuk auf Gegenständen, bes. Behälterauskleidungen, die der Einw. von ClO_2 ausgesetzt werden sollen. Polystyrolzusatz 10—30%, der in der gleichen Menge Trichloräthylen gelöst sein kann. (**D. B. P. 911 073** Kl. 39b vom 27/9. 1950, ausg. 10/5. 1954. Anmeldung bekanntgemacht 30/4. 1952.) Overbeck. 7107

E. I. du Pont de Nemours & Co., Wilmington, Del. (Erfinder: **George Corbin Bailey**, St. Elizabeth, und **Oscar Johnson**, Metuchen, N. J.), V. St. A., *Herstellung von durch Kautschuküberzüge geschützten Gegenständen*, bes. aus Fe, dad. gek., daß auf die zu schützende Metallfläche ein Grundierungsgemisch aus z. B. Pigmenten, trocknenden Stoffen (Leinöl oder Alkydharz) u. gegebenenfalls Trockenmitteln aufgebracht u. getrocknet wird, u. daß dann auf diese Zwischenschicht eine wss. Dispersion von Kautschuk aufgebracht, getrocknet u. gegebenenfalls vulkanisiert wird. Als Grundierung kann z. B. Bleimennige, Zn-Chromat, ZnO, Fe_2O_3 oder ein Silicat dienen. (**D. B. P. 910 961** Kl. 39b vom 17/9. 1940, ausg. 10/5. 1954. Anmeldung bekanntgemacht 10/9. 1953.) Overbeck. 7107

Shell Development Co., San Francisco, Calif., übert. von: **Vanan C. Irvine**, Larchmont, N. Y., und **Harry J. Sommer**, Lafayette, Calif., V. St. A., *Asphaltgemisch.* Zur Erhöhung der Haftfähigkeit wird bituminösen Gemischen, wie Asphalt oder Teer, ein Reaktionsprod. einer Fettsäure mit 12—24 C (Öl-, Stearin-, Laurin-, Palmitin-, Linolen- oder Linolsäure) mit einem Kondensationsprod., das bei 20—60° aus 1 (Mol) eines Monohalogenepoxyalkans (Epichlorhydrin) u. 5—10 NH_3 oder 4—20 Monomethylamin oder Diäthylamin gewonnen wird, zugesetzt. (**A. P. 2 635 966** vom 20/3. 1950, ausg. 21/4. 1953.) GRÄGER. 7107

Marcelle Ruggiero, geb. **Guerrier**, Alpes-Maritimes, Frankreich (Erfinder: **Rosina Boccaccio**), *Herstellung von auf jeder Oberfläche haftender Kalkmilch.* Man versetzt reine oder gefärbte Kalkmilch mit ca. 2% eines Gemisches von 90 (Gew.-%) Alaun- u. 10 Marmorpulver. (**F. P. 1 029 186** vom 7/12. 1950, ausg. 1/6. 1953. It. Prior. 12/10. 1950.) OPPERMANN. 7107

British Iron & Steel Research Association (Erfinder: **John Edwin Oakley Mayne**), London, England, *Zementartiges Anstrichmittel*, im wesentlichen bestehend aus einem Gemisch einer Phosphatlsg., bes. eines Alkaliphosphats, mit einem p_H-Wert nicht <8 mit Zn-Staub in großem Überschuß. Es bildet sich Zn–Phosphat-Zement. (**E. P. 705 365** vom 11/11. 1949, ausg. 10/3. 1954.) GRÄGER. 7107

Hercules Powder Co., übert. von: **Alfred L. Rummelsburg**, Wilmington, Del., V. St. A., *Kunstharz.* Man kondensiert Kolophonium mit einer mehrfach ungesätt. cycl. Verb., bes. Divinylbenzol u. Cyclopentadien, im mol. Verhältnis 0,1—20 in Ggw. eines sauren Katalysators, bes. BF_3 bei —20 bis +150°. Das Kondensationsprod. kann mit mehrwertigen Alkoholen verestert werden. (**A. P. 2 593 613** vom 23/12. 1949, ausg. 22/4. 1952.) LÜTTGEN. 7149

XIb. Plaste (Kunstharze. Plastische Massen).

V. E. Yarsley, *Kunststoffe in Vergangenheit und Zukunft.* Zusammenfassender Bericht. (Plast. Inst., Trans. **21.** Nr. 45. 51—64. Juli 1953.) SCHÄFF. 7170

J. E. Gordon, *Zukunft der Kunststoffe in der Ingenieurtechnik.* Allg. Übersicht mit Beispielen. (Plast. Inst., Trans. **21.** Nr. 43. 5—17. Jan. 1953.) SCHÄFF. 7170

A. D. Clarke, *Technik des Kalandrierens.* Inhaltlich ident. mit der C. **1954.** 7299 referierten Arbeit. (Plast. Inst., Trans. **21.** Nr. 43. 31—44. Jan. 1953.) SCHÄFF. 7170

Joseph Brown, *Technik des Kalandrierens. Maschinentypen und Anlagen.* Übersicht u. Diskussion. (Plast. Inst., Trans. **21.** Nr. 43. 44—62. Jan. 1953. David Bridge & Co. Ltd.) SCHÄFF. 7170

G. Bieler, *Formänderungen beim Trocknen und Vorbeugungsmaßnahmen.* Besprochen werden die Ursachen, die vor dem Trocknen plast. Massen auftreten, die Ursachen, die auf den Trocknungsmechanismus zurückzuführen sind, u. die Verdunstungsgeschwindigkeit. Zur Verhinderung der Formänderungen werden langsames u. einheitliches Trocknen, die Anwendung infraroter Strahlen oder die Anwendung dielektr. Heizung empfohlen. (Silicates ind. **18.** 11—16. Jan. 1953.) PISTOR. 7170

L. Holland, *Das Verhalten von Kunststoffen, die durch Vakuumverdampfung metallisiert werden, beim Entgasen im Vakuum.* (Vortrag.) Der Oberflächenglanz von Kunststoffprodd. wird oft durch Auftragung einer Lackschicht vor der Metallaufdampfung verbessert. Der metall. Überzüg wird anschließend durch einen 2. Lacküberzug geschützt. Bei dieser Meth. treten Schwierigkeiten bei der Vakuumerzeugung durch Entweichen von Gasen aus dem Kunststoffteil oder der Lackschicht auf. Diese Eigg. der Kunststoffe (mit u. ohne Weichmacher) im Vakuum (Gasbldg.), der Einfl. auf das Vakuum u. der Mechanismus des Entweichens von Wasserdampf bzw. des Trocknens von verschied. Kunststoffen wurden untersucht. Die Auswertung der Befunde für die Praxis wird erörtert. — Diskussionsbemerkungen. (Plast. Inst., Trans. **21.** Nr. 45. 65—85. Juli 1953. London, W. Edwards & Co. Ltd., Res. Labor.) SCHÄFF. 7170

Ingvar Carlson, *Mehrfarbendruck auf kunststoffbeschichteten Geweben und Kunststoffolien.* Beschreibung der Grundzüge des Tiefdruckverf. unter Darlegung seiner Schwierigkeiten u. Anwendungen. (Kunststoffe **44.** P 71—72. Aug. 1954. Smalands Anneberg.) WINIKER. 7170

Fritz Schaupp, *Spritzgußtechnik von Polyäthylen.* Beschreibung der Besonderheiten bei der Verarbeitung von Polyäthylen im Spritzgußverf. im Vgl. zur Verarbeitung von Polystyrol u. weichgemachter Acetylcellulose. (Kunststoffe **44.** P 69—70. Aug. 1954. Heidelberg.) WINIKER. 7172

Herbert Mertz, *Spritzgießen von Polystyrol.* Unter Zugrundelegung der Arbeiten von BEYER u. DAHL (vgl. C. **1953.** 4289) sowie SPENCER u. GILMORE (vgl. C. **1953.** 7416) werden die Zusammenhänge zwischen Spritzmasse, Spritztemp., Formtemp., Spritzdruck u. Herstellzeit behandelt u. daraus Folgerungen für den Praktiker gezogen. (Kunststoffe **44.** 204—05. Mai 1954. Bonn.) WINIKER. 7172

F. L. Hudson und **C. P. Vale,** *Aminoplaste — neuere Entwicklungsrichtung besonders im Hinblick auf ihre Anwendung bei Papier.* (Vortrag.) Die Bedeutung der Aminoplaste, Harnstoff- u. Melamin–Formaldehyd-Harze, auf verschied. Anwendungsgebieten, für Schichtstoffe, Bindemittel, Schaumstoffe, Überzüge, Textilveredlung u. bes. in der Papierindustrie, wird erörtert. — Diskussionsbemerkungen. (Plast. Inst., Trans. **21.** Nr. 46. 5—26. Okt. 1953.) SCHÄFF. 7180

E. J. Ritter, *Spanholz-Preßmassen.* Überblick über Herst. u. Verwendung von Spanholzplatten u. Formteilen aus Holzwerkstoffen. (Kunststoffe **44.** 329—32. Aug. 1954. Mainleus.) WINIKER. 7204

D.-L. Matson, *Geschichtete Nylon-Phenoplaste für Platten für elektrische Isolation.* Schichtstoffe aus Nylongewebe u. Phenoplasten eignen sich bes. für Apparateteile (z. B. Platten), die unter erschwerten Bedingungen (Feuchtigkeit u. Temp.) gute Isoliereigg. aufweisen müssen. Die Prüfung solcher Materialien wird besprochen. (Ind. Plast. mod. **5.** Nr. 2. 29—31. Febr. 1953.) SCHÄFF. 7210

DEHYDAG Deutsche Hydrierwerke G. m. b. H., Düsseldorf (Erfinder: **Winfried Hentrich,** Riehen, Basel, Schweiz, und **Hanns Höllerer,** Grenzach), *Gelatinierungs-, Quellungs- und Weichmachungsmittel für Polykondensations- und Polyadditionsprodukte, wie Polyamide, Polyharnstoffe und Polyurethane.* Als solche sind zu verwenden Monoäther aus zwei- oder mehrwertigen Alkoholen mit mindestens 5 u. zweckmäßigerweise nicht mehr als 10 C-Atomen u. prim. oder sek. cycloaliphat. Alkoholen, die in der C-Folge durch Heteroatome unterbrochen sein können. An Stelle der Monoäther können auch deren Veresterungsprodd. verwendet werden. Beispiele: 1.6-Hexandiol-monocyclohexyläther, 1.6-Hexandiol-monohexahydrobenzyläther u. 1.7-Heptandiol-monotetrahydrofurfuryläther, ferner die Veresterungsprodd. dieser Monoäther mit HCOOH, CH_3COOH, Buttersäure, Milchsäure, Fettsäuregemischen mit 7—9 C-Atomen, Äthylcapronsäure, Butoxyessigsäure, Naphthenyloxyessigsäure, Benzoesäure oder Salicylsäure. (**D. B. P. 912 396** Kl. 39b vom 7/10. 1943, ausg. 28/5. 1954. Anmeldung bekanntgemacht 17/9. 1953.) HERBST. 7171

Dow Chemical Co., V. St. A., übert. von: **Giffin D. Jones,** *Herstellung halogenmethylierter aromatischer Polyvinylverbindungen* wie Di- bis Tetramere oder harzartige Polymere von Styrol, Methyl-, Arylchlorstyrol, Mischpolymere von Styrol mit geringen Butadien- oder Divinylbenzolmengen durch Kondensieren bei —10 bis 125° in Ggw. einer indifferenten organ. Fl. wie CS_2 oder Tetrachloäthylen mit Halogenmethylierungsmitteln wie Methylenchlorid, Chlormethylmethyläther (**I**), α.α'-Dichlordimethyläther in Ggw. von Katalysatoren, von denen Zn, dessen Halogenide oder ZnO wenig Vernetzung, $AlCl_3$ oder $FeCl_3$ gleichzeitige Vernetzung hervorrufen. Das Halogen in den erhaltenen Prodd. kann durch OH, CN, NH_4 oder Amine ersetzt werden. Man kann die Halomethylierung auch in Ggw. poröser Stoffe, z. B. von Erde, Sand, in Löchern durchführen u. dadurch eine Verfestigung u. Verminderung der Porosität erreichen. — Zu einer Lsg. von 25 g festem Polystyrol in 200 cm^3 CS_2 gibt man bei 0° 55 g **I** u. 13 cm^3 $SnCl_4$ u. erhält nach 1 Std. ein rotes Gel, das man in Methanol pulvert. (**F. P. 1 018 768** vom 6/12. 1949, ausg. 13/1. 1953. A. Prior. 29/12. 1948.) PANKOW. 7173

Standard Oil Development Co., Elizabeth, N. J., V. St. A., *Mischpolymerisationen von Diolefinen und aromatischen Kohlenwasserstoffen* (**I**). Ein Gemisch aus Diolefinen, wie Hexadien, Butadien (**II**), Cyclopentadien oder Myrcen, u. **I**, die gesätt. Alkylsubstituenten enthalten können, wie Bzl., Toluol, Xylol, Butylbenzol, Mesitylen, Duren, Phenanthren, Tetrahydronaphthalin oder bestimmte Erdölfraktionen, werden bei Tempp. $<0°$ in Ggw. eines gelösten FRIEDEL-CRAFTS-Katalysators polymerisiert. Als Nebenprodd. gebildete, monomere alkylierte Aryle werden bei $>130°$, bes. bei 5 mm Hg bei 196—200°, abdest. u. in den Kreislauf zurückgeführt. Als Katalysatoren geeignet sind Lsgg. von $AlCl_3$, $SnCl_4$, $ZnCl_2$ oder BF_3 in CH_3Cl, C_2H_5Cl, Äthylenfluorid oder dergleichen. Man erhält *Harze* mit verschied. Eigenschaften. — In 16 Tabellen werden die Eigg. von Mischpolymerisaten aus Bzl. u. **II**, Toluol-**II**, Naphthalin-**II**, Duren-**II** usw., dargestellt, die bei Tempp. von —40 bis —150° erhalten sind. Nach E. P. 682 883 können bei diesen Rkk. auch Monoolefine, wie Propylen, Isobutylen oder Diisobutylen, zusätzlich mitverwendet werden. — Man erhält gelblich rote *Harze*, die keine Gele bilden u. sich für Überzüge aller Art, als Zusatz zu trocknenden Ölen für die Lederbehandlung, für Rostverhütungsmittel u. als Weichmacher für Kautschuk eignen. (**E. PP. 687 521** vom 31/10. 1950, ausg. 18/2. 1953, u. **687 883** vom 31/10. 1950, ausg. 25/2. 1953. Beide A. Prior. 2/12. 1949.) MÖLLERING. 7173

Farbwerke Hoechst, vormals Meister Lucius & Brüning (Erfinder: **Guido Lorentz**), Frankfurt/M., *Herstellung stabiler wässeriger Harzdispersionen.* Eine Lsg. eines Xylenol-CH_2O-Harzes (**I**) oder ein fl. **I** wird mit Hilfe von Polyvinylalkoholen (**II**) oder deren wasserlösl. Derivv. in W. dispergiert. Es kann auch so verfahren werden, daß eine wss. Lsg. eines **II** unter Rühren zu dem fl. oder gelösten **I** gegeben wird. Den Dispersionen können noch härtende oder stabilisierende Verbb. zugesetzt werden. Es werden so seifenfreie Dispersionen von guter Beständigkeit erhalten. — Z. B. werden 200 Teile Xylenol-CH_2O-Resol u. 75 Volumenteile einer 5% ig. wss. Lsg. von **II** vermischt, indem die Lsg. von **II** unter schnellem Rühren zum fl. Harz langsam zugegeben wird. Man erhält eine 50% ig. stabile, wss. Dispersion. (**D. B. P. 878 556** Kl. 39b vom 30/1. 1951, ausg. 5/6. 1953.) HERBST. 7177

Wingfoot Corp., Akron, Ohio, V. St. A., *Monoaddukte von Polyisocyanaten* (**I**) mit Imiden (**II**) u. Lactamen (**III**) erhält man durch Rk. äquimol. Mengen **I** mit **II** oder **III**. Aus 4.4'-Diphenyldiisocyanat u. Phthalimid erhält man z. B. ein Addukt der Formel **IV**. Als **I** sind weiter genannt: 1-Methyl-2.4-phenylendiisocyanat, 1.5-Naphthalindiisocyanat, Hexamethylendiisocyanat, 4.4'.4''-Triisocyanatotriphenylmethan, 1.3.5-Triisocyanatobenzol,

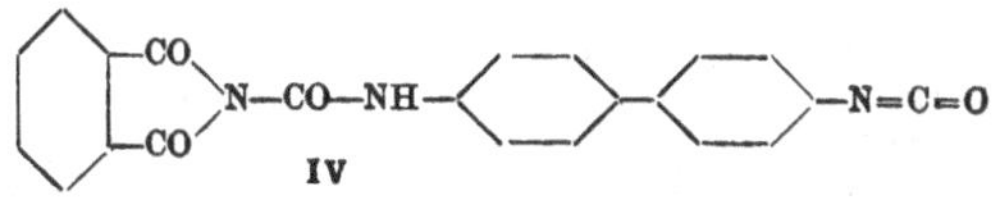

IV

2.4.6-Triisocyanatotoluol, 4.4'-Dimethyldiphenylmethan-2.2'.5.5'-tetraisocyanat; als **II** Succinimid, Glutarimid; als **III** ε-Caprolactam, δ-Valerolactam, γ-Butyrolactam, β-Propiolactam. — Verwendung zur Herst. von *Brückenbindungen* bei diisocyanatmodifizierten *Polyestern* bzw. *Polyesteramiden.* (**E. PP. 701 549** u. **701 711** vom 29/8. 1951, ausg. 30/12. 1953. A. Prior. 1/11. 1950.) BRÖSAMLE. 7177

N. V. de Bataafsche Petroleum Mij., Den Haag, Holland, *Epoxydkunststoffe.* Als Härtungsmittel für Epoxydharze werden Mono-, Di- oder Trisulfonsäuren oder Halogenide derselben in einer Menge von 0,1—5% zur Anwendung gebracht. Beispiele: Äthansulfonsäure, Benzol-, o-Toluol-, m-Toluol-, p-Toluol-, 2.4-Dimethylbenzol-, Naphthalin-1- oder Naphthalin-2-sulfonsäure. Ebenso können Mischungen von Epoxydharzen mit Harnstoff-CH_2O-Vorkondensationsprodd., die mit einem Alkohol, wie Butylalkohol, veräthert sein können, mit den gleichen Härtungsmitteln gehärtet werden. Die ausgehärteten Prodd. sind beständig gegen alkal. Fll., haften gut auf Oberflächen u. sind auch widerstandsfähig gegen organ. Lösungsmittel. (**E. P. 704 299** vom 22/2. 1952, ausg. 17/2. 1954. A. Prior. 26/2. 1951.) HERBST. 7177

N. V. de Bataafsche Petroleum Mij., Den Haag, Holland, *Epoxydkunststoffe.* Als Härtungsmittel für Epoxydharze (**I**) in Mischung mit Harnstoff-CH_2O-Kondensationsprodd. (**II**), die mit Alkoholen, wie Butylalkohol veräthert sein können, werden Aminsalze von Mono-, Di- oder Trisulfonsäuren verwendet. — Beispiele: Morpholinsalz von p-Toluolsulfonsäure, Triäthylaminsalz der m-Benzoldisulfonsäure. Das Härtungsmittel wird in Mengen von 0,5—2% den Harzbildnern hinzugefügt. Das Verhältnis von **I**:**II** in den Harzbildungsmassen beträgt zwischen 85:15 u. 6:4. Die Harzmischungen sind bei n. Temp. haltbar u. härten erst bei höherer Temp. aus (vgl. vorst. Referat). (**E. P. 704 316** vom 19/9. 1952, ausg. 17/2. 1954. A. Prior. 21/9. 1951. **Zusatz zu E. P. 704 299; vorst. Ref.**) HERBST. 7177

Badische Anilin- & Soda-Fabrik (Erfinder: **Johann Lenz** und **Hans Scheuermann**), Ludwigshafen/Rh., *Herstellung elastischer hochporöser Isolierstoffe.* Bei der Herst. der die Gerüstsubstanz bildenden Aminoplaste oder im Zuge der Herst. von Schaumkörpern aus diesen, werden Polymerisationsprodd. mitverwendet, die N-Atome mit mindestens 1 reaktionsfähigen H-Atom enthalten oder NH_4-Salze carboxylgruppenhaltiger Hochpolymerer sind, bzw. deren Mischpolymerisate. Im vorletzteren Falle können auch Alkalisalze der Hochpolymeren zusammen mit NH_4- oder Aminsalzen verwendet werden. Es werden so Schaummassen erhalten, die weniger spröde sind. — Z. B. wird ein Gemisch aus 84 (Teilen) dibutylnaphthalinsulfonsaurem Na, 56 wss. H_3PO_4 (75% ig.), 2000 wss. Oxalsäure (5% ig.) u. 2250 W. durch Rühren verschäumt u. dann mit 12000 einer Mischung aus 10000 einer 32% ig. wss. Lsg. eines Harnstoff-CH_2O-Kondensationsprod. u. 2000 einer 5% ig. wss. Lsg. eines mit NH_3 verseiften Mischpolymerisats aus 75% Acrylsäuremethylester u. 25% Acrylnitril verrührt. Der erhaltene Schaum wird in Formen gebracht u. anschließend bei 30—40° getrocknet. (**D. B. P. 878 557** Kl. 39b vom 10/3. 1951, ausg. 5/6. 1953.) HERBST. 7181

Bobingen Akt.-Ges. für Textil-Faser (Erfinder: **Paul Schlack**), Bobingen, *Herstellung von Lösungen von Linearpolymeren mit Amingruppen in der Kette*, dad. gek.,

1. daß man in Alkoholen selbst in der Wärme ungenügend lösl. Polyamidverbb., gelöst oder durchgequollen in organ. Carbonsäuren oder starken wss. Lsgg. von solchen oder in Mischungen dieser Säuren mit Lösern oder latenten Lösern für die Polyamide, mit CH_2O oder CH_2O-abspaltenden Mitteln bei einer der Stärke der Säuren u. ihren Lösungs- oder Quellungsvermögen angepaßten Temp. so lange behandelt, bis das mit W. gefällte, noch wasserfeuchte Methylolpolyamid sich in CH_3OH, notfalls in der Wärme, zu einer mindestens 10%ig. Lsg. auflösen läßt, die Methylolverb. abscheidet u. sie dann in A. oder alkoholhaltigen Lösemittelgemischen oder in Pyridin zur Auflösung bringt. — 2. daß man Quellungen der Polyamide verwendet, die auf dem Wege über eine Lsg. gewonnen wurden, bes. durch Koagulation mit alkohollösl. Salzen, wie $CaCl_2$; 3. daß die Umsetzungen mit CH_2O-Lsgg. durchgeführt werden, die latente Polyamidlöser, wie CH_2Cl_2 oder CH_3OH enthalten; 4. daß man alkoholunlösl. Polyamidverbb. verwendet, welche, in Faserform geprüft, beim Benetzen mindestens 3% W. aufnehmen; 5. daß die lösl. Methylolverbb. während oder nach der Fällung mit alkal. reagierenden Stoffen stabilisiert werden; 6. daß alkoholunlösl. Mischpolyamide verwendet werden, deren bas. Bausteine ganz oder zu einem wesentlichen Teil aus Tetramethylendiamin u. dessen Seitenkettenhomologen bestehen, vorzugsweise in Verb. mit Säuren der Adipinsäurereihe; 7. daß den Lösemitteln für die Methylolverbb. noch höher als die leichtflüchtigen Hauptkomponenten sd. wirksame Löser zugesetzt sind; 8. daß man die abgeschiedenen Methylolverbb. ohne Zwischentrocknung in wasserfeuchtem Zustand auflöst; 9. daß man feuchte Methylolverbb. vor dem Trocknen mit Mischungen aus Alkoholen u. wasserunlösl. organ. Lösemitteln, bes. latenten Lösern, vorbehandelt u. die sich abscheidende restliche Phase vor dem Auflösen der Methylolverb. im gewünschten Lösemittel entfernt. — Zu den verfahrensgemäß zu behandelnden Polyamidverbb. sind auch Polyurethane u. Polyharnstoffe zu zählen. — Z. B. löst man 1 (Teil) der in Ggw. von Phenol aus Butan-1.4-diisocyanat u. Tetramethylen-bis-γ-aminopropyl-äther oder $\gamma.\gamma'$-Diaminopropyläther gewonnenen Polyharnstoffe in 6 Eisessig, gibt 2 CH_2O (40%) hinzu u. erhitzt 3 Std. auf 60°. Die abgeschiedenen Methylolverbb. sind leicht lösl. in wss. CH_3OH. Die verfahrensgemäß hergestellten Lsgg. können zur Herst. von Fäden, Bändchen, Folien oder Überzügen weiterverarbeitet werden. (**D. B. P. 910 222** Kl. 39b vom 6/4. 1943, ausg. 29/4. 1954. Anmeldung bekanntgemacht 17/9. 1953.) R. HERBST. 7181

Phrix-Werke Akt.-Ges., Hamburg (Erfinder: **Hans Egon Krüger**, Berlin), *Weichmacher für Superpolyamide und Verfahren zum Verbessern der mechanischen Eigenschaften von Superpolyamiden.* Als Weichmacher werden hochmol. S-haltige Polyäther, wie sie durch Kondensation beispielsweise von Dithioglykol u. einem mehrwertigen Alkohol, wie Glycerin, unter Anwendung eines Verätherungskatalysators erhältlich sind, verwendet, u. zwar werden solche Polyäther zur Anwendung gebracht, die nicht mehr in W., wohl aber in A. noch lösl. sind, beim Erhitzen in einen schwerschmelzbaren u. schwerlösl. Zustand übergehen u. eine zähfl. M. darstellen. Die Superpolyamid–Polyäther-Mischungen eignen sich zur Herst. von Folien, Kunstleder u. zum Überziehen von Geweben. Nach ihrer Verarbeitung werden sie einer therm. Nachbehandlung unterworfen. Die Erzeugnisse zeichnen sich durch gute Kältebeständigkeit u. bleibende Elastizität auch in trockener Luft aus. (**D. B. P. 878 713** Kl. 39b vom 28/2. 1943, ausg. 5/6. 1953.) R. HERBST. 7181

Bobingen Akt.-Ges. für Textil-Faser, Bobingen (Erfinder: **Paul Schlack**, Leitershofen bei Augsburg), *Herstellung von linearen Polythioäthern* aus Dihalogenverbb. u. Sulfiden, dad. gek., daß man Dihalogenverbb. mit aliphat. gebundenem reaktionsfähigem Cl oder Br u. mindestens 5 kettenbildenden C-Atomen zwischen den Halogenatomen in dispergierter Form mit wss. starken Lsgg. von Sulfiden, bes. der Alkalien umsetzt, gegebenenfalls in Ggw. einer mäßigen Menge von indifferenten wasserlösl. organ. Lösungsmitteln. Die Rk. kann in Ggw. von geringen Mengen die Polymeren lösenden oder quellenden Stoffen ausgeführt werden. Die Halogenide, gelöst in niedrig sd. organ. Lösungsmitteln, können in eine vorgelegte heiße Sulfidlsg. eingeführt werden. Dem Reaktionsgemisch können Stoffe zu- oder nachgesetzt werden, die nur eine an der Thioätherbldg. teilnehmende Gruppe besitzen. Diese können noch weitere funktionelle Gruppen, bes. OH-Gruppen, besitzen; solche Regler sind z. B. Äthylenchlorhydrin, η-Chlorheptylalkohol, ζ-Chlorhexylacetat oder Glycerinmonochlorhydrin. Zweckmäßig enthalten die endgruppenbildenden Halogenverbb. langsamer reagierendes Halogen als die Dihalogenide. — Z. B. wird in eine wss. 20%ig. Lsg. von Na_2S (3 Mol) innerhalb 20 Min. 1 Mol Hexamethylendibromid eingedüst, worauf $3^1/_2$ Std. bei 100° weitergerührt wird. Nach Erkalten erstarrt das Polykondensat zu einem weißen, harten Kunststoff. Derselbe wird zur Reinigung mit heißem W. u. Wasserdampf behandelt; er schm. bei 75° zu farbloser, viscoser Fl., aus der durch

Reckung orientierbare Fäden ersponnen werden können. Der Polythioäther ist lösl. in CH_2Cl_2, Chlf., Chlorbenzol, m-Kresol u. N-Methyl-α-pyrrolidon. Die Polythioäther sind auch Ausgangsstoffe für die Herst. bes. von Polysulfonen, außerdem besitzen sie gutes elektr. Isoliervermögen. (**D. B. P. 905 319** Kl. 39c vom 2/8. 1944, ausg. 1/3. 1954.) HERBST. 7185

Armstrong Cork Co., übert. von: **Donald W. Moore** und **Alonzo H. Searl**, Lancaster, Pa., V. St. A., *Bodenbelag*, bestehend aus 60—80 (%) Füllstoff (Asbest, Kalkstein), 40—20 Cumaron-Inden-Harz, Polystyrol gegebenenfalls in Mischung mit Alkydharz als Bindemittel, Methylabietat, Mineralöl u. 0,02—2 einer prim. aliphat. Aminoverb., z. B. essigsaurem Hexadecylamin oder einer Mischung aus 30 Hexadecyl-, 25 Octadecyl- u. 45 Octadecenylamin. (**A. P. 2 649 428** vom 23/3. 1950, ausg. 18/8. 1953.) SALZMANN. 7205

Bakelite G. m. b. H., Frankfurt/M. (Erfinder: **Georg Meder**, Scharzfeld, und **Otto Süssenguth**, Letmathe), *Herstellung von Phenol-Formaldehyd-Harzen* aus ein- und mehrwertige Phenole enthaltenden Phenolgemischen, dad. gek., daß zunächst die mehrwertigen Phenole oder diese enthaltende Gemische alkal. bei Tempp. bis 60° mit CH_2O zu Phenolalkoholen umgesetzt u. diese dann mit einwertigen Phenolen oder deren Gemischen mit mehrwertigen Phenolen im sauren Medium kondensiert werden. Dabei werden zweckmäßig in der ersten Stufe höchstens 0,7 Mol CH_2O auf 1 Mol mehrwertige Phenole oder diese enthaltende Gemische verwendet. Als solche Phenolgemische können die bei der Braunkohlenhydrierung u. -verschwelung anfallenden, Brenzcatechin (I) enthaltenden Phenolöle herangezogen werden. Verfahrungsgemäß können so ein- u. mehrwertige Phenole mit CH_2O mischkondensiert werden. — Z. B. werden 600 (Teile) Phenolöl mit einem Geh. an I von 45% mit 500 CH_2O (40%) in Ggw. von 50 NaOH, gelöst in 100 W., 30 Min. auf 60° erwärmt. Nach Zugabe von weiteren 400 Phenolöl der gleichen Art wird mit HCl neutralisiert u. darüber mit 2 konz. HCl angesäuert, worauf noch 10 Min. zum Sieden erhitzt wird. Das vom W. getrennte und nach dem Erkalten feste Harz kann unter Zusatz von 10% Hexamethylentetramin zu *Preßmassen* verarbeitet werden, die von gutem Fließvermögen sind u.beim Heißpressen in der Form nicht kleben. (**D. B. P. 906 753** Kl. 39c vom 27/1. 1943, ausg. 18/3. 1954.) HERBST. 7205

Allgemeine Elektricitäts-Gesellschaft, Berlin (Erfinder: **Eugene G. Rochow**, Winchester, Mass., V. St. A.), *Formkörper* mit flammwidrigen Eigg. erhält man aus Preßmassen aus harzartigen organ. Si-Verbb., z. B. den Anfangs- oder Zwischenkondensationsprodd. von hydrolysierten aryl- u./oder alkylsubstituierten Estern der H_2SiO_3 bzw. solchen, die aus hydrolysierbaren Cl-Derivv. aryl- u./oder alkylsubstituierten Verbb. des Si hergestellt worden sind, u. organ. oder anorgan. Faserstoffen (Asbest- oder Glasfasern, Natur- oder Kunstfasern, Kaolin, Glimmerpulver u. dgl.), Faserstoffbahnen oder -vliesen. Herst. von Isoliergehäusen oder -körpern. (**D. B. P. 910 225** Kl. 39b vom 26/4. 1941, ausg. 29/4. 1954. Anmeldung bekanntgemacht 17/9. 1953.) SALZMANN. 7205

XII. Kautschuk. Guttapercha. Balata.

J. G. Bouychou, *In vitro-Kultur von Hevea-Gewebe.* (Vortrag.) Kurzer Bericht über eine Meth. zur in vitro-Kultur von Hevea brasiliensis-Teilen mittels GAUTHERETscher Nährlsg., nebst Hinweisen auf die Bedeutung dieses Verf. zur Klärung der Frage der Latexbildung. — Diskussion. (Arch. Rubbercultuur **1953**. 50—53. Mai. Paris, Inst. Franç. du Caoutchouc.) WINIKER. 7222

F. J. Ritter, *Die Biosynthese von Kautschuk und anderen „Isoprenoid"-Verbindungen.* Vgl. C. **1954**. 6116. (Chem. Weekbl. **50**. 49—56. 23/1. 1954.) WESLY. 7222

P. Compagnon, *Im I. R. C. I. (Institut des Recherches sur le Caoutchouc en Indochine) gemachte Beobachtungen über die Veränderlichkeit des Kautschukgehalts von Hevea brasiliensis-Latex und ihre Beziehungen zu Herkunft und Gewinnungsart.* (Vortrag.) Der Kautschuk (I)-Geh. des Latex von Hevea brasiliensis erreicht gegen Ende der Trockenzeit (Beginn des Vegetationscyclus) ein Maximum u. weist in der zweiten Hälfte der Regenperiode ein Minimum auf. Gegen Jahresende (Beginn der Trockenzeit) schwankt der I-Gehalt. Die Latices verschied. Klone weisen unterschiedliche I-Gehh. auf. Eine Beziehung zwischen den Erträgen der verschied. Klone u. dem I-Geh. ihrer Latices besteht nicht. Der I-Geh. nimmt mit dem Alter der Bäume zu. Die Methoden der Zapfung sowie die Pflanzdichte haben einen deutlichen Einfl. auf den I-Gehalt. — Diskussion. (Arch. Rubbercultuur **1953**. 79—93. Mai. Indochine, Inst. d. Recherches sur le Caoutchouc.) WINIKER. 7222

L. K. Wiersum, *Ergebnisse von einigen Vorversuchen zur Stimulierung der Latexerträge.* (Vortrag.) Bericht über Verss. an Hevea brasiliensis mit *Stimulex* (Zus. nicht angegeben), *Palmöl, Lanolin* (I), *Cumarin, Indolylbuttersäure, Naphthylessigsäure. Vitamin* B_1, *Mulgofeen* u. *Sequestrene* (Latexstabilisatoren, Zus. nicht angegeben), *Ammoniak* (II), $CuSO_4$ u. *Harnstoff* (III). Gewisse Ertragssteigerungen wurden erzielt außer bei Verwendung von I (Ertragsverminderung wenn allein angewandt; als Trägersubstanz, z. B. für $CuSO_4$, hat I keine ertragsmindernde Wrkg.), II (keinerlei Wrkg.) u. III (Ertragsverminderung). Ein Einfl. auf die Eigg. des Latex bzw. des daraus gewonnenen Kautschuks konnte in keinem Falle festgestellt werden. (Arch. Rubbercultuur **1953.** 27—28. Mai.) WINIKER. 7222

P. de Jonge, *Ertragsstimulierung bei Hevea brasiliensis.* (Vortrag.) Vf. berichtet über erfolgreiche Verss. zur Steigerung des Latexertrags bei Hevea brasiliensis durch Hormonmittel (*2.4-D*) u. Cu-Verbb. (Injektion von $CuSO_4$ in die Bäume, wobei gewisse Vorsichtsmaßregeln zur Vermeidung von Borkennekrosen zu beachten sind). (Arch. Rubbercultuur **1953.** 7—26. Mai.) WINIKER. 7222

P. Compagnon und **P. Tixier,** *Über die Stimulierung der (Latex)produktion von Hevea brasiliensis durch die Injektionsmethode.* (Vortrag.) Bericht über Erfolge der Injektionsmeth., unter besonderer Berücksichtigung der Verwendung von $CuSO_4$, nebst Hinweisen zu ihrer prakt. Durchführung. — 12 Literaturhinweise. — Diskussion. (Arch. Rubbercultuur **1953.** 29—49. Mai. Indochine, Inst. d. Rech. sur le Caoutchouc.) WINIKER. 7222

P. Compagnon, P. Tixier und **G. Roujansky,** *Beitrag zur Untersuchung der physiologischen Schäden durch Zapfung.* (Vortrag.) Vff. behandeln die bei der Zapfung von Hevea brasiliensis zuweilen auftretenden Schäden u. geben einige Hinweise zu ihrer Deutung u. (soweit möglich) Behebung. — Diskussion. (Arch. Rubbercultuur **1953.** 54—69. Mai. Indochine, Inst. d. Rech. sur le Caoutchouc.) WINIKER. 7222

F. W. Hutchison, *Die Entwicklung von Fungiciden zur Bekämpfung von Erkrankungen der Zapfstellen.* (Vortrag.) Zur Bekämpfung von durch Pilze hervorgerufenen Erkrankungen an den Zapfstellen von Hevea brasiliensis erwiesen sich kation. Detergenten, z. B. *Fixanol V. R.* (Tetradecylpyridiniumbromid) u. *Lissolamine A* (Cetyltrimethylammoniumbromid), als geeignet. — Diskussion. (Arch. Rubbercultuur **1953.** 136—40. Mai. Malaya, Rubber Res. Inst.) WINIKER. 7222

H. E. Young, *Das Oidium-Problem bei Hevea.* (Vortrag.) Vf. behandelt die Bekämpfung von Oidium mittels *Schwefel.* — Diskussion. (Arch. Rubbercultuur **1953.** 127—31. Mai. Ceylon, Rubber Res. Inst.) WINIKER. 7222

C. G. Akhurst, *Chemische Unkrautbekämpfung auf Kautschukplantagen in Malaya.* (Vortrag.) Überblick über die Möglichkeiten einer wirksamen Bekämpfung von Imperata arundinaceae mit chem. Mitteln, z. B. *Na-Arsenit* u. *T. C. A.* — Diskussion. (Arch. Rubbercultuur **1953.** 155—60. Mai. Malaya, Rubber Res. Inst.) WINIKER. 7222

A. P. A. Vink und **E. J. van Alphen de Veer,** *Mechanische und chemische Bekämpfung von Lalang* (*Imperata cylindrica*). Bericht über Erfolge mit *Shell weedkiller K* u. *T* (Zus. nicht angegeben). (Arch. Rubbercultuur **1953.** 161—66. Mai.) WINIKER. 7222

F. W. Hutchison, *Versuche zur Bekämpfung von Wurzelerkrankungen bei Neupflanzung.* (Vortrag.) Vf. berichtet über verschied. Möglichkeiten (z. B. mit *Na-Arsenit*) zur Bekämpfung des Auftretens von Wurzelerkrankungen bei Neupflanzung von Hevea brasiliensis. — Diskussion. (Arch. Rubbercultuur **1953.** 117—26. Mai. Malaya, Rubber Res. Inst.) WINIKER. 7222

W. Hohl, *Natur- und Synthese-Kautschuke, ihre wichtigsten Eigenschaften für den technischen Einsatz.* (Vortrag.) Behandelt werden die wichtigsten Eigg. der Vulkanisate auf Basis Naturkautschuk, Styrol-, Butyl-, Chloropren-, Nitril- u. Siliconkautschuk sowie Thiokol. (Schweiz. Arch. angew. Wiss. Techn. **20.** 209—18. Juli 1954. Herisau, Suhner & Co., Draht-, Kabel- und Gummiwerke.) WINIKER. 7230

I. J. Sjothun, P. S. Greer und **S. N. Rhodes,** *Verwendung von synthetischem Kautschuk in Personenwagenreifen.* Kaltkautschuk ist dem Naturkautschuk in Reifen für Personenkraftwagen überlegen. Sowohl eine Verminderung der Polymerisationstemp. um 2,5° als auch eine Erhöhung der MOONEY-Viscosität um 3,3 Einheiten verbessern die Verschleißfestigkeit der Lauffläche um 1%. Diese wird außerdem durch Verwendung von HAF-Ruß verbessert. Ferner zeigen Öl–Masterbatch-Mischungen eine verbesserte Abrieb- u. Einreißfestigkeit der Lauffläche. (Rubber Age [New York] **74.** 231—37. Nov. 1953. Washington, D. C., Reconstr. Finance Corp., Synth. Rubber Office.) SCHÄFF. 7230

Ira Williams, *Die Wirkung von Weichmachern in Kautschuk.* Je 2 Naturkautschukproben, mit u. ohne Mineralöl als Weichmacher vulkanisiert, wurden verglichen. Die in Ggw. des Öls vulkanisierte Probe ist weich u. bleibt auch nach Extraktion des Öls weich. Die ohne Öl vulkanisierte Probe zeigt dagegen einen höheren Modul u. behält die Steifheit auch nach Eindiffundieren des Öls bei. Ähnliche Verss. wurden ferner an synthet. Kautschukproben durchgeführt. Die Befunde werden auf Grund der Kautschukstruktur zu deuten versucht u. es wird gefolgert, daß die geeignete Polymerisation zu Prodd. führen müßte, die weder zu niedermol. u. daher kein Kautschuk, noch zu hochmol., also „trocken", unlösl. u. zu hart sind, um sich der Oberfläche der Pigmente anpassen zu können, so daß so ein dem mit Öl weichgemachten Kautschuk überlegenes Material entsteht. (Rubber Chem. Technol. **26.** 152—55. Jan./März 1953. Borger, Tex., J. M. Huber Corp.) SCHÄFF. 7230

Ju. Ss. Sujew, *Über den Schutz von Gummi vor Ozonbrüchigkeit.* (Vgl. C. **1954.** 5084.) Bei der unter Einw. von Ozon (I) erfolgenden Rißbldg. auf der Oberfläche von *Gummi* spielt auch der Spannungszustand eine Rolle. Das bisher als Schutz gegen I angewandte Auftragen von Neopren oder Einverleiben von Wachs in die Gummimasse ist mit Nachteilen verknüpft. Die Zugspannung läßt sich vermindern, wenn man belichtet (Zeit t bis zum Auftreten von I-Rissen unbelichtet 15 Min., nach 3 Std. Belichtung gedehnt 150 Min., ungedehnt 50 Min.) oder mit Kompression entgegenwirkt, indem man z. B. zwischen zwei Schichten eine gedehnte Schicht einlegt, wobei t mit dem Dehnungsgrad der Zwischenschicht zunimmt, oder indem man als Hohlzylinder vulkanisierten Gummi axial aufschneidet u. die Innenflächen unter Kompression (3—6%) aufeinanderklebt. Auch oberflächliche Quellung mit Lösungsmitteln, wie Holzteerantipolymerisator, Ricinusöl oder Triäthanolamin (II), führt zu einem Schutz gegen I, der jedoch nur 1—2 Tage anhält, da die Fl. ins Innere dringt; die Schutzwrkg. läßt sich auf 1 Monat verlängern, wenn man zuerst mit 75%ig. H_2SO_4, dann mit II behandelt. Auch dieses Verf. wird mit der Erzeugung von Kompressionsspannungen erklärt. Beobachtungen über Verminderung von Rißbldg. bei komprimierend wirkender Behandlung liegen auch bei anderen Feststoffen vor, z. B. Walzen von Metallen u. Härten von Glas. (Доклады Академии Наук СССР [Ber. Akad. Wiss. UdSSR] [N. S.] **93.** 483—86. 21/11. 1953. Wiss. Forschungsinst. für die Gummiind.) R. K. MÜLLER. 7230

W. Newlin Keen, *Kriechen von Neopren unter Schubspannung bei statischen Bedingungen: 10 Jahre (dauernde Untersuchungen).* Frühere Unterss. (Trans. Amer. Soc. mechan. Engr. **00.** [1946.] 237) über das Kriechen von Neoprenvulkanisaten (I, Shore-Härte Typ A: 40—60) wurden über einen Zeitraum von 11 Jahren fortgesetzt. Ferner wurde der Einfl. natürlicher Alterung während dieser Zeit auf einige mechan. Eigg. sowie der Einfl. der Temp. untersucht. I zeigt gleiche oder bessere Kriechfestigkeit als Naturkautschuk. Eine I-Probe (bes. kristallisationsfest) zeigte bei 0 u. 93° u. 1,25 kg/cm hervorragendes Verh., so daß diese Mischung für Federungselemente als bes. geeignet erscheint. (India Rubber Wld. **128.** 351—53. Juni 1953.) SCHÄFF. 7230

G. W. Painter, *Dynamische Eigenschaften von Silicongummi.* Eine App. zur Best. des dynam. Moduls wird beschrieben. Die damit ermittelten viscoelast. Eigg. von Silicongummi (I) u. Naturkautschuk (II) bei verschied. Prüfbedingungen (Spannung, Temp. u. Frequenz) werden verglichen. Die ausgezeichneten Tieftemperatureigg. von I werden bestätigt. Der Modul von I wird durch stat. Spannung beträchtlich mehr als der von II beeinflußt. (Rubber Age [New York] **74.** 701—06. Febr. 1954.) SCHÄFF. 7248

Wingfoot Corp., Akron, O., V. St. A., *Kautschukmischung.* Um das lästige Stäuben der Vulkanisierungsmittel beim Verarbeiten zu verhindern, teigt man Tetramethylthiuramdisulfid, Mercaptobenzothiazol, Diphenylguanidin, Benzothiazyldisulfid, Zn- (bzw. Cu-, Pb-, Se-) Dimethyldithiocarbamat oder dgl. mit W. von 140° unter Zugabe eines Bindemittels, bes. eines quaternären NH_4-Salzes (z. B. Ditetradecyldimethyl- oder Octyltrimethylammoniumchlorid oder dessen Mischung mit Hexadecyl- u. Octadecenyltrimethylammoniumchlorid) u. eines Netzmittels (z. B. NH_4-Salze höherer Fettsäuren) an. Die M. wird zu einem Strang gepreßt, dieser getrocknet, zerkleinert u. in üblicher Weise dem Kautschuk einverleibt. (**E. P. 689 442** vom 13/8. 1951, ausg. 25/3. 1953. A. Prior. 15/2. 1951.) SALZMANN. 7229

Soc. An. Établissements Luchaire, Seine, Frankreich (Erfinder: **André Chalmeau**), *Herstellung von flammensicherem porösem Kautschuk* aus einem mit S vulkanisierbaren Neopren, z. B. durch Einpressen von Gas unter hohem Druck u. Vulkanisieren bei 160—165° 1½—2 Std. mit Guanidinen oder Thiuramen. Kautschuk oder Butadienkautschuk können mit verwendet werden. Herst. von porösem Ebonit. (**F. P. 1 030 835** vom 9/1. 1951, ausg. 17/6. 1953.) PANKOW. 7231

Marcel Bruno und **Henri Pernot**, Bouches-du-Rhône, Frankreich, *Herstellung von Schwämmen* aus Abfallstücken des Naturschwamms. Man reinigt den Abfall mit W. u. HCl u. verklebt mit einer Mischung aus 22,9 (%) Latex, 21,3 Dichloräthylen, 54 Bzl. u. 1,8 $MgCO_3$. (**F. P. 1 031 330** vom 24/1. 1951, ausg. 23/6. 1953.) PANKOW. 7231

Soc. Française de l'Amiante, Orne, Frankreich, *Herstellung von Asbestwaren*, z.B. Schutzkleidung. Die Asbestfasern werden mit umgeladener (positiv geladener) Kautschukmilch imprägniert oder überzogen. (**F. P. 1 024 374** vom 7/9. 1950, ausg. 1/4. 1953.) PANKOW. 7231

Baker Castor Oil Co., New York, N. Y. (Erfinder: **Ivor Milton Colbeth**, Maplewood, Essex, N. J.), V. St. A., *Verbesserung der Haftfestigkeit von Butadien-Acrylsäurenitril-Mischpolymerisaten* (**I**), gegebenenfalls kombiniert mit anderen Polymerisaten, z. B. Polyvinylchlorid, an Stoffen wie Kautschuk, Leder, Holz, Metallen oder Keramik, dad. gek., daß man **I**, die 1 (Teile) Acrylsäurenitril auf 1,22—5,67 Butadien enthalten, oder deren obige Kombinationen mit 1—50% an oxydierten u. polymerisierten hochviscosen oder festen natürlichen oder synthet. Estern mischt, wobei die Mischung mittels kautschukfreier Bindemittel (z. B. Klebstoff auf Nitrocellulose- oder Vinylharzbasis) an den anderen Stoffen wie üblich zum Haften gebracht wird. Die Ester haben eine Viscosität $\geqq$ 1075 cSt bei 37°; es können ihnen während der Polymerisation Füllstoffe oder 5—30% Modifizierungsmittel, z. B. Ester einwertiger Alkohole, zugesetzt werden. (**D. B. P. 910 959** Kl. 39b vom 1/11. 1949, ausg. 10/5. 1954. Anmeldung bekanntgemacht 17/9. 1953. A. Priorr. 17/1. 1944 u. 22/1. 1947.) OVERBECK. 7231

XIII. Ätherische Öle. Parfümerie. Kosmetik.

Yves-René Naves, *Gewinnung ätherischer Öle durch Destillation.* An Hand zahlreicher Beispiele (Iris-, Ylang-Ylang-, Nelken-, Lemongras-, Poley-, Cedern-, Cabureibabalsam-, Wurmsamen-, Kostuswurzel-, Curcuma-, Schafgarben- u. a. Öle) u. der Unterschiede zwischen den aus der Pflanze unmittelbar oder über Extrakte gewonnenen flüchtigen Ölen behandelt Vf. die Dest. mit gesätt. u. überhitztem Wasserdampf nicht nur vom Standpunkt der Thermodynamik aus, sondern berücksichtigt Einflüsse, die auf Pflanzensubstanz, Biosynth., Wasserlöslichkeit, Hydrolyse u. verschied. Flüchtigkeit der Komponenten, mechan. Vorbehandlung, Destillationsgeschwindigkeit u. Vollständigkeit Apparateabmessungen usw. beruhen. (Manufact. Chemist **22.** 219. Juni; Int. chem. Engng. Process Ind. **32.** 327—28. Juli 1951. Genf, Givandan & Co.) MÜHLMEISTER. 7262

S. N. Dhingra, D. R. Dhingra und **G. N. Gupta**, *Ätherisches Öl aus Ocimum basilicum.* Von Ocimum basilicum linn., im Inst. gezogen, wurden Blätter u. Blüten zu verschied. Jahreszeiten getrennt dest. u. das Destillat in Bzl. aufgefangen; Zweige gaben wenig, Wurzeln kein äther. Öl. Die höchsten Ausbeuten, 0,60 (%) aus Blüten u. 0,34 aus Blättern, wurden im Oktober erzielt, die niedrigsten (0,31 bzw. 0,16) im Januar/Februar, im Mittel 0,3 bzw. 0,2. Die Eigg. schwankten beim Blütenöl $D.^{24}$ 0,9718—1,0025, $[\alpha]_D$ —4,6° bis —6,6°, n_D^{20} 1,513—1,524, SZ. 0,3—5,8, Methylcinnamat (**I**) 47,7—74,3 (%), Linalool (**II**) 8,6—28,5, Methylchavicol (**III**) 6,5—21,9, Ocimen (**IV**) 5,6, nicht bestimmt (**V**) 1,9—3,2; beim Blätteröl $D.^{24}$ 0,9676—1,004, $[\alpha]_D$ —5,4° bis —6,8°, n_D^{20} 1,513—1,527, SZ. 0,57—2,25, **I** 43,6—63,6 (%), **II** 14,5—33,8, **III** 12,0—33,8, **IV** 0,8—4,5, **V** 0,6—3,8 (Unterstrichene bei niedriger Ausbeute). Im Gegensatz zu anderen Angaben wurden keine Phenole u. Aldehyde gefunden, einige höhersd. Körper werden noch untersucht. Geruchlich war das Öl gut. (Indian Soap J. **19.** 251—58. April 1954. Kanpur, H. B. Technol. Inst.) MÜHLMEISTER. 7262

—, *Ylang-Ylang.* (Indian Soap J. **19.** 237—41. März 1954. — C. **1954.** 3590.) MÜHLMEISTER. 7262

—, *Parfümierung wässeriger Alkohollösungen. Ein amerikanischer Gesichtspunkt.* Verwendung terpenfreier äther. Öle u. oberflächenakt. nichtionogener Lösungshilfsmittel ermöglichen klare Lsgg. von Parfümölen in 40—60%ig. Alkohol. — 3 Rezepte. (Soap, Perfum. Cosmet. **27.** 507—09. Mai 1954.) MÜHLMEISTER. 7262

Morris B. Jacobs, *Aromatische und Terpen-Phenylacetate.* Übersicht über die Derivv. der Phenylessigsäure (α-Toluylsäure) $C_6H_5 \cdot CH_2 \cdot COOH$, als Phenylacetate bezeichnet, mit der Cyclohexyl-, Methylcyclohexyl-, l-Menthyl-, Geranyl-, Citronellyl-, Santalyl-, Guajyl-, Phenyl-, Benzyl-, m- u. p-Tolyl-, Phenäthyl-, Cuminyl-, Allylgruppe u. 3-Hexen-1-ol u. ihre Eigg., Geruchsnoten u. Verwendungsmöglichkeiten. (Amer. Perfumer essent. Oil Rev. **63.** 209—11. März 1954.) MÜHLMEISTER. 7276

United States Rubber Co., New York, N. Y., V. St.A., *Fettsäurenonadiencarbinolester*. Man lagert an 1 (Mol) Myrcen (= 2-Methyl-6-methylen-2.7-octadien) 1 HCl oder HBr unter wasserfreien Bedingungen an u. setzt das Halogenid mit dem Alkalisalz einer niedermol. Fettsäure um. Je nach dem gebildeten Halogenid entstehen *Geranyl-*, *Neryl-* oder *Linalylacetat* oder deren Mischungen. — *Riechstoffe*. (**E. P. 678 121** vom 20/10. 1950, ausg. 27/8. 1952. A. Prior. 5/1. 1950.) KRAUSS. 7263

Madeleine E. M. Pilleux und **Jean F. Pathus-Labour**, Frankreich, *Verfestigung von Parfümessenzen* unter Verwendung eines koagulierten Salzes der Alginsäure u. unter Bldg. einer stabilen koll. Verbindung. — Die Parfümessenz wird in eine Lsg. von Na-Alginat eingetragen, welche eine geringe Menge eines Emulgierungsmittels, z. B. Na-Ricinoleat, Oleinalkoholsulfonat, Dodecylbenzol-Na-sulfonat oder Na-Palmitat, enthält. — Das Gemisch wird auf einem Heizbad erhitzt u. W. abdestilliert. — Man verwendet z. B. 100 cm^3 Parfümessenz, 500 cm^3 einer 2,5%ig. wss. Na-Alginatlsg. u. 0,05 g Emulgierungsmittel. Das Heizbad besteht aus 500 (g) $CaCl_2$ u. 1000 W. (**F. P. 1 012 722** vom 13/2. 1950, ausg. 16/7. 1952.) M. F. MÜLLER. 7277

Leon Greenberg and **David Lester**, Handbook of cosmetic materials; their properties, uses and toxic dermatologic actions; chapter on the skin by **Howard W. Haggard**. New York: Interscience. 1954. (476 S.) $ 12,50.

XIV. Zucker. Kohlenhydrate. Stärke.

N. Roussel, *Resultate eines Versuches im Jahre 1952 zur Feststellung der Beziehungen zwischen der Zuckerrübenart, der Mineralstickstoffdüngung und der Erntezeit*. Die Verss. ergaben, daß in gewissen Grenzen die Höhe der N-Gabe den Ertrag an Rüben, Zucker u. Grünmasse günstig beeinflußt. Beste Erfolge bei einer Gabe von 170 kg N/ha. Übersteigerung der N-Gabe führt zur Abnahme der Rübengröße u. des Zuckergeh. infolge Steigerung des vegetativen Wachstums. (Publ. techn. Inst. belge Améliorat. Betterave **21.** 87—106. Juli/Aug./Sept. 1953. Tirlemont, Inst. Belge pour l'Améliorat. de la Betterave.) GRIMME. 7406

Renato I. Capinpin, *Fortschritte in der chemischen Bekämpfung von Zuckerrohrunkräutern*. Breitblättrige Unkräuter wurden durch Spritzen mit *Shell 2.4-D* (50 fl.oz./ha = 1,22 lbs./ha Säureäquivalent) vernichtet; Bodenbehandlung mit 7—17 lbs./ha Säureäquivalent ist auch gegen Gräser wirksam. (Sugar News **30.** 117—19. März 1954. Shell Co. of the Philippines Ltd., Techn. Dep.) RANG. 7440

A. Komarowa, *Eine Vorrichtung zur Entfernung der Molke*. Beschreibung einer einfachen Vorr. zur Abtrennung des koagulierten Albumins bei der Gewinnung von Milchzucker aus Molke. (Молочная Промышленность [Milch-Ind.] **13.** Nr. 9. 43. Sept. 1954. Itschalkowsk, Käsefabrik des Morchrin. Trustes.) H. v. PEZOLD. 7444

W. L. Porter, **M. L. Buch** und **C. O. Willits**, *Ahornsirup*. 4. Mitt. *Der Einfluß hoher Temperaturen und niedrigen Wassergehalts auf den Sirup beim Erhitzen: einige physikalische und chemische Veränderungen*. (3. vgl. C. **1952.** 3096.) Wird der Sirup (Wassergeh.: 10%) bis 6 Std. erhitzt (235—252° F), so fällt der p_H von 7,0 bis auf maximal 5,0; der Invertzucker (I)-Geh. u. die Farbstärke des Sirups wächst beträchtlich, wenn auch unterschiedlich, an. I-Geh. ist in dunkleren Sirupen höher, doch besteht keine einfache Beziehung zwischen **I** u. der Farbstärke. Die Entw. des Ahornaromas u. der -farbe geht parallel, bis die Bldg. von Karamel u. anderen Geschmacksstoffen das Ahornaroma überdeckt. Mit der Dauer u. der Temp. des Erhitzens nimmt auch ein Geh. an 5-Oxymethylfurfuraldehyd-(2) (**II**) zu. Zwischen **II** u. der Farbstärke besteht keine Beziehung. **II** dürfte das Endprod. einer anderen Rk. sein. (Food Res. **17.** 475—81. Nov./Dez. 1952. Philadelphia, Eastern Reg. Res. Labor.) K. HERRMANN. 7446

C. O. Willits, **W. L. Porter** und **M. L. Buch**, *Ahornsirup*. 5. Mitt. *Die Farbbildung während der Evaporation von Ahornsaft zu Sirup*. (4. vgl. vorst. Ref.) Wird Ahornsaft von verschied. Zuckerkonz., der durch Verdünnen von im Vakuum konz., farb- u. geruchlosem Sirup erhalten worden ist, bis 2 Std. gekocht, so fällt der p_H-Wert unabhängig von der Konzentration. Der Invertzuckergeh. bleibt konstant, während die Farbstärke bis zu einer Konz. von 45% um den gleichen Betrag, darüber stärker ansteigt. (Food Res. **17.** 482—86. Nov./Dez. 1952.) K. HERRMANN. 7446

A. K. Kartaschow, *Bestimmung der Farbe von Zucker und anderen Produkten der Zuckerindustrie mit Hilfe des Farbmessers ZS–A*. Vergleichende Bestimmungen der Zuckerfärbung mit Hilfe des STAMMER-Colorimeters u. des sowjet. Elektrophotocolorimeters ZS–A. Aus den Ergebnissen wird geschlossen, daß das Colorimeter ZS–A den beim STAMMER-Colorimeter auftretenden Unsicherheitsfaktor nicht aufweist.

(Сахарная Промышленность [Zucker-Ind.] **25.** Nr. 5. 19—23. Mai 1951. Allunions-Wiss. Forschungsinst. für Zuckerind.) LEBTAG. 7470

Bedřich Meloun, *Die Absorption reduzierender Zucker mit Carboraffin und Norit.* Die Verss. wurden sowohl mit konstanten Mengen reduzierender Zucker (Glucose, Invertzucker, Fructose) bei steigendem Aktivkohlegeh. als auch bei konstanter Aktivkohlemenge u. steigendem Zuckergeh. ausgeführt. *Norit* (**I**) nimmt doppelt soviel reduzierende Zucker auf wie *Carboraffin* (**II**). In Lsgg. reduzierender Zucker bei Ggw. von Saccharose empfiehlt sich, wie das bei der Invertzuckerbest. in der Melasse der Fall ist, die Verwendung von **II**, da **I** eine größere Menge Invertzucker absorbiert. (Listy Cukrovarnické **66.** 75—81. 6/1. 1950. Výzk. ústav čs. prům. cukrovarn.) STEINER. 7488

E. Lindemann, *Untersuchungen über die Weizenstärkegewinnung.* 1. Mitt. *Eine Methode zur Untersuchung von Weizenmehlen auf ihre Eignung für die Weizenstärkefabrikation.* Die Eignung von Weizen zur Stärkefabrikation wird an Hand folgender Kennzahlen ermittelt: Feuchtkleber, Trockenkleber, Siebrückstand (Kleie u. Schleimstoffe), gewinnbare Gesamtstärke, Eiweißgeh. der Gesamtstärke. Die erhaltenen Werte sind gut reproduzierbar. (Getreide u. Mehl **4.** 20—22. März 1954. Detmold, Bundesforschungsanst. für Getreideverarbeitung.) M. W. ROTHE. 7490

XV. Gärungsindustrie.

Waldemar Jensen, Pekka Rinne und **Mauri Vainio,** *Untersuchung von Fuselöl der Sulfitspritherstellung.* 3. Mitt. (2. vgl. C. **1953.** 7959.) Aus einer Fuselölfraktion vom Kp. 129° bei 15 mg Hg, in der JENSEN n-Propylguajacol gefunden hatte, isolierten Vff. 15—20% Eugenol, das als 3.5-Dinitrobenzoat identifiziert wurde. Das Chromatogramm mit Azofarbstoff nach HOSSFELD deutet auf die Möglichkeit der Anwesenheit einer dritten phenol. Substanz in dieser Fraktion. Vff. halten diese Phenole für Ligninspaltprodd., die bisher bei der Sulfitkochung noch nicht gefunden wurden. (Paperi ja Puu **35.** 135—38. 1953.) BORCHERS. 7536

A. A. Tschtetzow und **N. P. Tschigirin,** *Ein Verfahren zur Wiedergewinnung des Alkohols aus dem Holz der Fässer.* Beschreibung einer Vorr. zum Ausdämpfen der Alkohol-, Weinbrand- u. Weinfässer. (Виноделие и Виноградарство СССР [Weinbereit. Weinbau UdSSR] **11.** Nr. 12. 41. Dez. 1951.) SCHMEISS. 7536

G. Kauert, *Zur Mikromälzung.* Vf. bespricht die Methodik der Mikromälzung u. die hierzu notwendigen Geräte. (Fermentatio [Gand] **1953.** 259—65.) HAEVECKER. 7544

A. M. Slight, *Praktisches Mälzen, eine Übersicht der modernen Entwicklung.* Fortschrittsbericht. (Brewers' Guild J. **40.** 113—28. März 1954.) HAEVECKER. 7544

Hans Füsser, *Beobachtungen an der Bierhefe Saccharomyces cerevisiae spez.* Auf Würzeagar gewachsene Hefe (**I**) behielt auch bei tiefen Tempp. ihre Eigg. bei, während unter Bier aufbewahrte Hefe infolge Fehlens lebensnotwendiger Baustoffe ihre Eigg. veränderte. Aus den nicht mehr gärfreudigen Stämmen von **I** konnte unter n. Bedingungen wieder junges gärkräftiges Material herangezogen werden. (Brauwelt, Ausg B **94.** 229—33. 24/27. 2. 1954. Mülheim/Ruhr. Vers.- u. Untersuchungsstat. für die Gärungsindustrie.) HAEVECKER. 7544

H. Antelmann, *Über den Geschmack des Bieres.* Allg. Ausführungen. (Brauerei 8. 343—44. 22/7. 1954. Berlin, VLB.) WINIKER. 7550

H. Siegfried, *Über die Einwirkung von Licht auf Bier.* Durch Einw. von Sonnenlicht geht der gelöste O_2 eine Verb. mit den Bierbestandteilen ein, wodurch der ITT-Wert ansteigt. Der ITT-Wert wird in 2 Stufen gemessen, u. zwar in Sek. für die 50%ig. u. die 80%ig. Entfärbung. Diese Werte steigen bei Sonnenbestrahlung in 7½ Std. auf das 10- bzw. 5fache an, während der ITT-Wert nichtbelichteten Bieres auf das 1,5fache ansteigt. Die reduzierende Kraft des Bieres wird im Sonnenlicht erheblich verringert. Vf. stellte fest, daß dieser schädliche Einfl. des Sonnenlichts durch braune Flaschen mehr als durch grüne Flaschen verringert werden kann. (Schweiz. Brauerei-Rdsch. **64.** 173—74. Aug. 1953. Zürich. Versuchsstat. schweiz. Brauereien.) HAEVECKER. 7550

L. Gentilini und **G. Missier,** *Das Aluminium und einige seiner Legierungen in der Oenologie.* Inhaltlich ident. mit der C. **1953.** 5753 referierten Arbeit. (Alluminio **21.** 130—34. Mai 1952. Conegliano, Stazione sperimentale di Viticolt. e die Enologia, u. Novara, Ist. Speriment. dei Metalli Leggeri.) KIELHÖFER. 7554

L. Arbellot, *Nickelhaltige Legierungen in der Önologie.* Überblick über die Verwendung bes. des nichtrostenden Stahls *18/8* (18% Cr, 8% Ni), von *Inconel* u. Cu–Ni-Legierungen. (Rev. du Nickel **16.** 29—40. Mai/Juni 1950.) SCHAAL. 7554

J. Koch, G. Troost und **E. Geiss,** *Wärme und Kälte bei der Kellerbehandlung der Weine.* Es werden einem bei Rheingauer Wein die Veränderungen im Geh. an Gesamtsäure, Weinsäure, CaO, K_2O u. des p_H-Wertes, ferner auch das Gesamt-N, Formol-N u. VOIT-N während der Gärung u. des Ausbaues verfolgt. Weitere Diagramme über die Löslichkeit von Weinstein in 10%ig. A. bei verschied. Tempp. u. p_H-Werten. Erhitzungsverss. ergaben mit steigenden Tempp. (40—80°) zunehmende Mengen von eiweißhaltigem Trub. Beschreibung der Wirkungsweise des Plattenerhitzers „Phönix-Supra" für Wein (Abb.). Weitere Angaben über die Ergebnisse der aufeinanderfolgenden Wärme- u. Kältebehandlung des Weines, die zu einer Verkürzung des Ausbaues führen, ohne daß der Wein dadurch geschädigt wird. (Dtsch. Weinbau **9.** 57—61. 5/2. 1954. Geisenheim.) KIELHÖFER. 7554

K. Kärnbach, *Zur Bewertung der Blattkeimentwicklung in der Malzanalyse.* (Brauerei **8.** 353—55. 22/7. 1954. Berlin, Versuchs- u. Lehranst. für Brauerei, Revisionsabt.) WINIKER. 7598

Hellmut Ruhe, *Die Brauwertbeurteilung des Malzes unter besonderer Berücksichtigung der Hartong-Methode.* Überblick über die Methoden zur Brauwertbeurteilung eines Malzes, wobei Durchführung u. Auswertung der HARTONG-Meth. bes. eingehend behandelt werden. — 16 Literaturhinweise. (Brauerei **8.** 290—92. 296—97. 301. 28/6. 1954. Hildesheim.) WINIKER. 7598

Leland Alfred Underkofler and **Richard J. Hickey,** eds. Industrial fermentations. V. 1. New York: Chemical Pub. Co. 1954. (574 S. m. Abb., Diagr.) $ 12,—.

—, Das Braugewerbe in Wissenschaft, Technik und Wirtschaft. Gesamtbearb. **Gerhard Classen.** Essen: Classen. 1954. (244 S.) DM 15,60.

XVI. Nahrungs-, Genuß- und Futtermittel.

Konrad Lang, *Das Problem der Vitaminierung von Nahrungsmitteln.* Allg. Ausführungen. (Dtsch. Drogisten-Ztg. **9.** 365—66. 10/7. 1954. Mainz, Johannes-Gutenberg-Univ., Physiol. Chem. Inst.) WINIKER. 7642

J. B. M. Coppock, M. A. Cookson, D. H. Laney und **D. W. E. Axford,** *Der Einfluß des Mehlfettes auf das Verhalten teilhydrolysierter Fette beim Backprozeß und die pharmakologische Unbedenklichkeit ihrer Verwendung in Gebäcken auf Grund des im Mehl- und Backfett natürlich vorhandenen Monoglyceridanteils.* Ein Zusatz von 0,18% teilhydrolysiertem Fett zu Mehl, das zuvor mit CCl_4 entfettet wurde, vermindert das Brotvol., gleichzeitiger Zusatz von 0,15% Mehlfett hebt diese Verminderung auf. Aus dem Mehlfett wird eine Phosphatidfraktion gewonnen, die in Mengen von 0,003% das Vol. von Brot aus entfettetem Mehl um 10% erhöht. Unters. von Fetten auf Monoglyceridgeh. mit 2.4-Dinitrophenylhydrazin vor u. nach dem Verbacken. Pharmakol. Betrachtungen. (J. Sci. Food Agric. **5.** 19—26. Jan. 1954. Chorleywood, Herts., Brit. Baking Ind. Res. Assoc.) M. W. ROTHE. 7674

M. A. Cookson und **J. B. M. Coppock,** *Die Wirkung eines Zusatzes von teilhydrolysierten Fetten bei der Brot- und Gebäckherstellung.* Unterss. über den Einfl. der Zus. teilhydrolysierter Fette auf die nachteiligen Veränderungen der Brotkrume während der Lagerung. Bedeutung des Geh. techn. Prodd. an Monoglyceriden (I). I-gesätt. Fettsäuren sind wirksamer als I-ungesätt.; ein gleichzeitiger Geh. an freier Fettsäure stört bis zu einer Höhe von 50% nicht. (J. Sci. Food Agric. **5.** 8—19. Jan. 1954. Chorleywood, Herts., Brit. Baking Ind. Res. Assoc.) M. W. ROTHE. 7674

H. Dörner, *Ausländische Erfahrungen über das Verbacken von Milchpulver.* Übersicht. — 33 Literaturangaben. (Brot u. Gebäck **8.** 39—41. März 1954. Detmold, Bundesforschungsanst. für Getreideverarbeitung.) M. W. ROTHE. 7674

Harry P. Broquist und **A. Richard Kohler,** *Untersuchung über die antibiotische Wirksamkeit im Fleisch von Tieren bei Chlortetracyclinverfütterung.* Küken wurden mit *Chlortetracyclin* (I)-haltigem Futter ernährt u. geschlachtet. Sofern im Fleisch geringe I-Mengen vorhanden waren, verschwanden sie durch Erhitzen; sie waren nicht vorhanden, wenn I kurz vor dem Schlachten abgesetzt wurde. (Antibiotics Annu. **1953/1954.** 409—15. Dez. 1953. Pearl River, N. Y., American Cyanamid Comp., Lederle Labor. Div.) DOSSMANN. 7750

I. N. Gladenko, *Organoleptische und toxische Eigenschaften von Fleisch, Fett und Milch von Tieren, die mit Hexachloran behandeltes Futter erhielten.* Wenn *Hexachlorcyclohexan* (I) in reiner Form in den Organismus gelangt, wird es nur langsam wieder ausgeschieden u. lagert sich vorzugsweise im Fettgewebe ab. Fleisch u. Fett von Tieren, denen mit I behandeltes Futter verabreicht wurde, zeigen aber in Farbe, Konsistenz u. Geschmack keine Abweichungen von der Norm, ein leichter I-Geruch kann 2 bis

3 Monate bestehen bleiben; Verfütterung der Prodd. an Versuchstiere ergibt keine Schädigung. Auch das Fleisch von mit I vergifteten Tieren bewirkt bei Verfütterung an Katzen, Hunde u. Schweine keine tox. Erscheinungen. Schimmelgeruch u. bitterer Geschmack verbietet aber den Genuß durch Menschen. Mit der Milch scheidet sich I schon 12 Std. nach Verfütterung an Kühe aus, maximal nach 2—4 Tagen, insgesamt 14—15 Tage. (Гигиена и Санитария [Hyg. u. Sanitätswes.] **1954.** Nr. 3. 39—44. März. Ukrain. Inst. für exp. Tierheilkunde.) R. K. MÜLLER. 7750

K. Coretti, *Die Konservierung von Fleisch in Gläsern.* (Fleischwirtschaft **6.** 323—25. Aug. 1954.) WINIKER. 7750

F. P. Niinivaara und **T. Ryynänen,** *Fertigpackungen für Fleischwaren.* Vff. weisen auf die Eignung von Polyäthylenfilmen als Verpackungsmaterial für Fleischprodd. hin. (Fleischwirtschaft **6.** 327—29. Aug. 1954. Hämeenlinna, Finnland, Forschungsanst. d. genossenschaftl. Schlachthöfe.) WINIKER. 7750

N. A. Wosskressenski, *Kinetik des Salzens des ochotskischen Herings.* Verss. über die Kinetik des Salzens der Heringe mit einer Salzlake von D = 1,2 bei 15—18° ergaben, daß das Gewicht der Heringe in der 1. Periode infolge des 3fachen Wasserverlustes im Vgl. zur Salzanreicherung stark sinkt, in der 2. Periode bei vermindertem Wasserverlust u. stärkerer Salzanreicherung nur wenig abnimmt u. in der 3. Periode bei gleichbleibendem Wassergeh. u. vermehrter Salzanreicherung steigt. Damit ist die Ansicht der Praktiker widerlegt, wonach der Fisch beim Salzen ständig an Gewicht abnimmt. (Рыбное Хозяйство [Fischerei-Wirtsch.] **29.** Nr. 3. 55—59. März 1953. Allunions Wiss. Forschungsinst. für Seefischerei u. Ozeanographie.) B. KRAFT. 7752

Robert John Evans, J. A. Davidson, Doris Bauer und **Helen A. Butts,** *Der Biotingehalt von frischen und gelagerten Eiern.* Die Lagerung der Eier erfolgte bis zu 12 Monaten bei 0°. Die Biotinbest. wurde mit Lactobacillus arabinosus als Testobjekt vorgenommen. Der Anfangsgeh. an Biotin in den frischen Eiern betrug 10,76 γ pro Ei im Durschschnitt, davon 2,25 γ im Eiweiß u. 8,52 γ im Eigelb. Während der 12 Monate dauernden Lagerzeit wurde keine Abnahme des Biotins u. kein Verschieben des Geh. zwischen Eiweiß u. Eigelb festgestellt. (Poultry Sci. **32.** 680—83. Juli 1953. East Lansing, Mich., Michigan State Coll., Dep. of Agric. Chem. and Poultra Husbandry.) FRESENIUS. 7754

Robert John Evans, Selma L. Bandemer, David A. Libby und **A. C. Groschke,** *Der Arsengehalt von Eiern nach Fütterung der Hennen mit Arsanilsäure.* Hühner der Sorte Rhode Island wurden mit Grundfutter ernährt, dem zwischen der 3. u. der 14. Woche 90—180 g Arsanilsäure pro Tonne zugesetzt wurden. Der As-Geh. der Eier wurde je in 20 g-Durchschnittsproben bestimmt. In Eiern von Hennen, die kein As-Futter erhielten, wurde meistens kein, in einigen Fällen bis zu 0,01 p.p.m. As gefunden. Bei Verfütterung des As-Futters war der As-Geh. der Eier nach der 7. Woche am höchsten (bis 0,403 p.p.m. bei 180 g/Tonne) u. nahm bis zum Ende der 13. Woche bei weiterer Anwendung des Futters allmählich wieder ab (0,289 p.p.m.) Wurde dann wieder As-freies Futter gegeben, so war nach weiteren 2 Wochen das As prakt. aus den Eiern wieder verschwunden. Die Befunde sind von Bedeutung für die Zulässigkeit einer As_2O_3-Behandlung von Korn u. der darauf zurückbleibenden Restmengen. (Poultry Sci. **32.** 743—44. Juli 1953. East Lansing, Mich., Michigan State Coll., Dep. of Agric. Chem. and Poultry Husbandry.) FRESENIUS. 7754

L. Seidler, *Beiträge zur Kenntnis der Zusammensetzung der Ziegenmilch, insbesondere auch im Hinblick auf den Gehalt an den verschiedenen Eiweißkörpern, während einer Lactationsperiode.* Gegen Ende der Lactationszeit nimmt der Geh. der Ziegenmilch an Asche, Fe, Ca, Gesamteiweiß, Milchzucker zu. Auch das spezif. Gewicht erfährt eine gewisse Erhöhung. Eine Zunahme der Trockensubstanz konnte nicht festgestellt werden. Der Säuregrad der Milch überalterter Tiere war bes. hoch. (Milchwissenschaft **6.** 58—61. Febr. 170—74. Mai 1951. Halle-Wittenberg, Martin-Luther-Univ., Inst. für Tierernährung u. Milchwirtschaft.) WINIKER. 7756

H. Hostettler und **K. Imhof,** *Elektronenoptische Untersuchungen über den Feinbau der Milch.* Inhaltlich ident. mit der C. **1953.** 145 referierten Arbeit. (Milchwissenschaft **6.** 351—54. Okt. 400—02. Nov. 1951.) WINIKER. 7756

Ss. M. Bessonow und **G. G. Wolfsson,** *Die Vitaminisierung von Milch und Milchspeisen mit Ascorbinsäure.* Zu Milch kann bis zu 10 mg% *Ascorbinsäure* (I) hinzugefügt werden, ohne geschmacklich aufzufallen, auch findet keine Caseinkoagulation beim Erhitzen statt. Erhitzen über 10 Min. auf 100° führt zu einem I-Verlust von 40%, schnelles Pasteurisieren von 10%. Bei 4—6° läßt sich vitaminisierte Milch 24 Std.

ohne Verluste aufbewahren. Zu Milchsuppen können bis zu 15 mg% I hinzugefügt werden; Stehenlassen solcher Suppen bei 65—76° führt zu wesentlichen I-Verlusten, die bes. am Anfang hervortreten u. bis zu 34% betragen können. Erhöhte I-Konz. führt zu einer größeren Beständigkeit der I in den Suppen. (Вопросы Питания [Fragen d. Ernähr.] **12.** Nr. 5. 59—66. Sept./Okt. 1953. Moskau, Ernährungsinst. der Akad. der Mediz. Wiss. der UdSSR.) ULMANN. 7756

H. Keller, O. Mrozek, H. Prenzel und **H. A. Simon,** *Vitaminisierte Trinkmilch.* Bericht über prakt. Erfahrungen mit Kindermilch, der 1000 I.E. Vitamin D_3/Liter zugesetzt wurden. Es wird gezeigt, daß sich der Zusatz ohne Gefahr einer Überdosierung in der Praxis durchführen läßt. Der Zusatz von Vitamin D_3 führt zu mindestens gleich guten Ergebnissen wie die UV-Bestrahlung der Milch. (Milchwissenschaft **6.** 267—71. Aug./Sept. 1951. Oldenburg, Milchwirtschaftl. Lehr- u. Untersuchungsanst. u. Elisabeth-Kinderkrankenhaus.) WINIKER. 7756

L. Tschekulajewa und **W. Demidow,** *Normalisierung der Milch bei der Herstellung von Milchkonserven.* Vff. haben $D.^{20}$ u. Fettgeh. (g/100 cm³) von Vollmilch, Sahne (I) u. Magermilch (II), $D.^{20}$ von II u. die zuzusetzenden Mengen I oder II in einem Nomogramm zusammengefaßt, das bei der Standardisierung von Milch durch I- oder II-Zusatz verwendet werden soll. (Молочная Промышленность [Milch-Ind.] **14.** Nr. 3. 30—32. März 1953. Wologda, Milch-Inst.) SCHMEISS. 7756

N. Ssawinowski, *Das Gefrieren von Speiseeismischungen und die Kontrolle der Schlagbarkeit.* Vf. untersuchte den Temperaturrückgang, die Zunahme der Viscosität u. den hierdurch verursachten Rückgang der Schlagbarkeit u. Anstieg des Stromverbrauches für den Rührermotor beim Gefrieren von Speiseeismischungen. Er fand, daß die Schlagbarkeit empir. an Hand der Ampèremeteranzeige kontrolliert werden kann. (Молочная Промышленность [Milch-Ind.] **14.** Nr. 3. 33—35. März 1953. Allunions-Wiss. Forschungsinst. für Kühlind.) SCHMEISS. 7756

F. Kieferle, A. Seuss und **Ida Zenglein,** *Naturgemäße Anreicherung der Winterbutter an Carotin und Vitamin A.* 2. Mitt. *Carotinisierung und Vitaminisierung der Milch über die Milchkuh.* (1. vgl. C. **1950.** I. 1164.) Eine Karottengabe von 10 kg Karotten pro Kuh u. Tag war ausreichend, um den Vitamin-A-Geh. der Winterbutter dem einer guten Weidebutter anzugleichen. Leinsaatbeifütterung verbesserte die Carotinresorption u. die Vitamin-A-Ausschüttung. (Milchwissenschaft **6.** 295—303. Aug./Sept. 1951.) WINIKER. 7758

A. Beloussow, *Über die Rolle von Oberflächenerscheinungen bei der Butterbildung.* Polemik gegen die Theorie von SAIKOWSKI (vgl. C. **1953.** 941), wobei die Denaturierung der schützenden Fettfilme während der Butterung als nicht erwiesen abgelehnt wird. (Молочная Промышленность [Milch-Ind.] **14.** Nr. 9. 28—34. Sept. 1953.) SCHMEISS. 7758

P. Gordijenko, *Über Wärmeerscheinungen bei der Butterherstellung.* Vf. untersucht zunächst für ein gegebenes Rahmvol. die Abhängigkeit der Butterungsdauer vom Abstand zwischen rotierenden u. stationären Teilen des Butterfertigers mit Hilfe einfacher Modellkörper u. findet einen gewissen optimalen Wert für diesen Abstand, der unter den gewählten Versuchsbedingungen bei ca. 7—8 mm liegt. Vf. weist darauf hin, daß es bei der Butterung unerläßlich ist, einen scharf begrenzten Temperaturbereich einzuhalten, der je nach den gewählten Arbeitsbedingungen zwischen 8 u. 18° liegen kann. Bei Tempp. über dem F. des Milchfettes kann durch keinerlei mechan. Bearbeitung des Rahmes eine Butterbldg. erzielt werden, es werden im Gegenteil die großen Fettkügelchen in kleinere übergeführt. Bei Tempp. unter 4° kann ebenfalls keine Aggregation der Fettkügelchen wegen deren bei dieser Temp. bereits recht großen Härte herbeigeführt werden. (Молочная Промышленность [Milch-Ind.] **13.** Nr. 9. 30—32. Sept. 1952.) H. v. PEZOLD. 7758

N. Lukjanow, *Die Buttergewinnung nach dem Verfahren von W. A. Meleschin.* Aus der Milch wird mittels Separatoren zunächst Sahne (I) mit 35—45% u. daraus I mit 83% Fett hergestellt. I gelangt über eine Zentrifugalpumpe kontinuierlich in einen Kühler, wird vermischt, auf 14—16° gekühlt u. sofort als fertige Butter ausgewogen. (Молочная Промышленность [Milch-Ind.] **14.** Nr. 3. 17—20. März 1953. Allunions-Wiss. Forschungsinst. für Milchind.) SCHMEISS. 7758

M. E. Schulz, *Die Dynamik der Labgerinnung in der Käserei.* Es wurde versucht, die bisherigen Kenntnisse über die Labgerinnung für Vorgänge im Käsekessel auszuwerten, um theoret. Grundlagen für käsereitechn. Maßnahmen zu schaffen. Ferner wurde gezeigt, daß infolge der Beeinflussung der Labgerinnung durch Oberflächenspannungskräfte Verss. in kleinen Gefäßen nicht ohne weiteres auf die Praxis übertragbar sind. Schließlich wurde versucht, mittels einfacher Experimente Einblick in die Struktur des Labgerinnsels zu erhalten. — 47 Literaturhinweise. (Milchwissenschaft **6.** 74—82. März. 112—18. April 1951. Kiel, Bundesvers.- u. Forschungsanst. für Milchwirtschaft, Chem. Inst.) WINIKER. 7760

Godber Godbersen, *Verwendung des ultravioletten Lichtes zum Zwecke der Qualitätsverbesserung und Arbeitserleichterung in Käsereien.* UV-bestrahlte Camembert-Käse (**I**) unterscheiden sich von unbestrahlten im wesentlichen nur durch eine Verzögerung des Wachstums der Mikroflora. Diese Verzögerung hängt ab von der Dauer u. der Intensität der Bestrahlung u. betrifft immer nur die oberste Schicht, da die Strahlen keine Tiefenwrkg. haben. Eine Beeinträchtigung von Geschmack u. Fettgeh. der **I** wurde nicht beobachtet. Im Tilsiter-Lagerkeller reiften die bestrahlten Käse langsamer als die unbestrahlten, u. der Keimgeh. der Luft verminderte sich unter dem Einfl. des UV-Lichts deutlich. (Milchwissenschaft **6.** 82—85. März 1951. Malente, Milchwirtschaftl. Lehr- u. Untersuchungsanst.) WINIKER. 7760

B. Maymone, G. A. Triulzi und **M. Tiberio,** *Untersuchungen über die Verdaulichkeit und den Nährwert des Herbst–Winter-Futters der Naturwiesen und -weiden des Zentralmittelmeergebietes.* Fütterungsverss. ergaben für den Herbst–Frühjahrs-Schnitt einen Stärkewert von 54,0 Einheiten, also einen guten Mittelwert. (Ann. Sperimentaz. agrar. [N. S.] **7.** 2027—40. 1953. Rom, Ist. sperim. zootecn.) GRIMME. 7782

Sture Eriksson, *Die Wirkung von Kofasalz als Zusatzmittel beim Silieren von Gärfutter.* Ein Zusatz von 300 g „Kofasalz" (Gemisch von Ca-Formiat u. $NaNO_2$ 20 : 3, vgl. PFEIFFER, C. **1941.** I. 1369) auf 100 kg Luzerne vermindert die Nährstoffverluste beim Silieren frischer Luzerne merklich. Bei Vortrocknung der Luzerne von 18—19 auf 26 bzw. 34% Trockensubstanz, die an sich schon die Qualität des Siliergutes u. den Nährstoffgeh. günstig beeinflußt, ist die Wrkg. des Salzzusatzes geringer. (Kungl. Lantbruksakad. Tidskr. **92.** 213—19. 1953.) R. K. MÜLLER. 7782

A. I. Skrigan, *Chemisch-biologische Verarbeitung von Rauhfuttermitteln.* (Vgl. C. **1954.** 3597.) Zerkleinertes Rauhfutter (z. B. Stroh) wird mit 0,1—0,2%ig. HCl versetzt u. im geschlossenen Gefäß 3 Std. mit Wasserdämpfen behandelt. Hierbei gehen die Hemicellulosen unter Hydrolyse in Zucker über. So behandeltes Häcksel wird nach dem Erkalten mit Futterhefe versetzt u. bei 27—30° durch die M. 20—24 Std. Luft durchgeleitet. Die getrocknete u. gemahlene M. enthält 9—10% Eiweiß, 5—7% Fett, 40—50% leicht hydrolysierbare Polysaccharide. Fütterungsverss. ergaben, daß bei Verabreichung an Kühe die Milchleistung um 15—18% zunimmt. Ein Zusatz von hydrolysiertem Häcksel zu der Grünmasse von Gräsern verbessert den Wert des Silofutters. (Природа [Natur] **43.** Nr. 2. 93—95. Febr. 1954. Chem. Inst. der Akad. der Wiss. der WeissrussSSR.) LEBTAG. 7782

M. M. Rosenberg, *Untersuchung von Melasse vom (Güte-)Grad B und Raffineriemelasse vom (Güte-) Grad B als Zusatz zu Futter für Legehennen.* Melasse (**I**) u. Raffineriemelasse (**II**), beide vom Gütegrad B, wurden als Kohlenhydratquelle für die Hühnerfütterung erprobt. In Mischung mit Bagassemark (**III**) ließ sich daraus mit anderen Bestandteilen ein Futter von n. Konsistenz herstellen. **I** u. **II** dienten in Mengen von 35—37% des Gesamtfutters als Ersatz für Körner. Die Mischprodd. bewährten sich als Zusatz bis zu 35% des Gesamtfutters. Die Verträglichkeit wurde durch den **III**-Zusatz nicht herabgesetzt. **I** + **III** bewährten sich besser als **II** + **III**. Bei den höheren Konzz. wurden die Eiproduktion, Nahrungsausnutzung, Gewichtszunahme, Brutfähigkeit u. Verträglichkeit ernsthaft beeinträchtigt. (Poultry Sci. **32.** 605—12. Juli 1953. Honolulu, Hawaii, Univ. of Hawaii, Dep. of Poultry Husbandry.) FRESENIUS. 7786

E. Flückiger und **H. Hostettler,** *Über den Gehalt und Mastwert der bei der Caseinfabrikation anfallenden Rückgabeschotten.* Ungewässerte bzw. gleich stark gewässerte Käserei- u. Caseinschotten (unter „Schotte" ist die durch die Fällung des Milchalbumins weitgehend von Fett u. Eiweiß befreite Molke zu verstehen) sind bzgl. ihrer Inhaltsstoffe prakt. gleichwertig. Bei Verfütterung von milch- bzw. essigsauren Schotten ist im allg. keine spezielle Zufütterung bas. wirkender Mineralstoffe erforderlich; bei Verfütterung von salzsauren, also physiol. sauer wirkenden Schotten wird dies jedoch zur Aufrechterhaltung des Säuren–Basen-Gleichgewichts im Organismus unbedingt erforderlich sein. (Schweiz. Milchztg., wiss. Beilage **80.** 108—12. 20/8. 1954. Liebefeld-Bern, Eidg. Milchwirtschaftl. Versuchsanst.) WINIKER. 7786

Knut Breirem, *Die Grundlage der Futtermittelbewertung.* 2. Mitt. (1. vgl. Kungl. Landbruksak. Tidsskr. **93.** [1944.] 345.) Eine Nachprüfung der früher angegebenen Werte für den „Ablagerungskoeff." k_A, die Energieverwertung in % der verdaulichen Energie

im produktiven Anteil des Futters (Gesamtfutter — Erhaltungsbedarf) ergibt nur unwesentliche Korrekturen. Vf. setzt sich mit der Kritik von AXELSSON an den Verss. von KELLNER (1900) u. den seinigen auseinander. Der Vorschlag, die Futtermittelbewertung auf die verdauliche Energie statt auf die Nettoenergie zu gründen, wird abgelehnt. (Tidsskr. norske Landbruk **60.** 25—52. Jan./Febr. 1953.)
R. K. MÜLLER. 7788

W. Schäfer, *Definitionen und Methodik der Besatzanalyse.* (Mühle **91.** 154—55 1/4. 1954. Detmold, Bundesforschungsanst. für Getreideverarbeitung.)
M. W. ROTHE. 7796

Istvan Rada, *Methoden zur qualitativen Weizenanalyse.* Verss. zum Ersatz des Hektolitergewichts durch andere physikal. Maßzahlen führten zu keinem eindeutigen Ergebnis. (Müllerei **7.** Nr. 12. wiss. Müllerei **1954.** 19—22. 20/3. Budapest, Polytechnikum.) M. W. ROTHE. 7796

R. A. Larkin, *Bericht über die Kristallviolettmethode zur Bestimmung von Insektenfragmenten vom Crystall Violet Subcommittee of the Sanitation Methods Committee.* Vergleichende Unterss. von 27 Laboratorien ergaben, daß sich die Meth. in der gegenwärtigen Form nicht für Reihenunterss. von Mehl auf Verunreinigung durch Insektenteile eignet. (Trans. Amer. Assoc. Cereal Chemists **11.** 229—32. Okt. 1953. Peoria, Ill., Northern Reg. Res. Labor.) M. W. ROTHE. 7798

R. A. Larkin, M. M. MacMasters und **C. E. Rist,** *Verbesserte Methode zur Bestimmung von Kleie- und Keimlingsteilchen in Weizenmehl.* Vereinfachung der Kristallviolettmethode. Färbung, Hydrolyse von Stärke u. Protein mit NaOH, Filtration. Endospermzellwände u. dispergierte Stärke- u. Proteinreste bleiben ungefärbt. Auszählung oder colorimetr. Best. der gefärbten Teilchen auf dem Filter. (Cereal Chem. **29.** 414—19. Sept. 1952. Peoria, Ill., Northern Reg. Res. Labor.) M. W. ROTHE. 7798

John E. Despaul, Albert Weinstock und **Charles H. Coleman,** *Bestimmung von Phosphorsäure. Colorimetrische Methode für Lipoidphosphorsäure in Eiern und Nudeln.* Die Best. der Lipoidphosphorsäure (**I**) in Eiernudeln ist dann eine zuverlässige Beurteilungsgrundlage, wenn die Herst. aus frischen oder frisch aufgetauten gefrorenen Eiern erfolgt u. die Ware nicht älter als 6 Monate ist. Es wird eine auch in der Hand des weniger geübten Analytikers zuverlässige colorimetr. Meth. zur Best. der **I** angegeben. Nach Extraktion der Nudeln mit wss. A. + Ae. u. Reinigen der Lipoide durch Aufnehmen in $CHCl_3$ wird mit $HNO_3 + H_2SO_4 + NaNO_3$ naß verascht. Die colorimetr. Messung erfolgt nach Zusatz eines NH_4-Molybdatreagens' u. einer Na-Pyrosulfit u. Na-Sulfit enthaltenden Lsg. von 1-Amino-2-naphthol-4-aulfosäure, die 2 Wochen haltbar ist. Messung bei 650 mμ nach Eichung des Instruments gegen eine Standardlsg. aus NaH_2PO_4. (J. agric. Food Chem. **1.** 621—26. 22/7. 1953. Chicago, Ill., Chicago Quartermaster Inspect. Serv. Field Off., Quartermaster Subsistence Testing Labor.)
FRESENIUS. 7798

C. Pyriki und **W. F. Homann,** *Die Qualitätsmerkmale der Tabake unter besonderer Berücksichtigung der Zigarettentabake.* Die „SCHMUCKsche Zahl" (Quotient lösl. Kohlenhydrate : Eiweiß) ist zur Qualitätsbest. von Tabak im allg. brauchbar. Der „Polyphenolkoeff." (Polyphenole × 100 : Gesamtred.) gibt nur für größere Qualitätsunterschiede Anhaltspunkte. Die „Stickstoffzahl" (Nicotin-N : NH_3-N) ist zur Qualitätsbeurteilung unbrauchbar. Ebenso reicht die Verhältniszahl Eiweiß-N × 100 : Gesamt-N zur Beurteilung nicht aus. Die von PYRIKI entwickelte „Qualitätszahl" (Verhältnis der Summe der „positiven" zur Sume der „negativen" Stoffe × 400) berücksichtigt im Gegensatz zu den vorher genannten „Zahlen" mehrere Komponenten. Sie hat sich bei Beurteilung von Zigarettentabak bewährt. Die chem. Merkmale für solche Tabake werden zusammengestellt. Zu den „positiven" Stoffen zählen lösl. Kohlenhydrate, Polyphenole, Harze u. Wachse, zu den „negativen" die Stickstoffsubstanzen u. Asche. (Z. Lebensmittel-Unters. u. -Forsch. **97.** 281—89. Okt. 1953. Wohlsdorf-Biendorf, Inst. für Tabakforschung.) FRESENIUS. 7836

H. Hadorn und **Rob. Jungkunz,** *Über die Analyse und Zusammensetzung der Edelkastanie (Castanea vesca).* Bei der polarimetr. Stärkebest. nach BAUMANN u. GROSSFELD muß die Klärung der Stärkelsg. mit CARREZ-Lsg. erfolgen. Die titrimetr. Halbmikrometh. nach v. FELLENBERG (Mitt. Gebiete Lebensmittelunters. Hyg. **19.** [1928.] 51; **28.** [1937.] 111) wurde zur Anwendung auf Kastanienstärke etwas modifiziert. Bei der Fällung mit Jodlsg. werden nur 88—94% der Stärke erfaßt. Daher wird ein empir. Faktor für Kastanienstärke u. einige andere Stärkearten ermittelt. Für geschälte Kastanien werden Stärkegehh. von 45—48% in der Trockensubstanz gefunden. Bei der Zuckerbest. muß zur Inversion der Saccharose mehr HCl zugesetzt werden, als im schweizer. Lebensmittelbuch angegeben ist. Die Inaktivierung der Fermente erfolgt mit $HgCl_2$. Der Saccharosegeh. liegt bei 22—34% in der Trockensubstanz. Durch Kochen mit A. u. anschließende Ätherextraktion ist aus Kastanien ein Phosphatid–Zucker-Komplex gewinnbar. Kennzahlen für Lipoide werden angegeben. (Z. Lebensmittel-Unters. u. -Forsch. **95.** 418—29. Dez. 1952. Basel, Labor. des Verbandes schweiz. Konsumvereine.) FRESENIUS. 7842

Hans Lagoni, *Beitrag zum Reduktaseproblem.* Die mit den Reduktionsproben erzielbaren Aussagen gestatten eine Sortierung der Milch auf der Basis der Farbstoffreduktionsgeschwindigkeit als Ausdruck für die biochem. Aktivität der Milch. Im Vgl. zur Methylenblauprobe ist die Resazurinprobe (mit dem Farbton rosarot) als Kriterium gleichwertig u. weniger zeitraubend. (Milchwissenschaft **6.** 130—32. April. 162—65. Mai 1951. Kiel, Bundesversuchs- u. Forschungsanst. für Milchwirtschaft, Bakteriol. Inst.) WINIKER. 7856

M. Schilowitsch und **O. Kornilowa,** *Eine Schnellmethode zur Bestimmung der Löslichkeit von Trockenmilchprodukten.* Eine Löslichkeitsbest. trockener Milchprodd. ließ sich mit hinreichender Genauigkeit wie folgt durchführen: Eine für 10 ml des rekonstituierten Prod. ausreichende Menge (Magermilch 0,9 g; Vollmilch 1,25 g; Sahne 1,6 g; Sahne + Zucker 2,25 g) wird in ein 10 ml-Zentrifugierglas gegeben. Hierauf läßt man 4—5 ml dest. W. (65—70°) zulaufen, rührt mit einem Glasstab gut durch, füllt mit W. auf 10 ml auf, taucht das Rohr 5 Min. in ein Wasserbad von 65—70°, schüttelt gut 1 Min. u. zentrifugiert schließlich 5 Min. mit ca. 1000 Umdrehungen pro Minute. Der ungelöste Nd. kann mit einer Genauigkeit bis zu 0,05 ml abgelesen werden. Ein feuchter Nd. bis 0,2 ml entspricht dem Standard für Trockenvoll- u. Trockenmagermilch höchster Güte (2% trockener Nd.), ein solcher bis 0,6 ml dem Standard für die 1. Sorte (~ 7%). — Abschließend werden Zahlenangaben über die Löslichkeit einiger handelsüblicher Trockenmilchprodd. gemacht. (Молочная Промышленность (Milch-Ind.] **13.** Nr. 9. 27—29. Sept. 1952. Allunions Wiss. Forschungsinst. der Milchind.) H. v. PEZOLD. 7856

W. Stoldt, *Gewichts-analytische Fettbestimmung in Milch, Milcherzeugnissen, Butter, Käse und Speiseeis.* Vf. entwickelte in Anlehnung an die WEIBULL-Meth. ein einheitliches Salzsäureaufschluß- u. Fettextraktionsverf. zur Fettbest. in Milchprodd. u. anderen Lebensmitteln. Die VAN-GULIK-Meth. zur Fettbest. in Käse wird wegen ihrer Ungenauigkeit für amtliche Unterss. abgelehnt. (Milchwissenschaft **6.** 152—55. Mai 1951. Kiel, Nahrungsmittel-Untersuchungsamt.) WINIKER. 7856

W. Mohr und **K. Koenen,** *Vorschlag, die Weibull-Stoldt-Methode zur Fettbestimmung in Milch und Milcherzeugnissen als quantitative Einheitsfettbestimmung anzuerkennen.* Hinweis auf die Vorzüge der WEIBULL-STOLDT-Meth. u. Bemerkungen zur prakt. Durchführung derselben. (Milchwissenschaft **6.** 155. Mai 1951. Kiel, Bundes-Versuchs- u. Forschungsanst. für Milchwirtschaft, Physikal. Inst.) WINIKER. 7856

Walter Mohr und **Dietrich Merten,** *Die Fettgehalts- und Wassergehalts-Bestimmung von Trockenmilch. Zur Vereinheitlichung der Analysenmethoden von Trockenmilch.* Die in verschied. Ländern (Deutschland, England, Holland, Italien, Schweiz, USA) üblichen Fett- u. Wasserbestimmungsmethoden für Milchpulver werden beschrieben u. verglichen. Die Fettbestimmungsmeth. von RÖSE-GOTTLIEB u. die Salzsäureaufschlußmeth. liefern übereinstimmende Ergebnisse, während die engl. Meth. (Aufschluß mit Ammoniumhydroxyd u. Salzsäure) etwas höhere Werte ergibt. Hinsichtlich einer Vereinheitlichung der Wasserbestimmungsmethoden müßte eine Vereinbarung darüber getroffen werden, ob das Kristallwasser des Milchzuckers mitbestimmt werden soll. (Milchwissenschaft **9.** 153—58. Mai 1954. Kiel, Bundesversuchs- u. Forschungsanst. für Milchwirtschaft, Physikal. Inst.) WINIKER. 7856

W. Ritter, *Die bakteriologische Kontrolle von milchwirtschaftlichen Gerätschaften und von Milchflaschen.* Vortrag, der einen Überblick über die wichtigsten Methoden zur Prüfung des Reinheitszustandes der Apparate, Leitungen u. Behälter in milchwirtschaftlichen Betrieben vermittelt. (Schweiz. Milchztg., wiss. Beilage **80.** 97—99. 23/7. 1954.) WINIKER. 7856

E. Benk, *Zum Nachweis von Osmaron-B in Melkfetten.* Überblick über die Eigg. von *Osmaron-B* (Gemisch von Benzoaten hochmol. aliphat. Amine) u. die zu seinem Nachw. u. seiner Best. in Melkfetten geeigneten Reaktionen. (Milchwissenschaft **6.** 155—57. Mai 1951. Reutlingen, Chem. Landesuntersuchungsamt.) WINIKER. 7856

T. R. Naffziger und **H. I. Mahon,** *Bestimmung von Absorptionskraft und Fasermaterial von Mark und gewissen Futterbestandteilen.* Mit dem Ziel einer Verbesserung des Futters durch Melassezusatz wird die Absorptionskraft für W. u. die Teilchengröße der Faserbestandteile von Futter gemessen. Die für diese Unterss. entwickelte App.

wird beschrieben. Die Klassierung erfolgt mit dem App. nach BAUER-MCNETT. Mark aus Zuckerrohrbagasse oder Maisstengeln hat gewissen Nährwert u. hohe Absorptionsfähigkeit. (J. agric. Food Chem. **1.** 847—51. 16/9. 1953. Peoria, Ill., Northern Regional Res. Labor., u. Honolulu, Hawaii, Hawaiian Sugar Planter's Assoc.)
FRESENIUS. 7868

Frances L. Bonner und **E. A. Epps**, *Bericht über Nichtproteinstickstoff und Rohprotein in Futtermitteln.* Im Viehfutter ist das Protein teilweise durch Harnstoff (**I**) u. Ammoniumsalze ersetzbar. Die zunehmende Verwendung von **I** u. ammonisierten Kohlenhydraten macht eine Überprüfung der Methoden zur Best. der verschied. N-Formen erforderlich. Zur Best. von **I** im Futter erwies sich die offizielle A. D. A.C.-Meth. (Überführung von **I** in NH_3 durch Urease) weiterhin als geeignet, so daß für eine vorgeschlagene Modifikation (Zusatz einer Pufferlsg.) kein Grund vorliegt. — In ammonisierten Prodd. (Melasse, Furfurolrückstände) ließ sich nur ein kleiner Teil des Gesamt-N als NH_3 identifizieren; es fehlt noch eine Meth. zur Unterscheidung der Prodd. von wahrem Protein; reine Reaktionsprodd., wie z. B. Glucosamine, konnten noch nicht isoliert werden. — Die KJELDAHL-Meth. zur Gesamt-N-Best. wurde wiederum überprüft bzw. modifiziert; Hg als Katalysator war geeigneter als Cu; als Vorlage wird **4**%ig. Borsäure empfohlen. (J. Assoc. off. agric. Chemists **37.** 241—46. 15/5. 1954. Baton Rouge, La., Louisiana Agric. Exp. Stat.)
EBERHARD MÜLLER. 7868

J. C. Edwards, *Bericht über Mineralbestandteile von Mischfutter. Kupferbestimmung in Mineralfutter.* Die colorimetr. Cu-Best. mit *Tetraäthylenpentamin* hat sich bewährt. Die untersuchte Salzprobe enthielt (in %) 0,033 Cu, 0,084 P, 0,009 Co, 0,181 MnO, 0,13 Fe u. 99,4 NaCl. Im Mittel wurden 0,038% Cu gefunden; die anderen Elemente störten nicht. (J. Assoc. off. agric. Chemists **37.** 246—50. 15/5. 1954. Tallahassee, Fla., Florida Dep. of Agric., Chem. Div.) EBERHARD MÜLLER. 7868

Richard T. Merwin, *Bericht über Drogen in Futtermitteln.* Gemeinschaftsarbeit zur Entw. von Methoden zur Best. von *Enheptin R* (**I**; *Amino-5-nitrothiazol*), *p-Arsanilsäure* (**II**) u. *Nitrophenide* (**III**; *m.m'-Dinitrodiphenyldisulfid*). **I** wird durch Aceton aus dem Futter extrahiert u. colorimetr. bestimmt. **II** wird durch Citronensäurelsg. gelöst, nach Hydrolyse des Futterproteins u. Filtrieren diazotiert, das Prod. wird mit N-[1-Naphthyl]-äthylendiamindihydrochlorid gekuppelt u. der Farbkomplex colorimetriert. **III** wird durch Zn-Staub zur Diaminoverb. red., diese diazotiert u. ein Kupplungsprod. davon colorimetriert. Störungen durch Tryptophankupplung werden untersucht. (J. Assoc. off. agric. Chemists **37.** 257—68. 15/5. 1954. New Haven, Conn., Agric. Exp. Stat.) EBERHARD MÜLLER. 7868

I. A. Ssmorodintzew, Biochemie des Fleisches. Pischtschepromisdat. 13 Rbl. 40 Kop. [russ.]

XVII. Fette. Seifen. Wasch- und Reinigungsmittel. Wachse. Bohnermassen usw.

D. N. Grindley, *Sonnenblumensaatöl: Einfluß der Temperatur auf die Zusammensetzung der Fettsäuren.* Bei vergleichenden Kulturverss. mit Sonnenblumen auf dem gleichen Boden im Winter u. im Sommer zeigte sich, daß mit steigenden Tempp. während der Reife der Geh. des Sonnenblumenöls an Linolsäure stark zurückgeht. Genaue Angaben über die Ölzus. im Original. (J. Sci. Food Agric. **3.** 82—86. Febr. 1952. Khartoum [Sudan], Ministry of Health.) GRIMME. 7894

C. D. Evans, Patricia M. Cooney, Helen A. Moser, J. E. Hawley und **E. H. Melvin**, *Das Geschmacksproblem bei Sojaöl.* 10. Mitt. *Wirkungen des Verarbeitungsprozesses auf den Metallgehalt von Sojaöl.* (9. vgl. J. Amer. Oil Chemists' Soc. **28.** [1951.] 118.) Unter Hinweis auf frühere Arbeiten über den schädigenden Einfl. von Metallspuren (Fe, Cu) auf die Qualität u. Haltbarkeit von Sojaöl (**I**) werden weitere Verss., bes. auch an rohen **I** verschied. Herkunft, durchgeführt. Best. von Fe u. Cu nach dem schon beschriebenen spektrometr. Verf. (MELVIN u. HAWLEY, C. **1952.** 2102) in **I**-Proben aus den einzelnen Phasen der Extraktion, der Raffination u. der Desodorierung; zusätzliche Prüfung von Baumwollsaat-, Mais-, Sonnenblumen-, Hirse- u. Safloröl. Es zeigt sich, daß der Metallgeh. aller Proben in der etwa gleichen Größenordnung liegt. Bei rohem **I** betragen die Gehh. an Fe bzw. Cu ca. 0,8 bzw. 0,4 Teile pro 1 Million. Handelsübliche Extraktionsöle von **I** enthalten das 4—8fache an Fe, während der Geh. an Cu bei dieser Verarbeitung prakt. unverändert bleibt. Die Verunreinigung durch Fe bleibt ohne schädigende Wrkg., wenn das Extraktionsöl richtig raffiniert wird, wobei 95—98% des Fe u. auch das Cu entfernt werden. Der niedrigste Metallgeh. wird in gewaschenen Prodd. gefunden (weniger als 0,1 Teile pro 1 Million). Gebleichte Öle zeigen erniedrigte Stabilität gegenüber der Oxydation. Die Desodorierung kann sich sehr schädlich auswirken, indem der Fe-Geh. um das bis 40fache erhöht wird. Es wird ermittelt, daß 0,3 Teile Fe pro 1 Million während der Desodorierung (3 Std. bei 210°) sich sehr stark beeinträchtigend auf Qualität u. Stabilität auswirken. Frische Sojabohnen liefern bessere Öle als gelagerte Produkte. Die Desodorierung ist jener Schritt der Verarbeitung, bei dem wesentliche Möglichkeiten zur Verbesserung des Öles durch Ausschalten der Metallverunreinigung (Metallfänger) verwirklichbar sind. (J. Amer. Oil Chemists' Soc. **29.** 61—65. Febr. 1952. Peoria, Ill., Northern Regional Res. Labor.) TÄUFEL. 7894

C. D. Evans, Patricia M. Cooney, Helen A. Moser und **A. W. Schwab,** *Das Geschmacksproblem bei Sojaöl.* 11. Mitt. *Phytinsäure als ein Metallspuren inaktivierendes Agens.* (10. vgl. vorst. Ref.) Ausführungen an Hand des Schrifttums über Vork. (Getreide- u. Ölsamen), Darst., analyt. Best. u. Verh. der Phytinsäure (Hexaphosphorsäureester des Inosits); Anwendung derselben in ihrer Eig. als Metallinaktivator zur Steigerung der Widerstandsfähigkeit von Ölen gegen Autoxydation. Es werden Öle, vor allem das gegen Metall sehr empfindliche Sojaöl, mit Phytinsäure (0,001—0,5%) versetzt, teils in Ggw., teils in Abwesenheit von Metallspuren in bekannter Menge (Fe, Cu), im Labor. dem Prozeß der Desodorierung unterworfen u. dann organolept. bzw. analyt. (Autoxydation bei 100° u. Ermittlung des Peroxydwertes) geprüft (Einzelheiten vgl. Original). Die Verss. lehren, daß Nahrungsöle bei der Desodorierung in Ggw. von ca. 0,01% Phytinsäure eine deutliche Verbesserung in der organolept. u. oxydativen Stabilität erfahren, teilweise stärker als durch Citronensäure. Die beobachtete Wrkg., die sich auch zeigt, wenn der antioxygene Effekt von phenol. Antioxygenen durch Ggw. von Schwermetallspuren erheblich beeinträchtigt wird, bleibt gegenüber einer Verunreinigung der Öle mit Metall nach der Desodorierung erhalten. Betrachtungen über den Chemismus der stattfindenden Vorgänge; es ist noch unklar, ob die Phytinsäure selbst (Bldg. unlösl. Metallsalze) bzw. Zerfallsprodd. (z. B. H_3PO_4) das wirksame Agens sind; Hinweis, daß die „synergist." Wrkg. gewisser Verbb. hinsichtlich der Stabilitätssteigerung gegen oxydativen Angriff der Öle wohl als Metallinaktivierung aufzufassen ist. (J. Amer. Oil Chemists' Soc. **30.** 143—47. April 1953.) TÄUFEL. 7894

A. W. Schwab, Patricia M. Cooney, C. D. Evans und **J. C. Cowan,** *Das Geschmacksproblem bei Sojaöl.* 12. Mitt. *Stickstoffkoordinationsverbindungen wirksam bei der Stabilisierung von Nahrungsöl.* (11. vgl. vorst. Ref.) Theoret. Betrachtungen an Hand der Literatur über Bldg. u. Stabilität von Koordinationsverbb. im Hinblick auf die Desaktivierung von Schwermetall in Ölen mit der Zielsetzung ihrer Stabilisierung gegen Autoxydation. Prüfung einer Reihe von stickstoffhaltigen komplexbildenden Verbb. in ihrer Wrkg. auf Soja- u. Baumwollsaatöl in Ggw. bzw. Abwesenheit von Fe u. Cu (0,3 bzw. 0,1 Teile in 1 Million Teilen Öl) nach der Meth. der Best. des akt. Sauerstoffs, sowie durch vergleichende organolept. Unterss. der entsprechend behandelten Öle. Als Metalldesaktivatoren werden eingesetzt (Konz. 0,01%) Citronensäure, Äthylendiamintetraessigsäure, Oxalohydroxamsäure, Chelidamsäure (4-Oxypyridin-2.6-dicarbonsäure) sowie eine Reihe von Iminodicarbonsäuren. Aus den Verss. wird abgeleitet, daß von den stickstoffhaltigen, koordinative Metallkomplexe bildenden Verbb. am wirksamsten die sind, die 2 Carboxylgruppen in $\alpha.\alpha'$-Stellung zum N enthalten; die analogen $\beta.\beta'$-Formen sind weniger metallinaktivierend, die $\alpha.\beta$-Formen stehen zwischen den beiden erstgenannten Formen; Erklärung der Wrkg. nach der Koordinationslehre von WERNER. Das einflußnehmende N-Atom kann im Amin enthalten oder auch cycl. bzw. von saurem Charakter (Hydroxamsäure) sein. Chelidamsäure wirkt in sehr befriedigender Weise inaktivierend auf Cu u. Fe; bei Imino-α-bzw. -β-dicarbonsäuren ist die Wrkg. gegenüber den beiden Metallen unterschiedlich; je größer die Zahl der bei der Komplexbldg. sich bildenden 5-Ringsysteme ist, desto stärker ist die Stabilitätssteigerung für das Öl. Betrachtungen über die Konst. der sich bildenden Metallkomplexe. (J. Amer. Oil Chemists' Soc. **30.** 177—82. Mai 1953.) TÄUFEL. 7894

A. Ju. Rabinowitsch und **Je. Ss. Skriptschenko,** *Über die Rezeptur von oberflächenaktiven Waschmitteln.* Vff. untersuchten die Emulgierungs-, Peptisations-, Netz- u. Waschwrkg. von sulfonierten Alkoholen, die aus Pottwalfett gewonnen wurden. Die Netzwrkg. fällt mit der Zahl der C-Atome, die Waschwrkg. steigt mit der Zahl der C-Atome. Die beste Reinigungswrkg. wird durch Vermischen von Sulfonaten der C_7—C_9-Alkohole mit Sulfonaten der C_{18}—C_{20}-Alkohole im Verhältnis 3:2 erzielt. Die Mischung ist in W. von 20° löslich. Durch Änderung der Sulfonierungskomponenten können Waschmittel mit den gewünschten Eigg. erhalten werden. (Маслобойно-Жировая Промышленность [Öl- u. Fett-Ind.] **19.** Nr. 1. 18—20. 1954. Moskau, Zweigstelle des Allunions Wiss. Fettforschungsinst.) R. RICHTER. 7912

G. P. Fulton, J. C. Alexander, A. C. Lloyd und **M. Schwartz,** *Synthetische Reinigungsmittel bei der Trockenreinigung.* Trockenreinigung ohne Synthetica enfernt wenig wasserlösl. Schmutz, wie Salz-, Zucker-, Getränke- u. Schweißflecken. Es muß deshalb häufig eine Naßreinigung mit lauwarmer Seifenlsg. oder synthet. Reinigungsmitteln vorgenommen werden. Vff. berichten über die üblichen Trockenreinigungsmethoden, Feuchtigkeitsabsorption durch Lösungsmittel, einen App. zur Best. des relativen Dampfdrucks von W. in Trockenreinigungsmitteln u. die Beziehung zwischen % W. u. dem relativen Dampfdruck von W. in einer 4%ig. Lsg. eines Reinigungsmittels. (ASTM Bull. **1953.** 63—68. Sept. Silver Spring, Md., Nat. Inst. of Drycleaning.) BÖSS. 7914

L. F. Hoyt und **J. E. Walter,** *Analyse von Hartwasser-Seifen: Die direkte Bestimmung des aktiven Sulfonats in Gemischen von Seife und Nacconol RB 85.* Zur Schnellbest. der akt. organ. Sulfonat (I)-Komponenten in Army-All-Purpose- u. Navy-Seewasserseifen wurde eine Meth. entwickelt, die darauf beruht, daß das organ. I oder Sulfat quantitativ mit einem geeigneten kationakt. Präp. unter Bldg. eines inerten, unlösl., tiefblauen Komplexes reagiert. Die Titration wird in sehr verd. Lsg. mit Bromphenolblau als Übergangsindicator in einem Zweiphasensyst. W.-Chlf. durchgeführt. *Hyamine 1622* u. *Cetab* in 0,06—0,075%ig. Lsg. u. *Roccal* (10%ig.) in 0,5%ig. Lsg. haben sich bei obiger Meth. bewährt. Laboratoriumsmäßig wurden Seifen mit 30—35% *Nacconol RB 85*, einem organ. Aryl-Alkyl-Sulfonat, hergestellt u. mit obengenannten Lsgg. titriert. (ASTM Bull. **1953.** 56—57. Sept. Buffalo, N. Y., Allied Chem. and Dye Corp.) BÖSS. 7938

Karel Hrdlička und **Miloslav Vedlich,** Tschechoslovakei, *Konservieren von Fetten, fetthaltigen Nahrungsmitteln und anderen fetthaltigen Stoffen,* indem man diesen kleine Mengen HJ oder solche Substanzen, die HJ allmählich frei machen, z. B. Alkalijodide, Mono- oder Dicarbonsäuren der Paraffinreihe u. aliphat. Mono-, Di- oder Trioxycarbonsäuren zusetzt. — In 100 kg Butter emulgiert man 100 cm³ einer Lsg., die 1,2—12 (g) Alkalijodid (NH_4-, Na- oder KJ), 1—10 Malon- oder Bernsteinsäure u. 30—80 Citronensäure enthält. (**F. P. 1 017 424** vom 11/5. 1950, ausg. 10/12. 1952. Tschech. Prior. 15/5. 1949.) HEYNE. 7871

Aktiebolaget Separator, Stockholm, Schweden (Erfinder: **F. T. E. Palmquist**), *Neutralisieren und Reinigen von fetten Ölen.* Die fetten Öle werden mit anorgan. Säuren in kontinuierlicher Arbeitsweise raffiniert u. kontinuierlich durch Zentrifugieren abgetrennt. Die in den Ölen zurückbleibenden Säurereste werden mit einem sauren Alkalisalz einer schwachen Säure neutralisiert u. dieses ebenfalls abzentrifugiert; z. B. neutralisiert man mit ca. 10%ig. $NaHCO_3$-Lösung. (**Schwed. P. 138 220** vom 5/4. 1950, ausg. 25/11. 1952.) JÜRGEN SCHMIDT. 7875

Bamag-Meguin Akt.-Ges., Berlin, *Bleichen von Ölen und Fetten.* Man mischt Öle oder Fette kontinuierlich mit Bleicherde (I), bleicht durch Erwärmen unter Vakuum u. trennt die I in Filterpressen oder Zentrifugen ab, die automat. umgeschaltet werden, sobald Reinigung erforderlich ist. — Zeichnung. (**E. P. 702 703** vom 18/10. 1951, ausg. 20/1. 1954. **Belg. P. 506 734** vom 27/10. 1951, ausg. 13/3. 1953. Beide D. Prior. 27/7. 1951.) LÜTTGEN. 7887

Best Foods, Inc., New York, übert. von: **Chester M. Gooding,** Staten Island, N. Y., **Hans W. Vahlteich,** Englewood, und **Daniel Melnick,** Teaneck, N. J., V. St. A., *Winterisieren von Sojaöl.* Das Öl wird bis zu einer JZ. von 100—120, bes. bei 195 bis 220° F, hydriert u. durch langsames Abkühlen, z. B. auf 40—47° F, von den höher schm. Anteilen befreit. Es muß <5, bes. <1, (%) Verbb. einer Säure mit 2 konjugierten Doppelbindungen, $<0,2$, bes. $<0,02$, Verbb. mit 3 u. $<0,02$, bes. $<0,002$, Verbb. mit 4 konjugierten Doppelbindungen enthalten. Das Prod. eignet sich bes. zur Herst. kältebeständiger *Mayonnaise,* sowie im Gemisch mit anderen vegetabil. Ölen als Salatöl. (**A. PP. 2 627 467** u. **2 627 468** vom 16/3. 1951, **2 627 469** vom 29/1. 1952, alle ausg. 3/2. 1953.) LÜTTGEN. 7895

Aug. Luhn & Co. G. m. b. H., Deutschland, *Seife,* welche mit Mineralsubstanzen, wie Quarzpulver, Sand oder Bimssteinpulver, gefüllt ist u. 3—10% eines Harnstoff-Formaldehyd-Kondensationsprod. (I) enthält. — 40 (Gewichtsteile) einer Palmölseife werden mit 50 Bimssteinpulver u. 40 I mit Zugabe von Parfüm u. Farbstoff verarbeitet. Man erhält bruchfeste Seifenstücke. (**F. P. 1 015 155** vom 7/1. 1950, ausg. 28/8. 1952.) M. F. MÜLLER. 7911

Atlantic Refining Co., Philadelphia, übert. von: **John A. Nevison,** Media, Pa., V. St. A., *Alkylarylsulfonate als Netz-, Schaum- und Reinigungsmittel.* Die in bekannter Weise durch Kondensation von Bzl., Naphthalinen oder Anthracenen mit Alkanolen,

Olefinen oder Alkylhalogeniden hergestellten Alkylaryl-KW-stoffe mit 9—15 C-Atomen im Alkyl werden mit einem Sulfonierungsmittel in die Sulfonsäuren übergeführt. Die Reaktionsmischung wird mit einem KW-stoff mit Kp. $< 204^0$, bes. C_5—C_{12}-Paraffin-KW-stoffen, verd., wobei die Sulfonsäuren in Lsg. gehen. Diese Lsg. wird dann in Ggw. von 2—5 Voll. eines 25—60%ig. wss. Alkohols mit Basen neutralisiert. Die sulfonathaltige untere wss. Schicht wird von den nichtumgesetzten KW-stoffen abgetrennt u. eingedampft. — Vorr., Zeichnung. (**A. P. 2 655 530** vom 30/3. 1950, ausg. 13/10. 1953. **Belg. P. 508 492** vom 16/1. 1952, ausg. 19/6. 1953.) KRAUSS. 7913

Lever Brothers & Unilever Ltd., Port Sunlight, England, *Reinigungsmittel* in Pulverform (nicht zusammenbackend!), bestehend aus einem Gemisch eines Na-Alkylarylsulfonats, hergestellt durch Sulfonieren von Polypropylenbenzol, mit einem Guanidinalkylarylsulfonat, $Na_4P_2O_7$ u. Na_2SO_4. (**E. P. 690 439** vom 22/9. 1950, ausg. 22/4. 1953. A. Prior. 29/9. 1949.) ——————— SALZMANN. 7917

Reinhart Lüde, Die Gewinnung von Fetten und fetten Ölen. 3. verb. Aufl. Dresden u. Leipzig: Steinkopff. 1954. (XII + 299 S. m. 105 Abb. im Text) = Technische Fortschrittsberichte. Bd. 47. DM 15,—.

XVIIIa. Holz. Cellulose. Zellstoff. Papier. Papierdruck. Celluloid. Linoleum.

W. G. Campbell und **I. R. C. McDonald**, *Die Chemie der Holzzellwand.* 1. Mitt. *Die Entlignifizierung von Buchen- und Fichtenhölzern durch Natriumchlorit in gepufferter wässeriger Lösung.* Holz der Buche u. Sitkafichte wurde durch gepufferte wss. Lsg. von $NaClO_2$ bei 50 u. 70° entlignifiziert. Ohne Verluste an Polysacchariden können nur 90% des „Säurelignins" entfernt werden. Die Best. der gelösten u. ungelösten Stoffe in Zwischenzeiten u. am Ende der Entlignifizierung zwingen Vff. zu der Annahme, daß im Holzrückstand ein „modifiziertes Lignin" (I) zurückgehalten wird, das auch bei der Best. mit 72%ig. H_2SO_4 nicht in Erscheinung tritt u. daher die Best. fehlerhaft werden läßt. An I wurde bei Buche 6,9% u. Fichte 7,1% gefunden. Analysendaten in ausführlicher Tabelle. (J. chem. Soc. [London] **1952.** 2644—50. Juli. Aylesbury, Bucks., Princes Risborough., Forest Prod. Res. Labor., Sect. of Chem.) WERGIN. 7952

W. G. Campbell und **I. R. C. McDonald**, *Die Chemie der Holzzellwand.* 2. Mitt. *Die Isolierung von säurelöslichem und modifiziertem Lignin aus Buche und Fichte.* (1. vgl. vorst. Ref.) Nach der Hydrolyse des Holzes von Buche u. Sitkafichte mit 72%ig. H_2SO_4 zeigt das Hydrolysat die für Lignin charakterist. UV-Absorptionsspektren. Es ist danach ein Teil des Lignins in Lsg. gegangen. Vff. konnten durch Anwendung einer Ionenaustauschkolonne (Zeo-Karb 215) eine Fraktion isolieren, die sie „säurelösl. Buchen- u. Fichten-Lignin" (I) nennen. Es ist ein Pulver, das durch Erwärmen leicht in harzähnliche Prodd. übergeführt wird. Ausbeute: Buche 7,4%, Fichte 5,8%, bezogen auf Gewicht des Ausgangsholzes. Ferner wurde „modifiziertes Lignin" (II; vgl. 1. Mitt.) aus Buche nach partieller Delignifizierung mit $NaClO_2$ u. H_2SO_4-Hydrolyse gewonnen. Unter der Annahme, daß das Material homogen ist, wurden folgende Formeln versuchsweise aufgestellt: Buchen-I: $[C_{40}H_{43}O_{20}(—OCH_3)_5]_n$; Buchen-II: $[C_{40}H_{43}O_{20}(—OCH_3)_5 \cdot 2HCl]_n$. Die UV-Spektren von I u. II sind annähernd gleich u. ähneln auch den Spektren der üblichen Ligninpräparate. Sie zwingen zu der Annahme, daß überall das gleiche Bindungssyst. vorliegt. (J. chem. Soc. [London] **1952.** 3180—83. Aug.) WERGIN. 7952

I. R. C. McDonald, *Die Chemie der Holzzellwand.* 3. Mitt. *Die Isolierung von Buchen-Hemicellulose A.* (2. vgl. vorst. Ref.) Sägemehl von Buchenholz wurde mit Alkohol–Bzl. extrahiert, mit 0,1 n NaOH (48 Std.) behandelt zur Entfernung von mindestens 5% Holzsubstanz, in der sich der größte Teil der lösl. Ligninanteile befindet. Es folgte eine Extraktion mit n-NaOH (48 Std.) bei Raumtemp., die 13,2%, bezogen auf Holz, in Lsg. brachte (Pentosan 9,7%, Uronsäureanhydrid 2,0%). Durch Essigsäure fällt daraus Hemicellulose A (8,2%) aus, die aus polymerer Xylose u. einer nichtbestimmten Uronsäure (aber keine Glucuronsäure) zusammengesetzt ist. Andere Pentosen oder Hexosen wurden nicht gefunden. Analysenergebnisse der einzelnen Fraktionen u. Rückstände werden in Tabellen zusammengestellt. (J. chem. Soc. [London] **1952.** 3183—86. Aug.) WERGIN. 7952

Günther Becker, *Ergebnisse einer vergleichenden Prüfung der insektentötenden Wirkung von Holzschutzmitteln.* 2. Mitt. (1. vgl. C. **1942.** II. 2442.) Vf. hat eine Anzahl von Verss. mit Holzschutzmitteln gegenüber *Anobium punctatum* (*Klopfkäfer*) u. *Holzbock*-Eilarven (*Hylotrupes bajulus L.*) durchgeführt. Es wurden ölige u. mineral. Mittel geprüft. Die Versuchsklötzchen wurden gemäß DIN 52176, Bl. 1 hergestellt. Die Holzbocklarven vermögen bis 7 Monate ohne Nahrung auszukommen, was zu berücksichtigen ist. Von den öligen Präpp. war mit Abstand „*Xylamon-LX-Natur*"

das beste: Mit 10%ig. Lsg. wurden in einem Monat 100% der Larven getötet. Von den mineral. Giften waren As_2O_3, Fluoride u. Fluosilicate am wirksamsten. Gut war auch das Handelspräp. „*Osmol* WB_4". Bei den Fluoriden u. Fluosilicaten ist auch die Gaswrkg. wichtig. (Wiss. Abh. dtsch. Materialprüf.-Anst. [2] **1950.** Nr. 7. 40—62.)
Friedemann. 7952

Ss. P. Dsheljuk, *Eine falsche Auswertung eines Versuches zur Einführung der Schnellkochung in der Sulfatcelluloseindustrie.* Vf. wendet sich unter teilweisem Beibringen von neuem Versuchsmaterial gegen die Ausführungen von Ssimkin (C. **1954.** 2524) u. betont, daß eine Durchtränkung der Hackspäne, wie auch die Kochung selbst, nur bei höheren Tempp. erfolgreich sein kann. (Бумажная Промышленность [Papier-Ind.] **29.** Nr. 1. 26—29. Jan./Febr. 1954. Nowaja Ljala, Cellulose-Papier-Kombinat.) Ulmann. 7960

J. H. Hull, *Eindampfen und Verbrennen von Ablauge auf Ammoniakbasis.* Die Ablauge wird in einem 2-Stufen-Rosenblad-Verdampfer auf 50% Festkörper konz. u. dann in einem Dampfzerstäubungsbrenner verbrannt. Die Abgase werden in Türmen mit NH_3-W. ausgewaschen, wobei 80—85% des S zurückgewonnen werden. Die erzeugte Dampfmenge genügt zum Betrieb des Verdampfers u. Brenners. (Tappi **37.** Nr. 1. Jan. 1954, referiert nach Paper Mill News **77.** Nr. 12. 64—68. 20/3. 1954. Camas, Wash., Crown Zellerbach Corp.) H. Becker. 7962

J. McK. Limerick, *Die kontinuierliche Herstellung von halbchemischem Zellstoff für Wellpappe.* Bei dem Bathurst-Verf. wurde das Hartholz anfangs mit einer modifizierten Kraftlauge u. neuerdings mit NaOH allein aufgeschlossen. Die Ausbeute dabei beträgt über 90% halbchem. Zellstoff zur Herst. von Wellpappe. (Paper Mill News **77.** Nr. 12. 86—87. 131. 20/3. 1954. Bathurst, N. B., Power & Paper Co.)
H. Becker. 7964

S. I. Meerson (Mejersson) und **S. M. Lipatow,** *Einfluß der Temperatur und der Art des Lösungsmittels auf den osmotischen Druck und die Viscosität der Lösungen von Celluloseacetat.* Deutsche Wiedergabe der C. **1953.** 5045 referierten Arbeit. (Faserforsch. u. Textiltechn. **5.** 213—15. Mai 1954.) P. Eckert. 7970

—, *Paraffinemulsionen in der Papierindustrie.* Ergänzungen zu der C. **1954.** 8702 referierten Arbeit von Behnke. (Wbl. Papierfabrikat. **82.** 113. Ende Febr. 1954.)
P. Eckert. 7978

XVIIIb. Textilfasern.

Kurt Sponsel, *Korrosionsschutz in den Textilveredlungsbetrieben.* Im Rahmen eingehender Betrachtung über die Theorie der Korrosion behandelt Vf. das Verh. des Fe besonders ausführlich. Die für das Entrosten in Frage kommenden mechan. u. chem. Verff. werden besprochen unter Erwähnung der Vor- u. Nachteile. *Framanol* hat sich hierbei bewährt. Die Meth. des Schutzhautüberzuges wird dargelegt unter Nennung von Bindemitteln auf Lack- u. Kunstharzbasis u. von verschied. Schutzpigmenten. Für das nötige Einbrennen bzw. Durchtrocknen der Schutzschicht macht Vf. Vorschläge auf Hochfrequenzbasis. Von anderen durch Korrosion gefährdeten Stoffen werden Zn, Cu, Al u. Pb behandelt. Einige dieser Metalle sind auch für den Schutzüberzug von Fe verwendbar. Imprägnierverff. für Holz als Bau- u. Werkstoff finden kurz Erwähnung. Prakt. Betrachtungen über den Schutz von Maschinen u. Geräten enthalten Hinweise auf den Gebrauch von Kunst- u. Siliconharzen u. von Siliconölen als Schmiermittel. Weitere Erfahrungsvorschläge betreffen den Gebäudeschutz einschließlich Fußböden, Kanäle u. Rohrleitungen, vor allem die Zusätze zu Vermauerungsbindemitteln. (Textil-Prax. **9.** 278—82. März 1954.)
E. Wagner. 8022

Domenico Fornelli, *Die Anwendungen des Cyanamids und seiner Derivate in der Textilchemie.* Eigg. des Cyanamids u. seiner Derivv.; Anwendung in der Textilchemie bes. zum Knitterfestmachen, Mattieren, Imprägnieren, Ausrüsten, Schrumpffreimachen von Wolle, Animalisieren von Cellulosefasern, Erhöhung der Wasser- u. Waschfestigkeit, bes. auf Acetatseide u. bei der Küpenfärbung, beim Druck, als Weichmacher u. oberflächenakt. Substanz, zur Verbesserung der Flammsicherheit u. als Motten- u. Keimschutzmittel. — 240 Literatur- u. Patenthinweise. (Tinctoria [Milano] **51.** 80—87, März; 161—66. Mai; 209—13. Juni; 246—51. Juli 1954.) R. K. Müller. 8032

Nils Gralén, Bertil Olofsson und **Joel Lindberg,** *Messung der Reibung zwischen Einzelfasern.* 7. Mitt. *Physikochemische Gesichtspunkte der Reibung zwischen Fasern.* (6. vgl. C. **1951.** I. 413.) Eine krit. Diskussion der bisherigen Reibungsgesetze seit Leonardo da Vinci u. Amonton, welche für die Reibung zwischen Fasern nicht gelten, da diese vielmehr nach Bowden u. Tabor von der tatsächlichen Kontaktfläche abhängt. Die Gleichung: $F = \alpha W + \beta l R$, W = Last, F = Reibungskraft u. F/W = Reibungskoeff., l = Länge der Kontaktlinie, R = Faserradius, α u. β = Konstanten, welche mit den elast. u. plast. Eigg. des Materials zusammenhängen. Diese Gleichung stimmt mit den Versuchsdaten an Nylon u. Polyesterfasern überein. (Textile Res. J. **23**. 623—28. Sept. 1953. Gothenburg, Schwed. Inst. Textilforsch.) ZAHN. 8040

G. Salomon, *Die Beziehung zwischen dynamischen Gleichgewichten und Chemorelaxationsvorgängen.* Die dynam. Gleichgewichte u. die oberen u. unteren Temperaturgrenzen für die Bldg. von Makromoll. werden auf Grund der Arbeit von DAINTON u. IVIN (C. **1954**. 2594) zu den chem. Ursachen von mechan. Relaxationen in Beziehung gebracht, was für die Technologie der Faserstoffe von Wichtigkeit ist. (Plastica [Delft] **7**. 30—32. Jan. 1954.) WESLY. 8040

P. C. Balaschew und **E. A. Zirkelj,** *Die Rolle des Natriumsulfit beim Beuchen.* Nach Ansicht der Vff. beruht die Wrkg. eines Zusatzes von Natriumsulfit (**I**) zur Beuchtflotte bei der Vorbehandlung von Baumwolle auf der Rk. von $NaHSO_3$-Ionen mit Monosen (**II**), die in der Baumwolle bzw. in den Pektinen enthalten sind. Die **II** werden zu farblosen Verbb. umgesetzt, so daß die Beuchtflotte sichtlich heller bleibt, u. daß der Weißgrad der Ware merklich günstiger wird. Blindverss. mit reiner Glucose scheinen die Annahme der Vff., daß die braune Verfärbung der Beuchtflotte auf das Vorhandensein von **II** zurückzuführen sei, zu bestätigen. Die Mitwrkg. N-haltiger Substanzen wird nicht in Abrede gestellt. Photometr. u. colorimetr. Werte kennzeichnen den Einfl. von **I**. Vff. vermuten, daß bei der Rk. zwischen **I** u. **II** Schutzkolloide sich bilden, die an den Vorgängen beteiligt sind. Verss. zwecks Nachw. der schutzkoll. Eigg. werden beschrieben. (Textil-Prax. **9**. 269—70. März 1954.) E. WAGNER. 8044

M. A. Timonin, *Bestimmung des Feuchtigkeitsgehalts pflanzlicher Fasern.* Inhaltlich ident. mit der C. **1954**. 7546 referierten Arbeit. (Faserforsch. u. Textiltechn. **5**. 130—33. März 1954.) P. ECKERT. 8044

Rudolf Winter, *Zur Frage kausaler Anlagen bei der Festigkeitsminderung der Flachs- und Hanffaser.* Über die im Flachs-, Ramie- u. Hanfstengel mkr. feststellbaren Querrisse werden die zur Zeit herrschenden Theorien einzelner Vff. gegenübergestellt. Übereinstimmend wird die Meinung vertreten, daß diese Querrisse die Faserfestigkeit mindern u. die Ursache ihrer Entstehung neben biol. Einfll. am Standort der Pflanze in der mechan. Aufbereitung zu suchen ist. (Textil- u. Faserstofftechn. **4**. 199—200. April 1954.) SCHOENMANN. 8050

B. Manogue und **M. S. Moss,** *Heterogenität bei Keratinfasern.* Ähnlich wie MERCER (vgl. C. **1953**. 8750) fanden Vff. die Membranen von Cortexzellen in den Rückständen von alkal. extrahierter, zuvor mit Peressigsäure oxydierter Wolle u. Kuhschwanz- sowie Rattenhaar. Die periphere Cortexzone („Subcutismembran") war nicht resistenter als der Rest des Querschnitts. (Textile Res. J. **23**. 938—39. Dez. 1953. Bradford, Techn. Coll., Chem. Dyeing Dep.) ZAHN. 8060

—, *Die Wissenschaft der Chemiefasern.* Neben den vollsynthet. Fasern wird die Acetatseide trotz ihrer geringen Festigkeit als ein ebenbürtiges Material hervorgehoben, bes. in bezug auf ihr den hygien. Anforderungen gemäßes Feuchtigkeitsabsorptionsvermögen. Verss., das Herstellungsverf. zu verbessern, um die physikal. Eigg. zu variieren (Acetylierungsgrad), sind noch nicht abgeschlossen. Die durch das Herstellungsverf. bis auf $^1/_{10}$ red. Kettenlänge (ca. 300 Glucoseeinheiten) der Ausgangscellulose ist nicht allein für die Festigkeitseigg. verantwortlich zu machen, es ist ebenso wichtig, daß sie das unterste Maß für die Faserbldg. überschreitet u. daß die mittlere Kettenlänge gleichmäßig verteilt ist. — Eine neue *Polyaminotriazolfaser* (Herst. wird angegeben) zeigte sich resistent gegen heiße alkal. Lsgg., aber empfindlich gegen Säuren u. Bleichmittel; ihre Streckbarkeit ist geringer als die von Nylon u. Terylene. Die Eigg. eines Fadens aus Polyoktamethylenaminotriazol sind ähnlicher denen eines Polyesters als eines Polyamids. — Bei Verss., die Streckbarkeit von *Terylene* kurvenmäßig zu fixieren, wurden 2 Fasertypen unterschieden: Das Strecken unter Wärmeeinfl. vollzieht sich gleichmäßig bis zum Zerreißpunkt (Verh. wie Gummi); ohne Wärme ungleichmäßig (wie amorphe synthet. u. natürliche Polymere). Beim Erwärmen von amorphem, ungestrecktem Terylene findet Kristallisation statt, so daß ein bereits kristallines Material gestreckt wird. Das Ziel dieser Verss. ist, allgemeingültige Kurven für die Streckbarkeit von Terylene zu erhalten. (Textile Mercury Argus **130**. 737—41. 23/4. 1954.) SCHOENMANN. 8080

VEB Fettchemie und Fewa-Werk, Chemnitz (Erfinder: **Kurt Burgdorf,** Siegmar-Schönau), *Kondensationsprodukte aus Hexamethylentetramin und Estern einwertiger* *anorganischer Säuren* unter Verwendung von hochsd. Lösungsmitteln, welche mindestens 2 Hydroxylgruppen oder ein ätherartig gebundenes O-Atom oder sowohl OH-Gruppen als auch Äthergruppen enthalten. Solche Lösungsmittel sind z. B. mehrwertige aliphat. Alkohole oder deren Äther u. Acetale. — 100 (g) Laurylchlorid (Mol.-Gew. 204) u. 75 Hexamethylentetramin werden mit 250 cm^3 Propandiol-(1.2) (Kp. ca. 190°) (**I**) unter Rückfluß erhitzt. Man erhält ein mit starker Schaumwrkg. in W. klar lösl. Produkt. — An Stelle von **I** kann auch 2.2-Pentamethylen-4-methyldihydrodioxol-(1.3) ($Kp._7$ 61°) oder 2.2-Pentamethylen-4-oxymethyldihydrooxol (Kp. 250°) oder Tetrahydrofurfuralkohol verwendet werden. — 13,7 (g) Isobutylbromid, 15 Hexamethylentetramin u. 50 cm^3 Äthylenglykolmonoäthyläther werden 2 Std. unter Rückfluß gekocht. Es entsteht ein in W. klar lösl. Produkt. — *Textilhilfsmittel.* (**D. P.** [**DDR**] **2 376** Kl. 12p vom 30/3. 1943, ausg. 17/11. 1952 [Wirtschaftspatent].) M. F. MÜLLER. 8029

VEB Fettchemie und Fewa-Werk, Chemnitz (Erfinder: **Richard Huttenlocher** und **Maximilian Hussong,** Greiz), *Herstellung von Sulfochlorierungserzeugnissen* durch Umsetzung von aus Braunkohlenteer gewonnnenen Paraffingemischen (Paraffingatsch) mit 20% u. mehr Sulfurylchlorid bei 50—70°, bes. bei 65°, unter Belichtung mit photoakt. Licht in Ggw. von Stickstoffbasen, wie Anilin, Cyclohexylamin, Pyridin, Chinolin, Triäthanolamin u. Alkylaminen. — Je nach der angewandten Menge Sulfurylchlorid erhält man nach Verseifung der Sulfonsäurechloride emulgierbare bis klar wasserlösl. oberflächenakt. Erzeugnisse. Sie dienen bes. als Emulgatoren für Öle, Fette u. Mineralöle. Man erhält haltbare Emulsionen, welche als Schmälz-, Avivage-, Lederfettungs- u. als Präparationsmittel für Kunstseide u. Zellwolle geeignet sind. — 500 kg eines Paraffingemisches, welches durch Hydrierung von Braunkohlenteer nach Abtrennung der niedrigsd. Anteile bis ca. 300° erhalten wurde, werden langsam mit 125 kg SO_2Cl_2 bei 60° versetzt. Das Reaktionsgemisch wird mit Wolframlampen kräftig beleuchtet. Während der Zugabe des SO_2Cl_2 werden 1,2 kg Cyclohexylamin zugelassen. Dabei entsteht ein Sulfonsäurechlorid mit 6,7% Cl-Geh., wovon 3,6% Cl verseifbar sind. Das Rohsulfochlorid wird mit Alkalilauge verseift. Das Verseifungsprod. gibt milchige, wss. Emulsionen, welche zum Schmälzen von Textilfasern vor dem Verspinnen dienen. (**D. P.** [**DDR**] **2 992** Kl. 12o vom 10/9. 1943, ausg. 8/12. 1952 [Wirtschaftspatent].) M. F. MÜLLER. 8029

Badische Anilin- & Soda-Fabrik, Ludwigshafen/Rh. (Erfinder: **Hans Haussmann** und **Hans Kaltschmidt,** Mannheim), *Salze oder Amide von Aminocarbonsäuren* erhält man durch Erhitzen aliphat. Oxycarbonsäuren, ihrer Ester, Salze, Lactone oder Amide mit sek. Aminogruppen enthaltenden organ. Verbb. in Ggw. von Säuren oder solche abspaltenden Verbb. auf 100—200°, erforderlichenfalls in einem inerten Lösungsmittel. — *γ-Pyrrolidylbuttersäurepyrrolidid,* $Kp._1$ 151—153°, aus 86 (Teilen) γ-Butyrolacton, 172 Pyrrolidin, 9,8 konz. H_2SO_4 u. 50 wasserfreiem Na_2SO_4 durch 8std. Erhitzen auf 200°; lösl. in Wasser. — *γ-Dibutylaminobuttersäuredibutylamid,* $Kp._1$ 163—168°; als freie Base unlösl. in W.; als Salz lösl. in Wasser. — *γ-Di-n-butylaminobuttersäurecyclohexylamid,* $Kp._{1,2}$ 180—183°; mit Mineralölen verschneidbar, Hydrochlorid u. Acetat lösl. in Wasser. — *Textilhilfsmittel,* zum Teil als Weichmacher für Kunststoffe geeignet. (**D. B. P. 882 093** Kl. 12q vom 11/12. 1943, ausg. 6/7. 1953.) SIEVERS. 8029

Hans Herth, Dresden, *Herstellung von Schlichtemitteln.* Man läßt Nitrate der Leicht-, Erdalkali- u. Alkalimetalle (bes. 10—20% KNO_3) in Pulverform auf Stärke oder Dextrin u./oder Leim tier. Ursprungs einwirken. Z. B. vermischt man 40 (kg) Hautleim mit 5 KNO_3-Pulver 10 Min. u. setzt dieser Mischung 55 weißes Dextrinpulver derart zu, daß eine ganz innige Durchmischung aller Bestandteile erfolgt. Das Endprod. ist ein Schlichtemittel zum Behandeln von Gewebefäden, Textilien u. dgl. u. wird bei Gebrauch in W. aufgeschlämmt u. dann in üblicher Weise gekocht. (**D. P.** [**DDR**] **2 147** Kl. 8k vom 2/7. 1941, ausg. 22/11. 1952 [Ausschließungspatent].) OPPERMANN. 8031

Socony-Vacuum Oil Co., Inc., N. Y., übert. von: **John W. Schick,** Camden, und **Howard D. Hartough,** Pitman, N. J., V. St. A., *Knitter- und wasserfeste Textilausrüstung.* Man belädt das Gut aus wss. Emulsion mit 10—15% eines N-enthaltenden Phenol–Aldehydharzes (**I**), geht dann in eine 12%ig. CH_2O-Lsg., trocknet bei 115—120°, worauf man mit einer 3—25%ig. Lsg. eines heterocycl. Harzes (**II**) nachbehandelt, wieder in eine CH_2O-Lsg. geht u. bei 110—125° trocknet. — Als **I** geeignet ist ein im Mol.-Verhältnis von 1:2—4:0,5—1 aus Phenol, CH_2O u. NH_4Cl erhaltenes Prod., während **II** im Mol.-Verhältnis 1—2:0,5—4:0,25—3 aus Thiophen (oder Furan oder Pyrrol), CH_2O u. NH_4Cl kondensiert ist. Bei den Kondensations-Rkk. kann ferner noch $NaHSO_3$ zugesetzt werden. (**A. P. 2 569 695** vom 4/9. 1947, ausg. 2/10. 1951.) MÖLLERING. 8033

VEB Thür. Kunstfaserwerk „Wilhelm Pieck“ Schwarza (Erfinder: **Gustav Becker**), Rudolstadt/Thür., *Mattieren von Textilgut* aus Cellulosehydrat u. -acetat oder anderen Kunstfasern, z. B. Polyamiden. Das Textilgut wird mit Phenolen oder geschwefelten Phenolen vor- u. mit einer wss. Th-Salzlsg., welche mit Salzen von schwachen Säuren auf ein p_H 5—6 eingestellt worden ist, in der Wärme nachbehandelt. Die Behandlung mit obigen Phenolen u. dem Th-Salz kann auch gleichzeitig in einem Bade erfolgen. — Z. B. behandelt man ein mittelschweres Kreppgewebe aus Cu-Kunstseide nach dem Färben u. Spülen mit 10 g/Liter p-Kresol $^1/_2$ Std. bei 30°, saugt es auf ca. 150% ab u. trocknet es bei 70°. Dann läßt man das Textilgut $^1/_2$ Std. auf der Haspelkufe in einer Flotte laufen, welcher man 5 g/Liter Th-Nitrat u. 40 g Na-Acetat zugesetzt hat. Die Temp. wird hierbei langsam von 25—30° auf 70—75° gesteigert. Es folgt das Trocknen, ohne zu spülen, bei 70—80°. Der Krepp weist einen tiefen Matteffekt auf, welcher gegen heißes Spülen u. Waschen sowie gegen kochendes Seifen beständig ist. Zur weiteren Vertiefung des Matteffekts wird das Textilmaterial dann noch mit 1 g/Liter Marseiller Seife u. 0,5 g/Liter Soda 20 Min. bei 50—75° geseift, gespült u. getrocknet. (**D. P. [DDR] 1 941** Kl. 8k vom 8/10. 1944, ausg. 13/10. 1952 [Wirtschaftspatent].)
OPPERMANN. 8033

E. I. du Pont de Nemours & Co., übert. von: **Graham M. Richardson**, Wilmington, Del., V. St. A., *Versteifende Appretur für Textilien und Papier*, bestehend aus einem in W. verteilbaren Gemisch aus 1,5—7 (%) Stärke, 0,1—3 Weinsäure, 2—12 *1.3-Bis-(oxymethyl)-2-imidazolidon* u. Wasser. Füllmittel, wie Talkum, Kreide, Dextrin oder dgl., können zugesetzt werden. Nach dem Imprägnieren fixiert man durch Erhitzen, z. B. 3 Min. auf 177°. (**A. P. 2 661 312** vom 14/6. 1951, ausg. 1/12. 1953.)
MÖLLERING. 8033

Cassella Farbwerke Mainkur (Erfinder: **Otto Trösken**, Frankfurt/M.), *Herstellung von fluorescierenden heterocyclischen Verbindungen*, dad. gek., daß man Azole der allg. Formel I (X = O, S, NH, R u. R' = Arylrest, direkt oder über eine Ätherbrücke an den heterocycl. Ring gebunden, R'' = H, Alkyl oder Aryl) oder Oxazole liefernde Verbb., wie Aroylaminomethylarylketone mit sulfonierenden Mitteln behandelt u. das entstandene Reaktionsprod. in verd. Alkalien löst. — 10,5 (Teile) 2.5-Diphenylthiazol (**II**) u. 100 10%ig. Oleum 2—3 Std. bei 70—75° gerührt, neutralisiert u. mit Na_2CO_3 versetzt ergeben das *Na-Salz* des sulfonierten **II**. — *Na-Salz* der *Sulfonsäure* des *2-Styryl-5-phenyloxazols* aus Cinnamoyl-ω-aminoacetophenon; *Na-Salz* des *sulfonierten 2-β-Naphthyl-5-phenyloxazols* aus β-Naphthoyl-ω-aminoacetophenon; *Na-Salz* des *sulfonierten 2-β-Naphthyl-5-phenylthiazols* aus 2-β-Naphthyl-5-phenylthiazol. — *Opt. Bleichmittel* für Textilien. (**D. B. P. 869 490** Kl. 12p vom 18/3. 1951, ausg. 5/3. 1953.)
SIEVERS. 8033

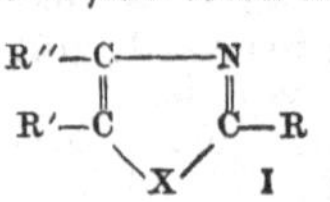

I

I. G. Farbenindustrie Akt.-Ges., Frankfurt/M., *Vergütung von porösen Stoffen*, wie Textilien, Papier, Karton, Faserstoffe, Schnüre, Holz, Natur- u. Kunstleder, durch Imprägnieren unter Druck mit Diisocyanaten, z. B. Hexamethylen-, Toluylen-, Chlorphenylen-, Dicyclohexylmethan-, Dianisidindiisocyanat, u. gegebenenfalls unter Zusatz von wenigstens 2 akt. H-Atome enthaltenden Verbb., die Polyoxykondensate darstellen, wie sie durch Umsetzen von mehrwertigen Alkoholen mit einem Unterschuß von mehrbas. Säuren erhalten werden. (**F. P. 1 013 946** vom 4/11. 1942, ausg. 6/8. 1952.)
WITTHOLZ 8037

Guillaume P. I. Duchange, Frankreich, *Wasserabstoßendmachen von Geweben, Papier, Karton und anderen Faserstoffen*. Diese Stoffe werden in der Kälte mit einer wss. Emulsion einer Metallseife, deren Fettsäurekomponente mehr als 4 C-Atome aufweist, imprägniert. Man verwendet die Mg-, Al- oder Zn-Salze von Fettsäuren, wie Butter-, Palmitin-, bes. Stearinsäure, die mit Emulgiermitteln, z. B. NH_3, in W. zu einer homogenen Emulsion verarbeitet werden. (**F. P. 1 006 907** vom 12/12. 1949, ausg. 29/4. 1952.)
WITTHOLZ. 8037

Ciba Akt.-Ges., Basel (Erfinder: **Otto Albrecht**, Neue Welt, **Willy Fatzer**, Bottmingen, und **Rudolf Aenishänslin**, Basel), Schweiz, *Wasserabweisende Textilausrüstung*. Man behandelt Textilien mit in Bzn. gelösten Methylolaminotriazinen, die mindestens 1 aliphat. Rest mit 4 oder mehr C-Atomen enthalten, unter Zusatz von Paraffin (**I**), Wachsen oder Fetten u. gegebenenfalls sauren oder säureabspaltenden Katalysatoren. Nach Entfernen des Lösungsm. fixiert man bei 125—150°. — 15 (g) **I** u. 5 Stearinsäureester (**II**) werden in 980 Bzn. gelöst u. zur Imprägnierung von Baumwollgarbardine verwendet. Nach dem Trocknen erhitzt man 5 Min. auf 145°. — **II** wird erhalten, indem man 1 (Teil) Methylolmelaminmethyläther mit 1,3 Stearinsäure im

Vakuum auf 200° erhitzt, bis die SZ. <10 beträgt. (**D. B. P. 870544** Kl. 8k vom 5/10. 1950, ausg. 16/3. 1953.) MÖLLERING. 8037

Monsanto Chemical Co., St. Louis, Mo., übert. von: **John E. Malowan,** Dayton, O., V. St. A., *Flammenfeste Textilien* erhält man durch Imprägnieren mit der wss. Lsg. eines in W. lösl. Harnstoff–CH_2O-Harzes u. eines N u. P enthaltenden Prod., das durch Rk. von 1 (Mol) $POCl_3$ unterhalb 100° mit 5 NH_3 in einem inerten Lösungsm. erhalten, dann mit NH_4Cl gemischt u. auf 110—150° erhitzt worden ist. Das Prod. ist in fl., von W. freiem NH_3 unlösl., hat Mol.-Gew. 180—300 u. ein N:P-Verhältnis von 2,1—2,3. In wss. Lsg. zeigt das Prod. p_H 7—8,5. Bei der Imprägnierung sollen 0,5—25 (%) Harz u. 2—90 N–P-Prod. auf das Textilgut aufgebracht werden. (**A. P. 2 661 342** vom 21/6. 1950, ausg. 1/12. 1953.) MÖLLERING. 8037

American Cyanamid Co., New York, N. Y., übert. von: **John G. Erickson,** Greenwich, und **Walter M. Thomas,** Springdale, Conn., V. St. A., *Krumpf- und filzfreie Waren aus Eiweißfasern, wie Wolle,* erhält man durch eine Imprägnierung mit der Lsg. eines Gemisches aus monomerem Glycidylmethacrylat (I) u. einer äthylen. ungesätt. Verb. anders als I oder deren Vorpolymerisate. Man belädt z. B. Wollgewebe oder Filz mit ca. 10% Prod., trocknet u. fixiert durch Erwärmen. — 10 (Teile) I, 90 von W. freies Äthylacrylat u. 0,5 Azoisobutyronitril werden in 100 Toluol unter Rückfluß erwärmt. Mit der verd. Lsg. des Polymerisates wird Wollgewebe imprägniert, an der Luft getrocknet u. 6 Min. auf 145° erhitzt. (**A. P. 2 606 810** vom 28/9. 1949, ausg. 12/8. 1952.) MÖLLERING. 8061

Textilwerk Akt.-Ges. Gossau, Gossau, Schweiz, *Filz- und Schrumpffestmachen von Wolle.* Zu Schwz. P. 270 037; C. **1951.** II. 472; u. N. P. 80 199; C. **1953.** 8248 ist nachzutragen: Man imprägniert das Textilgut mit 0,2%ig. Lsgg. von heißwasserlösl. polymeren Melamin–CH_2O-Vorkondensaten in Ggw. von 0,05—0,20% CH_2O u. so viel HCOOH (I), daß ein p_H-Wert von weniger als 7 erreicht wird; nach dem Zwischentrocknen unterhalb 70° erfolgt die Aushärtung des in der Faser befindlichen Vorkondensates durch 4—6wöchiges Lagern. Vorzugsweise verwendet man ein Bad, das 2 g Vorkondensat u. 2 cm^3 40%ig. I im Liter enthält, u. behandelt die Wolle darin bei höchstens 30°, bes. bei 25°, in einem Flottenverhältnis von ca. 1:40 ca. $^1/_2$ Std. lang; der Zusatz der I zur Imprägnierflotte erfolgt im Verhältnis von 4 (Gewichtsteilen) 80%ig. I zu 10 Vorkondensat. Man erhält so filz- u. schrumpffeste voluminöse u. widerstandsfähige Erzeugnisse von weichem Griff ohne Schädigung der Wolle. (**Oe. P. 176 818** vom 7/11. 1949, ausg. 25/11. 1953. Schwz. Prior. 8/11. 1948.) RAETZ. 8061

Farbenfabriken Bayer, Leverkusen, *Insekticides Mittel für Pelze und Felle,* bestehend aus einem inerten, pulverisierten Trägerstoff, z. B. Buchenholzsägespäne oder Kork, der mit 20% Monochlormethansulfonsäuretrichloranilid getränkt ist. (**E. P. 679 084** vom 5/1. 1951, ausg. 10/9. 1952.) NEBELSIEK. 8067

Henkel & Cie. G. m. b. H., Düsseldorf-Holthausen, *Änderung der Struktur bzw. Weichmachen von S-enthaltenden Skleroproteinen,* wie *Keratinen,* erfolgt durch Behandeln mit Thiocarbonsäuredialkylestern (I), z. B. bei 25—40°, entweder in wss. oder in alkoh. Lösung. Als I sind genannt: Trithiocarbonsäure-bis-(carboxymethylester), $(CO_2HCH_2S)_2CS$; Dithiocarbonsäure–O, S-bis-(carboxymethylester), $CS(OCH_2COOH)\cdot(SCH_2COOH)$; Dithiocarbonsäure-S.S'-bis-(carboxymethylester), $CO(SCH_2COOH)_2$; Trithiocarbonsäure-bis-(α-carboxyäthylester), $CS[SCH(CH_3)COOH]_2$; Trithiocarbonsäure-bis-(γ-sulfonsäure-n-butylester), $(CH_3CHSO_3HCH_2CH_2)_2CS_3$. Der Weichmachungseffekt kann durch Behandeln mit Oxydationsmitteln (H_2O_2) wieder rückgängig gemacht werden. (**E. P. 672 730** vom 17/8. 1949, ausg. 28/5. 1952. D. Prior. 25/7. 1949.) KRAUSS. 8067

Kurt Quehl, Neumünster, *Knitterfeste Kunstseide enthaltende Textilien.* Man behandelt mit einem Bad, das als Kunstharz bildende Komponenten CH_2O u. eine Harnstoff–Metallverb. der Formel $[Me(CON_2H_4)_n]$ enthält, wobei n > 1, bes. 4—6, ist. Me ist zweckmäßig Al, Zn oder Mg. — Leinengewebe wird auf dem *Foulard* behandelt mit einer Lsg., die in 100 (Teilen) W. 25 CH_2O-Lsg. (40%ig.) u. 7 $[Al(CON_2H_4)_6]\cdot(HCOO)_2OH$ enthält. Nach dem Abquetschen trocknet man bei 90° u. fixiert bei 118°. (**E. P. 703 432** vom 25/4. 1951, ausg. 3/2. 1954. D. Prior. 27/11. 1950.) MÖLLERING. 8071

British Cellophane Ltd., Bridgewater, übert. von: **Charles Robert Oswin,** Burrington, England, *Feuchtigkeitsbeständiges Verpackungsmaterial.* Folien aus regenerierter Cellulose, Gelatine oder Alginsäure werden mit einer 45%ig. wss. Dispersion eines Mischpolymerisats aus Vinylidenchlorid u. Acrylnitril (3—24:1) imprägniert. Aus ökonom. Gründen können 2 Filme zugleich durch ein Walzenpaar laufen, indem an der Vereinigungsstelle die Dispersion von oben zugeführt wird; nach dem Durchgang werden sie getrennt getrocknet. (**A. P. 2 618 575** vom 10/10. 1949, ausg. 18/11. 1952. E. Prior. 22/10. 1948.) SALZMANN. 8075

British Cellophane Ltd., übert. von: **William Berry, Charles Robert Oswin** und **John Kay**, Bridgewater, England, *Heißsiegelfähiges feuchtigkeitsbeständiges Verpackungsmaterial.* Ein Cellulosehydratfilm mit 17% Glycerin wird mit einem Lack überzogen, bestehend aus 16 (Teilen) Vinylidenchlorid–Acrylnitril–Itaconsäure-Mischpolymerisat, 0,16 Polyäthylen, 41,92 Toluol u. 41,92 Methyläthylketon. Das Lösungsm. wird bei 80° (30 Sek.) zum Verdunsten gebracht. Es kommen 3,5 g Harz/m² Film. (**E. P. 679 727** vom 6/7. 1949, ausg. 24/9. 1952.) SALZMANN. 8075

British Cellophane Ltd., Bridgewater, England, *Feuchtigkeitsbeständiges Verpackungsmaterial.* Ein Cellulosehydratfilm (oder ein solcher aus Polyvinylacetal, -alkohol oder verseiftem -acetat) wird z. B. mit einer Lsg. von 57 (Teilen) eines Melamin–Oxypropionitril–CH_2O-Harzes, 24 Glykolsäure, 420 Glycerin in 3000 W. imprägniert, getrocknet u. mit einer Lsg. eines Mischpolymerisats aus Vinylidenchlorid u. Acrylnitril in Methyläthylketon lackiert; Trocknung bei 130°. (**E. P. 650 948** vom 3/10. 1947, ausg. 7/3. 1951. A. Prior. 9/10. 1946.) SALZMANN. 8075

British Cellophane Ltd., England (Erfinder: **William Berry** und **Frederick William Pritchard**), *Verpackungsmaterial für lichtempfindliche Gegenstände, besonders Nahrungsmittel.* Man verwendet hierfür Blätter oder Folien aus *Regeneratcellulose,* die ein Salz der Bis-(p-aminobenzoyl)-4.4'-diaminostilben-2.2'-disulfonsäure enthält. Das Salz absorbiert die dem sichtbaren Licht benachbarten UV-Strahlen. — Man imprägniert z. B. einen aus Viscose hergestellten Regeneratcellulosefilm in Gelform mit einer wss. Lsg. von 0,5 (%) Na-Bis-(p-aminobenzoyl)-4.4'-diaminostilbendisulfonat, 5 Glycerin u. 94,5 W.; solche Filme können durch Überziehen mit Nitrocellulose u. Dammargummi wasserfest gemacht werden. Sie dienen als Schutz für Öle, Fette, Nahrungsmittel oder gefärbte Gewebe. (**F. P. 1 014 560** vom 29/8. 1947, ausg. 19/8. 1952. E. Priorr. 1/5. 1944 u. 26/5. 1945.) PANKOW. 8075

American Cyanamid Co., New York, N. Y., übert. von: **William M. Wooding**, Springdale, und **Tzeng Jiueq Suen**, Stamford, Conn., V. St. A., *Wasserabweisende Cellulosefilme.* Man imprägniert das Gut mit Harnstoff–Aldehydharzen, die durch Rk. mit Verbb. der Formel $NH_2(CH_2)_nOSO_3X$ (n = 1—6, X = H, Na, K, Li oder NH_4) modifiziert sind. — Ein mit W. gequollener Film wird mit einer wss. 1%ig. Lsg. eines mit 2-Aminoäthylschwefelsäure modifizierten Harzes behandelt, mit einer wss. 8%ig. Glycerinlsg. weichgemacht u. 10 Min. bei 93° getrocknet. Anschließend überzieht man mit einem wasserabweisenden Lack. (**A. P. 2 646 368** vom 5/5. 1950, ausg. 21/7. 1953.) MÖLLERING. 8075

American Viscose Corp., V. St. A., übert. von: **William O. Brillhart**, *Celluloseregeneratfolien mit nicht klebender Oberfläche.* Man imprägniert die noch feuchte Folie mit einer Lsg. oder wss. Dispersion eines Plastiziermittels u. eines acylierten Polyalkylenpolyamins oder eines seiner Salze, bes. der Formel $R_1R_2N\cdot(CH_2)_n\cdot NR_3R_4$ (n = ganze Zahl von 1—10, R_1 = Acylgruppe mit 2—18, bes. 12—18 C-Atomen, R_2, R_3 u. R_4 = H, Alkyl mit 1—7 C-Atomen, Acyl mit 2—7 C-Atomen u. R_2 u. R_4 auch = dem Rest $—NR_5\cdot(C_xH_{2x})_yNR_6R_7$, wobei x ganze Zahl von 1—10, y desgleichen von 1—100, R_5 = H oder Alkyl mit 1—7 C-Atomen u. R_6 u. R_7 = R_3 ist); genannt sind Äthylendiamin, Diäthylentriamin, Triäthylen-, Tripropylen-, Tributylentetramin, Hexamethylendiamin u. als Säuren Butter-, Capron-, Capryl-, Caprin-, Laurin-, Myristin-, Palmitin-, Stearin-, Öl-, Leinölsäure. (**F. P. 1 022 244** vom 21/7. 1950, ausg. 2/3. 1953. A. Prior. 1/8. 1949.) PANKOW. 8075

Phrix-Werke Akt.-Ges., Hamburg (Erfinder: **Josef König** und **Werner Matthaes**, Krefeld), *Kunstseide und Zellwolle aus Viscose* unter Verwendung einer durch Alkalisieren des Zellstoffs in Breiform bei Tempp. von 65—80° erhaltenen Alkalicellulose, dad. gek., daß die Alkalisierung mit Tauchlauge, die geringe Mengen wasserfreies Na_2S enthält, vorgenommen wird. (**D. B. P. 910 328** Kl. 29b vom 10/11. 1940, ausg. 29/4. 1954. Anmeldung bekanntgemacht 19/3. 1942.) SALZMANN. 8075

Industrial Rayon Corp., übert. von: **Kenneth M. McLellan**, Cleveland, Ohio, V. St. A., *Kontinuierliche Nachbehandlung von Kunstseide.* Die aus Viscose gesponnenen Fäden werden aus dem Spinnbad mit einer Geschwindigkeit von 90 m/Min. nach oben über eine Walze abgezogen, die mit 5%ig. H_2SO_4 befeuchtet wird. Dann laufen die Fäden stufenweise u. in Schneckenwindungen über die verschiedenen untereinander angeordneten beheizten Nachbehandlungswalzen, die um 5° nach oben geneigt u. am Rande perforiert sind, damit der Heizdampf von innen an die Oberfläche treten u. die Behandlungs-Fl. abgeführt werden kann; die getrockneten Fäden werden senkrecht auf Spulen gewickelt. — Zeichnung. (**A. P. 2 652 311** vom 20/4. 1951, ausg. 15/9. 1953.) SALZMANN. 8075

E. I. du Pont de Nemours & Co., Wilmington, übert. von: **William Earl Roseveare,** Richmond, Va., V. St. A., *Hitzebeständiges Cellulosegarn.* Hochfeste Kunstseide (auch aus Cellulosederivv., Terephthalsäure, Polyestern, Baumwoll- oder Polyamidcord) wird durch eine Mg- oder Al-Flitter enthaltende 8%ig. wss. Polyvinylalkohollsg. geführt (Mg-Aufnahme 0,3%), teilweise getrocknet u. mit einem Klebmittel aus Resorcin–CH_2O–Kautschuk–Latex behandelt. Verwendung für Dampfschläuche, Heißmangelbelag, ZnO-Rauchsäcke, Kühlerschutzdecken, Gesichtsmasken (vor Hochöfen), Filter- u. Drucktücher sowie Transportbänder an heißen Maschinen. (**A. P. 2 653 112** vom 10/10. 1947, ausg. 22/9. 1953.) SALZMANN. 8075

N. V. Hollandsche Kunstzijde Industrie, Breda (Erfinder: **Barend van den Bergh** und **Hendrik Leendert Bredée,** Arnheim), Holland, *Erhöhung der Maschendichte bei kunstseidenen Strick- und Wirkwaren.* Man behandelt das Gut mit einer wss. 8%ig. Lsg. von z. B. NaOH, der ca. 10% Na_2SO_4 zugesetzt sind, quetscht ab, spült mit einer 10%ig. Na_2SO_4-Lsg., wäscht neutral u. trocknet. Durch den Salzzusatz wirkt die Lauge bereits bei Raumtemp. schrumpfend. (**D. B. P. 907 766** Kl. 8k vom 25/8. 1943, ausg. 29/3. 1954.) MÖLLERING. 8075

I. G. Farbenindustrie Akt.-Ges., Frankfurt/M., *Gewebeähnliche Erzeugnisse.* Man verwendet Fäden, z. B. solche aus Kupferammoniak–Cellulose, Viscose, die nicht oder nur halb koaguliert sind, u. legt diese gekreuzt nach Art eines Gewebes übereinander u. verpreßt, worauf anschließend mit den zur Regenerierung der Cellulose üblichen Bädern behandelt wird. Auch Fäden aus Thermoplast lassen sich auf diese Weise durch Heißpressung verarbeiten. Gegebenenfalls können die Fäden mit einem Klebemittel imprägniert sein. Durch Behandeln mit Kunstharzen können sie schrumpffest gemacht werden. (**F. P. 1 013 965** vom 31/3. 1943, ausg. 6/8. 1952.) WITTHOLZ. 8075

Cellulose Fibers, Inc., Toledo, übert. von: **Edward J. Courtney,** Oaklyn, N. J., V. St. A., *Kupferoxydammoniak-Cellulose-Lösung.* Die einzelnen Bestandteile, α-Cellulose, 12,5%ig. NaOH, NH_4OH (26 Bé), $CuSO_4$ u. W. werden in vorstehender oder beliebiger Reihenfolge einem rotierenden Kessel mit Rührwerk (beide drehen sich gegeneinander) u. Schaber zugeführt u. schnell gelöst. — Der Rührer kann die verschiedensten Formen haben. — Beispiel: Je 1 (Mol) Cellulose wird mit einer wss. Lsg. von 2,4 NaOH, 1,2—1,3 $CuSO_4$, 135—171 W. u. 12,4—14,3 NH_4OH 2—20 Min. mit 1200 bis 3500 Touren gerührt u. faserfrei gelöst. — Zeichnung. (**A. PP. 2 651 581** vom 30/7. 1952 u. **2 651 582** vom 22/12. 1952, beide ausg. 8/9. 1953.) SALZMANN. 8075

Deutsche Rhodiaceta Akt.-Ges. (Erfinder: **Rudolf Gewehr,** Freiburg), *Erhöhung der Lichtbeständigkeit künstlicher Gebilde aus Cellulosederivaten.* Den zu verformenden Lsgg. werden vor ihrer endgültigen Formgebung Verbb. des 6wertigen Cr, z. B. CrO_3, Na- oder NH_4-Bichromat, in Mengen von $<0,5\%$ zugesetzt. (**D. B. P. 902 905** Kl. 29b vom 27/7. 1943, ausg. 28/1. 1954.) SALZMANN. 8077

Courtaulds Ltd., London, übert. von: **Frank Happey,** Bingley, und **Robert L. Wormell,** Coventry, England, *Regenerierte Keratinfäden.* 100 g Wollabfall werden 16 Std. mit 1500 cm^3 einer Mischung von 100 Volumenteilen H_2O_2, 8 $FeSO_4$ u. 9 H_2SO_4 (bzw. H_3PO_4 oder CH_3COOH) behandelt, gewaschen, in 1,75%ig. NH_4OH gelöst, mit 2n H_2SO_4 auf ein p_H von 4 gebracht, wieder in konz. NH_4OH gelöst u. in ein Bad, bestehend aus 450 (g) $MgSO_4$ u. 150 Na_2SO_4 im Liter, versponnen. Die um 200% gestreckten Fäden werden in einem CH_2O enthaltenden Bad gehärtet. (**A. P. 2 649 357** vom 18/9. 1951, ausg. 18/8. 1953. E. Prior. 12/10. 1950.) SALZMANN. 8079

Bobingen Akt.-Ges. für Textil-Faser (Erfinder: **Paul Schlack,** Bobingen), *Kontinuierliche Herstellung von Polyamiden* aus Diaminen (I) u. Dicarbonsäuren (II), dad. gek., daß man bei n. oder wenig davon abweichendem Druck sauer reagierende Gemische aus äquivalenten Mengen I u. polyamidbildenden II einerseits u. Urethancarbonsäuren mit mindestens 3 C-Atomen zwischen N- u. Carboxylgruppe u./oder Mischungen von ungefähr äquivalenten Mengen II u. Bis-carbamidsäureestern einwertiger OH- oder SH-Verbb., andererseits fortlaufend unter Abführen flüchtiger Nebenerzeugnisse durch eine auf Reaktionstemp. erhitzte Durchflußvorr. fördert. Hierbei können die sich entwickelnden Dämpfe dem verflüssigten Ausgangsgemisch entgegengeführt werden. An Hand eines Beispiels wird die Vorr. beschrieben. Zeichnung. Das geschmolzene Prod. wird sofort als endloser *Faden* mit kaltem W. als Abschreckbad versponnen. Setzt man zur Kondensation der Mischung 7% N.N'-Hexamethylen-bis-α-pyrrolidon zu, so können die Borsten unmittelbar gereckt werden. Als Ausgangsstoffe sind Hexamethylendiamin, Pimelinsäure u. Hexamethylen-bis-carbamidsäuredimethylester genannt. (**D. B. P. 905 317** Kl. 39c vom 20/5. 1944, ausg. 1/3. 1954. Anmeldung bekanntgemacht 3/6. 1953.) SCHINDLER. 8081

American Viscose Corp., Wilmington, Del., übert. von: **Julian Keith Lawson jr.,** Chester, Pa., V. St. A., *Polymerisation von Vinyltrifluorchloräthyläther* (**I**) erfolgt in wss. Emulsion durch UV-Bestrahlung. — In frisch dest. Äthylenglykol wird Na gelöst u. gasförmiges Trifluorchloräthylen eingeleitet. Der erhaltene Monoäther $CFClHCF_2O \cdot (CH_2)_2OH$ mit $Kp._{19}$ 82—85° u. $D.^{25}{}_{20}$ 1,456 wird mit J_2 erst bei 0°, dann bei 100° in Ggw. von rotem P umgesetzt zu $CFClHCF_2O(CH_2)J$ mit $Kp._{36-38}$ 93—103°. Durch Rk. dieser Verb. mit gepulvertem NaOH u. Na erhält man I mit Kp. 71—74°. — Die Polymerisation von I erfolgt in Ggw. von Na-Laurylsulfat u. $UO_2(NO_3)_2$ (als Photosensibilisator) bei Raumtemp. in 160 Std. durch UV-Bestrahlung. Das Polymerisat wird mit NaCl-Lsg. gewaschen u. bei 60° u. 7 mm Hg getrocknet. Das Prod. läßt sich bei 140° zu *Fäden* verspinnen. (**A. P. 2 631 975** vom 8/1. 1947, ausg. 17/3. 1953.) MÖLLERING. 8081

Chemstrand Corp., Del., übert. von: **Costas H. Basdekis,** Dayton, O., V. St. A., Die *Polymerisation von Acrylnitril* (**I**) zu leichter verspinnbaren Prodd. wird durch den Zusatz von 0,05—0,3 % Mercaptomonocarbonsäuren, deren Estern oder Salzen reguliert. Geeignet sind Thiomilch-, Thioglykol-, Thiosalicylsäure u. β-Mercaptopropionsäure oder deren Salze. — In wss. Emulsion wird ein Gemisch aus 427 (g) **I**, 22 Vinylacetat u. 1,08 Thioglykolsäureäthylester durch Zusatz von 4,5 $K_2S_2O_8$ bei 80° polymerisiert. (**A. P. 2 635 090** vom 23/7. 1949, ausg. 14/4. 1953.) MÖLLERING. 8081

Chemstrand Corp., Del., übert. von: **Costas H. Basdekis,** Dayton, und **George L. Wesp,** Englewood, O., V. St. A., *Polymerisation von Acrylnitril* (**I**) zu spinnbaren Prodd. erfolgt in wss. Emulsion aus einem Monomerengemisch von 95—98 (%) **I** u. 2—15 2- oder 4-Vinylpyridin oder Methylvinylpyridin in Ggw. von 0,05—0,5 Na-Salz einer mit Aldehyd kondensierten Naphthalinsulfonsäure u. 0,5—2 Alkalipersulfat bei 65—90°. (**A. P. 2 635 091** vom 20/8. 1949, ausg. 14/4. 1953.) MÖLLERING. 8081

Chemstrand Corp., Del., übert. von: **George E. Ham,** Dayton, O., V. St. A., *Verspinnbare Mischpolymerisate*, bestehend aus 80—95 (%) Acrylnitril u. 5—20 (Meth-) Allylester einer monohalogenierten Alkancarbonsäure, bes. der α-Chloressigsäure. Die Polymerisation erfolgt in wss. Emulsion in Ggw. des Na-Salzes einer Mahoganysäure u. $K_2S_2O_8$ bei 60—90°. (**A. P. 2 635 092** vom 22/10. 1949, ausg. 14/4. 1953.) MÖLLERING. 8081

Chemstrand Corp., Del., übert. von: **George E. Ham,** Dayton, O., V. St. A., *Mischpolymerisation* von *Acrylnitril* (**I**) mit N-heterocycl. Verbb. wird katalysiert durch Zusatz von gegebenenfalls im Kern durch Alkyl-, Alkoxy-Reste oder Halogen substituierten Diazoaminobenzolen. — In wss. Emulsion wird ein Gemisch aus 25 (Teilen) **I** u. 25 N-Vinylimidazol durch Zusatz von 0,5 Diazoaminobenzol in 16 Std. bei 90° polymerisiert. — Analog verfährt man mit dem Gemisch aus 50 **I** u. 50 2-Vinylmercaptobenzothiazol. — Die Prodd. lassen sich z. B. aus einer Dimethylacetamid-Lsg. zu leicht färbbaren *Fäden* verspinnen. (**A. P. 2 643 990** vom 31/1. 1951, ausg. 30/6. 1953.) MÖLLERING. 8081

Chemstrand Corp., Del., übert. von: **George E. Ham** und **Alfred B. Craig,** Dayton, O., V. St. A., *Verspinnbare, gut färbbare Polymerisate*, bes. aus Acrylnitril (**I**), erhält man durch Einw. von Tris-(dimethylamido)-phosphit auf eine Lsg. eines Mischpolymerisats aus z. B. 94 (Teilen) **I** u. 6 Vinyl-(bzw. Allyl- oder Isopropenyl-)-β-chloräthyläther in N.N-Dimethylacetamid bei 60° (6 Std.). Die daraus gesponnenen Fäden lassen sich gut mit sauren Bädern von Wollfarbstoffen färben. — Mit dem monomeren **I** können auch mindestens 2% eines Alkenylchloracetats als Mischkomponente polymerisiert werden. (**A. PP. 2 643 986** vom 26/1. 1951 u. **2 643 992** vom 26/1. 1951, beide ausg. 30/6. 1953.) SALZMANN. 8081

Chemstrand Corp., V. St. A., übert. von: **David W. Chaney** und **Howard M. Hoxie,** *Polyacrylnitrilmischungen.* Man mischt Polyacrylnitril oder ein mindestens 90 Gew.-% Acrylnitril (**I**) enthaltendes Mischpolymerisat aus einer anderen mischpolymerisierbaren Verb. (**II**) mit einer C : C-Gruppe in Mengen von 50—98 Gew.-% mit 50—2 Gew.-% eines Acrylnitrilmischpolymerisates mit 10—70 Gew.-% **I** u. 90—30 Gew.-% **II**. — Man gibt zu einer sd. Mischung aus 3000 (Gewichtsteilen) W., 103 **I**, 23 2-Vinylpyridin (**III**) u. 9 $K_2S_2O_8$ langsam eine Mischung aus 146 **I** u. 179 **III**, sobald die Polymerisation eingesetzt hat. Das Polymere enthält 57,4% **III** u. 42,6% **I**. Man mischt nun 83,9 Polyacrylnitril mit 16,1 des Mischpolymerisates in Dimethylformamid als Lösungsm. u. spinnt in ein Bad aus Solvesso–100 (aromat. KW-stoffgemisch). Die *Fäden* zeigen erhöhte Wärmefestigkeit, verringerte Schrumpfung, verbesserte Anfärbbarkeit. (**F. P. 1 044 675** vom 24/4. 1951, ausg. 19/11. 1953. A. Prior. 26/4. 1950.) PANKOW 8081

E. I. du Pont de Nemours & Co., Wilmington, Del., übert. von: **Robert Albert Scheiderbauer,** Waynesboro, Va., V. St. A., *Stabilisieren von gebleichtem Polyacrylnitril*, bes. gegen Einw. von UV-Strahlen. Mit $Ca(OCl)_2$ gebleichtes Garn, Gewebe oder Wirkwaren, Filme, Röhren u. Bänder werden mit einer wss. Lsg. von gleichen Teilen H_3PO_3 (bzw. Tributyl-, Triallyl- oder Dialkylphosphit) u. Glycerin behandelt u. 15 Min. unter 6,75 kg Druck gedämpft (padding-Maschine). (**A. P. 2 643 934** vom 23/12. 1949, ausg. 30/6. 1953.) SALZMANN. 8081

Wingfoot Corp., Akron, O., V. St. A., *Zu Fäden verformbare lineare Zwischenpolymerisate.* 2 verschied. Polyester mit mindestens 3 wiederholten Monomereneinheiten u. zweckmäßig einer endständigen Säurechloridgruppe werden über Glykol oder Dimercaptane unter Polymerisation verbunden. — Ein niedrigmol., bei 110° aus Dekamethylenglykol u. Isophthaloylchlorid erhaltener Polyester u. ein Polyester, der analog aus Terephthaloylchlorid erhalten ist, werden in Mengenverhältnissen von 3 : 97 bis 97 : 3 vermischt. Bei exotherm. Rk. wird HCl abgespalten, wobei ein Mischpolymerisat mit F. 125—128° erhalten wird. (**E. P. 673 066** vom 24/9. 1948, ausg. 4/6. 1952.) MÖLLERING. 8081

Owens-Corning Fiberglas Corp., übert. von: **Jack H. Waggoner,** Newark, O., V. St. A., *Färben von Glasfasern.* Die Fasern werden bei erhöhter Temp. mit Dämpfen von zersetzlichen Salzen mehrwertiger Metalle, welche gefärbte Oxyde bilden, in Berührung gebracht. Die Erhitzungsdauer richtet sich nach dem Erhitzungsgrad der Fasern; sie beträgt 3—5 Min. für Tempp. von 600° F u. darüber, jedoch nur wenige Sek. bei sehr hohen Tempp., die dicht unter dem F. des Glases liegen. Als zersetzliche Salze kommen Chloride, Bromide oder Jodide von Sb, As, Ba, Be, Bi, Cu, Pb, Hg, Sn, Ti u. Zn in Frage. Die gefärbten Fasern können anschließend mit einer Polysiloxanverb. überzogen u. nochmals kurze Zeit auf 600—800° F erhitzt werden. (**A. P. 2 577 936** vom 7/5. 1949, ausg. 11/12. 1952.) HANS HOFFMANN. 8083

Farbenfabriken Bayer Akt.-Ges. (Erfinder: **Herbert Gensel,** Leverkusen), *Verbesserung der Eigenschaften textiler Gebilde aus anorgan. Stapelfaser.* Glas- oder Asbestfasern enthaltendes Gut wird mit wss. Dispersionen von Polyacrylsäureestern, -methacrylsäuresetern, -vinylestern oder Gemischen, gegebenenfalls unter Mitverwendung von Lösungsmitteln, behandelt. (**D. B. P. 909 806** Kl. 8k vom 21/10. 1944, ausg. 26/4. 1954. Anmeldung bekanntgemacht 27/12. 1951.) MÖLLERING. 8083

A. N. J. **Heyn**, Fiber microscopy. New York: Interscience. (396 S. m. Abb.) $ 5,50.

XIX. Brennstoffe. Erdöl. Mineralöle.

H. K. Schewtschenko, *Über die Natur und den Mechanismus der Eruptionen von Kohle und Gas.* Es wird eine Hypothese über die Natur u. den Mechanismus von Eruptionen aufgestellt, wonach diese in erster Linie auf der capillaren Kondensation von CH_4 in den Mikroporen beruhen. (Уголь [Kohle] **28.** Nr. 12. 19—24. Dez. 1953.) R. RICHTER. 8120

G. D. Lidin, *Über eine neue Hypothese der Eruptionen von Kohle und Gas.* An Hand theoret. Überlegungen u. prakt. Verss. widerlegt Vf. die von SCHEWTSCHENKO aufgestellte Hypothese (vgl. vorst. Ref.). (Уголь [Kohle] **28.** Nr. 12. 24—27. Dez. 1953.) R. RICHTER. 8120

Adolf Dahme und **Marie-Therese Mackowsky,** *Chemisch-physikalische und petrographische Untersuchungen an Kohlen, Koksen und Graphiten.* 5. Mitt. *Mikroskopische, chemische und röntgenographische Untersuchungen an Anthraziten.* (4. vgl. C. **1951.** I. 1961.) Die an genau definierten Substanzen festgestellte Genauigkeitsgrenze bei der Reflexionsmessung von $\pm 0{,}05$ des Reflexionsvermögens ist bei Kohlen nicht zu erreichen. Wahrscheinlich treten durch den Einfl. der nicht genau zu definierenden Politur Unterschiede in der Ausbldg. u. Veränderung der Oberflächen auf. Zur genauen Kennzeichnung des Inkohlungsgrades einer Kohle im Bereiche der hochinkohlten Kohlen ist die Reflexionsmessung besser anwendbar als im Bereiche der gering inkohlten Stoffe. Die Messung ist auch zur Kennzeichnung des Ausmaßes der Gefügereglung der Kristallite in hoch inkohlten Kohlen verwendbar. Vergleichende Unterss. an Vitriten u. Duriten führten zu der Entw. einer Modellvorstellung über die Lage der Kristallite in Glanz- u. Mattkohlen u. ihre Veränderung im Laufe der Inkohlung. Höhe der Reflexion u. Ausmaß der Anisotropie sind ein Maßstab für Verdichtung u. Regelung des kristallinen Anteils der Kohle. Beide Vorgänge können bei der Inkohlung unabhängig voneinander ablaufen. Es kann daher angenommen werden, daß im geradlinigen Teil der Reflexionskurve das Ansteigen der Reflexion nur auf eine zunehmende Verdichtung des kristallinen Anteils zurückzuführen ist, während bei den hoch inkohlten Kohlen der steilere Anstieg der Kurve einmal durch eine weitere Verdichtung, dann aber auch durch eine fortschreitende Regelung der Kristallite zustande kommt. (Brennstoff-Chem. **32.** 175—86. 20/6. 1951. Essen, Rohstoffl. Abtlg. der Deutschen Bergbauleitung.) BOYE. 8126

Frank E. Belles, Dorothy M. Simon und **Robert C. Weast,** *Die Druckgrenzen bei der Flammenausbreitung von Propan–Luft-Gemischen.* Vff. untersuchen die Frage, ob die Grenzen der Flammenausbreitung bei vermindertem Druck auf physikal.-chem. Eigg. des Brennstoff–Luft-Gemisches oder der Abschreckung durch die Rohrwand zurückzuführen ist. Sie fanden, daß die Druckgrenzen der Flammenausbreitung in einem Propan–Luft-Gemisch abhängig sind vom Durchmesser des Flammenrohres. — Versuchsdurchführung u. Ergebnisse, Literaturhinweise im Original. (Ind. Engng. Chem. **46.** 1010—16. Mai 1954. Cleveland, O., Nat. Advsory Comm. for Aeronautics, Case Inst. of Technology.) K. O. MÜLLER. 8128

Frank E. Clarke, *Probleme mit Vanadium-haltiger Asche in ölgefeuerten Kesseln.* An ölgefeuerten Dampfkesseln zeigen sich manchmal schon nach kurzer Betriebsdauer Ablagerungen, die ihrer Zus. nach gegenüber der ursprünglichen Ölasche erhebliche Unterschiede aufweisen u. die an den einzelnen Stellen der Feuerung verschieden sind. V-Verbb. lagern sich vornehmlich als Asche oder geschmolzene Tropfen an den heißesten Stellen ab, während Na-Verbb. meist in granulierter Form u. verschied. Färbung an den vorderen, weniger heißen Stellen der Feuerung zu finden sind. Infolge des hohen SO_4-Geh. der meisten Ablagerungen werden nicht nur die Siederohre korrodiert, sondern auch die feuerfeste Ausmauerung der Kessel zerstört. (J. Amer. Soc. Naval Engr., Inc. **65.** 253—70. Mai 1953.) H. SCHÖBERL. 8128

E. Rammler, *Erfahrungen mit Zusatz von Motorabgasen zur Vergasungsluft bei Schwelkoksvergasung in Fahrzeuggeneratoren.* Aus nordböhm. Hartbraunkohle in den Brüxer Spülgasschwelöfen hergestellter Schwelkoks sollte auf seine Verwendbarkeit in Fahrzeuggeneratoren mit aufsteigender Vergasung geprüft werden. Den Vorteilen hoher Reaktionsfähigkeit u. niedrigen S-Geh. standen der hohe Aschengeh. von 25% mit ungünstigem Schmelzverh. u. die Neigung zur Bldg. flüchtiger Si-Verbb., die sich in allen Teilen des Motors als SiO_2-Ablagerungen störend bemerkbar machten, gegenüber. Durch hohen Wasserdampfzusatz ließ sich die Bldg. von SiO_2-Ndd. verhindern, ein weiterer Nachteil, die Bldg. eines Rückstandsgerüsts im Generator, durch konstruktive Maßnahmen. Zwecks Beseitigung von Betriebschwierigkeiten im Winter wurde versucht, ohne Wasserzusatz, aber mit Abgaszuführung zur Vergasungsluft zu arbeiten. Die Vorteile des Abgaszusatzes waren: Unterdrückung der SiO_2-Verflüchtigung, bessere Granulierung der Verbrennungsrückstände u. verminderter Kraftstoffverbrauch. Dagegen trat ein Leistungsrückgang von 15% infolge Heizwertabfall ein. (Bergakademie, Freiberger Forschungsh. Nr. **3.** Ausg. A Nr. 1. 52—55. Juli 1951. Freiberg/Sa.) STEINER. 8148

E. A. C. Chamberlain, *Kohlen zur Verkokung und Vergasung in Schottland.* Inhalt ident. mit der C. **1954.** 1387 referierten Arbeit. (Gas J. **274** (**105**). 213—16. 224. 22/4. 1953.) K. O. MÜLLER. 8148

—, *Untersuchung über die Druckvergasung von Kohle.* Überblick der Entwicklungsarbeiten über die Vergasung von Braunkohle in Australien. In Anlehnung an die prakt. Erfolge des LURGI-Verf. u. des MORWELL-Vorschlages wird die kombinierte Vergasung propagiert, um neben einem allen Anforderungen entsprechenden Stadtgas große Mengen fl. Destillationsprod. zu erhalten. (Chem. Engng. Mining Rev. **46.** 179—81. 10/2. 1954.) K. O. MÜLLER. 8148

—, *Verwendung von Sauerstoff bei der industriellen Heizung und Vergasung.* 3. Mitt. (2. vgl. C. **1953.** 1423.) Ausführliche Übersicht. Es werden behandelt: die Herst. von Ferrostählen u. Stahl, die Verwendung von O_2 in Gaserzeugern u. die Gewinnung von Stadtgas (LURGI-Verf.). (Coke and Gas **14.** 437—42. Dez. 1952.) ROSENDAHL. 8156

G. C. Farmer, *Gasheizwertregelung.* Die Notwendigkeit, Stadtgas aus verschied. Komponenten so mischen zu müssen, daß die Brenneigg., bes. der Heizwert, konstant bleiben, führte in Verbindung mit der Heizwertmessung zu verschied. Heizwertreglern, die sich von den Grundmethoden der Regelung im allg. ableiten. Besprechung der prakt. Anwendung im Gaswerksbetrieb. (Gas J. **278** (**106**). 241—43. 28/4.; 299—302. 5/5. 1954.) SCHUSTER. 8156

A. Bolzinger, *Betrieb der klassischen Trockenreinigung mit Eisenoxyd zur H_2S-Entfernung aus Gasen.* 1. Mitt. Unterss. verschied. Stellen haben es ermöglicht, die Gasbelastung je Volumeneinheit Reinigungsmasse zu verdoppeln. Auch an anderen Stellen wurden Leistungssteigerungen beobachtet, ohne daß man den Gründen dafür nachgegangen ist. Es erscheint demnach eine Übersicht der Einflüsse notwendig: Vorbehandlung des Gases, Wassergeh. u. Temp. der Reinigungsmasse, Erhaltung der optimalen Feuchtigkeitsbedingungen während des Betriebs, Erzielung einer gleichmäßigen Absorption innerhalb der ganzen M., Gasgeschwindigkeit usw. (J. Usines Gaz **78**. 74—83. März 1954.) SCHUSTER. 8172

A. Bolzinger, *Die Beseitigung von Schwefelwasserstoff aus Gasen in den klassischen Trockenreinigern.* 2. Mitt. (1. vgl. vorst. Ref.) Praxis des Reinigerbetriebs: Gasbelastung (40 m^3/h je m^3 M. des ersten Reinigers), Behandlung des Gases vor der Trockenreinigung, Anforderungen an frische Reinigungsmassen, Beschickung, Schaltung, Gasgeschwindigkeit, Luft für die Wiederbelebung, Wiederbelebung außerhalb der Reiniger, Betriebsfeuchtigkeit der Massen, Massenoberfläche, Betriebsüberwachung, Reinigerbauarten, Einflüsse auf das Austrocknen der Massen im Betrieb. (J. Usines Gaz **78**. 128—34. 15/4. 1954.) SCHUSTER. 8172

J. Szuba, *Eigenschaften und Charakteristik der Kohlenteere.* Nach Einteilung der Teere in 5 Haupttypen, unter Angabe der Ausbeuten, werden diese Typen nach ihrem spezif. Gewicht (0,98; 1,09; 1,14; 1,22; 1,27) in je 2 Tief- u. 2 Hochtemperaturteertypen unterteilt, der Zersetzungsvorgang der Kohlen bei der Teergewinnung in seinem Anfang u. Ende geschildert, endlich diese 5 techn. Hauptsorten im einzelnen betrachtet: 1. *Koksteer* (90% der Gesamtproduktion, enthält bis zu 300 organ. Verbb., ausschließlich aromat.); Tabellen geben die Hauptbestandteile u. mittleren physikal. Konstanten an. 2. *Gasteer* (Hochtemperaturteer): aromat. Verbb. überwiegen; mehr Leichtöle, weniger Naphthalin als im Koksteer. 3. *Crackteer* (Tieftemperaturteer). 4. *Generatorteer*: an Stelle der zurücktretenden aromat. treten gesätt. u. ungesätt. KW-stoffe auf, sowie gesätt. cycl. KW-stoffe; hoher Geh. an sauren Bestandteilen u. Asche. Von ähnlicher Beschaffenheit ist 5. der *Hochofenteer*. Am besten ist der Koksteer erforscht, da die übrigen insgesamt nur $^1/_{10}$ der Produktion darstellen, jedoch techn. nützliche Zusätze zu diesem Hauptprod. liefern können. (Przemysł chem. **7** (**30**). 520—28. Sept. 1951.) v. WILPERT. 8176

C. N. Simm, *Berechnung der Ausbringung von leichten Kohlenwasserstoffen durch Gasumpumpen durch halberschöpfte dunkle Ölsande.* Durch experimentelle Unterss., bei denen gefunden wurde, daß die Ausbringung von niedrig sd. KW-stoffen eine direkte Funktion der Temp., eine umgekehrte Funktion des Druckes u. unabhängig von der Geschwindigkeit des Umpumpens ist, stellt Vf. Gleichungen auf, mit deren Hilfe, je nach den örtlichen Bedingungen des Ölfeldes, die Ausbringung von Leichtölen durch Umpumpen von trockenen Gasen ermittelt werden kann. — Tabellen, Diagramme, mathemat. Ableitungen im Original. (Oil Gas J. **52**. Nr. 31. 104—07. 7/12. 1953. San Francisco, California Res. Corp.) K. O. MÜLLER. 8190

H. W. Grote, C. H. Watkins, H. F. Poll und **G. W. Hendricks,** *Unifining, ein neues Raffinationsverfahren für Erdöle.* Der bei einem katalyt. Reformingverf. anfallende H_2 kann vorteilhaft bei der selekt. Hydrierung (Unifiningverf.) von Destillations- u. Spaltbenzin u. Mittelölen aus der Dest. oder Spaltung zwecks Gewinnung von Schwerbenzin, Heiz- u. Dieselölen eingesetzt werden. Auch höher sd. Fraktionen, wie S-reiche Gasöle, schwere Destillate u. katalyt. Spaltöle können selekt. raffinierend hydriert werden, wobei die S- u. N-Verbb. als H_2S bzw. NH_3 abgespaltet werden. Bei geringem H_2-Verbrauch tritt kein Verlust an durchzusetzenden Rohstoffen ein. Beschreibung des Verf., Ausbeuteziffern u. wirtschaftliche Betrachtungen. (Oil Gas J. **52**. Nr. 50. 211—16. 19/4. 1954. Los Angeles, Union Oil Co. of California, u. Des Plaines, Ill. Universal Oil Prod. Co.) K. O. MÜLLER. 8200

Sidney Anderson Ogden, St. Leonards-on-Sea, Sussex, England, *Holzkohlenherstellung aus Sägespänen oder dergleichen.* Man erhitzt das Ausgangsmaterial in einer Schichtdicke von nicht mehr als 1 inch in flachen Schalen oder Behältern mittels Kohle- oder Holzfeuerung oder durch Öl -oder Gasfeuerung, bis die Späne unter Flammenbldg. teilweise verbrennen. Nach Nachlassen der Flamme wird der Behälter von der Erhitzungsquelle entfernt u. durch Zudecken gegen Luftzutritt geschützt. Man läßt dazu den Behälter ca. 3—4 Min. abkühlen. (**E. P. 694895** vom 23/2. 1951, ausg. 29/7. 1953.) W. HAUSWALD. 8123

Bergwerksverband zur Verwertung von Schutzrechten der Kohlentechnik G.m.b.H., Dortmund-Eving (Erfinder: **Bernhard Jüttner** und **Wilfried Lange,** Essen), *Herstellung von reaktionsfähiger Kohle aus Steinkohle.* Man oxydiert die Steinkohle in feingemahlenem Zustand mit O_2-haltigen oder oxydierend wirkenden Gasen bei mäßig erhöhter Temp. derart, daß die Menge an O_2 im oxydierten Material ca. 10—30%

beträgt. Das oxydierte Prod. wird anschließend gegebenenfalls in Anwesenheit inerter Spülgase entgast. Oxydation u. Entgasung können in mehrfachem Wechsel miteinander durchgeführt u. die Temp. nach Beendigung der jeweiligen Oxydationsperiode gesteigert werden. Die so erhaltenen Endprodd. zeigen z. B. einen niedrigen Zündpunkt u. sind als Adsorptionskohle verwendbar. (**D. B. P. 909 453** Kl. 10a vom 20/1. 1942, ausg. 22/4. 1954. Anmeldung bekanntgemacht 3/1. 1952.) W. HAUSWALD. 8127

Westfalia Dinnendahl Gröppel Akt.-Ges., Bochum, *Rückgewinnung von magnetisch beeinflußbarem Beschwerungsstoff bei der Schwimm–Sink-Aufbereitung von Kohle, Erz und anderen Mineralien.* Die magnetisierbaren Beschwerungsstoffe, wie Magnetit, Ferrosilicium, werden mit Hilfe eines Gleichstromscheiders aus der Aufbereitungstrübe ausgeschieden u. entmagnetisiert, indem man sie mit hoher Geschwindigkeit durch einen Rohrkrümmer schickt, an dessen Außen- u./oder Innenseite Gleichstrommagneten mit wechselnder Polarität angeordnet sind. — Zeichnung. (**D. B. P. 907 881** Kl. 1c vom 9/2. 1951, ausg. 29/3. 1954. Anmeldung bekanntgemacht 12/7. 1951.) W. HAUSWALD. 8135

Standard Oil Co., Chicago, Ill., übert. von: **Maurice W. Stacy,** Valparaiso, Ind., V. St. A., *Asphaltiges Brikettbindemittel.* Das Bindemittel besteht 1. aus Asphalt mit einem Erweichungspunkt zwischen ca. 125 u. 150° F, einer Penetration von weniger als 15 mm bei 77° F, einer Duktilität weniger als 100 cm/Min. bei 77° F, einem Flammpunkt zwischen 450 u. 600° F u. einem Verdampfungsverlust weniger als 1% u. 2. 0,1—5% (berechnet auf den Asphalt) eines polymeren Rückstandes, der bei der fraktionierten Dest. bei 400—750° F anfällt u. 11—35 C-Atome je Mol. u. olefin. KW-stoffe u. auch oxydierte Verbb., wie Alkohole, Aldehyde, Säuren, Ester u. Ketone, enthält. Dieses Bindemittel besitzt einen Erweichungspunkt zwischen ca. 115 u. 140° F, eine Duktilität von mehr als 100 cm/Min. bei 77° F. Die anderen genannten Eigg. sind die gleichen wie für Asphalt allein. (**A. P. 2 662 030** vom 24/11. 1950, ausg. 8/12. 1953.) W. HAUSWALD. 8137

Badische Anilin- & Soda-Fabrik Akt.-Ges., Ludwigshafen (Erfinder: **Hans Bähr,** Herne-Sodingen), *Gewinnung von Teer und festem Schwelkoks.* In Weiterausbldg. des Verf. nach dem Hauptpatent 735 726, nach dem ein Gemisch von Kohle u. Druckhydrierungserzeugnissen von Kohlen oder ölhaltigen Rückständen der Druckhydrierung von Kohle, Teeren oder Mineralölen in brikettierter, gestampfter oder krümliger Form verschwelt oder verkokt wird, werden nunmehr als feste kohlenstoffhaltige Ausgangsstoffe Gemische von backender Steinkohle mit nichtbackender Steinkohle oder Braunkohle, Torf oder teilweise entgaste Kohle benutzt. (**D. B. P. 910 887** Kl. 10a vom 15/7. 1939, ausg. 6/5. 1954. Anmeldung bekanntgemacht 23/7. 1953. **Zusatz zu D. R. P. 735726; C. 1943. II. 886.**) W. HAUSWALD. 8141

Standard Oil Development Co., Del., übert. von: **Henry I. Ogorzaly,** Summit, und **Walter A. Rex,** Westfield, N. J., V. St. A., *Einführen von grob zerkleinerten Feststoffen aus einer Zone niederen Druckes in eine solche höheren Druckes,* indem aus einem höher liegenden Vorratsgefäß über eine mit einem rotierenden Meßventil versehene Leitung die Feststoffe in den unteren Teil des unter höherem Druck stehenden Reaktionsbehälters eingeschleust werden, wobei der Druck des in der Leitung befindlichen Feststoffgewichtes größer ist als der Druckunterschied in den beiden Zonen. — Anwendungsgebiet z. B. Verkokung von Kohle. — Zeichnung. (**A. P. 2 613 832** vom 8/8. 1947, ausg. 14/10. 1952.) DEMMLER. 8143

Walter T. Brown, Pittsburgh, Pa., V. St. A., *Koksgewinnung* aus nichtkokendem Material, wie Koksfein, nichtkokender Kohle, Halbanthrazit, Anthrazit u.dergleichen. Man vermischt das Ausgangsmaterial, dessen Korngröße unter $^1/_4$″ liegt, mit ungesätt. cycl. KW-stoffen, deren Kp. über 300° liegt, u. verkokt das Gemisch in sohlebeheizten waagerechten Öfen, deren Sohlentemp. unter 1800° F liegt, aber hoch genug ist, um eine Polymerisation der KW-stoffe herbeizuführen. (**A. P. 2 656 309** vom 5/2. 1951, ausg. 20/10. 1953.) W. HAUSWALD. 8145

Koppers Co., Inc., Pittsburgh, Pa., V. St. A., *Heizkräftiges Gas aus festen Brennstoffen.* Feinzerkleinerte Kohle (10% über u. 90 unter 4900 Maschen) werden in einem O_2-Strom suspendiert (je kg Kohle ca. 0,62 cm³ 95%ig. O_2). Diese Suspension wird in eine vorerhitzte Reaktionskammer mit einer Geschwindigkeit von 15 m/Sek. eingeführt, wobei gleichzeitig zwischen der Einführungsdüse u. den Wänden der Reaktionskammer ein gegebenenfalls vorerhitzter Gasstrom eingeleitet wird, der mit dem bei der exotherm. Rk. anfallenden C endotherm. reagiert (z. B. CO_2). Man erhält so ein Gas, das z. B. 7,5 (%) CO_2, 66,8 CO, 23,2 H_2, 1,9 N_2 u. 0,6 H_2S enthält, in einer Menge von ca. 2,14 cm³ je kg/Kohle. (**E. P. 673 161** vom 24/12. 1948, ausg. 4/6. 1952. Schwz. Prior. 29/12. 1947.) W. HAUSWALD. 8149

Paul W. Garbo, Long Beach, N. Y., V. St. A., *Trennen von Gasgemischen*, indem diese an die Oberfläche einer Diffusionswand aus metall. oder nichtmetall. Material geführt werden, wobei die Wand eine für die eine Gaskomponente größere Diffusionsgeschwindigkeit aufweist u. der Diffusionsgrad durch an der Wand fluidisiertes gepulvertes Material, z. B. SiO_2, Cu oder Magnetit, erhöht wird. Das Verf. wird z. B. beim *Wassergasprozeß* zur Abtrennung des H_2 angewandt. (**A. P. 2 637 625** vom 21/5. 1946, ausg. 5/5. 1953.) DEMMLER. 8153

Metallgesellschaft Akt.-Ges., Frankfurt/M. (Erfinder: **Otto Hubmann,** Bad Homburg), *Erzeugung von Starkgas mit hohem Heizwert durch Vergasen von festen Brennstoffen* mit O_2 unter einem Druck von mehreren Atmosphären. In das Brennstoffbett eines Gaserzeugers wird in period. Wechsel O_2-haltiges Vergasungsmittel (**I**), z. B. Mischungen von O_2, Wasserdampf u. CO_2, u. H_2-reiches Gas, z. B. bei der Einführung des **I** erzeugtes u. von Wasserdampf u. einem Teil des CO_2 befreites Gas, eingeleitet. (**D. B. P. 906 969** Kl. 24c vom 1/1. 1942, ausg. 18/3. 1954.) v. HUHN. 8153

Metallgesellschaft Akt.-Ges., Frankfurt/M. (Erfinder: **Richard Bayer,** Bad Homburg v. d. Höhe), *Gewinnung wasserstoffreicher Gasgemische* durch Rkk. CO-haltiger Gasgemische mit Wasserdampf, bes. bei erhöhtem Druck. Die Erzeugung der gesamten für die Konvertierung notwendigen Wasserdampfmenge erfolgt in der Konvertierungsanlage selbst, indem dem in einem Kondensator niedergeschlagenen u. einem Verdampfer im Kreislauf rückgeführten W. vor seinem Eintritt in den Verdampfer so viel Wärme von außen zugeführt wird, daß es im Verdampfer an das durch diesen geführte Gasgemisch die erforderliche Wasserdampfmenge abgibt. Zur Erhitzung des umlaufenden W. kann eine Gas- oder Ölheizung benutzt werden oder bei anderen Prozessen der Industrieanlage anfallende Abhitze. Dabei kann Dampf von niederer Spannung als dem Arbeitsdruck der Konvertierung, aber von höherem Druck als dem Teildruck des Wasserdampfes in den umzusetzenden Gas-Dampf-Gemisch verwendet werden. — 3 Schemata. (**D. B. P. 874 297** Kl. 12i vom 23/6. 1951, ausg. 23/4. 1953.) SCHREINER. 8155

Chemische Werke Bergkamen Akt.-Ges., Bergkamen, *Herabsetzen des Kohlenoxydgehaltes von Verbrauchsgasen*, bes. Kohlendestillationsgasen, dad. gek., daß in einer 1. Stufe ein Teil des CO durch Behandlung mit Wasserdampf in CO_2 u. H_2 übergeführt wird, worauf in einer anschließenden 2. Verfahrensstufe das nach Konvertierung anfallende Gas zwecks weiterer Herabsetzung des CO-Geh. bei 120—160° über Katalysatoren geleitet wird u. die dabei gebildeten fl. Reaktionsprodd. abgeschieden werden; das so behandelte Gas wird abgekühlt, u. die leichteren KW-Stoffe vom Gasol- bzw. Benzintyp werden durch Adsorption bzw. Absorption entfernt. (**Schwz. P. 287 510** vom 19/5. 1950, ausg. 1/4. 1953.) DEMMLER. 8157

Donald G. Butler, Millersburg, O., V. St. A., *Herstellung von Brenngasen mittels elektrischen Lichtbogens*. In einem isolierten Gefäß wird eine Mischung von 3,25 g fein verteiltem MnO_2 u. 1 Liter Kerosin auf eine wss. Lsg. von 6 g $AlCl_3$, 1 g NaOH u. 13 g Emulgiermittel in 1 Liter W. geschichtet, wobei eine C-Elektrode in die wss. Lsg. u. eine Metallelektrode in das Kerosingemisch tauchen. Nach kräftigem Schütteln des Gefäßes wird an die Elektroden eine Spannung von etwa 7000 V gelegt u. dadurch das Kerosin in ein H_2 u. C_2H_2 enthaltendes Gas zerlegt, das reduzierend wirkt u. zum Schweißen von Al geeignet ist. — Zeichnung. (**A. P. 2 660 556** vom 8/9. 1952, ausg. 24/11. 1953.) DEMMLER. 8163

Gesellschaft für Linde's Eismaschinen Akt.-Ges., Deutschland, *Trennung von Gasgemischen*. Zum Ausfrieren von W., schweren KW-stoffen usw. aus *Kokereigas* wird dieses abwechselnd nacheinander durch zwei von drei Kältespeichern von großem Wärmeaufnahmevermögen geleitet. Jeweils der erste Speicher ist auf —80°, jeweils der zweite auf —82° abgekühlt. Die Menge des in den ersten Speicher eintretenden unreinen Gases beträgt 5000, die Menge des den zweiten verlassenden reinen Gases 4800 m³. Jedesmal nach 3 Min. erfolgt ein Wechsel in der Durchströmung der beiden Speicher. Nach dreimaligem Wechsel wird an Stelle des ersten Speichers der dritte eingeschaltet. Dieser ist zuvor von 250 m³ Spülgas durchströmt worden, das die im dritten Speicher früher abgelagerten Verunreinigungen zum Verdampfen bringt u. entführt. — Der Vorgang verläuft ohne große Druckgefälle etwa bei Atmosphärendruck. (**F. P. 1 044 144** vom 25/10. 1951, ausg. 16/11. 1953. D. Prior. 30/11. 1950.) B. SCHMIDT. 8165

Fa. Carl Still, Recklinghausen, *Auswaschen des Phenols aus Gasen der trockenen Destillation fester Brennstoffe*, dad. gek., daß die Rohgase zur Wertstoffgewinnung solchen Behandlungen mit wss. Fll. unterworfen werden, wobei sie am Ende prakt. die Gesamtmenge ihres ursprünglichen Wassergeh. als Dampf tragen u. das Abführen wesentlicher Mengen von phenolhaltigem W. nach außen unterbleibt, worauf die derart vorbehandelten Gase im heißen Zustand mit Teeröl oder einem anderen phenolabsorbierenden Waschmittel gewaschen werden. — Zeichnung. (**D. B. P. 913 461** Kl. 26d vom 28/6. 1951, ausg. 14/6. 1954. Anmeldung bekanntgemacht 29/10. 1953.) DEMMLER. 8165

Dr. C. Otto & Co. G. m. b. H. (Erfinder: **Johann Hagenbeck**), Bochum, *Entsäuern von Ammoniakwasser* durch stufenweises Erhitzen u. Abtreiben der gasförmigen Bestandteile u. Auswaschen derselben mittels wss. Lsgg., dad. gek., daß das NH_3-W. auf eine über dem Zerfallpunkt der aufzuspaltenden NH_4-Verbb. liegende Temp. (Grenztemp.) erhitzt, einem Abtreiber zugeführt u. die dabei gebildeten Dämpfe mittelbar u. unmittelbar unter Verwendung eines säure- u. NH_3-freien, wenigstens aber NH_3-armen W. derart gekühlt werden, daß die gebildeten Kondensate an keiner Stelle die Grenztemp. unterschreiten. (**D. B. P. 906 742** Kl. 26d vom 9/12. 1939, ausg. 18/3. 1954. Anmeldung bekanntgemacht 13/3. 1952.) DEMMLER. 8169

Fa. Carl Still, Recklinghausen, *Gemeinsame Gegenstromauswaschung von Benzol und Naphthalin aus Gasen,* bes. Kohlendestillationsgasen, mittels Waschöl unter Entfernung des sich im Waschölstrom anreichernden Naphthalins durch Tiefkühlung, dad. gek., daß neben dem Einsetzen der Tiefkühlung eine ständige Regenerierung des im Betriebe kreisenden Waschöls durch Reinigung einer regelmäßig abgeführten Ölteilmenge bzw. eines abgezweigten Teilstromes von asphalt- oder pechartigen Verunreinigungsstoffen vorgenommen u. das so regenerierte Waschöl vor der erneuten Verwendung zur Gaswaschung durch Tiefkühlung einer abgenommenen u. ständig wieder zurückgeleiteten Waschölteilmenge von einem Teil seines Naphthalins befreit wird. — Zeichnung. (**D. B. P. 913 571** Kl. 26d vom 17/8. 1951, ausg. 14/6. 1954. Anmeldung bekanntgemacht 29/10. 1953.) DEMMLER. 8171

Ammonia Casale Soc. An., Massagno, und **Leon Jequier,** Basel, Schweiz, *Entfernen von Schwefelwasserstoff aus Gasen.* Eine feingepulverte Reinigungsmasse auf Eisenhydrat- bzw. Eisenoxydbasis wird durch den zu reinigenden Gasstrom in fluidisiertem Zustand gehalten, wobei die M. im Gegenstrom zum Gas u. in wenigstens 2 Stufen im Kreislauf geführt u. wenigstens ein Teil der im Kreislauf geführten M. unter Extraktion des absorbierten S laufend regeneriert wird. — Zeichnungen. (**E. P. 708 972** vom 17/1. 1952, ausg. 12/5. 1954. Schwz. Prior. 23/1. 1951.) DEMMLER. 8173

Fa. Carl Still (Erfinder: **Josef Schmidt,** Recklinghausen), *Verfahren und Einrichtung zum Betrieb von Destillierblasen für hochsiedende Stoffe mit Durchleitung von inertem Gas,* das durch einen Verbrennungsvorgang mit hoher Endtemp. hergestellt wird. Das Verf. ist dad. gek., daß 1. das für eine Mehrzahl von Blasen in einer ihnen gemeinsamen Verbrennungsvorr., z. B. durch Nachverbrennung von Rauchgas, hergestellte inerte Gas zunächst durch Wärmeaustausch mit gekühltem Inertgas in beschränktem Maße u. danach durch ein zusätzliches Kühlmittel vollständig herabgekühlt, gespeichert u. durch den besagten Wärmeaustausch wieder aufgeheizt wird. — 2. der Wärmeaustausch zwischen dem frischen heißen u. dem gekühlten Inertgas mittels Regeneratoren durchgeführt wird. — 3. bei Durchführung des Wärmeaustausches mittels Rekuperatoren eine verstärkte Wärmespeicherung durch Anwendung von geeigneten, an sich bekannten Ausgestaltungen durch Wärmeübertragungswände bzw. -flächen u. bzw. oder von Einbauten in den Wärmeaustauschräumen vorgenommen wird. — 4. bei Herst. des frischen Inertgases durch Nachverbrennung eines Rauchgases, das einen beschränkten Überschuß an O_2 oder brennbaren Bestandteilen besitzt, ein zusätzliches Aufheizen desselben durch Erzeugen u. Beimischen hocherhitzter Verbrennungsgase, z. B. mittels eines Gasbrenners, vorgenommen wird, um dadurch die Temp. des frischen Inertgases auf einen für den Wärmeaustausch geeigneten Grad zu erhöhen. — Zwei weitere Ansprüche befassen sich mit der Führung des Inertgases u. ein Anspruch mit der Vorrichtung. Verf. u. Vorr. sind verwendbar für die Dest. von Teer, Asphalt, Ölrückständen u. Weichpechen. (**D. B. P. 912 932** Kl. 12r vom 6/2. 1944, ausg. 3/6. 1954. Anmeldung bekanntgemacht 29/10. 1953.) R. HERBST. 8177

Standard Oil Development Co., V. St. A., *Destillation von ölhaltigen mineralischen Substanzen,* bes. bituminösen *Schiefern.* Man dest. den pulverisierten Schiefer, welcher nach Art der Fließkatalyse durch ein bei der Dest. anfallendes Gas oder durch Dampf in turbulenter Strömung gehalten wird, durch indirekte Wärmeübertragung. Die erforderliche Wärme wird durch dest. Schieferpulver erzeugt, welches mittels Luft ebenfalls turbulent bewegt u. durch Verbrennung der an den Schieferteilchen haftenden C-Teilchen hoch erhitzt wird. — Vorrichtungen. (**F. P. 1 042 893** vom 13/4. 1951, ausg. 4/11. 1953.) OPPERMANN. 8181

Frederick A. Rohrman, Boulder, Colo., V. St. A., *Entfernung von Stickstoff aus Gemischen mit brennbaren Gasen,* z. B. aus *Naturgas,* indem diese mit einer Legierung des Li mit einem niedrig schmelzenden Metall, z. B. Hg, bei einer Temp., bei der diese Legierung eine Fl. ist, zur Rk. gebracht werden; die Gasgemische sollen außer N_2 keine mit Li unter den Reaktionsbedingungen reagierende Bestandteile aufweisen. Das gebildete Li_3N wird mit W. zu NH_3 u. LiOH umgesetzt; LiOH wird elektrolyt. unter Verwendung des niedrig schmelzenden Metalls als Kathode zur wieder in den Prozeß zurückzuführenden Legierung regeneriert. — Zeichnung. (**A. P. 2 660 514** vom 8/4. 1949, ausg. 24/11. 1953.) Demmler. 8187

Deutsche Erdöl-Akt.-Ges., Hamburg (Erfinder: **Karl Fischer**, Ahrensburg, **Eduard Brandt**, Wedel, und **Heinz Staecker**, Hamburg), *Verfahren zur Konditionierung von Bohrspülungen.* Zur Herabsetzung der Elektrolyt- u. Kalkempfindlichkeit u. zur Verringerung des Peptisierungsvermögens gegenüber Quelltonen setzt man der Bohrspülung 0,1—1,0% *Pektin* zu u. stellt den p_H-Wert der Spülung nicht über 7,0 ein. Daneben kann man noch 0,1—1,0% H_3PO_4 zusetzen. (**D. B. P. 909 443** Kl. 5a vom 22/3. 1952, ausg. 22/4. 1954. Anmeldung bekanntgemacht 27/8. 1953.) W. Hauswald. 8191

Produits Chimiques de la Montagne Noire, Seine, Frankreich, *Behandlung von Kolophonium.* Man kann die im Hauptpatent angegebenen Kondensationsprodd., welche durch Kondensation von 12 Äthylenoxydgruppen enthaltendem Polyglykol u. Kolophonium u. Sulfonierung des Reaktionsprod. oder durch Kondensation von 20 Äthylenoxygruppen enthaltendem Polyglykol u. gegebenenfalls Sulfonierung des Reaktionsprod. erhalten werden, als Desemulgatoren bes. bei rohes W. in fein verteiltem Zustande enthaltendem *Erdöl* verwenden. Z. B. vermischt man 1 t rohes Erdöl von Pechelbronn (mit 30—40% salzhaltigem W.) mit 10—500 g des oben zuerst genannten Kolophoniumpolyglykolesters. Nach 24std. Stehen bei 80° kann man das ausgeschiedene W. ablassen. Das im Öl verbleibende W. beträgt weniger als 5%. (**F. P. 57 476** vom 25/7. 1947, ausg. 28/1. 1953. **Zusatz zu F. P. 946 189; C. 1949. E. 165.**) Oppermann. 8191

Cities Service Oil Co., übert. von: **William B. Hughes**, Bartlesville, Okla., V. St. A., *Oberflächenaktive Verbindungen,* die zum *Brechen von Emulsionen,* bes. *Erdöl-Wasser-in-Öl-Emulsionen,* dienen, erhält man durch Rk. von 1 (Mol) eines Aldehyds oder Ketons mit 2 eines Polyäthylenamins u. Neutralisieren mit einer Propylnaphthalinsulfonsäure. (**A. P. 2 653 136** vom 14/6. 1950, ausg. 22/9. 1953.) Langer. 8191

Cities Service Research and Development Co., New York, N. Y., übert. von: **William B. Hughes** und **Everett B. Fisher**, Bartlesville, Okla., V. St. A., *Oberflächenaktive Verbindungen,* die zum *Brechen von Emulsionen,* bes. *Öl-in-Wasser-Emulsionen,* dienen, entstehen, wenn man 1 (Mol) Benzaldehyd (I) mit ca. 1 eines Alkylamins unter Erhitzen umsetzt, dann mit 1 eines Polyäthylenamins behandelt u. mit einer Propylnaphthalinsulfonsäure (II) neutralisiert. — Prod. aus I, einer Alkylaminmischung, die im Durchschnitt 12 C-Atome enthält, Tetraäthylenpentamin u. II. (**A. P. 2 653 137** vom 4/1. 1951, ausg. 22/9. 1953.) Langer. 8191

Eduard Orno-Ornfeldt, Bonn, *Polymerisationsprodukte* in fester oder gelöster Form aus mit NaOH verseiften tier. Fetten oder Ölen mit stark ungesätt. Charakter u. Mineralölen erhält man durch Kochen der verseiften Fette (auch synthet. Fettsäuren oder Ölen) nach Zusatz von Spindelöl bis zur Entfernung des W., worauf man die M. rührt u. erkalten läßt. Während des Kochprozesses oder danach können Natur- oder Kunstwachse zugegeben werden. Zur Herst. einer Lsg. wird das Erzeugnis gemahlen u. mit Bzl. oder Amylacetat bis zur Homogenität verrührt. — *Verfertigung von Mineralölen.* (**D. B. P. 907 000** Kl. 39b vom 27/4. 1950, ausg. 18/3. 1954. Anmeldung bekanntgemacht 23/7. 1953.) Salzmann. 8193

Socony-Vacuum Oil Co., Inc., New York, N. Y., übert. von: **John W. Brooks**, Wenonah, und **Sigmund J. Lukasiewicz**, Woodbury, N. J., V. St. A., *Herstellung von 3-Thienylthioäthern.* Man setzt 3-Thiophenthiol in Ggw. von alkoh. KOH mit Halogen-KW-stoffen um. — Z. B. entsteht durch Rk. mit 1.2.3-Trichlorpropan *1.2.3-Tri-(3'-thienylthio)-propan.* Analog: *1.2-Di-(3'-thienylthio)-äthan* (I), F. 54—55°; *1.4-Di-(3'-thienylthio)-butan,* F. 62—63°. — *Zusatzstoffe zu Mineralölfraktionen* mit stabilisierender Wirkung. (**A. P. 2 662 900** vom 22/11. 1948, ausg. 15/12. 1953.) Fabel. 8195

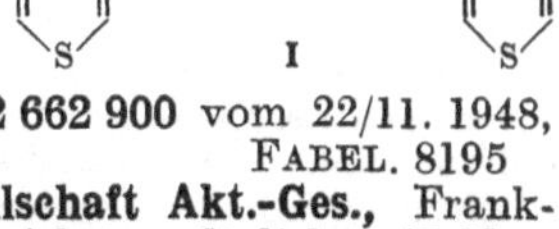

Deutsche Shell Akt.-Ges., Hamburg, und **Metallgesellschaft Akt.-Ges.**, Frankfurt/M. (Erfinder: **Karl Zerbe**), *Gewinnung von in Schwefelsäure löslichen Kohlenwasserstoffen* aus Säureteeren oder Säureharzen der Mineralölraffination durch Erhitzen derselben zusammen mit Schmierölextrakten (die mittels SO_2 oder ähnlich wirkendem Lösungsm. erhalten wurden) auf 200—350°, bis alles SO_2 abgespalten ist.

Anschließend dest. man im Vakuum. (**D. B. P. 909 852** Kl. 23b vom 16/4. 1942, ausg. 26/4. 1954. Anmeldung bekanntgemacht 10/9. 1953.) UNGER. 8195

Standard Oil Development Co., Del., übert. von: **Bruce G. Gillespie,** Cranford, N. J., V. St. A., *Kohlenstoffhaltiger Eisenkatalysator* für die FISCHER-TROPSCH-*Synth.* erhält man durch Mischen von Fe_2O_3 mit 2—10 Gew.-% Kohle, bes. feinverteilte akt. Kohle, u. Zugabe einer Lsg. von Beschleunigern, bes. der Oxyde, Carbonate oder Fluoride der Alkalimetalle, in Mengen $<$10 Gew.-% mit anschließendem Trocknen u. Sintern der M. zwischen 1200—1600° (F), vorteilhaft in einer red. Atmosphäre. Wird das Sintern in einer inerten Atmosphäre durchgeführt, sind Tempp. von 1600 bis 2700° erforderlich, die Red. wird dann zwischen 700—1500° ausgeführt. (**A. P. 2 608 535** vom 26/3. 1948, ausg. 26/8. 1952.) G. KÖNIG. 8201

Standard Oil Development Co., Del., übert. von: **Homer Z. Martin,** Cranford, N. J., V. St. A., *CO-Hydrierung.* Synthesegase erhalten die zur Bldg. erhöhter Mengen an Carbonsäuren u. einer *Gasolinfraktion* mit hoher Octanzahl erforderliche CO_2-Menge durch Austreiben von CO_2 aus einer Lsg. durch das Synthesegasgemisch, wodurch sich dieses an CO_2 anreichert. Aus den gasförmigen Syntheseprodd. gewinnt man das CO_2 durch Absorption, z. B. in Triäthanolamin. — Zeichnungen. (**A. P. 2 615 909** vom 17/7. 1949, ausg. 28/10. 1952.) G. KÖNIG. 8201

Standard Oil Development Co., Del., übert. von: **Summer B. Sweetser,** Cranford, **Francis R. Russell,** Scotch Plains, und **Edward R. Bucker,** Roselle, N. J., V. St. A., *Abriebfeste Fischer-Tropsch-Katalysatoren.* Durch Füllen einer Fe-Salzlsg. u. Erhitzen des Nd. hergestelltes rotes Fe-Oxyd wird mit einem Alkalisalzaktivator, z. B. 0,5—5% K_2CO_3, imprägniert, getrocknet (z. B. bei 200—400° F) u. der durch ein 10-Maschensieb gehende Anteil durch ein 20-Maschensieb klassiert. Beide klassierten Teile werden getrennt zu Pillen geformt u. auf eine Teilchengröße unter 40 Maschen gekörnt u. vereinigt. Die Teilchen werden dann (bevorzugt bei 900—1100° F) mit H_2 4—6 Std. red. u. anschließend bei 1250—1600° gesintert, wobei etwa 1 Std. H_2 in einem stündlichen Durchsatz von 750—1500 Vol. Gas/Vol. Katalysator u. dann 3—5 Std. in einem stündlichen Durchsatz von 100—200 Vol./Vol. durchgeleitet wird. Nach der ersten Sinterungsperiode soll der Katalysator weniger als 1% O_2 enthalten. Der so erzeugte Katalysator ist bes. für das Wirbelbettverfahren zur Herst. fl. u. O-haltiger Prodd. geeignet. (**A. P. 2 623 021** vom 2/9. 1948, ausg. 23/12. 1952.) W. HEROLD. 8201

Standard Oil Development Co., Del., übert. von: **Don R. McAdams,** Baton Rouge, La., V. St. A., *Herstellung eines Sinterkatalysatorbettes für die Kohlenwasserstoffsynthese.* Aus dem Fe-haltigen Material, z. B. angesinterter Pyritasche, von $^1/_{32}$—$^1/_4$ inch Teilchengröße, 5—15% Koks derselben Größe, 0,5—3% K-Aktivator (z. B. K_2CO_3) u. 3—10% W. (bezogen auf Festsubstanz) wird ein Brei angerührt, der lose in die Reaktionszone gefüllt wird, deren Wand gleichzeitig durch eine Schicht aus vorher gesinterten K–Fe-Katalysatorteilchen von ½—4 inch Größe ohne Kokszusatz geschützt ist. Die Katalysatorschicht wird oben entzündet u. ein Luftstrom mit solcher Geschwindigkeit abwärts durchgeleitet, daß die maximale Verbrennungstemp. zwischen 2000 u. 2500° F gehalten wird, wobei die M. zu einem den Reaktionsraumquerschnitt voll ausfüllenden hochporösen, festen Katalysatorblock zusammensintert. Bei großer Schichthöhe werden mehrere Katalysatorvorlagen in der beschriebenen Weise nacheinander hergestellt. Zum Formen der Wandschicht aus den groben Teilchen kann Wachs, ein dickes Öl oder dgl. benutzt werden. (**A. P. 2 623 022** vom 16/11. 1948, ausg. 23/12. 1952.) W. HEROLD. 8201

Standard Oil Development Co., Del., übert. von: **William J. Mattox,** Baton Rouge, La., V. St. A., *Kohlenwasserstoffsynthese aus Kohlenoxyd und Wasserstoff* mit guter Ausbeute an Fll. u. geringer C-Abscheidung beim Wirbelbettverf. unter Herst. von Katalysatorteilchen bes. hoher Festigkeit. Das Synthesegas wird in der 1. Zone bei Tempp. u. Drucken, die zur Bldg. flüchtiger Metallcarbonylverbb. geeignet sind, z. B. 50—450° F u. 100—600 lbs./sq.in., durch eine dichte Wirbelschicht von kleinen Teilchen, z. B. 20—100 μ, die aus Metallen der Fe-Gruppe bestehen oder diese enthalten, geleitet. Der mit der Metallcarbonylverb. beladene Gasstrom wird in einer 2. Zone unter Synthesebedingungen (z. B. 600—750° F u. 200—400 lbs./sq.in.) durch eine Wirbelschicht fester Teilchen aus inertem Material, z. B. Al_2O_3, SiO_2, MgO oder deren Mischungen mit Aktivatorzusatz aus Alkalioxyden oder Halogeniden, geleitet, wobei das aus der Carbonylverb. freigesetzte Metall sich als gleichmäßiger feiner Film auf den inerten Teilchen niederschlägt. In die 2. Zone kann zusätzlich Synthesegas eingeleitet werden; Restgase werden in die 1. Zone zurückgeleitet. Der metallcarbonylhaltige Gasstrom wird bevorzugt mit abgekühlten Katalysatorteilchen der 2. Zone zusammengebracht zur gleichmäßigen Adsorption der Carbonylverb. u. dann zusammen mit den im Gasstrom suspendierten Teilchen der 2. Zone zugeführt. Mit Metall überladene Teilchen werden aus der 2. Zone abgezogen u. zur 1. Zone übergeführt. (**A. P. 2 623 058** vom 1/10. 1947, ausg. 23/12. 1952.) W. HEROLD. 8201 a

Standard Oil Development Co., Del., übert. von: **Robert W. Krebs,** Baton Rouge, La., und **Warren K. Lewis jr.,** East Orange, N. J., V. St. A., *Ausführung exothermer katalytischer Reaktionen,* bes. der *Kohlenoxydhydrierung* nach dem Wirbelschichtverfahren. Es wird eine aus einem senkrechten Kessel bestehende Vorr. beschrieben, in deren engeren, mit Kühlrohren ausgestatteten Unterteil die bes. aus Fe mit 0,5—3% Alkalicarbonat- oder -halogenidaktivator bestehenden Katalysatorteilchen von 20—200 μ (bes. 50—100 μ) bei weniger als Synthesetemp. (z. B. 400—600° F) durch das mit einer Geschwindigkeit von 2—10 Fuß/Sek. durchströmende Synthesegas aufgewirbelt u. in den breiten Oberteil der Vorr. getragen werden, wo sie ein Wirbelbett von definierter Oberfläche bilden. In diesem oberen Katalysatorbett vollzieht sich bei 500 bis 700° F die KW-stoffsynthese unter Zuleitung von weiterem Synthesegas in solcher Menge, daß die Strömungsgeschwindigkeit 0,3—0,5 Fuß/Sek. beträgt. Aus dem oberen Bett wird kontinuierlich Katalysator abgezogen u. in den Unterteil der Vorr. zurückgeleitet. Zeichnungen. (**A. P. 2 627 522** vom 29/10. 1948, ausg. 3/2. 1953.)
W. HEROLD. 8201

Standard Oil Development Co., Del., übert. von: **Minor C. K. Jones,** Elizabeth, N. J., V. St. A., *Herstellung von Mischungen aus Kohlenoxyd und Wasserstoff für die Kohlenwasserstoffsynthese.* Zur kontinuierlichen Darst. von Synthesegas aus festem C-haltigem Material (I) wird in einem 1. Kreislauf Wasserdampf durch ein dichtes Wirbelbett von I-Teilchen, welche eine Temp. von 1400—2400° F (bes. 1600—1800° F) besitzen, geleitet u. das erzeugte Wassergas abgezogen, während die nicht umgesetzten I-Teilchen ständig einer Verbrennungszone zugeführt werden, wo sie ebenfalls als dichtes Wirbelbett mittels Luft + Wasserdampf einer teilweisen Verbrennung zu einem brennbaren Gas mit 25—35% CO u. 10—15% H_2 unter Erzeugung einer Temp. von 1600—2500° F (bes. 1800—1900° F) unterworfen werden. Die aufgeheizten I-Teilchen (denen frisches Material zugeführt wurde) werden zu dem Wassergasgenerator zurückgeleitet. In einem 2. Kreislauf wird Wasserdampf an einem Wirbelbett von feinen Metallen bzw. reduzierten Metalloxyden bei 600—1200° F (bes. 700—1100° F) zu H_2 reduziert, welches mit dem Wassergas des 1. Kreislaufes zu dem gewünschten Synthesegas gemischt wird, während die Metalloxydteilchen kontinuierlich als dichtes Wirbelbett in einer Reduktionszone mit dem aus der Verbrennungszone des 1. Kreislaufes gewonnenen brennbaren Gas bei 1200—1700° F (bes. 1300—1500°) reduziert werden, wobei das brennbare Gas vollständig oxydiert wird. Als Metall kommt z. B. Fe in Betracht. — Zeichnung. (**A. P. 2 640 034** vom 4/6. 1946, ausg. 26/5. 1953.
W. HEROLD. 8201

Standard Oil Development Co., Del., übert. von: **Ivan Mayer,** Summit, N. J., und **Virginia C. Johnson,** Knoxville, Tenn., V. St. A., *Kohlenwasserstoffsynthese* nach dem Wirbelbettverf. unter Verwendung von Katalysatorteilchen der Größe 40—200 μ bei einem mittleren Durchmesser über 50 μ. Die besten Ergebnisse bzgl. Erhaltung eines gleichmäßigen Bettes, Konstanz der optimalen Reaktionsbedingungen u. der Ausbeute werden erhalten, wenn der mittlere Durchmesser der Teilchen im Reaktionsraum 30—50 μ (bes. 40 μ) beträgt. Da die Kontakte im Betrieb eine Verkleinerung erleiden, wird erfindungsgemäß ständig ein Teil des verbrauchten Katalysators abgezogen u. durch frischen Katalysator größeren Durchmessers ersetzt, wobei der Zufluß als inverse Funktion der Teilchengröße so geregelt wird, daß in der Reaktionszone ein mittlerer Katalysatordurchmesser von 30—50 μ aufrechterhalten bleibt. Der abgezogene Katalysator kann durch Abbrennen regeneriert, gesintert u. gemahlen werden, worauf der 60—80 μ-Schnitt, evtl. nach Vorbehandlung mit H_2-haltigen Gasen, in der oben beschriebenen Weise zum Auffrischen des Katalysatorbettes benutzt wird. — Zeichnungen. (**A. P. 2 642 448** vom 16/11. 1948, ausg. 16/6. 1953.) W. HEROLD. 8201

Standard Oil Development Co., Del., übert. von: **Carl S. Carlson,** Roselle, **Frank A. Biribauer** und **Carter E. Porter,** Cranford, N. J., V. St. A., *Ausfällen nichtflüchtiger Substanzen beim Destillieren von Fischer-Tropsch-Synthesegemischen.* Das Aufarbeiten der aus den CO-Hydrierungsprodd. abgetrennten wss. Schicht durch Dest. (z. B. bei etwa 190° F Kopf- u. 205—212° F Bodentemp.) führt zu Verstopfungen des Destillationsturmes durch Ablagerung fester KW-stoffbestandteile. Erfindungsgemäß wird das dadurch vermieden, daß die wss. Schicht vor der Dest. ½—4 Std. auf 140 bis 205° F (bes. 140—180° F) erhitzt wird, wobei ein Teil der nichtflüchtigen Substanzen ausfällt u. durch Filtrieren entfernt werden kann. Die anderen nichtflüchtigen

Stoffe hinterbleiben bei der Dest. als Bodenkörper, ohne zu stören. (**A. P. 2 644 786** vom 1/12. 1951, ausg. 7/7. 1953.) W. HEROLD. 8201

Standard Oil Development Co., Linden, N. J., V. St. A., *Kohlenoxyd–Wasserstoff-Mischung* erhält man aus KW-stoffen (CH_4), die in Ggw. feinverteilter Metalloxyde (**I**) zu CO, H_2, CO_2, W. oxydiert werden u. wobei **I** zu Metall red. werden. Anschließend wird das Wasserdampf enthaltende Gasgemisch mit KW-stoffen über einen reformierend wirkenden Katalysator geleitet u. aus vorhandenem CO_2, W. u. den KW-stoffen zusätzlich CO u. H_2 gebildet. Die Rkk. werden im Wirbelschichtverf. ausgeführt. Man verwendet in beiden Reaktionszonen vorteilhaft das gleiche Metalloxyd, bes. eines solchen Metalles, das mehrere Oxydationsstufen besitzt, z. B. Fe-Oxyde. Man kann sie auf Träger, z. B. Al_2O_3, MgO, aufgebracht anwenden. Inerte Stoffe, wie Sand, die eine hohe Wärmeaufnahmefähigkeit aufweisen, können zugesetzt werden. Reaktionstempp. im Oxydationsraum 1600—2000° F u. im Reformierungsraum 1500 bis 1900° F. Der Druck in beiden Zonen beträgt ca. 200 Pfund. Die Reaktionsgase werden auf Tempp. gekühlt (500°), die zur FISCHER-TROPSCH-Synth. ausreichend sind. — Zeichnungen. (**E. P. 635 909** vom 31/3. 1947, ausg. 19/4. 1950.) G. KÖNIG. 8201

Ruhrchemie Akt.-Ges., Oberhausen (Erfinder: **Heinrich Tramm**, Mülheim/Ruhr), *Katalytische Umsetzung von Kohlenoxyd–Wasserstoff-Gemischen zu Kohlenwasserstoffen* bei 180—250° u. 1—100 at in Ggw. von in hochsd. KW-stoffölen aufgeschlämmten Katalysatoren, bes. aus Co, Fe, Ni oder Ru mit ThO_2 oder MgO als Aktivatorzusatz u. gegebenenfalls Trägermaterial, wie Kieselgur. Man erhält gute KW-stoffausbeuten bei geringer CH_4-Bldg., wenn in die Katalysatoraufschlämmung neben dem Synthesegas W. eingeleitet wird, so daß die Kontaktaufschlämmung ein zweiphasiges Flüssigkeitssyst. mit zahlreichen Grenzflächen zwischen Öl u. W. bildet. Z. B. werden mit einer Aufschlämmung von 1270 g Co–Th–Mg-Kieselgurkontakt in 15 Liter Öl vom Siedebereich 240—300° bei 10 atü u. 210 $\pm$0,5° mit einem std. Durchsatz von 1 m^3 Synthesegas mit CO : H_2 = 1 : 2 u. Zusatz von 300 m^3 W./Std. pro m^3 172 fl. u. feste KW-stoffe erhalten neben 5 g CH_4, während die Ausbeute ohne Wasserzusatz um 135 g/m^3 beträgt. Die zugeführte Wassermenge wird so geregelt (bei steigender Temp. mehr, bei sinkender Temp. weniger W.), daß die Synthesetemp. in engen Grenzen konstant bleibt. (**D. R. P. 767 839** Kl. 12o vom 22/3. 1939, ausg. 18/1. 1954.) W. HEROLD. 8201

Ruhrchemie Akt.-Ges., Oberhausen (Erfinder: **Franz Schaub**, Duisburg), *Kohlenoxydhydrierung.* Zur katalyt. CO-Hydrierung werden druckfeste Kessel benutzt, die zwischen einem oberen u. unteren Rohrboden senkrechte mit dem Katalysator gefüllte Rohre enthalten. In dem zwischen den Rohrböden außerhalb der Kontaktrohre liegenden Kesselraum kreist das fl. Kühlmittel, z. B. Druckwasser. Dieses wird durch die aufgenommene Reaktionswärme teilweise verdampft, wobei der sich unter dem oberen Rohrboden sammelnde Dampf ein Polster bildet, das die Kühlung der oberen Kontaktrohrteile behindert. Dieser Nachteil wird erfindungsgemäß dadurch verhindert, daß oberhalb des oberen Rohrbodens eine kanal- oder ringförmige Dampfsammelkammer vorgesehen wird, welche mit dem Kühlmittelzirkulationsraum verbunden ist u. aus welcher die Dämpfe zusammen mit dem fl. Kühlmittelabgeleitet werden. Dadurch diese Anordnung das fl. Kühlmittel stets bis zum oberen Rohrboden reicht, ist eine gleichmäßige Kühlung der Kontaktrohre über ihre ganze Länge gewährleistet. (**D. B. P. 892 892** Kl. 12o vom 4/5. 1949, ausg. 12/10. 1953.) W. HEROLD. 8201

Ruhrchemie Akt.-Ges. (Erfinder: **Walter Rottig**), Oberhausen, *Katalytische Kohlenoxydhydrierung unter Verwendung von Eisenkontakten* bei ca. 1 at u. z. B. 170—200° unter Bldg. von Syntheseprodd. mit hohen Anteilen an paraffinartigen KW-stoffen bei geringer CH_4-Bildung. Die gefällten Fe-Kontakte, die bevorzugt mit Alkalisalzen einer nicht flüchtigen Säure (Silicat, Phosphat usw.) imprägniert u. bei 200—350° (bes. 200—250°) mit H_2 hoher Strömungsgeschwindigkeit red. wurden, werden bei niedrigen Tempp., d. h. also niedrigen (CO + H_2)-Umsätzen, während einer Anlaufzeit von 500—700 Std. wenigstens 5 mal ohne nachfolgende Hydrierung extrahiert; danach kann der Katalysator mehrere tausend Std. bei höchster Temp. (ca. 200°) unter 70%ig. (CO + H_2)-Umsatz betrieben werden. Eine Paraffinextraktion ist nur alle 10—14 Tage erforderlich. Die CH_4-Bldg. bleibt konstant unter 8—10% (**D. B. P. 897 701** Kl. 12o vom 21/6. 1949, ausg. 23/11. 1953. **F. P. 1 015 878** vom 3/4. 1950, ausg. 27/10. 1952. D. Prior. 20/6. 1949.) W. HEROLD. 8201

Ruhrchemie Akt.-Ges., Oberhausen (Rhld.) (Erfinder: **August Hagemann** †, Duisburg), *Koppelung von Benzinsynthese–Kohlenoxydhydrierung und Stadtgaserzeugung.* Das Kontaktvol. wird besser ausgenutzt u. pro Ofeneinheit eine wesentlich gesteigerte Produktion an fl. KW-stoffen erzielt (z. B. 35% mehr), wenn mit so hoher Kontaktbelastung gearbeitet wird, daß man je Raumeinheit Synthesegas unterhalb der möglichen

Höchstausbeute an fl. Prodd. bleibt u. dabei ein als Stadtgas von hohem Brennwert (bes. hohem CH_4-Geh.) verwertbares Endgas gewinnt. Hierzu ist ein N_2-armes Synthesegas erforderlich, wie es z. B. durch Sauerstoffdruckvergasung erzeugt wird. Die KW-stoffsynth. arbeitet als Kreislaufverf. mit 3 Vol. Rücklaufgas auf 1 Vol. Frischgas. Die Unterschreitung der bei isolierter Darst. von fl. Prodd. möglichen Höchstausbeute ermöglicht die Verwendung wenig akt. Katalysatoren (z. B. lange Betriebsdauer) oder geringerer Drucke. Bes. wertvoll ist die Reinheit des so gewonnenen Stadtgases, das im Gegensatz zu den Prodd. der Kokereien oder Gaswerke völlig frei von NH_3, Harzbildnern, Teer, Cyan, Schwefel u. Naphthalin ist. (**D. B. P. 898 587** Kl. 12o vom 20/6. 1941, ausg. 3/12. 1953.) W. HEROLD. 8201

Ruhrchemie Akt.-Ges., Oberhausen/Rhld. (Erfinder: **Heinrich Heckel,** Uttenreuth über Erlangen, und **Otto Roelen,** Oberhausen), *Katalytische Hydrierung von Kohlenoxyd* unterhalb 225—230° bei einem Verbrauchsverhältnis von 1 Vol. H_2 oder mehr auf 1 Vol. CO. Der hierbei benutzte Katalysator wird hergestellt durch Fällen einer heißen $Fe(NO_3)_2$-Lsg. mit Na_2CO_3 u. Zugabe von Kieselgur ganz oder teilweise nach beendeter Fällung in solcher Menge, daß der fertige Katalysator 150 bis 350 g Fe im Liter enthält. Regulierung des Alkaligeh. (bei Fällung, Waschung u./oder Imprägnierung) entsprechend dem gewünschten CO-H_2-Verbrauchsverhältnis u. Red. des getrockneten Katalysators unterhalb 300°. — Eine sd. Lsg. von 79 g Na_2CO_3 in 700 cm^3 W., die 2 g Kieselgur enthält, wird mit einer sd. Lsg. der Nitrate von 25 g Fe, 1,25 g Cu u. 2,5 g CaO in 700 cm^3 W. unter Rühren versetzt; nach beendeter Fällung werden 10,5 g Kieselgur sorgfältig eingemischt. Der nach dem Abnutschen mit 600 cm^3 heißem W. gewaschene u. abgepreßte Kuchen wird mit 25 cm^3 10%ig. KOH versetzt, bei 105° getrocknet, auf 2 mm Größe zerkleinert u. bei 250° mit $H_2 + N_2$ reduziert. Der 100 (Teile) Fe, 5 Cu, 10 CaO u. 50 Kieselgur enthaltende Katalysator, der pro Liter 212 g Fe-Geh. aufweist, wird bei 200—205° u. 15 atü mit Wassergas unter Rückführung von 2 Vol. Endgas auf 1 Vol. Frischgas betrieben, wobei die Temp. in 10 Tagen auf 210° gesteigert wird; der anfangs 67% betragende CO-Umsatz hält sich noch weitere 14 Tage auf 55—60%. Das Reaktionsprod. besteht aus 35% *Benzin* bis 200°, 18% Dieselöl bis 320°, 17% Weichparaffin bis 460° u. 30% Hartparaffin, wobei die ersten 2 Fraktionen 70—75% ungesätt. KW-stoffe enthalten. (**D. B. P. 902 006** Kl. 12o vom 22/5. 1943, ausg. 18/1. 1954.) W. HEROLD. 8201

M. W. Kellogg Co., Jersey City, übert. von: **William P. Burton,** Orange, N. J., V. St. A., *CO-Hydrierung zu Kohlenwasserstoffen* erhält man mit Synthesegasen, deren H_2 : CO-Verhältnis von 0,7—1 bis 10 : 1 betragen kann, in Ggw. eines metall. Fe-Katalysators, der 0,1—3 Gew.-% einer Alkali- oder Erdalkaliverb. enthält u. dessen während der Rk. eintretender Alkali- oder Erdalkaliverlust durch Zugabe dieser Verbb. ausgeglichen wird. Die Zugabe kann in den Reaktionsraum direkt, mit dem Rückgasstrom oder mit dem regenerierten Katalysator erfolgen. — Skizze. (**A. P. 2 598 503** vom 29/3. 1947, ausg. 27/5. 1952.) G. KÖNIG. 8201

Texas Co., New York, N. Y., übert. von: **Claude W. Watson,** Port Arthur, Tex., V. St. A., *Synthesegase,* bestehend vornehmlich aus CO u. H_2, gewinnt man durch Oxydation H-enthaltender C-haltiger Stoffe, bes. KW-stoffe, bei höherer Temp. mittels Metalloxyden, bes. Fe_3O_4, wobei die Oxyde teilweise zu Metall red. werden, u. Weiterleiten der anfallenden Gase mit dem feinverteilten Katalysator in ein Reaktionsgefäß zur Umsetzung zu KW-stoffen. Das aus der Oxydationszone abgeleitete Gemisch wird vorher auf die entsprechende Reaktionstemp. gebracht. Während der Rk. leitet man in das oxydierte Gemisch aus dem Rücklaufgas Wasserdampf u. CO_2 ein, wobei aus dem W. u. CO_2 zusätzlich CO u. H_2 sich bilden. Gleichzeitig wird das Metall reoxydiert u. gelangt wieder in den Oxydationsraum. — Zeichnungen. (**A. P. 2 583 164** vom 8/9. 1949, ausg. 22/1. 1952.) G. KÖNIG. 8201

Texas Co., New York, übert. von: **Roland A. Beck,** Fishkill, und **Eugene E. Sensel,** Beacon, N. Y., V. St. A., *Kohlenwasserstoffsynthese* aus H_2 u. CO an Katalysatoren (bes. der Fe-Gruppe oder Ru mit Aktivatoren aus Oxyden der Alkali- oder Erdalkalimetalle, des Th, Zr oder Al, die Trägermaterial enthalten können) von weniger als 100 mesh Größe, die durch das mit 0,5—3 Fuß/Sek. aufwärts strömende Synthesegas im Wirbelbett gehalten werden. Um eine gleichmäßige Verteilung der Katalysatoren in der im wesentlichen in vertikaler Richtung ausgedehnten Reaktionszone zu gewährleisten, sind in dieser (z. B. in Abständen, die das 1—6fache des Ofendurchmessers betragen) Rührer angebracht, welche dem Gas eine Rotationsbewegung erteilen, ohne die Aufwärtsbewegung zu beschleunigen. (**A. P. 2 640 845** vom 1/5. 1947, ausg. 2/6. 1953.) W. HEROLD. 8201

Phillips Petroleum Co., Del., übert. von: **William C. Lanning,** Bartlesville, Okla., V. St. A., *Vermeiden fester Abscheidungen in den Leitungen von Fischer-Tropsch-*

Anlagen, welche die Abgase aus dem Katalysatorregenerator abführen, in denen die Katalysatorteilchen, z. B. mittels H_2 bei 600–900° F, von den wachsartigen Ndd. befreit werden. Den Abgasen wird eine normalerweise fl. KW-stofffraktion (bes. im Siedebereich 200–400° F), bevorzugt in 10–50 Mol% bezogen auf Abgas, zugesetzt, die wenigstens teilweise verdampft; durch Abkühlen werden diese KW-stoffe verflüssigt u. entfernen dabei die sonst zu Leitungsverstopfungen führenden festen Bestandteile aus dem Abgas. (**A. P. 2 572 633** vom 10/9. 1948, ausg. 23/10. 1951.) W. HEROLD. 8201

United States of America, übert. von: **Robert B. Andersen** und **John F. Shultz,** Pittsburgh, Pa., V. St. A., *Eisennitridkatalysatoren für die Kohlenoxydhydrierung.* Für die *KW-stoffsynth.* aus H_2 u. CO im Verh. 4:1–1:2 (bes. 2:1–1:1,5) bei 150 bis 375° (bes. 210–260° u. 0–450 lbs./sq.in.) werden Schmelzkatalysatoren aus Fe-Nitrid mit einem N-Geh. von 0,2–0,51 Atomen/Atom Fe verwandt, welche geringe Mengen Aktivator, bes. Alkalimetalloxyd u. andere Metalloxyde, enthalten können. — Z. B. wird eine Mischung aus 94(%) Fe_3O_4, 0,8 Cr_2O_3, 4,6 MgO u. 0,6 KOH im elektr. Bogen geschmolzen, in Stücke von 6–8 Maschengröße gebrochen, bei 450–500° mit H_2 bei einem Gasdurchsatz von 1000 Vol. Gas/Vol. Katalysator/Std. (bezogen auf 0° u. 760 mm) red. u. bei 350–385° mit 100%ig. NH_3 im Durchsatz von 750 Vol./Vol./Std. behandelt. Es ist wichtig, daß der Katalysator vor der NH_3-Behandlung vollständig red. ist, wozu bei 200–550° u. einem H_2-Durchsatz von 500–10000 Vol./Vol./Std. 24–60 Std. erforderlich sind. — Zeichnungen. (**A. P. 2 629 728** vom 22/8. 1949, ausg. 24/2. 1953.) W. HEROLD. 8201

Phillips Petroleum Co., Del., übert. von: **John Paul Hogan,** Bartlesville, Okla., V. St. A., *Vorbehandeln von Kohlenwasserstoffsynthesekatalysatoren* für Wirbelbettverfahren. Frische oder frisch regenerierte Katalysatoren besitzen erhöhte Aktivität, die sich in erhöhter Reaktionswärme u. stärkerer Bldg. von CO_2 u. CH_4 störend bemerkbar macht. Erfindungsgemäß wird das vermieden, indem man die Synth. während 5–15 Std. unter milderen Bedingungen anlaufen läßt, z. B. bei 180–340° u. weniger als 5 at u. einem geringeren Gasdurchsatz als n. (z. B. 300–500 Vol. Gas/Vol. Katalysator/Std.) u. dann diese Faktoren allmählich erhöht. — Zeichnung. (**A. P. 2 644 829** vom 6/12. 1948, ausg. 7/7. 1953.) W. HEROLD. 8201

Mannesmannröhren-Werke, Düsseldorf, und **Ruhrchemie Akt.-Ges.,** Oberhausen/Rhld. (Erfinder: **Heinrich Dorndorf,** Witten, und **Leonhard Alberts,** Oberhausen/Rhld.), *Erzeugung synthetischer Kohlenwasserstoffe* aus CO u. H_2 an festen Kontaktmassen. Für die Synth. wird ein Röhrenkessel mit senkrechten, die Kontaktmasse enthaltenden Rohren benutzt, die oben u. unten in einen Sammelraum münden u. in denen für die Kühl-Fl. etwas kürzere konzentr. Rohre angeordnet sind, deren seitlich abgebogene Enden durch die Wände der Hauptrohre hindurch mit dem von der Kühl-Fl. erfüllten Kesselraum in Verbindung stehen, so daß die Kühl-Fl. außen u. innen an dem ringförmigen Querschnitt besitzenden Katalysatorraum entlang fließt. (**D. R. P. 763 553** Kl. 12o vom 4/9. 1937, ausg. 7/12.1953.) W. HEROLD. 8201

M. W. Kellogg Co., Jersey City, N. J., übert. von: **Arnold Belchetz,** Larchmont, N. Y., V. St. A., *Hydrierung der Oxyde des Kohlenstoffs.* KW-stoffe, bes. CH_4, werden mittels feinverteilter Metalloxyde oxydiert u. ergeben CO u. H_2, wobei das Metalloxyd zu Metall red. wird. Das Synthesegas gelangt mit dem red. Metalloxyd in den Reaktionsraum u. wird in an sich bekannter Weise zu *KW-stoffen* u. *O-haltigen organ. Verbb.* umgesetzt. Teile des zu regenerierenden Katalysators gelangen in einen Oxydationsraum u. werden wieder in die höhere Oxydationsstufe gebracht. Anschließend gelangen sie in den Oxydationsraum für KW-stoffe. Die Rkk. werden im Wirbelschichtverf. ausgeführt. Als Katalysator wird vorteilhaft alkalisiertes Fe_3O_4 verwendet. An Stelle von CH_4 kann man auch C_2H_4, C_2H_6, C_3H_6 u. C_3H_8 verwenden. Auch CO_2 kann Bestandteil des Synthesegases sein. Das CO_2-haltige Rücklaufgas setzt sich mit CH_4 zu 2 CO u. 2 H_2 um. — Zeichnungen. (**A. P. 2 577 563** vom 20/5. 1947, ausg. 4/12. 1951.) G. KÖNIG. 8201

Phillips Petroleum Co., Del., übert. von: **Alfred Clark,** Bartlesville, Okla., V. St. A., *Herstellung und Regenerierung von Fischer-Tropsch-Katalysatoren.* Die Ablagerung wachsartiger Substanzen auf den aus Fe mit Aktivatoren, z. B. 0,5% K_2O u. andere Oxyde, wie Al_2O_3, bestehenden Katalysatoren, wird vermieden, wenn die Katalysatoren vor der Inbetriebnahme bzw. nach der Regenerierung mittels H_2 einer 5–30std. Vorbehandlung mit CO_2 bei 250–350° u. 5–30 at unterworfen werden. Frischer Katalysator wird zweckmäßig zuerst mit Synthesegas 9 Std., ansteigend von 250 bis 285° u. dann eine Std. bei 285°, behandelt, bevor die CO_2-Einw. erfolgt. Das Verf. eignet sich bes. für Kontakte, die durch Verschmelzen von Fe_2O_3 mit KNO_3 u. Reduzieren der auf 60—200° mesh zerkleinerten M. hergestellt wurden. (**A. P. 2 636 011** vom 2/2. 1948, ausg. 21/4. 1953.) W. HEROLD. 8201

Dortmunder Paraffinwerke G. m. b. H. (Erfinder: **Wolfram Ohme**), Dortmund, *Entfernen von Fettsäuren aus den kohlensäurehaltigen Reaktionsgasen und -dämpfen der Kohlenoxydhydrierung.* Die, bes. bei der Mitteldrucksynth., in den Reaktionsgasen enthaltenen geringen Fettsäuremengen müssen vor der Abscheidung der fl. Prodd. aus den Endgasen entfernt werden. Hierbei besteht die Schwierigkeit, daß die zum Neutralisieren benutzte Na_2CO_3-Lsg. durch den hohen CO_2-Geh. der Gase in $NaHCO_3$ übergeführt wird, das zur Absorption der Fettsäuren nicht hinreichend fähig ist. Da die Umwandlung von Na_2CO_3 in $NaHCO_3$ eine von Druck u. Temp. abhängige Zeit-Rk. ist, wird erfindungsgemäß die Berührungsdauer der fettsäurehaltigen Dämpfe mit dem Na_2CO_3-Lösungsstrom so kurz bemessen, daß in den Endlaugen noch mindestens 20% (bes. 20—50%) des eingesetzten Na_2CO_3 unverändert vorhanden ist. Das kann am einfachsten dadurch erreicht werden, daß die Na_2CO_3-Lsg. in den unteren Teil oder an mehreren Stellen in verschied. Höhe in den Neutralisationsstrom eingeführt wird; im letzteren Fall können die Lsgg. auch an mehreren verschieden hoch liegenden Stellen abgezogen werden. (**D. B. P. 894 553** Kl. 12o vom 19/10. 1941, ausg. 26/10 1953.) W. HEROLD. 8201

Comp. Française des Procédés Houdry, Seine, Frankreich (Erfinder: **George Alexander Mills** und **Heinz Heinemann**), *Aromatisierung von aliphatischen Kohlenwasserstoffen.* Man setzt aliphat. KW-stoffe mit mindestens 6 C-Atomen in Ggw. spaltend u. hydrierend wirkender Katalysatoren unter Zusatz von mindestens 3 Mol H_2/Mol KW-stoff bei 400—580° u. 60—250 at um. Der Katalysator besteht aus SiO_2-Gel, Metalloxyden von Al, Mg, Zr, Be u. hydrierend wirkenden Substanzen (z. B. Pt, Pd, Oxyden oder Sulfiden von Mo, Cr, V, Ni, Co oder W). — Z. B. leitet man ein Gemisch von 4 Mol H_2 u. 1 Mol n-Heptan über einen Katalysator aus Si–Al-Pastillen (87,5% SiO_2 u. 12,5% Al_2O_3), bedeckt mit 0,6 Gew.-% MoO_3 bei ca. 450° u. ca. 100 at. Man gewinnt 6 Vol. Öl (fl.)/Vol. Katalysator u. Stunde. Die C_5—C_6-Fraktionen enthalten ca. 8% Aromaten (hauptsächlich Bzl.), die Fraktionen von C_7 u. höher 80% Aromaten (Toluol u. relativ große Mengen Xylol). (**F. P. 1 044 664** vom 20/4. 1951, ausg. 19/11. 1953. A. Prior. 22/4. 1950.) OPPERMANN. 8201

Houdry Process Corp., Wilmington, Del., übert. von: **Raymond C. Lassiat,** Swarthmore, und **Reuben T. Savage,** Ridley Park, Pa., V. St. A., *Umwandeln von Kohlenwasserstoffen,* wobei die KW-stoffe wenigstens teilweise als Fl. vorliegen. Die auf Reaktionstemp. erhitzten Katalysatorteilchen fallen als dünner Schleier durch den Reaktionsraum, in dem sie unten ein Bett bilden, aus dessen Unterteil entsprechende Mengen kontinuierlich abgezogen werden. In dem Fallraum ist eine Sprühdüse angebracht, aus welcher der umzuwandelnde KW-stoff als sich nach unten verbreiternder Kegel versprüht wird, so daß die durchfallenden Teilchen u. die Bettoberfläche mit einem Flüssigkeitsfilm versehen sind. Die Öffnungen der Sprühdüse können so angebracht sein, daß ein Teil der Fl. nach unten, ein Teil schräg abwärts u. ein Teil seitwärts ausgedüst wird. Die Oberfläche des Katalysatorbettes wird in der Höhe gehalten, in welcher der Sprühkegel den Kontaktraum voll ausfüllt. (**A. P. 2 574 489** vom 19/12. 1947, ausg. 13/11. 1951.) W. HEROLD. 8201

Universal Oil Products Co., Chicago, übert. von: **Vladimir Haensel,** Hinsdale, und **Louis Schmerling,** Riverside, Ill., V. St. A., *Al_2O_3-Pt–Katalysatoren.* γ-Al_2O_3, auch als Hydrat enthaltendes Al-Oxyd, z. B. Gibbsit oder Böhmit, werden mit einer wenigstens 60%ig. Carbonsäure, wie CH_3COOH, $(COOH)_2$, $CH_2(COOH)_2$, CCl_3COOH, $(CH_2 \cdot COOH)_2$, bei 150—300° unter Druck zu einem bas. Al-Salz umgesetzt, zu Al_2O_3 hydrolysiert, durch Elektrolytzusatz oder Eindampfen als Gel abgeschieden, mit W. aufgeschwemmt, gegebenenfalls HF oder HCl [0,1—8(%) Cl oder 0,1—3 F, bezogen auf Al_2O_3] zugesetzt u. nach Zugabe von H_2PtCl_6 mit H_2S das Pt darin ausgefällt (0,01 bis 1 Pt, bezogen auf die Katalysatormasse) u. nach Trocknen bei 400—650° calciniert. Der Katalysator, der Al_2O_3 in sehr reiner Form enthält, ist bei geringem Pt-Geh. hochakt., bes. zum *Reformieren von Gasolin.* (**A. P. 2 658 028** vom 14/12. 1951, ausg. 3/11. 1953.) MATTHAES. 8201

Standard Oil Development Co., V. St. A. (Erfinder: **Edward A. Hunter**), *Hydroformierungsverfahren.* Man bringt die im Bereich der Motorenkraftstoffe sd. KW-stoffe in Kontakt mit einem aus 4—15% MoO_3, akt. Al_2O_3 u. gegebenenfalls 0,5—5% SiO_2 bestehenden Katalysator bei 425—535° u. 3,5—70 at in Ggw. von H_2 oder eines 50 bis 70 Vol.-% H_2 enthaltenden Gases. Die akt. Al_2O_3 wird aus Al-Alkoholat hergestellt u. der Katalysator vor Gebrauch 10—50 Std. bei 310—705° u. 1,4—7 at mit Wasserdampf behandelt. Man erhält auf diese Weise Benzine mit hoher Octanzahl [z. B. 95,7

(C. F. R.-Meth.)]. (**F. P. 1 042 410** vom 24/9. 1951, ausg. 2/11. 1953. A. Prior. 30/9. 1950.) OPPERMANN. 8201

Standard Oil Development Co., Del., übert. von: **Robert E. MacPherson jr.**, Cranford, und **Otto Schricker jr.**, Roselle, N. J., V. St. A., *Kontinuierliche Hydroformierung mit fluidisierten Katalysatoren.* Man gibt naphthenhaltiges Bzn. zusammen mit einem H_2-haltigen Gas (5500—7500 cu.ft. per Barrel Öl), welches eine Konz. von 55—75% H_2 hat, in eine Reaktionszone, in der ein fluidisiertes Bett eines Hydroformierungskatalysators (schwer reduzierbare Metalloxyde der 4. u. 5. Gruppe des Period. Syst.) gehalten wird. Temp. 875—950° F., H_2-Partialdruck 450—460 lbs./sq.in. Man läßt die Komponenten genügend lange in der Reaktionszone u. gewinnt ein Prod. mit erhöhtem Aromatengehalt. Katalysator: Molybdänoxyd auf akt. Al_2O_3. — Zeichnung. (**A. P. 2 656 304** vom 28/2. 1951, ausg. 20/10. 1953.) UNGER. 8201

American Cyanamid Co., V. St. A. (Erfinder: **Kenneth David Ashley**), *Herstellung von Al_2O_3-Katalysatoren mit großer Oberflächenaktivität.* Man vermischt einen Filterkuchen von Al-Hydroxydgranula, welcher ca. 10—20 Gew.-% feste Bestandteile enthält, mit 0,5—2 Mol/Mol Al_2O_3 einer in W. lösl. aliphat. Säure, verleibt ihm 2 bis 30 Gew.-% eines Oxyds eines mehrwertigen Metalles der 5. u. 6. Gruppe des Period. Syst. ein u. calciniert ihn. — Z. B. gibt man in ein Reaktionsgefäß gleichzeitig eine Na-Aluminatlsg. (Al_2O_3-Geh. 18,5%) u. 20%ig. HNO_3 mit einer Geschwindigkeit, daß das p_H 6—6,5 beträgt. Die gebildete Suspension filtriert man u. wäscht den Filterkuchen mit 0,01%ig. wss. HNO_3, bis sein Na-Geh. weniger als 0,03% Na_2O beträgt. 3,2 (kg) des Filterkuchens versetzt man mit 0,2 Eisessig bei n. Temp. u. gibt dann 0,06 NH_4-Molybdat hinzu. Am anderen Tage calciniert man das Prod. 1,1 Std. bei 565° u. pulverisiert es derart, daß 40% davon durch ein TYLER-Sieb von 200 Maschen gehen. 100 (Gewichtsteile) dieses Pulvers vermischt man mit 34 W. u. 2,6 Graphit, formt die M. zu Körnern von 9 mm Durchmesser u. calciniert diese bei 593°. Das Porenvol. des Katalysators beträgt 0,32 cm^3/g, die spezif. Oberfläche 220 m^2/g. Die Katalysatoren dienen zum *Hydroformieren.* (**A. P. 2 657 184** vom 10/3. 1950, ausg. 27/10. 1953. **F. P. 1 044 586** vom 9/2. 1951, ausg. 19/11. 1953. A. Prior. 10/3. 1950.) OPPERMANN. 8201

N. V. de Bataafsche Petroleum Mij., Den Haag, Holland, *Phosphorsäure und Kieselphosphorsäure enthaltende Katalysatoren für die Alkenpolymerisation.* Zur Herst. der Katalysatoren werden Kieselgurteilchen benutzt, die ein 15 mm-Sieb passieren, aber von einem 2 mm-Sieb (bevorzugt 5 mm-Sieb) zurückgehalten werden u. deren Porosität so groß ist, daß 100 g bei 100—200° wenigstens 150 g P_2O_5 in Form von $H_4P_2O_7$ aufnehmen. Bevorzugt werden Teilchen, deren mechan. Festigkeit so groß ist, daß 1 Kugel von 7 mm Durchmesser einem Gewicht von 0,5 kg standhält. Die Teilchen werden bei 100—200°, bes. 150—180°, mit H_3PO_4 oder $H_4P_2O_7$ imprägniert u. zur teilweisen Entwässerung auf 200—900°, bes. 300—400°, erhitzt. Der Gesamtgeh. an Phosphorsäuren soll 60—80% P_2O_5 betragen, wovon bevorzugt ca. 10—20% (als P_2O_5) in Form von freier, mit W. von 20° extrahierbarer Säure vorliegen, während der Rest nur unter schweren Bedingungen oder überhaupt nicht extrahierbar, sondern an SiO_2 gebunden ist. Bei der Polymerisation von Olefinen, z. B. Propylen (**I**), zu Alkenen mit 12—18 C-Atomen, ist es vorteilhaft, dem zu polymerisierenden Monomeren Di- oder Trimere zuzusetzen, z. B. durch Rückführung der niedrigsd. Anteile der Reaktionsprodukte. — Das Kieselgur-Handelsprod. „*Sterchamol 22*", dessen Festigkeit durch die Widerstandsfähigkeit einer 7 mm-Kugel gegen 5,5 kg Belastung gek. wird, in einer Siebfraktion von 3—6 mm Maschenweite, wird bei 180° mit so viel einer Phosphorsäure von 78,1% P_2O_5-Geh. imprägniert, daß auf 100 g Kieselgur 240 g Pyrophosphorsäure entfallen, u. 5 Std. bei 350° im trockenen Luftstrom gehalten, wodurch die Festigkeit einer 7 mm-Kugel auf 50 kg Belastung wächst. Aus dem gepulverten Katalysator waren mit W. von 20° 14,9% P_2O_5 u. innerhalb von 4 Std. mit W. von 100° 40% P_2O_5 extrahierbar. Wird über diesen Katalysator ein Propan-I-Gemisch mit 94% I-Geh. bei 204° u. 10,2 at mit einem stündlichen Durchsatz von 200 g je Liter/Katalysator geleitet, so erhält man in 78,5%ig. Ausbeute ein zwischen 70 u. 270° sd. olefin. *Benzin.* (**E. P. 696 568** vom 28/2. 1952, ausg. 2/9. 1953. Holl. Prior. 1/3. 1951.) W. HEROLD. 8201

Comp. Française des Procédés Houdry, Seine, Frankreich (Erfinder: **Thomas M. Milliken** und **Alex G. Oblad**), *Katalytische Umsetzung von Kohlenwasserstoffen bei erhöhtem Druck.* Zur Gewinnung von Kraftstoffen mit verbesserten Eigg. unterwirft man KW-stoffe einer Spaltung oder Leicht- u. Schwerbenzine einer Spalthydrierung bei 340 bis 540° u. 70—200 at in Ggw. von Katalysatoren. Letztere bestehen aus einem Al-Hydrosilicat (z. B. Montmorillonit, Halloysit, Kaolin) u. 0,1—3% Fe-Sulfid. — Z. B.

behandelt man einen vorher mit Säure aktivierten Ton von der Art des Montmorillonits („Filtrol") mit ca. 1,5 Gew.-% Fe_2O_3 bei 750° 1 Std. mit einem inerten, 5% H_2S enthaltenden Gas u. dann bei gleicher Temp. 15 Min. mit einem 25% H_2S enthaltenden Gas. Dieser Katalysator wird z. B. zur katalyt. Umsetzung eines Ost-Texasöles (D. 0,850, Kp. 215—380°) bei 430° u. 100 at unter Zusatz von 6 Mol H_2/Mol KW-stoff verwendet. Es entstehen 55 Vol.-% Bzn. (obere Siedegrenze 210°, ohne C_4), Octanzahl 71. (**F. P. 1 043 097** vom 13/6. 1951, ausg. 5/11. 1953. A. Prior. 14/6. 1950.) OPPERMANN. 8205

Phillips Petroleum Co., übert. von: **Frederick Ernest Frey,** Bartlesville, Okla., V. St. A., *Alkylierungsprodukte,* bes. für *Motortreibstoffe* geeignet, die mittels HF als Katalysator gewonnen wurden u. noch geringe Mengen organ. F-Verbb. enthalten, werden über feste, poröse Metalloxyde (**I**), die zur katalyt. Hydrierung oder Dehydrierung geeignet sind, bei Tempp. (70—750° F) geleitet, die auf die alkylierten KW-stoffe ohne Wrkg. sind. Als **I** sind z. B. brauchbar: Al_2O_3 als dehydratisierter Bauxit, Cr_2O_3. Der abgehende KW-stoffstrom ist F-frei. (**E. P. 647 419** vom 10/2. 1948, ausg. 13/12. 1950. A. Prior. 16/1. 1941.) G. KÖNIG. 8205

Ethyl Corp., New York, N. Y. (Erfinder: **Harold Joseph Madden,** Baton Rouge, La.), V. St. A., *Tetraäthylblei.* Man bringt eine geschmolzene Na–Pb-Legierung in einen Reaktionsbehälter ein, der fl. C_2H_5Cl unter einem Druck enthält, der ausreicht, um das C_2H_5Cl bei der Reaktionstemp. (40—100°) fl. zu halten. Die Legierung kann kontinuierlich in Form feiner Teilchen in den Reaktionsbehälter eingesprüht oder eingespritzt werden. (**D. B. P. 914 376** Kl. 12o vom 7/6. 1951, ausg. 1/7. 1954. Anmeldung bekanntgemacht 26/11. 1953. **Belg. P. 504 638** vom 13/7. 1951, ausg. 21/11. 1952. Beide A. Prior. 16/8. 1950.) BRÖSAMLE. 8209

Byk-Gulden Lomberg, Chemische Fabrik G. m. b. H., Konstanz, und **Brennstoff-Technik G. m. b. H.,** Essen (Erfinder: **Theodor Kretz,** Essen, und **Christian Hansen,** Bochum), *Verwendung von in Heizflächenöfen erschwelten Steinkohlenteeren als Ausgangsstoff für die Herstellung von Treibölen.* Die Ausgangsteere werden durch Dest. oder durch eine Behandlung mit selektiv wirkenden Lösungsmitteln u. Abtrennung der sauren Bestandteile in hochwertige, für schnellaufende Dieselmaschinen geeignete Treiböle verarbeitet. Die Ausgangsteere können mit anderen Ölen von wesentlich höherer Zündwilligkeit, z. B. mit Syntheseöl, vermischt werden. (**D. B. P. 911 728** Kl. 10a vom 26/8. 1939, ausg. 17/5. 1954. Anmeldung bekanntgemacht 17/9. 1953.) W. HAUSWALD. 8213

Sprague Electric Co., North Adams, Mass., V. St. A., *Isolieröl* für elektrotechn. Zwecke, bestehend aus z. B. einer Mischung von 58 (%) Alkanen, 6 Propylen, 26 Isobutylen, 4 n-Buten, 1-Hexadien-(1.5), 1 α-Methylbutadien-(1.3) u. 4 höheren Olefinen, die in Ggw. von BF_3 u. Tonerde 2 Std. bei 30—60° gerührt wird. Die überstehende Fl. wird von den teerigen Bestandteilen dekantiert; die nicht polymerisierten Alkane u. Olefine werden abdest.; Stockpunkt —40°; JZ. 41,5; Mol.-Gew. 3100. (**E. P. 683 382** vom 12/1. 1948, ausg. 26/11. 1952. A. Prior. 30/1. 1947.) SALZMANN. 8218

Herbert Krönert und **Georg Gebauer,** Riesa/Elbe, *Gewinnung von Schmiermitteln für die Bearbeitung von Metallen* aus gebundenes W. u. Ruß enthaltenden Teeren, welche unter Zusatz von gebranntem Kalk dest. werden. Die hierbei anfallenden Öle u. Paraffine bzw. deren Gemische werden mittels anoxydierter Paraffine oder pflanzlicher oder tier. Fettsäuren oder sulfonierter KW-stoffe bzw. deren Salzen in eine wss. Emulsion übergeführt. — In 100 (kg) Destillat werden 7 Kaolin (aufgeschlämmt in 50 Liter W.), 16 anoxydierte Paraffine u. 7 Soda gegeben. Die Mischung wird auf ca. 50—70° erwärmt u. im Rührwerk stark geschlagen. Danach werden 250 Liter W. zugesetzt. (**D. P. [DDR] 2 468** Kl. 23c vom 5/8. 1951, ausg. 4/12. 1952 [Wirtschaftspatent].) M. F. MÜLLER. 8221

Alfred Dierichs, Freiberg, Sachsen, *Schmieröle* aus *paraffinhaltigen Kohlenwasserstoffgemischen,* durch selektive Lsg. u. Extraktion mit Alkoholen, welche 3 oder 4 C-Atome enthalten, z. B. Propyl-, n-Butyl- oder Isobutylalkohol, mit einem Zusatz von ca. 1—20% aromat. KW-stoffen, bes. Bzl. oder seinen Homologen, welche in der Nähe des Kp. des zu verwendenden Alkohols sieden. In der Wärme werden dabei die Ausgangs-KW-stoffe gelöst, u. beim darauffolgenden Abkühlen bilden sich zwei Schichten, von denen die eine die Schmieröle u. die anderen Asphalt, Bitumen, Harze u. feste Paraffin-KW-stoffe enthält. (**D. P. [DDR] 2 996** Kl. 23b vom 19/3 1949, ausg. 24/2. 1953 [Wirtschaftspatent].) M. F. MÜLLER. 8221

Standard Française des Pétroles, Soc. An., Frankreich (Erfinder: **Victor Jevanoff** und **Marcel Leveuf**), *Herstellung von Schmierölen.* Ihre Herst. erfolgt durch alkylierende Polymerisation von olefin. KW-stoffen oder solche enthaltenden KW-stoffgemischen (Bzn. oder Gasöl der FISCHER-TROPSCH-Synth.) in Ggw. von aromat. KW-stoffen

(z. B. Bzl., Alkylbenzol oder Naphthalin) u. 2—6% $AlCl_3$ bei 0—130° (**F. P. 1 000 560** vom 2/3. 1946, ausg. 13/2. 1952.) OPPERMANN. 8221

Karl Asboth, Österreich, *Hochtemperatur-Schmiermittel* für Tempp. bis zu 3000°, bestehend aus Phosphorsäuereestern mit einem Zusatz von höhermol. Kondensations- u. Polymerisationsprodd. (Mol.-Gew. über 1000). Man verwendet Trikresyl-, Trixylyl-, Tetrakresyl- oder Tetraxylylphosphorsäureester für sich oder im Gemisch. Diesen werden 2—4 Gew.-% Polyvinylphosphat zugesetzt. Das Gemisch der Phosphate wird auf 350° erhitzt u. danach schnell abgekühlt. (**F. P. 1 042 639** vom 24/10. 1950, ausg. 3/11. 1953. Oe. Prior. 21/7. 1950.) M. F. MÜLLER. 8221

Socony-Vacuum Oil Co., Inc., New York, N. Y., übert. von: **Eugene J. Reeves,** Beaumont, Tex., V. St. A., *Entparaffinierung von Mineralschmierölen.* Das Öl wird mit einem Keton–Bzl.-Gemisch, z. B. bestehend aus 35—55 (%) Aceton oder $CH_3 \cdot COC_2H_5$, 5—35 Toluol u. 10—60 Bzl., vermischt, auf —25 bis 20° F abgekühlt u. in einer Filterpresse vom Paraffin getrennt, worauf das Lösungsm. vom gereinigten Öl abdest. wird. Um die Abscheidung von Eis in den Kühlrohren zu vermeiden, wird ein Teilstrom des wiedergewonnenen, feuchten Lösungsm. in einer Kühlzone bis kurz über die Temp., bei der sich Eis abscheidet, abgekühlt u. dann durch Zumischen des sehr kalten, von der Filterpresse kommenden Öllösungsmittelgemisches plötzlich auf 5° F oder tiefer gekühlt, so daß sich Eiskristalle bilden, die in der Lsg. schwimmen u. sich nicht an der Wand festsetzen u. die später in der Filterpresse mit dem Paraffin abgetrennt werden. (**A. P. 2 584 966** vom 10/9. 1948, ausg. 5/2. 1952.) DERSIN. 8221

Texas Co., New York, übert. von: **John W. Hutcheson,** Beacon, N. Y., V. St. A., *Mg-Alkylphenolate* mit 15—30 C-Atomen im Alkyl als *Schmierölzusatzmittel* erhält man durch Erhitzen von Mg-Alkoholaten mit 1—5 C-Atomen mit den entsprechenden Alkylphenolen in Ggw. eines Lösungsm. mit einem höheren Kp. als Wasser. — Man erhitzt ein Alkylphenol mit durschnittlich 23 C-Atomen im Alkyl in Toluol-Schmieröl (SUS-Viscosität 315/100° F) mit Mg-Methylat, bis das Methanol abdest. ist. Nach dem Filtrieren wird das Toluol entfernt. Beim Abkühlen bildet sich ein Gel. (**A. P. 2 610 982** vom 11/2. 1950, ausg. 16/9. 1952.) KRAUSS. 8221

Pure Oil Co., übert. von: **Elmer W. Brennan,** Chicago, Ill., V. St. A., *Geschwefelte Terpene* erhält man durch Erhitzen stöchiometr. Mengen von Terpenen u. S auf ca. 240—400° F, bes. 300—360° F in Ggw. von 1—15 (%) eines Pb-Oxyds (Pb_3O_4, Pb_2O_3, PbO_2, Pb_2O) oder Plumbits oder Plumbats. — Beim Erhitzen von 60 Dipenten mit 42 S in Ggw. von 1 Pb_3O_2 entsteht ein in Mineralölen ohne S-Abscheidung lösl. Prod.; S-Geh. 23,9. Weitere Terpene sind: Terpinen, Terpinolen, α-, β-Pinen, p-Menthadien, p-Menthan, Pineöl, Terpineol, Caren, Sabinen u. Terpentinöl. *Zusatzmittel für Schmier- u. Schneidöle.* (**A. P. 2 643 248** vom 2/5. 1950, ausg. 23/6. 1953.) KRAUSS. 8221

California Research Corp., Wilmington, Del., V. St. A., *Se-haltige Sterilisatoren für Schmieröle* erhält man z. B. durch Rk. von Ölsäure mit wasserfreiem HBr in Eisessiglsg., Rk. des Na-Salzes der erhaltenen 9- oder 10-Bromstearinsäure mit Na-Selenid unter Rückfluß in alkoh. Lsg., aus der man beim Ansäuern nahezu quantitativ

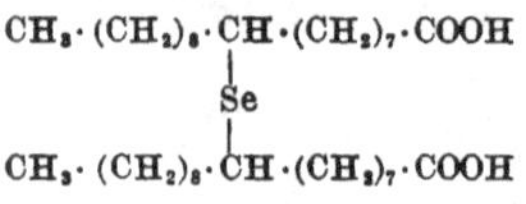

I

1.1′-Dicarboxy-8.8′(9.9′)-diheptadecylselenid (vgl. I) erhält. F. 19°, n_D^{20} 1,4863, $D.^{20}_4$ 0,9824. *Zn-Salz,* $n^{25}_{\text{weißes Licht}}$ 1,530. — Weiter wird beschrieben die Herst. von: *1.1′-Dicarbäthoxy-8.8′-* (oder *9.9′*)*-diheptadecylselenid,* F. —10° n_D^{20} 1,471, $D.^{20}_4$ 0,9842. — *1.1′-Dicarbäthoxy-1.1′-dipentadecylselenid,* F. ca. 42°, n_D^{20} 1,4668. (**E. P. 655 608** vom 3/6. 1947, ausg. 25/7. 1951. A. Prior. 11/6. 1946.) MÜLLER-MEININGEN. 8221

Olivier C. H. Prevot, Frankreich, *Verbesserung der Schmieröleigenschaften von mineralischen und pflanzlichen Ölen* durch Zusatz von Talg (I), Schwefelblume (II) u. Terpentinöl (III), z. B. in Mengen von 0,590 (kg) I, 0,120 II u. 0,280 III. (**F. P. 1 015 303** vom 29/3. 1950, ausg. 15/9. 1952.) M. F. MÜLLER. 8221

Comp. Française de Raffinage (Erfinder: **Pierre A. Laurent**), Paris, Frankreich, *Herstellung von Schmierölen aus Amylalkoholen* (I) mit Siedebereich 129—131°. Die I werden, z. B. katalyt., in Dampfphase dehydratisiert, durch Dest. von W. u. nicht umgesetzten I befreit u. die erhaltenen Amylene (II) polymerisiert. Da die Ausbeute an zähfl. Reaktionsprodd. am besten ist (65% u. mehr), wenn II wenigstens 50% Isopropyläthylen enthalten, wird als Dehydratisierungskatalysator akt. Al-Hydroxyd bei 330—370° verwendet u. das wasserfreie II-Gemisch fraktioniert, um ein geeignetes Ausgangsmaterial für die Polymerisation zu erhalten. Die Polymerisation wird mittels FRIEDEL-CRAFTS-Katalysatoren (BF_3, $FeCl_3$, $BiCl_3$, $AsCl_3$ u. bes. $AlCl_3$) derart durchgeführt, daß 10 (Vol.) Katalysator zu einer Mischung aus 100 II u. 25—50 PAe. oder dgl. gegeben u. auf —10 bis —5° gekühlt werden; unter kräftigem Rühren werden langsam II zugefügt. Je niedriger die Temp. ist, um so zähflüssiger wird das Reaktionsprod., während Verdünnen der **II** mit PAe. die Zäh-Fl. vermindert. Mit wachsender Berührungsdauer mit dem Katalysator nimmt die JZ. ständig ab; die Zäh-Fl. steigt zunächst bis zu einem Maximum, um dann wieder zu sinken. Ist die gewünschte Zäh-Fl. erreicht, so wird das Reaktionsprod. vom Katalysator durch Dekantieren getrennt, mit 10%ig. HCl u. W. gewaschen, mit 2—3% $CaCO_3$ versetzt u. PAe. abgedampft, wobei die Temp. zur Zerstörung chlorierter Prodd. bis 160° gesteigert wird. Nach Filtrieren erhält man das verbrauchsbereite Schmieröl als klare Fl. in einer Ausbeute von über 65% an **I**. (**D. B. P. 890 641** Kl. 12o vom 15/4. 1942, ausg. 21/9. 1953. Anmeldung bekanntgemacht 13/8. 1953. F. Priorr. 26/5. 1941 u. 21/1. 1942.) W. Herold. 8221

VEB Elektrochemisches Kombinat Bitterfeld (Erfinder: **Josef Martin Michel**, Bitterfeld, **Teichmann**, Leverkusen, und **Petersen**, Leverkusen), *Flüssige Treib-, Schmier- und Brennstoffe* erhalten korrosionsverhütende Anionenzusätze, wie Phosphat-, Chromat-, Fluorid-, Arsenat-, Molybdat-, Vanadat- oder Wolframationen mit carbocycl. oder heterocycl. Aminen, sowie Aminen, die wenigstens einen höhermol. Alkyl- oder Cycloalkylrest mit sechs oder mehr Kohlenstoffatomen enthalten. (**D. P. [DDR] 2 291** Kl. 48d vom 6/5. 1951, ausg. 13/4. 1953 [Wirtschaftspatent].) Holm. 8221

General Electric Co., übert. von: **Donald F. Wilcock**, Saugus, Mass., und **Dallas T. Hurd**, Schenectady, N. Y., V. St. A., *Flüssige Polysiloxane mit an Silicium gebundenem Wasserstoff* der allg. Formel **I** (R = Alkyl, Aryl, Alkaryl, Aralkyl, n = 1—500) erhält man durch Hydrolyse einer Mischung aus Halogensilanen der allg. Formeln H_2SiX_2 u. $(R)_3SiX$ (X = Cl, Br) in Ggw. von überschüssigem Wasser. — Beispiel: Trimethylchlorsilan u. Dichlorsilan H_2SiCl_2 werden in kalter, konz. HCl hydrolysiert u. das erhaltene Öl sofort in W. gegossen. Man erhält ein Öl mit einem niedrigen Viscositätstemperaturkoeff., das bei Raumtemp. nach 18 Monaten noch stabil ist; es geliert mit starken Säuren u. zers. sich mit Alkali. Ferner werden hydrolysiert: Triphenylchlorsilan u. H_2SiCl_2. Verwendung als *Schmiermittel*. (**A. P. 2 547 678** vom 11/10. 1946, ausg. 3/4. 1951.) Krauss. 8223

$$(R)_3Si\text{—}O\text{—}\left[\text{—}\underset{H}{\overset{H}{Si}}\text{—}O\text{—}\right]_n\text{—}Si(R)_3 \qquad \text{I}$$

California Research Corp., San Francisco, Calif., V. St. A., *Tri- und Tetrasiloxane* mit Alkoxygruppen, deren Alkylrest verzweigt ist. Durch Rk. von 2 (Mol) Tri-(1.2-dimethylbutoxy)-silanol mit 1 Di-(1.3-dimethylbutoxy)-dichlorsilan in Ggw. von 2 Pyridin (trocken) bei 10—15° erhält man *Okta-(1.3-dimethylbutoxy)-trisiloxan*, $Kp._{0,1}$ 210°. Analog: *Okta-(2-äthylhexoxy)-trisiloxan*, $Kp._{0,05}$ 260—269°. — Ein *Tetrasiloxan* $R[OSi(OR)_2]_4OR$, wobei R der 1.3-Dimethylbutylrest ist, erhält man durch Rk. von 1 $(RO)_3SiOSi(OR)_2OH$ mit 1 $(RO)_3SiOSi(OR)_2Cl$ in Ggw. von Pyridin. $Kp._{0,05}$ 240—242°. — Die Prodd. sind sehr hydrolysebeständig u. eignen sich bes. als *Schmiermittel*. (**E. P. 709 345** vom 8/8. 1951, ausg. 19/5. 1954. A. Prior. 28/8. 1950.) Brösamle. 8223

International General Electric Co., Inc., New York, N. Y., V. St. A. (Erfinder: **M. C. Agens**), *Flüssiges Schmiermittel aus Organopolysiloxanen.* Das Schmiermittel enthält 0,5—25, bes. 1—10%, einer aliphat. Verb., die sowohl Cl- als auch F-Atome enthält. Geeignet sind z. B. $CFCl_2\text{-}CFCl_2$, $CF_2Cl\text{-}CCl_2F$, $CFCl_2\text{-}CCl_2\text{-}CClF_2$, $CFCl_2\text{-}CFCl_2$, $CF_2Cl\text{-}CCl{=}CCl_2$, $CF_3\text{-}CCl{=}CCl_2$, $CF_3\text{-}CCl{=}CCl\text{-}CF_3$, $CHCl_2\text{-}CCl_2\text{-}CClF_2$. Diese Zusätze verbessern die Schmiereigg. der Polysiloxane wesentlich. (**Schwed. P. 135 061** vom 16/3. 1951, ausg. 1/4. 1952. A. Prior. 23/3. 1950.) Jürgen Schmidt. 8223

N. V. de Bataafsche Petroleum Mij., Den Haag, Holland (Erfinder: **David E. Adelson, George Lewis Perry** und **George Godfrey Pritzker**, Emeryville, Calif., V. St. A.), *Zusammengesetzte Schmiermittel*, bes. auf Mineralölbasis, bestehend aus einer organ. Schmiermittelbasis, welche einen geringen Anteil eines Kondensationsprod. (**I**) einverleibt enthält, das durch Umsetzung von Alkylenoxyden u./oder Alkylensulfid u./oder Alkyleniminen mit mehrbas. organ. Verbb. (**II**) u./oder Derivv. solcher erhalten worden ist, wobei die letztgenannten Stoffe mindestens einen Rest RX— u. weiter mindestens 2 Reste —CXXR oder mindestens einen Rest —CXXR u. einen Rest einer anorgan. O-haltigen Säure enthalten, wobei die R gleich oder verschieden sind u. H, Alkyl, Cycloalkyl, Aralkyl, Alkaryl, Aryl, ein Metall oder den Rest einer organ. Base darstellen mit der Beschränkung, daß mindestens eines der R entweder in dem RX— oder den —CXXR-Resten H ist, u. wobei die X gleich oder verschieden sind u. O, S, Se oder Te darstellen mit der Maßgabe, daß das **I** gegebenenfalls in ein Metallsalz oder ein Salz einer organ. Base übergeführt u. außerdem, sofern gewünscht, halogeniert u./oder sulfuriert, phosphoriert oder sulfiert-phosphoriert sein kann. — Als **I** werden z. B. Reaktionsprodd. von Mono- oder Dioleyl- oder Stearylestern aliphat. Oxydicarbonsäuren oder den Säuren selbst, z. B. von Weinsäure, Äpfelsäure, Methylendisalicylsäure oder deren Dioleylestern, mit Äthylenoxyd oder Äthylenimin verwendet.

Als **II** dienen z. B. auch Metall- bzw. Aminsalze, z. B. das Na- oder K-Salz des sauren Oleylesters der Weinsäure oder das Triäthanolaminsalz des sauren Stearinesters der Citronensäure. Man kann ferner noch Reinigungs-, Antioxydationsmittel, Korrosionsverhinderer u. weitere Hochdruckzusatzmittel hinzusetzen. Verwendung für Schmierung bei sehr hohen Drucken. (**D. B. P. 872 624** Kl. 23c vom 2/2. 1951, ausg. 2/4. 1953. A. Prior. 4/2. 1950.) DERSIN. 8223

Benjamin H. Rouse, Russell, Kans., V. St. A., *Herstellung eines Schmiermittels* durch Vermahlen eines Schmieröles mit Vermiculit, welcher durch Sieben, Erhitzen, Waschen u. Trocknen vorbehandelt worden ist. (**Can. P. 479 198** vom 19/7. 1943, ausg. 11/12. 1951.) M. F. MÜLLER. 8223

Standard Oil Development Co., Elizabeth, N. J., V. St. A., *Heißlagerfett.* Man verseift Oxysäuren mit 12—24 C-Atomen, z. B. Oxystearinsäure, in Ggw. der ½—5fachen Menge Schmieröl mit $Ca(OH)_2$ unterhalb 275° F, gibt das restliche Schmieröl zu, rührt, bis die Temp. auf 180—210° F gesunken ist, u. gibt das Prod. gegebenenfalls durch eine Kolloidmühle. (**E. P. 703 620** vom 4/8. 1950, ausg. 10/2. 1954. A. Prior. 20/5. 1950.) LÜTTGEN. 8223

Standard Oil Development Co., Del., übert. von: **John D. Garber,** Cranford, und **David W. Young,** Roselle, N. J., V. St. A., *Schmiermittelzusatz,* bestehend aus einem Mischpolymerisat, dessen größerer Anteil aus Olefinen, wie Isobutylen (**I**), u. dessen kleinerer Anteil aus Chlorstyrol (**II**) oder Bromstyrol besteht. An Stelle von **I** kann Isoamylen, Isooctylen, an Stelle von **II** p-Chlor-, p-Brom-, p-Fluor-, 2.5-Dibrom- u. 3.4-Dichlorstyrol verwendet werden. — Z. B. werden 10 (g) p-Chlorstyrol mit 100 Isobutylen vermischt u. die Mischung mit 500 Methylchlorid u. 100 festem CO_2 versetzt, wobei die Temp. auf —78° abgekühlt wird. Als Katalysator werden 100 einer 0,8%ig. $AlCl_3$-Methylenchloridlsg. zugesetzt. Das mit W. gewaschene u. getrocknete Mischpolymerisat hat Mol.-Gew. 14000 u. wird Mineralölen zugesetzt. Die erhaltenen Verbb. können auch mit Alkylhalogeniden mit 5—30 C-Atomen, wie Amyl-, Dodecyl-, Octadecylchlorid, oder mit Alkylaten von Olefinen, wie Isobutylen, Amylen, Diisobutylen kondensiert werden. Diese Verbb. können als Verdickungsmittel, zusammen mit Oxydations- u. Korrosionsinhibitoren, Farbstoffen, Dispergiermitteln, Metallseifen, Detergents, verwendet werden. (**A. P. 2 603 627** vom 6/3. 1948, ausg. 15/7. 1952.) SEIZ. 8223

Hooker Electrochemical Co., Niagara Falls, übert. von: **John T. Rucker,** Lewiston, N. Y., V. St. A., *Korrosion verhinderndes Mittel,* bestehend aus verd. wss. Lsg. einer anorgan. Säure mit 0,005—5 Gew.-% einer quaternären Ammoniumverb., wie Laurylpyridiniumthiocyanat oder Lauryldimethylbenzylammoniumthiocyanat. Wirksam als *Zusatz* zu *Schmiermitteln.* (**A. P. 2 617 771** vom 30/7. 1948, ausg. 11/11. 1952.) GRÄGER. 8223

Standard Oil Development Co., Elizabeth, N. J., V. St. A., *Rostschutzmittel,* bes. für *Schmiermittel* in Verbrennungskraftmaschinen, bestehend aus einem mit Schwefelblume bei 150—170° behandelten Monoester einer ungesätt. aliphat. Monocarbonsäure 12—24 C (Ölsäure) mit einer aliphat. Polyoxyverb. mit 5—6 C-Atomen u. 4—6 OH-Gruppen (Sorbit oder Pentaerythrit), das in einem KW-stofflösungsm. zu 0,01—10% gelöst wird. (**E. P. 695 570** vom 21/9. 1950, ausg. 12/8. 1953. A. Prior. 13/7. 1950.) GRÄGER. 8223

Standard Oil Development Co., Elizabeth, N. J., V. St. A., *Rostschutzmittel,* bes. als *Zusatz* zu *Mineralschmiermitteln,* bestehend aus dem Reaktionsprod., das bei 50—100°, bes. 83°, während 3 Std., aus α-Pinen u. Petroleumsulfonsäure (in etwa äquimol. Mengen) erhalten wird. 1—2% als Zusatz sind ausreichend. (**E. P. 699 772** vom 29/5. 1951, ausg. 18/11. 1953. A. Prior. 10/11. 1950.) GRÄGER. 8223

Comptoir Industriel d'Étirage et Profilage de Métaux (Soc. An.), Seine, Frankreich (Erfinder: **Jacques Séjournet** und **Louis Bataille**), *Schmiermittel bei der plastischen Verformung von Metallen in der Wärme.* Man verwendet ein SiO_2- oder Tonerdesol oder -gel. Ein geeignetes Schmiermittel beim Treiben von weichem Stahl erhält man z. B. durch inniges Vermischen von 100 (Gewichtsteilen) 15%ig. Na-Silicatlsg. mit 70 bis 75,4%ig. HCl. (**F. P. 989 630** vom 17/2. 1944, ausg. 11/9. 1951.) OPPERMANN. 8223

Comptoir Industriel d'Étirage et Profilage de Métaux (Soc. An.), Seine, Frankreich, *Schmiermittel für die Kaltverformung von Metallen,* bes. von Barren u. Röhren aus Stahl (bes. rostfreiem Stahl) oder anderen Metallen oder Legierungen. Man bedeckt die Oberfläche der zu verformenden Stücke oder die der Werkzeuge mit einem Schmiermittel, bestehend aus 10—50(%) Seife, 10—50 W. u. 20—70 Cu-Pulver. Zur Herst. eines solchen Schmiermittels löst man z. B. in 250 (g) W. in der Wärme 300 72%ig. Marseiller Seife u. versetzt die Lsg. mit 450 Cu-Pulver. (**F. P. 1 043 870** vom 15/10. 1951, ausg. 12/11. 1953.) OPPERMANN. 8223

Standard Oil Development Co., Del., übert. von: **Eger V. Murphree,** Summit, N. J., V. St. A., *Umwandlung von Kohlenhydraten in bituminöse Stoffe.* Pflanzliche Abfallstoffe, wie Stroh, Sägemehl, Moos, Seetang, Zuckerrohrabfall, Bagasse, Melasserückstände oder Torf, werden in wss. Alkalicarbonatlsg. auf 275—374° bei 100 bis 1000 at Druck mindestens ½ bis zu 8 Std. erhitzt. Puffernd u. katalyt. wirkende Stoffe, wie CaO, $CaCO_3$, FeS oder Zeolithe, sind zweckmäßig zuzusetzen. Mit der sich entwickelnden CO_2 wird die verbrauchte Alkalicarbonatlsg. wieder aufgefrischt. Es werden bituminöse Stoffe von gleichbleibender Zus. erzielt. Für kontinuierliche Fabrikation ist Vorr. angegeben. (**A. P. 2 581 130** vom 10/9. 1947, ausg. 1/1. 1952.) GRÄGER. 8225

Standard Oil Development Co., übert. von: **William T. Knox jr.,** Cranford, N. J., V. St. A., *Paraffinherstellung.* Um ein mäßig hartes, biegsames Paraffin herzustellen, spaltet man ein Ausgangsgasöl (Kp. 650—1100° F.) katalyt., fraktioniert eine Ölfraktion von den Spaltprodd. (Kp. 700—1100° F) ab u. entfernt selektiv aromat. Verbb. aus dieser Ölfraktion. Anschließend seiht man das Paraffin ab u. entölt es. Die Entfernung der Aromaten geschieht durch Lösungsmittelextraktion oder Adsorption. — Zeichnung. (**A. P. 2 660 553** vom 23/2. 1951, ausg. 24/11. 1953.) UNGER. 8227

N. V. de Bataafsche Petroleum Mij., Den Haag (Erfinder: **Willem Martin Mazee** und **Anna Barta Swart,** Amsterdam), Holland, *Gewinnung von reinem Paraffin durch Schwitzen.* Die zum Schwitzen erforderliche Wärme wird dem Paraffinkuchen vollständig oder im wesentlichen durch Hindurchleiten von warmem Gas zugeführt, welches ganz oder teilweise aus einem oder mehreren KW-stoffen besteht. Zur Herst. des zu schwitzenden Paraffinkuchens läßt man das geschmolzene Rohparaffin langsam abkühlen, bis die Kristallisation beendet ist, also bis zur Umwandlungstemp. der n. Paraffine. Anschließend wird schnell bis zur gewünschten Temp. des Kuchens abgekühlt. Zur Erzielung einer ständigen Durchlässigkeit des Kuchens wird die Druckdifferenz auf beiden Seiten des Paraffinkuchens entsprechend geregelt. Die benötigte Vorr. besteht aus einem gasdicht abgeschlossenen Behälter für den zu schwitzenden Kuchen, dessen eine Seite eine oder mehrere Austragsöffnungen für Fl. oder Gase hat u. dessen andere Seite mit einer Zuführungsöffnung für Gase versehen ist, welche mit einer Anordnung zum Erhitzen von Gasen u. einer Pumpe ausgestattet ist. (**D. B. P. 876 879** Kl. 23 b vom 23/3. 1951, ausg. 18/5. 1953. **F. P. 1 040 642** vom 22/3. 1951, ausg. 16/10. 1953. Beide Holl. Prior. 24/3. 1950.) UNGER. 8227

Gulf Research & Development Co., Pittsburgh, Pa., übert. von: **Herbert Stanley Burk,** Maplewood, La., V. St. A., *Gewinnung von Wachsen* aus 25 bis 60% Öl enthaltendem Paraffingatsch. Dem Gatsch werden 5—25% seines Gewichtes an Sägespänen, Diatomeenerde oder ähnlichem porösem Material zugemischt. In 4 Temperaturstufen (20—25, 36—44, 44—50 u. $>60°$) werden das Öl u. die niedrigschm. Wachse durch Zentrifugieren abgetrennt. (**A. P. 2 568 946** vom 10/3. 1948, ausg. 25/9. 1951.) v. HUHN. 8227

Gulf Research & Development Co., übert. von: **William P. Ridenour,** Pittsburgh, Pa., V. St. A., *Paraffinerzeugung.* Man stellt eine Mischung von Paraffinen von hohem F. u. hoher Zugfestigkeit her, indem man einen abgelassenen Bodensatz mit einem Lösungsm. bei 60—100° F entparaffiniert, wobei sich eine fl. u. eine feste Phase bilden, deren letztere aus rohem Paraffin besteht. Man entfernt das Lösungsm. von der festen Phase, wobei man ein Paraffin (I) mit einem F. von mindestens 115° F u. einer Zugfestigkeit von mindestens 110 lbs./sq.in. erhält. Das so gewonnene I vereinigt man mit einem gereinigten Paraffin (**II**), das einen F. von mindestens 115° F u. eine Zugfestigkeit von mindestens 150 lbs/sq.in. hat. Die Mischung enthält nicht mehr als 5 Gew.-% von I u. entspricht in ihrem F. u. ihrer Zugfestigkeit dem II. — Zeichnung. (**A. P. 2 611 734** vom 29/6. 1950, ausg. 23/9. 1952.) UNGER. 8227

Gulf Research & Development Co., übert. von: **Robert G. Capell, William P. Ridenour** und **John A. Stewart,** Pittsburgh, Pa., V. St. A., *Paraffinwachs,* gek. durch einen Geh. von 0,0001—0,1% eines Antioxydationsmittels, wie 2.2-Bis-(4'-oxyphenyl)-propan, 1.1-Bis-(4'-oxyphenyl)-cyclohexan, o-Dioxybenzol, Resorcin, Bis-(2-methoxyphenyl)-methan, 2.5-Di-tert.-butylhydrochinon, 3-Pentadecylphenol, Bis-(2-oxy-3.5-di-tert.-butyl-6-methylphenyl)-methan oder 1.1.2.2-Tetrakis-(2'-methyl-4'-oxy-5'-tert.-butylphenyl)-äthan. — Geeignet ist auch 1.1-Bis-(2'-oxy-3'.5'-dimethylphenyl)-isobutan; ferner 1.2-Dioxy-4-(α-phenyläthyl)-benzol oder 1.2-Dioxy-3.4.5-tris-(α-phenyläthyl)-benzol. — Verwendung für Verpackungsmaterial. (**A. PP. 2 636 002, 2 636 003** u. **2 636 004** vom 7/6. 1950, ausg. 21/4. 1953.) SALZMANN. 8227

Kurt Krafft, Witten-Annen, *Gewinnung von Montanwachs und ähnlichen bituminösen Substanzen aus Kohle, Schiefer, Sapropelen und dergleichen durch Extraktion,* dad. gek., daß als Extraktionsmittel eine Emulsion von nicht wasserlösl. Lösungsmitteln, wie Bzl., Benzolhomologen, Estern, KW-stoffen, gechlorten KW-stoffen usw., in W. angewandt wird, wobei die Lösungsmittelkonz. in der Emulsion bes. zwischen 10 u. 75% beträgt; 2. der Emulsion noch wasserlösl. sauerstoffhaltige Lösungsmittel, wie Alkohole, Ketone, Äther usw., beigemischt werden, u. zwar bes. in Mengen, die ca. 5—50% des organ. Anteils der Emulsion betragen; 3. die Netzwrkg. des Lösungsm. durch Hinzufügen eines Emulgators vom Typ der sulfonierten aliphat. oder aromat. KW-stoffe gefördert wird. Der Emulgator ist bes. in Mengen von 0,25—5% des organ. Anteils der Emulsion anzuwenden. — 8 weitere Ansprüche. — Die Extraktion soll im Gegenstrom erfolgen, es können als weitere Emulgatoren auch noch alkylierte Fettalkohole zugesetzt werden, u. die Kohle soll nach der Extraktion unter Dampfspülung kurze Zeit auf 120—140° erwärmt werden, damit das Lösungsm. bis auf geringe Reste aus der Kohle zurückgewonnen wird. (**D. B. P. 818 357** Kl. 12r vom 2/10. 1948, ausg. 25/10. 1951.) DERSIN. 8227

Atlantic Refining Co., Philadelphia, Pa., übert. von: **Edgar W. Clarke**, Laurel Springs, N. J., V. St. A., *Trennung von Wachsen verschiedenen Schmelzpunktes und Entölung von Gatsch.* Das Einsatzprod. wird in fl. Zustand im Gegenstrom zu einem Lösungsm. u. zwei Zusatzmitteln geführt, die das hochschm. Wachs enthaltende Phase wird oben, die das niedrigschm. unten abgezogen. Lösungsm.: Nitrobenzol 1,6 bis 2,4 (Vol.) auf 1 Einsatzprod.; Zusatzmittel: wasserfreies Phenol u. Phenol mit 20 bis 30% W., beide im Verhältnis 0,25—0,35 (Vol.) auf 1 (Vol.) Einsatzprodukt. Als Lösungsm. kann auch Aceton oder Nitrobenzol mit 10% Dichlordiäthyläther, als Zusatzmittel Diäthylenglykol bzw. Dichlordiäthyläther u. Petroleum verwendet werden. (**A. PP. 2 578 510** vom 16/9. 1947, **2 578 511** u. **2 578 512** vom 5/11. 1949, alle ausg. 11/12. 1951.) V. HUHN. 8227

Donau Chemie Akt.-Ges., Wien, Österreich, *Trennung von Hart- und Weichparaffin bzw. von Hart- und Weichpetrolatum*, dad. gek., daß 1. die Trennung der Fraktionen auf Grund der verschied. Löslichkeit des Hart- u. Weichparaffins bzw. des Hart- u. Weichpetrolatums in Äthylidenchlorid oder in Äthylidenchlorid enthaltenden Lösungsmittelgemischen bewirkt wird; 2. man ölfreies Paraffin oder Petrolatum in Äthylidenchlorid bei erhöhter Temp. löst, auf 10—40° abkühlt u. das abgeschiedene Hartparaffin oder Hartpetrolatum durch Filtrieren oder Zentrifugieren abtrennt, wobei das Weichparaffin oder Weichpetrolatum in Lsg. bleibt. — Man verwendet z. B. Gemische von 1.1-Dichloräthan mit anderen Fällungsmitteln für Paraffin oder Petrolatum, z. B. mit 1.2-Dichloräthan. (**Oe. P. 169 346** vom 12/4. 1949, ausg. 10/11. 1951.) M. F. MÜLLER. 8227

Bernhard Ulrici und **Alfred Tille**, Granschütz, Kr. Weißenfels, *Synthetisches Ceresin*, bestehend aus den bei der Hydrierung von festen u. fl. Brennstoffen anfallenden Destillationsrückständen, welche durch Einw. von Adsorptionsmitteln, gegebenenfalls unter Anwendung von Lösungsmitteln, raffiniert sind. Das erhaltene synthet. Ceresin ist den besten raffinierten Erdwachsen gleichwertig u. kann sie in allen Verwendungszwecken voll ersetzen. (**D. P. [DDR] 2382** Kl. 23a vom 8/2. 1950, ausg. 3/11. 1952 [Wirtschaftspatent].) M. F. MÜLLER. 8227

Low Temperature Carbonisation Ltd., London, *Pechstreichmasse* zum Verkitten von Fußböden u. zur Herst. von Bodenbelägen durch Vermischen von Kohlenteerpech mit grobkörnigem u. mit feinkörnigem Material in erhitztem Zustande unter Zusatz einer verflüssigend wirkenden öligen Substanz, z. B. dem aus aromat. Verbb. bestehenden Extrakt aus einem Petroleumöl, oder einem Gemisch, welches aus 45 (%) rohen Phenolen, 12 gesätt. aliphat. KW-stoffen, 14 Olefinen, 26 aromat. KW-stoffen u. 3 rohen Basen besteht. — Die M. besteht z. B. aus 12,7 (Gew.-%) Kohlenteerpech, 1,3 Verflüssigungsöl, 5,0 Pigment, 15,0 grobkörnigem Granitsand von 3 mm Korngröße, 66,0 feinem Sand. (**Schwz. P. 271 935** vom 19/3. 1948, ausg. 16/3. 1951. E. Prior. 19/3. 1947.) M. F. MÜLLER. 8229

Saarländische Brennstoff-Technik G. m. b. H., Saargebiet, *Gewinnung von Pech und Mineralölfraktionen aus den Tieftemperaturdestillationsgasen der Steinkohle.* Die Gewinnung des Peches sowie der Mineralöle erfolgt auf direktem Wege, wobei das Destillationsgas zuerst wieder auf 380—400° erhitzt wird u. dann in Wäschern, Abscheidern u. Kühlern die einzelnen Fraktionen abgeschieden werden. Zum Waschen des Destillationsgases werden gewonnene Mineralölfraktionen verwendet. — Vorrichtung. (**F. P. 1 015 711** vom 6/3. 1950, ausg. 20/10. 1952.) OPPERMANN. 8229

N. V. de Bataafsche Petroleum Mij., Holland, *Undurchlässigmachen von Sand durch Tränken mit Bitumenemulsion.* Der (gegebenenfalls ein Stabilisiermittel, z. B. schwach alkalisiertes Casein oder Naphthenat, enthaltenden) Emulsion werden geringe Mengen eines Persulfats (z. B. K- oder NH_4-Persulfat) u. eines Reduktionsmittels (z. B. H_2CO, CH_3CHO, Sulfit oder Bisulfit) u. vorteilhafterweise eines Aluminats (z. B. Na-Aluminat) zugefügt. Der mit dem Emulsionsgemisch getränkte Boden (z. B.

Sand) zeigt nach 1 Tag nur noch ca. 1% der ursprünglichen Durchlässigkeit. — 2 ausführliche Emulsionsrezepte. (**F. P. 986 239** vom 16/5. 1949, ausg. 30/7. 1951.) SCHREINER. 8231

Standard Oil Co., Cleveland, übert. von: **Harley F. Hardman,** Wickliffe, Ohio, V. St. A., *Verschnittbitumen.* Zur Erhöhung der Benetzungsfähigkeit von Verschnittbitumen an feuchtem Gestein wird dem Bitumen ein Phosphorsäureester (I) einer aliphat. Oxyverb., wie einem Alkohol, Oxyester oder einer Oxysäure mit 10—18 C-Atomen, zugesetzt; der I soll ein saures H-Atom im Phosphorsäureradikal aufweisen. Als Zusätze kommen 0,1—5% einer von der allg. Formel $R \cdot O \cdot P(\cdot OH)_2:O$ in Frage, in der R Alkyl oder Rest eines aliphat. Alkohols, einer Oxysäure, oder eines aliphat. Oxyesters mit 10—18 C-Atomen bedeutet. (**A. P. 2 592 564** vom 22/5. 1948, ausg. 15/4. 1952.) HANS HOFFMANN. 8231

Standard Oil Development Co., Elizabeth, N. J., V. St. A., *Plastische Masse,* dad. gek., daß diese aus einem bituminösen Stoff (Naturasphalt, Erdölasphalt, Spaltschlangen-, Kohlen-, Holzteer oder Pech) u. einem Mischpolymerisat (Eigenviscosität $>0,5$) besteht, das aus einem aliphat. Monoolefin (Isobutylen) u. einem aromat. Monoolefin (Styrol oder seine Homologe) durch Umsetzung bei -50^0, vorzugsweise unter -70^0 in Ggw. eines FRIEDEL-CRAFTS-Katalysators hergestellt ist u. 20 bis 80 gebundenes aromat. Olefin enthält. Zusatz von Ton, Sand oder Kalkstein (-staub) (Baustoffe) bzw. von Asbest, Haar, Baumwolle sowie Leinöl möglich. Herst. von Überzugsmassen oder Schutzschichten auf Metall, von Anstrichstoffen zur Imprägnierung von Holz, Ziegeln, Betonbaukörpern (Gebäudefundamente), Holzschindeln u. Dachpappe, Verwendung als Fugenvergußmasse oder als Bindemittel für Lagen aus Mineral- oder Glaswolle mit Halbkarton. (**D. B. P. 910 339** Kl. 39b vom 18/4. 1950, ausg. 29/4. 1954. Anmeldung bekanntgemacht 10/9. 1953. A. Prior. 19/10. 1945.) SALZMANN. 8231

American Bitumuls & Asphalt Co., San Francisco, übert. von: **Donald N. Manzer,** Walnut Creek, Calif., V. St. A., *Stabile Öl-in-Wasser-Bitumenemulsionen.* Die aus in W. unlösl., in W. dispergierbaren, organ. thermoplast. Stoffen, wie Erdölasphalt, Naturasphalt, Mineralwachs, Lignit, bestehenden, meist stabilisatorhaltigen Emulsionen erhalten bei p_H 9—11, bes. 9,5—10, darin emulgiertes NH_4-Formiat, -Acetat, -Oxalat oder -Glutamat in Mengen von 0,3—1 Gew.-%, auch Mengen unter 0,1% sind wirksam. Erhöhung der Haftfestigkeit, bes. in Ggw. von W., Wasserdampf u. hygroskop. Stoffen. Der mit der Emulsion zu behandelnde Körper kann auch mit dem NH_4-Salz vermischt werden. Verwendung im Straßenbau u. als Anstrich- u. Bindemittel. (**A. P. 2 615 819** vom 14/8. 1950, ausg. 28/10. 1952.) MATTHAES. 8231

American Bitumuls & Asphalt Co., San Francisco, übert. von: **Donald N. Manzer,** Walnut Creek, Calif., V. St. A., *Bitumenemulsionen.* Zur Erhöhung der Haftfestigkeit, bes. in Ggw. von W., Wasserdampf, Erdfeuchte u. gegenüber hydrophilen Stoffen, erhalten die stabilen, meist stabilisatorhaltigen Bitumenemulsionen vom Öl-in-Wasser-Typ bei p_H 9—11 darin emulgierte NH_4-Salze, wie $(NH_4)_2SO_4$, $FeNH_4(SO_4)_2$, NH_4NO_3, NH_4Cl, NH_4-Molybdat oder NH_4SCN u. Mischungen davon in Mengen von 0,3 bis 1 Gew.-%, aber auch weniger als 0,1%. Die Bitumenemulsionen bestehen aus in W. unlösl., in W. dispergierbaren organ. thermoplast. Stoffen, wie Erdölasphalt, Naturasphalt, Mineralwachs, Lignit. Die NH_4-Salze können auch mit dem mit der Emulsion zu behandelnden Stoff gemischt werden. Als Anstrich- oder Bindemittel u. im Straßenbau verwendbar. (**A. P. 2 615 851** vom 21/8. 1951, ausg. 28/10. 1952.) MATTHAES. 8231

Dehtochema Národní Podnik, Zdice, Tschechoslowakei, *Herstellung rasch brechender wässeriger Emulsionen bituminöser Stoffe.* Man vermischt mit dem bituminösen Stoff im geschmolzenen oder fl. Zustand nicht alkalisiertes, verseifbares, mit dem bituminösen Stoff mischbares Material in Mengen bis zu 4%, ferner in W. dispergiertes toniges Material in Mengen bis zu 1,5% u. als Hilfsemulgatorstabilisator alkalisierte Eiweißstoffe in Mengen bis zu 0,75% oder verseiftes oder teilweise verseiftes Nadelholzpech in Mengen bis zu 0,6% (Trockengewicht). Dabei wird in hinreichendem Ausmaß Alkali verwendet, um den Säuregeh. der anderen Zusätze wenigstens teilweise entgegenzuwirken, worauf eine innige Vermischung mit W. bei einer geregelten Temp. erfolgt. Als Eiweißstoffe sind genannt Casein, Leime, Gelatine u. Albumine. Durch Zusatz von Beschleunigern zu der kontinuierlichen oder zu der dispersen Phase, sowie von Lösungsmitteln für Anthracene oder Naphthaline, z. B. von A. oder Toluol, oder von wasserunlösl. Salzen von Fettsäuren, z. B. von Kupferoleat, werden Emulsionen erhalten, die rascher brechen als jene, die ohne solche Beschleuniger hergestellt sind. (**Oe. P. 175 652** vom 12/5. 1950, ausg. 10/8. 1953. E. Prior. 23/4. 1941.) M. F. MÜLLER. 8231

Karl Pittner, Berlin-Pankow, *Bestimmung des Gehaltes an Natriumsalzen in Rauchgasen* von salzhaltigen Rohbraunkohlen unter Benutzung der Strahlungsenergie des im Rauchgas enthaltenen Na u. gleichzeitiger Verwendung eines Flammenphotometers. (**D. P.** [**DDR**] **2910** Kl. 421 vom 6/10. 1951, ausg. 25/2. 1953 [Wirtschaftspatent].) WITTHOLZ. 8251

O. T. Bloomer and others, Physical-chemical properties of methane-ethane mixtures. Chicago: 16, Inst. of Gas Technology, Technology Center. 1953. (39 S. m. Abb., Diagr.) $ 3,50.

XXI. Leder. Gerbstoffe.

I. I. Lutschin, *Gerbextrakt aus chinesischen Galläpfeln.* Der aus chines. Galläpfeln von Rhus Semilata hergestellte Extrakt enthält 59,60% gerbende Substanzen, die dem des Sumach- u. Weidenrindenextraktes ähnlich sind. Gerbung in Kombination mit pflanzlichen oder synthet. Gerbmitteln gibt ein brauchbares Leder von heller Farbe. Als Alleinextrakt benutzt, gibt er dem Leder eine hellgraue Farbe. (Легкая Промышленность [Leicht-Ind.] **14.** Nr. 1. 26—28. Jan. 1954.) v. SCHROEDER. 8336

A. Je. Ssopriko, *Die Verbesserung der Eigenschaften eines gemischten Eichenholz-Weidenrinden-Extraktes.* Zur Verbesserung eines derartigen techn. unbrauchbaren Extraktes empfiehlt Vf. 8std. Kochen mit 10% Na_2SO_3 (bezogen auf das Gewicht des festen Extraktes) bei 90—95°, wodurch die Menge der nichtlösl. Stoffe vermindert, die der Gerbstoffe erhöht wird. Das Verkochen erfolgt mit der 1,5fachen Menge W., wodurch sich der Gerbstoffgeh. dem des reinen Weidenrindenextraktes nähert. (Легкая Промышленность [Leicht-Ind.] **14.** Nr. 2. 31—34. Febr. 1954. Ukrain. Wiss. Forschungsinst. für Leder- u. Schuhwarenind.) v. SCHROEDER. 8336

A. I. Saguljajewa, *Ein vollwertiger Weichmacher.* Pottwalpankreas besitzt eine 1,5fach stärkere Aktivität als Rinderpankreas. Durch Behandeln mit Aceton läßt sich ein Trockenpulver erhalten, das eine Aktivität von 0,5—1 besitzt. Im Großbetrieb nach dem gleichen Verf. wie beim Rinderpankreas mit diesem Pulver behandeltes Juchtenleder zeigt fast die üblichen organolept., mechan. u. chem. Eigenschaften. (Легкая Промышленность [Leicht-Ind.] **12.** Nr. 7. 20. Juli 1952. Wladiwostok, Zweigstelle des Zentr. Wiss. Inst. der Lederind.) LEBTAG. 8338

N. Ss. Afonskaja und **N. W. Tschernow,** *Änderungen der Dimensionen von chrom-pflanzengegerbtem Leder bei der Füllung.* Beim Trockenprozeß zieht sich Leder zusammen, verringern sich Vol., Fläche u. Dicke. Füllmittel, wie Gerbstoffe, Glucose, $MgSO_4$, Na_2SO_4 u. verschied. Öle, verringern diese Änderungen, wobei einige mehr auf die Flächen-, andere mehr auf die Dickenänderung einwirken. (Легкая Промышленность [Leicht-Ind.] **14.** Nr. 3. 23—24. März 1954. Moskau, Technol. Kaganowitsch-Inst. für Leichtind., Lehrstuhl für Technol. von Leder, Pelzen u. Gerbextrakten.) v. SCHROEDER. 8340

L. D. Kuptschenko, *Nitroacrylfärbung.* Verss. über die Anwendung von *Polyacrylatemulsionen* (I) als Grundlage für Lederdeckfarben. Alleinige Anwendung von I u. Kombinationen mit Casein haben sich nicht bewährt, da sie nicht wasserbeständig sind. Sehr gute Ergebnisse erhält man, wenn die I-Deckfarbe einen Überzug von Nitrolackdeckfarbe von Hand u. einen zweiten mit dem Spritzapp. erhält. So behandelte Leder haben einen vollen reichen Griff. Die Deckfarbe haftet fest am Narben u. ist gegen äußere Einflüsse beständig. 2 Verff. der Zurichtung mit I werden angeführt. (Легкая Промышленность [Leicht-Ind.] **14.** Nr. 3. 18—21. März 1954.) v. SCHROEDER. 8340

H. E. Frey, *Die Wirkung von Schlußstrichen auf die Klebrigkeit bei PVC-Kunstleder.* Zur Ermittlung der Klebrigkeit, des sogenannten blocking-Effekts, von Schlußstrichen auf PVC-Kunstleder wird die Adsorption kleiner Glasperlen an Kunstleder benützt. Die Kunstlederprobe wird in ein kleines Metallgefäß eingesetzt, sodann werden Glasperlen (Durchmesser 0,20—0,25 mm) aufgedrückt (3 kg-Gewicht) u. die Probe mit u. ohne Glasperlen gewogen. Schlußstriche vermindern die Klebrigkeit mehr oder weniger in Abhängigkeit von der Temperatur. Die Meth. liefert innerhalb $\pm$ 10% reproduzierbare Werte. (Kunststoffe **44.** 337—40. Aug. 1954. Herford, Labor. der Gustav Ernstmeier Komm.-Ges.) WINIKER. 8374

Marie Scarano, Frankreich, *Verzieren von Leder.* Dieses wird zunächst mit wss. Alkali behandelt u. dann in Verzierungen aufweisende Holz- oder Gipsformen gepreßt. Nach Herausnehmen aus den Formen kann zur Festigung der verzierten Oberfläche die Rückseite mit einem Harzlack imprägniert werden. (**F. P. 1 015 498** vom 19/11. 1947, ausg. 13/10. 1952.) WITTHOLZ. 8341

Gustav Hofmann, Coswig, Bez. Dresden, *Herstellung von wasseransaugendem Polyvinylchloridkunstleder,* bes. Deckbrandsohlenstoff u. Schuhfutterersatz. Den Streichmassen aus Polyvinylchlorid (I), Weichmachern u. Pigmenten setzt man Alkylcellulosen oder andere wasseransaugende Celluloseverbb. u. Polydioxodisiloxan (II) zu. — Man nimmt 100 (Teile) I, 100 Palatinol HS, 20 Farbstoff, 15 Methylcellulose, 8 II. (D. P. [DDR] 2 822 Kl. 8 l vom 19/9. 1951, ausg. 20/12. 1952 [Wirtschaftspatent].) PANKOW. 8353

Gustav Hofmann, Coswig, Bez. Dresden, *Erzeugung von mattem Polyvinylchloridkunstleder.* Man gibt zu der Streichmasse aus Polyvinylchlorid, Weichmacher u. Farbstoff Metallsalze, z. B. von Ca, Mg, Al, des Vorlauffettsäuregemisches C_{7-9} allein oder zusammen mit gequollenem Casein; letzteres gibt ein mattes, weiches Material mit velourähnlichem Oberflächeneffekt. (D. P. [DDR] 2 824 Kl. 8 l vom 19/9. 1951, ausg. 8/12. 1952 [Wirtschaftspatent].) PANKOW. 8353

Badische Anilin- & Soda-Fabrik (Erfinder: **Karl Craemer**, Heidelberg, und **Fritz Mayer**), Ludwigshafen/Rh., *Herstellung von Kunstleder*, Wachstuch oder ähnlichen Werkstoffen, wie Verdunkelungs-, Schuhfutter- oder Regenmantelstoffen, nach D. B. P. 843 243. Man überzieht die Gewebe- oder Papierbahnen vor dem Behandeln mit den ölige Verbb. enthaltenden wss. Dispersionen von Polyvinylverbb. noch mit bekannten ölfreien, geschmeidigen, filmbildenden Verbb., z. B. Celluloseestern oder -äthern, Kondensationsprodd. aus Harnstoff mit CH_2O oder bes. Polyvinylverbb., z. B. Polyacrylsäureestern, Polyvinylacetat, Polystyrol oder deren Mischpolymerisaten. (D. B. P. 872 932 Kl. 8 l vom 30/9. 1942, ausg. 25/5. 1953. **Zusatz zu D. B. P. 843 243; C. 1953. 638.**) v. SCHILLER. 8353

Dunlop Rubber Co. Ltd., England, *Herstellung von schwedisch Leder.* Man überzieht eine Unterlage mit einer Mischung aus Vinylchloridpolymerisat oder -mischpolymerisat u. Weichmacher, streut Fasern auf u. erhitzt zur Gelbldg. unter vorheriger oder gleichzeitiger Porösmachung des Materials. — Man streicht auf Gewebe eine Mischung aus 100 (Gewichtsteilen) Polyvinylchlorid, 85 Dioctylphthalat, 5 Dinitrosopentamethylentetramin u. 4 $PbCO_3$; nachdem man diese Paste durch Schaumschlagen porös gemacht hat, läßt man sie mit der nach unten gerichteten Schicht u. einem in einiger Entfernung gleichlaufenden Band mit Kunstseideflocken durch ein elektrostat. Feld laufen, wobei sich die Kunstseidefasern senkrecht mit einer Spitze in der Polyvinylchloridpaste verankern, u. heizt (dielektr. oder mit Infrarot) zur Gelbildung. (F. P. 1 043 313 vom 26/9. 1951, ausg. 9/11. 1953. E. Prior. 4/5. 1951.) PANKOW. 8353

XXIV. Photographie.

I. I. Breido, *Auflösungsvermögen photographischer Materialien für ultraviolettes Licht.* Vf. untersucht das Auflösungsvermögen photograph. Schichten im Bereich von λ 436, 365, 313 u. 254 mμ an Versuchsemulsionen sowie Handelsfabrikaten: AGFA ultraviolett, AGFA gelb rapid, AGFA Superpan u. Isopan FF, AGFA Printon, ILFORD- u. verschied. sowjet. Platten u. Filme. Durch Speziallichtfilter (Gelatinefilter, gefärbt mit Viktoriablau, Tartrazin, Anthranilsäuremethylester + $NiCl_2$ + $CoCl_2$ u. p-Nitrophenol + $NiCl_2$ + $CoCl_2$) wurde die gewünschte Wellenlänge gefiltert; als Lichtquelle diente eine Quarz-Hg-Lichtbogen, als Aufnahmegerät eine Spezialkamera mit einem Quarz-Fluoritachromat $10\times 0,1$. Für unsensibilisierte Emulsionen diente der Bereich bis $\lambda = 254$ mμ, für sensibilisierte $\lambda = 313$ mμ. Sämtliche Emulsionen zeigten im UV-Licht ein 1,5—2faches Auflösungsvermögen gegenüber Blaulicht. Zwischen $\lambda = 365$ bis 254 mμ findet jedoch keine weitere Änderung statt. Vf. deutet das Ansteigen des Auflösungsvermögens durch die starke Absorption des Lichtes durch die Halogensilberschicht, wobei gleichzeitig die Lichtstreuung abnimmt. Mikroaufnahmen von entwickelten Schichten, durch sichtbares Licht geschwärzt, zeigen eine, wenn auch nicht ganz regelmäßige, so doch recht gleichmäßige Verteilung des entwickelten Ag-Kornes in der ganzen Schichtdicke, während bei UV-Licht die Ag-Körner nur an der Oberfläche gehäuft sind. Die „effektive Schichtdicke" ist somit bei UV-Licht eine viel geringere, was die Verbesserung des Auflösungsvermögens bedingt. Verss. mit verschied. Schichtdicke der Emulsion bestätigen eine starke Abnahme der Lichtstreuung für dünne Schichten bei sichtbarem Licht; bei UV-Licht ist die Schichtdicke ohne Einfl. auf das Auflösungsvermögen. — Kurven u. Mikroaufnahmen im Original. (Журнал Технической Физики [J. techn. Physik] 22. 508—14. März 1952.) OEHRN. 8590

B. W. Derjagin, I. N. Goufman, A. G. Amelin und **Ss. M. Lewi**, *Theorie der Thermogradienttrocknung von Filmmaterialien.* Bei dem vorgeschlagenen Trocknungsverf. wird in der zu trocknenden Schicht dadurch eine Temperaturgefälle geschaffen, daß in einiger Entfernung von der Unterlage ein Wärmeschirm aufgestellt wird, während in einiger Entfernung von der zu trocknenden Schicht eine Kondensatorfläche mittels einer Kühlmischung gekühlt wird. Auf Grund theoret. Überlegungen werden die Trocknungsgeschwindigkeiten für verschied. Temperaturintervalle u. verschied. Abstände (H) des Kondensators von der zu trocknenden Schicht berechnet. Für Photofilme von 150 μ Dicke beträgt die berechnete Trocknungsgeschwindigkeit 10 Min. bei $H = 7$ cm u. $t_1 = 50^0$, $t_2 = 0^0$. Das Verf. verhindert die Verunreinigung der Schicht durch Staub. (Доклады Академии Наук СССР [Ber. Akad. Wiss. UdSSR] [N. S.] **92.** 759—62. 1/10. 1953.) LEBTAG. 8602

Laster Horwitz, *Der Mechanismus der Sensibilisierung mit Hilfe von Farbstoffen.* Vf. gibt eine zusammenfassende Darst. der Theorien über die Sensibilisierung von Halogensilber durch Farbstoffe. Voraussetzung für eine gute Sensibilisierung ist, daß der Farbstoff am Korn gut adsorbierbar ist. Der Sensibilisierungsfarbstoff kann am Korn in polymerer, monomerer oder in einer intermediären Form adsorbiert sein. Ein guter Sensibilisierungsfarbstoff besitzt die Eig. einer guten Photoleitfähigkeit. Der Sensibilisierungsvorgang wird als ein Energieübertragungsprozeß angesehen. Ein Supersensibilisator erleichtert die Energieübertragung, ein Antisensibilisator wirkt ihr entgegen. Ein Desensibilisator wirkt als Elektronenfänger. — 30 Literaturangaben. (Photogr. Sci. Techn. [2] **1.** 43—51. Mai 1954. Binghamton, N. Y., Ansco, Res. Labor.) W. GÜNTHER. 8604

I. I. Breido und **P. Ch. Pruss,** *Die spektrale Verteilung der Lichtstreuung durch photographische Schichten und der Einfluß der Sensibilisierung auf das Auflösungsvermögen.* Zur Unters. der Lichtstreuung photograph. Emulsionen wurden durch Änderung des Herstellungsverf. (verschied. Reifungszeiten sowie Änderung der KBr- u. NH_3-Konz.) Emulsionen der Korngröße 0,10—1,50 μ^2 des AgBr (**I**) hergestellt, die Emulsionen unsensibilisiert u. durch Baden der Platten mit panchromat. Thiocarbocyaninen sensibilisiert untersucht. Die spektrale Lichtstreuung hängt ausschließlich von der **I**-Korngröße ab: mit wachsender **I**-Korngröße nimmt die Streuung des blauen Lichtes ab, die des langwelligen Rotlichtes wächst, u. das Streuungsmaximum verschiebt sich aus dem kurzwelligem nach dem langwelligen Teil des Spektr. (für Kristalle der Größenordnung 0,6 μ^2). Bei noch größeren Kristallen ist die Streuung unabhängig von der spektralen Zusammensetzung. Um das Auflösungsvermögen zu prüfen, wurden mit einem Resolvometer die Schichten bei weißem Licht sowie bei $\lambda = 365$, 546 u. 577 mμ geprüft. Das Auflösungsvermögen für Feinkornemulsionen nimmt im Bereich der Sensibilisierung zu, während sie im Bereich der Eigenempfindlichkeit des **I** (bei $\lambda = 365$ mμ u. $\lambda = 436$ mμ) sich nicht ändert. Die Sensibilisierung von grobkörnigen Emulsionen ist ohne Einfl., sie vermindert sogar in einigen Fällen das Auflösungsvermögen. Feinkornemulsionen zerstreuen hauptsächlich blaue Strahlen, grobkörnige rote. Durch die Sensibilisierung verschiebt sich bei Feinkornemulsionen die Schwärzung nach dem langwelligen Teil u. wird durch gelbe u. rote Strahlung hervorgerufen, wodurch sich das Ansteigen des Auflösungsvermögen für Feinkornemulsionen erklären läßt. Prüfungen von grobkörnigen panchromat. handelsüblichen Emulsionen u. feinkörnige Emulsionen bestätigten diese Ergebnisse. Ebenso bestätigten Prüfungen nach anderen Methoden diese Feststellungen. (Журнал Технической Физики [J. techn. Physik] **22.** 515—24. März 1952.) OEHRN. 8604

Leonhard Katz und **William F. Esthimer,** *Weitere Versuche mit Schnellverfahren bei Verwendung von turbulentströmenden Flüssigkeiten.* Vff. beschreiben eine App. zur Durchführung systemat. Verss. für die Entw. photograph. Filme in turbulenter Strömung. Verwendet wird KODAK Super-XX Aerographic Film, als Entwickler dient KODAK D-19 entwickelt wird bei 68° F. Der Zeitfaktor bei turbulenter Strömung der Entwicklerlsg. beträgt 1,5—2,25 im Vgl. zu kontinuierlicher Bewegung des Entwicklers u. 2,5—4,5 im Vgl. zur Tankentw. ohne Bewegung. Für den Fixierprozeß werden Werte von 1,78—2,35 bzw. von 2,55—3,75 gefunden. Beim Waschen in turbulenter Strömung nimmt der Zeitfaktor gegenüber kontinuierlichem Fluß einen Wert von 2—5 an. (J. Soc. Motion Picture Television Engr. **60.** 105—29. Febr. 1953. Woburn, Mass., Woburn Engng.; u. Waltham, Mass., Raytheon Mfg. Co.) W. GÜNTHER. 8618

Herausgeber u. verantwortlich für den Inhalt: Prof. Dr. Maximilian Pflücke, Berlin NW 7, Schiffbauerdamm 19, Fernsprecher: 42 55 71. Redaktion: Chefredakteure Dr. Eugen Klever und Prof. Dr. Maximilian Pflücke. Verlag: Akademie-Verlag GmbH, Berlin W 8, Mohrenstraße 39 (Fernsprecher 20 03 86, Postscheckkonto Berlin 350 21), u. Verlag Chemie GmbH, Weinheim/Bergstraße (Postschekkonto Frankfurt/M. 145314 u. Berlin [West] 7430, Fernsprecher: Weinheim 2017). Bestell- u. Verlags-Nr. dieses Heftes: 1007/125/44. Das Chemische Zentralblatt erscheint wöchentlich.
Satz u. Druck: VEB Leipziger Druckhaus, Leipzig, III/18/203. XI. 54.
Veröffentlicht unter der Lizenznummer 1212 des Amtes für Literatur und Verlagswesen der Deutschen Demokratischen Republik.
Printed in Germany. DDR.